新编

建筑五金速查手册

简光沂 主编

中国电力出版社
CHINA ELECTRIC POWER PRESS

内 容 提 要

本书采用最新的相关标准和数据，以文字代述和图表形式简明扼要、全面系统地介绍了常用建筑装饰五金产品，其中包括产品的品种、规格、性能和用途等。

本书共分六篇：第一篇常用资料；第二篇建筑常用五金材料；第三篇建筑施工和装饰材料；第四篇建筑门窗、门窗五金和配件；第五篇建筑装饰机械五金、器材和工具；第六篇建筑装饰五金工具。

本书内容完善、实用性强、查阅便捷，可供有关行业从事设计、生产、维修工作的工程技术人员、中高级技术工人，以及产品经营、供销采购人员和广大用户使用，还可作为相关专业技术工人培训上岗、资格考核的参考书。

图书在版编目（CIP）数据

新编建筑五金速查手册/简光沂主编. —北京：中国电力出版社，2017. 10

ISBN 978-7-5198-0834-1

Ⅰ. ①新… Ⅱ. ①简… Ⅲ. ①建筑五金-技术手册 Ⅳ. ①TU513-62

中国版本图书馆 CIP 数据核字（2017）第 140500 号

出版发行：中国电力出版社
地　　址：北京市东城区北京站西街 19 号（邮政编码 100005）
网　　址：http：//www. cepp. sgcc. com. cn
责任编辑：贾玉兰　彭莉莉
责任校对：常燕昆　朱丽芳
装帧设计：左　铭
责任印制：杨晓东

印　　刷：三河市航远印刷有限公司
版　　次：2017 年 10 月第一版
印　　次：2017 年 10 月北京第一次印刷
开　　本：850 毫米×1168 毫米　32 开本
印　　张：32
字　　数：800 千字
印　　数：0001—2000 册
定　　价：82. 00 元

前 言

preface

随着我国国民经济的持续稳健发展，进出口贸易不断扩大，人民生活水平日益提高。城市高楼大厦如雨后春笋般拔地而起，城乡居民住宅连片开发，桥梁道路密如蛛网，对建材建筑五金的需求日益增加和迫切。因此，建筑工业和建材工业已成为国民经济的支柱产业之一，建筑装饰材料和五金行业的各类产品和器材成为国计民生、进出口贸易和人民生活不可缺少的物资。为了满足建筑行业技术人员的需要，我们根据最新的国家标准、行业标准编写了本书。

本书介绍了常用建筑装饰五金各种材料、器材、配件和工具的品种、规格、性能、用途以及其他相关资料数据，可供有关行业中从事设计、生产工作的工程技术人员、中高级技术工人，以及产品经营、供销采购人员和广大用户查阅。全书着重速查，内容上力求新颖、实用、准确、全面，形式上图文并茂，采用表格表述，查阅方便、迅速。

本书由简光沂主编，焦粤龙审校，参与编写的人员有张寅山、余焕嫦、张志正、周黔生、简朴、马玉娥、袁红等，在编写过程中还得到一些专家和单位的支持，在此向他们表示感谢。

建筑五金产品品种、规格、用途繁多，新技术、新产品、新标准更是层出不穷。本书仅以有限的篇幅，实难将内容全部涵盖，加之编者水平所限，疏漏和不足之处在所难免，敬请读者批评指正。

编　者

2017 年 8 月

目 录
contents

第二篇 建筑常用五金材料

第四篇 建筑门窗、门窗五金及配件

第五篇 建筑装饰机械五金、器材和工具

第六篇　建筑装饰五金工具

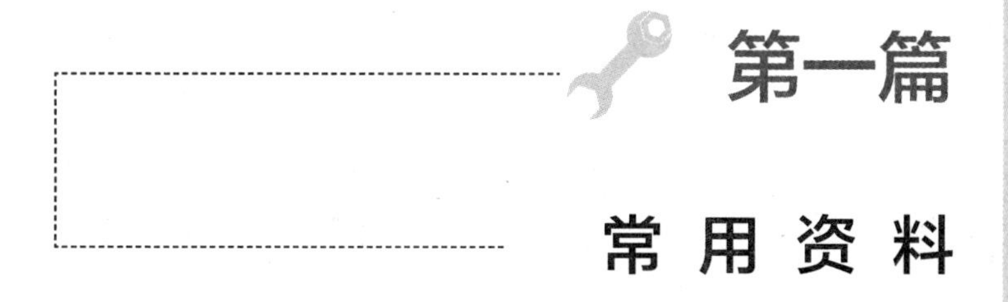

第一篇

常 用 资 料

第一章

常用字母、符号及代号

1. 希腊字母

大写	小写	字母名称	大写	小写	字母名称
A	α	阿尔法	N	ν	纽
B	β	贝塔	Ξ	ξ	克西
Γ	γ	伽马	O	ο	奥密克戎
Δ	δ	德尔塔	Π	π	派
E	ε	伊普西龙	P	ρ	肉
Z	ζ	截塔	Σ	σ，ε	西格马
H	η	艾塔	T	τ	套
Θ	θ	西塔	Υ	υ	宇普西龙
I	ι	约塔	Φ	ϕ，φ	佛爱
K	κ	卡帕	X	χ	西
Λ	λ	兰布达	Ψ	ψ	普西
M	μ	缪	Ω	ω	欧米伽

2. 中国国家标准、行业标准代号

代号	意义	代号	意义
GB	国家标准（强制性标准）	□□/T	行业标准（推荐性标准）
GB/T	国家标准（推荐性标准）	CH	测绘行业标准
GBn	国家内部标准	CJ	城镇建设行业标准
GJB	国家军用标准	DL	电力行业标准
GBJ	国家工程建设标准	DZ	地质矿产行业标准
□□	□□行业标准（强制性标准）	EJ	核工业行业标准

续表

代号	意　义	代号	意　义
FZ	纺织行业标准	QJ	航天行业标准
GA	公共安全行业标准	SB	商业行业标准
HB	航空行业标准	SD	水利电力行业标准
HG	化工行业标准	SH	石油化工行业标准
HJ	环境保护行业标准	SJ	电子行业标准
JB	机械行业标准（含机械、电工、仪器仪表）	SL	水利行业标准
		SN	商检行业标准
JC	建材行业标准	SY	石油天然气行业标准
JG	建筑工业行业标准	TB	铁路运输行业标准
JR	金属行业标准	TD	土地管理行业标准
JT	交通行业标准	WB	物资行业标准
LD	劳动和劳动安全行业标准	WH	文化行业标准
LY	林业行业标准	WJ	兵工民品行业标准
MT	煤炭行业标准	WS	卫生行业标准
NB	能源行业标准	XB	稀土行业标准
NY	农业行业标准	YB	黑色冶金行业标准
QB	轻工业行业标准	YD	通信行业标准
QC	汽车行业标准	YS	有色冶金行业标准

注　表中所列的仅为本书涉及的标准代号。

3. 黑色金属建材涂色标记

普通碳素钢		合金结构钢	
牌号	涂色标记	牌号	涂色标记
Q195（1号钢）	蓝色	锰钢	黄色+蓝色
Q215（2号钢）	黄色	硅锰钢	红色+黑色
Q235（3号钢）	红色	锰钒钢	蓝色+绿色
Q255（4号钢）	黑色	铬钢	绿色+黄色
Q275（5号钢）	绿色	铬硅钢	蓝色+红色

续表

普通碳素钢		合金结构钢	
牌号	涂色标记	牌号	涂色标记
6 号钢	白色+黑色	铬锰钢	蓝色+黑色
7 号钢	红色+棕色	钼钢	紫色
优质碳素结构钢			
牌号	涂色标记	牌号	涂色标记
0~15 号	白色	钼铬钢	紫色+绿色
20~25 号	棕色+绿色	钼铬锰钢	绿色+白色
30~40 号	白色+蓝色	铬钼钢	铝白色
45 号	白色+棕色	铬钼铝钢	黄色+紫色
15Mn~40Mn	白色二条	硼钢	紫色+黑色

4. 常用构件代号

名称	代号	名称	代号	名称	代号	名称	代号
板	B	天沟板	TGB	托架	TJ	水平支撑	SC
屋面板	WB	梁	L	天窗架	CJ	梯	T
空心板	KB	屋面梁	WL	钢架	GJ	雨篷	YP
槽形板	CB	吊车梁	DL	框架	KL	阳台	YT
折板	ZB	圈梁	QL	支架	ZJ	梁垫	LD
密肋板	MB	过梁	GL	柱	Z	预埋件	M
楼梯板	TB	连系梁	LL	基础	J	天窗端壁	TD
盖板或沟盖板	GB	基础梁	JL	设备基础	SJ	钢筋网	W
挡雨板或檐口板	YB	楼梯梁	TL	桩	ZH	钢筋骨架	G
吊车安全走道板	DB	檩条	LT	柱间支撑	ZC		
墙板	QB	屋架	WJ	垂直支撑	CC		

注 1. 本表适用于钢筋混凝土预制、现浇构件和钢木构件。

2. 预应力钢筋混凝土构件代号，应在构件代号前加注“Y-”，如 Y-DL，表示预应力钢筋混凝土吊梁车。

第二章

常用计量单位及换算

一、中国法定计量单位及其换算

1. 中国法定计量单位

中国法定计量单位包括：

(1) 国际单位制的基本单位。

(2) 国际单位制的辅助单位。

(3) 国际单位制中具有专门名称的导出单位。

(4) 国家选定的非国际单位制单位。

(5) 由以上单位构成的组合形式的单位。

(6) 由词头和以上单位所构成的十进倍数和分数单位。

2. 国际单位制（SI）的基本单位

量的名称	单位名称	单位符号
长度	米	m
质量	千克（公斤）	kg
时间	秒	s
电流	安［培］	A
热力学温度	开［尔文］	K
物质的量	摩［尔］	mol
发光强度	坎［德拉］	cd

3. 可与国际单位制（SI）单位并用的中国法定计量单位

量的名称	单位名称	单位符号	换算关系和说明
时间	分	min	1min = 60s
	[小] 时	h	1h = 60min = 3600s
	天（日）	d	1d = 24h = 86 400s
[平面] 角	[角] 秒	″	1″ = (π/648 000) rad（π 为圆周率）
	[角] 分	′	1′ = 60″ = (π/10 800) rad
	度	°	1° = 60′ = (π/180) rad
旋转速度	转每分	r/min	1r/min = (1/60) s^{-1}
长度	海里	n mile	1n mile = 1852m（只用于航程）
速度	节	kn	1kn = 1 n mile/h = (1852/3600) m/s（只用于航行）
质量	吨	t	1t = 10^3kg
	原子质量单位	u	1u ≈ 1.660 540 × 10^{-27}kg
容积	升	L（l）	1L = 1dm^3 = $10^{-3}m^3$
能	电子伏	eV	1eV ≈ 1.602 177 × 10^{-19}J
级差	分贝	dB	
线密度	特 [克斯]	tex	1tex = 10^{-6}kg/m
面积	公顷	hm^2	1hm^2 = 10^4m^2

二、长度单位及其换算

1. 法定长度单位

单位名称	旧名称	符　号	对基本单位的比
纳米	—	nm	1 × 10^{-9} 米
微米	公忽	μm	0.000 001 米
毫米	公厘	mm	0.001 米
厘米	公分	cm	0.01 米
分米	公寸	dm	0.1 米

续表

单位名称	旧名称	符 号	对基本单位的比
米	公尺	m	基本单位
千米，公里	公里	km	1000 米

2. 常用长度单位换算

米（m）	厘米（cm）	毫米（mm）	市尺	英尺（ft）	英寸（in）
1	100	1000	3	3. 280 84	39. 3701
0. 01	1	10	0. 03	0. 032 808	0. 393 701
0. 001	0. 1	1	0. 003	0. 003 281	0. 039 37
0. 333 333	33. 3333	333. 333	1	1. 093 61	13. 1234
0. 3048	30. 48	304. 8	0. 9144	1	12
0. 0254	2. 54	25. 4	0. 0762	0. 083 333	1

注 1. 1 密尔 = 0. 0254 毫米。

2. 1 码 = 0. 9144 米。

3. 1 英里 = 5280 英尺 = 1609. 34 米。

4. 1 海里（n mile）= 1. 852 千米 = 1. 15078 英里。

三、面积单位及其换算

1. 法定面积单位

单位名称	旧名称	符号	中文符号	对主单位的比
法 定 单 位				
平方米	平方公尺	m^2	米^2	主单位
平方厘米	平方公分	cm^2	厘米^2	0. 0001 米
平方毫米	平方公厘	mm^2	毫米^2	0. 000 001 米
非 法 定 单 位				
公顷	公顷	hm^2		100 公亩
公亩	公亩	a		基本单位

注 1 公亩 = 100 平方米；1 公顷 = 10 000 平方米；1 平方公里（km^2）= 100 万平方米。

2. 常用面积单位换算

平方米（m^2）	平方厘米（cm^2）	平方毫米（mm^2）	平方（市）尺	平方英尺（ft^2）	平方英寸（in^2）
1	10 000	1 000 000	9	10. 7639	1550
0. 0001	1	100	0. 0009	0. 001 076	0. 1550
0. 000 001	0. 01	1	0. 000 009	0. 000 011	0. 001 55
0. 111 111	1111. 11	111 111	1	1. 195 99	172. 223
0. 092 903	929. 03	92 903	0. 836 127	1	144
0. 000 645	6. 4516	645. 16	0. 005 806	0. 006 944	1

公顷（hm^2）	公亩（a）	（市）亩	英亩（acre）
1	100	15	2. 471 05
0. 01	1	0. 15	0. 024 711
0. 066 667	6. 666 67	1	0. 164 737
0. 404 686	40. 4686	6. 070 29	1

四、体积单位及其换算

1. 法定体积单位

单位名称	旧名称	符号	对基本单位的比
毫升	公撮	mL	0. 001 升
厘升	公勺	cL	0. 01 升
分升	公合	dL	0. 1 升
升	公升	L	基本单位
十升	公斗	daL	10 升
百升	公石	hL	100 升
千升	公秉	kL	1000 升

注 1 升=1 立方分米=1000 立方厘米，1 毫升=1 立方厘米。

2. 常用体积单位换算

立方米 (m^3)	升（市升）(L)	立方英寸 (in^3)	英加仑 (Ukgal)	美加伦（液量）(USgal)
1	1000	61 023.7	219.969	264.172
0.001	1	61.0237	0.219 969	0.264 172
0.000 016	0.016 387	1	0.003 605	0.004 329
0.004 546	4.546 09	277.42	1	1.200 95
0.003 785	3.785 41	231	0.832 674	1

五、质量单位及其换算

1. 法定质量单位换算

单位名称	旧名称	符号	对基本单位的比
毫克	公丝	mg	0.000 001 千克
厘克	公毫	cg	0.000 01 千克
分克	公厘	dg	0.0001 千克
克	公分	g	0.001 千克
十克	公钱	dag	0.01 千克
百克	公两	hg	0.1 千克
千克（公斤）	公斤，千克	kg	基本单位
吨	公吨	t	1000 千克

注 旧制公担（q）已废除。

2. 常用质量单位换算

吨 (t)	千克 (kg)	（市）担	（市）斤	英吨 (ton)	美吨 (sh ton)	磅 (lb)
1	1000	20	2000	0.984 207	1.102 31	2204.62
0.001	1	0.02	2	0.000 984	0.001 102	2.204 62
0.05	50	1	100	0.049 210	0.055 116	110.231
0.0005	0.5	0.01	1	0.000 492	0.000 551	1.102 31

续表

吨 (t)	千克 (kg)	(市) 担	(市) 斤	英吨 (ton)	美吨 (sh ton)	磅 (lb)
1. 016 05	1016. 05	20. 3209	2032. 09	1	1. 12	2240
0. 907 185	907. 185	18. 1437	1814. 37	0. 892 857	1	2000
0. 000 454	0. 458 592	0. 009 072	0. 907 185	0. 000 446	0. 0005	1

六、力、力矩、强度、压力单位换算

1. 常用力单位换算

牛 (N)	千克力 (kgf)	克力 (gf)	磅力 (lbf)	英吨力 (tonf)
1	0. 101 972	101. 972	0. 224 809	0. 0001
9. 806 65	1	1000	2. 204 62	0. 000 984
0. 009 807	0. 001	1	0. 002 205	0. 000 001
4. 448 22	0. 453 592	453. 592	1	0. 000 446
9964. 02	1016. 05	1 016 046	2240	1

注 1. 牛为法定单位，其余是非法定单位。

2. 千克力（公斤力、kgf）、磅力（lbf）等单位，我国过去也有将“力”（f）字省略写成：千克（公斤、kg）、磅（lb）等。

2. 常用力矩单位换算

牛·米 (N·m)	千克力·米 (kgf·m)	克力·厘米 (gf·cm)	磅力·英尺 (lbf·ft)	磅力·英寸 (lbf·in)
1	0. 101 972	10197. 2	0. 737 562	8. 850 75
9. 806 65	1	100 000	7. 233 01	86. 7962
0. 000 098	0. 000 01	1	0. 000 072	0. 000 868
1. 355 82	0. 138 255	13 825. 5	1	12
0. 112 985	0. 011 521	1152. 12	0. 083 333	1

注 牛·米为法定单位，其余是非法定单位。

3. 常用强度（应力）和压力（压强）单位换算

牛/毫米^2 (N/mm^2)	千克力/毫米^2 (kgf/mm^2)	千克力/厘米^2 (kgf/cm^2)	千磅力/英寸^2 ($1000lbf/in^2$)	英吨力/英寸^2 ($tonf/in^2$)
1	0. 101 972	10. 1972	0. 145 038	0. 064 749
9. 806 65	1	100	1. 422 33	0. 634 971
0. 098 067	0. 01	1	0. 014 223	0. 006 350
6. 894 76	0. 703 07	70. 307	1	0. 446 429
15. 4443	1. 574 88	157. 488	2. 24	1

帕 (Pa)	千克力/厘米^2 (kgf/cm^2)	磅力/英寸^2 (lbf/in^2)	毫米水柱 (mmH_2O)	毫巴 (mbar)
1	0. 000 01	0. 000 145	0. 101 972	0. 01
98 066. 5	1	14. 2233	10 000	980. 665
6894. 76	0. 070 307	1	703. 07	68. 9476
9. 806 65	0. 000 102	0. 001 422	1	0. 098 067
100	0. 001 02	0. 014 504	10. 1972	1

第三章

常用公式和数值

1. 常用面积计算公式

名称	图形	计算公式
正方形	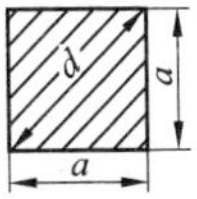	$A=a^2$；$a=0.7071d=\sqrt{A}$； $d=1.4142a=1.4142\sqrt{A}$
长方形	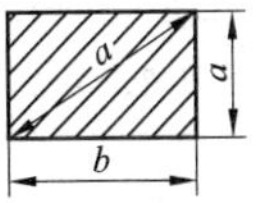	$A=ab=a\sqrt{d^2-a^2}=b\sqrt{d^2-b^2}$； $d=\sqrt{a^2+b^2}$；$a=\sqrt{d^2-b^2}=\frac{A}{b}$； $b=\sqrt{d^2-a^2}=\frac{A}{a}$
平行四边形	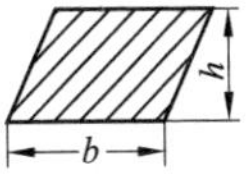	$A=bh$；$h=\frac{A}{b}$；$b=\frac{A}{h}$
三角形	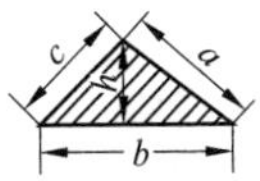	$A=\frac{bh}{2}=\frac{b}{2}\times\sqrt{a^2-\left(\frac{a^2+b^2-c^2}{2b}\right)^2}$； $P=\frac{1}{2}(a+b+c)$； $A=\sqrt{P(P-a)(P-b)(P-c)}$
梯形	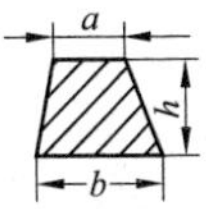	$A=\frac{(a+b)h}{2}$；$h=\frac{2A}{a+b}$； $a=\frac{2A}{h}-b$；$b=\frac{2A}{h}-a$
正六角形	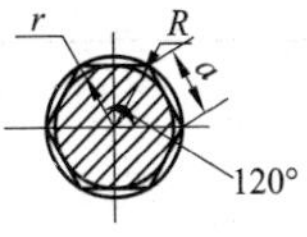	$A\approx2.5981a^2=2.5981R^2=2.4641r^2$； $R=a\approx1.1547r$； $r\approx0.86603a=0.86603R$

续表

名称	图形	计算公式
扇形	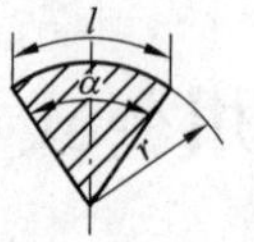	$A=\frac{1}{2}rl\approx 0.008\,725\alpha r^2$； $l=2A/r\approx 0.017\,453\alpha r$； $r=2A/l\approx 57.296l/\alpha$； $\alpha=\frac{180l}{\pi r}\approx\frac{57.296l}{r}$
弓形	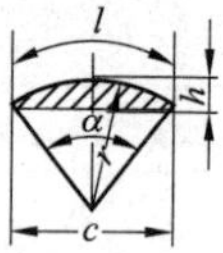	$A=\frac{1}{2}[rl-c(r-h)]$；$r=\frac{c^2+4h^2}{8h}$； $l=0.017\,453\alpha r$；$c=2\sqrt{h(2r-h)}$； $h=r-\frac{\sqrt{4r^2-c^2}}{2}$；$\alpha=\frac{57.296l}{r}$
圆形	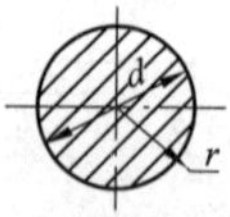	$A=\pi r^2=3.1416r^2=0.7854d^2$； $L=2\pi r=6.2832r=3.1416d$； $r=L/2\pi=0.159\,15L=0.564\,19\sqrt{A}$； $d=L/\pi=0.318\,31L=1.1284\sqrt{A}$
椭圆形	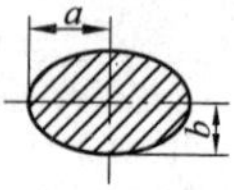	$A=\pi ab=3.1416ab$； 周长的近似值： $2P=\pi\sqrt{2(a^2+b^2)}$； 比较精确的值： $2P=\pi[1.5(a+b)-\sqrt{ab}]$
环形	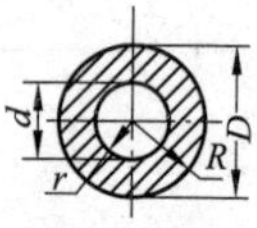	$A=\pi(R^2-r^2)=3.1416(R^2-r^2)$ $=0.7854(D^2-d^2)$ $=3.1416(D-S)S$ $=3.1416(d+S)S$； $S=R-r=(D-d)/2$
环式扇形	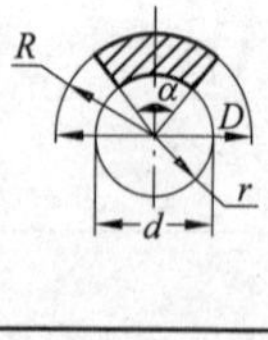	$A=\frac{\alpha\pi}{360}(R^2-r^2)$ $=0.008\,727\alpha(R^2-r^2)$ $=\frac{\alpha\pi}{4.360}(D^2-d^2)$ $=0.002\,182\alpha(D^2-d^2)$

注　A—面积；P—半周长；L—圆周长度；R—外接圆半径；r—内切圆半径；l—弧长。

2. 常用表面积和体积计算公式

名称	图形	计算公式	
		表面积 S、侧表面积 M	体积 V
正立方体	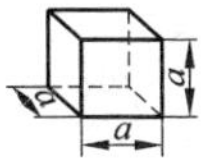	$S = 6a^2$	$V = a^3$
长立方体	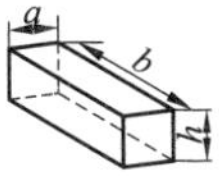	$S = 2(ah + bh + ab)$	$V = abh$
圆柱体	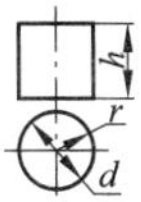	$M = 2\pi rh = \pi dh$	$V = \pi r^2 h = \frac{\pi d^2 h}{4}$
正六角柱体	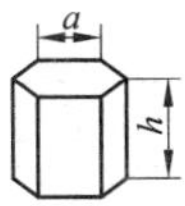	$S = 5.1962a^2 + 6ah$	$V = 2.5981a^2 h$
正方角锥台体	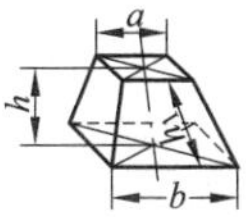	$S = a^2 + b^2 + 2(a + b)h_1$	$V = \frac{(a^2 + b^2 + ab)h}{3}$
空心圆柱（管）体	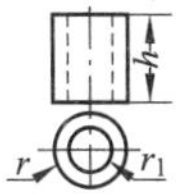	M = 内侧表面积 + 外侧表面积 $= 2\pi h(r + r_1)$	$V = \pi h(r^2 - r_1^2)$
斜底截圆柱体	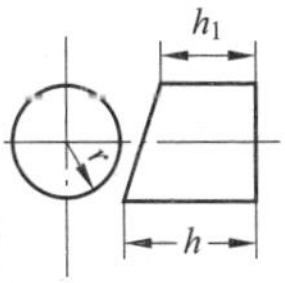	$M = \pi r(h + h_1)$	$V = \frac{\pi r^2(h + h_1)}{2}$
球体	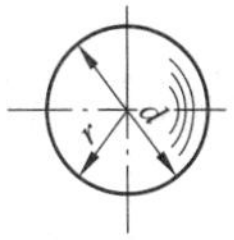	$S = 4\pi r^2 = \pi d^2$	$V = \frac{4\pi r^3}{3} = \frac{\pi d^3}{6}$

续表

名　称	图　形	计算公式	
		表面积 S、侧表面积 M	体积 V
圆锥体		$M=\pi rl$ $=\pi r\sqrt{r^2+h^2}$	$V=\dfrac{\pi r^2 h}{3}$
截头圆锥体		$M=\pi l(r+r_1)$	$V=\dfrac{\pi h(r^2+r_1^2+r_1 r)}{3}$

3. 常用型材截面积和理论质量的计算公式

型材类别	图形	型材断面积计算公式	型材质量计算公式
方型材		$A=a^2$	$m=\rho AL$ 式中　m——型材理论质量； ρ——型材密度，钢材通常取 7.85g/cm³； A——型材断面面积； L——型材长度
圆角方型材		$A=a^2-0.8584r^2$	
板材、带材		$A=a\delta$	
圆角板材、带材		$A=a\delta-0.8584r^2$	
圆材		$A=d^2\approx 0.7854d^2$	

续表

型材类别	图形	型材断面积计算公式	型材质量计算公式
六角型材	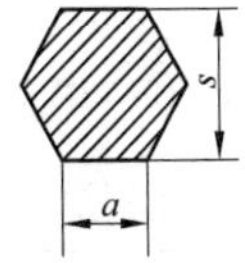	$A = 0.866s^2 = 2.598a^2$	$m = \rho AL$ 式中 m——型材理论质量； ρ——型材密度，钢材通常取 $7.85 g/cm^3$； A——型材断面面积； L——型材长度
八角型材	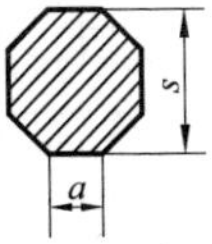	$A = 0.8284s^2 = 4.828a^2$	
管材	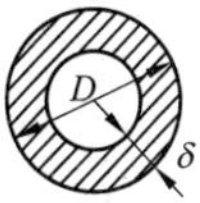	$A = \pi\delta(D - \delta)$	
等边角钢	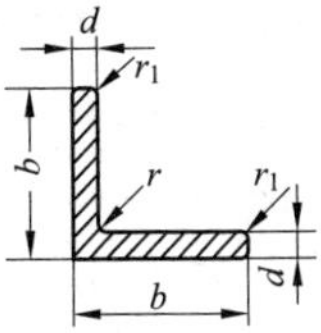	$A = d(2b - d) + 0.2146(2r^2 - 2r_1^2)$	
不等边角钢	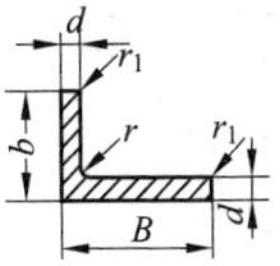	$A = d(2B + b - d) + 0.2146(2r^2 - 2r_1^2)$	
工字钢	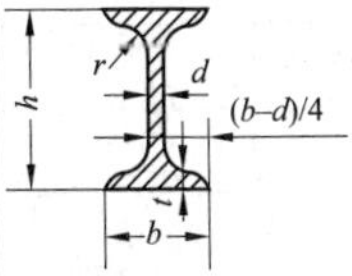	$A = hd + 2t(b - d) + 0.8584(2r^2 - r_1^2)$	
槽钢	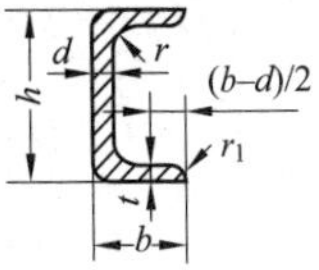	$A = hd + 2t(b - d) + 0.4292(2r^2 - r_1^2)$	

4. 硬度值对照表

洛氏HRC	肖氏HS	维氏HV	布氏		洛氏HRC	肖氏HS	维氏HV	布氏		洛氏HRC	肖氏HS	维氏HV	布氏	
			HBS	d(mm)				HBS	d(mm)				HBS	d(mm)
70		1037	—	—	51	67.7	525	501	2.73	32	44.5	304	298	3.52
69		997	—	—	50	66.3	509	488	2.77	31	43.5	296	291	3.56
68	96.6	959	—	—	49	65	493	474	2.81	30	42.5	289	283	3.61
67	94.6	923	—	—	48	63.7	478	461	2.85	29	41.6	281	276	3.65
66	92.6	889	—	—	47	62.3	463	449	2.89	28	40.6	274	269	3.70
65	90.5	856	—	—	46	61	449	436	2.93	27	39.7	268	263	3.74
64	88.4	825	—	—	45	59.7	436	424	2.97	26	38.8	261	257	3.78
63	86.5	795	—	—	44	58.4	423	413	3.01	25	37.9	255	251	3.83
62	84.8	766	—	—	43	57.1	411	401	3.05	24	37	249	245	3.87
61	83.1	739	—	—	42	55.9	399	391	3.09	23	36.3	243	240	3.91
60	81.4	713	—	—	41	54.7	388	380	3.13	22	35.5	237	234	3.95
59	79.7	688	—	—	40	53.5	377	370	3.17	21	34.7	231	229	4.00
58	78.1	664	—	—	39	52.3	367	360	3.21	20	34	226	225	4.03
57	76.5	642	—	—	38	51.1	357	350	3.26	19	33.2	221	220	4.07
56	54.9	620	—	—	37	50	347	341	3.30	18	32.6	216	216	4.11
55	73.5	599	—	—	36	48.8	338	332	3.34	17	31.9	211	211	4.15
54	71.9	579	—	—	35	47.8	329	323	3.39	—		—	—	—
53	70.5	561	—	—	34	46.6	320	314	3.43	—		—	—	—
52	69.1	543	—	—	33	45.6	312	306	3.48					

第二篇

建筑常用五金材料

第四章

建筑常用钢铁材料

一、常用钢种

1. 碳素结构钢（GB/T 700—2006）

（1）牌号与化学成分。

<table>
<tr><th rowspan="2">牌号</th><th rowspan="2">统一数字代号</th><th rowspan="2">质量等级</th><th rowspan="2">厚度（或直径）（mm）</th><th rowspan="2">脱氧方法</th><th colspan="5">化学成分（质量分数）（%）≤</th></tr>
<tr><th>C</th><th>Si</th><th>Mn</th><th>P</th><th>S</th></tr>
<tr><td>Q195</td><td>U11952</td><td>—</td><td>—</td><td>F、Z</td><td>0. 12</td><td>0. 30</td><td>0. 50</td><td>0. 035</td><td>0. 040</td></tr>
<tr><td rowspan="2">Q215</td><td>U12152</td><td>A</td><td rowspan="2">—</td><td rowspan="2">F、Z</td><td rowspan="2">0. 15</td><td rowspan="2">0. 35</td><td rowspan="2">1. 20</td><td rowspan="2">0. 045</td><td>0. 050</td></tr>
<tr><td>U12155</td><td>B</td><td>0. 045</td></tr>
<tr><td rowspan="4">Q235</td><td>U12352</td><td>A</td><td rowspan="4">—</td><td rowspan="2">F、Z</td><td>0. 22</td><td rowspan="4">0. 35</td><td rowspan="4">1. 40</td><td rowspan="2">0. 045</td><td>0. 050</td></tr>
<tr><td>U12355</td><td>B</td><td>0. 20</td><td>0. 045</td></tr>
<tr><td>U12358</td><td>C</td><td>Z</td><td rowspan="2">0. 17</td><td>0. 040</td><td>0. 040</td></tr>
<tr><td>U12359</td><td>D</td><td>TZ</td><td>0. 035</td><td>0. 035</td></tr>
<tr><td rowspan="5">Q275</td><td>U12752</td><td>A</td><td>—</td><td>F、Z</td><td>0. 24</td><td rowspan="3">0. 35</td><td rowspan="3">1. 50</td><td>0. 045</td><td>0. 050</td></tr>
<tr><td rowspan="2">U12755</td><td rowspan="2">B</td><td>≤40</td><td rowspan="2">Z</td><td>0. 21</td><td rowspan="2">0. 045</td><td rowspan="2">0. 045</td></tr>
<tr><td>>40</td><td>0. 22</td></tr>
<tr><td>U12758</td><td>C</td><td rowspan="2">—</td><td>Z</td><td rowspan="2">0. 20</td><td rowspan="2">0. 35</td><td rowspan="2">1. 50</td><td>0. 040</td><td>0. 040</td></tr>
<tr><td>U12759</td><td>D</td><td>TZ</td><td>0. 035</td><td>0. 035</td></tr>
</table>

注 钢的牌号由代表屈服点的字母、屈服点数值、质量等级符号、脱氧方法符号等四个部分按顺序组成，如：

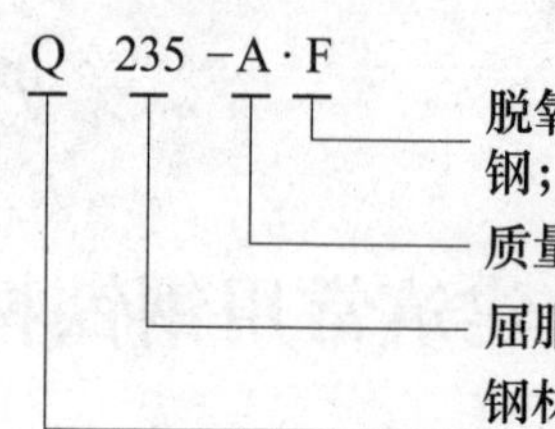

脱氧方法符号(F–沸腾钢；b–半镇静钢；Z–镇静钢；TZ–特殊镇静钢)

质量等级符号(A、B、C、D)

屈服点数值(MPa)

钢材屈服点“屈”字的汉语拼音首字母

（2）力学性能。

牌号	等级	拉伸试验												冲击试验（V 型缺口）	
		屈服强度 $\sigma_{0.2}$（MPa）≥						抗拉强度 R_m (MPa)	断后伸长率 A（%）≥					温度（℃）	冲击吸收功 A_{kv} (纵向) (J) ≥
		钢材厚度（或直径）（mm）							钢材厚度（或直径）（mm）						
		≤16	>16~40	>40~60	>60~100	>100~150	>150~200		≤40	>40~60	>60~100	>100~150	>150~200		
Q195	—	195	185	—	—	—	—	315~430	33	—	—	—	—	—	—
Q215	A	215	205	195	185	175	165	335~450	31	30	29	27	26	—	—
	B													20	27
Q235	A	235	225	215	215	195	185	370~500	26	25	24	22	21	—	—
	B													20	27
	C													0	
	D													−20	
Q275	A	275	265	255	245	225	215	410~540	20	18	17	16	15	—	—
	B													20	27
	C													0	
	D													−20	

（3）冷弯性能。

牌号	试样方向	180°冷弯试验	
		钢材厚度（或直径）（mm）	
		≤60	>60~100
		弯心直径 d	
Q195	纵	0	—
	横	0.5a	—
Q215	纵	0.5a	1.5a
	横	a	2a
Q235	纵	a	2a
	横	1.5a	2.5a
Q275	纵	1.5a	2.5a
	横	2a	3a

注 a 为试样厚度。

2. 优质碳素结构钢（GB/T 699—2015）

（1）钢号与化学成分。

牌号	化学成分（质量分数）（%）							
	C	Si	Mn	P	S	Ni	Cr	Cu
				≤				
08F	0.05~0.11	≤0.03	0.25~0.50	0.035	0.035	0.25	0.10	0.25
10F	0.07~0.13	≤0.07	0.25~0.50	0.035	0.035	0.25	0.15	0.25
15F	0.12~0.18	≤0.07	0.25~0.50	0.035	0.035	0.25	0.25	0.25
08	0.05~0.11	0.17~0.37	0.35~0.65	0.035	0.035	0.25	0.10	0.25
10	0.07~0.13	0.17~0.37	0.35~0.65	0.035	0.035	0.25	0.15	0.25
15	0.12~0.18	0.17~0.37	0.35~0.65	0.035	0.035	0.25	0.25	0.25
20	0.17~0.23	0.17~0.37	0.35~0.65	0.035	0.035	0.25	0.25	0.25
25	0.22~0.29	0.17~0.37	0.50~0.80	0.035	0.035	0.25	0.25	0.25

续表

牌号	化学成分（质量分数）(%)							
	C	Si	Mn	P	S	Ni	Cr	Cu
				≤				
30	0.27~0.34	0.17~0.37	0.50~0.80	0.035	0.035	0.25	0.25	0.25
35	0.32~0.39	0.17~0.37	0.50~0.80	0.035	0.035	0.25	0.25	0.25
40	0.37~0.44	0.17~0.37	0.50~0.80	0.035	0.035	0.25	0.25	0.25
45	0.42~0.50	0.17~0.37	0.50~0.80	0.035	0.035	0.25	0.25	0.25
50	0.47~0.55	0.17~0.37	0.50~0.80	0.035	0.035	0.25	0.25	0.25
55	0.52~0.60	0.17~0.37	0.50~0.80	0.035	0.035	0.25	0.25	0.25
60	0.57~0.65	0.17~0.37	0.50~0.80	0.035	0.035	0.25	0.25	0.25
65	0.62~0.70	0.17~0.37	0.50~0.80	0.035	0.035	0.25	0.25	0.25
70	0.67~0.75	0.17~0.37	0.50~0.80	0.035	0.035	0.25	0.25	0.25
75	0.72~0.80	0.17~0.37	0.50~0.80	0.035	0.035	0.25	0.25	0.25
80	0.77~0.85	0.17~0.37	0.50~0.80	0.035	0.035	0.25	0.25	0.25
85	0.82~0.90	0.17~0.37	0.50~0.80	0.035	0.035	0.25	0.25	0.25
15Mn	0.12~0.18	0.17~0.37	0.70~1.00	0.035	0.035	0.25	0.25	0.25
20Mn	0.17~0.23	0.17~0.37	0.70~1.00	0.035	0.035	0.25	0.25	0.25
25Mn	0.22~0.29	0.17~0.37	0.70~1.00	0.035	0.035	0.25	0.25	0.25
30Mn	0.27~0.34	0.17~0.37	0.70~1.00	0.035	0.035	0.25	0.25	0.25
35Mn	0.32~0.39	0.17~0.37	0.70~1.00	0.035	0.035	0.25	0.25	0.25
40Mn	0.37~0.44	0.17~0.37	0.70~1.00	0.035	0.035	0.25	0.25	0.25
45Mn	0.42~0.50	0.17~0.37	0.70~1.00	0.035	0.035	0.25	0.25	0.25
50Mn	0.48~0.56	0.17~0.37	0.70~1.00	0.035	0.035	0.25	0.25	0.25
60Mn	0.57~0.65	0.17~0.37	0.70~1.00	0.035	0.035	0.25	0.25	0.25
65Mn	0.62~0.70	0.17~0.37	0.90~1.20	0.035	0.035	0.25	0.25	0.25
70Mn	0.67~0.75	0.17~0.37	0.90~1.20	0.035	0.035	0.25	0.25	0.25

（2）力学性能。

牌号	试样毛坯尺寸（mm）	推荐热处理（℃）			力学性能					钢材交货状态硬度HBS	
		正火	淬火	回火	抗拉强度 R_m（MPa）	屈服点 σ_s（MPa）	断后伸长率 A_5（%）	断面收缩率 Z（%）	冲击吸收功 A_k（J）	未热处理	退火钢
					≥					≤	
08F	25	930	—	—	295	175	35	60	—	131	—
10F	25	930	—	—	315	185	33	55	—	137	—
15F	25	920	—	—	355	205	29	55	—	143	—
08	25	930	—	—	325	195	33	60	—	131	—
10	25	930	—	—	335	205	31	55	—	137	—
15	25	920	—	—	375	225	27	55	—	143	—
20	25	910	—	—	410	245	25	55	—	156	—
25	25	900	870	600	450	275	23	50	71	170	—
30	25	880	860	600	490	295	21	50	63	179	—
35	25	870	850	600	530	315	20	45	55	197	—
40	25	860	840	600	570	335	19	45	47	217	187
45	25	850	840	600	600	355	16	40	39	229	197
50	25	830	830	600	630	375	14	40	31	241	207
55	25	820	820	600	645	380	13	35	—	255	217
60	25	810	—	—	675	400	12	35	—	255	229
65	25	810	—	—	695	410	10	30	—	255	229
70	25	790	—	—	715	420	9	30	—	269	229
75	试样	—	820	480	1080	880	7	30	—	285	241
80	试样	—	820	480	1080	930	6	30	—	285	241
85	试样	—	820	480	1130	980	6	30	—	302	255

续表

牌号	试样毛坯尺寸(mm)	推荐热处理(℃)			力学性能					钢材交货状态硬度HBS	
		正火	淬火	回火	抗拉强度 R_m(MPa)	屈服点 σ_s(MPa)	断后伸长率 A_5(%)	断面收缩率 Z(%)	冲击吸收功 A_k(J)	未热处理	退火钢
					≥					≤	
15Mn	25	920	—	—	410	245	26	55	—	163	—
20Mn	25	910	—	—	450	275	24	50	—	197	—
25Mn	25	900	870	600	490	295	22	50	71	207	—
30Mn	25	880	860	600	540	315	20	45	63	217	187
35Mn	25	870	850	600	560	335	18	45	55	229	197
40Mn	25	860	840	600	590	355	17	45	47	229	207
45Mn	25	850	840	600	620	375	15	40	39	241	217
50Mn	25	830	830	600	645	390	13	40	31	255	217
60Mn	25	810	—	—	695	410	11	35	—	269	229
65Mn	25	830	—	—	735	430	9	30	—	285	229
70Mn	25	790	—	—	785	450	8	30	—	285	229

(3) 特性与用途。

牌号	特性与用途
08F	强度、硬度低，冷变形塑性很好，可深冲压加工，焊接性好，产品有薄板、薄带、冷变形材、冷拉钢丝等，用作冲压件、压延件，各类不承受载荷的覆盖件、套筒、桶、管、垫片、仪表板，渗碳件和碳氮共渗件等
08	强度，硬度低，塑性、韧性好，冷加工性好，淬硬性极差，时效敏感性稍弱，不宜切削加工。可生产冷变形材、焊接件、离合器盘、薄板和薄带制品，如桶、管、垫片及焊条等
10/10F	强度较高，塑性、韧性很好，易加工成形，切削加工性能好，焊接性优良，无回火脆性，淬透性和淬硬性均差。可制造汽车车身，贮器、深冲压器皿、管子、垫片等，可用作冷轧、冷冲，冷镦、冷弯、热轧、热挤压、热镦等工艺成型，也可用作渗碳件、碳氮共渗件等

续表

牌号	特性与用途
15/15F	强度、硬度、塑性与10/10F钢相近。韧性、焊接性好，淬透性和淬硬性低。用作受力不大、形状简单、焊接性能较好的中、小型结构件，渗碳零件、机械紧固件、冲模锻件和不需要热处理的低载荷零件，如螺栓、螺钉、法兰盘及化工机械用贮器、蒸汽锅炉等
20	强度、硬度高于15/15F钢，塑性、焊接性均好，热轧或正火后韧性好，用作受力不大但要求较高韧性的各种机械零件，如杠杆、螺钉、起重钩等，也可用作6MPa（60atm）、450℃以下及非腐蚀介质中使用的管子、导管等，以及心部强度要求不高的渗碳件，如轴套、链轮等
25	强度、硬度、塑性和韧性较好，焊接性、冷变形塑性较高，切削加工性中等，淬透性、淬硬性不高。用作热锻和热冲压的机械零件，焊接件，渗碳和碳氮共渗的机床零件，以及中、重型机械上受力不大的零件，如轴、辊子、连接器、垫圈、螺栓、螺帽等
30	强度、硬度比25钢高，塑性、焊接性好，热处理后具有较好的综合力学性能，切削加工性能良好，适于热锻、热冲压成型，用作热锻和热冲压的机械零件，机械用轴、杆、机架，以及受力不大、低载荷零件，如丝杠、拉杆、轴键、齿轮、轴套等
35	强度、塑性较好，冷塑性高，焊接性较好、淬透性低，用作热锻和热冲压的机械零件，可承受较大载荷的零件，如曲轴、杠杆、连杆、钩环、轮圈等，以及各种标准件、紧固件
40	强度较高，切削加工性良好，冷变形能力中等，焊接性差，淬透性低。可制造机器的运动零件，如辊子、曲轴、传动轴、活塞杆、连杆、链轮、齿轮等
45	强度较高，有较好的强韧性，淬透性低，水淬时易生裂纹。可制造强度高的运动零件，如蒸汽透平机叶轮、压缩机活塞、轴、齿轮、齿条、蜗杆等
50	强度高，弹性好，冷变形塑性低，切削加工性中等，焊接性差，无回火脆性，淬透性较低，水淬时易生裂纹。用作耐磨性要求高、动载荷及冲击作用不大的零件，如锻造齿轮、拉杆，轧辊、轴摩擦盘、机床主轴、发动机曲轴、农业机械犁铧、重载荷心轴以及减振弹簧、弹簧垫圈等
55	强度和硬度较50钢高，弹性好，塑性和韧性低，切削加工性中等，焊接性差，淬透性较低。可制造高强度、高弹性、高耐磨性零件，如齿轮、连杆、轮圈、轮缘、机车轮箍、扁弹簧、热轧轧辊等
60	具有高强度、高硬度和高弹性，冷变形塑性差，切削加工性能中等，焊接性不好，淬透性低。可制造轧辊、轴、偏心辊、轮箍、离合器、凸轮、弹簧圈、减振弹簧、钢丝绳

续表

牌号	特性与用途
65	具有较高强度与弹性，冷变形塑性低，焊接性不好，易形成裂纹，可加工性差，淬透性不好。可制造截面、形状简单、受力小的扁形或螺旋弹簧零件，如汽门弹簧、弹簧环等，也用作高耐磨性零件，如轧辊、曲轴、凸轮及钢丝绳等
70	性能与65钢相近，弹性较高，不宜焊接，淬透性不好。可制造弹簧、钢丝、钢带，车轮圈、农机犁铧等
75	性能与65钢相近，强度较高而弹性稍差，淬透性不好。可制造螺旋弹簧、板弹簧，以及承受摩擦的机械零件
80	性能与70钢相似，强度较高而弹性略低，淬透性不好。可制造板弹簧、螺旋弹簧、抗磨损零件、较低速车轮等
85	强度、硬度高，但弹性低。可制造铁道车辆、扁形板弹簧、圆形螺旋弹簧、锯片、农机中的摩擦盘等
15Mn	强度、塑件和淬透性均比15钢稍高，切削加工性较高，低温冲击韧性和焊接性能良好。用作齿轮、曲柄轴、支架、铰链、螺钉、螺母及铆焊结构件等
20Mn	强度和淬透性与15Mn钢相近，用于对中心部分的力学性能要求高且需表面渗碳的机械零件
25Mn	性能与25钢相近，但其淬透性、强度、塑性较高，低温冲击韧性和焊接性能良好，用于各种结构件和机械零件
30Mn	具有较高的强度和淬透性，冷变形塑性好，焊接性中等，切削性良好，用于各种机械结构件和机械零件，如螺栓、螺母、螺钉、杠杆、小轴、刹车齿轮，还可制作农机的钩环链等
35Mn	强度和淬透性高，切削加工性良好，冷变形时的塑性中等，焊接性较差，用作传动轴、啮合杆、螺栓、螺母，以及心轴、齿轮、叉等
40Mn	淬透性高于40钢，调质处理后强度、硬度、韧性均比40钢高，切削加工性好，冷变形塑性中等，焊接性低，用作承受疲劳载荷的部件，如辊、轴、连杆，高应力下工作的螺钉、螺帽等
45Mn	淬透性、强度、韧性较高，调质处理后具有良好的综合力学性能，切削加工性好，冷变形塑性低，焊接性差，用作曲轴、连杆、心轴、汽车半轴、万向节轴、花键轴、制动杠杆、啮合杆、齿轮、离合器盘、螺栓、螺帽等

续表

牌号	特性与用途
50Mn	淬透性较高，热处理后强度、硬度、弹性均稍高于50钢，焊接性差，用作耐磨性要求高、在高载荷下工作的零件，如齿轮、齿轮轴、摩擦盘、心轴、平板弹簧等
60Mn	强度、硬度、弹性和淬透性较高，退火后的加工性良好，冷变形塑性和焊接性差，用作螺旋弹簧、板簧、各种圆扁弹簧、弹簧环、片
65Mn	具有高的强度和硬度，弹性良好，淬透性较高，退火后加工性较好，冷变形塑性低，焊接性差，用作承受中等载荷的板弹簧、小直径螺旋弹簧和弹簧环、汽门弹簧、刹车弹簧、离合器簧片，以及高耐磨性零件，如弹簧卡头、切刀、螺旋辊子等
70Mn	淬透较高，热处理后强度、硬度、弹性好，冷塑性变形能力、焊接性差，用作承受较大应力、抗磨损的机械零件，如各种弹簧圈、弹簧垫圈、止推环、锁紧圈、离合器盘等

3. 低合金高强度结构钢（GB/T 1591—2008）

（1）牌号与化学成分。

<table>
<tr><th rowspan="3">牌号</th><th rowspan="3">质量等级</th><th colspan="7">化学成分（质量分数）（%）</th></tr>
<tr><th rowspan="2">C</th><th rowspan="2">Si</th><th rowspan="2">Mn</th><th>P</th><th>S</th><th>Nb</th><th>Al</th></tr>
<tr><th colspan="4">≤</th></tr>
<tr><td rowspan="5">Q345</td><td>A</td><td rowspan="3">≤0.20</td><td rowspan="5">≤0.50</td><td rowspan="5">≤1.70</td><td>0.035</td><td>0.035</td><td rowspan="5">0.07</td><td rowspan="2">—</td></tr>
<tr><td>B</td><td>0.035</td><td>0.035</td></tr>
<tr><td>C</td><td>0.030</td><td>0.030</td><td rowspan="3">0.015</td></tr>
<tr><td>D</td><td rowspan="2">≤0.18</td><td>0.030</td><td>0.025</td></tr>
<tr><td>E</td><td>0.025</td><td>0.020</td></tr>
<tr><td rowspan="5">Q390</td><td>A</td><td rowspan="5">≤0.20</td><td rowspan="5">≤0.50</td><td rowspan="5">≤1.70</td><td>0.035</td><td>0.035</td><td rowspan="5">0.07</td><td rowspan="2">—</td></tr>
<tr><td>B</td><td>0.035</td><td>0.035</td></tr>
<tr><td>C</td><td>0.030</td><td>0.030</td><td rowspan="3">0.015</td></tr>
<tr><td>D</td><td>0.030</td><td>0.025</td></tr>
<tr><td>E</td><td>0.025</td><td>0.020</td></tr>
</table>

续表

牌号	质量等级	化学成分（质量分数）（%）						
		C	Si	Mn	P	S	Nb	Al
					≤			
Q420	A	≤0.20	≤0.50	≤1.70	0.035	0.035	0.07	—
	B				0.035	0.035		
	C				0.030	0.030		0.015
	D				0.030	0.025		
	E				0.025	0.020		
Q460	C	≤0.20	≤0.60	≤1.80	0.030	0.030	0.11	0.015
	D				0.030	0.025		
	E				0.025	0.020		
Q500	C	≤0.18	≤0.60	≤1.80	0.030	0.030	0.11	0.015
	D				0.030	0.025		
	E				0.025	0.020		
Q550	C	≤0.18	≤0.60	≤2.00	0.030	0.030	0.11	0.015
	D				0.030	0.025		
	E				0.025	0.020		
Q620	C	≤0.18	≤0.60	≤2.00	0.030	0.030	0.11	0.015
	D				0.030	0.025		
	E				0.025	0.020		
Q690	C	≤0.18	≤0.60	≤2.00	0.030	0.030	0.11	0.015
	D				0.030	0.025		
	E				0.025	0.020		

牌号	化学成分（质量分数）（%）							
	V	Ti	Cr	Ni	Cu	N	Mo	B
	≤							
Q345	0.15	0.20	0.30	0.50	0.30	0.012	0.10	—
Q390	0.20	0.20	0.30	0.50	0.30	0.015	0.10	—

续表

<table>
<tr><th rowspan="3">牌号</th><th colspan="8">化学成分（质量分数）（%）</th></tr>
<tr><th>V</th><th>Ti</th><th>Cr</th><th>Ni</th><th>Cu</th><th>N</th><th>Mo</th><th>B</th></tr>
<tr><th colspan="8">≤</th></tr>
<tr><td>Q420</td><td>0.20</td><td>0.20</td><td>0.30</td><td>0.80</td><td>0.30</td><td>0.015</td><td>0.20</td><td>—</td></tr>
<tr><td>Q460</td><td>0.20</td><td>0.20</td><td>0.30</td><td>0.80</td><td>0.55</td><td>0.015</td><td>0.20</td><td>0.004</td></tr>
<tr><td>Q500</td><td>0.12</td><td>0.20</td><td>0.60</td><td>0.80</td><td>0.55</td><td>0.015</td><td>0.20</td><td>0.004</td></tr>
<tr><td>Q550</td><td>0.12</td><td>0.20</td><td>0.80</td><td>0.80</td><td>0.80</td><td>0.015</td><td>0.30</td><td>0.004</td></tr>
<tr><td>Q620</td><td>0.12</td><td>0.20</td><td>1.00</td><td>0.80</td><td>0.80</td><td>0.015</td><td>0.30</td><td>0.004</td></tr>
<tr><td>Q690</td><td>0.12</td><td>0.20</td><td>1.00</td><td>0.80</td><td>0.80</td><td>0.015</td><td>0.30</td><td>0.004</td></tr>
</table>

（2）屈服强度。

<table>
<tr><th rowspan="3">牌号</th><th rowspan="3">质量等级</th><th colspan="9">屈服强度 R_{eL}（MPa）≥</th></tr>
<tr><th colspan="9">公称厚度（直径、边长）（mm）</th></tr>
<tr><th>≤16</th><th>>16～40</th><th>>40～63</th><th>>63～80</th><th>>80～100</th><th>>100～150</th><th>>150～200</th><th>>200～250</th><th>>250～400</th></tr>
<tr><td rowspan="5">Q345</td><td>A</td><td rowspan="5">345</td><td rowspan="5">335</td><td rowspan="5">325</td><td rowspan="5">315</td><td rowspan="5">305</td><td rowspan="5">285</td><td rowspan="5">275</td><td rowspan="5">265</td><td rowspan="3">—</td></tr>
<tr><td>B</td></tr>
<tr><td>C</td></tr>
<tr><td>D</td><td rowspan="2">265</td></tr>
<tr><td>E</td></tr>
<tr><td rowspan="5">Q390</td><td>A</td><td rowspan="5">390</td><td rowspan="5">370</td><td rowspan="5">350</td><td rowspan="5">330</td><td rowspan="5">330</td><td rowspan="5">310</td><td rowspan="5">—</td><td rowspan="5">—</td><td rowspan="5">—</td></tr>
<tr><td>B</td></tr>
<tr><td>C</td></tr>
<tr><td>D</td></tr>
<tr><td>E</td></tr>
<tr><td rowspan="4">Q420</td><td>A</td><td rowspan="4">420</td><td rowspan="4">400</td><td rowspan="4">380</td><td rowspan="4">360</td><td rowspan="4">340</td><td rowspan="4">—</td><td rowspan="4">—</td><td rowspan="4">—</td><td rowspan="4">—</td></tr>
<tr><td>B</td></tr>
<tr><td>C</td></tr>
<tr><td>D</td></tr>
</table>

续表

牌号	质量等级	屈服强度 R_{eL}（MPa）≥								
		公称厚度（直径、边长）（mm）								
		≤16	>16~40	>40~63	>63~80	>80~100	>100~150	>150~200	>200~250	>250~400
Q420	E	420	400	380	360	340	—	—	—	—
Q460	C	460	440	420	400	400	380	—	—	—
	D									
	E									
Q500	C	500	480	470	450	440	—	—	—	—
	D									
	E									
Q550	C	550	530	520	500	490	—	—	—	—
	D									
	E									
Q620	C	620	600	590	570	—	—	—	—	—
	D									
	E									
Q690	C	690	670	660	640	—	—	—	—	—
	D									
	E									

（3）抗拉强度。

牌号	抗拉强度 R_m（MPa）≥						
	公称厚度（直径、边长）（mm）						
	≤40	>40~63	>63~80	>80~100	>100~150	>150~200	>250~400
Q345	470~630	470~630	470~630	470~630	450~600	450~600	—
							450~600（D、E级钢）

续表

牌号	抗拉强度 R_m（MPa）≥						
	公称厚度（直径、边长）（mm）						
	≤40	>40~63	>63~80	>80~100	>100~150	>150~200	>250~400
Q390	490~650	490~650	490~650	490~650	470~620	—	—
Q420	520~680	520~680	520~680	520~680	500~650	—	—
Q460	550~720	550~720	550~720	550~720	530~700	—	—
Q500	610~770	600~760	590~750	540~730	—	—	—
Q550	670~830	620~810	600~790	590~780	—	—	—
Q620	710~880	690~880	670~860	—	—	—	—
Q690	770~940	750~920	730~900	—	—	—	—

（4）断后伸长率。

<table>
<tr><th rowspan="3">牌号</th><th rowspan="3">质量等级</th><th colspan="6">断后伸长率 A（%）≥</th></tr>
<tr><th colspan="6">公称厚度（直径、边长）（mm）</th></tr>
<tr><th>≤40</th><th>>40~63</th><th>>63~100</th><th>>100~150</th><th>>150~250</th><th>>250~400</th></tr>
<tr><td rowspan="5">Q345</td><td>A</td><td rowspan="2">20</td><td rowspan="2">19</td><td rowspan="2">19</td><td rowspan="2">18</td><td rowspan="2">17</td><td rowspan="3">—</td></tr>
<tr><td>B</td></tr>
<tr><td>C</td><td rowspan="3">21</td><td rowspan="3">20</td><td rowspan="3">20</td><td rowspan="3">19</td><td rowspan="3">18</td></tr>
<tr><td>D</td><td rowspan="2">17</td></tr>
<tr><td>E</td></tr>
<tr><td rowspan="5">Q390</td><td>A</td><td rowspan="5">20</td><td rowspan="5">19</td><td rowspan="5">19</td><td rowspan="5">18</td><td rowspan="5">—</td><td rowspan="5">—</td></tr>
<tr><td>B</td></tr>
<tr><td>C</td></tr>
<tr><td>D</td></tr>
<tr><td>E</td></tr>
</table>

续表

牌号	质量等级	断后伸长率 *A*（%）≥					
		公称厚度（直径、边长）（mm）					
		≤40	>40 ~63	>63 ~100	>100 ~150	>150 ~250	>250 ~400
Q420	A	19	18	18	18	—	—
	B						
	C						
	D						
	E						
Q460	C	17	16	16	16	—	—
	D						
	E						
Q500	A	17	17	17	—	—	—
	B						
	C						
	D						
	E						
Q550	C	16	16	16	—	—	—
	D						
	E						
Q620	C	15	15	15	—	—	—
	D						
	E						
Q690	C	14	14	14	—	—	—
	D						
	E						

(5) 夏比 (V 型) 冲击试验的试验温度和冲击吸收能量。

牌号	质量等级	试验温度(℃)	冲击吸收功 A_k (J) 公称厚度(直径、边长)(mm) 12~150	>150~250	>250~400
Q345	B	20	34	27	—
	C	0			
	D	-20			27
	E	-40			
Q390	B	20	34	—	—
	C	0			
	D	-20			
	E	-40			
Q420	B	20	34	—	—
	C	0			
	D	-20			
	E	-40			
460	C	0	34	—	—
	D	-20			
	E	-40			
Q500、Q550、Q620、Q690	C	0	55	—	—
	D	-20	47		
	E	-40	31		

（6）弯曲试验。

牌号	试样方向	180°弯曲试验	
		钢材厚度（直径、边长）（mm）	
		≤16	>16~100
Q345、Q390、Q420、Q460	宽度不小于600mm的扁平材，弯曲试验取横向试样；宽度小于600mm的扁平材、型材及棒材取纵向试样	2*a*	3*a*

注　*a*为试样厚度。

（7）特性和用途。

牌号	特性和用途
Q345、Q390	综合力学性能、焊接性能、冷热加工性能和耐蚀性能均好，C、D、E级钢具有良好的低温韧性，主要用于船舶、锅炉、压力容器、石油储罐、桥梁、电站设备、起重运输机械及其他较高载荷的焊接结构件
Q420	强度高，特别是在正火或正火加回火状态有较高的综合力学性能，主要用于大型船舶、桥梁、电站设备、中/高压锅炉、高压容器、机车车辆、起重机械、矿山机械及其他大型焊接结构件
Q460、Q500、Q550、Q620、Q690	强度最高，在正火、正火加回火或淬火加回火状态有很高的综合力学性能，全部用铝补充脱氧，质量等级为C、D、E级。可用于各种大型工程结构及要求强度高、载荷大的轻型结构

4. 耐候性结构钢（GB/T 4171—2008）

（1）牌号与化学成分。

牌号	化学成分（质量分数）（%）							
	C	Si	Mn	P	S	Cu	Cr	Ni
Q265GNH	≤0.12	0.10~0.40	0.20~0.50	0.07~0.12	≤0.020	0.20~0.45	0.30~0.65	0.25~0.50
Q295GNH	≤0.12	0.10~0.40	0.20~0.50	0.07~0.12	≤0.020	0.25~0.45	0.30~0.65	0.25~0.50

续表

牌号	化学成分（质量分数）（%）							
	C	Si	Mn	P	S	Cu	Cr	Ni
Q310GNH	≤0.12	0.25~0.75	0.20~0.50	0.07~0.12	≤0.020	0.20~0.50	0.30~1.25	≤0.65
Q355GNH	≤0.12	0.20~0.75	≤1.00	0.07~0.15	≤0.020	0.25~0.55	0.30~1.25	≤0.65
Q235NH	≤0.13	0.10~0.40	0.20~0.60	≤0.030	≤0.030	0.25~0.55	0.40~0.80	≤0.65
Q295NH	≤0.15	0.10~0.50	0.30~1.00	≤0.030	≤0.030	0.25~0.55	0.40~0.80	≤0.65
Q355NH	≤0.15	≤0.50	0.50~1.50	≤0.030	≤0.030	0.25~0.55	0.40~0.80	≤0.65
Q415NH	≤0.12	≤0.65	≤1.10	≤0.025	≤0.030	0.20~0.55	0.30~1.25	0.12~0.65
Q460NH	≤0.13	≤0.65	≤1.50	≤0.025	≤0.030	0.20~0.55	0.30~1.25	0.12~0.65
Q500NH	≤0.12	≤0.65	≤2.0	≤0.025	≤0.030	0.20~0.55	0.30~1.25	0.12~0.65
Q550NH	≤0.16	≤0.65	≤2.0	≤0.025	≤0.030	0.20~0.55	0.30~1.25	0.12~0.65

（2）力学性能。

牌号	拉伸试验									180°弯曲试验		
	屈服强度 R_{eL}（MPa）≥				抗拉强度 σ_b（MPa）	断后伸长率 A（%）≥						
	≤16	>16~40	>40~60	>60		≤16	>16~40	>40~60	>60	≤6	>6~16	>16
Q265GNH	265	—	—	—	≥410	27	—	—	—	a	—	—
Q295GNH	295	285	—	—	430~560	24	24	—	—	a	$2a$	$3a$
Q310GNH	310	—	—	—	≥450	26	—	—	—	a	—	—
Q355GNH	355	345	—	—	490~630	22	22	—	—	a	$2a$	$3a$
Q235NH	235	225	215	215	360~510	25	25	24	23	a	a	$3a$

续表

牌号	拉伸试验									180°弯曲试验		
	屈服强度 R_{eL}（MPa）≥				抗拉强度 σ_b（MPa）	断后伸长率 A（%）≥						
	≤16	>16~40	>40~60	>60		≤16	>16~40	>40~60	>60	≤6	>6~16	>16
Q295NH	295	285	275	255	430~560	24	24	23	22	a	$2a$	$3a$
Q355NH	355	345	335	325	490~630	22	22	21	20	a	$2a$	$3a$
Q415NH	415	405	395	—	520~680	22	22	20	—	a	$2a$	$3a$
Q460NH	460	450	440	—	570~730	20	20	19	—	a	$2a$	$3a$
Q500NH	500	490	480	—	600~760	18	16	15	—	a	$2a$	$3a$
Q550NH	550	540	530	—	620~780	16	16	15	—	a	$2a$	$3a$

注 a 为试样厚度。

（3）冲击性能。

质量等级	V 型缺口冲击试验		
	试样方向	温度（℃）	冲击吸收功 A_{kv2}（J）≥
A	纵向	—	—
B		20	47
C		0	34
D		-20	34
E		-40	27

（4）分类及用途。

类别	牌号	生产方式	用途
高耐候钢	Q295GNH、Q355GNH	热轧	与焊接耐候钢相比，具有较好的耐大气腐蚀性能，用于车辆、集装箱、建筑、塔架或其他结构件等
	Q265GNH、Q310GNH	冷轧	
焊接耐候钢	Q235NH、Q295NH、Q355NH、Q460NH、Q415NH、Q500NH、Q550NH	热轧	与高耐候钢相比，具有较好的焊接性能，用于车辆、集装箱、建筑、塔架或其他结构件等

5. 桥梁用结构钢（GB/T 714—2008）

（1）牌号和化学成分。

牌号	质量等级	化学成分（质量分数）（%）														
		C	Si	Mn	P	S	Nb	V	Ti	Cr	Ni	Cu	Mo	B	N	Als
		≤														≥
Q235q	C	≤0. 17	≤0. 35	≤1. 40	0. 030	0. 030	—	—	—	0. 30	0. 30	0. 30	—	—	0. 012	0. 015
	D				0. 025	0. 025										
	E				0. 020	0. 010										
Q245q	C	≤0. 20	≤0. 55	0. 90 ~1. 70	0. 030	0. 030	0. 06	0. 08	0. 03	0. 080	0. 50	0. 55	0. 20	—	0. 012	0. 015
	D	≤0. 18			0. 025	0. 025										
	E				0. 020	0. 010										
Q370q	C	≤0. 18	≤0. 55	1. 00 ~1. 70	0. 030	0. 025	0. 06	0. 08	0. 03	0. 080	0. 50	0. 55	0. 20	0. 004	0. 012	0. 015
	D				0. 025	0. 020										
	E				0. 020	0. 010										

续表

牌号	质量等级	化学成分（质量分数）（%）														
		C	Si	Mn	P	S	Nb	V	Ti	Cr	Ni	Cu	Mo	B	N	Als
		≤														≥
Q420q	C	≤0. 18	≤0. 55	1. 00~1. 70	0. 030	0. 025	0. 06	0. 08	0. 03	0. 080	0. 70	0. 55	0. 35	0. 004	0. 012	0. 015
	D				0. 025	0. 015										
	E				0. 020	0. 010										
Q460q	C	≤0. 18	≤0. 55	1. 00~1. 80	0. 030	0. 020	0. 06	0. 08	0. 03	0. 080	0. 70	0. 55	0. 35	0. 004	0. 012	0. 015
	D				0. 025	0. 015										
	E				0. 020	0. 010										

（2）推荐使用的牌号和化学成分。

牌号	质量等级	化学成分（质量分数）（%）														
		C	Si	Mn	P	S	Nb	V	Ti	Cr	Ni	Cu	Mo	B	N	Als
		≤														≥
Q500q	D	≤0. 18	≤0. 55	1. 00 ~1. 70	0. 025	0. 015	0. 06	0. 08	0. 03	0. 080	1. 00	0. 55	0. 40	0. 004	0. 012	0. 015
	E				0. 020	0. 010										
Q550q	D	≤0. 18	≤0. 55	1. 00 ~1. 70	0. 025	0. 015	0. 06	0. 08	0. 03	0. 080	1. 00	0. 55	0. 40	0. 004	0. 012	0. 015
	E				0. 020	0. 010										
Q620q	D	≤0. 18	≤0. 55	1. 00 ~1. 70	0. 025	0. 015	0. 06	0. 08	0. 03	0. 080	1. 10	0. 55	0. 60	0. 004	0. 012	0. 015
	E				0. 020	0. 010										
Q690q	D	≤0. 18	≤0. 55	1. 00 ~1. 70	0. 025	0. 015	0. 06	0. 08	0. 03	0. 080	1. 10	0. 55	0. 60	0. 004	0. 012	0. 015
	E				0. 020	0. 010										

（3）力学性能。

牌号	质量等级	拉伸试验				V型冲击试验	
		下屈服强度 R_{eL}（MPa）		抗拉强度 R_m（MPa）	断后伸长率 A（%）	试验温度（℃）	冲击吸收功 A_{kv2}（J）
		厚度（mm）					
		≤50	>50～100				
		≥					≥
Q235q	C	235	225	400	26	0	34
	D					-20	
	E					-40	
Q245q	C	345	335	490	20	0	47
	D					-20	
	E					-40	
Q370q	C	370	360	510	20	0	47
	D					-20	
	E					-40	
Q420q	C	420	410	540	19	0	47
	D					-20	
	E					-40	
Q460q	C	460	450	570	17	0	47
	D					-20	
	E					-40	

(4) 推荐使用的钢牌号和力学性能。

牌号	质量等级	拉伸试验				V 型冲击试验	
		下屈服强度 R_{eL}（MPa）		抗拉强度 R_m（MPa）	断后伸长率 A（%）	试验温度（℃）	冲击吸收功 A_{kv2}（J）
		厚度（mm）					
		≤50	>50~100				
		≥					≥
Q500q	D	500	480	600	16	-20	47
	E					-40	
Q550q	D	550	530	660	16	-20	47
	E					-40	
Q620q	D	620	580	720	15	-20	47
	E					-40	
Q690q	D	690	650	770	14	-20	47
	E					-40	

二、型钢

1. 热轧圆钢和方钢（GB/T 702—2008）

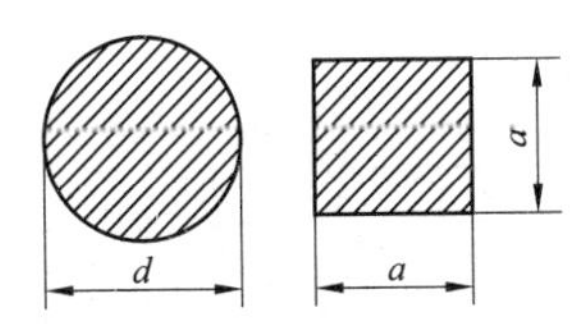

d 或 a（mm）	理论质量（kg/m）		d 或 a（mm）	理论质量（kg/m）		d 或 a（mm）	理论质量（kg/m）	
	圆钢	方钢		圆钢	方钢		圆钢	方钢
5. 5	0. 186	0. 237	8	0. 395	0. 502	12	0. 888	1. 13
6	0. 222	0. 283	9	0. 499	0. 636	13	1. 04	1. 33
6. 5	0. 260	0. 332	10	0. 617	0. 785	14	1. 21	1. 54
7	0. 302	0. 385	11	0. 746	0. 950	15	1. 39	1. 77

续表

d 或 a (mm)	理论质量（kg/m）		d 或 a (mm)	理论质量（kg/m）		d 或 a (mm)	理论质量（kg/m）	
	圆钢	方钢		圆钢	方钢		圆钢	方钢
16	1.58	2.01	45	12.5	15.9	135	112	143
17	1.78	2.27	48	14.2	18.1	140	121	154
18	2.00	2.54	50	15.4	19.6	145	130	165
19	2.23	2.83	53	17.3	22.0	150	139	177
20	2.47	3.14	55	18.6	23.7	155	148	189
21	2.72	3.46	56	19.3	24.6	160	158	201
22	2.98	3.80	58	20.7	26.4	165	168	214
23	3.26	4.25	60	22.2	28.3	170	178	227
24	3.55	4.52	63	24.5	31.2	180	200	254
25	3.85	4.91	65	26.0	33.2	190	223	283
26	4.17	5.31	68	28.5	36.3	200	247	314
27	4.49	5.72	70	30.2	38.5	210	272	—
28	4.83	6.15	75	34.7	44.2	220	298	—
29	5.18	7.06	80	39.5	50.2	230	326	—
30	5.55	7.06	85	44.5	56.7	240	355	—
31	5.92	7.54	90	49.9	63.6	250	385	—
32	6.31	8.04	95	55.6	70.8	260	417	—
33	6.71	8.55	100	61.7	78.5	270	449	—
34	7.13	9.07	105	68.0	86.5	280	483	—
35	7.55	9.62	110	74.6	95.0	290	518	—
36	7.99	10.2	115	81.5	104	300	555	—
38	8.90	11.3	120	88.8	113			
40	9.86	12.6	125	96.3	123	310	592	—
42	10.9	13.8	130	104	133			

注 d 为圆钢直径；a 为方钢边长。热轧圆钢的规格为 5.5~310mm。其中：6.5~25mm 的小圆钢大多以直条成捆供应，常用作钢筋、螺栓及各种机械零件；大于 25mm 的圆钢主要用于制造机械零件或作无缝钢管的管坯。热轧方钢的规格为 5.5~200mm。方钢常用于制造各种结构件和机械零件，也可用作轧制其他小型钢材的坯料。

2. 热轧六角钢和八角钢（GB/T 702—2008）

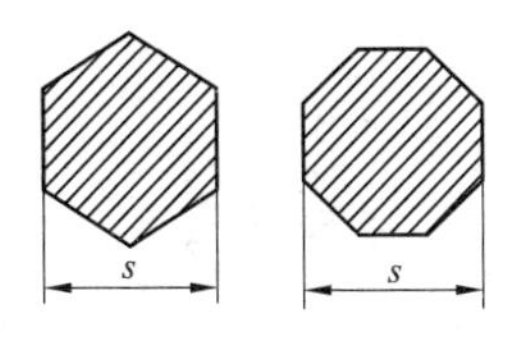

对边距离（mm）	截面面积（cm²）		理论质量（kg/m）		对边距离（mm）	截面面积（cm²）		理论质量（kg/m）	
	六角钢	八角钢	六角钢	八角钢		六角钢	八角钢	六角钢	八角钢
8	0.5543	—	0.435	—	28	6.790	6.492	5.33	5.10
9	0.7015	—	0.551	—	30	7.794	7.452	6.12	5.85
10	0.866	—	0.680	—	32	8.868	8.479	6.96	6.66
11	1.048	—	0.823	—	34	10.011	9.572	7.86	7.51
12	1.247	—	0.979	—	36	11.223	10.731	8.81	8.42
13	1.464	—	1.15	—	38	12.505	11.956	9.82	9.39
14	1.697	—	1.33	—	40	13.86	13.250	10.88	10.40
15	1.949	—	1.53	—	42	15.28	—	11.99	—
16	2.217	2.120	1.74	1.66	45	17.54	—	13.77	—
17	2.503	—	1.96	—	48	19.95	—	15.66	—
18	2.806	2.683	2.20	2.16	50	21.65	—	17.00	—
19	3.126	—	2.45	—	53	24.33	—	19.10	—
20	3.464	3.312	2.72	2.60	56	27.16	—	21.32	—
21	3.819	—	3.00	—	58	29.13	—	22.87	—
22	4.192	4.008	3.29	3.15	60	31.18	—	24.50	—
23	4.581	—	3.60	—	63	34.37	—	26.98	—
24	4.988	—	3.92	—	65	36.59	—	28.72	—
25	5.413	5.175	4.25	4.06	68	40.04	—	31.43	—
26	5.845	—	4.60	—	70	42.43	—	33.30	—
27	6.314	—	4.96	—					

注 规格以对边距离（或内切圆直径）的毫米数表示，热轧六角钢边长表示，热轧六角钢的规格为 8~70mm，热轧八角钢的规格为 16~40mm。热轧六角钢和八角钢常用于制造螺栓、螺母、工具、撬棍等。

3. 热轧等边角钢（GB/T 706—2008）

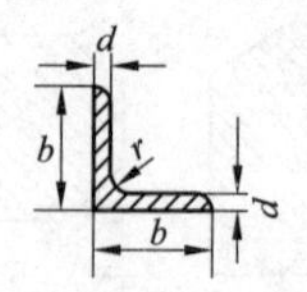

b—边宽，d—边厚，r—内圆弧半径

型号	截面尺寸（mm）			截面面积（cm^2）	理论质量（kg/m）	外表面积（m^2/m）
	b	d	r			
2	20	3	3. 5	1. 132	0. 889	0. 078
		4		1. 459	1. 145	0. 077
2. 5	25	3		1. 432	1. 124	0. 098
		4		1. 859	1. 459	0. 097
3. 0	30	3	4. 5	1. 749	1. 373	0. 117
		4		2. 276	1. 786	0. 117
3. 6	36	3		2. 109	1. 656	0. 141
		4		2. 756	2. 163	0. 141
		5		3. 382	2. 654	0. 141
4	40	3	5	2. 359	1. 852	0. 157
		4		3. 086	2. 422	0. 157
		5		3. 791	2. 976	0. 156
4. 5	45	3	5	2. 659	2. 088	0. 177
		4		3. 486	2. 736	0. 177
		5		4. 292	3. 369	0. 176
		6		5. 076	3. 985	0. 176
5	50	3	5. 5	2. 971	2. 332	0. 197
		4		3. 897	3. 059	0. 197
		5		4. 803	3. 770	0. 196
		6		5. 688	4. 465	0. 196

续表

型号	截面尺寸（mm）			截面面积（cm^2）	理论质量（kg/m）	外表面积（m^2/m）
	b	*d*	*r*			
5.6	56	3	6	3.343	2.624	0.221
		4		4.390	3.446	0.220
		5		5.415	4.251	0.220
		6		6.420	5.040	0.220
		7		7.404	5.812	0.219
		8		8.367	6.568	0.219
6	60	5	6.5	5.829	4.576	0.236
		6		6.914	5.427	0.235
		7		7.977	6.262	0.235
		8		9.020	7.081	0.235
6.3	63	4	7	4.978	3.907	0.248
		5		6.143	4.822	0.248
		6		7.288	5.721	0.247
		7		8.412	6.603	0.247
		8		9.515	7.469	0.247
		10		11.657	9.151	0.246
7	70	4	8	5.570	4.372	0.275
		5		6.875	5.397	0.275
		6		8.160	6.406	0.275
		7		9.424	7.398	0.275
		8		10.667	8.373	0.274
7.5	75	5	9	7.412	5.818	0.295
		6		8.797	6.905	0.294
		7		10.160	7.976	0.294
		8		11.503	9.030	0.294
		9		12.825	10.068	0.294

续表

型号	截面尺寸（mm）			截面面积（cm^2）	理论质量（kg/m）	外表面积（m^2/m）
	b	*d*	*r*			
7.5	75	10	9	14.126	11.089	0.293
8	80	5	9	7.912	6.211	0.315
		6		9.397	7.376	0.314
		7		10.860	8.525	0.314
		8		12.303	9.658	0.314
		9		13.725	10.774	0.314
		10		15.126	11.874	0.313
9	90	6	10	10.637	8.350	0.354
		7		12.301	9.656	0.354
		8		13.944	10.946	0.353
		9		15.566	12.219	0.353
		10		17.167	13.476	0.353
		12		20.306	15.940	0.352
10	100	6	12	11.932	9.366	0.393
		7		13.796	10.830	0.393
		8		15.638	12.276	0.393
		9		17.462	13.708	0.392
		10		19.261	15.120	0.392
		12		22.800	17.898	0.391
		14		26.256	20.611	0.391
		16		29.627	23.257	0.390
11	110	7	12	15.196	11.928	0.433
		8		17.238	13.532	0.433
		10		21.261	16.690	0.432
		12		25.200	19.782	0.431
		14		29.056	22.809	0.431

续表

型号	截面尺寸（mm）			截面面积（cm^2）	理论质量（kg/m）	外表面积（m^2/m）
	b	*d*	*r*			
12.5	125	8	14	19.750	15.504	0.492
		10		24.373	19.133	0.491
		12		28.912	22.696	0.491
		14		33.367	26.193	0.490
		16		37.739	29.625	0.489
14	140	10	14	27.373	21.488	0.551
		12		32.512	25.522	0.551
		14		37.567	29.490	0.550
		16		42.539	33.393	0.549
16	160	10	16	31.502	24.729	0.630
		12		37.441	29.391	0.630
		14		43.296	33.987	0.629
		16		49.067	38.518	0.629
18	180	12	16	42.241	33.159	0.710
		14		48.896	38.383	0.709
		16		55.467	43.542	0.709
		18		61.955	48.634	0.708
20	200	14	18	54.642	42.894	0.788
		16		62.013	48.680	0.788
		18		69.301	54.401	0.787
		20		76.505	60.056	0.787
		24		90.661	71.168	0.785
22	220	16	21	68.664	53.901	0.866
		18		76.752	60.250	0.866
		20		84.756	66.533	0.865
		22		92.676	72.751	0.865

续表

型号	截面尺寸（mm）			截面面积（cm^2）	理论质量（kg/m）	外表面积（m^2/m）
	b	*d*	*r*			
22	220	24	21	100.512	78.902	0.864
		26		108.264	84.987	0.864
25	250	18	24	87.842	68.956	0.985
		20		97.045	76.180	0.984
		24		115.201	90.433	0.983
		26		124.154	97.461	0.982
		28		133.022	104.422	0.982
		30		141.807	111.318	0.981
		32		150.508	118.149	0.981
		35		163.402	128.271	0.980

注　热轧等边角钢规格以边宽×边宽×边厚的毫米数表示。也可用型号表示，型号是边宽的厘米数，如∠3。热轧等边角钢的规格为2~25号。广泛用于各种建筑结构和工程结构，如房架、桥梁、输电塔、起重运输机械、船舶、工业炉、反应塔、容器架以及仓库货架等。

4. 热轧不等边角钢（GB/T 706—2008）

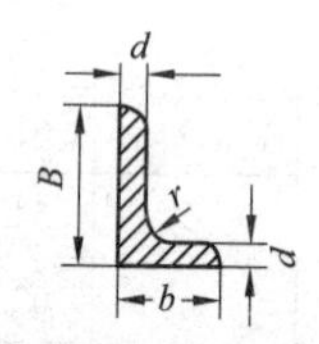

B—长边宽；*b*—短边宽；*d*—边厚；*r*—内圆弧半径

型号	截面尺寸（mm）				横截面积（cm^2）	理论质量（kg/m）	外表面积（m^2/m）
	B	*b*	*d*	*r*			
2.5/1.6	25	16	3	3.5	1.162	0.912	0.080
			4		1.499	1.176	0.079
3.2/2	32	20	3		1.492	1.171	0.102
			4		1.939	1.522	0.101

续表

型号	截面尺寸（mm）				横截面积（cm^2）	理论质量（kg/m）	外表面积（m^2/m）
	B	*b*	*d*	*r*			
4/2. 5	40	25	3	4	1. 890	1. 484	0. 127
			4		2. 467	1. 936	0. 127
4. 5/2. 8	45	28	3	5	2. 149	1. 687	0. 143
			4		2. 806	2. 203	0. 143
5/3. 2	50	32	3	5. 5	2. 431	1. 908	0. 161
			4		3. 177	2. 494	0. 160
5. 6/3. 6	56	36	3	6	2. 743	2. 153	0. 181
			4		3. 590	2. 818	0. 180
			5		4. 415	3. 466	0. 180
6. 3/4	63	40	4	7	4. 058	3. 185	0. 202
			5		4. 993	3. 920	0. 202
			6		5. 908	4. 638	0. 201
			7		6. 802	5. 339	0. 201
7/4. 5	70	45	4	7. 5	4. 547	3. 570	0. 226
			5		5. 609	4. 403	0. 225
			6		6. 647	5. 218	0. 225
			7		7. 657	6. 011	0. 225
7. 5/5	75	50	5	8	6. 125	4. 808	0. 245
			6		7. 260	5. 699	0. 245
			8		9. 467	7. 431	0. 244
			10		11. 590	9. 098	0. 244
8/5	80	50	5	8	6. 375	5. 005	0. 255
			6		7. 560	5. 935	0. 255
			7		8. 724	9. 848	0. 255
			8		9. 867	7. 745	0. 254

续表

型号	截面尺寸（mm）				横截面积（cm^2）	理论质量（kg/m）	外表面积（m^2/m）
	B	*b*	*d*	*r*			
9/5. 6	90	56	5	9	7. 212	5. 661	0. 287
			6		8. 557	6. 717	0. 286
			7		9. 880	7. 756	0. 286
			8		11. 183	8. 779	0. 286
10/6. 3	100	63	6	10	9. 617	7. 550	0. 320
			7		11. 111	8. 722	0. 320
			8		12. 584	9. 878	0. 319
			10		15. 467	12. 142	0. 319
10/8	100	80	6	10	10. 637	8. 350	0. 354
			7		12. 301	9. 656	0. 354
			8		13. 944	10. 946	0. 353
			10		17. 167	13. 476	0. 353
11/7	110	70	6		10. 637	8. 350	0. 354
			7		12. 301	9. 656	0. 354
			8		13. 944	10. 946	0. 353
			10		17. 167	13. 476	0. 353
12. 5/8	125	80	7	11	14. 096	11. 066	0. 403
			8		15. 989	12. 551	0. 403
			10		19. 712	15. 474	0. 402
			12		23. 351	18. 330	0. 402
14/9	140	90	8	12	18. 038	14. 160	0. 453
			10		22. 261	17. 475	0. 452
			12		26. 400	20. 724	0. 451
			14		30. 456	23. 908	0. 451
15/9	150	90	8	12	18. 839	14. 788	0. 473
			10		23. 261	18. 260	0. 472

续表

型号	截面尺寸（mm）				横截面积（cm^2）	理论质量（kg/m）	外表面积（m^2/m）
	B	*b*	*d*	*r*			
15/9	150	90	12	12	27.600	21.666	0.471
			14		31.856	25.007	0.471
			15		33.952	26.652	0.471
			16		36.027	28.281	0.470
16/10	160	100	10	13	25.315	19.872	0.512
			12		30.054	23.592	0.511
			14		34.709	27.247	0.510
			16		39.281	30.835	0.510
18/11	180	110	10	14	28.373	22.273	0.571
			12		33.712	26.464	0.571
			14		38.967	30.589	0.570
			16		44.139	34.649	0.569
20/12.5	200	125	12		37.912	29.761	0.641
			14		43.867	34.436	0.640
			16		49.739	39.045	0.639
			18		55.526	43.588	0.639

注 热轧不等边角钢规格以长边宽×短边宽×边厚的毫米数表示，如“L30×20×3”。也可用型号表示，型号为一个分数，分子为长边宽的厘米数，分母为短边宽的厘米数，如L30/2等。热轧不等边角钢的规格为2.5/1.6～20/12.5号。角钢可按需要组成各种受力构件，也可作构件之间的连接件，广泛用于各种建筑和工程结构，如房架、桥梁、输电塔、起重运输机械、船舶等。

5. 热轧扁钢（GB/T 702—2008）

宽度（mm）	厚 度（mm）								
	3	4	5	6	7	8	9	10	11
	理论质量（kg/m）								
10	0.24	0.31	0.39	0.47	0.55	0.63	—	—	—

续表

宽度(mm)	厚度(mm)								
	3	4	5	6	7	8	9	10	11
	理论质量(kg/m)								
12	0.28	0.38	0.47	0.57	0.66	0.75	—	—	—
14	0.33	0.44	0.55	0.66	0.77	0.88	—	—	—
16	0.38	0.50	0.63	0.75	0.88	1.00	1.15	1.26	—
18	0.42	0.57	0.71	0.85	0.99	1.13	1.27	1.41	—
20	0.47	0.63	0.78	0.94	1.10	1.26	1.41	1.57	1.73
22	0.52	0.69	0.86	1.04	1.21	1.38	1.55	1.73	1.90
25	0.59	0.78	0.98	1.18	1.37	1.57	1.77	1.96	2.16
28	0.66	0.88	1.10	1.32	1.54	1.76	1.98	2.20	2.42
30	0.71	0.94	1.18	1.41	1.65	1.88	2.12	2.36	2.59
32	0.75	1.00	1.26	1.51	1.76	2.01	2.26	2.55	2.76
35	0.82	1.10	1.37	1.65	1.92	2.20	2.47	2.75	3.02
40	0.94	1.26	1.57	1.88	2.20	2.51	2.83	3.14	3.45
45	1.06	1.41	1.77	2.12	2.47	2.83	3.18	3.53	3.89
50	1.18	1.57	1.96	2.36	2.75	3.14	3.53	3.93	4.32
55	—	1.73	2.16	2.59	3.02	3.45	3.89	4.32	4.75
60	—	1.88	2.36	2.83	3.30	3.77	4.24	4.71	5.18
65	—	2.04	2.55	3.06	3.57	4.08	4.59	5.10	5.61
70	—	2.20	2.75	3.30	3.85	4.40	4.95	5.50	6.04
75	—	2.36	2.94	3.53	4.12	4.71	5.30	5.89	6.48
80	—	2.51	3.14	3.77	4.40	5.02	5.65	6.28	6.91
85	—	—	3.34	4.00	4.67	5.34	6.01	6.67	7.34
90	—	—	3.53	4.24	4.95	5.65	6.36	7.07	7.77
95	—	—	3.73	4.47	5.22	5.97	6.71	7.46	8.20
100	—	—	3.92	4.71	5.50	6.28	7.06	7.85	8.64
105	—	—	4.12	4.95	5.77	6.59	7.42	8.24	9.07

续表

宽度（mm）	厚 度（mm）								
	3	4	5	6	7	8	9	10	11
	理论质量（kg/m）								
110	—	—	4.32	5.18	6.04	6.91	7.77	8.64	9.95
120	—	—	4.71	5.65	6.59	7.54	8.48	9.42	10.36
125	—	—	—	5.89	6.87	7.85	8.83	9.81	10.79
130	—	—	—	6.12	7.14	8.16	9.18	10.20	11.23
140	—	—	—	—	7.69	8.79	9.89	10.99	12.09
150	—	—	—	—	8.24	9.42	10.60	11.78	12.95
160	—	—	—	—	8.79	10.05	11.30	12.56	13.82
180	—	—	—	—	9.89	11.30	12.72	14.13	15.54
200	—	—	—	—	10.99	12.56	14.13	15.70	17.27

宽度（mm）	厚 度（mm）							
	12	14	16	18	20	22	25	28
	理论质量（kg/m）							
20	1.88	—	—	—	—	—	—	—
22	2.07	—	—	—	—	—	—	—
25	2.36	2.75	3.14	—	—	—	—	—
28	2.64	3.08	3.53	—	—	—	—	—
30	2.83	3.30	3.77	4.24	4.71	—	—	—
32	3.01	3.52	4.02	4.52	5.02	—	—	—
35	3.30	3.85	4.40	4.95	5.50	6.04	6.87	7.69
40	3.77	4.40	5.02	5.65	6.28	6.91	7.85	8.79
45	4.24	4.95	5.65	6.36	7.07	7.77	8.83	9.89
50	4.71	5.50	6.28	7.06	7.85	8.64	9.81	10.99
55	5.18	6.04	6.91	7.77	8.64	9.50	10.79	12.09
60	5.65	6.59	7.54	8.48	9.42	10.36	11.78	13.19
65	6.12	7.14	8.16	9.18	10.20	11.23	12.76	14.29

续表

宽度（mm）	厚度（mm）							
	12	14	16	18	20	22	25	28
	理论质量（kg/m）							
70	6.59	7.69	8.79	9.89	10.99	12.09	13.74	15.39
75	7.07	8.24	9.42	10.60	11.78	12.95	14.72	16.48
80	7.54	8.79	10.05	11.30	12.56	13.82	15.70	17.58
85	8.01	9.34	10.68	12.01	13.34	14.68	16.68	18.68
90	8.48	9.89	11.30	12.72	14.13	15.54	17.66	19.78
95	8.95	10.44	11.93	13.42	14.92	16.41	18.64	20.88
100	9.42	10.99	12.56	14.13	15.70	17.27	19.62	21.98
105	9.89	11.54	13.19	14.84	16.48	18.13	20.61	23.08
110	10.36	12.09	13.82	15.54	17.27	19.00	21.59	24.18
120	11.30	13.19	15.07	16.96	18.84	20.72	23.55	26.38
125	11.78	13.74	15.70	17.66	19.62	21.58	24.53	27.48
130	12.25	14.29	16.33	18.37	20.41	22.45	25.51	28.57
140	13.19	15.39	17.58	19.78	21.98	24.18	27.48	30.77
150	14.13	16.48	18.84	21.20	23.55	25.90	29.44	32.97
160	15.07	17.58	20.10	22.61	25.12	27.63	31.40	35.17
180	16.96	19.78	22.61	25.43	28.26	31.09	35.32	39.56
200	18.84	21.98	25.12	28.26	31.40	34.54	39.25	43.96

宽度（mm）	厚度（mm）							
	30	32	36	40	45	50	56	60
	理论质量（kg/m）							
45	10.60	11.30	12.72	—	—	—	—	—
50	11.78	12.56	14.13	—	—	—	—	—
55	12.95	13.82	15.54	—	—	—	—	—
60	14.13	15.07	16.96	18.84	21.20	—	—	—
65	15.31	16.33	18.37	20.41	22.96	—	—	—

续表

宽度（mm）	厚度（mm）							
	30	32	36	40	45	50	56	60
	理论质量（kg/m）							
70	16.49	17.58	19.78	21.98	24.73	—	—	—
75	17.66	18.84	21.20	23.55	26.49	—	—	—
80	18.84	20.10	22.61	25.12	28.26	31.40	35.17	—
85	20.02	21.35	24.02	26.69	30.03	33.36	37.37	40.04
90	21.20	22.61	25.43	28.26	31.79	35.32	39.56	42.39
95	22.37	23.86	26.85	29.83	33.56	37.29	41.76	44.74
100	23.55	25.12	28.26	31.40	35.32	39.25	43.96	47.10
105	24.73	26.38	29.67	32.97	37.09	41.21	46.16	49.46
110	25.90	27.63	31.09	34.54	38.86	43.18	48.36	51.81
120	28.26	30.14	33.91	37.68	42.39	47.10	52.75	56.52
125	29.44	31.40	35.32	39.25	44.16	49.06	54.95	58.88
130	30.62	32.66	36.74	40.82	45.92	51.02	57.15	61.23
140	32.97	35.17	39.56	43.96	49.46	54.95	61.54	65.94
150	35.32	37.68	42.39	47.10	52.99	58.88	65.94	70.65
160	37.68	40.19	45.22	50.24	56.52	62.80	70.34	75.36
180	42.39	45.22	50.87	56.52	63.58	70.65	79.13	84.78
200	47.10	50.24	56.52	62.80	70.65	78.50	87.92	94.20

注 1. 表中的粗线用以划分扁钢的组别：第1组理论质量≤19kg/m；第2组理论质量>19kg/m。

2. 扁钢的通常长度（非定尺的）：①普通钢第1组长3~9m，第2组长3~7m；②优质钢长2~6m。

3. 热轧扁钢常用牌号为：Q235-A、20、45、16Mn，其化学成分、力学性能应符合相应标准中的规定。

4. 热轧扁钢可以是成品钢材，用于构件、扶梯、桥梁及栅栏等。扁钢也可以作焊接钢管的坯料和叠轧薄板的板坯。

6. 热轧工字钢（GB/T 706—2008）

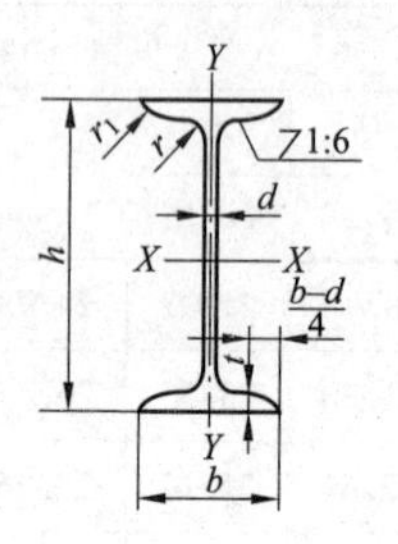

h—高度；b—腿宽；d—腰厚；t—平均腿厚；
r—内圆弧半径；r_1—腿端圆弧半径

型号	截面尺寸（mm）					截面面积（cm^2）	理论质量（kg/m）
	h	b	d	t	r		
10	100	68	4.5	7.6	6.5	14.345	11.261
12	120	74	5.0	8.4	7.0	17.818	13.987
12.6	126	74	5.0	8.4	7.0	18.118	14.223
14	140	80	5.5	9.1	7.5	21.516	16.890
16	160	88	6.0	9.9	8.0	26.131	20.513
18	180	94	6.5	10.7	8.5	30.756	24.143
20a	200	100	7.0	11.4	9.0	35.578	27.929
20b	200	102	9.0	11.4	9.0	39.578	31.069
22a	220	110	7.5	12.3	9.5	42.128	33.070
22b	220	112	9.5	12.3	9.5	46.528	36.524
24a	240	116	8.0	13.0	10.0	47.741	37.477
24b	240	118	10.0	13.0	10.0	52.541	41.245
25a	250	116	8.0	13.0	10.0	48.541	38.105
25b	250	118	10.0	13.0	10.0	53.541	42.030
27a	270	122	8.5	13.7	10.5	54.554	42.825
27b	270	124	10.5	13.7	10.5	59.954	47.064

续表

型号	截面尺寸（mm）					截面面积（cm^2）	理论质量（kg/m）
	h	b	d	t	r		
28a	280	122	8.5	13.7	10.5	55.404	43.492
28b	280	124	10.5	13.7	10.5	61.004	47.888
30a	300	126	9.0	14.4	11.0	61.254	48.084
30b	300	128	11.0	14.4	11.0	67.254	52.794
30c	300	130	13.0	14.4	11.0	73.254	57.504
32a	320	130	9.5	15.0	11.5	67.156	52.717
32b	320	132	11.5	15.0	11.5	73.556	57.741
32c	320	134	13.5	15.0	11.5	79.956	62.765
36a	360	136	10.0	15.8	12.0	76.480	60.037
36b	360	138	12.0	15.8	12.0	83.680	65.689
36c	360	140	14.0	15.8	12.0	90.880	71.341
40a	400	142	10.5	16.5	12.5	86.112	67.598
40b	400	144	12.5	16.5	12.5	94.112	73.878
40c	400	146	14.5	16.5	12.5	102.112	80.158
45a	450	150	11.5	18.0	13.5	102.446	80.420
45b	450	152	13.5	18.0	13.5	111.446	87.485
45c	450	154	15.5	18.0	13.5	120.446	94.550
50a	500	158	12.0	20.0	14.0	119.304	93.654
50b	500	160	14.0	20.0	14.0	129.304	101.504
50c	500	162	16.0	20.0	14.0	139.304	109.354
55a	550	166	12.5	21.0	14.5	134.185	105.335
55b	550	168	14.5	21.0	14.5	145.185	113.970
55c	550	170	16.5	21.0	14.5	156.185	122.605
56a	560	166	12.5	21.0	14.5	135.435	106.316
56b	560	168	14.5	21.0	14.5	146.635	115.108

续表

型号	截面尺寸（mm）					截面面积（cm^2）	理论质量（kg/m）
	h	*b*	*d*	*t*	*r*		
56c	560	170	16.5	21.0	14.5	157.835	123.900
63a	630	176	13.0	22.0	15.0	154.658	121.407
63b	630	178	15.0	22.0	15.0	167.258	131.298
63c	630	180	17.0	22.0	15.0	179.858	141.189

注　热轧工字钢规格以腰高 *h*×腿宽 *b*×腰厚 *d* 的毫米数表示，如“工160×88×6”，即表示腰高为160mm，腿宽为88mm，腰厚为6mm的工字钢。工字钢规格也可用型号表示，型号表示腰高的厘米数，如32b、32c号等。工字钢广泛用于各种建筑结构、桥梁、车辆、支架、机械等。

7. 热轧槽钢（GB/T 706—2008）

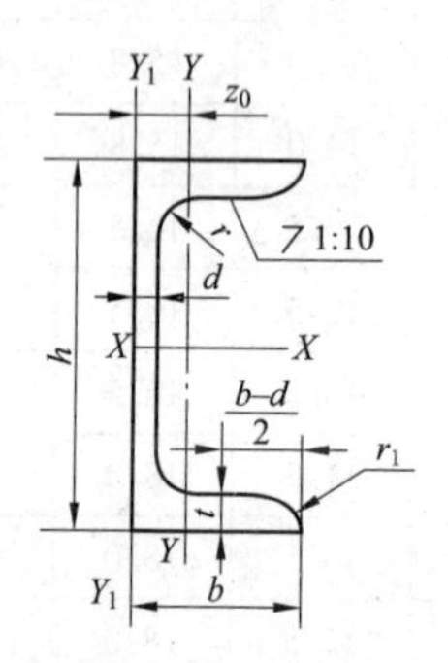

h—高度；*b*—腿宽；*d*—腰厚；*t*—平均腿厚；
r—内圆弧半径；r_1—腿端圆弧半径

型号	截面尺寸（mm）					截面面积（cm^2）	理论质量（kg/m）
	h	*b*	*d*	*t*	*r*		
5	50	37	4.5	7.0	7.0	6.928	5.438
6.3	63	40	4.8	7.5	7.5	8.451	6.634
6.5	65	40	4.3	7.5	7.5	8.547	6.709
8	80	43	5.0	8.0	8.0	10.248	8.045

续表

型号	截面尺寸（mm）					截面面积（cm²）	理论质量（kg/m）
	h	*b*	*d*	*t*	*r*		
10	100	48	5.3	8.5	8.5	12.748	10.007
12	120	53	5.5	9.0	9.0	15.362	12.059
12.6	126	53	5.5	9.0	9.0	15.692	12.318
14a	140	58	6.0	9.5	9.5	18.516	14.535
14b		60	8.0			21.316	16.733
16a	160	63	6.5	10.0	10.0	21.962	17.240
16b		65	8.5			25.162	19.752
18a	180	68	7.0	10.5	10.5	25.699	20.174
18b		70	9.0			29.299	23.000
20a	200	73	7.0	11.0	11.0	28.837	22.637
20b		75	9.0			32.837	25.777
22a	220	77	7.0	11.5	11.5	31.846	24.999
22b		79	9.0			36.246	28.453
24a	240	78	7.0	12.0	12.0	34.217	26.860
24b		80	9.0			39.017	30.628
24c		82	11.0			43.817	34.396
25a	250	78	7.0			34.917	27.410
25b		80	9.0			39.917	31.335
25c		82	11.0			44.917	35.260
27a	270	82	7.5	12.5	12.5	39.284	30.838
27b		84	9.5			44.684	35.077
27c		86	11.5			50.084	39.316
28a	280	82	7.5			40.034	31.427
28b		84	9.5			45.634	35.823
28c		86	11.5			51.234	40.219

续表

型号	截面尺寸（mm）					截面面积（cm^2）	理论质量（kg/m）
	h	b	d	t	r		
30a	300	85	7.5	13.5	13.5	43.902	34.463
30b		87	9.5			49.902	39.173
30c		89	11.5			55.902	43.883
32a	320	88	8.0	14.0	14.0	48.513	38.083
32b		90	10.0			54.913	43.107
32c		92	12.0			61.313	48.131
36a	360	96	9.0	16.0	16.0	60.910	47.814
36b		98	11.0			68.110	53.466
36c		100	13.0			75.310	59.118
40a	400	100	10.5	18.0	18.0	75.068	58.928
40b		102	12.5			83.068	65.208
40c		104	14.5			91.068	71.488

注　热轧槽钢规格的表示方法同工字钢，可分为热轧普通槽钢和热轧轻型槽钢。热轧普通槽钢的规格为5~40号。槽钢主要用于建筑结构、车辆制造和其他工业结构，14号以下多用于建筑工程作檩条；16号以上多用作车辆底盘、机械结构的框架；30号以上可用于桥梁结构作受拉力的杆件，也可用作工业厂房的梁、柱等构件。槽钢还常常和工字钢配合使用。

8. 热轧H型钢和剖分T型钢（GB/T 11263—2010）

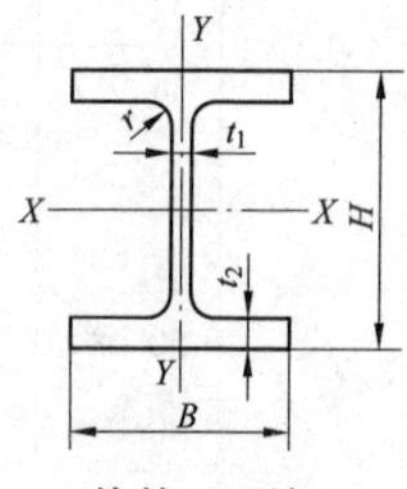

热轧H型钢

H—高度；B—宽度；t_1—腹板厚度；t_2—翼缘厚度；r—圆角半径

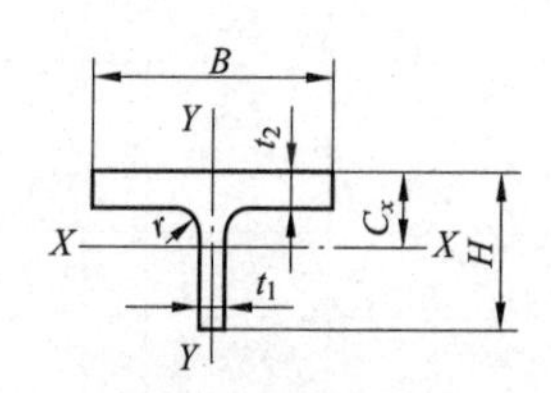

剖分T型钢

H—高度；B—宽度；t_1—腹板厚度；t_2—翼缘厚度；r—圆角半径

(1) 宽翼缘 H 型钢规格和理论质量。

型号（高度×宽度）(mm×mm)	截面尺寸（mm）					截面面积 (cm^2)	理论质量 (kg/m)
	H	B	t_1	t_2	r		
100×100	100	100	6	8	8	21. 59	16. 9
125×125	125	125	6. 5	9	8	30. 00	23. 6
150×150	150	150	7	10	8	39. 65	31. 1
175×175	175	175	7. 5	11	13	51. 43	40. 4
200×200	200	200	8	12	13	63. 53	49. 9
	200	204	12	12	13	71. 53	56. 2
250×250	244	252	11	11	13	81. 31	63. 8
	250	250	9	14	13	91. 43	71. 8
	250	255	14	14	13	103. 93	81. 6
300×300	294	302	12	12	13	106. 33	83. 5
	300	300	10	15	13	118. 45	93. 0
	300	305	15	15	13	133. 45	104. 8
350×350	338	351	13	13	13	133. 27	104. 6
	344	348	10	16	13	144. 01	113. 0
	344	354	16	16	13	164. 65	129. 3
	350	350	12	19	13	171. 89	134. 9
	350	357	19	19	13	196. 39	154. 2
400×400	388	402	15	15	22	178. 45	140. 1
	394	398	11	18	22	186. 81	146. 6
	394	405	18	18	22	214. 39	168. 3
	400	400	13	21	22	218. 69	171. 7
	400	408	21	21	22	250. 69	196. 8
	414	405	18	28	22	295. 39	231. 9
	428	407	20	35	22	360. 65	283. 1
	458	417	30	50	22	528. 55	414. 9
	498	432	45	70	22	770. 05	604. 5

续表

型号（高度×宽度）（mm×mm）	截面尺寸（mm）					截面面积（cm^2）	理论质量（kg/m）
	H	B	t_1	t_2	r		
500×500	492	465	15	20	22	257.95	202.5
	502	465	15	25	22	304.45	239.0
	502	470	20	25	22	329.55	258.7

（2）中翼缘 H 型钢规格和理论质量。

型号（高度×宽度）（mm×mm）	截面尺寸（mm）					截面面积（cm^2）	理论质量（kg/m）
	H	B	t_1	t_2	r		
150×100	148	100	6	9	8	26.35	20.7
200×150	194	150	6	9	8	38.11	29.9
250×175	244	175	7	11	13	55.49	43.6
300×200	294	200	8	12	13	71.05	55.8
350×250	340	250	9	14	13	99.53	78.1
400×300	390	300	10	16	13	133.25	104.6
450×300	440	300	11	18	13	153.89	120.8
500×300	482	300	11	15	13	141.17	110.8
	488	300	11	18	13	159.17	124.9
	544	300	11	15	13	147.99	116.2
	550	300	11	18	13	165.99	130.3
600×300	582	300	12	17	13	169.21	132.8
	588	300	12	20	13	187.21	147.0
	594	302	14	23	13	217.09	170.4

（3）窄翼缘 H 型钢规格和理论质量。

型号（高度×宽度）（mm×mm）	截面尺寸（mm）					截面面积（cm^2）	理论质量（kg/m）
	H	B	t_1	t_2	r		
125×60	125	60	6	8	10	16.69	13.1

续表

型号（高度×宽度）（mm×mm）	截面尺寸（mm）					截面面积（cm^2）	理论质量（kg/m）
	H	B	t_1	t_2	r		
150×75	150	75	5	7	10	17.85	14.0
175×90	175	90	5	8	10	22.90	18.0
210×100	198	99	4.5	7	13	22.69	17.8
	200	100	5.5	8	13	26.67	20.9
250×125	248	124	5	8	13	31.99	25.1
	250	125	6	9	13	36.97	29.0
300×150	298	149	5.5	8	16	40.80	32.0
	300	150	6.5	9	16	46.78	36.7
350×175	346	174	6	9	16	52.45	41.2
	350	175	7	11	16	62.91	49.4
400×150	400	150	8	13	13	70.37	55.2
400×200	396	199	7	11	13	71.41	56.1
	400	200	8	13	13	83.37	65.4
450×200	446	199	8	12	13	82.97	65.1
	450	200	9	14	13	95.43	74.9
500×200	496	199	9	14	13	99.29	77.9
	500	200	10	16	13	112.25	88.1
	506	201	11	19	13	129.31	101.5
550×200	546	199	9	14	13	103.79	81.5
	550	200	10	16	13	117.25	92.0
600×200	596	199	10	15	13	117.75	92.4
	600	200	11	17	13	131.71	103.4
	606	201	12	20	13	149.77	117.6
650×300	646	299	10	15	13	152.75	119.9
	650	300	11	17	13	171.21	134.4
	656	301	12	20	13	195.77	153.7

续表

型号（高度×宽度）(mm×mm)	截面尺寸（mm）					截面面积 (cm^2)	理论质量 (kg/m)
	H	B	t_1	t_2	r		
700×300	692	300	13	20	18	207.54	162.9
	700	300	13	24	18	231.54	181.8
750×300	734	299	12	16	18	182.70	143.4
	742	300	13	20	18	214.04	168.0
	750	300	13	24	18	238.04	186.9
	758	303	16	28	18	284.78	223.6
800×300	792	300	14	22	18	239.50	188.0
	800	300	14	26	18	263.50	206.8
850×300	834	298	14	19	18	227.46	178.6
	842	299	15	23	18	259.72	203.9
	850	300	16	27	18	292.14	229.3
	858	301	17	31	18	324.72	254.9
900×300	890	299	15	23	18	266.92	209.5
	900	300	16	28	18	305.82	240.1
	912	302	13	34	18	360.06	282.6
1000×300	970	297	16	21	18	276.00	216.7
	980	298	17	26	18	315.50	247.7
	990	298	17	31	18	345.30	271.1
	1000	300	19	36	18	395.10	310.2
	1008	302	21	40	18	439.26	344.8

（4）薄壁 H 型钢规格和理论质量。

型号（高度×宽度）(mm×mm)	截面尺寸（mm）					截面面积 (cm^2)	理论质量 (kg/m)
	H	B	t_1	t_2	r		
100×50	95	48	3.2	4.5	8	7.62	6.0
	97	49	4	4.5	8	9.38	7.4

续表

型号（高度×宽度）（mm×mm）	截面尺寸（mm）					截面面积（cm^2）	理论质量（kg/m）
	H	B	t_1	t_2	r		
100×100	96	99	4.5	6	8	16.21	12.7
125×60	118	58	3.2	4.5	8	9.26	7.3
	120	59	4	5.5	8	11.40	8.9
125×125	119	123	4.5	6	8	20.12	15.8
150×75	145	73	3.2	4.5	8	11.47	9.0
	147	74	4	5.5	8	14.13	11.1
150×100	139	97	3.2	4.5	8	13.44	10.5
	142	99	4.5	6	8	18.28	14.3
150×150	144	148	5	7	8	27.77	21.8
	147	149	6	8.5	8	33.68	26.4
175×90	168	88	3.2	4.5	8	13.56	10.6
	171	89	4	6	8	17.59	13.8
175×175	167	173	5	7	13	33.32	26.2
	172	175	6.5	9.5	13	44.65	35.0
200×100	193	98	3.2	4.5	8	15.26	12.0
	196	99	4	6	8	19.79	15.5
200×150	188	149	4.5	6	8	26.35	20.7
200×200	192	198	6	8	13	43.69	34.3
250×125	244	124	4.5	6	8	25.87	20.3
250×175	238	173	4.5	8	13	39.12	30.7
300×150	294	148	4.5	6	13	31.90	25.0
300×200	286	198	6	8	13	49.33	38.7
350×175	340	173	4.5	6	13	36.97	29.0
400×150	390	148	6	8	13	47.57	37.3
400×200	390	198	6	8	13	55.57	43.6

（5）宽翼缘剖分 T 型钢规格和理论质量。

型号（高度×宽度）（mm×mm）	截面尺寸（mm）					截面面积（cm^2）	理论质量（kg/m）	对应 H 型钢系列型号
	h	B	t_1	t_2	r			
50×100	50	100	6	8	8	10.79	8.47	100×100
62.5×125	62.5	125	6.5	9	8	15.00	11.8	125×125
75×150	75	150	7	10	8	19.82	15.6	150×150
87.5×175	87.5	175	7.5	11	13	25.71	20.2	175×175
100×200	100	200	8	12	13	31.77	24.9	200×200
	100	204	12	12	13	35.77	28.1	
125×250	125	250	9	14	13	45.72	35.9	250×250
	125	255	14	14	13	51.97	40.8	
150×300	147	302	12	12	13	53.17	41.7	300×300
	150	300	10	15	13	59.23	46.5	
	150	305	15	15	13	66.73	52.4	
175×350	172	348	10	16	13	72.01	56.5	350×350
	175	350	12	19	13	85.95	67.5	
200×400	194	402	15	15	22	89.23	70.0	400×400
	197	398	11	18	22	93.41	73.3	
	200	400	13	21	22	109.35	85.8	
	200	408	21	21	22	125.35	98.4	
	207	405	18	28	22	147.70	115.9	
	214	407	20	35	22	180.33	141.6	

（6）中翼缘剖分 T 型钢规格和理论质量。

型号（高度×宽度）（mm×mm）	截面尺寸（mm）					截面面积（cm^2）	理论质量（kg/m）	对应 H 型钢系列型号
	h	B	t_1	t_2	r			
75×100	75	100	6	9	8	13.17	10.3	150×100

续表

型号 (高度×宽度) (mm×mm)	截面尺寸(mm)					截面 面积 (cm^2)	理论 质量 (kg/m)	对应H 型钢系 列型号
	h	B	t_1	t_2	r			
100×150	97	150	6	9	8	19.05	15.0	200×150
125×175	122	175	7	11	13	27.75	21.8	250×175
150×200	147	200	8	12	13	35.53	27.9	300×200
175×250	170	250	9	14	13	49.77	39.1	350×250
200×300	195	300	10	16	13	66.63	52.3	400×300
225×300	220	300	11	18	13	76.95	60.4	450×300
250×300	241	300	11	15	13	70.59	55.4	500×300
	244	300	11	18	13	79.59	62.5	
275×300	272	300	11	15	13	74.00	58.1	550×300
	275	300	11	18	13	83.00	65.2	
300×300	291	300	12	17	13	84.61	66.4	600×300
	294	300	12	20	13	93.61	73.5	
	297	302	14	23	13	108.55	85.2	

(7)窄翼缘剖分T型钢(TN)规格和理论质量。

型号 (高度×宽度) (mm×mm)	截面尺寸(mm)					截面 面积 (cm^2)	理论 质量 (kg/m)	对应H 型钢系 列型号
	h	B	t_1	t_2	r			
50×50	50	50	5	7	10	6.079	4.79	100×50
62.5×60	62.5	60	6	8	10	8.499	6.67	125×60
75×75	75	75	5	7	10	9.079	7.14	150×75
87.5×90	87.5	90	5	8	10	11.60	9.11	175×90
100×100	99	99	4.5	7	13	11.80	9.26	200×100
	100	100	5.5	8	13	13.79	10.8	

续表

型号（高度×宽度）（mm×mm）	截面尺寸（mm）					截面面积（cm^2）	理论质量（kg/m）	对应H型钢系列型号
	h	B	t_1	t_2	r			
125×125	124	124	5	8	13	16.45	12.9	250×125
	125	125	6	9	13	18.94	14.8	
150×150	149	149	5.5	8	16	20.77	16.3	300×150
	150	150	6.5	9	16	23.76	18.7	
175×175	173	174	6	9	16	26.60	20.9	350×175
	175	175	7	11	16	31.83	25.0	
200×200	198	199	7	11	16	36.08	28.3	400×200
	200	200	8	13	16	42.06	33.0	
225×200	223	199	8	12	20	42.54	33.4	450×200
	225	200	9	14	20	48.71	38.2	
250×200	248	199	9	14	20	50.64	39.7	500×200
	250	200	10	16	20	57.12	44.8	
	253	201	11	19	20	65.65	51.5	
275×200	273	199	9	14	13	51.90	40.7	550×200
	275	200	10	16	13	58.63	46.0	
300×200	298	199	10	15	24	60.62	47.6	600×200
	300	200	11	17	24	67.60	53.1	
	303	201	12	20	24	76.63	60.1	
325×300	323	299	10	15	12	76.27	59.9	650×300
	325	300	11	17	13	85.61	67.2	
	328	301	12	20	13	97.89	76.8	
350×300	346	300	13	20	13	103.11	80.9	700×300
	350	300	13	24	13	115.11	90.4	
400×300	396	300	14	22	18	119.75	94.0	800×300
	400	300	14	26	18	131.75	103.4	

续表

型号（高度×宽度）（mm×mm）	截面尺寸（mm）					截面面积（cm^2）	理论质量（kg/m）	对应H型钢系列型号
	h	B	t_1	t_2	r			
450×300	445	299	15	23	18	133.46	104.8	900×300
	450	300	16	28	18	152.91	120.0	
	456	302	18	34	18	180.03	141.3	

注 剖分T型钢广泛应用在建筑、造船等行业。H型钢常用于大型建筑、工业构筑物的钢结构承重支架、地下工程的钢桩及支护结构、石油化工及电力等工业设备构架、钢桥构件以及机械制造、车辆和船舶制造、机械基础、支架、基础桩等。

9. 焊接H型钢（YB/T 3301—2005）

焊接H型钢规格和理论质量。

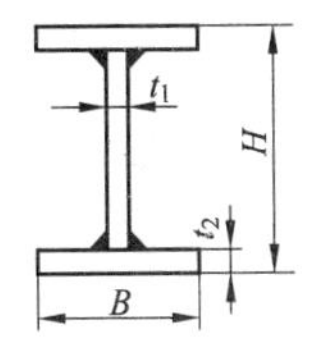

H—高度；B—宽度；t_1—腹板厚度；t_2—翼缘板厚度

型号	截面尺寸（mm）				截面面积（cm^2）	理论质量（kg/m）	焊脚尺寸 h_f（mm）
	H	B	t_1	t_2			
WH100×50	100	50	3.2	4.5	7.41	5.82	3
	100	50	4	5	8.6	6.75	4
WH100×75	100	75	4	6	12.5	9.83	4
WH100×100	100	100	4	6	15.5	12.2	4
	100	100	6	8	21.0	16.5	5
WH125×75	125	75	4	6	13.5	10.6	4
WH125×125	125	125	4	6	19.5	15.3	4

续表

型号	截面尺寸（mm）				截面面积（cm^2）	理论质量（kg/m）	焊脚尺寸 h_f（mm）
	H	B	t_1	t_2			
WH150×75	150	75	3.2	4.5	11.2	8.8	3
	150	75	4	6	14.5	11.4	4
	150	75	5	8	18.7	14.7	5
WH150×100	150	100	3.2	4.5	13.5	10.6	3
	150	100	4	6	17.5	13.8	4
	150	100	5	8	22.7	17.8	5
WH150×150	150	150	4	6	23.5	18.5	4
	150	150	5	8	30.7	24.1	5
	150	150	6	8	32.0	25.2	5
WH200×100	200	100	3.2	4.5	15.1	11.9	3
	200	100	4	6	19.5	15.3	4
	200	100	5	8	25.2	19.8	5
WH200×150	200	150	4	6	25.5	20.0	4
	200	150	5	8	33.2	26.1	5
WH200×200	200	200	5	8	41.2	32.3	5
	200	200	6	10	50.8	39.9	5
WH250×125	250	125	4	6	24.5	19.2	4
	250	125	5	8	31.7	24.9	5
	250	125	6	10	38.8	30.5	5
WH250×150	250	150	4	6	27.5	21.6	4
	250	150	5	8	35.7	28.0	5
	250	150	6	10	43.8	34.4	5
WH250×200	250	200	5	8	43.7	34.3	5
	250	200	5	10	51.5	40.4	5
	250	200	6	10	53.8	42.2	5
	250	200	6	12	61.5	48.3	6

续表

型号	截面尺寸（mm）				截面面积（cm^2）	理论质量（kg/m）	焊脚尺寸 h_f（mm）
	H	B	t_1	t_2			
WH250×250	250	250	6	10	63.8	50.1	5
	250	250	6	12	73.5	57.7	6
	250	250	8	14	87.7	68.9	6
WH300×200	300	200	6	8	49.0	38.5	5
	300	200	6	10	56.8	44.6	5
	300	200	6	12	64.5	50.7	6
	300	200	8	14	77.7	61.0	6
	300	200	10	16	90.8	71.3	6
WH300×250	300	250	6	10	66.8	52.4	5
	300	250	6	12	76.5	60.1	6
	300	250	8	14	91.7	72.0	6
	300	250	10	16	106	83.8	6
WH300×300	300	300	6	10	76.8	60.3	5
	300	300	8	12	94.0	73.9	6
	300	300	8	14	105	83.0	6
	300	300	10	16	122	96.4	6
	300	300	10	18	134	106	7
	300	300	12	20	151	119	8
WH350×175	350	175	4.5	6	36.2	28.4	4
	350	175	4.5	8	43.0	33.8	4
	350	175	6	8	48.0	37.7	5
	350	175	6	10	54.8	43.0	5
	350	175	6	12	61.5	48.3	6
	350	175	8	12	68.0	53.4	6
	350	175	8	14	74.7	58.7	6
	350	175	10	16	87.8	68.9	6

续表

型号	截面尺寸（mm）				截面面积（cm^2）	理论质量（kg/m）	焊脚尺寸 h_f（mm）
	H	B	t_1	t_2			
WH350×200	350	200	6	8	52. 0	40. 9	5
	350	200	6	10	59. 8	46. 9	5
	350	200	6	12	67. 5	53. 0	6
	350	200	8	10	66. 4	52. 1	5
	350	200	8	12	74. 0	58. 2	6
	350	200	8	14	81. 7	64. 2	6
	350	200	10	16	95. 8	75. 2	6
WH350×250	350	250	6	10	69. 8	54. 8	5
	350	250	6	12	79. 5	62. 5	6
	350	250	8	12	86. 0	67. 6	6
	350	250	8	14	95. 7	75. 2	6
	350	250	10	16	111	87. 8	6
WH350×300	350	300	6	10	79. 8	62. 6	5
	350	300	6	12	91. 5	71. 9	6
	350	300	8	14	109	86. 2	6
	350	300	10	16	127	100	6
	350	300	10	18	139	109	7
WH350×350	350	350	6	12	103	81. 3	6
	350	350	8	14	123	97. 2	6
	350	350	8	16	137	108	6
	350	350	10	16	143	113	6
	350	350	10	18	157	124	7
	350	350	12	20	177	139	8
WH400×200	400	200	6	8	55. 0	43. 2	5
	400	200	6	10	62. 8	49. 3	5
	400	200	6	12	70. 5	55. 4	6

续表

型号	截面尺寸（mm）				截面面积（cm^2）	理论质量（kg/m）	焊脚尺寸 h_f（mm）
	H	B	t_1	t_2			
WH400×200	400	200	8	12	78.0	61.3	6
	400	200	8	14	85.7	67.3	6
	400	200	8	16	93.4	73.4	6
	400	200	8	18	101	79.4	7
	400	200	10	16	100	79.1	6
	400	200	10	18	108	85.1	7
	400	200	10	20	116	91.1	7
WH400×250	400	250	6	10	72.8	57.1	5
	400	250	6	12	82.5	64.8	6
	400	250	8	14	99.7	78.3	6
	400	250	8	16	109	85.9	6
	400	250	8	18	119	93.5	7
	400	250	10	16	116	91.7	6
	400	250	10	18	126	99.2	7
	400	250	10	20	136	107	7
WH400×300	400	300	6	10	82.8	65.0	5
	400	300	6	12	94.5	74.2	6
	400	300	8	14	113	89.3	6
	400	300	10	16	132	104	6
	400	300	10	18	144	113	7
	400	300	10	20	156	122	7
	400	300	12	20	163	128	8
WH400×400	400	400	8	14	141	111	6
	400	400	8	18	173	136	7
	400	400	10	16	164	129	6
	400	400	10	18	180	142	7

续表

型号	截面尺寸（mm）				截面面积（cm^2）	理论质量（kg/m）	焊脚尺寸 h_f（mm）
	H	B	t_1	t_2			
WH400×400	400	400	10	20	196	154	7
	400	400	12	22	218	172	8
	400	400	12	25	242	190	8
	400	400	16	25	256	201	10
	400	400	20	32	323	254	12
	400	400	20	40	384	301	12
WH450×250	450	250	8	12	94.0	73.9	6
	450	250	8	14	103	81.5	6
	450	250	10	16	121	95.6	6
	450	250	10	18	131	103	7
	450	250	10	20	141	111	7
	450	250	12	22	158	125	8
	450	250	12	25	173	136	8
WH450×300	450	300	8	12	106	83.3	6
	450	300	8	14	117	92.4	6
	450	300	10	16	137	108	6
	450	300	10	18	149	117	7
	450	300	10	20	161	126	7
	450	300	12	20	169	133	8
	450	300	12	22	180	142	8
	450	300	12	25	198	155	8
WH450×400	450	400	8	14	145	114	6
	450	400	10	16	169	133	6
	450	400	10	18	185	146	7
	450	400	10	20	201	158	7
	450	400	12	22	224	176	8

续表

型号	截面尺寸（mm）				截面面积（cm^2）	理论质量（kg/m）	焊脚尺寸 h_f（mm）
	H	B	t_1	t_2			
WH450×400	450	400	12	25	248	195	8
WH500×250	500	250	8	12	98.0	77.0	6
	500	250	8	14	107	84.6	6
	500	250	8	16	117	92.2	6
	500	250	10	16	126	99.5	6
	500	250	10	18	136	107	7
	500	250	10	20	146	115	7
	500	250	12	22	164	129	8
	500	250	12	25	179	141	8
WH500×300	500	300	8	12	110	86.4	6
	500	300	8	14	121	95.6	6
	500	300	8	16	133	105	6
	500	300	10	16	142	112	6
	500	300	10	18	154	121	7
	500	300	10	20	166	130	7
	500	300	12	22	186	147	8
	500	300	12	25	204	160	8
WH500×400	500	400	8	14	149	118	6
	500	400	10	16	174	137	6
	500	400	10	18	190	149	7
	500	400	10	20	206	162	7
	500	400	12	22	230	181	8
	500	400	12	25	254	199	8
WH500×500	500	500	10	18	226	178	7
	500	500	10	20	246	193	7
	500	500	12	22	274	216	8

续表

型号	截面尺寸（mm）				截面面积（cm^2）	理论质量（kg/m）	焊脚尺寸 h_f（mm）
	H	B	t_1	t_2			
WH500×500	500	500	12	25	304	239	8
	500	500	20	25	340	267	12
WH600×300	600	300	8	14	129	102	6
	600	300	10	16	152	120	6
	600	300	10	18	164	129	7
	600	300	10	20	176	138	7
	600	300	12	22	198	156	8
	600	300	12	25	216	170	8
WH600×400	600	400	8	14	157	124	6
	600	400	10	16	184	145	6
	600	400	10	18	200	157	7
	600	400	10	20	216	170	7
	600	400	10	25	255	200	8
	600	400	12	22	242	191	8
	600	400	12	28	289	227	8
	600	400	12	30	304	239	9
	600	400	14	32	331	260	9
WH700×300	700	300	10	18	174	137	7
	700	300	10	20	186	146	7
	700	300	10	25	215	169	8
	700	300	12	22	210	165	8
	700	300	12	25	228	179	8
	700	300	12	28	245	193	8
	700	300	12	30	256	202	9
	700	300	12	36	291	229	9
	700	300	14	32	281	221	9

续表

型号	截面尺寸（mm）				截面面积（cm^2）	理论质量（kg/m）	焊脚尺寸 h_f（mm）
	H	B	t_1	t_2			
WH700×300	700	300	16	36	316	248	10
WH700×350	700	350	10	18	192	151	7
	700	350	10	20	206	162	7
	700	350	10	25	240	188	8
	700	350	12	22	232	183	8
	700	350	12	25	253	199	8
	700	350	12	28	273	215	8
	700	350	12	30	286	225	9
	700	350	12	36	327	257	9
	700	350	14	32	313	246	9
	700	350	16	36	352	277	10
WH700×400	700	400	10	18	210	165	7
	700	400	10	20	226	177	7
	700	400	10	25	265	208	8
	700	400	12	22	254	200	8
	700	400	12	25	278	218	8
	700	400	12	28	301	237	8
	700	400	12	30	316	248	9
	700	400	12	36	363	285	9
	700	400	14	32	345	271	9
	700	400	16	36	388	305	10
WH800×300	800	300	10	18	184	145	7
	800	300	10	20	196	154	7
	800	300	10	25	225	177	8
	800	300	12	22	222	175	8
	800	300	12	25	240	188	8

续表

型号	截面尺寸（mm）				截面面积（cm^2）	理论质量（kg/m）	焊脚尺寸 h_f（mm）
	H	B	t_1	t_2			
WH800×300	800	300	12	28	257	202	8
	800	300	12	30	268	211	9
	800	300	12	36	303	238	9
	800	300	14	32	295	232	9
	800	300	16	36	332	261	10
WH800×350	800	350	10	18	202	159	7
	800	350	10	20	216	170	7
	800	350	10	25	250	196	8
	800	350	12	22	244	192	8
	800	350	12	25	265	208	8
WH800×400	800	400	10	18	220	173	7
	800	400	10	20	236	185	7
	800	400	10	25	275	216	8
	800	400	10	28	298	234	8
	800	400	12	22	266	209	8
	800	400	12	25	290	228	8
	800	400	12	28	313	246	8
	800	400	12	32	344	270	9
	800	400	12	36	375	295	9
	800	400	14	32	359	282	9
	800	400	16	36	404	318	10
WH900×350	900	350	10	20	226	177	7
	900	350	12	20	243	191	8
	900	350	12	22	256	202	8
	900	350	12	25	277	217	8
	900	350	12	28	297	233	8

续表

型号	截面尺寸（mm）				截面面积（cm^2）	理论质量（kg/m）	焊脚尺寸 h_f（mm）
	H	B	t_1	t_2			
WH900×350	900	350	14	32	341	268	9
	900	350	14	36	367	289	9
	900	350	16	36	384	302	10
WH900×400	900	400	10	20	246	193	7
	900	400	12	20	263	207	8
	900	400	12	22	278	219	8
	900	400	12	25	302	237	8
	900	400	12	28	325	255	8
	900	400	12	30	340	268	9
	900	400	14	32	373	293	9
	900	400	14	36	403	317	9
	900	400	14	40	434	341	10
	900	400	16	36	420	330	10
	900	400	16	40	451	354	10
WH1100×400	1100	400	12	20	287	225	8
	1100	400	12	22	302	238	8
	1100	400	12	25	326	256	8
	1100	400	12	28	349	274	8
	1100	400	14	30	385	303	9
	1100	400	14	32	401	315	9
	1100	400	14	36	431	339	9
	1100	400	16	40	483	379	10
WH1100×500	1100	500	12	20	327	257	8
	1100	500	12	22	346	272	8
	1100	500	12	25	376	295	8
	1100	500	12	28	405	318	8

续表

型号	截面尺寸（mm）				截面面积（cm^2）	理论质量（kg/m）	焊脚尺寸 h_f（mm）
	H	B	t_1	t_2			
WH1100×500	1100	500	14	30	445	350	9
	1100	500	14	32	465	365	9
	1100	500	14	36	503	396	9
	1100	500	16	40	563	442	10
WH1200×400	1200	400	14	20	322	253	9
	1200	400	14	22	337	265	9
	1200	400	14	25	361	283	9
	1200	400	14	28	384	302	9
	1200	400	14	30	399	314	9
	1200	400	14	32	415	326	9
	1200	400	14	36	445	350	9
	1200	400	16	40	499	392	10
WH1200×450	1200	450	14	20	342	269	9
	1200	450	14	22	359	282	9
	1200	450	14	25	386	303	9
	1200	450	14	28	412	324	9
	1200	450	14	30	429	337	9
	1200	450	14	32	447	351	9
	1200	450	14	36	481	378	9
	1200	450	16	36	504	396	10
	1200	450	16	40	539	423	10
WH1200×500	1200	500	14	20	362	284	9
	1200	500	14	22	381	300	9
	1200	500	14	25	411	323	9
	1200	500	14	28	440	346	9
	1200	500	14	32	479	376	9

续表

型号	截面尺寸（mm）				截面面积（cm^2）	理论质量（kg/m）	焊脚尺寸 h_f（mm）
	H	B	t_1	t_2			
WH1200×500	1200	500	14	36	517	407	9
	1200	500	16	36	540	424	10
	1200	500	16	40	579	455	10
	1200	500	16	45	627	493	11
WH1200×600	1200	600	14	30	519	408	9
	1200	600	16	36	612	481	10
	1200	600	16	40	659	517	10
	1200	600	16	45	717	563	11
WH1300×450	1300	450	16	25	425	334	10
	1300	450	16	30	468	368	10
	1300	450	16	36	520	409	10
	1300	450	18	40	579	455	11
	1300	450	18	45	622	489	11
WH1300×500	1300	500	16	25	450	353	10
	1300	500	16	30	498	391	10
	1300	500	16	36	556	437	10
	1300	500	18	40	619	486	11
	1300	500	18	45	667	524	11
WH1300×600	1300	600	16	30	558	438	10
	1300	600	16	36	628	493	10
	1300	600	18	40	699	549	11
	1300	600	18	45	757	595	11
	1300	600	20	50	840	659	12
WH1400×450	1400	450	16	25	441	346	10
	1400	450	16	30	484	380	10
	1400	450	18	36	563	442	11

续表

型号	截面尺寸（mm）				截面面积（cm^2）	理论质量（kg/m）	焊脚尺寸 h_f（mm）
	H	B	t_1	t_2			
WH1400×450	1400	450	18	40	597	469	11
	1400	450	18	45	640	503	11
WH1400×500	1400	500	16	25	466	366	10
	1400	500	16	30	514	404	10
	1400	500	18	36	599	470	11
	1400	500	18	40	637	501	11
	1400	500	18	45	685	538	11
WH1400×600	1400	600	16	30	574	451	10
	1400	600	16	36	644	506	10
	1400	600	18	40	717	563	11
	1400	600	18	45	775	609	11
	1400	600	18	50	834	655	11
WH1500×500	1500	500	18	25	511	401	11
	1500	500	18	30	559	439	11
	1500	500	18	36	617	484	11
	1500	500	18	40	655	515	11
	1500	500	20	45	732	575	12
WH1500×550	1500	550	18	30	589	463	11
	1500	550	18	36	653	513	11
	1500	550	18	40	695	546	11
	1500	550	20	45	777	610	12
WH1500×600	1500	600	18	30	619	486	11
	1500	600	18	36	689	541	11
	1500	600	18	40	735	577	11
	1500	600	20	45	822	645	12
	1500	600	20	50	880	691	12

续表

型号	截面尺寸（mm）				截面面积（cm^2）	理论质量（kg/m）	焊脚尺寸 h_f（mm）
	H	B	t_1	t_2			
WH1600×600	1600	600	18	30	637	500	11
	1600	600	18	36	707	555	11
	1600	600	18	40	753	592	11
	1600	600	20	45	842	661	12
	1600	600	20	50	900	707	12
WH1600×650	1600	650	18	30	667	524	11
	1600	650	18	36	743	583	11
	1600	650	18	40	793	623	11
	1600	650	20	45	887	696	12
	1600	650	20	50	950	746	12
WH1600×700	1600	700	18	30	697	547	11
	1600	700	18	36	779	612	11
	1600	700	18	40	833	654	11
	1600	700	20	45	932	732	12
	1600	700	20	50	1000	785	12
WH1700×600	1700	600	18	30	655	514	11
	1700	600	18	36	725	569	11
	1700	600	18	40	771	606	11
	1700	600	20	45	862	677	12
	1700	600	20	50	920	722	12
WH1700×650	1700	650	18	30	685	538	11
	1700	650	18	36	761	597	11
	1700	650	18	40	811	637	11
	1700	650	20	45	907	712	12
	1700	650	20	50	970	761	12

续表

型号	截面尺寸（mm）				截面面积（cm^2）	理论质量（kg/m）	焊脚尺寸 h_f（mm）
	H	B	t_1	t_2			
WH1800×750	1800	750	18	32	792	622	11
	1800	750	18	36	851	668	11
	1800	750	18	40	909	714	11
	1800	750	20	45	1017	798	12
	1800	750	20	50	1090	856	12
WH1900×650	1900	650	18	30	721	566	11
	1900	650	18	36	797	626	11
	1900	650	18	40	847	665	11
	1900	650	20	45	947	743	12
	1900	650	20	50	1010	793	12
WH1900×700	1900	700	18	32	778	611	11
	1900	700	18	36	883	654	11
	1900	700	18	40	887	697	11
	1900	700	20	45	992	779	12
	1900	700	20	50	1060	832	12
WH1900×750	1900	750	18	34	839	659	11
	1900	750	18	36	869	682	11
	1900	750	18	40	927	728	11
	1900	750	20	45	1037	814	12
	1900	750	20	50	1110	871	12
WH1900×800	1900	800	18	34	873	686	11
	1900	800	18	36	905	710	11
	1900	800	18	40	967	760	11
	1900	800	20	45	1082	849	12
	1900	800	20	50	1160	911	12

续表

型号	截面尺寸（mm）				截面面积（cm^2）	理论质量（kg/m）	焊脚尺寸 h_f（mm）
	H	B	t_1	t_2			
WH1800×750	1800	750	18	32	792	622	11
	1800	750	18	36	851	668	11
	1800	750	18	40	909	714	11
	1800	750	20	45	1017	798	12
	1800	750	20	50	1090	856	12
WH1900×650	1900	650	18	30	721	566	11
	1900	650	18	36	797	626	11
	1900	650	18	40	847	665	11
	1900	650	20	45	947	743	12
	1900	650	20	50	1010	793	12
WH1900×700	1900	700	18	32	778	611	11
	1900	700	18	36	883	654	11
	1900	700	18	40	887	697	11
	1900	700	20	45	992	779	12
	1900	700	20	50	1060	832	12
WH1900×750	1900	750	18	34	839	659	11
	1900	750	18	36	869	682	11
	1900	750	18	40	927	728	11
	1900	750	20	45	1037	814	12
	1900	750	20	50	1110	871	12
WH1900×800	1900	800	18	34	873	686	11
	1900	800	18	36	905	710	11
	1900	800	18	40	967	760	11
	1900	800	20	45	1082	849	12
	1900	800	20	50	1160	911	12

续表

型号	截面尺寸（mm）				截面面积（cm^2）	理论质量（kg/m）	焊脚尺寸 h_f（mm）
	H	B	t_1	t_2			
WH2000×650	2000	650	18	30	739	580	11
	2000	650	18	36	815	640	11
	2000	650	18	40	865	679	11
	2000	650	20	45	967	759	12
	2000	650	20	50	1030	809	12
WH2000×700	2000	700	18	32	796	625	11
	2000	700	18	36	851	668	11
	2000	700	18	40	905	711	11
	2000	700	20	45	1012	794	12
	2000	700	20	50	1080	848	12
WH2000×750	2000	750	18	34	857	673	11
	2000	750	18	36	887	696	11
	2000	750	18	40	945	742	11
	2000	750	20	45	1057	830	12
	2000	750	20	50	1130	887	12
WH2000×800	2000	800	18	34	891	700	11
	2000	800	18	36	923	725	11
	2000	800	20	40	1024	804	12
	2000	800	20	45	1102	865	12
	2000	800	20	50	1180	926	12
WH2000×850	2000	850	18	36	959	753	11
	2000	850	18	40	1025	805	11
	2000	850	20	45	1147	900	12
	2000	850	20	50	1230	966	12
	2000	850	20	55	1313	1031	12

注　焊接 H 型钢分为焊接 H 型钢、焊接 H 型钢钢桩、轻型焊接 H 型钢。焊接 H 型钢适用于钢结构厂房的柱、梁、桩、桁架等构件，也可用于吊车梁等；焊接 H 型钢钢桩主要用于港口码头等水土工程和其他建筑；轻型焊接 H 型钢主要用作轻型钢结构构件。

10. 结构用高频焊接薄壁 H 型钢（JG/T 137—2007）

（1）普通高频焊接薄壁 H 型钢规格和理论质量。

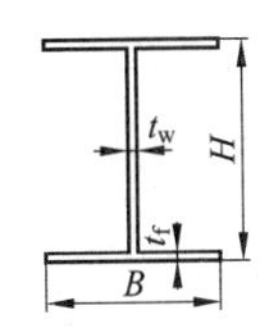

H—截面高度；B—翼缘宽度；t_w—腹板厚度

截面尺寸（mm）				截面面积 A （cm^2）	理论质量（kg/m）
H	B	t_w	t_f		
100	50	2.3	3.2	5.35	4.20
		3.2	4.5	7.41	5.82
	100	4.5	6.0	15.96	12.53
		6.0	8.0	21.04	16.52
120	120	3.2	4.5	14.35	11.27
		4.5	6.0	19.26	15.12
150	75	3.2	4.5	11.26	8.84
		4.5	6.0	15.21	11.94
	100	3.2	4.5	13.51	10.61
		3.2	6.0	16.42	12.89
		4.5	6.0	18.21	14.29
	150	3.2	6.0	22.42	17.60
		4.5	6.0	24.21	19.00
		6.0	8.0	32.04	25.15
200	100	3.0	3.0	11.82	9.28
		3.2	4.5	15.11	11.86
		3.2	6.0	18.01	14.14
		4.5	6.0	20.46	16.06
		6.0	8.0	27.04	21.23

续表

截面尺寸（mm）				截面面积 A (cm^2)	理论质量 (kg/m)
H	B	t_w	t_f		
200	150	3.2	4.5	19.61	15.40
		3.2	6.0	24.01	18.85
		4.5	6.0	26.46	20.77
		6.0	8.0	35.04	27.51
	200	6.0	8.0	43.04	33.79
250	125	3.0	3.0	14.82	11.63
		3.2	4.5	18.96	14.89
		3.2	6.0	22.61	17.75
		4.5	6.0	25.71	20.18
		4.5	8.0	30.53	23.97
		6.0	8.0	34.04	26.72
	150	3.2	4.5	21.21	16.65
		3.2	6.0	25.62	20.11
		4.5	6.0	28.71	22.54
		4.5	8.0	34.53	27.11
		4.5	9.0	37.44	29.39
		6.0	8.0	38.04	29.86
		6.0	9.0	40.92	32.12
	200	4.5	8.0	42.54	33.39
		4.5	9.0	46.45	36.46
		4.5	10.0	50.34	39.52
		6.0	8.0	46.04	36.14
		6.0	9.0	49.92	39.19
		6.0	10.0	53.80	42.23
	250	4.5	8.0	50.54	39.67
		4.5	9.0	55.44	43.52

续表

截面尺寸（mm）				截面面积 A （cm^2）	理论质量 （kg/m）
H	B	t_w	t_f		
250	250	4. 5	10. 0	60. 34	47. 37
		6. 0	8. 0	54. 04	42. 42
		6. 0	9. 0	58. 92	46. 25
		6. 0	10. 0	63. 80	50. 08
300	150	3. 2	4. 5	22. 81	17. 91
			6. 0	27. 21	21. 36
		4. 5	6. 0	30. 96	24. 30
			8. 0	36. 78	28. 87
			9. 0	39. 69	31. 16
			10. 0	42. 60	33. 44
		6. 0	8. 0	41. 04	32. 22
			9. 0	43. 92	34. 48
			10. 0	46. 80	36. 74
	200	4. 5	8. 0	44. 78	35. 15
			9. 0	48. 69	38. 22
			10. 0	52. 60	41. 29
		6. 0	8. 0	49. 04	38. 50
			9. 0	52. 92	41. 54
			10. 0	56. 80	44. 59
300	250	4. 5	8. 0	52. 78	41. 43
			9. 0	57. 69	45. 29
			10. 0	62. 60	49. 14
		6. 0	8. 0	57. 04	44. 78
			9. 0	61. 92	48. 61
			10. 0	66. 80	52. 44

续表

截面尺寸（mm）				截面面积 A（cm^2）	理论质量（kg/m）
H	B	t_w	t_f		
350	150	3.2	4.5	24.41	19.16
			6.0	28.81	22.62
		4.5	6.0	33.21	26.07
			8.0	39.03	30.64
			9.0	41.94	32.92
			10.0	44.85	35.21
		6.0	8.0	44.04	34.57
			9.0	46.92	36.83
			10.0	49.79	39.09
	175	4.5	6.0	36.21	28.42
			8.0	43.03	33.78
			9.0	46.44	36.46
			10.0	49.85	39.13
		6.0	8.0	48.04	37.71
			9.0	48.04	37.71
			10.0	51.41	40.36
	200	4.5	8.0	47.03	36.92
			9.0	50.94	39.99
			10.0	54.85	43.06
		6.0	8.0	52.04	40.85
			9.0	55.92	43.90
			10.0	59.79	46.94
	250	4.5	8.0	55.03	43.20
			9.0	59.9	47.05
			10.0	64.85	50.91

续表

截面尺寸（mm）				截面面积 A (cm^2)	理论质量 (kg/m)
H	B	t_w	t_f		
350	250	6.0	8.0	60.04	47.13
			9.0	64.92	50.96
			10.0	69.80	54.79
400	150	4.5	8.0	41.28	32.40
			9.0	44.19	34.69
			10.0	47.09	36.97
		6.0	8.0	88.28	36.93
			9.0	49.92	39.19
			10.0	52.80	41.45
	200	4.5	8.0	49.27	38.68
			9.0	53.19	41.75
			10.0	57.10	44.82
		6.0	8.0	55.04	43.21
			9.0	58.92	46.25
			10.0	62.80	49.30
	250	4.5	8.0	57.27	44.96
			9.0	62.19	48.82
			10.0	67.09	52.67
		6.0	8.0	63.04	49.49
			9.0	67.92	53.32
			10.0	72.80	57.15
450	200	4.5	8.0	51.53	40.45
			9.0	55.44	43.52
			10.0	59.35	46.59

续表

截面尺寸（mm）				截面面积 A （cm^2）	理论质量 （kg/m）
H	B	t_w	t_f		
450	200	6.0	8.0	58.04	45.56
			9.0	61.92	48.61
			10.0	65.80	51.65
	250	4.5	8.0	59.53	46.73
			9.0	64.45	50.59
			10.0	69.35	54.44
		6.0	8.0	66.04	51.84
			9.0	70.92	55.67
			10.0	75.80	59.50
500	200	4.5	8.0	53.78	42.22
			9.0	57.69	45.29
			10.0	61.61	48.36
		6.0	8.0	61.04	47.92
			9.0	64.92	50.96
			10.0	68.80	54.01
	250	4.5	8.0	61.78	48.50
			9.0	66.69	52.35
			10.0	71.61	56.21
		6.0	8.0	69.04	54.20
			9.0	73.92	58.03
			10.0	78.80	61.68

（2）卷边高频焊接薄壁 H 型钢规格和理论质量。

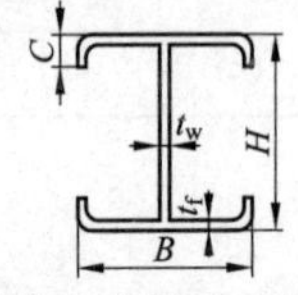

C—翼缘卷边高度；t_f—翼缘宽度

截面尺寸（mm）					截面面积 A（cm^2）	理论质量（kg/m）
H	*B*	*C*	t_w	t_f		
100	100	20	2. 3	2. 3	8. 29	6. 50
			3. 0	3. 0	10. 63	8. 34
			3. 2	3. 2	11. 29	8. 86
150	100	20	2. 3	2. 3	9. 44	7. 41
			3. 0	3. 0	12. 13	9. 52
			3. 2	3. 2	12. 88	10. 11
200	100	25	3. 0	3. 2	15. 12	11. 87
	200	40	4. 5	6. 0	39. 69	31. 16
250	125	25	3. 2	3. 2	18. 32	14. 38
	200	40	4. 5	6. 0	41. 95	32. 93
300	150	25	3. 2	3. 2	21. 52	16. 89
	200	40	4. 5	6. 0	44. 19	34. 69
350	200	40	4. 5	6. 0	46. 45	36. 46
	250	40	4. 5	6. 0	52. 45	41. 17
400	200	40	4. 5	6. 0	48. 69	38. 22
	250	40	4. 5	6. 0	54. 69	42. 93

注 结构用高频焊接薄壁 H 型钢分为普通高频焊接薄壁 H 型钢、卷边高频焊接薄壁 H 型钢。薄壁 H 型钢特别适用于工业与民用建筑和一般构筑物等钢结构。

11. 热轧 L 型钢（GB/T 706—2008）

热轧 L 型钢规格和理论质量。

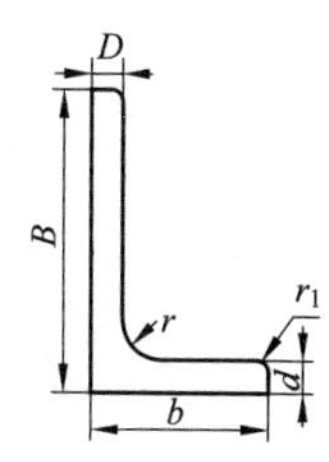

型　号	截面尺寸（mm）						截面面积（cm^2）	理论质量（kg/m）
	B	*b*	*D*	*d*	*r*	r_1		
L250×90×9×13	250	90	9	13	15	7.5	33.4	26.2
L250×90×10.5×15	250	90	10.5	15	15	7.5	38.5	30.3
L250×90×11.5×16	250	90	11.5	16	15	7.5	41.7	32.7
L300×100×10.5×15	300	100	10.5	15	15	7.5	45.3	35.6
L300×100×11.5×16	300	100	11.5	16	15	7.5	49.0	38.5
L350×120×10.5×16	350	120	10.5	16	20	10	54.9	43.1
L350×120×11.5×18	350	120	11.5	18	20	10	60.4	47.4
L400×120×11.5×23	400	120	11.5	23	20	10	71.6	56.2
L450×120×11.5×25	450	120	11.5	25	20	10	79.5	62.4
L500×120×12.5×33	500	120	12.5	33	20	10	98.6	77.4
L500×120×13.5×35	500	120	13.5	35	20	10	105.0	82.8

注　热轧L型钢的规格用腹板高度（*B*）×面板厚度（*b*）×腹板厚度（*D*）×面板厚度（*d*）的毫米数表示，如L300×100×10.5×15等。L型钢除用于大型船舶外，还可用于海洋工程结构和一般建筑结构。

12. 护栏波形梁用冷弯型钢（YB 4081—2007）

护栏波形梁用冷弯型钢规格和理论质量。

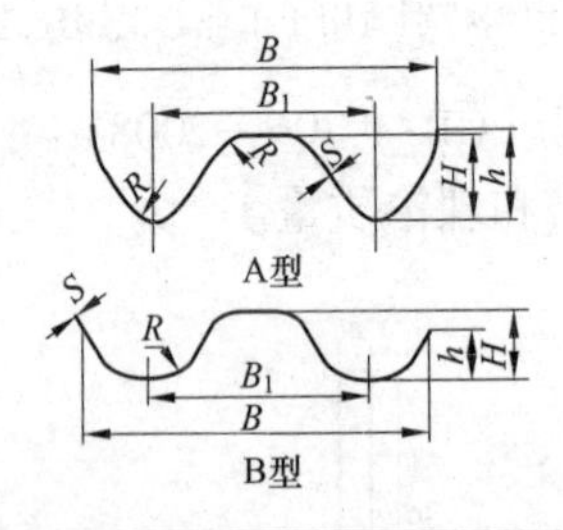

分类	截面尺寸（mm）						截面面积（cm^2）	理论质量（kg/m）
	H	*h*	*B*	B_1	*R*	*S*		
A	83	85	310	192	24	3	14.5	11.4

续表

分类	截面尺寸（mm）						截面面积（cm^2）	理论质量（kg/m）
	H	h	B	B_1	R	S		
B	75	55	350	214	25	4	18.6	14.6
	75	53	350	218	25	4	18.7	14.7
	79	42	350	227	14	4	17.8	14.0
	53	34	350	223	14	3.2	13.2	10.4
	52	33	350	224	14	2.3	9.4	7.4

13. 电梯导轨用热轧型钢（YB/T 157—1999）

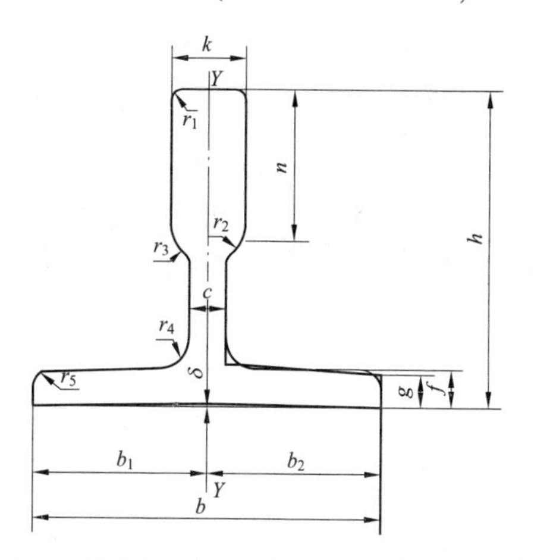

b—轨底宽度；h—高度；k—轨头宽度；n—轨头高度；c—腰部厚度；g—轨底端部厚度；f—轨底根部厚度；r_1、r_2—轨头圆角；r_3—轨头与轨腰连接处圆角；r_4—轨腰与轨底连接处圆角；r_5—轨底上端部圆角；δ—轨底凹度

（1）型号、牌号、化学成分。

T75	T78	T82	T89	T90	T114
T125	T127-1	T127-2	T140-1	T140-2	T140-3

注 型号中的T字为T型导轨型钢的代号；T后数字为导轨型钢轨底宽度尺寸（mm）；-后数字为导轨型钢的规格代号。

钢的牌号为Q235A，一般为镇静钢，钢的化学成分应符合GB/T 700的有关规定，S、P含量均不超过0.045%。

（2）力学性能。

牌　号	抗拉强度 R_m（MPa）≥	断后伸长率 A_5（%）≥
Q235A	375	24
Q255A或其他牌号	410	

（3）尺寸、允许偏差。

mm

型号	b		h		k		n		c	
	尺寸	允许偏差	尺寸	允许偏差	尺寸	允许偏差	尺寸	允许偏差	尺寸	允许偏差
T75	75	±1.5	64	-0.5 ~+2.5	14	-0.5 ~+1.5	32	0 ~2.0	7.5	±0.5
T78	78		58		14		28		7.5	
T82	82.5		70.5		13		27.5		7.5	
T89	89		64		20		35		10	-0.7 ~+0.5
T90	90		77		20		44		10	
T114	114	±1.5 (±2.0)	91		20		40		10	
T125	125		84		20		44		10	
T127-1	127		91		20		46.5		10	
T127-2	127		91		20		52.8		10	
T140-1	140		110		23		52.8		12.7	-0.5 ~+1.0
T140-2	140		104		32.6		52.8		17.5	
T140-3	140		129		36		59.2		19	

型号	g		f	r_1	r_2	r_3	r_4	r_5	$\|b_2-b_3\|$
	尺寸	允许偏差							
T75	7	±0.75	9	2	2	5	5	3	≤1.5
T78	6		8.5	2	2	2	5	2.5	

续表

型号	g		f	r_1	r_2	r_3	r_4	r_5	$\lvert b_2-b_3 \rvert$
	尺寸	允许偏差							
T82	6	±0.75	9	2	3	4	5	2.5	≤1.5
T89	7.9		11.1	2	3	4	5	3	
T90	8		11.5	2	3	6	6	3	
T114	8		12.5	2	3	5	6	3	≤2
T125	9		12	2	3	5	6	3	
T127-1	7.9		11.1	2	3	5	6	3	
T127-2	12.7		15.9	2	3	5	6	3	
T140-1	12.7		15.9	2	3	6	8	4	
T140-2	14.5		17.5	2	3	6	9	4	
T140-3	17.5		25.4	2	3	7	10	4	

注 1. 括号中尺寸的允许偏差为普通精度级。

2. 截面尺寸 r_1、r_2、r_3、r_4、r_5、f 仅作为孔型设计参考，不作为交货条件。

（4）截面面积、理论质量。

型号	T75	T78	T82	T89	T90	T114
截面面积（cm^2）	13.000	11.752	12.994	17.873	20.453	24.312
理论质量（kg/m）	10.205	9.225	10.200	14.030	16.056	19.085
型号	T125	T127-1	T127-2	T140-1	T140-2	T140-3
截面面积（cm^2）	25.452	25.442	31.735	38.200	46.826	61.500
理论质量（kg/m）	19.980	19.972	24.912	29.987	36.758	48.278

注 1. 理论质量按密度 7.85g/cm^3 计算。

2. 导轨型钢按实际质量或理论质量交货。

14. 热轧窗框钢

形状	型号	截面主要尺寸（mm）			理论质量（kg/m）	用途
		高度	宽度	壁厚		
	2504a	25	32	3	1.394	单面或双面开启的中梃
	2504b	25	40	3	1.771	
	3204	32	31	4	1.996	
	4004	40	34.5	4.5	2.669	
	2505	25	42	3	2.028	双面开启的中梃
	3205	32	47	4	2.962	
	4005	40	56	4.5	4.212	
	2506	25	22	3	1.092	内外活动纱窗框
	2507	25	19	3	0.898	门窗玻璃分格窗芯
	2507a	25	19	3	0.969	
	2507b	25	25	3	1.110	
	3507a	35	20	3	1.228	
	3507b	35	35	3.5	1.823	
	5007	50	22	4	2.209	

15. 不锈钢建筑型材（JG/T 73—1999）

（1）分类、代号、规格、型号。

分类	1	2	3	4
表面状态	光亮	发纹	喷涂	镀饰
代号	G	F	P	D

型材的规格应由供需双方协商。

产品的型号由名称代号、材料牌号代号、表面状态代号、规格代号和改型序号组成。

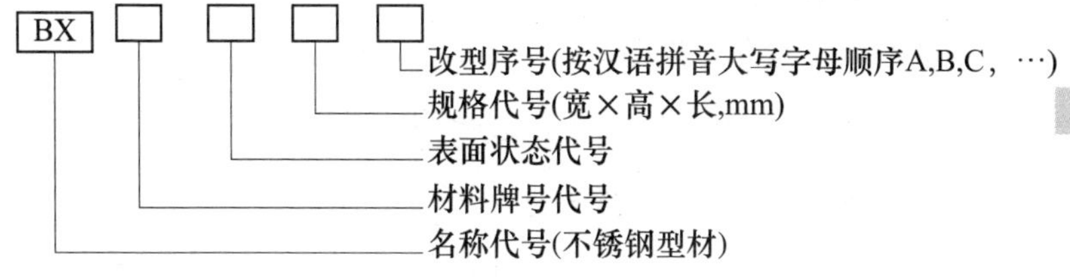

(2) 常用不锈钢牌号、使用代号。

牌　号	0Cr18Ni9	1Cr18Ni9	1Cr18Ni9Ti
使用代号	304	302	—
牌　号	00Cr19Ni10	00Cr17Ni14Mo2	0Cr17Ni12Mo2
使用代号	304L	316L	316

注　经供需双方协商，也可供应其他牌号不锈钢制成的型材。

型材材料应符合 GB/T 3280《不锈钢冷轧钢板》、GB/T 4239《不锈钢冷轧钢带》的规定。

型材壁厚应根据型材的功能确定，不锈钢门窗型材壁厚应不小于 0. 6mm。

(3) 外形、截面尺寸、允许偏差。

1) 弯曲角度允许偏差。

弯曲边长尺寸（mm）	≤10	>10~40	>40~80	>80
允许偏差（°）	±2. 5	±2. 0	±1. 5	±1. 0

2) 弯曲圆角半径允许偏差。

mm

外圆半径 $R_{外}$	≤5. 0	>5. 0
允许偏差	±0. 5	±0. 12$R_{外}$

3) 长度及允许偏差。

型材长度一般为 6m，也可供应其他长度尺寸的型材。

型材按定尺或倍尺长度交货时，应在合同中注明，其长度允许偏差为50mm。

4）形状位置允许偏差。

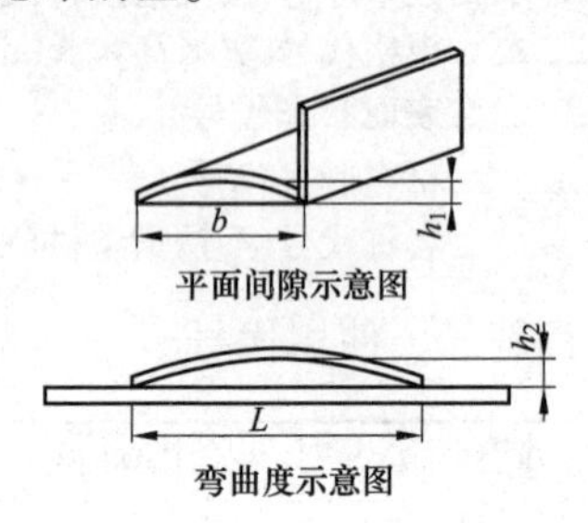

平面间隙示意图

弯曲度示意图

mm

型材宽度 b	平面间隙值 h_1
≤25	≤0.3
>25	≤0.012b

注　此表不适用于有开口部位的平面弯曲度应小于2mm/m，总弯曲度 h_2 应小于总长度 L 的0.2%。

三、钢板和钢带

1. 热轧花纹钢板和钢带（YB/T 4159—2007）

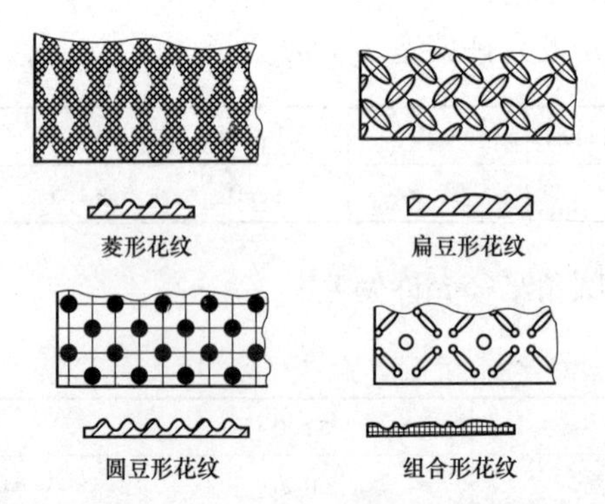
菱形花纹　扁豆形花纹

圆豆形花纹　组合形花纹

(1) 牌号、化学成分和力学性能。牌号、化学成分和力学性能应符合GB/T 700《碳素结构钢》、GB 712《船体用结构钢》和GB/T 4171《耐候结构钢》中的规定。钢板和钢带以热轧状态交货。

（2）基本厚度及理论质量。

基本厚度（mm）	钢板理论质量（kg/m^2）			
	菱形	圆豆形	扁豆形	组合形
2.0	17.7	16.1	16.8	16.5
2.5	21.6	20.4	20.7	20.4
3.0	25.9	24.0	24.8	24.5
3.5	29.9	27.9	28.8	28.4
4.0	34.4	31.9	32.8	32.4
4.5	38.3	35.9	36.7	36.4
5.0	42.2	39.8	40.1	40.3
5.5	46.6	43.8	44.9	44.4
6.0	50.5	47.7	48.8	48.4
7.0	58.4	55.6	56.7	56.2
8.0	67.1	63.6	64.9	64.4
10.0	83.2	79.3	80.8	80.27

（3）规格和用途。

规格	花纹钢板的规格以基本厚度（不计突棱的厚度）表示，有2.0~10.0mm 12种规格。钢板和钢带的宽度为600~1500mm，钢板长度为2000~12000mm。钢带成卷供应，其长度不做计量
用途	钢板表面的突棱具有防滑作用，常用作船舶甲板、汽车底板、工业厂房地板、扶梯、工作架踏板及其他需要防滑的场合

2. 冷弯波形钢板（YB/T 5327—2006）

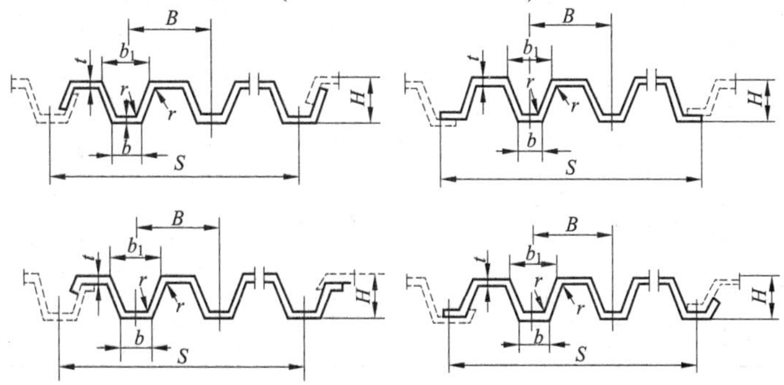

（1）尺寸、断面面积、理论质量。

代号	尺寸（mm）								断面面积（cm^2）	理论质量（kg/m）
	高度 H	宽度		槽距 S	槽底尺寸 b	槽口尺寸 b_1	厚度 t	内弯曲半径 r		
		B	B_0							
AKA15	20	370	—	110	36	50	1.5	1t	6.00	4.70
AKB12	14	488		120	50	70	1.2		6.30	4.95
AKC12	15	378		120	50	70	1.2		5.02	3.94
AKD12		488		100	41.9	58.1			6.58	5.17
AKD15		488					1.5		8.20	6.44
AKE05	25	830	—	90	40	50	0.5		5.87	4.61
AKE08							0.8		9.32	7.32
AKE10							1.0		11.57	9.08
AKE12							1.2		13.79	10.83
AKF05		650					0.5		4.58	3.60
AKF08							0.8		7.29	5.72
AKF10							1.0		9.05	7.10
AKF12							1.2		10.78	8.46
AKG10	30	690		96	38	58	1.0		9.60	7.54
AKG16							1.6		15.04	11.81
AKG20							2.0		18.60	14.60
ALA08	50	—	800	200	60	74	0.8		9.28	7.28
ALA10							1.0		11.56	9.07
ALA12							1.2		13.82	10.85
ALA16							1.6		18.30	14.37
ALB12			614	204.7	38.6	58.5	1.2		10.46	8.21
ALB16							1.6		13.86	10.88
ALC08				205	40	60	0.8		7.04	5.53
ALC10							1.0		8.76	6.88

续表

代号	尺寸（mm）								断面面积（cm^2）	理论质量（kg/m）
	高度 H	宽度		槽距 S	槽底尺寸 b	槽口尺寸 b_1	厚度 t	内弯曲半径 r		
		B	B_0							
ALC12	50	—	614	205	40	60	1.2	1t	10.47	8.22
ALC16							1.6		13.87	10.89
ALD08					50	70	0.8		7.04	5.53
ALD10							1.0		8.76	6.88
ALD12							1.2		10.47	8.22
ALD16							1.6		13.87	10.89
ALE08					92.5	112.5	0.8		7.04	5.53
ALE10							1.0		8.76	6.88
ALE12							1.2		10.47	8.22
ALE16							1.6		13.87	10.89
ALF12				204.7	90	110	1.2		10.46	8.21
ALF16							1.6		13.86	10.88
ALG08	60		600	200	80	100	0.8		7.49	5.88
ALG10							1.0		9.33	7.32
ALG12							1.2		11.17	8.77
ALG16							1.6		14.79	11.61
ALH08	75		600	200	58	65	0.8		8.42	6.61
ALH10							1.0		10.49	8.23
ALH12							1.2		12.55	9.85
ALH16							1.6		16.62	13.05
ALI08						73	0.8		8.38	6.58
ALI10							1.0		10.45	8.20
ALI12							1.2		12.52	9.83
ALI16							1.6		16.60	13.03

续表

代号	尺寸（mm）								断面面积（cm^2）	理论质量（kg/m）
	高度 H	宽度		槽距 S	槽底尺寸 b	槽口尺寸 b_1	厚度 t	内弯曲半径 r		
		B	B_0							
ALJ08	75	—	600	200	58	80	0.8	1t	8.13	6.38
ALJ10							1.0		10.12	7.94
ALJ12							1.2		12.11	9.51
ALJ16							1.6		16.05	12.60
ALJ23							2.3		22.81	17.91
ALK08						88	0.8		8.06	6.33
ALK10							1.0		10.02	7.87
ALK12							1.2		11.95	9.38
ALK16							1.6		15.84	12.43
ALK23							2.3		22.53	17.69
ALL08			690	230	88	95	0.8		9.18	7.21
ALL10							1.0		10.44	8.20
ALL12							1.2		13.69	10.75
ALL16							1.6		18.14	14.24
ALM08						110	0.8		8.93	7.01
ALM10							1.0		11.12	8.73
ALM12							1.2		13.31	10.45
ALM16							1.6		17.65	13.88
ALM23							2.3		25.09	19.07
ALN08						118	0.8		8.74	6.86
ALN10							1.0		10.89	8.55
ALN12							1.2		13.03	10.23
ALN16							1.6		17.28	13.56
ALN23							2.3		24.60	19.31

续表

代号	尺寸（mm）								断面面积（cm^2）	理论质量（kg/m）
	高度 H	宽度 B	宽度 B_0	槽距 S	槽底尺寸 b	槽口尺寸 b_1	厚度 t	内弯曲半径 r		
ALO10							1.0		10.18	7.99
ALO12	80		600	200		72	1.2		12.19	9.57
ALO16							1.6		16.15	12.68
ALA05		—			40		0.5		2.64	2.07
ANA08							0.8		4.21	3.30
ANA10	25		360	90		50	1.0		5.23	4.11
ANA12							1.2		6.26	4.91
ANA16							1.6		8.29	6.51
ANB08							0.8		7.22	5.67
ANB10							1.0		8.99	7.06
ANB12	40		600	150	15	18	1.2		10.70	8.40
ANB16							1.6		14.17	11.12
ANB23							2.3	1t	20.03	15.72
ARA08							0.8		7.04	5.53
ARA10				25	40	60	1.0		8.76	6.88
ARA12		—					1.2		10.47	8.22
ARA16							1.6		13.87	10.89
BLA05	50		614				0.5		4.69	3.68
BLA08							0.8		7.46	5.86
BLA10				204.7	50	70	1.0		9.29	7.29
BLA12							1.2		11.10	8.71
BLA15							1.5		13.78	10.82
BLB05	75		690	230	88	103	0.5		5.73	4.50
BLB08							0.8		9.13	7.17

续表

代号	尺寸（mm）								断面面积（cm^2）	理论质量（kg/m）
	高度 H	宽度 B	宽度 B_0	槽距 S	槽底尺寸 b	槽口尺寸 b_1	厚度 t	内弯曲半径 r		
BLB10							1.0		11.37	8.93
BLB12			690	230	88	103	1.2		13.61	10.68
BLB16							1.6		18.04	14.16
BLC05							0.5		5.05	3.96
BLC08							0.8		8.04	6.31
BLC10	75	—	600	200	58	88	1.0		10.02	7.87
BLC12							1.2		11.99	9.41
BLC16							1.6	1t	15.89	12.47
BLC23							2.3		22.60	17.74
BLD05							0.5		5.50	4.32
BLD08			690	230	88	118	0.8		8.76	6.88
BLD10							1.0		10.92	8.57
BLD12							1.2		13.07	10.2
BLD16	75	—	690	230	88	118	1.6		17.33	13.60
BLD23							2.3		24.67	19.37

（2）牌号、化学成分、力学性能。

牌号及化学成分	波形钢板采用原料钢带的牌号和化学成分，应符合 GB/T 700 碳素结构钢的牌号和化学成分、GB/T 4171 耐候结构钢的牌号及化学成分、GB/T 2518 连续热镀锌钢板和钢带的性能规定。镀锌波形钢板主要采用 JG 镀锌钢带
力学性能	波形钢板未经弯曲的平板部分的力学性能应符合使用牌号相应标准的规定

注　波形钢板按实际质量交货，波形钢板以冷弯状态交货。

3. 单张热镀锌薄钢板（YB/T 5153—2014）

(1) 尺寸规格及反复弯曲次数。

钢板厚度（mm）	0.35、0.40、0.45	0.50、0.55、0.60、0.65、0.70	0.75、0.80	0.90、1.0	1.1、1.2	1.3、1.4、1.5
反复弯曲次数≥	8	7	6	5	4	3
宽度、长度系列	钢板宽度和长度尺寸（mm）					
	710×1420、750×750、750×1500、750×1800、800×800、800×1200、800×1600、850×1700、900×900、900×1800、800×2000、1000×2000					

注 1. 镀锌钢板按用途分为供冷成型用钢板（L）和供一般用途用钢板（Y）。
2. 镀锌原板供冷成型用钢板的厚度允许偏差符合 GB/T 708B 级规定；供一般用途用钢板的厚度允许偏差符合 GB/T 708C 级规定。
3. 牌号采用 Q195、Q215A、Q235A，化学成分符合 GB/T 700 规定。

(2) 特性和用途。

特性	镀锌薄钢板也称白铁皮，钢板表面有鱼鳞状或树叶状的锌结晶花纹，镀锌层牢固，表面有高的耐腐蚀性能，并有良好的焊接性能和冷加工成型性能
用途	广泛用于建筑、包装、车辆、农机、化工、轻纺及日常生活用具等方面

4. 连续热镀锌钢板及钢带（GB/T 2518—2008）

(1) 牌号及钢种特性。

牌号	钢种特性
DX51D+Z，DX51D+ZF	低碳钢
DX52D+Z，DX52D+ZF	
DX53D+Z，DX53D+ZF	无间隙原子钢
DX54D+Z，DX54D+ZF	
DX56D+Z，DX56D+ZF	
DX57D+Z，DX57D+ZF	

续表

牌号	钢种特性
S220GD+Z，S220GD+ZF	结构钢
S250GD+Z，S250GD+ZF	
280GD+Z，S280GD+ZF	
S320GD+Z，S320GD+ZF	
S350GD+Z，S350GD+ZF	
S550GD+Z，S550GD+ZF	
HX260LAD+Z，HX260LAD+ZF	低合金钢
HX300LAD+Z，HX300LAD+ZF	
HX340LAD+Z，HX340LAD+ZF	
HX380LAD+Z，HX380LAD+ZF	
HX420LAD+Z，HX420LAD+ZF	
HX180YD+Z，HX180YD+ZF	无间隙原子钢
HX220YD+Z，HX220YD+ZF	
HX260YD+Z，HX260YD+ZF	
HX180BD+Z，HX180BD+ZF	烧烤硬化钢
HX220BD+Z，HX220BD+ZF	
HX260BD+Z，HX260BD+ZF	
HX300BD+Z，HX300BD+ZF	
HC260/450DPD+Z，HC260/450DPD+ZF	双相钢
HC300/500DPD+Z，HC300/500DPD+ZF	
HC340600DPD+Z，HC340/500DPD+ZF	
HC450/780DPD+Z，HC450/780DPD+ZF	
HC600/980DPD+Z，HC600/980DPD+ZF	
HC500/780CPD+Z，HC500/780CPD+ZF	
HC700/980CPD+Z，HC700/980CPD+ZF	
HC430/690TRD+Z，HC430/690TRD+ZF	相变诱导塑性钢
HC470/780TRD+Z，HC470/690TRD+ZF	

续表

牌号	钢种特性
HC350/600CPD+Z，HC350/600CPD+ZF	复相钢
HC500/780CPD+Z，HC500/780CPD+ZF	
HC700/980CPD+Z，HC700/980CPD+ZF	

（2）尺寸。

项目		公称尺寸（mm）
公称厚度		0.30~5.0
公称宽度	钢板及钢带	600~2050
	纵切钢带	<600
公称长度	钢板	1000~8000
公称内径	钢带及纵切钢带	610 或 508

（3）化学成分（熔炼分析）。

1）化学成分指标（一）。

牌号	化学成分（质量分数）（%）≤					
	C	Si	Mn	P	S	Ti
DX51D+Z，DX51D+ZF	0.12	0.50	0.60	0.10	0.045	0.30
DX52D+Z，DX52D+ZF						
DX53D+Z，DX53D+ZF						
DX54D+Z，DX54D+ZF						
DX56D+Z，DX56D+ZF						
DX57D+Z，DX57D+ZF						

2）化学成分指标（二）。

牌号	化学成分（质量分数）（%）≤				
	C	Si	Mn	P	S
S220GD+Z，S220GD+ZF	0.20	0.60	1.70	0.10	0.045

续表

牌号	化学成分（质量分数）(%)≤				
	C	Si	Mn	P	S
S250GD+Z，S250GD+ZF	0. 20	0. 60	1. 70	0. 10	0. 045
S280GD+Z，S280GD+ZF					
S320GD+Z，S320GD+ZF					
S350GD+Z，S350GD+ZF					
S550GD+Z，S550GD+ZF					

3）化学成分指标（三）。

牌号	化学成分（质量分数）(%)≤							
	C	Si	Mn	P	S	Alt	Ti[①]	Nb[①]
HX180YD+Z，HX180YD+ZF	0. 01	0. 10	0. 70	0. 06	0. 025	0. 02	0. 12	—
HX220YD+Z，HX220YD+ZF	0. 01	0. 10	0. 90	0. 08	0. 025	0. 02	0. 12	—
HX260YD+Z，HX260YD+ZF	0. 01	0. 10	1. 60	0. 10	0. 025	0. 02	0. 12	—
HX180BD+Z，HX180BD+ZF	0. 04	0. 50	0. 70	0. 06	0. 025	0. 02	—	—
HX220BD+Z，HX220BD+ZF	0. 06	0. 50	0. 70	0. 08	0. 025	0. 02	—	—
HX260BD+Z，HX260BD+ZF	0. 11	0. 50	0. 70	0. 10	0. 025	0. 02	—	—
HX300BD+Z，HX300BD+ZF	0. 11	0. 50	0. 70	0. 12	0. 025	0. 02	—	—
HX260LAD+Z，HX260LAD+ZF	0. 11	0. 50	0. 60	0. 025	0. 025	0. 015	0. 15	0. 09
HX300LAD+Z，HX300LAD+ZF	0. 11	0. 50	1. 00	0. 025	0. 025	0. 015	0. 15	0. 09

续表

牌号	化学成分（质量分数）（%）≤							
	C	Si	Mn	P	S	Alt	Ti①	Nb①
HX340LAD+Z, HX340LAD+ZF	0.11	0.50	1.00	0.025	0.025	0.015	0.15	0.09
HX380LAD+Z, HX380LAD+ZF	0.11	0.50	1.40	0.025	0.025	0.015	0.15	0.09
HX420LAD+Z, HX420LAD+ZF	0.11	0.50	1.40	0.025	0.025	0.015	0.15	0.09

①可以单独或复合添加 Ti 和 Nb，也可添加 V 和 B，但是总含量不大于 0.22%。

4）化学成分指标（四）。

<table>
<tr><th rowspan="2">牌号</th><th colspan="7">化学成分（质量分数）（%）≤</th></tr>
<tr><th>C</th><th>Si</th><th>Mn</th><th>P</th><th>Cr+Mo</th><th>Nb+Ti</th><th>V</th></tr>
<tr><td>HC260/450DPD+Z,
HC260/450DPD+ZF</td><td rowspan="2">0.14</td><td rowspan="5">0.80</td><td rowspan="2">2.00</td><td rowspan="5">0.080</td><td rowspan="5">1.00</td><td rowspan="5">0.15</td><td rowspan="5">0.20</td></tr>
<tr><td>HC300/500DPD+Z,
HC300/500DPD+ZF</td></tr>
<tr><td>HC340/600DPD+Z,
HC340/500DPD+ZF</td><td>0.17</td><td>2.20</td></tr>
<tr><td>HC450/780DPD+Z,
HC450/780DPD+ZF</td><td>0.18</td><td rowspan="2">2.50</td></tr>
<tr><td>HC600/980DPD+Z,
HC600/980DPD+ZF</td><td>0.23</td></tr>
<tr><td>HC430/690TRD+Z,
HC430/690TRD+ZF</td><td rowspan="2">0.32</td><td rowspan="2">2.20</td><td rowspan="2">2.50</td><td rowspan="2">0.120</td><td rowspan="2">0.60</td><td rowspan="2">0.20</td><td rowspan="2">0.20</td></tr>
<tr><td>HC470/780TRD+Z,
HC470/780TRD+ZF</td></tr>
</table>

续表

牌号	化学成分（质量分数）（%）≤						
	C	Si	Mn	P	Cr+Mo	Nb+Ti	V
HC350/600CPD+Z，HC350/600CPD+ZF	0.18	0.80	2.20	0.080	1.00	0.15	0.20
HC500/780CPD+Z，HC500/780CPD+ZF							
HC700/980CPD+Z，HC700/980CPD+ZF	0.23				1.20		0.22

注　S≤0.015%，Alt≤2.00%，B≤0.005%。

（4）力学性能。

1）力学性能指标（一）。

牌号	下屈服强度 R_{eL} 或 $R_{p0.2}$（MPa）	抗拉强度 R_m（MPa）	断后伸长率 A_{80}（%）≥	塑性应变比 r_{90} ≥	应变硬化指数 n_{90} ≥
DX51D+Z，DX51D+ZF	—	270~500	22	—	—
DX52D+Z，DX52D+ZF	140~300	270~420	26	—	—
DX53D+Z，DX53D+ZF	140~260	270~380	30	—	—
DX54D+Z	120~220	260~350	36	1.6	0.18
DX54D+ZF			34	1.4	0.18
DX56D+Z	120~180	260~350	39	1.9	0.21
DX56D+ZF			37	1.7	0.20
DX57D+Z	120~170	260~350	41	2.1	0.22
DX57D+ZF			39	1.9	0.21

注　无明显屈服时采用 $R_{p0.2}$，否则采用 R_{eL}。屈服强度值仅适用于光整的FB、FC级表面的钢板和钢带。

2）力学性能指标（二）。

牌号	上屈服强度 R_{eH} 或 $R_{p0.2}$（MPa）	抗拉强度 R_m（MPa）	断后伸长率 A_{80}（%）
S220GD+Z，S220GD+ZF	220	300	20
S250GD+Z，S250GD+ZF	250	330	19
S280GD+Z，S280GD+ZF	280	360	18
S320GD+Z，S320GD+ZF	320	390	17
S350GD+Z，S350GD+ZF	350	420	16
S550GD+Z，S550GD+ZF	550	560	—

注 无明显屈服时采用 $R_{p0.2}$，否则采用 R_{eH}。

3）力学性能指标（三）。

牌号	下屈服强度 R_{eL} 或 $R_{p0.2}$（MPa）	抗拉强度 R_m（MPa）	断后伸长率 A_{80}（%）≥	塑性应变比 r_{90}≥	应变硬化指数 n_{90}≥
HX180YD+Z	180～240	340～400	34	1.7	0.18
HX180YD+ZF			32	1.5	0.18
HX220YD+Z	220～280	340～410	32	1.5	0.17
HX220YD+ZF			30	1.3	0.17
HX260YD+Z	260～320	380～440	30	1.4	0.16
HX260YD+ZF			28	1.2	0.16

注 无明显屈服时采用 $R_{p0.2}$，否则采用 R_{eL}。

4）力学性能指标（四）。

牌号	下屈服强度 R_{eL} 或 $R_{p0.2}$（MPa）	抗拉强度 R_m（MPa）	断后伸长率 A_{80}（%）≥	塑性应变比 r_{90}≥	应变硬化指数 n_{90}≥	烘烤硬化值 BH_2（MPa）≥
HX180BD+Z	180～240	300～360	34	1.5	0.16	30
HX180BD+ZF			32	1.3	0.16	30

续表

牌号	下屈服强度 R_{eL} 或 $R_{p0.2}$（MPa）	抗拉强度 R_m（MPa）	断后伸长率 A_{80}（%）≥	塑性应变比 r_{90} ≥	应变硬化指数 n_{90} ≥	烘烤硬化值 BH_2（MPa）≥
HX220BD+Z	220~280	340~400	32	1.2	0.15	30
HX220BD+ZF			30	1.0	0.15	30
HX260BD+Z	260~320	360~440	28	—	—	30
HX260BD+ZF			26			30
HX300BD+Z	300~360	400~480	26	—	—	30
HX300BD+ZF			24			30

注　无明显屈服时采用 $R_{p0.2}$，否则采用 R_{eL}。

5）力学性能指标（五）。

牌号	下屈服强度 R_{eL} 或 $R_{p0.2}$（MPa）	抗拉强度 R_m（MPa）	断后伸长率 A_{80}（%）≥
HX260LAD+Z	260~330	350~430	26
HX260LAD+ZF			24
HX300LAD+Z	300~380	380~480	23
HX300LAD+ZF			21
HX340LAD+Z	340~420	410~510	21
HX340LAD+ZF			19
HX380LAD+Z	380~480	440~560	19
HX380LAD+ZF			17
HX420LAD+Z	420~520	470~590	17
HX420LAD+ZF			15

注　无明显屈服时采用 $R_{p0.2}$，否则采用 R_{eL}。

6）力学性能指标（六）。

牌号	下屈服强度 R_{eL}或$R_{p0.2}$（MPa）	抗拉强度 R_m（MPa）	断后伸长率 A_{80}（%）≥	应变硬化指数 n_{90}≥	烘烤硬化值 BH_2（MPa）≥
HC260/450DPD+Z	260～340	450	27	0.16	30
HC260/450DPD+ZF			25		30
HC300/500DPD+Z	300～380	500	23	0.15	30
HC300/500DPD+ZF			21		30
HC340/600DPD+Z	340～420	600	20	0.14	30
HC340/600DPD+ZF			18		30
HC450/780DPD+Z	450～560	780	14	—	30
HC450/780DPD+ZF			12		30
HC600/980DPD+Z	600～750	980	10	—	30
HC600/980DPD+ZF			8		30

注 无明显屈服时采用$R_{p0.2}$，否则采用R_{eL}。

7）力学性能指标（七）。

牌号	下屈服强度 R_{eL}或$R_{p0.2}$（MPa）	抗拉强度 R_m（MPa）	断后伸长率 A_{80}（%）≥	应变硬化指数 n_{90}≥	烘烤硬化值 BH_2（MPa）≥
HC430/690TRD+Z	430～550	690	23	0.18	40
HC430/690TRD+ZF			21		40
HC470/780TRD+Z	470～600	780	21	0.16	40
HC470/780TRD+ZF			18		40

注 无明显屈服时采用$R_{p0.2}$，否则采用R_{eL}。

8）力学性能指标（八）。

牌号	下屈服强度 R_{eL} 或 $R_{p0.2}$（MPa）	抗拉强度 R_m（MPa）	断后伸长率 A_{80}（%）≥	烘烤硬化值 BH_2（MPa）≥
HC350/600CPD+Z	350~500	600	16	30
HC350/600CPD+ZF			14	
HC500/780CPD+Z	500~700	780	10	30
HC500/780CPD+ZF			8	
HC700/980CPD+Z	700~900	980	7	30
HC700/980CPD+ZF			5	

注 无明显屈服时采用 $R_{p0.2}$，否则采用 R_{eL}。

（5）特性和用途。

特性	镀锌钢板和钢带也称镀锌板或白铁皮。钢板表面美观，有块状或树叶状锌结晶花纹，镀锌层牢固，有优良的耐大气腐蚀性能，并有良好的焊接性能和冷加工成型性能
用途	热镀锌薄钢板镀锌层较厚，主要用于要求耐蚀性较强的部件。镀锌板广泛用于建筑、包装、铁路车辆、农业机械及日常生活用品等

5. 连续热镀铝锌合金镀层钢板及钢带（GB/T 14978—2008）

（1）化学成分（熔炼分析）。

钢种特性	牌号	化学成分（质量分数）（%）≤					
		C	Si	Mn	P	S	Ti
低碳钢或无间隙原子钢	DX51D+AZ	0.12	0.50	0.60	0.10	0.045	0.30
	DX52D+AZ						
	DX53D+AZ						
	DX54D+AZ						
结构钢	S250GD+AZ	0.20	0.60	1.70	0.10	0.045	—
	S280GD+AZ						
	S300GD+AZ						

续表

钢种特性	牌号	化学成分（质量分数）（%）≤					
		C	Si	Mn	P	S	Ti
结构钢	S320GD+AZ	0.20	0.60	1.70	0.10	0.045	—
	S350GD+AZ						
	S550GD+AZ						

（2）公称尺寸。

名称		公称尺寸（mm）
公称厚度		0.30~3.0
公称宽度	钢板及钢带	600~2050
	纵切钢带	<600
公称长度	钢板	1000~8000
公称内径	钢带及纵切钢带	610 或 508

（3）公称镀层质量及相应的镀层代号。

镀层种类	镀层形式	可供的公称镀层质量（g/m^2）	推荐的公称镀层质量（g/m^2）	镀层代号
热镀铝锌合金镀层（AZ）	等厚镀层	60~200	60	60
			80	80
			100	100
			120	120
			150	150
			180	180
			200	200

（4）力学性能。

1）低碳钢或无间隙原子钢。

牌号	拉伸试验		
	屈服强度 R_{eL} 或 $R_{p0.2}$（MPa）≤	抗拉强度 R_m（MPa）≤	断后伸长率 A_{80}（%）≥
DX51D+AZ	—	500	22
DX52D+AZ	300	420	26
DX53D+AZ	260	380	30
DX54D+AZ	220	350	36

2）结构钢。

牌号	拉伸试验		
	屈服强度 R_{eH} 或 $R_{p0.2}$（MPa）≥	抗拉强度 R_m（MPa）≥	断后伸长率 A_{80}（%）≥
S250GD+AZ	250	330	19
S280GD+AZ	280	360	18
S300GD+AZ	300	380	17
S320GD+AZ	320	390	17
S350GD+AZ	350	420	16
S550GD+AZ	550	560	—

注　当屈服现象不明显时，采用 $R_{p0.2}$，否则采用 R_{eH}。

（5）特性及用途。

特性	连续热镀铝锌合金镀层钢板及钢带的厚度为0.30~3.0mm。由铝锌合金组成的镀层中，铝的质量分数约为55%，硅的质量分数约为1.6%，其余成分为锌。连续热镀铝锌合金镀层钢板及钢带具有高的耐蚀性及较高的耐热性和耐酸性
用途	广泛用于建筑、汽车、电子、家电等行业

6. 彩色涂层钢板及钢带（GB/T 12754—2006）

（1）分类及代号。

分类	项目	代号
用途	建筑外用	JW
	建筑内用	JN
	家电	JD
	其他	QT
基板类型	热镀锌基板	Z
	热镀锌铁合金基板	ZF
	热镀铝锌合金基板	AZ
	热镀锌铝合金基板	ZA
	电镀锌基板	ZE
涂层表面状态	涂层板	TC
	压花板	YA
	印花板	YI
面漆种类	聚酯	PE
	硅改性聚酯	SMP
	高耐久性聚酯	HDP
	聚偏氟乙烯	PVDF
涂层结构	正面两层，反面一层	2/1
	正面两层，反面两层	2/2
热镀锌基板表面结构	光整小锌花	MS
	光整无锌花	FS

（2）彩涂板的牌号和用途。

彩涂板的牌号					用途
热镀锌基板	热镀锌铁合金基板	热镀铝锌合金基板	热镀锌铝合金基板	电镀锌基板	
TDC51D+Z	TDC51D+ZF	TDC51D+AZ	TDC51D+ZA	TDC01+ZE	一般用
TDC52D+Z	TDC52D+ZF	TDC52D+AZ	TDC52D+ZA	TDC03+ZE	冲压用
TDC53D+Z	TDC53D+ZF	TDC53CD+AZ	TDC53D+ZA	TDC04+ZE	深冲压用

续表

彩涂板的牌号					用途
热镀锌基板	热镀锌铁合金基板	热镀铝锌合金基板	热镀锌铝合金基板	电镀锌基板	
TDC54D+Z	TDC54D+ZF	TDC54CD+AZ	TDC54D+ZA	—	特深冲压用
TS250GD+Z	TS250GD+ZF	TS250GD+AZ	TS250GD+ZA	—	结构用
TS280GD+Z	TS280GD+ZF	TS280GD+AZ	TS280GD+ZA	—	
—	—	TS300GD+AZ	—	—	
TS320GD+Z	TS320GD+ZF	TS320GD+AZ	TS320GD+ZA	—	
TS350GD+Z	TS350GD+ZF	TS350GD+AZ	TS350GD+ZA	—	
TS550GD+Z	TS550GD+ZF	TS550GD+AZ	TS550GD+ZA	—	

注　1. 彩涂板是在经过表面预处理的基板上连续涂覆有机涂料（正面至少为两层），然后进行烘烤固化而成的产品。

2. 牌号命名方法：由彩涂代号、基板特性代号和基板类型代号三个部分组成，其中基板特性代号和基板类型代号之间用“+”连接。

3. 彩涂代号：用“涂”字汉语拼音的第一个字母“T”表示。

4. 基板特性代号：

1）冷成型用钢：

——电镀基板时由三个部分组成，其中第一部分为字母“D”，代表冷成型用钢板；第二部分为字母“C”，代表轧制条件为轧；第三部分为两位数字序号，即01、03和04。

——热镀基板时由四个部分组成，其中第一和第二部分与电镀基板相同，第三部分为两位数字序号，即51、52、53和54；第四部分为字母“D”，代表热镀。

2）结构钢：由四部分组成，其中第一部分为字母“S”，代表结构钢；第二部分为3位数字，代表规定的最小屈服强度（单位为MPa），即250、280、300、320、350、550；第三部分为字母“G”，代表热处理；第四部分为字母“D”，代表热镀。

5. 基木类型代号：“Z”代表热镀锌基板；“ZF”代表热镀锌铁合金基板；“AZ”代表热镀铝锌合金基板；“ZA”代表热镀锌铝合金基板；“ZE”代表电镀锌基板。

（3）彩涂板的尺寸规格。

项目	公称尺寸（mm）
公称厚度	0.20~2.0
公称宽度	600~1600
钢板公称长度	1000~6000
钢卷内径	450、508 或 610

注 彩涂板和基板的厚度不包含涂层厚度。

（4）涂层板的力学性能。

牌号	上屈服强度 R_{eH} 或 $R_{p0.2}$（MPa）	抗拉强度 R_m（MPa）	断后伸长率 A_{80}（%）≥ 公称厚度（mm）	
			≤0.70	>0.70
TDC51D+Z、TDC51D+ZF TDC51D+AZ、TDC51D+ZA	—	270~500	20	22
TDC52D+Z、TDC52D+ZF TDC52D+AZ、TDC52D+ZA	140~300	270~420	24	26
TDC53D+Z、TDC53D+ZF TDC53D+AZ、TDC53D+ZA	140~260	270~380	28	30
TDC54D+Z、TDC54D+ZF TDC54D+ZA	140~220	270~350	34	36
TDC54D+AZ	140~220	270~350	32	34
TS250GD+Z、T250GD+ZF T250GD+AZ、TS250GD+ZA	250	330	17	19
TS280GD+Z、TS280GD+ZF TS280GD+AZ、TS280GD+ZA	280	360	16	18
TS300GD+AZ	300	380	16	18
T320GD+Z、TS320GD+ZF TS320GD+AZ、TS320GD+ZA	320	390	15	17
TS350GD+Z、TS350GD+ZF TS350GD+AZ、TS350GD+ZA	350	420	14	16
TS550GD+Z、TS550GD+ZF TS550GD+AZ、TS550GD+ZA	550	560	—	—

7. 建筑结构用钢板（GB/T 19879—2005）

（1）牌号和化学成分。

牌号	质量等级	化学成分（质量分数）（%）											
		C	Si	Mn	P	S	V	Nb	Ti	Als	Cr	Cu	Ni
Q235GJ	B	≤0.20	≤0.35	0.60~1.20	≤0.025	≤0.015	—	—	—	≥0.015	≤0.30	≤0.30	≤0.30
	C												
	D	≤0.18	≤0.35	0.60~1.20	≤0.020	≤0.015	—	—	—	≥0.015	≤0.30	≤0.30	≤0.30
	E												
Q345GJ	B	≤0.20	≤0.55	≤1.60	≤0.025	≤0.015	0.020~0.150	0.015~0.060	0.010~0.030	≥0.015	≤0.30	≤0.30	≤0.30
	C												
	D	≤0.18			≤0.020								
	E												
Q390GJ	C	≤0.20	≤0.55	≤1.60	≤0.025	≤0.015	0.020~0.200	0.015~0.060	0.010~0.030	≥0.015	≤0.30	≤0.30	≤0.70
	D	≤0.18			≤0.020								
	E												

续表

牌号	质量等级	化学成分（质量分数）（%）											
		C	Si	Mn	P	S	V	Nb	Ti	Als	Cr	Cu	Ni
Q420GJ	C	≤0. 20	≤0. 55	≤1. 60	≤0. 025	≤0. 015	0. 020~0. 200	0. 015~0. 060	0. 010~0. 030	≥0. 015	≤0. 40	≤0. 30	≤0. 70
	D	≤0. 18			≤0. 020								
	E												
Q460GJ	C	≤0. 20	≤0. 55	≤1. 60	≤0. 025	≤0. 015	0. 020~0. 200	0. 015~0. 060	0. 010~0. 030	≥0. 015	≤0. 70	≤0. 30	≤0. 70
	D	≤0. 18			≤0. 020								
	E												

注 1. 钢板的牌号由代表屈服强度的汉语拼音字母（Q）、屈服强度数值、代表高性能建筑结构用钢的汉语拼音字母（GJ）、质量等级符号（B、C、D、E）组成，如 345GJC；对于厚度方向性能钢板，在质量等级后加上厚度方向性能级别（Z15、Z25 或 Z35），如 Q345GJCZ25。适用于制造高层建筑结构、大跨度结构、厚度为 6~100mm 的钢板。

2. 允许用全铝含量来代表酸溶铝含量的要求，此时全铝含量应不小于 0. 020%。

3. Cr、Ni、Cu 为残余元素时，其含量均应不大于 0. 30%。

4. 为了改善钢板的性能，可添加 V、Nb、Ti 等微合金化元素，总量应不大于 0. 22%。

（2）力学性能和工艺性能。

牌号	质量等级	上屈服强度 R_{eH}（MPa）				抗拉强度 R_m（MPa）	断后伸长率 A（%）	冲击吸收功（纵向）A_{kv}（J）		180°冷弯试验		屈强比≤
		钢板厚度（mm）								钢板厚度（mm）		
		6~16	>16~35	>35~50	>50~100			温度（℃）	≤	≤16	>16~100	
Q235GJ	B	≥235	235~355	225~345	215~335	400~510	≥23	20	34	$d=2a$	$d=3a$	0.80
	C							0				
	D							-20				
	E							-40				
Q345GJ	B	≥345	345~465	335~445	325~445	490~610	≥22	20	34	$d=2a$	$d=3a$	0.83
	C							0				
	D							-20				
	E							-40				
Q390GJ	C	≥390	390~510	380~500	370~490	490~650	≥20	0	34	$d=2a$	$d=3a$	0.85
	D							-20				
	E							-40				

续表

牌号	质量等级	上屈服强度 R_{eH}（MPa）				抗拉强度 R_m（MPa）	断后伸长率 A（%）	冲击吸收功（纵向）A_{kv}（J）		180°冷弯试验		屈强比≤
		钢板厚度（mm）								钢板厚度（mm）		
		6~16	>16~35	>35~50	>50~100			温度（℃）	≤	≤16	>16~100	
Q420GJ	C	≥420	420~550	410~540	400~530	520~680	≥19	0	34	$d=2a$	$d=3a$	0.85
	D							-20				
	E							-40				
Q460GJ	C	≥460	460~600	450~590	440~580	550~720	≥17	0	34	$d=2a$	$d=3a$	0.85
	D							-20				
	E							-40				

注 1. d 为弯心直径；a 为试样厚度。

2. 拉伸试样采用系数为 5.65 的比例试样。

3. 伸长率按有关标准进行换算时，表中伸长率 $A=17\%$ 与 $A_{50mm}=20\%$ 相当。

4. 厚度小于 12mm 的钢板采用小尺寸试样进行夏比（V 型缺口）冲击试验。钢板厚度为 8~12mm 时，试样尺寸为 7.5mm×10mm×55mm。其试验结果应分别不小于表中规定值的 75%或 50%。

5. 当厚度大于或等于 15mm 的钢板要求厚度方向性能时，其厚度方向性能级别的硫含量和断面收缩率应符合下表的相应规定。

厚度方向性能级别	硫含量（%）	断面收缩率 Z（%）	
		三个试样平均值	单个试样值
Z15	≤0.010	≥15	≥10
Z25	≤0.007	≥25	≥15
Z35	≤0.005	≥35	≥25

8. 高层建筑结构用钢板（YB 4104—2000）

（1）牌号和化学成分。

牌号	质量等级	厚度（mm）	化学成分（质量分数）（%）								
			C	Si	Mn	P	S	V	Nb	Ti	Als
Q235GJ	C	6~100	≤0.20	≤0.35	0.60~1.20	≤0.025	≤0.015	—	—	—	≥0.015
	D E		≤0.18								
Q345GJ	C	6~100	≤0.20	≤0.55	≤0.60	≤0.025	≤0.015	0.02~0.15	0.015~0.060	0.01~0.10	≥0.015
	D E		≤0.18								
Q235GJ	C	>16~100	≤0.20	≤0.35	0.60~1.20	≤0.020	见注4	—	—	—	≥0.015
	D E		≤0.18								
Q345GJ	C	>16~100	≤0.20	≤0.55	≤1.60	≤0.020	见注4	0.020~0.150	0.015~0.060	0.01~0.10	≥0.015
	D E		≤0.18								

注　1. 各牌号的残余元素含量：Cu、Ni、Cu 均不大于 0.30%（质量分数）。

2. 允许用全铝含量代替酸溶铝含量，此时全铝含量应不小于 0.020%（质量分数）。

3. GJ 为代表高层建筑的汉语拼音字母，Z 为厚度方向性能级别，钢板分为 Z15、Z25、Z35 三个级别，应在具体牌号中注明。

4. 厚度方向各级别的硫含量：Z15 为≤0.010%（质量分数）；Z25 为≤0.007%（质量分数）；Z35 为≤0.005%（质量分数）。

（2）力学性能和工艺性能。

牌号	质量等级	上屈服强度 R_{eH}（MPa）				抗拉强度 R_m（MPa）	断后伸长率 A_5（%）	冲击吸收功（纵向）A_{kv}		180°冷弯试验		屈强比≤
		钢板厚度（mm）								钢板厚度（mm）		
		6~16	>16~35	>35~50	>50~100			温度（℃）	（J）≤	≤16	>16~100	
Q235GJ	C	≥235	235~345	225~335	215~325	400~510	23	0	34	$d=2a$	$d=3a$	0.80
	D							−20				
	E							−40				
Q345GJ	C	≥345	345~455	335~445	325~435	490~610	22	0	34	$d=2a$	$d=3a$	0.80
	D							−20				
	E							−40				
Q235GJ	C	—	235~345	225~235	215~325	400~510	23	0	34	$d=2a$	$d=3a$	0.80
	D							−20				
	E							−40				
Q345GJZ	C	—	345~455	335~445	325~435	490~610	22	0	34	$d=2a$	$d=3a$	0.80
	D							−20				
	E							−40				

注 1. d 为弯心直径；a 为试样厚度。
2. 各牌号的屈强比 σ_s/σ_b 均不大于 0.80。
3. 牌号末尾“Z”为厚度方向性能级别代号，分 Z15、Z25、Z35 三级，其厚度方向性能级别的断面收缩率规定如下：
4. 高层建筑结构用钢板钢质纯净，硫、磷及其他杂质含量低，并含有钒、铌、钛、铝等细化晶粒的元素，在保证钢板强度的同时，保持高的韧性和焊接性能，适用于建造高层建筑结构和其他重要建筑。

厚度方向性能级别	断面收缩率 Z（%）	
	三个试样平均值	单个试样值
Z15	≥15	≥10
Z25	≥25	≥15
Z35	≥35	≥25

（3）尺寸规格和交货状态。

尺寸规格和允许偏差	符合 GB/T 709 的规定。钢板厚度为 6～100mm。钢板厚度不大于 25mm 时，平面度不大于 7mm/m；钢板厚度大于 25mm 时，平面度不大于 5mm/m
交货状态	Q235GJ、Q235GJZ、Q345GJ 钢板以热轧或正火状态交货；Q345GJZ 钢板以 TMCP（为温度-形变控制轧制）交货状态交货

9. 建筑用不锈钢板（热轧 GB/T 4237—2007、冷轧 GB/T 3280—2007）

类别	牌号	特性和用途
奥氏体型	1Cr18Ni9	强度高、用于建筑装饰部件
	0Cr19Ni9N	强度高、用于结构部件
	0Cr19Ni10NbN	
	00Cr18Ni10N	
	0Cr23Ni13	耐腐蚀性及耐热性好，主要用于制作焊条
铁素体型	00Cr17Mo	加工性和焊接性好，用于建筑内外装饰部件

10. 建筑用压型钢板（GB/T 12755—2008）

mm

型号	截面形状及尺寸	展开宽度
YX173-300-300	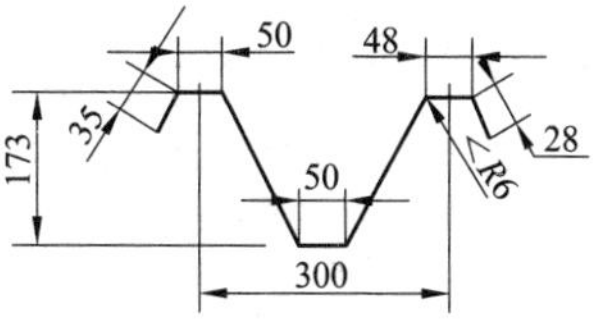	610
YX130-300-600	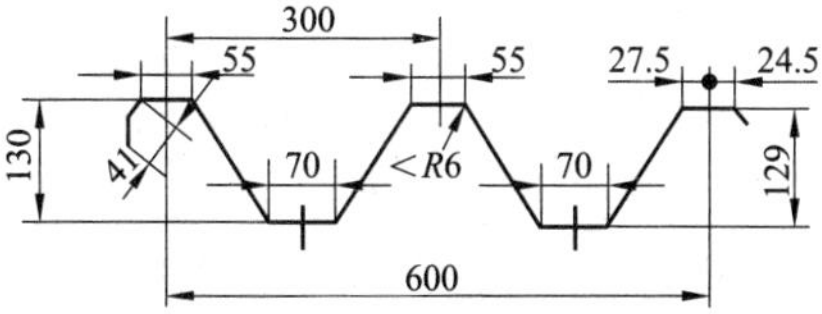	1000
YX130-275-550*	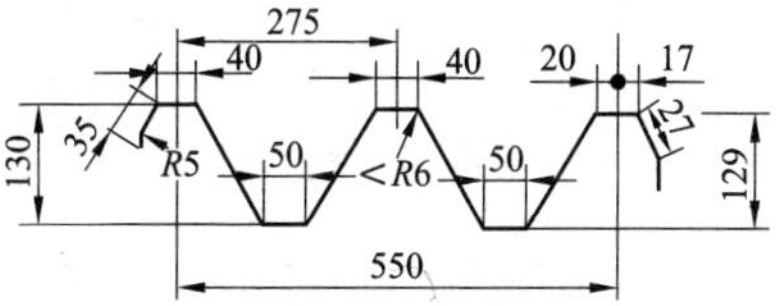	914
YX75-230-690（Ⅰ）*	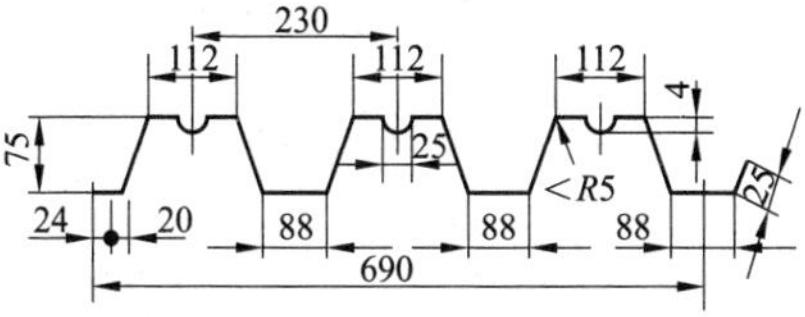	1100
YX75-230-690（Ⅱ）*	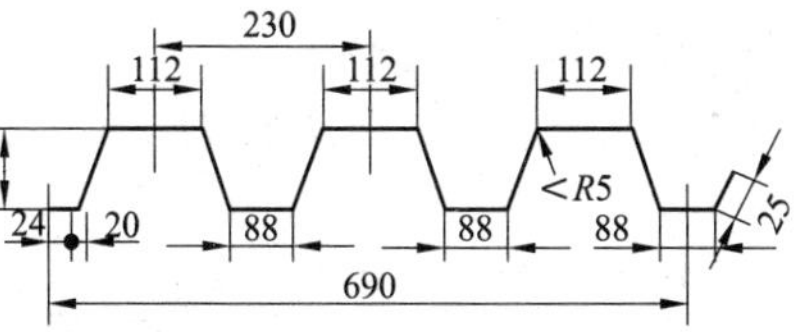	1100
YX75-210-840*	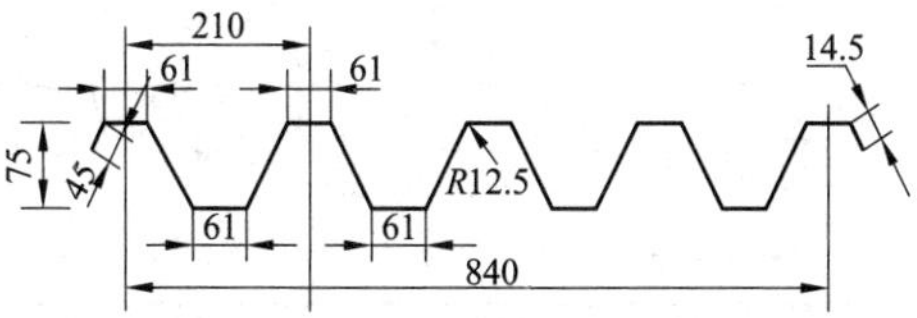	1250

续表

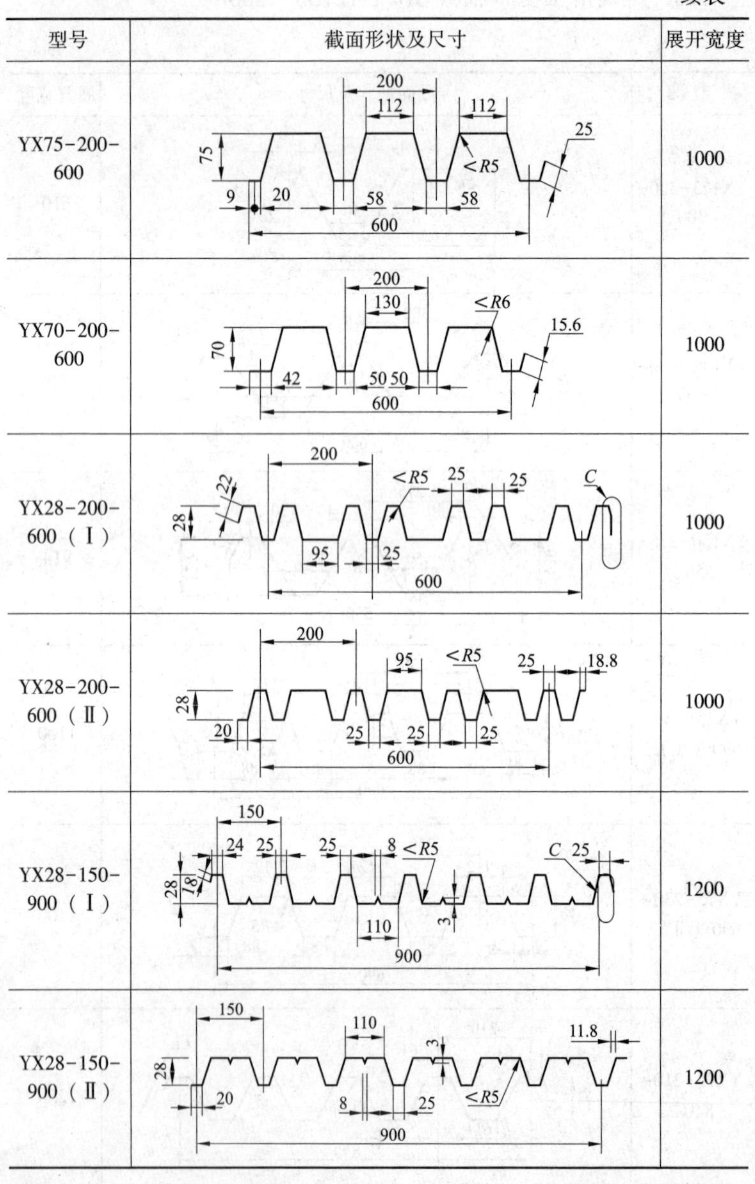

型号	截面形状及尺寸	展开宽度
YX75-200-600		1000
YX70-200-600		1000
YX28-200-600（Ⅰ）		1000
YX28-200-600（Ⅱ）		1000
YX28-150-900（Ⅰ）		1200
YX28-150-900（Ⅱ）		1200

续表

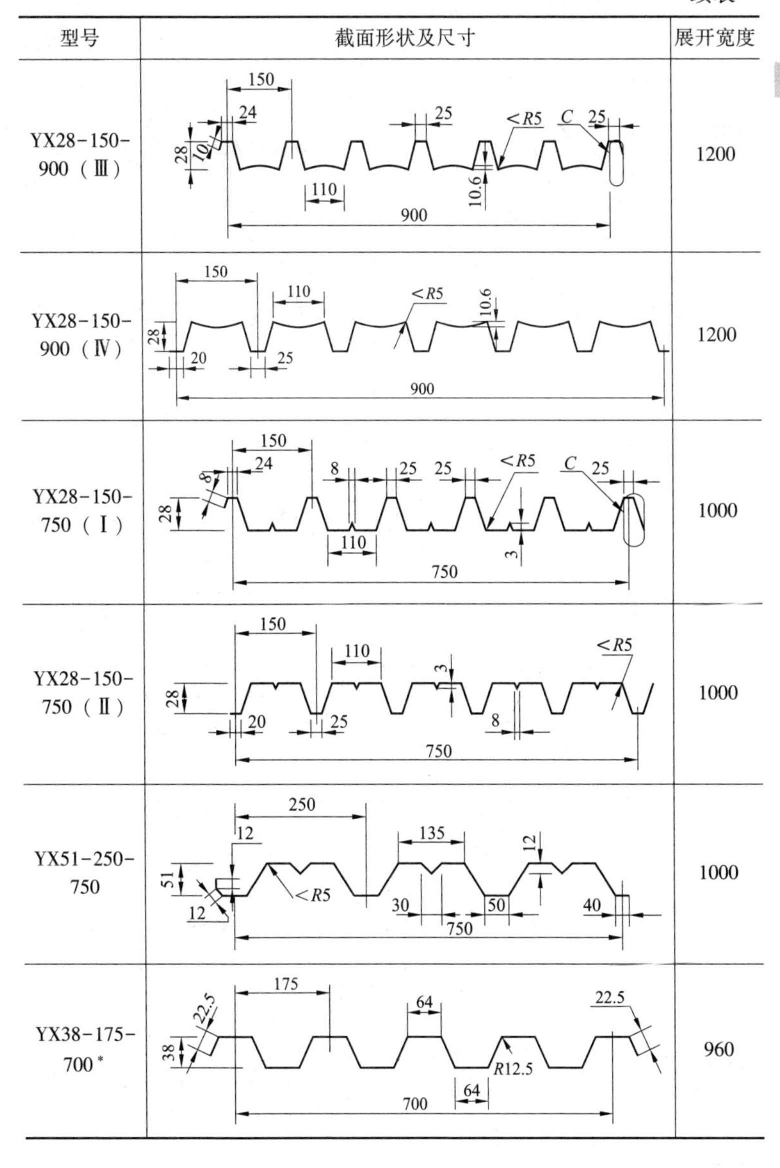

型号	截面形状及尺寸	展开宽度
YX28-150-900（Ⅲ）		1200
YX28-150-900（Ⅳ）		1200
YX28-150-750（Ⅰ）		1000
YX28-150-750（Ⅱ）		1000
YX51-250-750		1000
YX38-175-700*		960

续表

型号	截面形状及尺寸	展开宽度
YX35-125-750	125；29；<R5；24；35；29；750	1000
YX35-187.5-750	187.5；20；20；20；20；19；10；35；10；<R5；20；74°03′；750	1000
YX35-115-690*	115；13；24；<R5；13；35；24；690	914
YX35-115-677*	115；A；48；24；R6；54；B；35；24；8；3；13；22；677	914
YX28-300-900（Ⅰ）	300；25；25；8；25；25；<R5；25；25；C；24；17；28；3；25；195；900	1200
YX28-300-900（Ⅱ）	300；8；<R5；195；25；28；3；25；25；25；20；900	1200

续表

型号	截面形状及尺寸	展开宽度
YX28-100-800（Ⅰ）	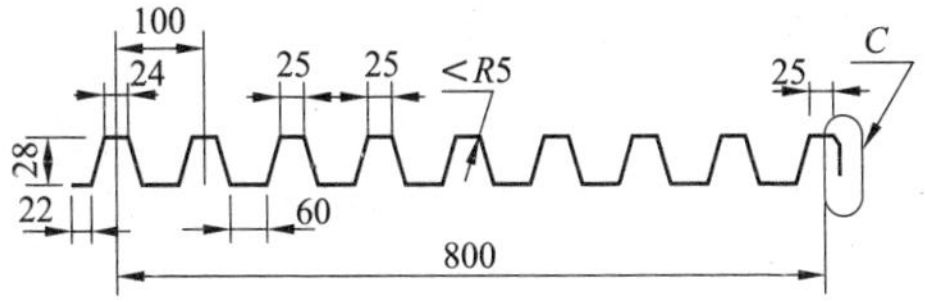	1200
YX28-100-800（Ⅱ）	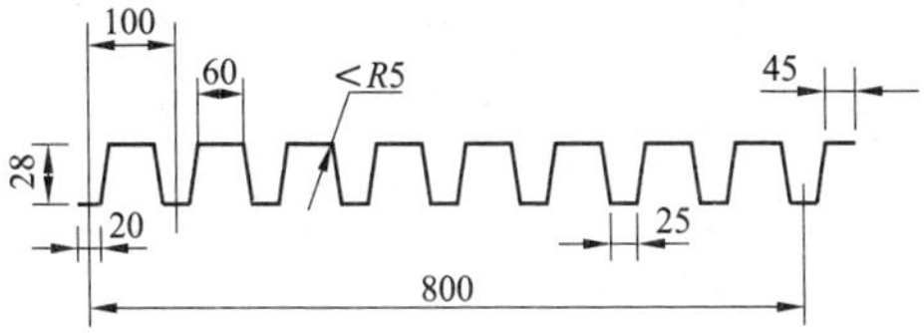	1200
YX21-180-900	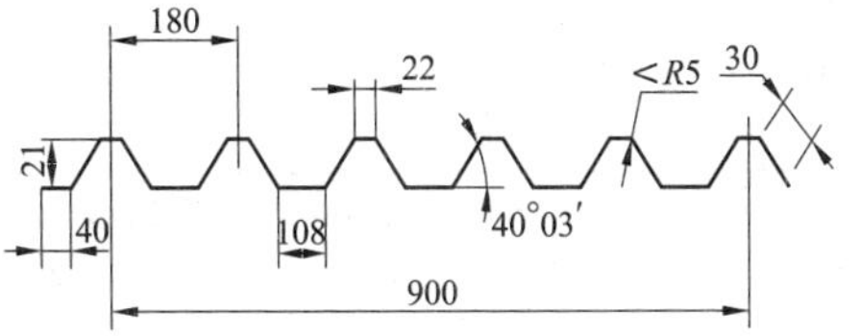	1100

注 表中除带 * 号的型号外，波距的模数均为 50、100、150、200、250、300mm。有效覆盖宽度的尺寸系列为 300、450、600、750、900、1000mm。

11. 碳素结构钢和低合金结构钢热轧钢带（GB/T 3524—2005）

（1）尺寸规格、牌号和化学成分。

尺寸规格	钢带厚度不大于 12.00mm、宽度为 50～60mm
牌号和化学成分	钢带采用碳素结构钢轧制，其化学成分（熔炼分析）应符合 GB/T 700 的规定。钢带采用低合金结构钢轧制，其化学成分（熔炼分析）应符合 GB/T 1591 或相应标准的规定。具体牌号及质量等级应在合同中注明

（2）力学和工艺性能。

牌号	下屈服强度 R_{eL}（MPa）≥	抗拉强度 R_m（MPa）	断后伸长率 A（%）≥	180°冷弯试验
Q195	（195）①	315～430	33	$d=0$

续表

牌号	下屈服强度 R_{eL}（MPa）≥	抗拉强度 R_m（MPa）	断后伸长率 A（%）≥	180°冷弯试验
Q215	215	335~450	31	$d=0.5a$
Q235	235	375~500	26	$d=a$
Q255	255	410~550	24	—
Q275	275	490~630	20	—
Q295	295	390~570	23	$d=2a$
Q345	345	470~630	21	$d=2a$

注 d 为弯心直径；a 为钢板厚度。

① 牌号 Q195 的屈服点仅供参考，不作为交货条件。

（3）特点和用途。

特点	碳素结构钢和低合金结构钢热轧钢带由碳素结构钢和低合金结构钢板坯或连铸坯热轧制成。钢带性能可满足一般结构的需要，使用方便，价格低廉
用途	主要用作冷轧钢带、冷弯型钢、焊接钢管的坯料，具体用于建筑、桥梁等一般结构

四、钢管

1. 输送流体用无缝钢管（GB/T 8163—2008）

（1）尺寸规格。

名称	数值
外径和壁厚	应符合 GB/T 17395 的规定
长度	通常长度为 3000~12 500mm
直线度	（1）壁厚≤15mm 时不得大于 1.5mm/m。 （2）壁厚>15mm 时不得大于 2.0mm/m。 （3）外径为 351mm 时不得大于 3.0mm/m

（2）牌号和化学成分。

牌号	化学成分（熔炼分析）
10、20	应符合 GB/T 699 的规定
Q295、Q345、Q390、Q420、Q460	应符合 GB/T 1591 的规定，其中质量等级 A、B、C 的磷、硫含量均不大于 0.030%

（3）力学性能。

牌号	质量等级	拉伸性能					冲击试验	
		抗拉强度 R_m（MPa）	下屈服强度 R_{eL}（MPa）≥ 壁厚（mm）			断后伸长率 A（%）	温度（℃）	冲击吸收功 A_{kv2} ≥
			≤16	16~30	>30			
10	—	335~475	205	195	185	24	—	—
20	—	410~530	245	235	225	20	—	—
Q295	A	390~570	295	275	255	22	—	—
	B						+20	34
Q345	A	470~630	345	325	295	20	—	—
	B						+20	34
	C					21	0	
	D						-20	
	E						-40	27
Q390	A	490~650	390	370	350	18	—	—
	B						+20	34
	C					19	0	
	D						-20	
	E						-40	27
Q420	A	520~680	420	400	380	18	—	—
	B						+20	34

续表

牌号	质量等级	拉伸性能					冲击试验	
		抗拉强度 R_m（MPa）	下屈服强度 R_{eL}（MPa）≥ 壁厚（mm）			断后伸长率 A（%）	温度（℃）	冲击吸收功 A_{kv2} ≥
			≤16	16~30	>30			
Q420	C	520~680	420	400	380	19	0	34
	D						-20	
	E						-40	27
Q460	C	550~720	460	440	420	17	0	34
	D						-20	
	E						-40	27

（4）特点及用途。

特点	输送流体用无缝钢管以优质碳素结构钢和低合金结构钢圆管坯为原料，经热轧（挤压、扩）和冷拔（轧）制成。钢管能承受流体压力，并有良好的耐腐蚀性能
用途	用于制造输送具有一定腐蚀性流体的管道

2. 薄壁不锈钢水管（CJ/T 151—1010）

（1）牌号和化学成分。

牌号	化学成分（质量分数）（%）							
	C	Si	Mn	P	S	Ni	Cr	Mo
0Cr18Ni9	≤0.07	≤1.00	≤2.00	≤0.035	≤0.030	8.00~11.00	17.00~19.00	—
0Cr17Ni12Mo2	≤0.08					10.00~14.00	16.00~18.00	2.00~3.00
00Cr17Ni14Mo2	≤0.03					12.00~15.00		

（2）力学性能。

<table>
<tr><th>牌号</th><th>抗拉强度 R_m（MPa）</th><th>断后伸长率 A（%）</th></tr>
<tr><td>0Cr18Ni9</td><td rowspan="2">≥520</td><td rowspan="3">≥35</td></tr>
<tr><td>0Cr17Ni12Mo2</td></tr>
<tr><td>00Cr17Ni14Mo2</td><td>≥480</td></tr>
</table>

（3）用途。

牌　号	用　途
0Cr18Ni9	用于饮用净水、生活饮用水、空气、医用气体、热水等管道
0Cr17Ni12Mo2	用于耐腐蚀性要求比0Cr18Ni9更高的管路
00Cr17Ni14Mo2	用于海水的管路

（4）尺寸规格。

<table>
<tr><th rowspan="2">公称通径DN（mm）</th><th rowspan="2">管子外径 D_w（mm）</th><th rowspan="2">外径允许偏差（mm）</th><th rowspan="2" colspan="2">壁厚 S（mm）</th><th colspan="2">质量 W（kg/m）</th></tr>
<tr><th>0Cr18Ni9</th><th>0Cr17Ni12Mo2
00Cr17Ni14Mo2</th></tr>
<tr><td rowspan="2">10</td><td>10</td><td rowspan="8">±0.10</td><td rowspan="6">0.6</td><td rowspan="4">0.8</td><td rowspan="12">$W=0.02491(D_w-S)\times S$</td><td rowspan="12">$W=0.02507(D_w-S)\times S$</td></tr>
<tr><td>12</td></tr>
<tr><td rowspan="2">15</td><td>14</td></tr>
<tr><td>16</td></tr>
<tr><td rowspan="2">20</td><td>20</td><td rowspan="4">1.0</td></tr>
<tr><td>22</td></tr>
<tr><td rowspan="2">25</td><td>25.4</td><td rowspan="2">0.8</td></tr>
<tr><td>28</td></tr>
<tr><td rowspan="2">32</td><td>35</td><td rowspan="3">±0.12</td><td rowspan="4">1.0</td><td rowspan="4">1.2</td></tr>
<tr><td>38</td></tr>
<tr><td rowspan="2">40</td><td>40</td></tr>
<tr><td>42</td><td>±0.15</td></tr>
</table>

续表

公称通径 DN（mm）	管子外径 D_w（mm）	外径允许偏差（mm）	壁厚 S（mm）		质量 W（kg/m）	
					0Cr18Ni9	0Cr17Ni12Mo2 00Cr17Ni14Mo2
50	50.8	±0.15	1.0	1.2	$W=0.02491(D_w-S)\times S$	$W=0.02507(D_w-S)\times S$
	54	±0.18	1.2			
65	67	±0.20		1.5		
	70					
80	76.1	±0.23	1.5	2.0		
	88.9	±0.25				
100	102	±0.4% D_w				
	108					
125	133		2.0			
150	159			3.0		

注 1. 表中壁厚栏中厚壁管适用于不锈钢卡压式管件。
2. 水管的壁厚允许偏差为名义壁厚的±10%。

3. 直缝电焊钢管（GB/T 13793—2008）

（1）牌号和化学成分。

牌 号	化学成分
08、10、15、20	应符合 GB/T 699 中的规定
Q195、Q215A、Q215B、Q235A、Q235B、Q235C	应符合 GB/T 700 中的规定
Q295A、Q295B、Q345A、Q345B、Q345C	应符合 GB/T 1591 中的规定

（2）力学性能。

牌 号	下屈服强度 R_{eL}（MPa）	抗拉强度 R_m（MPa）	断后伸长率 A（%）	焊缝抗拉强度 R_m（MPa）
	≥			
08、10	195	315	22	315

续表

牌 号	下屈服强度 R_{eL}（MPa）	抗拉强度 R_m（MPa）	断后伸长率 A（%）	焊缝抗拉强度 R_m（MPa）
	≥			
15	215	355	20	355
20	235	390	19	390
Q195	195	315	22	315
Q215A、Q215B	215	335	22	335
Q235A、Q235B、Q235C	235	375	20	375
Q295A、Q295B	295	390	18	390
Q345A、Q345B、Q345C	345	470	18	470

（3）特殊要求的钢管力学性能。

牌 号	下屈服强度 R_{eL}（MPa）	抗拉强度 R_m（MPa）	断后伸长率 A（%）
	≥		
08、10	205	375	13
15	225	400	11
20	245	440	9
Q195	205	335	14
Q215A、Q215B	245	335	13
Q235A、Q235B、Q235C	245	390	9
Q295A、Q295B	—	—	—
Q345A、Q345B、Q345C	—	—	—

（4）尺寸、理论质量。

外径（mm）	壁厚（mm）															
	0. 5	0. 6	0. 8	1. 0	1. 2	1. 4	1. 5	1. 6	1. 8	2. 0	2. 2	2. 5	2. 8	3. 0	3. 2	3. 5
	理论质量（kg/m）															
5	0. 055	0. 065	0. 083	0. 099	—	—	—	—	—	—	—	—	—	—	—	—
8	0. 092	0. 109	0. 142	0. 173	0. 201	—	—	—	—	—	—	—	—	—	—	—
10	0. 117	0. 139	0. 181	0. 222	0. 260	—	—	—	—	—	—	—	—	—	—	—
12	0. 142	0. 169	0. 221	0. 271	0. 320	0. 366	0. 388	0. 410	—	—	—	—	—	—	—	—
13	—	0. 183	0. 241	0. 296	0. 343	0. 400	0. 425	0. 450	—	—	—	—	—	—	—	—
14	—	0. 198	0. 260	0. 321	0. 379	0. 435	0. 462	0. 489	—	—	—	—	—	—	—	—
15	—	0. 123	0. 280	0. 345	0. 408	0. 470	0. 499	0. 529	—	—	—	—	—	—	—	—
16	—	0. 228	0. 300	0. 370	0. 438	0. 504	0. 536	0. 568	—	—	—	—	—	—	—	—
17	—	0. 243	0. 320	0. 395	0. 468	0. 359	0. 573	0. 608	—	—	—	—	—	—	—	—
18	—	0. 257	0. 339	0. 419	0. 497	0. 573	0. 610	0. 647	—	—	—	—	—	—	—	—
19	—	0. 272	0. 359	0. 444	0. 527	0. 608	0. 647	0. 687	—	—	—	—	—	—	—	—
20	—	0. 287	0. 379	0. 469	0. 556	0. 642	0. 684	0. 726	0. 808	0. 888	—	—	—	—	—	—
21	—	—	0. 399	0. 493	0. 586	0. 677	0. 721	0. 765	0. 852	0. 937	—	—	—	—	—	—

续表

外径（mm）	壁厚（mm）															
	0.5	0.6	0.8	1.0	1.2	1.4	1.5	1.6	1.8	2.0	2.2	2.5	2.8	3.0	3.2	3.5
	理论质量（kg/m）															
22	—	—	0.418	0.518	0.616	0.711	0.758	0.805	0.897	0.986	1.047	—	—	—	—	—
25	—	—	0.477	0.592	0.704	0.815	0.869	0.923	1.030	1.134	1.237	1.387	—	—	—	—
28	—	—	0.537	0.666	0.793	0.918	0.980	1.0412	1.163	1.282	1.400	1.572	1.740	—	—	—
30	—	—	0.576	0.710	0.852	0.987	1.054	1.121	1.252	1.381	1.508	1.695	1.878	1.997	—	—
32	—	—	—	0.764	0.911	1.065	1.128	1.199	1.341	1.480	1.617	1.81 9	2.016	2.145	—	—
34	—	—	—	0.814	0.971	1.125	1.202	1.278	1.429	1.578	1.725	1.942	2.154	2.293	—	—
37	—	—	—	0.888	1.059	1.229	1.313	1.397	1.562	1.726	1.888	2.127	2.361	2.515	—	—
38	—	—	—	0.912	1.089	1.264	1.350	1.436	1.607	1.776	1.942	2.189	2.430	2.589	2.746	2.978
40	—	—	—	0.962	1.148	1.333	1.424	1.515	1.696	1.874	2.051	2.312	2.569	2.737	2.904	3.150
45	—	—	—	1.09	1.30	1.51	1.61	1.71	1.92	2.12	2.32	2.62	2.91	3.11	3.30	3.58
46	—	—	—	—	1.33	1.54	1.65	1.75	1.96	2.17	2.38	2.68	2.98	3.18	3.38	3.668
48	—	—	—	—	1.38	1.61	1.72	1.83	2.05	2.27	2.48	2.81	3.12	3.33	3.54	3.84
50	—	—	—	—	1.44	1.68	1.79	1.91	2.14	2.37	2.59	2.93	3.26	3.48	3.69	4.01
51	—	—	—	—	1.47	1.71	1.83	1.95	2.18	2.42	2.65	2.99	3.33	3.55	3.77	4.10

续表

外径（mm）	壁厚（mm）															
	0.5	0.6	0.8	1.0	1.2	1.4	1.5	1.6	1.8	2.0	2.2	2.5	2.8	3.0	3.2	3.5
	理论质量（kg/m）															
53	—	—	—	—	1.53	1.78	1.90	2.03	2.27	2.52	2.76	3.11	3.47	3.70	3.93	4.27
54	—	—	—	—	1.56	1.82	1.94	2.07	2.32	2.56	2.81	3.17	3.54	3.77	4.01	4.36
60	—	—	—	—	1.74	2.02	2.16	2.30	2.58	2.86	3.14	3.54	3.95	4.22	4.48	4.88
63.5	—	—	—	—	1.84	2.14	2.29	2.44	2.74	3.03	3.33	3.76	4.19	4.48	4.76	5.18
65	—	—	—	—	—	—	2.35	2.50	2.81	3.11	3.41	3.85	4.29	4.59	4.88	5.31
70	—	—	—	—	—	—	2.37	2.70	3.03	3.35	3.68	4.16	4.64	4.96	5.27	5.74
76	—	—	—	—	—	—	2.76	2.94	3.29	3.65	4.00	4.53	5.05	5.40	5.74	6.26
80	—	—	—	—	—	—	2.90	3.09	3.47	3.85	4.22	4.78	5.33	5.70	6.06	6.60
83	—	—	—	—	—	—	3.01	3.21	3.60	3.99	4.38	4.96	5.54	5.92	6.30	6.86
89	—	—	—	—	—	—	3.24	3.45	3.87	4.29	4.71	5.33	5.95	6.36	6.77	7.38
95	—	—	—	—	—	—	3.46	3.69	4.14	4.59	5.03	5.70	6.37	6.81	7.24	7.90
101.6	—	—	—	—	—	—	3.70	3.95	4.43	4.91	5.39	6.11	6.82	7.29	7.76	8.47
102	—	—	—	—	—	—	3.72	3.96	4.45	4.93	5.41	6.13	6.85	7.32	7.80	8.50
108	—	—	—	—	—	—	—	—	—	—	—	—	—	7.77	8.72	9.02

续表

外径（mm）	壁厚（mm）														
	0. 5	0. 6	0. 8	1. 0	1. 2	1. 4	1. 5	1. 6	1. 8	2. 0	2. 2	2. 5	2. 8	3. 0	3. 2	3. 5
	理论质量（kg/m）															
114	—	—	—	—	—	—	—	—	—	—	—	—	—	8. 21	8. 74	9. 54
114. 3	—	—	—	—	—	—	—	—	—	—	—	—	—	8. 23	8. 77	9. 56
121	—	—	—	—	—	—	—	—	—	—	—	—	—	8. 73	9. 30	10. 14
127	—	—	—	—	—	—	—	—	—	—	—	—	—	9. 17	9. 77	10. 66
133	—	—	—	—	—	—	—	—	—	—	—	—	—	—	—	11. 18
139. 3	—	—	—	—	—	—	—	—	—	—	—	—	—	—	—	11. 72
140	—	—	—	—	—	—	—	—	—	—	—	—	—	—	—	11. 78
152	—	—	—	—	—	—	—	—	—	—	—	—	—	—	—	12. 82
159	—	—	—	—	—	—	—	—	—	—	—	—	—	—	—	—
165. 1	—	—	—	—	—	—	—	—	—	—	—	—	—	—	—	—
168. 3	—	—	—	—	—	—	—	—	—	—	—	—	—	—	—	—
177. 8	—	—	—	—	—	—	—	—	—	—	—	—	—	—	—	—
180	—	—	—	—	—	—	—	—	—	—	—	—	—	—	—	—
193. 7	—	—	—	—	—	—	—	—	—	—	—	—	—	—	—	—

续表

外径（mm）	壁厚（mm）															
	0.5	0.6	0.8	1.0	1.2	1.4	1.5	1.6	1.8	2.0	2.2	2.5	2.8	3.0	3.2	3.5
	理论质量（kg/m）															
203	—	—	—	—	—	—	—	—	—	—	—	—	—	—	—	—
219.1	—	—	—	—	—	—	—	—	—	—	—	—	—	—	—	—
244.5	—	—	—	—	—	—	—	—	—	—	—	—	—	—	—	—
267	—	—	—	—	—	—	—	—	—	—	—	—	—	—	—	—
273	—	—	—	—	—	—	—	—	—	—	—	—	—	—	—	—

外径（mm）	壁厚（mm）																
	3.8	4.0	4.2	4.5	4.8	5.0	5.4	5.6	6.0	6.5	7.0	8.0	9.0	10.0	11.0	12.0	12.7
	理论质量（kg/m）																
108	9.76	10.26	10.75	11.49	12.22	12.70	—	—	—	—	—	—	—	—	—	—	—
114	10.33	10.85	11.37	12.15	12.93	13.44	14.46	14.97	—	—	—	—	—	—	—	—	—
114.3	10.35	10.88	11.40	12.18	12.96	13.48	14.50	15.04	—	—	—	—	—	—	—	—	—
121	10.98	11.54	12.10	12.93	13.75	14.30	15.39	15.94	—	—	—	—	—	—	—	—	—
127	11.51	12.13	12.72	13.59	14.46	15.04	16.19	16.76	17.90	—	—	—	—	—	—	—	—
133	12.11	12.72	13.34	14.26	15.17	15.78	16.99	17.59	18.79	—	—	—	—	—	—	—	—

续表

外径 (mm)	壁厚 (mm)																
	3.8	4.0	4.2	4.5	4.8	5.0	5.4	5.6	6.0	6.5	7.0	8.0	9.0	10.0	11.0	12.0	12.7
	理论质量 (kg/m)																
139.3	12.70	13.35	13.99	14.96	15.92	16.56	17.83	18.46	19.72	—	—	—	—	—	—	—	—
140	12.76	13.42	14.07	15.04	16.00	16.65	17.92	18.56	19.83	—	—	—	—	—	—	—	—
152	13.80	14.60	15.31	16.37	17.42	18.13	19.52	20.22	21.60	—	—	—	—	—	—	—	—
159	—	15.3	16.0	17.1	18.3	19.0	20.5	21.2	22.6	24.4	26.2	—	—	—	—	—	—
165.1	—	15.9	16.7	17.8	19.0	19.7	21.3	22.0	23.5	25.4	27.3	—	—	—	—	—	—
168.3	—	16.2	17.0	18.2	19.4	20.1	21.7	22.5	24.0	25.9	27.8	—	—	—	—	—	—
177.8	—	17.1	18.0	19.2	20.5	21.3	23.0	23.8	25.4	27.5	29.5	33.5	—	—	—	—	—
180	—	17.4	18.2	19.5	20.7	21.6	23.3	24.1	25.7	27.8	29.9	33.9	—	—	—	—	—
193.7	—	18.7	19.6	21.0	22.4	23.3	25.1	26.0	27.8	30.0	32.2	36.6	—	—	—	—	—
203	—	—	—	22.0	23.5	24.4	26.3	27.3	29.1	31.5	33.8	38.5	—	—	—	—	—
219.1	—	—	—	23.8	25.4	26.4	28.5	29.5	31.5	34.1	36.6	41.6	46.6	—	—	—	—
244.5	—	—	—	26.6	28.4	29.5	31.8	33.0	35.3	38.1	41.0	46.7	52.3	—	—	—	—
267	—	—	—	—	—	32.3	34.8	36.1	38.6	41.8	44.9	51.1	57.3	63.4	—	—	—
273	—	—	—	—	—	33.0	35.6	36.9	39.5	39.5	42.7	48.9	52.3	58.6	64.9	—	—
298.5	—	—	—	—	—	—	—	40.4	43.3	46.8	50.3	57.3	54.3	71.1	78.0	—	—

续表

外径（mm）	壁厚（mm）																
	3. 8	4. 0	4. 2	4. 5	4. 8	5. 0	5. 4	5. 6	6. 0	6. 5	7. 0	8. 0	9. 0	10. 0	11. 0	12. 0	12. 7
	理论质量（kg/m）																
323. 9	—	—	—	—	—	—	—	44. 0	47. 0	50. 9	54. 7	62. 3	69. 9	77. 4	84. 9	—	—
325	—	—	—	—	—	—	—	—	47. 2	51. 1	54. 9	62. 5	70. 1	77. 7	85. 2	—	—
351	—	—	—	—	—	—	—	—	51. 0	55. 2	59. 4	67. 7	75. 9	84. 1	92. 2	—	—
355. 6	—	—	—	—	—	—	—	—	51. 7	56. 0	60. 2	68. 6	76. 9	85. 2	93. 5	101. 7	—
368	—	—	—	—	—	—	—	—	53. 6	57. 9	62. 3	71. 0	79. 7	88. 3	96. 8	105. 3	—
377	—	—	—	—	—	—	—	—	54. 9	59. 4	63. 9	72. 8	81. 7	90. 5	99. 28	108. 0	—
402	—	—	—	—	—	—	—	—	58. 6	63. 4	68. 2	77. 7	87. 2	96. 7	106. 1	115. 4	—
406. 4	—	—	—	—	—	—	—	—	59. 2	64. 1	68. 9	78. 6	88. 2	97. 8	107. 3	116. 7	123. 3
419	—	—	—	—	—	—	—	—	61. 1	66. 1	71. 1	81. 1	91. 0	100. 9	110. 7	120. 4	127. 2
426	—	—	—	—	—	—	—	—	62. 1	67. 2	72. 3	82. 5	92. 5	102. 6	112. 6	122. 5	129. 4
457	—	—	—	—	—	—	—	—	66. 7	72. 2	77. 7	88. 5	99. 4	110. 2	121. 0	131. 7	139. 1
478	—	—	—	—	—	—	—	—	69. 8	75. 6	81. 3	92. 7	104. 1	115. 4	126. 7	131. 7	145. 7
480	—	—	—	—	—	—	—	—	70. 1	75. 9	81. 6	93. 1	104. 5	115. 9	127. 2	138. 5	146. 3
508	—	—	—	—	—	—	—	—	74. 3	80. 4	85. 5	98. 6	110. 7	122. 8	134. 8	146. 8	155. 1

注 尺寸规格参照 GB/T 13793 的相关规定。

(5) 外径和壁厚允许偏差。

mm

外径 D	高精度 D_1	较高精度 D_2	普通精度 D_3
5~20	±0.10	±0.20	±0.30
21~30	±0.10	±0.25	±0.50
31~40	±0.15	±0.30	±0.50
41~50	±0.20	±0.35	±0.50
51~323.9	±0.5%D	±0.8%D	±1.0%D
>323.9	±0.7%D	±0.8%D	±1.0%D
壁厚 S	**高精度 S_1**	**较高精度 S_2**	**普通精度 S_3**
0.05	-0.05~+0.03	±0.06	±0.10
0.60	-0.07~+0.04	±0.07	
0.80		±0.08	
1.0	-0.09~+0.05	±0.09	±10%S
1.2		±0.11	
1.4	-0.11~+0.06	±0.12	
1.5		±0.13	
1.6	-0.13~+0.07	±0.14	
1.8			
2.0		±0.15	
2.2		±0.16	
2.5	-0.16~+0.08	±0.17	
2.8		±0.18	
3.0			
3.2	-0.20~+0.10	±0.20	
3.5			
3.8		±0.22	
4.0			

续表

壁厚 S	高精度 S_1	较高精度 S_2	普通精度 S_3
4.2~5.5	—	±8%S	±10%S
>5.5	—	±10%S	±15%S

（6）长度。通常长度：外径≤30mm 为 2~6m，外径>30~70mm 为 2~8m，外径>70mm 为 2~10m。每批通常长度的钢管允许交付 5%（质量）的短尺钢管，短尺长度不小于 1m。定尺长度和倍尺长度应在通常长度范围内。倍尺长度按每倍尺留 5mm 切口余量。定尺和倍尺长度允许偏差应符合下列规定：外径≤30mm 为 0~15mm；外径>30~219.1mm 为 0~20mm；外径>219.1mm 为 0~50mm。

（7）交货状态、质量。钢管以不热处理状态交货，根据需方要求也可经热处理交货。

钢管按理论质量或实际质量交货。钢管的理论质量按下式计算（钢密度为 7.85kg/dm³）：

$$P = 0.02466(D - S)S$$

式中：P 为钢管质量，kg/m；S 为钢管公称壁厚，mm；D 为钢管公称外径，mm。

（8）特点和用途。

特点	直缝电焊钢管由优质碳素结构钢、碳素结构钢及低合金高强度结构钢热轧钢带或冷轧钢带经过卷曲成型后再通过高频电阻焊接或焊后冷加工制成，焊缝与钢管纵向平行，外径不大于 630mm。钢管强度不高，塑性、韧性、弯曲性能和焊接性能良好
用途	主要用于土木建筑结构件、汽车及机械零件、输送流体管道以及其他用途，应用十分广泛

4. 低压流体输送用焊接钢管（GB/T 3091—2008）

（1）牌号和化学成分。

牌　号	化学成分（熔炼分析）
Q195、Q215A、Q215B、Q235A、Q235B	应符合 GB/T 700 中的规定
Q295A、Q295B、Q345A、Q345B	应符合 GB/T 1591 中的规定

（2）力学性能。

牌　号	下屈服强度 R_{eL}（MPa）≥		抗拉强度 R_m（MPa）≥	断后伸长率 A（%）≥
	t≤16mm	t>16mm		
Q195	195	185	315	33
Q215A、Q215B	215	205	335	31
Q235A、Q235B	235	225	375	26
Q295A、Q295B	295	275	390	23
Q345A、Q345B	345	325	470	21

（3）外径不大于 168. 3mm 钢管的尺寸规格、理论质量。

公称口径（mm）	公称外径（mm）	普通钢管		加厚钢管	
		公称壁厚（mm）	理论质量（kg/m）	公称壁厚（mm）	理论质量（kg/m）
6	10. 2	2. 0	0. 40	2. 5	0. 47
8	13. 5	2. 5	0. 68	2. 8	0. 74
10	17. 2	2. 5	0. 91	2. 8	0. 99
15	21. 3	2. 8	1. 28	3. 5	1. 54
20	26. 9	2. 8	1. 66	3. 5	2. 02
25	33. 7	3. 2	2. 41	4. 0	2. 93
32	42. 4	3. 5	3. 36	4. 0	3. 79
40	48. 3	3. 5	3. 87	4. 5	4. 86
50	60. 3	3. 8	5. 29	4. 5	6. 19
65	76. 1	4. 0	7. 11	4. 5	7. 95
80	88. 9	4. 0	8. 38	5. 0	10. 35
100	114. 3	4. 0	10. 88	5. 0	13. 48
125	139. 7	4. 0	13. 39	5. 5	18. 20
150	168. 3	4. 5	18. 18	6. 0	24. 02

注　1. 表中的公称口径是近似内径的名义尺寸，不表示公称外径减去两个公称壁厚所得的内径。

2. 根据需方要求，经供需双方协议，并在合同中注明，可提供表中规定以外尺寸的钢管。

（4）外径大于 168.3mm 钢管的尺寸规格、理论质量。

公称外径（mm）	公称壁厚（mm）														
	4.0	4.5	5.0	5.5	6.0	6.5	7.0	8.0	9.0	10.0	11.0	12.5	14.0	15.0	16.0
	理论质量（kg/m）														
177.8	17.14	19.23	21.31	23.37	25.42										
193.7	18.71	21.00	23.27	25.53	27.77										
219.1	21.22	23.82	26.40	28.97	31.53	34.08	36.61	41.65	46.63	51.57					
244.5	23.72	26.63	29.53	32.42	35.29	38.15	41.00	46.66	52.27	57.83					
273.0			33.05	36.28	39.51	42.72	45.92	52.28	58.60	64.86					
323.9			39.32	43.19	47.04	50.88	54.71	62.32	69.89	77.41	84.88	95.99			
355.6				47.49	21.73	55.96	60.18	68.58	76.93	85.23	93.48	105.77			
406.4				54.38	59.25	64.10	68.95	78.60	88.20	97.76	107.26	121.43			
457.2				61.27	66.76	72.25	77.72	88.62	99.48	110.29	121.04	137.09			
508				68.16	74.28	80.39	86.49	98.65	10.75	122.81	134.82	152.75			
559				75.08	81.83	88.57	95.29	108.71	122.07	135.39	148.66	168.47	188.17	201.24	214.26
610				81.99	89.37	96.74	104.10	118.77	133.39	147.97	162.49	184.19	205.78	220.10	234.38

续表

公称外径（mm）	公称壁厚（mm）															
	6.0	6.5	7.0	8.0	9.0	10.0	11.0	13.0	14.0	15.0	16.0	18.0	19.0	20.0	22.0	25.0
	理论质量（kg/m）															
660	96.77	104.76	112.73	128.63	144.49	160.30	176.06	207.43	223.04	238.60	254.11	284.99	300.35	615.67	346.15	391.50
711	104.32	112.93	121.53	138.70	155.81	172.88	189.89	223.78	240.65	257.47	274.24	307.63	324.25	340.82	373.82	422.94
762	111.86	121.11	130.34	148.76	167.13	185.45	203.73	240.13	258.26	276.33	294.36	330.27	348.15	365.98	401.49	454.39
813	119.41	129.28	139.14	158.82	178.45	198.03	217.56	256.48	275.86	295.20	314.48	352.91	372.04	391.13	429.16	485.83
864	126.96	137.46	147.94	168.88	189.77	210.61	231.40	272.83	293.47	314.06	334.61	375.55	395.94	416.29	456.83	517.27
914	134.36	145.47	156.58	178.75	200.87	222.94	244.96	288.86	310.73	332.56	354.34	397.74	419.37	440.95	483.96	548.10
1016	149.45	161.82	174.18	198.87	223.51	248.09	272.63	321.56	345.95	370.29	394.58	443.02	467.16	491.26	539.30	610.99
1067	157.00	170.00	182.99	208.93	234.83	260.67	286.47	337.91	363.56	389.16	414.71	465.66	491.06	516.41	566.97	642.43
1118	164.54	178.17	191.79	218.99	246.15	273.25	300.30	354.26	381.17	408.02	434.83	488.30	514.96	541.57	594.64	673.88
1168	171.94	186.19	200.42	228.86	257.24	285.58	313.87	370.29	398.43	426.52	454.56	510.49	538.39	566.23	621.77	704.70
1219	179.49	194.36	209.23	238.92	268.56	298.16	327.70	386.64	416.04	445.39	474.68	533.13	562.28	591.38	649.44	736.15
1321	194.58	210.71	226.84	259.04	291.20	323.31	355.37	419.34	451.26	783.12	514.93	578.41	610.08	641.69	704.78	799.03
1422	209.52	226.90	244.27	278.97	313.62	348.22	382.77	451.72	486.13	520.48	554.79	623.25	657.40	691.51	759.57	861.30
1524	224.62	243.25	261.88	299.09	336.26	373.38	410.44	484.43	521.34	558.21	595.03	668.52	705.20	741.82	814.91	924.19
1626	239.71	259.61	279.49	319.22	358.90	398.53	438.11	517.13	556.56	595.95	635.28	713.80	752.99	792.13	870.26	987.08

注 1. 根据需方要求，经供需双方协议，并在合同中注明，可提供表中规定以外尺寸的钢管。

2. 钢管外径和壁厚应符合 GB/T 21835 的规定，通常长度为 3000~12 000mm。

(5) 外径、壁厚允许偏差。

mm

公称外径 *D*	≤48.3	>48.3~168.3	>168.3~508	>508
管体外径允许偏差	±0.5	±1.0%*D*	±0.75%*D*	±1.0%*D*
管端外径允许偏差（距管端100范围内）	—	—	-0.8~+2.4	-0.8~+3.0
壁厚允许偏差	±12.5%*D*			

(6) 特点和用途。

特点	低压流体输送用焊接钢管包括直缝高频电阻焊（ERW）钢管、直缝埋弧焊（SAWL）钢管和螺旋缝埋弧焊（SAWH）钢管，是采用低碳碳素结构钢、低合金高强度结构钢或其他易焊接的软钢，用电阻焊或埋弧焊方法制造而成
用途	适用于输送水、污水、燃气、空气、采暖蒸汽等低压流体

5. 结构用高强度耐候焊接钢管（YB/T 4112—2002）

(1) 外径、壁厚和理论质量。

外径 (mm)	壁厚 (mm)						
	2.0	2.2	2.5	2.8	3.0	3.2	3.5
	理论质量 (kg/m)						
21	0.94	1.02	1.14	1.26	1.33	1.41	—
27	1.23	1.34	1.51	1.67	1.78	1.88	—
34	1.58	1.72	1.94	2.15	2.29	2.43	2.63
42	1.97	2.16	2.44	2.71	2.89	3.06	3.32

续表

外径（mm）	壁厚（mm）						
	2.0	2.2	2.5	2.8	3.0	3.2	3.5
	理论质量（kg/m）						
48	2.27	2.48	2.81	3.12	3.33	3.54	3.84
60	2.86	3.14	3.55	3.95	4.22	4.48	4.88
76	3.65	4.00	4.53	5.05	5.40	5.75	6.26
89	4.29	4.71	5.33	5.95	6.36	6.77	7.38
114	5.52	6.07	6.87	7.68	8.21	8.74	9.54
140	—	—	—	—	10.14	10.80	11.78
168	—	—	—	—	—	—	14.20

外径（mm）	壁厚（mm）						
	4.0	4.5	5.0	5.5	6.0	6.5	7.0
	理论质量（kg/m）						
21	—	—	—	—	—	—	—
27	—	—	—	—	—	—	—
34	2.96	—	—	—	—	—	—
42	3.75	—	—	—	—	—	—
48	4.34	4.83	5.30	—	—	—	—
60	5.52	6.16	6.78	—	—	—	—
76	7.10	7.93	8.75	9.56	10.36	—	—
89	8.38	9.38	10.36	11.33	12.28	—	—
114	10.85	12.15	13.44	14.72	15.98	17.23	18.47
140	13.42	15.04	16.65	18.24	19.83	21.40	22.96
168	16.18	18.14	20.10	22.04	23.97	25.89	27.79

注 1. 通常长度：外径≤30mm 为 2000~6000mm；外径>30~168mm 为 2000~8000mm。

2. 根据供需双方协议，可供应其他长度的钢管。

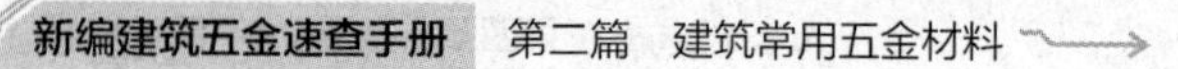

（2）外径和壁厚允许偏差。

mm

外径 D	尺寸允许偏差		
	普通精度 D_3	较高精度 D_2	高精度 D_1
21~30	±0.50	±0.25	±0.10
>30~40	±0.50	±0.30	±0.15
>40~50	±0.50	±0.35	±0.20
>50~168	±1.0%D	±0.8%D	±0.5%D

壁厚 S	尺寸允许偏差		
	普通精度 S_3	较高精度 S_2	高精度 S_1
2.0	±0.18	±0.15	−0.13~+0.07
2.2		±0.16	
2.5	±0.20	±0.17	−0.16~+0.08
2.8		±0.18	
3.0			
3.2	±0.25	±0.20	−0.20~+0.10
3.5			
4.0		±0.22	
4.5~5.5	±0.29	±0.25	±0.20
>5.5~7.0	±0.32	±0.29	±0.25

注　1. 钢管的直线度应不大于1.5mm/m。

2. 钢管的圆度应不大于外径公差的75%。

（3）牌号和化学成分（熔炼分析）。

牌号	化学成分（质量分数）（%）					
	C	Si	Mn	P	S	Cu
Q300GNH	≤0.12	0.20~0.40	0.20~0.60	0.06~0.12	≤0.035	0.20~0.50
Q325GNH	≤0.15	0.20~0.60	0.50~1.00	0.06~0.12	≤0.035	0.20~0.50

续表

牌号	化学成分（质量分数）（%）					
	C	Si	Mn	P	S	Cu
Q335GNH	≤0.18	0.30~0.60	≤1.40	0.06~0.12	≤0.035	0.20~0.50

注 1. GNH 分别为高、耐、候三字的汉语拼音首位字母。

2. 经供需双方协商、合同注明，钢中 P 含量下限可以到 0.05%；为改善钢的性能，可加其他微量合金元素。

3. 根据需方要求，经供需双方协商，并在合同中注明，可供应其他牌号的高强度耐候焊接钢管。

（4）力学性能、特性和用途。

	牌号	抗拉强度 R_m（MPa）	下屈服强度 R_{eL}（MPa）	断后伸长率 A（%）
力学性能		≥		
	Q300GNH	400	300	16
	Q325GNH	450	325	16
	Q335GNH	500	355	15
特性和用途	结构用高强度耐候焊接钢管由高强度耐候钢成卷钢带焊接制成，有很强的耐大气腐蚀能力，适用于土木建筑中使用的脚手架、铁塔、支柱、网架结构及其他结构等			

6. 建筑结构用冷弯矩形钢管（JG/T 178—2005）

（1）分类。

分类方法	分类名称
按产品截面形状分	冷弯正方形钢管、冷弯长方形钢管
按产品屈服强度等级分	235、345、390

续表

分类方法	分类名称
按产品性能和质量要求等级分	(1) 较高级Ⅰ级：在提供原料的化学性能和产品的力学性能前提下，还必须保证原料的碳当量，产品的低温冲击性能、疲劳性能及焊缝无损检测可作为协议条款。 (2) 普通级Ⅱ级：仅提供原料的化学性能和力学性能
按产品成型方式分	(1) 直接成方（方变方），以 Z 表示。 (2) 先圆后方（圆变方），以 X 表示

(2) 牌号、化学成分和用途。

化学成分（熔炼分析）	应符合 GB/T 699、GB/T 700、GB/T 714、GB/T 1591、GB/T 4171 等相应标准的规定		
产品屈服强度等级	235	345	390
对应国内原料牌号	Q235B、Q235C、Q235D、Q235qC、Q235qD	Q345A、Q345B、Q345C、Q345D、Q345qC、Q345qD、StE355、B480GNQR	Q390A、Q390B、Q390C
用途	适用于建筑结构用冷弯焊接成型矩形钢管，也适用于桥梁等其他结构，Ⅰ级钢管适用于建筑、桥梁等结构中的主要构件及承受较大动力荷载的场合，Ⅱ级钢管适用于建筑结构中一般承载能力的场合		

(3) 尺寸规格。

1) 冷弯正方形钢管的外形尺寸、允许偏差。

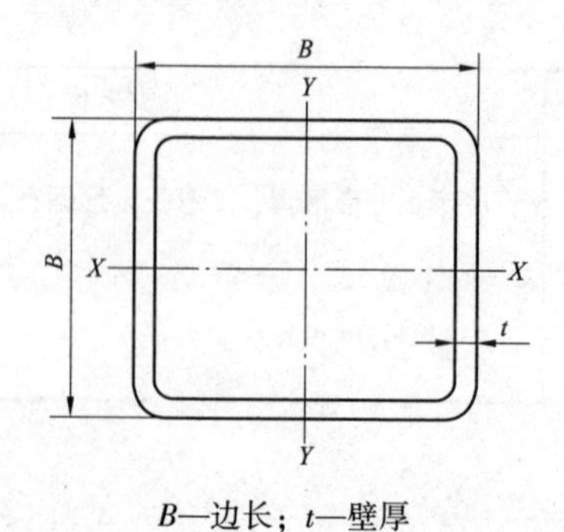

B—边长；*t*—壁厚

边长 B (mm)	尺寸允许偏差 Δ (mm)	壁厚 t (mm)	理论质量 M (kg/m)	截面面积 A (cm^2)
100	±0.80	4.0	11.7	11.9
		5.0	14.4	18.4
		6.0	17.0	21.6
		8.0	21.4	27.2
		10	25.5	32.6
110	±0.90	4.0	13.0	16.5
		5.0	16.0	20.4
		6.0	18.8	24.0
		8.0	23.9	30.4
		10	28.7	36.5
120	±0.90	4.0	14.2	18.1
		5.0	17.5	22.4
		6.0	20.7	26.4
		8.0	26.8	34.2
		10	31.8	40.6
130	±1.00	4.0	15.5	19.8
		5.0	19.1	24.4
		6.0	22.6	28.8
		8.0	28.9	36.8
		10	35.0	44.6
		12	39.6	50.4
135	±1.00	4.0	16.1	20.5
		5.0	19.9	25.3
		6.0	23.6	30.0
		8.0	30.2	38.4
		10	36.6	46.6
		12	41.5	52.8

续表

边长 B (mm)	尺寸允许偏差 Δ (mm)	壁厚 t (mm)	理论质量 M (kg/m)	截面面积 A (cm^2)
135	±1.00	13	44.0	56.2
140	±1.10	4.0	16.7	21.3
		5.0	20.7	26.4
		6.0	24.5	31.2
		8.0	31.8	40.6
		10	38.1	48.6
		12	43.4	55.3
		13	46.1	58.8
150	±1.20	4.0	18.0	22.9
		5.0	22.3	28.4
		6.0	26.4	33.6
		8.0	33.9	43.2
		10	41.3	52.6
		12	47.1	60.1
		14	53.2	67.7
160	±1.20	4.0	19.3	24.5
		5.0	23.8	30.4
		6.0	28.3	36.0
		8.0	36.9	47.0
		10	44.4	56.6
		12	50.9	64.8
		14	57.6	73.3
170	±1.30	4.0	20.5	26.1
		5.0	25.4	32.3
		6.0	30.1	38.4
		8.0	38.9	49.6

续表

边长 B (mm)	尺寸允许偏差 Δ (mm)	壁厚 t (mm)	理论质量 M (kg/m)	截面面积 A (cm^2)
170	±1.30	10	47.5	60.5
		12	54.6	69.6
		14	62.0	78.9
180	±1.40	4.0	21.8	27.7
		5.0	27.0	34.4
		6.0	32.1	40.8
		8.0	41.5	52.8
		10	50.7	64.6
		12	58.4	74.5
		14	66.4	84.5
190	±1.50	4.0	23.0	29.3
		5.0	28.5	36.4
		6.0	33.9	43.2
		8.0	44.0	56.0
		10	53.8	68.6
		12	62.2	79.3
		14	70.8	90.2
200	±1.60	4.0	24.3	30.9
		5.0	30.1	38.4
		6.0	35.8	45.6
		8.0	46.5	59.2
		10	57.0	72.6
		12	66.0	84.1
		14	75.2	95.7
		16	83.8	107

续表

边长 B (mm)	尺寸允许偏差 Δ (mm)	壁厚 t (mm)	理论质量 M (kg/m)	截面面积 A (cm^2)
220	±1.80	5.0	33.2	42.4
		6.0	39.6	50.4
		8.0	51.5	65.6
		10	63.2	80.6
		12	73.5	93.7
		14	83.9	107
		16	93.9	119
250	±2.00	5.0	38.0	48.4
		6.0	45.2	57.6
		8.0	59.1	75.2
		10	72.7	92.6
		12	84.8	108
		14	97.1	124
		16	109	139
280	±2.20	5.0	42.7	54.4
		6.0	50.9	64.8
		8.0	66.6	84.8
		10	82.1	104
		12	96.1	122
		14	110	140
		16	124	158
300	±2.40	6.0	54.7	69.6
		8.0	71.6	91.2
		10	88.4	113
		12	104	132
		14	119	153

续表

边长 B (mm)	尺寸允许偏差 Δ (mm)	壁厚 t (mm)	理论质量 M (kg/m)	截面面积 A (cm^2)
300	±2.40	16	135	172
		19	156	198
320	±2.60	6.0	58.4	74.4
		8.0	76.6	97
		10	94.6	120
		12	111	141
		14	128	163
		16	144	183
		19	167	213
350	±2.80	6.0	64.1	81.6
		7.0	74.1	94.4
		8.0	84.2	108
		10	104	133
		12	124	156
		14	141	180
		16	159	203
		19	185	236
380	±3.00	8.0	91.7	117
		10	113	144
		12	134	170
		14	154	197
		16	174	222
		19	203	259
		22	231	294

续表

边长 B (mm)	尺寸允许偏差 Δ (mm)	壁厚 t (mm)	理论质量 M (kg/m)	截面面积 A (cm^2)
400	±3.20	9.0	108	138
		10	120	153
		12	141	180
		14	163	208
		16	184	235
		19	215	274
		22	245	312
450	±3.40	9.0	122	156
		10	135	173
		12	160	204
		14	185	236
		16	209	267
		19	245	312
		22	279	355
480	±3.50	9.0	130	166
		10	144	184
		12	171	218
		14	198	252
		16	224	285
		19	262	334
		22	300	382
500	±3.60	9.0	137	174
		10	151	193
		12	179	228
		14	207	264
		16	235	299

续表

边长 B（mm）	尺寸允许偏差 Δ（mm）	壁厚 t（mm）	理论质量 M（kg/m）	截面面积 A（cm^2）
500	±3.60	19	275	350
		22	314	400
		19	185	236

注 表中理论质量按钢密度 7.85g/cm^3 计算。

2）冷弯长方形钢管的外形尺寸、允许偏差。

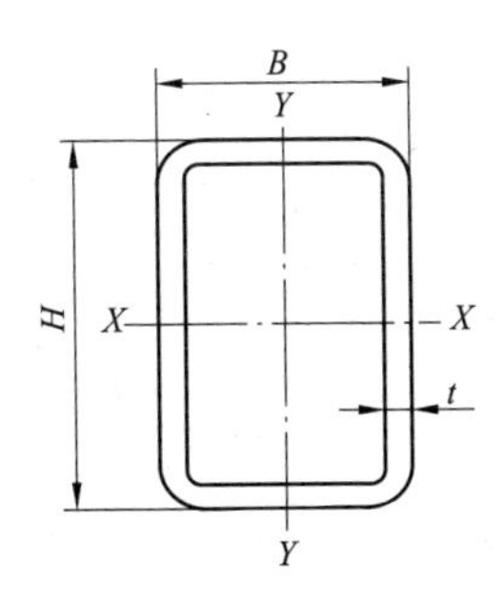

H—长边长；B—短边长；t—壁厚

边长（mm）		尺寸允许偏差 Δ（mm）	壁厚 t（mm）	理论质量 M（kg/m）	截面面积 A（cm^2）
H	B				
120	80	±0.90	4.0	11.7	11.9
			5.0	14.4	18.3
			6.0	16.9	21.6
			7.0	19.1	24.4
			8.0	21.4	27.2
140	80	±1.00	4.0	13.0	16.5
			5.0	15.9	20.4
			6.0	18.8	24.0
			8.0	23.9	30.4

续表

边长（mm）		尺寸允许偏差 Δ（mm）	壁厚 t（mm）	理论质量 M（kg/m）	截面面积 A（cm^2）
H	B				
150	100	±1. 20	4. 0	14. 9	18. 9
			5. 0	18. 3	23. 3
			6. 0	21. 7	27. 6
			8. 0	28. 1	35. 8
			10	33. 4	42. 6
160	60	±1. 20	4. 0	13. 0	16. 5
			4. 5	14. 5	18. 5
			6. 0	18. 9	24. 0
160	80	±1. 20	4. 0	14. 2	18. 1
			5. 0	17. 5	22. 4
			6. 0	20. 7	26. 4
			8. 0	26. 8	33. 6
180	65	±1. 20	4. 0	14. 5	18. 5
			4. 5	16. 3	20. 7
			6. 0	21. 2	27. 0
180	100	±1. 30	4. 0	16. 7	21. 3
			5. 0	20. 7	26. 3
			6. 0	24. 5	31. 2
			8. 0	31. 5	40. 4
			10	38. 1	48. 5
200	100	±1. 30	4. 0	18. 0	22. 9
			5. 0	22. 3	28. 3
			6. 0	26. 1	33. 6
			8. 0	34. 4	43. 8
			10	41. 2	52. 6

续表

边长（mm）		尺寸允许偏差 Δ（mm）	壁厚 t（mm）	理论质量 M（kg/m）	截面面积 A（cm^2）
H	B				
200	120	±1.40	4.0	19.3	24.5
			5.0	23.8	30.4
			6.0	28.3	36.0
			8.0	36.5	46.4
			10	44.4	56.6
200	150	±1.50	4.0	21.2	26.9
			5.0	26.2	33.4
			6.0	31.1	39.6
			8.0	40.2	51.2
			10	49.1	62.6
			12	56.6	72.1
			14	64.2	81.7
220	140	±1.50	4.0	21.8	27.7
			5.0	27.0	34.4
			6.0	32.1	40.8
			8.0	41.5	52.8
			10	50.7	64.6
			12	58.5	74.5
			13	62.5	79.6
250	150	±1.60	4.0	24.3	30.9
			5.0	30.1	38.4
			6.0	35.8	45.6
			8.0	46.5	59.2
			10	57.0	72.6
			12	66.0	84.1

续表

边长(mm)		尺寸允许偏差Δ(mm)	壁厚 t(mm)	理论质量 M(kg/m)	截面面积 A(cm^2)
H	B				
250	150	±1.60	14	75.2	95.7
250	200	±1.70	5.0	34.0	43.4
			6.0	40.5	51.6
			8.0	52.8	67.2
			10	64.8	82.6
			12	75.4	96.1
			14	86.1	110
			16	96.4	123
260	180	±1.80	5.0	33.2	42.4
			6.0	39.6	50.4
			8.0	51.5	65.6
			10	63.2	80.6
			12	73.5	93.7
			14	84.0	107
300	200	±2.00	5.0	38.0	48.4
			6.0	45.2	57.6
			8.0	59.1	75.2
			10	72.7	92.6
			12	84.8	108
			14	97.1	124
			16	109	139
350	200	±2.10	5.0	41.9	53.4
			6.0	49.9	63.6
			8.0	65.3	83.2
			10	80.5	102

续表

边长(mm)		尺寸允许偏差Δ(mm)	壁厚 t (mm)	理论质量 M (kg/m)	截面面积 A (cm^2)
H	B				
350	200	±2. 10	12	94. 2	120
			14	108	138
			16	121	155
350	250	±2. 20	5. 0	45. 8	58. 4
			6. 0	54. 7	69. 6
			8. 0	71. 6	91. 2
			10	88. 4	113
			12	104	132
			14	119	152
			16	134	171
350	300	±2. 30	7. 0	68. 6	87. 4
			8. 0	77. 9	99. 2
			10	96. 2	122
			12	113	144
			14	130	166
			16	146	187
			19	170	217
400	200	±2. 40	6. 0	54. 7	69. 6
			8. 0	71. 6	91. 2
			10	88. 4	113
			12	104	132
			14	119	152
			16	134	171
400	250	±2. 50	5. 0	49. 7	63. 4
			6. 0	59. 4	75. 6

续表

边长(mm)		尺寸允许偏差Δ(mm)	壁厚 t(mm)	理论质量 M(kg/m)	截面面积 A(cm^2)
H	B				
400	250	±2.50	8.0	77.9	99.2
			10	96.2	122
			12	113	144
			14	130	166
			16	146	187
400	300	±2.60	7.0	74.1	94.4
			8.0	84.2	107
			10	104	133
			12	122	156
			14	141	180
			16	159	203
			19	185	236
450	250	±2.70	6.0	64.1	81.6
			8.0	84.2	107
			10	104	133
			12	123	156
			14	141	180
			16	159	203
450	350	±2.80	7.0	85.1	108
			8.0	96.7	123
			10	120	153
			12	141	180
			14	163	208
			16	184	235
			19	215	274

续表

边长（mm）		尺寸允许偏差Δ（mm）	壁厚 t（mm）	理论质量 M（kg/m）	截面面积 A（cm^2）
H	B				
450	400	±3.00	9.0	115	147
			10	127	163
			12	151	192
			14	174	222
			16	197	251
			19	230	293
			22	262	334
500	200	±3.10	9.0	94.2	120
			10	104	133
			12	123	156
			14	141	180
			16	159	203
500	250	±3.20	9.0	101	129
			10	112	143
			12	132	168
			14	152	194
			16	172	219
500	300	±3.30	10	120	153
			12	141	180
			14	163	208
			16	184	235
			19	215	274
500	400	±3.40	9.0	122	156
			10	135	173
			12	160	204

续表

边长 (mm) H	边长 (mm) B	尺寸允许偏差 Δ (mm)	壁厚 t (mm)	理论质量 M (kg/m)	截面面积 A (cm^2)
500	400	±3.40	14	185	236
			16	209	267
			19	245	312
			22	279	356
500	450	±3.50	10	143	183
			12	170	216
			14	196	250
			16	222	283
			19	260	331
			22	297	378
500	480	±3.60	10	148	189
			12	175	223
			14	203	258
			16	229	292
			19	269	342
			22	307	391

注　1. 表中理论质量按密度 7.85g/cm^3计算。

2. 冷弯矩形钢管以实际质量交货。

3. 冷弯矩形钢管通常交货长度为 4~16m。

4. 冷弯矩形钢管允许交付长度不小于 2m 的短尺和非定尺。

5. 冷弯矩形钢管允许以接口管形式交货，但需方在使用时根据要求可将接口切除。

3）外形允许偏差。

指　标	Ⅰ级	Ⅱ级
壁厚 t	4mm≤t≤10mm，±8%t	4mm≤t≤10mm，±10%t
	10mm<t≤22mm，±6%t	10mm<t≤22mm，±8%t
	适用于平板部分	适用于平板部分

续表

指 标	Ⅰ级	Ⅱ级
直角度	90°±1.0°	90°±1.5°
弯角处外圆弧半径	t≤6mm，(1.5~2.5) t 6mm<t≤10mm，(2~3) t t>10mm，(2.5~3.5) t	
凹凸度	≤0.5%边长	≤0.6%边长
直线度	≤1.5mm/m，总直线度	≤2mm/m，总直线度
	≤0.15%定尺长度	≤0.2%定尺长度
扭曲度	2mm+0.5mm/m	—
定尺精度	普通精度 0~50mm	普通精度 0~70mm
	精定尺 0~5mm	精定尺 0~15mm
锯切质量	100mm≤边长≤300mm，锯切斜度≤3mm	100mm≤边长≤300mm，锯切斜度≤4mm
	300mm<边长≤500mm，锯切斜度≤5mm，且端部无锯切毛刺	300mm<边长≤500mm，锯切斜度≤6mm，且端部较小变形和毛刺允许存在

注 1. 所指平板部分不包括焊缝及角部。

2. 凹凸度的测量不包括焊缝面。

(4) 力学性能。

1) Ⅰ级产品的屈服强度、抗拉强度、延伸率、冲击功（常温）应符合下表的规定，并按规定进行试验。

产品屈服强度等级	壁厚 (mm)	屈服强度 R_{eL} (MPa)	抗拉强度 R_m (MPa)	断后伸长率 A (%)	(常温) 冲击吸收功 A_{Ku2} (J)
235	4~12	≥235	≥375	≥23	—
	>12~22				≥27
345	4~12	≥345	≥470	≥21	—
	>12~22				≥27

续表

产品屈服强度等级	壁厚（mm）	屈服强度 R_{eL}（MPa）	抗拉强度 R_m（MPa）	断后伸长率 A（%）	（常温）冲击吸收功 A_{Ku2}（J）
390	4~12	≥390	≥490	≥19	—
	>12~22				≥27

注　冷弯矩形钢管以冷加工状态交货，如有特殊要求由供需双方协商确定。

2）Ⅱ级产品仅提供原料的屈服强度、抗拉强度及延伸率，应符合 GB/T 699、GB/T 700、GB/T 714、GB/T 1591、GB/T 4171 等相应标准的规定。

7. 装饰用焊接不锈钢管（YB/T 5363—2006）

（1）牌号和化学成分。

牌号	化学成分（质量分数）（%）						
	C	Si	Mn	P	S	Ni	Cr
0Cr18Ni9	≤0.07	≤1.00	≤2.00	≤0.035	≤0.030	8.00~11.00	17.00~19.00
1Cr18Ni9	≤0.15	≤1.00	≤2.00	≤0.035	≤0.030	8.00~10.00	17.00~19.00

注　钢的牌号和化学成分应符合 GB/T 20878 的规定。

（2）分类、代号。

分类方法	分类名称	代号
按表面交货状态分	表面未抛光状态	SNB
	表面抛光状态	SB
	表面磨光状态	SP
	表面喷砂状态	SA
按截面形状分	圆管	R
	方管	S
	矩形管	Q

（3）力学性能。

牌号	推荐热处理制度	下屈服强度 R_{eL}（MPa）	抗拉强度 R_m（MPa）	断后伸长率 A_8（%）	硬度 HBW
		≥			≤
0Cr18Ni9	1010~1150℃，急冷	205	520	35	187
1Cr18Ni9	1010~1150℃，急冷	205	520	35	187

（4）特点及用途。

特点	装饰用焊接不锈钢管由不锈耐酸钢成卷钢带通过气体保护电弧焊接方法制成，其耐蚀性高、焊接质量好
用途	适用于市政设施、车船、道桥护栏、建筑装饰、钢结构网架、医疗器械、家具、一般机械结构部件等的装饰

（5）尺寸规格。

1）圆管的尺寸规格。

mm

外径	总壁厚																		
	0.4	0.5	0.6	0.7	0.8	0.9	1.0	1.2	1.4	1.5	1.6	1.8	2.0	2.2	2.5	2.8	3.0	3.2	3.5
6	×	×	×																
8	×	×	×																
9	×	×	×	×	×														
10	×	×	×	×	×	×	×	×											
12		×	×	×	×	×	×	×	×	×	×								
(12.7)			×	×	×	×	×	×	×	×	×								
15			×	×	×	×	×	×	×	×	×								
16			×	×	×	×	×	×	×	×	×								
18			×	×	×	×	×	×	×	×	×								

续表

外径	总壁厚																		
	0.4	0.5	0.6	0.7	0.8	0.9	1.0	1.2	1.4	1.5	1.6	1.8	2.0	2.2	2.5	2.8	3.0	3.2	3.5
19			×	×	×	×	×	×	×	×	×								
20			×	×	×	×	×	×	×	×	×	×	○						
22					×	×	×	×	×	×	×	×	○	○					
25					×	×	×	×	×	×	×	×	○	○	○				
28					×	×	×	×	×	×	×	×	○	○	○	○			
30					×	×	×	×	×	×	×	×	○	○	○	○	○		
(31.8)					×	×	×	×	×	×	×	×	○	○	○	○	○		
32					×	×	×	×	×	×	×	×	○	○	○	○	○		
38					×	×	×	×	×	×	×	×	○	○	○	○	○	○	○
40					×	×	×	×	×	×	×	×	○	○	○	○	○	○	○
45					×	×	×	×	×	×	×	×	○	○	○	○	○	○	○
48						×	×	×	×	×	×	×	○	○	○	○	○	○	○
51						×	×	×	×	×	×	×	○	○	○	○	○	○	○
56						×	×	×	×	×	×	×	○	○	○	○	○	○	○
57						×	×	×	×	×	×	×	○	○	○	○	○	○	○
(63.5)						×	×	×	×	×	×	×	○	○	○	○	○	○	○
65						×	×	×	×	×	×	×	○	○	○	○	○	○	○
70						×	×	×	×	×	×	×	○	○	○	○	○	○	○
76.2						×	×	×	×	×	×	×	○	○	○	○	○	○	○
80						×	×	×	×	×	×	×	○	○	○	○	○	○	○
83							×	×	×	×	×	×	○	○	○	○	○	○	○
89							×	×	×	×	×	×	○	○	○	○	○	○	○
95							×	×	×	×	×	×	○	○	○	○	○	○	○
(101.6)							×	×	×	×	×	×	○	○	○	○	○	○	○
102								×	×	×	×	×	○	○	○	○	○	○	○
108									×	×	×	×	○	○	○	○	○	○	○

续表

外径	总壁厚																		
	0. 4	0. 5	0. 6	0. 7	0. 8	0. 9	1. 0	1. 2	1. 4	1. 5	1. 6	1. 8	2. 0	2. 2	2. 5	2. 8	3. 0	3. 2	3. 5
114										×	×	×	○	○	○	○	○	○	○
127										×	×	×	○	○	○	○	○		
133													○	○	○	○	○	○	○
140														○	○	○	○	○	○
159															○	○	○	○	○
168. 3																○	○	○	○
180																		○	○
193. 7																			○
219																			○

注 （）表示不推荐使用；×表示采用冷轧板（带）制造；○表示采用冷轧板（带）或热轧板（带）制造。

2）方管的尺寸规格。

mm

边长×边长	总壁厚																		
	0. 4	0. 5	0. 6	0. 7	0. 8	0. 9	1. 0	1. 2	1. 4	1. 5	1. 6	1. 8	2. 0	2. 2	2. 5	2. 8	3. 0	3. 2	3. 5
15×15	×	×	×	×	×	×	×	×											
20×20		×	×	×	×	×	×	×	×	×	×	×	○						
25×25			×	×	×	×	×	×	×	×	×	×	○	○	○				
30×30					×	×	×	×	×	×	×	×	○	○	○				
40×40						×	×	×	×	×	×	×	○	○	○				
50×50							×	×	×	×	×	×	○	○	○				
60×60								×	×	×	×	×	○	○	○				
70×70									×	×	×	×	○	○	○				
80×80										×	×	×	○	○	○	○			
85×85										×	×	×	○	○	○	○			

续表

边长×边长	总壁厚																		
	0.4	0.5	0.6	0.7	0.8	0.9	1.0	1.2	1.4	1.5	1.6	1.8	2.0	2.2	2.5	2.8	3.0	3.2	3.5
90×90											×	×	○	○	○	○	○		
100×100											×	×	○	○	○	○	○		
110×110												×	○	○	○	○	○		
125×125												×	○	○	○	○	○		
130×130													○	○	○	○	○		
140×140													○	○	○	○	○		
170×170														○	○	○	○		

3）矩形管的尺寸规格。

mm

边长×边长	总壁厚																		
	0.4	0.5	0.6	0.7	0.8	0.9	1.0	1.2	1.4	1.5	1.6	1.8	2.0	2.2	2.5	2.8	3.0	3.2	3.5
20×10		×	×	×	×	×	×	×	×	×									
25×15			×	×	×	×	×	×	×	×	×								
40×20					×	×	×	×	×	×	×	×							
50×30						×	×	×	×	×	×	×							
70×30							×	×	×	×	×	×	○						
80×40							×	×	×	×	×	×	○						
90×30							×	×	×	×	×	×	○	○					
100×40								×	×	×	×	×	○	○					

续表

边长×边长	总壁厚																		
	0. 4	0. 5	0. 6	0. 7	0. 8	0. 9	1. 0	1. 2	1. 4	1. 5	1. 6	1. 8	2. 0	2. 2	2. 5	2. 8	3. 0	3. 2	3. 5
110×50									×	×	×	×	○	○					
120×40									×	×	×	×	○	○					
120×60										×	×	×	○	○	○				
130×50										×	×	×	○	○	○				
130×70											×	×	○	○	○				
140×60											×	×	○	○	○				
140×80												×	○	○	○				
150×50												×	○	○	○				
150×70												×	○	○	○				
160×40												×	○	○	○	○			
160×60													○	○	○	○			
160×90													○	○	○	○			
170×50													○	○	○	○			
170×80													○	○	○	○			
180×70													○	○	○	○			

续表

边长×边长	总壁厚																		
	0.4	0.5	0.6	0.7	0.8	0.9	1.0	1.2	1.4	1.5	1.6	1.8	2.0	2.2	2.5	2.8	3.0	3.2	3.5
180×80													○	○	○	○	○		
180×100													○	○	○	○	○		
190×60													○	○	○	○	○		
190×70														○	○	○	○		
190×90														○	○	○	○		
200×60														○	○	○	○		
200×80														○	○	○	○		
200×140															○	○	○		

注　×表示采用冷轧板（带）制造；○表示采用冷轧板（带）或热轧板（带）制造。

4）圆管的外径允许偏差。

mm

供货状态	外径 D	允许偏差
磨光、抛光状态（SB、SP）	≤25	±0.20
	>25~40	±0.22
	>40~50	±0.25
	>50~60	±0.28
	>60~70	±0.30

续表

供货状态	外径 D	允许偏差
磨光、抛光状态（SB、SP）	>70~80	±0. 35
	>80	±0. 5%D
未抛光、喷砂状态（SNB、SA）	≤25	±0. 25
	>25~50	±0. 30
	>50	±1. 0%D

注 1. 方形和矩形管的边长允许偏差，由供需双方协商。

2. 钢管壁厚允许偏差应符合下述规定：管壁厚为 0. 40~1. 00mm，允许偏差为±0. 05mm；管壁厚为 1. 00~1. 90mm，允许偏差为±0. 10mm；管壁厚≥2. 00mm，允许偏差为±0. 15mm。

3. 钢管一般以通常长度交货，通常长度的范围为 1000~8000mm。

8. 一般结构用焊接钢管（SY/T 5768—2006）

（1）公称外径及理论质量。

公称外径 D（mm）	公称壁厚 t（mm）												
	2	2. 3	2. 6	2. 9	3. 2	3. 6	4	4. 5	5	5. 4	(5. 5)	5. 6	(6)
	理论质量（kg/m）												
21. 3	0. 952	—	—	—	—	—	—	—	—	—	—	—	—
26. 9	1. 23	1. 40	1. 56	—	—	—	—	—	—	—	—	—	—
33. 7	1. 56	1. 78	1. 99	2. 20	2. 41	2. 67	—	—	—	—	—	—	—
42. 4	1. 99	2. 27	2. 55	2. 82	3. 09	3. 44	—	—	—	—	—	—	—
48. 3	2. 28	2. 61	2. 93	3. 25	3. 56	3. 97	4. 37	—	—	—	—	—	—
60. 3	2. 88	3. 29	3. 70	4. 11	4. 51	5. 03	5. 55	6. 19	6. 8	—	—	—	—
76. 1	3. 65	4. 19	4. 71	5. 24	5. 75	6. 44	7. 11	7. 95	8. 8	—	—	—	—
88. 9	4. 29	4. 91	5. 53	6. 15	6. 76	7. 57	8. 38	9. 37	10. 3	11. 1	—	—	—
114. 3	—	—	—	8. 0	8. 8	9. 8	10. 9	12. 2	13. 5	14. 5	14. 8	15. 0	16. 0
139. 7	—	—	—	—	10. 8	12. 1	13. 4	15. 0	16. 6	17. 9	18. 2	18. 5	19. 8
168. 3	—	—	—	—	—	14. 6	16. 2	18. 2	20. 1	21. 7	22. 1	22. 5	24. 0
219. 1	—	—	—	—	—	19. 1	21. 2	23. 8	26. 4	28. 5	29. 0	29. 5	31. 5

续表

公称外径 D (mm)	公称壁厚 t (mm)												
	2	2.3	2.6	2.9	3.2	3.6	4	4.5	5	5.4	(5.5)	5.6	(6)
	理论质量 (kg/m)												
273	—	—	—	—	—	23.9	26.5	29.8	33.0	35.6	36.3	36.9	39.5
323.9	—	—	—	—	—	—	—	35.4	39.3	42.4	43.2	44.0	47.0
355.6	—	—	—	—	—	—	—	39.0	43.2	46.6	47.5	48.3	51.7
(377)	—	—	—	—	—	—	—	—	45.9	49.5	50.4	51.3	54.9
406.4	—	—	—	—	—	—	—	—	49.5	53.4	54.4	55.4	59.2
(426)	—	—	—	—	—	—	—	—	—	56.0	57.0	58.1	62.1
457	—	—	—	—	—	—	—	—	—	60.1	61.2	62.3	66.7
508	—	—	—	—	—	—	—	—	—	66.9	68.2	69.4	74.3
(529)	—	—	—	—	—	—	—	—	—	69.7	71.0	72.3	77.4

公称外径 D (mm)	公称壁厚 t (mm)												
	6.3	(7)	7.1	8	8.8	(9)	10	11	(12)	12.5	(14)	14.2	16
	理论质量 (kg/m)												
139.7	20.7	22.9	23.2	26.0	—	—	—	—	—	—	—	—	—
168.3	25.2	27.8	28.2	31.6	34.6	35.4	—	—	—	—	—	—	—
219.1	33.1	36.6	37.1	41.6	45.6	46.6	—	—	—	—	—	—	—
273	41.4	45.9	46.6	52.3	57.3	58.6	64.9	—	—	—	—	—	—
323.9	49.3	54.7	55.5	62.3	68.4	69.9	77.4	84.9	92.3	—	—	—	—
355.6	54.3	60.2	61.0	68.6	75.3	76.9	85.2	93.5	102	—	—	—	—
(377)	57.6	63.9	64.8	72.8	79.9	81.7	90.5	99.3	108	—	—	—	—
406.4	62.2	68.9	69.9	78.6	86.3	88.2	97.8	107	117	121	—	—	—
(426)	65.2	72.3	73.3	82.5	90.5	92.6	103	113	123	127	—	—	—
457	70.0	77.7	78.8	88.6	97.3	99.4	110	121	132	137	—	—	—
508	77.9	86.5	87.7	98.6	108	111	123	135	147	153	—	—	—
(529)	81.2	90.1	91.4	103	113	115	128	141	153	159	—	—	—
610	—	104	106	119	130	133	148	162	177	184	—	—	—

续表

公称外径 D (mm)	公称壁厚 t（mm）												
	6.3	(7)	7.1	8	8.8	(9)	10	11	(12)	12.5	(14)	14.2	16
	理论质量（kg/m）												
(630)	—	108	109	123	135	138	153	168	183	190	—	—	—
711	—	122	123	139	152	156	173	190	207	215	—	—	—
(720)	—	—	125	140	154	158	175	192	210	218	—	—	—
813	—	—	141	159	175	178	198	218	237	247	276	—	—
(820)	—	—	142	160	176	180	200	219	239	249	278	—	—
914	—	—	159	179	196	201	223	245	267	278	311	315	354
(920)	—	—	160	180	198	202	224	247	269	280	313	317	357
1016	—	—	177	199	219	224	248	273	297	309	346	351	395

注 括号内尺寸不推荐使用。

（2）特点与用途。

特点	钢管以碳素结构钢热轧钢带作管坯，采用双面埋弧焊、电阻焊等方法制造。钢管有一定的强度和良好的塑性、韧性、加工性能
用途	适于一般工业及民用建筑结构中使用和脚手架、铁塔、支柱等设施使用

9. 碳素结构钢电线套管（YB/T 5305—2008）

（1）牌号和化学成分。

牌号	Q195、Q215A、Q215B、Q235A、Q235B、Q235C、Q275A、Q275B、Q275C
化学成分（熔炼分析）	应符合 GB/T 700 中牌号的规定

（2）尺寸规格、质量。

外径 D（mm）	12.7~168.3
壁厚 t（mm）	0.5~3.2
长度（mm）	通常为 3000~12 000
质量	按理论质量交货，也可按实际质量交货

（3）力学、工艺性能和用途。

性能	电线套管以碳素结构钢钢带为原料，经连续塑性弯曲成管筒焊接或焊后镀锌（涂层）制成。钢管经镀锌处理，两端车有圆柱形螺纹。套管具有良好的塑性变形能力，可以满足和适应使用时弯曲成型的需要，钢管的力学性能不作为交货条件。公称外径不大于60.3mm的钢管应做弯曲试验，大于60.3mm的钢管应做压扁试验
用途	电线套管主要在工业与民用建筑、安装机器设备等电气安装工程中用作保护电线的管子。壁厚为2.25~4.0mm的是厚壁管，主要用于大型混凝土建筑掩蔽式配电工程；壁厚为1.6~2.0mm的为薄壁管，适用于木建筑掩蔽式配电工程和露出式配电工程

10. 普通流体输送管道用埋弧焊钢管（SY/T 5037—2012）

（1）尺寸规格及理论质量。

公称外径 D（mm）	公称壁厚 T（mm）							
	5	5.4	5.6	6	6.3	7.1	8	8.8
	理论质量 W（kg/m）							
273	33.05	35.64	36.93	39.51	41.44	46.56	52.28	57.34
323.9	39.32	42.42	43.96	47.04	49.34	55.47	62.32	68.38
355.6	43.23	46.64	48.34	51.73	54.27	61.02	68.58	75.26
(377)	45.87	49.49	51.29	54.90	57.59	64.77	72.80	79.91
406.4	49.50	53.40	55.35	59.25	62.16	69.92	78.60	86.29
(426)	51.91	56.01	58.06	62.15	65.21	73.35	82.47	90.54
457	55.73	60.14	62.34	66.73	70.02	78.78	88.58	97.27
508	—	—	69.38	74.28	77.95	87.71	98.65	108.34
(529)	—	—	72.28	77.39	81.21	91.38	102.79	112.89
559	—	—	76.43	81.83	85.87	96.64	108.71	119.41
610	—	—	—	89.37	93.80	105.57	118.77	130.47
(630)	—	—	—	92.33	96.90	109.07	122.72	134.81
660	—	—	—	96.77	101.56	114.32	128.63	141.32
711	—	—	—	—	109.49	123.25	138.70	152.39

续表

公称外径 D（mm）	公称壁厚 T（mm）							
	5	5.4	5.6	6	6.3	7.1	8	8.8
	理论质量 W（kg/m）							
（720）	—	—	—	—	110.89	124.83	140.47	154.35
762	—	—	—	—	117.41	132.18	148.76	163.46
813	—	—	—	—	125.33	141.11	158.62	174.53
864	—	—	—	—	133.26	150.04	168.88	185.60
914	—	—	—	—	—	—	178.75	196.45
1016	—	—	—	—	—	—	198.87	218.58
1067	—	—	—	—	—	—	—	229.65
1118	—	—	—	—	—	—	—	240.72
1168	—	—	—	—	—	—	—	251.57
1219	—	—	—	—	—	—	—	262.64

公称外径 D（mm）	公称壁厚 T（mm）						
	10	11	12.5	14.2	16	17.5	20
	理论质量 W（kg/m）						
273	64.86	—	—	—	—	—	—
323.9	77.41	—	—	—	—	—	—
355.6	85.23	—	—	—	—	—	—
（377）	90.51	—	—	—	—	—	—
406.4	97.76	107.26	—	—	—	—	—
（426）	102.59	112.58	—	—	—	—	—
457	110.24	120.99	137.03	—	—	—	—
508	122.81	134.82	152.75	—	—	—	—
（529）	127.99	140.52	159.22	—	—	—	—
559	135.39	148.66	168.47	—	—	—	—
610	147.97	162.49	184.19	—	—	—	—
（630）	152.90	167.92	190.36	—	—	—	—

续表

公称外径 D（mm）	公称壁厚 T（mm）						
	10	11	12.5	14.2	16	17.5	20
	理论质量 W（kg/m）						
660	160.30	176.06	199.60	226.51	—	—	—
711	172.88	189.89	215.33	244.01	—	—	—
(720)	175.10	192.34	218.10	247.17	—	—	—
762	185.45	203.73	231.05	261.87	—	—	—
813	198.03	217.56	246.77	279.73	—	—	—
864	210.61	231.40	262.49	297.59	334.61	—	—
914	222.94	244.96	277.90	315.10	354.34	—	—
1016	248.09	272.63	309.35	350.82	394.58	—	—
1067	260.67	286.47	325.07	368.68	414.71	—	—
1118	273.25	300.30	340.79	386.54	434.83	474.95	541.57
1168	285.58	313.87	356.20	404.05	454.56	496.53	566.23
1219	298.16	327.70	371.93	421.91	474.68	518.54	591.38
1321	323.31	355.37	403.37	457.63	514.93	562.56	641.69
1422	348322	382.77	434.50	493.00	554.79	606.15	691.51
1524	373.38	410.44	465.95	528.72	595.03	650.17	741.82
1626	398.53	438.11	497.39	564.44	635.28	694.19	792.13
1727	—	—	528.53	599.81	675.13	737.78	841.94
1829	—	—	559.97	635.53	715.38	781.80	892.25
1930	—	—	591.11	670.90	755.23	825.39	942.07
2032	—	—	—	706.62	795.48	869.41	992.38
2134	—	—	—	—	835.73	913.43	1042.69
2235	—	—	—	—	875.58	957.02	1092.50
2337	—	—	—	—	915.83	1001.04	1142.81
2438	—	—	—	—	955.68	1044.63	1192.63
2540	—	—	—	—	995.93	1088.65	1242.94

注 括号内尺寸不推荐使用。

(2) 特点及用途。

特点	螺旋缝埋弧焊钢管以热轧钢带作管坯，经常温螺旋成型，采用自动埋弧焊法焊接制成。钢管焊接性能好，承压能力强，经过各种严格的检验和测试，使用安全可靠。钢管口径大，输送效率高
用途	用于铺设输水、污水、空气、采暖蒸汽及石油、天然气等可燃性低压流体输送用管道

11. 钢门窗用电焊异型钢管

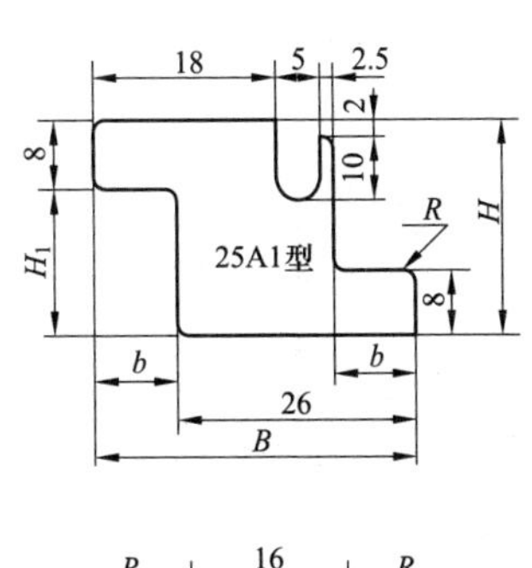

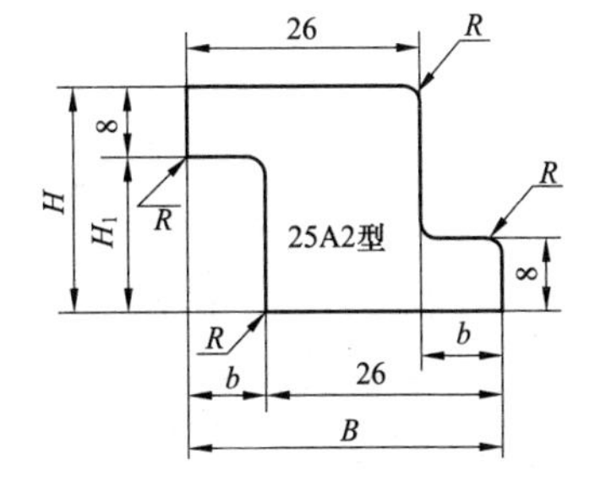

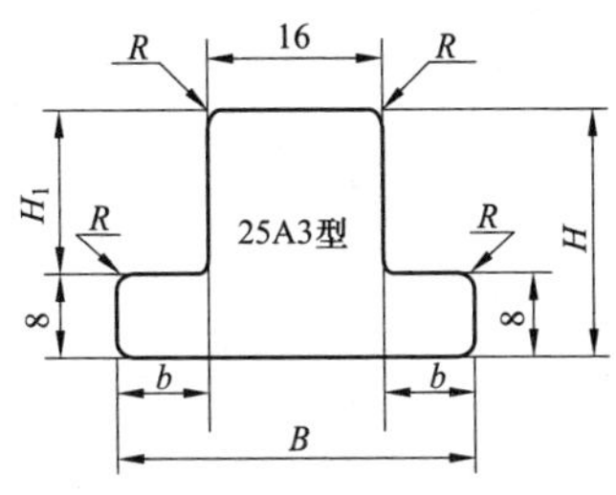

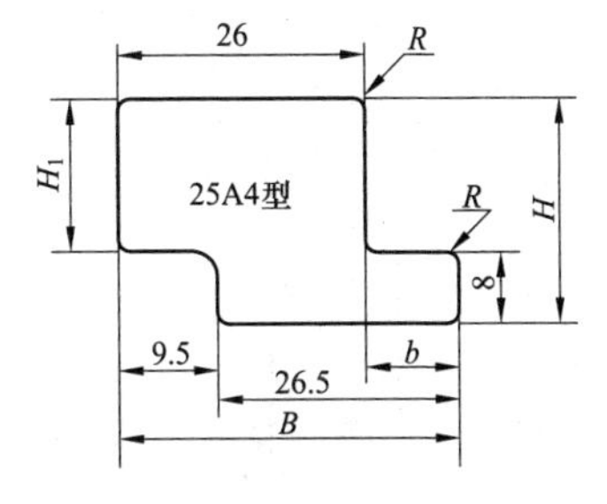

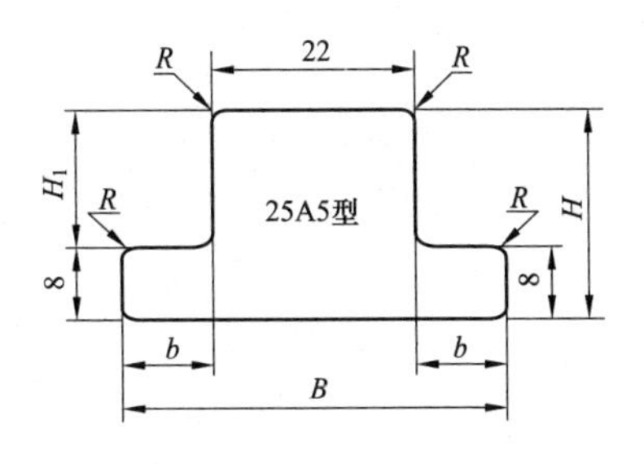

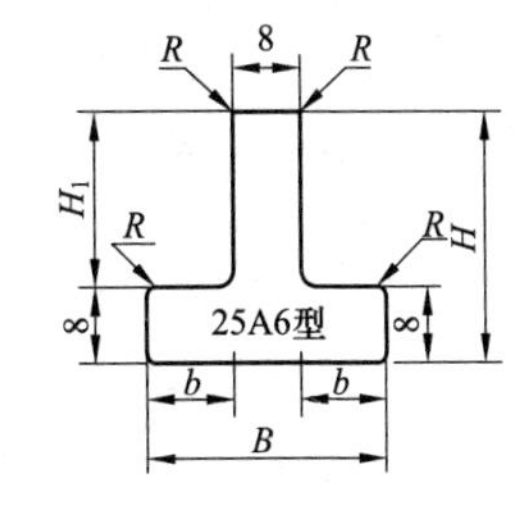

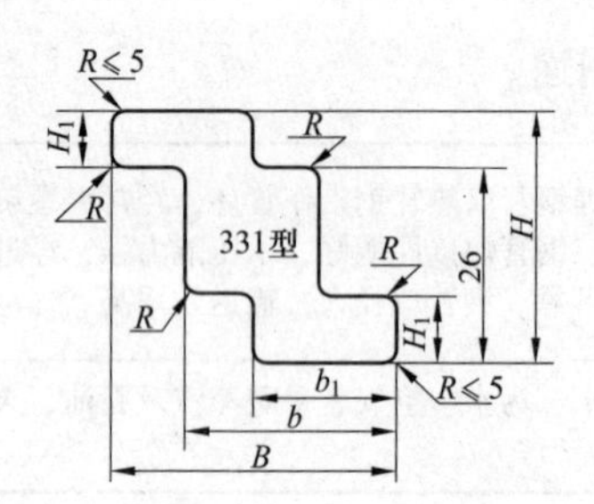

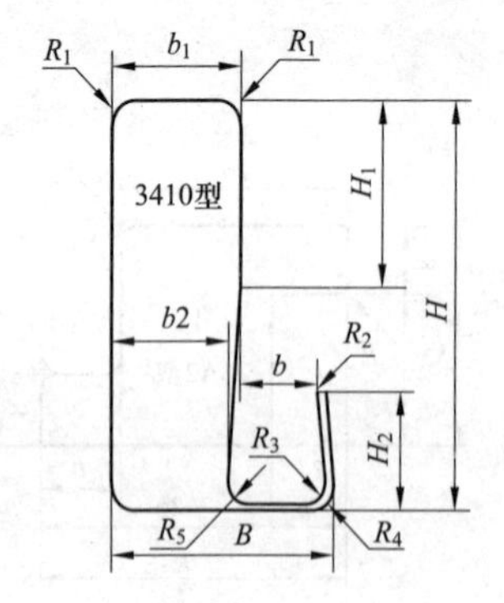

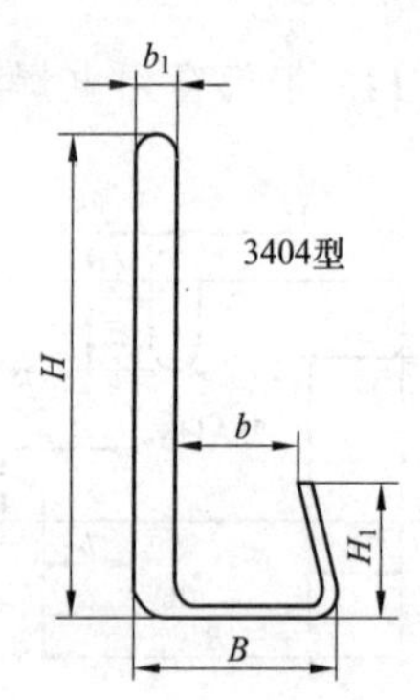

注：　$R_1=2$；$R_2=1.2$；$R_3=1$；$R_4=2.25$；$R_5=2.5$。

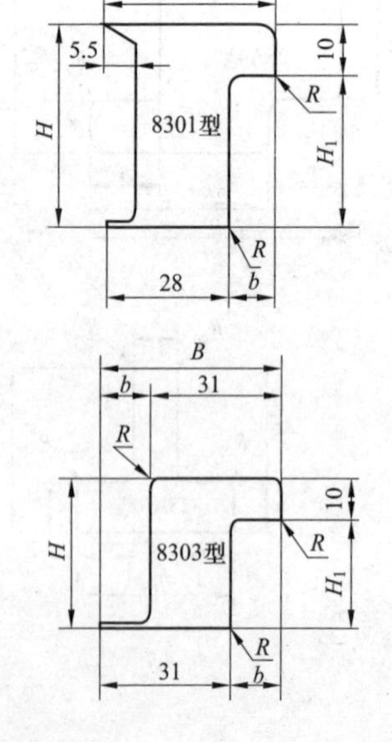

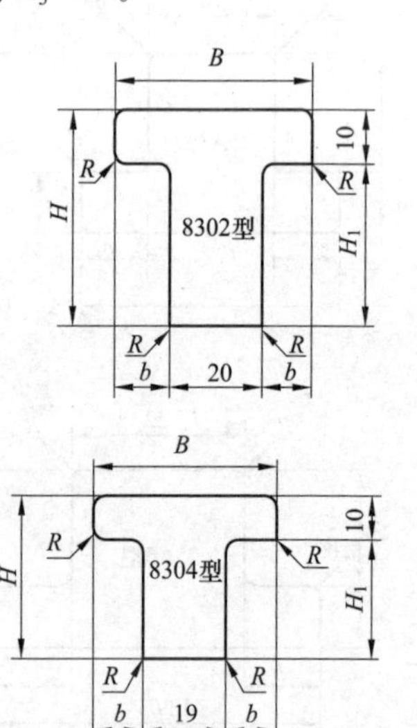

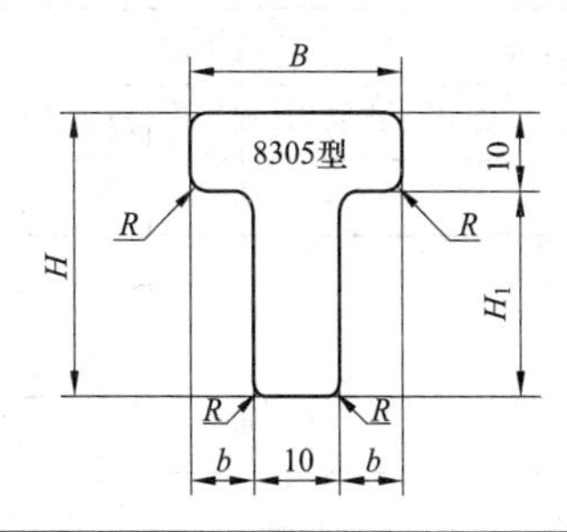

型号	尺寸（mm）							截面面积（cm^2）	理论质量（kg/m）
	H	H_1	B	b	b_1	b_2	H_2		
251	25	17	36	10				1.516	1.19
252	25	17	36	10				1.414	1.11
253	25	17	36	10				1.414	1.11
254	25	17	36	10				1.414	1.11
255	25	17	42	10				1.529	1.20
256	25	17	24	8				1.116	0.876
(253b)									
331	34	8	36	26	8			1.516	1.19
3404	33.5	9.5	15	5	4			1.258	0.988
3401	34	15	17.5	5	10	6.5	9.5	1.338	1.05
8301	46	36	40	12				2.027	1.63
8302	46	36	44	12				2.027	1.63
8303	36	26	43	12				1.763	1.42
8304	36	26	43	12				1.763	1.42
8305	36	26	28	9				1.311	1.06

注 钢管壁厚为1.22mm，长度一般为2~6m。

五、钢丝

1. 一般用途低碳钢丝（YB/T 5294—2009）

(1) 钢丝的分类和代号。

<table>
<tr><td rowspan="2">分类</td><td colspan="3">按交货状态</td><td colspan="3">按用途</td><td colspan="3">按镀锌层质量（g/m²）</td></tr>
<tr><td>冷拉</td><td>退火</td><td>镀锌</td><td>普通用</td><td>制钉用</td><td>建筑用</td><td>D 级</td><td>E 级</td><td>F 级</td></tr>
<tr><td>代号</td><td>WCD</td><td>TA</td><td>SZ</td><td>Ⅰ类</td><td>Ⅱ类</td><td>Ⅲ类</td><td>D</td><td>E</td><td>F</td></tr>
</table>

（2）每捆质量。

<table>
<tr><td rowspan="2">钢丝直径（mm）</td><td colspan="3">标 准 捆</td><td rowspan="2">非标准捆最低质量（kg）</td></tr>
<tr><td>每捆质量（kg）</td><td>每捆根数≤</td><td>单根最低质量（kg）</td></tr>
<tr><td>≤0.30</td><td>5</td><td>6</td><td>0.5</td><td>0.5</td></tr>
<tr><td>>0.30~0.50</td><td>10</td><td>5</td><td>1</td><td>1</td></tr>
<tr><td>>0.50~1.00</td><td>25</td><td>4</td><td>2</td><td>2</td></tr>
<tr><td>>1.00~1.20</td><td>25</td><td>3</td><td>3</td><td>3</td></tr>
<tr><td>>1.20~3.00</td><td>50</td><td>3</td><td>4</td><td>4</td></tr>
<tr><td>>3.00~4.50</td><td>50</td><td>3</td><td>6</td><td>10</td></tr>
<tr><td>>4.50~6.00</td><td>50</td><td>2</td><td>6</td><td>12</td></tr>
</table>

（3）力学性能。

<table>
<tr><td rowspan="2">公称直径（mm）</td><td colspan="5">抗拉强度 R_m（MPa）</td><td colspan="2">180°弯曲试验（次）</td><td colspan="2">断后伸长率 A（标距 100mm）（%）</td></tr>
<tr><td>冷拉普通钢丝</td><td>制钉用钢丝</td><td>建筑用钢丝</td><td>退火钢丝</td><td>镀锌钢丝</td><td>冷拉普通钢丝</td><td>建筑用钢丝</td><td>建筑用钢丝</td><td>镀锌钢丝</td></tr>
<tr><td>≤0.30</td><td>≤980</td><td>—</td><td>—</td><td rowspan="5">295~540</td><td rowspan="5">295~540</td><td rowspan="2">—</td><td>—</td><td>—</td><td rowspan="2">≥10</td></tr>
<tr><td>>0.30~0.80</td><td>≤980</td><td>—</td><td>—</td><td>—</td><td>—</td></tr>
<tr><td>>0.80~1.20</td><td>≤980</td><td>800~1320</td><td>—</td><td rowspan="3">≥6</td><td>—</td><td>—</td><td rowspan="3">≥12</td></tr>
<tr><td>>1.20~1.80</td><td>≤1060</td><td>785~1220</td><td>—</td><td>—</td><td>—</td></tr>
<tr><td>>1.80~2.50</td><td>≤1010</td><td>735~1170</td><td>—</td><td>—</td><td>—</td></tr>
</table>

续表

公称直径（mm）	抗拉强度 R_m（MPa）					180°弯曲试验（次）		断后伸长率 A（标距 100mm）（%）	
	冷拉普通钢丝	制钉用钢丝	建筑用钢丝	退火钢丝	镀锌钢丝	冷拉普通钢丝	建筑用钢丝	建筑用钢丝	镀锌钢丝
>2.50~3.50	≤960	685~1120	≥550	295~540	295~540	≥4	≥4	≥2	≥12
>3.50~5.00	≤890	590~1030	≥550						
>5.00~6.00	≤790	540~930	≥550						
>6.00	≤690	—	—			—	—	—	

注 对于直径小于 0.8mm 的冷拉普通用途钢丝，可用打结拉伸试验代替弯曲试验。打结钢丝进行拉伸试验时所能承受的拉力应不低于不打结破断拉力的 50%。

（4）特点及用途。

特点	一般用途低碳钢丝由低碳碳素结构钢热轧圆盘条冷拉制成。不经热处理的冷拉钢丝又称光面钢丝，经退火处理表面有氧化膜的钢丝又称黑铁丝
用途	冷拉钢丝强度稍高，主要用于制钉、小五金、水泥船织网及作建筑钢筋等轻工和建筑行业。退火钢丝强度不高，塑性、韧性好，主要用于一般的捆扎、牵拉、编织以及经镀锌制成镀锌低碳钢丝等

2. 建筑缆索用钢丝（CJ 3077—1998）

（1）分类、代号、牌号、化学性能。

分类、代号	按表面状态分类：光面钢丝（B）、镀锌钢丝（G）。
	按松弛性能分类：普通松弛（Ⅰ级）、低松弛（Ⅱ级）
牌号	制造钢丝用盘条的钢牌号由制造厂选择，但其硫磷含量应不大于 0.025%，铜含量应不大于 0.20%
化学性能	制造钢丝用盘条应经索氏体化处理，钢丝的镀锌工序必须为热浸镀锌

注 每一种表面状态和松弛性能都含有两种尺寸规格和两种强度级别，以供选用。

（2）力学性能。

公称直径（mm）	公称抗拉强度 R_m（MPa）	规定非比例延伸强度（屈服强度）$R_{p0.2}$（MPa）		断后伸长率 A（标距 250mm）（%）	弯曲次数（180°）	弯曲半径（mm）	缠绕	松弛率（%）		
							3*d*×8 圈	初始应力相当于公称强度的百分数	1000h 应力损失	
		Ⅰ级松弛	Ⅱ级松弛						Ⅰ级松弛	Ⅱ级松弛
5.0	≥1570 ≥1670	≥1250 ≥1330	≥1330 ≥1410	≥4	≥4	≥15	不断裂	70	≤8	≤2.5
7.0	≥1570 ≥1670	≥1250 ≥1330	≥1330 ≥1410	≥4	≥4	≥20	不断裂	70	≤8	≤2.5

注　1. 钢丝的弹性模量值对于Ⅰ级松弛应为（1.90~2.10）×10^5MPa；对于Ⅱ级松弛应为（1.95~2.10）×10^5MPa。

2. 供方在保证 1000h 松弛性能合格的基础上，可进行 120h 松弛试验，并以此推算出 1000h 松弛值。

（3）规格尺寸。

钢丝公称直径（mm）	公称截面积（mm^2）	理论质量（kg/m）
5.0	19.6	0.154
7.0	38.5	0.302

（4）特点和用途。

特点	钢丝以低碳钢热轧盘条为原料，经索氏体化处理，冷拉或冷拉后热浸镀锌制成。钢丝钢质纯净，硫、磷及其他有害杂质低，有较高的强度和良好的塑性、韧性及使用的安全可靠性，镀锌钢丝还有很好的耐蚀性
用途	主要用于制作斜拉桥、悬索桥等桥梁及其他索结构工程中的缆索，也可用于其他土木工程

3. 预应力混凝土用钢丝（GB/T 5223—2002）

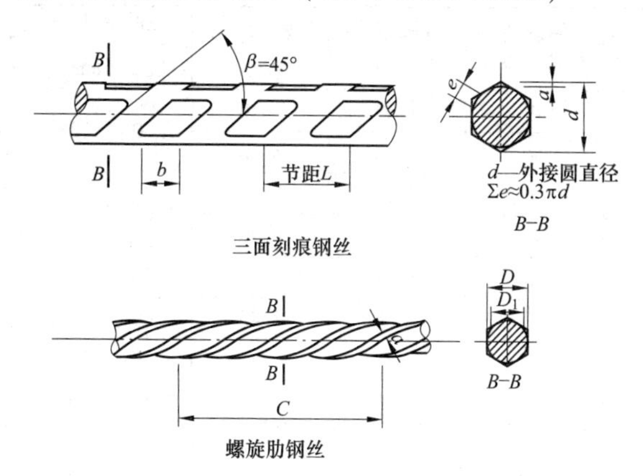

三面刻痕钢丝

螺旋肋钢丝

（1）规格尺寸。

1）光圆钢丝。

公称直径 d_n（mm）	公称横截面积 S_n（mm^2）	理论质量（g/m）
3.00	7.07	55.5
4.00	12.57	98.6
5.00	19.63	154
6.00	28.27	222
6.25	30.68	241
7.00	38.48	302
8.00	50.26	394
9.00	63.62	499
10.00	78.54	616
12.00	113.1	888

2）螺旋肋钢丝。

公称直径 d_n（mm）	螺旋肋数量（条）	基圆直径 D_1（mm）	外轮廓直径 D（mm）	单肋尺寸	螺旋肋导程 C（mm）
				宽度 a（mm）	
4.00	4	3.85	4.25	0.90~1.30	24~30

续表

公称直径 d_n（mm）	螺旋肋数量（条）	基圆直径 D_1（mm）	外轮廓直径 D（mm）	单肋尺寸	螺旋肋导程 C（mm）
				宽度 a（mm）	
4.80	4	4.60	5.10	1.30~1.70	28~36
5.00	4	4.80	5.30		
6.00	4	5.80	6.30	1.60~2.00	30~38
6.25	4	6.00	6.70		30~40
7.00	4	6.73	7.46	1.80~2.20	35~45
8.00	4	7.75	8.45	2.00~2.40	40~50
9.00	4	8.75	9.45	2.10~2.70	42~52
10.00	4	9.75	10.45	2.50~3.00	45~58

3）三面刻痕钢丝。

公称直径 d_n（mm）	刻痕深度		刻痕长度		节距	
	公称深度 a（mm）	允许偏差（mm）	公称长度 b（mm）	允许偏差（mm）	公称节距 L（mm）	允许偏差（mm）
≤5.00	0.12	±0.05	3.5	±0.05	5.5	±0.05
>5.00	0.15		5.0		8.0	

（2）力学性能。

1）冷拉钢丝。

公称直径 d_n（mm）	抗拉强度 R_m（MPa）≥	规定非比例延伸强度 $R_{p0.2}$（MPa）≥	最大力总伸长率 A_{gt}（标距 200mm）（%）≥	弯曲次数（次/180°）≥	弯曲半径 R（mm）	断面收缩率 Z（%）≥
3.00	1470 1570 1670 1770	1100 1180 1250 1330	1.5	4	7.5	—
4.00				4	10	35
5.00				4	15	
6.00	1470 1570 1670 1770	1100 1180 1250 1330		5	15	30
7.00				5	20	
8.00				5	20	

2）消除应力光圆及螺旋肋钢丝。

<table>
<tr><th rowspan="2">公称直径 d_n（mm）</th><th rowspan="2">抗拉强度 R_m（MPa）≥</th><th colspan="2">规定非比例延伸强度 $R_{p0.2}$（MPa）≥</th><th rowspan="2">最大力总伸长率 A_{gt}（标距200mm）（%）≥</th><th rowspan="2">弯曲次数（次/180°）≥</th><th rowspan="2">弯曲半径 R（mm）</th></tr>
<tr><th>WLR</th><th>WNR</th></tr>
<tr><td>4.00</td><td>1470</td><td>1290</td><td>1250</td><td rowspan="5">3.5</td><td>3</td><td>10</td></tr>
<tr><td>4.80</td><td>1570</td><td>1380</td><td>1330</td><td rowspan="4">4</td><td rowspan="4">15</td></tr>
<tr><td rowspan="3">5.00</td><td>1670</td><td>1470</td><td>1410</td></tr>
<tr><td>1770</td><td>1560</td><td>1500</td></tr>
<tr><td>1860</td><td>1640</td><td>1580</td></tr>
<tr><td>6.00</td><td>1470</td><td>1290</td><td>1250</td><td rowspan="8">3.5</td><td>4</td><td>15</td></tr>
<tr><td>6.25</td><td>1570</td><td>1380</td><td>1330</td><td>4</td><td>20</td></tr>
<tr><td rowspan="2">7.00</td><td>1670</td><td>1470</td><td>1410</td><td rowspan="2">4</td><td rowspan="2">20</td></tr>
<tr><td>1770</td><td>1560</td><td>1500</td></tr>
<tr><td>8.00</td><td>1470</td><td>1290</td><td>1250</td><td>4</td><td>20</td></tr>
<tr><td>9.00</td><td>1570</td><td>1380</td><td>1330</td><td>4</td><td>25</td></tr>
<tr><td>10.00</td><td rowspan="2">1470</td><td rowspan="2">1290</td><td rowspan="2">1250</td><td>4</td><td>25</td></tr>
<tr><td>12.00</td><td>4</td><td>30</td></tr>
</table>

3）消除应力的刻痕钢丝。

<table>
<tr><th rowspan="2">公称直径 d_n（mm）</th><th rowspan="2">抗拉强度 R_m（MPa）≥</th><th colspan="2">规定非比例延伸强度 $R_{p0.2}$（MPa）≥</th><th rowspan="2">最大力总伸长率 A_{gt}（标距200mm）（%）≥</th><th rowspan="2">弯曲次数（次/180°）≥</th><th rowspan="2">弯曲半径 R（mm）</th></tr>
<tr><th>WLR</th><th>WNR</th></tr>
<tr><td rowspan="5">≤5.0</td><td>1470</td><td>1290</td><td>1250</td><td rowspan="7">3.5</td><td rowspan="7">3</td><td rowspan="5">15</td></tr>
<tr><td>1570</td><td>1380</td><td>1330</td></tr>
<tr><td>1670</td><td>1470</td><td>1410</td></tr>
<tr><td>1770</td><td>1560</td><td>1500</td></tr>
<tr><td>1860</td><td>1640</td><td>1580</td></tr>
<tr><td rowspan="2">>5.0</td><td>1470</td><td>1290</td><td>1250</td><td rowspan="2">20</td></tr>
<tr><td>1570</td><td>1380</td><td>1330</td></tr>
</table>

续表

公称直径 d_n（mm）	抗拉强度 R_m（MPa）≥	规定非比例延伸强度 $R_{p0.2}$（MPa）≥		最大力总伸长率 A_{gt}（标距200mm）（%）≥	弯曲次数（次/180°）≥	弯曲半径 R（mm）
		WLR	WNR			
>5.0	1670	1470	1410	3.5	3	20
	1770	1560	1500			

(3) 特点及用途。

特点	钢丝以优质碳素结构钢热轧盘条为原料，经淬火索氏体化、酸洗、冷拉制成。钢丝包括预应力混凝土用光圆、螺旋肋和刻痕的冷拉或消除应力的高强度钢丝。钢丝的抗拉强度比热轧圆钢、热轧螺纹钢筋高1~2倍，采用预应力钢丝可节省钢材、减少构件截面和节省混凝土
用途	用作桥梁、吊车梁、电杆、管桩、楼板、轨枕、大口径管道等预应力混凝土构件中的预应力钢筋

4. 预应力混凝土用低合金钢丝（YB/T 038—1993）

(1) 尺寸规格。

1) 光面预应力混凝土用低合金钢丝。

公称直径（mm）	允许偏差（mm）	公称横截面积（mm^2）	理论质量（kg/m）
5.0	−0.04~+0.08	19.63	154.1
7.0	±0.10	38.48	302.1

2) 轧痕预应力混凝土用低合金钢丝。

尺寸（mm）	直径 d	轧痕深度 h	轧痕圆柱半径 R	轧痕间距 l	理论质量（g/m）
	7.0	0.30	8	7.0	302.1
允许偏差（mm）	±0.10	±0.05	±0.5	−1.0~+0.5	−8.6~+8.7

(2) 预应力混凝土用低合金钢丝用盘条钢材的牌号及化学

成分。

级别代号	牌号	化学成分（质量分数）（%）					
		C	Mn	Si	V、Ti	S	P
YD800	21MnSi	0.17～0.24	1.20～1.65	0.30～0.70	—	≤0.045	≤0.045
	24MnTi	0.19～0.27	1.20～1.60	0.17～0.37	Ti：0.01～0.05	≤0.045	≤0.045
YD1000	41MnSiV	0.37～0.45	1.00～1.40	0.60～1.10	Ti：0.05～0.12	≤0.045	≤0.045
YD1200	70Ti	0.66～0.70	0.60～1.00	0.17～0.37	Ti：0.01～0.05	≤0.045	≤0.045

（3）力学性能及工艺性能。

1）预应力混凝土用低合金钢丝用盘条。

公称直径（mm）	级别	抗拉强度 R_m（MPa）	断后伸长率 A_5（%）	冷弯
6.5	YD800	≥550	≥23	180°，$d=5a$
9.0	YD1000	≥750	≥15	90°，$d=5a$
10.0	YD1200	≥900	≥7	90°，$d=5a$

注 d 为弯心直径，a 为试样厚度。

2）预应力混凝土用低合金钢丝。

公称直径（mm）	级别	抗拉强度 R_m（MPa）	断后伸长率 A（%）	反复松弛	
				弯曲半径 R（mm）	次数 N
5.0	YD800	800	4	15	4
7.0	YD1000	1000	3.5	20	4
7.0	YD1200	1200	3.5	20	4

注 钢丝适用于中、小型预应力混凝土构件。

5. 中强度预应力混凝土用钢丝（YB/T 156—1999）

（1）光面钢丝的尺寸规格。

公称直径（mm）	公称横截面积（mm^2）	理论质量（kg/m）
4.0	12.57	0.099
5.0	19.63	0.154
6.0	28.27	0.222
7.0	38.48	0.302
8.0	50.26	0.394
9.0	63.62	0.499

注 1. 计算钢丝理论质量时，钢的密度为 7.85g/cm^3。
2. 公称直径是与公称横截面积相对应的直径。

（2）三面刻痕钢丝的尺寸规格。

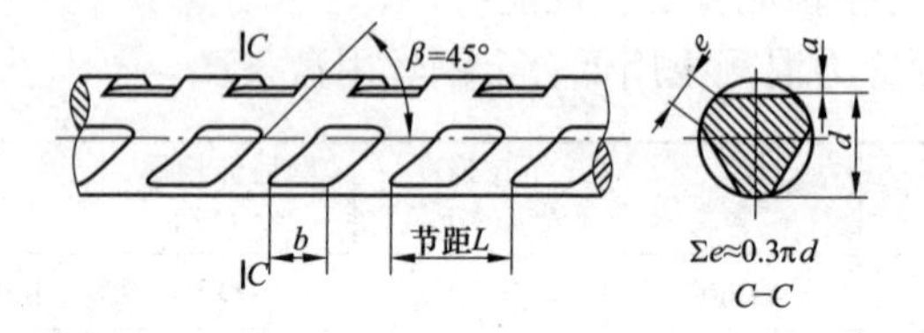

mm

直径	刻痕尺寸		
	深度	长度 b≥	节距 L≥
≤5.0	0.12±0.05	3.5	5.5
>5.0	0.15±0.05	5.0	8.0

注 1. 钢丝的横截面积和理论质量与光面钢丝相同。
2. b/L 值应不小于 0.5。

（3）螺旋肋钢丝的尺寸规格。

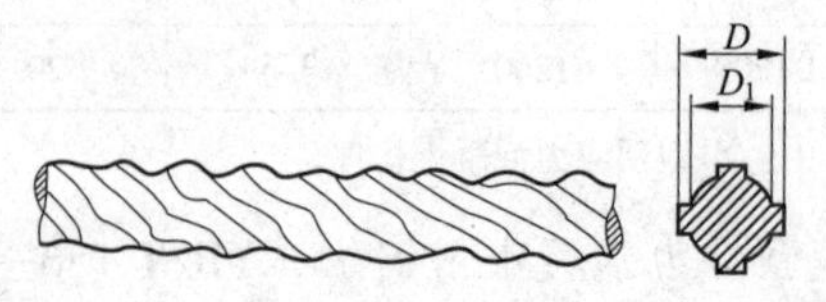

mm

公称直径	螺旋肋数量（条）	螺旋肋公称尺寸			
		基圆直径 D_1	外轮廓直径 D	单肋尺寸	
				宽度	高度
4.0	4	3.85±0.05	4.25±0.05	1.00~1.50	0.20±0.05
5.0	4	4.80±0.05	5.40±0.10	1.20~1.80	0.25±0.05
6.0	4	5.80±0.05	6.50±0.10	1.30~2.00	0.35±0.05
7.0	4	6.70±0.05	7.50±0.10	1.80~2.20	0.40±0.05
8.0	4	7.70±0.05	8.60±0.10	1.80~2.40	0.45±0.05
9.0	6	8.60±0.05	9.60±0.10	2.00~2.50	0.45±0.05

注 螺旋肋断面形状为梯形。

（4）光面钢丝和变形钢丝的力学性能。

种类	公称直径（mm）	规定非比例延伸强度 $R_{p0.2}$（MPa）≥	抗拉强度 R_m（MPa）≥	断后伸长率 A_{100}（%）≥	次数 N ≥	弯曲半径 r（mm）
620/800	4.0	620	800	4	4	10
	5.0					15
	6.0					20
	7.0					20
	8.0					20
	9.0					25
780/970	4.0	780	970	4	4	10
	5.0					15
	6.0					20
	7.0					20
	8.0					20
	9.0					25

续表

种类	公称直径（mm）	规定非比例延伸强度 $R_{p0.2}$（MPa）≥	抗拉强度 R_m（MPa）≥	断后伸长率 A_{100}（%）≥	次数 N ≥	弯曲半径 r（mm）
980/1270	4.0	980	1270	4	4	10
	5.0					15
	6.0					20
	7.0					20
	8.0					20
	9.0					25
1080/1370	4.0	1080	1370	4	4	10
	5.0					15
	6.0					20
	7.0					20
	8.0					20
	9.0					25

注 根据需方要求，可用钢丝在最大力下的总伸长率 A_{gt} 代替 A_{100}，其值应不小于2.5%。

(5) 特点及用途。

特点	钢丝以优质碳素结构钢盘条为原料，经冷加工或冷加工后热处理制成，包括预应力混凝土用光面钢丝和变形钢丝两类。钢丝表面质量好，盘重一般在80kg以上，不存在任何接头，使用方便，强度级别为800~1370MPa
用途	用于制造预应力混凝土构件

6. 混凝土制品用冷拔冷轧低碳螺纹钢丝（JC/T 540—2006）

(1) 外形尺寸和理论质量。

公称直径（mm）	公称横截面积（mm^2）	理论质量（kg/m）
4.0	12.6	0.099

续表

公称直径（mm）	公称横截面积（mm^2）	理论质量（kg/m）
5.0	19.6	0.154
6.0	28.3	0.222

（2）外形及横肋尺寸。

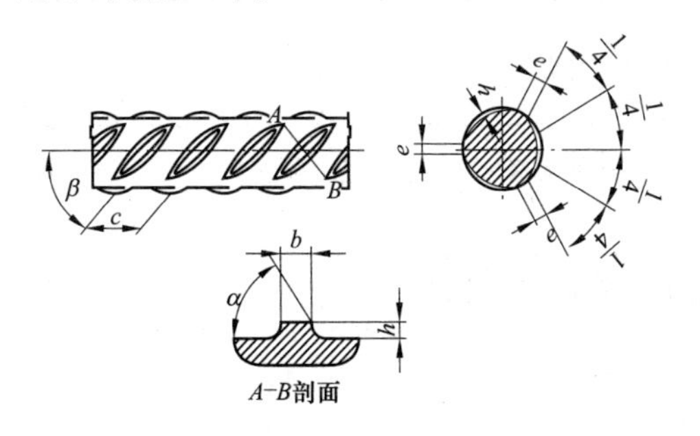

mm

螺纹类型	公称直径	肋高 h		肋顶宽 b		肋中心距 c	横肋末端间隙总和 $\sum e \leqslant$
		公称尺寸	允许偏差	公称尺寸	允许偏差		
浅螺纹	4.0	0.15	0~0.05	0.40	±0.10	3.5~4.50	2.50
	5.0	0.16	0~0.05	0.50	±0.10	3.50~4.50	3.10
	6.0	0.20	0~0.05	0.60	±0.10	4.25~5.57	3.80
深螺纹	4.0	0.30	−0.05~0	0.40	±0.10	3.5~4.50	2.50
	5.0	0.32	−0.05~0	0.50	±0.10	3.50~4.50	3.10
	6.0	0.40	−0.05~0	0.60	±0.10	4.25~5.75	3.80

注 公称直径相当于横截面积相等的圆形截面冷拔低碳钢丝的直径。

（3）力学性能。

级别	公称直径 d（mm）	公称抗拉强度 R_m（MPa）≥		断后伸长率 A_{100}（%）≥	反复弯曲次数≥
		Ⅰ组	Ⅱ组		
甲级	6.0	650	600	3.5	4
	5.0	650	600	3.0	4
	4.0	700	650	2.5	4

续表

级别	公称直径 d (mm)	公称抗拉强度 R_m (MPa)≥		断后伸长率 A_{100} (%)≥	反复弯曲次数≥
		Ⅰ组	Ⅱ组		
乙级	4.0、5.0、6.0	550		4.0	4

(4) 特点和用途。

特点	钢丝用普通低碳钢热轧圆盘条经一次或多次冷拔或冷轧减径而成，其表面呈三列横肋
用途	一般用于钢筋混凝土制品

六、钢筋

1. 热轧钢筋强度等级

外形	强度等级	屈服点 σ_s (MPa)	强度等级代号
光圆	Ⅰ级	235	RL235
带肋	Ⅱ级	335	RL335
	Ⅲ级	400	RL400
	Ⅳ级	540	RL540

2. 钢筋混凝土用热轧光圆钢筋（GB 1499.1—2008）

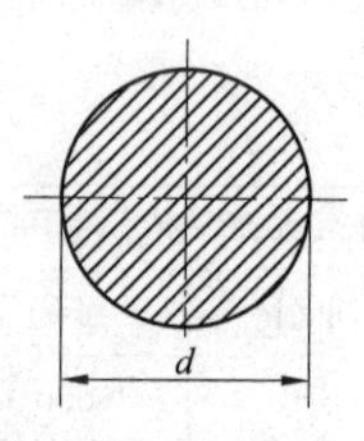

(1) 牌号及化学成分。

牌号	化学成分（质量分数）（%）				
	C	Si	Mn	P	S
				≤	
HPB235	0.22	0.30	0.65	0.045	0.050
HPB300	0.25	0.55	1.50	0.045	0.050

（2）公称直径、公称横截面积与理论质量。

公称直径（mm）	公称横截面积（mm^2）	理论质量（kg/m）	公称直径（mm）	公称横截面积（mm^2）	理论质量（kg/m）
6（6.5）	28.27（33.18）	0.222（0.260）	14	153.9	1.21
			16	201.1	1.58
8	50.27	0.395	18	254.5	2.00
10	78.54	0.617	20	314.2	2.47
12	113.1	0.888	22	380.1	2.98

注 钢筋的公称直径范围为6~22mm，推荐的钢筋公称直径为6（6.5）、8、10、12、16、20、22mm。

（3）力学性能、工艺性能。

牌号	公称直径（mm）	屈服强度 R_{eL}（MPa）	抗拉强度 R_m（MPa）	断后伸长率 A（%）	最大力总伸长率 A_{gt}（%）	冷弯试验180°
		≥				
HPB235	8~20	235	370	25.0	10	$d=a$
HPB300		300	420			$d=a$

注 d 为弯心直径；a 为钢筋公称直径。

3. 钢筋混凝土用热轧带肋钢筋（GB/T 1499.2—2007）

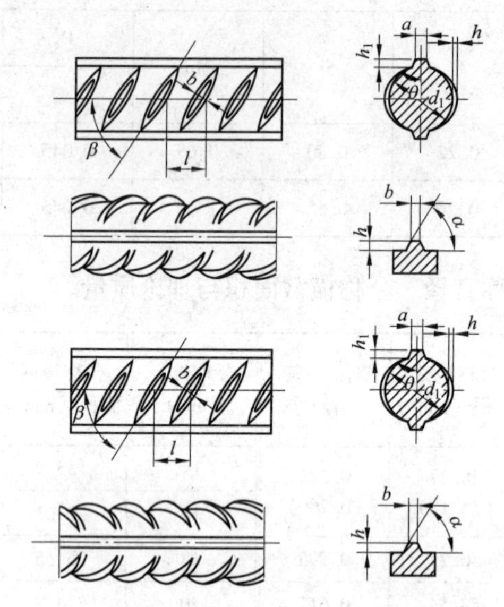

d_1—钢筋内径；α—横肋斜角；h—横肋高度；
β—横肋与轴线夹角；h_1—纵肋高度；θ—纵肋斜角；
a—纵肋顶宽；l—横肋间距；b—横肋顶宽

(1) 牌号、化学成分和碳当量。

牌　号	化学成分（质量分数）(%)					
	C	Si	Mn	P	S	C_{eq}
HRB335、HRBF335						0.52
HRB400、HRBF400	0.25	0.80	1.60	0.045	0.045	0.54
HRB500、HRBF500						0.55

注　1. 碳当量 C_{eq}（百分比）值可按下式计算：

$$C_{eq}=C+Mn/6+(Cr+V+Mo)/5+(Cu+Ni)/15$$

2. 钢的氮含量应不大于 0.012%。供方如能保证可不作分析。钢中如有足够数量的氮结合元素，含氮量的限制可适当放宽。
3. 钢筋的成品化学成分允许偏差应符合 GB/T 222 的规定，碳当量 C_{eq} 的允许偏差为 0.03%。
4. 根据需要，钢中还可加入 V、Nb、Ti 等元素。

（2）公称直径、公称横截面积与理论质量。

公称直径（mm）	公称横截面积（mm^2）	理论质量（kg/m）	公称直径（mm）	公称横截面积（mm^2）	理论质量（kg/m）
6	28.27	0.222	22	380.1	2.98
8	50.27	0.395	25	490.9	3.85
10	78.54	0.617	28	615.8	4.83
12	113.1	0.888	32	804.2	6.31
14	153.9	1.21	36	1018	7.99
16	201.1	1.58	40	1257	9.87
18	254.5	2.00	50	1964	15.42
20	314.2	2.47			

注 1. 表中理论质量按密度为7.85g/cm^3计算。

2. 钢筋的公称直径范围为6~50mm，推荐的钢筋公称直径为6、8、10、12、16、20、25、32、40、50mm。

（3）力学性能。

牌号	屈服强度 R_{eL}（MPa）	抗拉强度 R_m（MPa）	断后伸长率 A（%）	最大力总伸长率 A_{gt}（%）
	≥			
HRB335	335	455	17	7.5
HRBF335				
HRB400	400	540	16	
HRBF400				

续表

牌 号	屈服强度 R_{eL}（MPa）	抗拉强度 R_m（MPa）	断后伸长率 A（%）	最大力总伸长率 A_{gt}（%）
	≥			
HRB500 HRBF500	500	630	15	7.5

注 1. 直径28~40mm各牌号钢筋的断后伸长率A可降低1%；直径大于40mm各牌号钢筋的断后伸长率A可降低2%。

2. 有较高要求的抗震结构适用牌号为：在表中已有牌号后加E（如HRB400E、HRBF400E）的钢筋。该类钢筋除应满足以下（1）~（3）的要求外，其他要求与相对应的已有牌号钢筋相同。

（1）钢筋实测抗拉强度与实测屈服强度之比R_m/R_{eL}不小于1.25。

（2）钢筋实测屈服强度与表中规定的屈服强度特征值之比R_{eL}/R_{eL}不大于1.30。

（3）钢筋的最大力总伸长率A_{gt}不小于9%。

3. 对于没有明显屈服强度的钢，屈服强度特征值R_{eL}应采用规定非比例延伸强度$R_{p0.2}$。

4. 根据供需双方协议，伸长率类型可从A或A_{gt}中选定。如伸长率类型未经协议确定，则伸长率采用A，仲裁检验时采用A_{gt}。

5. 钢筋通常按直条交货，直径不大于12mm的钢筋也可按盘卷交货。

（4）弯曲性能。

牌 号	公称直径 d（mm）	弯心直径（mm）
HRB335 HRBF335	6~25	3d
	28~40	4d
	>40~50	5d
HRB400 HRBF400	6~25	4d
	28~40	5d
	>40~50	6d

续表

牌　号	公称直径 d（mm）	弯心直径（mm）
HRB500 HRBF500	6~25	$6d$
	28~40	$7d$
	>40~50	$8d$

注 1. 按表中规定的弯心直径弯曲180°后，钢筋受弯曲部位表面不得产生裂纹。

2. 根据需方要求，钢筋可进行反向弯曲性能试验。

（1）反向弯曲试验的弯心直径比弯曲试验相应增加一个钢筋公称直径。

（2）反向弯曲试验时先正向弯曲90°后再反向弯曲20°，两个弯曲角度均应在去载之前测量。经反向弯曲试验后，钢筋受弯曲部位表面不得产生裂纹。

（5）特性及用途。

特性	钢筋混凝土用热轧带肋钢筋为圆形，表面带有两条纵肋和沿长度方向均匀分布的横肋，带肋钢筋由于表面肋的作用，和混凝土有较大的黏结能力，因而能更好地承受外力作用
用途	热轧带肋钢筋广泛用于各种建筑结构，特别是大型、重型、轻型薄壁和高层建筑结构

4. 预应力混凝土用螺纹钢筋（GB/T 20065—2006）

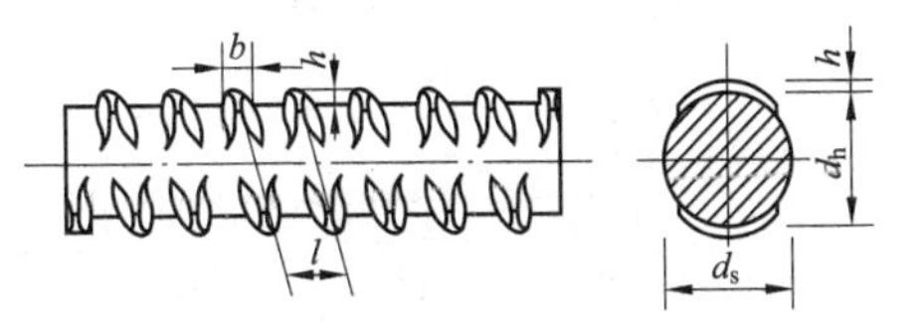

（1）公称直径、横截面积及理论质量。

公称直径（mm）	公称横截面积（mm²）	有效截面系数	理论横截面积（mm²）	理论质量（kg/m）
18	254.5	0.95	267.9	2.11
25	490.9	0.94	522.2	4.10
32	804.2	0.95	846.5	6.65

续表

公称直径（mm）	公称横截面积（mm^2）	有效截面系数	理论横截面积（mm^2）	理论质量（kg/m）
40	1256.6	0.95	1322.7	10.34
50	1963.5	0.95	2066.8	16.28

（2）力学性能。

级别	屈服强度 R_{eL}（MPa）	抗拉强度 R_m（MPa）	断后伸长率 A（%）	最大力下总伸长率 A_{gt}（%）	应力松弛性能	
					初始应力	1000h后应力松弛率 V_r（%）
PSB785	785	930	7	3.5	$0.8R_{eL}$	≤3
PSB830	830	1030	6			
PSB930	930	1080	6			
PSB1080	1080	1230	6			

注　1. 强度等级代号中P、S、B分别为Prestressing、Serew、Bars的英文首位字母，数字为屈服强度值，例如PSB830表示最小屈服强度为830MPa的钢筋。

2. 预应力混凝土用螺纹钢筋是带有不连续外螺纹的直条钢筋，在任意截面上，均可用带有匹配形状的内螺纹的连接器或锚具连接或锚固。

5. 预应力混凝土用钢棒（GB/T 5223.3—2005）

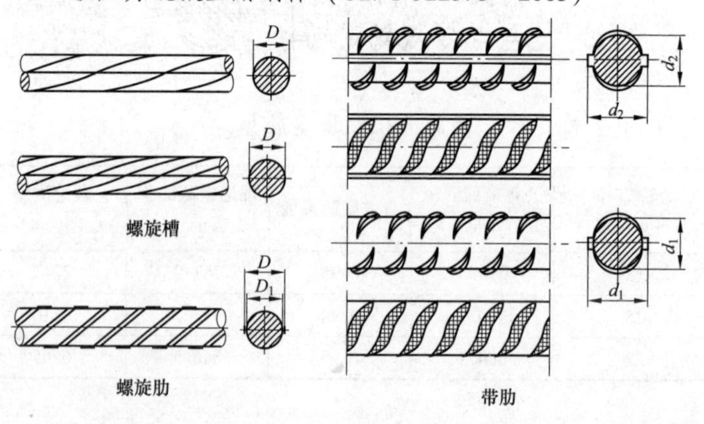

（1）公称直径、横截面积及理论质量。

表面形状类型	公称直径 D_n（mm）	公称横截面积 S_n（mm^2）	理论横截面积 S（mm^2）		理论质量（g/m）
			最小	最大	
光圆	6	28.3	26.8	29.0	222
	7	38.5	36.3	39.5	302
	8	50.3	47.5	51.5	394
	10	78.5	74.1	80.4	616
	11	95.0	93.1	97.4	746
	12	113	106.8	115.8	887
	13	133	130.3	136.3	1044
	14	154	145.6	157.8	1209
	16	201	190.2	206.0	1578
螺旋槽	7.1	40	39.0	41.7	314
	9	64	62.4	66.5	502
	10.7	90	87.5	93.6	707
	12.6	125	121.5	129.9	981
螺旋肋	6	28.3	26.8	29.0	222
	7	38.5	36.3	39.5	302
	8	50.3	47.5	51.5	394
	10	78.5	74.1	80.4	616
	12	113	106.8	115.8	888
	14	154	145.6	157.8	1209
带肋	6	28.3	26.8	29.0	222
	8	50.3	47.5	51.5	394
	10	78.5	74.1	80.4	616
	12	113	106.8	115.8	888
	14	154	145.6	157.8	1209
	16	201	190.2	206.0	1578

（2）力学性能。

类型	公称直径 D_n（mm）	抗拉强度 R_m（MPa）≥	规定非比例延伸强度 $R_{p0.2}$（MPa）≥	弯曲试验	
				性能要求	弯曲半径（mm）
光圆	6	对所有规格钢棒：1080、1230、1420、1570	对所有规格钢棒：930、1080、1280、1420	180°反复弯曲不少于 4 次	15
	7				20
	8				20
	10				25
	11			弯曲 160°～180°后弯曲处无裂纹	弯心直径为钢棒公称直径的 10 倍
	12				
	13				
	14				
	16				
螺旋槽	7.1～12.6			—	—
螺旋肋	6			180°反复弯曲不少于 4 次	15
	7				20
	8				20
	10				25
	12			弯曲 160°～180°后弯曲处无裂纹	弯心直径为钢棒公称直径的 10 倍
	14				
带肋	6～16			—	—

6. 钢筋混凝土用钢筋焊接网（GB 1499.3—2002）

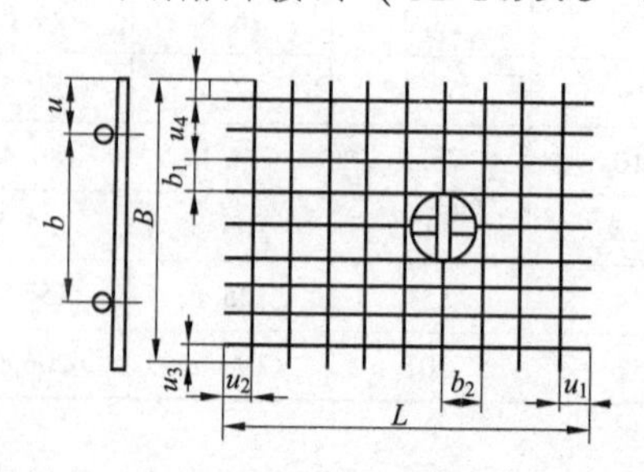

（1）型号、规格和理论质量。

钢筋网型号	纵向钢筋			横向钢筋			理论质量（kg/m²）
	公称直径（mm）	间距（mm）	每延米面积（mm²/m）	公称直径（mm）	间距（mm）	每延米面积（mm²/m）	
A16	16	200	1006	12	200	566	12. 34
A14	14		770	12		566	10. 49
A12	12		566	12		566	8. 86
A11	11		475	11		475	7. 46
A10	10		393	10		393	6. 16
A9	9		318	9		318	4. 99
A8	8		252	8		252	3. 95
A7	7		193	7		193	3. 02
A6	6		142	6		142	2. 22
A5	5		98	5		98	1. 54
B16	16	100	2011	10	200	393	18. 89
B14	14		1539	10		393	15. 19
B12	12		1131	8		252	10. 90
B11	11		950	8		252	9. 43
B10	10		785	8		252	8. 14
B9	9		635	8		252	6. 97
B8	8		503	8		252	5. 93
B7	7		385	7		193	4. 53
B6	6		283	7		193	3. 73
B5	5		196	7		193	3. 05
C16	16	150	1341	12	200	566	14. 98
C14	14		1027	12		566	12. 50
C12	12		754	12		566	10. 36
C11	11		634	11		475	8. 70

续表

钢筋网型号	纵向钢筋			横向钢筋			理论质量（kg/m²）
	公称直径（mm）	间距（mm）	每延米面积（mm²/m）	公称直径（mm）	间距（mm）	每延米面积（mm²/m）	
C10	10	150	523	10	200	393	7.19
C9	9		423	9		318	5.82
C8	8		335	8		252	4.61
C7	7		257	7		193	3.53
C6	6		189	6		142	2.60
C5	5		131	5		98	1.80
D16	16	100	2011	12	100	1131	24.68
D14	14		1539	12		1131	20.98
D12	12		1131	12		1131	17.75
D11	11		950	11		950	14.92
D10	10		785	10		785	12.33
D9	9		635	9		635	9.98
D8	8		503	8		503	7.90
D7	7		385	7		385	6.04
D6	6		283	6		283	4.44
D5	5		196	5		196	3.08
E16	16	150	1341	12	150	754	16.46
E14	14		1027	12		754	13.99
E12	12		754	12		754	11.84
E11	11		634	11		634	9.95
E10	10		523	10		523	8.22
E9	9		423	9		423	6.66
E8	8		335	8		335	5.26
E7	7		257	7		257	4.03
E6	6		189	6		189	2.96
E5	5		131	5		131	2.05

(2) 特性和用途。

特性	钢筋焊接网是用冷轧带肋钢筋或热轧带肋钢筋以电阻焊方法制成。其建筑施工效率高、安全可靠，是一种良好、高效的混凝土配筋用材料
用途	钢筋焊接网可用于钢筋混凝土结构的配筋和预应力混凝土结构的普通钢筋

7. 冷轧带肋钢筋（GB 13788—2008）

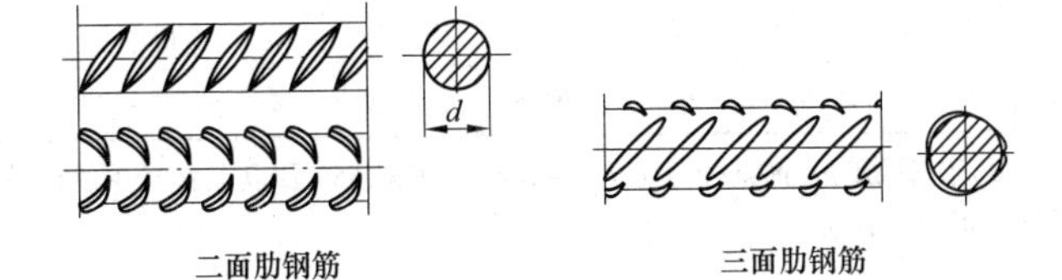

二面肋钢筋　　三面肋钢筋

(1) 冷轧带肋钢筋用盘条的参考牌号和化学成分。

钢筋牌号	盘条牌号	化学成分（质量分数）(%)					
		C	Si	Mn	V、Ti	S	P
CRB550	Q215	0.09～0.15	≤0.30	0.25～0.55	—	≤0.050	≤0.045
CRB650	Q235	0.14～0.22	≤0.30	0.30～0.65	—	≤0.050	≤0.045
CRB800	24MnTi	0.19～0.27	0.17～0.37	1.20～1.60	Ti：0.01～0.05	≤0.045	≤0.045
	20MnSi	0.17～0.25	0.40～0.80	1.20～1.60	—	≤0.045	≤0.045
CRB970	41MnSiV	0.37～0.45	0.60～1.10	1.00～1.40	V：0.05～0.12	≤0.045	≤0.045
	60	0.57～0.65	0.17～0.37	0.50～0.80	—	≤0.035	≤0.035

（2）横截面积、理论质量。

公称直径 d（mm）	公称横截面积（mm^2）	理论质量（kg/m）	公称直径 d（mm）	公称横截面积（mm^2）	理论质量（kg/m）	公称直径 d（mm）	公称横截面积（mm^2）	理论质量（kg/m）
4	12.6	0.099	7	38.5	0.302	10	78.5	0.617
4.5	15.9	0.125	7.5	44.2	0.347	10.5	86.5	0.679
5	19.6	0.154	8	50.3	0.395	11	95.0	0.746
5.5	23.7	0.186	8.5	56.7	0.445	11.5	103.8	0.815
6	28.3	0.222	9	63.6	0.499	12	113.1	0.888
6.5	33.2	0.261	9.5	70.8	0.556	—	—	—

注　CRB550 钢筋的公称直径范围为 4~12mm，CRB650 及以上牌号钢筋的公称直径为 4、5、6mm。

（3）力学性能和工艺性能。

级别代号	屈服强度 R_{eL}（MPa）≥	抗拉强度 R_m（MPa）≥	断后伸长率（%）≥		180°弯曲试验	反复弯曲次数	应力松弛性能	
			$A_{11.3}$mm	A_{100}mm			初始应力	1000h松弛率（%）≤
CRB550	500	550	8.0	—	$D=3d$	—	相当于公称抗拉强度的70%	—
CRB650	585	650	—	4.0	—	3		8
CRB800	720	800	—	4.0	—	3		8
CRB970	875	970	—	4.0	—	3		8

注　D 为弯心直径；d 为钢筋公称直径。

（4）特性和用途。

特性	以热轧圆盘条为原料，经冷轧或冷拔减径后在其表面冷轧成三面或二面横肋
用途	冷轧带肋钢筋适用于中、小型预应力混凝土结构构件和普通钢筋混凝土结构构件，也适于制造焊接钢筋网，广泛用于高速公路、飞机场、水电输送及市政建设等工程

第五章

建筑常用有色金属材料

一、铜及其合金

1. 加工铜

（1）加工铜的化学成分（GB/T 5231—2012）。

分类	牌号	化学成分（质量分数）（%）					
		铜+银≥	磷≤	铋≤	锑≤	砷	铁
纯铜	T1	99.95	0.001	0.001	0.002	0.002	0.005
	T2	99.90	—	0.001	0.002	0.002	0.005
	T3	99.70	—	0.002	—	—	—
无氧铜	TU0	铜 99.99	0.0003	0.0001	0.0004	0.0005	0.0010
		银≤0.0025；硒≤0.0003；碲≤0.0002；锰≤0.00005；镉≤0.0001					
	TU1	99.97	0.002	0.001	0.002	0.002	0.004
	TU2	99.95	0.002	0.001	0.002	0.002	0.004

分类	牌号	化学成分（质量分数）（%）					
		镍	铅	锡	硫	锌	氧
纯铜	T1	0.002	0.003	0.002	0.005	0.005	0.002
	T2	—	0.005	—	0.005	—	—
	T3	—	0.01	—	—	—	—
无氧铜	TU0	0.0010	0.0005	0.000 02	0.0015	0.0001	0.0005
	TU1	0.002	0.003	0.002	0.004	0.003	0.002
	TU2	0.002	0.004	0.002	0.004	0.003	0.003

续表

分类	牌号	化学成分（质量分数）(%)					
		铜+银≥	磷≤	铋≤	锑≤	砷	铁
磷脱氧铜	TP1	99.90	0.004~0.012	—	—	—	—
	TP2		0.015~0.040	—	—	—	—
银铜	TAg0.1	铜 99.5	银 0.06~0.12	0.002	0.005	0.01	0.05

分类	牌号	化学成分（质量分数）(%)					
		镍	铅	锡	硫	锌	氧
磷脱氧铜	TP1	—	—	—	—	—	—
	TP2	—	—	—	—	—	—
银铜	TAg0.1	0.2	0.01	0.05	0.01	—	0.1

注　加工铜及铜合金种类繁多，本书仅选其中建筑五金常用的部分牌号和种类。

（2）加工铜产品的形状：

T1——板、带、箔、管。

T2——板、带、箔、管、棒、线。

T3——板、带、箔、棒、线。

TP1、TP2——板、带、管。

TU0——板、带、箔、管、棒、线。

TU1——板、带、箔、管、棒、线。

TU2——板、带、箔、管、棒、线。

TAg0.1——板、管、线。

（3）加工铜产品的力学性能。

牌号	制造方法和状态①	规格②(mm)	抗拉强度 R_m (MPa)	断后伸长率③(%)≥		硬度 HV
				$A_{11.3}$	A	
（1）钝铜板（GB/T 2040—2008）④						
T2、T3、TP1、TP2、TU1、TU2	R	4~60	≥195	30	—	—
	M	0.2~12	≥205	30	—	≤70
	Y_1		215~275	25	—	60~90

续表

牌号	制造方法和状态①	规格② (mm)	抗拉强度 R_m (MPa)	断后伸长率③ (%) ≥ $A_{11.3}$	断后伸长率③ (%) ≥ A	硬度 HV
(1) 钝铜板 (GB/T 2040—2008)④						
T2、T3、TP1、TP2、TU1、TU2	Y_2	0.2~12	245~345	8	—	80~110
	Y		295~380	—	—	90~120
	T		≥350	—	—	110
(2) 导电用铜板和铜条 (GB/T 2529—2005)④⑤						
T2	热轧 R	板 4~100,条 3~60	195	30	—	—
	冷轧 M	板 4~20,条 3~30	195	35	—	—
	冷轧 Y_8		215~275	25	—	(≥50HRF)
	冷轧 Y_2		245~335	10	—	75120 (≥80HRF)
	冷轧 Y		295	3	—	80 (≥65HRF)
(3) 照相制板用铜板 (YS/T 567—2006)						
Tag0.1	Y	0.7~2.0	—	—	—	95HBW
(4) 纯铜带 (GB/T 2059—2008)						
T2、T3、TP1、TP2、TU1、TU2	M	>0.15~3.0	≥195	30	—	≤70
	Y_4		215~275	25	—	60~90
	Y_2		245~345	8	—	80~110
	Y		295~380	3	—	90~120
	T		≥35	—	—	≥110
(5) 铜及铜合金箔材 (GB/T 5187—2008)						
T2、T3、TP1、TP2、TU1、TU2	M	厚度×宽度、(0.012~<0.025) × (≤300);(0.025~0.15) × (≤600)	≥205	30	—	≤70
	Y_4		215~275	25	—	60~90
	Y_2		245~345	8	—	80~110
	Y		≥295	—	—	≥90

续表

牌号	制造方法和状态①	规格②（mm）	抗拉强度 R_m（MPa）	断后伸长率③（%）≥		硬度 HV
				$A_{11.3}$	A	
（5）铜及铜合金箔材（GB/T 5187—2008）						
H68、H65、H62	M	厚度×宽度、（0.012~<0.025）×（≤300）；（0.025~0.15）×（≤600）	≥290	40	—	≤90
	Y_4		325~241	35	—	85~115
	Y_2		340~460	25	—	100~130
	Y		400~530	13	—	120~160
	T		450~600	—	—	150~190
	TY		≥500	—	—	≥180
QSn6.5-0.1、QSn7-0.2	Y		540~690	6	—	170~200
	T		≥650		—	≥190
QSn8-0.3	T		700~780	11	—	210~240
	TY		735~835	—	—	230~270
QSi3-1	Y		≥635	5	—	—
BZn15-20	M		≥340	35	—	—
	Y_2		440~570	5	—	—
	Y		≥540	1.5	—	—
BZn18-18、BZn18-26	Y_2		≥525	8	—	180~210
	Y		610~720	4	—	190~220
	T		≥700	—	—	210~240
BMn40-1.5	M		390~590	—	—	—
	Y		≥635	—	—	—

续表

牌号	制造方法和状态①	规格②（g/m²）	名义厚度（μm）	抗拉强度（MPa）≥	断后伸长率（%）≥	质量电阻率（Ω·g/m²）
				标准箔/高延箔		
（6）电解铜箔（GB/T 5230—1995）⑥						
未经表面处理铜箔的含铜量最低为99.8%（包括含银量）	按表面分为表面处理箔和表面未处理箔；按等级分为标准箔（STD-E）和高延箔（HD-E）	44.6	5.0	—	—	0.18
		80.3	9.0	—	—	0.17
		107.0	12.0	—	—	0.170
		153.0	18.0	205/103	2/5	0.166
		230.0	25.0	235/156	2.5/7.5	0.164
		305.0	35.0	275/205	3/10	0.162
		610.0	69.0	275/205	3/15	0.162
		916.0	103.0	275/205	3/15	0.162
		1221.0	137.0	275/205	3/15	0.162
		1526.0	172.0	275/205	3/15	0.162
		1831.0	206.0	275/205	3/15	0.162

牌号	制造方法和状态①		规格②（mm）	抗拉强度（MPa）	断后伸长率③（%）≥		硬度 HV
					$A_{11.3}$	A	
（7）铜拉制棒（GB/T 4423—2007）和挤制棒（YS/T 649—2007）							
T2、T3	拉制	Y	3~40	275	—	10	—
			40~60	245		12	
			60~80	210		16	
		M	3~80	200	—	4	—
	挤制	R	30≤120	186	30	40	—
TU1、TU2 TP2	拉制	Y	3~80	—	—	—	—
	挤制	R	16~120	—	—	—	—

续表

牌号	制造方法和状态①		规格②(mm)	抗拉强度(MPa)≥	断后伸长率③(%)≥		硬度	
					$A_{11.3}$	A	HV	HB
(8)铜矩形棒(GB/T 4423—2007)								
T2	拉制	M	3~80	196	—	6	—	—
		Y	3~80	245	—	9	—	—
(9)铜拉制管(GB/T 1527—2006)⑦和挤制管(GB 1528—2005)								
T2、T3、TP1(无挤制管)、TP2、TU1、TU2(TU1、TU2无力学性能要求)	拉制	M	3~360	220	—	40	40~65	35~60
		M_2	3~360	220	—	40	45~75	40~70
		Y_2	3~100	250	—	20	70~100	55~95
		Y	3~360(壁厚≤6)	290	—		95~120	90~115
			3~360(壁厚>6~10)	265	—		75~110	70~105
			3~360(壁厚>10~15)	250	—		70~100	65~95
		T	3~360	360		—	≥110	≥150
	挤制	R	3~360	186	35	42	—	

(10)铜及合金毛细管(GB/T 1531—2009)

牌号	制造方法和状态①	规格②(mm)	抗拉强度(MPa)	断后伸长率③(%)≥		硬度HV
				$A_{11.3}$	A	
TP2、T2、TP1	M	—	205	—	40	—
	Y_2		245~370	—	—	—
	Y		345	—	—	—
H96	M	—	205	—	42	45~70
	Y		320	—	—	90

续表

牌号	制造方法和状态①	规格②(mm)	抗拉强度(MPa)	断后伸长率③(%)≥		硬度 HV
				$A_{11.3}$	A	
(11) 铜及合金毛细管(GB/T 1531—2009)						
H90	M	外径×内径:(ϕ0.5~ϕ6.10)×(ϕ0.3~ϕ4.45)	220	—	42	40~70
	Y		360	—	—	95
H85	M		240	—	43	40~70
	Y_2		310	—	18	75~105
	Y		370	—	—	100
H80	M		240	—	43	40~70
	Y_2		320	—	25	80~115
	Y		390	—	—	110
H70、H68	M		280	—	43	50~80
	Y_2		370	—	18	90~120
	Y		420	—	—	110
H65	M		290	—	43	50~80
	Y_2		370	—	18	85~115
	Y		430	—	—	105
H63、H62	M		300	—	43	55~85
	Y_2		370	—	18	70~105
	Y		440	—	—	110
QSn4-0.3、QSn6.5-0.1	M		325	—	30	90
	Y		490	—	—	120
牌号	制造方法和状态①	规格②(mm)	抗拉强度(MPa)≥	断后伸长率 A_{100mm}(%)≥		硬度 HV
(12) 纯铜线(GB/T 21652—2008)⑧⑨						
TU1、TU2	M	0.05~8.0	≤255	25		—
	Y	0.05~4.0	345	—		—

续表

牌号	制造方法和状态①	规格②（mm）	抗拉强度（MPa）≥	断后伸长率 A_{100mm}（%）≥	硬度 HV
（12）纯铜线（GB/T 21652—2008）⑧⑨					
TU1、TU2	Y	>4.0~8.0	310	10	—
T2、T3	M	0.05~0.3	195	15	—
		>0.3~1.0	195	20	—
		>1.0~2.5	205	25	—
		>2.5~8.0	205	30	—
	Y_2	0.05~8.0	255~365	—	—
	Y	0.05~2.5	380	—	—
		>2.5~8.0	365	—	—
（13）铜扁线（GB/T 3114—2010）					
T2	M	宽度：0.5~15.0	175	25	—
	Y		325	—	—

① 制造方法和状态栏：R—热挤、热轧；M—软；M_2—微软；Y_4—1/4 硬；Y_2—半硬；Y—硬；T—特硬；Y_8—1/8 硬；TY—强硬。

② 规格栏：圆棒指直径；方、六角、八角棒（线）指内切圆直径；矩形棒指截面高度；板、带、箔材指厚度；管材指外径。

③ 断后伸长率指标如有 $A_{11.3}$ 和 A 两种，取用时以 $A_{11.3}$ 为准。

④ 对于纯铜板和铜导电板，若需方有要求，热轧板和冷轧可在常温下沿轧制方向作弯曲试验。

⑤ 对于铜导电板，如需方有要求，并在合同中注明，20℃时的电阻率（Ω·g/m²）应符合下列规定：热轧（软）板不大于 0.017 241；硬板不大于 0.017 774。

⑥ 对于电解铜箔，其规格为单位面积质量（g/m²），质量电阻率（20℃）的单位为 Ω·g/m²。

⑦ 特硬（T）状态的抗拉强度仅适用于壁厚不大于 3mm 的管材；壁厚大于 3mm 的管材，其性能由供需双方协定。

维氏硬度试验负荷由供需双方协定。软（M）状态的维氏硬度试验仅适用于壁厚不小于 1mm 的管材。

布氏硬度试验仅适用于壁厚不小于 3mm 的管材。

⑧ 伸长率指标均指拉伸试样在标距内的断裂值。

⑨ 经供需双方协商可供应其余规格、状态和性能的线材，具体要求应在合同中注明。

2. 加工黄铜产品的力学性能

牌号	制造方法和状态[①]	规格[②]（mm）	抗拉强度（MPa）≥	断后伸长率[③] $A_{11.3}$（%）≥	硬度	
					HV	HRB
（1）黄铜板（GB/T 2040—2008）[④]						
H96	M	0.3~10	215	30	—	—
	Y		320	3		
H90	M	0.3~10	245	35	—	—
	Y_2		330~440	5		
	Y		390	3		
H85	M	0.3~10	260	35	≤85	—
	Y_2		305~380	15	80~115	
	Y		350	3	≥105	
H80	M	0.3~10	265	50	—	—
	Y		390	3		
H70、H68	M	4~14	290	40	—	—
	Y_2					
	Y					
H70、H68、H65	M	0.3~10	290	40	≤90	—
	Y_1		325~410	35	85~115	
	Y_2		355~440	25	100~130	
	Y		410~540	10	120~160	
	T		520~620	3	150~190	
	TY		570	—	≥180	
H63、H62	R	4~14	290	30	—	—
	M	0.3~10	290	35	≤95	—
	Y_2		350~470	20	90~130	
	Y		410~630	10	125~165	
	T		585	2.5	≥155	

续表

牌号	制造方法和状态①	规格②（mm）	抗拉强度（MPa）≥	断后伸长率③ $A_{11.3}$（%）≥	硬度	
					HV	HRB
（1）黄铜板（GB/T 2040—2008）④						
H59	R	4~14	290	25	—	—
	M	0.3~10	290	10	≥130	—
	Y		410	5		
HPb59-1	R	4~14	370	18	—	—
	M	0.3~10	340	25	—	—
	Y_2		390~490	12		
	Y		440	5		
HPb60-2	Y	0.5~2.5	—	—	165~190	75~92
		2.6~10				
	T	0.5~10	—	—	≥180	
HMn58-2	M	0.3~10	380	30	—	—
	Y_2		440~610	25		
	Y		585	3		
HSn62-1	R	4~14	340	20	—	—
	M	0.3~10	295	35	—	—
	Y_2		350~400	15		
	Y		390	5		
HMn57-3-1	R	4~8	440	10	—	—
HMn55-3-1	R	4~15	490	15	—	—
Hal60-1-1	R	4~15	440	15	—	—
Hal67-2.5	R	4~15	390	15	—	—
Hal66-6-3-2	R	4~8	685	3	—	—
HNi65-5	R	4~15	290	35	—	—
（2）黄铜带（GB/T 2059—2008）						
H96	M	>0.15~3.0	215	30	—	—

续表

牌号	制造方法和状态①	规格②(mm)	抗拉强度(MPa)≥	断后伸长率③ $A_{11.3}$(%)≥	硬度	
					HV	HRB
(2) 黄铜带 (GB/T 2059—2008)						
H96	Y	>0.15~3.0	320	3	—	—
H90	M	>0.15~3.0	245	35	—	—
	Y_2		330~440	5		
	Y		≥390	3		
H85	M	>0.15~3.0	260	40	≤85	—
	Y_2		305~380	15	80~115	
	Y		350	—	≥105	
H80	M	>0.15~3.0	265	50	—	—
	Y		390	3	—	
H70、H68、H65	M	>0.15~3.0	290	40	≤90	—
	Y_4		325~410	35	85~115	
	Y_2		355~460	25	100~130	
	Y		410~540	13	120~160	
	T		520~620	4	150~190	
	TY		570	—	≥180	

牌号	制造方法和状态①	规格②(mm)	抗拉强度(MPa)	断后伸长率③(%)≥		硬度	
				$A_{11.3}$	A	HV	HRB
H63、H62	M	>0.15~3.0	290	35	—	≤95	—
	Y_2		350~470	20		90~130	
	Y		410~630	10		125~165	
	T		585	2.5		≥155	
H59	M	>0.15~3.0	290	10	—	≥130	—
	Y		410	5			

续表

牌号	制造方法和状态①	规格②(mm)	抗拉强度(MPa)≥	断后伸长率③(%)≥		硬度	
				$A_{11.3}$	A	HV	HRB
HPb59-1	M	>0.15~2.0	340	25	—	—	—
	Y_2		390~490	12			
	Y		440	5			
	T	0.32~1.5	590	3	—		
HMn58-2	M	>0.15~2.0	380	30	—	—	—
	Y_2		440~610	25			
	Y		585	3			
HSn62-1	Y	>0.15~2.0	390	5	—	—	—
(3)电容器专用黄铜带(YS/T 29—1992)							
H62	Y_2	0.10~1.00	372	20	—	—	
	Y		412	10			
(4)黄铜拉制棒(GB/T 4423—2007)和挤制棒(YS/T 649—2007)⑤⑥							
H96	拉制 Y	3~40	275	—	8	—	—
		40~60	245		10		
		60~80	205		14		
	拉制 M	3~80	200	—	40	—	—
	挤制 R	≤80	196	—	35	—	—
			—				

牌号	制造方法和状态①	规格②(mm)	抗拉强度(MPa)≥	断后伸长率③(%)≥	硬度 HBW
				$A_{11.3}$、A	
H90	拉制 Y	3~40	330	—	—
H80	拉制 Y	3~40	290	—	—
	拉制 M	3~40		50	
	热挤 R	≤120	275	45	—

续表

牌号	制造方法和状态①		规格②(mm)	抗拉强度(MPa)≥	断后伸长率③(%)≥	硬度 HBW
					$A_{11.3}$、A	
H68	拉制	Y_2	3~12	370	18	—
			12~40	315	30	
			40~80	295	34	
		M	13~35	295	50	—
	热挤	R	≤80	295	45	—
H65	拉制	Y	3~40	390	—	—
		M	3~40	295	44	
H62	拉制	Y_2	3~40	370	18	—
			40~80	335	24	
	拉制	R	10~160	295	35	—
H59	热挤	R	≤120	295	35	—
HPb61-1	拉制	Y_2	3~20	390	11	—
HPb59-1	拉制	Y_2	3~20	420	12	—
			20~40	390	14	
			40~80	370	19	
	热挤	R	10~160	340	17	—
HPb63-0.1、H63	拉制	Y_2	3~20	370	18	—
			20~40	340	21	
HPb63-3	拉制	Y	3~15	490	4	—
			15~20	450	9	
			20~30	410	12	
		Y_2	3~20	390	12	—
			20~60	360	16	
HSn62-1	拉制	Y	4~40	390	17	—
			40~60	360	23	

续表

牌号	制造方法和状态①		规格②（mm）	抗拉强度（MPa）≥	断后伸长率③（%）≥ $A_{11.3}$、A	硬度 HBW
HSn62-1	热挤	R	≥120	365 —	22	—
HSn70-1	热挤	R	≤75	245 —	45	—
HMn55-3-1	热挤	R	≤75	490 —	17	—
HMn57-3-1	热挤	R	≤70	490 —	16	—
HMn58-2	拉制	Y	4~12	440	24	—
			12~40	410	24	
			40~60	390	29	
	热挤	R	≤120	395 —	29	—
HFe58-1-1	拉制	Y	4~40	440	11	—
			40~60	390	13	
	热挤	R	≤120	295 —	22	—
HFe59-1-1	拉制	Y	4~12	490	17	—
			12~40	440	19	
			40~60	410	22	
	热挤	R	≤120	430 —	31 —	—
牌号	制造方法和状态①		规格②（mm）	抗拉强度（MPa）≥	断后伸长率③A（%）≥	硬度 HBW
HAl60-1-1	热挤	R	≤120	440	20	—

续表

牌号	制造方法和状态①		规格②(mm)	抗拉强度(MPa)≥	断后伸长率③A(%)≥		硬度 HBW
HAl66-6-3-2	热挤	R	≤75	735	8		—
HAl67-2.5	热挤	R	≤75	395	17		—
HAl77-2	热挤	R	≤75	245	45		—
HNi56-3	热挤	R	≤75	440	28		—
HSi80-3	热挤	R	≤75	295	28		—
(5) 黄铜矩形棒（GB/T 4423—2007）							
H62	拉制	Y_2	3~20	335	—	17	—
			20~80	335		23	
HPb59-1	拉制	Y_2	5~20	390	—	12	—
			20~80	375		18	
HPb63-3	拉制	Y_2	3~20	380	—	14	—
			20~80	360		19	
(6) 黄铜磨光棒							
H62	拉制	Y	5~19	390	12		—
		Y_2		370	17		
HPb59-1	拉制	Y	5~19	430	12		—
		Y_2		390	12		
HPb63-3	拉制	Y	5~19	430	6		—
		Y_2		350	14		

牌号	制造方法和状态①	规格②(mm)	抗拉强度(MPa)≥	断后伸长率③A(%)≥	硬度	
					HV	HBW
(7) 拉制黄铜管（GB/T 1527—2006）⑦						
H96	M	3~200	205	42	45~70	40~65
	M_2		220	35	50~75	45~70
	Y_2		260	18	75~105	70~100

续表

牌号	制造方法和状态[①]	规格[②]（mm）	抗拉强度（MPa）≥	断后伸长率[③]A（%）≥	硬度	
					HV	HBW
（7）拉制黄铜管（GB/T 1527—2006）[⑦]						
H96	Y	3～200	320	—	≥95	≥90
H90	M	3～200	220	42	45～75	40～70
	M_2		240	35	50～80	45～75
	Y_2		300	18	75～105	70～100
	Y		360	—	≥100	≥95
H85、H85A	M	3～200	240	43	45～75	40～70
	M_2		260	35	50～80	45～75
	Y_2		310	18	80～110	75～105
	Y		370	—	≥105	≥100
H80	M	3～200	240	48	45～75	40～70
	M_2		260	40	55～85	50～80
	Y_2		320	25	85～120	80～115
	Y		390	—	≥115	≥110
H70、H68、H70A、H68A	M	3～100	280	43	55～85	50～80
	M_2		350	25	85～120	80～115
	Y_2		370	18	95～125	90～120
	Y		420	—	≥115	≥110
H65、HPb66-0.5、H65A	M	3～200	290	43	55～85	50～80
	M_2		360	25	80～115	75～110
	Y_2		370	18	90～120	85～115
	Y		430	—	≥110	≥105
H63、H62	M	3～200	300	43	60～90	55～85
	M_2		360	25	75～110	70～105
	Y_2		370	18	85～120	80～115

续表

牌号	制造方法和状态①	规格②(mm)	抗拉强度(MPa)≥	断后伸长率③A(%)≥	硬度	
					HV	HBW
(7)拉制黄铜管(GB/T 1527—2006)⑦						
H63、H62	Y	3~200	440	—	≥115	≥110
H59、HPb59-1	M	3~100	340	35	75~105	70~100
	M_2		370	20	85~115	80~110
	Y_2		410	15	100~130	95~125
	Y		470	—	≥125	≥120
HSn70-1	M	3~100	295	40	60~90	55~85
	M_2		320	35	70~100	65~95
	Y_2		370	20	85~110	80~105
	Y		455		≥110	≥105
HSn62-1	M	3~100	295	35	60~90	55~85
	M_2		335	30	75~105	70~100
	Y_2		370	20	85~110	80~105
	Y		455		≥110	≥105
HPb63-0.1	Y_2	18~31	353	20	—	110~165
	Y_3	8~31	—	—	—	70~125
(8)挤制黄铜管(YS/T 662—2007)						
H96、H62、HPb59-1、HFe59-1-1	R	外径 20~30 壁厚 105~425 长度 300~6000	185	42	—	—
			295	43		
			390	24		
			430	31		
(9)换热器用铜合金无缝管—黄铜管部分(GB/T 8890—2007)⑧						
HAl77-2	M	—	345	— 50	—	—
	Y_2		370	45		
HSn70-1、HSn70-1B、HSn70-1B	M	—	295	— 42	—	—
	Y_2		320	38		

续表

牌号	制造方法和状态①	规格②(mm)	抗拉强度(MPa)≥	断后伸长率③*A*(%)≥		硬度	
						HV	HBW
(9)换热器用铜合金无缝管—黄铜管部分(GB/T 8890—2007)⑧							
H68A、H70A	M	—	295	—	42	—	—
	Y_2		320		38		
H85A	M	—	245	—	28	—	—
	Y_2		295		22		

牌号	制造方法和状态①	规格②(mm)	抗拉强度(MPa)≥	断后伸长率③(%)≥		硬度HRB
				$A_{11.3}$	A_{100mm}	
(10)黄铜毛细管(GB/T 1531—2009)						
H96	M	0.5~3.0	205	35	—	—
	Y		295	—		
H68、H62	M	0.5~3.0	295	35	—	—
	Y_2		345	30		
	Y		390	—		
(11)黄铜线(GB/T 21652—2008)⑨⑩						
H62、H63	M	0.05~0.25	345	—	18	—
		>0.25~1.0	335	—	22	—
		>1.0~2.0	325	—	26	—
		>2.0~4.0	315	—	30	—
		>4.0~6.0	315	—	34	—
		>6.0~13.0	305	—	36	—
	Y_8	0.05~0.25	360	—	8	—
		>0.25~1.0	350	—	12	—
		>1.0~2.0	340	—	18	—
		>2.0~4.0	330	—	22	—
		>4.0~6.0	320	—	26	—

续表

牌号	制造方法和状态[1]	规格[2]（mm）	抗拉强度（MPa）≥	断后伸长率[3]（%）≥		硬度HRB
				$A_{11.3}$	A_{100mm}	
（11）黄铜线（GB/T 21652—2008）[9][10]						
H62、H63	Y_8	>6.0~13.0	310	—	30	—
	Y_4	0.05~0.25	380	—	5	—
		>0.25~1.0	370	—	8	—
		>1.0~2.0	360	—	10	—
		>2.0~4.0	350	—	15	—
		>4.0~6.0	340	—	20	—
		>6.0~13.0	330	—	25	—
	Y_2	0.05~0.25	430	—		—
		>0.25~1.0	410	—	4	—
		>1.0~2.0	390	—	7	—
		>2.0~4.0	375	—	10	—
		>4.0~6.0	355	—	12	—
		>6.0~13.0	350	—	14	—
	Y_1	0.05~0.25	590~785	—		—
		>0.25~1.0	540~735	—		—
		>1.0~2.0	490~685	—		—
		>2.0~4.0	440~635	—		—
		>4.0~6.0	390~590	—		—
		>6.0~13.0	360~560	—		—
	Y	0.05~0.25	785~980	—	—	—
		>0.25~1.0	685~885	—	—	—
		>1.0~2.0	635~835	—	—	—
		>2.0~4.0	590~785	—	—	—
		>4.0~6.0	540~735	—	—	—
		>6.0~13.0	490~685	—	—	—

续表

牌号	制造方法和状态[①]	规格[②] (mm)	抗拉强度 (MPa)≥	断后伸长率[③] (%)≥		硬度 HRB
				$A_{11.3}$	A_{100mm}	
(11) 黄铜线 (GB/T 21652—2008)[⑨⑩]						
H62、H63	T	0.05~0.25	850	—	—	—
		>0.25~1.0	830	—	—	—
		>1.0~2.0	800	—	—	—
		>2.0~4.0	770	—	—	—
H65	M	0.05~0.25	335	—	18	—
		>0.25~1.0	325	—	24	—
		>1.0~2.0	315	—	28	—
		>2.0~4.0	305	—	32	—
		>4.0~6.0	295	—	35	—
		>6.0~13.0	285	—	40	—
	Y_8	0.05~0.25	350	—	10	—
		>0.25~1.0	340	—	15	—
		>1.0~2.0	330	—	20	—
		>2.0~4.0	320	—	25	—
		>4.0~6.0	310	—	28	—
		>6.0~13.0	300	—	32	—
	Y_4	0.05~0.25	370	—	6	—
		>0.25~1.0	360	—	10	—
		>1.0~2.0	350	—	12	—
		>2.0~4.0	340	—	18	—
		>4.0~6.0	330	—	22	—
		>6.0~13.0	320	—	28	—
	Y_2	0.05~0.25	410	—	—	—
		>0.25~1.0	400	—	4	—
		>1.0~2.0	390	—	7	—

续表

牌号	制造方法和状态①	规格②(mm)	抗拉强度(MPa)≥	断后伸长率③(%)≥		硬度HRB
				$A_{11.3}$	A_{100mm}	
(11)黄铜线(GB/T 21652—2008)⑨⑩						
H65	Y_2	>2.0~4.0	380	—	10	—
		>4.0~6.0	375	—	13	—
		>6.0~13.0	360	—	15	—
	Y_1	0.05~0.25	540~735	—	18	—
		>0.25~1.0	490~685	—	24	—
		>1.0~2.0	440~635	—	28	—
		>2.0~4.0	390~590	—	32	—
		>4.0~6.0	375~570	—	35	—
		>6.0~13.0	370~550	—	40	—
	Y	0.05~0.25	685~885	—	10	—
		>0.25~1.0	635~835	—	15	—
		>1.0~2.0	590~785	—	20	—
		>2.0~4.0	540~735	—	25	—
		>4.0~6.0	490~685	—	28	—
		>6.0~13.0	440~635	—	32	—
	T	0.05~0.25	830	—	6	—
		>0.25~1.0	810	—	10	—
		>1.0~2.0	800	—	12	—
		>2.0~4.0	780	—	18	—
H68、H70	M	0.05~0.25	375	—	18	—
		>0.25~1.0	355	—	25	—
		>1.0~2.0	335	—	30	—
		>2.0~4.0	315	—	35	—
		>4.0~6.0	295	—	40	—
		>6.0~8.5	275	—	45	—

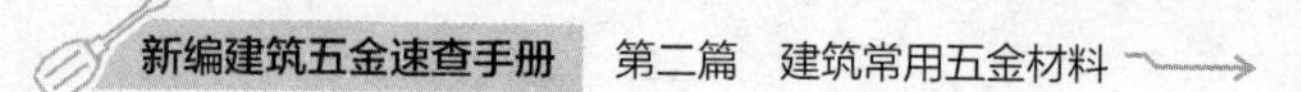

续表

牌号	制造方法和状态①	规格②(mm)	抗拉强度(MPa)≥	断后伸长率③(%)≥		硬度HRB
				$A_{11.3}$	A_{100mm}	
(11)黄铜线(GB/T 21652—2008)⑨⑩						
H68、H70	Y_8	0.05~0.25	385	—	18	—
		>0.25~1.0	365	—	20	—
		>1.0~2.0	350	—	24	—
		>2.0~4.0	340	—	28	—
		>4.0~6.0	330	—	33	—
		>6.0~8.5	320	—	35	—
	Y_4	0.05~0.25	400	—	10	—
		>0.25~1.0	380	—	15	—
		>1.0~2.0	370	—	20	—
		>2.0~4.0	350	—	25	—
		>4.0~6.0	340	—	30	—
		>6.0~8.5	330	—	32	—
	Y_2	0.05~0.25	410	—	—	—
		>0.25~1.0	390	—	5	—
		>1.0~2.0	375	—	10	—
		>2.0~4.0	355	—	12	—
		>4.0~6.0	345	—	14	—
		>6.0~8.5	340	—	16	—
	Y_1	0.05~0.25	540~735	—	—	—
		>0.25~1.0	490~685	—	—	—
		>1.0~2.0	440~635	—	—	—
		>2.0~4.0	390~590	—	—	—
		>4.0~6.0	345~540	—	—	—
		>6.0~8.5	340~520	—	—	—
	Y	0.05~0.25	735~930	—	—	—

续表

牌号	制造方法和状态[1]	规格[2]（mm）	抗拉强度（MPa）≥	断后伸长率[3]（%）≥		硬度 HRB
				$A_{11.3}$	A_{100mm}	
（11）黄铜线（GB/T 21652—2008）[9][10]						
H68、H70	Y	>0.25~1.0	685~885	—	—	—
		>1.0~2.0	635~835	—	—	—
		>2.0~4.0	590~785	—	—	—
		>4.0~6.0	540~735	—	—	—
		>6.0~8.5	490~685	—	—	—
	T	0.05~0.25	800	—	—	—
		>0.25~1.0	780	—	—	—
		>1.0~2.0	750	—	—	—
		>2.0~4.0	720	—	—	—
		>4.0~6.0	690	—	—	—
H80	M	0.05~12.0	320	—	20	—
	Y_2	0.05~12.0	540	—	—	—
	Y	0.05~12.0	690	—	—	—
H85	M	0.05~12.0	280	—	20	—
	Y_2	0.05~12.0	455	—	—	—
	Y	0.05~12.0	570	—	—	—
H90	M	0.05~12.0	240	—	20	—
	Y_2	0.05~12.0	385	—	—	—
	Y	0.05~12.0	485	—	—	—
H96	M	0.05~12.0	220	—	20	—
	Y_2	0.05~12.0	340	—	—	—
	Y	0.05~12.0	420	—	—	—
HPb59-1	M	0.5~2.0	345	—	25	—
		>2.0~4.0	335	—	28	—
		>4.0~6.0	325	—	30	—

续表

牌号	制造方法和状态[①]	规格[②]（mm）	抗拉强度（MPa）≥	断后伸长率[③]（%）≥		硬度 HRB
				$A_{11.3}$	A_{100mm}	
（11）黄铜线（GB/T 21652—2008）[⑨⑩]						
HPb59-1	Y_2	0.5~2.0	390~590	—	—	—
		>2.0~4.0	390~590	—	—	—
		>4.0~6.0	375~570	—	—	—
	Y	0.5~2.0	490~735	—	—	—
		>2.0~4.0	490~685	—	—	—
		>4.0~6.0	440~635	—	—	—
HPb59-3	Y_2	0.5~2.0	385	—	—	—
		>2.0~4.0	380	—	—	—
		>4.0~6.0	370	—	—	—
		>6.0~8.5	360	—	—	—
	Y	1.0~2.0	480	—	—	—
		>2.0~4.0	460	—	—	—
		>4.0~6.0	435	—	—	—
		>6.0~8.5	430	—	—	—
HPb61-1	Y_2	0.5~2.0	390	—	10	—
		>2.0~4.0	380	—	10	—
		>4.0~6.0	375	—	15	—
		>6.0~8.5	365	—	15	—
	Y	0.5~2.0	520	—	—	—
		>2.0~4.0	490	—	—	—
		>4.0~6.0	465	—	—	—
		>6.0~8.5	440	—	—	—
HPb62-0.8	Y_2	0.5~6.0	410~540	—	12	—
	Y	0.5~6.0	450~560	—	—	—
HPb63-3	M	0.5~2.0	305	—	32	—

续表

牌号	制造方法和状态①	规格②（mm）	抗拉强度（MPa）≥	断后伸长率③（%）≥		硬度 HRB
				$A_{11.3}$	A_{100mm}	
（11）黄铜线（GB/T 21652—2008）⑨⑩						
HPb63-3	M	>2.0~4.0	295	—	35	—
		>4.0~6.0	285	—	35	—
	Y_2	0.5~2.0	390~610	—	3	—
		>2.0~4.0	390~600	—	4	—
		>4.0~6.0	390~590	—	4	—
	Y	0.5~6.0	570~735	—	—	—
HSn60-1、HSn62-1	M	0.5~2.0	315	—	15	—
		>2.0~4.0	305	—	20	—
		>4.0~6.0	295	—	25	—
	Y	0.5~2.0	590~835	—	—	—
		>2.0~4.0	540~785	—	—	—
		>4.0~6.0	490~735	—	—	—
HSb60-0.9	Y_2	0.8~12.0	330	—	10	—
	Y	0.8~12.0	380	—	5	—
HSb61-0.8-0.5	Y_2	0.8~12.0	380	—	8	—
	Y	0.8~12.0	400	—	5	—
Hbi60-0.3	Y_2	0.8~12.0	350	—	8	—
	Y	0.8~12.0	400	—	5	—
HMn62-13	M	0.5~6.0	400~550	—	25	—
	Y_4	0.5~6.0	450~600	—	18	—
	Y_2	0.5~6.0	500~650	—	12	—
	Y_1	0.5~6.0	550~700	—	—	—
	Y	0.5~6.0	650	—	—	—

续表

牌号	制造方法和状态①	规格②（mm）	抗拉强度（MPa）≥	断后伸长率③（%）≥		硬度HRB
				$A_{11.3}$	A_{100mm}	
（12）青铜线（GB/T 221652—2008）						
QSn6.5-0.1、QSn6.5-0.4、QSn 7-0.2、QSn 5-0.2、QSi3-1	M	0.1~1.0	350	—	35	—
		>1.0~8.5		—	45	—
	Y_4	>0.1~1.0	480~680	—	—	—
		>1.0~2.0	450~650	—	10	
		>2.0~4.0	420~620	—	15	—
		>4.0~6.0	400~600	—	20	—
		>6.0~8.5	380~580	—	22	—
	Y_2	>0.1~1.0	540~740	—	—	—
		>1.0~2.0	520~720	—	—	—
		>2.0~4.0	500~700	—	4	—
		>4.0~6.0	480~680	—	8	—
		>6.0~8.5	460~660	—	10	—
	Y_1	>0.1~1.0	750~950	—	—	—
		>1.0~2.0	730~920	—	—	—
		>2.0~4.0	710~900	—	—	—
		>4.0~6.0	690~880	—	—	—
		>6.0~8.5	640~860	—	—	—
	Y	>0.1~1.0	880~1130	—	—	—
		>1.0~2.0	860~1060	—	—	—
		>2.0~4.0	830~1030	—	—	—
		>4.0~6.0	780~980	—	—	—
		>6.0~8.5	690~950	—	—	—
QSn4-3	M	0.1~1.0	350	—	35	—
		>1.0~8.5		—	45	—
	Y_4	>0.1~1.0	460~580	—	5	—

续表

牌号	制造方法和状态①	规格②（mm）	抗拉强度（MPa）≥	断后伸长率③（%）≥		硬度HRB
				$A_{11.3}$	A_{100mm}	
（12）青铜线（GB/T 221652—2008）						
QSn4-3	Y_4	>1.0~2.0	420~540	—	10	
		>2.0~4.0	400~520	—	15	—
		>4.0~6.0	380~480	—	20	—
		>6.0~8.5	360~450	—	—	—
	Y_2	>0.1~1.0	500~700	—	—	—
		>1.0~2.0	480~680	—	—	—
		>2.0~4.0	450~650	—	4	—
		>4.0~6.0	430~630	—	8	—
		>6.0~8.5	410~610	—	10	—
	Y_1	>0.1~1.0	620~820	—	—	—
		>1.0~2.0	600~800	—	—	—
		>2.0~4.0	560~760	—	—	—
		>4.0~6.0	540~740	—	—	—
		>6.0~8.5	520~720	—	—	—
	Y	>0.1~1.0	880~1130	—	—	—
		>1.0~2.0	860~1060	—	—	—
		>2.0~4.0	830~1030	—	—	—
		>4.0~6.0	780~980	—	—	—
QSn4-4-4	Y_2	0.1~8.5	360	—	12	—
	Y	0.1~8.5	420	—	10	—
QSn15-1-1	M	0.5~1.0	365	—	28	—
		>0.1~1.0	360	—	32	—
		>1.0~2.0	350		35	
		>2.0~4.0	345		36	
	Y_4	>0.5~1.0	630~780	—	25	—

续表

牌号	制造方法和状态①	规格②（mm）	抗拉强度（MPa）≥	断后伸长率③（%）≥ $A_{11.3}$	A_{100mm}	硬度HRB
（12）青铜线（GB/T 221652—2008）						
QSn15-1-1	Y_4	>1.0~2.0	600~750	—	30	
		>2.0~4.0	580~730	—	32	—
		>4.0~6.0	550~700	—	35	—
	Y_2	>0.5~1.0	770~910	—	3	—
		>1.0~2.0	740~880	—	6	—
		>2.0~4.0	720~850	—	8	—
		>4.0~6.0	680~810	—	10	—
	Y_1	>0.5~1.0	800~930	—	1	—
		>1.0~2.0	780~910	—	2	—
		>2.0~4.0	750~880	—	2	—
		>4.0~6.0	720~850	—	3	—
	Y	>0.1~1.0	850~1080	—	—	—
		>1.0~2.0	840~980	—	—	—
		>2.0~4.0	830~960	—	—	—
		>4.0~6.0	820~950	—	—	—
QAl7	Y_2	1.0~6.0	550	—	8	—
	Y	1.0~6.0	600	—	4	—
QAl9-2	Y	0.6~1.0	580	—	—	—
		>0.1~2.0		—	1	—
		>2.0~5.0			2	
		>5.0~6.0	530		3	
QCr1、QCr1-0.18	CYS、CSY	1.0~6.0	420	—	9	—
		>6.0~12.0	400	—	10	
QCr4.5-2.5-0.6	M	0.5~6.0	400~600	—	25	—
	CYS、CSY	0.5~6.0	550~850	—	—	—

续表

牌号	制造方法和状态①	规格②(mm)	抗拉强度(MPa)≥	断后伸长率③(%)≥		硬度HRB
				$A_{11.3}$	A_{100mm}	
(12)青铜线(GB/T 221652—2008)						
QCd1	M	0.1~6.0	275	—	20	—
	Y	0.1~0.5	590~880	—	—	—
		>0.5~4.0	490~735	—	—	—
		>4.0~6.0	470~685	—	—	—
(13)黄铜扁线(GB/T 3114—2010)						
H68、H65	M	厚度×宽度:(0.5~6.0)×(0.5~15.0)	245	28、10		—
	Y_2		340			
	Y		440			
H62	M	厚度×宽度:(0.5~6.0)×(0.5~15.0)	295	25、10		—
	Y_2		345			
	Y		460			

① 状态栏中:TM—特软;M—软(退火);M_2—微软;Y_8—1/8 硬;Y_4—1/4 硬;Y_3—1/3 硬;Y_2—半硬;Y_1—3/4 硬;Y—硬;T—特硬;TY—强硬;R—热挤(轧);CYS—淬火+冷加工+人工时效;CSY—淬火+人工时效+冷加工。

② 规格栏:圆棒(线)指直径;方形、六角形棒(线)指内切圆直径或平行对边距离;板、带、箔材指厚度;矩形棒指截面高度;管材指外径。

③ 断后伸长率如有 $A_{11.3}(\delta_{10})$ 和 $A(\delta_5)$ 两个指标,取用时以 $A_{11.3}(\delta_{10})$ 为准。

④ 需方如有要求,并在合同中注明,可对板材进行弯曲试验,对牌号 T2、T3、TP1、TP2、TU1、TU2 和 H80、H70、H68、H65 进行软状态晶粒度的检验。

⑤ 直径或对边距离小于 100mm 的拉制棒材不做硬度试验。

⑥ 有特殊要求的棒材,其力学性能由供需双方在合同中约定。

⑦ 需方要求并在合同中注明时,完全退火后的圆形管材可进行压扁试验或扩口试验;冷加工状态(包括退火前的冷加工状态)的管材可进行涡流探伤试验;软状态和轻软状态的管材可进行晶粒度检验。

⑧ 黄铜管应进行消除内应力处理。

⑨ 断后伸长率指标均指拉伸试样在标距内的断裂值。

⑩ 经供需双方协商可供应其余规格、状态和性能的线材,具体要求应在合同中注明。

3. 加工青铜产品的力学性能

牌号	制造方法和状态①	规格②（mm）	抗拉强度（MPa）≥	断后伸长率③$A_{11.3}$（%）≥	硬度	
					HV	HRB
（1a）铝青铜板（GB/T 2040—2008）④						
QAl5	M	0.4~12	275	33	—	—
	Y		585	2.5		
QAl7	Y_2	0.4~12	585~740	10	—	—
	Y		635	5		
QAl9-2	M	0.4~12	440	18	—	—
	Y		585	5		
QAl9-4	Y	0.4~12	585	—	—	—
（1b）锡青铜板（GB/T 2040—2008）④						
QSn6.5-0.1	R	9~50	290	38	—	—
	M	0.2~12	315	40	≤120	
	Y_4	0.2~12	390~510	35	110~155	
	Y_2	0.2~12	490~610	8	150~190	
	Y	0.2~3	590~690	5	180~230	—
		>03~12	540~690	5	180~230	
	T	0.2~12	635~720	1	200~240	—
	TY		690		≥210	
QSn6.5-0.4、QSn7-0.2	M	0.2~12	295	40	—	—
	Y		540~690	8		
	T		665	2		
QSn4-3、QSn4-0.3	M	0.2~12	290	40	—	—
	Y		540~690	3		
	T		635	2		
QSn8-0.3	M	0.2~5	345	40	≤120	—
	Y_4		390~510	35	100~160	

续表

牌号	制造方法和状态①	规格②(mm)	抗拉强度(MPa)≥	断后伸长率③ $A_{11.3}$ (%)≥	硬度	
					HV	HRB
(1b)锡青铜板(GB/T 2040—2008)④						
QSn8-0.3	Y_2	0.2~5	490~610	20	150~205	—
	Y		590~705	5	180~235	
	T		685	—	≥210	
QSn4-4-2.5、QSn4-4-4	M	0.5~8	290	35	—	—
	Y_3		390~490	10		
	Y_2		420~510	9		
	Y		510	5		
(1c)镉青铜板(GB/T 2040—2008)④						
QCd1	Y	0.5~10	390	—	—	—
(1d)铬青铜板(GB/T 2040—2008)④						
QCr0.5、QCr0.5-0.2-0.1	Y	0.5~15	—	—	≥110	—
(1e)锰青铜板(GB/T 2040—2008)④						
QMn1.5	M	0.5~5	205	30	—	—
QMn5	M	0.5~5	290	30	—	—
	Y		440	3		
(1f)硅青铜板(GB/T 2040—2008)④						
QSi3-1	M	0.5~10	340	40	—	—
	Y		585~735	3		
	T		685	1		
(2)青铜带(GB/T 2059—2008)④						
QAl5	M	>0.15~1.2	275	33		—
	Y		585	2.5		
QAl7	Y_2	>0.15~1.2	585~740	10	—	

续表

牌号	制造方法和状态①	规格②(mm)	抗拉强度(MPa)≥	断后伸长率③ $A_{11.3}$(%)≥	硬度	
					HV	HRB
(2)青铜带(GB/T 2059—2008)④						
QAl7	Y	>0.15~1.2	635	5	—	
QAl9-2	M	>0.15~1.2	440	18	—	—
	Y		585	5		
	T		880	—		
QAl9-4	Y	>0.15~1.2	635	—	—	—
QSn4-3、QSn4-0.3	M	>0.15~2.0	290	40	—	—
	Y		540~690	3		
	T		635	2		
QSn6.5-0.1	M	>0.15~2.0	315	—	≤120	—
	Y_4		390~510	40	110~155	
	Y_2		490~610	35	150~190	
	Y		590~690	10	180~230	
	T		635~720	8	200~240	
	TY		690	5	≥210	
QSn7-0.2、QSn6.5-0.4	M	>0.15~2.0	295	40	—	—
	Y		540~690	8		
	T		665	2		
QSn8-0.3	M	>0.15~2.6	345	45	≤120	—
	Y_4		390~510	40	100~160	
	Y_2		490~610	30	150~205	
	Y		590~705	12	180~235	
	T		685	5	≥210	
QSn4-4-4、QSn4-4-2.5	M	0.80~1.2	290	35	—	—
	Y_3		390~490	10		

续表

<table>
<tr><td rowspan="2">牌号</td><td rowspan="2">制造方法和状态[1]</td><td rowspan="2">规格[2]（mm）</td><td rowspan="2">抗拉强度（MPa）≥</td><td rowspan="2">断后伸长率[3] $A_{11.3}$（%）≥</td><td colspan="2">硬度</td></tr>
<tr><td>HV</td><td>HRB</td></tr>
<tr><td colspan="7">（2）青铜带（GB/T 2059—2008）[4]</td></tr>
<tr><td rowspan="2">QSn4-4-4、QSn4-4-2.5</td><td>Y_2</td><td rowspan="2">0.80~1.2</td><td>420~510</td><td>9</td><td rowspan="2">—</td><td rowspan="2">—</td></tr>
<tr><td>Y</td><td>490</td><td>5</td></tr>
<tr><td>QCd1</td><td>Y</td><td>>0.15~1.2</td><td>390</td><td>—</td><td>—</td><td>—</td></tr>
<tr><td>QMn1.5</td><td>M</td><td>>0.15~1.2</td><td>205</td><td>30</td><td>—</td><td>—</td></tr>
<tr><td rowspan="2">QMn5[5]</td><td>M</td><td rowspan="2">>0.15~1.2</td><td>290</td><td>30</td><td rowspan="2">—</td><td rowspan="2">—</td></tr>
<tr><td>Y</td><td>440</td><td>3</td></tr>
<tr><td rowspan="3">QSi3-1</td><td>M</td><td rowspan="3">>0.15~1.2</td><td>370</td><td>45</td><td rowspan="3">—</td><td rowspan="3">—</td></tr>
<tr><td>Y</td><td>635~785</td><td>5</td></tr>
<tr><td>T</td><td>735</td><td>2</td></tr>
<tr><td rowspan="2">牌号</td><td rowspan="2">制造方法和状态[1]</td><td rowspan="2">规格[2]（mm）</td><td rowspan="2">抗拉强度（MPa）≥</td><td colspan="2">断后伸长率[3]（%）≥</td><td rowspan="2">硬度 HV</td></tr>
<tr><td>$A_{11.3}$</td><td>A</td></tr>
<tr><td colspan="7">（3）铍青铜板和带材（YS/T 323—2002）[6]</td></tr>
<tr><td rowspan="3">QBe2、QBe1.9</td><td>C</td><td rowspan="13">板材：0.45~0.6
带材：0.05~1.0</td><td>390~590</td><td>30</td><td rowspan="3">—</td><td>≤140</td></tr>
<tr><td>CY4</td><td>520~630</td><td>10</td><td>120~220</td></tr>
<tr><td>CY2</td><td>570~695</td><td>6</td><td>140~240</td></tr>
<tr><td rowspan="2">QBe2、QBe1.9</td><td rowspan="2">CY</td><td rowspan="2">635</td><td rowspan="2">2.5</td><td rowspan="2">—</td><td>≥170</td></tr>
<tr><td>≥160</td></tr>
<tr><td rowspan="2">QBe2、QBe1.9</td><td rowspan="2">CS</td><td rowspan="2">1125</td><td rowspan="2">2.0</td><td rowspan="2">—</td><td>≥370</td></tr>
<tr><td>≥350</td></tr>
<tr><td rowspan="2">QBe2、QBe1.9</td><td>CY4S</td><td>1135</td><td>2.0</td><td rowspan="2">—</td><td>320~420</td></tr>
<tr><td>CY2S</td><td>1145</td><td>1.5</td><td>340~440</td></tr>
<tr><td rowspan="2">QBe2、QBe1.9</td><td rowspan="2">CYS</td><td rowspan="2">1175</td><td rowspan="2">1.5</td><td rowspan="2">—</td><td>360</td></tr>
<tr><td>370</td></tr>
</table>

续表

牌号	制造方法和状态①	规格②（mm）	抗拉强度（MPa）≥	断后伸长率③（%）≥		硬度 HV
				$A_{11.3}$	A	
（3）铍青铜板和带材（YS/T 323—2002）⑥						
QBe1.7	CY2	板材：0.45~0.6 带材：0.05~1.0	570~695	6	—	140~240
	CY		590	2.5		≥150
	CY2S		1030	2.0		340~440
	CYS		1080	2.0		≥340
（4）青铜箔（GB/T 5187—2008）						
QSn6.5-0.1、QSn7-0.2	Y	厚度×宽度：（0.012~0.025）×（≤300）；（0.025~0.15）×（≤600）	540~690	6		170~200
	T		650			≥190
QSi3-1	Y		635	5		
QSn8-0.3	T		700~780	11		210~240
	TY		735~835	1		230~270
牌号	制造方法和状态①	规格②（mm）	抗拉强度（MPa）≥	断后伸长率③ A（%）≥		硬度 HBW
（5）青铜拉制棒（GB/T 4423—2007）和挤制棒（YS/T 649—2007）⑦						
QAl9-2	拉制 Y	4~40	540	16		—
	热挤 R	≤45	490	18		—
		>45~120	470	24		
QAl9-4	拉制 Y	4~40	580	13		—
	热挤 R	≤120	540	17		110~190
		>120	450	13		110~190
QAl10-3-1.5⑧	拉制 Y	4~40	630	8		—
	热挤 R	≤16	610	9		130~190
		>16	590	13		130~190

续表

牌号	制造方法和状态①		规格②（mm）	抗拉强度（MPa）≥	断后伸长率③A（%）≥	硬度 HBW
（5）青铜拉制棒（GB/T 4423—2007）和挤制棒（YS/T 649—2007）⑦						
QAl10-4-4、QAl10-5-5	热挤	R	≤29	690	5	170～260
			>29～120	635	6	170～260
			>120	590	6	170～260
QAl1-6-6	热挤	R	≤28	690	4	—
			>28～50	635	5	
QSi3-1	拉制	Y	4～12	490	13	—
			>12～14	470	19	
	热挤	R	≤100	345	23	—
				—	—	

牌号	制造方法和状态①		规格②（mm）	抗拉强度（MPa）≥	断后伸长率③（%）≥		硬度 HBW
					$A_{11.3}$	A	
QSi1.8	拉制	Y	3～15	500	—	15	—
QSi1-3	热挤	R	≤80	490	10	11	—
				—	—		
QSi3.5-3-1.5	热挤	R	40～120	380	—	35	—
QSn6.5-0.1、QSn6.5-0.4	拉制	Y	3～12	470	—	13	—
			12～25	440		15	
			25～40	410		18	
	热挤	R	≤40	355	50	55	—
			>40～100	345	55	60	
			>100	315	58	64	
QSn7-0.2	拉制	Y	4～40	440	—	19	130～200
		T		—		—	≥180
	热挤	R	40～120	355	55	64	≥70

续表

牌号	制造方法和状态①		规格② (mm)	抗拉强度 (MPa) ≥	断后伸长率③ (%) ≥		硬度 HBW
					$A_{11.3}$	A	
QSn4-0.3	拉制	Y	4~12	410	—	10	—
			12~25	390		13	
			25~40	355		15	
QSn4-3	拉制	Y	4~12	430	—	14	—
			12~25	470		21	
			25~35	335		23	
			35~40	315		23	
	热挤	R	40~120	275		30	—
QCd1	拉制	Y	4~60	370	—	5	≥100
		M	4~60	215	—	36	≤75
	热挤	R	20~120	196		38	≤75
QCr0.5	拉制	Y	4~40	390	—	6	—
		M		230		40	
	热挤	R	20~160	230	—	35	—
QZr0.2、QZr0.4	拉制	Y	3~40	294	—	6	130⑨
（6a）铍青铜棒（锻造、挤制、拉制）（YS/T 334—2009）⑩							
QBe2、QBe1.9、QBe1.9-0.1、QBe1.7	锻造	D	35~100	500~660	—	8	≥78
	热挤	R	20~120	400	—	20	—
	拉制	M	5~40	400	—	30	≥100
		Y_2	5~40	500~660		8	≥78
		Y	5~10	660~900	—	2	≥150
			10~25	620~860		2	≥150
			25~40	590~830		2	≥150

续表

牌号	制造方法和状态①	规格②(mm)	抗拉强度(MPa)≥	断后伸长率③(%)≥		硬度HBW
				$A_{11.3}$	A	
(6a) 铍青铜棒(锻造、挤制、拉制)(YS/T 334—2009)⑩						
QSe0.6-2.5、QSe0.4-1.8、QSe0.3-1.5	拉制 M	5~40	240	—	20	≤50
	拉制 Y	5~40	450	—	2	HV≥60
(6b) 铍青铜棒(锻造、挤制、拉制)(YS/T 334—2009)⑩						
QSe2、QSe 1.9、QSe1.9-0.1、QSe1.7	软时效 TF00	5~40	1000~1380	—	2	HRC30~40
	硬时效 TH04	5~10	1200~1500	—	1	HRC35~45
		10~25	1150~1450		1	HRC35~44
		25~40	1100~1400		1	HRC35~44
QSe 0.6-2.5、QSe0.4-1.8、QSe0.3-1.5	TF00	5~40	690~895	—	6	HRB92~100
	TH04	5~40	760~965	—	3	HRB95~102

牌号	制造方法和状态①	规格②(mm)	抗拉强度(MPa)≥	断后伸长率③(%)≥		硬度HBW≥
				A_{10}	A	
(7) 铜及铜合金挤制管(YS/T 662—2007)⑩						
T2、T3、TU1、TU2、TP1、TP2	R	壁厚≤63	185	—	42	—
H96	R	壁厚≤42.5	188	—	42	—
H80	R	壁厚≤30	270	—	40	—
H68	R	壁厚≤30	295	—	45	—
H65、H62	R	壁厚≤42.5	295	—	43	—
HPb59-1	R	壁厚≤42.5	390	—	24	—
HFe59-1-1	R	壁厚≤42.5	430	—	31	—
HSn62-1	R	壁厚≤30	320	—	25	—
HSi80-3	R	壁厚≤30	295	—	28	—

续表

牌号	制造方法和状态①	规格②（mm）	抗拉强度（MPa）≥	断后伸长率③（%）≥		硬度HBW≥
				A_{10}	A	
（7）铜及铜合金挤制管（YS/T 662—2007）⑩						
HMn58-2	R	壁厚≤30	395	—	29	—
HMn57-3-1	R	壁厚≤30	490	—	16	—
QAl9-2	R	壁厚≤30	470	—	15	—
QAl9-4	R	壁厚≤30	450	—	17	—
QAl10-3-1.5	R	壁厚≤16	590	—	14	140~200
	R	壁厚≤16	540	—	15	135~200
QAl10-4-4	R	壁厚≤30	635	—	6	170~230
QSi3.5-3-1.5	R	壁厚≤30	360	—	35	—
QCr0.5	R	壁厚≤37.5	220	—	35	—
BFe10-1-1	R	壁厚≤25	280	—	28	—
BFe30-1-1	R	壁厚≤25	345	—	25	—
（8）压力表用铜合金管（GB/T 8892—2005）						
QSn4-0.3、QSn6.5-0.1	M	圆管（$D \times t$）：（$\phi2 \sim \phi25$）×（0.11~1.80） 椭圆管（$A \times B \times t$）：（5~15）×（2.5~6）×（0.15~1.0） 扁管（$A \times B \times t$）：（7.5~20）×（55~7）×（0.15~1.0）	325~480	35	—	—
	Y_2		450~550	8		
	Y		490~635	2		
H68	Y_2		345~405	30	—	—
	Y		390	—		
（9）青铜毛细管（GB/T 1531—2009）						
QSn4-0.3、QSn6.5-0.1	M	0.5~3.0	325	30	—	—
	Y		490	—	—	—

续表

牌号	制造方法和状态[①]	规格[②]（mm）	抗拉强度（MPa）≥	断后伸长率[③]（%）≥		硬度 HBW≥
				A_{10}	A	
（10）青铜线（GB/T 21652—2008）						
QSn6.5-0.1、QSn6.5-0.4、QSn7-0.2、QSn5-0.2、QSn3-1	M	0.1~1.0	350	A_{100mm}≥35	—	
		>1.0~8.5		A_{100mm}≥45	—	
	Y_4	0.1~1.0	480~680	—	—	
		>1.0~2.0	450~650	A_{100mm}≥10	—	
		>2.0~4.0	420~620	A_{100mm}≥15	—	
		>4.0~6.0	400~600	A_{100mm}≥20	—	
		>6.0~8.5	380~580	A_{100mm}≥22	—	
	Y_2	0.1~1.0	540~740	—	—	
		>1.0~2.0	520~720	—	—	
		>2.0~4.0	500~700	A_{100mm}≥4	—	
		>4.0~6.0	480~680	A_{100mm}≥8	—	
		>6.0~8.5	460~660	A_{100mm}≥10	—	

牌号	制造方法和状态[①]	规格[②]（mm）	抗拉强度（MPa）≥	断后伸长率 A_{100mm}（%）≥	硬度 HV≥
QSi6.5-0.1、QSi6.5-0.4、QSi7-0.2、QSi5-0.2、QSi3-1	Y_1	0.1~1.0	750~950	—	—
		>1.0~2.0	730~920	—	—
		>2.0~4.0	710~900	—	—
		>4.0~6.0	690~880	—	—
		>6.0~8.5	640~860	—	—
	Y	0.1~1.0	880~1130	—	—
		>1.0~2.0	860~1060	—	—
		>2.0~4.0	830~1030	—	—
		>4.0~6.0	780~980	—	—
		>6.0~8.5	690~950	—	—

续表

牌号	制造方法和状态①	规格②(mm)	抗拉强度(MPa)≥	断后伸长率A_{100mm}(%)≥	硬度HV≥
QSn4-3	M	0.1~1.0	350	35	—
		>1.0~2.0		45	—
	Y_4	0.1~1.0	460~580	5	—
		>1.0~2.0	420~540	10	—
		>2.0~4.0	400~520	20	—
		>4.0~6.0	380~480	25	—
		>6.0~8.5	360~450	—	—
	Y_2	0.1~1.0	500~700	—	—
		>1.0~2.0	480~680	—	—
		>2.0~4.0	450~650	—	—
		>4.0~6.0	430~630	—	—
		>6.0~8.5	410~610	—	—
	Y_1	0.1~1.0	620~820	—	—
		>1.0~2.0	600~800	—	—
		>2.0~4.0	560~760	—	—
		>4.0~6.0	540~740	—	—
		>6.0~8.5	520~720	—	—
	Y	0.1~1.0	880~1130	—	—
		>1.0~2.0	860~1060	—	—
		>2.0~4.0	830~1030	—	—
		>4.0~6.0	780~980	—	—
QSn4-4-4	Y_2	0.1~8.5	360	12	—
	Y	0.1~8.5	420	10	—
QSn15-1-1	M	0.5~1.0	365	28	—
		>1.0~2.0	360	32	—
		>2.0~4.0	350	35	—

续表

牌号	制造方法和状态①	规格②（mm）	抗拉强度（MPa）≥	断后伸长率 A_{100mm}（%）≥	硬度HV≥
QSn15-1-1	M	>4. 0~6. 0	345	36	—
	Y_4	0. 5~1. 0	630~780	25	—
		>1. 0~2. 0	600~750	30	—
		>2. 0~4. 0	580~730	32	—
		>4. 0~6. 0	550~700	35	—
	Y_2	0. 5~1. 0	770~910	3	—
		>1. 0~2. 0	740~880	6	—
		>2. 0~4. 0	720~850	8	—
		>4. 0~6. 0	680~810	10	—
	Y_1	0. 5~1. 0	800~930	1	—
		>1. 0~2. 0	780~910	2	—
		>2. 0~4. 0	750~880	2	—
		>4. 0~6. 0	720~850	3	—
	Y	0. 5~1. 0	850~1080	—	—
		>1. 0~2. 0	840~980	—	—
		>2. 0~4. 0	830~960	—	—
		>4. 0~6. 0	820~950	—	—
QAl7	Y_2	1. 0~6. 0	550	8	—
	Y	1. 0~6. 0	600	4	—

续表

牌号	制造方法和状态①	规格②（mm）	抗拉强度（MPa）≥	断后伸长率 A_{100mm}（%）≥	硬度HV≥
QAl9-2	Y	0.6~1.0	580	—	—
QAl9-2	Y	>1.0~2.0	580	1	—
QAl9-2	Y	>2.0~5.0	580	2	—
QAl9-2	Y	>5.0~6.0	530	3	—
QCr1、QCr1-0.18	CYS CSY	1.0~6.0	420	9	—
QCr1、QCr1-0.18	CYS CSY	>6.0~12.0	400	10	—
QCr1.5-2.5-0.6	M	0.5~6.0	400~600	25	—
QCr1.5-2.5-0.6	CYS、CSY	0.5~6.0	550~850	—	—
QCd1	M	0.1~6.0	275	20	—
QCd1	Y	0.1~0.5	590~880	—	—
QCd1	Y	>0.5~4.0	490~735	—	—
QCd1	Y	>4.0~6.0	470~685	—	—
（11）青铜扁线（GB/T 3114—2010）					
QSn6.5-0.1、QSn6.5-0.4、QSn7-0.2、QSn5-0.2	M	宽度：0.5~12.0	370	δ≥30	—
QSn6.5-0.1、QSn6.5-0.4、QSn7-0.2、QSn5-0.2	Y_2	宽度：0.5~12.0	390	δ≥10	—
QSn6.5-0.1、QSn6.5-0.4、QSn7-0.2、QSn5-0.2	Y	宽度：0.5~12.0	540	—	—
QSn4-3、QSi3-1	Y	宽度：0.5~12.0	735	—	—
（12a）铍青铜线（硬化调质前）（YS/T 571—2009）					
QBe2	M	0.03~6.00	375~570	—	—
QBe2	Y_2	>0.50~6.00	540~785	—	—
QBe2	Y	0.03~6.00	>785	—	—
（12b）铍青铜线（硬化调质后）（YS/T 571—2009）					
QBe2	M	0.03~6.00	>1030	—	—

续表

牌号	制造方法和状态①	规格②(mm)	抗拉强度(MPa)≥	断后伸长率 A_{100mm}(%)≥	硬度HV≥
(12b) 铍青铜线(硬化调质后)(YS/T 571—2009)					
QBe2	Y_2	>0.50~6.00	>1177	—	—
	Y	0.03~6.00	>1275		

注 1. 外径不小于200mm的管材一般不做硬度试验,但必须保证管材的纵向室温力学性能与表中相符。

2. 断后伸长率指标均指拉伸试样在标距内的断裂值。

3. 经供需双方协商可供应其他规格、状态和性能的线材,具体要求应在合同中注明。

4. 硬化调质工艺:温度,均为315℃±15℃;时间,M态线为180min,Y_2态线为120min,Y态线为60min。

① 状态栏中:M—软(退火);Y_4—1/4硬;Y_3—1/3硬;Y_2—半硬;Y_1—3/4硬;Y—硬;T—特硬;TY—强硬;R—热挤、热轧;CYS—淬火+冷加工+人工时效;TH04—固溶热处理+冷加工+沉淀热处理;TF00—固溶热处理+沉淀处理。

② 规格栏:圆棒(线)指直径;方形、六角形棒(线)指内切圆直径或平行对边距离;板、带、箔材指厚度;圆形管指外径;椭圆形管、扁圆形管指外径(长轴)。

③ 断后伸长率如有 $A_{11.3}(\delta_{10})$ 和 $A(\delta_5)$ 两个指标,取用时以 $A_{11.3}(\delta_{10})$ 为准。

④ 厚度超出规定范围的板(带)材,其性能由供需双方协商。

⑤ 需方如有要求,并在合同中注明,可对QMn1.5牌号的带材进行电性能试验,其电阻率 $\rho_{(20℃\pm1℃)}/(\Omega\cdot mm^2/m)\leq 0.087$;电阻温度系数 $\alpha_{(0\sim100℃)}/(1/℃)\leq 0.9\times10^{-3}$。

⑥ 如需方有要求,并在合同中注明时,可进行硬度试验。厚度不大于0.25mm带材的抗拉强度、断后伸长率不作规定。

⑦ 直径或对边距离小于100mm的拉制棒材不做硬度试验。

⑧ 直径大于50mm的QAl10-3-1.5挤制棒,当伸长率 $\delta_{10}\geq 15\%$ 时,其抗拉强度可以大于或等于540MPa。

⑨ 该硬度值为经淬火处理及冷加工时效后的性能参考值。

⑩ 铍青铜棒的硬度试验须在合同中注明方可进行。直径不大于16mm的棒材不做硬度试验。

4. 加工白铜产品的力学性能

牌号	制造方法和状态①	规格②（mm）	抗拉强度（MPa）≥	断后伸长率（%）≥		硬度≥	
				$A_{11.3}$	A	HV	HRB
(1a) 普通白铜板（GB/T 2040—2008）③							
B5	R	7~14	215	20	—	—	—
	M	0.5~10	215	30			
	Y	0.5~10	370	10			
B19	R	7~14	295	20	—	—	—
	M	0.5~10	290	25			
	Y	0.5~10	390	3			
(1b) 锌白铜板（GB/T 2040—2008）③							
BZn15-20	M	0.5~10	340	35	—	—	—
	Y_2		440~570	5			
	Y		540~690	1.5			
	T		640	1			
BZn18-17	M	0.5~5	375	20	—	—	—
	Y_2		440~570	5			
	Y		540	3			
(1c) 铁白铜板（GB/T 2040—2008）③							
BFe10-1-1	R	7~60	275	20	—	—	—
	M	0.5~10	275	28			
	Y	0.5~10	370	3			
BFe30-1-1	R	7~60	345	15	—	—	—
	M	0.5~10	370	20			
	Y	0.5~10	530	3			
(1d) 铝白铜板（GB/T 2040—2008）③							
BAl6-1.5	Y	0.5~12	535	3	—	—	—
BAl13-3	CYS	0.5~12	635	5	—	—	—

续表

牌号	制造方法和状态①	规格②（mm）	抗拉强度（MPa）≥	断后伸长率（%）≥		硬度≥	
				$A_{11.3}$	A	HV	HRB
（1e）锰白铜板（GB/T 2040—2008）③							
BMn40-1.5	M	0.5～10	390～590	实测	—	—	—
	Y		590	实测			
BMn3-12	M	0.5～10	350	25	—	—	—
（2）白铜带（GB/T 2059—2008）③④⑤							
BZn15-20	M	>0.15～12	340	35	—	—	—
	Y_2		440～570	5			
	Y		540～690	1.5			
	T		640	1			
BZn18-17	M	>0.15～12	375	20	—	—	—
	Y_2		440～570	5			
	Y		540	3			
B5	M	>0.15～12	215	132	—	—	—
	Y		370	10			
B19	M	>0.15～12	200	25	—	—	—
	Y		390	3			
BFe10-1-1	M	>0.15～12	275	28	—	—	—
	Y		370	3			
BFe30-1-1	M	>0.15～12	370	23	—	—	—
	Y		540	3			
BMn3-12	M	>0.15～12	350	25	—	—	—
牌号	制造方法和状态①	规格②（mm）	抗拉强度（MPa）≥	断后伸长率 A（%）≥		硬度≥	
						HV	HRB
BMn40-1.5	M	>0.5～12	390～590	—		—	—
	Y		635				

续表

牌号	制造方法和状态[1]	规格[2]（mm）	抗拉强度（MPa）≥	断后伸长率 A（%）≥	硬度≥ HV	硬度≥ HRB
BAl13-3	CYS	>0.5~12	实测数据	—	—	—
BAl6-1.5	Y	>0.5~12	600	—	—	—

（3）白铜拉制棒（GB/T 4423—2007）和挤制棒（YS/T 649—2007）[6]

牌号	制造方法和状态[1]		规格[2]（mm）	抗拉强度（MPa）≥	断后伸长率 A（%）≥	硬度 HV	硬度 HRB
BZn15-20	拉制	Y	4~12	440	6	—	—
			12~25	390	8		
			25~40	345	13		
		M	3~40	295	33	—	—
	热挤	R	≤80	295	33	—	—
				—			
BZn15-24-1.5	拉制	T	3~18	590	3	—	—
		Y	3~18	440	5		
		M	3~18	295	30		
BFe30-1-1	拉制	Y	16~50	490	—	—	—
		M	16~50	345	25		
	热挤	R	≤80	345	8	—	—
				—			
BMn40-1.5	拉制	Y	7~20	540	—	—	—
			20~30	490			
			30~40	440			
	热挤	R	≤80	345	—	—	—
				—			
BA113-3	热挤	R	≤80	685	7	—	—
				—		—	—

续表

牌号	制造方法和状态①	规格②（mm）	抗拉强度（MPa）≥	断后伸长率 A（%）≥	硬度	
					HV	HRB
（4）白铜拉制管（GB/T 1527—2006）⑦⑧						
BZn15-20	M	4~40	295	35	—	—
	Y_2		390	20		
	Y		490	8		
BFe10-1-1	M	8~160	290	30	75~110	70~105
	Y_2		310	12	105	100
	Y		480	8	150	145
BFe30-1-1	M	8~80	370	35	135	130
	Y_2		480	12	85~120	80~115
（5）换热器用白铜无缝管（GB/T 8890—2007）						
BFe30-1-1	M	直管：6~76	370	30	—	—
	Y_2		490	10	—	—
BFe10-1-1	M	盘管：3~20 直管：M4~160；Y_2、Y6~76	290	30	—	—
	Y_2		345	10	—	—
	Y		480	—	—	—

牌号	制造方法和状态①	规格②（mm）	抗拉强度（MPa）≥	断后伸长率 A_{100mm}（%）≥	硬度 HV
（6）白铜线（GB/T 21652—2008）					
B19	M	0.1~0.5	295	20	—
		>0.5~6.0	295	25	
	Y	0.1~0.5	590~880	—	—
		>0.5~6.0	490~785		
BFe10-1-1	M	0.1~1.0	450	15	—
		>1.0~6.0	400	18	
	Y	0.1~1.0	780	—	—
		>1.0~6.0	650		

续表

牌号	制造方法和状态[①]	规格[②]（mm）	抗拉强度（MPa）≥	断后伸长率 A_{100mm}（%）≥	硬度 HV
（6）白铜线（GB/T 21652—2008）					
BFe30-1-1	M	0.1~0.5	345	20	—
		>0.5~6.0	345	25	
	Y	0.1~0.5	685~980	—	—
		>0.5~6.0	590~880		
BMn3-12	M	0.05~1.00	440	12	—
		>1.0~6.0	390	20	
	Y	0.05~1.00	785	—	—
		>1.0~6.0	685		
BMn40-1.5	M	0.05~0.20	390	15	—
		>0.2~0.5	390	20	
		>0.5~0.6	390	25	
	Y	0.05~0.20	685~980	—	—
		>0.2~0.5	685~880		
		>0.5~0.6	635~835		
BZn9-29、BZn12-26	M	0.1~0.2	320	15	—
		>0.2~0.5	320	20	—
		>0.5~2.0	320	25	—
		>2.0~8.0	320	—	—
	Y_8	0.1~0.2	400~570	12	—
		>0.2~0.5	380~550	16	—
		>0.5~2.0	360~540	22	—
		>2.0~8.0	340~520	25	—
	Y_4	0.1~0.2	420~620	6	—
		>0.2~0.5	400~600	8	—
		>0.5~2.0	380~590	12	—
		>2.0~8.0	360~570	18	—

续表

牌号	制造方法和状态①	规格②（mm）	抗拉强度（MPa）≥	断后伸长率 A_{100mm}（%）≥	硬度 HV
（6）白铜线（GB/T 21652—2008）					
BZn9-29、BZn12-26	Y_2	0.1~0.2	480~680	—	—
		>0.2~0.5	460~640	6	—
		>0.5~2.0	440~630	9	—
		>2.0~8.0	420~600	12	—
	Y_1	0.1~0.2	550~800	—	—
		>0.2~0.5	530~750	—	—
		>0.5~2.0	510~730	—	—
		>2.0~8.0	490~630	—	—
	Y	0.1~0.2	680~880	—	—
		>0.2~0.5	630~820	—	—
		>0.5~2.0	600~800	—	—
		>2.0~8.0	580~700	—	—
	T	0.5~4.0	720	—	—
BZn15-20、BZn18-20	M	0.1~0.2	345	15	—
		>0.2~0.5	345	20	—
		>0.5~2.0	345	25	—
		>2.0~8.0	345	30	—
	Y_8	0.1~0.2	450~600	12	—
		>0.2~0.5	435~570	15	—
		>0.5~2.0	420~550	20	—
		>2.0~8.0	410~520	24	—
	Y_4	0.1~0.2	470~660	10	—
		>0.2~0.5	460~620	12	—
		>0.5~2.0	440~600	14	—
		>2.0~8.0	420~570	16	—

续表

牌号	制造方法和状态①	规格②（mm）	抗拉强度（MPa）≥	断后伸长率 A_{100mm}（%）≥	硬度 HV
（6）白铜线（GB/T 21652—2008）					
BZn15-20、BZn18-20	Y_2	0.1～0.2	510～780	—	—
		>0.2～0.5	490～735	—	—
		>0.5～2.0	440～685	—	—
		>2.0～8.0	440～635	—	—
	Y_1	0.1～0.2	620～860	—	—
		>0.2～0.5	610～810	—	—
		>0.5～2.0	595～760	—	—
		>2.0～8.0	580～700	—	—
	Y	0.1～0.2	735～980	—	—
		>0.2～0.5	735～930	—	—
		>0.5～2.0	685～880	—	—
		>2.0～8.0	540～785	—	—
	T	0.5～1.0	750	—	—
		>1.0～2.0	740	—	—
		>2.0～4.0	730	—	—

牌号	制造方法和状态①	规格②（mm）	抗拉强度（MPa）≥	断后伸长率（%）≥		硬度 HV
				$A_{11.3}$	A_{100mm}	
BZn22-16、BZn25-18	M	0.1～0.2	440	—	12	—
		>0.2～0.5	440	—	16	—
		>0.5～2.0	400	—	23	—
		>2.0～8.0	440	—	28	—

续表

牌号	制造方法和状态①	规格②(mm)	抗拉强度(MPa)≥	断后伸长率(%)≥		硬度 HV
				$A_{11.3}$	A_{100mm}	
BZn22-16、BZn25-18	Y_8	0. 1~0. 2	500~680	—	10	—
		>0. 2~0. 5	490~650	—	12	—
		>0. 5~2. 0	470~630	—	15	—
		>2. 0~8. 0	460~600	—	18	—
	Y_4	0. 1~0. 2	540~720	—	—	—
		>0. 2~0. 5	520~690	—	6	—
		>0. 5~2. 0	500~670	—	8	—
		>2. 0~8. 0	480~650	—	10	—
	Y_2	0. 1~0. 2	640~830	—	—	—
		>0. 2~0. 5	620~800	—	—	—
		>0. 5~2. 0	600~780	—	—	—
		>2. 0~8. 0	580~760	—	—	—
	Y_1	0. 1~0. 2	660~880	—	—	—
		>0. 2~0. 5	640~850	—	—	—
		>0. 5~2. 0	620~830	—	—	—
		>2. 0~8. 0	600~810	—	—	—
	Y	0. 1~0. 2	750~990	—	—	—
		>0. 2~0. 5	740~950	—	—	—
		>0. 5~2. 0	650~900	—	—	—
		>2. 0~8. 0	630~860	—	—	—

续表

牌号	制造方法和状态①	规格②(mm)	抗拉强度(MPa)≥	断后伸长率(%)≥		硬度 HV
				$A_{11.3}$	A_{100mm}	
BZn22-16、BZn25-18	T	0.1~1.0	820	—	—	—
		>1.0~2.0	810	—	—	—
		>2.0~4.0	800	—	—	—
BZn40-20	M	1.0~6.0	440	—	20	—
	Y_4	1.0~6.0	500~650	—	8	—
	Y_2	1.0~6.0	550~700	—	—	—
	Y_1	1.0~6.0	600~850	—	—	—
	Y	1.0~6.0	800~1000	—	—	—

注 1. 断后伸长率指标均指拉伸试样在标距内的断裂值。

2. 经供需双方协商可供应其余规格、状态和性能的线材，具体要求应在合同中注明。

① 状态栏中：M—软（退火）；Y_2—半硬；Y—硬；T—特硬；TY—强硬；R—热挤、热轧；CYS—淬火+冷加工+人工时效；Y_8—1/8 硬；Y_4—1/4 硬；Y_1—3/4 硬。

② 规格栏：圆棒（线）指直径，方形、六角形棒（线）指内切圆直径或平行对边距离；板、带、材指厚度；圆形管指外径。

③ 厚度超出规定范围的板（带）材，其性能由供需双方协商。

④ BMn3-12 和 BZn40-1.5 带材的电性能符合 GB/T 2059—2008 的规定。

⑤ 需方如有要求，并在合同中注明，可对 BMn40-1.5（M、Y 状态）和 BMn15-20（Y、T 状态）带材进行弯曲试验，具体要求参见 GB/T 2059—2008 的规定。

⑥ 直径或对边距离小于 10mm 的拉制棒材不做硬度试验。

⑦ 维氏硬度试验负荷由供需双方协定。软（M）状态的维氏硬度试验仅适用于壁厚不小于 0.5mm 的管材。布氏硬度试验仅适用于壁厚不小于 3mm 的管材。

⑧ 需方要求并在合同中注明时，完全退火的圆形管材可进行压扁试验，冷加工状态（包括退火前的冷加工状态）的管材可进行涡流检测试验；软状态和轻状态的管材可进行晶粒度检验。

二、铝及其合金

1. 常见变形铝及铝合金产品的力学性能

牌号	状态	壁厚(mm)	抗拉强度 R_m(MPa)≥	规定非比例延伸强度 $R_{p0.2}$(MPa)≥	断后伸长率(%)≥	
					$A_{5.65}$	A_{50mm}
(1)一般工业用铝及铝合金挤压型材(GB/T 6892—2006)						
1050A	H112	—	60	20	25	23
1060	O	—	60~95	15	22	20
	H112	—	60	15	22	20
1100	O	—	75~105	20	22	20
	H112	—	75	20	22	20
1200	H112	—	75	25	20	18
1350	H112	—	60	—	25	23
2A11	O	—	≤245	—	12	10
	T4	≤10	335	190	—	10
		>10~20	335	200	10	8
		>20	365	210	10	—
2A12	O	—	≤245	—	12	10
	T4	≤5	390	295	—	8
		>5~10	410	295		8
		>10~20	420	305	10	8
		>20	440	315	10	—
2017	O	≤3.2	≤220	≤140	—	11
		>3.2~12	≤225	≤145	—	11
	T4	—	390	245	15	13
2017A	T4、T4510、T4511	≤30	380	260	10	8

续表

牌号	状态	壁厚（mm）	抗拉强度 R_m（MPa）≥	规定非比例延伸强度 $R_{p0.2}$（MPa）≥	断后伸长率（%）≥	
					$A_{5.65}$	A_{50mm}
2014、2014A	O	—	≤250	≤135	12	10
	T4、T4510、T4511	≤25	370	230	11	10
		>25~75	410	270	10	—
	T6、T6510、T6511	≤25	415	370	7	5
		>25~75	460	415	7	—
2024	O		≤25	≤150	12	10
	T3、T3510、T3511	≤15	390	290	8	6
		>15~50	420	290	8	—
	T8、T8510、T8511	≤50	455	380	5	4
3A21	O、H112	—	≤185	—	16	14
3003、3103	H112	—	95	35	25	20
5A02	O、H112	—	≤245	—	12	10
5A03	O、H112	—	180	80	12	10
5A06	O、H112	—	255	130	15	13
5005、5005A	H112	—	315	160	15	13
5005、5005A	H112	—	100	40	18	16
5051A	H112	—	150	60	16	14
5251	H112	—	160	60	16	14
5052	H112	—	170	70	15	13
5154A、5454	H112	≤25	200	85	16	14
5754	H112	≤25	180	80	14	12
5019	H112	≤30	250	110	14	12
5083	H112	—	270	125	12	10
5086	H112	—	240	95	12	10

续表

牌号	状态	壁厚（mm）	抗拉强度 R_m（MPa）≥	规定非比例延伸强度 $R_{p0.2}$（MPa）≥	断后伸长率（%）≥	
					$A_{5.65}$	A_{50mm}
6A02	T4	—	180	—	12	10
	T6	—	295	230	10	8
6101A	T6	≤50	200	170	10	8
6101B	T6	≤15	215	160	8	6
6005、6005A	T4	≤25	180	90	15	13
	T5	≤6.3	260	215	—	7
	T6 实心型材	≤5	270	225	—	6
		>5~10	260	215	—	6
		>10~25	250	200	8	6
	T6 空心型材	≤5	255	215	—	6
		>5~15	250	200	8	6
6106	T6	≤10	250	200	—	6
6351	O	—	≤160	≤110	14	12
	T4	≤25	205	110	14	12
	T5	≤5	270	230	—	6
	T6	≤5	290	250	—	6
		>5~25	300	255	10	8
6060	T4	≤25	120	60	16	14
	T5	≤5	160	120	—	6
		>5~25	140	100	8	6
	T6	≤3	190	150	—	6
		>3~25	170	140	8	6
6061	T4	≤25	180	110	15	13
	T5	≤16	240	205	9	7
	T6	≤5	260	240	—	7

续表

牌号	状态		壁厚（mm）	抗拉强度 R_m（MPa）≥	规定非比例延伸强度 $R_{p0.2}$（MPa）≥	断后伸长率（%）≥	
						$A_{5.65}$	A_{50mm}
6061	T6		>5～25	260	240	10	8
6261	O		—	≤170	≤120	14	12
	T4		≤25	180	100	14	12
	T5		≤5	270	230	—	7
			>5～25	260	220	9	8
			>25	250	210	9	—
	T6	实心型材	≤5	290	245	—	7
			>5～10	280	235	—	7
		空心型材	≤5	290	245	—	7
			>5～10	270	230	—	8
6063	T4		≤25	130	65	14	12
	T5		≤3	175	130	—	6
			>3～25	160	110	7	5
	T6		≤10	215	170		6
			>10～25	195	160	8	6
6063A	T4		≤25	150	90	12	10
	T5		≤10	200	160	—	5
			>10～25	190	150	6	4
	T6		≤10	230	190	—	5
			>10～25	220	180	5	4
6463	T4		≤50	125	75	14	12
	T5		≤50	150	110	8	6
	T6		≤50	195	160	10	8
6463A	T1		≤12	115	60	—	10
	T5		≤12	150	110	—	6

续表

牌号	状态	壁厚（mm）	抗拉强度 R_m（MPa）≥	规定非比例延伸强度 $R_{p0.2}$（MPa）≥	断后伸长率（%）≥	
					$A_{5.65}$	A_{50mm}
6463A	T6	≤3	205	170	—	6
		>3~12	205	170	—	8
6081	T6	≤25	275	240	8	6
6082	O	—	160	110	14	12
	T4	≤25	205	110	14	12
	T5	≤5	270	230	—	6
	T6	≤5	290	250	—	6
		>5~25	310	260	10	8
7A04	O	—	245	—	10	8
	T6	≤10	500	430	—	4
		>10~20	530	440	6	4
		>20	560	460	6	—
7003	T5	—	310	260	10	8
	T6	≤10	350	290	—	8
		>10~25	340	280	10	8
7005	T5	≤25	345	305	10	8
	T6	≤40	350	290	10	8
7020	T6	≤40	350	290	10	8
7022	T5、T6510、T6511	≤30	490	420	7	5
7049A	T6	≤30	610	530	5	4
7075	T6、T6510、T6511	≤25	530	460	6	4
		>25~60	540	470	6	—
	T73、T73510、T73511	≤25	485	420	7	5

续表

牌号	状态	壁厚（mm）	抗拉强度 R_m（MPa）≥	规定非比例延伸强度 $R_{p0.2}$（MPa）≥	断后伸长率（%）≥	
					$A_{5.65}$	A_{50mm}
7075	T6、T6510、T6511	≤6	510	440	—	5
		>6~50	515	450	6	5
7178	T6、T6510、T6511	≤1.6	565	525	—	—
		>1.6~6	580	525	—	3
		>6~35	600	540	4	3
		>35~60	595	530	4	—
	T76、T76510、T76511	>3~6	525	455	—	5
		>6~25	535	460	6	5

牌号	状态		壁厚（mm）	抗拉强度 R_m（MPa）≥	规定非比例延伸强度 $R_{p0.2}$（MPa）≥	断后伸长率（%）		硬度		
						A	A_{50mm}	试样厚度（mm）	维氏硬度HV	韦氏硬度HW
（2）铝合金建筑型材（GB/T 5237.1—2008）										
6005	T5		≤6.3	260	240	—	8	—	—	—
	T6	空心型材	≤5	270	225	—	6	—	—	—
			>5~10	260	215	—	6	—	—	—
			>10~25	250	200	8	6	—	—	—
		空心型材	≤5	255	215	—	6	—	—	—
			>5~15	250	200	8	6	—	—	—
6060	T5		≤5	160	120	—	6	—	—	—
			>5~25	140	100	8	6	—	—	—
	T6		≤3	190	150	—	6	—	—	—
			>3~25	170	140	8	6	—	—	—
6061	T4		所有规格	180	110	16	16	—	—	—
	T6		所有规格	265	245	8	8	—	—	—

续表

牌号	状态	壁厚（mm）	抗拉强度 R_m（MPa）≥	规定非比例延伸强度 $R_{p0.2}$（MPa）≥	断后伸长率（%）		硬度		
					A	A_{50mm}	试样厚度（mm）	维氏硬度 HV	韦氏硬度 HW
（2）铝合金建筑型材（GB/T 5237.1—2008）									
6063	T5	所有规格	160	110	8	8	0.5	58	8
	T6	所有规格	205	180	8	8	—	—	—
6063A	T5	≤10	200	160	—	5	0.8	65	10
		>10	190	150	5	5	0.8	65	10
	T6	≤10	230	190	—	5	—	—	—
		>10	220	180	4	4	—	—	—
6463	T5	≤50	150	110	8	6	—	—	—
	T6	≤50	195	160	10	8	—	—	—
6463A	T5	≤12	150	110	—	6	—	—	—
	T6	≤3	205	170	—	6	—	—	—
		>3~12	205	170	—	6	—	—	—

牌号	供应状态	试样状态	厚度（mm）	抗拉强度 R_m（MPa）	规定非比例延伸强度 $R_{p0.2}$（MPa）	断后伸长率（%）	
						A_{50mm}	$A_{5.65}$
				≥			
（3）一般工业用铝及铝合金板、带材（GB/T 3880.1—2012）							
1A97	H112	H112	>4.50~80.00	附实测值			
1A93	F	—	>4.50~150.00	—			
1A90、1A85	H112	H112	>4.50~12.50	60	—	21	—
			>12.50~20.00			—	19
			>20.00~80.00	附实测值			
	F	—	>4.50~150.00	—			

续表

牌号	供应状态	试样状态	厚度（mm）	抗拉强度 R_m（MPa）	规定非比例延伸强度 $R_{p0.2}$（MPa）	断后伸长率（%）	
						A_{50mm}	$A_{5.65}$
				≥			
（3）一般工业用铝及铝合金板、带材（GB/T 3880.1—2012）							
1235	H12、H22	H12、H22	>0.20~0.30	95~130	—	2	—
			>0.30~0.50			3	—
			>0.50~1.50			6	—
			>1.50~3.00			8	—
			>3.00~4.50			9	—
	H14、H24	H14、H24	>0.20~0.30	115~150	—	1	—
			>0.30~0.50			2	—
			>0.50~1.50			3	—
			>1.50~3.00			4	—
	H16、H26	H16、H26	>0.20~0.50	130~165	—	1	—
			>0.50~1.50			2	—
			>1.50~4.00			3	—
	H18	H18	>0.20~0.50	145	—	1	—
			>0.50~1.50			2	—
			>1.50~3.00			3	—
1070	O	O	>0.20~0.30	55~095	—	15	—
			>0.30~0.50			20	—
			>0.50~0.80			25	—
			>0.80~1.50		15	30	—
			>1.50~6.00			35	—
			>6.00~12.50			35	—
			>12.50~50.00			—	30

续表

牌号	供应状态	试样状态	厚度（mm）	抗拉强度 R_m（MPa）	规定非比例延伸强度 $R_{p0.2}$（MPa）	断后伸长率（%） A_{50mm}	断后伸长率（%） $A_{5.65}$
				≥			
（3）一般工业用铝及铝合金板、带材（GB/T 3880.1—2012）							
1070	H12、H22	H12、H22	>0.20~0.30	70~100	—	2	—
			>0.30~0.50			3	—
			>0.50~0.80			4	—
			>0.80~1.50		55	6	—
			>1.50~3.00			8	—
			>3.00~6.00			9	—
	H14、H24	H14、H24	>0.20~0.30	85~120	—	1	—
			>0.30~0.50			2	—
			>0.50~0.80			3	—
			>0.80~1.50		65	4	—
			>1.50~3.00			5	—
			>3.00~6.00			6	—
	H16、H26	H16、H26	>0.20~0.30	100~135	—	1	—
			>0.50~0.80			2	—
			>0.80~1.50		75	3	—
			>1.50~4.00			4	—
	H18	H18	>0.20~0.50	120	—	1	—
			>0.50~0.80			2	—
			>0.80~1.50			3	—
			>1.50~3.00			4	—
	H112	H112	>4.50~6.00	75	36	13	—
			>6.00~12.50	70	35	15	—
			>12.50~25.00	60	25	—	20

续表

牌号	供应状态	试样状态	厚度（mm）	抗拉强度 R_m（MPa）	规定非比例延伸强度 $R_{p0.2}$（MPa）	断后伸长率（%）	
						A_{50mm}	$A_{5.65}$
				≥			
（3）一般工业用铝及铝合金板、带材（GB/T 3880.1—2012）							
1070	H112	H112	>25.00~75.00	65	15	—	25
	F	—	>2.50~150.00	—	—	—	—
1060	O	O	>0.20~0.30	60~100	—	15	—
			>0.30~0.50			18	—
			>0.50~1.50			23	—
			>1.50~6.00			25	—
			>6.00~80.00			25	—
	H12、H22	H12、H22	>0.50~1.50	80~120	60	6	—
			>1.50~6.00			12	—
	H14、H24	H14、H24	>0.20~0.30	95~135	70	1	—
			>0.30~0.50			2	—
			>0.50~0.80			2	—
			>0.80~1.50			4	—
			>1.50~3.00			6	—
			>3.00~6.00			10	—
	H16、H26	H16、H26	>0.20~0.30	110~155	75	1	—
			>0.30~0.50			2	—
			>0.50~0.80			2	—
			>0.80~1.50			3	—
			>1.50~4.00			5	—
	H18	H18	>0.20~0.30	125	85	1	—
			>0.30~0.50			2	—
			>0.50~1.50			3	—

续表

牌号	供应状态	试样状态	厚度（mm）	抗拉强度 R_m（MPa）	规定非比例延伸强度 $R_{p0.2}$（MPa）	断后伸长率（%） A_{50mm}	断后伸长率（%） $A_{5.65}$
				≥			
（3）一般工业用铝及铝合金板、带材（GB/T 3880.1—2012）							
1060	H18	H18	>1.50~3.00	125	85	4	—
	H112	H112	>4.50~6.00	75	—	10	—
			>6.00~12.50	75		10	—
			>12.50~25.00	70		—	18
			>40.00~80.00	60		—	22
	F	—	>2.50~150.00	—	—	—	—
1050	O	O	>0.20~0.50	60~100	—	15	—
			>0.50~0.80			20	—
			>0.80~1.50		20	25	—
			>1.50~6.00			30	—
			>6.00~50.00			28	28
	H12、H22	H12、H22	>0.20~0.30	80~120	—	2	—
			>0.30~0.50			3	—
			>0.50~0.80			4	—
			>0.80~1.50		65	6	—
			>1.50~3.00			8	—
			>3.00~6.00			9	—
	H14、H24	H14、H24	>0.20~0.30	95~135	70	1	—
			>0.30~0.50			2	—
			>0.50~0.80			2	—
			>0.80~1.50			4	—
			>1.50~3.00			6	—
			>3.00~6.00			10	—

续表

牌号	供应状态	试样状态	厚度（mm）	抗拉强度 R_m（MPa）	规定非比例延伸强度 $R_{p0.2}$（MPa）	断后伸长率（%）	
						A_{50mm}	$A_{5.65}$
				≥			
（3）一般工业用铝及铝合金板、带材（GB/T 3880.1—2012）							
1050	H16、H26	H16、H26	>0.20～0.30	110～155	75	1	—
			>0.30～0.50			2	—
			>0.50～0.80			2	—
			>0.80～1.50			3	—
			>1.50～4.00			5	—
	H14、H24	H14、H24	>0.20～0.30	95～130	—	1	—
			>0.30～0.50			2	—
			>0.50～0.80			3	—
			>0.80～1.50		75	4	—
			>1.50～3.00			5	—
			>3.00～6.00			6	—
	H16、H26	H16、H26	>0.20～0.50	120～150	—	1	—
			>0.50～0.80		85	2	—
			>0.80～1.50			3	—
			>1.50～4.00			4	—
	H18	H18	>0.20～0.50	130	—	1	—
			>0.50～0.80			2	—
			>0.80～1.50			3	—
			>1.50～3.00			4	—
	H112	H112	>4.50～6.00	85	45	10	—
			>6.00～12.50	80	45	10	—
			>12.50～25.00	70	35	—	16
			>25.00～50.00	65	30	—	22

续表

牌号	供应状态	试样状态	厚度（mm）	抗拉强度 R_m（MPa）	规定非比例延伸强度 $R_{p0.2}$（MPa）	断后伸长率（%）	
						A_{50mm}	$A_{5.65}$
				≥			
（3）一般工业用铝及铝合金板、带材（GB/T 3880.1—2012）							
1050	H112	H112	>50.00~75.00	65	30	—	22
	F	—	>2.50~150.00	—	—	—	—
1050A	O	O	>0.20~0.50	>65~95	20	20	—
			>0.50~1.50			22	—
			>1.50~3.00			26	—
			>3.00~6.00			29	—
			>6.00~12.50			35	—
			>12.50~50.00			—	32
	H12	H12	>0.20~0.50	>85~125	65	2	—
			>0.50~1.50			4	—
			>1.50~3.00			5	—
			>3.00~6.00			7	—
	H22	H22	>0.20~0.50	>85~125	55	4	—
			>0.50~1.50			5	—
			>1.50~3.00			6	—
			>3.00~6.00			11	—
	H14	H14	>0.20~0.50	>105~145	85	2	—
			>0.50~1.50			3	—
			>1.50~3.00			4	—
			>3.00~6.00			5	—
	H24	H24	>0.20~0.50	>105~145	75	3	—
			>0.50~1.50			4	—
			>1.50~3.00			5	—

续表

牌号	供应状态	试样状态	厚度 (mm)	抗拉强度 R_m (MPa)	规定非比例延伸强度 $R_{p0.2}$ (MPa)	断后伸长率 (%) A_{50mm}	$A_{5.65}$
				≥			
(3) 一般工业用铝及铝合金板、带材 (GB/T 3880.1—2012)							
1050A	H24	H24	>3.00~6.00	>105~145	75	8	—
	H16	H16	0.20~0.50	>120~160	100	1	—
			>0.50~1.50			2	—
			>1.50~4.00			3	—
	H26	H26	>0.20~0.50	>120~160	90	2	—
			>0.50~1.50			3	—
			>1.50~4.00			4	—
	H18	H18	>0.20~0.50	140	120	1	—
			>0.50~1.50			2	—
			>1.50~3.00			2	—
	H112	H112	>4.50~12.50	75	30	20	—
			>12.50~75.00	70	25	—	20
	F	—	>3.00~6.00	—	—	—	—
1145	O	O	>0.20~0.50	60~100	—	15	—
			>0.50~0.80			20	—
			>0.80~1.50		20	25	—
			>1.50~6.00			30	—
			>6.00~10.00			28	—
	H12 H22	H12 H22	>0.20~0.30	80~120	—	2	—
			>0.30~0.50			3	—
			>0.50~0.80			4	—
			>0.80~1.50		65	6	—
			>1.50~3.00			8	—

续表

<table>
<tr><th rowspan="3">牌号</th><th rowspan="3">供应状态</th><th rowspan="3">试样状态</th><th rowspan="3">厚度（mm）</th><th rowspan="2">抗拉强度 R_m（MPa）</th><th rowspan="2">规定非比例延伸强度 $R_{p0.2}$（MPa）</th><th colspan="2">断后伸长率（%）</th></tr>
<tr><th>A_{50mm}</th><th>$A_{5.65}$</th></tr>
<tr><th colspan="4">≥</th></tr>
<tr><td colspan="8">（3）一般工业用铝及铝合金板、带材（GB/T 3880.1—2012）</td></tr>
<tr><td rowspan="19">1145</td><td>H12
H22</td><td>H12
H22</td><td>>3.00～4.50</td><td>80～120</td><td>65</td><td>9</td><td>—</td></tr>
<tr><td rowspan="6">H14、H24</td><td rowspan="6">H14、H24</td><td>>0.20～0.30</td><td rowspan="6">95～125</td><td rowspan="3">—</td><td>1</td><td>—</td></tr>
<tr><td>>0.30～0.50</td><td>2</td><td>—</td></tr>
<tr><td>>0.50～0.80</td><td>3</td><td>—</td></tr>
<tr><td>>0.80～1.50</td><td rowspan="3">75</td><td>4</td><td>—</td></tr>
<tr><td>>1.50～3.00</td><td>5</td><td>—</td></tr>
<tr><td>>3.00～4.50</td><td>6</td><td>—</td></tr>
<tr><td rowspan="4">H16、H26</td><td rowspan="4">H16、H26</td><td>>0.20～0.50</td><td rowspan="4">120～140</td><td rowspan="2">—</td><td>1</td><td>—</td></tr>
<tr><td>>0.50～0.80</td><td>2</td><td>—</td></tr>
<tr><td>>0.80～1.50</td><td rowspan="2">85</td><td>3</td><td>—</td></tr>
<tr><td>>1.50～4.50</td><td>4</td><td>—</td></tr>
<tr><td rowspan="4">H18</td><td rowspan="4">H18</td><td>>0.20～0.50</td><td rowspan="4">125</td><td rowspan="4">—</td><td>1</td><td>—</td></tr>
<tr><td>>0.50～0.80</td><td>2</td><td>—</td></tr>
<tr><td>>0.80～1.50</td><td>3</td><td>—</td></tr>
<tr><td>>1.50～4.50</td><td>4</td><td>—</td></tr>
<tr><td rowspan="3">H112</td><td rowspan="3">H112</td><td>>4.50～6.50</td><td>85</td><td>45</td><td>10</td><td>—</td></tr>
<tr><td>>6.50～12.50</td><td>80</td><td>45</td><td>10</td><td>—</td></tr>
<tr><td>>12.50～25.00</td><td>70</td><td>35</td><td>—</td><td>16</td></tr>
<tr><td>F</td><td>—</td><td>>2.50～150.00</td><td>—</td><td>—</td><td>—</td><td>—</td></tr>
<tr><td rowspan="4">1100</td><td rowspan="4">O</td><td rowspan="4">O</td><td>>0.20～0.30</td><td rowspan="4">75～105</td><td rowspan="4">25</td><td>15</td><td>—</td></tr>
<tr><td>>0.30～0.50</td><td>17</td><td>—</td></tr>
<tr><td>>0.50～1.50</td><td>22</td><td>—</td></tr>
<tr><td>>1.50～6.00</td><td>30</td><td>—</td></tr>
</table>

续表

牌号	供应状态	试样状态	厚度（mm）	抗拉强度 R_m（MPa）	规定非比例延伸强度 $R_{p0.2}$（MPa）	断后伸长率（%）	
						A_{50mm}	$A_{5.65}$
				≥			
（3）一般工业用铝及铝合金板、带材（GB/T 3880.1—2012）							
1100	O	O	>6.00~80.00	75~105	25	28	25
	H12、H22	H12、H22	>0.20~0.50	95~130	75	3	—
			>0.50~1.50			5	—
			>1.50~6.00			8	—
	H14、H24	H14、H24	>0.20~0.30	110~145	95	1	—
			>0.30~0.50			2	—
			>0.50~1.50			3	—
			>1.50~4.00			5	—
	H16、H26	H16、H26	>0.20~0.30	135~165	115	1	—
			>0.30~0.50			2	—
			>0.50~1.50			3	—
			>1.50~4.00			4	—
	H18	H18	>0.20~0.50	150	—	1	—
			>0.50~1.50			2	—
			>1.50~3.00			4	—
	H112	H112	>6.00~12.50	90	50	9	—
			>12.50~40.00	85	40	—	12
			>40.00~80.00	80	30	—	18
	F	—	>2.50~150.00	—	—	—	—
1200	O、H111	O、H111	>0.20~0.50	75~105	25	19	—
			>0.50~1.50			21	—
			>1.50~3.00			24	—
			>3.00~6.00			28	—

续表

牌号	供应状态	试样状态	厚度（mm）	抗拉强度 R_m（MPa）	规定非比例延伸强度 $R_{p0.2}$（MPa）	断后伸长率（%）	
						A_{50mm}	$A_{5.65}$
				≥			
（3）一般工业用铝及铝合金板、带材（GB/T 3880.1—2012）							
1200	O、H111	O、H111	>6.00~12.50	75~105	25	33	—
			>12.50~50.00			—	30
	H112	H112	>0.20~0.50	95~135	75	2	—
			>0.50~1.50			4	—
			>1.50~3.00			5	—
			>3.00~6.00			6	—
	H14	H14	>0.20~0.50	115~155	95	2	—
			>0.50~1.50			3	—
			>1.50~3.00			4	—
			>3.00~6.00			5	—
	H16	H16	>0.20~0.50	130~170	115	1	—
			>0.50~1.50			2	—
			>1.50~4.00			3	—
	H18	H18	>0.20~0.50	150	130	1	—
			>0.50~1.50			2	—
			>1.50~3.00			2	—
	H22	H22	>0.20~0.50	95~135	65	4	—
			>0.50~1.50			5	—
			>1.50~3.00			6	—
			>3.00~6.00			10	—
	H24	H24	>0.20~0.50	115~155	90	3	—
			>0.50~1.50			4	—
			>1.50~3.00			54	—

续表

牌号	供应状态	试样状态	厚度（mm）	抗拉强度 R_m（MPa）	规定非比例延伸强度 $R_{p0.2}$（MPa）	断后伸长率（%）	
						A_{50mm}	$A_{5.65}$
				≥			
（3）一般工业用铝及铝合金板、带材（GB/T 3880.1—2012）							
1200	H24	H24	>3.00~6.00	115~155	90	7	—
	H26	H26	>0.20~0.50	130~170	105	2	—
			>0.50~1.50			3	—
			>1.50~4.00			4	—
	H112	H112	>6.00~12.50	85	35	16	—
			>12.50~80.00	80	30	—	16
	F	—	>4.50~150.00	—	—	—	—
2017	O	O	>0.50~1.50	≤215	≤110	12	—
			>1.50~3.00				
			>3.00~6.00				
			>12.50~25.00			—	12
		T42	>0.50~1.50	355	195	15	—
			>1.50~3.00			17	—
			>3.00~6.00			15	—
			>6.50~12.500		185	12	—
			>12.50~25.00	335	185	—	12
	T3	T3	>0.50~1.50	375	215	15	—
			>1.50~3.00			17	—
			>3.00~6.00			15	—
	T4	T4	>0.50~1.50	355	195	15	—
			>1.50~3.00			17	—
			>3.00~6.00			15	—
	H112	T42	>4.50~6.50	355	195	15	—

续表

牌号	供应状态	试样状态	厚度（mm）	抗拉强度 R_m（MPa）	规定非比例延伸强度 $R_{p0.2}$（MPa）	断后伸长率（%）	
						A_{50mm}	$A_{5.65}$
				≥			
（3）一般工业用铝及铝合金板、带材（GB/T 3880.1—2012）							
2017	H112	T42	>6.50~12.50	355	185	12	—
			>12.50~25.00		185	—	12
			>25.00~40.00	330	195	—	8
			>40.00~70.00	310	195	—	6
			>70.00~80.00	285	195	—	4
	F	—	>4.50~150.00	—	—	—	—
2A11	O	O	>0.50~3.00	≤225	—	12	—
			>3.00~10.00	≤235	—	12	—
		T42	>0.50~3.00	350	185	15	—
			>3.00~10.00	355	195	15	—
	T3	T3	>0.50~1.50	375	215	15	—
			>1.50~3.00			17	—
			>3.00~10.00			15	—
	T4	T4	>0.50~3.00	360	185	15	—
			>3.00~10.00	370	195	15	—
	H112	T42	>4.50~10.00	355	195	15	—
			>10.00~12.50	370	215	11	11
			>12.50~25.00	370	215	—	8
			>25.00~40.00	330	195	—	6
			>40.00~70.00	310	195	—	4
			>70.00~80.00	285	195	—	
	F	—	>4.50~150.00	—	—	—	—
2A14	O	O	>0.50~12.50	≤220	≤110	16	—

续表

牌号	供应状态	试样状态	厚度（mm）	抗拉强度 R_m（MPa）	规定非比例延伸强度 $R_{p0.2}$（MPa）	断后伸长率（%）	
						A_{50mm}	$A_{5.65}$
				≥			
（3）一般工业用铝及铝合金板、带材（GB/T 3880.1—2012）							
2A14	O	O	>12.50~25.00	≤220	—	—	9
		T62	>0.50~1.00	440	385	6	
			>1.00~6.00	455	400	7	—
			>6.00~12.50	460	405	7	—
			>12.50~25.00	460	405	—	5
		T42	>0.50~12.50	400	235	14	—
			>12.50~25.00	400	235	—	12
	T6	T6	>0.50~1.00	440	395	6	—
			>1.00~6.00	455	400	7	—
			>6.00~12.50	460	405	7	—
	T4	T4	>0.50~6.00	405	240	14	—
			>6.00~12.50	400	250	14	—
	T3	T3	>0.50~1.00	405	240	14	—
			>1.00~6.00	405	250	14	—
	F	—	>4.50~150.00	—	—	—	—
2014	O	O	>0.50~12.50	≤205	≤95	16	—
			>12.50~25.00	≤220	—	—	9
		T62	>0.50~1.00	425	370	7	
			>1.00~12.50	440	395	8	—
			>12.50~25.00	460	405	—	5
		T42	>0.50~1.00	370	215	14	—
			>1.00~12.50	395	235	15	—
			>12.50~25.00	400	235	—	—

续表

牌号	供应状态	试样状态	厚度（mm）	抗拉强度 R_m（MPa）	规定非比例延伸强度 $R_{p0.2}$（MPa）	断后伸长率（%） A_{50mm}	断后伸长率（%） $A_{5.65}$
				≥			
（3）一般工业用铝及铝合金板、带材（GB/T 3880.1—2012）							
2014	T6	T6	>0.50~1.00	425	370	7	—
			>1.00~12.50	440	395	8	—
	T4	T4	>0.50~1.00	370	215	14	—
			>1.00~6.00	395	235	15	—
			>6.00~12.50	395	250	15	—
	T3	T3	>0.50~1.00	380	235	14	—
			>1.00~6.00	395	240	15	—
	F	—	>4.50~150.00	—	—	—	—
2024	O	O	>0.50~12.50	≤220	≤95	12	—
			>12.50~45.00	≤220	—	—	10
		T42	>0.50~6.00	425	260	15	—
			>6.00~12.50	425	260	12	—
			>12.50~25.00	420	260	—	7
		T62	>0.50~12.50	440	345	5	—
			>12.50~25.00	435	345	—	4
	T3	T3	>0.50~6.00	435	290	15	—
			>6.00~12.50	440	290	12	—
	T4	T4	>0.50~6.00	425	275	15	—
	F	—	>4.50~150.00	—	—	—	—
2024	O	O	>0.50~1.50	≤205	≤95	12	—
			>1.50~12.50	≤220	≤95	12	—
			>12.50~45.00	220	—	—	10
		T42	>0.50~1.50	395	235	15	—

续表

牌号	供应状态	试样状态	厚度（mm）	抗拉强度 R_m（MPa）	规定非比例延伸强度 $R_{p0.2}$（MPa）	断后伸长率（%）	
						A_{50mm}	$A_{5.65}$
				≥			
（3）一般工业用铝及铝合金板、带材（GB/T 3880.1—2012）							
2024	O	T42	>1.50~6.00	415	250	15	—
			>6.00~12.50	415	250	12	—
			>12.50~25.00	420	260	—	7
			>25.00~40.00	415	260	—	6
		T62	>0.50~1.50	415	325	5	—
			>1.50~25.00	425	335	5	—
	T3	T3	>0.50~1.50	405	270	15	—
			>1.50~6.00	420	275	15	—
			>6.00~12.50	425	275	12	—
	T4	T4	>0.50~1.50	400	245	15	—
			>1.50~6.00	420	275	15	—
	F	—	>4.50~150.00	—	—	—	—
3003	O	O	>0.20~0.50	95~140	35	15	—
			>0.50~1.50			17	—
			>1.50~3.00			20	—
			>3.00~6.00			23	—
			>6.00~12.50			34	—
			>12.50~50.00			—	—
	H12	H12	>0.20~0.50	120~160	90	3	—
			>0.50~1.50			4	—
			>1.50~3.00			5	—
			>3.00~6.00			6	—
	H14	H14	>0.20~0.50	145~195	125	2	—

续表

牌号	供应状态	试样状态	厚度（mm）	抗拉强度 R_m（MPa）	规定非比例延伸强度 $R_{p0.2}$（MPa）	断后伸长率（%） A_{50mm}	断后伸长率（%） $A_{5.65}$
				≥			
（3）一般工业用铝及铝合金板、带材（GB/T 3880.1—2012）							
3003	H14	H14	>0.50~1.50	145~195	125	2	—
			>1.50~3.00			3	—
			>3.00~6.00			4	—
	H16	H16	>0.20~0.50	170~210	150	1	—
			>0.50~1.50			2	—
			>1.50~4.00			2	—
	H18	H18	>0.20~0.50	190	170	1	—
			>0.50~1.50			2	—
			>1.50~4.00			2	—
	H22	H22	>0.20~0.50	120~160	80	6	—
			>0.50~1.50			7	—
			>1.50~3.00			8	—
			>3.00~6.00			9	—
	H24	H24	>0.20~0.50	145~195	115	4	—
			>0.50~1.50			4	—
			>1.50~3.00			5	—
			>3.00~6.00			6	—
	H26	H26	>0.20~0.50	170~210	140	2	—
			>0.50~1.50			3	—
			>1.50~4.00			3	—
	H28	H28	>0.20~0.50	190	160	2	—
			>0.50~1.50			2	—
			>1.50~3.00			3	—

续表

牌号	供应状态	试样状态	厚度（mm）	抗拉强度 R_m（MPa）	规定非比例延伸强度 $R_{p0.2}$（MPa）	断后伸长率（%）	
						A_{50mm}	$A_{5.65}$
				≥			
（3）一般工业用铝及铝合金板、带材（GB/T 3880.1—2012）							
3003	H112	H112	>6.00~12.50	115	70	10	—
			>12.50~80.00	100	40	—	18
	F	—	>4.50~150.00	—	—	—	—
3004、3104	O、H111	O、H111	>0.20~0.50	155~200	60	13	—
			>0.50~1.50			14	—
			>1.50~3.00			15	—
			>3.00~6.00			16	—
			>6.00~12.50			16	—
			>12.50~50.00			—	14
	H12	H12	>0.20~0.50	190~240	155	2	—
			>0.50~1.50			3	—
			>1.50~3.00			4	—
			>3.00~6.00			5	—
	H14	H14	>0.20~0.50	220~265	180	1	—
			>0.50~1.50			2	—
			>1.50~3.00			2	—
			>3.00~6.00			3	—
	H16	H16	>0.20~0.50	240~285	200	1	—
			>0.50~1.50			1	—
			>1.50~3.00			2	—
	H18	H18	>0.20~0.50	260	230	1	—
			>0.50~1.50			1	—
			>1.50~3.00			2	—

续表

牌号	供应状态	试样状态	厚度（mm）	抗拉强度 R_m（MPa）	规定非比例延伸强度 $R_{p0.2}$（MPa）	断后伸长率（%）	
				≥		A_{50mm}	$A_{5.65}$
（3）一般工业用铝及铝合金板、带材（GB/T 3880.1—2012）							
3004、3104	H22、H32	H22、H32	>0.20~0.50	190~240	145	4	—
			>0.50~1.50			5	—
			>1.50~3.00			6	—
			>3.00~6.00			7	—
	H24、H34	H24、H34	>0.20~0.50	220~265	170	3	—
			>0.50~1.50			4	—
			>1.50~3.00			4	—
	H26、H36	H26、H36	>0.20~0.50	240~285	1900	3	—
			>0.50~1.50			3	—
			>1.50~3.00			3	—
	H28、H38	H28、H38	>0.20~0.50	260	220	2	—
			>0.50~1.50			3	—
	H112	H112	>6.00~12.50	160	60	7	—
			>12.50~40.00			—	6
			>40.00~80.00			—	6
	F	—	>2.50~80.00	—	—	—	—
3005	O H111	O H111	>0.20~0.50	115~165	435	12	—
			>0.50~1.50			14	—
			>1.50~3.00			16	—
			>3.00~6.00			19	—
	H12	H12	>0.20~0.50	145~195	125	3	—
			>0.50~1.50			4	—
			>1.50~3.00			4	—

续表

牌号	供应状态	试样状态	厚度（mm）	抗拉强度 R_m（MPa）	规定非比例延伸强度 $R_{p0.2}$（MPa）	断后伸长率（%）	
						A_{50mm}	$A_{5.65}$
				≥			
（3）一般工业用铝及铝合金板、带材（GB/T 3880.1—2012）							
3005	H12	H12	>3.00~6.00	145~195	125	5	—
	H14	H14	>0.20~0.50	170~215	150	1	—
			>0.50~1.50			2	—
			>1.50~3.00			2	—
			>3.00~6.00			3	—
	H16	H16	>0.20~0.50	195~240	175	1	—
			>0.50~1.50			2	—
			>1.50~4.00			2	—
	H18	H18	>0.20~0.50	220	200	1	—
			>0.50~1.50			2	—
			>1.50~3.00			2	—
	H22	H22	>0.20~0.50	145~195	110	5	—
			>0.50~1.50			5	—
			>1.50~3.00			6	—
			>3.00~6.00			7	—
	H24	H24	>0.20~0.50	170~215	130	4	—
			>0.50~1.50			4	—
			>1.50~3.00			4	—
	H26	H26	>0.20~0.50	195~240	160	3	—
			>0.50~1.50			3	—
			>1.50~3.00			3	—
	H28	H28	>0.20~0.50	220	190	2	—
			>0.50~1.50			2	—

续表

牌号	供应状态	试样状态	厚度（mm）	抗拉强度 R_m（MPa）	规定非比例延伸强度 $R_{p0.2}$（MPa）	断后伸长率（%）	
						A_{50mm}	$A_{5.65}$
				≥			
（3）一般工业用铝及铝合金板、带材（GB/T 3880.1—2012）							
3005	H28	H28	>1.50~3.00	220	190	3	—
3105	O、H111	O、H111	>0.20~0.50	100~155	40	14	—
			>0.50~1.50			15	—
			>1.50~3.00			17	—
	H12	H12	>0.20~0.50	130~180	105	3	—
			>0.50~1.50			4	—
			>1.50~3.00			4	—
	H14	H14	>0.20~0.50	150~200	130	2	—
			>0.50~1.50			2	—
			>1.50~3.00			3	—
	H16	H16	>0.20~0.50	175~225	160	1	—
			>0.50~1.50			2	—
			>1.50~3.00			2	—
	H18	H18	>0.20~3.00	195	180	1	—
	H22	H22	>0.20~0.50	130~180	105	6	—
			>0.50~1.50			6	—
			>1.50~3.00			7	—
	H24	H24	>0.20~0.50	150~200	120	4	—
			>0.50~1.50			4	—
			>1.50~3.00			5	—
	H26	H26	>0.20~0.50	175~225	150	3	—
			>0.50~1.50			3	—
			>1.50~3.00			3	—

续表

牌号	供应状态	试样状态	厚度 (mm)	抗拉强度 R_m (MPa)	规定非比例延伸强度 $R_{p0.2}$ (MPa)	断后伸长率 (%)	
						A_{50mm}	$A_{5.65}$
				≥			
(3) 一般工业用铝及铝合金板、带材 (GB/T 3880.1—2012)							
3015	H28	H28	>0.20~1.50	195	170	2	—
3102	H18	H18	>0.20~0.50	160	—	3	—
			>0.50~3.00			2	—
5182	O、H111	O、H111	>0.20~0.50	255~315	110	11	—
			>0.50~1.50			12	—
			>1.50~3.00			13	—
	H19	H19	>0.20~0.50	380	320	1	—
			>0.50~1.50			1	—
5A03	O	O	>0.50~4.50	195	100	16	—
	H14、H24、H34	H14、H24、H34	>0.50~4.50	225	195	8	—
	H112	H112	>4.50~10.00	185	80	16	—
			>10.00~12.50	175	70	13	—
			>12.50~25.00	175	70	—	13
			>25.00~50.00	165	60	—	12
	F	—	>4.50~150.00	—	—	—	—
5A05	O	O	>0.50~4.50	275	145	16	—
	H112	H112	>4.50~10.00	275	125	16	—
			>10.00~12.50	265	115	14	—
			>12.50~25.00	265	115	—	14
			>25.00~50.00	255	105	—	13
	F	—	>4.50~150.00	—	—	—	—

续表

牌号	供应状态	试样状态	厚度（mm）	抗拉强度 R_m（MPa）	规定非比例延伸强度 $R_{p0.2}$（MPa）	断后伸长率（%）	
						A_{50mm}	$A_{5.65}$
				≥			
（3）一般工业用铝及铝合金板、带材（GB/T 3880.1—2012）							
5A06工艺包铝	O	O	>0.50~4.50	315	155	16	—
	H112	H112	>4.50~10.00	315	155	16	—
			>10.00~12.50	305	145	12	—
			>12.50~25.00	305	145	—	12
			>25.00~50.00	295	135	—	6
	F	—	>4.50~150.00	—	—	—	—
5082	H18、H38	H18、H38	>0.20~0.50	335	—	1	—
	H19、H39	H19、H39	>0.20~0.50	355	—	1	—
	F	—	>4.50~150.00	—	—	—	—
5005	O、H111	O、H111	>0.20~0.50	100~145	35	15	—
			>0.50~1.50			19	—
			>1.50~3.00			20	—
			>3.00~6.00			22	—
			>6.00~12.50			24	—
			>12.50~50.00			—	20
	H12	H12	>0.20~0.50	125~165	95	2	—
			>0.50~1.50			2	—
			>1.50~3.00			4	—
			>3.00~6.00			5	—
	H14	H14	>0.20~0.50	145~185	120	2	—
			>0.50~1.50			2	—

续表

牌号	供应状态	试样状态	厚度（mm）	抗拉强度 R_m（MPa）	规定非比例延伸强度 $R_{p0.2}$（MPa）	断后伸长率（%）	
						A_{50mm}	$A_{5.65}$
				≥			
（3）一般工业用铝及铝合金板、带材（GB/T 3880.1—2012）							
5005	H14	H14	>1.50~3.00	145~185	120	3	—
			>3.00~6.00			4	—
	H16	H16	>0.20~0.50	165~205	145	1	—
			>0.50~1.50			2	—
			>1.50~3.00			3	—
			>3.00~6.00			3	—
	H18	H18	>0.20~0.50	185	165	1	—
			>0.50~1.50			2	—
			>1.50~3.00			2	—
	H22、H32	H22、H32	>0.20~0.50	165~205	80	4	—
			>0.50~1.50			5	—
			>1.50~3.00			6	—
			>3.00~6.00			8	—
	H24、H34	H24、H34	>0.20~0.50	145~185	110	3	—
			>0.50~1.50			4	—
			>1.50~3.00			5	—
			>3.00~6.00			6	—
	H26、H36	H26、H36	>0.20~0.50	165~205	135	2	—
			>0.50~1.50			3	—
			>1.50~3.00			4	—
			>3.00~4.00			4	—
	H28、H38	H28、H38	>0.20~0.50	185	160	1	—
			>0.50~1.50			2	—

续表

牌号	供应状态	试样状态	厚度（mm）	抗拉强度 R_m（MPa）	规定非比例延伸强度 $R_{p0.2}$（MPa）	断后伸长率（%）	
						A_{50mm}	$A_{5.65}$
				≥			
（3）一般工业用铝及铝合金板、带材（GB/T 3880.1—2012）							
5005	H28、H38	H28、H38	>1.50~3.00	185	160	3	—
	H112	H112	>6.00~12.50	115	—	8	—
			>12.50~40.00	105		—	106
			>40.00~80.00	100		—	16
	F	—	>2.50~150.00	—	—	—	—
5052	O、H111	O、H111	>0.20~0.50	170~215	65	12	—
			>0.50~1.50			14	—
			>1.50~3.00			16	—
			>3.00~6.00			18	—
			>6.00~12.50			19	—
			>12.50~50.00			—	18
	H12	H12	>0.20~0.50	210~260	160	4	—
			>0.50~1.50			5	—
			>1.50~3.00			6	—
			>3.00~6.00			8	—
	H14	H14	>0.20~0.50	230~280	180	3	—
			>0.50~1.50			3	—
			>1.50~3.00			4	—
			>3.00~6.00			4	—
	H16	H16	>0.20~0.50	250~300	210	2	—
			>0.50~1.50			3	—
			>1.50~3.00			3	—
			>3.00~4.00			3	—

续表

牌号	供应状态	试样状态	厚度（mm）	抗拉强度 R_m（MPa）	规定非比例延伸强度 $R_{p0.2}$（MPa）	断后伸长率（%） A_{50mm}	断后伸长率（%） $A_{5.65}$
				≥			
（3）一般工业用铝及铝合金板、带材（GB/T 3880.1—2012）							
5052	H18	H18	>0.20~0.50	270	240	1	—
			>0.50~1.50			2	—
			>1.50~3.00			2	—
	H22、H32	H22、H32	>0.20~0.50	210~260	130	5	—
			>0.50~1.50			6	—
			>1.50~3.00			7	—
			>3.00~6.00			10	—
	H24、H34	H24、H34	>0.20~0.50	230~280	150	4	—
			>0.50~1.50			5	—
			>1.50~3.00			6	—
			>3.00~6.00			7	—
	H26、H36	H26、H36	>0.20~0.50	250~300	180	3	—
			>0.50~1.50			4	—
			>1.50~3.00			5	—
			>3.00~4.00			6	—
	H38	H38	>0.20~0.50	270	210	3	—
			>0.50~1.50			3	—
			>1.50~3.00			4	—
	H112	H112	>6.00~12.50	190	80	7	—
			>12.50~40.00	170	70	—	10
			>40.00~80.00	170	70	—	14
	F	—	>2.50~150.00	—	—	—	—

续表

牌号	供应状态	试样状态	厚度（mm）	抗拉强度 R_m（MPa）	规定非比例延伸强度 $R_{p0.2}$（MPa）	断后伸长率（%） A_{50mm}	断后伸长率（%） $A_{5.65}$
				≥			
（3）一般工业用铝及铝合金板、带材（GB/T 3880.1—2012）							
5083	O、H111	O、H111	>0.20~0.50	275~350	125	11	—
			>0.50~1.50			12	—
			>1.50~3.00			13	—
			>3.00~6.00			15	—
			>6.00~12.50			16	—
			>12.50~50.00			—	15
			>50.00~80.00	270~345	115	—	14
	H12	H12	>0.20~0.50	210~260	160	3	—
			>0.50~1.50			4	—
			>1.50~3.00			5	—
			>3.00~6.00			6	—
	H16	H16	>0.20~0.50	360~420	300	1	—
			>0.50~1.50			2	—
			>1.50~3.00			2	—
			>3.00~6.00			2	—
	H22、H32	H22、H32	>0.20~0.50	305~380	215	5	—
			>0.50~1.50			6	—
			>1.50~3.00			7	—
			>3.00~6.00			8	—
	H24、H34	H24、H34	>0.20~0.50	340~400	250	4	—
			>0.50~1.50			5	—
			>1.50~3.00			6	—
			>3.00~6.00			7	—

续表

牌号	供应状态	试样状态	厚度（mm）	抗拉强度 R_m（MPa）	规定非比例延伸强度 $R_{p0.2}$（MPa）	断后伸长率（%）	
						A_{50mm}	$A_{5.65}$
				≥			
（3）一般工业用铝及铝合金板、带材（GB/T 3880.1—2012）							
5083	H26、H36	H26、H36	>0.20~0.50	360~420	280	2	—
			>0.50~1.50			3	—
			>1.50~3.00			3	—
			>3.00~4.00			3	—
	H112	H112	>6.00~12.50	275	125	12	—
			>12.50~40.00	275	125	—	10
			>40.00~50.00	270	115	—	10
	F	—	>4.50~150.00	—	—	—	—
5086	O、H111	O、H111	>0.20~0.50	240~310	100	11	—
			>0.50~1.50			12	—
			>1.50~3.00			13	—
			>3.00~6.00			15	—
			>6.00~12.50			17	—
			>12.50~80.00			—	16
	H12	H12	>0.20~0.50	275~335	200	3	—
			>0.50~1.50			4	—
			>1.50~3.00			5	—
			>3.00~6.00			6	—
	H14	H14	>0.20~0.50	300~360	240	2	—
			>0.50~1.50			3	—
			>1.50~3.00			3	—
			>3.00~6.00			3	—

续表

牌号	供应状态	试样状态	厚度(mm)	抗拉强度 R_m (MPa)	规定非比例延伸强度 $R_{p0.2}$ (MPa)	断后伸长率(%)	
						A_{50mm}	$A_{5.65}$
				≥			
(3) 一般工业用铝及铝合金板、带材(GB/T 3880.1—2012)							
5086	H16	H16	>0.20~0.50	325~385	270	1	—
			>0.50~1.50			2	—
			>1.50~3.00			2	—
			>3.00~4.00			2	—
	H18	H18	>0.20~0.50	345	290	1	—
			>0.50~1.50			1	—
			>1.50~3.00			1	—
	H22、H32	H22、H32	>0.20~0.50	275~335	185	5	—
			>0.50~1.50			6	—
			>1.50~3.00			7	—
			>3.00~6.00			8	—
	H24、H34	H24、H34	>0.20~0.50	300~360	200	4	—
			>0.50~1.50			5	—
			>1.50~3.00			6	—
			>3.00~6.00			7	—
	H26、H36	H26、H36	>0.20~0.50	325~385	250	2	—
			>0.50~1.50			3	—
			>1.50~3.00			3	—
			>3.00~4.00			3	
	H112	H112	>6.00~12.50	250	105	8	9
			>12.50~40.00	240	105	—	12
			>40.00~50.00	240	100	—	14
	F	—	>2.50~150.00	—	—	—	—

续表

牌号	供应状态	试样状态	厚度（mm）	抗拉强度 R_m（MPa）	规定非比例延伸强度 $R_{p0.2}$（MPa）	断后伸长率（%）	
						A_{50mm}	$A_{5.65}$
				≥			
（3）一般工业用铝及铝合金板、带材（GB/T 3880.1—2012）							
6061	O	O	0.40~1.50	≤150	≤85	14	—
			>1.50~3.00			16	—
			>3.00~6.00			19	—
			>6.00~12.50			16	—
			>12.50~25.00				16
		T42	0.40~1.50	205	95	12	
			>1.50~3.00			14	
			>3.00~6.00			16	—
			>6.00~12.50			18	—
			>12.50~40.00				15
		T62	0.40~1.50	290	240	6	—
			>1.50~3.00			7	—
			>3.00~6.00			10	—
			>6.00~12.50			9	—
			>12.50~40.00			—	8
	T4	T4	0.40~1.50	205	110	14	—
			>1.50~3.00			14	—
			>3.00~6.00			16	—
			>6.00~12.50			18	—
	T6	T6	0.40~1.50	290	240	6	—
			>1.50~3.00			7	—
			>3.00~6.00			10	—
			>6.00~12.50			9	—

续表

牌号	供应状态	试样状态	厚度（mm）	抗拉强度 R_m（MPa）	规定非比例延伸强度 $R_{p0.2}$（MPa）	断后伸长率（%）	
						A_{50mm}	$A_{5.65}$
				≥			
（3）一般工业用铝及铝合金板、带材（GB/T 3880.1—2012）							
6061	F	—	>4.50~150.00	—	—	—	—
6063	O	O	0.50~5.00	≤130	—	20	—
			>5.00~12.50			15	—
			>12.50~20.00			—	15
		T62	0.50~5.00	230	180	—	8
			>5.00~12.50	220	170	—	6
			>12.50~20.00	220	170	6	—
	T4	T4	0.50~5.00	150	—	10	—
			>5.00~10.00	130	—	10	—
	T6	T6	0.50~5.00	240	190	8	—
			>5.00~10.00	230	180	8	—
6A02	O	O	>0.50~4.5	≤145	—	21	—
			>4.5~10			16	—
		T62	>0.05~4.5	295		11	—
			>4.5~108			8	—
	T4	T4	>0.5~0.8	195		19	—
			>0.8~3.0			21	—
			>3.0~4.5			19	—
			>4.5~10	175		17	—
	T6	T6	>0.5~4.5	295		11	—
			>4.5~10			8	—
	T4	T62	>4.5~12.5	295		8	—
			>12.5~25	295		—	7

续表

牌号	供应状态	试样状态	厚度（mm）	抗拉强度 R_m（MPa）	规定非比例延伸强度 $R_{p0.2}$（MPa）	断后伸长率（%） A_{50mm}	断后伸长率（%） $A_{5.65}$
				≥	≥	≥	≥
（3）一般工业用铝及铝合金板、带材（GB/T 3880.1—2012）							
6A02	T4	T62	>25~40	285	—	—	6
			>40~80	275		—	6
		T42	>4.5~12.5	175		—	—
			>12.5~25	175		—	14
			>25~40	165		—	12
			>40~80	165		—	10
	F		>4.5~150	—		—	—
6082	O	O	0.40~1.50	≤150	≤85	14	—
			>1.50~3.00			16	—
			>3.00~6.00			18	—
			>6.00~12.50			17	—
			>12.50~25.00	≤155	—	—	8
		T42	0.40~1.50	205	95	12	—
			>1.50~3.00			14	—
			>3.00~6.00			15	—
			>6.00~12.50			14	—
			>12.50~25.00			—	—
		T62	0.40~1.50	310	260	6	—
			>1.50~3.00			7	—
			>3.00~6.00			10	—
			>6.00~12.50	300	255	9	—
			>12.50~25.00	295	240	—	8
	T4	T4	0.40~1.50	205	110	12	—

续表

牌号	供应状态	试样状态	厚度（mm）	抗拉强度 R_m（MPa）	规定非比例延伸强度 $R_{p0.2}$（MPa）	断后伸长率（%）	
						A_{50mm}	$A_{5.65}$
				≥			
（3）一般工业用铝及铝合金板、带材（GB/T 3880.1—2012）							
6082	T4	T4	>1.50~3.00	205	110	14	—
			>3.00~6.00			14	—
			>6.00~12.50			14	—
	T6	T6	0.40~1.50	310	260	6	—
			>1.50~3.00			7	—
			>3.00~6.00			10	—
			>6.00~12.50	300	255	9	—
	F	F	>6.00~100.00	—	—	—	—
7075 正常包铝	O	O	>0.50~1.50	≤250	≤140	10	—
			>1.50~4.00	≤260	≤140	10	—
			>4.00~12.50	≤270	≤145	10	—
			>12.50~25.00	≤275	—	—	9
		T62	>0.50~1.00	485	415	7	—
			>1.00~1.50	495	425	8	—
			>1.50~4.00	505	435	8	—
			>4.00~6.00	515	440	8	—
			>6.00~12.50	515	445	9	
			>12.50~25.00	540	470	—	6
	T6	T6	0.50~1.00	485	415	7	—
			>1.00~1.50	495	425	8	—
			>1.50~4.00	505	435	8	—
			>4.00~6.00	515	440	8	—
	F	—	>6.00~100.00	—	—	—	—

续表

牌号	供应状态	试样状态	厚度（mm）	抗拉强度 R_m（MPa）	规定非比例延伸强度 $R_{p0.2}$（MPa）	断后伸长率（%）	
						A_{50mm}	$A_{5.65}$
				≥			
（3）一般工业用铝及铝合金板、带材（GB/T 3880.1—2012）							
7075不包铝或工艺包铝	O	O	>0.50~12.50	≤275	≤145	10	—
			>12.50~50.00	≤275	—	—	9
		T62	>0.50~1.00	525	460	7	—
			>1.00~3.00	540	470	8	—
			>3.00~6.00	540	475	8	—
			>6.00~12.50	540	460	9	—
			>12.50~25.00	540	470	—	6
			>25.00~50.00	530	460	—	5
	T6	T6	>0.50~1.00	525	460	7	—
			>1.00~3.00	540	470	8	—
			>3.00~6.00	540	475	8	—
	F	—	>6.00~100.00	—	—	—	—
8A06	O	O	>0.20~0.30	≤110	—	16	—
			>0.30~0.50			21	—
			>0.50~0.80			26	—
			>0.80~10.00			30	—
	H14、H24	H14、H24	>0.20~0.30	100	—	1	—
			>0.30~0.50			3	—
			>0.50~0.80			4	—
			>0.80~1.00			5	—
			>1.00~4.50			6	—
	H18	H18	>0.20~0.30	135	—	1	—
			>0.30~0.80			2	—

续表

牌号	供应状态	试样状态	厚度（mm）	抗拉强度 R_m（MPa）	规定非比例延伸强度 $R_{p0.2}$（MPa）	断后伸长率（%） A_{50mm}	断后伸长率（%） $A_{5.65}$
				≥			
（3）一般工业用铝及铝合金板、带材（GB/T 3880.1—2012）							
8A06	H18	H18	>0.80~4.50	135	—	3	—
	H112	H112	>4.50~10.00	70	—	19	—
			>10.00~12.50	80		19	—
			>12.50~25.00	80			19
			>25.00~80.00	65			16
	F	—	>2.50~150.00	—	—	—	—
8011A	O、H111	O、H111	>0.20~0.50	80~130	30	19	—
			>0.50~1.50			21	—
			>1.50~3.00			24	—
	H14	H14	>0.20~0.50	125~165	110	2	—
			>0.50~3.00			3	—
	H24	H24	>0.20~0.50	125~165	100	3	—
			>0.50~1.50			4	—
			>1.50~3.00			5	—
	H18	H18	>0.20~0.50	165	145	1	—
			>0.50~3.00			2	—

牌号	供应状态	厚度（mm）	抗拉强度 R_m（MPa）	规定非比例延伸强度 $R_{p0.2}$（MPa）	断后伸长率 A_{50mm}（%）
			≥		
（4）表盘及装饰用纯铝板（YS/T 242—2009）					
1070A、1060	O	>0.3~0.5	55~95	—	20
		>0.5~0.8			25
		>0.8~1.3			30

续表

牌号	供应状态	厚度（mm）	抗拉强度 R_m（MPa）	规定非比例延伸强度 $R_{p0.2}$（MPa）	断后伸长率 A_{50mm}（%）
			≥		
（4）表盘及装饰用纯铝板（YS/T 242—2009）					
1070A、1060	O	>1.3~4.0	55~95	—	35
	H14、H24	>0.3~0.5	85~120	—	2
		>0.5~0.8			3
		>0.8~1.3			4
		>1.3~2.0			5
	H18	>0.3~0.5	120	—	1
		>0.5~0.8			2
		>0.8~1.3			3
		>1.3~4.0			4
1050A	O	>0.3~0.5	60~100	—	15
		>0.5~0.8			20
		>0.8~1.3			25
		>1.3~4.0			30
	H14、H24	>0.3~0.5	95~125	—	2
		>0.5~0.8			3
		>0.8~1.3			4
		>1.3~4.0			5
	H18	>0.3~0.5	125	—	1
		>0.5~0.8			2
		>0.8~1.3			3
		>1.3~2.0			4
1035、1100、1200	O	>0.3~0.5	75~110	—	15
		>0.5~0.8			20
		>0.8~1.3			25

续表

牌号	供应状态	厚度（mm）	抗拉强度 R_m（MPa）	规定非比例延伸强度 $R_{p0.2}$（MPa）	断后伸长率 A_{50mm}（%）
			≥		
（4）表盘及装饰用纯铝板（YS/T 242—2009）					
1035、1100、1200	O	>1.3~4.0	75~110	—	30
	H14、H24	>0.3~0.5	120~145	—	2
		>0.5~0.8			3
		>0.8~1.3			4
		>1.3~4.0			5
	H18	>0.3~0.5	155	—	1
		>0.5~0.8			2
		>0.8~1.3			3
		>1.3~2.0			4
（5）铝及铝合金花纹板（GB/T 3618—2006）					
2A12	T4	所有规格	405	255	10
2A11	H234、H194		215	—	3
3003	H114、H234		120	弯曲系数 4	4
	H194		140	弯曲系数 8	3
1×××	H114		80	弯曲系数 2	4
	H194		100	弯曲系数 6	3
5A02、5052	O		≤150	弯曲系数 3	14
5A02、5052	H114		150	弯曲系数 3	3
5A02、5052	H194		190	弯曲系数 8	3
5A43	O		≤100	弯曲系数 2	15
	H114		120	弯曲系数 4	4
6061	O		150	—	12

续表

牌号	供应状态	试样状态	厚度（mm）	抗拉强度 R_m（MPa）	规定非比例延伸强度 $R_{p0.2}$（MPa）	断后伸长率（%） A_{50mm}	断后伸长率（%） A
				≥			
（6）电缆用铝箔的纵向室温力学性能（GB/T 3198—2010）							
1145、1235、1060、1050、1200	O		0.100~0.150	60~95	—	—	15
			>0.150~0.200	70~110	—	—	20
8011	O		>0.150~0.200	80~110	—	—	23
（7）空调器散热片用铝箔（YS/T 95.1—2009）							
1100、1200、8011	O、H22、H24、H26、H18		0.08~0.20	80~110	50	20	—
				100~130	65	16	
				115~145	90	12	
				135~165	120	6	
				160	—	1	
（8）铝及铝合金热挤压无缝圆管（GB/T 4437.1—2000）							
1070A、1060	O	O	所有规格	6095	—	25	22
	H112	H112		60	—	25	22
1050A、1035	O	O		60100	—	25	22
1100、1200	O	O		75105	—	25	22
	H112	H112		75	—	25	22
2A11	O	O		245	—	—	10
	H112	H112		350	195	—	10
2017	O	O	所有规格	≤245	≤125	—	16
	H112、T4	T4	所有规格	345	215	—	12
2A12	O	O	所有规格	≤245	—	—	10
	H112、T4	T4	所有规格	390	255	12	10

续表

牌号	供应状态	试样状态	厚度（mm）	抗拉强度 R_m（MPa）	规定非比例延伸强度 $R_{p0.2}$（MPa）	断后伸长率（%）	
						A_{50mm}	A
				≥			
（8）铝及铝合金热挤压无缝圆管（GB/T 4437.1—2000）							
2024	O	O	所有规格	≤245	≤130	12	10
	H112	T4	≤18	395	260	12	10
			>18	395	260	—	9
3A21	H112	H112	所有规格	≤165	—	—	—
3003	O	O	所有规格	95~130	—	25	22
	H112	H112	所有规格	95	—	25	22
5A02	H112	H112	所有规格	≤225	—	—	—
5052	O	O	所有规格	170~240	70	—	—
5A03	H112	H112	所有规格	175	70	—	15
5A05	H112	H112	所有规格	225	110	—	15
5A06	O、H112	O、H112	所有规格	315	145	—	15
5083	O	O	所有规格	270~350	110	14	12
	H112	H112	所有规格	270	110	12	20
5454	O	O	所有规格	215~285	85	14	12
	H112	H112	所有规格	215	85	12	10
5086	O	O	所有规格	240~315	95	14	12
	H112	H112	所有规格	240	95	12	10
6A02	O	O	所有规格	≤145	—	—	17
	T4	T4	所有规格	205	—	—	14
	H112、T6	T6	所有规格	295	—	—	8
6061	T4	T4	所有规格	180	110	16	14
	H6	T6	≤6.3	260	240	8	—
			>6.3	260	240	10	9

续表

牌号	供应状态	试样状态	厚度（mm）	抗拉强度 R_m（MPa）	规定非比例延伸强度 $R_{p0.2}$（MPa）	断后伸长率（%）	
						A_{50mm}	A
				≥			
（8）铝及铝合金热挤压无缝圆管（GB/T 4437.1—2000）							
6063	H4	H4	≤12.5	130	70	14	12
			>12.5~25	125	60		12
	H6	T6	所有规格	205	170	10	9
7404、7A09	H112、H6	T6	所有规格	530	400	—	5
7075	H112、H6	T6	≤6.3	540	485	7	—
			>6.3~12.5	560	505	7	6
			>12.5	560	495	—	6
7A15	H112、H6	T6	所有规格	470	420	—	6
8A06	H112	H112	所有规格	≤120	—	—	20

牌号	供应状态	试样状态	厚度（mm）	抗拉强度 R_m（MPa）	规定非比例延伸强度 $R_{p0.2}$（MPa）	断后伸长率（%）		
						全截面试样	其他试样	
						A_{50mm}	A_{50mm}	A
				≥				
（9）铝及铝合金拉（轧）制无缝管（GB/T 6893—2010）								
1035、1050A、1050	O		所有规格	60~95	—	—	22	25
	H14		所有规格	100~135	70	—	5	6
1060、1070A、1070	O		所有规格	60~95	—	—		
	H14		所有规格	85	—	—		
1100、1200	O		所有规格	38~105	—	—	16	20
	H14		所有规格	110~145	80	—	4	5
2A11	O		所有规格	≤245	—	10		

续表

牌号	供应状态	试样状态	厚度（mm）		抗拉强度 R_m（MPa）	规定非比例延伸强度 $R_{p0.2}$（MPa）	断后伸长率（%）		
							全截面试样	其他试样	
							A_{50mm}	A_{50mm}	A
					≥				
（9）铝及铝合金拉（轧）制无缝管（GB/T 6893—2010）									
2A11	T4		外径≤22	375	375	195	13		
				>1.5~2.0			14		
				>2.0~5.0			—		
			外径>22~50	≤1.5	390		12		
				>1.5~5.0			13		
			>50	所有规格	390	225	11		
2017	O		所有规格		≤245	≤125	17	16	16
	T4		所有规格		375	215	13	12	12
2A12	O		所有规格		≤245	—	10		
	T4		外径≤22	≤2.0	410	225	13		
				>2.0~5.0			—		
			外径>22~50	所有规格	420	275	12		
			>50	所有规格	420	275	10		
2024	O		所有规格		≤240	≤140	—	10	12
	T4		0.63~1.2		440	290	12	10	—
			>1.2~5.0		440	290	14	10	—
3003	O		0.63~1.2		95~130	—	30	20	—
			>1.2~5.0		95~130	—	35	25	—
	T4		—		95~130	35	5	3	—
			—		130~165	110	8	4	—
3A21	O		所有规格		≤135	—	—		
	H14		所有规格		135	—	—		

续表

牌号	供应状态	试样状态	厚度（mm）	抗拉强度 R_m（MPa）	规定非比例延伸强度 $R_{p0.2}$（MPa）	断后伸长率（%）		
						全截面试样	其他试样	
						A_{50mm}	A_{50mm}	A
				≥				
（9）铝及铝合金拉（轧）制无缝管（GB/T 6893—2010）								
5A02	O		所有规格	≤225	—	—		
	H14		外径≤55，≤2.5	225	—	—		
			其他所有规格	195	—	—		
5A03	O		所有规格	175	80	15		
	H34		所有规格	215	125	8		
5A05	O		所有规格	215	90	15		
	H32		所有规格	245	145	8		
5A06	O		所有规格	315	145	15		
5052	O		所有规格	170~240	65	—	17	20
	H14		所有规格	235	180	—	4	5
5056	O		所有规格	≤315	100	—		
	H32		所有规格	305	—	—		
5083	O		所有规格	270~350	110	—	14	16
	H32		所有规格	280	220	—	4	6
6A02	O		所有规格	≤155	—	14		
	T4		所有规格	205	—	14		
	T6		所有规格	305	—	8		
6061	O		所有规格	≤155	≤110	—	14	16
	T4		所有规格	205	110	—	14	16
	T6		—	290	240	—	8	10
			—	290	240	12	10	—
6063	O		所有规格	≤130	—	—	15	20

续表

牌号	供应状态	试样状态	厚度（mm）	抗拉强度 R_m（MPa）	规定非比例延伸强度 $R_{p0.2}$（MPa）	断后伸长率（%）		
						全截面试样	其他试样	
						A_{50mm}	A_{50mm}	A
				≥				
（9）铝及铝合金拉（轧）制无缝管（GB/T 6893—2010）								
6063	T6		—	220	190	—	18	10
			—	230	190	—	8	10
8A06	O		所有规格	≤120	—	20		
	H14		所有规格	100	—	5		

牌号	供应状态	试样状态	厚度（mm）	抗拉强度 R_m（MPa）	规定非比例延伸强度 $R_{p0.2}$（MPa）	断后伸长率 δ_{10}（%）
				≥		
（10）铝及铝合金焊接管（坯料）						
L1、L2、L3、L4、L5、L6	M		1.0~3.0	≤107.8	—	28
	Y_2		0.8~1.0	98	—	5
			>1.0~3.0		—	6
	Y		0.5~3.0	137.2	—	3
LF2	M		0.8~1.0	167~225	—	16
			>1.0~3.0		—	18
	Y_2		0.8~1.0	235	—	4
			>1.0~3.0		—	6
	Y		0.8~1.0	265	—	3
			>1.0~3.0		—	4
	M		1.0~3.0	98~147	—	22
	Y_2		0.8~1.0	147~216	—	6
LF21	Y		0.5	186	—	1

续表

牌号	供应状态	试样状态	厚度（mm）	抗拉强度 R_m（MPa）	规定非比例延伸强度 $R_{p0.2}$（MPa）	断后伸长率 δ_{10}（%）
				≥		
（10）铝及铝合金焊接管（坯料）						
LF21	Y		>0.5~0.8	186	—	2
			>0.8~1.2			3
			>1.2~3.0			4

牌号	供应状态	试样状态	直径（方形棒、六角形棒内切圆直径）（mm）	抗拉强度 R_m（MPa）	规定非比例延伸强度 $R_{p0.2}$（MPa）	断后伸长率 A（%）
				≥		
（11）铝及铝合金挤压棒材（GB/T 3191—2010）						
1060	O	O	—	60~95	15	22
	H112	H112		60	15	22
1070A	H112	H112		55	15	—
1050A				65	20	—
1200				75	20	—
1035、8A06	O、H112	O、H112		≤120	—	25
3003	O	O	≤250	95~130	35	20
	H112	H112		90	30	20
3A21	O、H112	O、H112	150	≤165		20
5A02				≤225		10
5A03				175	80	13
5A05				265	120	15
5A06				315	155	15
5A12				370	185	15

续表

牌号	供应状态	试样状态	直径（方形棒、六角形棒内切圆直径）（mm）	抗拉强度 R_m（MPa）	规定非比例延伸强度 $R_{p0.2}$（MPa）	断后伸长率 A（%）
				≥		
（11）铝及铝合金挤压棒材（GB/T 3191—2010）						
5052	H112	H112	≤250	170	70	—
	O	O		170～230	70	17
2A11	T1、T4	T42、T4	≤150	370	215	12
2A12			≤22	390	255	12
			<150	420	255	12
2A13			≤22	315	—	4
			>22～150	345	—	4
2A02	T1、T6	T62、T6	≤150	430	275	10
2A16				355	235	8
2A06	T1、T6	T62、T6	≤22	430	235	10
			>22～100	440	285	9
			>100～150	430	295	10
6A02			≤150	295	285	12
2A50				355	—	12
2A70、2A80、2A90				355	—	8
2A14			≤22	440	—	10
			>22～150	450	—	10
6061	T6	T6	≤150	260	240	9
	T4	T4		180	110	14
6063	T6	T6	≤150	215	170	10
	T5	T5	≤200	175	130	8

2. 常用变形铝及铝合金加工产品的特性与用途

牌号	品种	特性与用途
1060、1050A	板、箔、管、线材	具有高的可塑性、耐蚀性、导电性和导热性，但强度低，不能强化，可切削性不好；可气焊、原子氢焊和电阻焊，易受各种压力加工和拉伸、弯曲。 用于不承受载荷，但要求具有高的可塑性、良好的焊接性、高的耐蚀性，或高的导电、导热性的结构构件。铝箔用于制作垫片及电容器，其他半成品用于制作电子管隔离罩、电线保护套管、电缆电线线芯等
1035、8A06	棒、板、箔、管、线、型材	
3A21	板、箔、管、棒、型、线材	强度不高（仅稍高于工业纯铝），不能热处理强化，采用冷加工方法来提高其力学性能；在退火状态下有高的塑性，冷作硬化时塑性低，耐蚀性好，焊接性良好，可切削性差。 用于要求高的可塑性和良好的焊接性、在液体或气体介质中工作的低负荷构件、管道和容器及其他用深拉制作的小负荷零件；线材用作铆钉
5A02	板、箔、管、棒、型、线材，锻件	强度较高，特别是具有较高的疲劳强度；塑性与耐蚀性高，热处理不能强化，电阻焊和原子氢焊焊接性良好，氩弧焊时有形成结晶裂纹的倾向；冷作硬化状态下可切削性较好，退火状态下可切削性差，可抛光。 用于焊接在液体中工作的容器和构件以及其他中等载荷的零件等；线材用作焊条和制作铆钉
5A03	板、棒、型、管材	焊接性较好，气焊、氩弧焊、点焊和滚焊的焊接性能均好。 用作在液体下工作的中等强度的焊接件、冷冲压的零件和骨架等
5A05	板、棒、管材	强度与5A03相当，热处理不能强化；退火状态塑性高，半冷作硬化时塑性中等；焊接性好；抗腐蚀性高，在退火状态下可切削性能差，半冷作硬化时可切削性好，阳极化处理后可制造铆钉。 5A05用于制作在液体中工作的焊接零件、管道和容器，以及其他零件。 5B05用作铆接铝合金和镁合金结构铆钉，铆钉在退火状态下铆入结构
5B05	线材	
5A06	板、棒、管、型材，锻件及模锻件	具有较高的强度和腐蚀稳定性，在退火和挤压状态下塑性尚好，用氩弧焊的焊缝气密性和焊缝塑性尚可，气焊和点焊其焊接接头强度比基体强度略低，可切削性能良好。 用于焊接容器、受力零件及骨架零件

续表

牌号	品种	特性与用途
2A01	线材	是铆接铝合金结构用的主要铆钉材料，特点是α-固溶体的过饱和程度较低，在淬火和昏暗时效后的强度较低，但具有很高的塑性和良好的工艺性能，焊接性与2A11相同；可切削性能尚可，耐蚀性不高；铆钉在淬火和时效后进行铆接。 广泛用作铆钉材料，用于中等强度和工作温度不超过100℃的结构用铆钉
2A02	带、棒材及冲压叶片	常温下有高的强度，较高的热强性，在热变形时塑性高，可热处理强化，在淬火及自然时效状态下使用。腐蚀稳定性较2A70、2A80好，但有应力腐蚀破裂倾向，焊接性比2A70略好，可切削性良好。 一般用作主要承力结构材料
2A04	线材	具有较高的抗剪强度和耐热性能，压力加工性能和可切削性能以及耐蚀性与2A12相同，可热处理强化，在退火和刚淬火状态下塑性尚好，铆钉应在刚淬火状态下进行铆接。 用于结构工作温度为125~250℃的铆钉
2B11	线材	具有中等抗剪强度，在退火、刚淬火和热态下塑性尚好，可以热处理强化，铆钉必须在淬火后2h内铆接。 用于中等强度的铆钉
2B12	线材	抗剪强度和2A04相当，其他性能和2B11相似，但铆钉必须在淬火后20min内铆接，工艺困难，应用范围受到限制。 用于强度要求较高的铆钉
2A10	线材	具有较高的抗剪强度。在退火、刚淬火、时效和热态下均具有足够的铆接铆钉所需的可塑性；用经淬火和时效处理过的铆钉铆接，铆接过程不受热处理后的时间限制，焊接性与2A11相同，铆钉的腐蚀稳定性与2A01、2A11相同。 用于制造要求较高强度的铆钉，但工作温度不宜超过100℃。可代替2A11、2A12、2B12和2A01等牌号的合金制造铆钉
2A11	板、棒、管、型材，锻件	具有中等强度，在退火、刚淬火和热态下的可塑性尚好，可热处理强化，在淬火和自然时效状态下使用；点焊焊接性良好；包铝板材有良好的腐蚀稳定性，不包铝的抗蚀性不高，在淬火时效状态下可切削性尚好，在退火状态时良好。 用于各种中等强度的零件和构件，冲压的连接部件，空气螺旋桨叶片，局部镦粗的零件，如螺栓、铆钉等。铆钉应在淬火后2h内铆入结构

续表

牌号	品种	特性与用途
2B12	线材	可进行热处理强化，在退火和刚淬火状态下塑性中等，点焊焊接性良好；在淬火和冷作硬化后可切削性能尚好，退火后面切削性低；抗蚀性不高，采用阳极氧化处理与涂漆方法或表面加包铝层可提高其抗腐蚀能力。 用于制作各种高负荷的零件和构件（但不包括冲压件和锻件），在制作特高负荷零件时有可能被7A04取代
2A06	板材	压力加工性能和可切削性能与2A12相同，在退火和刚淬火状态下塑性尚好。腐蚀稳定性与2A12相同，点焊焊接性与2A12、2A16相同，氩弧焊较2A12好，但比2A16差。 可用于150~250℃下工作的结构板材，但对淬火自然时效后冷作硬化的板材，不宜在200℃长期（>100h）加热的情况下采用
2A16	板、棒、型材及锻件	在常温下强度不太高，但在高温下却有较高的蠕变强度（与2A02相当），在热态下有较高的塑性，无挤压效应，可热处理强化，点焊、滚焊和氩弧焊焊接性能良好，焊缝气密性尚好。焊缝腐蚀稳定性较低，包铝板材的腐蚀稳定性尚好，挤压半成品的抗蚀性不高，可切削性能尚好。 用于在250~350℃下工作的零件，板材用作常温和高温下工作的焊接件等
2A17	板、棒材及锻件	在室温下的强度和高温（225℃）下的持久强度较高，但可焊性不好，不能焊接。 用于20~300℃下要求高强度的锻件和冲压件
6A02	板、棒、管、型材，锻件	具有中等强度（但低于其他锻铝）。在退火状态下可塑性高，在淬火和自然时效后可塑性尚好，在热态下可塑性很高，易于锻造、冲压。在淬火和自然时效状态下其抗蚀性能良好，易于点焊和原子，氢焊，气焊尚好。在退火状态下可切削性不好，在淬火时效后有所提高。 用于制造要求有高塑性和高耐蚀性，且承受中等载荷的零件、形状复杂的锻件和模锻件
2A50	棒、锻件	在热态下具有高的可塑性，易于锻造、冲压；可以热处理强化，工艺性能较好，但有挤压效应，故纵向和横向性能有所差别；抗蚀性较好，但有晶间腐蚀倾向；可切削性能、电阻焊、点焊和缝焊性能良好，电弧和气焊性能不好。 用于制造形状复杂和中等强度的锻件和冲压件

续表

牌号	品种	特性与用途
2B50	锻件	成分、性能与2A50接近，可互用，但在热态下的可塑性比2A50高。 制作复杂形状的锻件和模锻件，如压气机叶轮和风扇叶轮等
2A70	棒、板材，锻件和模锻件	成分和2A80基本相同，其热强性也比2A80高；可热处理强化，工艺性能较好，热态下具有高的可塑性；无挤压效应；电阻焊、点焊和缝焊性能良好，电弧焊和气焊性能差，耐蚀性和可切削性较好。 用于制造内燃机活塞和在高温下工作的复杂锻件，如压气机叶轮、鼓风机叶轮等，板材可用作高温下工作的发动机零件
2A80	棒材、锻件和模锻件	热态下可塑性稍低，可进行热处理强化，高温强度高，无挤压效应；焊接性能与2A70相同，耐蚀性尚好，但有应力腐蚀倾向，可切削性较好。 用于制作内燃机活塞，压气机叶片、叶轮、圆盘以及其他高温下工作的发动机零件
2A90	棒材、锻件和模锻件	有较好的热强性，在热态下可塑性较好，可热处理强化，耐蚀性、焊接性和可切削性与2A70接近。 用途和2A70、2A80相同
2A14	棒材、锻件和模缎件	强度较高，热强性较好，但在热态下的塑性不如2A50好，但具有良好的可切削性，电阻焊、点焊和缝焊性能，电弧焊和气焊性能差；可热处理强化，有挤压效应，耐蚀性不高。 用于承受高负荷和形状简单的锻件和模锻件
7A03	线材	可以热处理强化，常温时抗剪强度较高，耐蚀性和可切削性尚可。铆接铆钉不受热处理后时间的限制 用作受力结构的铆钉
7A04	板、棒、管、型材，锻件	在退火和刚淬火状态下可塑性中等，可热处理强化，强度比一般硬铝高，但塑性较低；有良好的耐蚀性，点焊焊接性良好，气焊不良，热处理后的可切削性良好，退火状态下的可切削性较低。 用于制作承力构件和高载荷零件

续表

牌号	品种	特性与用途
2A09	棒、板、管、型材	在退火和刚淬火状态下塑性稍低于2A12，稍优于7A04。在淬火和人工时效后的塑性显著下降。合金板材的静疲劳、缺口敏感、应力腐蚀性能稍优于7A04，棒材与7A04相当。 用于制造飞机蒙皮等结构件和主要受力零件
4A01	线材	机械强度不高，但抗蚀性很高；压力加工性良好。 用于制作焊条和焊棒，以及焊接铝合金构件

三、铜及铝合金材料

(一) 棒材

1. 铜及铜合金拉制棒的品种、状态和规格（GB/T 4423—2007）

品种	牌号	供应状态	直径或对边距离（mm）	
			圆形棒、方形棒、六角形棒	矩形棒
纯铜棒	T2、T3、TP2、TU1、TU2	Y、M	3~80	3~80
黄铜棒	H96	Y、M	3~80	3~80
	H90	Y	3~40	—
	H80、H65	Y、M	3~40	—
	H68	Y_2 M	3~80 13~35	—
	H62	Y_2	3~80	3~80
	HPb59-1	Y_2	3~80	3~80
	HPb63、HPb63-0.1	Y_2	3~40	—
	HPb63-3	Y Y_2	3~30 3~60	3~80
	HPb61-1	Y_2	3~20	—
	HFe59-1-1、HFe58-1-1、HSn62-1、HMn58-2	Y	4~60	—

续表

品种	牌号	供应状态	直径或对边距离（mm）	
			圆形棒、方形棒、六角形棒	矩形棒
青铜棒	QSn6.5-0.1、QSn6.5-0.4、QSn4-3、QSn4-0.3、QSi3-1、QAl9-2、QAl9-4、QAl0.3-1.5、QZr0.2、QZr0.4	Y	4~40	—
	QSn7-0.2	Y、T	4~40	—
	QCd1	Y、M	4~60	—
	QCr0.5	Y、M	4~40	—
	QSi1.8	Y	4~15	—
白铜棒	BZn15-20	Y、M	4~40	—
	BZn15-21-1.5	T、Y、M	3~18	—
	BFe30-1-1	Y、M	16~50	—
	BMn40-1.5	Y	7~40	—
直径或对边距离（mm）		3~50	50~80	≤10
供应长度（mm）		1000~5000	500~5000	可成盘（卷）供应，长度≥4000

注 1. 经双方协商，可供其他规格棒材，具体要求在合同中注明。

2. 供应状态：M 为软，Y_2为半硬，Y 为硬，T 为特硬。

2. 铜及铜合金挤制棒的牌号、状态和规格（YS/T 649—2007）

牌号	状态	直径或对边距离（mm）		
		圆形棒	矩形棒[①]	方形棒、六角形棒
T2、T3	挤制（R）	30~300	20~120	20~120
TU1、TP2、TP2		16~300	—	16~120
H96、HFe58-1-1、HAl60-1-1		10~160	—	10~120
HSn62-1、HMn58-2、HFe59-1-1		10~220	—	10~120
H80、H68、H59		16~120	—	16~120

续表

牌号	状态	直径或对边距离（mm）		
		圆形棒	矩形棒[①]	方形棒、六角形棒
H62、HPb59-1	挤制（R）	10~220	5~50	10~120
HSn70-1、HAl77-2		10~160	—	10~120
HMn55-3-1、HMn57-3-1、HAl66-6-3-2、HAl67-2.5		10~160	—	10~120
QAl9-2		10~200	—	30~60
QAl19-4、QAl10-3-1.5、QAl10-4-4、QAl10-5-5		10~200	—	—
QAl1-6-6、HSi80-3、HNi56-3		10~160	—	—
QSi1-3		20~100	—	—
QSi3-1		20~160	—	—
QSi3.5-3-1.5、BFe10-1-1、BFe30-1-1、Bal13-3、BMn40-1.5		40~120	—	—
QCd1		20~120	—	—
QSn4-0.3		60~180	—	—
QSn4-3、QSn7-0.2		40~180	—	40~120
QSn6.5-0.1、QSn6.5-0.4		40~180	—	30~120
QCr0.5		18~160	—	—
BZn15-20		25~120	—	—
直径或对边距离（mm）	10~50	>50~75	>75~120	>120
供应长度（mm）	1000~5000	500~5000	50~4000	300~4000

① 矩形棒的对边距离指两短边的距离。

牌号		供应状态	试样状态	规格
Ⅱ类（2×××系、7×××系合金及含镁量平均值大于或等于3%的5×××系合金的棒材）	Ⅰ类（除Ⅱ类外的其他棒材）			
—	1017A	H112	H112	圆形棒直径5~600mm，方形棒、六角形棒对边距离5~200mm，长度1~6mm
—	1060	O	O	
		H112	H112	
—	1050A	H112	H112	
—	1350	H112	H112	
		O	O	
—	1035	H112	H112	
—	1200	H112	H112	
2A02	—	T1、T6	T62、T6	
2A06	—	T1、T6	T62、T6	
2A11	—	T1、T4	T42、T4	
2A12	—	T1、T4	42、T4	
2A13	—	T1、T4	42、T4	
2A14	—	T1、T6、T6511	T62、T6、T6511	
2A16	—	T1、T6、T6511	T62、T6、T6511	
2A50	—	T1、T6	T62、T6	
2A70	—	T1、T6	T62、T6	
2A80	—	T1、T6	T62、T6	
2A90	—	T1、T6	T62、T6	
2014、2014A	—	T4、T4510、T4511	T4、T4510、T4511	
	—	T6、T6510、T6511	T6、T6510、T6511	
2017	—	T4	T42、T4	
2017A		T4、T4510、T4511	T4、T4510、T4511	
2024	—	O	O	
		T3、T3510、T3511	T3、T3510、T3511	

续表

牌号		供应状态	试样状态	规格
Ⅱ类（2×××系、7×××系合金及含镁量平均值大于或等于3%的5×××系合金的棒材）	Ⅰ类（除Ⅱ类外的其他棒材）			
—	3A21	O	O	圆形棒直径5~600mm，方形棒、六角形棒对边距离5~200mm，长度1~6mm
		H12	H12	
—	3102	H112	H112	
—	3003、3103	O	O	
		H112	H112	
—	4A11	T1	T62	
—	4032	T1	T62	
—	5A02	O	O	
		H112	H112	
5A03	—	H112	H112	
5A05	—	H112	H112	
5A06	—	H112	H112	
5A12	—	H112	H112	
—	5005、5005A	H112	H112	
		O	O	
5019	—	H112	H112	
		O	O	
5049	—	H112	H112	
—	5251	H112	H112	
		O	O	
—	5052	H112	H112	
		O	O	
5154	—	H112	H112	
		O	O	

续表

牌号		供应状态	试样状态	规格
Ⅱ类（2×××系、7×××系合金及含镁量平均值大于或等于3%的5×××系合金的棒材）	Ⅰ类（除Ⅱ类外的其他棒材）			
—	5454	H112	H112	圆形棒直径5～600mm，方形棒、六角形棒对边距离5～200mm，长度1～6mm
		O	O	
5754	—	H112	H112	
		O	O	
5083	—	H112	H112	
		O	O	
5086	—	H112	H112	
		O	O	
—	6A02	T1、T6	T62、T6	
—	6101A	T6	T6	
—	6005、6005A	T5	T5	
		T6	T6	
7A04	—	T1、T6	T62、T6	
7A09	—	T1、T6	T62、T6	
7A15	—	T1、T6	T62、T6	
7003	—	T5	T5	
		T6	T6	
7005	—	T6	T6	
7020	—	T6	T6	
7021	—	T6	T6	
7022	—	T6	T6	
7049A	—	T6、T6510、T6511	T6、T6510、T6511	
7075	—	O	O	
		T6、T6510、T6511	T6、T6510、T6511	
—	8A46	O	O	
		H112	H112	

（1）室温纵向力学性能。

牌号	供应状态	直径（方形棒、六角形棒内切圆直径）（mm）	抗拉强度（MPa）	规定非比例伸长应力（MPa）	伸长率（%）
			≥		
1060	O	≤150	60~95	15	22
	H112		60	15	22
1070A	H112		55	15	—
1050A			65	20	—
1200			75	20	—
1035、8A06	O、H112		60~120	—	25
3003	O		95~130	35	25
	H112		90	30	25
3A21	O、H112		≤165	—	20
5A02			≤225	—	10
5A03			175	80	13
5A05			265	120	15
5A06			315	155	15
5A12			370	185	15
5052	H112		170	70	—
	O		170~230	70	17
2A11	H112、T4	≤150	370	215	12
2A12		≤22	390	255	12
		>22~150	420	275	10
2A13		≤22	315	—	4
		>22~150	345	—	4
2A02	H112、T6	≤150	430	275	10
2A16			355	235	8
2A06		≤22	430	285	10

续表

牌号	供应状态	直径（方形棒、六角形棒内切圆直径）（mm）	抗拉强度（MPa）	规定非比例伸长应力（MPa）	伸长率（%）
			≥		
2A06	H112、T6	>22～100	440	295	9
		>100～150	430	285	10
6A02		≤150	295	—	12
2A50			355	—	12
2A70、2A80、2A90			355	—	8
2A14		≤22	440	—	10
		>22～150	450	—	10

（2）室温纵向拉伸力学性能。

牌号	供应状态	试样状态	直径（方形棒、六角形棒指内切圆直径）（mm）	抗拉强度（MPa）	规定非比例延伸强度（MPa）	断后伸长率（%）	
						A	A_{50mm}
1070A	H112	H112	≤150	55	15	—	—
1060	O	O	≤150	60～95	15	22	—
	H112	H112		60	15	22	—
1050A	H112	H112	≤150	65	20	—	—
1350	H112	H112	≤150	60	—	25	—
1200	H112	H112	≤150	75	20	—	—
1035、8A06	O	O	≤150	60～120	—	25	—
	H112	H112		60	—	25	—
2A02	T1、T6	T62、T6	≤150	430	275	10	—
2A11	T1、T4	T42、T4	≤150	370	215	12	—
2A12	T1、T4	T42、T4	≤22	390	255	12	—
			>22～150	420	255	12	—

续表

牌号	供应状态	试样状态	直径（方形棒、六角形棒指内切圆直径）(mm)	抗拉强度(MPa)	规定非比例延伸强度(MPa)	断后伸长率(%) A	断后伸长率(%) A_{50mm}
2A13	T1、T4	T42、T4	≤22	315	—	4	—
			>22~150	345	—	4	—
2A14	T1、T6、T6511	T62、T6、T6511	≤22	440	—	10	—
			>22~150	450	—	10	—
2014、2014A	T4、T4510、T4511	T4、T4510、T4511	≤25	370	230	13	11
			>25~75	410	270	12	—
			>75~150	390	250	10	—
			>150~200	350	230	8	—
2014、2014A	T1、T6、T6511	T62、T6、T6511	≤25	415	370	6	—
			>25~75	460	415	7	—
			>75~150	465	420	7	—
			>150~200	430	350	6	5
			>200~250	420	320	5	—
2A16	T1、T6、T6511	T62、T6、T6511	≤150	355	235	8	—
2017	T4	T42、T4	≤120	345	215	12	—
2017A	T4、T4510、T4511	T4、T4510、T4511	≤25	380	260	12	10
			>25~75	400	270	10	—
			>75~150	390	260	9	—
			>150~200	370	240	8	—
			>200~250	360	220	7	—
2024	T3、T3510、T3511	T3、T3510、T3511	≤150	≤250	≤150	12	10
			≤50	450	310	8	6
			>50~100	440	300	8	—
			>100~200	420	280	8	—
			>200~250	400	270	8	—

续表

牌号	供应状态	试样状态	直径（方形棒、六角形棒指内切圆直径）（mm）	抗拉强度（MPa）	规定非比例延伸强度（MPa）	断后伸长率（%）	
						A	A_{50mm}
2A50	T1、T6	T62、T6	≤150	355	—	12	—
2A70、2A80、2A90	T1、T6	T62、T6	≤150	355	—	8	—
3102	H112	H112	≤250	80	30	25	23
3003	O	O	≤250	95~130	35	25	20
	H112	H112		90	30	25	20
3103	O	O	≤250	95	35	25	20
	H112	H112		95~135	30	25	20
3A21	O	O	150	≤165	—	20	20
	H112	H112		90	—	20	—
4A11、4032	T1	T6	100~200	360	290	2.5	2.5
5A02	O	O	≤150	≤225	—	10	—
	H112	H112	—	170	70	—	—
5A03	H112	H112	≤150	175	80	13	13
5A05	H112	H112	≤150	265	120	15	13
5A06	H112	H112	≤150	315	155	15	15
5A12	H112	H112	≤150	370	185	15	15
5052	H112	H112	≤250	170	70	—	—
	O	O		170~230	70	17	15
5005、5005A	H112	H112	≤200	100	40	18	16
	O	O	≤60	100~150	40	18	16
5019	H112	H112	≤200	250	110	14	12
	O	O	≤200	250~320	110	15	13
5049	H112	H112	≤250	180	80	15	15

续表

牌号	供应状态	试样状态	直径（方形棒、六角形棒指内切圆直径）(mm)	抗拉强度(MPa)	规定非比例延伸强度(MPa)	断后伸长率(%)	
						A	A_{50mm}
5251	H112	H112	≤250	160	60	16	14
	O	O		160~220	60	17	15
5154A、5154	H112	H112	≤250	200	85	16	16
	O	O		200~275	85	18	18
5754	H112	H112	≤150	180	80	14	12
			>150~250	180	70	13	—
	O	O	≤150	180~250	80	17	15
5083	O	O	≤200	270~350	110	12	10
	H112	H112		270	125	12	10
5086	O	O	≤250	240~320	95	18	15
	H112	H112	≤200	240	95	12	10
6101A	T6	T6	≤150	200	170	10	10
6A02	T1、T6	T62、T6	≤150	295	—	12	12
6005、6005A	T5	T5	≤25	260	215	8	
	T6	T6	≤25	270	225	10	8
			>25~50	270	225	8	—
			>50~100	260	215	8	—
6110A	T5	T5	≤120	380	360	10	8
	T6	T6	≤120	410	380	10	8
6351	T4	T4	≤150	205	110	14	12
	T6	T6	≤20	295	250	8	6
			>20~75	300	255	8	—
			>75~150	310	260	8	—
			>150~200	280	240	6	—
			>200~250	270	200	6	—

续表

牌号	供应状态	试样状态	直径（方形棒、六角形棒指内切圆直径）（mm）	抗拉强度（MPa）	规定非比例延伸强度（MPa）	断后伸长率（%）	
						A	A_{50mm}
6060	T4	T4	≤150	120	60	16	14
	T5	T5		160	120	8	6
	T6	T6		190	150	8	6
6061	T6	T6	≤150	260	240	9	—
	T4	T4		180	110	14	—
6063	T4	T4	≤150	120	65	14	12
			>150~200	130	65	12	—
	T5	T5	≤200	175	130	8	6
	T6	T6	≤150	215	170	10	8
			>150~200	195	160	10	—
6063A	T4	T4	≤150	150	90	12	10
			>150~200	140	90	10	—
	T5	T5	≤200	200	160	7	5
	T6	T6	≤150	230	190	7	5
			>150~200	220	160	7	—
6463	T4	T4	≤150	125	75	14	12
	T5	T5	≤150	150	110	8	6
	T6	T6		195	160	10	8
6082	T6	T6	≤20	295	250	8	6
			>20~75	310	260	8	—
			>75~150	280	240	6	—
			>150~200	270	200	6	—
7003	T5	T5	≤250	310	260	10	8
	T6	T6	≤50	350	290	10	8
			>50~150	340	280	10	8

续表

牌号	供应状态	试样状态	直径（方形棒、六角形棒指内切圆直径）（mm）	抗拉强度（MPa）	规定非比例延伸强度（MPa）	断后伸长率（%）	
						A	A_{50mm}
7A04、7A09	T1、T6	T1、T6	≤22	490	370	7	—
			>22～150	530	400	6	—
7A15	T1、T6	T1、T6	≤150	490	420	6	—
7005	T6	T6	≤50	350	290	10	8
			>50～150	340	270	10	—
7020	T6	T6	≤50	350	290	10	8
			>50～150	340	275	10	
7021	T6	T6	≤40	410	350	10	8
7022	T6	T6	≤80	490	420	7	5
			>80～200	470	400	7	—
7049A	T6、T6510、T6511	T6、T6510、T6511	≤100	610	530	5	4
			>100～125	560	500	5	—
			>125～150	520	430	5	—
			>150～180	450	400	3	—
7075	O	O	≤200	≤275	≤165	10	8
	T6、T6510、T6511	T6、T6510、T6511	≤25	540	480	7	5
			>25～100	560	500	7	—
			>100～150	530	470	6	—
			>150～250	470	400	5	—

3. 铝及铝合金拉制棒材（YS/T 624—2007）

mm

牌号	供应状态	圆棒直径	规格		
			方形棒边长	扁棒	
				厚度	宽度
1060、1100	O、F、H18	5～100	5～50	5～40	5～60
2024	O、F、T4、T351				

续表

牌号	供应状态	圆棒直径	规格		
			方形棒边长	扁棒	
				厚度	宽度
2014	O、F、T4、T6、T351、T651	5~100	5~50	5~40	5~60
3003、5052	O、F、H14、H18				
7075	O、F、H14、H18				
6061	F、T6				

室温纵向力学性能见下表。

牌号	状态	直径或厚度（mm）	抗拉强度（MPa）	规定非比例延伸强度（MPa）	断后伸长率（%）	
					A	A_{50mm}
1060	O	≤100	4055	15	22	25
	H18	≤10	110	90	—	—
	F	≤100	—	—	—	—
1100	O	≤30	75~105	20	22	25
	H18	≤10	150	—	—	—
	F	≤100	—	—	—	—
2014	O	≤100	≤240	—	10	12
	T4、T351	≤100	380	220	12	16
	T6、T651	≤100	450	380	7	8
	F	≤100	—	—		—
	O	≤100	240	—	14	16
2024	T4	≤12. 5	425	310	—	—
	T4、T351	12. 5100	425	290	9	—
	F	≤100	—	—	—	—
3003	O	≤50	95~130	35	22	25
	H14	≤10	140	—	—	—
	H18	≤10	185	—	—	—
	F	≤100	—	—	—	—

续表

牌号	状态	直径或厚度(mm)	抗拉强度(MPa)	规定非比例延伸强度(MPa)	断后伸长率(%)	
					A	A_{50mm}
5052	O	≤50	170~220	65	22	25
	H14	≤30	235	180	5	—
	H18	≤10	265	220	2	—
	F	≤100	—	—	—	—
6061	T16	≤100	290	240	9	10
	F	≤100	—	—	—	—
7075	O	≤100	275	—	9	10
	T6、T651	≤100	530	455	6	7
	F	≤100	—	—	—	—

(二)板材和带材

1. 铜及铜合金板材的品种和规格(GB/T 2040—2008)

牌号	状态	规格(mm)		
		厚度	宽度	长度
T2、T3、TP1、TP2、TU1、TU2	R	4~60	≤3000	≤6000
	M、Y_4、Y_2、Y、T	0.2~12	≤3000	≤6000
H96、H80	M、Y	0.2~10	≤3000	≤6000
H90、H85	M、Y_2、Y			
H65	M、Y_1、Y_2、Y、T、TY			
H70、H68	R	4~60	≤3000	≤6000
	M、Y_4、Y_2、Y、T、TY	0.2~10		
H63、H62	R	4~60		
	M、Y_2、Y、T	0.2~10		
H59	R	4~60		
	M、Y	0.2~10		
HPb59-1	R	4~60		

续表

牌号	状态	规格（mm）		
		厚度	宽度	长度
HPb59-1	M、Y_2、Y	0.2~10	≤3000	≤6000
HPb60-2	Y T	0.5~10		
HMn68-2	M、Y_2、Y	0.2~10		
HSn62-1	R	4~60		
	M、Y_2、Y	0.2~10		
HMn55-3-1、HMn57-3-1、HAl60-1-1、HAl67-2.5、HAl66-6-3-2、HNi65-5	R	4~40	≤1000	≤2000
QSn 6.5-0.1	R	9~50	≤600	≤2000
	M、Y_4、Y_2、Y、T、TY	0.2~12		
QSn6.5-0.4、QSn4-3、QSn4-0.3、QSn7-0.2	M、Y、T	0.2~12	≤600	≤2000
QSn 8-0.3	M、Y_4、Y_2、Y、T	0.2~5	≤600	≤2000
BAl6-1.5	Y	0.5~12	≤600	≤1500
BAl3-3	CYS			
BZn15-20	M、Y_1、Y_2、T	0.5~10	≤600	≤1500
BZn18-17	M、Y_2、Y	0.5~5	≤600	≤1500
B5、B19、BFe10-1-1、BFe30-1-1	R	7~60	≤2000	≤4000
	M、Y	0.5~10	≤600	≤1500
QAl5	M、Y	0.4~12	≤1000	≤2000
QAl7	Y_2、Y			
QAl9-2	M、Y			
QAl9-4	Y			
QCd1	Y	0.5~10	200~300	800~1500
QCr0.5、QCr0.5-0.2-1	Y	0.5~15	100~600	≥300
QMn1.5	M	0.5~5	100~600	≤1500
QMn5	M、Y			

续表

牌号	状态	规格（mm）		
		厚度	宽度	长度
QSi3-1	M、Y、T	0. 5~10	100~1000	≥500
QSn4-4-2. 5、QSn4-4-4	M、Y_3 Y_2、Y	0. 8~5	200~600	800~2000
BMn40-1. 5	M、Y	0. 5~10	100~600	800~1500
BMn3-12	M			

注　1. 状态栏中：R 为热轧；M 为软（退火）；Y_4为 1/4 硬；Y_3为 1/3 硬；Y_2为半硬；Y 为硬；T 为特硬；TY 为强硬；CYS 为淬火+冷加工+人工时效。

2. 经供需双方协商，可以供应其他规格的板材。

2. 铜及铜合金带材的品种和规格（GB/T 2059—2008）

牌号	状态	规格（mm）	
		厚度	宽度
T2、T3、TP1、TP2、TU1、TU2	R	>0. 15~<0. 50	≤600
	M、Y_4、Y_2、Y、T	0. 50~3. 0	≤1200
		>0. 15~<0. 50	≤600
H96、H80、H59	M、Y	0. 50~3. 0	≤1200
		>0. 15~<0. 50	≤600
H90、H85	M、Y_2、Y	0. 50~3. 0	≤1200
		>0. 15~<0. 50	≤600
H70、H68、H65	M、Y_1、Y_2、Y、T、TY	0. 50~3. 0	≤1200
		>0. 15~<0. 50	≤600
H63、H62	M、Y_2、Y、T	0. 50~3. 0	≤1200
		>0. 15~<0. 50	≤600
HPb59-1、HMn58-2	M、Y_2、Y	>0. 15~0. 20	≤300
		>0. 20~2. 0	≤550
HPb59-1	T	0. 32~1. 5	≤200
HSn62-1	Y	>0. 15~0. 20	≤300
		>0. 20~2. 0	≤550

续表

牌号	状态	规格（mm）	
		厚度	宽度
QAl5	M、Y	>0.15~1.2	≤300
QAl7	Y_2、Y		
QAl9-2	M、Y		
QAl9-4	Y		
QSn 6.5-0.1	M、Y_4、Y_2、Y、T、TY	>0.15~0.20	≤610
QSn6.5-0.4、QSn4-3、QSn4-0.3、QSn7-0.2	M、Y、T	>0.15~0.20	≤610
QSn8-0.3	M、Y_4、Y_2、Y、T	>0.15~2.6	≤610
QSn4-4-2.5、QSn4-4-4	M、Y_3、Y_2、Y	0.8~1.2	≤200
QCd1	Y	>0.15~1.2	≤300
QMn1.5	M	>0.15~1.2	
QMn5	M、Y		
QSi3-1	M、Y、T	>0.15~1.2	≤300
BZn18-27	M、Y_2、Y	>0.15~1.2	≤610
BZn15-20	M、Y_2、Y、T	>0.15~1.2	≤400
BFe30-1-1、BMn40-1.5、BMn3-12	A、Y	>0.15~1.2	≤400
BAl13-3	CYS		
BAl6-1.5	Y	>0.15~1.2	≤300

3. 铝及铝合金压型板（GB/T 6891—2006）

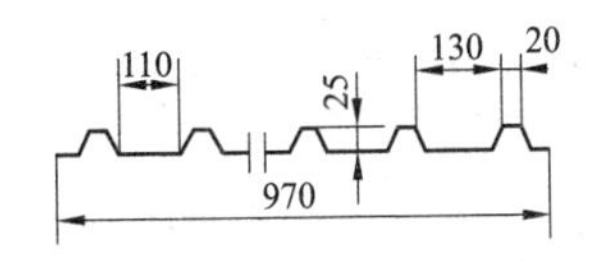

mm

型号	合金牌号	供应状态	波高	波距	厚度	宽度	长度	用途
V25—150 Ⅰ	1070A、1060、1050A、1035、1200、8A06、3A21	HX8	25	150	0.6~1.0	635	1700~6200	主要用于屋面和墙面，作围护结构材料
V25-150 Ⅱ						935		
V25-150 Ⅲ						970		
V25-150 Ⅳ						1170		
V60-187.5		HX8、HX4	60	187.5	0.9~1.2	826	1700~5000	
V25-300		HX4	25	300	0.6~1.0	985	≥1700	
V35-115 Ⅰ		HX8、HX4	35	115	0.7~1.2	720		
V35-115 Ⅱ			35	115	0.7~1.2	710		
V35-125			35	125	0.7~1.2	807		
V130-550			130	550	1.0~1.2	625	≥6000	
V173			173	—	0.9~1.2	387	≥1700	
Z295		HX8	—	—	0.6~1.0	295	1200~2500	

注　厚度尺寸系列为0.6、0.7、0.8、0.9、1.0、1.1、1.2mm。

4. 铝及铝合金波纹板（GB/T 4438—2006）

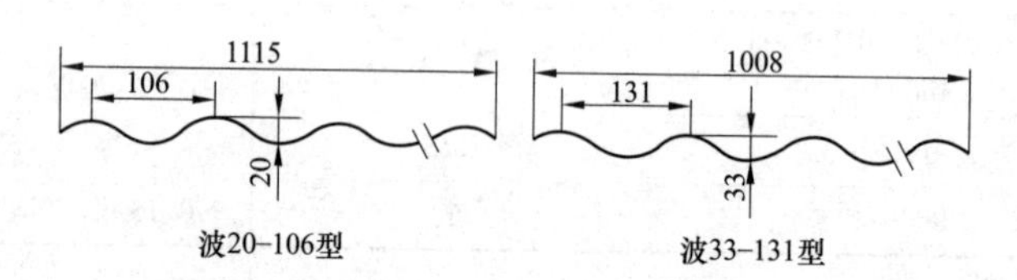

波20-106型　　波33-131型

mm

合金牌号	供应状态	波型代号	规格尺寸					用途
			厚度	长度	宽度	波高	波距	
1070A、1060、1050A、1035、1200、8A06	HX8	波 20-106	0.6~1.0	2000~10 000	1115	20	106	主要用于墙面装饰，也可用作屋面，作围护结构材料
3A21		波 33-131	0.6~1.0	2000~10 000	1008	33	131	

注　厚度尺寸系列为0.6、0.7、0.8、0.9、1.0mm。

5. 铝及铝合金花纹板的品种和规格（GB/T 3618—2006）

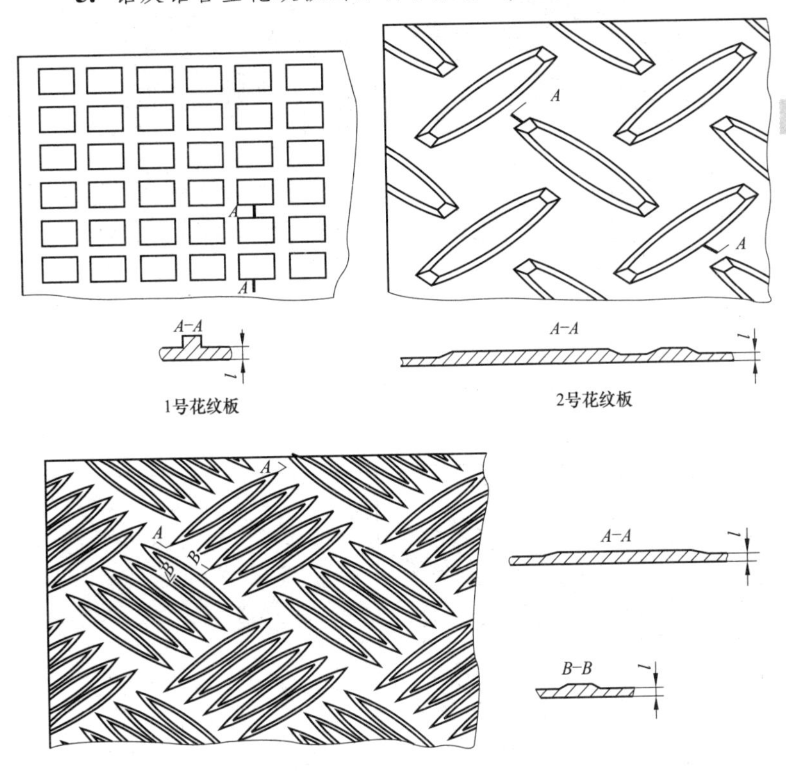

1号花纹板

2号花纹板

3号花纹板

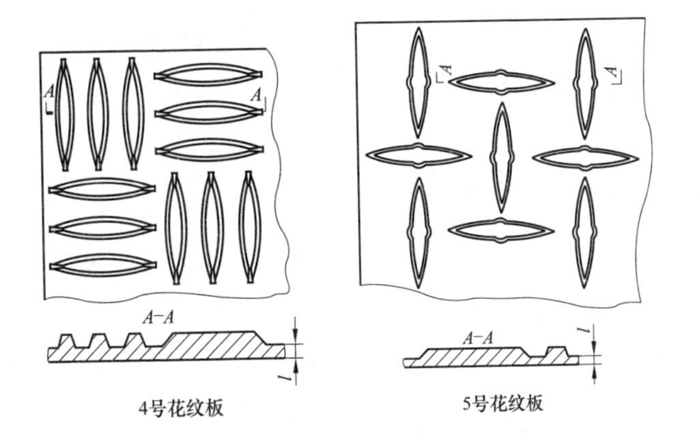

4号花纹板

5号花纹板

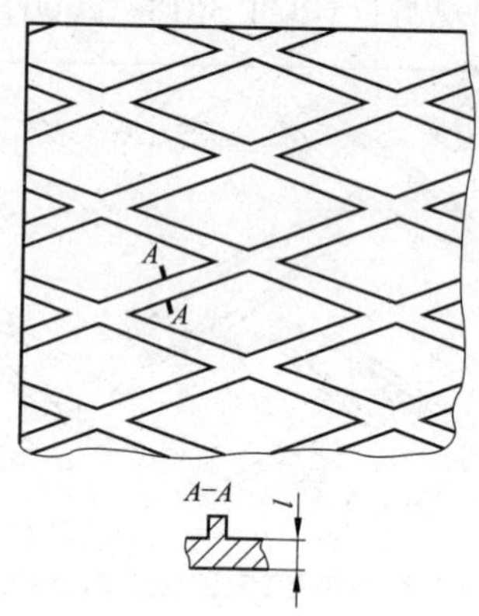

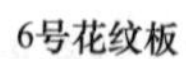

6号花纹板

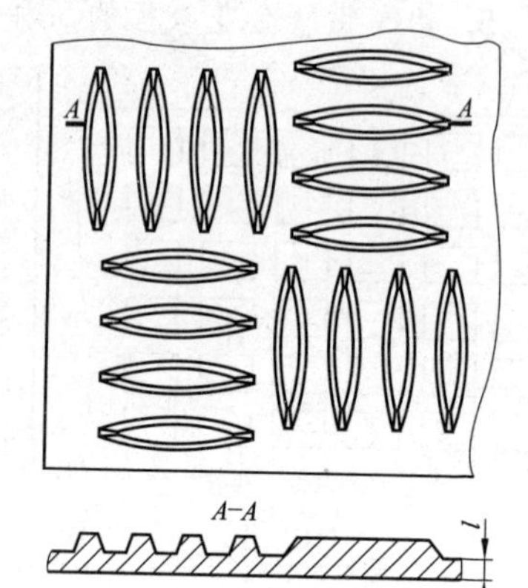

A-A

l

7号花纹板

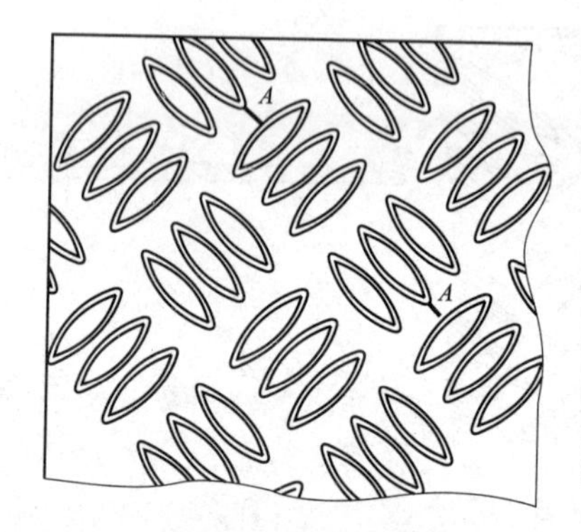

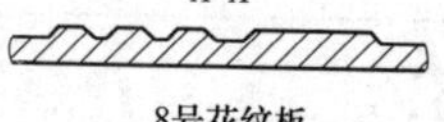

8号花纹板

A-A

9号花纹板

mm

花纹板代号	花纹图案	牌号	状态	底板厚度	筋高	宽度	长度
1	方格形	2A12	T4	1.0~3.0	1.0	1000~1600	2000~10 000
2	扁豆形	2A11、5A02、5052	H234	2.0~4.0	1.0		
		3105、3003	H198				

续表

花纹板代号	花纹图案	牌号	状态	底板厚度	筋高	宽度	长度
3	五条形	1×××、3003	H194	1.5~4.5	1.0	1000~1600	2000~10 000
		5A02、5052、3105、5A43、3003	O、H194				
4	三条形	1×××、3003	H194	1.5~4.5	1.0		
		2A11、5A02、5052	H234				
5	指针形	1×××	H194	1.5~4.5	1.0		
		5A02、5052、5A43	O、H114				
6	菱形	2A11	H234	3.0~8.0	0.9		
7	四条形	6061	O	2.0~4.0	1.0		
		5A02、5052	O、H234				
8	三条形	1×××	H114、H234、H194	1.0~4.5	0.3		
		3003	H114、H194				
		5A02、5052	O、H114、H194				
9	星月形	1×××	H114、H234、H194	1.0~4.0	0.7		
		2A11	H194				
		2A12	T4	1.0~3.0	0.7		
		3003	H114、H234、H194	1.0~4.0	0.7		
		5A02、5052	H114、H234、H194				

注 1. 需要其他合金、状态及规格时，应由供需双方协商并在合同中注明。

2. 状态：T4 表示花纹板淬火自然时效；O 表示花纹板成品完全退火；H114 表示用完全退火（O）状态的平板经过一个道次的冷轧得到的花纹板材；H234 表示用不完全退火（H22）状态的平板经过一个道次的冷轧得到的花纹板材；H194 表示用硬状态（H18）的平板经过一道次的冷轧得到的花纹板材。

3. 2A11、2A12 合金花纹板双面可带有 1A50 合金包覆层，其每面包覆层的平均厚度应不小于底板公称厚度的 4%。

6. 一般工业用铝及铝合金板、带材的品种和规格（GB/T 3880.1—2012）

（1）板、带材的牌号、相应的铝或铝合金类别、状态及厚度。

mm

牌号	类别	状态	板材厚度	带材厚度
A97、1A93、A90、1A85	A	F	>4. 50~150. 00	—
		H112	>4. 50~80. 00	—
1235	A	H12、H22	>0. 20~4. 50	>0. 20~4. 50
		H14、H24	>0. 20~3. 00	>0. 20~3. 00
		H16、H26	>0. 20~4. 00	>0. 20~4. 00
		H18	>0. 20~3. 00	>0. 20~3. 00
1070	A	F	>4. 50~150. 00	>2. 50~8. 00
		H112	>4. 50~75. 00	—
		O	>0. 20~50. 00	>0. 20~6. 00
		H12、H22、H14、H24	>0. 20~6. 00	>0. 20~6. 00
		H16、H26	>0. 20~4. 00	>0. 20~4. 00
		H18	>0. 20~3. 00	>0. 20~3. 00
1060	A	F	>4. 50~150. 00	>2. 50~8. 00
		H112	>4. 50~80. 00	—
		O	>0. 20~80. 00	>0. 20~6. 00
		H12、H22	>0. 50~6. 00	>0. 50~6. 00
		H14、H24	>0. 20~6. 00	>0. 20~6. 00
		H16、H26	>0. 20~4. 00	>0. 20~4. 00
		H18	>0. 20~3. 00	>0. 20~3. 00
1050、1050A	A	F	>4. 50~150. 00	>2. 50~8. 00
		H112	>4. 50~75. 00	—
		O	>0. 20~50. 00	>0. 20~6. 00
		H12、H22、H14、H24	>0. 20~6. 00	>0. 20~6. 00

续表

牌号	类别	状态	板材厚度	带材厚度
1050、1050A	A	H16、H26	>0. 20~4. 00	>0. 20~4. 00
		H18	>0. 20~3. 00	>0. 20~3. 00
1145	A	F	>4. 50~150. 00	>2. 50~8. 00
		H112	>4. 50~25. 00	—
		O	>0. 20~10. 00	>0. 20~6. 00
		H12、H22、H14、H24、H16、H26、H18	>0. 20~4. 50	>0. 20~4. 50
1100	—	F	>4. 50~150. 00	>2. 50~8. 00
		H112	>6. 00~80. 00	—
		O	>0. 20~80. 00	>0. 20~6. 00
		H12、H22	>0. 20~6. 00	>0. 20~6. 00
		H14、H24、H16、H26	>0. 20~4. 00	>0. 20~4. 00
		H18 H28	>0. 20~3. 00	>0. 20~3. 00
1200	A	F	>4. 50~150. 00	>2. 50~8. 00
		H112	>6. 00~80. 00	—
		O	>0. 20~50. 00	>0. 20~6. 00
		H111	>0. 20~50. 00	—
		H12、H22、H14、H24	>0. 20~6. 00	>0. 20~6. 00
		H16、H26	>0. 20~4. 00	>0. 20~4. 00
		H18	>0. 20~3. 00	>0. 20~3. 00
2017	B	F	>4. 50~150. 00	—
		H112	>4. 50~80. 00	—
		O	>0. 50~25. 00	>0. 50~6. 00
		T3、T4	>0. 50~6. 00	—
2A11	B	F	>4. 50~150. 00	—
		H112	>4. 50~150. 00	
		O	>0. 50~10. 00	>0. 50~6. 00
		T3、T4	>0. 50~10. 00	—

续表

牌号	类别	状态	板材厚度	带材厚度
2014	B	F	>4. 50~150. 00	—
		O	>0. 50~25. 00	—
		T6、T4	>0. 50~12. 50	—
		T3	>0. 50~6. 00	—
2024	B	F	>4. 50~150. 00	>0. 50~6. 00
		O	>0. 50~45. 00	—
		T3	>0. 50~12. 50	—
		T3（工艺包铝）	>4. 00~12. 50	—
		T4	>0. 50~6. 00	—
3003	A	F	>4. 50~150. 00	>2. 50~8. 00
		H112	>6. 00~80. 00	—
		O	>0. 20~50. 00	>0. 20~6. 00
		H12、H22、H14、H24	>0. 20~6. 00	>0. 20~6. 00
		H16、H26、H18	>0. 20~4. 00	>0. 20~4. 00
		H28	>0. 20~3. 00	>0. 20~3. 00
3004、3104	A	F	>6. 30~80. 00	>2. 50~8. 00
		H112	>6. 00~80. 00	—
		O	>0. 20~50. 00	>0. 20~6. 00
		H111	>0. 20~50. 00	—
		H12、H22、H32、H14	>0. 20~6. 00	>0. 20~6. 00
		H24、H34、H16、H26、H36、H18	>0. 20~3. 00	>0. 20~3. 00
		H28、H38	>0. 20~1. 50	>0. 20~1. 50
3005	A	O、H111、H12、H22、H14	>0. 20~6. 00	>0. 20~6. 00
		H111	>0. 20~6. 00	—
		H16	>0. 20~4. 00	>0. 20~4. 00
		H24、H26、H18、H28	>0. 20~3. 00	>0. 20~3. 00
3105	A	O、H12、H22、H14、H24、H16、H26、H18	>0. 20~3. 00	>0. 20~3. 00

续表

牌号	类别	状态	板材厚度	带材厚度
3105	A	H111	>0. 20~3. 00	—
		H28	>0. 20~1. 50	>0. 20~1. 50
3102	A	H18	>0. 20~3. 00	>0. 20~3. 00
5182	B	O	>0. 20~3. 00	>0. 20~3. 00
		H111	>0. 20~3. 00	—
		H19	>0. 20~1. 50	>0. 20~1. 50
5A03	B	F	>4. 50~150. 00	—
		H112	>4. 50~60. 00	—
		O、H14、H24、H34、	>0. 50~4. 50	>0. 50~4. 50
5A05、5A06	B	F	>4. 50~150. 00	—
		O	>0. 50~4. 50	>0. 50~4. 50
		H112	>4. 50~50. 00	—
5082	B	F	>4. 50~150. 00	—
		H18、H38、H19、H29	>0. 20~0. 50	>0. 20~0. 50
5005	A	F	>4. 50~150. 00	>2. 50~8. 00
		H112	>6. 00~	—
		O	>~80. 00	>0. 20~6. 00
		H111	>0. 20~50. 00	—
		H12、H22、H32、H14、H24、H34	>0. 20~50. 00	>0. 20~6. 00
		H16、H26、H36	>0. 20~6. 00	>0. 20~4. 00
		H18、H28、H38、	>0. 20~4. 00	>0. 20~3. 00
5052	B	F	>0. 20~3. 00	>2. 50~8. 00
		H112	>6. 00~80. 00	
		O	>0. 20~50. 00	>0. 20~6. 00
		H111	>0. 20~50. 00	—
		H12、H22、H32、H14、H24、H34	>0. 20~6. 00	>0. 2~6. 00
		H16、H26、H36	>0. 20~4. 00	>0. 20~4. 00

续表

牌号	类别	状态	板材厚度	带材厚度
5052	B	H18、H38	>0. 20~3. 00	>0. 20~3. 00
5086	B	F	>4. 50~150. 00	—
		H112	>6. 00~50. 00	—
		O/ H111	>0. 20~80. 00	—
		H12、H22、H32、H14、H24、H34	>0. 20~6. 00	—
		H16、H26、H36	>0. 20~4. 00	—
		H18	>0. 20~3. 00	—
5083	B	F	>4. 50~150. 00	—
		H112	>6. 00~50. 00	—
		O	>0. 20~80. 00	>0. 50~4. 00
		H111	>0. 20~80. 00	—
		H12、H14、H24、H34	>0. 20~6. 00	—
		H22、H32	>0. 20~6. 00	>0. 50~4. 00
		H16、H26、H36	>0. 20~4. 00	—
6061	B	F	>4. 50~150. 00	>2. 50~8. 00
		O	>0. 40~40. 00	>0. 40~6. 00
		T6、T4	>0. 40~12. 50	—
6063	B	O	>0. 50~20. 00	—
		T6、T4	>0. 50~10. 00	—
6A02	B	F	>4. 50~150. 00	—
		H112	>4. 50~80. 00	—
		O、T6、T4	>0. 50~10. 00	—
6082	B	F	>4. 50~150. 00	—
		O	0. 40~25. 00	—
		T6、T4	0. 40~12. 50	—
7075	B	F	>6. 00~100. 00	—
		O（正常包铝）	>0. 50~25. 00	—

续表

牌号	类别	状态	板材厚度	带材厚度
7075	B	O（不包铝或工艺包铝）	>0.50~50.00	—
		T6	>0.50~6.00	—
8A06	A	F	>4.50~150.00	>2.50~8.00
		H112	>4.50~80.00	—
		O	>0.20~10.00	—
		H14、H24、H18	>0.20~4.50	—
8011A	A	O	>0.20~3.00	>0.20~3.00
		H111	>0.20~3.00	—
		H14、H24、H18	>0.20~3.00	>0.20~3.00

（2）板、带材厚度对应的宽度和长度或内径。

mm

板、带材厚度	板材宽度和长度		带材宽度和内径	
	宽度	长度	宽度	内径
>0.20~0.50	500~1660	100~40 100	1660	ϕ75、ϕ150、ϕ200、ϕ300、ϕ405、ϕ505、ϕ610、ϕ650、ϕ750
>0.50~0.80	500~2000	100~10 000	2000	
>0.80~1.20	500~2200	100~10 000	2200	
>1.20~8.00	500~2400	100~10 000	2400	
>1.20~150.00	500~2400	100~10 000	—	—

（三）管材

1. 铜及铜合金挤制管的品种和规格

（1）铜及铜合金挤制管的牌号、状态和规格（YS/T 662—2007）。

牌号	状态	规格（mm）		
		外径	壁厚	长度
TU1、TU2、T2、T3、TP1、TP2	挤制（R）	30~300	5~65	300~6000
H96、H62、HPb59-1 HFe59-1-1		20~300	1.5~42.5	

续表

牌号	状态	规格（mm）		
		外径	壁厚	长度
H80、H65、H68、HSn62-1、HMg58-2、HSi80-3、HMn57-3-1	挤制（R）	60~220	7.5~30	300~6000
QAl9-2、QAl9-4、QAl0-3-1.5、QAl0-4-4、		20~250	3~50	500~6000
QSi3.5-3-1.5		80~200	10~30	
QCr0.5		100~2200	17.5~37.5	500~3000
BFe10-1-1		70~250	10~25	300~3000
BFe30-1-1		80~120	10~25	

（2）挤制铜及铜合金圆形管规格（GB/T 16866—2006）。

mm

公称外径	公称壁厚
20、21、22	1.5~3.0、4.0
23、24、25、26	1.5~4.0
27、28、29、30、32、34、35、36	2.5~6.0
38、40、42、44、45、46、48	2.5~10.0
50、52、54、55	2.5~17.5
56、58、60	4.0~17.5
62、64、65、68、70	4.0~20.0
72、74、75、78、80	4.0~25.0
85、90、95、100	7.5、10.0~30.0
105、110	10.0~30.0
115、120	10.0~37.5
125、130	10.0~35.0
135、140	10.0~37.5
145、150	10.0~35.0
155、160、165、170、175、180	10.0~42.5

续表

公称外径	公称壁厚
185、190、195、200、210、220	10.0~45.0
230、240、250	10.0~15.0、20.0、25.0~50.0
260、280	10.0~15.0、20.0、25.0、30.0
290、300	20.0、25.0、30.0
壁厚系列：1.5、2.0、2.5、3.0、4.0、4.5、5.0、6.0、7.5、9.0、10.0、12.5、15.0、17.5、20.0、22.5、25.0、27.0、27.5、30.0、32.5、35.0、37.5、40.0、42.5、45.0、50.0	

注 供应长度为500~6000mm。

2. 铝及铝合金管材的规格尺寸（GB/T 4436—2012）

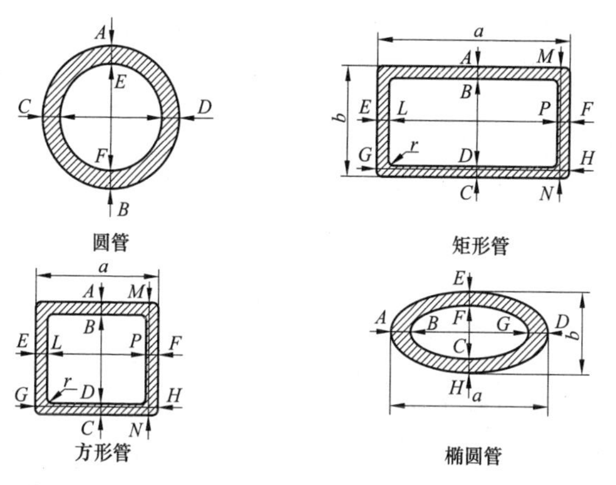

（1）挤压圆管的尺寸规格。

mm

外径	壁厚	外径	壁厚	外径	壁厚
25	5.0	60、62	5.0~7.5	105~115	5.0~30
28	5.0、6.0	65、70	5.0~20.0	120~130	7.5~32.5
30、32	5.0~8.0	75、80	5.0~22.5	135~145	10.0~32.5
34~38	5.0~10.0	85、90	5.0~25.0	150、155	10.0~35.0
40、42	5.0~12.5	95	5.0~27.5	160~200	10.0~40.0

续表

外径	壁厚	外径	壁厚	外径	壁厚
45~58	5.0~15.0	100	5.0~30.0	205~400	15.0~50.0

外径系列：25、28、30、32、34、36、38、40、42、45、48、50、52、55、58、60、62、65、70、75、80、85、90、95、100、105、110、120、125、130、135、140、145、150、155、160、165、170、175、180、185、190、195、200、205、210、215、220、225、230、235、240、245、250、260、270、280、290、300、310、320、330、340、350、360、370、380、390、400。
壁厚系列：5.0、6.0、7.0、7.5、8.0、9.0、10.0、12.5、15.0、17.5、20.0、22.5、25.0、27.5、30.0、32.5、35.0、40.0、42.5、45.0、47.5、50.0。
长度范围：300~5800

（2）冷拉（轧）圆管的尺寸规格。

mm

外径	壁厚	外径	壁厚	外径	壁厚
6	0.5~1.0	20	0.5~4.0	100~110	2.5~5.0
8	0.5~2.0	22~25	0.5~5.0	115	3.0~5.0
10	0.5~2.5	26~60	0.75~5.0	120	3.5~5.0
12~15	0.5~3.0	65~75	1.5~5.0		
16、18	0.5~3.5	80~95	2.0~5.0		

外径系列：6、8、10、12、14、15、16、18、20、22、24、25、26、28、30、32、34、35、36、38、40、42、45、48、50、52、55、60、65、70、75、80、85、90、95、100、105、110、115、120。
壁厚系列：0.5、0.75、1.0、1.5、2.0、2.5、3.0、3.5、4.0、4.5、5.0。
长度范围：1000~5500

（3）冷拉正方形管的尺寸规格。

mm

公称边长 α	10、12	14、16	18、20	22、25	28、32、36、40	42、45、50	55、60、65、70
壁厚	1.0、1.5	1.0~2.0	1.0~2.5	1.5~3.0	1.5~4.5	1.5~5.0	2.0~5.0

壁厚系列：1.0、1.5、2.0、2.5、3.0、4.5、5.0。
长度范围：1000~5500mm

（4）冷拉矩形管的尺寸规格。

mm

公称边长（长×宽）	壁厚	公称边长（长×宽）	壁厚
14×10、16×12、18×10	1.0~2.0	32×25、36×20、36×28	1.0~5.0
18×14、20×12、22×14	1.0~2.5	40×25、40×30、45×30	1.5~5.0
25×15、28×16	1.0~3.0	50×30、55×40	1.5~5.0
28×22、32×18	1.0~4.0	60×40、70×50	2.0~5.0
壁厚系列：1.0、1.5、2.0、2.5、3.0、4.0、5.0。 长度范围：1000~5500mm			

（5）冷拉椭圆形管的尺寸规格。

mm

长轴 a	27.0	33.5	40.5	40.5	47.0	47.0	54.0	54.0	60.5	60.5	67.5
短轴 b	11.5	14.5	17.0	17.0	20.0	20.0	23.0	23.0	25.5	25.5	28.5
壁厚	1.0	1.0	1.0	1.5	1.0	1.5	1.5	2.0	1.5	2.0	1.5
长轴 a	67.5	74.0	74.0	81.0	81.0	87.5	87.5	94.5	101.0	108.0	114.5
短轴 b	28.5	31.5	31.5	34.0	34.0	37.0	40.0	40.0	43.0	45.5	48.5
壁厚	2.0	1.5	2.0	2.0	2.5	2.0	2.5	2.5	2.5	2.5	2.5

注 管材供应长度为1000~5500mm。

3. 铝及铝合金挤压无缝圆管的合金牌号和状态（GB/T 4437.1—2000）

合金牌号	状态
1070A、1060、1100、1200、2A11、2017、2A12、2024、3003、3A21、5A02、5052、5A03、5A05、5A06、5083、5086、5454、6A02、6061、6063、7A09、7075、7A15、8A06	H112、F
1070A、1060、1050A、1035、1100、1200、2A11、2017、2A12、2024、5A06、5083、5454、5086、6A02	O
2A11、2017、2A12、6A02、6061、6063	T4
6A02、6061、6063、7A04、7A09、7075、7A15	T6

4. 铝及铝合金拉（轧）制无缝圆管的合金牌号和状态（GB/T 6893—2010）

合金牌号	状态
1035、1050、1050A、1060、1070、1070A、1100、1200、8A06	O、H14
2017、2024、2A11、2A12	O、T4
2A14	T4
3003	O、H14
3A21	O、H14
5052、5A02	O、H14、H18、H24
5A03	O H32
5A05、5056、5083	O、H32
5A06、5754	O
6061、6A02	O、T4、T6
6063	O　T6
7A04	O
7020	T6

注　1. 若需要其他合金牌号和供应状态，可由供需双方协商决定，并在合同中（或订货单）注明。

2. 管材的化学成分应符合 GB/T 3190—2008 的规定。

3. 管材的外形尺寸及其允许偏差应符合 GB/T 4436—2012 中普通级的规定，要求高精级时应在合同（或订货单）中注明。

5. 铝及铝合金拉（轧）制无缝管的力学性能（GB/T 6893—2010）

牌号	状态	厚度（mm）	室温纵向拉伸力学性能				
			抗拉强度 R_m（MPa）	规定非比例伸长应力（MPa）	断后伸长率（%）		
					全截面试样	其他试样	
					A_{50mm}	A_{50mm}	A
			≥				
1035、1050A、1050	O	所有规格	60~95	—	—	22	25
	H14	所有规格	100~135	70	—	5	6

续表

牌号	状态	厚度（mm）		室温纵向拉伸力学性能				
				抗拉强度 R_m（MPa）	规定非比例伸长应力（MPa）	断后伸长率（%）		
						全截面试样	其他试样	
						A_{50mm}	A_{50mm}	A
				≥				
1060、1070A、1070	O	所有规格		60~95	—	—		
	H14	所有规格		85	70	—		
1100、1200	O	所有规格		70~105	—	—	16	20
	H14	所有规格		110~145	80	—	4	5
2A11	O	所有规格		≤245	—	10		
	T4	外径≤22	≤1.5	375	—	13		
			>1.5~2.0		195	14		
			>2.0~5.0		—	—		
		外径>122~50	≤1.5	390	—	12		
			>1.5~5.0		—	13		
		>50	所有规格	390	225	11		
2017	O	所有规格		≤245	≤125	17	16	16
	T4	所有规格		375	215	13	12	12
2A12	O	所有规格		≤245	—	10		
	T4	外径≤22	≤2.0	410	225	13		
			>2.0~5.0			—		
		外径>22~50	所有规格	420	275	12		
		>50	所有规格	420	275	10		
2A14	T4	外径≤22	1.0~2.0	360	205	10		
			>2.0~5.0	360	205	—		
2024	O	外径>22	所有规格	360	205	10		
	T4	—		≤240	≤140	—	10	12

续表

<table>
<tr><th rowspan="5">牌号</th><th rowspan="5">状态</th><th rowspan="5">厚度
(mm)</th><th colspan="5">室温纵向拉伸力学性能</th></tr>
<tr><th rowspan="3">抗拉
强度
R_m
(MPa)</th><th rowspan="3">规定
非比例
伸长应力
(MPa)</th><th colspan="3">断后伸长率(%)</th></tr>
<tr><th>全截面
试样</th><th colspan="2">其他
试样</th></tr>
<tr><th>A_{50mm}</th><th>A_{50mm}</th><th>A</th></tr>
<tr><th colspan="5">≥</th></tr>
<tr><td rowspan="2">2024</td><td rowspan="2">T4</td><td>0.63~1.2</td><td>440</td><td>290</td><td>12</td><td>10</td><td>—</td></tr>
<tr><td>>1.2~5.0</td><td>440</td><td>35</td><td>14</td><td>10</td><td>—</td></tr>
<tr><td rowspan="2">3003</td><td>O</td><td>所有规格</td><td>95~130</td><td>110</td><td>—</td><td>20</td><td>25</td></tr>
<tr><td>H4</td><td>所有规格</td><td>130~165</td><td>—</td><td>—</td><td>4</td><td>6</td></tr>
<tr><td rowspan="6">3A21</td><td>O</td><td>所有规格</td><td>≤135</td><td>—</td><td>—</td><td>—</td><td>—</td></tr>
<tr><td>H4</td><td>所有规格</td><td>135</td><td>—</td><td>—</td><td>—</td><td>—</td></tr>
<tr><td rowspan="2">H18</td><td>外径<60,
壁厚0.5~5.0</td><td>185</td><td>—</td><td>—</td><td>—</td><td>—</td></tr>
<tr><td>外径≥60</td><td>175</td><td>—</td><td>—</td><td>—</td><td>—</td></tr>
<tr><td rowspan="2">H24</td><td>外径<60</td><td>145</td><td>—</td><td>—</td><td>8</td><td>—</td></tr>
<tr><td>外径≥60</td><td>135</td><td>—</td><td>—</td><td>8</td><td>—</td></tr>
<tr><td rowspan="3">5A02</td><td>O</td><td>所有规格</td><td>≤225</td><td>—</td><td>—</td><td>—</td><td>—</td></tr>
<tr><td rowspan="2">H14</td><td>外径≤55</td><td>225</td><td>—</td><td>—</td><td>—</td><td>—</td></tr>
<tr><td>其他所有规格</td><td>195</td><td>—</td><td>—</td><td>—</td><td>—</td></tr>
<tr><td rowspan="2">5A03</td><td>O</td><td>所有规格</td><td>175</td><td>80</td><td colspan="3">15</td></tr>
<tr><td>H34</td><td>所有规格</td><td>215</td><td>125</td><td colspan="3">8</td></tr>
<tr><td rowspan="2">5A05</td><td>O</td><td>所有规格</td><td>215</td><td>90</td><td colspan="3">15</td></tr>
<tr><td>H32</td><td>所有规格</td><td>245</td><td>145</td><td colspan="3">8</td></tr>
<tr><td>5A06</td><td>O</td><td>所有规格</td><td>315</td><td>145</td><td colspan="3">15</td></tr>
<tr><td rowspan="2">5052</td><td>O</td><td>所有规格</td><td>170~230</td><td>65</td><td>—</td><td>17</td><td>20</td></tr>
<tr><td>H14</td><td>所有规格</td><td>230~270</td><td>180</td><td>—</td><td>4</td><td>5</td></tr>
<tr><td rowspan="2">5056</td><td>O</td><td>所有规格</td><td>≤315</td><td>100</td><td colspan="3">16</td></tr>
<tr><td>H32</td><td>所有规格</td><td>305</td><td>—</td><td colspan="3">—</td></tr>
</table>

续表

牌号	状态	厚度(mm)	室温纵向拉伸力学性能				
			抗拉强度 R_m (MPa)	规定非比例伸长应力(MPa)	断后伸长率(%)		
					全截面试样	其他试样	
					A_{50mm}	A_{50mm}	A
			≥				
5083	O	所有规格	270~350	110	—	14	16
	H32	所有规格	280	200	—	4	6
5754	O	所有规格	180~250	80	—	14	16
6A02	O	所有规格	≤155	—	14		
	T4	所有规格	205	—	14		
	T6	所有规格	305	—	—	8	—
6061	O	所有规格	≤150	110	—	14	16
	T4	所有规格	205	110	—	14	16
	T6	所有规格	290	240	—	8	10
6063	O	所有规格	≤130		—	15	20
6063	T6	所有规格	220	190	—	8	10
7A04	O	所有规格	≤265	—	8	—	—
7020	T6	所有规格	350	280	—	8	10
8A06	O	所有规格	≤120	—	20		
	H14	所有规格	100	—	5		

(四)线材

1. 铜及铜合金圆线理论质量

直径(mm)	铜及铜合金密度(g/cm³)						
	8.2	8.3	8.4	8.5	8.6	8.8	8.9
	圆线理论质量(kg/km)						
0.02	0.002 58	0.002 61	0.002 64	0.002 67	0.002 70	0.002 76	0.002 80
0.03	0.005 80	0.005 87	0.005 94	0.006 02	0.006 08	0.006 23	0.006 29

2. 铜及铜合金线材的品种和规格（GB/T 21652—2008）

类别	牌号	状态	直径（对边距）（mm）
纯铜线	T2、T3	M、Y_2、Y	0.05~8.0
	TU1、TU2	M、Y	0.05~8.0
黄铜线	H63、H62、H65	M、Y8、Y_4、Y_2、Y_1、Y	0.05~13.0
		T	0.05~4.0
	H70、H68	M、Y_8、Y_4、Y_2、Y_1、Y	0.05~8.5
		T	0.1~6.0
黄铜线	H80、H85、H90、H96	M、Y_2、Y	0.05~12.0
	HSn60-1、HSn62-1	M、Y	0.5~6.0
	HPb63-3、HPb59-1	M、Y_2、Y	0.5~6.0
	HPb59-3	Y_2、Y	1.0~8.5
	HPb61-1	Y_2、Y	0.5~8.5
	HPb62-0.8	Y_2、Y	0.5~6.0
	HSb60-0.9、HBi60-1.3、HSb61-0.8-0.5	Y_2、Y	0.8~12.0
	HMn62-13	M、Y_4、Y_2、Y_1、Y	0.5~6.0
青铜线	QSn6.5-0.1、QSn6.5-0.4、QSn7-0.2、QSn5-0.2、QSi3-1	M、Y_4、Y_2、Y_1、Y	0.1~8.5
	QSn4-3	M、Y_4、Y_2、Y_1、Y	0.1~8.5
		Y	0.1~6.0
	QSn4-4-4	Y_2、Y	0.1~8.5
	QSn15-1-1	M、Y_4、Y_2、Y_1、Y、Y_2、Y	0.5~6.0
	QAl7	Y_2、Y	1.0~6.0
	QAl9-2	Y	0.6~6.0
	QCr1、QCr1-0.18	CYS、CSY	1.0~12.0
	QCr4.5-2.5-0.6	CYS、CSY	0.5~6.0
	QCd1	M、Y	0.1~6.0
白铜线	B19	M、Y	0.1~6.0

续表

类别	牌号	状态	直径（对边距）（mm）
白铜线	BFe10-1-1、BFe30-1-1	M、Y	0.1~6.0
	BMn3-12	M、Y	0.05~6.0
	BMn40-1.5	M、Y	0.05~6.0
	BZn9-29、BZn12-26、BZn15-20、BZn18-20	M、Y_8、Y_4、Y_2、Y_1、Y	0.1~8.0
		T	0.5~4.0
	BZn22-16、BZn25-18	M、Y_8、Y_4、Y_2、Y_1、Y	0.1~8.0
		T	0.1~4.0
	BZn40-20	M、Y_4、Y_2、Y_1、Y	1.0~6.0

注 状态栏中：M 为软（退火）；Y_8为 1/8 硬；Y_4为 1/4 硬；Y_2为半硬；Y 为硬；T 为特硬；CYS 为淬火+冷加工+人工时效；CSY 为固溶+冷加工+时效。

3. 铜及铜合金扁线的品种和规格（GB/T 3114—2010）

牌号	状态	规格（厚度×宽度）（mm×mm）
T2、TU1、TP2	M（软）、Y（硬）	(0.5~6.0)×(0.5~15.0)
H62、H65、H68、H70、H80、H85、H90B	M（软）、Y_2（半硬）、Y（硬）	(0.5~6.0)×(0.5~12.0)
QSn6.5-0.1、QSn6.5-0.4、QSn7-0.2，QSn5-0.2	M（软）、Y_2（半硬）、Y（硬）	(0.5~6.0)×(0.5~12.0)
QSn4-3、QSn3-1	Y（硬）	(0.5~6.0)×(0.5~15.0)

扁线宽度（mm）		0.5~5.0	>5.0
每卷质量（kg）≥	标准卷	10~40	70
	较轻卷	8~30	50

注 每批许可交付质量不大于 10%的较轻卷。

4. 铍青铜线的品种和规格（YS/T 571—2006）

牌号		状态		直径（mm）	
QBe2		M(软)、Y_2(半硬)、Y(硬)		0.03~6.00	
线材直径（mm）	0.03~0.05	>0.05~0.10	>0.10~0.20	>0.20~0.30	>0.30~0.40
每卷质量（kg）≥	0.0005	0.002	0.010	0.025	0.050

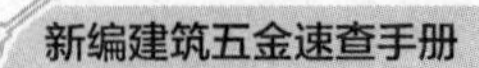

续表

牌号		状态		直径（mm）	
QBe2		M(软)、Y_2(半硬)、Y(硬)		0.03~6.00	
线材直径（mm）	>0.40~0.60	>0.60~0.80	>0.80~2.00	>2.00~4.00	>4.00~6.00
每卷质量（kg）≥	0.100	0.150	0.300	1.000	2.000

5. 铝及铝合金拉制圆线的品种和规格（GB/T 3195—2008）

牌号	状态	直径（mm）	典型用途
1035	O	0.8~20.0	焊条用线材
	H18	0.8~1.6	
		>1.6~3.0	焊条用线材、铆钉用线材
		>3.0~20.0	焊条用线材
	H14	3.0~20.0	焊条用线材、铆钉用线材
1350	O	9.5~25.0	导体用线材
	H12、H22		
	H14、H24		
	H16、H26		
	H19	1.2~6.5	
1A50	O、H19	0.8~20.0	导体用线材
1050A、1060、1070A、1200	O、H18	0.8~20.0	焊条用线材
	H14	3.0~20.0	
1100	O	0.8~1.6	焊条用线材、铆钉用线材
		>1.6~20.0	焊条用线材
		>20.0~25.0	铆钉用线材
	H18	0.8~20.0	焊条用线材
	H14	3.0~20.0	
2A01、2A04、2B11、2B12、2A10	H14、T4	1.6~20.0	铆钉用线材
2A14、2A16、2A10	O、H18	0.8~20.0	焊条用线材
	H14		

续表

<table>
<tr><th>牌号</th><th>状态</th><th>直径（mm）</th><th>典型用途</th></tr>
<tr><td>2A14、2A16、2A10</td><td>H12</td><td>7.0~20.0</td><td>焊条用线材</td></tr>
<tr><td>3003</td><td>O、H14</td><td>1.6~25.0</td><td>铆钉用线材</td></tr>
<tr><td rowspan="4">3A21</td><td>O、H18</td><td>0.8~20.0</td><td>焊条用线材</td></tr>
<tr><td rowspan="2">H14</td><td>0.8~1.6</td><td rowspan="2">焊条用线材、铆钉用线材</td></tr>
<tr><td>>1.6~20.0</td></tr>
<tr><td>H12</td><td>7.0~20.0</td><td>焊条用线材</td></tr>
<tr><td rowspan="3">4A01、4043、4047</td><td>O、H18</td><td rowspan="2">0.8~20.0</td><td rowspan="5">焊条用线材</td></tr>
<tr><td>H14</td></tr>
<tr><td>H12</td><td>7.0~20.0</td></tr>
<tr><td rowspan="4">5A02</td><td>O、H18</td><td>0.8~20.0</td></tr>
<tr><td rowspan="2">H14</td><td>0.8~1.6</td></tr>
<tr><td>>1.6~20.0</td><td>焊条用线材、铆钉用线材</td></tr>
<tr><td>H12</td><td>7.0~20.0</td><td rowspan="4">焊条用线材</td></tr>
<tr><td rowspan="3">5A03</td><td>O、H18</td><td rowspan="2">0.8~20.0</td></tr>
<tr><td>H14</td></tr>
<tr><td>H12</td><td>7.0~20.0</td></tr>
<tr><td rowspan="5">5A05</td><td>H18</td><td>0.8~7.0</td><td>焊条用线材、铆钉用线材</td></tr>
<tr><td rowspan="3">O、H14</td><td>0.8~1.6</td><td>焊条用线材</td></tr>
<tr><td>>1.6~7.0</td><td>焊条用线材、铆钉用线材</td></tr>
<tr><td>>7.0~20.0</td><td>铆钉用线材</td></tr>
<tr><td>H12</td><td>>7.0~20.0</td><td>焊条用线材</td></tr>
<tr><td rowspan="5">5B05、5A06</td><td>O</td><td>0.8~20.0</td><td rowspan="3">焊条用线材</td></tr>
<tr><td>H18</td><td>0.8~7.0</td></tr>
<tr><td>H14</td><td>0.8~7.0</td></tr>
<tr><td rowspan="2">H12</td><td>1.6~7.0</td><td>铆钉用线材</td></tr>
<tr><td>>7.0~20.0</td><td>焊条用线材、铆钉用线材</td></tr>
<tr><td>5005、5052、5056</td><td>O</td><td>1.6~25.0</td><td>铆钉用线材</td></tr>
</table>

续表

牌号	状态	直径（mm）	典型用途
5B06、5A33、5183、5356、5554、5A56	O	0.8~20.0	焊条用线材
	H18	0.8~7.0	
	H14		
	H12	>7.0~20.0	
6061	O	0.8~1.6	焊条用线材
		>1.6~20.0	焊条用线材、铆钉用线材
		>20.0~25.0	铆钉用线材
	H18	0.8~1.6	焊条用线材
		>1.6~20.0	焊条用线材、铆钉用线材
	H14	3.0~20.0	焊条用线材
	T6	1.6~20.0	焊条用线材、铆钉用线材
6A02	O、H18	0.8~20.0	焊条用线材
	H14	3.0~20.0	
7A03	H14、T6	1.6~20.0	铆钉用线材
8A06	O、H18	0.8~20.0	焊条用线材
	H14	3.0~20.0	

注 1. 需要其他合金、规格、状态的线材时，供需双方协商并在合同中注明。

2. 供方可以 1350-H22 线材替代需方订购的 1350-H12 线材，或以 1350-H12 线材替代需方订购的 1350-H22 线材，但同一份合同，只能供应同一状态的线材。

3. 线材应成批提交验收，每批由同一熔次、同一状态、同一直径的线材组成。

4. 线材成盘供应，每盘可由几根组成。

5. 单根质量未达到规定值的线材每盘不得超过 30%（按质量计算）。

(五) 建筑用铝合金型材

1. 铝合金型材的牌号和状态

合金牌号	供应状态	表面处理方式			
		阳极氧化、着色型材	电泳涂漆型材	粉末喷涂型材	氟碳漆喷涂型材
6061	T4、T6	阳极着色(银白色) 阳极氧化加电解着色 阳极氧化加有机着色	阳极氧化加电泳涂漆 阳极氧化、电解着色加电泳涂漆	热固性饱和聚酯粉末涂层	二涂层:底漆加面漆; 三涂层:底漆、面漆加清漆; 四涂层:底漆、阻挡漆、面漆加清漆
6063、6063A	T5、T6				

注 型材的化学成分应符合 GB/T 3190 的规定。

2. 铝合金建筑型材的牌号、状态和力学性能(GB/T 5321.1—2008)

合金牌号	状态	壁厚(mm)	拉伸试验			硬度试验		
			抗拉强度 R_{bm}(MPa)	规定非比例伸长应力 $R_{p0.2}$(MPa)	断后伸长率 A(%)	试样厚度(mm)	维氏硬度 HV	韦氏硬度 HW
			≥					
6063	T5	所有	160	110	8	0.8	58	8
	T6	所有	205	180	8	—		
6063A	T5	≤10	200	160	5	0.8	65	10
		>10	190	150	5			
	T6	≤10	230	190	5	—		
		>10	220	180	4			
6061	T4	所有	180	110	16	—		
	T6	所有	265	145	8			

3. 推拉门、推拉窗用铝型材

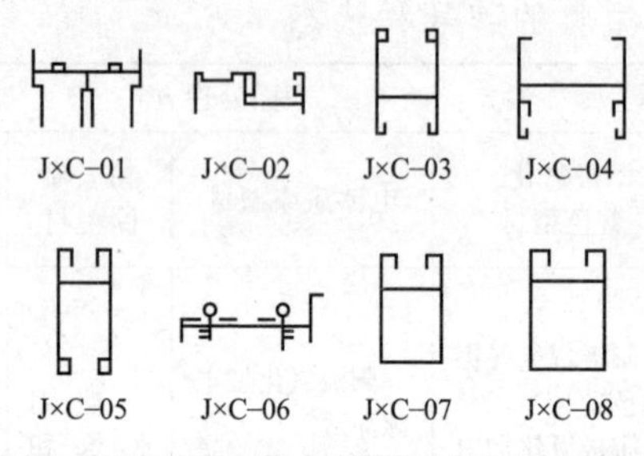

型号	截面面积 (cm²)	单位质量 (kg/m)	型号	截面面积 (cm²)	单位质量 (kg/m)
J×C-01	4.9	1.32	J×C-05	4.01	1.084
J×C-02	3.3	0.89	J×C-06	3.9	1.02
J×C-03	3.11	0.84	J×C-07	3.9	1.05
J×C-04	3.02	0.81	J×C-08	3.8	1.007

4. 平开门窗、卷帘门用铝型材

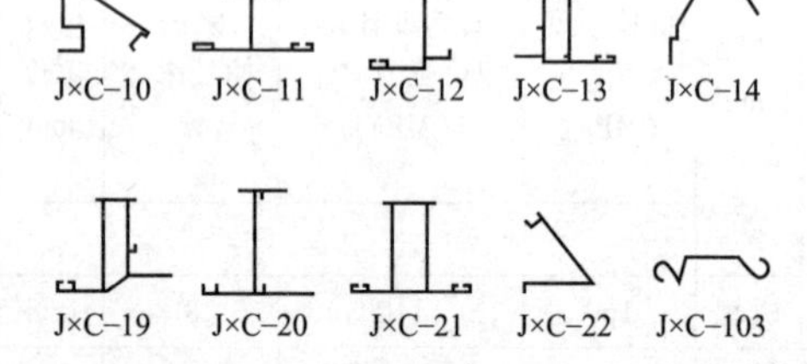

型号	截面面积 (cm²)	单位质量 (kg/m)	型号	截面面积 (cm²)	单位质量 (kg/m)
J×C-10	0.72	0.194	J×C-19	1.96	0.53
J×C-11	2.695	0.727	J×C-20	1.526	0.41
J×C-12	2.1	0.567	J×C-21	2.26	0.608
J×C-13	3.05	0.824	J×C-22	0.47	0.126
J×C-14	1.33	0.359	J×C-103	2.34	0.655

5. 自动门用铝型材

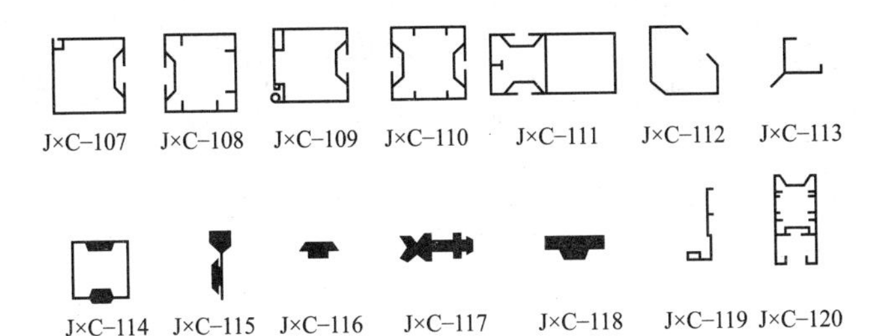

型号	截面面积 (cm^2)	单位质量 (kg/m)	型号	截面面积 (cm^2)	单位质量 (kg/m)
J×C–107	4. 488	1. 21	J×C–114	3. 3	0. 918
J×C–108	4. 96	1. 34	J×C–115	4. 77	1. 33
J×C–109	5. 68	1. 53	J×C–116	0. 59	0. 16
J×C–110	4. 475	1. 208	J×C–117	0. 08	2. 45
J×C–111	1. 98	2. 16	J×C–118	4. 73	1. 28
J×C–112	3. 4	2. 35	J×C–119	1. 21	0. 33
J×C–113	2. 7	0. 729	J×C–120	4. 8	1. 35

6. 橱窗用铝型材

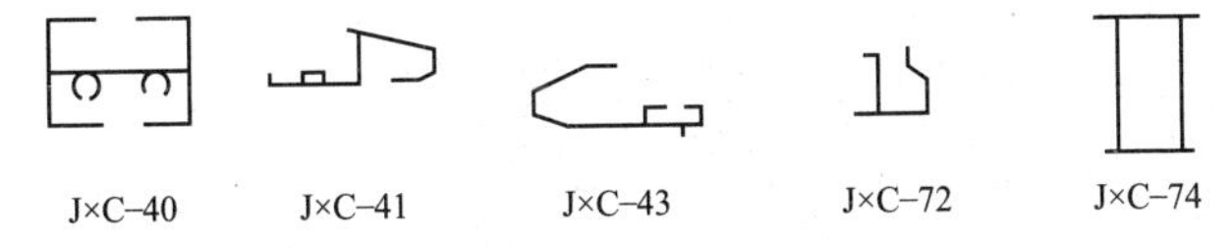

型号	截面面积 (cm^2)	单位质量 (kg/m)	型号	截面面积 (cm^2)	单位质量 (kg/m)
J×C–40	2. 83	0. 763	J×C–72	0. 53	0. 144
J×C–41	1. 35	0. 315	J×C–74	2. 07	0. 56
J×C–43	1. 53	0. 413			

7. 其他门窗用铝型材

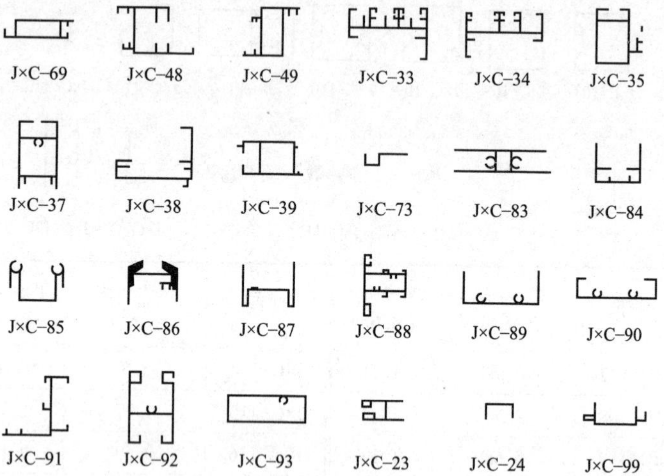

J×C-69 J×C-48 J×C-49 J×C-33 J×C-34 J×C-35

J×C-37 J×C-38 J×C-39 J×C-73 J×C-83 J×C-84

J×C-85 J×C-86 J×C-87 J×C-88 J×C-89 J×C-90

J×C-91 J×C-92 J×C-93 J×C-23 J×C-24 J×C-99

型号	截面面积（cm^2）	单位质量（kg/m）	型号	截面面积（cm^2）	单位质量（kg/m）
J×C-69	1.7	0.459	J×C-85	2.48	0.669
J×C-48	3.766	1.02	J×C-86	1.37	1.99
J×C-49	2.659	0.718	J×C-87	5.73	1.55
J×C-33	5.77	1.56	J×C-88	3.97	1.31
J×C-34	3.34	1.04	J×C-89	4.2	1.19
J×C-35	3.125	0.84	J×C-90	3.8	1.07
J×C-37	2.52	0.68	J×C-91	2.2	0.57
J×C-38	3.47	0.94	J×C-92	3.2	0.86
J×C-39	3.46	0.933	J×C-93	6.2	1.76
J×C-73	0.652	1.76	J×C-23	0.83	0.22
J×C-83	2.73	0.738	J×C-24	0.73	0.2
J×C-84	4.99	1.347	J×C-99	3.24	0.875

8. 楼梯栏杆用铝型材

J×C-44　J×C-45　J×C-46　J×C-50

J×C-51　J×C-68　J×C-70　J×C-71

型号	截面面积（cm^2）	单位质量（kg/m）	型号	截面面积（cm^2）	单位质量（kg/m）
J×C-44	4.64	1.25	J×C-51	2.48	0.67
J×C-45	2.46	0.66	J×C-68	0.869	0.235
J×C-46	1.82	0.491	J×C-70	3.185	0.86
J×C-50	1.8	0.486	J×C-71	1.019	0.275

9. 护墙板、装饰板用铝型材

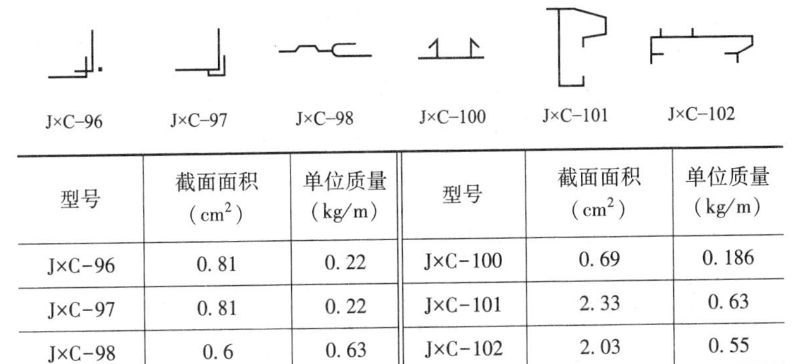

型号	截面面积（cm^2）	单位质量（kg/m）	型号	截面面积（cm^2）	单位质量（kg/m）
J×C-96	0.81	0.22	J×C-100	0.69	0.186
J×C-97	0.81	0.22	J×C-101	2.33	0.63
J×C-98	0.6	0.63	J×C-102	2.03	0.55

10. 吊顶龙骨、顶棚、招牌、卷闸用铝型材

型材名称	外形截面尺寸（长×宽）（mm×mm）	单位质量（kg/m）	示意图	产品编号
吊顶龙骨用铝型材				
吊顶龙骨铝等角	24.5×25.4	0.138		6212
大龙骨	38.1×25.4	0.19		7103

续表

型材名称	外形截面尺寸（长×宽）（mm×mm）	单位质量（kg/m）	示意图	产品编号
吊顶龙骨用铝型材				
小龙骨	31.8×25.4	0.156		7103
顶棚、招牌用铝型材				
平面板条	109.7×14	0.45		5105
曲面板条	96	0.397		—
卷闸用铝型材				
曲面闸片	59×10	0.54		—
平面闸片	82.6×15	0.41		—

11. 铝合金花格网（YS/T 92—1995）

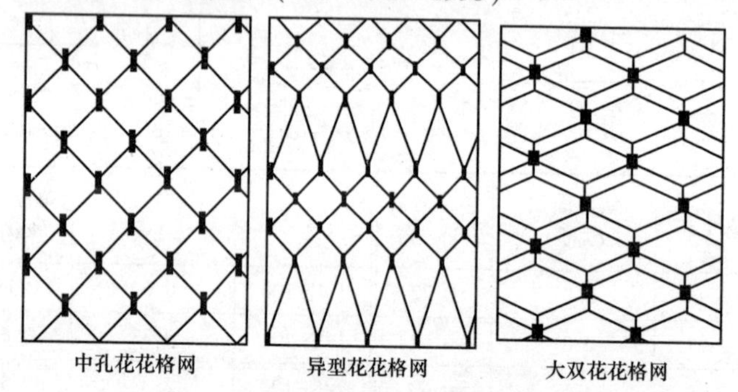
中孔花花格网　异型花花格网　大双花花格网

单双花花格网

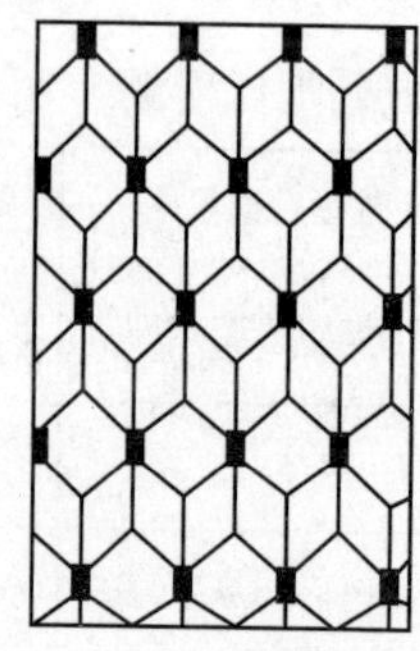
五孔花花格网

型号	花形	规格（mm）			用途
		厚度	宽度	长度	
LGH101	中孔花	5.0、5.5、6.0、6.5 7.0、7.5	480~2000	≤6000	用于建筑、装饰和防护、防盗装置等
LGH102	异型花				
LGH103	大双花				
LGH104	单双花				
LGH105	五孔花				

注 1. 铝合金花格网用型材的外形尺寸允许偏差应符合 GB 5237 的要求。

2. 定尺交货的铝合金花格网的长度允许偏差为 25mm，宽度允许偏差为 10mm。

3. 化学成分应符合 GB/T 3190 的要求。

12. 其他铝合金建筑型材

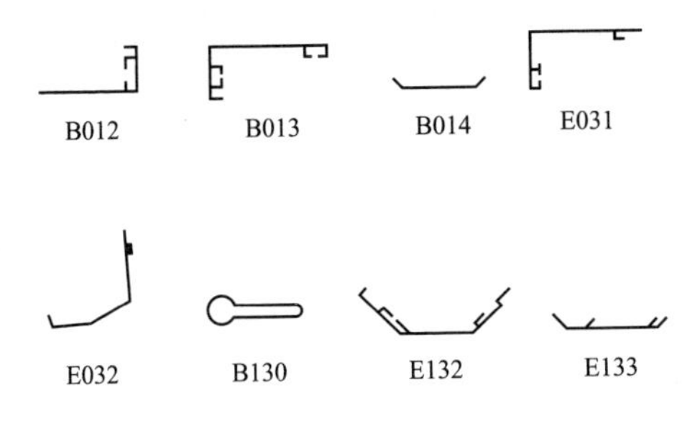

(1) 铝出风口型材。

编号	外形截面尺寸（长×宽）（mm×mm）	单位质量（kg/m）
B012	38×17	0.186
B013	50.8×13.75	0.308
B014	49.4×8.2	0.159
B130	44.32×19.05	0.129
E031	50.2×32	0.413
E131	50.8×31.5	0.338
E132	65.7×57	0.437

续表

编号	外形截面尺寸（长×宽）（mm×mm）	单位质量（kg/m）
E133	44.5×11.5	0.224
E032	52.8×50.2	0.507

（2）装饰花板用材。

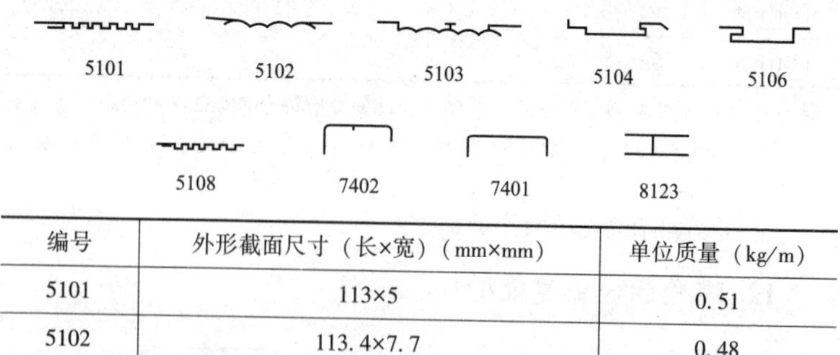

编号	外形截面尺寸（长×宽）（mm×mm）	单位质量（kg/m）
5101	113×5	0.51
5102	113.4×7.7	0.48

（3）幕墙用材。

型材名称	外形截面尺寸（长×宽）（mm×mm）	单位质量（kg/m）
主柱	135×50	3.023
幕墙压条	50×13	0.588
压条饰边	50×15	0.324
边接柱	44×40	1.357
主柱内腔加固筋	113×44	2.625

（4）隔墙用材。

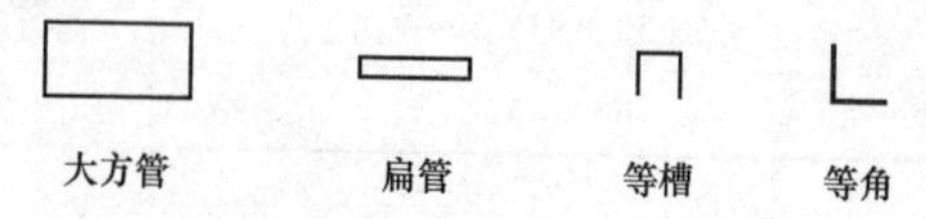

型材名称	外形截面尺寸（长×宽）（mm×mm）	单位质量（kg/m）
大方管	76. 2×44. 45	0. 894
扁管	76. 2×25. 4	0. 661
等槽	12. 7×12. 7	0. 10
等角	31. 8×31. 8	0. 503

第六章

建筑常用非金属材料

1. 常用橡胶的特性和用途

名称	特性	用途
天然橡胶（NR）	弹性大、定伸强力高，抗撕裂性和电绝缘性优良，耐磨性和耐寒性良好，加工性佳，易与其他材料黏合。缺点是耐氧及耐臭氧性差，容易老化变质；耐油和耐溶剂性不好，抵抗酸碱的腐蚀能力低，耐热性不高，不适用于100℃以上环境温度	制作轮胎、胶鞋、胶管、胶带、电线、电缆的绝缘层和护套以及其他通用制品
丁苯橡胶（SBR）	性能接近天然橡胶，其特点是耐磨性、耐老化和耐热性超过天然橡胶，质地较天然橡胶均匀。缺点是弹性较低，抗屈挠、抗撕裂性能差，加工性能差，特别是自黏性差；制成的轮胎，使用时发热量大、寿命较短	主要用以代替天然橡胶制作轮胎、胶板、胶管、胶鞋及其他通用制品
顺丁橡胶（BR）	弹性与耐磨性优良，耐老化性佳，耐低温性优越。缺点是强力较低，抗撕裂性差，加工性能与自黏性差	一般多和天然或丁苯橡胶混用，主要用作轮胎面、运输带
异戊橡胶（IR）	性能接近天然橡胶，耐老化性优于天然橡胶，但弹性和强力比天然橡胶稍低，加工性能差，成本较高	代替天然橡胶制作轮胎、胶鞋、胶管、胶带及其他制品

续表

名称	特性	用途
氯丁橡胶（CR）	抗氧、抗臭氧性优良，耐油、耐溶剂、耐酸碱以及耐老化、气密性好。缺点是耐寒性较差、电绝缘不好、加工性差	主要用于制造重型电缆护套，耐油、耐腐蚀胶管、胶带以及各种垫圈、密封圈、模型制品
丁基橡胶（ⅡR）	气密性小，耐臭氧、耐老化性能好，耐热性较高，能耐无机强酸（如硫酸、硝酸等）和一般有机溶剂，电绝缘性好。缺点是弹性不好，加工性能差，黏着性和耐油性差	主要用作内胎、水胎、气球、电线电缆绝缘层、防振制品、耐热运输带等
丁腈橡胶（NBR）	耐汽油及脂肪烃油类的性能特别好，耐热性好，气密性、耐磨及耐水性等均较好，粘接力强。缺点是耐寒性较差，强度较低，弹性较差，耐酸性差，电绝缘性不好	主要用于制作各种耐油胶管、密封圈、贮油槽衬里等，也可作耐热运输带
乙丙橡胶（EPM）	耐化学稳定性很好（仅不耐浓硝酸），耐老化性能优良，电绝缘性能突出，耐热可达150℃。缺点是黏着性差，硫化缓慢	主要用作化工设备衬里、电线电缆包皮、汽车配件及其他工业制品
聚氨酯橡胶（UR）	耐磨性能好、强度高、弹性好、耐油性能优良，耐臭氧、耐老化、气密性好，缺点是耐温性能较差，耐水、耐酸性不好	制作轮胎及耐油零件、垫圈、防振制品等
聚丙烯酸酯橡胶（AR）	耐热、耐油性能良好，可在180℃以下热油中使用，耐老化、耐氧、耐紫外线、气密性良好。缺点是耐寒性较差，弹性和耐磨、电绝缘性差，加工性能不好	可用作耐油、耐热、耐老化的制品，如密封件、耐热油软管等
硅橡胶（SR）	既耐高温（最高300℃），又耐低温（最低-100℃），电绝缘性优良。缺点是机械强度低，耐油、耐酸碱性差，价格较贵	主要用于制作耐高低温制品、耐高温电缆绝缘层

续表

名称	特性	用途
氟橡胶（FPM）	耐高温，耐油性最好，抗辐射及高真空性优良，电绝缘性、力学性能、耐老化性等都很好。缺点是加工性差，弹性和透气性较低，耐寒性差，价格昂贵	主要用于国防工业制作飞机火箭上的耐真空、耐高温、耐化学腐蚀的密封件、胶管或其他零件
氯磺化聚乙烯橡胶（CSM）	耐臭氧及耐老化性能优良，不易燃，耐热、耐溶剂及耐酸碱性能都较好，电绝缘性尚可。缺点是抗撕裂性较差，加工性能不好，价格较贵	可用作臭氧发生器上的密封材料，制作耐油垫圈、电线电缆包皮等

2. 常用塑料的特性与用途

名称	特性	用途
硬聚氯乙烯（硬 PVC）	有一定强度，价格低廉，耐腐蚀，电绝缘性优良，耐老化性能较好，天冷易裂，使用温度为-15～+60℃，应用广	板、管、棒、焊条等型材，耐腐蚀件、化工机械零件
软聚氯乙烯（软 PVC）	强度比硬聚氯乙烯低，伸长率较高，天冷会变硬，其他性能与硬聚氯乙烯相同	板、管、薄膜、焊条，电器绝缘材料，密封件
高压聚乙烯（LDPE）	柔软性、伸长率、冲击强度和透明性较好，其他性能同低压聚乙烯，抗拉强度为 98MPa	电缆电线绝缘
低压聚乙烯（HDPE）	相对密度为 0.94～0.96，使用温度为-60～+100℃。电绝缘性，尤其是高频绝缘性好，可用玻璃纤维增强，耐腐蚀。室温下不会被有机酸溶剂、各种强酸（除浓硝酸外）侵蚀，抗水性好，抗拉强度为 19.8MPa	日用工业品，耐腐蚀件、绝缘件涂层

续表

名称	特性	用途
聚丙烯（PP）	相对密度为0.9~0.91，力学性能、耐热性均优于低压聚乙烯，可在100℃左右使用。除浓硫酸、浓硝酸外，不会被其他酸、碱侵蚀，高频绝缘性好，抗水性好。但低温发脆，不耐磨，较易老化，成型收缩大，对紫外线敏感	机械零件、绝缘件、耐腐蚀件、化工容器
聚苯乙烯（PS）	电绝缘性，尤其是高频绝缘性优良，透光率为75%~88%，仅次于有机玻璃。耐碱及浓硫酸、磷酸、硼酸、10%~36%的品酸、25%以下的醋酸、10%~19%甲酸及其他有机酸，不耐氧化性酸。可溶于苯，甲、乙苯，酯类，汽油等。质脆，着色性好，强度不高，耐热性低，工作温度为-20~+65℃	绝缘件、透明件、装饰件，泡沫保温材料，耐腐蚀件
聚甲醛（POM）	抗拉强度为40~70MPa，工作温度为-40~100℃。抗疲劳和耐蠕变性极好，摩擦系数低，制品尺寸稳定，抗氧化及耐候性好，价格低于聚酰胺，日晒会使性能下降	机械、化工、汽车零件，减磨、耐磨件
聚甲基丙烯酸甲酯（有机玻璃，PMMA）	透光率为99%，透过紫外线光达73.5%，布氏硬度为140~180，抗拉强度为54~63MPa，耐气候性、绝缘性、耐腐蚀性优良，有一定耐热性，易成型及机械加工，着色性好，耐磨性差	板、棒、管等型材，透明件、装饰件
聚酰胺（尼龙，PA）	抗拉强度为40~130MPa，聚酰胺1010冲击强度（无缺口）高达24~44J/cm²，耐磨性、耐燃性突出，减振性好，耐弱酸碱和一般溶剂，对强酸、碱、酚类抗蚀力较差，耐油性好，无毒、无味、无臭，热导率低，热膨胀大，吸水性大，可在-60~+100℃环境下使用	机械、化工零件，减磨、耐磨零件，装饰件，金属表面涂层

3. 电工塑料

(1) 热固性塑料。

性能参数	酚醛塑料(4010)	酚醛塑料(4013)	丁腈橡胶改性酚醛塑料(4511)	酚醛玻璃纤维塑料(4330)	三聚氰胺甲醛玻璃塑料(34)	三聚氰胺甲醛石棉塑料(4220)	聚酰亚胺塑料
密度(g/cm^3)	1.4	1.5	1.7	1.9	2.0	1.75	1.3
收缩率(%)	0.5~0.9	0.5~0.9	0.5~0.9	—	≤0.3	0.3~0.6	—
流动性(mm)	100~180	100~190	90~190	—	—	90~190	150~180
抗弯强度(MPa)	59~88	69~89	44~79	≥245	118~196	44~71	≥86
抗冲击强度(J/cm^2)	0.6~0.9	0.6~0.9	0.8~1.0	15~23	≥9.8	≥0.5	≥0.75
表面电阻率(Ω·cm)	10^{11}~10^{13}	10^{12}~10^{13}	10^{12}~10^{13}	10^{11}~10^{14}	10^{11}~10^{14}	10^{11}~10^{14}	≥10^{16}
介电强度(kV/mm)	10~15	13~16	13~15	13~19	10~12	10~14	≥14
体积电阻率(Ω·cm)	10^{10}~10^{13}	10^{11}~10^{13}	10^{11}~10^{13}	10^{12}~10^{14}	10^{11}~10^{14}	10^{10}~10^{13}	≥10^{14}

（2）热塑性塑料。

性能参数	聚苯乙烯		ABS		聚甲基丙烯酸甲脂	聚酰胺（1010）		聚碳酸脂		聚砜
	纯料	含玻璃纤维	抗冲击型	耐热型		纯料	含玻璃纤维	纯料	含玻璃纤维	
密度（g/cm^3）	1.04~1.09	1.2~1.3	1.02~1.04	1.06~1.08	1.17~1.09	1.04~1.09	1.23~1.3	1.2	1.4~1.45	1.24
热变形温度（18.2MPa）（℃）	96	1.04	87~103	96~118	70~90	45	—	132~142	140~149	174
溶点（℃）	200	—	217~237	217~237		200~210	—	220~230	—	243~360
线膨胀系数（$\times10^{-5}$/℃）	8	3~4.5	9.5~10.5	6~9	5~9	8.5~16	3.1	5~7	1.6~2.7	5~5.2
伸长率（%）	1.0~2.5	0.75~1.1	5.0~60	3.0~20	2~10	50~250	—	60~130	1~5	20~100
抗张强度（MPa）	34~82	75~103	34~43	44~60	48~76	44~54	68~176	54~69	108~167	71~83
抗弯强度（MPa）	69~96	103~127	51~79	69~83	89~118	76~87	108~304	93~109	137~192	106~124
抗冲击强度（J/cm^2）	0.14~0.21	1.31	5.19	0.16~0.31	1.57	9.8~48	5.9~9.8	74~86.2	6.4	16.7~36.3
体积电阻率（Ω·cm）	10^{16}~10^{16}	≥10^{16}	≥10^{16}	≥10^{16}	10^{14}		10^{11}~10^{15}	≥10^{16}	≥10^{16}	≥10^{16}
表面电阻率（Ω）	—	—	≥10^{15}	≥10^{15}	≥10^{15}	≥10^{14}	≥10^{15}	≥10^{15}	—	≥10^{16}
介电强度（kV/mm）	20~28	14~17	13~18	14~16	18~22	15~24	18~29	17~22	19~29	16~20

（3）电缆用塑料。

性能参数		聚氯乙烯		聚乙烯			聚丙烯	氟塑料		
		绝缘级	护层级	低密度	高密度	交联		F-4	F-46	PFA
密度（g/cm^3）		1.5	1.25	0.91~0.93	0.94~0.97	0.92	0.9~0.91	2.1~2.2	2.1~2.2	—
伸长率（%）		≥200	≥300	20~350	15~100	≥200	400~700	200~300	250~300	≥300
热导率［W/(m·K)］		0.125~0.167	0.125~0.167	0.334	0.459~0.50	—	0.13	0.250	0.250	—
体积电阻率（Ω·cm）		$10^{13}\sim10^{14}$	$10^{9}\sim10^{10}$	$\geq10^{18}$	$\geq10^{16}$	$\geq10^{16}$	$\geq10^{16}$	$\geq10^{17}$	$\geq10^{17}$	$\geq10^{17}$
抗张强度（MPa）		≥17.6	≥12	9.6~13	17.8~31	—	29~39	14~29	≥19.6	—
介电常数	50Hz	5~6	—	2.3	2.35	2.3	2.2	2.0	2.1	2.1
	10^3Hz	4.5~5.8	—	2.3	2.35	2.3	2.2	2.0	2.1	2.1
	10^6Hz	3.5~4.5	—	2.3	2.35	2.3	2.2	2.0	2.1	2.1
介电强度（kV/mm）		≥20	16~18	18~28	18~20	18~28	30~35	≥19	20~24	—
工作温度（℃）		65~100	65	70	70	80~90	120	250	205	250

4. 建筑用塑料型材

(1) PVC 塑料推拉门窗型材。

规格	型材截面尺寸
60 系列	60推拉窗框（1280g/m） 60推拉窗扇（930g/m） 60扇封盖（220g/m） 60纱扇滑道（370g/m） 60推拉窗梃（1193g/m） 60铝滑轨（82g/m） 60推拉纱扇（342g/m） 60轨道封边（34.5g/m） 60推拉双玻压条（160g/m） 60推拉单玻压条（60平开双玻压条）（200g/m）

续表

规格	型材截面尺寸
85 系列	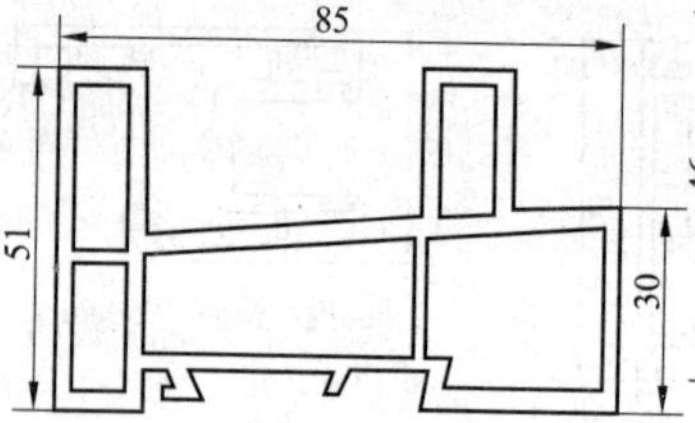 85推拉框(1220g/m) 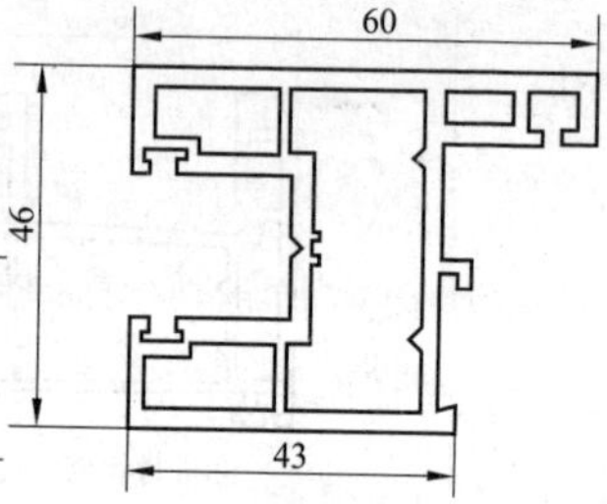 85推拉扇(930g/m) 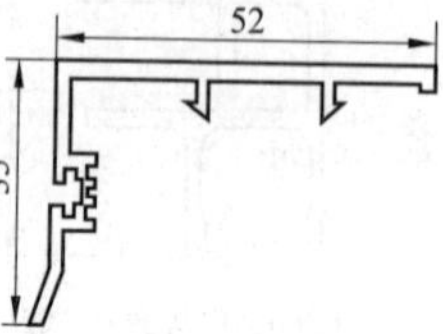 85封盖(300g/m) 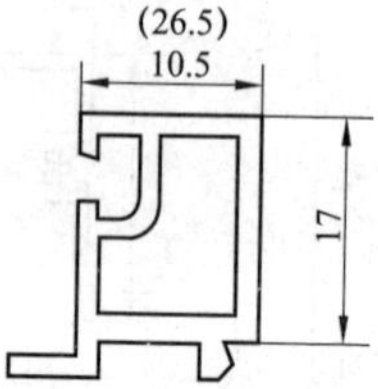 85双玻压条(170g/m) 与85单玻压条(270g/m) 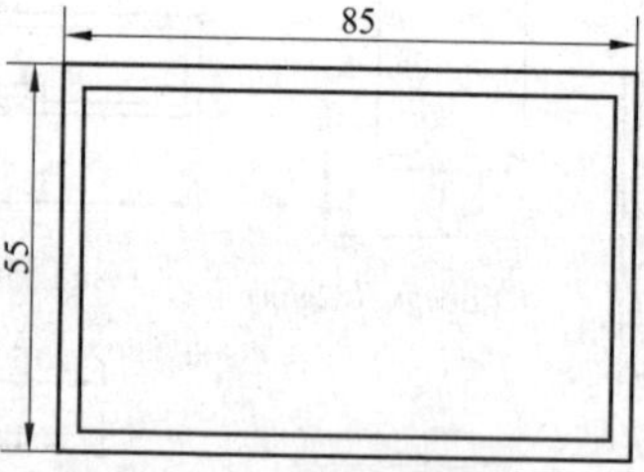 85×55方管(1000g/m) 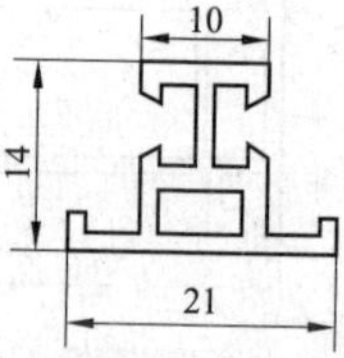 双玻隔条(180g/m)

续表

规格	型材截面尺寸
75 三轨系列	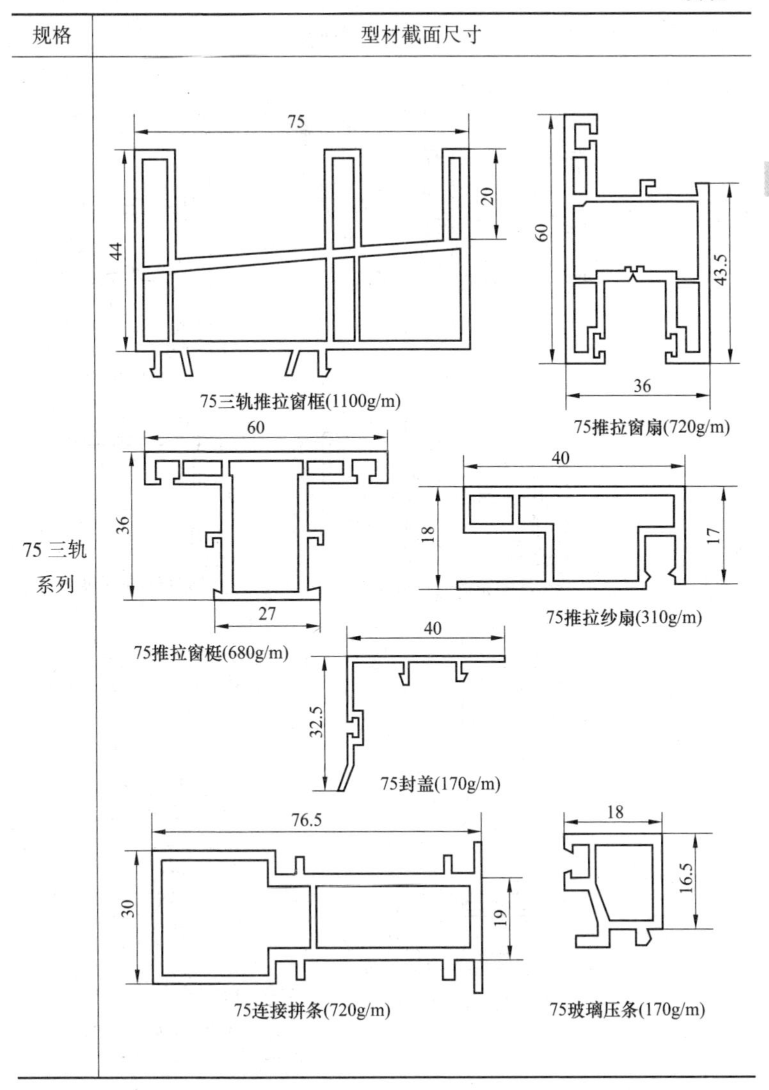75三轨推拉窗框(1100g/m) 75推拉窗扇(720g/m) 75推拉窗梃(680g/m) 75推拉纱扇(310g/m) 75封盖(170g/m) 75连接拼条(720g/m) 75玻璃压条(170g/m)

续表

规格	型材截面尺寸
85 三轨系列	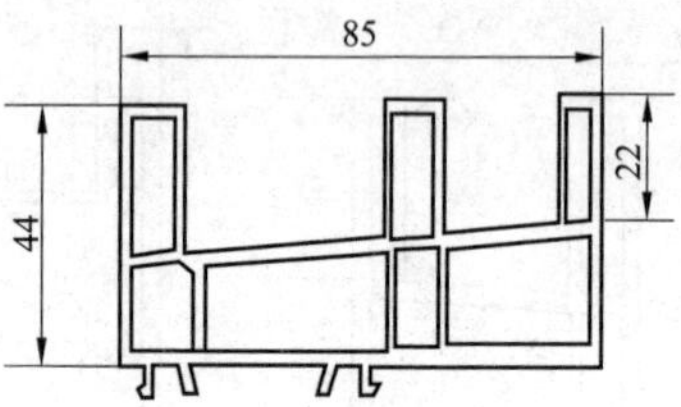 85三轨推拉框一(1150g/m) 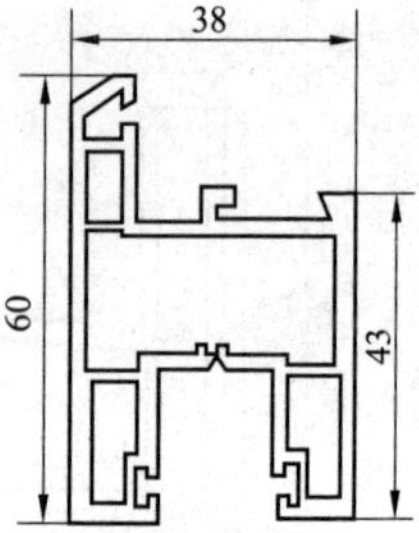 85三轨推拉扇(730g/m) 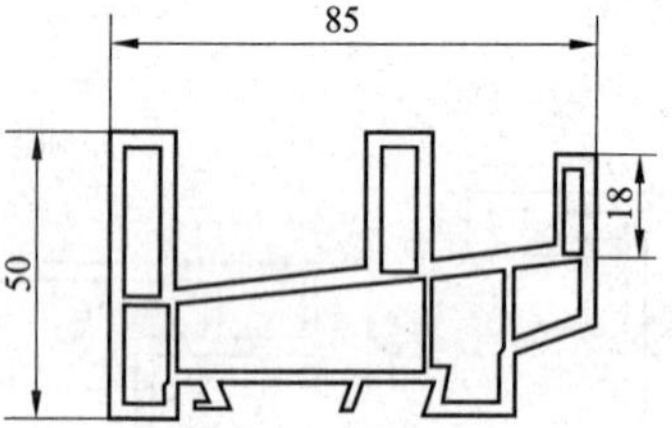 85三轨推拉框二(1240g/m) 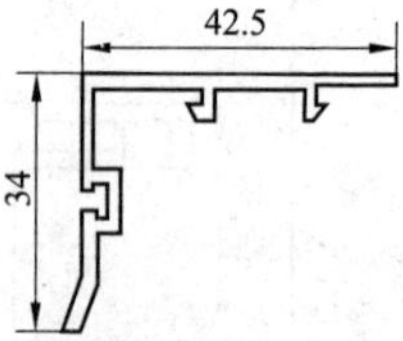 85三轨封盖(280g/m) 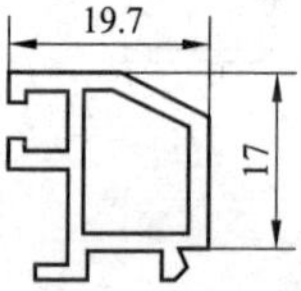 85单玻压条(190g/m) 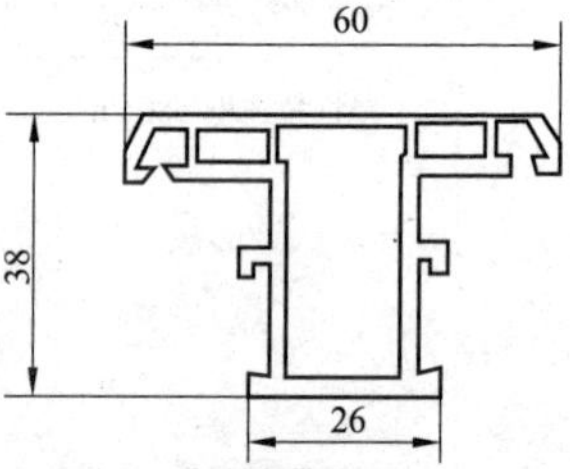 85窗梃(700g/m) 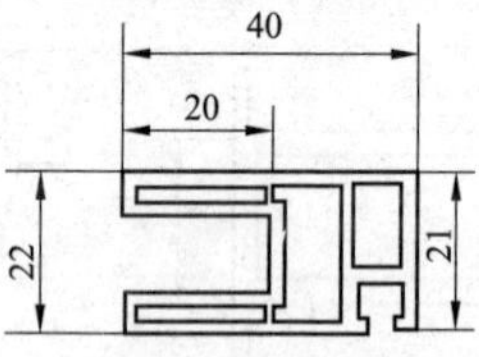 85推拉纱扇(480g/m) 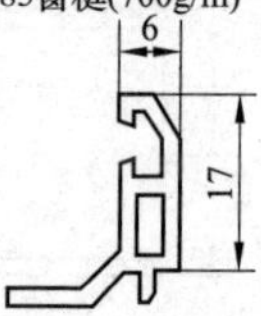 85双玻压条(150g/m)

续表

规格	型材截面尺寸
90 三轨系列	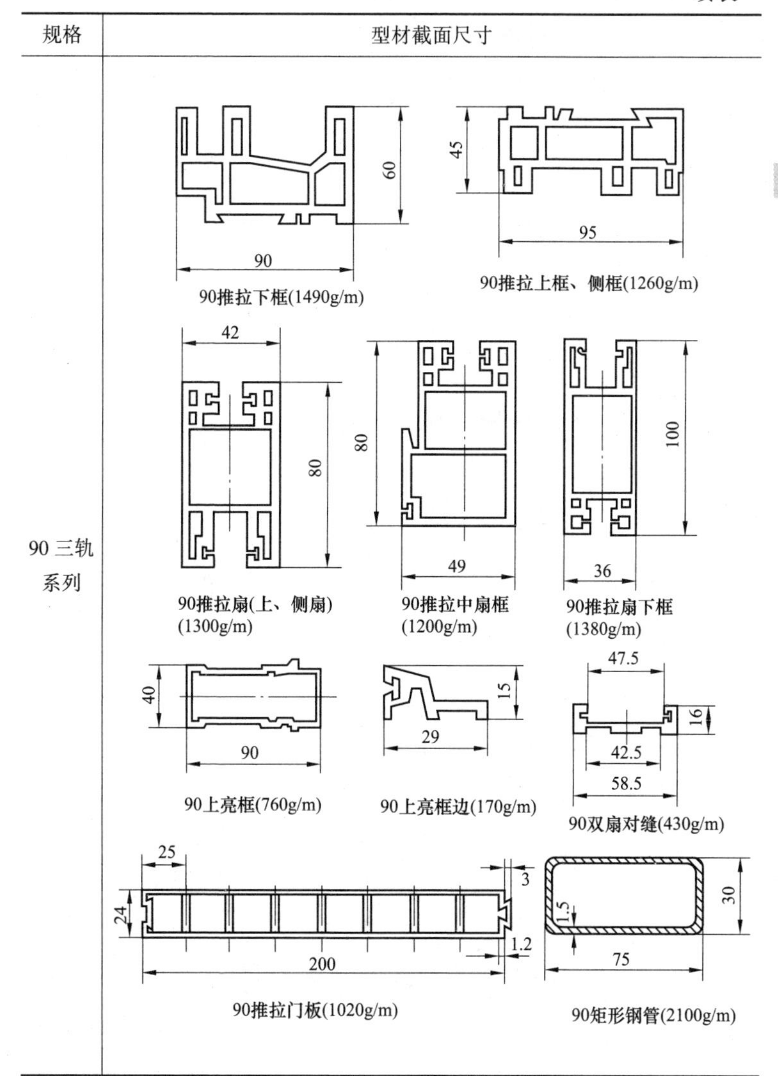

(2) PVC 塑料平开门窗型材。

规格	型材截面尺寸
45 系列	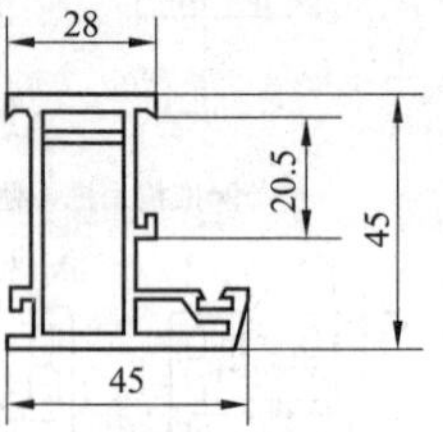 45平开窗框(640g/m) 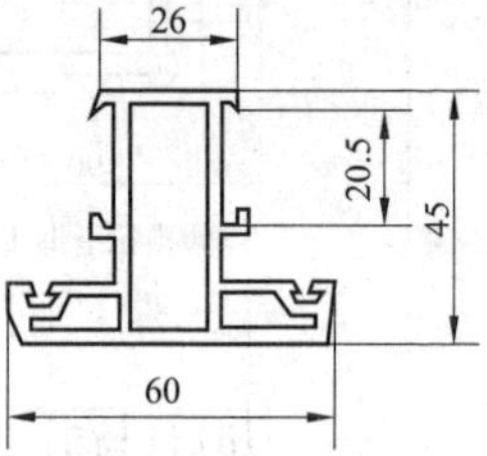 45平开窗扇(梃)(680g/m) 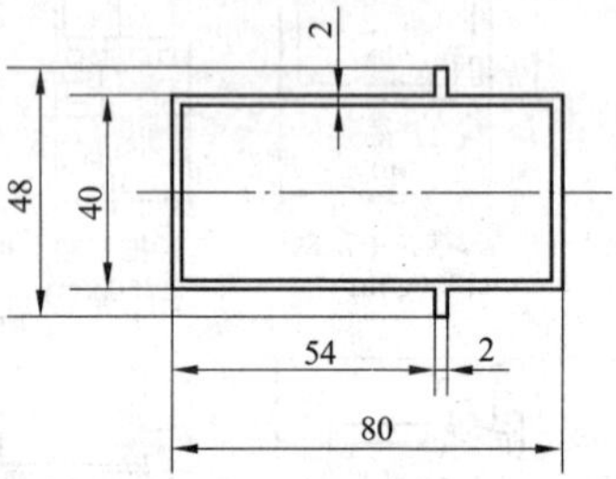 45加强拼条(670g/m) 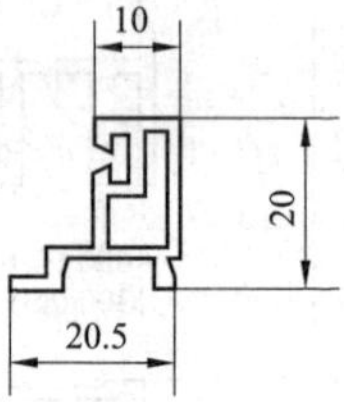 45双玻压条(190g/m) 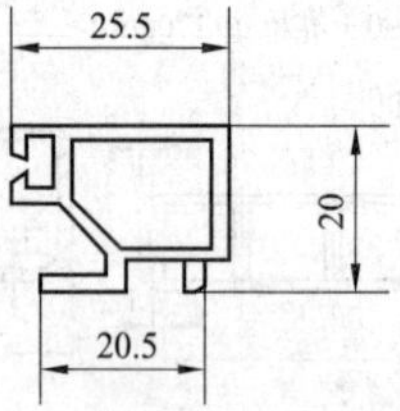 45单玻压条 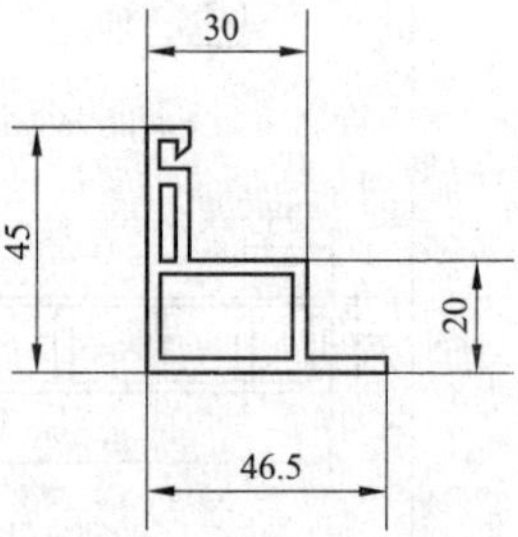 45、58、50通用平开纱扇(420g/m)

续表

规格	型材截面尺寸
50 系列	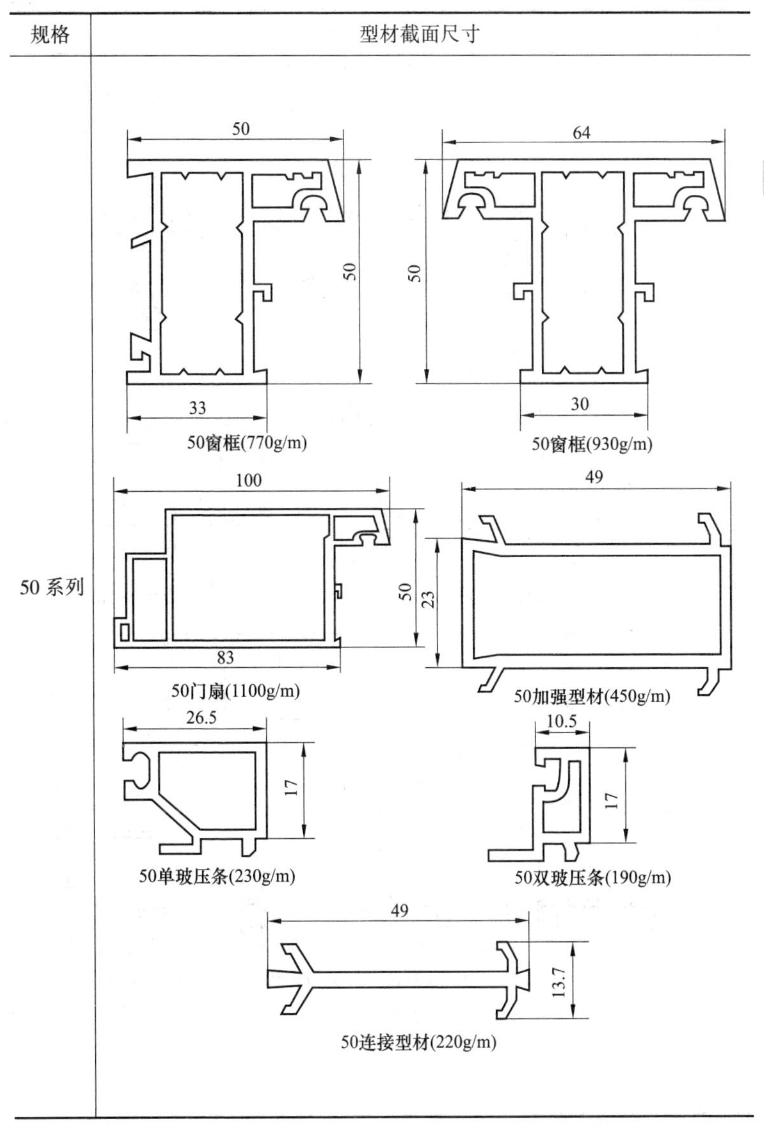

续表

规格	型材截面尺寸
58 系列	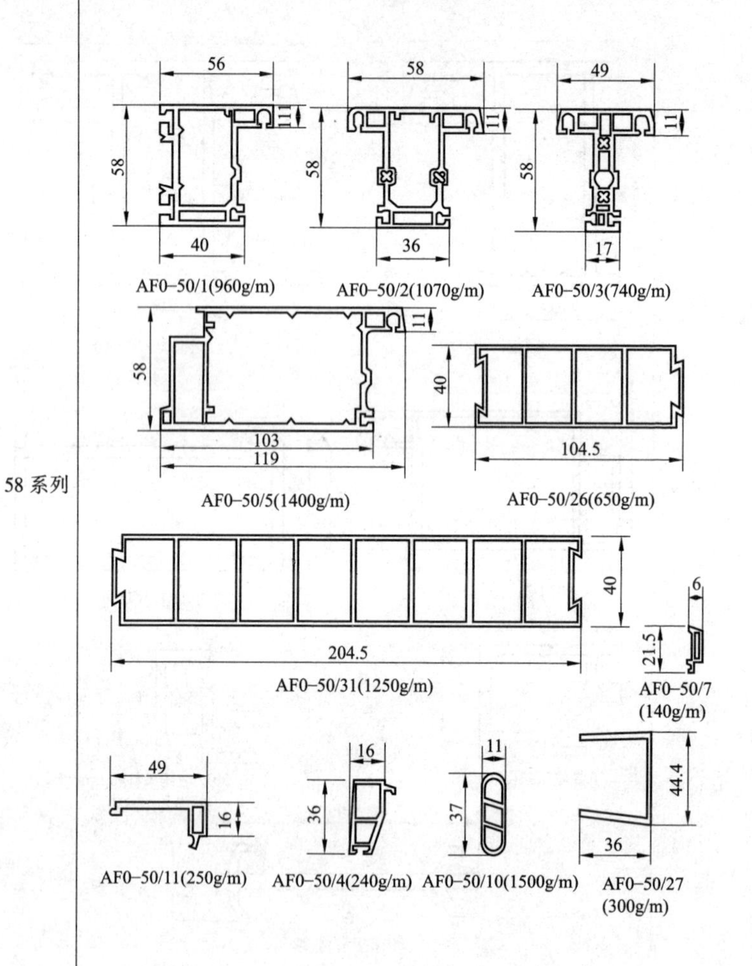

5. 石棉带、石棉布、石棉纸

品种	厚度（mm）	宽度（mm）	灼热减量（%）≤	水分（%）≤	用途
石棉带	0.4、0.6、0.8	12、20、25、30、37	32	3.5~5.5	电机工程用作铜线包裹镶嵌等耐热绝缘材料
普通石棉布	1.5、2.0	500、900、1000	32	3.5~5.5	热绝缘材料，复制成橡胶衬垫材料、隔膜材料或其他工业制品
铜丝石棉布	2.5、3.0	500、800、1000	32	3.5~5.5	
食盐电解石棉布	1.5、2.5	1000、1200	19	3.5~5.5	
隔膜石棉布	3.5	700、900、1000、1550	19	3.5~5.5	
绝电石棉纸	0.2~0.3 0.4~0.5	1000	25	3.5	发电机、电器绝缘材料
绝热石棉纸	0.2~1.0（递差0.1）	1000	18	3.5	工业设备管道和建筑上隔热保温材料

6. 建筑玻璃

（1）玻璃的主要类型、特点与适用性。

制品类型	基本特点	适用性
普通平板玻璃（GB/T 11614—2009）	有较好的透明度，表面平整	用于建筑物采光、商店柜台、橱窗、交通工具、制镜、仪表、农业温室、暖房以及加工其他产品等

续表

制品类型	基本特点	适用性
浮法玻璃（GB/T 11614—2009）	玻璃表面特别平整光滑，厚度非常均匀，光学畸变较小	用于高级建筑门窗、橱窗、指挥塔窗、夹层玻璃原片、中空玻璃原片、制镜玻璃、有机玻璃模具，以及汽车、火车、船舶的风窗玻璃等
压花玻璃（JC/T 511—2002）	由于玻璃表面凹凸不平，当光线通过玻璃时即产生漫射，因此从玻璃的一面看另一面的物体时，物像就模糊不清，造成了这种玻璃透光不透明的特点。另外，又具有各种花纹图案、各种颜色，艺术装饰效果甚佳	用于办公室、会议室、浴室、厕所、厨房、卫生间以及公共场所分隔室的门窗和隔断等
磨砂玻璃及喷砂玻璃	均具有透光不透视的特点。由于光线通过这种玻璃后形成漫射，因此还具有避免眩光的特点	用于需要透光不透视的门窗、隔断、浴室、卫生间及玻璃黑板、灯具等
磨花玻璃及喷花玻璃	具有部分透光透视，部分透光不透视的特点。其图案清晰，雅洁美观，装饰性强	用作玻璃屏风、桌面、家具、装饰材料之用
夹丝玻璃	具有均匀的内应力和一定的冲击韧度，当玻璃受外力引起破裂时，由于碎片黏在金属丝网上，故可裂而不碎，碎而不落，不致伤人，具有一定的安全作用及防振、防盗作用	用于高层建筑、天窗、振动较大的厂房及其他要求安全、防振、防盗、防火之处
夹层玻璃（GB/T 15610—2009）	这种玻璃受剧烈振动或撞击时，由于衬片的黏合作用，玻璃仅呈现裂纹，而不落碎片，具有防弹、防振、防爆性能	用于高层建筑门窗、工业厂房门窗、高压设备观察窗、飞机和汽车挡风窗及防弹车辆、水下工程、动物园猛兽展窗、银行等

续表

制品类型	基本特点	适用性
钢化玻璃（GB/ 1562.2—2005）	具有弹性好、冲击韧度高、抗弯强度高、热稳定性好以及光洁、透明的特点，在遭遇强冲击破坏时，碎片呈分散细小颗粒状，无尖锐棱角，因此不致伤人	用于建筑门窗、幕墙、船舶、车辆、仪器仪表、家具、装饰等
中空玻璃（GB/T 11944—2002）	具有优良的保温、隔热、控光、隔声性能，如在玻璃与玻璃之间充以各种漫射光材料或介质等，则可获得更好的声控、光控、隔热等效果	用于建筑门窗、幕墙、采光顶棚、花盆温室、冰柜门、细菌培养箱、防辐射透视窗以及车船挡风玻璃等
防弹防爆玻璃	具有较高的强度和抗冲击能力，耐热、耐寒性能好	用于飞机、坦克、装甲车、防爆车、舰船、工程车等国防武器装备及其他行业有特殊安全防护要求的设施
防盗玻璃	既有夹层玻璃破裂不落碎片的特点，又可及时发出警报（声、光）信号	用于银行门窗、金银首饰店柜台、展窗、文物陈列窗等既需采光透明，又要防盗的部位
电热玻璃	具有透光、隔声、隔热、电加温、表面不结霜冻、结构轻便等特点	用于严寒条件下的汽车、电车、火车、轮船和其他交通工具的挡风玻璃以及室外作业的瞭望、探视窗等
泡沫玻璃	具有质轻、强度好、隔热、保温、吸声、不燃等特点，而且可锯割、可粘接、加工容易	用于建筑、船舶、化工等行业，作为声、热绝缘材料之用
石英玻璃	具有各种优异性能，有“玻璃王”之称，耐热性能高、化学稳定性好，绝缘性能优良、能透过紫外线和红外线，机械强度比普通玻璃高，质地坚硬，但抗冲击性较差，具有较好的耐辐照性能	用于各种视镜、棱镜和光学零件，高温炉衬、坩埚和烧嘴，化工设备和试验仪器、电气绝缘材料，以及在耐高压、耐高温、耐强酸及热稳定性等方面有一定要求的玻璃制品

(2) 平板玻璃 (GB/T 4871—1995)。

1) 规格、特性与用途。

长度（m）	宽度（m）	厚度（mm）	特性与用途
0.9	0.6	2、3	具有良好的透光性，紫外线及红外线透过性能较好。隔声、隔热性较佳，用于建筑采光、商店柜台、橱窗以及加工其他产品
1.0	0.8	3、4	
	0.9	2、3、4	
1.1	0.6	2、3	
	0.9	3	
	1.0	3	
1.15	0.95		
1.2	0.5	2、3	
	0.6	2、3、4	
	0.7	2、3	
	0.8	2、3、4	
	0.9	2、3、4、5	
1.25	1.0	3、4、5、6	
1.3	0.9	3、4、5	
	1.0		
	1.2	4、5	
1.35	0.9	5、6	
1.4	1.0		
1.5	0.75	3、5	
	0.9	3、4、5	
	1.0	3、4、5、6	
	1.2		
1.8	1.0	4	
	1.2		
	1.35		
2.0	1.2	5、6	
	1.3		
	1.5		
2.4	1.2		

2）性能要求。

玻璃厚度（mm）	可见光总透过率（%）	弯曲度（%）
2	88	≤0.3
3	87	
4	86	
5	84	

（3）浮法玻璃（GB/T 11614—2009）。

尺寸规格（mm）			透射比（%）	特性与用途
厚度	长度	宽度		
2	3000	3000	89	用于高级建筑门窗、橱窗、指挥塔窗、夹层玻璃原片、中空玻璃原片、制镜玻璃、有机玻璃模具
3			88	
4			87	
5			86	
6			84	
8			82	
10			81	
12			78	
15			76	
19			72	

（4）钢化玻璃（GB/T 15763—2009）。

尺寸规格（mm）		特性与用途
厚度	长度	
4、5、6、8、10、12、15、19	1000、2000、3000	弹性好、冲击韧度高、抗弯强度高、热稳定性好，光洁、透明。在遇超强冲击破坏时，碎片呈分散细小颗粒状，无尖锐棱角，不致伤人。用于建筑门窗、幕墙、家具、装饰车辆等

（5）中空玻璃（GB/T 11944—2012）。

尺寸规格（mm）				特性与用途
原片玻璃厚度	间隔厚度	方形尺寸	矩形尺寸	
3	6、9、10、12、20	1270×1270	2100×1270	具有优良的保温、隔热、控光、隔声性能。中空玻璃由两片无机玻璃片经有机密封制成。 用于建筑门窗、幕墙、采光顶棚、花盆温室、防辐射透视窗以及挡风玻璃等，也用于隔离流体、噪声
4		1300×1300	1300×2440	
5		1750×1750、2100×2100	3000×1750、3000×18150	
6		2000×2000、2440×2440	4550×1980、4550×2280、4550×2440	

（6）壁纸、壁布。

品种	规格	用途
聚氯乙烯壁纸（PVC 塑料壁纸）	宽 530mm，长 10m/卷	各种建筑物的内墙面及顶棚装饰
织物复合壁纸	宽 530mm，长 10m/卷	饭店、酒吧等高级墙面装饰
金属壁纸	宽 530mm，长 10m/卷	公共建筑的内墙面，柱面及局部装饰
复合纸质壁纸	宽 530mm，长 10m/卷	各种建筑物的内墙面装饰
玻璃纤维壁布	宽 530mm，长 17m 或 33.5m/卷	各种建筑物的内墙面装饰
锦缎壁布	宽 720~900mm，长 20m/卷	高级宾馆、住宅内墙面装饰

续表

品种	规格	用途
装饰壁布	宽 820~840mm，长 50m/卷	招待所、会议室、餐厅等内墙面装饰

第三篇

建筑施工和装饰材料

第七章

建筑施工材料

一、建筑砂、石子

1. 建筑砂

分类	类别	品种
按产源	天然砂	河砂、湖砂、山砂、海砂
	人工砂	机制砂、混合砂
按技术要求	类别	适宜混凝土强度等级
	Ⅰ	≥C60
	Ⅱ	C30~C60 抗冻抗渗
	Ⅲ	<C30 砂浆
按细度模数	类别	细度模数
	粒砂	3. 1~3. 7
	中砂	2. 3~3. 0
	细砂	1. 6~2. 2

2. 石子

类别（卵石、碎石）	适宜混凝土强度等级	注释
Ⅰ类	≥C60	卵石是由自然风化、水流搬运和分选、堆积形成的粒径大于 5mm 的岩石颗粒；碎石是天然岩石经机械破碎、筛分制成的粒径大于 4. 75mm 的岩石颗粒
Ⅱ类	C30~C60 抗冻抗渗	
Ⅲ类	<C30	

二、水泥

1. 常用水泥的品种、特性与用途

品种	规格（标号）	特性与用途
硅酸盐水泥	425、525、625、725	标号高，块硬、早强、抗冻性好，耐磨性、抗渗透性强，耐热性仅次于矿渣水泥，水化热高，抗水性、耐蚀性差。常用于高强混凝土工程、要求快硬的混凝土工程、低温下施工的工程等，不宜用于大体积混凝土工程
普通水泥	325、425、525、625	与硅酸盐水泥相比，早期强度增进率、抗冻性、耐磨性、水化热等略低，低温凝结时间略长，抗硫酸盐性能强，适应性强，一般用于无特殊要求的工程
矿渣水泥	275、325、425、525、625	抗水、抗硫酸盐性能好，水热化低，耐热性好，早强低，抗冻性、保水性差，低温凝结硬化慢，蒸汽养护效果较好。常用于地面、地下、水工及海工工程，大体积混凝土工程，高温车间建筑等，不宜用于要求早强的工程及冻融循环、干湿交换环境和冬季施工
火山灰水泥	225、275、325、425、525	抗渗、抗水、抗硫酸盐性能好，水热化低，保水性好，早强低，对养护温度敏感，需水量大，干缩性大，抗冻性较差。最适用于地下、水中、潮湿环境工程和大体积混凝土工程等，不宜用于受冻、干燥环境和要求早强的工程
粉煤灰水泥	275、325、425、525、625	干缩性小，抗裂性好，水化热低，抗蚀性较好，强度早期发展较慢、后期增进率大，抗冻性差。常用于一般工业和民用建筑，尤其适用于受冻、干燥环境和要求早强的工程
复合水泥	325、425、525	强度指标与水泥相近，水化热较低，抗渗、抗硫酸盐性能较好。此种水泥应根据所掺混合材料的种类与数量，选择其用途
白水泥	325、425、525、625	颜色白净，性能同普通水泥。适用于建筑物的装饰及雕塑、制造彩色水泥

续表

品种	规格（标号）	特性与用途
快硬水泥	325、375、425	硬化快，早强高。用于要求早强、紧急抢修和冬季施工的混凝土工程
低热微膨胀水泥	325、425	水化热低，硬化初期微膨胀，抗渗性、抗裂性较好。适用于水工大体积混凝土及大仓面浇筑的混凝土工程
膨胀水泥	525	硬化过程中体积略有膨胀。一般用于填灌构件接缝、接头或加固修补，配制防水砂浆及混凝土
自应力水泥	—	硬化过程中体积有较大膨胀。通常用于填灌构件接缝、接头，配制自应力钢筋混凝土，制造自应力钢筋混凝土压力管
矿渣大坝水泥	325、425	水化热低，抗冻、耐磨性较差，抗水性、抗硫酸盐侵蚀的能力较强。用于大坝或大体积建筑物内部及水下等工程
抗硫酸盐水泥	325、425	抗硫酸盐侵蚀性强，抗冻性较好，水化热较低。适用于受硫酸盐侵蚀和冻融作用的水利、港口及地下、基础工程
高铝水泥	425、525、625、725	硬化快，早强高，具有较高的抗渗性、抗冻性和抗侵蚀性。用于配制不定形耐火材料、石膏矾土膨胀水泥，以及抢建、抢修、抗硫酸盐侵蚀和冬季工程等

2. 部分常用水泥的化学性能

（1）硅酸盐水泥（GB/T 175—2007）。

MPa

标号	抗压强度			抗折强度		
	3d	7d	28d	3d	7d	28d
425	180	270	425	34	46	64
525	230	340	525	42	54	72
625	290	430	625	50	62	80

（2）快硬硅酸盐水泥。

MPa

标号	抗压强度		抗折强度	
	1d	3d	1d	3d
325	150	325	35	50
375	170	375	40	60
425	190	425	45	64

（3）高铝水泥。

MPa

标号	抗压强度		抗折强度	
	1d	3d	1d	3d
425	360	425	44	45
525	460	525	50	55
625	560	625	60	65
725	660	725	70	75

（4）白色硅酸盐水泥（GB/T 2015—2005）。

MPa

强度等级	抗压强度		抗折强度	
	3d	28d	3d	28d
32. 5	12. 0	32. 5	3. 0	6. 0
42. 5	17. 0	42. 5	3. 5	6. 5
52. 5	22. 0	52. 5	4. 0	7. 0

3. 通用硅酸盐水泥（GB 175—2007）

（1）组分。

%

品种	代号	组分				
		熟料和石膏	粒化高炉矿渣	火山灰质混合材料	粉煤灰	石灰石
硅酸盐水泥	P·Ⅰ	100	—	—	—	—
	P·Ⅱ	≥95	≤5	—	—	—
		≥95	—	—	—	≤5

续表

<table>
<tr><th rowspan="2">品种</th><th rowspan="2">代号</th><th colspan="5">组分</th></tr>
<tr><th>熟料和石膏</th><th>粒化高炉矿渣</th><th>火山灰质混合材料</th><th>粉煤灰</th><th>石灰石</th></tr>
<tr><td>普通硅酸盐水泥</td><td>P·O</td><td>≥80 且<95</td><td colspan="3">>5 且≤20</td><td>—</td></tr>
<tr><td rowspan="2">矿渣硅酸盐水泥</td><td>P·S·A</td><td>≥50 且<80</td><td>>20 且≤50</td><td>—</td><td>—</td><td>—</td></tr>
<tr><td>P·S·B</td><td>≥30 且<50</td><td>>50 且≤70</td><td>—</td><td>—</td><td>—</td></tr>
<tr><td>火山灰质硅酸盐水泥</td><td>P·P</td><td>≥60 且<80</td><td>—</td><td>>20 且≤40</td><td>—</td><td>—</td></tr>
<tr><td>粉煤灰硅酸盐水泥</td><td>P·F</td><td>≥60 且<80</td><td>—</td><td>—</td><td>>20 且≤40</td><td>—</td></tr>
<tr><td>复合硅酸盐水泥</td><td>P·C</td><td>≥50 且<80</td><td colspan="4">>20 且≤50</td></tr>
</table>

（2）化学指标。

<table>
<tr><th>品种</th><th>代号</th><th>不溶物（质量分数）</th><th>烧失量（质量分数）</th><th>三氧化硫（质量分数）</th><th>氧化镁（质量分数）</th><th>氯离子（质量分数）</th></tr>
<tr><td rowspan="2">硅酸盐水泥</td><td>P·I</td><td>≤0.75</td><td>≤3.0</td><td rowspan="3">≤3.5</td><td rowspan="3">≤5.0</td><td rowspan="8">≤0.06</td></tr>
<tr><td>P·Ⅱ</td><td>≤1.50</td><td>≤3.5</td></tr>
<tr><td>普通硅酸盐水泥</td><td>P·O</td><td>—</td><td>≤5.0</td></tr>
<tr><td rowspan="2">矿渣硅酸盐水泥</td><td>P·S·A</td><td>—</td><td>—</td><td rowspan="2">≤4.0</td><td>≤6.0</td></tr>
<tr><td>P·S·B</td><td>—</td><td>—</td><td>—</td></tr>
<tr><td>火山灰质硅酸盐水泥</td><td>P·P</td><td>—</td><td>—</td><td rowspan="3">≤3.5</td><td rowspan="3">≤6.0</td></tr>
<tr><td>粉煤灰硅酸盐水泥</td><td>P·F</td><td>—</td><td>—</td></tr>
<tr><td>复合硅酸盐水泥</td><td>P·C</td><td>—</td><td>—</td></tr>
</table>

4. 砌筑水泥（GB/T 3183—2003）

MPa

强度等级	抗压强度		抗折强度	
	7d	28d	7d	28d
12.5	7.0	12.5	1.5	3.0
22.5	10.0	22.5	2.0	4.0

5. 道路硅酸盐水泥（GB 13693—2005）

水泥的强度等级按规定龄期的抗压和抗折强度划分，各龄期的抗压强度和抗折应不低于下表中的数值。

MPa

强度等级	抗折强度		抗压强度	
	3d	28d	3d	28d
32.5	3.5	6.5	16.0	32.5
42.5	4.0	7.0	21.0	42.5
52.5	5.0	7.5	26.0	52.5

三、混凝土外加剂

1. 混凝土外加剂的分类

	功能	类别
按功能分类	改善混凝土拌合物的和易性	减水剂、引气剂
	调解混凝土凝结硬化性能	早强剂、缓凝剂
	调解混凝土含气量	加气剂、引气剂
	改善混凝土物理力学性能	抗冻剂、膨胀剂
	改善混凝土耐久性	阻锈剂、防水剂
	提供特殊的混凝土性能	泵送剂

2. 混凝土外加剂选用参考

混凝土种类		外加剂类型	外加剂名称
高强混凝土（C60~C100）		非引气型高效减水剂	NF、UNF、FDN、CRS、SM 等
防水混凝土	引气剂防水混凝土	引气剂	松香热聚物、松香酸钠等
	减水剂防水混凝土	减水剂、引气减水剂	NF、MF、NNO、木钙、糖蜜等
	三乙醇胺防水混凝土	早强剂（起密实作用）	三乙醇胺
	氧化铁防水混凝土	防水剂	氧化铁、氧化亚铁、硫酸铝等
砂筑砂浆		砂浆塑化剂	GS、B-SS 等
大体积混凝土		缓凝剂、缓凝减水剂	木钙、糖蜜、柠檬酸等
预拌混凝土		高效减水剂、普通减水剂	NF、UNF、FDN、木钙等
一般混凝土		普通减水剂	木钙、糖蜜、腐殖酸等
冬季施工混凝土		复合早强剂、早强减水剂	氯化钠-亚硝酸钠-三乙醇胺、NF、UNF、FDN、NC 等
预制混凝土构件		早强剂、减水剂	硫酸钠复合剂、NC、木钙等
夏季施工混凝土		缓凝减水剂、缓凝剂	木钙、糖蜜、腐殖酸等

四、砖和瓦

1. 砖

类别	品种	规格（mm）	强度等级	抗压强度（MPa）≥	抗折强度（MPa）≥	用途
蒸压粉煤灰砖（GB/T 239—2001）	优等品、一等品、合格品	240×115×53	MU30	30.0	6.2	可代替实心黏土砖，但用于基础或易受冻融和干湿交替作用的建筑部位，必须使用一等品与优等品
			MU25	25.0	5.0	
			MU20	20.0	4.0	
			MU15	15.0	3.3	
			MU10	10.0	2.5	
蒸压灰砂砖	实心砖（GB/T 11945—1999，分优等、一等、合格三个等级） 空心砖（JC/T 637—1996，分优等、一等、合格三个等级）	240×115×53 240×115×（53、90、115、175） 孔洞率≥15%	MU25	25.0	5.0	适用于多层混合结构建筑的承重墙体和其他构筑物，MU15级以上的实心砖可用于基础及其他建筑，MU10的实心砖、空心砖只可用于防潮层以上的建筑部位
			MU20	20.0	4.0	
			MU15	15.0	3.3	
			MU10	10.0	2.5	

续表

类别	品种	规格（mm）	强度等级	抗压强度（MPa）≥	用途
烧结普通砖（GB/T 5101—2003）	黏土砖、粉煤灰砖、页岩砖、煤矸石砖（分优等、一等、合格三个等级）	主砖：240×115×53 配砖：175×115×53	MU30	30.0	适用于房屋建筑的内墙、外墙、围墙、地面以下或防潮层以下的基础、临时建筑等
			MU25	25.0	
			MU20	20.0	
			MU15	15.0	
			MU10	10.0	
烧结空心砖（GB/T 13545—2003）	优等品、一等品、合格品	290×190×140(90) 240×180(1.75)×115 壁厚≥10 肋厚≥7	MU10.0	10.0	用于一般、中档或高档建筑的内隔墙和填充墙。不适用于地面以下或室内防潮层以下的砌体
			MU7.5	7.5	
			MU5.0	5.0	
			MU3.5	3.5	
			MU2.5	2.5	
烧结多孔砖（JG 137—2001）	P、M型砖（分优等、一等、合格三个等级）	240×115×90 190×190×90	MU10	10	主要用于承重墙体。不能用于地面以下或防潮层以下的砌体
			MU15	35	
			MU20	20	
			MU25	25	
			MU30	30	

2. 瓦

(1) 烧结瓦。

mm

品种	规格	厚度	用途
平瓦	400×240 360×220	10~20	用于多层和低层建筑，使用时，应根据GB/T 50207—2002《屋面工程质量验收规范》确定适用的防水等级及设防要求。 在大风或地震地区，应使瓦与屋面基层固定牢固
脊瓦	总长≥300 宽≥180	10~20	
三曲瓦、双筒瓦、鱼鳞瓦、牛舌瓦	300×200 150×150	8~12	
板瓦、筒瓦、滴水瓦、沟头瓦	430×350 110×50	8~16	
J、S型瓦	320×320 250×250	12~20	

(2) 混凝土瓦。

mm

品种		规格	瓦脊高度	遮盖宽度	用途
有筋槽屋面瓦	波形屋面瓦	420×(330~335)	5~20	≤200 ≥300	用于多层和低层建筑，使用时，应根据GB/T 50207—2002《屋面工程质量验收规范》确定适用的防水等级及设防要求，在大风或地震地区，应使瓦与屋面基层固定牢固
	平屋面瓦		>20	≤200 ≥300	
			<5	≤200 ≥300	
无筋槽屋面瓦		420×(330~335)	—	—	

(3) 纤维水泥波瓦及其脊瓦（GB/T 9772—2009）。

1）波瓦。

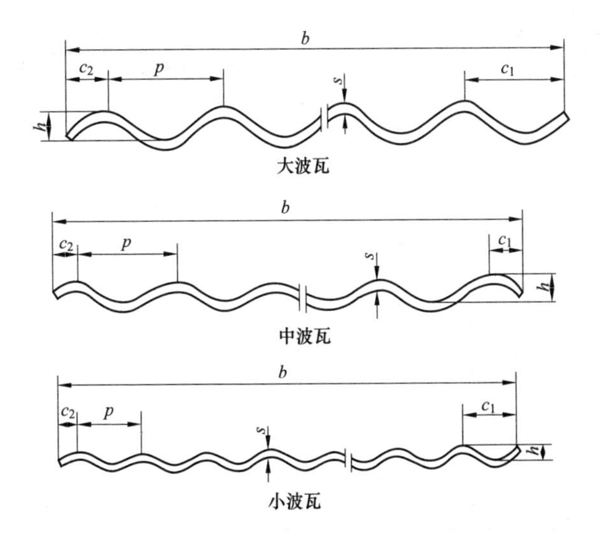

大波瓦

中波瓦

小波瓦

mm

类别	长度 l	宽度 b	厚度 s	波高 h	波距 p	边距	
						c_1	c_2
大波瓦	2800	994	7.5	≥43	167	95	64
			6.5				
中波瓦	1800	745、1138	6.5	31~42	131	45	45
			6.0				
			5.5				
小波瓦	1800	720	6.0	16~30	64	58	27
			5.5				
	≤900		5.0	16~20			
			4.2				

注 根据合同要求也可生产其他规格的波瓦。

2）脊瓦。

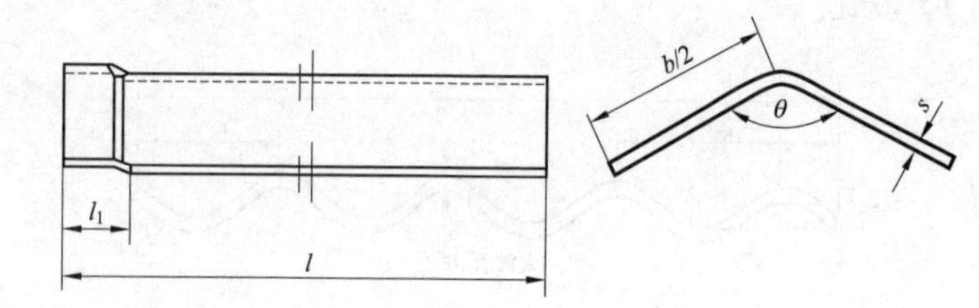

mm

长度		宽度 b	厚度 s	角度 θ（°）
搭接长 l_1	总长 l	460	6.0	125
70	850	360	5.0	
60	700	260	4.2	

注 根据合同要求也可生产其他规格的脊瓦。

（4）钢丝网石棉水泥中波瓦。

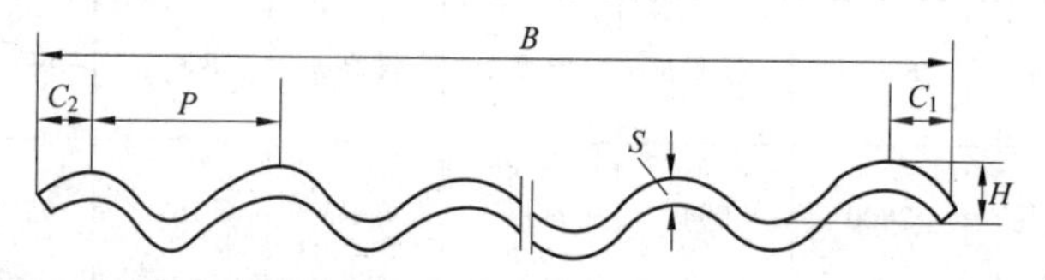

1）规格尺寸及允许公差。

mm

长 L	宽 B	厚 S	波距 P	波高 H	波数 n（个）	边距 C_1、C_2	参考质量 W（kg）
1800±10	745±10	8.5±0.5 7.5±0.5	131±3	≥31	5.7	45±5	24 22

注 经供需双方协议，可生产其他规格的产品。

2）一等品、合格品的外观质量。

mm

检验项目	一等品	合格品
掉角	沿瓦长度方向不得超过50 沿瓦宽度方向不得超过35	沿瓦长度方向不得超过50 沿瓦宽度方向不得超过35
	一张瓦不得多于1个	
掉边	宽度不得超过10	宽度不得超过15
裂纹	因成型而造成的表面裂纹不得超过下列之一	
	正表面：宽度1.0 长度75 背　面：宽度1.5 长度150	正表面：宽度1.5 长度100 背　面：宽度2.0 长度300
方正度	≤6	≤7

3）各级产品的物理力学性能。

检验项目		A级	B级
抗折力	横向（N/m）　≥	2700	2000
	纵向（N）　≥	450	370
吸水率（%）　≤		25	26
抗冻性		经25次冻融循环后，试样不得有起层等破坏现象	
不透水性		试验后，试样背面允许有湿斑，但不得出现水滴	

（5）玻纤胎沥青瓦（GB/T 20474—2006）。

1）沥青瓦的物理力学性能。

序号	项目		平瓦	叠瓦
1	可溶物含量（g/m^2）　≥		1000	1800
2	拉力(N/50mm）　≥	纵向	500	
		横向	400	

续表

序号	项目		平瓦	叠瓦
3	耐热度（90℃）		无流淌、滑动、滴落、气泡	
4	柔度　（10℃）		无裂纹	
5	撕裂强度（N）　≥		9	
6	不透水性（0.1MPa，30min）		不透水	
7	耐钉子拔出性能（N）　≥		75	
8	矿物料黏附性（g）　≤		1.0	
9	金属箔剥离强度（N/mm）　≥		0.2	
10	人工气候加速老化	外观	无气泡、渗油、裂纹	
		色差，ΔE　≤	3	
		柔度（10℃）	无裂纹	
11	抗风揭性能		通过	
12	自粘胶耐热度	50℃	发黏	
		75℃	滑动≤2mm	
13	叠层剥离强度（N）　≥		—	20

2）试件尺寸和数量。

试验项目	试件方向	尺寸（mm）	数量（个）
可溶物、填料、矿物粒料含量	—	100×100	3
拉力	纵向、横向	180×50	各5
耐热度	横向	100×50	3
柔度	纵向	150×25	10
撕裂强度	纵向	76×63	10
不透水性	—	150×150	3
耐钉子拔出性能	—	100×100	10
矿物料黏附性	纵向	265×50	3
金属箔剥离强度	纵向	200×75	5

续表

试验项目	试件方向	尺寸（mm）	数量（个）
人工气候加速老化	纵向	150×25	6
叠层剥离强度	横向	120×75	5
自粘胶耐热度	横向	100×50	3

（6）玻纤镁质胶凝材料波瓦及脊瓦（JC/T 747—2002）。

1）小波瓦。

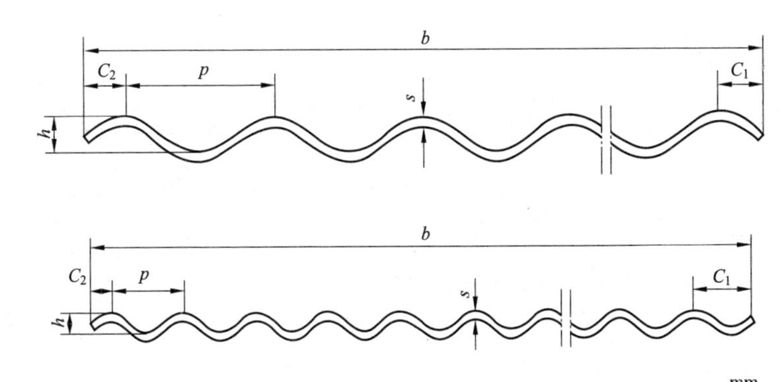

mm

品种	规格尺寸及允许偏差								参考质量 W（kg）
	长 l	宽 b	厚 s	波距 p	波高 h	波数 n（个）	边距 C_1	边距 C_2	
中波瓦	1800±10	745±10	6.0±0.5	131±3	≥31	5.7	45±5	45±5	16
小波瓦	1800±10	720±5	5.0±0.5	63.5±2	≥16	11.5	58±3	27±3	15

2）脊瓦。

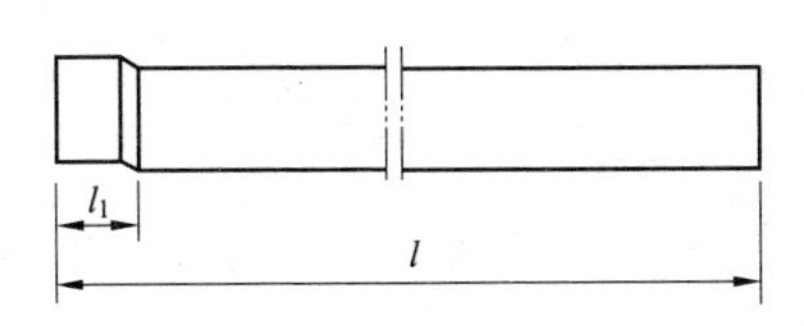

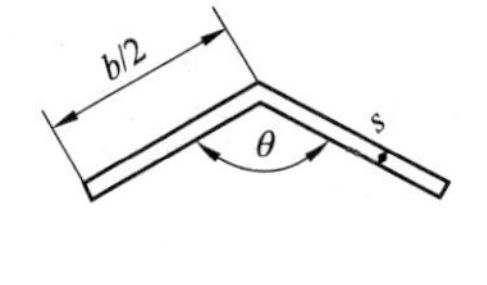

mm

规格尺寸及允许偏差					参考质量（kg）
长度		宽度 b	厚度 s	角度（°）	
搭接长 l_1	总长 l	（230×2）±10	6.0±0.5	125±5	4
70±10	850±10	（180×2）±10			3

（7）彩喷片状模塑料（SMC）瓦（JC/T 944—2005）。

1）彩喷 SMC 瓦的规格及尺寸允许偏差。

mm

项目	屋面瓦		脊瓦	
	公称尺寸	尺寸允许偏差	公称尺寸	尺寸允许偏差
长度	300~1400	±2	250~1000	±3
宽度	400~450	±2	200~450	±5
搭接长度	33.0	±2.5	—	—

2）彩喷 SMC 瓦的物理性能。

序号	项目	要求
1	玻璃纤维含量（%）　≥	23
2	密度（g/cm^3）	1.75±0.10
3	面密度（kg/m^2）	4.55±0.50
4	吸水率（漆后,%）　≤	0.20
5	固化度（%）　≥	90
6	弯曲挠度（mm）　≤	2.5
7	氧指数（%）　≥	32
8	热导率［W/（m·K）］≤	0.82
9	冲击性能	无裂纹、变形
10	漆面耐老化性能（500h）	失光率不大于1级、变色不大于2级

五、砌块

1. 混凝土小型空心砌块（GB/T 50100—2001）

类别	品种等级	编号	规格(mm)	强度等级	用途
普通装饰混凝土小型空心砖块	优等、一等和合格三个等级	K422	390×190×190	普通砌块：MU20、MU15、MU10、MU7.5、MU5 装饰砌块：MU20、MU15、MU10	主砌块
		K322	290×190×190		辅助块
		K222	190×190×190		辅助块
		K421	390×190×90		主砌块
		K321	290×190×90		辅助块
		K221	190×190×90		辅助块
		K412	390×90×190		主砌块
		K312	290×90×190		辅助块
		K212	190×90×190		辅助块
		K411	390×90×90		主砌块
		K311	290×90×90		辅助块
		K211	190×90×90		辅助块

2. 轻集料混凝土小型空心砌块（GB/T 15229—2011）

类别	品种等级	规格（mm）	强度等级	抗压强度（平均值，MPa）	密度（kg/m^3）	用途
轻集料混凝土小型空心砌块	优等、一等和合格三个等级	主规格尺寸：390×190×190 壁厚≥20 肋厚≥20	1.5	1.5	800	不同质量的砌块可分别用于一般、中档或高档的建筑内隔墙和框架填充墙
			2.5	2.5	800	
			3.5	3.5	1200	
			5.0	5.0	1200	
			7.5	7.5	1400	
			10.0	10.0	1400	

3. 粉煤灰小型空心砌块（JC/T 862—2008）

类别	品种级别	规格（mm）	强度等级	抗压强度（MPa）	用途
粉煤灰小型空心砌块	优等、一等和合格三个等级	390×190×190	MU3. 5	3. 5	强度等级 7. 5 及以上可用于承重结构，低于 7. 5 用于非承重结构和非承重保温结构
			MU5. 0	5. 0	
			MU7. 5	7. 5	
			MU10. 0	10. 0	
			MU15. 0	15. 0	
			MU20. 0	20. 0	

4. 石膏砌块

(1) 砌块表面应平整、棱边平直，外观质量应符合下表的规定。

项目	指标
缺角	同一砌块不得多于 1 处，缺角尺寸应小于 30mm×30mm
板面裂纹	非贯穿裂纹不得多于 1 条，裂纹长度小于 30mm，宽度小于 1mm
油污	不允许
气孔	直径 5~10mm，不得多于 2 处；>10mm，不允许

(2) 石膏砌块的尺寸偏差。

mm

项目	规格	尺寸偏差
长度	666	±3
高度	500	±2
厚度	60、80、90、100、110、120	±1. 5

5. 蒸压加气混凝土砌块（GB 11968—2006）

品种等级	规格（mm）	体积密度级别	强度级别			热导率[W/(m·K)]≤	用途
			优等品（A）	一等品（B）	合格品（C）		
优等、一等和合格三个等级	长600×宽100（125、150、175、200、250、300；120、180、240）×高200（240、250、300）	B03	A1.0	A1.0	A1.0	0.10	具有质轻、保温、防火等特点，可锯、可刨，加工性能好，主要用于外填充墙和非承重内墙
		B04	A2.0	A2.0	A2.0	0.12	
		B05	A3.5	A3.5	A2.5	0.14	
		B06	A5.0	A5.0	A3.5	0.16	
		B07	A7.5	A7.5	A5.0	—	
		B08	A10.0	A10.0	A7.5	—	

6. 石膏砌块

规格（mm）			表观密度（kg/m^3）	主要技术性能	用途
长度	高度	厚度			
600（666）、800	500	60、80、90、100、110、120、150	实心砌块≤1000；空心砌块≤700	抗压强度≥3.5MPa 断裂载荷≥1500N 单点吊挂力≥1000N 隔声量：35~40dB 耐火极限：1.5~3h	具有质轻、高强、防火、隔热、保温、便于安装等优点，可用于建筑中的非承重隔墙

7. 陶粒砌块

mm

	长度	宽度	高度	壁肋厚度
规格	600	125	250	30
	600	150	250	30
	600	200	250	30
	600	250	250	30
	600	300	250	30
特性及用途	陶粒砌块具有优良的保温和隔声性能，砌筑速度快，处理得当可避免抹灰开裂，主要用于围护结构砌筑的砌体材料			

六、隔墙板及相关板材

（一）隔墙板

类别	品种	规格（mm）	用途
纸面石膏板（GB/T 9775—1999）	普通纸面石膏板（P）	长度：1800、2100、2400、2700、3000、3300、3600 宽度：900、1200 厚度：9.5、12.0、15.0、18.0、21.0、25.0	普通、高级纸面石膏板适用于住宅、写字楼等公共建筑及工业建筑的“干区”，当有防火等级要求时，则应采用耐火纸面石膏板；耐火纸面石膏板适用于建筑的“湿区”，如浴室、厨房、洗衣房等
	高级普通纸面石膏板（GP）		
	耐水纸面石膏板（S）		
	高级耐水纸面石膏板（GS）		
	耐火纸面石膏板（H）		
	高级耐火纸面石膏板（GH）		
	高级耐水耐火纸面石膏板（GSH）		
纤维石膏板	纸纤维石膏板	长度：120、1500、3000、1220、2440 等 宽度：600、1200、1220 等 厚度：10、125、15 等	具有防火、防潮、抗冲击、线膨胀系数小、干缩值低等特点，广泛用于非承重内隔墙、贴面墙、吊顶等。木质纤维石膏板适用于“湿区”或长期处于潮湿环境下的吊顶
	木质纤维石膏板	幅度：3050×1200 厚度：8、10、12、15	
纤维增强硅酸钙板（JC/T 564—2008）	石棉纤维增强硅酸钙板	长度：1800、2400、2440、3000 宽度：800、900、1000、1200、1220 厚度：5、6、8、10、12、15	具有密度低、比强度高、涨率小、防火、防潮、防蛀、防霉、可加工性好等优点，特别适用于高层及超高层建筑内隔墙，也适用于潮湿环境中的浴室及厨房
	非石棉纤维增强硅酸钙板		

续表

类别	品种	规格（mm）	用途
纤维增强水泥加压平板（高密度板）	有石棉水泥加压平板（FC 板）（JC/T 412—1991）	长度：1000、1200、1800、2400、2800、3600 宽度：600、800、900、1000、1250 厚度：3、4、5、6、8、10、12、15、20、25、30	FC 板含石棉，且板材收缩系数较大，只用于一般建筑，饰面层宜作涂料或壁布（纸），不宜粘贴瓷砖。 NAFC 板无石棉，一般档次建筑中可选用一等品，中档或较高档建筑中选用优等品。饰面层宜作涂料或壁布（纸），不宜粘贴瓷砖。 LCFC 板在一般建筑中选用一等品，在中档建筑中选用优等品。饰面层可粘贴瓷砖，也可作涂料或壁布（纸）
	有石棉低收缩纤维水泥加压平板（LCFC 板）（Q/320584 FXC002—2002）		
	无石棉维纶纤维水泥平板（NAFC 板）（JC/T 412. 1—2006）		
非石棉纤维增强水泥中密度与低密度板（埃特板）	低密度埃特板（LD 板）	2440×1220×（7、8、10、12、15）	低密度埃特板适用于抗冲击强度要求不高的内隔墙，不宜长期处于潮湿状态；当建筑对防火性能要求较高时，宜选用低密度板，其耐火极限、防潮、耐高温性能均优于石膏板。不宜以瓷砖作饰面。 中密度埃特板适用于潮湿环境或易受冲击的内隔墙。 瓷力埃特板是长期潮湿环境下（如浴室、厨房、洗衣机等），以瓷砖作饰面时选用的优质板材
	中密度埃特板（MD 板）	2440×1220×（6、7. 5、9、12）	
	瓷力埃特板	2440×1220×（7. 5、9）	

续表

类别	品种	规格（mm）	用途
轻质条板（DBJ 01-29—2000）	玻纤增强水泥条板	长度：一般为2200～4000，常用2400～3000，技术处理空间尺寸一般为20。 宽度：宜按100递增，常用600。 厚度：最小60，宜按10递增，常用60、90、120。 空心条板孔洞的最小外壁厚度不宜小于15，孔间肋厚不宜小于20	轻质条板为非承重内墙材料，玻纤增强水泥条板用于中档建筑时，应选用机械成型工艺生产；钢丝增强水泥条板、增强石膏空心条板只用于一般建筑，宜选用机械成型工艺生产；增强石膏空心条板不应用于长期处于潮湿环境或接触水的房间，如卫生间、厨房等；轻骨料混凝土条板用在卫生间或厨房时，墙面也必须作防水处理
	钢丝增强水泥条板		
	增强石膏空心条板		
	轻骨料混凝土条板		
金属面夹芯板	金属面岩棉、矿渣棉夹芯板（JC/T 869—2000）	长：≤12000 宽：900、1000 厚：50、80、100、120、150、200	金属面夹芯板具有高强、保温、隔热、隔声、装饰等性能。其体积密度小，安装简洁，施工周期短，特别适合用做大跨度建筑的维护材料。其应用范围为无化学腐蚀的大型厂房、车库、仓库等，也可用于建造活动房屋、公共设施用房屋、房屋加层以及临时建筑等。金属复合板一般不用于住宅建筑，泡沫塑料夹芯板不用于防火要求高的房屋
	金属面聚苯乙烯夹芯板（JC/T 689—1998）	长：≤12000 宽：1150、1200 厚：50、75、100、150、200、250	
	金属面硬质聚氨酯夹芯板（JC/T 868—2000）	长：≤12000 宽：1000 厚：30、40、50、60、80、100	
蒸压加气混凝土板（GB/T 15762—2008）	外墙板	长（1500~6000）×宽（500、600）×厚（150、170、180、200、240、250）	适用于单层或多层工业厂房、公用建筑及居住建筑的非承重内外墙、屋面

续表

类别	品种	规格（mm）	用途
蒸压加气混凝土板（GB/T 15762—2008）	内墙板	长（按设计要求）×宽（500、600）×厚（75、100、120）	适用于单层或多层工业厂房、公用建筑及居住建筑的非承重内外墙、屋面

（二）板材

1. 无石棉纤维水泥平板（JC/T 412.1—2006）

（1）平板的规格尺寸。

mm

项目	公称尺寸	项目	公称尺寸
长度	600~3600	厚度	3~30
宽度	600~1250		

注 1. 上述产品规格仅规定了范围，实际产品规格可在此范围内按建筑模数的要求进行选择。
2. 根据用户需要，可按供需双方合同要求生产其他规格的产品。

（2）平板的形状与尺寸偏差。

mm

项目		形状与尺寸偏差
长度	<1200	±3
	1200~2440	±5
	>2440	±8
宽度	≤1200	±3
	>1200	±5
厚度	<8	±0.5
	8~20	±0.8
	>20	±1.0
厚度不均匀度（%）		≤6

续表

项目		形状与尺寸偏差
边缘直线度	<1200	≤2
	≥1200	≤3
边缘垂直度（mm/m）		≤3
对角线差		≤5

（3）平板的物理性能。

类别	密度 D（g/cm^3）	吸水率（%）	含水率（%）	不透水性	湿胀率（%）	不燃性	抗冻性
低密度	$0.8\leq D\leq1.1$	—	≤12	—	压蒸养护制品≤0.25 蒸汽养护制品≤0.50	GB 8624—2012 不燃材料A级	—
中密度	$1.1<D\leq1.4$	≤40	—	24h检验后允许板反面出现湿痕，但不得出现水滴			—
高密度	$1.4<D\leq1.7$	≤28	—				经25次冻融循环，不得出现破裂、分层

（4）平板的力学性能。

强度等级	抗折强度（MPa）		强度等级	抗折强度（MPa）	
	气干状态	饱水状态		气干状态	饱水状态
Ⅰ级	4	—	Ⅳ级	16	13
Ⅱ级	7	4	Ⅴ级	22	18
Ⅲ级	10	7			

注　1. 蒸汽养护制品试样龄期不小于7d。
2. 蒸压养护制品试样龄期为出釜后不小于1d。
3. 抗折强度为试件纵、横向抗折强度的算术平均值。
4. 气干状态是指试件应存放在温度不低于5℃、相对湿度（60±10）%的试验中，当板的厚度≤20mm时，最少存放3d；当板厚度>20mm时，最少存放7d。
5. 饱和状态是指试样在5°以上水中浸泡，当板的厚度≤20mm时，最少浸泡24h；当板的厚度>20mm时，最少浸泡48h。
6. 表中列出的抗折强度指标为力学性能评定时的标准低限值。

2. 温石棉纤维水泥平板

(1) 平板的规格尺寸。

mm

项目	公称尺寸	项目	公称尺寸
长度	595~3600	厚度	3~30
宽度	595~1250		

注 1. 上述产品规格仅规定了范围，实际产品规格可在此范围内按建筑模数的要求进行选择。

2. 根据用户需要，可按供需双方合同要求生产其他规格的产品。

(2) 石棉板的形状与尺寸偏差。

mm

项目		形状与尺寸偏差
长度	<1200	±3
	1200~2440	±5
	>2440	±8
宽度		±3
厚度	<8	±0. 3
	8~20	±0. 4
	>20	±0. 8
厚度不均匀度（%）		≤6
边缘直线度	<1200	≤2
	≥1200	≤3
边缘垂直度（mm/m）		≤3
对角线差		≤5

（3）平板的物理性能。

类别	密度 D（g/cm³）	吸水率（%）	含水率（%）	不透水性	湿胀率（%）	不燃性	抗冻性
低密度	$0.9\leqslant D\leqslant 1.2$	—	≤12	—	≤0.30	GB 8624—2012 不燃材料 A 级	—
中密度	$1.2<D\leqslant 1.5$	≤30	—	24h 检验后允许板反面出现湿痕，但不得出现水滴	≤0.40		—
高密度	$1.5<D\leqslant 2.0$	≤25	—		≤0.50		经 25 次冻融循环，不得出现破裂、分层

（4）平板的力学性能。

强度等级	抗折强度（MPa）		抗冲击强度（kJ/m²）	抗冲击性
	气干状态	饱水状态	厚度≤14mm	厚度>14mm
Ⅰ级	12	—	—	—
Ⅱ级	16	8	—	—
Ⅲ级	18	10	1.8	落球法试验冲击 1 次，板面无贯通裂纹
Ⅳ级	22	12	2.0	
Ⅴ级	26	15	2.2	

注　1. 蒸汽养护制品试样龄期不小于 7d。
2. 蒸压养护制品试样龄期为出釜后不小于 1d。
3. 抗折强度为试件纵、横向抗折强度的算术平均值。
4. 气干状态是指试件应存放在温度不低于 5℃、相对湿度（60±10)%的试验室中，当板的厚度≤20mm 时，最少应存放 3d；当板的厚度>20mm 时，最少应存放 7d。
5. 饱水状态是指试样在 5℃以上水中浸泡，当板的厚度≤20mm 时，最少浸泡 24h；当板的厚度>20mm 时，最少浸泡 48h。
6. 表中列出的抗折强度、抗冲击强度指标为力学性能评定时的标准低限值。

3. 维纶纤维增强水泥平板（JC/T 671—2008）

（1）平板的规格尺寸。

mm

项目	公称尺寸	项目	公称尺寸
长度	1800、2400、3000	厚度	4、5、6、8、10、12、15、20、25
宽度	900、1200		

注 其他规格平板可由供需双方协商生产。

（2）平板的尺寸允许偏差。

mm

项目		尺寸允许偏差
长度		±5
宽度		±5
厚度 e	e=4、5、6 时	±0.5
	e=8、10、12、15、20、25 时	±0.1e
厚度不均匀度（%）		<10

（3）平板的物理力学性能。

项目	A 型板	B 型板
密度（g/cm^3）	1.6~1.9	0.9~1.2
抗折强度（MPa）	13.0	8.0
抗冲击强度（kJ/m^2）	2.5	2.7
吸水率（%）	20.0	—
含水率（%）	—	12.0
不透水性	经 24h 试验，允许板底面有湿纹，但不得出现水滴	—
抗冻性	经 25 次冻融循环，不得有分层等破坏现象	—
干缩率（%）	—	0.25
燃烧性	不燃	不燃

注 1. 试验时，试件的龄期不小于 7d。

2. 测定 B 型板的抗折强度、抗冲击强度时，采用气干状态的试件。

4. 纤维增强硅酸钙板

(1) 无石棉硅酸钙板（JC/T 564.1—2008）。

1) 规格尺寸。

mm

项目	公称尺寸
长度	500~3600（500、600、900、1200、2400、2440、2980、3200、3600）
宽度	500~1250（500、600、900、1200、1220、1250）
厚度	4、5、6、8、9、10、12、14、16、18、20、25、30、35

注 1. 长度、宽度规定了范围，括号内尺寸为常用规格，实际产品规格可在此范围内按建筑模数的要求进行选择。

2. 根据用户需要，可供需双方合同要求生产其他规格的产品。

2) 外观质量。

项目	质量要求
正表面	不得有裂纹、分层、脱皮，砂光面不得有未砂部分
背面	砂光面未砂面积应小于总面积的 5%
掉角	长度方向≤20mm，宽度方向≤10mm，且一张板≤1 个
掉边	掉边深度≤5mm

3) 尺寸偏差。

mm

项目		尺寸偏差
长度 L	<1200	2
	1200~2440	3
	>2440	5
宽度 H	≤900	−3~0
	>900	3
厚度 e	NS	0.5
	LS	0.4
	PS	0.3

续表

项目		尺寸偏差
厚度不均匀度（%）	NS	≤5
	LS	≤4
	PS	≤3
边缘直线度		≤3
对角线差	L<1200	≤3
	L=1200~2440	≤5
	L>2440	≤8
平整度		未砂光面≤2；砂光面≤0.5

4）物理性能。

类别	D0.8	D1.1	D1.3	D1.5
密度 D(g/cm^3)	≤0.95	0.95<D≤1.20	1.20<D≤1.40	>1.40
热导率［W/(m·K)］	≤0.20	≤0.25	≤0.30	≤0.35
含水率（%）	≤10			
湿胀率（%）	≤0.25			
热收缩率（%）	≤0.50			
不燃率	GB 8624—2012 不燃材料 A 级			
不透水性	—			24h 检验后允许板反面出现湿痕，但不得出现水滴
抗冻性	—			经 25 次冻融循环，不得有分层等破坏现象

5）抗折强度。

MPa

强度等级	D0.8	D1.1	D1.3	D1.5	纵横强度比（%）
Ⅱ级	5	6	8	9	≥58
Ⅲ级	6	8	10	13	
Ⅳ级	8	10	12	16	
Ⅴ级	10	14	18	22	

注　1. 蒸压养护制品试样龄期为出釜后不小于24h。

2. 抗折强度为试件干燥状态下测试的结果，以纵、横向抗折强度的算术平均值为检验结果；纵横强度比为同块试件纵向抗折强度与横向抗折强度之比。

（2）温石棉硅酸钙板（JC/T 564.2—2008）。

1）物理性能。

类别	D0.8	D1.1	D1.3	D1.5
密度 D（g/cm^3）	≤0.95	$0.95<D\leqslant 1.20$	$1.20<D\leqslant 1.40$	>1.40
热导率［W/(m·K)］	≤0.20	≤0.25	≤0.30	≤0.35
含水率（%）	≤10			
湿胀率（%）	≤0.25			
热收缩率（%）	≤0.50			
不燃率	GB 8624—2012　不燃材料　A级			
抗冲击性	—			落球法是试验冲击1次，板面无贯通裂纹
不透水性	—			24h检验后允许板反面出现湿痕，但不得出现水滴
抗冻性	—			经25次冻融循环，不得有分层等破坏现象

2）抗折强度。

MPa

强度等级	D0.8	D1.1	D1.3	D1.5	纵横强度比（%）
Ⅰ级	—	4	5	6	≥58
Ⅱ级	5	6	8	9	
Ⅲ级	6	8	10	13	
Ⅳ级	8	10	12	16	
Ⅴ级	10	14	18	22	

5. 蒸压加气混凝土板（GB 15762—2008）

（1）蒸压加气混凝土板的尺寸允许偏差。

mm

项目	指标		项目	指标	
	屋面板、楼板	外墙板、隔墙板		屋面板、楼板	外墙板、隔墙板
长度 L	±4		侧向弯曲	≤L/1000	
宽度 B	-4~0		对角线差	≤L/600	
厚度 D	±2		表面平整	≤5	≤3

（2）蒸压加气混凝土板基本性能，包括干密度、抗压强度、干燥收缩值、抗冻性、热导率。

强度级别		A2.5	A3.5	A5.0	A7.5
干密度级别		B04	B05	B06	B07
干密度（kg/m^3）		≤425	≤525	≤625	≤725
抗压强度（MPa）	平均值	≥2.5	≥3.5	≥5.0	≥7.5
	单组最小值	≥2.0	≥2.8	≥4.0	≥6.0

续表

<table>
<tr><td rowspan="2">干燥收缩值（mm/m）</td><td>标准法</td><td colspan="4">≤0.50</td></tr>
<tr><td>快速法</td><td colspan="4">≤0.80</td></tr>
<tr><td rowspan="2">抗冻性</td><td>质量损失（%）</td><td colspan="4">≤5.0</td></tr>
<tr><td>冻后强度（MPa）</td><td>≥2.0</td><td>≥2.8</td><td>≥4.0</td><td>≥6.0</td></tr>
<tr><td colspan="2">热导率（干态）[W/(m·K)]</td><td>≤0.12</td><td>≤0.14</td><td>≤0.16</td><td>≤0.18</td></tr>
</table>

6. 轻质条板（DBJ 01-29—2000）

<table>
<tr><th>品种</th><th>规格</th><th>适合的建筑档次</th><th>用途</th></tr>
<tr><td>玻纤增强水泥条板</td><td rowspan="4">长度：一般为2200～4000mm，常用20mm。
宽度：宜按100mm递增，常用600mm。
厚度：最小60mm，宜按10mm递增，常用60、90、120mm。
空心条板孔洞的最小外壁厚度不宜小于15mm，孔间肋厚不宜小于20mm</td><td>一般或中档</td><td rowspan="4">轻质条板为非承重内墙材料。玻纤增强水泥条板用于中档建筑时，应选用机械成型工艺生产；钢丝增强水泥条板、增强石膏空心条板不应用于长期处于潮湿环境或接触水的房间，如卫生间、厨房等；轻骨料混凝土条板用在卫生间或厨房时，墙面也必须作防水处理</td></tr>
<tr><td>钢丝增强水泥条板</td><td>一般</td></tr>
<tr><td>增强石膏空心条板</td><td>一般</td></tr>
<tr><td>轻骨料混凝土条板</td><td>一般或中档</td></tr>
</table>

七、建筑用结构件

1. 建筑用轻钢龙骨

(1) 龙骨产品分类及规格见下表，若有其他规格要求由供需双方商定。

mm

类别	品种		断面形状	规格	备注
墙体龙骨 Q	CH 型龙骨	竖龙骨	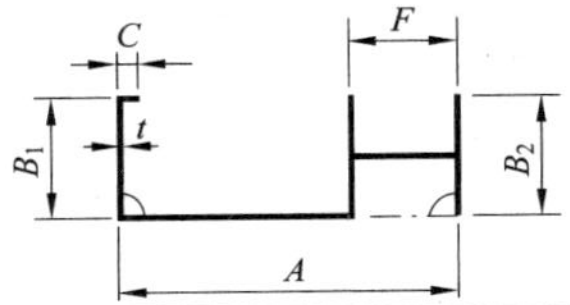	$A \times B_1 \times B_2 \times t$ 75(73.5)$\times B_1 \times B_2 \times$0.8 100(98.5)$\times B_1 \times B_2 \times$0.8 150(148.5)$\times B_1 \times B_2 \times$0.8 $B_1 \geqslant 35$；$B_2 \geqslant 35$	当 $B_1 = B_2$ 时，规格为 $A \times B \times t$
	C 型龙骨	竖龙骨	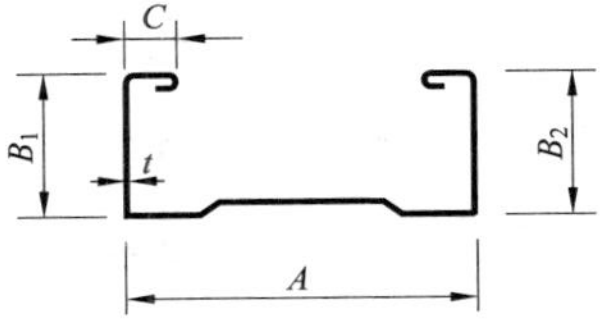	$A \times B_1 \times B_2 \times t$ 50(48.5)$\times B_1 \times B_2 \times$0.6 75(73.5)$\times B_1 \times B_2 \times$0.6 100(98.5)$\times B_1 \times B_2 \times$0.7 150(148.5)$\times B_1 \times B_2 \times$0.7 $B_1 \geqslant 45$；$B_2 \geqslant 45$	
	U 型龙骨	横龙骨	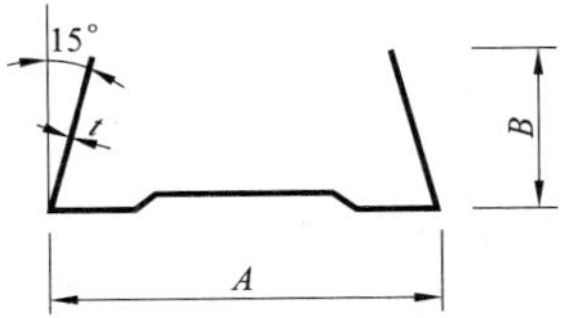	$A \times B \times t$ 52(50)$\times B \times$0.6 77(75)$\times B \times$0.6 102(100)$\times B \times$0.7 152(150)$\times B \times$0.7 $B \geqslant 35$	
		通贯龙骨	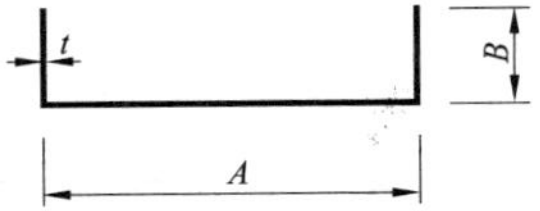	$A \times B \times t$ 38×12×1.0	

续表

类别	品种		断面形状	规格	备注
吊顶龙骨 D	U 型龙骨	承载龙骨	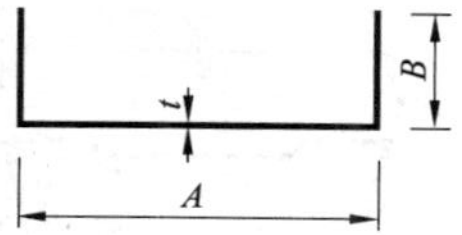	$A \times B \times t$ 38×12×1.0 50×15×1.2 60×B×1.2	$B = 24 \sim 30$
	C 型龙骨	承载龙骨	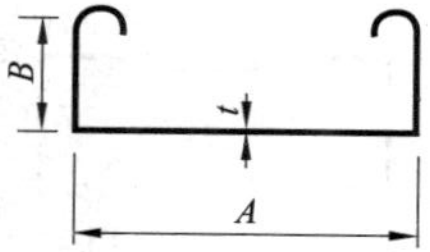	$A \times B \times t$ 38×12×1.0 50×15×1.2 60×B×1.2	
		覆面龙骨	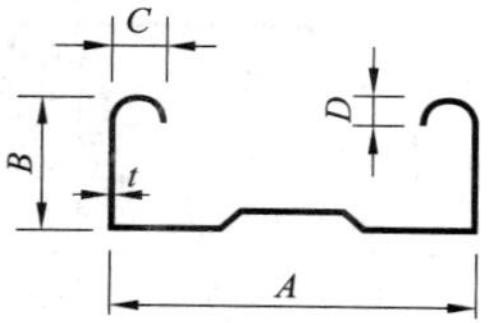	$A \times B \times t$ 50×19×0.5 60×27×0.6	

续表

类别	品种		断面形状	规格	备注
吊顶龙骨 D	T 型龙骨	主龙骨	t_1 t_2 B A；t B A	$A \times B \times t_1 \times t_2$ 24×38×0. 27×0. 27 24×32×0. 27×0. 27 14×32×0. 27×0. 27	（1）中型承载龙骨 $B \geqslant 38$，轻型承载龙骨 $B<38$。 （2）龙骨由一整片钢板（带）成型时，规格为 $A \times B \times t$
		次龙骨	t_1 t_2 B A；t B A	$A \times B \times t_1 \times t_2$ 24×28×0. 27×0. 27 24×25×0. 27×0. 27 14×25×0. 27×0. 27	（1）中型承载龙骨 $B \geqslant 38$，轻型承载龙骨 $B<38$。 （2）龙骨由一整片钢板（带）成型时，规格为 $A \times B \times t$
	H 型龙骨		t B A	$A \times B \times t$ 20×20×0. 3	

续表

类别	品种		断面形状	规格	备注
吊顶龙骨 D	V 型龙骨	承载龙骨	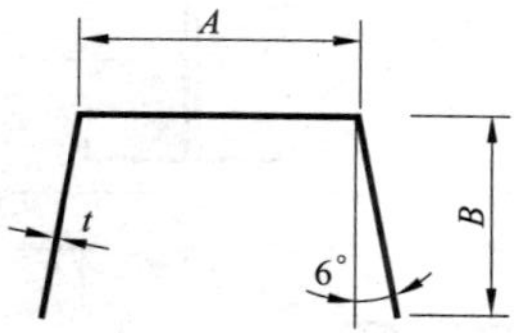 A, B, t, 6°	$A \times B \times t$ 20×37×0. 8	造型用龙骨规格为 20×20×1. 0
		覆面龙骨	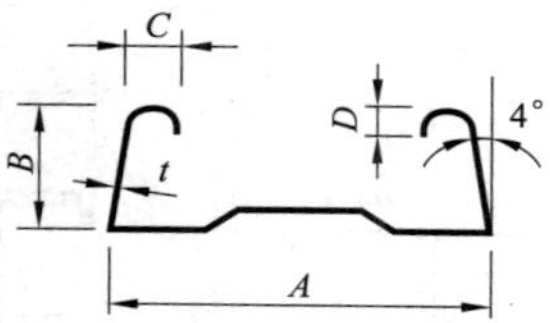 C, D, B, t, A, 4°	$A \times B \times t$ 49×19×0. 5	

续表

类别	品种		断面形状	规格	备注
吊顶龙骨 D	L 型龙骨	承载龙骨	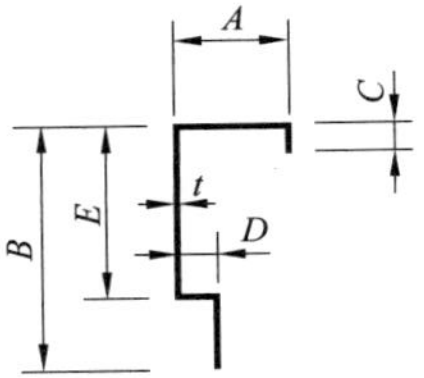	$A \times B \times t$ 20×43×0. 8	
		收边龙骨	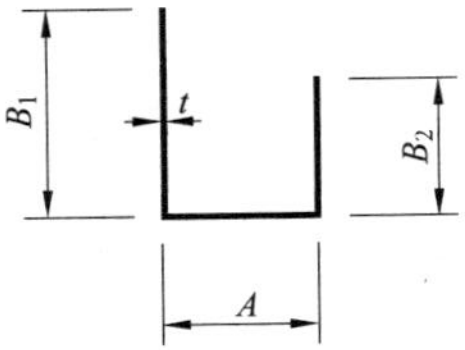	$A \times B_1 \times B_2 \times t$ $A \times B_1 \times B_2 \times 0.4$ $A \geqslant 20$；$B_1 \geqslant 25$；$B_2 \geqslant 20$	
		边龙骨	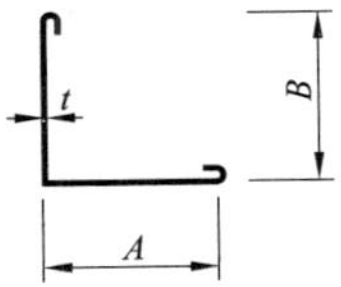	$A \times B \times t$ $A \times B \times 0.4$ $A \geqslant 14$；$B \geqslant 20$	

(2) 尺寸允许偏差。

mm

项目		允许偏差
长度 L	.U、C、H、V、L、CH 型	±5
	T 型孔距	±0.3
覆面龙骨断面尺寸	尺寸 A	≤1.0
	尺寸 B	≤0.5
其他龙骨断面尺寸	尺寸 A	≤0.5
	尺寸 B	≤1.0
	尺寸 F（内部净空）	≤0.5
厚度 t、t_1、t_2		应符合 GB/T 2518—2004 表 7 中“公称宽度大于 600mm，小于或等于 1200mm 栏”的要求

(3) 尺寸 C、D、E。

mm

项目	品种	要求
尺寸 C	CH 型墙体竖龙骨、C 型吊顶覆面龙骨、L 型承载龙骨	≤5.0
	C 型墙体竖龙骨	≥6.0
尺寸 D	覆面龙骨	≥3.0
	L 型承载龙骨	≥7.0
尺寸 E	L 型承载龙骨	≥30.0

(4) 底面和侧面的平直度。

类别	品种	检测部位	平直度（mm/1000mm）
墙体	横龙骨和竖龙骨	侧面	1.0
		底面	2.0
	通贯龙骨	侧面和底面	

续表

类别	品种	检测部位	平直度（mm/1000mm）
吊顶	承载龙骨和覆面龙骨	侧面和底面	1.5
	T、H 型龙骨	底面	1.3

（5）弯曲内角半径 R（不包括 T、H 型和 V 型龙骨）。

mm

钢板厚度 t	$t\leqslant0.70$	$0.70<t\leqslant1.00$	$1.00<t\leqslant1.20$	$t>1.20$
弯曲内角半径 R	≤1.50	≤1.75	≤2.00	≤2.25

（6）角度允许偏差（不包括 T、H 型龙骨）。

成型角较短边尺寸 B	允许偏差	成型角较短边尺寸 B	允许偏差
≤18mm	≤2°00′	>18mm	≤1°30′

（7）龙骨表面采用镀锌防锈时，其双面镀锌量或双面镀锌层厚度。

项目	技术要求	项目	技术要求
双面镀锌量（g/m^2）	≥100	双面镀锌层厚度（mm）	≥14

（8）墙体及吊顶龙骨组件的力学性能。

类别		项目		要求
墙体		抗冲击性试验		残余变形量不大于 10.0mm，龙骨不得有明显的变形
		静载试验		残余变形量不大于 2.0mm
吊顶	U、C、V、L 型（不包括造型用 V 型龙骨）	静载试验	覆面龙骨	加载挠度不大于 5.0mm，残余变形量不大于 1.0mm
			承载龙骨	加载挠度不大于 4.0mm，残余变形量不大于 1.0mm
	T、H 型		主龙骨	加载挠度不大于 2.8mm

2. Ω型吊顶铝合金龙骨

(1) Ω型吊顶铝合金龙骨规格。

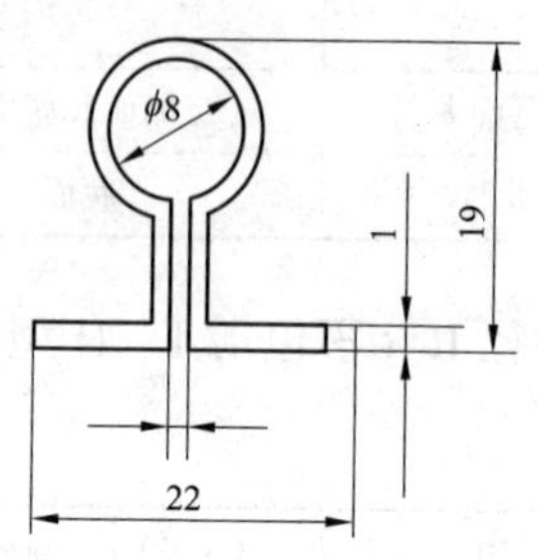

名称		长龙骨	中龙骨	小龙骨
长度	吊顶板规格为600mm×600mm	1251	1207	600
	吊顶板规格为500mm×500mm	1015	1007	500
质量（kg/m）		0.518		

注　长、中、小龙骨横截面形状、尺寸均相同。

(2) Ω型吊顶铝合金龙骨配件。

名称	Ω型龙骨	十字吊挂件及吊杆
形式		
用途	用于吊顶龙骨骨架的纵向和横向吊顶龙骨	用于插接Ω型龙骨及吊点的连接

注　吊杆和十字吊挂件是分离的，两者均为钢质材料。

3. T 型吊顶铝合金龙骨

(1) T 型吊顶铝合金龙骨品种规格和尺寸。

名称	形式	质量(kg/m)	厚度(mm)	用途
L 型边龙骨	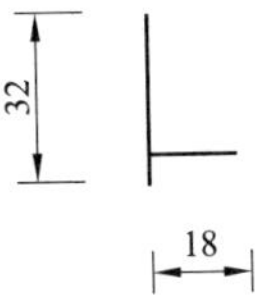 32 18	0.15	1.2	用于吊顶的四周外缘与墙壁接触处，用来搭装或嵌装吊顶板
T 型龙骨（横向）	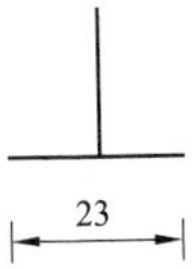 23	0.135	1.2	横向搭置于纵向 T 型龙骨的两翼上，用来搭装或嵌装吊顶板
T 型龙骨（纵向）	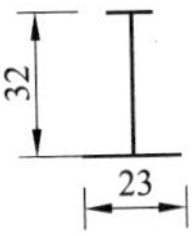 32 23	0.2	1.2	纵向通长使用，用来搭装或嵌装吊顶板
T 型异形龙骨	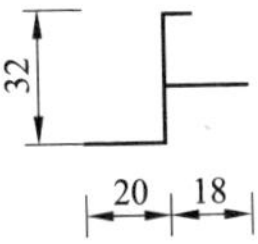 32 20 18	0.25	1.2	用于吊顶有变标高处，其不同标高的两翼，用来搭装或嵌装吊顶板

(2) T 型吊顶铝合金龙骨配件。

名称	形式	用途
连接件 1		用于 T 型龙骨或 T 型异形龙骨的加长连接
连接件 2	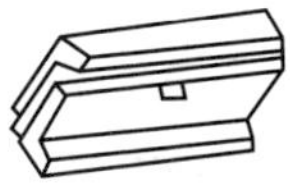	用于轻钢承载龙骨（U 型）的加长连接

续表

名称	形式	用途
挂钩	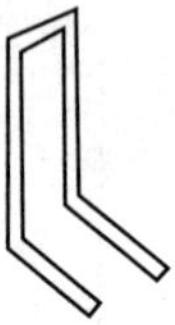	用于T型龙骨与承载龙骨（U型）的连接固定
吊挂件		用于T型龙骨（纵向）和吊杆的连接。只适用于无承接龙骨且无附加荷载的吊顶
承载龙骨（U型）及其吊件	—	用于承受吊顶的附加荷载，用于轻钢承载龙骨与吊杆的连接

（3）LT铝合金吊顶龙骨配件。

mm

名称	图示	质量（kg）	厚度	使用规格及尺寸
主龙骨吊件		0.138	3	TC60
		0.169		TC50
		0.062	2	TC38

续表

名称	图示	质量（kg）	厚度	使用规格及尺寸
主龙骨连接件		—	—	TC60 *L*：100，*H*：60
				TC50 *L*：100，*H*：50
				TC38 *L*：82，*H*：39
LT-23 龙骨、LT-异形龙骨吊钩		0.014、0.012	ϕ3.5	TC60 *A*：31，*B*：75
				TC50 *A*：16，*B*：60
				TC38 *A*：13，*B*：48

4. 铝合金装饰板与格栅吊顶

(1) 铝合金装饰板。

品种	形状	特性与用途
平板	方形、条形、异形	具有质轻、高强，色泽和造型美观，安装方便，经久耐用等特点。适用于大型公共建筑、住宅等装修
穿孔板	方形、条形	
铝塑复合板	按需定形	

(2) 铝合金条形和方形装饰板。

品种	常用规格（mm）			用途
	长度	宽度	厚度	
条板	2000、3000、3500、4000	50、80、100 120、150、200	0.5~1.5	用于走道、房间、厨房、卫生间等的吊顶装饰
方板	（平面尺寸） 300×300，500×500，300×600，200×200，500×750		0.5~1.5	

(3) 铝合金格栅吊顶。

规格	长度	宽度	高度	质量（kg/m^2）
Ⅰ型	78	78	50.8	3.9
Ⅱ型	113	113	50.8	2.9
Ⅲ型	143	143	50.8	2.0

5. 不锈钢装饰板

类别	钢号	力学性能			
		σ_s（MPa）	σ_0（MPa）	σ（%）	
马氏体钢	1Cr13	400	600	20	不锈钢装饰板一般采用0.5~2.5mm厚的薄钢板，有平面和凹凸两种，常用于公共建筑中的柱面、电梯侧壁和扶梯侧帮等常被人接触的部位
	2Cr13	450	600	16	
	3Cr13	—	—	—	
	4Cr13	—	—	—	
铁素体钢	Cr13	350	500	24	
	1Cr17	250	400	20	
	1Cr28	300	450	20	
	1Cr17Ni	300	450	20	
奥氏体钢	0Cr18Ni9	180	490	40	
	0Cr18Ni9Ti	200	550	40	

八、建筑防水材料和绝热材料

(一) 防水材料

1. 聚氯乙烯防水卷材（GB 12952—2011）

(1) 厚度偏差和最小单值。

mm

厚度	允许偏差	最小单值	厚度	允许偏差	最小单值
1.2	±0.10	1.00	2.0	±0.20	1.70
1.5	±0.15	1.30			

（2）N 类无复合层卷材的理化性能。

序号	项目			Ⅰ型	Ⅱ型
1	拉伸强度（MPa）		≥	8.0	12.0
2	断裂伸长率（%）		≥	200	250
3	热处理尺寸变化率（%）		≤	3.0	2.0
4	低温弯折性			-20℃无裂纹	-25℃无裂纹
5	抗穿孔性			不渗水	
6	不透水性			不透水	
7	剪切状态下的黏合性（N/mm）		≥	3.0 或卷材破坏	
8	热老化处理	外观		无起泡、裂纹、黏结和孔洞	
		拉伸强度变化率（%）		±25	±20
		断裂伸长率变化率（%）			
		低温弯折性		-15℃无裂纹	-20℃无裂纹
9	耐化学侵蚀	拉伸强度变化率（%）		±25	±20
		断裂伸长率变化率（%）			
		低温弯折性		-15℃无裂纹	-20℃无裂纹
10	人工气候加速老化	拉伸强度变化率（%）		±25	±20
		断裂伸长率变化率（%）			
		低温弯折性		-15℃无裂纹	-20℃无裂纹

（3）L 类纤维单面复合及 W 类织物内增强卷材的理化性能。

序号	项目		Ⅰ型	Ⅱ型
1	拉力（N/cm）	≥	100	160
2	断裂伸长率（%）	≥	150	200
3	热处理尺寸变化率（%）	≤	1.5	1.0
4	低温弯折性		-20℃无裂纹	-25℃无裂纹
5	抗穿孔性		不渗水	

续表

序号	项目		I型	II型
6	不透水性		不透水	
7	剪切状态下的黏合性（N/mm）≥	L类	3.0或卷材破坏	
		W类	6.0或卷材破坏	
8	热老化处理	外观	无起泡、裂纹、黏结和孔洞	
		拉力变化率（%）	±25	±20
		断裂伸长率变化率（%）		
		低温弯折性	-15℃无裂纹	-20℃无裂纹
9	耐化学侵蚀	拉力变化率（%）	±25	±20
		断裂伸长率变化率（%）		
		低温弯折性	-15℃无裂纹	-20℃无裂纹
10	人工气候加速老化	拉力变化率（%）	±25	±20
		断裂伸长率变化率（%）		
		低温弯折性	-15℃无裂纹	-20℃无裂纹

2. 氯化聚乙烯防水卷材（GB 12953—2003）

（1）厚度偏差和最小单值。

mm

厚度	允许偏差	最小单值	厚度	允许偏差	最小单值
1.2	±0.10	1.00	2.0	±0.20	1.70
1.5	±0.15	1.30			

（2）N类无复合层卷材的理化性能。

序号	项目		I型	II型
1	拉伸强度（MPa）	≥	5.0	8.0
2	断裂伸长率（%）	≥	200	300
3	热处理尺寸变化率（%）	≤	3.0	纵向2.5 横向1.5

续表

序号	项目		Ⅰ型	Ⅱ型
4	低温弯折性		-20℃无裂纹	-25℃无裂纹
5	抗穿孔性		不渗水	
6	不透水性		不透水	
7	剪切状态下的黏合性（N/mm） ≥		3.0或卷材破坏	
8	热老化处理	外观	无起泡、裂纹、黏结和孔洞	
		拉伸强度变化率（%）	-20~+50	±20
		断裂伸长率变化率（%）	-30~+50	±20
		低温弯折性	-15℃无裂纹	-20℃无裂纹
9	耐化学侵蚀	拉伸强度变化率（%）	-20~+50	±20
		断裂伸长率变化率（%）	-30~+50	±20
		低温弯折性	-15℃无裂纹	-20℃无裂纹
10	人工气候加速老化	拉伸强度变化率（%）	-20~+50	±20
		断裂伸长率变化率（%）	-30~+50	±20
		低温弯折性	-15℃无裂纹	-20℃无裂纹

（3）L类纤维单面复合及W类织物内增强卷材的理化性能。

序号	项目	Ⅰ型	Ⅱ型
1	拉力（N/cm） ≥	70	120
2	断裂伸长率（%） ≥	125	250
3	热处理尺寸变化率（%） ≤	1.0	
4	低温弯折性	-20℃无裂纹	-25℃无裂纹
5	抗穿孔性	不渗水	
6	不透水性	不透水	

续表

序号	项目		Ⅰ型	Ⅱ型
7	剪切状态下的黏合性（N/mm）≥	L类	3.0或卷材破坏	
		W类	6.0或卷材破坏	
8	热老化处理	外观	无起泡、裂纹、黏结和孔洞	
		拉力变化率（%）	55	100
		断裂伸长率变化率（%）	100	200
		低温弯折性	-15℃无裂纹	-20℃无裂纹
9	耐化学侵蚀	拉力变化率（%）	55	100
		断裂伸长率变化率（%）	100	200
		低温弯折性	-15℃无裂纹	-20℃无裂纹
10	人工气候加速老化	拉力变化率（%）	55	100
		断裂伸长率变化率（%）	100	200
		低温弯折性	-15℃无裂纹	-20℃无裂纹

3. 弹性体改性沥青防水卷材（GB 18242—2008）

（1）单位面积质量、面积及厚度。

公称厚度(mm)		3			4			5		
上表面材料		PE	S	M	PE	S	M	PE	S	M
下表面材料		PE	PE、S		PE	PE、S		PE	PE、S	
面积（m^2/卷）	公称面积	10、15			10、7.5			7.5		
	偏差	±0.10			±0.10			±0.10		
单位面积质量(kg/m^2)		3.3	3.5	4.0	4.3	4.5	5.0	5.3	5.5	6.0
厚度（mm）	平均值≥	3.0			4.0			5.0		
	最小单值	2.7			3.7			4.7		

注 PE为聚乙烯膜、S为细砂、M为矿物粒料。

（2）材料性能。

<table>
<tr><th rowspan="3">序号</th><th rowspan="3" colspan="2">项目</th><th colspan="5">指标</th></tr>
<tr><th colspan="2">Ⅰ型</th><th colspan="3">Ⅱ型</th></tr>
<tr><th>PY</th><th>G</th><th>PY</th><th>G</th><th>PYG</th></tr>
<tr><td rowspan="4">1</td><td rowspan="4">可溶物含量（g/m²）≥</td><td>公称厚度为3mm</td><td colspan="4">2100</td><td>—</td></tr>
<tr><td>公称厚度为4mm</td><td colspan="4">2900</td><td>—</td></tr>
<tr><td>公称厚度为5mm</td><td colspan="5">3500</td></tr>
<tr><td>试验现象</td><td>—</td><td>胎基不燃</td><td>—</td><td>胎基不燃</td><td>—</td></tr>
<tr><td rowspan="3">2</td><td rowspan="3">耐热性</td><td>℃</td><td colspan="2">90</td><td colspan="3">105</td></tr>
<tr><td>≤mm</td><td colspan="5">2</td></tr>
<tr><td>试验现象</td><td colspan="5">无流淌、滴落</td></tr>
<tr><td rowspan="2">3</td><td rowspan="2" colspan="2">低温柔性（℃）</td><td colspan="2">-20</td><td colspan="3">-25</td></tr>
<tr><td colspan="5">无裂缝</td></tr>
<tr><td>4</td><td colspan="2">不透水性30min（MPa）</td><td>0.3</td><td>0.2</td><td colspan="3">0.3</td></tr>
<tr><td rowspan="3">5</td><td rowspan="3">拉力</td><td>最大峰拉力（N/50mm）≥</td><td>500</td><td>350</td><td>800</td><td>500</td><td>900</td></tr>
<tr><td>次高峰拉力（N/50mm）≥</td><td>—</td><td>—</td><td>—</td><td>—</td><td>800</td></tr>
<tr><td>试验现象</td><td colspan="5">拉伸过程中，试件中部无沥青涂盖层开裂或与胎基分离现象</td></tr>
<tr><td rowspan="2">6</td><td rowspan="2">延伸率</td><td>最大峰时延伸率（%）≥</td><td>30</td><td rowspan="2">—</td><td>40</td><td rowspan="2">—</td><td>—</td></tr>
<tr><td>第二峰时延伸率（%）≥</td><td>—</td><td>—</td><td>15</td></tr>
<tr><td rowspan="2">7</td><td rowspan="2">浸水后质量增加（%）≤</td><td>PE、S</td><td colspan="5">1.0</td></tr>
<tr><td>M</td><td colspan="5">2.0</td></tr>
</table>

续表

序号	项目		指标				
			Ⅰ型		Ⅱ型		
			PY	G	PY	G	PYG
8	热老化	拉力保持率（%）　≥	90				
		延伸率保持率（%）　≥	80				
		低温柔性（℃）	-15		-20		
			无裂缝				
		尺寸变化率（%）　≤	0.7	—	0.7	—	0.3
		质量损失（%）　≤	1.0				
9	渗油性	张数　≤	2				
10	接缝剥离强度（N/mm）　≥		1.5				
11	钉杆撕裂强度（N）　≥		—				300
12	矿物粒料黏附性（g）　≤		2.0				
13	卷材下表面沥青涂盖层厚度（mm）　≥		1.0				
14	人工气候加速老化	外观	无滑动、流淌、滴落				
		拉力保持率（%）　≥	80				
		低温柔性（℃）	-15		-20		
			无裂缝				

注　PY为聚酯毡、G为玻纤毡、PYG为玻纤增强聚酯毡。

4. 塑性体改性沥青防水卷材（GB 18243—2008）

（1）材料性能。

序号	项目		指标				
			Ⅰ型		Ⅱ型		
			PY	G	PY	G	PYG
1	可溶物含量（g/m²）≥	公称厚度为3mm	2100				—
		公称厚度为4mm	2900				—
		公称厚度为5mm	3500				
		试验现象	—	胎基不燃	—	胎基不燃	—
2	耐热性	℃	110		130		
		≤mm	2				
		试验现象	无流淌、滴落				
3	低温柔性（℃）		-7		-15		
			无裂缝				
4	不透水性30min（MPa）		0.3	0.2	0.3		
5	拉力	最大峰拉力（N/50mm）≥	500	350	800	500	900
		次高峰拉力（N/50mm）≥	—	—	—	—	800
		试验现象	拉伸过程中，试件中部无沥青涂盖层开裂或与胎基分离现象				
6	延伸率	最大峰时延伸率（%）≥	25	—	40	—	—
		第二峰时延伸率（%）≥	—		—		15
7	浸水后质量增加（%）≤	PE、S	1.0				
		M	2.0				

续表

序号	项目		指标				
			Ⅰ型		Ⅱ型		
			PY	G	PY	G	PYG
8	热老化	拉力保持率（%）　≥	90				
		延伸率保持率（%）　≥	80				
		低温柔性（℃）	−2		−10		
			无裂缝				
		尺寸变化率（%）　≤	0.7	—	0.7	—	0.3
		质量损失（%）　≤	1.0				
9	接缝剥离强度（N/mm）　≥		1.0				
10	钉杆撕裂强度（N）　≥		—		300		
11	矿物粒料黏附性（g）　≤		2.0				
12	卷材下表面沥青涂盖层厚度（mm）　≥		1.0				
13	人工气候加速老化	外观	无滑动、流淌、滴落				
		拉力保持率（%）　≥	80				
		低温柔性（℃）	−2		−10		
			无裂缝				

（2）试件形状和数量。

序号	试验项目	试件形状（纵向×横向，mm）	数量（个）
1	可溶物含量	100×100	3

续表

<table>
<tr><th>序号</th><th colspan="2">试验项目</th><th>试件形状
（纵向×横向，mm）</th><th>数量
（个）</th></tr>
<tr><td>2</td><td colspan="2">耐热性</td><td>125×100</td><td>纵向 3</td></tr>
<tr><td>3</td><td colspan="2">低温柔性</td><td>150×25</td><td>纵向 10</td></tr>
<tr><td>4</td><td colspan="2">不透水性</td><td>150×150</td><td>3</td></tr>
<tr><td>5</td><td colspan="2">拉力及延伸率</td><td>（250～320）×50</td><td>纵横向各 5</td></tr>
<tr><td>6</td><td colspan="2">浸水后质量增加</td><td>（250～320）×50</td><td>纵向 5</td></tr>
<tr><td rowspan="3">7</td><td rowspan="3">热老化</td><td>拉力及延伸率保持率</td><td>（250～320）×50</td><td>纵横向各 5</td></tr>
<tr><td>低温柔性</td><td>150×25</td><td>纵向 10</td></tr>
<tr><td>尺寸变化率及质量损失</td><td>（250～320）×50</td><td>纵向 5</td></tr>
<tr><td>8</td><td colspan="2">接缝剥离强度</td><td>400×200（搭接边处）</td><td>纵向 2</td></tr>
<tr><td>9</td><td colspan="2">钉杆撕裂强度</td><td>200×100</td><td>纵向 5</td></tr>
<tr><td>10</td><td colspan="2">矿物粒料黏附性</td><td>265×50</td><td>纵向 3</td></tr>
<tr><td>11</td><td colspan="2">卷材下表面沥青涂盖层厚度</td><td>200×50</td><td>横向 3</td></tr>
<tr><td rowspan="2">12</td><td rowspan="2">人工气候加速老化</td><td>拉力保持率</td><td>120×25</td><td>纵横向各 5</td></tr>
<tr><td>低温柔性</td><td>120×25</td><td>纵向 10</td></tr>
</table>

5. 水泥基渗透结晶型防水材料（GB 18445—2012）

（1）匀质性指标。

<table>
<tr><th>序号</th><th>试验项目</th><th>指标</th></tr>
<tr><td>1</td><td>含水量</td><td rowspan="3">应在生产厂控制值相对量的 5%之内</td></tr>
<tr><td>2</td><td>总碱量（Na_2O+0. 65K_2O）</td></tr>
<tr><td>3</td><td>氯离子含量</td></tr>
<tr><td>4</td><td>细度（0. 315mm 筛）</td><td>应在生产厂控制值相对量的 10%之内</td></tr>
</table>

(2) 受检涂料的性能。

序号	试验项目		性能指标	
			Ⅰ型	Ⅱ型
1	安定性		合格	
2	凝结时间	初凝时间（min） ≥	20	
		终凝时间（h） ≤	24	
3	抗折强度（MPa） ≥	7d	2.80	
		28d	3.50	
4	抗压强度（MPa） ≥	7d	12.0	
		28d	18.0	
5	湿基面黏结强度（MPa） ≥		1.0	
6	抗渗压力（28d，MPa） ≥		0.8	1.2
7	第二次抗渗透压力（56d，MPa） ≥		0.6	0.8
8	渗透压力比（28d,%） ≥		200	300

(3) 掺防水剂的混凝土性能。

序号	试验项目		性能指标
1	减水率（%） ≥		10
2	泌水率（%） ≤		70
3	抗压强度比（%） ≥	7d	120
		28d	120
4	含气量（%）		4.0
5	凝结时间差（min）	初凝	>-90
		终凝	—
6	收缩率比（28d,%） ≤		125
7	渗透压力比（28d,%） ≥		200
8	第二次抗渗压力（56d，MPa） ≥		0.6
9	对钢筋的侵蚀作用		对钢筋无锈蚀危害

6. 改性沥青聚乙烯胎防水卷材（GB 18967—2009）

（1）厚度、面积及卷重。

公称厚度（mm）		3		4	
上表面覆盖材料		E	AL	E	AL
厚度（mm）	平均值≥	3.0		4.0	
	最小单值	2.7		3.7	
最低卷重（kg）		33	35	45	47
面积（m_2）	公称面积	11			
	偏差	±0.2			

（2）物理力学性能。

序号	上表面覆盖材料		E						AL			
	基料		O		M		P		M		P	
	型号		Ⅰ	Ⅱ	Ⅰ	Ⅱ	Ⅰ	Ⅱ	Ⅰ	Ⅱ	Ⅰ	Ⅱ
1	不透水性（MPa）≥		0.3									
			不透水									
2	耐热度（℃）		85		85	90	90	95	85	90	90	95
			无流淌，无气泡									
3	拉力（N/50mm）≥	纵向	100	140	100	140	100	140	200	200	200	200
		横向		120		120		120				
4	断裂延伸率（%）≥	纵向	200	250	200	250	200	250				
		横向										
5	低温柔性度（℃）		0		-5		-10	-15	-5		-10	-15
			无裂纹									
6	尺寸稳定性	℃	85		85	90	90	95	85	90	90	95
		%≤	2.5									

续表

序号	上表面覆盖材料		E						AL			
	基料		O		M		P		M		P	
	型号		Ⅰ	Ⅱ	Ⅰ	Ⅱ	Ⅰ	Ⅱ	Ⅰ	Ⅱ	Ⅰ	Ⅱ
7	热空气老化	外观	无流淌，无气泡						—			
		拉力保持率（纵向，%）≥	80									
		低温柔度（℃）	8		3		−2	−7				
			无裂纹									
8	人工气候加速老化	外观	—						无流淌，无气泡			
		拉力保持率（纵向，%）≥							80			
		低温柔度（℃）							3		−2	−7
									无裂纹			

注 O为改性氧化沥青，M为丁苯橡胶改性氧化沥青，P为高聚物改性沥青。

7. 石油沥青玻璃纤维胎防水卷材（GB/T 14686—2008）

（1）单位面积质量。

型号	15号		25号	
上表面材料	PE膜面	砂面	PE膜面	砂面
单位面积质量（kg/m^2）	1.2	1.5	2.1	2.4

（2）材料性能。

序号	项目		指标	
			Ⅰ型	Ⅱ型
1	可溶物含量（g/m^2）≥	15号	700	
		25号	1200	
		试验现象	胎基不燃	

续表

序号	项目		指标	
			Ⅰ型	Ⅱ型
2	拉力（N/50mm）≥	纵向	350	500
		横向	250	400
3	耐热性		85℃	
			无滑动、流淌、滴落	
4	低温柔性		10℃	5℃
			无裂缝	
5	不透水性		0.1MPa，30min 不透水	
6	钉杆撕裂强度（N）≥		40	50
7	热老化	外观	无裂纹、无起泡	
		拉力变化率（%）≥	85	
		质量损失率（%）≤	2.0	
		低温柔性	15℃	10℃
			无裂缝	

（3）试件尺寸和数量。

序号	试验项目		尺寸（纵向×横向，mm）	数量（个）
1	可溶物含量		100×100	3
2	拉力		（250~320）×50	纵横向各 5
3	耐热性		100×50	3
4	低温柔性		150×25	10
5	不透水性		150×150	3
6	钉杆撕裂强度		200×100	5
7	热老化	外观、拉力	（250~320）×50	纵横向各 5
		低温柔性	150×25	10
		质量损失	150×25	5

8. 聚氨酯防水涂料（GB/T 19250—2003）

（1）单组分聚氨酯防水涂料的物理力学性能。

序号	项目			Ⅰ型	Ⅱ型
1	拉伸强度（MPa）		≥	1.90	2.45
2	断裂伸长率（%）		≥	550	450
3	撕裂强度（N/mm）		≥	12	14
4	低温弯折性（℃）		≤	-40	
5	不透水性			0.3MPa，30min 不透水	
6	固体含量（%）		≥	80	
7	表干时间（h）		≤	12	
8	实干时间（h）		≤	24	
9	加热伸缩率（%）		≤	1.0	
			≥	-4.0	
10	潮湿基面黏结强度[①]（MPa）		≥	0.50	
11	定伸时老化	加热老化		无裂纹及变形	
		人工气候老化[②]		无裂纹及变形	
12	热处理	拉伸强度保持率（%）		80~150	
		断裂伸长率（%）	≥	500	400
		低温弯折性（℃）	≤	-35	
13	碱处理	拉伸强度保持率（%）		60~150	
		断裂伸长率（%）	≥	500	400
		低温弯折性（℃）	≤	-35	
14	酸处理	拉伸强度保持率（%）		80~150	
		断裂伸长率（%）	≥	500	400
		低温弯折性（℃）	≤	-35	
15	人工气候老化	拉伸强度保持率（%）		80~150	
		断裂伸长率（%）	≥	500	400
		低温弯折性（℃）	≤	-35	

① 仅用于地下工程潮湿基面时要求。

② 仅用于外露使用的产品。

(2) 多组分聚氨酯防水涂料的物理力学性能。

序号	项目			Ⅰ型	Ⅱ型
1	拉伸强度（MPa）		≥	1.90	2.45
2	断裂伸长率（%）		≥	450	450
3	撕裂强度（N/mm）		≥	12	14
4	低温弯折性（℃）		≤	-35	
5	不透水性			0.3MPa，30min 不透水	
6	固体含量（%）		≥	92	
7	表干时间（h）		≤	8	
8	实干时间（h）		≤	24	
9	加热伸缩率（%）		≤	1.0	
			≥	-4.0	
10	潮湿基面黏结强度（MPa）		≥	0.50	
11	定伸时老化	加热老化		无裂纹及变形	
		人工气候老化		无裂纹及变形	
12	热处理	拉伸强度保持率（%）		80~150	
		断裂伸长率（%）	≥	400	
		低温弯折性（℃）	≤	-30	
13	碱处理	拉伸强度保持率（%）		80~150	
		断裂伸长率（%）	≥	400	
		低温弯折性（℃）	≤	-30	
14	酸处理	拉伸强度保持率（%）		80~150	
		断裂伸长率（%）	≥	400	
		低温弯折性（℃）	≤	-30	
15	人工气候老化	拉伸强度保持率（%）		80~150	
		断裂伸长率（%）	≥	400	
		低温弯折性（℃）	≤	-30	

9. 铝箔面石油沥青防水卷材（JC/T 504—2007）

（1）单位面积质量，卷重为单位面积质量乘以面积。

标号	30号	40号
单位面积质量（kg/m²）　≥	2.85	3.80

（2）物理性能。

项目	指标	
	30号	40号
可溶物含量（g/m²）　≥	1550	2050
拉力（N/50mm）　≥	450	500
柔度（℃）	5	
	绕半径35mm圆弧无裂纹	
耐热度	(90±2)℃，2h涂盖层无滑动，无起泡、流淌	
分层	(50±2)℃，7d无分层现象	

10. 水乳型沥青防水涂料（JC/T 408—2005）

（1）物理力学性能。

项目		L型	H型
固体含量（%）　≥		45	
耐热度（℃）		80±2	110±2
		无流淌、滑动、滴落	
不透水性		0.10MPa，30min无渗水	
黏结强度（MPa）　≥		0.30	
表干时间（h）　≤		8	
实干时间（h）　≤		24	
低温柔度（℃）	标准条件	−15	0
	碱处理	−10	5
	热处理		
	紫外线处理		

续表

项目		L 型	H 型
断裂伸长率（%）≥	标准条件	600	
	碱处理		
	热处理		
	紫外线处理		

（2）试件形状及数量。

项目		试件形状	数量（个）
耐热度		100mm×50mm	3
不透水性		150mm×150mm	3
黏结强度		8 字形砂浆	5
低温柔度	标准条件	100mm×25mm	3
	碱处理		3
	热处理		3
	紫外线处理		3
断裂伸长率	标准条件	符合 GB/T 528 规定的哑铃 I 型	6
	碱处理		6
	热处理		6
	紫外线处理		6

11. 三元丁橡胶防水卷材（JC/T 645—2012）

（1）规格。

厚度（mm）	宽度（mm）	长度（m）
1.2、1.5	1000	20、10
2.0	1000	10

(2) 尺寸允许偏差。

项目	允许偏差
厚度（mm）	±0.1
长度	不允许出现负值
宽度	不允许出现负值

(3) 物理力学性能。

产品等级		一等品	合格品
不透水性	压力（MPa） ≥	0.3	
	保持时间（min） ≥	90，不透水	
纵向拉伸强度（MPa） ≥		2.2	2.0
纵向断裂伸长率（%） ≥		200	150
低温弯折性（-30℃）		无裂纹	
耐碱性	纵向拉伸强度的保持率（%） ≥	80	
	纵向断裂伸长的保持率（%） ≥	80	
热老化处理	纵向拉伸强度保持率（80℃±2℃，168h,%） ≥	80	
	纵向断裂伸长保持率（80℃±2℃，168h,%） ≥	70	
热处理尺寸变化率（80℃±2℃，168h,%） ≤		-4～+2	
人工加速气候老化27周期	外观	无裂纹，无气泡，不黏结	
	纵向拉伸强度的保持率（%） ≥	80	
	纵向断裂伸长的保持率（%） ≥	70	
	低温弯折性	-20℃，无裂缝	

12. 氯化聚乙烯–橡胶共混防水卷材

(1) 规格。

厚度（mm）	宽度（mm）	长度（m）
1.0、1.2、1.5、2.0	1000、1100、1200	20

(2) 尺寸允许偏差。

厚度允许偏差（%）	宽度与长度允许偏差
-10~+15	不允许出现负值

(3) 物理力学性能。

序号	项目			指标	
				S型	N型
1	拉伸强度（MPa）		≥	7.0	5.0
2	断裂伸长率（%）		≥	400	250
3	直角形撕裂强度（kN/m）		≥	24.5	20.0
4	不透水性（30min）			0.3MPa 不透水	0.2MPa 不透水
5	热老化保持率（80℃±2℃，168h）	拉伸强度（%）	≥	80	
		断裂伸长率（%）	≥	70	
6	脆性温度（℃）		≤	-40	-20
7	臭氧老化（500pphm，168h×40℃静态）			伸长率40%，无裂纹	伸长率20%，无裂纹
8	黏结剥离强度（卷材与卷材）	kN/m	≥	2.0	
		浸水168h，保持率（%）		70	
9	热处理尺寸变化率（%）			-2~+1	-4~+2

13. 沥青复合胎柔性防水卷材（JC/T 690—2008）

(1) 单位面积质量、面积及厚度。

公称厚度（mm）			3			4		
上表面材料			PE	S	M	PE	S	M
面积（m^2/卷）	公称面积		10			10、7.5		
	偏差		±0.10			±0.10		
单位面积质量（kg/m^2）		≥	3.3	3.5	4.0	4.3	4.5	5.0
厚度（mm）	平均值	≥	3.0	3.0	3.0	4.0	4.0	4.0
	最小单值	≥	2.7	2.7	2.7	3.7	3.7	3.7

注 PE为聚乙烯膜，S为细砂。

（2）物理力学性能。

序号	项目		指标	
			Ⅰ型	Ⅱ型
1	可溶物含量（g/m^2）　≥	公称厚度为3mm	1600	
		公称厚度为4mm	2200	
2	耐热性（℃）		90	
			无滑动、流淌、滴落	
3	低温柔性（℃）		-5	-10
			无裂缝	
4	不透水性		0.2MPa，30min不透水	
5	最大拉力（N/50mm）　≥	纵向	500	600
		横向	400	500
6	黏结剥离强度（N/mm）　≥		0.5	
7	热老化	拉力保持率（%）	90	
		低温柔性（℃）	0	-5
			无裂纹	
		质量损失（%）　≤	2.0	

14. 聚合物乳液建筑防水涂料（JC/T 864—2008）

序号	试验项目		指标	
			Ⅰ型	Ⅱ型
1	拉伸强度（MPa）　≥		1.0	1.5
2	断裂延伸率（%）　≥		300	
3	低温柔性（绕ϕ10棒弯180°）		-10℃，无裂纹	-20℃，无裂纹
4	不透水性（0.3MPa，30min）		不透水	
5	固体含量（%）　≥		65	
6	干燥时间（h）	表干时间　≤	4	
		实干时间　≤	8	

续表

序号	试验项目		指标	
			Ⅰ型	Ⅱ型
7	处理后的拉伸强度保持率（%）	加热处理 ≥	80	
		碱处理 ≥	60	
		酸处理 ≥	40	
		人工气候老化处理	—	80~150
8	处理后的断裂延伸率（%）	加热处理 ≥	200	
		碱处理 ≥		
		酸处理 ≥		
		人工气候老化处理 ≥	—	200
9	加热伸缩率（%）	伸长 ≤	1.0	
		缩短 ≤	1.0	

15. 道桥用改性沥青防水卷材（JC/T 974—2005）

（1）单位面积质量。

厚度（mm）	2.5	3.5	4.5
单位面积质量（kg/m^2） ≥	2.8	3.8	4.8

（2）通用性能。

序号	项目		指标			
			Z	R、J		
				SBS	APP	
					Ⅰ	Ⅱ
1	卷材下表面沥青涂盖层厚度（mm） ≥	2.5mm	1.0	—		
		3.5mm	—	1.5		
		4.5mm	—	2.0		
2	可溶物含量（g/m^2） ≥	2.5mm	1700	1700		
		3.5mm	—	2400		
		4.5mm	—	3100		

续表

<table>
<tr><th rowspan="4">序号</th><th rowspan="4" colspan="3">项目</th><th colspan="4">指标</th></tr>
<tr><th rowspan="3">Z</th><th colspan="3">R、J</th></tr>
<tr><th rowspan="2">SBS</th><th colspan="2">APP</th></tr>
<tr><th>Ⅰ</th><th>Ⅱ</th></tr>
<tr><td rowspan="2">3</td><td rowspan="2" colspan="3">耐热性（℃）</td><td>110</td><td>115</td><td>130</td><td>160</td></tr>
<tr><td colspan="4">无流淌、滑动、滴落</td></tr>
<tr><td rowspan="2">4</td><td rowspan="2" colspan="3">低温柔性（℃）</td><td>-25</td><td>-25</td><td>-15</td><td>-10</td></tr>
<tr><td colspan="4">无裂纹</td></tr>
<tr><td>5</td><td colspan="2">拉力（N/50mm）</td><td>≥</td><td>60</td><td colspan="3">800</td></tr>
<tr><td>6</td><td colspan="2">最大拉力时延伸率（%）</td><td>≥</td><td colspan="4">40</td></tr>
<tr><td rowspan="4">7</td><td rowspan="4">热处理</td><td>拉力保持率（%）</td><td>≥</td><td colspan="4">90</td></tr>
<tr><td rowspan="2" colspan="2">低温柔性（℃）</td><td>-25</td><td>-25</td><td>-15</td><td>-10</td></tr>
<tr><td colspan="4">无裂纹</td></tr>
<tr><td>质量增加（%）</td><td>≤</td><td colspan="4">1.0</td></tr>
<tr><td rowspan="6">8</td><td rowspan="6">热老化</td><td>接力保持率（%）</td><td>≥</td><td colspan="4">90</td></tr>
<tr><td>延伸率保持率（%）</td><td>≥</td><td colspan="4">90</td></tr>
<tr><td rowspan="2" colspan="2">低温柔性（℃）</td><td>-20</td><td>-20</td><td>-15</td><td>-10</td></tr>
<tr><td colspan="4">无裂纹</td></tr>
<tr><td>尺寸变化率（%）</td><td>≤</td><td colspan="4">0.5</td></tr>
<tr><td>质量损失（%）</td><td>≤</td><td colspan="4">1.0</td></tr>
<tr><td>9</td><td colspan="2">渗油率（张数）</td><td>≤</td><td colspan="4">1</td></tr>
<tr><td>10</td><td colspan="2">自粘沥青剥离强度（N/mm）</td><td>≥</td><td>1.0</td><td colspan="3">—</td></tr>
</table>

注 1. Z 为自粘施工防水卷材，R、J 分别为热熔、热熔胶施工防水卷材。

2. SBS 表示苯乙烯-丁二烯-苯乙烯类，APP 表示无规聚烯烃类。

16. 聚合物水泥防水砂浆（JC/T 984—2005）

<table>
<tr><th>序号</th><th colspan="3">项目</th><th>干粉类（Ⅰ类）</th><th>乳液类（Ⅱ类）</th></tr>
<tr><td rowspan="2">1</td><td rowspan="2">凝结时间</td><td>初凝时间（min）</td><td>≥</td><td>45</td><td>45</td></tr>
<tr><td>终凝（h）</td><td>≤</td><td>12</td><td>24</td></tr>
</table>

续表

序号	项目			干粉类（Ⅰ类）	乳液类（Ⅱ类）
2	抗渗压力（MPa）	7d	≥	1.0	
		28d	≥	1.5	
3	抗压强度（MPa）	28d	≥	24.0	
4	抗折强度（MPa）	28d	≥	8.0	
5	压折比		≤	3.0	
6	黏结强度（MPa）	7d	≥	1.0	
		28d	≥	1.2	
7	耐碱性［饱和 Ca（OH）$_2$溶液，168h］			无开裂、剥落	
8	耐热性（100℃水，5h）			无开裂、剥落	
9	抗冻性-冻融循环（-15～+20℃，25 次）			无开裂、剥落	
10	收缩率（28d,%）			0.15	

17. 防水涂料

类别	品种	特性与用途
聚氨酯类防水涂料	双组分聚氨酯涂料	按规定比例配制后，固化为橡胶弹性膜。抗拉强度较高（2.45MPa）、伸长率大（450%）、固化前怕水、固化后防水、耐紫外线光能力差。宜用于非外露部位防水
	双组分沥青基聚氨酯涂料	含沥青基，耐老化、物理性能均优于普通型，耐腐蚀。适用于地下及非外露部位防水
	双组分彩色聚氨酯涂料	色彩、耐老化性能和综合性能较好。适用于外露屋面防水及运动地面铺装
	单组分聚氨酯涂料	依靠吸收空气及基层水分固化，固化时间较长，不宜长期储存。适用于地下及非外露部位防水
丙烯酸酯类防水材料	彩色水乳型丙烯酸酯弹性防水涂料	高弹性、高黏结力、耐低温、耐老化性能优良。适用于混凝土基层表面及橡胶卷材的防水、装饰，5℃以下不宜施工

续表

类别	品种	特性与用途
丙烯酸酯类防水材料	水乳型丙烯酸酯弹性防水涂料	无毒、无味、不燃。可在潮湿基面上施工，适用于混凝土、水泥砂浆基层，地下工程需进行长期浸水试验，其耐水性应不小于80%方可使用，5℃以下不宜施工
	彩色溶剂型硅丙防水涂料	耐老化性能优异、怕水、耐污染性能好、高黏结力、耐高低温。适用于混凝土、水泥砂浆基层等外墙作防水饰面层
	硅橡胶防水涂料	防水性、耐候性好，耐高低温，无毒、无味、不燃。适用于混凝土、水泥砂浆基层作防水层，有一定的渗透性，5℃以下不宜施工
	聚合物水泥防水涂料Ⅰ型（JS复合涂料）	可在潮湿基面上施工，适用于混凝土、水泥砂浆基层作防水层，地下工程需进行长期浸水试验，其耐水性应不小于80%方可使用，5℃以下不宜施工

18. 金属防水板

类别	品种	规格（mm）	特性与用途
压型金属板材	非保温压型金属板	基板厚度：0.5、0.6	有效利用率较高，质量轻，安装方便、快捷。适用于各种无保温要求的工业与民用建筑工程作屋面的装饰及防水层
	保温压型金属夹芯板	夹芯板厚度：50、75、100、150、200、250	具有承重和防水功能，有良好的保温绝热功能。适用于有保温要求的工业厂房、体育馆、展览馆和仓库等作屋面或墙面的装饰、防水层
铝合金防水卷材		厚度：0.4、0.5、0.7 宽度：510、1000 长度：15000、7500	防辐射、耐腐蚀、抗老化、可焊性好，施工方便。适用于工业与民用建筑作屋面或地下室的密封、防水层

19. 注浆和堵漏材料

品种	用途
单液水泥浆	基岩裂隙地面注浆或工作面注浆，被覆后充填加固
水泥-水玻璃浆	基岩裂隙地面注浆或工作面注浆，堵特大涌水，被覆后注浆
水玻璃类	地基加固，冲积层注浆
丙烯酰胺类	冲积层堵水、防渗，被覆后注浆
聚氨酯类	防渗堵漏，加固地基

（二）绝热材料

1. 泡沫塑料

品种	规格	用途
模塑聚苯乙烯泡沫塑料（EPS）	规格尺寸由供需双方商定	适用于屋面、墙面、地面、楼板、地下室顶棚
挤塑聚苯乙烯泡沫塑料（XPS）	型号：X150、X200、X250、X300、X350、X400、X450、X500、W200、W300 规格尺寸（mm）： 长度：1200、1250、2450、2500 宽度：600、900、1200 厚度：20、25、30、40、50、75、100 其他规格由供需双方商定	适用于屋面、地面、墙体、管道、楼板
硬质聚氨酯泡沫塑料（PUR）	按用户需求生产各种板材、管材	适用于屋面、地面、管道
聚乙烯泡沫塑料（PE）	发泡倍数：15、30、45倍 形状尺寸（mm）： 板材：长度2000，宽度1000，厚度2.5~100 管材：直径10~60，厚度6~13 按用户要求加工成各种形状	适用于墙体、管道

续表

品种	规格			用途
	密度（kg/m^3）	规格（mm）	厚度（mm）	
酚醛泡沫塑料（PF）	35~80	直径 21~60，长度 1.0m	25、30、40、50	适用于管道
		直径 76~356，长度 1.2m	30、40、50	
		直径 406~820，长度 1.2m	>40	
	35~80	1200×600（长×宽）	25、30、40、50	在泡沫塑料板两侧复合有机板、无机板、彩色钢板等饰面板。适用于屋面、墙体、管道、地下室顶棚
		600×600（长×宽）	20、25、30、40、50	
	由镀锌钢板和酚醛泡沫塑料复合制成，具有隔热、保温、防潮、轻体及环保，成本低等优点，可抗 8 度地震和强台风。适用于别墅等高级建筑			

2. 矿物棉制品

品种		密度（kg/m^3）	规格（mm）			用途
			长度	宽度	厚度	
玻璃棉（GB/T 13350—2008）	板	24、32、40、48、64	1200	600	15、25、40、50	适用于墙体、屋面、空调风管
	带	≥25	1820	605	25	
玻璃棉（GB/T 13350—2008）	毯	≥24	1000、1200、5500	600	25、40、50、75、100	适用于顶棚、大口径热力管道
	毡	≥10	1000、1200、2800、5500、11000	600	25、40、50、75、100	适用于顶棚、大口径热力管道
	管壳	≥45	1000	（内径）22~325	20、25、30、40、50	适用于热力管道

续表

品种		密度（kg/m³）	规格（mm）			用途
			长度	宽度	厚度	
岩棉（GB/T 11835—2007）	板	80、100、120、150、160	910、1000	500、630、700、800	30、40、50、60、70	适用于墙体、屋面
	带	80、100、150	2400	910	30、40、50、60	
	毡	60、80、100、120	910	630、910	50、60、70	适用于顶棚、热力管道
	管壳	≤200	600、910、1000	（内径）22~325	30、40、50、60、70	适用于热力管道
矿渣棉（GB/T 11835—2007）	棉	—	—	—	—	适用于制作矿棉板等

第八章

建筑装饰材料

一、建筑装饰石材

1. 天然板石（GB/T 18600—2009）

（1）饰面板规格尺寸。

mm

<table>
<tr><th colspan="2">项目</th><th>一等品</th><th>合格品</th></tr>
<tr><td rowspan="2">长、宽度</td><td>≤300</td><td>±1.0</td><td>±1.5</td></tr>
<tr><td>>300</td><td>±2.0</td><td>±3.0</td></tr>
<tr><td colspan="2">厚度（定厚度）</td><td>±2.0</td><td>±3.0</td></tr>
</table>

（2）瓦板规格尺寸允许偏差。

mm

<table>
<tr><th colspan="2">项目</th><th>一等品</th><th>合格品</th></tr>
<tr><td rowspan="2">长、宽度</td><td>≤300</td><td>±1.5</td><td>±2.0</td></tr>
<tr><td>>300</td><td>±2.0</td><td>±3.0</td></tr>
<tr><td colspan="2">单块板材厚度</td><td>±1.0</td><td>±1.5</td></tr>
<tr><td rowspan="2">100块板材厚度变化率（%）≤</td><td>厚度≤5</td><td>15</td><td>20</td></tr>
<tr><td>厚度>5</td><td>20</td><td>25</td></tr>
</table>

（3）平整度允许极限公差。

mm

<table>
<tr><th rowspan="2">项目</th><th colspan="2">饰面板</th><th rowspan="2">瓦板</th></tr>
<tr><th>一等品</th><th>合格品</th></tr>
<tr><td>长度≤300</td><td>1.5</td><td>3.0</td><td rowspan="2">不超过长度的0.5%</td></tr>
<tr><td>长度>300</td><td>2.0</td><td>4.0</td></tr>
</table>

（4）角度允许极限公差。

mm

项目	饰面板		瓦板	
	一等品	合格品	一等品	合格品
长度≤300	1.0	2.0	不超过长度的0.5%	不超过长度的1.0%
长度>300	1.5	3.0		

（5）饰面板正面的外观质量要求。

缺陷名称	规定内容	一等品	合格品
缺角	沿板材边长，长度≤5mm，宽度≤5mm，（长度≤2mm，宽度≤2mm的不计），每块板允许个数（个）	1	2
色斑	面积不超过15mm×15mm（面积小于5mm×5mm的不计），每块板允许个数（个）	0	2
裂纹	贯穿其厚度方向的裂纹	不允许	
人工凿痕	劈分板石时产生的明显加工痕迹		
台阶高度	装饰面上阶梯部分的最大高度（mm）	≤3	≤5

（6）瓦板正面的外观质量要求。

缺陷名称	规定内容	一等品	合格品
缺角	沿板材边长，长度不大于边长的8%（长度小于边长3%的不计），每块板允许个数（个）	1	2
白斑	面积不超过15mm×15mm（面积小于5mm×5mm的不计），每块板允许个数（个）	0	2
裂纹	可见裂纹和隐含裂纹	不允许	
人工凿痕	劈分板石时产生的明显加工痕迹		
台阶高度	装饰面上阶梯部分的最大高度（mm）	≤1	≤2
崩边	打边处理时产生的边缘损失（mm）	宽度≤5	

2. 天然花岗石建筑板材（GB/T 18601—2009）

（1）毛光板的平面度公差和厚度偏差。

mm

项目		技术指标					
		镜面和细面板材			粗面板材		
		优等品	一等品	合格品	优等品	一等品	合格品
平面度		0.80	1.00	1.50	1.50	2.00	3.00
厚度	≤12	±0.5	±1.0	-1.5~+1.0	—		
	>12	±1.0	±1.5	±2.0	-2.0~+1.0	±2.0	-3.0~+2.0

（2）普通板规格尺寸允许偏差。

mm

项目		技术指标					
		镜面和细面板材			粗面板材		
		优等品	一等品	合格品	优等品	一等品	合格品
长度、宽度		-1.0~0		-1.5~0	-1.0~0		1.5~0
厚度	≤12	±0.5	±1.0	-1.5~+1.0	—		
	>12	±1.0	±1.5	±2.0	-2.0~+1.0	±2.0	-3.0~+2.0

（3）圆弧板壁厚最小值应不小于18mm，规格尺寸允许偏差应符合下表的规定。

mm

项目	镜面和细面板材			粗面板材		
	优等品	一等品	合格品	优等品	一等品	合格品
弦长	-1.0~0		-1.5~0	-1.5~0	-2.0~0	-2.0~0
高度				-1.0~0	-1.0~0	-1.5~0

（4）普型板平面度允许公差。

mm

板材长度 L	镜面和细面板材			粗面板材		
	优等品	一等品	合格品	优等品	一等品	合格品
$L\leqslant400$	0.20	0.35	0.50	0.60	0.80	1.00
$40<L\leqslant800$	0.50	0.65	0.80	1.20	1.50	1.80
$L>800$	0.70	0.85	1.00	1.50	1.80	2.00

（5）天然花岗石建筑板材的物理性能技术指标。

项目		技术指标	
		一般用途	功能用途
体积密度（g/cm^3）	≥	2.56	2.56
吸水率（%）	≤	0.60	0.40
压缩强度（MPa）	干燥	100	131
	水饱和		
弯曲强度（MPa）	干燥	8.0	8.3
	水饱和		
耐磨性（$1/cm^3$）	≥	25	25

3. 天然大理石建筑板材（GB/T 19766—2016）

（1）普型板规格尺寸允许偏差。

mm

项目		允许偏差		
		优等品	一等品	合格品
长度、宽度		-1.0~0		-1.5~0
厚度	≤12	±0.5	±0.8	±1.0
	>12	±1.0	±1.5	±2.0
干挂板材厚度		0~2.0		0~3.0

（2）圆弧板壁厚最小值应不小于20mm，规格尺寸允许偏差应符合下表的规定。

mm

<table>
<tr><th rowspan="2">项目</th><th colspan="3">允许偏差</th></tr>
<tr><th>优等品</th><th>一等品</th><th>合格品</th></tr>
<tr><td>弦长</td><td colspan="2">−1.0~0</td><td>−1.5~0</td></tr>
<tr><td>高度</td><td colspan="2">−1.0~0</td><td>−1.5~0</td></tr>
</table>

（3）普型板平面度允许公差。

mm

板材长度 L	允许公差		
	优等品	一等品	合格品
$L\leqslant 400$	0.2	0.3	0.5
$400<L\leqslant 800$	0.5	0.6	0.8
$L>800$	0.7	0.8	1.0

（4）圆弧板直线度与线轮廓度允许公差。

mm

项目		允许公差		
		优等品	一等品	合格品
直线度（按板材高度）	板材长度 $L\leqslant 800$	0.6	0.8	1.0
	板材长度 $L>800$	0.8	1.0	1.2
线轮廓度		0.8	1.0	1.2

（5）普型板角度允许公差。

mm

板材长度	允许公差		
	优等品	一等品	合格品
$\leqslant 400$	0.3	0.4	0.5
>400	0.4	0.5	0.7

(6) 板材正面的外观质量要求。

<table>
<tr><th>缺陷名称</th><th>规定内容</th><th>优等品</th><th>一等品</th><th>合格品</th></tr>
<tr><td>裂纹</td><td>长度超过 10mm 的允许条数（条）</td><td colspan="3">0</td></tr>
<tr><td>缺棱</td><td>长度不超过 8mm，宽度不超过 1.5mm（长度≤4mm，宽度≤1mm 不计），每米长允许个数（个）</td><td rowspan="3">0</td><td rowspan="3">1</td><td rowspan="3">2</td></tr>
<tr><td>缺角</td><td>沿板材边长顺延方向，长度≤3mm，宽度≤3mm（长度≤2mm，宽度≤2mm 不计），每块板允许个数（个）</td></tr>
<tr><td>色斑</td><td>面积不超过 6cm^2（面积小于 2cm^2 不计），每块板允许个数（个）</td></tr>
<tr><td>砂眼</td><td>直径在 2mm 以下</td><td>不允许</td><td>不明显</td><td>有，不影响装饰效果</td></tr>
</table>

(7) 物理性能技术指标。

<table>
<tr><th colspan="3">项目</th><th>指标</th></tr>
<tr><td colspan="2">体积密度（g/cm^3）</td><td>≥</td><td>2.30</td></tr>
<tr><td colspan="2">吸水率（%）</td><td>≤</td><td>0.50</td></tr>
<tr><td colspan="2">干燥压缩强度（MPa）</td><td>≥</td><td>50.0</td></tr>
<tr><td rowspan="2">弯曲强度（MPa） ≥</td><td colspan="2">干燥</td><td rowspan="2">7.0</td></tr>
<tr><td colspan="2">水饱和</td></tr>
<tr><td colspan="2">耐磨性（1/cm^3）</td><td>≥</td><td>10</td></tr>
</table>

4. 建筑装饰用水磨石（JC/T 507—2012）

(1) 面层的外观缺陷规定。

mm

<table>
<tr><th>缺陷名称</th><th>优等品</th><th>一等品</th><th>合格品</th></tr>
<tr><td>返浆、杂质</td><td colspan="2">不允许</td><td>—</td></tr>
<tr><td>色差、划痕、杂石、漏砂、气孔</td><td>不允许</td><td colspan="2">不明显</td></tr>
</table>

续表

缺陷名称	优等品	一等品	合格品
缺口	不允许		长×宽>5×3 的缺口不应有； 长×宽≤5×3 的缺口，周边不超过 4 处，但同一条棱上不得超过 2 处

（2）规格尺寸允许偏差、平面度、角度允许极限公差。

mm

类别	等级	长度、宽度	厚度	平面度
Q	优等品	-1~0	±1	0.6
	一等品	-1~0	-2~+1	0.8
	合格品	-2~+1	-3~+1	1.0
D	优等品	-1~0	-2~+1	0.6
	一等品	-1~0	±2	0.8
	合格品	-2~0	±3	1.0
T	优等品	±1	-2~+1	1.0
	一等品	±2	±2	1.5
	合格品	±3	±3	2.0
G	优等品	±2	-2~+1	1.5
	一等品	±3	±2	2.0
	合格品	±4	±3	3.0

5. 大理石装饰板（GB/T 14766—2006）

名称	代号	花色	抗压强度（MPa）	抗折强度（MPa）	肖氏硬度 HS
汉白玉	101	乳白色	156.4	19.1	42
雪浪	022	白底带黑色花纹	92.8	19.7	38.5
秋景	023	浅棕色条带状花纹	94.8	14.3	49.8
虎皮	024	灰黑色	76.7	16.6	55

续表

名称	代号	花色	抗压强度（MPa）	抗折强度（MPa）	肖氏硬度 HS
晶白	028	白色带少量隐斑	104.9	19.8	—
杭灰	056	灰色偶带白花纹	130.6	12.3	63
红奶油	058	青灰、淡灰	67.0	16.0	50.6
丹东绿	217	浅绿色，也有翠绿、深绿色	89.2	6.7	47.9
雪花白	311	乳白色	81.7	17.3	45
花白玉	704	乳白色	136.1	12.2	50.9

6. 天然花岗石（GB/T 18601—2009）

名称	代号	花色	抗压强度（MPa）	抗折强度（MPa）	肖氏硬度 HS
黑云母花岗岩	151	粉红色	137.3	9.2	86.5
花岗岩	304	浅灰条纹状	202.1	15.7	90.0
花岗岩	306	浅灰色	212.4	18.4	90.7
花岗岩	359	灰白色	140.2	14.4	94.6
花岗岩	431	粉红色	119.2	8.9	89.5
花岗岩	601	浅灰色	180.4	21.6	97.3
花岗岩	602	灰白色	171.3	17.1	97.8
黑云母花岗岩	603	灰色	195.6	23.3	103.0
花岗岩	605	灰白色	169.8	171.1	91.2
黑云母花岗岩	606	浅红色	214.2	21.5	94.1
黑云母花岗岩	607	暗红色	167.0	19.2	101.5
闪长花岗岩	614	灰白色	103.6	16.2	87.4

二、陶瓷装饰材料

1. 釉面内墙砖

种类	特点	用途
白色釉面砖	色纯白、釉面光亮，镶于墙面，清洁大方	釉面内墙砖包括白色釉面砖、装饰釉面砖、图案砖及陶瓷画等，一般用于厨房、卫生间及墙面装饰
有光彩色釉面砖	釉面光亮晶莹，色彩丰富雅致	
无光彩色釉面砖	釉面半无光、不晃眼，色泽一致，色调柔和	
花釉砖	色釉互相渗透，花纹多样，有良好的装饰效果	
结晶釉砖	晶华辉映，纹理多姿	
斑纹釉砖	斑纹釉面，丰富多彩	
大理石釉砖	具有天然大理石花纹，颜色丰富，美观大方	
白地图案砖	纹样清晰，色彩明朗，清洁优美	
色地图案砖	产生浮雕、缎光、绒毛、彩漆等效果，做内墙饰面别具风格	

2. 白色釉面砖

形状	名称	编号	规格（mm）		
			长度	宽度	厚度
正方形	平边	F1	152	152	5
		F2	152	152	6
	平边-边圆	F3	152	152	5
		F4	152	152	6
	平边两边圆	F5	152	152	5
		F6	152	152	6

续表

形状	名称	编号	规格（mm）		
			长度	宽度	厚度
正方形	小圆边	F7	152	152	5
		F8	152	152	6
		F9	108	108	5
	小圆边-边圆	F10	152	152	5
		F11	152	152	6
		F12	108	108	5
	小圆边两边圆	F13	152	152	5
		F14	152	152	6
		F15	108	108	5
长方形	平边	J1	152	75	5
		J2	152	75	6
	长边圆	J3	152	75	5
		J4	152	75	6
	短边圆	J5	152	75	5
		J6	152	75	6
	左二边圆	J7	152	75	5
		J8	152	75	6
	右二边圆	J9	152	75	5
		J10	152	75	6
配件砖	压顶条	P1	152	38	6
	压顶阳角	P2	—	38	6
	压顶阴角	P3	—	38	6
	阳角条	P4	152	—	6
	阴角条	P5	152	—	6
	阳角条-端圆	P6	152	—	6
	阴角条-端圆	P7	152	—	6

续表

形状	名称	编号	规格（mm）		
			长度	宽度	厚度
配件砖	阳角座	P8	50	—	6
	阴角座	P9	50	—	6
	阳三角	P10	—	—	6
	阴三角	P11	—	—	6
	腰线砖	P12	152	25	6

3. 彩色釉面砖

mm

项目	参数		
常用规格（长×宽×厚）	108×108×5 152×152×6 100×200×5 150×200×6 150×280×5 200×300×6	152×152×5 108×108×7 150×200×5 100×200×7 150×280×6 200×300×7	108×108×6 152×152×7 100×200×6 150×200×7 150×280×7

4. 陶瓷锦砖

项目		规格（mm）	技术性能	用途
单块锦砖	边长	25.0	密度：2.3~2.4g/cm³ 抗压强度：15~25MPa 吸收率：<4% 耐磨率：<0.5	陶瓷锦砖又名马赛克。多采用工厂履纸成联并拼装成需要的花色，供现场使用，多用于厨房、卫生间地面，也可用于其他需要场所的地面，做局部墙面装饰
	厚度	4.0		
每联锦砖	线路	2.0		
	联长	305.0		

5. 陶瓷墙地砖（GB/T 4100—2006）

品种		规格（mm）	用途
陶瓷墙地砖	彩釉砖	100×200×7、200×200×8、200×300×9、300×300×9、400×400×9	墙面
	釉面砖	152×152×5、100×200×5.5、150×250×5.5、200×200×6、200×300×7	内墙面
	瓷质砖	200×300×8、300×300×9、400×400×9、500×500×11、600×600×12	外墙面、地面
	劈离砖	240×240×16、240×115×16、240×53×16	外墙面、地面
	红地砖	100×100×10、152×152×10	地面
装饰砖	腰线砖（饰线砖）	100×300、100×250、100×200、50×200	内墙面
	浮雕艺术砖（花片）	200×300、200×250、200×200	内墙面

6. 各类陶瓷砖（GB/T 4100—2006）

（1）按照陶瓷砖的成型方法和吸水率 E 进行分类。

成型方法	Ⅰ类 $E\leqslant3\%$	Ⅱa 类 $3\%<E\leqslant6\%$	Ⅱb 类 $6\%<E\leqslant10\%$	Ⅲ类 $E>10\%$
A（挤压）	AⅠ类	AⅡa1 类①	AⅡb1 类①	AⅢ类
		AⅡa2 类①	AⅡb2 类①	
B（干压）	BⅠa 类	BⅡa 类 细炻砖	BⅡb 类 炻质砖	BⅢ类② 陶质砖
	BⅠb 类			
C（其他）	CⅠ类	CⅡa 类	CⅡb 类	CⅢ类

① AⅡa 类和 AⅡb 类按照产品不同性能分为两个部分。

② BⅢ类仅包括有釉砖，此类不包括吸水率大于 10%的干压成型无釉砖。

(2) 挤压陶瓷砖（$E \leqslant 3\%$，AI类）的技术要求。

<table>
<tr><th colspan="2">尺寸和表面质量</th><th>精细</th><th>普通</th></tr>
<tr><td rowspan="3">长度和宽度</td><td>每块砖（2条或4条边）的平均尺寸相对于工作尺寸的允许偏差（%）</td><td>±1.0，最大±2mm</td><td>±2.0，最大±4mm</td></tr>
<tr><td>每块砖（2条或4条边）的平均尺寸相对于10块砖（20条或40条边）平均尺寸的允许偏差（%）</td><td>±1.0</td><td>±1.5</td></tr>
<tr><td colspan="3">制造商选择工作尺寸应满足以下要求：
(1) 模数砖名义尺寸连接宽度允许在3~11mm之间。
(2) 非模数砖工作尺寸与名义尺寸之间的偏差为±3mm</td></tr>
<tr><td colspan="2">厚度：
(1) 由制造商确定。
(2) 每块砖厚度的平均值相对于工作尺寸厚度的允许偏差（%）</td><td>±10</td><td>±10</td></tr>
<tr><td colspan="2">边直度
相对于工作尺寸的最大允许偏差（%）</td><td>±0.5</td><td>±0.6</td></tr>
<tr><td colspan="2">直角度
相对于工作尺寸的最大允许偏差（%）</td><td>±1.0</td><td>±1.0</td></tr>
<tr><td rowspan="3">表面平整度最大允许偏差（%）</td><td>相对于由工作尺寸计算的对角线的中心弯曲度</td><td>±0.5</td><td>±1.5</td></tr>
<tr><td>相对于工作尺寸的边弯曲度</td><td>±0.5</td><td>±1.5</td></tr>
<tr><td>相对于由工作尺寸计算的对角线的翘曲度</td><td>±0.8</td><td>±1.5</td></tr>
<tr><td colspan="2">表面质量</td><td colspan="2">至少95%的砖主要区域无明显缺陷</td></tr>
<tr><th colspan="2">物理性能</th><th>精细</th><th>普通</th></tr>
<tr><td colspan="2">吸水率（质量分数,%）</td><td>平均值≤3.0，单值≤3.3</td><td>平均值≤3.0，单值≤3.3</td></tr>
</table>

(3) 挤压陶瓷砖（$3\%<E\leqslant 6\%$，AⅡa 类—第 1 部分）的技术要求。

<table>
<tr><th colspan="2">尺寸和表面质量</th><th>精细</th><th>普通</th></tr>
<tr><td rowspan="3">长度和宽度</td><td>每块砖（2 条或 4 条边）的平均尺寸相对于工作尺寸的允许偏差（%）</td><td>±1.25，
最大±2mm</td><td>±2.0，
最大±4mm</td></tr>
<tr><td>每块砖（2 条或 4 条边）的平均尺寸相对于 10 块砖（20 条或 40 条边）平均尺寸的允许偏差（%）</td><td>±1.0</td><td>±1.5</td></tr>
<tr><td colspan="3">制造商选择工作尺寸应满足以下要求：
（1）模数砖名义尺寸连接宽度允许在 3~11mm 之间。
（2）非模数砖工作尺寸与名义尺寸之间的偏差为±3mm</td></tr>
<tr><td colspan="2">厚度：
（1）由制造商确定。
（2）每块砖厚度的平均值相对于工作尺寸厚度的允许偏差（%）</td><td>±10</td><td>±10</td></tr>
<tr><td colspan="2">边直度
相对于工作尺寸的最大允许偏差（%）</td><td>±0.5</td><td>±0.6</td></tr>
<tr><td colspan="2">直角度
相对于工作尺寸的最大允许偏差（%）</td><td>±1.0</td><td>±1.0</td></tr>
<tr><td rowspan="3">表面平整度最大允许偏差（%）</td><td>相对于由工作尺寸计算的对角线的中心弯曲度</td><td>±0.5</td><td>±1.5</td></tr>
<tr><td>相对于工作尺寸的边弯曲度</td><td>±0.5</td><td>±1.5</td></tr>
<tr><td>相对于由工作尺寸计算的对角线的翘曲度</td><td>±0.8</td><td>±1.5</td></tr>
<tr><td colspan="2">表面质量</td><td colspan="2">至少 95%的砖主要区域无明显缺陷</td></tr>
<tr><th colspan="2">物理性能</th><th>精细</th><th>普通</th></tr>
<tr><td colspan="2">吸水率（质量分数,%）</td><td>3.0<平均值≤6.0，
单值≤6.5</td><td>3.0<平均值≤6.0，
单值≤6.5</td></tr>
</table>

（4）挤压陶瓷砖（$3\% < E \leq 6\%$，AⅡa 类—第 2 部分）的技术要求。

<table>
<tr><th colspan="2">尺寸和表面质量</th><th>精细</th><th>普通</th></tr>
<tr><td rowspan="3">长度和宽度</td><td>每块砖（2 条或 4 条边）的平均尺寸相对于工作尺寸的允许偏差（%）</td><td>±1.5，
最大±2mm</td><td>±2.0，
最大±4mm</td></tr>
<tr><td>每块砖（2 条或 4 条边）的平均尺寸相对于 10 块砖（20 条或 40 条边）平均尺寸的允许偏差（%）</td><td>±1.5</td><td>±1.5</td></tr>
<tr><td colspan="3">制造商选择工作尺寸应满足以下要求：
（1）模数砖名义尺寸连接宽度允许在 3~11mm 之间。
（2）非模数砖工作尺寸与名义尺寸之间的偏差为±3mm</td></tr>
<tr><td colspan="2">厚度：
（1）由制造商确定。
（2）每块砖厚度的平均值相对于工作尺寸厚度的允许偏差（%）</td><td>±10</td><td>±10</td></tr>
<tr><td colspan="2">边直度
相对于工作尺寸的最大允许偏差（%）</td><td>±1.0</td><td>±1.0</td></tr>
<tr><td colspan="2">直角度
相对于工作尺寸的最大允许偏差（%）</td><td>±1.0</td><td>±1.0</td></tr>
<tr><td rowspan="3">表面平整度最大允许偏差（%）</td><td>相对于由工作尺寸计算的对角线的中心弯曲度</td><td>±1.0</td><td>±1.5</td></tr>
<tr><td>相对于工作尺寸的边弯曲度</td><td>±1.0</td><td>±1.5</td></tr>
<tr><td>相对于由工作尺寸计算的对角线的翘曲度</td><td>±1.5</td><td>±1.5</td></tr>
<tr><td colspan="2">表面质量</td><td colspan="2">至少 95%的砖
主要区域无明显缺陷</td></tr>
<tr><td colspan="2">物理性能</td><td>精细</td><td>普通</td></tr>
<tr><td colspan="2">吸水率（质量分数,%）</td><td>3.0<平均值
≤6.0，
单值≤6.5</td><td>3.0<平均值
≤6.0，
单值≤6.5</td></tr>
</table>

（5）挤压陶瓷砖（6%<E≤10%，AⅡb类—第1部分）的技术要求。

尺寸和表面质量		精细	普通
长度和宽度	每块砖（2条或4条边）的平均尺寸相对于工作尺寸的允许偏差（%）	±2.0，最大±2mm	±2.0，最大±4mm
	每块砖（2条或4条边）的平均尺寸相对于10块砖（20条或40条边）平均尺寸的允许偏差（%）	±1.5	±1.5
	制造商选择工作尺寸应满足以下要求： （1）模数砖名义尺寸连接宽度允许在3~11mm之间。 （2）非模数砖工作尺寸与名义尺寸之间的偏差为±3mm		
厚度： （1）由制造商确定。 （2）每块砖厚度的平均值相对于工作尺寸厚度的允许偏差（%）		±10	±10
边直度 相对于工作尺寸的最大允许偏差（%）		±1.0	±1.0
直角度 相对于工作尺寸的最大允许偏差（%）		±1.0	±1.0
表面平整度最大允许偏差（%）	相对于由工作尺寸计算的对角线的中心弯曲度	±1.0	±1.5
	相对于工作尺寸的边弯曲度	±1.0	±1.5
	相对于由工作尺寸计算的对角线的翘曲度	±1.5	±1.5
表面质量		至少95%的砖主要区域无明显缺陷	
物理性能		精细	普通
吸水率（质量分数,%）		6.0<平均值≤10.0，单值≤11	6.0<平均值≤10.0，单值≤11

(6) 挤压陶瓷砖（6%<E≤10%，AⅡb 类—第 2 部分）的技术要求。

尺寸和表面质量		精细	普通
长度和宽度	每块砖（2 条或 4 条边）的平均尺寸相对于工作尺寸的允许偏差（%）	±2.0，最大±2mm	±2.0，最大±4mm
	每块砖（2 条或 4 条边）的平均尺寸相对于 10 块砖（20 条或 40 条边）平均尺寸的允许偏差（%）	±1.5	±1.5
	制造商选择工作尺寸应满足以下要求： （1）模数砖名义尺寸连接宽度允许在 3~11mm 之间。 （2）非模数砖工作尺寸与名义尺寸之间的偏差为±3mm		
厚度： （1）由制造商确定。 （2）每块砖厚度的平均值相对于工作尺寸厚度的允许偏差（%）		±10	±10
边直度 相对于工作尺寸的最大允许偏差（%）		±1.0	±1.0
直角度 相对于工作尺寸的最大允许偏差（%）		±1.0	±1.0
表面平整度最大允许偏差（%）	相对于由工作尺寸计算的对角线的中心弯曲度	±1.0	±1.5
	相对于工作尺寸的边弯曲度	±1.0	±1.5
	相对于由工作尺寸计算的对角线的翘曲度	±1.5	±1.5
表面质量		至少 95%的砖主要区域无明显缺陷	
物理性能		精细	普通
吸水率（质量分数,%）		6.0<平均值≤10.0，单值≤11	6.0<平均值≤10.0，单值≤11

（7）挤压陶瓷砖（$E>10\%$，AⅢ类）的技术要求。

尺寸和表面质量		精细	普通
长度和宽度	每块砖（2条或4条边）的平均尺寸相对于工作尺寸的允许偏差（%）	±2.0， 最大±2mm	±2.0， 最大±4mm
长度和宽度	每块砖（2条或4条边）的平均尺寸相对于10块砖（20条或40条边）平均尺寸的允许偏差（%）	±1.5	±1.5
长度和宽度	制造商选择工作尺寸应满足以下要求： （1）模数砖名义尺寸连接宽度允许在3~11mm之间。 （2）非模数砖工作尺寸与名义尺寸之间的偏差为±3mm		
厚度： （1）由制造商确定。 （2）每块砖厚度的平均值相对于工作尺寸厚度的允许偏差（%）		±10	±10
边直度 相对于工作尺寸的最大允许偏差（%）		±1.0	±1.0
直角度 相对于工作尺寸的最大允许偏差（%）		±1.0	±1.0
表面平整度最大允许偏差（%）	相对于由工作尺寸计算的对角线的中心弯曲度	±1.0	±1.5
表面平整度最大允许偏差（%）	相对于工作尺寸的边弯曲度	±1.0	±1.5
表面平整度最大允许偏差（%）	相对于由工作尺寸计算的对角线的翘曲度	±1.5	±1.5
表面质量		至少95%的砖 主要区域无明显缺陷	
物理性能		精细	普通
吸水率（质量分数,%）		平均值>10	平均值>10

（8）干压陶瓷砖（$E \leqslant 0.5\%$，BⅠa 类—瓷质砖）的技术要求。

尺寸和表面质量		产品表面积 S（cm^2）				
		$S \leqslant 90$	$90<S \leqslant 190$	$190<S \leqslant 410$	$410<S \leqslant 1600$	$S>1600$
长度和宽度	每块砖（2 条或 4 条边）的平均尺寸相对于工作尺寸的允许偏差（%）	±1.2	±1.0	±0.75	±0.6	±0.5
		每块抛光砖（2 条或 4 条边）的平均尺寸相对于工作尺寸的允许偏差为±1.0mm				
	每块砖（2 条或 4 条边）的平均尺寸相对于 10 块砖（20 条或 40 条边）平均尺寸的允许偏差（%）	±0.75	±0.5	±0.5	±0.5	±0.4
	制造商选择工作尺寸应满足以下要求： （1）模数砖名义尺寸连接宽度允许在 2~5mm 之间。 （2）非模数砖工作尺寸与名义尺寸之间的偏差为±2%，最大 5mm					
厚度： （1）由制造商确定。 （2）每块砖厚度的平均值相对于工作尺寸厚度的允许偏差（%）		±10	±10	±5	±5	±5
边直度 相对于工作尺寸的最大允许偏差（%）		±0.75	±0.5	±0.5	±0.5	±0.3
		抛光砖的边直度允许偏差为±0.2，且最大偏差≤2.0mm				

续表

尺寸和表面质量		产品表面积 S（cm^2）				
		$S\leq90$	$90<S\leq190$	$190<S\leq410$	$410<S\leq1600$	$S>1600$
直角度 相对于工作尺寸的最大允许偏差（%）		±1.0	±0.6	±0.6	±0.6	±0.5
		抛光砖的直角度允许偏差为±0.2%，且最大偏差≤2.0mm 边长>600mm 的砖，直角度用对边长度差和对角线长度差表示，最大偏差≤2.0mm				
表面平整度最大允许偏差（%）	相对于由工作尺寸计算的对角线的中心弯曲度	±1.0	±0.5	±0.5	±0.4	±0.5
	相对于工作尺寸的边弯曲度	±0.5	±0.4	±0.5	±1.0	±0.5
	相对于由工作尺寸计算的对角线的翘曲度	±0.5	±1.0	±0.5	±0.5	±0.4
	抛光砖的表面平整度允许偏差为±0.2，且最大偏差≤2.0mm 边长>600mm 的砖，表面平整度用上凸和下凹表示，其最大偏差≤2.0mm					
表面质量		至少 95%的砖主要区域无明显缺陷				
物理性能		—				
吸水率（质量分数,%）		平均值≤0.5，单值≤0.6				

(9) 干压陶瓷砖（$0.5\% < E \leq 3\%$，BⅠa类—炻瓷砖）的技术要求。

尺寸和表面质量		产品表面积 S（cm^2）			
		$S \leq 90$	$90 < S \leq 190$	$190 < S \leq 410$	$S > 410$
长度和宽度	每块砖（2条或4条边）的平均尺寸相对于工作尺寸的允许偏差（%）	±1.2	±1.0	±0.75	±0.6
长度和宽度	每块砖（2条或4条边）的平均尺寸相对于10块砖（20条或40条边）平均尺寸的允许偏差（%）	±0.75	±0.5	±0.5	±0.5
长度和宽度	制造商选择工作尺寸应满足以下要求： (1) 模数砖名义尺寸连接宽度允许在2~5mm之间。 (2) 非模数砖工作尺寸与名义尺寸之间的偏差为±2%，最大5mm				
厚度： (1) 由制造商确定。 (2) 每块砖厚度的平均值相对于工作尺寸厚度的允许偏差（%）		±10	±10	±5	±5
边直度 相对于工作尺寸的最大允许偏差（%）		±0.75	±0.5	±0.5	±0.5
直角度 相对于工作尺寸的最大允许偏差（%）		±1.0	±0.6	±0.6	±0.6
表面平整度最大允许偏差（%）	相对于由工作尺寸计算的对角线的中心弯曲度	±1.0	±0.5	±0.5	±0.5
表面平整度最大允许偏差（%）	相对于工作尺寸的边弯曲度	±0.5	±1.0	±0.5	±0.5
表面平整度最大允许偏差（%）	相对于由工作尺寸计算的对角线的翘曲度	±0.5	±0.5	±1.0	±0.5
表面质量		至少95%的砖主要区域无明显缺陷			
物理性能		要求			
吸水率（质量分数,%）		0.5<平均值≤3，单个最大值≤3.3			

（10）干压陶瓷砖（$3\%<E\leqslant6\%$，BⅡa 类—细炻砖）的技术要求。

<table>
<tr><th colspan="2" rowspan="2">尺寸和表面质量</th><th colspan="4">产品表面积 S（cm^2）</th></tr>
<tr><th>$S\leqslant90$</th><th>$90<S\leqslant190$</th><th>$190<S\leqslant410$</th><th>$S>410$</th></tr>
<tr><td rowspan="3">长度和宽度</td><td>每块砖（2 条或 4 条边）的平均尺寸相对于工作尺寸的允许偏差（%）</td><td>±1.2</td><td>±1.0</td><td>±0.75</td><td>±0.6</td></tr>
<tr><td>每块砖（2 条或 4 条边）的平均尺寸相对于 10 块砖（20 条或 40 条边）平均尺寸的允许偏差（%）</td><td>±0.75</td><td>±0.5</td><td>±0.5</td><td>±0.5</td></tr>
<tr><td colspan="5">制造商选择工作尺寸应满足以下要求：
（1）模数砖名义尺寸连接宽度允许在 2~5mm 之间。
（2）非模数砖工作尺寸与名义尺寸之间的偏差为±2%，最大 5mm</td></tr>
<tr><td colspan="2">厚度：
（1）由制造商确定。
（2）每块砖厚度的平均值相对于工作尺寸厚度的允许偏差（%）</td><td>±10</td><td>±10</td><td>±5</td><td>±5</td></tr>
<tr><td colspan="2">边直度
相对于工作尺寸的最大允许偏差（%）</td><td>±0.75</td><td>±0.5</td><td>±0.5</td><td>±0.5</td></tr>
<tr><td colspan="2">直角度
相对于工作尺寸的最大允许偏差（%）</td><td>±1.0</td><td>±0.6</td><td>±0.6</td><td>±0.6</td></tr>
<tr><td rowspan="3">表面平整度最大允许偏差（%）</td><td>相对于由工作尺寸计算的对角线的中心弯曲度</td><td>±1.0</td><td>±0.5</td><td>±0.5</td><td>±0.5</td></tr>
<tr><td>相对于工作尺寸的边弯曲度</td><td>±1.0</td><td>±0.5</td><td>±0.5</td><td>±0.5</td></tr>
<tr><td>相对于由工作尺寸计算的对角线的翘曲度</td><td>±1.0</td><td>±0.5</td><td>±0.5</td><td>±0.5</td></tr>
<tr><td colspan="2">表面质量</td><td colspan="4">至少 95%的砖主要区域无明显缺陷</td></tr>
<tr><td colspan="2">物理性能</td><td colspan="4">要求</td></tr>
<tr><td colspan="2">吸水率（质量分数,%）</td><td colspan="4">$3<$平均值$\leqslant6$，单个最大值$\leqslant6.5$</td></tr>
</table>

(11) 干压陶瓷砖（$6\% < E \le 10\%$，BⅡb类—细炻砖）的技术要求。

尺寸和表面质量		产品表面积 S（cm^2）			
		$S \le 90$	$90 < S \le 190$	$190 < S \le 410$	$S > 410$
长度和宽度	每块砖（2条或4条边）的平均尺寸相对于工作尺寸的允许偏差（%）	±1.2	±1.0	±0.75	±0.6
长度和宽度	每块砖（2条或4条边）的平均尺寸相对于10块砖（20条或40条边）平均尺寸的允许偏差（%）	±0.75	±0.5	±0.5	±0.5
长度和宽度	制造商选择工作尺寸应满足以下要求： （1）模数砖名义尺寸连接宽度允许在2~5mm之间。 （2）非模数砖工作尺寸与名义尺寸之间的偏差为±2%，最大5mm				
厚度： （1）由制造商确定。 （2）每块砖厚度的平均值相对于工作尺寸厚度的允许偏差（%）		±10	±10	±5	±5
边直度 相对于工作尺寸的最大允许偏差（%）		±0.75	±0.5	±0.5	±0.5
直角度 相对于工作尺寸的最大允许偏差（%）		±1.0	±0.6	±0.6	±0.6
表面平整度最大允许偏差（%）	相对于由工作尺寸计算的对角线的中心弯曲度	±1.0	±0.5	±0.5	±0.5
表面平整度最大允许偏差（%）	相对于工作尺寸的边弯曲度	±1.0	±0.5	±0.5	±0.5
表面平整度最大允许偏差（%）	相对于由工作尺寸计算的对角线的翘曲度	±1.0	±0.5	±0.5	±0.5
表面质量		至少95%的砖主要区域无明显缺陷			
物理性能		要求			
吸水率（质量分数,%）		6<平均值≤10，单个最大值≤11			

（12）干压陶瓷砖（$E>10\%$，BⅢ类—陶质砖）的技术要求。

尺寸和表面质量		无间隔凸缘	有间隔凸缘
长度 l 和宽度	每块砖（2 条或 4 条边）的平均尺寸相对于工作尺寸的允许偏差（%）	$l \leq 12$cm，±0.75% $l > 12$cm，±0.50%	-0.3~+0.6
	每块砖（2 条或 4 条边）的平均尺寸相对于 10 块砖（20 条或 40 条边）平均尺寸的允许偏差（%）	$l \leq 12$cm，±0.75% $l > 12$cm，±0.50%	±0.25
	制造商选择工作尺寸应满足以下要求： （1）模数砖名义尺寸连接宽度允许在 1.5~5mm 之间。 （2）非模数砖工作尺寸与名义尺寸之间的偏差为±2mm		
厚度： （1）由制造商确定。 （2）每块砖厚度的平均值相对于工作尺寸厚度的允许偏差（%）		±10	±10
边直度 相对于工作尺寸的最大允许偏差（%）		±0.3	±0.3
直角度 相对于工作尺寸的最大允许偏差（%）		±0.5	±0.3
表面平整度最大允许偏差（%）	相对于由工作尺寸计算的对角线的中心弯曲度	-0.3~+0.5	-0.3~+0.5
	相对于工作尺寸的边弯曲度	-0.3~+0.5	-0.3~+0.5
	相对于由工作尺寸计算的对角线的翘曲度	±0.5	±0.5
表面质量		至少 95%的砖主要区域无明显缺陷	
物理性能		要求	
吸水率（质量分数，%）		平均值>10，单个最小值>9； 当平均值>20 时，制造商应说明	

7. 无釉陶瓷地砖

mm

规格尺寸（长×宽）			技术性能	用 途
50×50 100×50 100×100 108×108	150×150 150×75 152×152 200×100	200×50 200×200 300×200 300×300	吸水率：3%~6% 抗弯强度：25MPa 耐磨性：磨损量≤345 抗冻性：经20次冻融循环，不出现裂纹	具有良好的防滑性能，主要用于厨房、卫生间的地面

8. 抛光砖、渗花砖、玻化砖

mm

规格尺寸（长×宽）				用途
100×100	150×150	200×100	200×150	适用于公共建筑、住宅建筑以及其他类型建筑的楼道或室内地面
200×200	300×300	400×400	500×500	
600×600	600×900	800×800	1000×1000	

9. 陶瓷劈离砖

mm

规格尺寸	长度	240	100	200	150	200	250	300
	宽度	55	100	100	150	200	250	300
	厚度	8~12		10~14		12~16		
用途	劈离砖又称劈裂砖，具有强度高、吸水率低、抗冻性强、防腐蚀等特点。常用于外墙装饰或地面装饰							

10. 外墙面砖

mm

规格尺寸（长×宽×厚）			用途
200×100×7	200×100×8	200×100×9	强度高、耐磨、不燃、不受日照影响、化学性质稳定、吸水率低、易清洗、经久不裂、可长期保持表面图案颜色。用于建筑物外墙的片状装饰材料
250×100×8	250×100×9	200×60×7	
200×60×8	300×200×9	300×200×10	

11. 玻璃马赛克

mm

长度×宽度	厚度	用途
20×20	4.0	色彩艳丽，质地坚硬，能耐酸碱腐蚀，永不褪色，不发亮光刺眼。适用于建筑物的外墙装饰，也可用于内墙局部装饰
25×25	4.2	
30×30	4.3	

12. 其他建筑陶瓷

类别	说明	用途
园林陶瓷	专供园林建筑使用的陶瓷制品，如各种琉璃花窗、栏杆、坐墩、水果箱等	主要用于园林、旅游等工程
古建陶瓷	专供古建筑工程使用的陶瓷制品，如筒瓦、滴水、勾头等	主要用于我国古建筑修缮工程及仿古建筑工程
耐酸陶瓷	包括耐酸砖、板、陶管等	主要用于建筑工程中的耐酸部位及耐酸管道、沟槽等
工艺陶瓷	种类很多，用于建筑者多为壁画、壁挂、壁饰、室内陈设等	主要用于宾馆、饭店、旅游、建筑、交通建筑及公共建筑等

三、木材及木装饰材料

1. 常用木装饰材料分类

类型	应用	
基材	实木板材、实木方材	
	人造板材	细木工板
		中密度板（含高密度板）
		刨花板
		其他人造板

续表

类型	应用
饰面材	薄木贴面
	软木贴面
	树脂浸渍纸贴面
木地板	实木地板
	强化地板（又称复合地板）
	实木复合地板
	软木地板
	竹材地板
家具	工厂化生产的室内配件、饰件及其他家具

2. 建筑常用木材

品种	特点与用途
水曲柳	纹理直，结构粗而不均匀，木材较重，硬度、强度、冲击韧性及干缩中等，干燥时常有翘裂、皱缩等缺陷，耐腐蚀，不耐虫蛀，加工容易，切削面光洁。胶黏性能良好，握钉力强。适用于高级家具、胶合板及薄木、运动器械、乐器、车辆、船舶、室内装修等
柞木	纹理直，结构粗而不均匀，材质重而硬，干缩适度，冲击韧性高，切削面光洁，油漆、粘接性能良好，钉钉难，握钉力强。用作家具、地板、室内装饰、胶合板、曲木制品等
椴木	纹理直，结构略粗而不均匀，质软，强度低。干燥易翘曲，不耐腐蚀，易加工，切削面光洁，油漆、粘接性能好，钉钉易，握钉力稍弱
楸木	纹理交错，结构均匀，硬度适中，干缩较大，强度低，干燥快，不易变形，不耐腐蚀，易加工，切削面光洁，纹理美观，油漆、粘接性能好，握打力小，不易劈裂。用作家具、室内装修
胡桃木	抗劈裂和韧性好，干燥慢，弯曲性和加工性好，表面光滑，易雕刻、磨光，粘接性好。用作高档家具、装饰品、室内装修
核桃木	纹理直或斜，结构均匀，材质重，硬度及强度适中，干缩小，干燥慢，不变形，易劈裂，耐腐，切削面光，油漆、粘接性能好，握钉力强。用作家具、单板、室内装修

续表

品种	特点与用途
槐木	纹理直，结构较粗不均匀，材质重而硬，干缩、强度适中，耐腐蚀性强，加工切削面光洁，油漆、粘接性能好，握钉力强。适用于家具、装修部位
香樟	交错纹理，结构均匀，质地软，干缩小，强度低，干燥快，少翘曲，耐腐，耐湿，切削面光洁，油漆、粘接性能好，握打力中等，不劈裂。适用于家具、室内装饰、单板
榉木	纹理直，结构不均匀，干缩小，强度较高，切削面光洁，纹理美观，油漆、粘接性能好，握钉力强，不易劈裂。适用于家具、室内装饰、单板
柚木	纹理直，结构不均匀，密度适中，干缩小，硬度、强度中等，干燥较慢，耐腐，抗虫，加工较难，刨切面光，油漆、粘接性能好，握钉力强。适用于高级家具、单板、室内装修
红松	有光泽，松脂味浓，纹理直，强度中下，易锯刨加工，刨面光滑，耐腐，易干燥。适用于建筑、门窗、室内装修等
桐木	纹理直，结构不均匀，材质较软，干缩甚小，强度低，易干燥，不翘不裂，易变色，抗蛀力弱，不耐磨，易吸水，易加工，切削面光洁，油漆、粘接性能好，握钉力弱。适用于雕刻、室内装修线条等
香椿	纹理直，结构不均匀，密度、硬度、强度中等，易干燥，不翘裂，耐腐，易加工，切削面光洁，油漆、粘接性能好，握钉力弱。适用于高级家具、雕刻、室内装饰
杉木	有光泽，气味较浓，纹理直，强度中等，易锯刨加工，刨面光洁，不易被白蚁蛀蚀。适用于建筑门窗、室内装修、地板等
槭木	纹理斜，结构均匀，材质硬，强度高，干燥易翘裂，防腐、加工较难，切削面光洁，油漆性好，粘接性中等，握钉力强，易劈裂。适用于家具、胶合板、室内装饰
落叶松	有光泽，有松脂气味，纹理直，结构不均匀，强度中等，干缩比率大，易锯刨加工，耐腐，较耐虫蛀，不易干燥，握钉力强。适用于建筑门窗、椽、梁、柱等以及地板龙骨、混凝土模板等

续表

品种	特点与用途
榆木	纹理直，结构不均匀，密度、硬度中等，强度低，难干燥，易翘裂，略耐腐，加工较难，刨光面光洁，油漆、粘接性好，钉钉难，易劈裂。适用于家具、胶合板、室内装饰
铁杉	有光泽，纹理直，结构不均匀，易锯刨，刨面光洁度中等。适用于建筑门窗、木箱等

3. 胶合板（GB/T 9846—2004）

mm

品种		规格（长×宽）	用途
普通胶合板	耐气候胶合板（Ⅰ类）	915×（915、1220、1830、2135） 1220×（1220、1830、2135、2440） 分为特等、一等、二等、三等四个等级	用于室外工程
	耐水胶合板（Ⅱ类）		用于室外工程
	耐潮胶合板（Ⅲ类）		用于室内装修
	不耐潮胶合板（Ⅳ类）		用于室内装修
阻燃胶合板			主要用于防火要求较高的餐厅、娱乐场所的装修等
特种胶合板			用于特殊用途的场合，如防辐射、混凝土模板等

4. 细木工板（GB/T 5849—2006）

mm

品种	规格（长×宽）	用途
实心细木工板	915×(915、1830、2135) 1220×(1220、1830、2440) 厚度：12、14、16、19、22、25	用于面积大、承载力相对较大的装饰、装修
空心细木工板		用于面积大、承载力小的装饰、装修
室外用细木工板		用于室外装饰、装修
室内用细木工板		用于室内装饰、装修

5. 纤维板（GB 18580—2001）

mm

类别	品种	规格（长×宽）	特性与用途
普通纤维板	硬质纤维板	610×1220、915×1830、915×2135、1000×2000、1220×1830、1220×2440 厚度：2.5、3.0、3.2、4.0、5.0	强度高，再加工性好，易弯曲。广泛用于建筑、车辆、船舶、家具、包装等的面板
	半硬质和中密度纤维板		密度适中，强度较高，结构均匀，易加工。广泛用于家具、建筑、民用电器等的基材
	软质纤维板		密度低，具有一定的强度，有良好的绝缘及吸音性。多用作绝热隔声材料
特种纤维板	油处理纤维板		采用干性油等处理的硬质纤维板强度高，具有良好的防潮、防湿性能
	防火纤维板		经防火剂处理的纤维板，具有良好的阻燃性能。多用于建筑
	防水纤维板		经防水剂处理的纤维板，具有良好的防水、防潮性能。主要用于建筑和家具制造
	防腐防霉纤维板		经防腐防霉等药剂处理的纤维板具有很好的防腐、防霉、防虫等性能
	表面装饰纤维板		纤维板表面经涂饰、贴面等处理，使其表面美观，提高强度等性能。适用于家具、建筑内装饰的材料
	模压纤维板		压制成仿型体（如瓦楞形）包装及日常生活器皿用品的纤维制品，用途甚广
	浮雕纤维板		压制成有凹凸图案等具有立体感花纹、外观美观的浮雕纤维板。广泛用于建筑内外装饰
	无机质复合纤维板		木质纤维和无机质复合制成的纤维板，如石膏纤维板、水泥纤维板、粉煤灰纤维板等。产品具有强度高、隔热性、阻燃性好等特点。广泛用作建筑材料

6. 刨花板（GB/T 4897—2003）

mm

品种	规格（长×宽）	用途
单层刨花板	幅面：915×1830、1000×2000、1220×1220、1220×2440 厚度：13~20	建筑构件、包装箱和集装箱等
三层（或多层）刨花板		家具、建筑物的壁板、构件和仪表箱等
渐变结构刨花板		家具、建筑、车厢、船舶和包装箱等
定向结构刨花板		门框、窗框、门芯板、暖气罩、窗帘盒、踢脚板、橱柜及地板基材
华夫板和定向华夫板		代替胶合板做墙板、地板和屋面板，还可做混凝土模板
水泥刨花板		内外墙板、地板、屋面板、天花板和建筑构件等
矿渣刨花板		与水泥刨花板相似
石膏刨花板		内墙板和天花板，经防水处理，也可做外墙板
阻燃刨花板		高层建筑、医院、托儿所的建筑有特殊防火要求的地方

7. 木地板

mm

品种	规格（长×宽）	用途
实木地板 （GB/T 15036. 1—2001） 实木复合地板 （GB/T 18103—2000） 浸渍纸层压木质地板 （GB/T 18102—2000） 竹木地板 软木地板	平口实木地板： 300×(50、60)×(12、15、18、20) 企口实木地板： (250-600)×(50、60)×(12、15、18、20) 拼方、拼花实木地板： (120、150、200)×(120150200)×(5~8) 复合木地板： (1500-1700)×190×(10、12、15)	用于室内地面装修

四、建筑装饰涂料、腻子和油漆

1. 外墙涂料

类别	品种	特性与用途
合成树脂乳液外墙涂料（GB/T 9756—2009）	乙丙乳液普通型外墙涂料	以醋酸乙烯-丙烯酸酯共聚乳液为基料制成，涂膜干燥块，是一种常用的中、低档乳液型外墙涂料。 适用于一般住宅、商店、宾馆和工业建筑物外墙面涂装
	苯丙乳液普通型外墙涂料	是一种广泛使用的中档外墙涂料，可作为高级苯丙乳液外墙涂料；也可作为高级苯丙乳液外墙涂料底漆。 适用于维护翻新方便的多层及低层建筑物外墙面涂装
	VAE 乳液外墙涂料	黏结强度好，最低成膜温度低，采用配套的罩面涂料，属低档外墙涂料。 适用于档次不高、易于维护翻新的低层建筑物外墙面涂装
	苯丙乳液高性能外墙涂料	分为有光、半光、无光、薄质、厚质等系列产品。涂膜光泽好、遮盖力强，耐水性、耐洗刷性、耐候性、耐沾污性等优异，是高性能、高档外墙涂料。 适用于多层、高层和要求耐久及高级装饰建筑物外墙面装饰
溶剂型外墙涂料（GB/T 9757—2001）	丙烯酸酯建筑透明涂料	透明、光泽好，色泽接近水白，长时间保持不变；涂膜硬度、耐水性、保色性、耐热性、防腐性好。 主要用于木质地面装饰、木质墙裙等的罩面涂饰
溶剂型外墙涂料（GB/T 5757—2001）	丙烯酸酯建筑涂料	对墙面具有较强的渗透作用，黏结牢固，涂膜表面光滑、坚韧；耐水洗刷性优异，光泽保持性优良，不褪色、不粉化、不脱落、施工方便，且具有高的耐候性、耐污染性和耐化学腐蚀性。 适用于建筑物、构筑物户外墙面涂装及有特殊防水和高装饰性要求的场合，也可作复合涂料的罩面层

续表

类别	品种	特性与用途
溶剂型外墙涂料（GB/T 5757—2001）	聚氨酯丙烯酸酯复合型建筑涂料	具有优异的耐光、耐候性，在室外紫外线照射下不分解、不粉化、不黄变，对水泥基层有良好附着力，具有优良的户外耐久性。 适用于外墙面、构筑物表面的高档装饰
	聚酯丙烯酸酯复合型建筑涂料	涂膜强度高，耐污染性好。 适用于要求深色、对耐沾污性能要求较高的建筑物、构筑物的户外装饰
	有机硅丙烯酸酯复合型建筑涂料	具有优良的耐候性、耐热性、涂膜具有良好的疏水性和耐沾污性，长期处于户外环境仍能保持涂膜完整和装饰效果 适用于高层、超高层及户外要求高档、高性能装饰的涂饰
	聚氨酯环氧树脂复合型建筑涂料	具有黏着力强，防水、耐化学腐蚀性能，热稳定性和电绝缘性良好，耐候性好，装饰效果好，耐久性可达 8~10 年以上，具有高光瓷釉特征。 适用于建筑物的内、外墙面、地面及厨房、卫生间、水池、浴池、游泳池等
	聚氨酯溶剂型外墙涂料	涂膜丰满、光亮、平整，耐沾污、耐候性优越，保色性好，可直接涂刷在混凝土、水泥砂浆表面及其他建筑物、构筑物表面。 适用于高层住宅、公共建筑外墙及卫生间等墙面、地面涂装
	氯化橡胶建筑涂料	涂层干燥快，具有优良的附着力，耐水、耐碱、耐酸等腐蚀，耐磨、防霉、阻燃，与一般树脂有良好的混溶性，利于改性，对建筑物具有良好的“再涂性”。 用于外墙、地面、马路划线和游泳池、水泥污水池的防护装饰；对沿海建筑物外墙装饰具有优异的耐久性和独特装饰效果

续表

类别	品种	特性与用途
外墙无机建筑涂料和有机-无机复合涂料（JG/T 26—2002）	酸改性水玻璃建筑涂料	无毒无味，使用安全，施工方便，耐水性、耐擦洗性、耐候性等较高，与无机类基材有牢固黏结力，有调湿防露性，涂膜硬度高。 用于住宅、商店、学校、库房、办公楼等外墙装修
	（硅溶胶+苯丙乳液）复合涂料	既有一定的柔韧性、快干和易刷性，兼备无机和有机涂料的优点，又有好的耐候、耐久性，是一种较高性能的有机-无机复合外墙涂料
	（硅溶胶+聚醋酸乙烯乳液）复合涂料	由硅溶胶和聚醋酸乙烯乳液复合而成。 可作一般性外墙涂料
	（丙烯酸酯乳液+硅溶胶）复合涂料	黏结性、透气性、耐水性、抗冻融性、耐洗刷性、耐候性、耐久性都非常优异
复层建筑涂料（GB/T 9779—2005）	聚合物水泥类复层涂料（CE）	成本低，施工方便，装饰效果、耐用期不理想。 适用于一般的对装修要求不高的低档装修建筑物
	硅酸盐类复层涂料（Si）	固化速度快，施工方便，黏结力较强，不泛碱，成膜温度较低、黏结力强，耐老化性能好。 适用于一般的对装修要求不高的低档装修建筑物
	合成树脂乳液类复合涂料（E）	与各种墙面黏结强度高，装饰效果好，耐水、耐碱性好。 适用于一般的低、中档的建筑物内、外墙装修

续表

类别	品种	特性与用途
复层建筑涂料（GB/T 9779—2005）	反应固化型合成树脂乳液类复层涂料（RE）	黏结强度高，耐水性好，耐沾污性强，耐久性优良。 适用于一般民用、公共、工业建筑物外墙装修
	有机-无机复合类复层涂料	黏结强度、耐水性、耐沾污性、耐久性优良。 用于要求长期性保护、装饰的多层、高层建筑物外墙装修

2. 内墙涂料

类别	品种	特性与用途
水溶性内墙涂料（JC/T 423—1991）	聚乙烯醇缩甲醛内墙涂料	不燃、干燥快、施工方便、不耐水、耐擦性差、不耐久。仅用于内墙以及对顶棚要求不高的低档装饰
	聚乙烯醇-灰钙粉内墙涂料	涂膜强度、耐水性、耐湿热蒸汽性能一般。可用于室内、一般墙面及浴室、厨房
	聚乙烯醇耐擦洗仿瓷内墙涂料	具有瓷釉的光滑质感，耐擦洗性和涂膜硬度高，刮涂施工方便。适用于室内墙面、顶棚涂装
合成树脂乳液内墙涂料（GB/T 9756—2009）	聚醋酸乙烯乳液内墙涂料	无毒无味、不燃，有一定耐擦性，施工方便，装饰效果一般，但耐水性不好。仅适用于一般住宅、学校、工厂、医院、商店等内墙装修
	醋酸乙烯-乙烯共聚（VAE）乳液内墙涂料	黏结强度、耐擦洗性高；耐水性、耐碱性优于聚醋酸乙烯乳液。适用于中档装饰要求的室内墙面、顶棚装修

续表

类别	品种	特性与用途
合成树脂乳液内墙涂料（GB/T 9756—2009）	苯丙乳液通用型内墙涂料	流平性好、干燥快，有良好的耐擦洗性、保色性。用于内墙面、顶棚，较高级的住宅、宾馆及公共建筑物内装修
	乙丙乳液内墙涂料	外观细腻，有良好的耐擦洗、耐水性、耐久性、保色性。适用于较高级的建筑内墙、顶棚装饰，也可用于木质门窗

3. 内墙用、外墙用和地面用油漆

类别	品种	特性与用途
内墙用建筑油漆	各色酚醛无光磁漆（F04-9）	具有良好的附着力，但耐候性较醇酸无光磁漆差。可作各类室内墙面或板壁的涂饰
	各色酚醛半光磁漆（F04-10）	具有良好的附着力，但耐候性较醇酸半光磁漆差。可作各类室内墙面或板壁的涂饰
	各色醇酸无光磁漆（C04-43）	涂膜平整、无光、耐久性较好。用于各类室内墙面或板壁的涂饰
	各色醇酸半光磁漆（C04-44）	涂膜光泽柔和、坚韧、附着力好，室外耐久性较好。用于各类内墙面或壁板的涂饰，不宜用在湿热带地区
	各色过氯乙烯磁漆（G04-16）	透光性好，耐化学腐蚀，干燥快、光泽柔和。适用于建筑工程中需防化学腐蚀的室内墙壁
	各色乙酸乙烯乳胶漆（X08-1）	干燥较快，涂刷方便，无刺激气味，涂膜能经受皂水洗涤，可在略潮湿的水泥墙面施工。可作混凝土、抹灰、木质墙面内墙涂饰
	各色多烯调和漆（X03-1）	性能与普通调和漆相似，光泽、附着力良好。可作室内水泥抹灰墙面或板壁的涂饰
	各色多烯无光调和漆（X03-2）	涂膜干燥快、无光、附着力好。可作室内水泥抹砂墙面或板壁的涂饰

续表

类别	品种	特性与用途
内墙用建筑油漆	湿固化型聚氨酯漆（S）	涂膜能在潮湿环境中固化，具有良好的耐油防腐性。用于抹灰墙面中有潮湿部分的底涂层，可作潮湿环境中的防腐涂层
外墙用建筑油漆	各色聚乙烯乳胶漆（X08-2）	户外耐久性较好。可用于混凝土、抹灰和木质建筑物外墙的涂饰
	聚醚聚氨酯漆（S01-13）	涂膜坚硬、平整、光亮、丰满、耐水、防潮，耐油性好，耐候性优异。可作建筑物表面装饰罩光
地面用油漆	酚醛地板漆（F80-1）	涂膜坚硬、平整、光亮、耐水及耐磨性较好。适宜涂装木质地板
	聚氨酯清漆（S01-5）	涂膜附着力好、光亮、坚硬、耐磨性优异，耐油、耐碱。用于涂装甲级木质地板及混凝土、金属地面

4. 门窗细木饰件用油漆

类别	品种	特性与用途
天然树脂漆	酯胶清漆（T01-1）	涂膜光亮，耐水性较好，有一定耐候性。可作室内外木质门窗涂饰及金属饰体罩光
	虫胶清漆（T01-18）	涂膜平滑、均匀，有光泽、干燥快、附着力好。可作室内细木饰体打底及封闭层或高级建筑室内细木饰体涂装
	油基大漆（T09-3）	涂膜光亮，能透出底面颜色及木纹，附着力强，耐久、耐候、耐水、耐烫性好，可加颜料调和成色漆。适用于室内外门窗、细木饰体的透明或不透明涂装
	钙脂地板漆（T80-1）	涂膜平滑光亮，耐摩擦，有一定耐水性。适用于室内楼梯、扶栏等细木饰件的涂装
	各色酯胶调和漆（T03-1）	干燥性和涂膜硬度较强。适宜作普通室内外细木饰件，木质、金属门窗及木质檐板的涂饰

续表

类别	品种	特性与用途
天然树脂漆	各色酯胶半光调和漆（T03-4）	半光、价廉、施工方便。可作一般建筑室内门窗及细木饰件的涂装
	各色酯胶磁漆（T04-1）	涂膜坚韧、光亮，有一定耐水性，光泽和干燥性好，对金属附着力较好。可作室内细木饰件、门及金属、木质窗户的内部涂饰
	白、浅色酯胶磁漆（T04-12）	光泽好、涂膜坚韧、不易泛黄、附着力强，但耐候性较差。可作室内细木饰件、门及金属、木质窗户的内部涂饰
	钙脂窗纱磁漆（T04-14）	染纱量大、经济、干燥快、附着力强，挤接性低，不糊纱眼。用于铁丝纱窗的涂饰保护
	各色酯胶磁漆（T04-16）	干燥较快，涂膜光泽好、颜色比较鲜艳，但涂膜性脆，耐候性差。只宜作室内细木饰件及门窗的涂饰
酚醛树脂漆	酚醛清漆（F01-1）	耐水性较好，但易泛黄。可作室内外门窗和细木饰件的涂装或在油性色漆面上的罩光
	酚醛清漆（F01-2）	干燥快，硬度稍高，但耐候性略差。用途同F01-1
	酚醛清漆（F01-14）	干燥较快，涂膜光亮、坚硬、耐水，但较脆、易泛黄。可作室内不常碰撞的细木饰件涂饰罩光
	酚醛多烯漆（F01-18）	涂膜坚韧、抗水性较强、干燥性稍差。用于房屋木质、金属窗涂饰及加清油后调和厚漆和红丹粉
	各色酚醛调和漆（F03-1）	涂膜光亮、色泽鲜艳，有一定耐候性。可用于普通室内外金属、木质门窗、细木饰件及木质檐板等涂饰
	各色酚醛磁漆（F04-1）	涂膜附着力优良、色彩鲜艳、耐候性较差。用途同F03-1，但效果较好
	各色酚醛半光磁漆（F04-10）	有较好附着力，光度柔和、饱满。可用于室内门窗及细木饰件的涂饰

续表

类别	品种	特性与用途
酚醛树脂漆	各色酚醛窗纱磁漆（F04-12）	干燥较快，耐水性及附着力较好。可用于铁丝窗纱的涂饰
	各色酚醛内用磁漆（F04-13）	干燥较快、涂膜光亮、色彩鲜艳。可用于室内木质、金属门窗和室内细木饰件涂饰
	各色酚醛磁漆（F04-15）	光泽好、色彩鲜艳、耐水性良好。可用于室内外木质、金属门窗、细木饰体及木质檐板等涂饰
硝基漆	硝基外用清漆（QO1-1）	涂膜具有良好的光泽和耐久性。可作高级建筑室外门窗、细木饰件涂装或罩光用
	硝基内用清漆（Q01-15）	涂膜干燥快、光泽好，但户外耐久性差。可作高级建筑室内门窗、细木饰件的涂装或罩光用
	硝基木器清漆（Q22-1）	涂膜光泽好，可用砂蜡光蜡打磨，木纹清晰，但耐候性较差。可用于高级建筑室内门窗、栏杆、扶手等细木饰件的涂装
过氯乙烯漆	过氯乙烯清漆（C01-7）	涂膜光泽好，干燥快，打磨性、丰满度较好。可作室内木器及细木饰件的涂装或罩光用
	过氯乙烯木器漆（G22-1）	干燥较快，耐水、保光性、耐寒性较好，涂膜较硬，可打蜡抛光。可作室内木器及细木饰件的涂装或罩光用
乙烯漆	多烯清漆（XO1-9）	涂膜坚硬、耐水、防腐性好。可用于普通建筑门窗的涂装
	各色苯乙烯清漆（X43-1）	干燥快、附着力强，防锈，耐盐水和耐化学药品侵蚀。可用于普通建筑门窗的涂装
	各色多烯调和漆（X03-1）	性能与普通调和漆相似，光泽、附着力良好。可用于室内金属、木质门窗、细木饰件的涂装
	各色多烯磁漆（X04-7）	涂膜色彩鲜艳、光亮、坚硬、干燥较快。适用于室内外金属、木质门窗、细木饰件及木质檐板的涂装

续表

类别	品种	特性与用途
丙烯树脂漆	丙烯酸木器漆（B22-1）	涂膜丰满、光泽好、经抛光打蜡后平滑如镜，经久不变。耐寒、耐热、耐温变性良好，涂膜坚韧、附着力强，耐冲击能力高，施工较简便。适用于高级建筑室内细木饰件及其他木制品的高级装饰
	丙烯酸木器漆（B22-3）	涂膜色浅、硬度大、耐水、耐温、不易变色、附着力好。可用于室内细木饰件及其他木制品的涂装
	丙烯酸木器漆（B22-5）	涂膜丰满、光亮、耐水、耐热、耐磨、耐油、可抛光打蜡，施工方便。可用于高档木器家具及细木饰件表面的涂饰

5. 室外金属用油漆

类别	品种	特性与用途
酚醛树脂漆	各色酚醛调和漆（P03-1）	涂膜光亮、色彩鲜艳，有一定的耐候性。可用于室外金属栏杆、屋面、水落管等的涂装
	各色酚醛磁漆（P04-1）	涂膜附着力强、光泽好、色彩鲜艳，耐候性较差。可用于室外金属栏杆、屋面、落水管的涂装
	各色酚醛磁漆（F04-15）	光泽好、色彩鲜艳、耐水性良好。可用于室外金属栏杆、屋面、落水管等的涂装
醇酸树脂漆	醇酸清漆（C01-1）	附着力和耐久性较好，耐水性较差，喷刷皆宜。可作室外金属栏杆及其他金属饰件的罩光用
	醇酸清漆（C01-5）	涂膜干燥迅速、光亮、不易起皱，有一定的保光、保色性，耐水性较好，柔性较差。可作室外金属栏杆及其他金属饰件的罩光用
	醇酸清漆（C01-7）	干燥性能较好、附着力好、耐候性较好，防霉、防潮、防烟雾性能差。可用于室外铝及铝镁合金金属表面罩光

续表

类别	品种	特性与用途
醇酸树脂漆	各色醇酸酯胶调和漆（C03-1）	质量性能较酯胶调和漆好。可用于室外金属栏杆、屋面、水落管及其他金属饰件的普通涂装
	各色醇酸磁漆（C04-2）	光泽、机械强度、耐候性较好。可用于涂装高级建筑的室外金属栏杆、落水管等
	各色醇酸磁漆（C04-42）	耐久性和附着力好，但干燥时间较长。可用于涂装高级建筑的室外金属栏杆、水落管等金属饰件
乙烯漆	各色多烯磁漆（x04-7）	涂膜色彩鲜艳、光亮、坚硬、干燥较快。可用于室外金属栏杆、水落管等金属饰件的涂装
有机硅树脂漆	铝色有机硅耐热漆（W61-1）	耐300~350℃高温，颜色为银灰色，耐热性良好。可用于室外金属烟囱表面涂饰，设备表面涂饰
	有机硅耐高温漆（500-800号）	耐500、600、800℃高温（200h），颜色有银灰、银红、绿色等。适用于室外金属烟囱、高温设备表面的涂饰
过氯乙烯漆	各色过氯乙烯磁漆（G04-2）	透气性好，耐化学腐蚀，干燥快，光泽柔和。可用于室外金属表面防化学腐蚀的保护装饰
环氧树脂漆	各色环氧磁漆（H04-1、H04-9）	涂膜坚硬、附着力好、耐水、防腐、耐磨性好。适用于室外抗腐蚀的金属结构表面涂饰(要配套腻子和底漆)
橡胶漆	氯丁橡胶漆（J）	耐水、耐磨、耐晒、耐碱、耐热（可达93℃，低温可达-40℃），附着力好，有颜色变深倾向。适用于需防腐蚀的金属表面涂饰
沥青漆	沥青铝粉磁漆（L04-2）	有良好附着力、耐水、防腐、防化学性较好、耐候性较好。可用作室外金属面的涂饰
	沥青耐酸漆（L05-1）	有良好附着力、耐硫酸腐蚀。可用作室外耐酸腐蚀的金属面涂饰

6. 建筑外墙用腻子（JG/T 157—2009）

项目		技术指标		
		普通型	柔性（R）	弹性（T）
容器中状态		无结块、均匀		
施工性		刮涂地障碍		
干燥时间（表干，h）		≤5		
初期干燥抗裂性（6h）	单道施工厚度≤1.5mm的产品	1mm无裂纹		
	单道具施工厚度>1.5mm的产品	2mm无裂纹		
打磨性		手工可打磨		—
吸水量（g/10min）		≤2		
耐碱性（48h）		无异常		
耐水性（96h）		无异常		
黏结强度（MPa）	标准状态	0.6		
	冻融循环（5次）	0.4		
腻子膜柔韧性		直径100mm，无裂纹	直径50mm，无裂纹	—
动态抗开裂性（mm）	基层裂缝	≥0.04 <0.08	≥0.08 <0.3	≥0.3
低温贮存稳定性		三次循环不变质		

五、密封胶与胶粘剂

1. 建筑用硅酮结构密封胶（GB 16776—2005）

序号	项目		技术指标
1	下垂度（mm）	垂直放置	≤3
		水平放置	不变形
2	挤出性（s）		≤10

续表

序号	项目			技术指标
3	适用期（min）			≥20
4	表干时间（h）			≤3
5	硬度（Shore A）			2060
6	拉伸黏结性	拉伸黏合强度（MPa）	23℃	≥0.60
			90℃	≥0.45
			-30℃	≥0.45
			浸水后	≥0.45
			水-紫外线光照后	≥0.45
		黏结破坏面积（%）		≤5
		23℃下最大拉伸强度时伸长（%）		≥100
7	热老化	热失重（%）		≤10
		龟裂		无
		粉化		无

2. 硅酮建筑密封胶（GB/T 14683—2003）

（1）产品按位移能力分为25、20两个级别。

%

级别	试验拉压幅度	位移能力	级别	试验拉压幅度	位移能力
25	±25	25	20	±20	20

（2）硅酮建筑密封胶的理化性能。

序号	项目		技术指标			
			25HM	20HM	25LM	20LM
1	密度（g/cm^3）		规定值0.1			
2	下垂度（mm）	垂直	≤3			
		水平	无变形			

续表

序号	项目		技术指标			
			25HM	20HM	25LM	20LM
3	表干时间（h）		≤3			
4	挤出性（mL/min）		≥80			
5	弹性恢复率（%）		≥80			
6	拉伸模量（MPa）	23℃	>0.4 或>0.6		≤0.4 和≤0.6	
		-20℃	无破坏			
7	定伸黏结性		无破坏			
8	紫外线辐照后黏结性		无破坏			
9	冷拉-热压后黏结性		无破坏			
10	浸水后定伸黏结性		无破坏			
11	质量损失率（%）		≤10			

（3）黏结试件的数量（表中所列项目的试件选用基材种类应保持一致）。

序号	项目		试件数量（个）		处理条件
			试验组	备用组	
1	弹性恢复率		3	—	GB/T 13477.17—2002 8.1 A 法
2	拉伸模量	23℃	3	—	GB/T 13477.8—2002 8.1 A 法
		-20℃	3	—	
3	定伸黏结性		3	3	GB/T 13477.10—2002 8.2 A 法
4	紫外线辐照后黏结性		3	3	GB/T 13477.8—2002 8.2 A 法
5	冷拉-热压后黏结性		3	3	GB/T 13477.13—2002 8.1 A 法
6	浸水后定伸黏结性		3	3	GB/T 13477.11—2002 8.1 A 法

（4）试验伸长率。

%

项目	25HM	25LM	20HM	20LM
	100		60	
弹性恢复率	100		60	
拉伸模量	100		60	

续表

项目	25HM	25LM	20HM	20LM
	100		60	
定伸黏结性	100		60	
紫外线辐照后黏结性	100		60	
浸水后定伸黏结性	100		60	

（5）试件的拉伸-压缩率和相应宽度。

项目	25HM	25LM	20HM	20LM
拉伸压缩率（%）	±25		±20	
拉伸时宽度（mm）	15.0		140.4	
压缩时宽度（mm）	9.0		9.6	

3. 聚氨酯建筑密封胶（JC/T 482—2003）

（1）产品按位移能力分为25、20两个级别。

%

级别	试验拉压幅度	位移能力	级别	试验拉压幅度	位移能力
25	±25	25	20	±20	20

（2）聚氯酯建筑密封胶的物理力学性能。

项目		技术指标		
		20HM	25LM	20LM
密度（g/cm³）		规定值±0.1		
流动性（mm）	下垂度（N型）	≤3		
	流平性（L型）	光滑平整		
表干时间（h）		≤24		
挤出性（mL/min）		≥80		
适用期（h）		≥1		

续表

项目		技术指标		
		20HM	25LM	20LM
弹性恢复率（%）		≥70		
拉伸模量（MPa）	23℃	>0.4 或>0.6		≤0.4 和≤0.6
	-20℃			
定伸黏结性		无破坏		
浸水后定伸黏结性		无破坏		
冷拉-热压后黏结性		无破坏		
质量损失率（%）		≤7		

（3）黏结试件的数量和处理条件。

项目		试件数量（个）		处理条件
		试验组	备用组	
弹性恢复率		3	—	GB/T 13477.17—2002 8.1 A 法
拉伸模量	23℃	3	—	GB/T 13477.8—2002 8.1 A 法
	-20℃	3	—	
定伸黏结性		3	3	GB/T 13477.10—2002 8.2 A 法
浸水后定伸黏结性		3	3	GB/T 13477.11—2002 8.1 A 法
冷拉-热压后黏结性		3	3	GB/T 13477.13—2002 8.1 A 法

（4）试验伸长率。

%

项目	试验伸长率		
	20HM	25LM	20LM
弹性恢复率	60	100	60
拉伸模量	60	100	60
定伸黏结性	60	100	60
浸水后定伸黏结性	60	100	60

(5) 试件的拉伸压缩率和相应宽度。

项目	20HM	25LM	20LM
拉伸压缩率（%）	±20	±25	±20
拉伸时宽度（mm）	140.4	15.0	140.4
压缩时宽度（mm）	9.6	9.0	9.6

4. 幕墙玻璃接缝用密封胶（JC/T 882—2001）

(1) 密封胶按位移能力分为25、20两个级别。

%

级别	试验拉压幅度	位移能力	级别	试验拉压幅度	位移能力
25	±25	25	20	±20	20

(2) 密封胶的理化性能。

序号	项目		技术指标			
			25LM	25HM	20LM	20HM
1	下垂度（mm）	垂直	≤3			
		水平	无变形			
2	挤出性（mL/min）		≤3			
3	表干时间（h）		≥80			
4	弹性恢复率（%）		≥80			
5	拉伸模量（MPa）	标准条件 -20℃	≤0.4和 ≤0.6	>0.4或 >0.6	≤0.4和 ≤0.6	>0.4或 >0.6
6	定伸黏结性		无破坏			
7	热压-冷拉后黏结性		无破坏			
8	浸水光照后定伸黏结性		无破坏			
9	质量损失率（%）		≤10			

（3）黏结试件的数量。

序号	项目		基材	试件数量（个）	
				试验组	备用组
1	弹性恢复率		U 型铝条	3	—
2	拉伸模量	23℃	玻璃	3	—
		-20℃		3	—
3	定伸黏结性		玻璃	3	3
4	热压-冷拉后黏结性		玻璃	3	3
5	浸水光照后定伸黏结性		玻璃	3	3

（4）试件的拉伸压缩率和相应宽度。

项目	25HM	25LM	20HM	20LM
拉伸压缩率（%）	±25		±20	
拉伸时宽度（mm）	15.0		140.4	
压缩时宽度（mm）	9.0		9.6	

5. 石材用建筑密封胶

（1）密封胶按位移能力分为 25、20、12.5 三个级别。

%

级别	试验 拉压幅度	位移能力	级别	试验 拉压幅度	位移能力
25	±25.0	25	12.5	±12.5	12.5
20	±20.0	20			

（2）密封胶的物理力学性能。

序号	项目		技术指标				
			25LM	25HM	20LM	20HM	12.5E
1	下垂度（mm）	垂直	≤3				
		水平	无变形				

续表

序号	项目		技术指标				
			25LM	25HM	20LM	20HM	12.5E
2	表干时间（h）		3				
3	挤出性（mL/min）		80				
4	弹性恢复率（%）		80		80		80
5	拉伸模量（MPa）	23℃	≤0.4 和	>0.4 或	≤0.4 和	>0.4 或	—
		-20℃	≤0.6	>0.6	≤0.6	>0.6	
6	定伸黏结性		无破坏				
7	浸水光照后定伸黏结性		无破坏				
8	热压-冷拉后黏结性		无破坏				
9	污染性（mm）	污染深度	1.0				
		污染宽度					
10	紫外线处理		表面无粉化、龟裂，-25℃无裂纹				

（3）试验伸长率和压缩率。

%

项目		25LM	25HM	20LM	20HM	12.5E
弹性恢复率		100（24.mm）		60（19.2mm）		60（19.2mm）
拉伸模量		100（24.mm）		60（19.2mm）		—
定伸黏结性		100（24.mm）		60（19.2mm）		60（19.2mm）
浸水后定伸黏结性		100（24.mm）		60（19.2mm）		60（19.2mm）
热压-冷拉后黏结性	压缩	-25（9.0mm）		-20（9.6mm）		-12.5（10.5mm）
	拉伸	+25（15.0mm）		+20（14.4mm）		+12.5（13.5mm）
污染性		-25（9.0mm）		-20（9.6mm）		-12.5（10.5mm）

6. 彩色涂层钢板用建筑密封胶（JC/T 884—2001）

（1）密封胶按位移能力分为25、20、12.5三个级别。

%

级别	试验拉压幅度	位移能力	级别	试验拉压幅度	位移能力
25	±25.0	25	12.5	±12.5	12.5
20	±20.0	20			

（2）密封胶的物理力学性能。

<table>
<tr><th rowspan="2">序号</th><th rowspan="2" colspan="2">项目</th><th colspan="5">技术指标</th></tr>
<tr><th>25LM</th><th>25HM</th><th>20LM</th><th>20HM</th><th>12.5E</th></tr>
<tr><td rowspan="2">1</td><td rowspan="2">下垂度（mm）</td><td>垂直</td><td colspan="5">≤3</td></tr>
<tr><td>水平</td><td colspan="5">无变形</td></tr>
<tr><td>2</td><td colspan="2">表干时间（h）</td><td colspan="5">3</td></tr>
<tr><td>3</td><td colspan="2">挤出性（mL/min）</td><td colspan="5">80</td></tr>
<tr><td>4</td><td colspan="2">弹性恢复率（%）</td><td colspan="2">80</td><td colspan="2">60</td><td>40</td></tr>
<tr><td rowspan="2">5</td><td rowspan="2">拉伸模量（MPa）</td><td>23℃</td><td rowspan="2">≤0.4 和
≤0.6</td><td rowspan="2">>0.4 或
>0.6</td><td rowspan="2">≤0.4 和
≤0.6</td><td rowspan="2">>0.4 或
>0.6</td><td rowspan="2">—</td></tr>
<tr><td>-20℃</td></tr>
<tr><td>6</td><td colspan="2">定伸黏结性</td><td colspan="5">无破坏</td></tr>
<tr><td>7</td><td colspan="2">浸水光照后定伸黏结性</td><td colspan="5">无破坏</td></tr>
<tr><td>8</td><td colspan="2">热压-冷拉后黏结性</td><td colspan="5">无破坏</td></tr>
<tr><td rowspan="2">9</td><td rowspan="2">剥离黏结性</td><td>剥离强度（N/mm）≥</td><td colspan="5">1.0</td></tr>
<tr><td>黏结破坏面积（%）≤</td><td colspan="5">25</td></tr>
<tr><td>10</td><td colspan="2">紫外线处理</td><td colspan="5">表面无粉化、龟裂，-25℃无裂纹</td></tr>
</table>

（3）试验伸长率和压缩率。

%

项目		25LM	25HM	20LM	20HM	12. 5E
弹性恢复率		100（24. mm）		60（19. 2mm）		60（19. 2mm）
拉伸模量		100（24. mm）		60（19. 2mm）		—
定伸黏结性		100（24. mm）		60（19. 2mm）		60（19. 2mm）
浸水后定伸黏结性		100（24. mm）		60（19. 2mm）		60（19. 2mm）
热压-冷拉后黏结性	压缩	−25（9. 0mm）		−20（9. 6mm）		−12. 5（10. 5mm）
	拉伸	+25（15. 0mm）		+20（14. 4mm）		+12. 5（13. 5mm）

7. 聚硫建筑密封胶（JC/T 483—2006）

（1）产品按位移能力分为 25、20 两个级别。

%

级别	试验拉压幅度	位移能力	级别	试验拉压幅度	位移能力
25	±25	25	20	±20	20

（2）聚硫建筑密封胶的物理力学性能。

项目		技术指标		
		20HM	25LM	20LM
密度（g/cm^3）		规定值 0. 1		
流动性（mm）	下垂度（N 型）	≤3		
	流平性（L 型）	光滑平整		
表干时间（h）		≤24		
适用期（h）		≥2		
弹性恢复率（%）		≥70		
拉伸模量（MPa）	23℃	>0. 4 或>0. 6	≤0. 4 和≤0. 6	
	−20℃	无破坏		
定伸黏结性		无破坏		

续表

项目	技术指标		
	20HM	25LM	20LM
浸水后定伸黏结性	无破坏		
冷拉-热压后黏结性	无破坏		
质量损失率（%）	≤5		

（3）黏结试件的数量和处理条件。

项目		试件数量（个）		处理条件
		试验组	备用组	
弹性恢复率		3	—	GB/T 13477.17—2002 8.1 A法
拉伸模量	23℃	3	—	GB/T 13477.8—2002 8.1 A法
	-20℃	3	—	
定伸黏结性		3	3	GB/T 13477.10—2002 8.2 A法
浸水后定伸黏结性		3	3	GB/T 13477.11—2002 8.1 A法
冷拉-热压后黏结性		3	3	GB/T 13477.13—2002 8.1 A法

（4）试验伸长率。

%

项目	试验伸长率		
	20HM	25LM	20LM
弹性恢复率	60	100	60
拉伸模量	60	100	60
定伸黏结性	60	100	60
浸水后定伸黏结性	60	100	60

（5）试件的拉伸压缩率和相应宽度。

项目		20HM	25LM	20LM
冷拉-热压后黏结性	拉伸压缩率（%）	±20	±25	±20
	拉伸时宽度（mm）	140.4	15.0	140.4
	压缩时宽度（mm）	9.6	9.0	9.6

8. 丙烯酸酯建筑密封胶（JC/T 484—2006）

（1）丙烯酸酯建筑密封胶的物理力学性能。

项目		技术指标		
		12.5E	12.5P	7.5P
1	密度（g/cm³）	规定值 0.1		
2	下垂度（mm）	≤3		
3	表干时间（h）	≤1		
4	挤出性（mL/min）	≥100		
5	弹性恢复率（%）	≥40	—	
6	定伸黏结性	无破坏	—	
7	浸水后定伸黏结性	无破坏	—	
8	冷拉-热压后黏结性	无破坏	—	
9	断裂伸长（%）	—	≥100	
10	浸水后断裂伸长率（%）	—	≥100	
11	同一温度下拉伸-压缩循环黏结性	—	无破坏	
12	低温柔性	—20	—5	
13	体积变化率（%）	≤30		

（2）黏结试件的数量和处理条件。

项目		试件数量（个）		处理条件
		试验组	备用组	
1	弹性恢复率	3	—	GB/T 13477.17—2002 8.1 A 法
2	定伸黏结性	3	3	GB/T 13477.10—2002 8.2 A 法
3	浸水后定伸黏结性	3	3	GB/T 13477.11—2002 8.1 A 法
4	冷拉-热压后黏结性	3	3	GB/T 13477.13—2002 8.1 A 法
5	断裂伸长率	3	—	GB/T 13477.8—2002 8.1 A 法
6	浸水后断裂伸长率	3	—	GB/T 13477.9—2002 8.1 A 法
7	同一温度下拉伸-压缩循环黏结性	3	3	GB/T 13477.12—2002 8

（3）试验伸长率。

项目	试验伸长率（%）		
	12.5E	12.5P	7.5P
弹性恢复率	60	60	25
定伸黏结性	60	—	—
浸水后定伸黏结性	60	—	—

（4）试件的拉伸压缩率和相应宽度。

项目		12.5E	12.5P	7.5P
冷拉-热压后黏结性	拉伸压缩率（%）	±12.5	—	—
	拉伸时宽度（mm）	13.5	—	—
	压缩时宽度（mm）	10.5	—	—
同一温度下拉伸-压缩循环黏结性	拉伸压缩率（%）	—	±12.5	±7.5
	拉伸时宽度（mm）	—	13.5	12.9
	压缩时宽度（mm）	—	10.5	11.1

9. 干挂石材幕墙用环氧胶粘剂（JC 887—2001）

序号	项目			技术指标	
				快固	普通
1	适用期（min）			5~30	30~90
2	弯曲弹性模量（MPa） ≥			2000	
3	冲击强度（kJ/m^2） ≥			3.0	
4	抗剪强度（MPa） ≥	不锈钢-不锈钢		8.0	
		石材-石材	标准条件 48h	10.0	
			浸水 168h	7.0	
			热处理 80℃，168h	7.0	
			冻融循环 50 次	7.0	
		石材-不锈钢	标准条件 48h	10.0	

10. 建筑窗用弹性密封胶（JC/T 485—2007）

（1）产品按基础聚合物划分系列。

系列代号	密封胶基础聚合物	系列代号	密封胶基础聚合物
SR	硅酮聚合物	AC	丙烯酸酯聚合物
MS	改性硅酮聚合物	BU	丁基橡胶
PS	聚硫橡胶	CR	氯丁橡胶
PU	聚氨酯甲酸酯	SB	丁苯橡胶

（2）产品按适用基材划分类别。

类别代号	适用基材	类别代号	适用基材
M	金属	G	玻璃
C	混凝土、水泥砂浆	Q	其他

（3）产品按固化形式划分品种。

品种代号	固化形式	品种代号	固化形式
K	湿气固化、单组分	Y	溶剂挥发固化、单组分
E	水乳液干燥固化、单组分	Z	化学反应固化、多组分

（4）产品的物理力学性能。

序号	项目	1级	2级	3级
1	密度（g/cm^3）	规定值±0.1		
2	挤出性（mL/min）≥	50		
3	适用期（h）≥	3		
4	表干时间（h）≤	24	48	72
5	下垂度（mm）≤	2	2	2
6	拉伸黏结性能（MPa）≤	0.40	0.50	0.60
7	低温贮存稳定性	无凝胶、离析现象		
8	初期耐水性	不产生浑浊		

续表

序号	项目		1级	2级	3级
9	污染性		不产生污染		
10	热空气-水循环后定伸性能（%）		100	60	25
11	水-紫外线辐照后定伸性能（%）		100	60	25
12	低温柔性（℃）		-30	-20	-10
13	热空气-水循环后弹性恢复率（%）≥		60	30	5
14	拉伸-压缩循环性能	耐久性等级	9030	8020、7020	7010、7005
		黏拉破坏面积（%）≤	25		

（5）密封胶试件的养护条件。

密封胶固化形式	前期养护	后期养护
K，湿气固化	标准条件 14d	(30±3)℃，14d
E及Y，干燥、挥发固化	标准条件 28d	(30±3)℃，14d
Z，反应固化	标准条件 7d	(50±3)℃，7d

11. 常用胶黏剂的基本性能

胶黏剂	基本性能
脲醛树脂	耐腐蚀、耐溶剂、耐热、价格低廉，胶层无色，耐光照性好，可室温固化，耐水和耐老化性能差，固化时刺激性大
呋喃树脂三聚氰胺甲醛树脂	耐热、耐腐蚀、脆性大、黏附力大、耐磨、硬度高、耐油、电绝缘性好、无色透明、性脆，需加压加热固化
酚醛树脂	黏附力大、耐热、耐水、耐酸、耐老化、电性能优异、收缩率大、胶层易变色
酚醛-缩醛	黏附力、韧性好、强度高、耐寒、耐大气老化性极好，耐热性较差
酚醛-丁腈	黏附力、韧性好、强度高、耐热、耐水、耐油、耐湿热老化性能极好、耐疲劳、耐高低温、加压高温固化
酚醛-环氧	黏附力大、剪切强度高、耐热、韧性差

续表

胶黏剂	基本性能
酚醛-尼龙	韧性好、耐油、强度较高、耐水和耐乙醇性差
酚醛-氯丁	初始黏附力大、强度较高、耐油、耐水、阻燃、耐冲击振动、耐老化、耐盐雾、耐热性较差
酚醛-有机硅	耐热、耐高低温、耐老化、电性能好、脆性大
环氧-脂肪多胺	黏附力大、强度较高、耐溶剂、耐油、收缩小、可室温固化、脆性大、耐热性差
环氧-芳香多胺	黏附力、强度高、耐热、耐水、耐溶剂、耐老化、韧性较差、加温固化
环氧-聚酰胺	黏附力大、韧性好，强度较高、耐油、耐低温、耐冲击、可室温固化、耐热性较差、低于室温时固化困难、耐水和耐湿热老化性能差
环氧-酸酐	强度高、收缩率低、电性能好、耐热、脆性大、加热固化
环氧-聚硫	韧性好、强度较高、耐油、耐水、耐老化性好、密封性好、可室温固化、耐热性较差、有臭味
环氧-尼龙	韧性好、强度较高、耐油、耐水和耐湿热老化性能差、加温固化
环氧-缩醛	强度高、韧性好、耐老化、耐油、耐热性较差
环氧-丁腈	强度高、韧性好、耐老化、耐热、耐油、耐水和耐疲劳、高温固化
环氧-聚砜	强度高、韧性好、耐高温、耐油、耐水和耐湿热老化性能较差
环氧-聚氯酯	韧性好、耐超低温
环氧-聚醚	强度高、韧性好
环氧-酚醛	耐高温、耐溶剂、耐老化、高低温循环性能好、脆性很大
环氧-有机硅	耐高温、耐水、耐老化、电性能好、脆性大、高温固化
聚氨酯	黏附性好、耐疲劳、耐油、韧性好、剥离强度高、耐低温性优异、可室温固化、耐热和耐水性较差

续表

胶黏剂	基本性能
不饱和聚酯	黏度低、易湿润、强度较高、耐热、耐磨、可室温固化、电绝缘性能好、价格低廉、收缩率大、耐水性差
α-氰基丙烯酸酯	室温瞬间固化、强度较高、使用方便、无色透明、毒性很小、耐油、脆性大，易白化，耐热、耐水、耐溶剂、耐候性都较差，价格高
第二代丙烯酸酯	室温快速固化、强度高、韧性好、可油面粘接、耐油、耐水、耐热、耐老化、气味较大、贮存稳定性差
有机硅树脂	耐高温、耐水、耐老化、脆性大
氯丁橡胶	初黏力大、阻燃性好、韧性好、耐油、耐水、耐臭、耐老化、耐寒性差、耐热性较差
丁腈橡胶	耐油、耐磨、耐热、耐老化、耐冲击、耐臭氧、黏附性差、电性能差
丁苯橡胶	耐热、耐磨、耐老化、价格低廉、黏附性和弹性差
丁基橡胶	耐热、耐油、耐溶剂、耐臭氧、耐冲击、耐寒、耐老化、气密性好
聚异丁烯	耐化学药品性、耐老化、电性能突出、易蠕变
聚硫橡胶	耐油、耐臭氧、耐溶剂、耐老化、耐低温、耐冲击、密封性好、固化收缩少、黏附性差、强度低，有臭味
氯磺化聚乙烯	耐腐蚀性极好、耐臭氧、耐老化、耐热、弹性好、强度低
硅橡胶	耐高低温、耐热、耐臭氧、耐紫外线、耐水、电性能好、黏附性差、强度低
天然橡胶	弹性好、耐低温、耐潮湿、价格低廉、黏附性差、强度低、耐油和耐溶剂性差
乳液型	无毒、不燃、价格低廉、怕冻
溶剂型	湿润性好、配制简单、使用方便、收缩率大、强度较低、易爆、污染环境

续表

胶黏剂	基本性能
热熔胶	固化快、无溶剂、无毒害、不污染、效率高、贮运方便，需专业设备、耐热性差
压敏胶	初黏力大、反复粘接、使用方便、耐水、绝缘、用途广泛、耐热性较差、容易蠕变、耐久性稍差
无机胶	耐高温、耐低温、耐油、耐久、无公害、不燃烧、不收缩、可室温固化、价格低廉、脆性较大、不耐冲击、不耐酸碱
密封胶	耐水、耐油、耐压、耐热、密封性好
光敏胶	快速固化

第四篇

建筑门窗、门窗五金及配件

第九章 建筑门窗

一、木门窗

产品名称	品种	规格	主要技术参数	特点与用途
木门窗	各类高级木门窗、各类普通木门窗	非标准规格可按需加工	外形尺寸误差： 高级产品为±1mm 普通产品为±2mm 弯曲率： 高级产品不大于1‰ 普通产品为±1.5‰	各类木门窗采用天然木材制造，表面平整，外形美观，经久耐用。高级品线条流畅，造型别致，高雅。 夹板门系采用牢固的内骨架和纤维板或三夹板面板，经涂胶后通过热压机压制而成。面板用阻燃胶合板，门扇内以耐火无机板材填充。须经国家灭火系统和耐火材料质量监督检测中心试验合格，方可生产。 木门窗广泛用于住宅、办公楼、教学楼、商店、旅馆等各种建筑的门窗配套安装
夹板门	胶合板夹板门、纤维板夹板门	按设计图定制	胶结抗拉强度>0.9MPa，外形尺寸误差为±2mm。 弯曲率： 高级产品不大于1‰ 普通产品为±1.5‰	
防火门	木质防火门	定制		
防火门	木质防火单扇防火门	900mm×2030mm或按设计要求定制	耐火极限为1.25h，符合甲级防火门要求	
胶合板门	实心普通胶合板门、空心普通胶合板门、切片（直纹、斜纹）、胶合板门	900mm×2030mm 厚度：40、45、50mm，也可按设计要求尺寸定制		

二、钢门窗

1. 常用钢门窗类别、性能和用途

类别	主要性能	用途
普通碳素钢门窗	抗风压：≥3.5kPa 气密性：≤$0.5m^3$/（h·m） 水密性：≥500Pa 保温：符合 JGJ 26 要求 隔声：30dB	用于各种住宅、工业及公共建筑
镀锌钢门窗		
彩板门窗		
不锈钢门窗		主要用于防腐蚀要求高或有装饰要求的建筑
冷弯型材门窗		用于各种空腹门窗型材生产，如彩板门窗、不锈钢门窗、防火门门框、防盗门门框等

2. 钢门窗品种、规格

产品名称	品种	规格	主要技术参数	特点与用途
钢门窗	百叶窗 固定窗 中悬窗 上悬窗 平开窗 钢门	所有规格尺寸，适用于建筑模数 3M 的墙体洞口。 洞口尺寸：宽 600~4800mm，高 600~4800mm。 高 900~2400mm 的洞口设有带形窗。 高 900~2400mm，宽 600~3300mm 的洞口设有通风百叶窗	用 25mm 材料，每樘制造面积最大可达 1200mm×1800mm；用 32mm 材料，每樘制作面积最大可达 1500mm×2100mm	截面大，刚度好，坚固耐用，用于制作各种住宅、工业及公共建筑面积较大的门窗

3. 彩板组角钢门窗

种类	窗	固定窗、平开窗、附纱平开窗、中悬窗、立转窗、下悬窗、上悬窗、附纱推拉窗
	门	平开门、附纱推拉门、弹簧门
性能	装饰性能	良好的装饰性，颜色协调、美观，有棕色、海蓝色、乳白色、红色等多种色彩

续表

性能	抗风性能	推拉系列抗风压强度值为1530Pa，挠度值小于1/200 平开系列抗风压强度值为3920Pa，挠度值小于1/200
	隔声保温性能	优良的气密性、水密性，隔声保温性能，配装中空玻璃后，其隔声保温效果更佳
用途	彩板组角钢门窗是采用0.7~1mm厚的彩色涂层钢板在液压自轧机上轧制而成。适用于高级宾馆、民用住宅、商店、剧场影院等各种建筑	

三、铝合金门窗

1. 铝合金门窗的综合性能

质量等级	抗风压(kPa)	空气渗透[m³/(h·m)]	雨水渗漏(Pa)	保温	隔声(dB)	用途
高档窗	≥3.5	≤0.5	≥500	符合JGJ 26要求	≥35	高档建筑、别墅、豪华住宅
中档窗	≥3.0	≤1.5	≥350	符合JGJ 26要求	≥30	公共建筑、宾馆、写字楼、公寓楼
普通窗	符合当地要求	符合当地要求	符合当地要求		≥25	一般低层住宅

2. 铝合金窗

(1) 平开铝合金窗。

类别	等级	抗风压(kPa)≥	空气渗透[m³/(m·h)]≤	雨水渗漏(Pa)≥	用途
A类（高档窗）	优等品（A1级）	3.5	0.5	500	适用于高档建筑，别墅、豪华住宅
	一等品（A2级）	3.5	0.5	450	
	合格品（A3级）	3.0	1.0	450	

续表

类别	等级	抗风压(kPa)≥	空气渗透[m³/(m·h)]≤	雨水渗漏(Pa)≥	用途
B类(中档窗)	优等品(B1级)	3.0	1.0	400	适用于公共建筑、宾馆、写字楼及公寓
	一等品(B2级)	3.0	1.5	400	
	合格品(B3级)	2.5	1.5	350	
C类(普通窗)	优等品(C1级)	2.5	2.0	350	适用于普通低层住宅
	一等品(C2级)	2.5	2.0	350	
	合格品(C3级)	2.0	2.5	350	

(2)推拉铝合金窗。

类别	等级	抗风压(kPa)≥	空气渗透[m³/(m·h)]≤	雨水渗漏(Pa)≥	用途
A类(高档窗)	优等品(A1级)	3.5	0.5	400	适用于高档建筑,别墅、豪华住宅
	一等品(A2级)	3.5	1.0	450	
	合格品(A3级)	3.0	1.0	350	
B类(中档窗)	优等品(B1级)	3.0	1.5	350	适用于公共建筑、宾馆、写字楼及公寓
	一等品(B2级)	2.5	1.5	300	
	合格品(B3级)	2.5	2.0	250	
C类(普通窗)	优等品(C1级)	2.5	2.0	200	适用于普通低层住宅
	一等品(C2级)	2.0	2.5	150	
	合格品(C3级)	1.5	3.0	100	

3. 铝合金门（GB/T 8478—2008）

（1）平开铝合金门。

类别	等级	抗风压（kPa）≥	空气渗透 [m³/(m·h)]≤	雨水渗漏（Pa）≥
A类	优等品（A1级）	3.0	1.0	350
	一等品（A2级）	3.0	1.0	300
	合格品（A3级）	2.5	1.5	300
B类	优等品（B1级）	2.5	1.5	250
	一等品（B2级）	2.5	2.0	250
	合格品（B3级）	2.0	2.0	200
C类	优等品（C1级）	2.0	2.5	200
	一等品（C2级）	2.0	2.5	150
	合格品（C3级）	1.5	3.0	150

（2）推拉铝合金门。

类别	等级	抗风压（kPa）≥	空气渗透 [m³/(m·h)]≤	雨水渗漏（Pa）≥
A类	优等品（A1级）	3.0	1.0	300
	一等品（A2级）	3.0	1.5	300
	合格品（A3级）	2.5	1.5	250
B类	优等品（B1级）	2.5	2.0	250
	一等品（B2级）	2.5	2.0	200
	合格品（B3级）	2.0	2.5	200
C类	优等品（C1级）	2.0	2.5	150
	一等品（C2级）	2.0	3.0	150
	合格品（C3级）	1.5	3.5	100

4. 铝合金门窗五金配件

（1）门窗插销（QB/T 3885—1999）。

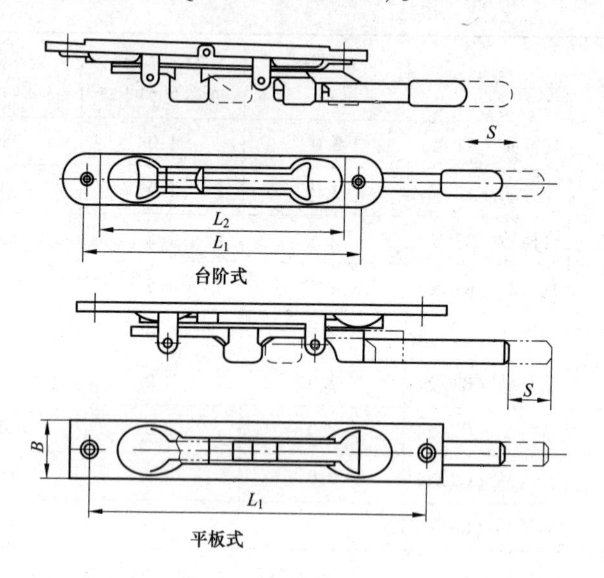

台阶式

平板式

mm

行程 S	宽度 B	孔距 L_1	台阶 L_2	用途
>16	22	130	110	有台阶式和平板式两种。装在铝合金平开门、弹簧门上，作关闭后固定用
>16	25	155	110	

（2）撑挡（QB/T 3887—1999）。

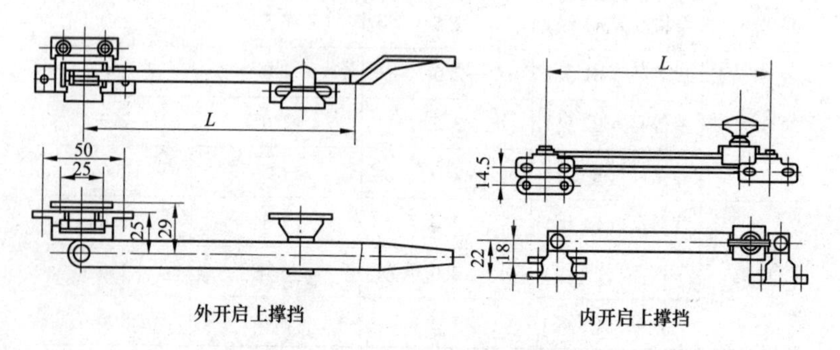

外开启上撑挡　　内开启上撑挡

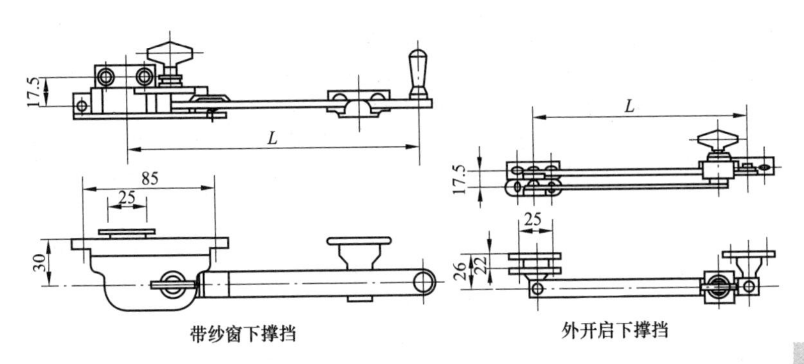

带纱窗下撑挡　　外开启下撑挡

mm

品种		基本尺寸 L						安装孔距		用途
								壳体	拉搁脚	
平开窗	上	—	260	—	300	—	—	50	25	用于平开铝合金窗启闭、定位
	下	240	260	280	—	310	—	—		
带纱窗	上撑挡	—	260	—	300	—	320	50		
	下撑挡	240	—	280	—	—	320	85		

（3）铝合金窗不锈钢滑撑（QB/T 3888—1999）。

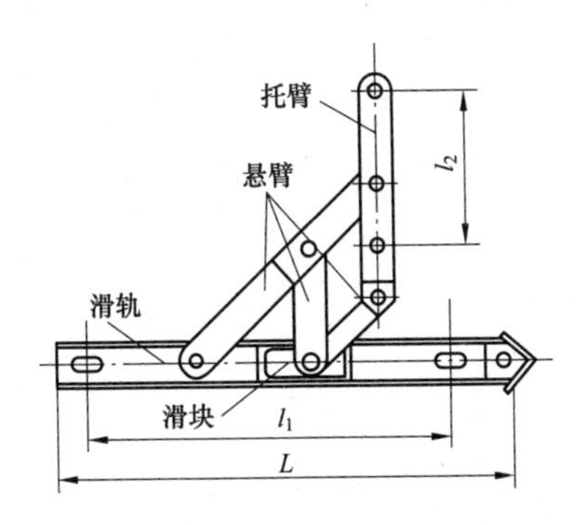

mm

规格	长度 L	滑轨安装孔距 l_1	托臂安装孔距 l_2	滑轨宽度	托臂、悬臂材料厚度	高度	开启角度	用途
200	200	170	113	18~22	≥2	≤135	60°±2°	用于铝合金上悬窗、平开窗上支撑，以便门窗开启，规格 200mm 适用于上悬窗
250	250	215	147				85°±3°	
300	300	260	156		≥2.5	≤15		
350	350	300	195			≤165		
400	400	360	205		≥3			
450	450	410	205					

（4）执手（QB/T 3886—1999）。

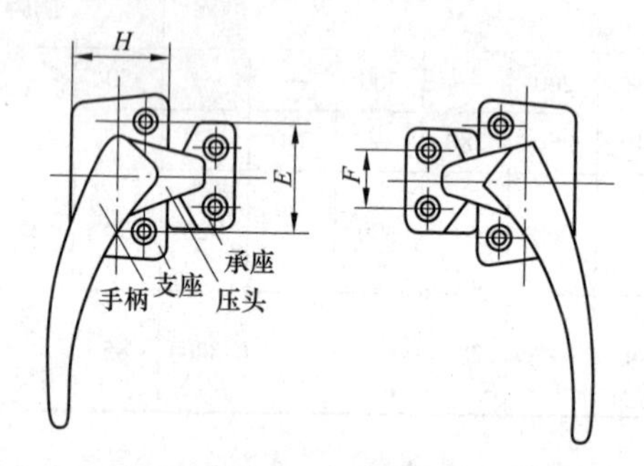

mm

形式	执手安装孔距 E	执手支座宽度 H	承座安装孔距 F	执手座底面至锁紧面距离	执手柄长度	用途
单动旋压（DY）型	35	29	16	—	≥70	用于铝合金平开窗
		24	19			
单动板扣（DK）型	60	12	23	12		
	70	13	25			
单头双向板扣（DSK）型	128	22	—	—		
双头联动板扣（SLK）型	60	12	23	12		
	70	13	25			

（5）拉手（QB/T 3889—1999）。

mm

<table>
<tr><th>名称</th><th colspan="12">外形长度系列</th><th>用途</th></tr>
<tr><td rowspan="3">门用拉手</td><td colspan="2">200</td><td colspan="2">250</td><td colspan="2">300</td><td colspan="2">350</td><td colspan="2">400</td><td colspan="2">450</td><td rowspan="5">用于铝合金门窗</td></tr>
<tr><td colspan="2">500</td><td colspan="2">550</td><td colspan="2">600</td><td colspan="2">650</td><td colspan="2">700</td><td colspan="2">750</td></tr>
<tr><td colspan="2">800</td><td colspan="2">850</td><td colspan="2">900</td><td colspan="2">950</td><td colspan="2">1000</td><td colspan="2"></td></tr>
<tr><td rowspan="2">窗用拉手</td><td colspan="3">50</td><td colspan="3">60</td><td colspan="3">70</td><td colspan="3">80</td></tr>
<tr><td colspan="3">90</td><td colspan="3">100</td><td colspan="3">120</td><td colspan="3">150</td></tr>
</table>

（6）推拉铝合金门窗用滑轮（QB/T 3892—1999）。

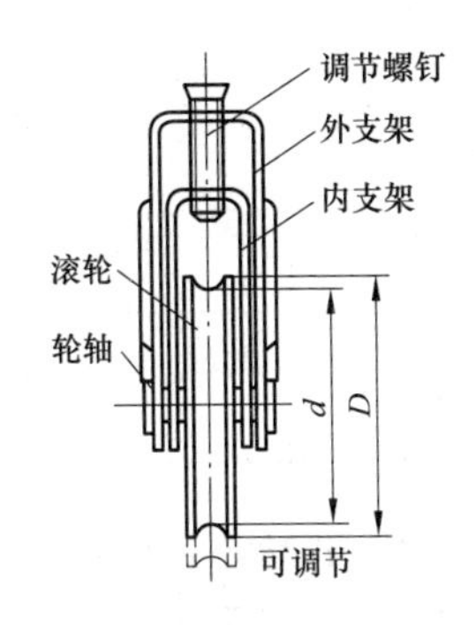

mm

<table>
<tr><th rowspan="2">规格
D</th><th rowspan="2">底径
d</th><th colspan="2">滚轮槽宽</th><th colspan="2">外支架宽度</th><th>调节高度</th><th rowspan="2">用途</th></tr>
<tr><th>一系列</th><th>二系列</th><th>一系列</th><th>二系列</th><th>—</th></tr>
<tr><td>20</td><td>16</td><td>8</td><td>—</td><td>16</td><td>6~16</td><td>—</td><td rowspan="6">有可调型和固定型两种结构形式。
用于推拉铝合金门窗</td></tr>
<tr><td>24</td><td>20</td><td>6. 50</td><td rowspan="3">3~9</td><td>—</td><td>12~16</td><td>—</td></tr>
<tr><td>30</td><td>26</td><td>4</td><td>13</td><td>12~20</td><td>—</td></tr>
<tr><td>36</td><td>31</td><td>7</td><td>17</td><td>—</td><td rowspan="3">≥5</td></tr>
<tr><td>42</td><td>36</td><td rowspan="2">6</td><td rowspan="2">6~13</td><td rowspan="2">24</td><td>—</td></tr>
<tr><td>45</td><td>38</td><td>—</td></tr>
</table>

（7）铝合金门锁（QB/T 3891—1999）。

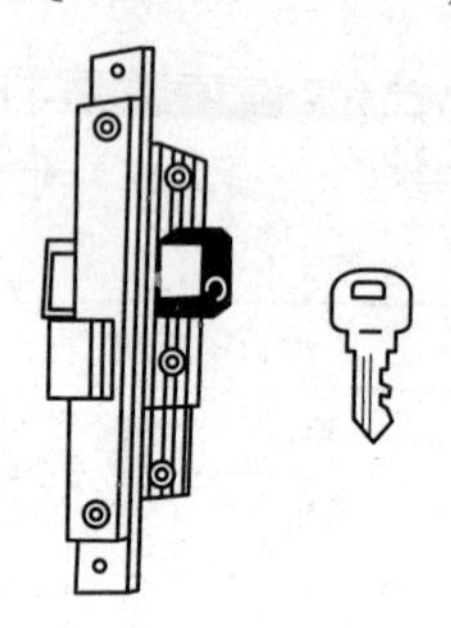

mm

型号	锁头形状	锁面板形状	锁体尺寸					适用门厚
			高度	宽度	厚度	锁头中心距	锁舌伸出长度	
LS-83	椭圆形	圆口式	115	38	17	20.5	13	44~48
LS-84	椭圆形	平口式	90	43.5	17	28	15	48~54
LS-85A	圆形	圆口式	83	43.5	17	26	14	40~46
LS-85B	圆形	圆口式	83	43.5	17	26	14	55
用途	适用于弹簧门、平开门、推拉门等。双锁头、方呆舌、无执手，室内外均用钥匙开启、关闭							

（8）铝合金窗锁（QB/T 3890—1999）。

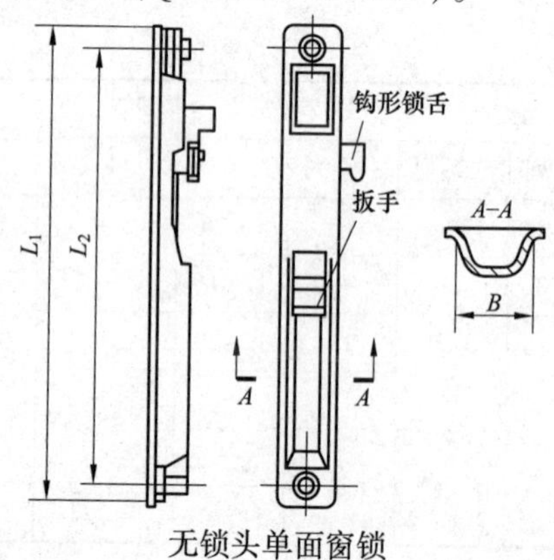

无锁头单面窗锁

mm

规格尺寸	B	12	15	17	19
安装尺寸	L_1	87	77	125	180
	L_2	80	87	112	168
用途	有无锁头和有锁头两种。用于铝合金推拉窗				

四、塑料门窗

1. 塑料门窗的品种、规格和性能

品种	外形尺寸	主要技术性能	用途
PVC 塑料门窗（JG/T 3018、JG/T 3017）	洞口尺寸一般以 300mm 为模数。组合窗洞口尺寸符合 GB/T 5824 的规定	焊角强度（主型材）：≥3500N 抗风压：≥3500Pa 水密性：≥500Pa 气密性：≤0.5m³/(h·m) 保温：1.5~2.5W/(m²·K) 隔声：≥35dB	工业厂房、民用建筑及公共建筑的门窗
玻璃钢门窗			

2. 玻璃钢门窗

系列	窗型及尺寸（mm）	技术性能	特点及用途
50 平开	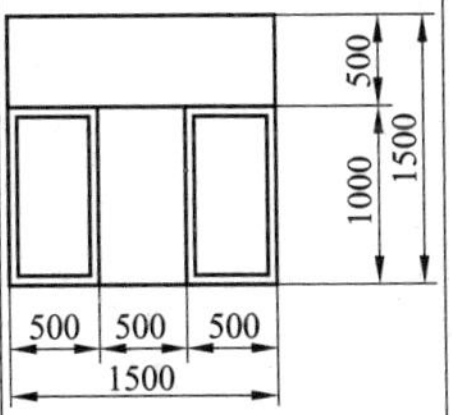	抗风压：≥3500Pa 气密性：≤0.5m³/(h·m) 水密性：50 平开≥250Pa，58 平开≥350Pa 保温：50 平开为 2.24W/(m²·K)，58 平开为 3.18W/(m²·K) 隔声：33dB	坚固、防腐、保温、节能，无膨胀、无收缩，轻质、高强，无需金属加固，耐老化，寿命长。 适用于工业与民用建筑
58 平开			
66 推拉	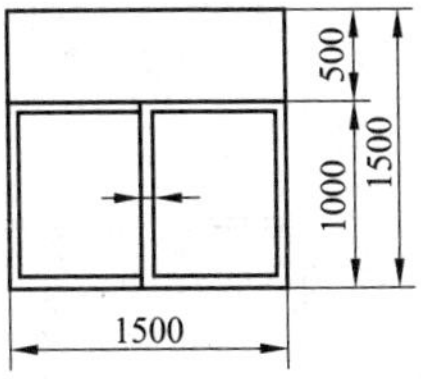	抗风压：≥3500Pa 气密性：≤1.5m³/(h·m) 水密性：≥350Pa 保温：66 推拉≤4.0W/(m²·K)，75 推拉为 3.05W/(m²·K) 隔声：33dB	
75 推拉			

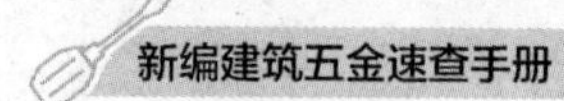

3. PVC 塑料窗

（1）固定窗。

H	H_1	W		
		600~1200	1200~2100	1800~3000
		$W_1=W-30$		
600~1500	$H-30$		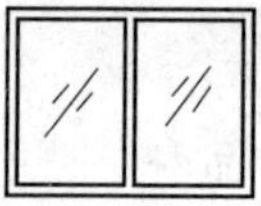	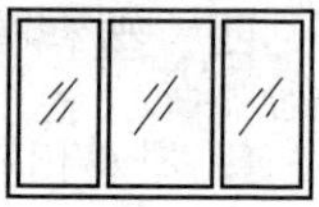
1500~2400	$H-30$	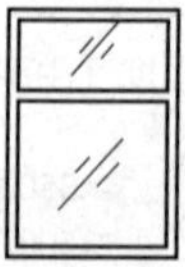	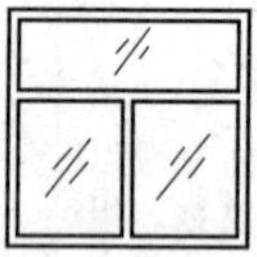	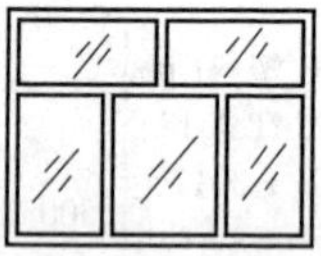
		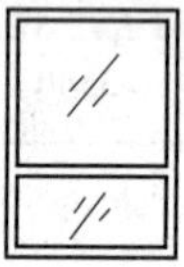	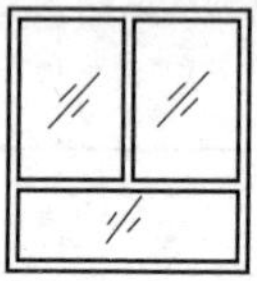	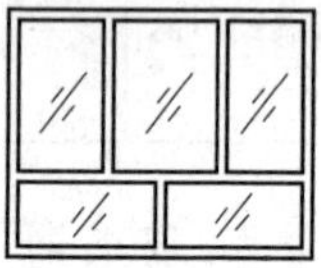

注　1. 洞口尺寸用 $W\times H$ 表示；窗框尺寸用 $W_1\times H_1$ 表示。

2. W 为洞口宽度；W_1 为窗框宽度；H 为洞口高度；H_1 为窗框高度。

（2）平开窗。

1）单扇外、内开窗。

mm

H	H_1	单扇外开窗		单扇内开窗	
		W			
		450~750		450~1200	
		$W_1=W-30$			
600~1500	$H-30$	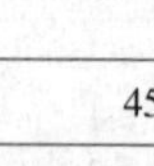	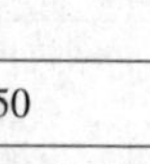	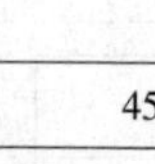	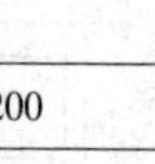

续表

H	H_1	单扇外开窗		单扇内开窗	
		W			
		450～750		450～1200	
		$W_1 = W - 30$			
1500～2400	$H-30$	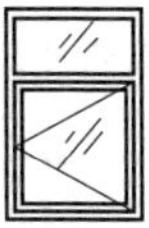	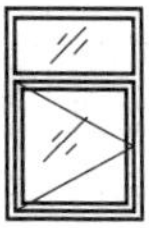		
		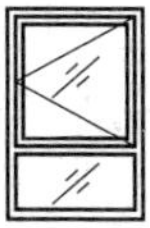	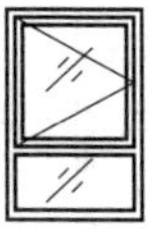	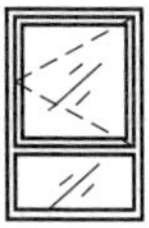	

2）单扇外、内开窗，双扇、三扇内开窗

mm

H	H_1	单扇外开窗		单扇内开窗	
		W			
		900～1500		1500～2100	
		$W_1 = W - 30$			
600～1500	$H-30$				
1500～2400	$H-30$		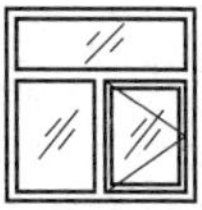		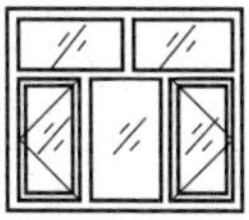
			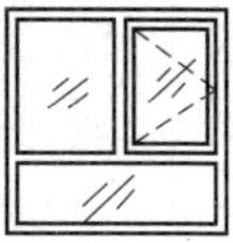	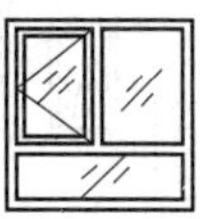	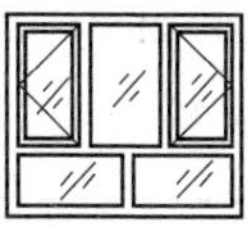

续表

H	H_1	双扇内开窗		三扇内开窗	
		W			
		900~2100		1800~2700	
		$W_1 = W-30$			
600~1500	$H-30$			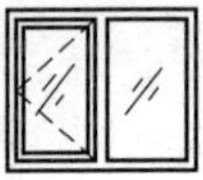	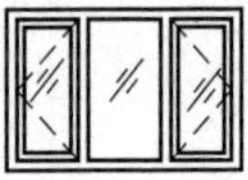
1500~2400	$H-30$				
					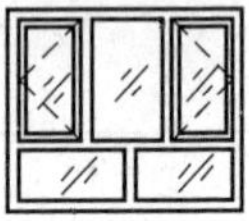

4. PVC 塑料门

(1) 常用平开门。

mm

H	H_1	W			
		700、750、800、900、1000			
		$W_1 = W-30$			
		全塑门	半玻门	全玻门	半玻百叶门
2000、2100	$H+5$	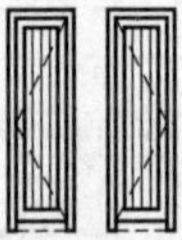			

续表

H	H_1	W			
		700、750、800、900、1000			
		$W_1=W-30$			
		全塑门	半玻门	全玻门	半玻百叶门
2350、2400、2700、3000	$H+5$	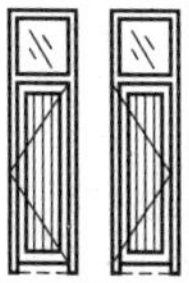			

H	H_1	W			
		1200、1500、1800			
		$W_1=W-30$			
		全塑门	半玻半塑门		全玻门
2000、2100	$H+5$			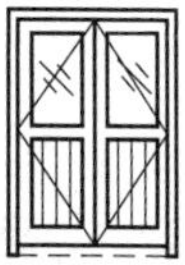	
2400、2700、3000	$H+5$		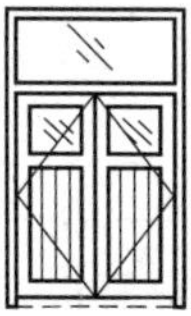		
2400、2700、3000	$H+5$				

注 W 为洞口宽度；W_1 为门框宽度；H 为洞口宽度；H_1 为门框高度。

(2) 常用推拉门。

mm

H	H_1	W		
		1500、1800、2100、2400		
		$W_1=H-30$		
		全塑门	半玻半塑门	全玻门
2000、2100、2400	$H-15$			
2400、2700	$H-15$			

H	H_1	W		
		2400、2700、3000		
		$W_1=H-30$		
		全塑门	半玻半塑门	全玻门
2000、2100、2400	$H-15$			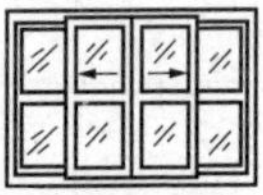
2400、2700、3000	$H-15$			

（3）地弹簧门。

mm

品种	H	H_1	W		
			1500、1800、2100、2400		
			$W_1=W-30$		
			全塑门	半玻半塑门	全玻门
单扇门	2000、2100、2400	$H+5$			
	2400、2700、3000	$H+5$			

品种	H	H_1	W		
			1200、1500、1800、2100		
			$W_1=W-30$		
			全塑门	半玻半塑门	全玻门
双扇门	2000、2100、2400	$H+5$	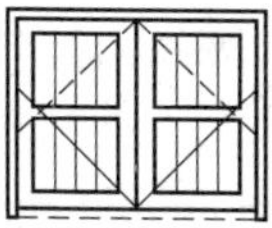	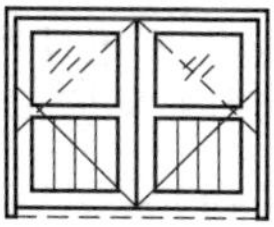	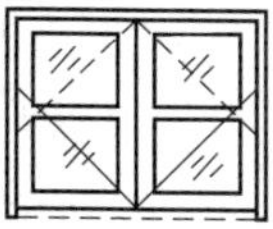
	2400、2700、3000	$H+5$	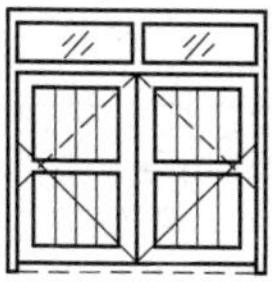		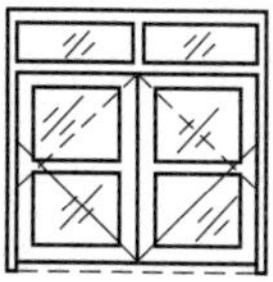

(4) 折叠门。

mm

H	H_1	H_0	单开小折叠门					双开小折叠门					
			W、W_1										
			700	800	900	1000	1200	1500	1800	2100	2400	2700	3000
			W_0										
			550	640	730	820	1000	1200	1460	1720	1980	2240	2500
2400	2400	2350	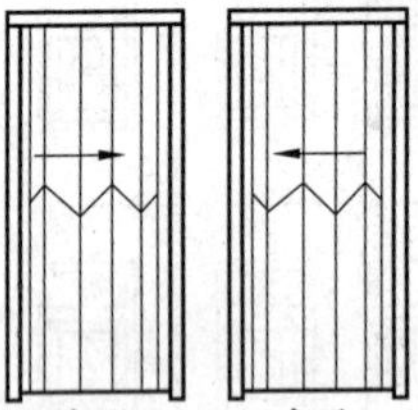					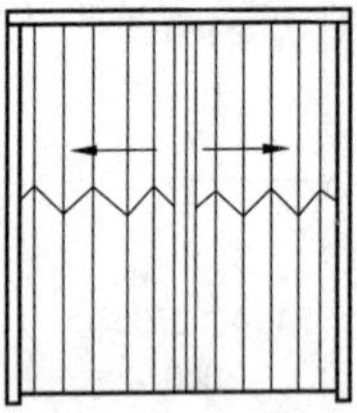					
2100	2100	2050											
2000	2000	1950	左开		右开								

注　W 与 W_1 值相等；W_0 为门扇开启净宽；H_0 为门扇开启净高。

5. 塑料门窗五金配件

(1) 塑料门五金件。

类别		配置	适用范围
高档门	推拉提升门	传动系统、滑轮组件、锁座、操作系统等	适用于对密封要求较高的阳台落地推拉门，洞口较大的室内隔断门选用
	提升、推拉下悬门	滑轮组件、下部件、传动系统、导轨、锁座、操作系统等	适用于对密封要求较高的户内、外用门，如阳台落地推拉门，洞口较大的室内隔断门选用
	折叠门	合页、滑轮组件、滑轨、传动系统、限位装置、操作系统、平开下悬系统等	适用于对密封效果、采光要求较高的房间，如阳台落地推拉门，以及洞口较大的室内隔断门

续表

类别		配置	适用范围
中低档门	平开门	铰链、门锁、插销	单点锁紧平开门中应用最普遍的一种。 塑料门适用于家庭阳台门、厨房门、厕所门，铝合金门适用于公共场所用门
		铰链、执手、传动锁闭器、插销	由于密封性能好、造价高，是中档门中应用最普遍的一种。 塑料门适用于家庭阳台门、厨房门、厕所门，铝合金门适用于公共场所
	推拉门	半圆锁（插锁）、滑轮	适用于单点锁紧，是目前市场上普遍采用的推拉窗五金件配置。纱扇安装在室内一侧
		碰锁（边锁）、滑轮	
		执手、传动锁闭器、滑轮、手拨单点锁	适用于多点锁紧，纱扇安装在室外一侧。轴套式滑轮不宜在风沙地区使用

（2）塑料窗五金件。

类别		配置	适用范围
高档窗	平开下悬窗	平开下悬窗五金件	适用于对密封性能、采光面积要求较高的户外门窗
中档窗	平开窗	铰链、执手、撑挡、传动锁闭器	可实现多点锁闭，适用于对密封要求较高的窗
		滑撑、传动锁闭器、执手	可实现多点锁闭，适用于多层建筑或低风压地区用窗

续表

<table>
<tr><th colspan="2">类别</th><th>配置</th><th>适用范围</th></tr>
<tr><td rowspan="3">中档窗</td><td rowspan="3">推拉窗</td><td>半圆锁（插锁）、滑轮</td><td rowspan="2">适用于单点锁紧，是目前市场上普遍采用的推拉窗五金件配置。纱扇安装在室内一侧</td></tr>
<tr><td>碰锁（边锁）滑轮</td></tr>
<tr><td>执手、传动锁闭器、滑轮、手拨单点锁</td><td>适用于多点锁紧，纱扇安装在室外一侧。轴套式滑轮不宜在风沙地区使用</td></tr>
<tr><td rowspan="5">普通窗</td><td rowspan="2">平开窗</td><td>铰链、执手、撑挡、传动锁闭器</td><td>可实现多点锁闭，适用于对密封要求较高的窗</td></tr>
<tr><td>滑撑、传动锁闭器、执手</td><td>可实现多点锁闭，适用于多层建筑或低风压地区用窗</td></tr>
<tr><td rowspan="3">推拉窗</td><td>半圆锁（插锁）、滑轮</td><td rowspan="2">适用于单点锁紧，是目前市场上普遍采用的推拉窗五金件配置。纱扇安装在室内一侧</td></tr>
<tr><td>碰锁（边锁）滑轮</td></tr>
<tr><td>执手、传动锁闭器、滑轮、手拨单点锁</td><td>适用于多点锁紧，纱扇安装在室外一侧。轴套式滑轮不宜在风沙地区使用</td></tr>
</table>

第十章

常用门窗五金及配件

一、合页

1. 普通合页（GB/T 4595.1—2013）

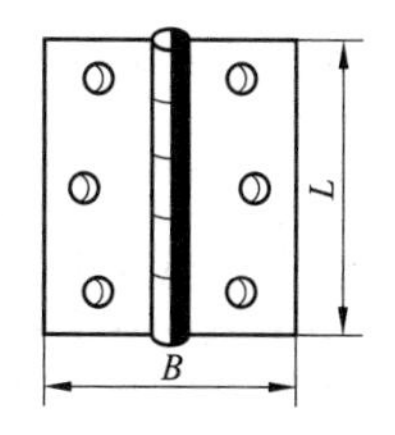

mm

规格	页片尺寸			配用木螺钉		用途
	长度 L	宽度 B	厚度 t	直径×长度	数目（只）	
25	25	24	1.05	2.5×12	4	用普通低碳钢冷轧钢带制造，适用于木制家具、门窗等的启闭和支承
38	38	31	1.20	3×16	4	
50	50/51	38	1.25	3×20	4	
65	65/64	42	1.35	3×25	6	
75	75/76	50	1.6	4×30	6	
90	90/89	55	1.6	4×35	6	
100	100/102	71	1.8	4×40	8	
125	125/127	82	2.1	5×45	8	
150	150/152	104	2.5	5×50	8	

2. 轻型合页（GB/T 4595.2—2013）

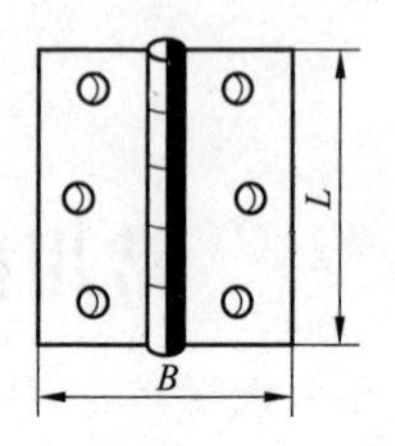

mm

规格	页片尺寸			配用木螺钉		用途
	长度 L	宽度 B	厚度 t	直径×长度	数目（只）	
20	20/19	16	0.60	1.6×8	4	用普通低碳钢冷轧钢带制造，适用于轻便门窗及家具
25	25	18	0.70	2×10	4	
32	32	22	0.75	2.5×10	4	
38	38	26	0.80	2.5×10	4	
50	50/51	33	1.00	3×12	4	
65	65/64	33	1.05	3×16	6	
75	75/76	40	1.05	3×18	6	
90	90/89	48	1.15	3.5×20	6	
100	100/102	52	1.25	3.5×25	8	

3. 抽芯型合页（GB/T 4595.3—2013）

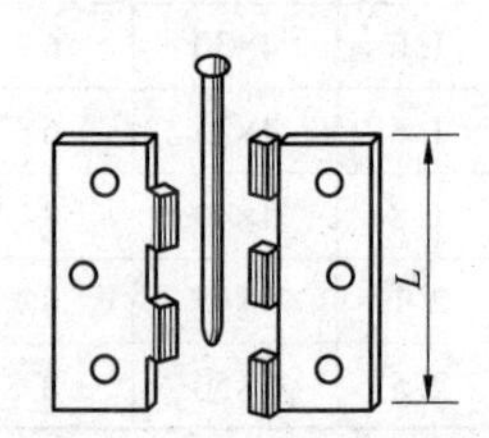

mm

规格	页片尺寸			配用木螺钉		用途
	长度 L	宽度 B	厚度 t	直径×长度	数目（只）	
38	38	31	1.20	3×16	4	适用于门窗的转动开合，抽出芯轴，页片即可分开，故适用于需经常拆卸的门窗及家具
50	51	38	1.25	3×20	4	
65	64	42	1.35	3.5×25	6	
75	76	50	1.6	4×30	6	
90	89	55	1.6	4×35	6	
100	102	71	1.8	4×40	8	

4. 扇形合页

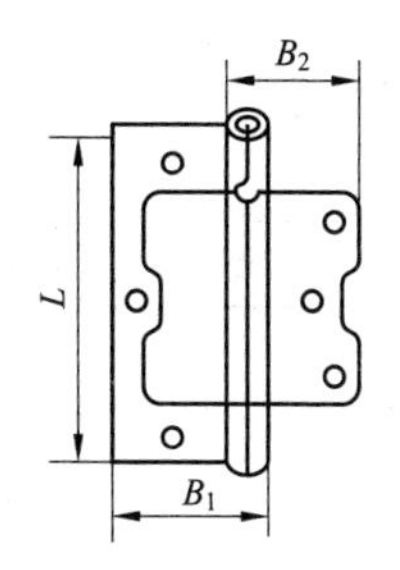

mm

规格	页片尺寸				配用木螺钉		用途
	长度 L	宽度 B_1	宽度 B_2	厚度 t	直径×长度	数目（只）	
75	75	48	40	2.0	4.5×25	3	与抽芯型合页相同，尤其适用于混凝土或金属制造的门框、窗框与木制门窗间的连接
100	100	48.5	40.5	2.5	4.5×25	3	

5. H 型合页（GB/T 4595. 4—2013）

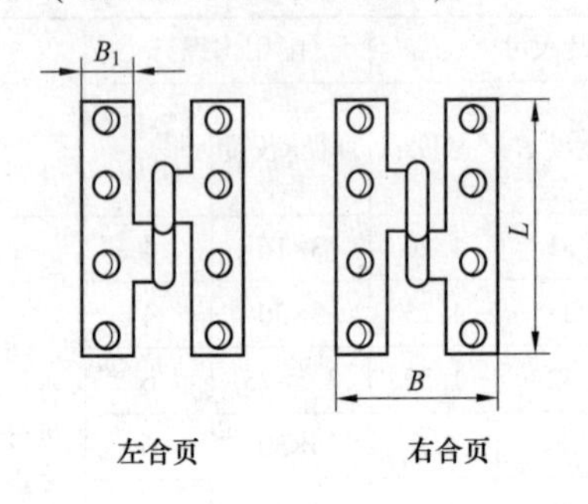

左合页　　右合页

mm

规格	页片尺寸		单页宽 B_1	厚度 t	配用木螺钉		用途
	长度 L	宽度 B			直径×长度	数目（只）	
80×50	80	50	14	2. 0	4×25	6	有左、右两种合页，主要适用于厚度较小且需经常拆卸的门窗和家具
95×55	95	55	14	2. 0	4×25	6	
110×55	110	55	15	2. 0	4×30	6	
140×60	140	60	15	2. 5	4×40	8	

6. T 型合页（GB/T 4595. 5—2013）

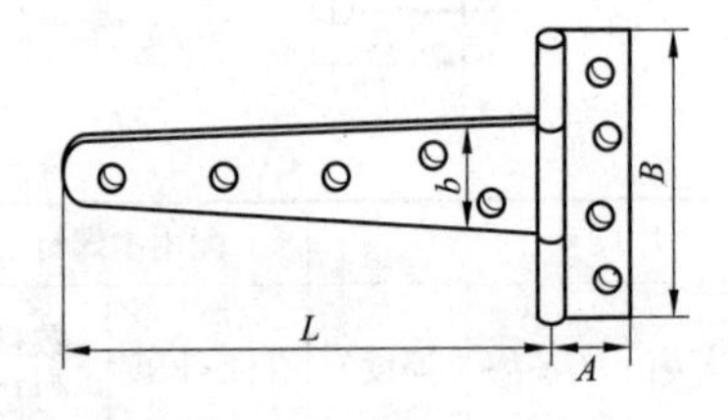

mm

规格	页片尺寸					厚度 t	配用木螺钉		用途
	长页长 L		长页宽 b	短页长 B	短页宽 A		直径×长度	数目（只）	
	Ⅰ组	Ⅱ组							
75	75	76	26	63. 5	20	1. 35	3×25	6	多用于大门、库门及要求转动灵活且较重的门
100	100	102	26	63. 5	20	1. 35	3×2	6	
125	127	127	28	70	22	1. 52	4×30	7	
150	150	152	28	70	22	1. 52	4×30	7	
200	200	203	32	73	24	1. 80	4×35	7	

7. 弹簧合页（QB/T 1738—1993）

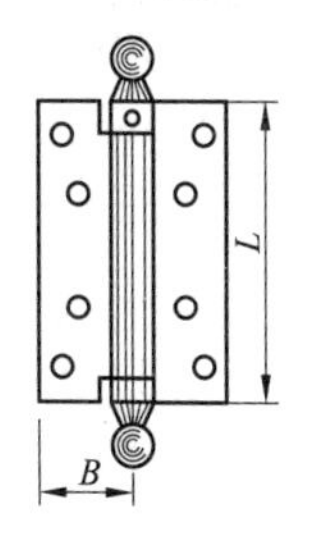

单弹簧合页

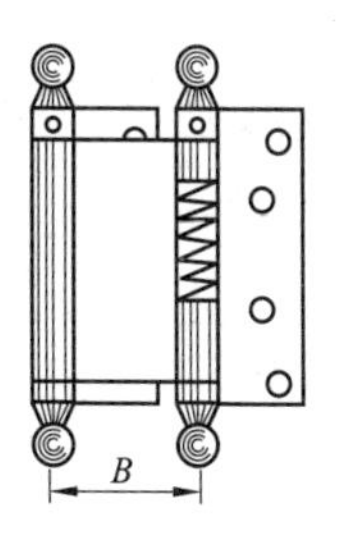

双弹簧合页

mm

规格	页片尺寸				配用木螺钉		用途
	长度 L	宽度 B		厚度	直径×长度	数目（只）	
		单簧式	双簧式				
75	76	36	48	1. 18	3. 5×25	8	安装在开启频繁的大门上。单簧式单向开启，双簧式可向内开启
100	102	39	46	1. 8	3. 5×25	8	
125	127	45	64	2. 0	4×30	8	
150	152	50	64	2. 0	4×30	10	
200	203	71	95	2. 4	4×40	10	
250	254	—	95	2. 4	5×50	10	

8. 轴承合页

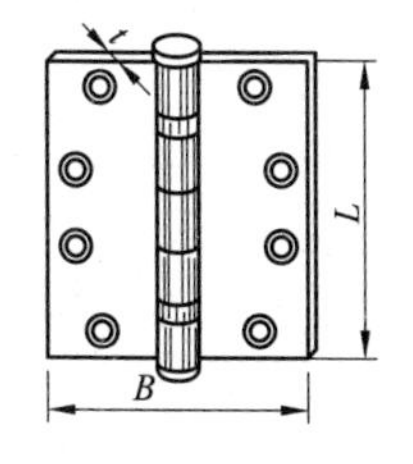

mm

规格	页片尺寸			配用木螺钉（参考）	
	长度 L	宽度 B	厚度 t	直径×长度	数目（只）
114×98	114	98	3. 5	6×30	8

续表

规格	页片尺寸			配用木螺钉（参考）	
	长度 *L*	宽度 *B*	厚度 *t*	直径×长度	数目（只）
114×114	114	114	3.5	6×30	8
200×140	200	140	4.0	6×30	8
102×102	102	102	3.2	6×30	8
114×102	114	102	3.3	6×30	8
114×114	114	114	3.3	6×30	8
127×114	127	114	3.7	6×30	8
用途	管脚之间衬以滚动轴承，使门扇转动时轻便、灵活，多用于重型门扇上				

9. 双袖型合页（GB/T 4595.6—2013）

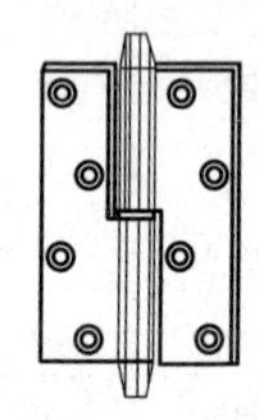

双袖Ⅰ型(左合页)

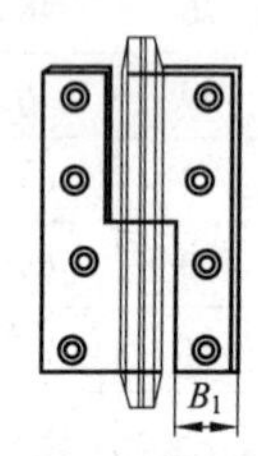

双袖Ⅱ型(左合页)

mm

基本尺寸							配用木螺钉	
长度 *L*	宽度 *B*			厚度 *t*			直径×长度	数目（只）
	Ⅰ型	Ⅱ型	Ⅲ型	Ⅰ型	Ⅱ型	Ⅲ型		
65		55	—	—	1.6	—	3×25	6
75	60	60	50	1.5	1.6	1.5	3×30	6
90		65	—	—	2.0	—	3×35	8
100	70	70	67	1.5	2.0	1.5	3×40	8
125	85	85	83	1.8	2.2	1.8	4×45	8
150	95	95	100	2.0	2.2	2.0	4×50	8
用途	主要用于需要经常脱卸的门窗							

二、拉手和插销

1. 小拉手

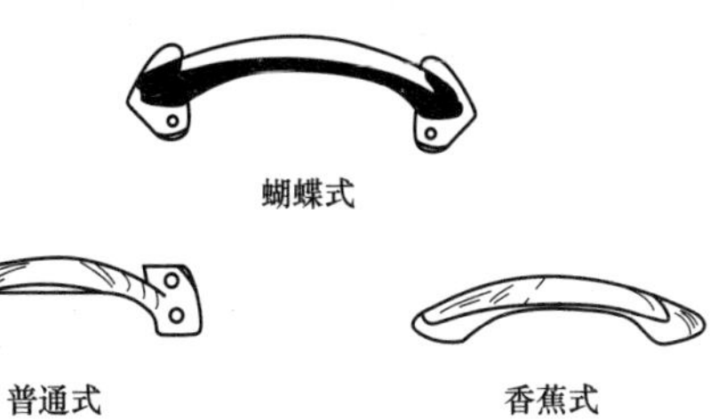

蝴蝶式

普通式　　香蕉式

mm

分类		普通式				蝴蝶式			香蕉式		
全长 L		75	100	125	150	75	100	125	90	110	130
钉孔中心距 B		65	88	108	131	65	88	108	60	75	90
配用螺钉	品种	沉头木螺钉				沉头木螺钉			盘头螺钉		
	直径	3	3.5	3.5	4	3	3.5	3.5	3.5		
	长度	16	20	20	25	16	20	20	25		
	数量(只)	4				4			2		
用途		装在一般木质房门或抽屉上，作推、拉房门或抽屉用，香蕉拉手也常用作工具箱、仪表箱上的拎手									

2. 蟹壳拉手

普通型

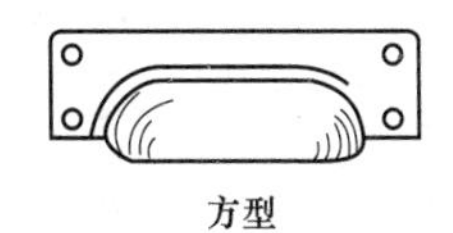

方型

mm

型号	长度	配用木螺钉		用途
		直径×长度	数目（只）	
65 普通型	65	3×16	3	适于门窗、抽屉拉启用
80 普通型	80	3.5×20	3	
90 方型	90	3.5×20	4	

3. 底板拉手

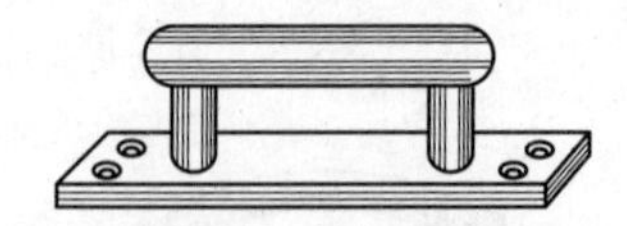

mm

规格	底板长	普通式		方柄式		每副配用木螺钉		用途
		底板宽	底板高	底板宽	底板厚	直径×长度	数目(只)	
150	150	40	5	30	2.5	3.5×25	4	安装在铝合金门和较大的门上，作启闭之用
200	200	48	6.8	35	2.5	3.5×25	4	
250	250	58	7.5	50	3	4×25	4	
300	300	66	8	55	3	4×25	4	

4. 推板拉手

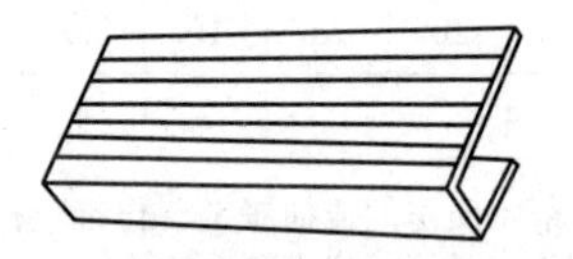

mm

规格	主要尺寸			每副配紧固件(直径×长度)	用途
	长度	宽度	高度		
175	175	55	28	镀锌螺栓 6×85，六角铜球帽 6，铜垫圈 6：各 4 只	安装在铝合金门和较大的门上，作启闭之用
200	200	100	38		
250	250	125	49		
300	300	100	40		

5. 不锈钢双管拉手

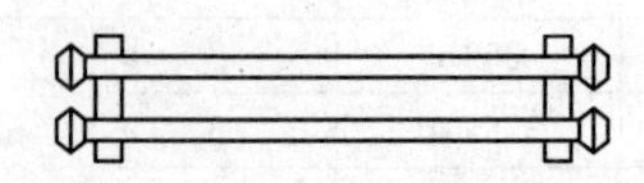

mm

全长	配用木螺钉		用途
	直径	数目（只）	
500、550、600、650、700、750、800、850	4	6	安装在大门上，供推、拉门之用

6. 玻璃大门拉手

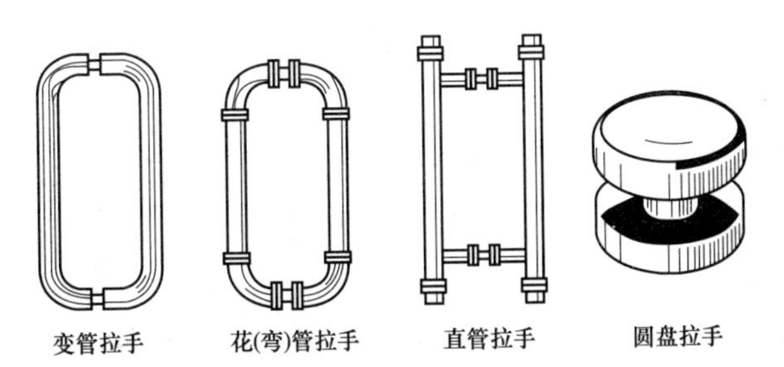

mm

品种	代号	规格	用途
弯管拉手	MA113	管子全长×外径： 600×51，457×38， 457×32，300×32	品种多样，造型美观大方，用料多为优质的表面抛光不锈钢、黄铜，表面喷塑铝合金和有机玻璃等。 主要装在商场、酒楼、俱乐部、大厦等的玻璃大门上，作推、拉门扇用
花（弯）管拉手	MA112 MA113	管子全长×外径： 800×51，600×51， 600×32，457×38 457×32，350×32	
直管拉手	MA104	管子全长×外径： 600×51，457×38 457×32，300×32	
	MA122	管子全长×外径： 800×51，600×54 600×42，457×42	
圆盘拉手（太阳拉手）	—	圆盘直径：160、180、200、220	

7. 梭子拉手

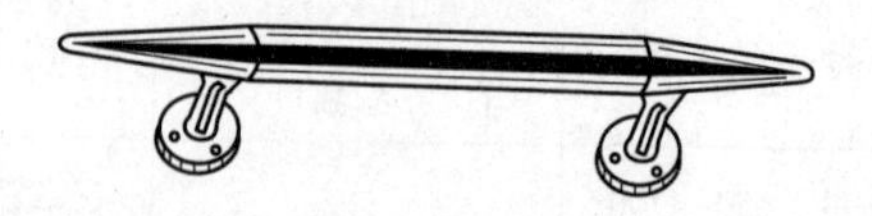

mm

主要尺寸					每副（2只）拉手附镀锌木螺钉	
规格（总长）	管子外径	高度	桩脚底座直径	两桩脚中心距	直径×长度	数目（只）
200	19	65	51	60	3.5×18	12
350	25	69	51	210	3.5×18	12
450	25	69	51	310	3.5×18	12
用途	装在一般房门或大门上，作推、拉门扇用					

8. 圆柱拉手

圆柱拉手

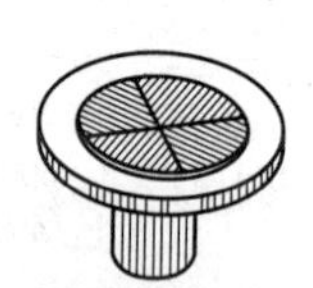

塑料圆柱拉手

mm

品名	制造材料	表面处理	圆柱拉手尺寸		附镀锌半圆头螺钉
			直径	高度	
圆柱拉手	低碳钢	镀铬	35	22.5	M5×25，垫圈5
塑料圆柱拉手	ABS	镀铬	40	20	M5×25
用途	装在橱门或抽屉上，作拉启橱门或抽屉用				

9. 管子拉手

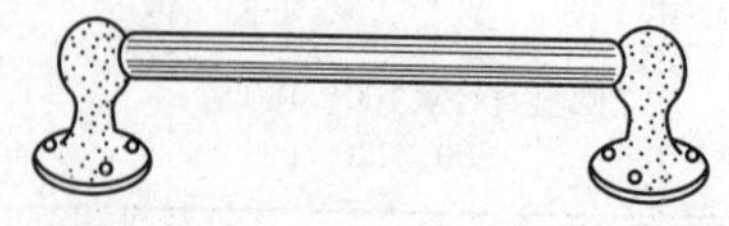

mm

主要尺寸	管子	长度：250、300、400、450、500、550、600、650、700、750、800、850、900、950、1000
		外径×壁厚：32×1.5
	桩头	底座直径×圆头直径×高度：77×65×95
	拉手总长：管子长度+40	
用途	一般装在进出比较频繁的大门上，作推、拉门扇用	

10. 推挡拉手

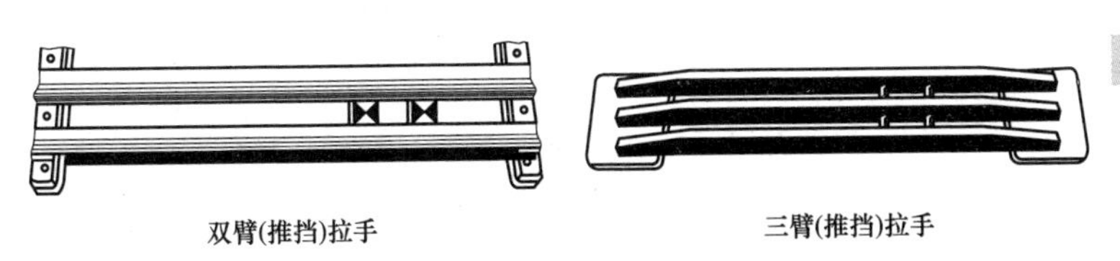

双臂(推挡)拉手　　三臂(推挡)拉手

mm

主要尺寸	拉手全长： 双臂拉手：600、650、700、750、800、850； 三臂拉手：600、650、700、750、800、850、900、950、1000； 底板（长度×宽度）：120×50
每副（2只）拉手附件的品种、规格、数目： 双臂拉手：4×25木螺钉，12只。 三臂拉手：6×25双头螺柱，4只；M6球螺母，8只；M6铜垫圈，8只	
用途	通常横向装在进出比较频繁的大门上，作推、拉门扇用，并起保护门上玻璃的作用

11. 锌合金拉手

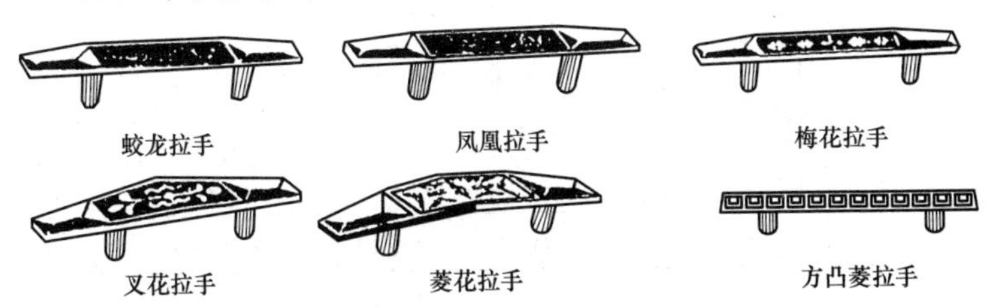

蛟龙拉手　　凤凰拉手　　梅花拉手

叉花拉手　　菱花拉手　　方凸菱拉手

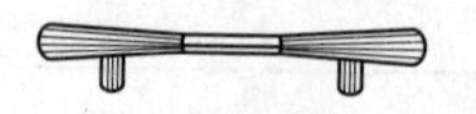
扁线拉手

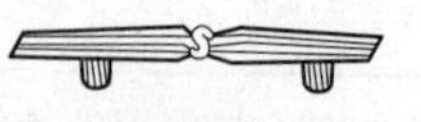
线结拉手

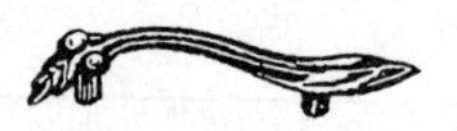
草叶花板拉手

海浪花拉手

花兰花板拉手

鸳鸯果拉手

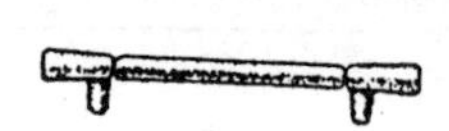
长腰圆拉手

圆环拉手

牡丹花拉手

如意拉手

mm

拉手品种	主要尺寸				拉手品种	主要尺寸			
	全长	宽度	高度	螺孔中心距		全长	宽度	高度	螺孔中心距
蛟龙拉手、凤凰拉手	165	16	24	100	如意拉手	124	25	22	100
	135	14	23.5	75		99	23	21	75
	115	12	23	75	鸳鸯果拉手	140	25	21	80
菱花拉手、叉花拉手	170	16	23	100		117	24	21	70
	140	15	23	75	长腰圆拉手	150	13.5	24	100
	100	14	23	65		130	12.5	22	90
梅花拉手	185	12	23.8	100		110	11.5	21	75
	150	12	23.5	100	圆环拉手	50	45	25	15
	115	12	23.2	75	海浪花拉手	120	30	27	—
方凸菱拉手	146	12	22	100		90	24	27	
	107	10.5	22	75	花兰花板拉手	120	68	23	—
扁线拉手	160	15	22	100		102	60	23	
	120	13	21	75	草叶花板拉手	150	32	28.5	100
线结拉手	160	12	20	100		125	30	26.5	75
	120	11	19	75	牡丹花拉手	100	50	37	65
用途	装在橱门、抽屉、箱盖等上，作拉启橱门、抽屉、箱盖用								

12. 方形大门拉手

mm

规格	手柄长度	托柄长度	底板尺寸			木螺钉		用途
			长度	宽度	厚度	直径×长度	数量（只）	
250	250	190	80	60	3.5	4×25	16	用料主要是表面镀铬的低碳钢。表面抛光的黄铜及塑料安装在进出比较频繁的大门上，作推、拉门扇用
300	300	240						
350	350	290						
400	400	320						
450	450	370						
500	500	420						
550	550	470						
600	600	520						
650	650	550						
700	700	600						
750	750	650						
800	800	680						
850	850	730						
900	900	780						
950	950	830						
1000	1000	880						

13. 普通型钢插销（QB/T 2032—2013）

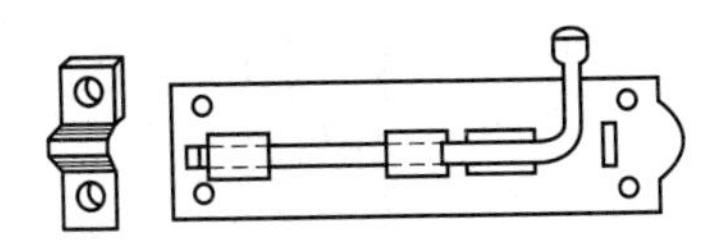

mm

规格	插板长度	插板宽度	插板厚度	配用木螺钉		用途
				直径×长度	数目（只）	
40	40	—	4	—	6	适于门、窗、柜作关闭后固定用，分为封闭型、钢管型、蝴蝶型等。封闭型用于固定关闭密封要求较严的窗；钢管型适用于框架较窄的门窗
50	50	—		—	6	
65	65	25		3×12	6	
75	75	25		3×16	6	
100	100	28		3×16	6	
125	125	28		3×16	8	
150	150	28		3×18	8	
200	200	28		3×18	8	
250	250	28		3×18	8	
300	300	28		3×18	8	
350	350	32		3×20	10	
400	400	32		3×20	10	
450	450	32		3×20	10	
500	500	32		3×20	10	
550	550	32		3×20	10	
600	600	32		3×20	10	

14. 钢插销

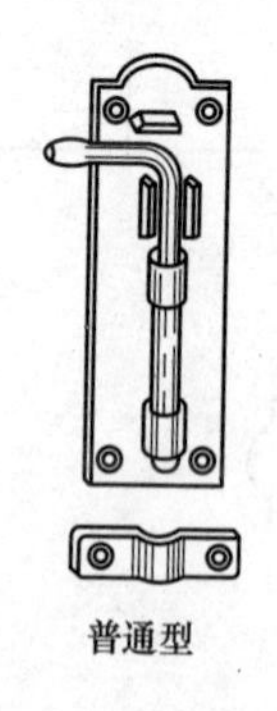
普通型

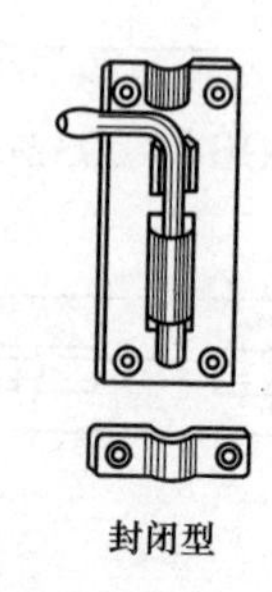
封闭型

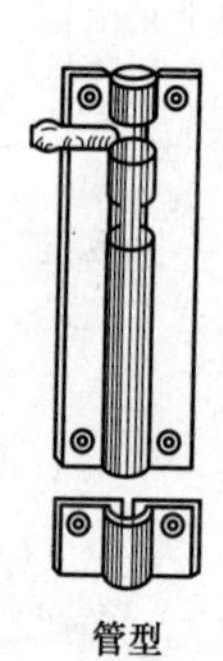
管型

mm

规格	插板长度	插板宽度			插板厚度			配用木螺钉（直径×长度）			
		普通	封闭	管型	普通	封闭	管型	普通	封闭	管型	数目（只）
40	40	—	25	23	—	1.0	1.0	—	3×12	3×12	6
50	50	—	25	23	—	1.0	1.0	—	3×12	3×12	6
65	65	25	25	23	1.2	1.0	1.0	3×12	3×12	3×12	6
75	75	25	29	23	1.2	1.2	1.0	3×16	3.5×16	3×14	6
100	100	28	29	26	1.2	1.2	1.2	3×16	3.5×16	3.5×16	6
125	125	28	29	26	1.2	1.2	1.2	3×16	3.5×16	3.5×16	8
150	150	28	29	26	1.2	1.2	1.2	3×18	3.5×18	3.5×16	8
200	200	28	36	—	1.2	1.3	—	3×18	4×18	—	8
250	250	28	—	—	1.2	—	—	3×18	—	—	8
300	300	28	—	—	1.2	—	—	3×18	—	—	8
350	350	32	—	—	1.2	—	—	3×20	—	—	10
400	400	32	—	—	1.2	—	—	3×20	—	—	10
450	450	32	—	—	1.2	—	—	3×20	—	—	10
500	500	32	—	—	1.2	—	—	3×20	—	—	10
550	550	32	—	—	1.2	—	—	3×20	—	—	10
600	600	32	—	—	1.2	—	—	3×20	—	—	10
用途	用以固定关闭后的门窗。管型插销特别适用于框架较狭的门窗										

15. 蝴蝶型插销（QB/T 2032—2003）

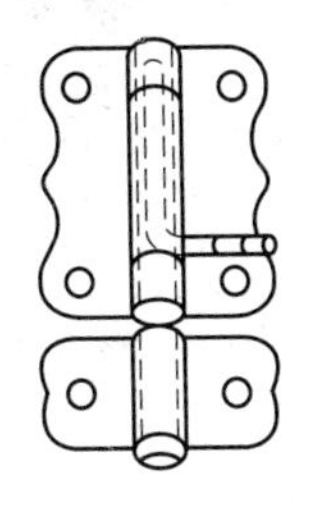

mm

规格	插板尺寸			插杆直径	用途
	长度	宽度	厚度		
40	40	35	1	7.5	适于木制门、窗、柜横向关闩之用
50	50	44		8.5	

16. 暗插销

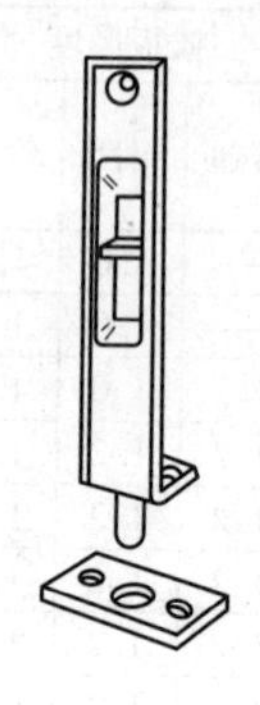

mm

规格	主要尺寸			配用木螺钉		用途
	长度	宽度	深度	直径×长度	数目（只）	
150	150	20	35	3.5×18	5	安装在双扇门窗的侧面位置上固定关闭的门窗
200	200	27	40	3.8×18	5	
250	250	22	45	4×25	5	
300	300	27.25	50	4×25	6	

17. 翻窗插销

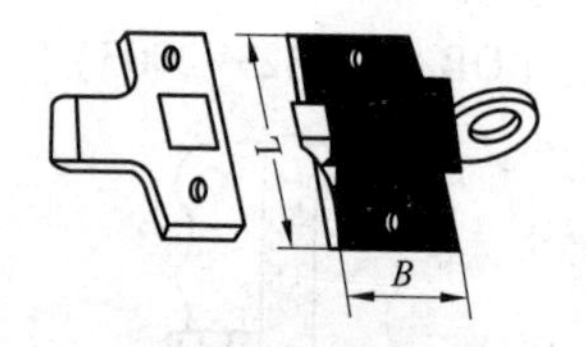

mm

规格	壳体尺寸		配用木螺钉（参考值）		用途
	长度	宽度	直径×长度	数目（只）	
50	50	30	3×5×18	6	适用于启闭高位窗扇、插销内装弹簧
60	60	35	3.5×20	6	
70	70	40	3.5×22	6	
80	80	45	4×22	6	
90	90	50	4×22	6	
100	100	55	4×22	6	

三、锁类

1. 外装单舌门锁

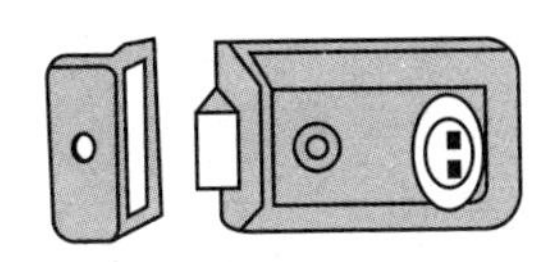

mm

型号	适用门厚	锁体尺寸				用途
		中心距	宽度	高度	厚度	
6141	35~55	62	90	65	27	安装在门上作锁门用。装锁后，室内手执开启，室外用钥匙开启。一般装有室内保险机构，上锁后室外用钥匙也无法开启
6149	35~55	62.5	87	60	27	
6140A	38~58	60	90	63	25	
6140B	38~58	60	90	63	25	
6152	35~55	60	90	63	27	
6162-1	35~55	60	92.5	70	29	
6165	38~58	60	90	60	26	
6565	35~55	60	115	65	47	

2. 外装双舌门锁（QB/T 2437—2000）

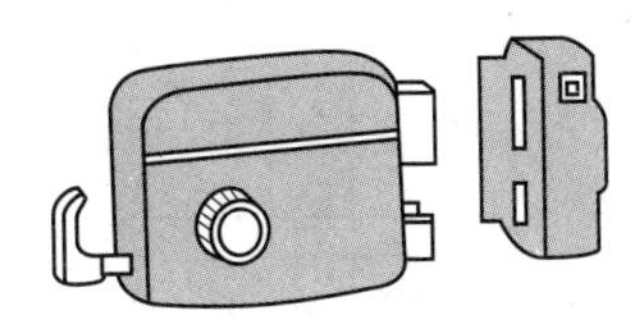

mm

型号	锁头	锁头防钻结构	方舌防锯结构	安全链装置	方舌伸出							用途
					节数	总长度	中心距	宽度	高度	厚度	适用门厚	
6669	单头	无	无	无	1 节	18	45	7730	55	25	35~55	安装在门上，作锁门用。单头锁，室内手执、室外用钥匙开启；双头锁，室内外均用钥匙开启。一般装有室内外保险机构，具有锁体防御性能
6669L	单头	无	有	有	1 节	18	60	91.5	55	25	35~55	
6682	双头	无	无	无	3 节	31.5	60	120	96	26	35~50	
6685	单头	有	有	有	2 节	25	60	100	80	26	35~55	
6685C	单头	有	有	无	2 节	25	60	100	80	26	35~55	
6687	单头	有	有	有	2 节	25	60	100	80	26	35~55	
6687C	双头	有	有	有	2 节	25	60	100	80	26	35~55	
6688	单头	无	无	无	2 节	25	60	100	80	26	35~50	
6690	双头	无	有	无	2 节	22	60	95	84	30	35~55	
6690A	双头	无	有	有	2 节	22	60	95	84	30	35~55	
6692	—	—	—	—	2 节	22	60	95	84	30	35~55	

3. 弹子执手插锁（中型）（QB/T 3838—1999）

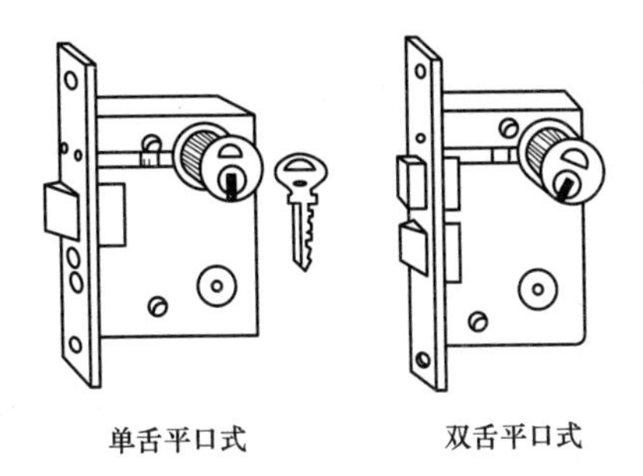

单舌平口式　　双舌平口式

mm

型号		适用门厚	锁体尺寸			用途
单头	双头		宽度	高度	厚度	
9421		38～45	78	110	19	安装在门上作锁门用。单舌锁，将短按钮按进后，室内外均可手执开启；将长按钮按进后，室内仍手执开启，室外用钥匙开启。双舌锁的斜活舌，室内外均手执开启。单头方呆舌，室内用旋钮、室外用钥匙开启。双头锁方呆舌，室内外均须用钥匙开启
9423		38～45	78	110	19	
9425		38～45	78	110	19	
9441	9442	38～45	78	12.6	19	
9443	9444	38～45	78	126	19	
9445	9446	38～45	78	126	19	

4. 球形门锁（GB/T 2476—2000）

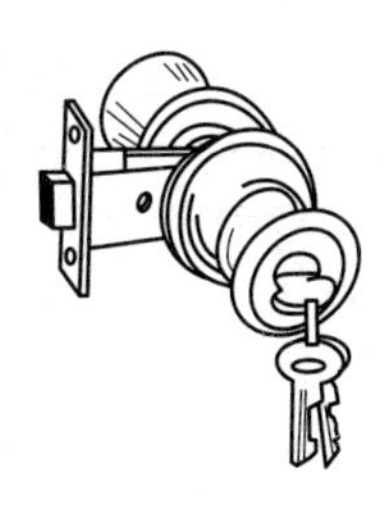

mm

型式	主要尺寸			用途
	中心距	锁舌伸出长度	适用门厚	
防风门锁	60、70、80	≥11、12	35~50	安装在门上作锁门用。品种较多，适于各种不同用途，多用于较高级的建筑物
浴室、更衣室门锁				
房间、办公室门锁				
橱门锁				
厕所门锁				

5. 弹子门锁

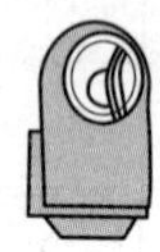
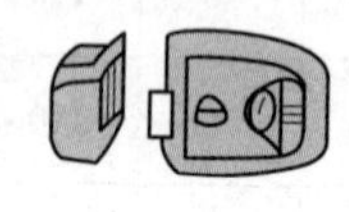

mm

型号	锁体尺寸			适用门厚	用途
	宽度	高度	厚度		
6140	82.5	62	24.5	38~57	装在门上作锁门用。门锁上后，室内手执开启，室外用钥匙开启，室内如用保险钮锁住锁舌后，室内外都不能开启。将锁舌旋进锁体内，再用保险钮锁住，门便可自由开启。带锁舌保险的锁，门锁上后，由于锁舌被锁舌保险件抵住，不能自由伸缩，锁的安全性高。带室外保险锁，门锁上后，如室外将钥匙逆时针反转一圈再拔出，则室内无法开启。这种锁的安全性高，适用于仓库、铁栅门等处
6141	91	65	27	40~58	
6144	82.5	62	24.5	38~57	
6149	87	60	27	40~58	
6150	88	63	28.5	38~57	
6162	92.5	65	28	40~58	

6. 弹子抽屉锁

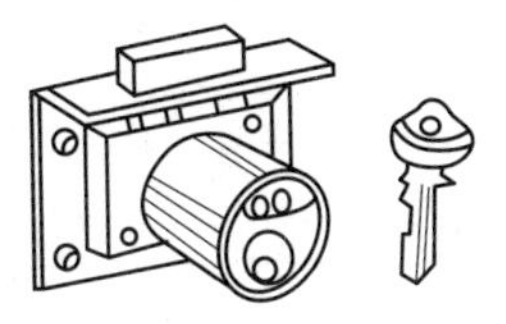

mm

<table>
<tr><th rowspan="2">品种</th><th colspan="4">主要尺寸</th><th rowspan="2">用途</th></tr>
<tr><th>锁头直径</th><th>底板长</th><th>底板宽</th><th>总高度</th></tr>
<tr><td>普通式、蟹钳式、斜舌式</td><td rowspan="2">16、18、20、22、22.5</td><td rowspan="2">53</td><td rowspan="2">40.2</td><td>28</td><td rowspan="2">用于各种家具的抽屉或橱门上作抽屉锁或橱门锁</td></tr>
<tr><td>低锁头式、低锁头蟹钳式</td><td>24.6</td></tr>
</table>

7. 橱门锁

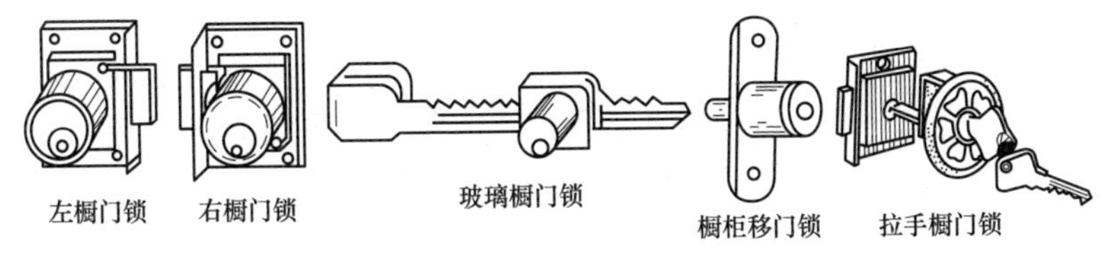

mm

<table>
<tr><th>品种</th><th>锁头直径</th><th>锁头高度</th><th>齿条长</th><th>用途</th></tr>
<tr><td>玻璃橱门锁</td><td>18、22，椭圆形为 17×21</td><td>16、16.7</td><td>110</td><td rowspan="4">主要用于各类钢、木家具橱门。玻璃橱门锁专用于玻璃柜橱门上，移门锁专用于横移式门上</td></tr>
<tr><td>左、右橱门锁</td><td>22.5</td><td>20</td><td>—</td></tr>
<tr><td>拉手橱门锁</td><td>14.5、18</td><td>20、16.7、20</td><td>—</td></tr>
<tr><td>橱柜移门锁</td><td>19、22</td><td>26、30</td><td>—</td></tr>
</table>

四、钉、纱、网

1. 一般用途圆钢钉（YB/T 5002—1993）

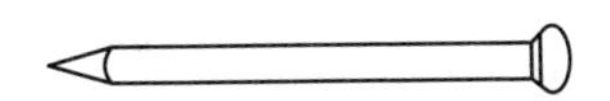

钉长（mm）	钉杆直径（mm）			每1000只大约质量（kg）			用途
	重型	标准型	轻型	重型	标准型	轻型	
10	1.10	1.00	0.90	0.079	0.062	0.045	用于钉固木、竹器材，包括各种家具、竹器、乐器、文教用具、墙壁内板条、农具等
13	1.20	1.10	1.00	0.120	0.097	0.080	
16	1.40	1.20	1.10	0.207	0.142	0.119	
20	1.60	1.40	1.20	0.324	0.242	0.177	
25	1.80	1.60	1.40	0.511	0.359	0.302	
30	2.00	1.80	1.60	0.758	0.600	0.473	
35	2.20	2.00	1.80	1.06	0.860	0.700	
40	2.50	2.20	2.00	1.56	1.19	0.990	
45	2.80	2.50	2.20	2.22	1.73	1.34	
50	3.10	2.80	2.50	3.02	2.42	1.92	
60	3.40	3.10	2.80	4.35	3.56	2.90	
70	3.70	3.40	3.10	5.94	5.00	4.15	
80	4.10	3.70	3.40	8.30	6.75	5.71	
90	4.50	4.10	3.70	11.3	9.35	7.63	
100	5.00	4.50	4.10	15.5	12.5	10.4	
110	5.50	5.00	4.50	20.9	17.0	13.7	
130	6.00	5.50	5.00	29.1	24.3	20.0	
150	6.50	6.00	5.50	39.4	33.3	28.0	
175	—	6.50	6.00	—	45.7	38.9	
200	—	—	6.50	—	—	52.1	

2. 水泥钉（高强度钢钉）

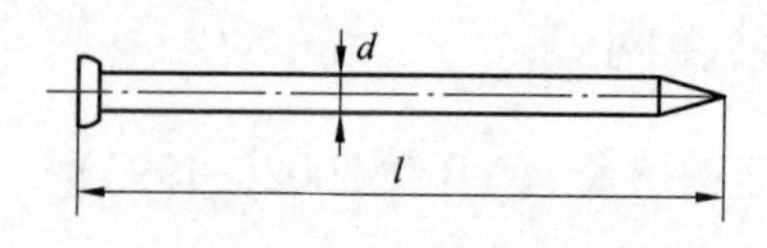

mm

钉号	钉杆尺寸（mm）		每1000只大约质量（kg）	钉号	钉杆尺寸（mm）		每1000个大约质量（kg）
	长度 l	直径 d			长度 l	直径 d	
7	101.6	4.57	13.38	10	50.8	3.40	3.92
7	76.2	4.57	10.11	10	38.1	3.30	3.01
8	76.2	4.19	8.55	10	25.4	3.40	2.11
8	63.5	4.19	7.17	11	38.1	3.05	2.49
9	50.8	3.76	4.73	11	25.4	3.05	1.76
9	38.1	3.76	3.62	12	38.1	2.77	2.10
9	25.4	3.76	2.51	12	25.4	2.77	1.40

3. 扁头圆钉

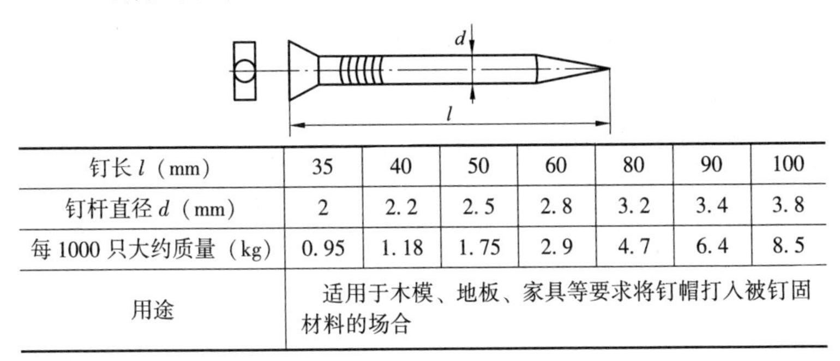

钉长 l（mm）	35	40	50	60	80	90	100
钉杆直径 d（mm）	2	2.2	2.5	2.8	3.2	3.4	3.8
每1000只大约质量（kg）	0.95	1.18	1.75	2.9	4.7	6.4	8.5
用途	适用于木模、地板、家具等要求将钉帽打入被钉固材料的场合						

4. 油毡钉

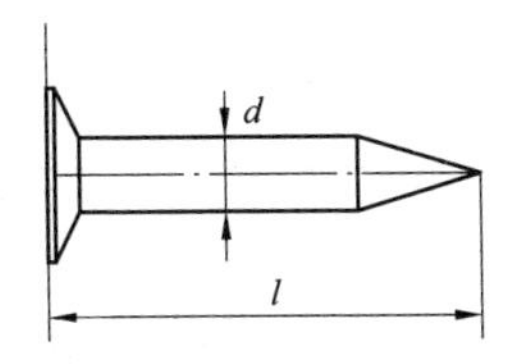

钉长 l（mm）	15	20	25	30
钉杆直径 d（mm）	2.5	2.8	3.1	3.4
每1000只大约质量（kg）	0.58	1	1.5	2
用途	修建房屋、工棚时用来钉固油毡，为防止渗漏，一般在钉帽下加一油毡垫圈			

5. 拼钉

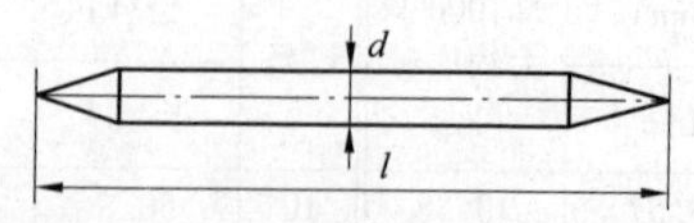

钉长 l（mm）	25	30	35	40	45	50	60
钉杆直径 d（mm）	1.6	1.8	2	2.2	2.5	2.8	2.4
每1000只大约质量（kg）	0.36	0.55	0.79	1.08	1.52	2	2.4
用途	适用于竹木家具、门窗等拼合时作销钉连接						

6. 瓦楞钉

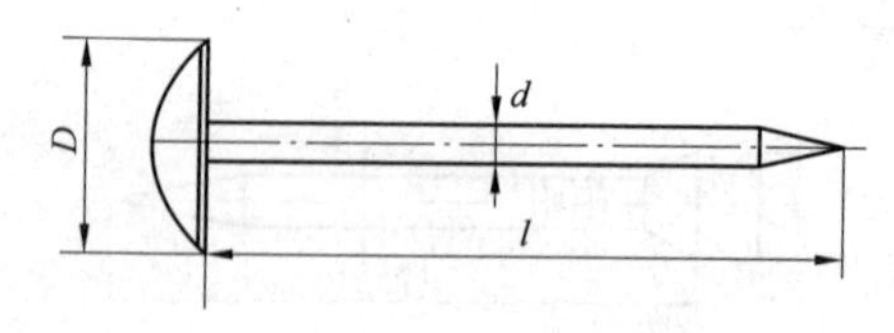

钉身直径 d（mm）	钉帽直径 D（mm）	长度 l（除帽，mm）				用途
		38	44.5	50.8	63.5	
		每1000只大约质量（kg）				
3.73	20	6.30	6.75	7.35	8.35	专供修建房屋时固定屋面瓦楞铁皮用，一般应在钉帽下加一垫圈
3.37	20	5.58	6.01	6.44	7.30	
3.02	18	4.53	4.90	5.25	6.17	
2.74	18	3.74	4.03	4.32	4.90	
2.38	14	2.30	2.38	2.46	—	

7. 骑马钉

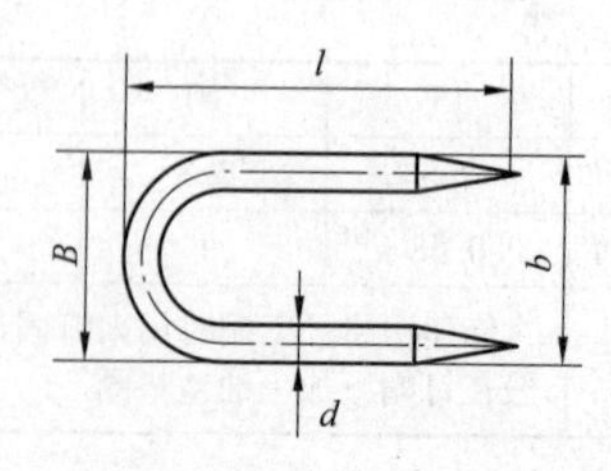

钉长 l（mm）	10	15	20	25	30
钉杆直径 d（mm）	1.6	1.8	2	2.2	2.5
大端宽度 B（mm）	8.5	10	10.5	11	13
小端宽度 b（mm）	7	8	8.5	8.8	10.5
每1000只大约质量（kg）	0.37	0.50	0.89	1.36	2.19
用途	主要用于固定金属板网、金属丝网及刺丝或室内外挂线等，也可用于固定捆绑木箱的钢丝				

8. 家具钉

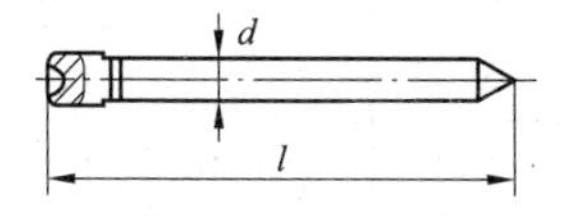

代号	钉杆尺寸（mm）		每1000只大约质量（kg）	用途
	长度 l	直径 d		
2D	25.4	1.48	0.34	制作家具时使用，其特点是可将钉头隐于木材内
3D	31.75	1.71	0.57	
4D	38.10	1.83	0.79	
5D	44.45	1.83	0.92	
6D	50.80	2.32	1.68	
7D	57.15	2.32	1.90	
8D	63.50	2.50	2.45	
9D	69.85	2.50	2.69	
10D	76.20	2.87	3.87	
12D	82.55	2.87	4.19	
16D	88.90	3.06	5.13	
20D	101.60	3.43	7.37	
30D	114.30	3.77	10.02	
40D	127	4.11	13.23	

9. 木螺钉

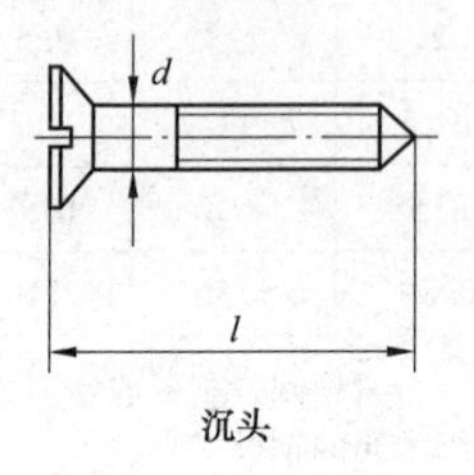

沉头

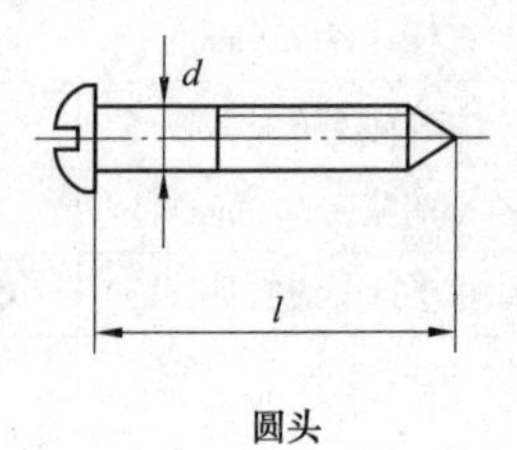

圆头

mm

直径 d	开槽木螺钉钉长 l			十字槽木螺钉钉长 l	长度系列	用途
	沉头	圆头	半沉头			
1.6	6~12	6~12	6~12	—	6、8、10、12、14、16、18、20、25、30、35、40、45、50、60、70、80、90、100、120	适用于将金属零件，如铰链、门锁、插销等紧固在木制器具上，可根据连接强度的要求选用沉头、圆头或半沉头木螺钉
2	6~16	6~14	6~16	6~16		
2.5	6~25	6~22	6~25	6~25		
3	8~30	8~25	8~30	8~30		
3.5	8~40	8~38	8~40	8~40		
4	12~70	12~65	12~70	12~70		
5	18~100	16~90	18~100	18~100		
6	25~120	22~120	30~120	25~120		
8	40~120	38~120	40~120	40~120		
10	75~120	65~120	70~120	70~120		

10. 窗纱（QB/T 4285—2012）

每英寸目数（经×纬）	孔距（经×纬，mm×mm）	宽度×长度（m×m）
金属丝编织涂漆、涂塑、镀锌窗纱		
12×14	1.8×1.8	1×25，1×30，0.914×30，0.914×48
16×16	1.6×1.6	
18×16	1.4×1.4	

续表

玻璃纤维 涂塑窗纱		
14×14	1.8×1.8	1×25，1×30，0.914×30，0.914×48
16×16	1.6×1.6	
塑料窗纱（聚乙烯）		
16×16	1.6×1.6	1×25，1×30，0.914×30，0.914×48

11. 钢板网（QB/T 2959—2008）

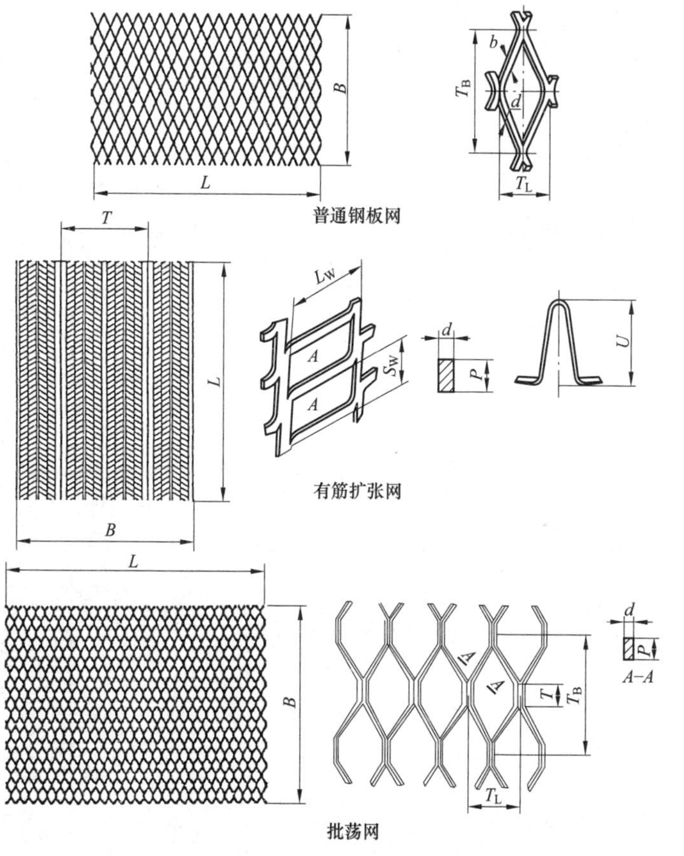

T_L—短节距；T_B—长节距；d—板厚；b—丝梗宽；B—网面宽；L—网面长

(1) 普通钢板网

d (mm)	网格尺寸 (mm)			网面尺寸 (mm)		钢板网理论质量 (kg/m^2)
	T_L	T_B	b	B	L	
0.3	2	3	0.3	100~500		0.71
	3	4.5	0.4			0.63
0.4	2	3	0.4	500	—	1.26
	3	4.5	0.5			1.05
0.5	2.5	4.5	0.5	500		1.57
	5	12.5	1.11	1000		1.74
	10	25	0.96	2000	600~4000	0.75
0.8	8	16	0.8	1000		1.26
	10	20	1		600~5000	1.26
	10	25	0.96			1.21
1.0	10	25	1.10		600~5000	1.73
	15	40	1.68			1.76
1.2	10	25	1.13			2.13
	15	30	1.35			1.70
	15	40	1.68			2.11
1.5	15	40	1.69		4000~5000	2.65
	18	50	2.03	2000		2.66
	24	60	2.47			2.42
2.0	12	25	2			5.23
	18	50	2.03			3.54
	24	60	2.47			3.23
3.0	24	60	3.0		4800~5000	5.89
	40	100	4.05		3000~3500	4.77
	46	120	4.95		5600~6000	5.07
	55	150	4.99		3300~3500	4.27

续表

d (mm)	网格尺寸 (mm)			网面尺寸 (mm)		钢板网理论质量 (kg/m^2)
	T_L	T_B	b	B	L	
4.0	24	60	4.5	2000	3200~3500	11.77
	32	80	5.0		3850~4000	9.81
	40	100	6.0		4000~4500	9.42
5.0	24	60	6.0		2400~3000	19.62
	32	80	6.0		3200~3500	14.72
	40	100	6.0		4000~4500	11.78
	56	150	6.0		5600~6000	8.41
6.0	24	60	6.0		2900~3500	23.55
	32	80	7.0		3300~3500	20.60
	40	100	7.0		4150~4500	16.49
	56	150	7.0		5800~6000	11.77
8.0	40	100	8.0		3650~4000	25.12
	40	100	9.0		3250~3500	28.26
	60	150	9.0		4800~5000	18.84
10.0	45	100	10.0	1000	4000	34.89

（2）有筋扩张网

网格尺寸 (mm)			网面尺寸 (mm)				材料镀锌层双面质量 (g/m^2)	钢板网理论质量 (kg/m^2)					
								d (mm)					
S_W	L_W	P	U	T	B	L		0.25	0.30	0.35	0.40	0.45	0.50
5.5	8	1.28	9.5	97	686	2440	≥120	1.16	1.40	1.63	1.86	2.09	2.33
11	16	1.22	8	150	600	2440	≥120	0.66	0.79	0.92	1.05	1.17	1.31
8	12	1.20	8	100	900	2440	≥120	0.97	1.17	1.36	1.55	1.75	1.94
5	8	1.42	12	100	600	2440	≥120	1.45	1.76	2.05	2.34	2.64	2.93
4	7.5	1.20	5	75	600	2440	≥120	1.01	1.22	1.42	1.63	1.82	2.03
3.5	13	1.05	6	75	750	2440	≥120	1.17	1.42	1.65	1.89	2.12	2.36
8	10.5	1.10	8	50	600	2440	≥120	1.18	1.42	1.66	1.89	2.13	2.37

续表

(3) 批荡网

d (mm)	D (mm)	网格尺寸 (mm)		网面尺寸 (mm)			材料镀锌层双面质量 (g/m^2)	钢板网理论质量 (g/m^2)
		T_L	T_B	T	B	L		
0.4	1.5	17	8.7	4	2440	690	≥120	0.95
0.5	1.5	20	9.5					1.36
0.6	1.5	17	8					1.84
用途	用于工业与民用建筑、装备制造业、交通、水利、市政以及耐用消费品等方面，通常采用低碳钢、不锈钢等材料							

注 1. 钢板网长度可根据市场可供钢板作调整。
2. 钢板网按产品用途分为普通钢板网（代号 P）和建筑网，建筑网又分有筋扩张网（代号 Y）和批荡网（代号 D）；按产品材料分为非镀锌低碳钢（代号 F）、镀锌低碳钢（代号 D）、不锈钢（代号 B）和其他（代号 Q）。

12. 铝板网

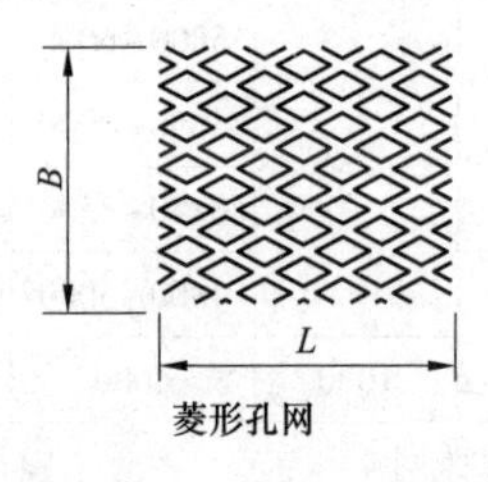

菱形孔网

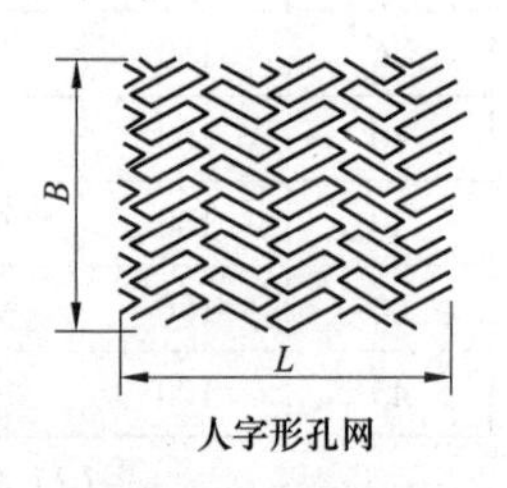

人字形孔网

mm

菱形

d	网格尺寸		网面尺寸	
	T_L	T_B	B	L
0.4	2.3	6	200~500	500、650、1000
0.5	2.3	6		
	3.2	8		
	5	12.5		
1.0	5	12.5	1000	2000

人字形

d	网格尺寸		网面尺寸	
	T_L	T_B	B	L
0.4	1.7	6	200~500	500、650、1000
0.5	2.2	8		
	1.7	6		
	2.2	8		
	3.5	12.5		
1.0	3.5	12.5	1000	2000

用途：适用于仪器设备、建筑物的通风、防护和装饰，亦可作过滤用。尺寸代号 T_L、T_B、B、L、d 的意义同钢板网

13. 镀锌电焊网（QB/T 3897—1999）

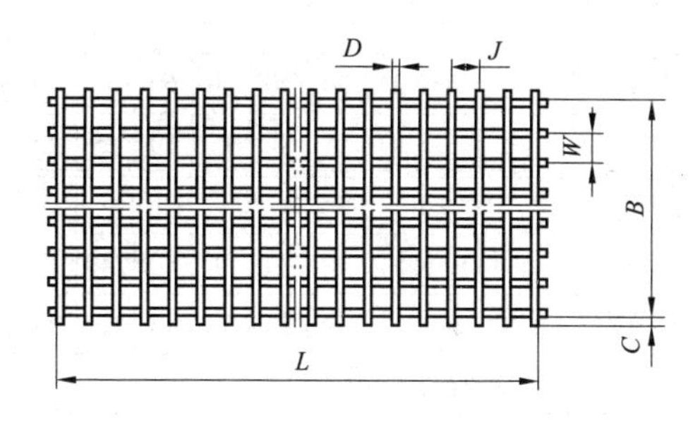

mm

<table>
<tr><th>网号</th><th>网孔尺寸 J×W
(经向网孔长×纬向网孔长)</th><th>丝径 D</th><th>网边露头长 C</th><th>网宽 B</th><th>网长 L</th></tr>
<tr><td>20×20</td><td>50. 80×50. 80</td><td rowspan="3">1. 85~2. 50</td><td rowspan="3">≤2. 5</td><td rowspan="8">914</td><td rowspan="8">30000、30480</td></tr>
<tr><td>10×20</td><td>25. 40×50. 80</td></tr>
<tr><td>10×10</td><td>25. 40×24. 50</td></tr>
<tr><td>04×10</td><td>12. 7×25. 40</td><td rowspan="2">1. 00~1. 80</td><td rowspan="2">≤2</td></tr>
<tr><td>06×06</td><td>19. 05×19. 05</td></tr>
<tr><td>04×04</td><td>12. 70×12. 70</td><td rowspan="3">0. 50~0. 90</td><td rowspan="3">≤1. 5</td></tr>
<tr><td>03×03</td><td>9. 53×9. 53</td></tr>
<tr><td>02×02</td><td>6. 35×6. 35</td></tr>
<tr><td>用途</td><td colspan="5">用于建筑、种植、养殖围栏</td></tr>
</table>

14. 斜方眼网

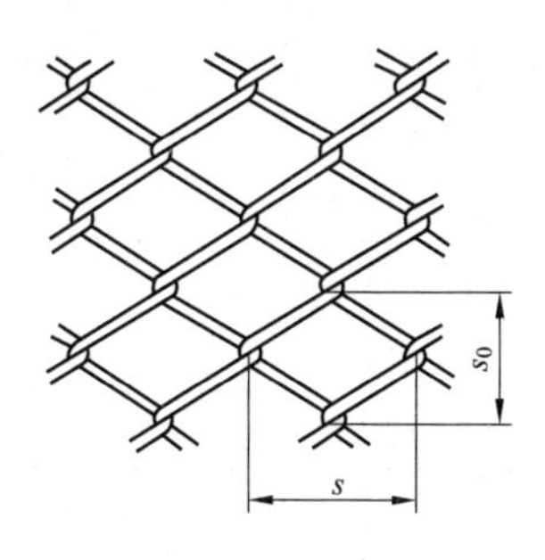

mm

丝径		0.9	1.25			1.6			2			2.8	
网孔尺寸	长节距 s	18	16	20	30	20	30	60	30	40	60	38	40
	短节距 s_0	12	8	10	15	8	15	30	15	20	30	38	17
丝径		2.8		3.5				4		5	6	8	
网孔尺寸	长节距 s	60	100	51	60	70	100	80	240	100			
	短节距 s_0	30	50	51	30	35	50	40	120	25	50		
用途	用于建筑围栏及设备防护												

15. 点焊网

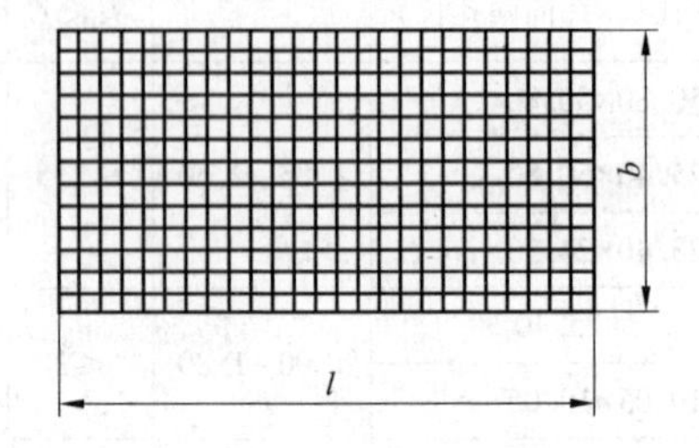

mm

网孔尺寸		丝径	网面尺寸		材质
经向	纬向		网长 l	网宽 b	
6.4	6.4	0.64~1.06	30000	609、762、914、1000	Q195
9.5	9.5				
12.7	12.7	0.71~1.06			
19	19	1.06~1.65			
25.4	25.4	1.24~1.82			
25.4	25.4	1.24~1.47			
50.8	50.8	2.41			
50.8	50.8	1.82			
用途	用于建筑业及防护栅栏等				

16. 六角网（QB/T 1925.2—1993）

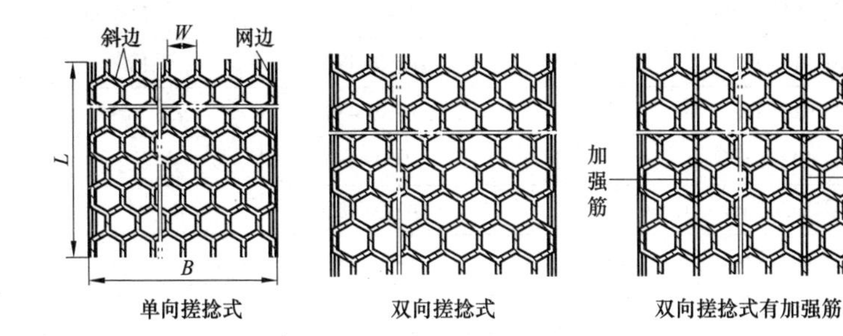

单向搓捻式　　双向搓捻式　　双向搓捻式有加强筋

mm

规格（网孔尺寸 W）	斜边差 C	网面丝径	
		镀前 d	镀后
10（±3）	≤2.5	0.40~0.60	≥d+0.02
13（±3）	≤3	0.40~0.90	
16（±3）	≤4	0.40~0.90	
20（±3）	≤5	0.40~1.00	
25（±3）	≤6.5	0.40~1.30	
30（±）4	≤7.5	0.45~1.30	
40（±5）	≤8	0.50~1.30	
50（±6）	≤10	0.50~1.30	
70（±12）	≤12	0.50~1.30	
用途	用于建筑保温、防护、围栏等一般用途的金属丝编织六角网		

17. 铝合金花格网

型号	花型	规格（mm）	颜色
AG104-7	单花	1150×4200	银色
AG104-7	单花	1150×4200	古、金
AG107-7	双花	940×4100	银色
AG107-7	双花	940×4100	古、金

续表

型号	花型	规格（mm）	颜色
AG916-12	双花	1150×4300	银色
AG916-12	双花	1150×4300	古、金
AG102-25	单花	1000×4800	银色
AG102-25	单花	1000×4800	古、金
AG107-25	双花	940×4200	银色
AG107-25	双花	940×4200	古、金
用途	适用于大厦平窗、凸窗、花架、球场防护网、栏杆、遮阳、护沟、踏板、便桥、工地围墙、屋顶设备、落物防护等设施的安全与装饰		

18. 其他门窗小五金和配件

(1) 窗钩（QB/T 1106—1991）。

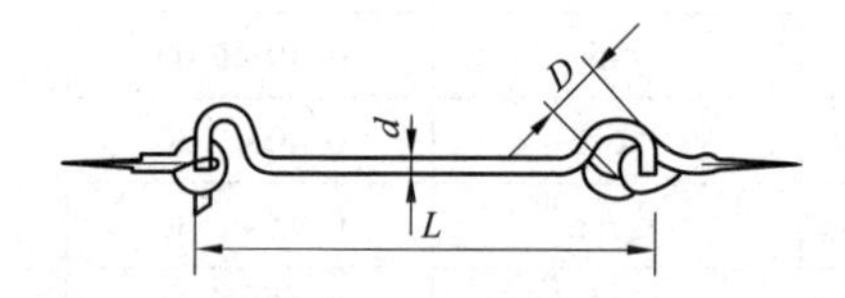

mm

长度 L		40	50	65	75	100	125	150	200	250	300
直径 d	普通	2.8	2.8	2.8	3.2	3.6	4	4.5	5	5.4	5.8
	粗型	—	—	—	4	4.5	5	5.4	—	—	—
羊眼外径 D	普通	9.6	9.6	9.6	11	12.4	13.8	15.2	16.6	18	19.4
	粗型				13.8	15.2	16.6	18	—	—	—
用途	装置在门窗上，用来扣住开启的门窗，防止被风吹动，也可当作搁板支架										

注　材料为低碳钢，表面镀锌或涂漆。

(2) 羊眼。

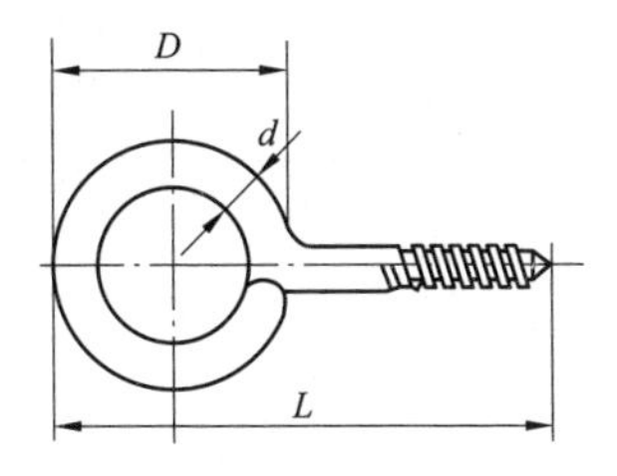

mm

号码	主要尺寸			号码	主要尺寸		
	直径 d	圈外径 D	全长 L		直径 d	圈外径 D	全长 L
1	1.6	9	20	10	4.2	19	41
2	1.8	10	22	11	4.5	20	43
3	2.2	11	24	12	5.0	21	46
4	2.5	12	26	13	5.2	22.5	49
5	2.8	13	28	14	5.5	24	52
6	3.2	14	31	16	6.0	26	58
7	3.5	15.5	34	18	6.5	28	64
8	3.8	17	37	20	7.2	31	70
9	4.0	18	39				
用途	用于悬挂各种物件，还可装于家具上供挂锁之用						

(3) 灯钩。

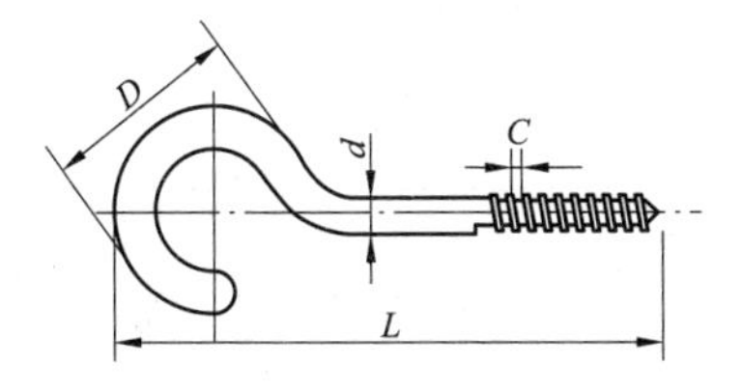

mm

规格	号码	各部尺寸			
		长度 L	钩外径 D	直径 d	螺距 C
35	3	35	13	2.5	1.15
40	4	40	14.5	2.8	1.25

续表

规格	号码	各部尺寸			
		长度 L	钩外径 D	直径 d	螺距 C
45	5	45	16	3.1	1.4
50	6	50	17.5	3.4	1.6
55	7	55	19	3.7	1.7
60	8	60	20.5	4	1.8
65	9	65	22	4.3	1.95
70	10	70	24.5	4.6	2.1
80	12	80	30	5.2	2.3
90	14	90	35	5.8	2.5
105	16	105	41	6.4	2.8
115	18	110	46	8.4	3.175
用途	用于吊挂灯具和其他物件				

注　材料为低碳钢，表面镀锌或镀镍。

（4）其他灯钩。

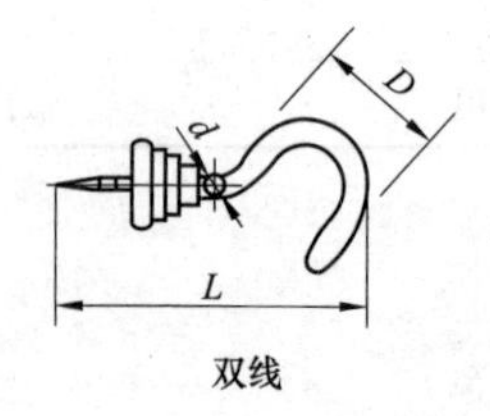

双线

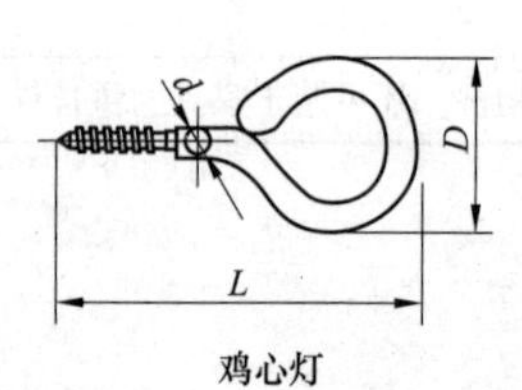

鸡心灯

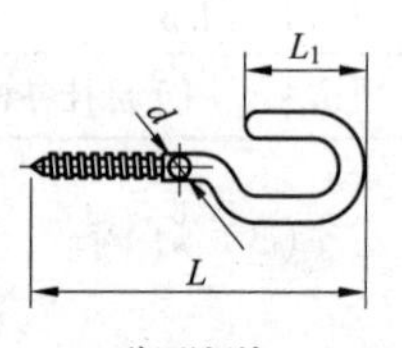

瓶形灯钩

mm

名称	规格	各部尺寸			用途
		长度 L	钩外径 D	直径 d	
双线灯钩	54	54	24.5	2.5	用于挂灯具
鸡心灯钩	22	22	10.5	2.5	
瓶形灯钩	27.5	27.5	8.5	2.2	

(5) 锁扣。

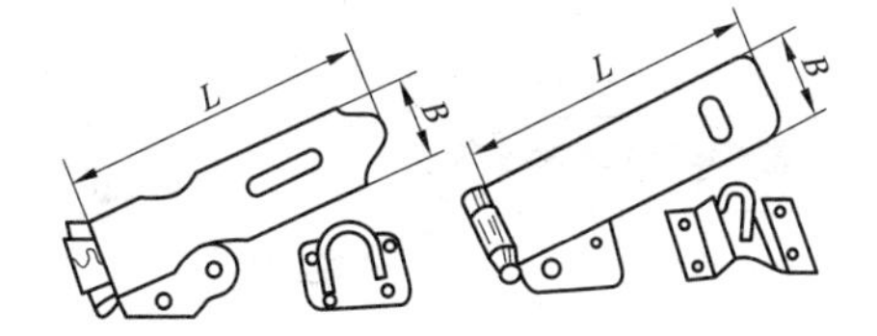

mm

规格	面板尺寸						配沉头木螺钉			用途
	长度 L		宽度 B		厚度		直径×长度		用量(只)	
	普通	宽型	普通	宽型	普通	宽型	普通	宽型		
40	38.5	38	17	20	1	1.2	2.5×10	2.5×10	7	装于门、窗、柜、箱、抽屉等上供挂锁用
50	55	52	20	27	1	1.2	2.5×10	3×12	7	
65	67	65	23	32	1	1.2	2.5×10	3×14	7	
75	75	78	25	32	1.2	1.2	3×14	3×16	7	
90	—	88	—	36	—	1.4	—	3.5×18	7	
100	—	101	—	36	—	1.4	—	3.5×20	7	
125	—	127	—	36	—	1.4	—	3.5×20	7	

(6) 门镜。

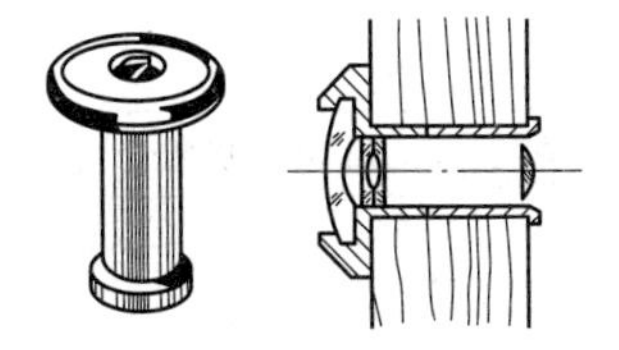

mm

品种	(1) 按视场角分：180°、160°、120°。 (2) 按镜片材料分：光学玻璃、有机玻璃。 (3) 按镜筒材料分：黄铜、ABS 塑料		
规格	镜筒外径	14	12
	适用门厚	23~43，28~48	23~43
用途	装在门上，供人从室内观察室外情况之用，而从室外却无法观察室内情况		

（7）安全链。

mm

规格	锁扣板全长：125
用途	装于房门上。使用时，将链条上的扣钮插在锁扣板上，可以使房门只能开启成10°左右角度，防止室外陌生人趁开门之机突然闯进室内；亦可供平时只让室内通风，不让自由进出之用。如将扣钮从锁扣板中取出，房门才能全部开启

（8）低碳钢侧角。

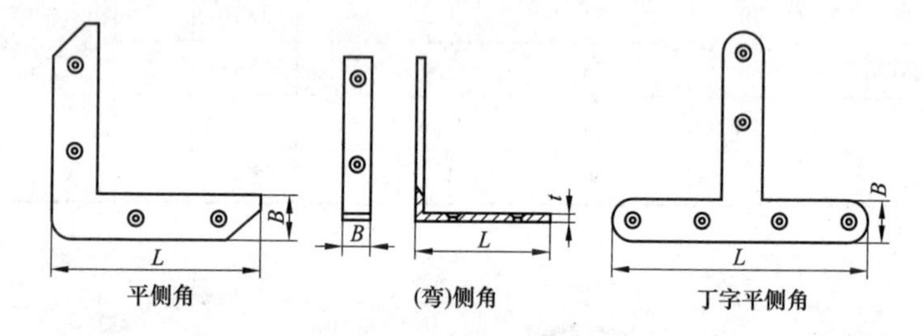

平侧角　　(弯)侧角　　丁字平侧角

mm

品种		小平侧角	平侧角	大平侧角	（弯）侧角		丁字平侧角
主要尺寸	边长 L	85	125	150	65	100	108
	宽度 B	18	18	18	12	16	18
	厚度 t	2	3	3	3	3	2
	钉孔直径	4.2	4.2	4.2	4.2	4.2	4.2
	钉孔数(个)	4	4	4	4	6	6
用途	平侧角用于钉在木质门、窗、桌、椅等直角连接处的平面表面上；丁字平侧角用于钉在木质门、窗T形连接处的平面表面上；（弯）侧角用于钉在木质门、窗、桌、椅等直角连接处的侧面表面上。均用以加强这些连接处的连接强度						

注　侧角表面应镀锌。

第五篇

建筑装饰机械五金、器材和工具

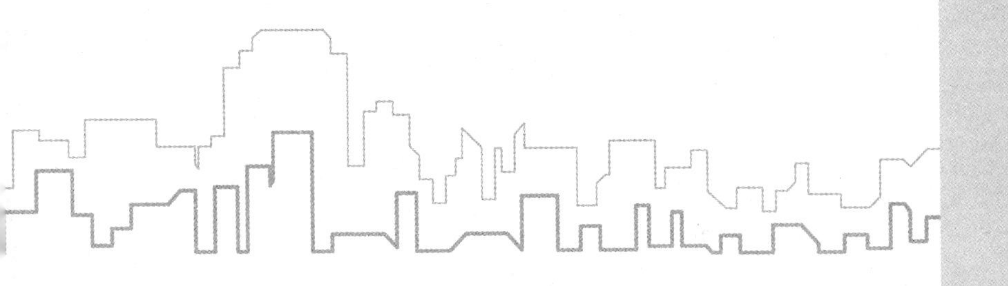

第十一章

紧　固　件

一、螺栓、螺柱

1. 六角头螺栓

（1）六角头螺栓—C级（GB/T 5780—2016）、六角头螺栓（全螺纹）—C级（GB/T 5781—2016）。

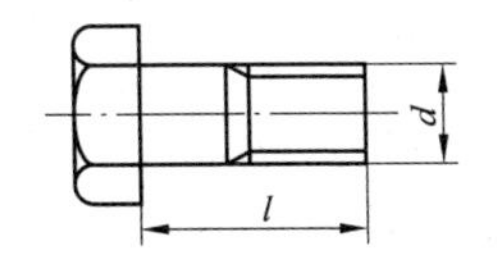

mm

螺纹规格 d	螺杆长度 l		螺纹规格 d	螺杆长度 l	
	GB/T 5780 部分螺纹	GB/T 5781 全螺纹		GB/T 5780 部分螺纹	GB/T 5781 全螺纹
M5	25~50	10~40	M24	80~240	50~100
M6	30~60	12~50	M30	90~300	60~100
M8	35~80	16~65	M36	110~300	70~100
M10	40~100	20~80	M42	160~420	80~420
M12	45~120	25~100	M48	180~480	100~480
M16	55~160	35~100	M56	220~500	110~500
M20	65~200	40~100	M64	260~500	120~500
螺杆长度系列	6、8、10、12、16、20、25、30、35、40、45、50、60、70、80、90、100、110、120、130、140、150、160、180、200、220、240、260、280、300、320、340、360、380、400、420、440、460、480、500				

（2）六角头螺栓—A 和 B 级（GB/T 5782—2016）、六角头螺栓（全螺纹）—A 和 B 级（GB/T 5783—2016）、六角头螺栓（细杆）—B 级（GB/T 5784—1986）。

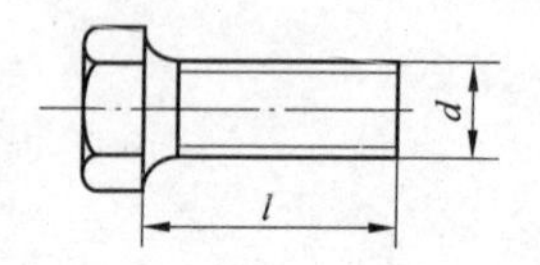

mm

螺纹规格 d	螺杆长度 l			螺纹规格 d	螺杆长度 l	
	GB/T 5782 部分螺纹	GB/T 5783 全螺纹	GB/T 5784 细　杆		GB/T 5782 部分螺纹	GB/T 5783 全螺纹
M3	20～30	6～30	20～30	M30	90～300	40～100
M4	25～40	8～40	20～40	M36	110～360	40～100
M5	25～50	10～50	25～50	M42	130～400	80～500
M6	30～60	12～60	25～60	M48	140～400	100～500
M8	35～80	16～80	30～80	M56	160～400	110～500
M10	40～100	20～100	40～100	M64	200～400	120～500
M12	45～120	25～100	45～120			
M16	55～160	35～100	55～150			
M20	65～200	40～100	65～150			
M24	80～240	40～100	—			

（3）六角头螺栓（细牙）—A 和 B 级（GB/T 5785—2016）、六角头螺栓（细牙、全螺纹）—A 和 B 级（GB/T 5786—2016）。

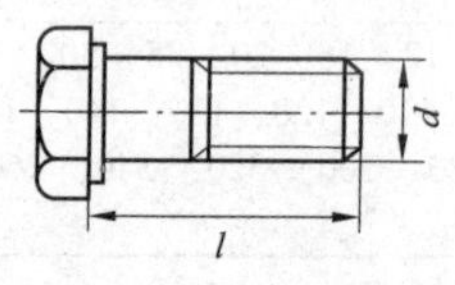

mm

螺纹规格 d×螺距 P	螺杆长度 l		螺纹规格 d×螺距 P	螺杆长度 l	
	GB/T 5785 部分螺纹	GB/T 5786 全螺纹		GB/T 5785 部分螺纹	GB/T 5786 全螺纹
M8×1	35~80	16~80	M30×2	90~300	40~200
M10×1	40~100	20~100	M36×3	110~300	40~200
M12×1	45~120	25~120	M42×3	130~400	90~400
M16×1.5	55~160	35~160	M48×3	140~400	100~400
M20×2	65~200	40~200	M56×4	160~400	120~400
M24×2	80~240	40~200	M64×4	200~400	130~400

2. 小方头螺栓—C 级（GB/T 35—2013）

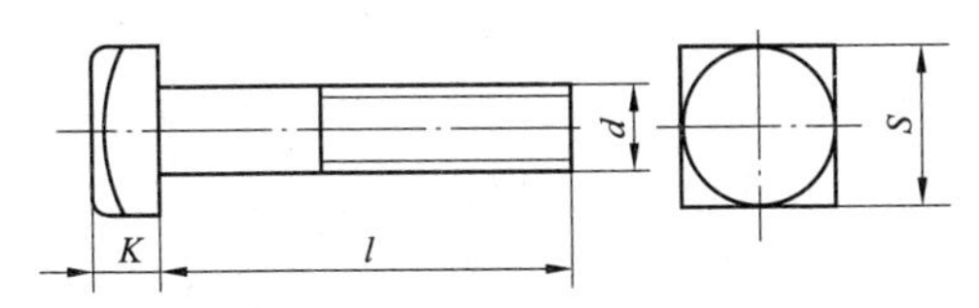

螺纹 规格 d	螺杆 方头	长度 l 方头	方头边宽 S		公称长度系列
			方头	方头	
M5		20~25		7.64~8	20、25、30、35、40、45、50、55、60、70、80、90、100、110、120、130、140、150、160、180、200、220、240、260、280、300
M6		30~60		9.64~10	
M8		35~80		12.57~13	
M10	20~100	40~100	15.57~16	15.57~16	
M12	25~120	45~120	15.57~18	17.57~18	
M16	30~160	35~160	23.16~24	23.16~30	
M20	35~200	65~200	29.16~30	29.16~30	
M24	55~240	80~240	35~36	35~36	
M30	60~300	90~300	45~46	45~46	
M36	80~300	110~300	53.8~55	53.5~55	
M42	80~300	130~300	63.1~65	63.1~65	
M48	110~300	140~300	73.1~75	73.1~75	

3. 圆头方颈螺栓（GB/T 12—2013）、扁圆头方颈螺栓（GB/T 14—2013）

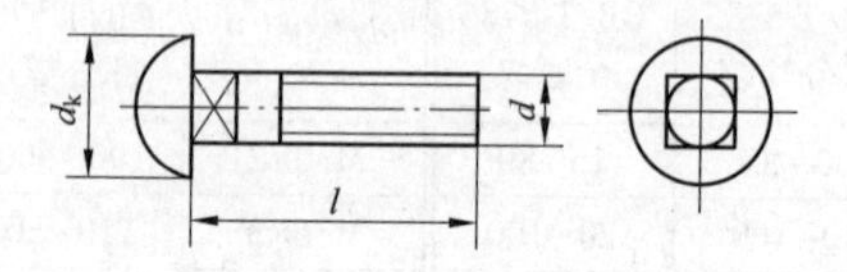

mm

螺纹规格 d	头部直径 d_k		公称长度	
	扁圆头	大半圆头	扁圆头	大半圆头
M6	12	16	16~35	20~110
M8	16	20	16~70	20~130
M10	20	24	25~120	30~160
M12	24	30	30~160	35~200
（M14）	28	35	40~180	40~200
M16	32	38	45~180	40~200
M20	40	46	60~200	55~200

公称长度系列：16、20、25、30、35、40、45、50、55、60、65、70、80、90、100、110、120、130、140、150、160、180、200。

带括号的螺纹规格尽可能不采用

4. 沉头方颈螺栓（GB/T 10—2013）

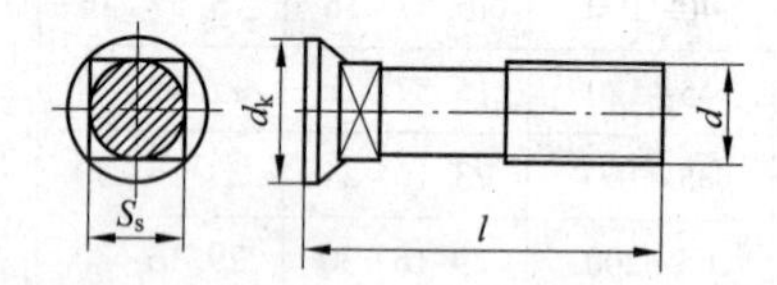

mm

螺纹规格 d	M6	M8	M10	M12	M16	M20
沉头直径 d_k	11.05	14.55	17.55	21.65	28.65	36.8
方颈边长 S_s	6.36	8.36	10.36	12.43	16.43	20.52
螺杆长度 l	30~60	35~80	40~100	45~120	55~160	65~200

续表

螺纹规格 d	M6	M8	M10	M12	M16	M20
l 系列尺寸	30、35、40、45、50、55、60、65、70、80、90、100、110、120、130、140、150、160、180、200					
用　途	广泛用于零件表面要求平坦、光滑的地方，起止转作用					

5. 地脚螺栓（GB/T 799—1988）

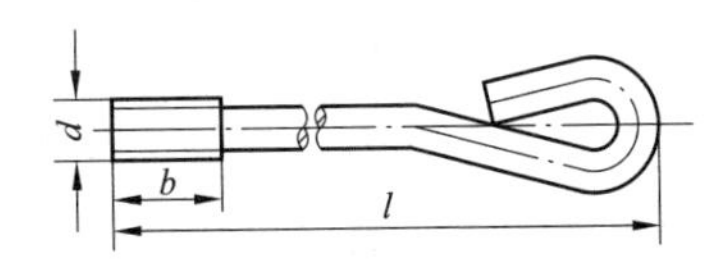

mm

螺纹规格 d	螺栓全长 l	螺纹长度 b	螺纹规格 d	螺栓全长 l	螺纹长度 b
M6	80~160	24~27	M24	300~800	60~68
M8	120~220	28~31	M30	400~1000	72~80
M10	160~300	32~36	M36	500~1000	84~94
M12	160~400	36~40	M42	600~1250	96~106
M16	220~500	44~50	M48	530~1500	108~118
M20	300~600	52~58			

螺栓长度系列：80、120、160、220、300、400、500、600、800、1000、1250、1500。产品公差等级：C 级。

螺纹公差：8g

用途	用于水泥基础中固定机械设备的机架或底座

6. T 型槽用螺栓（GB/T 37—1988）

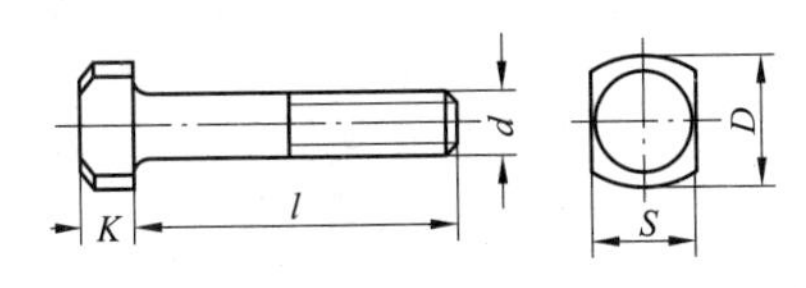

mm

螺纹规格 d	头部尺寸			公称长度 l
	对边宽度 S	高度 K	直径 D	
M5	9	4	12	25~50
M6	12	5	16	30~60
M8	14	6	20	35~80
M10	18	7	25	40~100
M12	22	9	30	45~120
M16	28	12	38	55~160
M20	34	14	46	65~200
M24	44	16	58	80~240
M30	57	20	75	90~300
M36	67	24	85	110~300
M42	76	28	95	130~300
M48	86	32	105	140~300

公称长度系列：25、30、35、40、45、50、（55）、60、（65）、70、80、90、100、110、120、130、140、150、160、180、200、220、240、260、280、300。带括号的公称长度尽可能不采用

用途	可在只旋松螺母而不卸下螺栓的情况下，使被连接件脱出或回松，但在另一连接件上须制出相应的T型槽。主要用于机床、机床附件等

7. 双头螺柱（GB/T 897~900—1988）

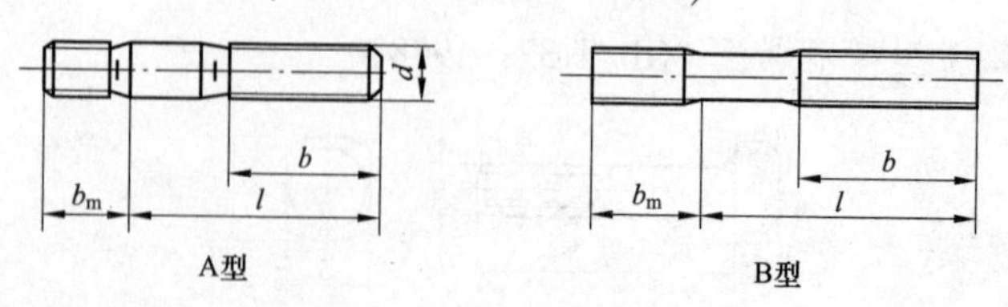

mm

螺纹规格 d		M2	M2.5	M3	M4	M5	M6	M8	M10	M12	M16	M20	M36	M42	M48
螺纹长度 b_m	GB/T 897—1988					5	6	8	10	12	16	20	36	42	48
	GB/T 898—1988					6	8	10	12	15	20	25	45	52	60
	GB/T 899—1988	3	3.5	4.5	6	8	10	12	15	18	24	30	54	63	72
	GB/T 900—1988	4	5	6	8	10	12	16	20	24	32	40	72	84	96
公称长度 l/标准螺纹长度 b		$\frac{12\sim16}{6}$	$\frac{14\sim18}{8}$	$\frac{16\sim20}{6}$	$\frac{16\sim22}{8}$	$\frac{16\sim22}{10}$	$\frac{20\sim22}{10}$	$\frac{20\sim22}{12}$	$\frac{25\sim28}{14}$	$\frac{25\sim30}{16}$	$\frac{30\sim38}{20}$	$\frac{35\sim40}{25}$	$\frac{65\sim75}{45}$	$\frac{70\sim80}{50}$	$\frac{80\sim90}{60}$
		$\frac{18\sim25}{10}$	$\frac{20\sim30}{11}$	$\frac{22\sim40}{12}$	$\frac{25\sim40}{14}$	$\frac{25\sim50}{16}$	$\frac{25\sim30}{14}$	$\frac{25\sim30}{16}$	$\frac{30\sim38}{16}$	$\frac{32\sim40}{20}$	$\frac{40\sim55}{30}$	$\frac{45\sim65}{35}$	$\frac{80\sim110}{60}$	$\frac{85\sim110}{70}$	$\frac{95\sim110}{80}$
							$\frac{32\sim75}{18}$	$\frac{32\sim90}{22}$	$\frac{40\sim120}{26}$	$\frac{45\sim120}{30}$	$\frac{60\sim120}{38}$	$\frac{70\sim120}{46}$	$\frac{120}{78}$	$\frac{120}{90}$	$\frac{120}{102}$
									$\frac{130}{32}$	$\frac{130\sim180}{36}$	$\frac{130\sim200}{44}$	$\frac{130\sim200}{52}$	$\frac{130\sim200}{84}$	$\frac{130\sim200}{96}$	$\frac{130\sim200}{180}$
													$\frac{210\sim300}{97}$	$\frac{210\sim300}{109}$	$\frac{210\sim250}{121}$
螺柱长度范围		12~25	14~30	16~40	16~40	16~50	20~75	20~90	25~130	25~180	30~200	35~200	65~300	70~300	80~300
公称长度系列		12、16、20、25、30、35、40、45、50、55、60、70、75、80、90、100~260（10进位）、280、300													

二、螺钉

1. 内六角圆柱头螺钉（GB/T 70.1—2008）

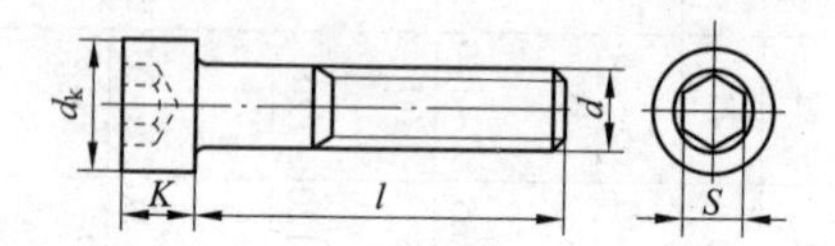

mm

螺纹规格 d	头部尺寸		内六角扳手尺寸 S	公称长度 l	螺纹规格 d	头部尺寸		内六角扳手尺寸 S	公称长度 l
	直径 d_k	高度 K				直径 d_k	高度 K		
M1.6	≤3.00	≤1.60	1.5	2.5~16	（M14）	≤21.00	≤14.00	12	25~140
M2	≤3.80	≤2.00	1.5	3~20	M16	≤24.00	≤16.00	14	25~160
M2.5	≤4.50	≤2.50	2	4~25	M20	≤30.00	≤20.00	17	30~200
M3	≤5.50	≤3.00	2.5	5~30	M24	≤36.00	≤24.00	19	40~200
M4	≤7.00	≤4.00	3	6~40	M30	≤45.00	≤30.00	22	45~200
M5	≤8，50	≤5.00	4	8~50	M36	≤54.00	≤36.00	27	55~200
M6	≤10.00	≤6.00	5	10~60	M42	≤63.00	≤42.00	32	60~300
M8	≤13.00	≤8.00	6	12~80	M48	≤72.00	≤48.00	36	70~300
M10	≤16.00	≤10.00	8	16~100	M56	≤84.00	≤56.00	41	80~300
M12	≤18.00	≤12.00	10	20~120	M64	≤96.00	≤64.00	46	90~300

公称长度系列：2.5、3、4、5、6、8、10、12、（14）、16、20、25、30、35、40、45、50、55、60、65、70、80、90、100、110、120、130、140、150、160、180、200、220、240、260、280、300。

带括号的螺纹规格尽可能不采用

2. 紧定螺钉

（1）开槽紧定螺钉（GB/T 71~75—1985）。

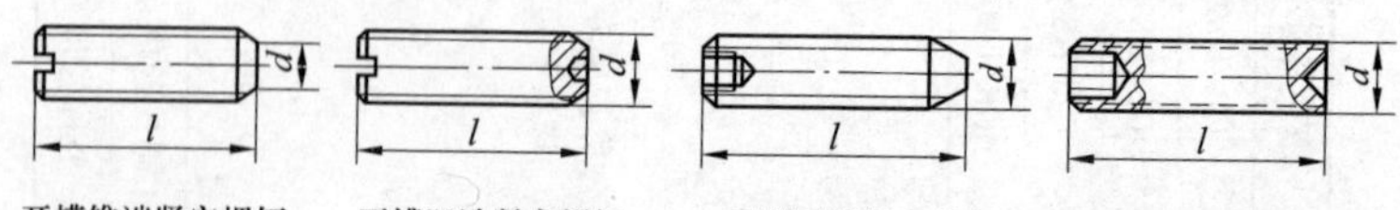

开槽锥端紧定螺钉　开槽凹端紧定螺钉　开槽平端紧定螺钉　开槽长圆柱端紧定螺定

mm

螺纹规格 d	螺钉长度 l				螺钉长度系列	螺纹公差	用　　途
	锥　端（GB/T 71—1985）	平　端（GB/T 73—1985）	凹　端（GB/T 74—1985）	长圆柱端（GB/T 75—1985）			
M1.2	2~6	2~6	—	—	2、2.5、3、4、5、6、8、10、12、16、20、25、30、35、40、50、60	6g	专供紧固机件相对位置用的，尤其是用于轴向定位，不允许钉头外露在机件表面
M1.6	2~8	2~8	2~8	2.5~8			
M2	3~10	2~10	2.5~10	3~10			
M2.5	3~12	2.5~12	3~12	4~12			
M3	4~16	3~16	3~16	5~16			
M4	6~20	4~20	4~20	6~20			
M5	8~25	5~25	5~25	8~25			
M6	8~30	6~30	6~30	8~30			
M0	10~40	8~40	8~40	10~40			
M10	12~50	10~50	10~50	12~50			
M12	14~60	12~60	12~60	14~60			

（2）内六角紧定螺钉（GB/T 77~80—2007）

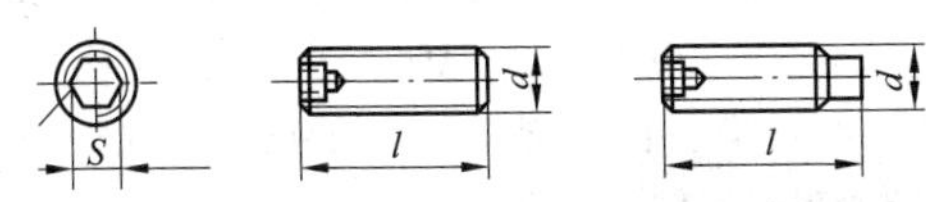

内六角平端紧定螺钉　内六角圆柱端紧定螺钉

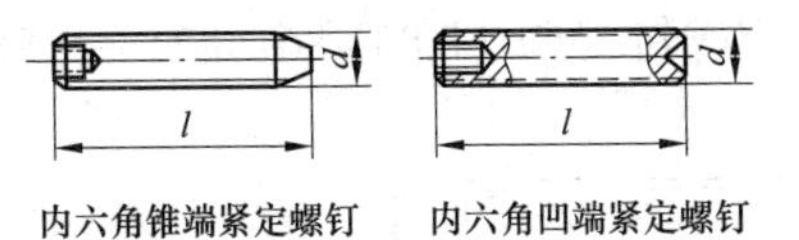

内六角锥端紧定螺钉　内六角凹端紧定螺钉

mm

螺纹规格 d	内六角对边宽度 S	公称长度 l			
		平　端	锥　端	圆柱端	凹　端
M1.6	0.7	2~8	2~8	2~8	2~8
M2	0.9	2~10	2~10	2.5~10	2~10
M2.5	1.3	2.5~12	2.5~12	3~12	2.5~12

续表

螺纹规格 d	内六角对边宽度 S	公称长度 l			
		平　端	锥　端	圆柱端	凹　端
M3	1.5	3~16	3~16	4~16	3~16
M4	2	4~20	4~20	5~20	4~20
M5	2.5	5~25	5~25	6~25	5~25
M6	3	6~30	6~30	8~30	6~30
M8	4	8~40	8~40	8~40	8~40
M10	5	10~50	10~50	10~50	10~50
M12	6	12~60	12~60	12~60	12~60
M16	8	16~60	16~60	16~60	16~60
M20	10	20~60	20~60	20~60	20~60
M24	12	25~60	25~60	25~60	25~60

注　1. 公称长度系列（mm）：2、2.5、3、4、5、6、8、10、12、16、20、25、30、35、40、45、50、55、60。

2. 产品等级：A 级。

3. 螺纹公差：6g。

4. 性能等级：钢—45H；不锈钢—A1-12H、A2-21H、A3-21H、A4-21H、A5-21H；有色金属—CU2、CU3、Al4。

5. 表面处理：钢—氧化、电镀或非电解锌片涂层；不锈钢—简单处理；有色金属—简单处理或电镀。

（3）方头紧定螺钉（GB/T 83~86、821—1988）。

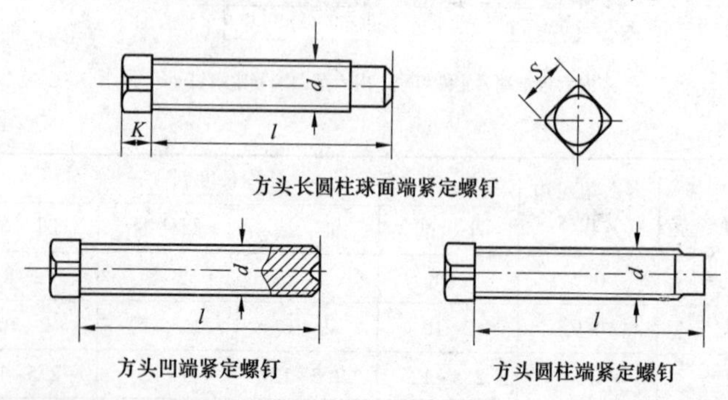

方头长圆柱球面端紧定螺钉

方头凹端紧定螺钉　　方头圆柱端紧定螺钉

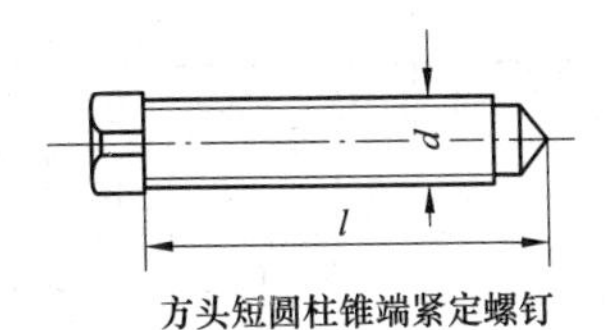

方头短圆柱锥端紧定螺钉

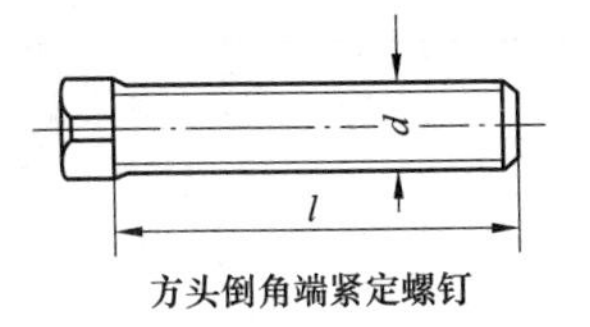

方头倒角端紧定螺钉

mm

螺纹规格 d	方头边宽 S	头部高度 K		公称长度 l			
		（GB/T 83）	其他	（GB/T 83）	（GB/T 84）	（GB/T 85. 86）	（GB/T 821）
M5	5	—	5	—	10~30	12~30	8~30
M6	6	—	6	—	12~30	12~30	8~30
M8	8	9	7	16~40	14~40	14~40	10~40
M10	10	11	8	20~50	18~50	18~50	12~50
M12	12	13	10	25~60	22~60	22~60	14~60
M16	17	18	14	30~80	25~80	25~80	20~80
M20	22	23	18	35~100	40~100	40~100	40~100
长度系列	8、10、12、16、20、25、30、35、40、45、50、60、70、80、90、100						
螺纹公差	45H 级为 5g、6g，其他级为 6g						
用途	适用于钉头允许露出的零件上，也用来固定相对位置的机件						

3. 十字槽机器螺钉（GB/T 818、819. 1—2016，GB/T 820—2015）

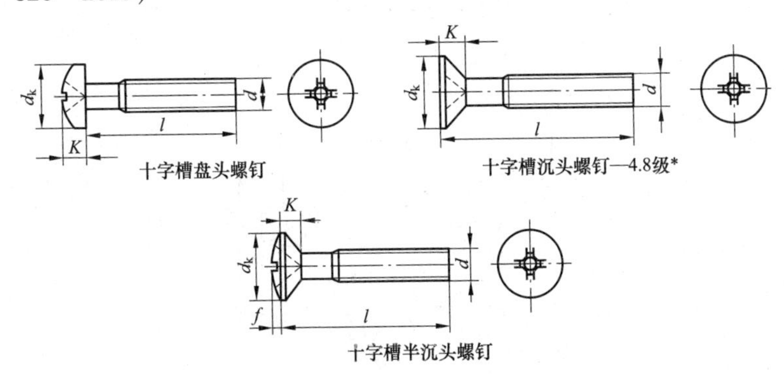

十字槽盘头螺钉

十字槽沉头螺钉—4.8级*

十字槽半沉头螺钉

mm

螺纹规格 d		M1.6	M2	M2.5	M3	M3.5	M4	M5	M6	M8	M10
$d_k \leqslant$	盘头	3.2	4	5	5.6	7	8	9.5	12	16	20
	沉头	3	3.8	4.7	5.5	7.3	8.4	9.3	11.3	15.8	18.3
	半沉头	3	3.8	4.7	5.5	7.3	8.4	9.3	11.3	15.8	18.3
$K \leqslant$	盘头	1.3	1.6	2.1	2.4	2.6	3.1	3.7	4.6	6	7.5
	沉头	1	1.2	1.5	1.65	2.35	2.7	2.7	3.3	4.65	5
	半沉头	1	1.2	1.5	1.65	2.35	2.7	2.7	3.3	4.65	5
f	半沉头	0.4	0.5	0.6	0.7	0.8	1	1.2	1.4	2	2.3
l	盘头	3~16	3~20	3~25	4~30	5~35	5~40	6~45	8~60	10~60	12~60
	沉头、半沉头	3~16	3~20	3~25	4~30	5~35	5~40	6~45	8~60	10~60	12~60
十字槽号		0	0	1	1	2	2	2	3	4	4

注　1. d_k—头部直径；K—头部高度；f—半沉头球面高度；l—公称长度。

2. 公称长度 l 系列（mm）：3、4、5、6、8、10、12、（14）、16、20、25、30、35、40、45、50、（55）、60。螺纹规格 M3.5 和带括号的公称长度尽可能不采用。

3. 产品等级：A 级。

4. 螺纹公差：6g。

5. 性能等级：钢—4.8 级；不锈钢—A2－50、A2－70；非铁材料—CU2、CU3、Al4。

6. 表面处理：钢—不经处理、电镀；不锈钢、非铁材料—简单处理。

4. 吊环螺钉（GB/T 825—1988）

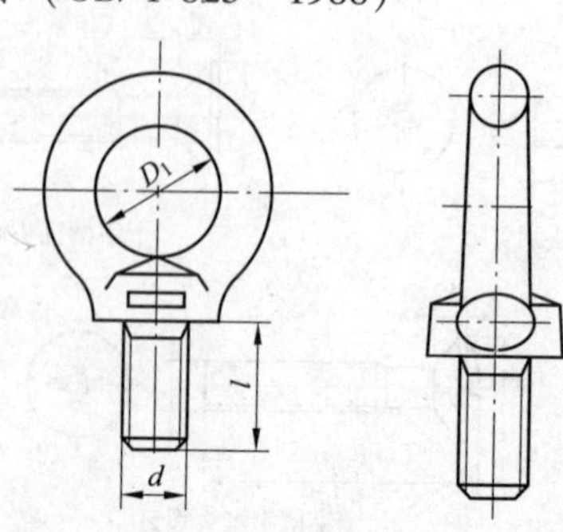

mm

螺纹规格 d	M8	M10	M12	M16	M20	M24	M30	M36
吊环内径 D_1	20	24	28	34	40	48	56	67
螺钉长度 l	16	20	22	28	35	40	45	55
螺纹公差	按 GB/T 197—1981 的 8g 级规定							
用　途	专供拧在部件或设备上，用来吊运或起重							

5. 自攻螺钉

十字头盘头自攻螺钉、十字头沉头自攻螺钉、十字头半沉头自攻螺钉（GB/T 845～847—1985）；开槽盘头自攻螺钉、开槽沉头自攻螺钉、开槽半沉头自攻螺钉（GB/T 5282～5284—1985）。

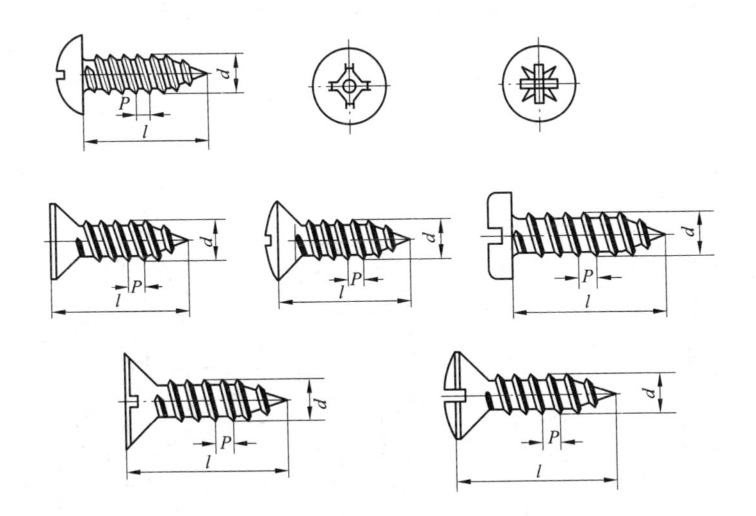

mm

螺纹规格 d	号码	螺纹外径	螺距 P	对边宽度	十字槽号	螺杆长度 l				螺杆长度系列	用途
						十字槽自攻螺钉		开槽自攻螺钉			
		≤				盘头	沉头 半沉头	盘头	沉头 半沉头		
ST2.2	2	2.24	0.8	3.2	0	4.5~16	4.5~16	4.5~16	4.5~16	4.5、6.5、9.5、13、16、19、22、25、32、38、45、50	适用于薄金属板制件与较厚金属板制件之间的连接，螺钉可直接攻出螺纹
ST2.9	4	2.19	1.1	5	1	6.5~19	6.5~19	6.5~19	6.5~19		
ST3.5	6	3.53	1.3	5.5	2	9.5~25	9.5~25	6.5~22	9.5~25 (22)		
ST4.2	8	4.22	1.4	7	2	9.5~32	9.5~32	9.5~25	9.5~32 (25)		
ST4.8	10	4.8	1.6	8	2	9.5~38	9.5~32	9.5~32	9.5~38		
ST5.5	12	5.46	1.8	8	3	13~38	13~38	13~32	13~38 (32)		
ST6.3	14	6.25	1.8	10	3	13~38	13~38	13~38	13~38		
ST8	16	8	2.1	13	4	16~50	16~50	16~50	16~50		
ST9.5	20	9.65	2.1	16	4	16~50	16~50	16~50	16~50		

注　括号内尺寸为半沉头自攻螺钉长度。

三、螺母

1. 方螺母—C 级（GB/T 39—1988）

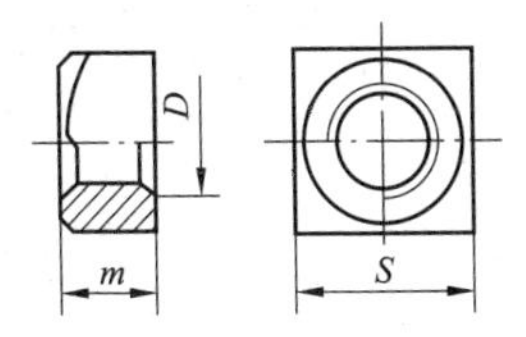

mm

螺纹规格 D	M3	M4	M5	M6	M8	M10	M12	M16	M20	M24
对边宽度 S	5. 5	7	8	10	13	16	18	24	30	36
高　度 m	2. 4	3. 2	4	5	6. 5	8	10	13	16	19
用　途	其特点是扳手转角大，不易打滑，多用于粗糙、简单的零部件和机件上									

2. 六角螺母

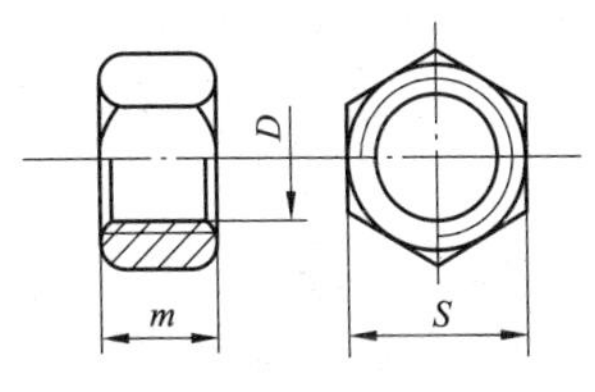

(Ⅰ型)六角螺母—C级

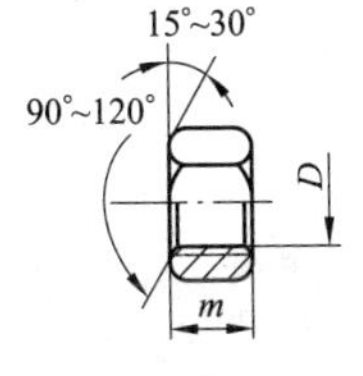

(Ⅰ型)六角螺母—A和B级

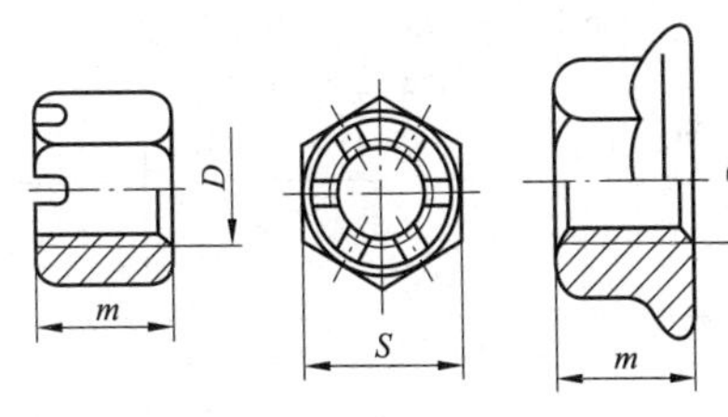

六角开槽螺母—A和B级

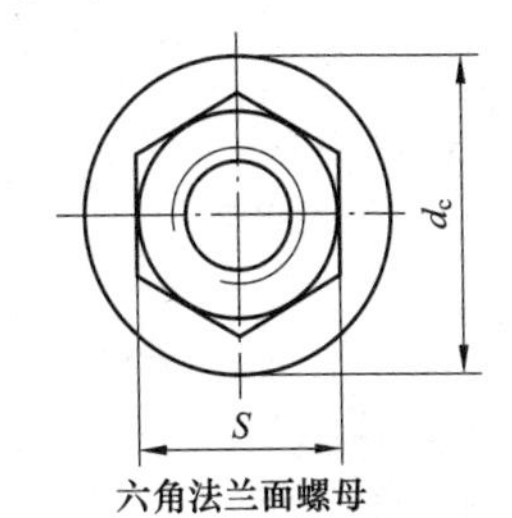

六角法兰面螺母

（1）常见六角螺母品种。

螺母品种、标准号及产品等级	螺纹规格	螺纹公差	材料及性能等级	表面处理
六角螺母—C 级 GB/T 41—2016	M5～M64	7H	钢：D≤M16 为 5； D>M16 为 4、5	①④⑤
1 型六角螺母 —A 级和 B 级 GB/T 6170—2015	M1. 6～M64	6H	钢：6、8、10	①④⑤
1 型六角螺母—细牙， A 级和 B 级 GB/T 6171—2016	M8×1～M64×4		不锈钢：D≤M24 为 A2-70、A4-70；D> M24 为 A2-70、A4-50	②
			非铁材料： CU2、CU3、Al4	②
2 型六角螺母 —A 级和 B 级 GB/T 6175—2016	M5～M6	6H	钢：9、12	⑥④⑤
2 型六角螺母—细牙， A 级和 B 级 GB/T 6176—2016	M8×1～M36×3	6H	钢：D≤M16 为 8、12； D>M16 为 10	⑥④⑤
六角薄螺母 —A 级和 B 级 GB/T 6172. 1—2016	M1. 6～M64	6H	钢：4、5	①④⑤
六角薄螺母—细牙， A 级和 B 级 GB/T 6173—2015	M8×1～M64×4		不锈钢：D≤M24 为 A2-035、A4-035；D> M24 为 A2-025、 A4-025	②
			非铁材料： CU2、CU3、Al4	②
六角薄螺母— 无倒角，B 级 GB/T 6174—2016	M1. 6～M10	6H	钢：硬度 110HV30 （min）	①④⑤
			非铁材料：CU2、 CU3、Al4	②

续表

螺母品种、 标准号及产品等级	螺纹规格	螺纹公差	材料及性能等级	表面处理
1型六角开槽 螺母—C级 GB/T 6179—1986	M5～M36	7H	钢：4、5	①③
1型六角开槽 螺母—A级和B级 GB/T 6178—1986	M4～M36	6H	钢：6、8、10	⑥①③
2型六角开槽 螺母—A级和B级 GB 6180—1986	M4～M36	6H	钢：9、12	⑥③
六角开槽薄 螺母—A级和B级 GB 6181—1986	M5～M36	6H	钢：4、5	①③⑤
			不锈钢：A2～50	①
2型六角法 兰面螺母 GB/T 6177.1—2016	M5～M20	6H	钢：*D*≤M16为8（1型）；*D*>M16为8（2型）；*D*≤M20为9（2型）、10（1型）、12（2型）	⑤④
			不锈钢：A2～70	②

注 1. 材料与性能等级栏中数据仅适用于*D*=M3～M39的螺母，*D*<M3和*D*>M39的螺母按协议执行。

2. 表面处理栏中：①—不经处理；②—简单处理；③—镀锌钝化；④—电镀；⑤—非电解锌粉覆盖层；⑥—氧化。

（2）常见六角螺母的规格及主要尺寸。 mm

螺纹规格 *D*	对边宽度 *S*	螺母最大高度 *m*								
		六角螺母			六角开槽螺母				六角薄螺母	
		1型 C级	1型	2型	1型 C级	薄型	1型	2型	B级无 倒角	A级和 B级 倒角
			A级和B级			A级和B级				
M1.6	3.2	—	1.3	—	—	—	—	—	1	1
M2	4	—	1.6	—	—	—	—	—	1.2	1.2

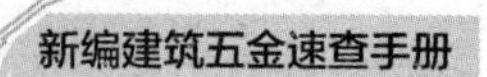

续表

螺纹规格 D	对边宽度 S	螺母最大高度 m								
		六角螺母			六角开槽螺母				六角薄螺母	
		1型 C级	1型 A级和B级	2型 A级和B级	1型 C级	薄型 A级和B级	1型 A级和B级	2型 A级和B级	B级无倒角	A级和B级倒角
M2.5	5	—	2	—	—	—	—	—	1.6	1.6
M3	5.5	—	2.4	—	—	—	—	—	1.8	1.8
(M3.5)	6	—	2.8	—	—	—	—	—	1.8	2
M4	7	—	3.2	—	—	—	5	—	2.2	2.2
M5	8	5.6	4.7	5.1	7.6	5.1	6.7	7.1	2.7	2.7
M6	10	6.4	5.2	5.7	8.9	5.7	7.7	8.2	3.2	3.2
M8	13	7.9	6.8	7.5	10.94	7.5	9.8	10.5	4	4
M10	16	9.5	8.4	9.3	13.54	9.3	12.4	13.3	5	5
M12	18	12.2	10.8	12	17.17	12	15.8	17	—	6
(M14)	21	13.9	12.8	14.1	18.9	14.1	17.8	19.1	—	7
M16	24	15.9	14.8	16.4	21.9	16.4	20.8	22.4	—	8
(M18)	27	16.9	15.8	17.6	—	17.6	21.8	23.6	—	9
M20	30	19	18	20.3	25	20.3	24	26.3	—	10
(M22)	34	20.2	19.4	21.8	—	21.8	27.4	29.8	—	11
M24	36	22.3	21.5	23.9	30.3	23.9	29.5	31.9	—	12
(M27)	41	24.7	23.8	26.7	—	26.7	31.8	34.7	—	13.5
M30	46	26.4	25.6	28.6	35.4	28.6	34.6	37.6	—	15
(M33)	50	29.5	28.7	32.5	—	32.5	37.7	41.5	—	16.5
M36	55	31.9	31	34.7	40.9	34.7	40	43.7	—	18
(M39)	60	34.3	33.4	—	—	—	—	—	—	19.5
M42 *	65	34.9	34	—	—	—	—	—	—	21
(M45)	70	36.9	36	—	—	—	—	—	—	22.5
M48 *	75	38.9	38	—	—	—	—	—	—	24
(M52)	80	42.9	42	—	—	—	—	—	—	26

续表

螺纹规格 D	对边宽度 S	螺母最大高度 m								
		六角螺母			六角开槽螺母				六角薄螺母	
		1型 C级	1型	2型	1型 C级	薄型	1型	2型	B级无倒角	A级和B级倒角
			A级和B级			A级和B级				
M56 *	85	45.9	45	—	—	—	—	—	—	28
(M60)	90	48.9	48	—	—	—	—	—	—	30
M64 *	95	52.4	51	—	—	—	—	—	—	32

注 1. 螺纹规格：带括号的尽可能不采用，标有 * 符号的为通用规格，其余是商品规格。

2. 各种规格的细牙六角螺母的对边宽度 S 和螺母高度 m 的尺寸，参见相同品种和规格的（粗牙）六角螺母的规定。

(3) 六角法兰面螺母的规格及主要尺寸。

mm

螺纹规格 D	M5	M6	M8	M10	M12	(M14)	M16	M20
法兰直径 d_c	11.8	14.2	17.9	21.8	26	29.9	34.5	42.8
螺母高度 m	5	6	8	10	12	14	16	20
对边宽度 S	8	10	13	15	18	21	24	30

注 带括号的数据尽可能不采用。

3. 圆螺母（GB/T 810—1988、GB/T 812—1988）

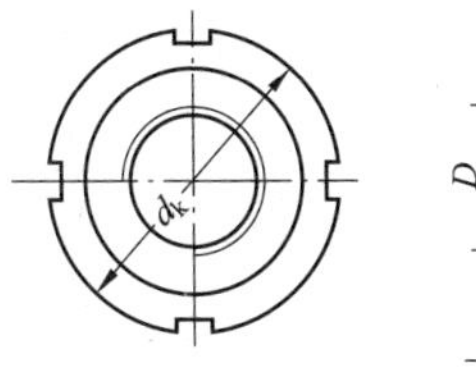

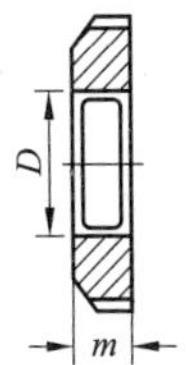

mm

<table>
<tr><th rowspan="2">螺纹规格
D×螺距 P</th><th colspan="2">外径 d_k</th><th colspan="2">高度 m</th><th rowspan="2">螺纹规格
D×螺距 P</th><th colspan="2">外径 d_k</th><th colspan="2">高度 m</th><th rowspan="2">用　途</th></tr>
<tr><th>普通</th><th>小型</th><th>普通</th><th>小型</th><th>普通</th><th>小型</th><th>普通</th><th>小型</th></tr>
<tr><td>M10×1</td><td>22</td><td>20</td><td rowspan="6">8</td><td rowspan="6">6</td><td>M64×2</td><td>95</td><td>85</td><td rowspan="3">12</td><td rowspan="3">10</td><td rowspan="24">适用于固定传动及转动零件的轴向位移，配合止退垫圈，锁紧滚动轴承的内圈，小圆螺母适用于强度要求较低的场合</td></tr>
<tr><td>M12×1.25</td><td>25</td><td>22</td><td>M65×2</td><td>95</td><td>—</td></tr>
<tr><td>M14×1.5</td><td>28</td><td>25</td><td>M68×2</td><td>100</td><td>90</td></tr>
<tr><td>M16×1.5</td><td>30</td><td>28</td><td>M72×2</td><td>105</td><td>95</td><td rowspan="5">15</td><td rowspan="8">12</td></tr>
<tr><td>M18×1.5</td><td>32</td><td>30</td><td>M75×2</td><td>105</td><td>—</td></tr>
<tr><td>M20×1.5</td><td>35</td><td>32</td><td>M76×2</td><td>110</td><td>100</td></tr>
<tr><td>M22×1.5</td><td>38</td><td>35</td><td rowspan="12">10</td><td rowspan="12">8</td><td>M80×2</td><td>115</td><td>105</td></tr>
<tr><td>M24×1.5</td><td>42</td><td>38</td><td>M85×2</td><td>120</td><td>110</td></tr>
<tr><td>M25×1.5</td><td>42</td><td>—</td><td>M90×2</td><td>125</td><td>115</td><td rowspan="5">18</td></tr>
<tr><td>M27×1.5</td><td>45</td><td>42</td><td>M95×2</td><td>130</td><td>120</td></tr>
<tr><td>M30×1.5</td><td>48</td><td>45</td><td>M100×2</td><td>135</td><td>125</td></tr>
<tr><td>M33×1.5</td><td>52</td><td>48</td><td>M105×2</td><td>140</td><td>130</td><td rowspan="6">15</td></tr>
<tr><td>M35×1.5</td><td>52</td><td>—</td><td>M110×2</td><td>150</td><td>135</td></tr>
<tr><td>M36×1.5</td><td>55</td><td>52</td><td>M115×2</td><td>155</td><td>140</td><td rowspan="4">22</td></tr>
<tr><td>M39×1.5</td><td>58</td><td>55</td><td>M120×2</td><td>160</td><td>145</td></tr>
<tr><td>M40×1.5</td><td>58</td><td>—</td><td>M125×2</td><td>165</td><td>150</td></tr>
<tr><td>M42×1.5</td><td>62</td><td>58</td><td>M130×2</td><td>170</td><td>160</td></tr>
<tr><td>M45×1.5</td><td>68</td><td>62</td><td>M140×2</td><td>180</td><td>170</td><td rowspan="4">26</td><td rowspan="4">18</td></tr>
<tr><td>M48×1.5</td><td>72</td><td>68</td><td rowspan="6">12</td><td rowspan="6">10</td><td>M150×2</td><td>200</td><td>180</td></tr>
<tr><td>M50×1.5</td><td>72</td><td>—</td><td>M160×3</td><td>210</td><td>195</td></tr>
<tr><td>M52×1.5</td><td>78</td><td>72</td><td>M170×3</td><td>220</td><td>205</td></tr>
<tr><td>M55×2</td><td>78</td><td>—</td><td>M180×3</td><td>230</td><td>220</td><td rowspan="3">30</td><td rowspan="3">22</td></tr>
<tr><td>M56×2</td><td>85</td><td>78</td><td>M190×3</td><td>240</td><td>230</td></tr>
<tr><td>M60×2</td><td>90</td><td>80</td><td>M200×3</td><td>250</td><td>240</td></tr>
</table>

4. 蝶形螺母（GB/T 62.1～62.4—2004）

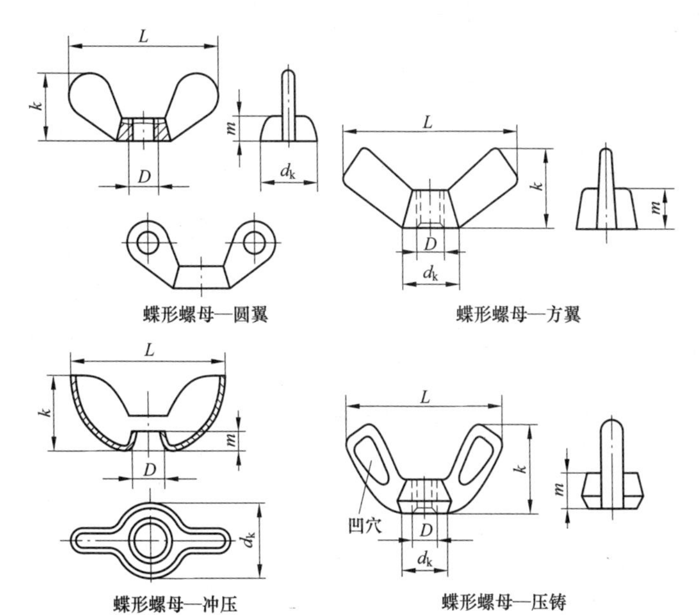

蝶形螺母—圆翼　蝶形螺母—方翼

蝶形螺母—冲压　蝶形螺母—压铸

(1) 规格及主要尺寸。

蝶形螺母尺寸（mm）

D	d_k	m	L	k	D	d_k	m	L	k	D	d_k	m	L	k
(1) 蝶形螺母—圆翼					M10	18	10	50	25	(2) 蝶形螺母—方翼				
M2	4	2	12	6	M12	22	12	60	30	M3	6.5	9	17	3
M2.5	5	3	16	8	(M14)	26	14	70	35	M4	6.5	9	17	3
M3	5	3	16	8	M16	26	14	70	35	M5	8	4	21	11
M4	7	4	20	10	(M18)	30	16	80	40	M6	10	4.5	27	13
M5	8.5	5	25	12	M20	34	18	90	45	M8	13	6	31	16
M6	10.5	6	32	16	(M22)	38	20	100	50	M10	16	7.5	36	18
M8	14	8	40	20	M24	43	22	112	60	M12	20	9	48	23

续表

D	d_k	m	L	k	D	d_k	m	L	k	D	d_k	m	L	k
(M14)	20	9	48	23	M5	13	4.5/1.8	22	9	(4) 蝶形螺母—压铸				
M16	27	12	68	35						M3	5	2.4	16	8.5
(M18)	27	12	68	35	M6	15	5/2.4	25	9.5	M4	7	3.2	21	11
M20	27	12	68	35						M5	8.5	4	21	11
(3) 蝶形螺母——冲压*					M8	17	6/3.1	28	11	M6	10.5	5	23	14
M3	10	3.5/1.4	16	6.5						M8	13	6.5	30	16
M4	12	4/1.6	19	8.5	M10	20	7/3.8	35	12	M10	16	8	37	19

注　1. 尺寸代号：D—螺纹规格；d_k—螺母底部外径；m—螺母高度；L—两翼最大宽度；k—螺母总高度。

2. *冲压螺母按尺寸 m 分为 A 型（高型）和 B 型（低型）两种。分子为 A 型尺寸，分母为 B 型尺寸。

(2) 保证扭矩。

N·m

D	Ⅰ级	Ⅱ级	Ⅲ级	D	Ⅰ级	Ⅱ级	Ⅲ级	D	Ⅰ级	Ⅱ级	Ⅲ级
M2	0.2	0.15	—	M6	5.39	3.92	1.96	M16	113	78.5	—
M2.5	0.39	0.29	—	M8	12.7	8.83	4.41	M18	157	108	—
M3	0.69	0.49	0.29	M10	25.5	17.7	8.83	M20	216	147	—
M4	1.57	1.08	0.59	M12	45.1	31.4	—	M22	294	206	—
M5	3.14	2.16	1.08	M14	71.6	50	—	M24	382	265	—

注　数据来自 GB/T 3098.20—2004。

(3) 螺母材料及扭矩等级。

螺母品种	螺母材料	扭矩等级	螺母品种	螺母材料	扭矩等级
圆翼	钢、不锈钢、黄铜	Ⅰ、Ⅱ、Ⅲ	冲压	钢(A 型、B 型)	Ⅱ、Ⅲ

续表

螺母品种	螺母材料	扭矩等级	螺母品种	螺母材料	扭矩等级
方翼	钢、铁、不锈钢、黄铜	Ⅰ、Ⅱ、Ⅲ	压铸	锌合金	Ⅱ
材料牌号	钢—Q215、Q235；铁—KT30—6；不锈钢—1Cr18Ni9；黄铜—H62；锌合金—ZZnAlD4-3				

注 1. ZZnAlD4-3 为 GB/T 8738—1988 中旧牌号。新牌号为 ZnAl4Cu3，其化学成分参见 GB/T 8738—2006 的规定。

2. 螺母表面处理：钢—氧化或电镀；不锈钢、黄铜—简单处理；锌合金—未规定。

3. 螺纹公差：7H。

四、垫圈和挡圈

1. 平垫圈

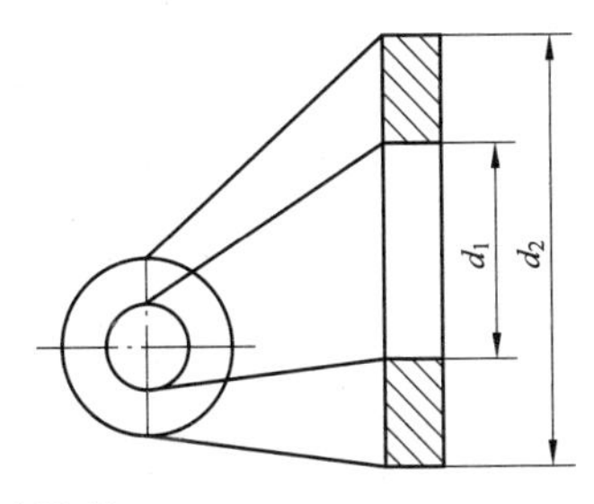

（1）常见垫圈品种。

垫圈名称	国家标准号	规格 d（mm）	性能等级	表面处理
小垫圈—A 级	GB/T 848—2002	1.6~36	钢：200HV、300HV 不锈钢（A2、F1、C1、C4、A4）：200HV	①②③
平垫圈—A 级	GB/T 97.1—2002	1.6~64		
平垫圈—倒角型—A 级	GB/T 97.2—2002	5~64		
平垫圈—C 级	GB/T 95—2002	1.6~36	钢：100HV	①②
大垫圈—A 级	GB/T 96.1—2002	3~36	同“小垫圈—A 级”	

续表

垫圈名称	国家标准号	规格 d（mm）	性能等级	表面处理
大垫圈—C 级	GB/T 96.2—2002	3~6	钢：100HV	①②
特大垫圈—C 级	GB/T 5287—2002	5~36	钢：100HV	①②

注　1. 垫圈各种性能等级的 HV 硬度值见下表。

材　料	钢			不锈钢
硬度等级	100HV	200HV	300HV	200HV
HV 范围	100~200	200~300	300~400	200~300

2. 表面处理栏中：①表示钢制品—不经处理或电镀；②表示钢制品—电镀或非电解锌片涂层；③表示不锈钢制品—不经处理。
3. 垫圈的规格 d 指垫圈适用的螺栓（螺钉、螺柱）螺纹大径。

（2）垫圈的规格及主要尺寸。

mm

公称规格（螺纹大径）		内径 d_1		外径 d_2				厚度 h			
		A 级	C 级	小垫圈	平垫圈	大垫圈	特大垫圈	小垫圈	平垫圈	大垫圈	特大垫圈
优选尺寸	1.6	1.7	1.8	3.5	4	—	—	0.3	0.3	—	—
	2	2.2	2.4	4.5	5	—	—	0.3	0.3	—	—
	2.5	2.7	2.9	5	6	—	—	0.5	0.5	—	—
	3	3.2	3.4	6	7	9	—	0.5	0.5	0.8	—
	4	4.3	4.5	8	9	12	—	0.5	0.8	1	—
	5	5.3	5.5	9	10	15	18	1	1	1	2
	6	6.4	6.6	11	12	18	22	1.6	1.6	1.6	2
	8	8.4	9	15	16	24	28	1.6	1.6	2	3
	10	10.5	11	18	20	30	34	1.6	2	2.5	3
	12	13	13.5	20	24	37	44	2	2.5	3	4
	16	17	17.5	28	30	50	56	2.5	3	3	5
	20	21	22	34	37	60	72	3	3	4	6
	24	25	26	39	44	72	85	4	4	5	6

续表

公称规格（螺纹大径）		内径 d_1		外径 d_2				厚度 h			
		A 级	C 级	小垫圈	平垫圈	大垫圈	特大垫圈	小垫圈	平垫圈	大垫圈	特大垫圈
优选尺寸	30	31	33	50	56	92	105	4	4	6	6
	36	37	39	60	66	110	125	5	5	8	8
	42	45	45	—	78	—	—	—	8	—	—
	48	52	52	—	92	—	—	—	8	—	—
	56	62	62	—	105	—	—	—	10	—	—
	64	70	70	—	115	—	—	—	10	—	—

注 平垫圈—A 级无公称规格 3.5mm。

2. 弹簧垫圈（GB/T 93—1987、GB 859—1987、GB/T 7244—1987）

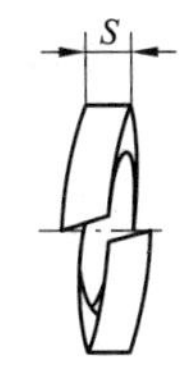

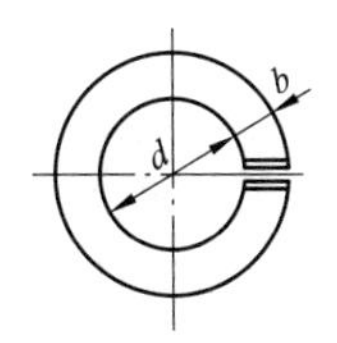

mm

规格（螺纹大径）	垫圈主要尺寸							用途
	最小内径 d	厚度 S			宽度 b			
		标准	轻型	重型	标准	轻型	重型	
2	2.1	0.5	—	—	0.5	—	—	安装在螺母下面用来防止螺母松动，消除螺纹装配间隙
2.5	2.6	0.65	—	—	0.65	—	—	
3	3.1	0.8	0.6	—	0.8	1	—	
4	4.1	1.1	0.8	—	1.1	1.2	—	
5	5.1	1.3	1.1	—	1.3	1.5	—	
6	6.1	1.6	1.3	1.8	1.6	2	2.6	
8	8.1	2.1	1.6	2.4	2.1	2.5	3.2	

续表

规格（螺纹大径）	垫圈主要尺寸							用途
	最小内径 d	厚度 S			宽度 b			
		标准	轻型	重型	标准	轻型	重型	
10	10.2	2.6	2	3	2.6	3	3.8	安装在螺母下面用来防止螺母松动，消除螺纹装配间隙
12	12.2	3.1	2.5	3.5	3.1	3.5	4.3	
16	16.2	4.1	3.2	4.8	4.1	4.5	5.3	
20	20.2	5	4	6	5	5.5	6.4	
24	24.5	6	5	7.1	6	7	7.5	
30	30.5	7.5	6	9	7.5	9	9.3	
36	36.5	9	—	10.8	9	—	11	
42	42.5	10.5	—	—	10.5	—	—	
48	48.5	12	—	—	12	—	—	

3. 圆螺母用止动垫圈（GB 858—1988）

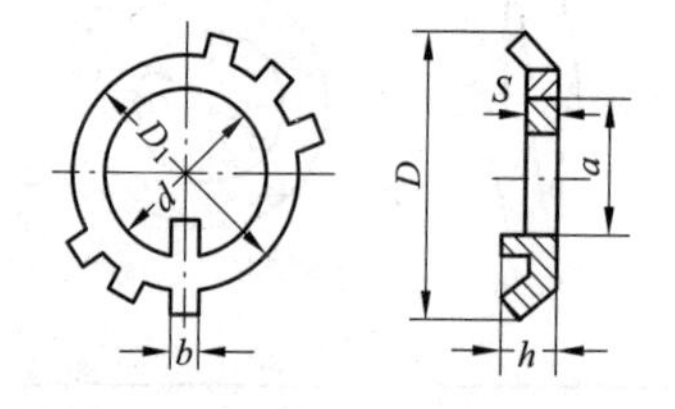

mm

规格（螺纹大径）	内径 d	外径 D_1	齿外径 D（参考）	齿宽 b	厚度 S	高度 h	齿距 a
10	10.5	16	25	3.8	1	3	8
12	12.5	19	28				9
14	14.5	20	32				11
16	16.5	22	34	4.8			13
18	18.5	24	35			4	15

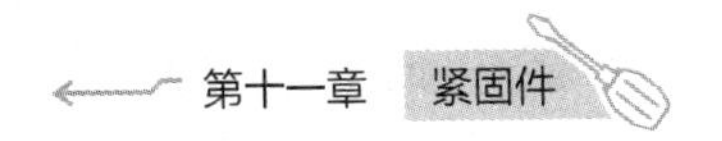

续表

规格（螺纹大径）	内径 d	外径 D_1	齿外径 D（参考）	齿宽 b	厚度 S	高度 h	齿距 a
20	20.5	27	38	4.8	1	4	17
22	22.5	30	42				19
24	24.5	34	45				21
25*	25.5	34	45				22
27	27.5	37	48				24
30	30.5	40	52			5	27
33	33.5	43	56	5.7	1.5		30
35	35.5	43	56				32
36	36.5	46	60				33
39	39.5	49	62				36
40*	40.5	49	62				37
42	42.5	53	66				39
45	45.5	59	72				42
48	48.5	61	76	7.7			45
50*	50.5	61	76			6	47
52	52.5	67	82				9
55*	56	67	82				2
56	57	74	90				53
60	61	79	94				57
64	65	84	100				61
65*	66	84	100				62
68	69	88	105	9.6			65
72	73	93	110			7	69
75*	76	93	110				71
76	77	98	115				72

续表

规格（螺纹大径）	内径 d	外径 D_1	齿外径 D（参考）	齿宽 b	厚度 S	高度 h	齿距 a
80	81	103	120	9.6	1.5	7	76
85	86	108	125				81
90	91	112	130	11.6	2		86
95	96	117	135				91
100	101	122	140				96
105	106	127	145				101
110	111	135	156	13.5			106
115	116	140	160				111
120	121	145	166				116
125	126	150	170				121
130	131	155	176				126
140	141	165	186				136
150	151	180	206	15.5	2.5		146
160	161	190	216			8	156
170	171	200	226				166
180	181	210	236				176
190	191	220	246				186
200	201	230	256				196
用　途	配合圆螺母使用，防止螺母松动，主要用于滚动轴承或带外螺纹的轴上零件的固定。表内带＊号的仅用于滚动螺纹滚动装置						

4. 孔用弹性挡圈（GB 893.1—1986、GB 893.2—1986）

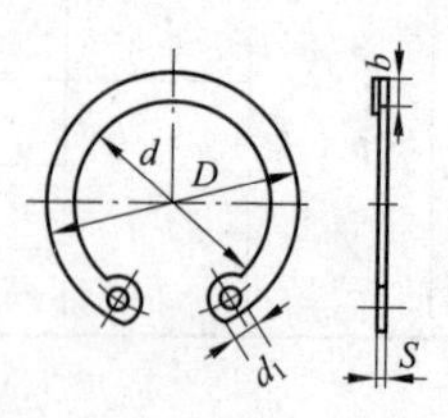

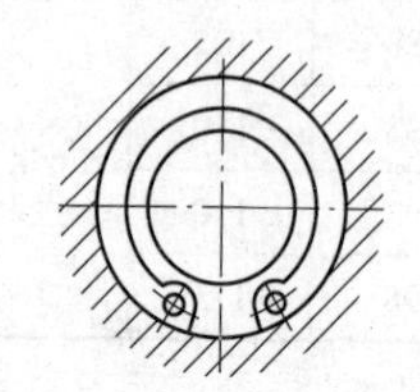

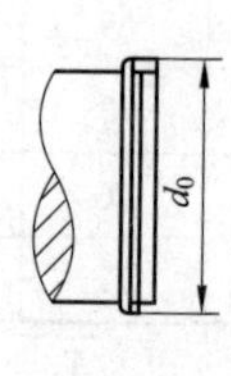

mm

孔径 d_0	挡圈主要尺寸					孔径 d_0	挡圈主要尺寸				
	外径 D	内径 d	厚度 S	宽度 $b\approx$	钳孔 d_1		外径 D	内径 d	厚度 S	宽度 $b\approx$	钳孔 d_1
8	8.7	7	0.6	1		37	39.8	34.4	1.5	3.6	2.5
9	9.8	8		1.2	1	38	40.8	35.4	1.5	3.6	
10	10.8	8.3	0.8	1.7	1.5	40	43.5	37.5		4	
11	11.8	9.2				42	45.5	39.3			3
12	13	10.4				45	48.5	41.5		4.7	
13	14.1	11.5			1.7	(47)	50.5	43.5			
14	15.1	11.9	1	2.1		48	51.5	44.5			
15	16.2	13				50	54.2	47.5	2		3
16	17.3	14.1				52	56.2	9.5			
17	18.3	15.1				55	59.2	52.2			
18	19.5	16.3				56	60.2	52.4		5.2	
19	20.5	16.7		2.5	2	58	62.2	54.4			
20	21.5	17.7		2.5		60	64.2	56.4		5.2	3
21	22.5	18.7		2.5		62	66.2	58.4			
22	23.5	19.7		2.5		63	67.2	59.4			
24	25.9	22.1	1.2	2.5		65	69.2	61.4	2.5	5.2	3
25	26.9	22.7		2.8		68	72.5	63.9		5.7	
26	27.9	23.7		2.8		70	74.5	65.9			
28	30.1	25.7		3.2		72	76.5	67.9			
30	32.1	27.3		3.2		75	79.5	70.1		6.3	
31	33.4	28.6		3.2	2.5	78	82.5	73.1			
32	34.4	29.6		3.2		80	85.5	75.3		6.8	
34	36.5	31.1	1.5	3.6		82	87.5	77.3			
35	37.8	32.4		3.6		85	90.5	80.3			
36	38.8	33.4		3.6		88	93.5	82.6		7.3	

续表

孔径 d_0	挡圈主要尺寸					孔径 d_0	挡圈主要尺寸				
	外径 D	内径 d	厚度 S	宽度 $b\approx$	钳孔 d_1		外径 D	内径 d	厚度 S	宽度 $b\approx$	钳孔 d_1
90	95.5	84.5	2.5	7.3	3	135	142	126	3	10.7	4
92	97.5	86.0		7.7		140	147	131		10.7	
95	100.5	88.9		7.7	3	145	152	135.7	3	10.9	4
98	103.5	92		7.7		150	158	141.2		11.2	
100	105.5	93.9		7.7		155	164	146.6		11.6	
102	108	95.9	3	8.1	4	160	169	151.6		11.6	
105	112	99.6		8.1		165	174.5	156.8	3	11.8	4
108	115	101.8		8.8		170	179.5	161		12.3	
110	117	103.8		8.8		175	184.5	165.5		12.7	
112	119	105.1		9.3		180	189.5	170.2		12.8	
115	122	108		9.3		185	194.5	175.3		12.9	
120	127	113		9.3		190	199.5	180		13.1	
125	132	117	3	10	4	195	204.5	184.9		13.1	
130	137	121		10.7		200	209.5	189.7		13.2	
用　途	用于固定安装在孔内的零件，如滚动轴承等的位置，以防零件退出孔外，装拆时使用挡圈钳。A 型适于用板材冲切制造，B 型适于用线材冲切制造										

注　A 型孔径 d_0 为 8~200mm，B 型孔径 d_0 为 20~200mm。

5. 轴用弹性挡圈（GB 894.1—1986、GB 894.2—1986）

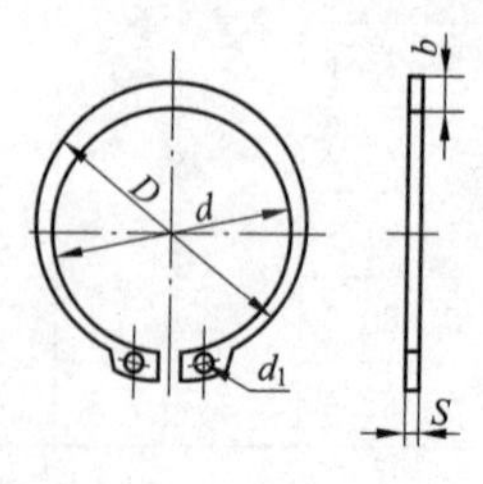

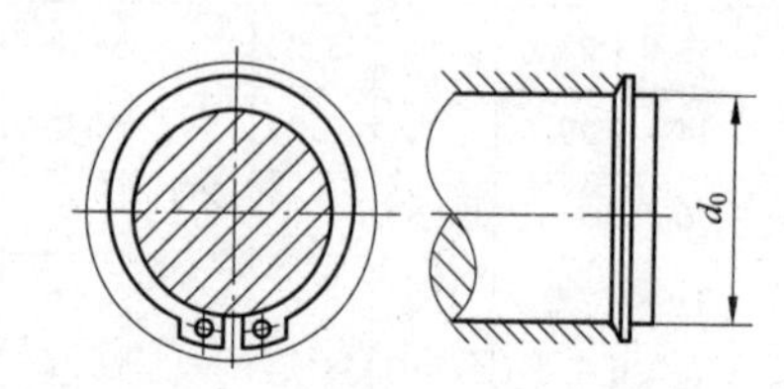

mm

孔径 d_0	挡圈主要尺寸					孔径 d_0	挡圈主要尺寸				
	内径 d	外径 D	厚度 S	宽度 $b\approx$	钳孔 d_1		内径 d	外径 D	厚度 S	宽度 $b\approx$	钳孔 d_1
3	2.7	3.9	0.4	0.8	1	30	27.9	33.5	1.2	3.72	2
4	3.7	5		0.88		32	29.6	35.5		3.92	2.5
5	4.7	6.4	0.6	1.12		34	31.5	38	1.5	4.32	
6	5.6	7.6		1.32	1.2	35	32.2	39			
7	6.5	8.48	0.6	1.32	1.2	36	33.2	40			
8	7.4	9.38	0.8			37	34.2	41			
9	8.4	10.5		1.44		38	35.2	42.7		5	
10	9.3	11.5	1		1.5	40	36.5	44			
11	10.2	12.5		1.52		42	38.5	46			3
12	11	13.6		1.72		45	41.5	49			
13	11.9	14.7	1	1.88	1.7	48	44.5	52			
14	12.9	15.7		1.88	1.7	50	45.8	54	2	5.48	
15	13.8	16.8		2	1.7	52	47.8	56			
16	14.7	18.2		2.32	1.7	55	50.8	59			
17	15.7	19.4		2.48	1.7	56	51.8	61	2	6.12	3
18	16.5	20.2			1.7	58	53.8	63			
19	17.5	21.2			2	60	55.8	65			
20	18.5	22.5		2.68	2	62	57.8	67			
21	19.5	23.5			2	63	58.8	68	2.5	6.12	3
22	20.5	24.5			2	65	60.8	70			
24	22.2	27.2	1.2	3.32	2	68	63.5	73		6.32	
25	23.2	28.2			2	70	66.5	75			
26	24.2	29.2		3.32	2	72	67.5	77			
28	25.9	31.3		3.6		75	70.5	80			
29	26.9	32.5		3.72		78	73.5	83	2.5		

续表

孔径 d_0	挡圈主要尺寸					孔径 d_0	挡圈主要尺寸				
	内径 d	外径 D	厚度 S	宽度 $b\approx$	钳孔 d_1		内径 d	外径 D	厚度 S	宽度 $b\approx$	钳孔 d_1
80	74.5	85	2.5	7	3	140	133	153	3	13.2	4
82	76.5	87				145	138	158		13.2	
85	79.5	90	2.5	7	3	150	142	162			
88	82.5	93				155	146	167		14	
90	84.5	96		7.6		160	151	172			
95	89.5	103.3		9.2		165	155.5	177.1		14.4	
100	94.5	108.5				170	160.5	182			
105	98	114	3	10.7		175	165.5	187.5		14.75	
110	103	120		11.3	4	180	170.5	193		15	
115	108	126		12		185	175.5	198.3		15.2	
120	113	131				190	180.5	203.3			
125	118	137		12.6		195	185.5	209		15.6	
130	123	142				200	190.5	214			
135	128	148		13.2		—	—	—		—	
用　途	用于固定轴上零件（如滚动轴承上圈或内圈）的位置，防止零件位移										

注　A 型孔径 d_0 为 3～200mm，B 型孔径 d_0 为 20～200mm。

五、销和键

1. 开口销（GB/T 91—2000）

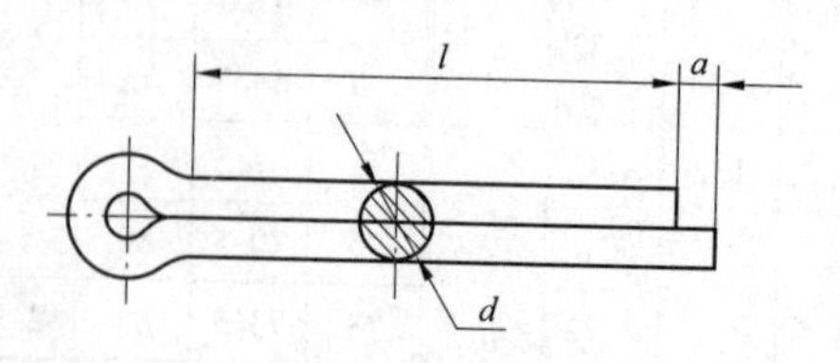

公称规格	直径 d（最大）	伸出长度 $a\leqslant$	销身长度 l	公称规格	直径 d（最大）	伸出长度 $a\leqslant$	销身长度 l
0.6	0.5	1.6	4~12	4	3.7	4	18~80
0.8	0.7	1.6	5~16	5	4.6	4	22~100
1	0.9	1.6	6~20	6.3	5.9	4	30~120
1.2	1	2.5	8~26	8	7.5	4	40~160
1.6	1.4	2.5	8~32	10	9.5	6.3	45~200
2	1.8	2.5	10~40	13	12.4	6.3	71~250
2.5	2.3	2.5	12~50	16	5.4	6.3	120~280
3.2	2.9	3.2	14~65	20	19.3	6.3	160~280
长度系列	4、5、6、8、12、14、16、18、20、22、24、26、28、30、32、36、40、45、50、55、60、65、75、80、85、90、95、100、120、140、160、180、200						
用途	适用于经常拆卸的轴、螺杆带孔的螺栓上，使其上的零部件不致脱落						

2. 圆柱销（GB/T 119.1、119.2—2000）

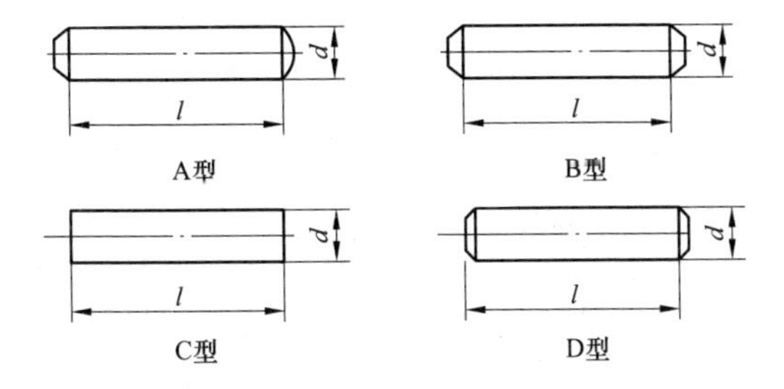

mm

公称直径 d	长　度　l	公称直径 d	长　度　l
0.6	2~6	1.5	4~16
0.8	2~8	2	6~20
1	4~10	2.5	6~24
1.2	4~12	3	8~28

续表

公称直径 d	长 度 l	公称直径 d	长 度 l
4	8~40	16	26~180
5	10~50	20	35~200
6	12~60	25	50~200
8	14~80	30	60~200
10	18~95	40	80~200
12	22~140	50	95~200
l 系列尺寸	2、3、4、5、6、8、10、12、14、16、18、20、22、24、26、28、30、32、35、40、45、50、55、60、65、70、75、80、85、90、95、100、120、140、160、180、200		
用 途	用于机器的轴上作固定零件、传动力用，或用于工具、模具上作零件定位用。圆柱销有四种不同的直径公差，以满足不同的使用要求		

3. 弹性圆柱销（GB/T 879.1~879.5—2000）

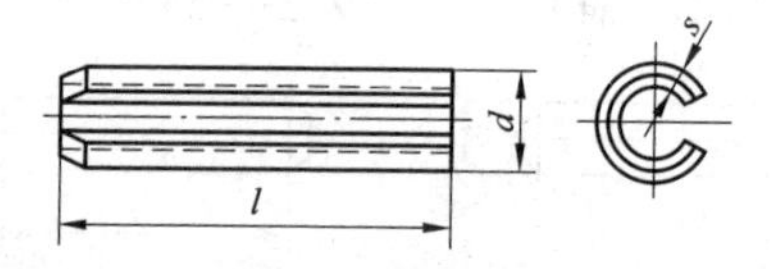

mm

公称直径 d	壁厚 S	最小剪切载荷（双剪，kN）	长度 l	公称直径 d	壁厚 S	最小剪切载荷（双剪，kN）	长度 l
1	0.2	0.70	4~20	5	1	17.54	5~80
1.5	0.3	1.58	4~20	6	1	26.04	10~100
2	0.4	2.80	4~30	8	1.5	42.7	10~120
2.5	0.5	4.38	4~30	10	2	70.16	10~160
3	0.5	6.32	4~40	12	2	104.1	10~180
4	0.8	11.24	4~50	16	3	171.0	10~200

续表

公称直径 d	壁厚 S	最小剪切载荷（双剪，kN）	长度 l	公称直径 d	壁厚 S	最小剪切载荷（双剪，kN）	长度 l
20	4	280.6	10~200	30	5	631.4	14~200
25	4.5	438.5	14~200				
长度系列	4、5、6、8、10、12、14、16、18、20、22、24、26、28、30、32、35、40、45、50、55、60、65、70、75、80、85、90、95、100、120、140、160、180、200						
用　途	具有弹性，装入销孔后不易松脱，适用于具有冲击、振动的场合，但不适用于高精度定位及不穿通的销孔						

4. 圆锥销（GB/T 117—2000）

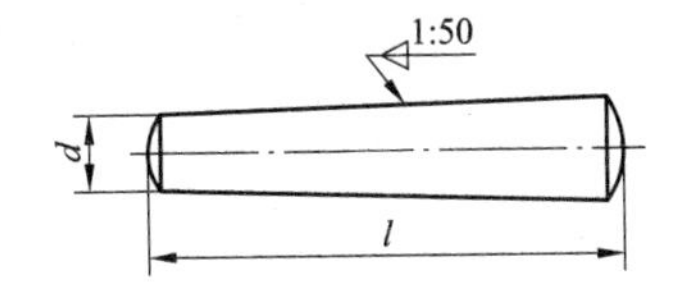

mm

公称直径 d	长　度 l	公称直径 d	长　度 l
0.6	2~8	6	22~90
0.8	5~12	8	22~120
1	6~16	10	26~160
1.2	6~20	12	32~180
1.5	8~24	16	40~200
2	10~35	20	45~200
2.5	10~35	25	50~200
3	12~45	30	55~200
4	14~55	40	60~200
5	18~60	50	65~200

续表

公称直径 d	长　度 l	公称直径 d	长　度 l
长度系列	2、3、4、5、6、8、10、12、14、16、18、20、22、24、26、28、30、32、35、40、45、50、55、60、65、70、75、80、85、90、95、100、120、140、160、180、200，大于200，按20递增		
用　途	销和销孔表面上制有1∶50锥度，销与销孔之间连接紧密可靠，具有对准容易、在承受横向载荷时能自锁等优点。主要用于定位，也可作固定零件、传递动力用，多用于经常拆卸的场合		

5. 内螺纹圆锥销（GB/T 118—2000）

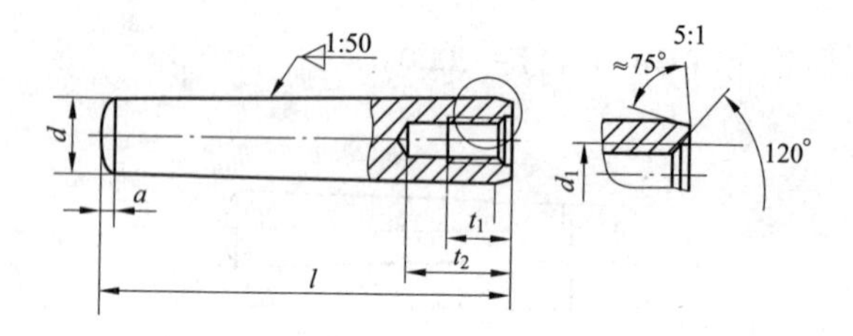

mm

公称直径 d	螺纹规格 d_1	螺纹长度 $t_1\geqslant$	螺孔深度 t_2	长　度 l	公称直径 d	螺纹规格 d_1	螺纹长度 $t_1\geqslant$	螺孔深度 t_2	长　度 l
6	M4	6	10	16~60	20	M10	18	28	40~200
8	M5	8	12	18~80	25	M16	24	35	50~200
10	M6	10	16	22~95	30	M20	30	40	60~200
12	M6	12	20	26~120	40	M20	30	40	80~200
16	M8	16	25	30~160	50	M24	36	50	100~200
长度系列	16、18、20、22、24、26、28、30、32、35、40、45、50、55、60、65、70、75、80、85、90、95、100、120、140、160、180、200								
用　途	与圆锥销性能相似，内螺纹圆锥销多一螺纹孔，以便旋入螺栓，把圆锥销从销孔中取出，适用于不穿通的销孔或从销孔中很难取出普通圆锥销的场合。分A型（磨削）和B型（车削）两种								

6. 销轴（GB/T 882—2008）

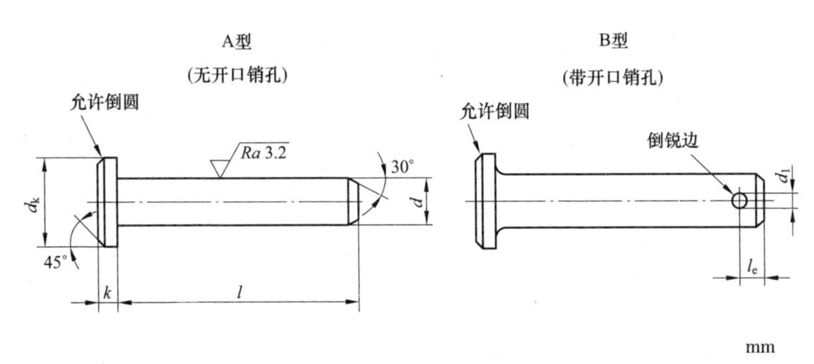

mm

d	d_k	k	d_1	公称长度 l（商品规格）	l_e	d	d_k	k	d_1	公称长度 l（商品规格）	l_e
3	5	1	0.8	6~30	1.6	27	40	6	6.3	55~200	9
4	6	1	1	8~40	2.2	30	44	8	8	60~200	10
5	8	1.6	1.2	10~50	2.9	33	47	8	8	65~200	10
6	10	2	1.6	12~60	3.2	36	50	8	8	70~200	10
8	14	3	2	16~80	3.5	40	55	8	8	80~200	10
10	18	4	3.2	20~100	4.5	45	60	9	10	90~200	12
12	20	4	3.2	24~120	5.5	50	66	9	10	100~200	12
14	22	4	4	28~140	6	55	72	11	10	120~200	14
16	25	4.5	4	32~160	6	60	78	12	10	120~200	14
18	28	5	5	35~180	7	70	90	13	13	140~200	16
20	30	5	5	40~200	8	80	100	13	13	160~200	16
22	33	5.5	5	45~200	8	90	110	13	13	180~200	16
24	36	6	6.3	50~200	9	100	120	13	13	200~200	16

注 1. 公称长度系列（mm）：6、8、10、12、14、16、18、20、22、24、26、28、30、32、35、40、45、50、55、60、65、70、75、80、85、90、95、100、120、140、160、180、200，大于200，按20递增。

2. 材料：易切钢或冷镦钢，硬度125~245HV；其他材料由供需双方协商。

3. 表面处理：氧化、磷化或镀锌铬酸盐转化膜。

4. 用途：用作铰接轴，用开口销锁紧，工作可靠。

7. 普通平键（GB/T 1096—2003）

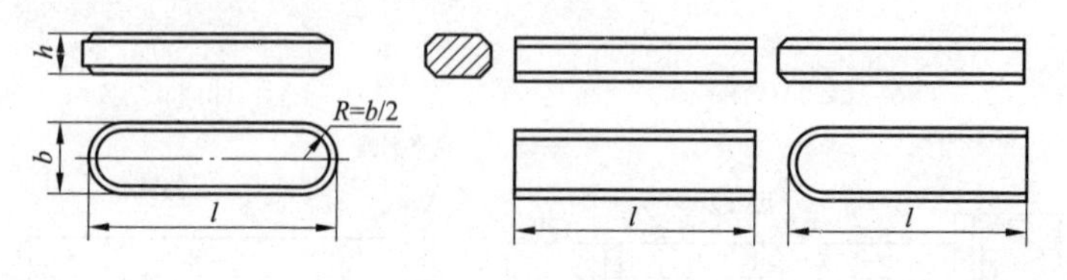

mm

宽度 b	高度 h	长度 l	适用轴径	宽度 b	高度 h	长度 l	适用轴径
2	2	6~20	6~8	25	14	70~280	>85~95
3	3	6~36	>8~10	28	16	80~320	>95~110
4	4	8~45	>10~12	32	18	90~360	>110~130
5	5	10~56	>12~17	36	20	100~400	>130~150
6	6	14~70	>17~22	40	22	100~400	>150~170
8	7	18~90	>22~30	45	25	110~450	>170~200
10	8	22~110	>30~38	50	28	125~500	>200~230
12	8	28~140	>38~44	56	32	140~500	>230~260
14	9	36~160	>44~50	63	32	160~500	>260~290
16	10	45~180	>50~58	70	36	180~500	>290~330
18	11	50~200	>58~65	80	40	200~500	>330~380
20	12	56~220	>65~75	90	45	220~500	>380~440
22	14	63~250	>75~85	100	50	250~500	>440~500
长度系列	6、8、10、12、14、16、18、20、22、25、28、32、36、40、45、50、56、63、70、80、90、100、110、125、140、160、180、200、220、250、280、320、360、400、450、500						
用途	用于轴上固定齿轮、皮带轮、链轮、凸轮和飞轮等回转零件，起连接和传递动力的作用						

六、铆钉

1. 平头铆钉（GB/T 109—1986）

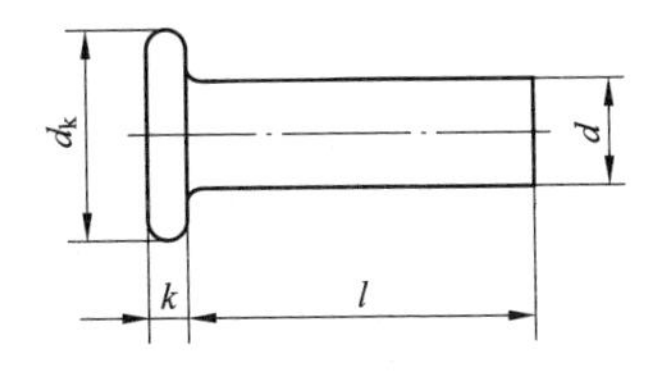

mm

公称直径 d	2	2.5	3	4	5	6	8	10
头部直径 d_k	4	5	6	8	10	12	16	20
头部高度 k	1	1.2	1.4	1.8	2	2.4	2.8	3.2
公称长度 l	4~8	5~10	6~14	8~22	10~26	12~30	16~30	20~30
l 系列尺寸	4、5、6、7、8、9、10、11、12、13、14、15、16、17、18、19、20、22、24、26、28、30							
用　途	用于打包钢带、木桶、木盆的箍圈等扁薄件的铆接							

2. 半圆头铆钉［粗制铆钉（GB 863.1—1986）、精制铆钉（GB 867—1986）］

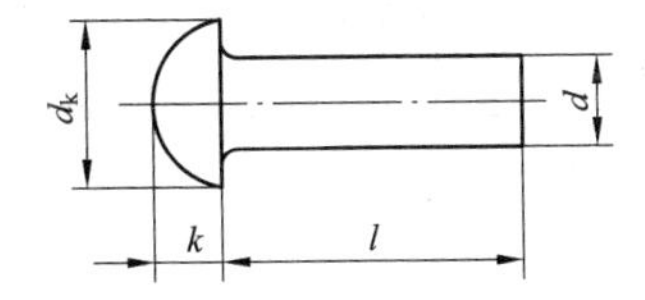

mm

公称直径 d	头部尺寸		公称长度 l		公称直径 d	头部尺寸		公称长度 l	
	直径 d_k	高度 k	精制	粗制		直径 d_k	高度 k	精制	粗制
0.6	1.1	0.4	1~6	—	2	3.5	1.2	3~16	—
0.8	1.4	0.5	1.5~8	—	2.5	4.6	1.6	5~20	—
1	1.8	0.6	2~8	—	3	5.3	1.8	5~26	—
1.4	2.5	0.8	3~12	—	4	7.1	2.4	7~50	—

续表

公称直径 d	头部尺寸		公称长度 l		公称直径 d	头部尺寸		公称长度 l	
	直径 d_k	高度 k	精制	粗制		直径 d_k	高度 k	精制	粗制
5	8.8	3	7~55	—	16	29	10	26~110	26~110
6	11	3.6	8~60	—	20	35	14	—	32~150
8	14	4.8	16~65	—	24	43	17	—	52~180
10	17	6	16~85	—	30	53	21	—	55~180
12	24	8	20~90	20~90	36	62	25	—	58~200
l系列尺寸	1、1.5、2、2.5、3、3.5、4、5、6、7、8、9、10、11、12、13、14、15、16、17、18、19、20、22、24、26、28、30、32、34、36、38、40、42、44、46、48、50、52、54、56、58、60、62、65、68、70、75、80、85、90、95、100、110、120、130、140、150、160、170、180、190、200								
用　途	用于锅炉、容器、桥梁和桁架等钢结构上作铆接用紧固件。精制铆钉的表面粗糙度较小，尺寸精度较高，用于对尺寸精度和表面状况要求较高的场合								

3. 沉头铆钉［粗制铆钉（GB/T 865—1986）、粗制铆钉（GB/T 869—1986）］

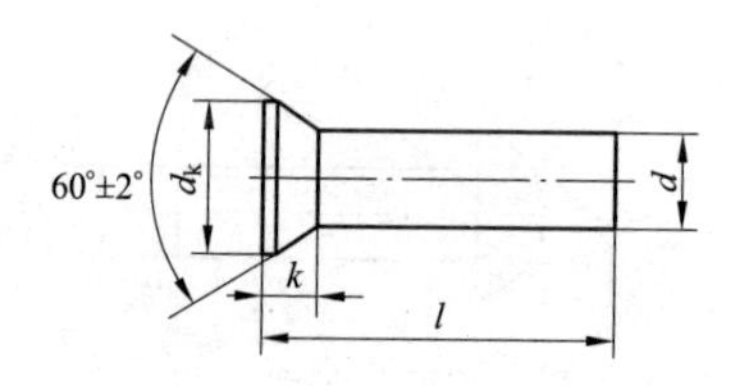

mm

公称直径 d	头部尺寸		公称长度 l		公称直径 d	头部尺寸		公称长度 l	
	直径 d_k	高度 k	精制	粗制		直径 d_k	高度 k	精制	粗制
1	1.9	0.5	2~8	—	2	3.9	1	3.5~16	—
(1.2)	2.1	0.5	2.5~8	—	2.5	4.6	1.1	5~18	—
1.4	2.7	0.7	3~12	—	3	5.2	1.2	5~22	—
(1.6)	2.9	0.7	3~12	—	(3.5)	6.1	1.4	6~24	—

续表

公称直径 d	头部尺寸		公称长度 l		公称直径 d	头部尺寸		公称长度 l	
	直径 d_k	高度 k	精制	粗制		直径 d_k	高度 k	精制	粗制
4	7	1.6	6~30	—	(18)	28	9	28~150	—
5	8.8	2	6~50	—	20	32	11	30~150	—
6	10.4	2.4	6~50	—	(22)	36	12	38~180	—
8	14	3.2	12~60	—	24	39	13	50~180	—
10	17.6	4	—	16~75	(27)	43	14	55~180	—
12	18.6	6	20~75	18~75	30	50	17	60~200	—
(14)	21.5	7	20~100	20~100	36	58	19	65~200	—
16	24.7	8	24~100	24~100					

注 1. 带括号的规格尽可能不采用。

2. 钉杆长度系列（mm）：2、2.5、3、3.5、4、5、6、7、8、9、10、11、12、13、14、15、16、17、18、19、20、22、24、26、28、30、32、34*、35**、36*、38、40、42、44*、45*、46、48、50、52、55、58、60、62*、65、68*、70、75、80、85、90、95、100、110、120、130、140、150、160、170、180、190、200。其中带*符号的长度只有精制铆钉，带**符号的长度只有粗制铆钉。粗制铆钉均为商品规格；精制铆钉只有 d=2~10mm 的长度为商品规格，其余 d 的长度为通用规格。沉头铆钉用于表面不允许露出头部的铆接。

第十二章

起重器材和工具

一、钢丝绳

（一）一般用途钢丝绳（GB/T 20118—2006）

1. 分类

级别	类别	分类原则	典型结构		直径范围（mm）
			钢丝绳	股绳	
1	单股钢丝绳	1个圆股，每股外层丝18根，中心丝外捻制1~3层钢丝	1×7 1×19 1×37	1+6 1+6+12 1+6+12+18	0.6~12 1~16 1.4~22.5
2	6×7	6个圆股，每股外层丝7根，中心丝（或无）外捻制1~2层钢丝，钢丝等捻距	6×7 6×9W	1+6 3+3/3	1.8~36 14~36
3	6×19（a）	6个圆股，每股外层丝8~12根，中心丝外捻制2~3层钢丝，钢丝等捻距	6×19S 6×19W 6×25Fi 6×26WS 6×31WS	1+9+9 1+6+6/6 1+6+6F+12 1+5+5/5+10 1+6+6/6+12	6~36 6~40 8~44 13~40 12~46
	6×19（b）	6个圆股，每股外层丝12根，中心丝外捻制2层钢丝，钢丝等捻距	6×19	1+6+12	3~46
4	6×37（a）	6个圆股，每股外层丝14~18根，中心丝外捻制3~4层钢丝，钢丝等捻距	6×29Fi 6×36WS 6×37S(点/线接触) 6×41WS 6×49SWS 6×55SWS	1+7+7F+14 1+7+7/7+14 1+6+15+15 1+8+8/8+16 1+8+8+8/8+16 1+9+9+9/9+18	10~44 12~60 10~60 32~60 36~60 36~60

续表

级别	类别	分类原则	典型结构		直径范围（mm）
			钢丝绳	股绳	
4	6×37（b）	6个圆股，每股外层丝18根，中心丝外捻制3层钢丝	6×37	1+6+12+18	5~60
5	6×61	6个圆股，每股外层丝24根，中心丝外捻制4层钢丝，钢丝等捻距	6×61	1+6+12+18+24	40~60
6	8×19	8个圆股，每股外层丝8~12根，中心丝外捻制2~3层钢丝，钢丝等捻距	8×19S 8×19W 8×25Fi 8×26WS 8×31WS	1+9+9 1+6+6/6 1+6+6F+12 1+5+5/5+10 1+6+6/6+12	11~44 10~48 18~52 16~48 14~56
7	8×37	8个圆股，每股外层丝14~18根，中心丝外捻制3~4层钢丝，钢丝等捻距	8×36WS 8×41WS 8×49SWS 8×55SWS	1+7+7/7+14 1+8+8/8+16 1+8+8+8/8+16 1+9+9+9/9+18	14~60 40~60 44~60 44~60
8	18×7	钢丝绳中有17或18个圆股，在纤维芯或钢芯外捻制2层股，外层10~12个股，每股外层丝4~7根，中心丝外捻制一层钢丝	17×7 18×7	1+6 1+6	6~44 6~44
9	18×19	钢丝绳中有17或18个圆股，在纤维芯或钢芯外捻制2层股，每股外层丝8~12根，中心丝外捻制2~3层钢丝	18×19W 18×19S 18×19	1+6+6/6 1+9+9 1+6+12	14~44 14~44 10~44
10	34×7	钢丝绳中有34~36个圆股，在纤维芯或钢芯外捻制3层股，外层17~18个股，每股外层丝4~8根，中心丝外捻制一层钢丝	34×7 36×7	1+6 1+6	16~44 16~44

续表

级别	类别	分类原则	典型结构		直径范围（mm）
			钢丝绳	股绳	
11	35W×7	钢丝绳中有20~40个圆股，在钢芯外捻制2~3层股，外层12~18个股，每股外层丝4~8根，中心丝外捻制一层钢丝	35W×7 24W×7	1+6 1+6	12~50 12~50
12	6×12	6个圆股，每股外层丝12根，股纤维芯外捻制一层钢丝	6×12	FC+12	8~32
13	6×24	6个圆股，每股外层丝12~16根，股纤维芯外捻制2层钢丝	6×24 6×24S 6×24W	FC+9+15 FC+12+12 FC+8+8/8	8~40 10~44 10~44
14	6×15	6个圆股，每股外层丝15根，股纤维芯外捻制一层钢丝	6×15	FC+15	10~32
15	4×19	4个圆股，每股外层丝8~12根，中心丝外捻制2~3层钢丝，钢丝等捻距	4×19S 4×25Fi 4×26WS 4×31WS	1+9+9 1+6+6F+12 1+5+5/5+10 1+6+6/6+12	8~28 12~34 12~31 12~36
16	4×37	4个圆股，每股外层丝14~18根，中心丝外捻制3~4层钢丝，钢丝等捻距	4×36WS 4×41WS	1+7+7/7+14 1+8+8/8+16	14~42 26~46

注 1. 3组和4组内推荐用（a）类钢丝绳。
2. 12组~14组仅为纤维芯，其余级别的钢丝绳可由需方指定纤维芯或钢芯。
3.（a）为线接触，（b）为点接触。

2. 力学性能

（1）第1组：单股绳类1×7钢丝绳。

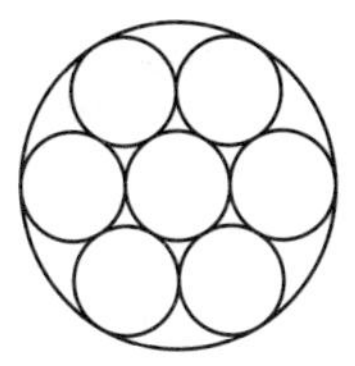

1×7

钢丝绳公称直径（mm）	理论质量（kg/100m）	钢丝绳公称抗拉强度（MPa）			
		1570	1670	1770	1870
		钢丝绳最小破断拉力（kN）			
0.6	0.19	0.31	0.32	0.34	0.36
1.2	0.75	1.22	1.30	1.38	1.45
1.5	1.17	1.91	2.03	2.15	2.27
1.8	1.69	2.75	2.92	3.10	3.27
2.1	2.30	3.74	3.98	4.22	4.45
2.4	3.01	4.88	5.19	5.51	5.82
2.7	3.80	6.18	6.57	6.97	7.36
3	4.70	7.63	8.12	8.60	9.09
3.3	5.68	9.23	9.82	10.4	11.0
3.6	6.77	11.0	11.7	12.4	13.1
3.9	7.94	12.9	13.7	14.5	15.4
4.2	9.21	15.0	15.9	16.9	17.8
4.5	10.6	17.2	18.3	19.4	20.4
4.8	12.0	19.5	20.8	22.0	23.3
5.1	13.6	22.1	23.5	24.9	26.3
5.4	15.2	24.7	26.3	27.9	29.4
6	18.8	30.5	32.5	34.4	36.4
6.6	22.7	36.9	39.3	41.6	44.0
7.2	27.1	43.9	46.7	49.5	52.3
7.8	31.8	51.6	54.9	58.2	61.4

续表

钢丝绳公称直径（mm）	理论质量（kg/100m）	钢丝绳公称抗拉强度（MPa）			
		1570	1670	1770	1870
		钢丝绳最小破断拉力（kN）			
8.4	36.8	59.8	63.6	67.4	71.3
9	42.3	68.7	73.0	77.4	81.8
9.6	48.1	78.1	83.1	88.1	93.1
10.5	57.6	93.5	99.4	105	111
11.5	69.0	112	119	126	134
12	75.2	122	130	138	145

注　最小钢丝破断拉力总和＝钢丝绳最小破断拉力×1.111。

（2）第1组：单股绳类1×19钢丝绳。

1×19

钢丝绳公称直径（mm）	理论质量（kg/100m）	钢丝绳公称抗拉强度（MPa）			
		1570	1670	1770	1870
		钢丝绳最小破断拉力（kN）			
1	0.51	0.83	0.89	0.94	0.99
1.5	1.14	1.87	1.99	2.11	2.23
2	2.03	3.33	3.54	3.75	3.96
2.5	3.17	5.20	5.53	5.86	6.19
3	4.56	7.49	7.97	8.44	8.92
3.5	6.21	10.2	10.8	11.5	12.1
4	8.11	13.3	14.2	15.0	15.9
4.5	10.3	16.9	17.9	19.0	20.1

续表

钢丝绳公称直径（mm）	理论质量（kg/100m）	钢丝绳公称抗拉强度（MPa）			
		1570	1670	1770	1870
		钢丝绳最小破断拉力（kN）			
5	12.7	20.8	22.1	23.5	24.8
5.5	15.3	25.2	26.8	28.4	30.0
6	18.3	30.0	31.9	33.8	35.7
6.5	21.4	35.2	37.4	39.6	41.9
7	24.8	40.8	43.4	46.0	48.6
7.5	28.5	46.8	49.8	5.28	55.7
8	32.4	56.6	56.6	60.0	63.4
8.5	36.6	60.1	63.9	67.8	71.6
9	41.1	67.4	71.7	76.0	80.3
10	50.7	83.2	88.6	93.8	99.1
11	61.3	101	107	114	120
12	73.0	120	127	135	143
13	85.7	141	150	159	167
14	99.4	163	173	184	194
15	114	187	199	211	223
16	130	213	227	240	254

（3）第1组：单股绳类1×37钢丝绳。

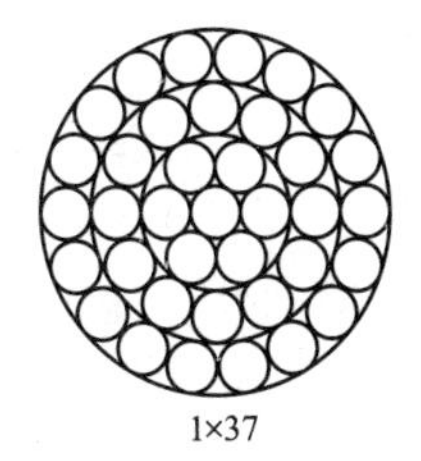

1×37

钢丝绳公称直径（mm）	理论质量（kg/100m）	钢丝绳公称抗拉强度（MPa）			
		1570	1670	1770	1870
		钢丝绳最小破断拉力（kN）			
1. 4	0. 98	1. 51	1. 60	1. 70	1. 80
2. 1	2. 21	3. 39	3. 61	3. 82	4. 04
2. 8	3. 93	6. 03	6. 42	6. 80	7. 18
3. 5	6. 14	9. 42	10. 0	10. 6	11. 2
4. 2	8. 84	13. 6	14. 4	15. 3	16. 2
4. 9	12. 0	18. 5	19. 6	20. 8	22. 0
5. 6	15. 7	24. 1	25. 7	27. 2	28. 7
6. 3	19. 9	30. 5	32. 5	34. 4	36. 4
7	24. 5	37. 7	40. 1	42. 5	44. 9
7. 7	29. 7	45. 6	48. 5	51. 4	54. 3
8. 4	35. 4	54. 3	57. 7	61. 2	64. 7
9. 1	41. 5	63. 7	67. 8	71. 8	75. 9
9. 8	48. 1	73. 9	78. 6	83. 3	88. 0
10. 5	55. 2	84. 8	90. 2	95. 6	101
11	60. 6	93. 1	99. 0	105	111
12	72. 1	111	118	125	132
12. 5	78. 3	120	128	136	143
14	98. 2	151	160	170	180
15. 5	120	185	197	208	220
17	145	222	236	251	265
18	162	249	265	281	297
19. 5	191	292	311	330	348
21	221	339	361	382	404
22. 5	254	389	414	439	464

注　最小钢丝破断拉力总和=钢丝绳最小破断拉力×1. 176。

（4）第2组：6×7类钢丝绳。

6×7+IWS

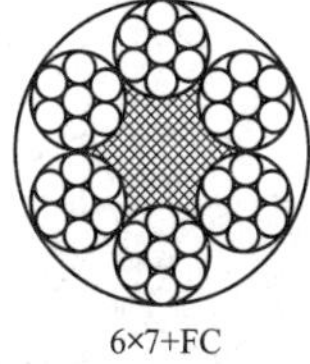
6×7+FC

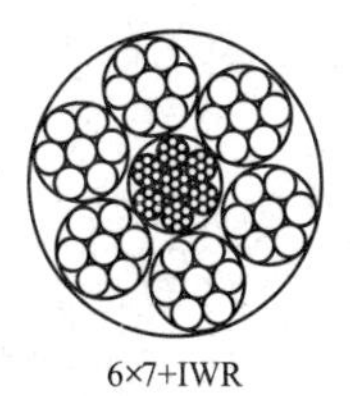
6×7+IWR

6×9W+FC

6×9W+IWR

钢丝绳公称直径（mm）	理论质量（kg/100m）			钢丝绳公称抗拉强度（MPa）							
				1570		1670		1770		1870	
				钢丝绳最小破断拉力（kN）							
	天然纤维芯钢丝绳	合成纤维芯钢丝绳	钢芯钢丝绳	纤维芯钢丝绳	钢芯钢丝绳	纤维芯钢丝绳	钢芯钢丝绳	纤维芯钢丝绳	钢芯钢丝绳	纤维芯钢丝绳	钢芯钢丝绳
1.8	1.14	1.11	1.25	1.69	1.83	1.80	1.94	1.90	2.05	2.01	2.18
2	1.40	1.38	1.55	2.08	2.25	2.22	2.40	2.35	2.54	2.48	2.69
3	3.16	3.10	3.48	4.69	5.07	4.99	5.40	5.29	5.72	5.59	6.04
4	5.62	5.50	6.19	8.34	9.02	8.87	9.59	9.40	10.2	9.93	10.7
5	8.78	8.60	9.68	13.0	14.1	13.9	15.0	14.7	15.9	15.5	16.8
6	12.6	12.4	13.9	18.8	20.3	20.0	21.6	21.2	22.9	22.4	24.2
7	17.2	16.9	19.0	25.5	27.6	27.2	29.4	28.8	31.1	30.4	32.9
8	22.5	22.0	24.8	33.4	36.1	35.5	38.4	37.6	40.7	39.7	43.0
9	28.4	27.9	31.3	42.2	45.7	44.9	48.6	47.6	51.5	50.3	54.4
10	35.1	34.4	38.7	52.1	56.4	55.4	60.0	58.8	63.5	62.1	67.1
11	42.5	41.6	46.8	63.1	68.2	67.1	72.5	71.1	76.9	75.1	81.2
12	50.5	49.5	55.7	75.1	81.2	79.8	86.3	84.6	91.5	89.4	96.7
13	59.3	58.1	65.4	88.1	95.3	93.7	101	99.3	107	105	113
14	68.8	67.4	75.9	102	110	109	118	115	125	122	132

（5）第3组：6×19（b）类钢丝绳。

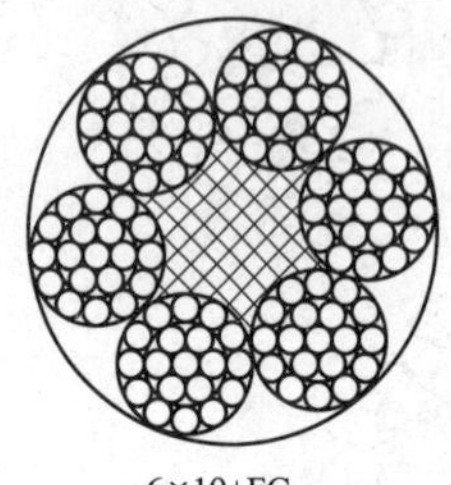
6×19+FC

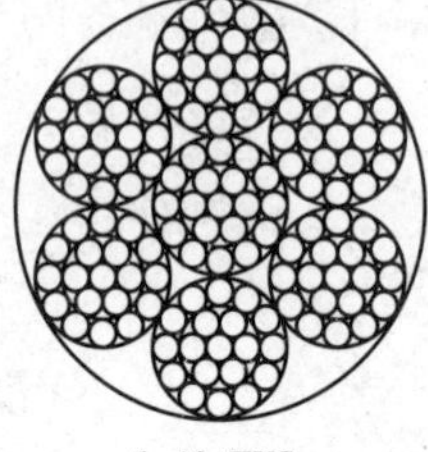
6×19+IWS

6×19+IWR

钢丝绳公称直径（mm）	理论质量（kg/100m）			钢丝绳公称抗拉强度（MPa）							
				1570		1670		1770		1870	
				钢丝绳最小破断拉力（kN）							
	天然纤维芯钢丝绳	合成纤维芯钢丝绳	钢芯钢丝绳	纤维芯钢丝绳	钢芯钢丝绳	纤维芯钢丝绳	钢芯钢丝绳	纤维芯钢丝绳	钢芯钢丝绳	纤维芯钢丝绳	钢芯钢丝绳
3	3.16	3.10	3.60	4.34	4.69	4.61	4.99	4.89	5.29	5.17	5.59
4	5.62	5.50	6.40	7.71	8.34	8.20	8.87	8.69	9.40	9.19	9.93
5	8.78	8.60	10.0	12.0	13.0	12.8	13.8	13.6	14.7	14.4	15.5
6	12.6	12.4	14.4	17.4	18.8	18.5	20.0	19.6	21.2	20.7	22.4
7	17.2	16.9	19.6	23.6	25.5	25.1	27.2	26.6	28.8	28.1	30.4
8	22.5	22.0	25.6	30.8	33.4	32.8	35.5	34.8	37.6	36.7	39.7
9	28.4	27.9	32.4	39.0	42.2	41.6	44.9	44.0	47.6	46.5	50.3
10	35.1	34.4	40.0	48.2	52.1	51.3	55.4	54.4	58.8	57.4	62.1
11	42.5	41.6	48.4	58.3	63.0	62.0	67.1	65.8	71.1	69.5	75.1
12	50.5	50.0	57.6	69.4	75.1	73.8	79.8	78.2	84.6	82.7	89.4
13	59.3	58.1	67.6	81.5	88.1	86.6	93.7	91.8	99.3	97.0	105
14	68.8	67.4	78.4	94.5	102	100	109	108	115	113	122
16	69.9	88.1	102	123	133	131	142	139	150	147	159
18	114	111	130	156	169	166	180	176	190	186	201
20	140	138	160	193	208	205	222	217	235	230	248
22	170	166	194	233	252	248	268	263	284	278	300

续表

钢丝绳公称直径（mm）	理论质量（kg/100m）			钢丝绳公称抗拉强度（MPa）							
				1570		1670		1770		1870	
				钢丝绳最小破断拉力（kN）							
	天然纤维芯钢丝绳	合成纤维芯钢丝绳	钢芯钢丝绳	纤维芯钢丝绳	钢芯钢丝绳	纤维芯钢丝绳	钢芯钢丝绳	纤维芯钢丝绳	钢芯钢丝绳	纤维芯钢丝绳	钢芯钢丝绳
24	202	198	230	278	300	295	319	313	338	331	358
26	237	233	270	326	352	346	375	367	397	388	420
28	275	270	314	378	409	402	435	426	461	450	487
30	316	310	360	434	469	461	499	489	529	517	559
32	359	352	410	494	534	525	568	557	602	588	636
34	406	398	462	557	603	593	641	628	679	664	718
36	455	446	518	625	676	664	719	704	762	744	805
38	507	497	578	696	753	740	801	785	849	829	896
40	562	550	640	771	834	820	887	869	940	919	993
42	619	607	706	850	919	904	978	959	1040	1010	1100
44	680	666	774	933	1010	993	1070	1050	1140	1110	1200
46	743	728	846	1020	1100	1080	1170	1150	1240	1210	1310

注 最小钢丝破断拉力总和＝钢丝绳最小破断拉力×1.226（纤维芯）或1.321（钢芯）。

（6）第3组和第4组：6×19（a）和6×37（a）类钢丝绳。

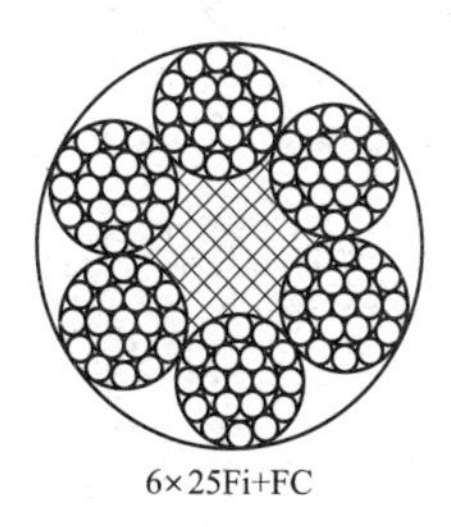
6×25Fi+FC

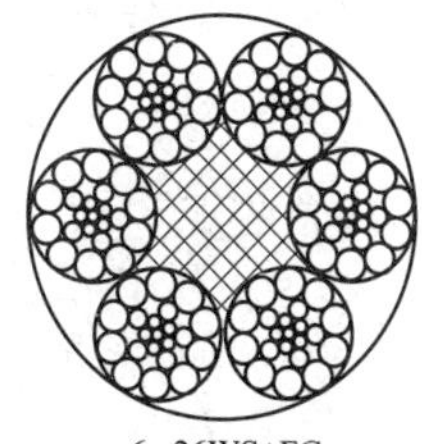
6×26WS+FC

6×29Fi+FC

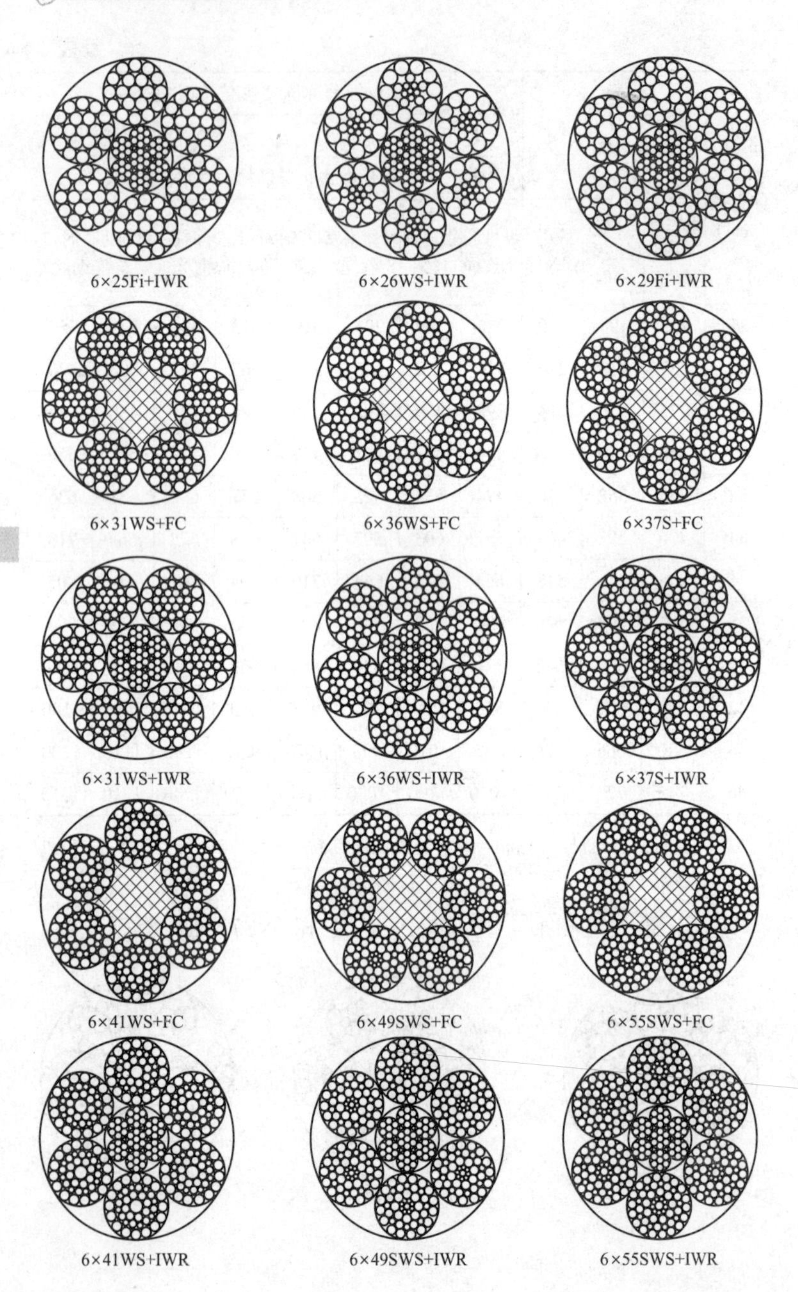
6×25Fi+IWR
6×26WS+IWR
6×29Fi+IWR
6×31WS+FC
6×36WS+FC
6×37S+FC
6×31WS+IWR
6×36WS+IWR
6×37S+IWR
6×41WS+FC
6×49SWS+FC
6×55SWS+FC
6×41WS+IWR
6×49SWS+IWR
6×55SWS+IWR

钢丝绳公称直径（mm）	理论质量（kg/100m）			钢丝绳公称抗拉强度（MPa）											
				1570		1670		1770		1870		1960		2160	
				钢丝绳最小破断拉力（kN）											
	天然纤维芯钢丝绳	合成纤维芯钢丝绳	钢芯钢丝绳	纤维芯钢丝绳	钢芯钢丝绳	纤维芯钢丝绳	钢芯钢丝绳	纤维芯钢丝绳	钢芯钢丝绳	纤维芯钢丝绳	钢芯钢丝绳	纤维芯钢丝绳	钢芯钢丝绳	纤维芯钢丝绳	钢芯钢丝绳
8	24. 3	23. 7	26. 8	33. 2	35. 8	35. 3	38. 0	37. 4	40. 3	39. 5	42. 6	41. 4	44. 7	45. 6	49. 2
10	38. 0	37. 1	41. 8	51. 8	55. 9	55. 1	59. 5	58. 4	63. 0	61. 7	66. 6	64. 7	69. 8	71. 3	76. 9
12	54. 7	53. 4	60. 2	74. 6	80. 9	79. 4	85. 6	84. 1	90. 7	88. 9	95. 9	93. 1	100	103	111
13	64. 2	62. 7	70. 6	87. 6	94. 5	93. 1	100	98. 7	106	104	113	109	118	120	130
14	74. 5	72. 7	81. 9	102	110	108	117	114	124	121	130	127	137	140	151
16	97. 3	95. 0	107	133	143	141	152	150	161	158	170	166	179	182	197
18	123	120	135	168	181	179	193	189	204	200	216	210	226	231	249
20	152	148	167	207	224	220	238	234	252	247	266	259	279	285	308
22	184	180	202	251	271	267	288	283	305	299	322	313	338	345	372
24	219	214	241	298	322	317	342	336	363	355	383	273	402	411	443
26	257	251	283	350	378	373	402	395	426	417	450	437	472	482	520
28	298	291	328	406	438	432	466	458	494	484	522	507	547	559	603
30	342	334	376	466	503	196	535	526	567	555	599	582	628	642	692
32	389	380	428	531	572	564	609	598	645	632	682	662	715	730	787
34	439	429	483	599	646	637	687	675	728	713	770	748	807	824	889
36	492	481	542	671	724	714	770	757	817	800	863	838	904	924	997
38	549	536	604	748	807	796	858	846	910	891	961	934	1010	1030	1110
40	608	594	669	829	894	882	951	935	1010	987	1070	1030	1120	1140	1230
42	670	654	737	914	986	972	1050	1030	1110	1090	1170	1140	1230	1260	1360
44	736	718	809	1000	1080	1070	1150	1130	1220	1190	1290	1250	1350	1380	1490
46	804	785	884	1100	1180	1170	1260	1240	1330	1310	1410	1370	1480	1510	1630
48	876	855	963	1190	1290	1270	1370	1350	1450	1420	1530	1490	1610	1640	1770
50	950	928	1040	1300	1400	1380	1490	1460	1580	1540	1660	1620	1740	1780	1920

续表

钢丝绳公称直径（mm）	理论质量（kg/100m）			钢丝绳公称抗拉强度（MPa）											
				1570		1670		1770		1870		1960		2160	
				钢丝绳最小破断拉力（kN）											
	天然纤维芯钢丝绳	合成纤维芯钢丝绳	钢芯钢丝绳	纤维芯钢丝绳	钢芯钢丝绳	纤维芯钢丝绳	钢芯钢丝绳	纤维芯钢丝绳	钢芯钢丝绳	纤维芯钢丝绳	钢芯钢丝绳	纤维芯钢丝绳	钢芯钢丝绳	纤维芯钢丝绳	钢芯钢丝绳
52	1030	1000	1130	1400	1510	1490	1610	1580	1700	1670	1800	1750	1890	1930	2080
54	1110	1080	1220	1510	1630	1610	1730	1700	1840	1800	1940	1890	2030	2080	2240
56	1190	1160	1310	1620	1750	1730	1860	1830	1980	1940	2090	2030	2190	2240	2410
58	1280	1250	1410	1740	1880	1850	2000	1960	2120	2080	2240	2180	2350	2400	2590
60	1370	1340	1500	1870	2010	1980	2140	2100	2270	2220	2400	2330	2510	2570	2770

注　最小钢丝破断拉力总和=钢丝绳最小破断拉力×1.226（纤维芯）或1.321（钢芯）。其中6×37S纤维芯为1.191，钢芯为1.283。

（7）第4组：6×37（b）类钢丝绳。

6×37+FC

6×37+IWR

钢丝绳公称直径（mm）	理论质量（kg/100m）			钢丝绳公称抗拉强度（MPa）							
				1570		1670		1770		1870	
				钢丝绳最小破断拉力（kN）							
	天然纤维芯钢丝绳	合成纤维芯钢丝绳	钢芯钢丝绳	纤维芯钢丝绳	钢芯钢丝绳	纤维芯钢丝绳	钢芯钢丝绳	纤维芯钢丝绳	钢芯钢丝绳	纤维芯钢丝绳	钢芯钢丝绳
5	8.65	8.43	10.0	11.6	12.5	12.3	13.3	13.1	14.1	13.8	14.9
6	12.5	12.1	14.4	16.7	18.0	17.7	19.2	18.8	20.3	19.9	21.5

续表

钢丝绳公称直径（mm）	理论质量（kg/100m）			钢丝绳公称抗拉强度（MPa）							
				1570		1670		1770		1870	
				钢丝绳最小破断拉力（kN）							
	天然纤维芯钢丝绳	合成纤维芯钢丝绳	钢芯钢丝绳	纤维芯钢丝绳	钢芯钢丝绳	纤维芯钢丝绳	钢芯钢丝绳	纤维芯钢丝绳	钢芯钢丝绳	纤维芯钢丝绳	钢芯钢丝绳
7	17.0	16.5	19.6	22.7	24.5	24.1	26.1	25.6	27.7	27.0	29.2
8	22.1	21.6	25.6	29.6	32.1	31.5	34.1	33.4	36.1	35.3	38.2
9	28.0	27.3	32.4	37.5	40.6	39.9	43.2	42.3	45.7	44.7	48.3
10	34.6	33.7	40.0	46.3	50.1	49.3	53.3	52.2	56.5	55.2	59.7
11	41.9	40.8	48.4	56.0	60.6	59.6	64.5	63.2	38.3	63.7	72.2
12	49.8	48.5	57.6	66.7	72.1	70.9	76.7	75.2	81.3	79.4	85.9
13	58.5	57.0	67.6	78.3	84.6	83.3	90.0	88.2	95.4	93.2	101
14	67.8	66.1	78.4	90.8	98.2	96.6	104	102	111	108	117
16	88.6	86.3	102	119	128	126	136	134	145	141	153
18	112	109	130	150	162	160	173	169	183	179	193
20	138	135	160	185	200	197	213	209	226	221	239
22	167	163	194	224	242	238	258	253	273	267	289
24	199	194	230	267	288	284	307	301	325	318	344
26	234	228	270	313	339	333	360	353	382	373	403
28	271	264	314	363	393	386	418	409	443	432	468
30	311	303	360	417	451	443	479	470	508	496	537
32	354	345	410	474	513	504	546	535	578	565	611
34	400	390	462	535	579	570	616	604	653	638	690
36	448	437	518	600	649	638	690	677	732	715	773
38	500	487	578	669	723	711	769	754	815	797	861
40	554	539	640	741	801	788	852	835	903	883	954
42	610	594	706	817	883	869	940	921	996	973	1050
44	670	652	774	897	970	954	1030	1010	1090	1070	1150
46	732	713	846	980	1050	1040	1130	1100	1190	1170	1260
48	797	776	922	1060	1150	1140	1230	1200	1300	1270	1370

续表

钢丝绳公称直径（mm）	理论质量（kg/100m）			钢丝绳公称抗拉强度（MPa）							
				1570		1670		1770		1870	
				钢丝绳最小破断拉力（kN）							
	天然纤维芯钢丝绳	合成纤维芯钢丝绳	钢芯钢丝绳	纤维芯钢丝绳	钢芯钢丝绳	纤维芯钢丝绳	钢芯钢丝绳	纤维芯钢丝绳	钢芯钢丝绳	纤维芯钢丝绳	钢芯钢丝绳
50	865	843	1000	1160	1250	1230	1330	1300	1410	1380	1490
52	936	911	1080	1250	1350	1330	1440	1410	1530	1490	1610
54	1010	983	1170	1350	1460	1440	1550	1520	1650	1610	1740
56	1090	1060	1250	1450	1570	1540	1670	1640	1770	1730	1870
58	1160	1130	1350	1560	1680	1660	1790	1760	1900	1860	2010
60	1250	1210	1440	1670	1800	1770	1920	1880	2030	1990	2150

注　最小钢丝破断拉力总和=钢丝绳最小破断拉力×1.249（纤维芯）或1.336（钢芯）。

（8）第5组：6×61类钢丝绳。

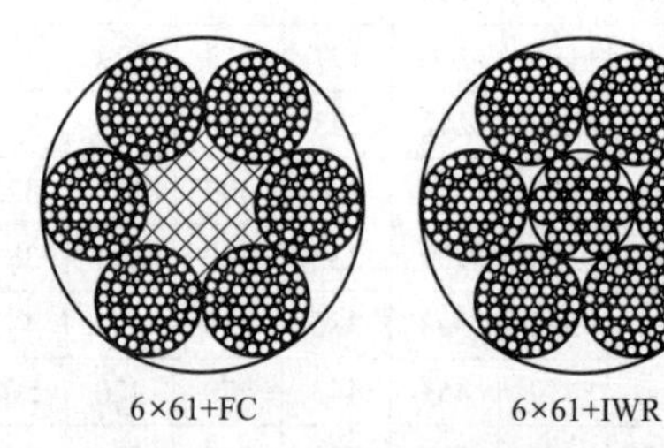

6×61+FC　　6×61+IWR

钢丝绳公称直径（mm）	理论质量（kg/100m）			钢丝绳公称抗拉强度（MPa）							
				1570		1670		1770		1870	
				钢丝绳最小破断拉力（kN）							
	天然纤维芯钢丝绳	合成纤维芯钢丝绳	钢芯钢丝绳	纤维芯钢丝绳	钢芯钢丝绳	纤维芯钢丝绳	钢芯钢丝绳	纤维芯钢丝绳	钢芯钢丝绳	纤维芯钢丝绳	钢芯钢丝绳
40	578	566	637	711	769	756	818	801	867	847	916
42	637	624	702	784	847	834	901	884	955	934	1010
44	699	685	771	860	930	915	989	970	1050	1020	1110

续表

钢丝绳公称直径（mm）	理论质量（kg/100m）			钢丝绳公称抗拉强度（MPa）							
				1570		1670		1770		1870	
				钢丝绳最小破断拉力（kN）							
	天然纤维芯钢丝绳	合成纤维芯钢丝绳	钢芯钢丝绳	纤维芯钢丝绳	钢芯钢丝绳	纤维芯钢丝绳	钢芯钢丝绳	纤维芯钢丝绳	钢芯钢丝绳	纤维芯钢丝绳	钢芯钢丝绳
46	764	749	842	940	1020	1000	1080	1060	1150	1120	1210
48	832	816	917	1020	1110	1090	1180	1150	1250	1220	1320
50	903	885	995	1110	1200	1180	1280	1250	1350	1320	1430
52	976	957	1080	1200	1300	1280	1380	1350	1460	1430	1550
54	1050	1030	1160	1300	1400	1380	1490	1460	1580	1540	1670
56	1130	1110	1250	1390	1510	1480	1600	1570	1700	1660	1790
58	1210	1190	1340	1490	1620	1590	1720	1690	1820	1780	1920
60	1300	1270	1430	1600	1730	1700	1840	1800	1950	1910	2060

注 最小钢丝破断拉力总和＝钢丝绳最小破断拉力×1.301（纤维芯）或1.392（钢芯）。

（9）第6组：8×19类钢丝绳。

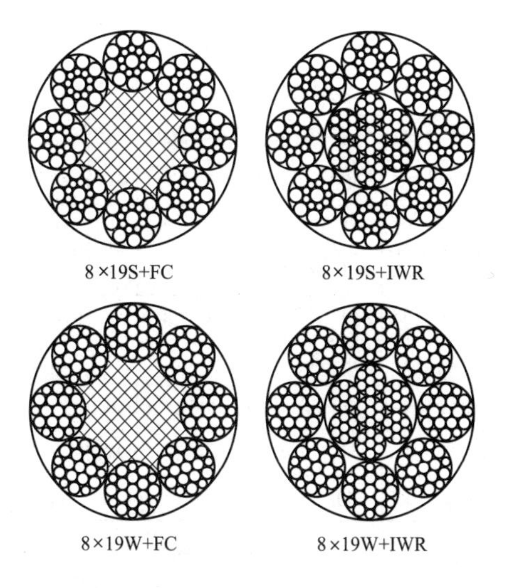

8×19S+FC　　8×19S+IWR

8×19W+FC　　8×19W+IWR

钢丝绳公称直径（mm）	理论质量（kg/100m）			钢丝绳公称抗拉强度（MPa）											
				1570		1670		1770		1870		1960		2160	
				钢丝绳最小破断拉力（kN）											
	天然纤维芯钢丝绳	合成纤维芯钢丝绳	钢芯钢丝绳	纤维芯钢丝绳	钢芯钢丝绳	纤维芯钢丝绳	钢芯钢丝绳	纤维芯钢丝绳	钢芯钢丝绳	纤维芯钢丝绳	钢芯钢丝绳	纤维芯钢丝绳	钢芯钢丝绳	纤维芯钢丝绳	钢芯钢丝绳
10	34. 6	33. 4	42. 2	46. 0	54. 3	48. 9	57. 8	51. 9	61. 2	54. 8	64. 7	57. 4	67. 8	63. 3	74. 7
11	41. 9	40. 4	51. 1	55. 7	65. 7	59. 2	69. 9	62. 8	74. 1	66. 3	78. 3	69. 5	82. 1	76. 6	90. 4
12	49. 9	48. 0	60. 8	66. 2	78. 2	70. 5	83. 2	74. 7	88. 2	78. 9	93. 2	82. 7	97. 7	91. 1	108
13	58. 5	56. 4	71. 3	77. 7	91. 8	82. 7	97. 7	87. 6	103	92. 6	109	97. 1	115	107	126
14	67. 9	65. 4	82. 7	90. 2	106	95. 9	113	102	120	107	127	113	133	124	146
16	88. 7	85. 4	108	118	139	125	148	133	157	140	166	147	174	162	191
18	112	108	137	149	176	159	187	168	198	178	210	186	220	205	242
20	139	133	169	184	217	196	231	207	245	219	259	230	271	253	299
22	168	162	204	223	263	237	280	251	296	265	313	278	328	306	362
24	199	192	243	265	313	282	333	299	353	316	373	331	391	365	430
26	234	226	285	311	367	331	391	351	414	370	437	388	458	428	505
28	271	262	331	361	426	384	453	407	480	430	507	450	532	496	586
30	312	300	380	414	489	440	520	467	551	493	582	517	610	570	673
32	355	342	432	471	556	501	592	531	627	561	663	588	694	648	765
34	400	386	488	532	628	566	668	600	708	633	748	664	784	732	864
36	449	432	547	596	704	634	749	672	794	710	839	744	879	820	969
38	500	482	609	664	784	707	834	749	884	791	934	829	979	914	1080
40	554	534	675	736	869	783	925	830	980	877	1040	919	1090	1010	1200
42	611	589	744	811	958	863	1020	915	1080	967	1140	1010	1200	1120	1320
44	670	646	817	891	1050	947	1120	1000	1190	1060	1250	1110	1310	1230	1450
46	733	706	893	973	1150	1040	1220	1100	1300	1160	1370	1220	1430	1340	1580
48	798	769	972	1060	1250	1130	1330	1190	1410	1260	1490	1320	1560	1460	1720

注　最小钢丝破断拉力总和＝钢丝绳最小破断拉力×1. 214（纤维芯）或 1. 360（钢芯）。

（二）重要用途钢丝绳（GB 8918—2006）

1. 分类

级别	类别		分类原则	典型结构		直径范围（mm）
				钢丝绳	股绳	
1	圆股钢丝绳	6×7	6个圆股，每股外层丝7根，中心丝（或无）外捻制1～2层钢丝，钢丝等捻距	6×7 6×9W	1+6 3+3/3	8～36 14～36
2		6×19	6个圆股，每股外层丝8～12根，外捻制2～3层钢丝，钢丝等捻距	6×19S 6×19W 6×25Fi 6×26WS 6×31WS	1+9+9 1+6+6/6 1+6+6F+12 1+5+5/5+10 1+6+6/6+12	12～36 12～40 12～44 20～40 22～46
3		6×37	6个圆股，每股外层丝14～18根，中心丝外捻制3～4层钢丝，钢丝等捻距	6×29Fi 6×36WS 6×37S(点/线接触) 6×41WS 6×49SWS 6×55SWS	1+7+7F+14 1+7+7/7+14 1+6+15+15 1+8+8/8+16 1+8+8+8/8+16 1+9+9+9/9+18	14～44 18～60 20～60 32～56 36～60 36～64
4		8×19	8个圆股，每股外层丝8～12根，中心丝外捻制2～3层钢丝，钢丝等捻距	8×19S 8×19W 8×25Fi 8×26WS 8×31WS	1+9+9 1+6+6/6 1+6+6F+12 1+5+5/5+10 1+6+6/6+12	20～44 18～48 16～52 24～48 26～56
5		8×37	8个圆股，每股外层丝14～18根，中心丝外捻制3～4层钢丝，钢丝等捻距	8×36WS 8×41WS 8×49SWS 8×55SWS	1+7+7/7+14 1+8+8/8+16 1+8+8+8/8+16 1+9+9+9/9+18	22～60 40～56 44～64 44～64
6		18×7	绳中有17或18个圆股，每股外层丝8～12根，钢丝等捻距，在纤维芯或钢芯外捻制2层股	17×7 18×7	1+6 1+6	12～60 12～60
7		18×19	钢丝绳中有17或18个圆股，每股外层丝8～12根，钢丝等捻距，在纤维芯或钢芯外捻制2层股	18×19W 18×19S	1+6+6/6 1+9+9	24～60 28～60

续表

级别	类别		分类原则	典型结构		直径范围（mm）
				钢丝绳	股绳	
8	圆股钢丝绳	34×7	钢丝绳中有34~36个圆股，每股外层丝7根，在纤维芯或钢芯外捻制3层股	34×7 36×7	1+6 1+6	16~60 20~60
9		35W×7	钢丝绳中有24~40个圆股，每股外层丝4~8根，在纤维芯或钢芯外捻制3层股	35W×7 24W×7	1+6	16~60
10	异形股钢丝绳	6V×7	6个三角形股，每股外层丝7~9根，三角形股芯外捻制1层钢丝	6V×18 6V×19	/3×2+3/9 /1×7+3/+9	20~36 20~36
11		6V×19	6个三角形股，每股外层丝11~14根，三角形股芯或纤维芯外捻制2层钢丝	6V×21 6V×24 6V×30 6V×34	FC+9+12 FC+12+12 6+12+12 /1×7+3/+12+12	18~36 18~36 20~38 28~44
12		6V×37	6个三角形股，每股外层丝15~18根，三角形股芯外捻制2层钢丝	6V×36 6V×37S 6V×43	/1×7+3/+12+15 /1×7+3/+12+15 /1×7+3/+12+18	32~52 32~52 38~58
13		4V×39	4个扇形股，每股外层丝15~18根，纤维股芯外捻制3层钢丝	4V×39S 4V×48S	FC+9+15+15 FC+12+18+18	16~36 20~40
14		6Q×19+6V×21	钢丝绳中有12~14个股，在6个三角形股外捻制6~8个椭圆股	6Q×19+6V×21	外股5+4 内股FC+9+12	40~52
				6Q×33+6V×21	外股5+13+15 内股FC+9+12	40~60

注 1. 13组和11组异形股钢线绳中6V×21、6V×24结构仅为纤维绳芯，其余级别的钢丝绳可由需方指定纤维芯或钢芯。

2. 三角形股芯的结构可以相互代替，或改用其他结构的三角形股芯，但应在订货合同中注明。

2. 力学性能

（1）第 1 组：6×7 类钢丝绳。

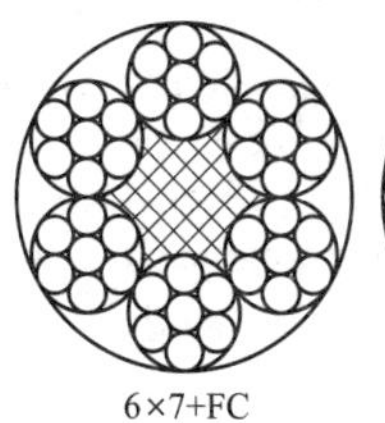
6×7+FC

6×7+IWS

6×9W+FC

6×9W+IWR

钢丝绳公称直径（mm）	理论质量（kg/100m）			钢丝绳公称抗拉强度（MPa）									
				1570		1670		1770		1870		1960	
				钢丝绳最小破断拉力（kN）									
	天然纤维芯钢丝绳	合成纤维芯钢丝绳	钢芯钢丝绳	纤维芯钢丝绳	钢芯钢丝绳	纤维芯钢丝绳	钢芯钢丝绳	纤维芯钢丝绳	钢芯钢丝绳	纤维芯钢丝绳	钢芯钢丝绳	纤维芯钢丝绳	钢芯钢丝绳
8	22.5	22.0	24.8	33.4	36.1	35.5	38.4	37.6	40.7	39.7	43.0	41.6	45.0
9	28.4	27.9	31.3	42.2	45.7	44.9	48.6	47.6	51.5	50.3	54.4	52.7	57.0
10	35.1	34.4	38.7	52.1	56.4	55.4	60.0	58.8	63	62.1	67.1	65.1	70.4
11	42.5	41.6	46.8	63.1	68.2	67.1	72.5	71.1	76.9	75.1	81.2	78.7	85.1
12	50.5	49.5	55.7	75.1	81.2	79.8	86.3	84.6	91.5	89.4	96.7	93.7	101
13	59.3	58.1	65.4	88.1	95.3	93.7	101	99.3	107	105	113	110	119
14	68.8	67.4	75.9	102	110	109	118	115	125	122	132	128	138
16	89.9	88.1	99.1	133	144	142	153	150	163	159	172	167	180
18	114	111	125	169	183	180	194	190	206	201	218	211	228
20	140	138	155	208	225	222	240	235	254	248	369	260	281
22	170	166	187	252	273	268	290	284	308	300	325	315	341
24	202	198	223	300	325	319	345	338	366	358	387	375	405
26	237	233	262	352	381	375	405	397	430	420	454	440	476
28	275	270	303	409	442	435	470	461	498	487	526	510	552
30	316	310	348	469	507	499	540	529	572	559	604	586	633

续表

钢丝绳公称直径（mm）	理论质量（kg/100m）			钢丝绳公称抗拉强度（MPa）									
				1570		1670		1770		1870		1960	
				钢丝绳最小破断拉力（kN）									
	天然纤维芯钢丝绳	合成纤维芯钢丝绳	钢芯钢丝绳	纤维芯钢丝绳	钢芯钢丝绳	纤维芯钢丝绳	钢芯钢丝绳	纤维芯钢丝绳	钢芯钢丝绳	纤维芯钢丝绳	钢芯钢丝绳	纤维芯钢丝绳	钢芯钢丝绳
32	359	352	396	534	577	568	614	602	651	636	687	666	721
34	406	398	447	603	352	341	693	679	735	718	776	752	813
36	455	446	502	676	730	719	777	762	824	805	870	843	912

（2）第 2 组：6×19 类钢丝绳。

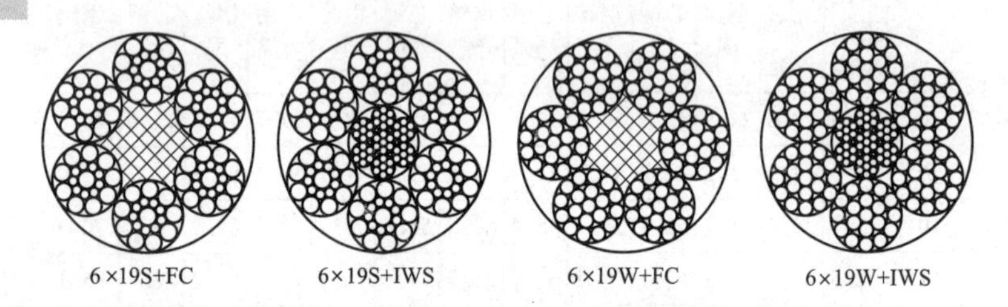

6×19S+FC　　6×19S+IWS　　6×19W+FC　　6×19W+IWS

钢丝绳公称直径（mm）	钢丝绳参考质量（kg/100m）			钢丝绳公称抗拉强度（MPa）									
				1570		1670		1770		1870		1960	
				钢丝绳最小破断拉力（kN）									
	天然纤维芯钢丝绳	合成纤维芯钢丝绳	钢芯钢丝绳	纤维芯钢丝绳	钢芯钢丝绳	纤维芯钢丝绳	钢芯钢丝绳	纤维芯钢丝绳	钢芯钢丝绳	纤维芯钢丝绳	钢芯钢丝绳	纤维芯钢丝绳	钢芯钢丝绳
12	53.1	51.8	58.4	74.6	80.5	79.4	85.6	84.1	90.7	86.9	95.9	93.1	1000
13	62.3	60.8	68.5	87.6	94.5	93.1	100	98.7	106	104	113	109	118
14	72.2	70.5	79.5	102	110	108	117	114	124	121	130	127	137
16	94.4	92.1	104	133	143	141	152	150	161	158	170	166	179
18	119	117	131	168	181	179	193	189	204	200	216	210	226

续表

钢丝绳公称直径（mm）	钢丝绳参考质量（kg/100m）			钢丝绳公称抗拉强度（MPa）									
				1570		1670		1770		1870		1960	
				钢丝绳最小破断拉力（kN）									
	天然纤维芯钢丝绳	合成纤维芯钢丝绳	钢芯钢丝绳	纤维芯钢丝绳	钢芯钢丝绳	纤维芯钢丝绳	钢芯钢丝绳	纤维芯钢丝绳	钢芯钢丝绳	纤维芯钢丝绳	钢芯钢丝绳	纤维芯钢丝绳	钢芯钢丝绳
20	147	144	162	207	224	220	238	234	252	247	266	259	279
22	178	174	196	251	271	267	288	283	304	299	322	313	338
24	212	207	234	298	322	317	342	336	363	355	383	373	402
26	249	243	274	350	378	373	402	395	426	417	450	437	472
28	289	282	318	406	438	432	466	458	494	484	522	507	547
30	332	324	365	466	503	496	535	526	567	555	599	662	628
32	377	369	415	531	572	564	609	598	645	532	682	582	715
34	426	416	469	599	646	637	687	675	728	713	770	748	807
36	478	466	525	671	724	714	770	757	817	800	863	838	904
38	532	520	585	748	807	796	858	843	910	891	961	934	1010
40	590	576	649	829	894	882	951	935	1010	987	1070	1030	1120

（3）第 2 组和第 3 组：6×19a 和 6×37a 类钢丝绳。

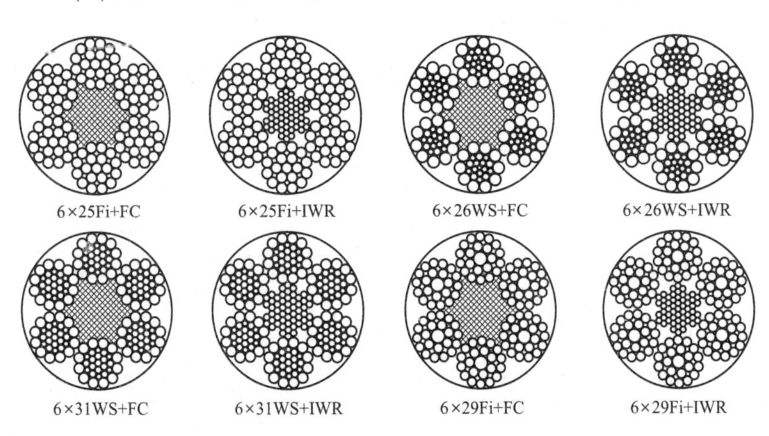

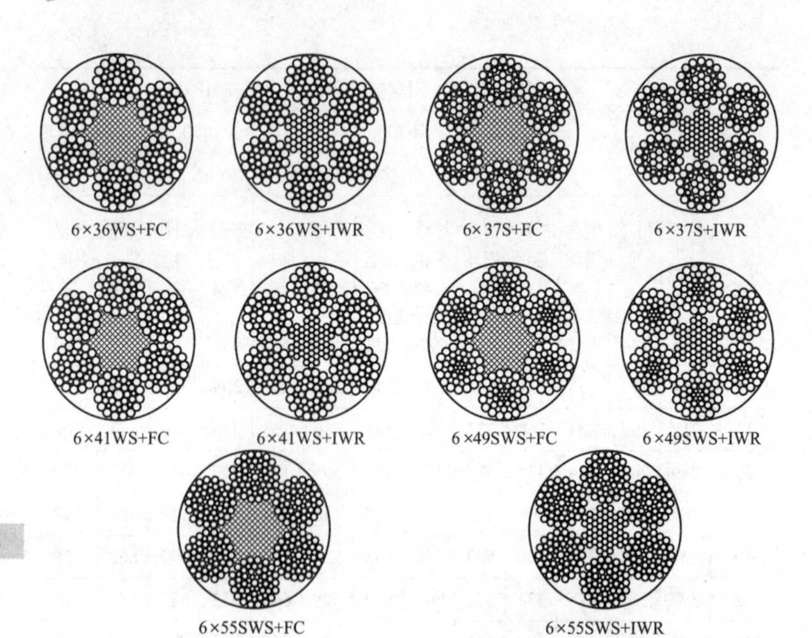

钢丝绳公称直径（mm）	钢丝绳参考质量（kg/100m）			钢丝绳公称抗拉强度（MPa）									
				1570		1670		1770		1870		1960	
				钢丝绳最小破断拉力（kN）									
	天然纤维芯钢丝绳	合成纤维芯钢丝绳	钢芯钢丝绳	纤维芯钢丝绳	钢芯钢丝绳	纤维芯钢丝绳	钢芯钢丝绳	纤维芯钢丝绳	钢芯钢丝绳	纤维芯钢丝绳	钢芯钢丝绳	纤维芯钢丝绳	钢芯钢丝绳
12	54.7	53.4	60.2	74.6	80.5	79.4	85.6	84.1	90.7	88.9	95.9	93.1	100
13	64.2	62.7	70.6	87.6	94.5	93.1	100	98.7	106	104	113	109	118
14	74.5	72.7	81.9	102	110	108	117	114	124	121	130	127	137
16	97.3	95.0	107	133	143	141	152	150	161	158	170	166	179
18	123	120	135	168	181	179	193	189	204	200	216	210	226
20	152	148	167	207	224	220	238	234	252	247	266	259	279
22	184	180	202	251	271	267	288	283	305	299	322	313	338
24	219	214	241	298	322	317	342	336	363	355	383	273	402

续表

钢丝绳公称直径（mm）	钢丝绳参考质量（kg/100m）			钢丝绳公称抗拉强度（MPa）									
				1570		1670		1770		1870		1960	
				钢丝绳最小破断拉力（kN）									
	天然纤维芯钢丝绳	合成纤维芯钢丝绳	钢芯钢丝绳	纤维芯钢丝绳	钢芯钢丝绳	纤维芯钢丝绳	钢芯钢丝绳	纤维芯钢丝绳	钢芯钢丝绳	纤维芯钢丝绳	钢芯钢丝绳	纤维芯钢丝绳	钢芯钢丝绳
26	257	251	283	350	378	373	402	395	426	417	450	437	472
28	298	291	328	406	438	432	466	458	494	484	522	507	547
30	342	334	376	466	503	496	535	526	567	555	599	582	628
32	389	380	428	531	572	564	609	598	645	632	682	662	715
34	439	429	483	599	646	637	687	675	728	713	770	748	807
36	492	481	542	671	724	714	770	757	817	800	863	838	904
38	549	536	604	748	807	796	858	843	910	891	961	934	1010
40	608	594	669	829	894	882	951	935	1010	987	1070	1030	1120
42	670	654	737	914	986	972	1050	1030	1110	1090	1170	1140	1230
44	736	718	809	1000	1080	1070	1150	1130	1220	1190	1290	1250	1350
46	804	785	884	1100	1180	1170	1260	1240	1330	1310	1410	1370	1480
48	876	855	963	1190	1290	1270	1370	1350	1450	1420	1530	1490	1610
50	950	928	1040	1300	1400	1380	1490	1460	1580	1540	1660	1620	1740
52	1030	1000	1130	1400	1510	1490	1610	1580	1700	1670	1800	1750	1890
54	1110	1080	1220	1510	1630	1610	1730	1700	1840	1800	1940	1890	2030
56	1190	1160	1310	1620	1750	1730	1860	1830	1980	1940	2090	2030	2190
58	1280	1250	1410	1740	1880	1850	2000	1960	2120	2080	2240	2180	2350
60	1370	1340	1500	1870	2010	1980	2140	2100	2270	2220	2400	2330	2510
62	1460	1430	1610	1990	2150	2120	2290	2250	2420	2370	2560	2490	2680
64	1560	1520	1710	2120	2290	2260	2440	2390	2580	2530	2730	2650	2860

（4）第4组：8×19类钢丝绳。

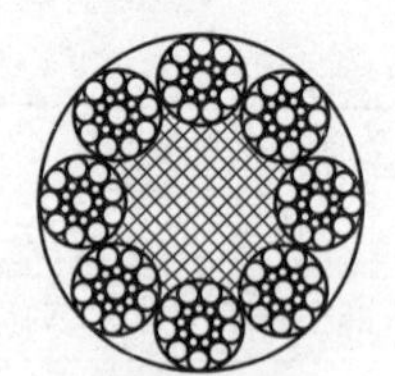
8×19S+FC

8×19S+IWR

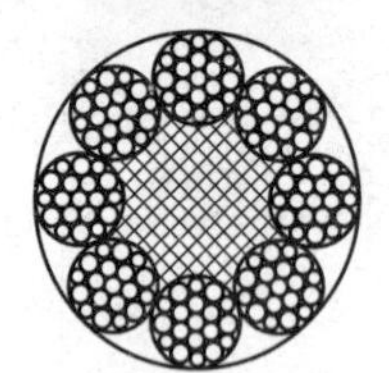
8×19W+FC

8×19W+IWR

钢丝绳公称直径（mm）	钢丝绳参考质量（kg/100m）			钢丝绳公称抗拉强度（MPa）									
				1570		1670		1770		1870		1960	
				钢丝绳最小破断拉力（kN）									
	天然纤维芯钢丝绳	合成纤维芯钢丝绳	钢芯钢丝绳	纤维芯钢丝绳	钢芯钢丝绳	纤维芯钢丝绳	钢芯钢丝绳	纤维芯钢丝绳	钢芯钢丝绳	纤维芯钢丝绳	钢芯钢丝绳	纤维芯钢丝绳	钢芯钢丝绳
18	112	108	137	149	176	159	187	168	198	178	210	186	220
20	139	133	169	184	217	196	231	207	245	219	259	230	271
22	168	162	204	223	263	237	280	251	296	265	313	278	328
24	199	192	243	265	313	282	333	299	353	316	373	331	391
26	234	226	285	311	367	331	391	351	414	370	437	388	458
28	271	262	331	361	426	384	453	407	480	430	507	450	532
30	312	300	380	414	489	440	520	467	551	493	582	517	610
32	355	342	432	471	556	501	592	531	627	561	663	588	694
34	400	386	488	532	628	566	668	600	708	633	748	664	784
36	449	432	547	596	704	634	749	672	794	710	839	744	879
38	500	482	609	664	784	707	834	749	884	791	934	829	979
40	554	534	675	736	869	783	925	830	980	877	1040	919	1090
42	611	589	744	811	958	863	1020	915	1080	967	1140	1010	1200

续表

<table>
<tr><td rowspan="3">钢丝绳公称直径（mm）</td><td colspan="3" rowspan="2">钢丝绳参考质量（kg/100m）</td><td colspan="10">钢丝绳公称抗拉强度（MPa）</td></tr>
<tr><td colspan="2">1570</td><td colspan="2">1670</td><td colspan="2">1770</td><td colspan="2">1870</td><td colspan="2">1960</td></tr>
<tr><td></td><td></td><td></td><td colspan="10">钢丝绳最小破断拉力（kN）</td></tr>
<tr><td></td><td>天然纤维芯钢丝绳</td><td>合成纤维芯钢丝绳</td><td>钢芯钢丝绳</td><td>纤维芯钢丝绳</td><td>钢芯钢丝绳</td><td>纤维芯钢丝绳</td><td>钢芯钢丝绳</td><td>纤维芯钢丝绳</td><td>钢芯钢丝绳</td><td>纤维芯钢丝绳</td><td>钢芯钢丝绳</td><td>纤维芯钢丝绳</td><td>钢芯钢丝绳</td></tr>
<tr><td>44</td><td>670</td><td>646</td><td>817</td><td>891</td><td>1050</td><td>947</td><td>1120</td><td>1000</td><td>1190</td><td>1060</td><td>1250</td><td>1110</td><td>1310</td></tr>
<tr><td>46</td><td>733</td><td>706</td><td>893</td><td>973</td><td>1150</td><td>1040</td><td>1220</td><td>1100</td><td>1300</td><td>1160</td><td>1370</td><td>1220</td><td>1430</td></tr>
<tr><td>48</td><td>798</td><td>769</td><td>972</td><td>1060</td><td>1250</td><td>1130</td><td>1330</td><td>1190</td><td>1410</td><td>1260</td><td>1490</td><td>1320</td><td>1560</td></tr>
</table>

（三）电梯钢丝绳（GB 8903—2005）

1. 力学性能

（1）光面钢丝、纤维芯、结构为6×19类别的电梯用钢丝绳。

<table>
<tr><td>截面结构</td><td colspan="2">钢丝绳结构</td><td colspan="3">股结构</td></tr>
<tr><td rowspan="13">6×19S+FC
6×19W+FC
6×25Fi+FC</td><td colspan="2">项目</td><td>数量</td><td>项目</td><td>数量</td></tr>
<tr><td colspan="2">股数</td><td>6</td><td>钢丝</td><td>19～25</td></tr>
<tr><td colspan="2">外股</td><td>6</td><td>外层钢丝</td><td>9～12</td></tr>
<tr><td colspan="2">股的层数</td><td>1</td><td>钢丝层数</td><td>2</td></tr>
<tr><td colspan="2">钢丝绳钢丝数</td><td colspan="3">114～150</td></tr>
<tr><td colspan="2">典型例子</td><td colspan="2">外层钢丝数量</td><td rowspan="2">外层钢丝系数 a</td></tr>
<tr><td>钢丝绳</td><td>股</td><td>总数</td><td>每股</td></tr>
<tr><td>6×19S</td><td>1+9+9</td><td>54</td><td>9</td><td>0.080</td></tr>
<tr><td rowspan="2">6×19W</td><td rowspan="2">1+6+6/6</td><td rowspan="2">72</td><td>12</td><td>0.0738</td></tr>
<tr><td>6</td><td>0.0556</td></tr>
<tr><td>6×25Fi</td><td>1+6+6F+12</td><td>72</td><td>12</td><td>0.064</td></tr>
<tr><td colspan="2">最小破断拉力系数 K_1</td><td colspan="3">0.330</td></tr>
<tr><td colspan="2">单位质量系数 W_1</td><td colspan="3">0.359</td></tr>
<tr><td></td><td colspan="2">金属截面积系数 C_1</td><td colspan="3">0.384</td></tr>
</table>

钢丝绳公称直径（mm）	理论质量（kg/100m）	最小破断拉力（kN）						
		双强度（MPa）				单强度（MPa）		
		1180/1170等级	1320/1620等级	1370/1770等级	1570/1770等级	1570等级	1620等级	1770等级
6	12.9	16.3	16.8	17.8	19.5	18.7	19.2	21.0
6.3	14.2	17.9	—	—	21.5	—	21.2	23.2
6.5*	15.2	19.1	19.7	20.9	22.9	21.9	22.6	24.7
8*	23.0	28.9	29.8	31.7	34.6	33.2	34.2	37.4
9	29.1	36.6	37.7	40.1	43.8	42.0	43.3	47.3
9.5	32.4	40.8	42.0	44.7	48.8	46.8	48.2	52.7
10*	35.9	45.2	46.5	49.5	54.1	51.8	53.5	58.4
11*	43.4	54.7	54.3	59.9	65.5	62.7	64.7	70.7
12	51.7	65.1	67.0	71.3	77.9	74.6	77.0	84.1
12.7	57.9	72.0	75.0	79.8	87.3	83.6	86.2	94.2
13*	60.7	76.4	78.6	83.7	91.5	87.6	90.3	98.7
14	70.4	88.6	91.2	97.0	106	102	105	114
14.3	73.4	92.4	—	—	111	—	—	119
15	80.8	102	—	111	122	117	—	131
16*	91.9	116	119	127	139	133	137	150
17.5	110	138	—	—	166	—	—	179
18	116	146	151	160	175	168	173	189
19*	130	163	168	179	195	187	193	211
20	144	181	186	198	216	207	214	234
20.6	152	192	—	—	230	—	—	248
22*	174	219	225	240	262	251	259	283

注　带*者为对新电梯的优先尺寸。

（2）光面钢丝、纤维芯、结构为 8×19 类别的电梯用钢丝绳。

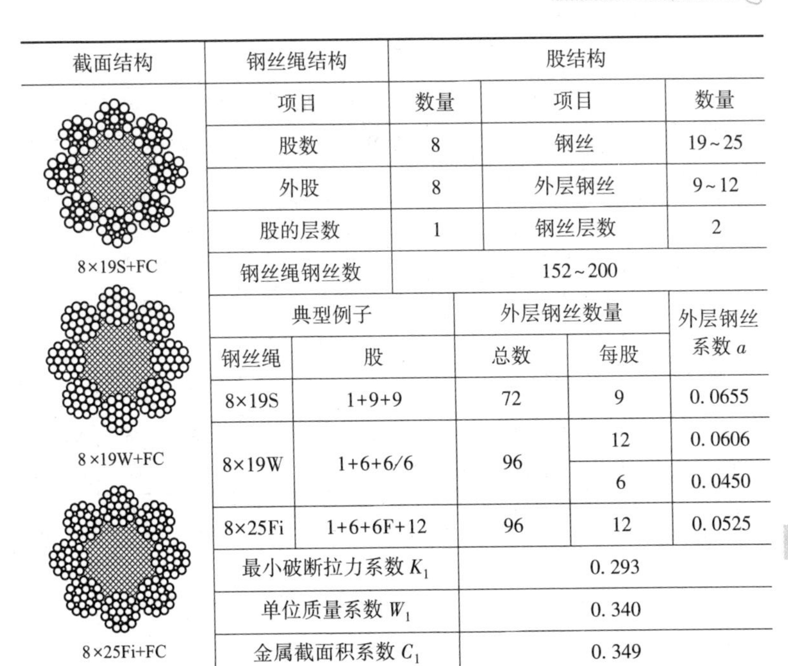

截面结构	钢丝绳结构		股结构	
	项目	数量	项目	数量
8×19S+FC	股数	8	钢丝	19~25
8×19W+FC	外股	8	外层钢丝	9~12
8×25Fi+FC	股的层数	1	钢丝层数	2
	钢丝绳钢丝数	152~200		

典型例子		外层钢丝数量		外层钢丝系数 a
钢丝绳	股	总数	每股	
8×19S	1+9+9	72	9	0.0655
8×19W	1+6+6/6	96	12	0.0606
			6	0.0450
8×25Fi	1+6+6F+12	96	12	0.0525

最小破断拉力系数 K_1	0.293
单位质量系数 W_1	0.340
金属截面积系数 C_1	0.349

钢丝绳公称直径（mm）	理论质量（kg/100m）	最小破断拉力（kN）						
		双强度（MPa）				单强度（MPa）		
		1180/170等级	1320/1620等级	1370/1770等级	1570/1770等级	1570等级	1620等级	1770等级
8*	21.8	25.7	26.5	28.1	30.8	29.4	30.4	33.2
9	27.5	32.5	—	35.6	38.9	37.3	—	42.0
9.5	30.7	36.2	37.3	39.7	43.6	41.5	42.8	46.8
10*	34.0	40.1	41.3	44.0	48.1	46.0	47.5	51.9
11*	41.1	48.6	50.0	53.2	58.1	55.7	57.4	62.8
12	49.0	57.8	59.5	63.3	69.2	66.2	68.4	74.7
12.7	54.8	64.7	66.6	70.9	77.5	74.2	76.6	83.6
13*	57.5	67.8	69.8	74.3	81.2	77.7	80.2	87.6
14	66.6	78.7	81.0	86.1	94.2	90.2	93.0	102
14.3	69.5	82.1	—	—	98.3	—	—	—
15	76.5	90.3	—	98.9	108	104	—	117

续表

钢丝绳公称直径（mm）	理论质量（kg/100m）	最小破断拉力（kN）						
		双强度（MPa）				单强度（MPa）		
		1180/170等级	1320/1620等级	1370/1770等级	1570/1770等级	1570等级	1620等级	1770等级
16*	87.0	103	106	113	123	118	122	133
17.5	104	123	—	—	147	—	—	—
18	110	130	134	142	156	149	154	168
19*	123	145	149	159	173	166	171	187
20	136	161	165	176	192	184	190	207
20.6	144	170	—	—	204	—	—	—
22*	165	194	200	213	233	223	230	251

注　带*者为对新电梯的优先尺寸。

（3）光面钢丝、钢芯、结构为8×19类别的电梯用钢丝绳。

截面结构	钢丝绳结构		股结构	
	项目	数量	项目	数量
8×19S+IWR	股数	8	钢丝	19~25
8×19W+IWR	外股	8	外层钢丝	9~12
8×25Fi+IWR	股的层数	1	钢丝层数	2
	外股钢丝数	152~200		

典型例子		外层钢丝数量		外层钢丝系数 a
钢丝绳	股	总数	每股	
8×19S	1+9+9	72	9	0.0655
8×19W	1+6+6/6	96	12	0.0606
			6	0.0450
8×25Fi	1+6+6F+12	96	12	0.0525
最小破断拉力系数 K_2		0.356		
单位质量系数 W_2		0.407		
金属截面积系数 C_1		0.457		

续表

钢丝绳公称直径（mm）	理论质量（kg/100m）	最小破断拉力（kN）				
		双强度（MPa）			单强度（MPa）	
		1180/1170等级	1370/1770等级	1570/1770等级	1570等级	1770等级
8*	26.0	33.6	35.8	38.0	35.8	40.3
9	33.00	42.5	45.3	48.2	45.3	51.0
9.5	36.7	47.4	50.4	53.7	50.4	59.6
10*	40.7	52.5	55.9	59.5	55.9	63.0
11*	49.2	63.5	67.6	79.1	67.6	76.2
12	58.6	75.6	80.5	85.6	80.5	90.7
12.7	65.6	84.7	90.1	95.9	90.1	102
13*	68.8	88.7	94.5	100	94.5	106
14	79.8	102	110	117	110	124
15	91.6	118	126	134	126	142
16*	104	134	143	152	143	161
18	132	170	181	193	181	204
19*	147	190	202	215	202	227
20	163	210	224	238	224	252
22*	197	254	271	288	271	305

注 带*者为对新电梯的优先尺寸。

（4）光面钢丝、钢芯、结构为8×19类别的电梯用钢丝绳。

<table>
<tr><th>截面结构</th><th colspan="4">钢丝绳结构</th><th colspan="3">股结构</th></tr>
<tr><td rowspan="13">8×19S+IWR
8×19W+IWR</td><td colspan="2">项目</td><td colspan="2">数量</td><td colspan="2">项目</td><td>数量</td></tr>
<tr><td colspan="2">股数</td><td colspan="2">8</td><td colspan="2">钢丝</td><td>19~25</td></tr>
<tr><td colspan="2">外股</td><td colspan="2">8</td><td colspan="2">外层钢丝</td><td>9~12</td></tr>
<tr><td colspan="2">股的层数</td><td colspan="2">1</td><td colspan="2">钢丝层数</td><td>2</td></tr>
<tr><td colspan="2">外股钢丝数</td><td colspan="5">152~200</td></tr>
<tr><td colspan="3">典型例子</td><td colspan="3">外层钢丝数量</td><td rowspan="2">外层钢丝系数 a</td></tr>
<tr><td>钢丝绳</td><td colspan="2">股</td><td colspan="2">总数</td><td>每股</td></tr>
<tr><td>8×19S</td><td colspan="2">1+9+9</td><td colspan="2">72</td><td>9</td><td>0.0655</td></tr>
<tr><td rowspan="2">8×19W</td><td colspan="2" rowspan="2">1+6+6/6</td><td colspan="2" rowspan="2">96</td><td>12</td><td>0.0606</td></tr>
<tr><td>6</td><td>0.0450</td></tr>
<tr><td colspan="3">最小破断拉力系数 K_2</td><td colspan="4">0.405</td></tr>
<tr><td colspan="3">单位质量系数 W_2</td><td colspan="4">0.457</td></tr>
<tr><td colspan="3">金属截面积系数 C_2</td><td colspan="4">0.488</td></tr>
</table>

续表

钢丝绳公称直径（mm）	理论质量（kg/100m）	最小破断拉力（kN）				
		双强度（MPa）			单强度（MPa）	
		1180/1170等级	1370/1770等级	1570/1770等级	1570等级	1770等级
8*	29.2	38.2	40.7	43.3	40.7	45.9
9	37.0	48.4	51.5	54.8	51.5	58.1
9.5	41.2	53.9	57.4	61.0	57.4	64.7
10*	45.7	59.7	63.6	67.6	63.6	71.7
11*	55.3	72.3	76.9	81.8	76.9	86.7
12	65.8	86.0	91.6	97.4	91.6	103
12.7	73.7	96.4	103	109	103	116
13*	77.2	101	107	114	107	121
14	89.6	117	125	133	125	141
15	103	134	143	152	143	161
16*	117	153	163	173	163	184
18	148	194	206	219	206	232
19*	165	216	230	244	230	259
20	183	239	254	271	254	287
22*	221	289	308	327	308	347

注　带*者为对新电梯的优先尺寸。

（5）光面钢丝、结构为6×36类别的大直径补偿用钢丝绳。

<table>
<tr><td>截面结构</td><td colspan="3">钢丝绳结构</td><td colspan="3">股结构</td></tr>
<tr><td rowspan="12">6×29Fi+FC
6×36WS+FC</td><td colspan="2">项目</td><td>数量</td><td colspan="2">项目</td><td>数量</td></tr>
<tr><td colspan="2">股数</td><td>6</td><td colspan="2">钢丝</td><td>25~41</td></tr>
<tr><td colspan="2">外股</td><td>6</td><td colspan="2">外层钢丝</td><td>12~16</td></tr>
<tr><td colspan="2">股的层数</td><td>1</td><td colspan="2">钢丝层数</td><td>2~3</td></tr>
<tr><td colspan="2">钢丝绳钢丝数</td><td colspan="4">150~245</td></tr>
<tr><td colspan="2">典型例子</td><td colspan="2">外层钢丝数量</td><td colspan="2" rowspan="2">外层钢丝系数 a</td></tr>
<tr><td>钢丝绳</td><td>股</td><td>总数</td><td>每股</td></tr>
<tr><td>6×29Fi</td><td>1+7+7F+14</td><td>84</td><td>14</td><td colspan="2">0.056</td></tr>
<tr><td>6×36WS</td><td>1+7+7/7+14</td><td>84</td><td>14</td><td colspan="2">0.056</td></tr>
<tr><td colspan="2">最小破断拉力系数 K_1</td><td colspan="4">0.330</td></tr>
<tr><td colspan="2">单位质量系数 W_1</td><td colspan="4">0.367</td></tr>
<tr><td colspan="2">金属截面积系数 C_1</td><td colspan="4">0.393</td></tr>
</table>

续表

钢丝绳公称直径（mm）	理论质量（kg/100m）	最小破断拉力（kN）		
		1570MPa 等级	1770MPa 等级	1960MPa 等级
24	211	298	336	373
25	229	324	365	404
26	248	350	395	437
27	268	378	426	472
28	288	406	458	507
29	309	436	491	544
30	330	466	526	582
31	353	498	561	622
32	376	531	598	662
33	400	564	636	704
34	424	599	675	748
35	450	635	716	792
36	476	671	757	838
37	502	709	800	885
38	530	748	843	934

2. 特点和用途

特点	电梯用钢丝绳以电梯专用钢丝及新的硬质纤维剑麻和新的聚烯烃类合成纤维为原料，经捻股、合绳等工序制成。合绳可充分消除捻制时产生的内应力，制成不松散的线接触钢丝绳。钢丝绳外层钢丝较粗、强度略低，而韧性较高，使用寿命比普通钢丝绳提高两倍以上。电梯用钢丝绳绳径均匀、性能稳定，表面光洁、平直，不易断丝、起刺，无捻制内应力，不松散、不打结、不扭转，更换方便，电梯起落平衡
用途	专用于乘客电梯、载货电梯、病床梯或汽车用梯的曳引用钢丝绳。不适用于建筑工地升降机、矿井升降机用钢丝绳

二、千斤顶和滑车

1. 油压千斤顶（JB/T 2104—2002）

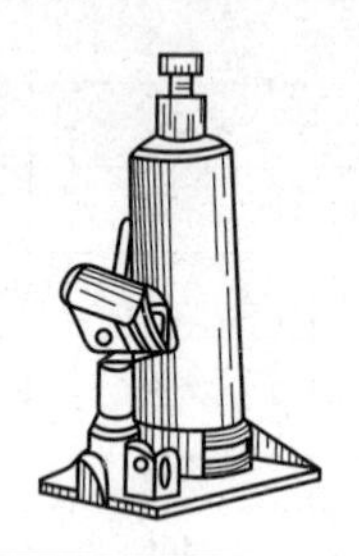

型号	额定起重量(t)	最低高度	起升高度≥	调整高度≥	起升进程≥	质量≈(kg)	用途
		mm					
QYL2	2	158	90	60	50	2.2	利用液体（如油等）的静压力来顶举重物，是汽车修理和机械安装等常用起重工具
QYL3	3	195	125		32	3.5	
QYL5	5	232	160	80	22	5.0	
		200	125		22	4.6	
QYL8	8	236	160		16	6.9	
QYL10	10	240			14	7.3	
QYL12	12	245			11	9.3	
QYL16	16	250			9	11.0	
QYL20	20	280	180		9.5	15.0	
QYL32	32	285			6	23.0	
QYL50	50	300			4	33.5	
QYL70	70	320			3(快进10)	66.0	
QW100	100	360	200		4.5	120	
QW200	200	400			2.5	250	
QW320	320	450			1.6	435	

注　起升进程为液压泵工作10次的活塞上升量。

2. 螺旋千斤顶（JB 2592—2008）

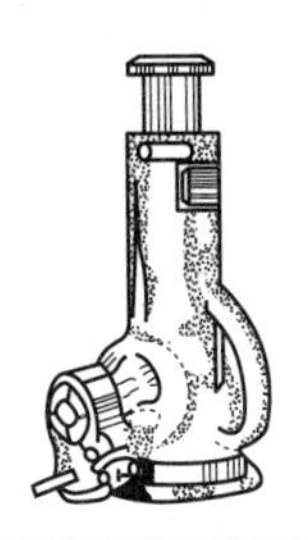

型号	起重量(t)	高度（mm）		质量(kg)	型号	起重量(t)	高度（mm）		质量(kg)	用途
		最低	起升				最低	起升		
QLJ0.5	0.5	110	180	2.5	QLg10	10	310	130	15	利用螺旋传动来顶举重物，是汽车修理和机械安装等行业的起重工具
QLJ1	1	110	180	3	QL16	16	320	180	17	
QLJ1.6	1.6	110	180	4.8	QLD16	16	225	90	15	
QL2	2	170	180	5	QLG16	16	445	200	19	
QL3.2	3.2	200	110	6	QLG16	16	370	180	20	
QLD3.2	3.2	160	50	5	QL20	20	325	180	18	
QL5	5	250	130	7.5	QLG20	20	445	300	20	
QLD5	5	180	65	7	QL32	32	395	200	27	
QLg5	5	270	130	11	QLD32	32	320	180	24	
QL8	8	260	140	10	QL50	50	452	250	56	
QL10	10	280	150	11	QLD50	50	330	150	52	
QLD10	10	200	75	10	QL100	100	455	200	86	

3. 分离式油压千斤顶

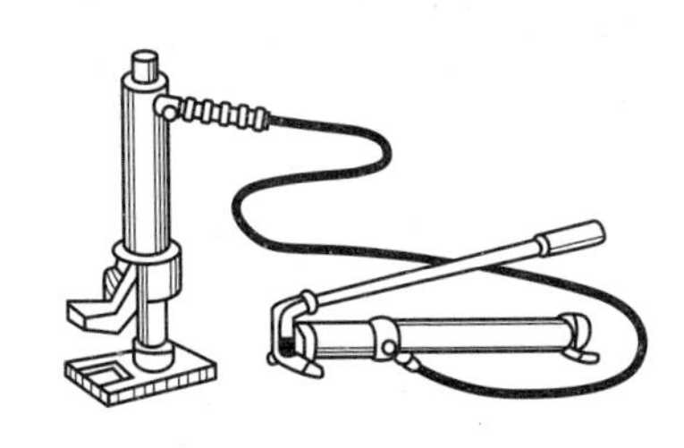

型号	起重量（t）		工作压力（MPa）	最大行程（mm）	油泵尺寸（mm×mm×mm）	起顶机尺寸（mm×mm×mm）	质量（kg）
	顶举	钩脚			长×宽×高	长×宽×高	
LQD-5	5	2.5	40	100	583×110×118	180×120×225	16
LQD-10	10	5	63	125		180×120×310	20
LQD-30	30	—		150	714×140×145	95×95×287	19
用途	广泛用于机械设备、车辆等的维修和建筑安装等方面						

4. 起重滑车（JB/T 9007.1—1999）

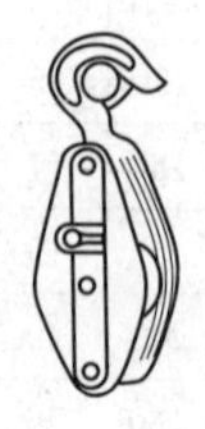
开口吊钩型

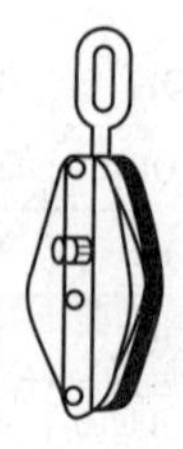
开口链环型

闭口吊环型

（1）起重滑车规格。

结构型式				型式代号（通用滑车）	额定起重量（t）
单轮	开口	滚针轴承	吊钩型	HQGZK1	0.32、0.5、1、2、3.2、5、8、10
			链环型	HQLZK1	
		滑动轴承	吊钩型	HQGK1	0.32、0.5、1、2、3.2、5、8、10、16、20
			链环型	HQLK1	
	闭口	滚针轴承	吊钩型	HQGZ1	0.32、0.5、1、2、3.2、5、8、10
			链环型	HQLZ1	
		滑动轴承	吊钩型	HQG1	0.32、0.5、1、2、3.2、5、8、10、16、20
			链环型	HQL1	
			吊环型	HQD1	1、2、3.2、5、8、10
双轮	双开口	滑动轴承	吊钩型	HQGK2	1、2、3.2、5、8、10
			链环型	HQLK2	

续表

结构型式				型式代号（通用滑车）	额定起重量（t）
双轮	闭口	滑动轴承	吊钩型	HQG2	1、2、3.2、5、8、10、16、20
			链环型	HQL2	
			吊环型	LQD2	1、2、3.2、5、8、10、16、20、32
三轮	闭口	滑动轴承	吊钩型	HQG3	3.2、5、8、10、16、20
			链环型	HQL3	
			吊环型	HQD3	3.2、5、8、10、16、20、32、50
四轮	闭口	滑动轴承	吊环型	HQD4	8、10、16、20、32、50
五轮				HQD5	20、32、50、80
六轮				HQD6	32、50、80、100
八轮				HQD8	80、100、160、200
十轮				HQDl0	200、250、320

（2）起重滑车的主要参数。

滑轮直径（mm）	额定起重量（t）																		使用钢丝绳直径范围（mm）	用途
	0.32	0.5	1	2	3.2	5	8	10	16	20	32	50	80	100	160	200	250	320		
	滑轮数目																			
63	1																		6.2	使用简单、携带方便、起重能力较大，一般均与绞车配套使用，广泛用于水利工程、建筑工程、基建安装、工厂、矿山、交通运输以及林业等方面
71		1	2																6.2~7.7	
85			1	2	3														7.7~11	
112				1	2	3	4												11~14	
132					1	2	3	4											12.5~15.5	
160						1	2	3	4	5									15.5~18.5	
180								2	3	4	6								17~20	
210							1			3	5								20~23	
240								1	2		4	6							23~24.5	
280										2	3	5	6						26~28	
315									1			4	6	8					28~31	
355										1	2	3	5	6	8	10			31~35	
400																8	10		34~38	
455																		10	40~43	

5. 吊滑车

其他名称	小滑车、小葫芦
用途	用于吊放比较轻便的物件
滑轮直径（mm）	19、25、38、50、63、75

三、索具及其他起重器材

1. 索具卸扣

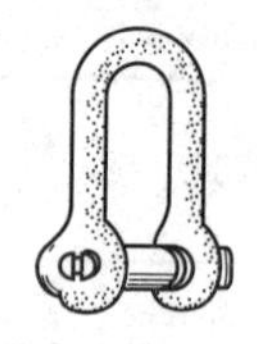

（1）普通钢卸扣。

卸扣号码	最大钢丝绳直径（mm）	最大起重量（kg）	主要尺寸（mm）					质量（kg）
			销螺纹直径	扣体直径	间距	环孔高度	销长	
0.2	4.7	200	M8	6	12	35	35	0.039
0.3	6.5	330	M10	8	16	45	44	0.089
0.5	8.5	500	M12	10	20	50	55	0.162
0.9	9.5	930	M16	12	24	60	65	0.304
1.4	13	1450	M20	16	32	80	86	0.661
2.1	15	2100	M24	20	36	90	101	1.145
2.7	17.5	2700	M27	22	40	100	111	1.560
3.3	19.5	3300	M30	24	45	110	123	2.210

续表

卸扣号码	最大钢丝绳直径（mm）	最大起重量（kg）	主要尺寸（mm）					质量（kg）
			销螺纹直径	扣体直径	间距	环孔高度	销长	
4. 1	22	4100	M33	27	50	120	137	3. 115
4. 9	26	4900	M36	30	58	130	153	4. 050
6. 8	28	6800	M42	36	64	150	176	6. 270
9. 0	31	9000	M48	42	70	170	197	9. 280
10. 7	34	10 700	M52	45	80	190	218	12. 40
16. 0	43. 5	16 000	M64	52	99	235	262	20. 90
21. 0	43. 5	21 000	M76	65	100	256	321	—

（2）一般起重用卸扣（JB/T 8112—1999）。

1）D 形卸扣。

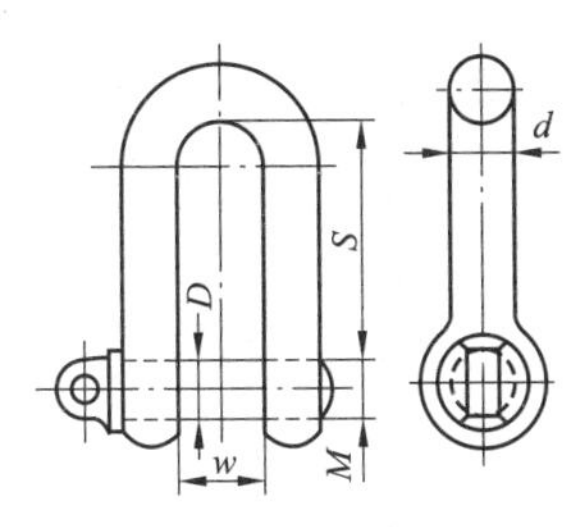

起重量（t）			主要尺寸（mm）				
M（4）	S（6）	T（8）	*d*	*D*	*S*	*w*	*M*
—	—	0. 63	8. 0	9. 0	18. 0	9. 0	M8
—	0. 63	0. 80	9. 0	10. 0	20. 0	10. 0	M10
—	0. 8	1	10. 0	12. 0	22. 4	12. 0	M12
0. 63	1	1. 25	11. 2	12. 0	25. 0	12. 0	M12
0. 8	1. 25	1. 6	12. 5	14. 0	28. 0	14. 0	M14
1	1. 6	2	14. 0	16. 0	31. 5	16. 0	M16

续表

起重量（t）			主要尺寸（mm）				
M（4）	S（6）	T（8）	*d*	*D*	*S*	*w*	*M*
1.25	2	2.5	16.0	18.0	35.5	18.0	M18
1.6	2.5	3.2	18.0	20.0	40.0	20.0	M20
2	3.2	4	20.0	22.0	45.0	22.0	M22
2.5	4	5	22.4	24.0	50.0	24.0	M24
2.2	5	6.3	25.0	20.0	56.0	30.0	M30
4	6.3	8	28.0	33.0	63.0	33.0	M33
5	8	10	31.5	36.0	71.0	36.0	M36
6.3	10	12.5	35.5	39.0	80.0	39.0	M39
8	12.5	16	40.0	45.0	90.0	45.0	M45
10	16	20	45.0	52.0	100.0	52.0	M52
12.5	20	25	50.0	56.0	112.0	56.0	M56
16	25	32	56.0	64.0	125.0	64.0	M64
20	32	40	63.0	72.0	140.0	72.0	M72
25	40	50	71.0	80.0	160.0	80.0	M80
32	50	63	80.0	90.0	180.0	90.0	M90
40	63	—	90.0	100.0	200.0	100.0	M100
50	80	—	100.0	115.0	224.0	115.0	M115
63	100	—	112.0	125.0	250.0	125.0	M125
80	—	—	125.0	140.0	280.0	140.0	M140
100	—	—	140.0	160.0	315.0	160.0	M160

注 M（4）、S（6）、T（8）为卸扣强度级别，在标记中可用M、S、T或4、6、8表示。

2）弓形卸扣。

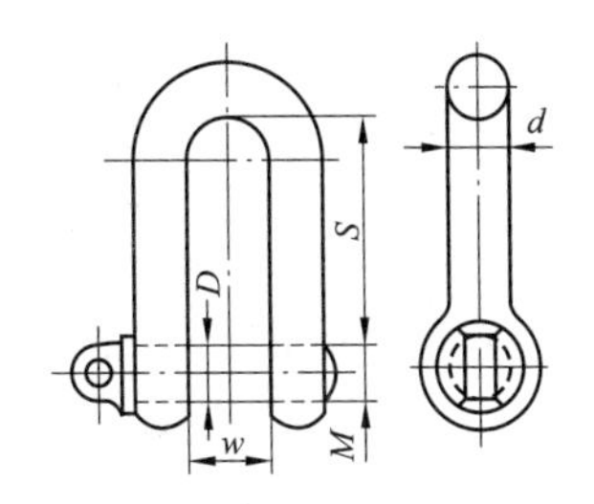

起重量（t）			主要尺寸（mm）					
M（4）	S（6）	T（8）	*d*	*D*	*S*	*w*	2*r*	*M*
—	—	0.63	9.0	10.0	22.4	10.0	16.0	M10
—	0.62	0.8	10.0	12.0	25.0	12.0	18.0	M12
—	0.8	1	11.2	12.0	28.0	12.0	20.0	M12
0.63	1	1.25	12.5	14.0	31.5	14.0	22.4	M14
0.8	1.25	1.6	14.0	16.0	35.5	16.0	25.0	M16
1	1.6	2	16.0	18.0	40.0	18.0	28.0	M18
1.25	2	2.5	18.0	20.0	45.0	20.0	31.5	M20
1.6	2.5	3.2	20.0	22.0	50.0	22.0	35.5	M22
2	3.2	4	22.4	24.0	56.0	24.0	40.0	M24
2.5	4	5	25.0	27.0	63.0	27.0	45.0	M27
3.2	5	6.3	28.0	33.0	71.0	33.0	50.0	M33
4	6.3	8	31.5	36.0	80.0	36.0	56.0	M36
5	8	10	35.5	39.0	90.0	39.0	63.0	M39
6.3	10	12.5	40.0	45.0	100.0	45.0	71.0	M45
8	12.5	16	45.0	52.0	112.0	52.0	80.0	M52
10	16	20	50.0	56.0	125.0	56.0	90.0	M56

续表

起重量（t）			主要尺寸（mm）					
M（4）	S（6）	T（8）	*d*	*D*	*S*	*w*	2*r*	*M*
12.5	20	25	56.0	64.0	140.0	64.0	100.0	M64
16	25	32	63.0	72.0	160.0	72.0	112.0	M72
20	32	40	71.0	80.0	180.0	80.0	125.0	M80
25	40	50	80.0	90.0	200.0	90.0	140.0	M90
32	50	63	90.0	100.0	224.0	100.0	160.0	M100
40	63	—	100.0	115.0	250.0	115.0	180.0	M115
50	80	—	112.0	125.0	280.0	125.0	200.0	M125
63	100	—	125.0	140.0	315.0	140.0	224.0	M140
80	—	—	140.0	160.0	355.0	160.0	250.0	M160
100	—	—	160.0	180.0	400.0	180.0	280.0	M180
用途	用于连续钢丝绳或链条等。装卸方便，适用于冲击性不大的场合。弓形卸扣开裆较大，适用于连接麻绳、白棕绳							

2. 钢丝绳套环（GB/T 5974.1、5974.2—2006）

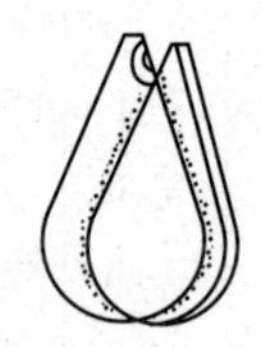

mm

公称尺寸	孔径 *A*	厚度 *C*	适用钢绳直径	公称尺寸	孔径 *A*	厚度 *C*	适用钢绳直径
6	15	10.5	ϕ6	12	30	21	ϕ12
8	20	14.0	ϕ8	14	35	24.5	ϕ14
10	25	17	ϕ10	16	40	28	ϕ16

续表

公称尺寸	孔径 A	厚度 C	适用钢绳直径	公称尺寸	孔径 A	厚度 C	适用钢绳直径
18	45	31.5	$\phi18$	36	90	63	$\phi36$
20	50	35	$\phi20$	40	100	70	$\phi40$
22	55	38.5	$\phi22$	44	110	77	$\phi44$
24	60	42	$\phi24$	48	120	84	$\phi48$
26	65	15.5	$\phi26$	52	130	91	$\phi52$
28	70	49	$\phi28$	56	140	98	$\phi56$
32	80	56	$\phi32$	60	150	105	$\phi60$
用途	套环是钢丝绳的固定连接附件，钢丝绳嵌在套环的凹槽内，形成环状，以保护钢丝绳弯曲部分受力时不易折断						

3. 钢丝绳夹（GB/T 5976—2006）

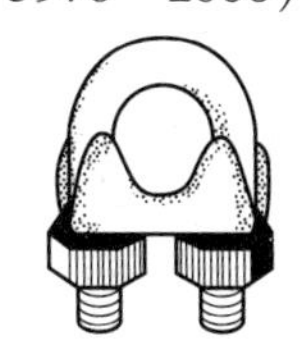

mm

绳夹公称尺寸 d_r	适用钢丝绳公称直径 d_t	螺栓中心距 A	螺栓全高 H	螺母（GB/T 41）	用途
6	6	13.0	31	M6	与钢丝绳用套环配合，用于夹紧钢丝绳末端
8	8	17.0	41	M8	
10	10	21.0	51	M10	
12	12	25.0	62	M12	
14	14	29.0	72	M14	
16	14	31.0	77	M14	
18	16	35.0	87	M16	
20	16	37.0	92	M16	

续表

绳夹公称尺寸 d_r	适用钢丝绳公称直径 d_t	螺栓中心距 A	螺栓全高 H	螺母（GB/T 41）	用途
22	20	43.0	108	M20	与钢丝绳用套环配合，用于夹紧钢丝绳末端
24	20	45.5	113	M20	
26	20	47.5	117	M20	
28	22	51.5	127	M22	
32	22	55.5	136	M23	
36	24	61.5	151	M24	
40	27	69.0	168	M27	
44	27	73.0	178	M27	
48	30	80.0	196	M30	
52	30	84.5	205	M30	
56	30	88.5	214	M30	
60	36	98.5	237	M36	

注　绳夹的公称尺寸即该绳夹适用的钢丝绳直径。

4. 手拉葫芦（JB/T 7334—2007）

额定起重量（t）	工作级别	标准起升高度（m）	两钩间最小距离 h_{min}（min）≤		标准手拉链条长度（m）	质量（kg）≤	
			Z 级	Q 级		Z 级	Q 级
0.5	Z、Q 级	2.5	330	350	2.5	11	14
1			360	400		14	17
1.6			430	460		19	23
2			500	530		20	30
2.5			530	600		33	37
3.2		3	580	700	3	38	45
5			700	850		50	70
8			850	1000		70	90
10			950	12 000		95	130

续表

额定起重量（t）	工作级别	标准起升高度（m）	两钩间最小距离 h_{min}（min）≤		标准手拉链条长度（m）	质量（kg）≤	
			Z级	Q级		Z级	Q级
16	Z级	3	1200	—	3	150	—
20			1350	—		250	—
32			1600	—		400	—
40			2000	—		550	—
用途	供手动提升重物用，多用于工厂、矿山、仓库、码头、建筑工地等场合						

注 Z级—重载，频繁使用；Q级—轻载，不经常使用。

5. 环链手扳葫芦（JB/T 7335—2007）

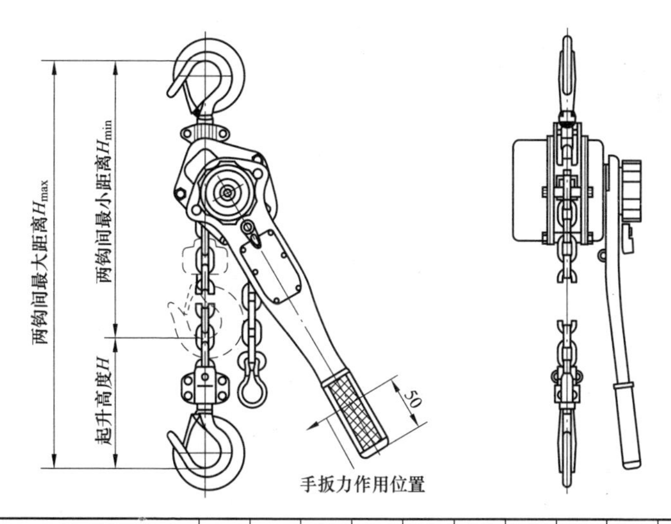

额定起重量（t）	0.25	0.5	0.8	1	1.6	2	3.2	5	6.3	9
标准起升高度（m）	1	1.5								
两钩间最小距离 h_{min}（mm）≤	250	300	350	380	400	450	500	600	700	800

续表

手扳力（N）	200~550									
自重（kg）≤	3	5	8	10	12	15	21	30	32	48
用途	环链手扳葫芦，简称手扳葫芦。用于提升重物、牵引重物或张紧系物之绳索，适用于无电源场所及流动性作业									

注 手扳力是指提升额定起重物时，距离扳手端部 50mm 处所施加的扳力。

第十三章

焊接器材和工具

一、焊条和焊丝

1. 热强钢焊条（GB/T 5118—2012）

<table>
<tr><th>型号</th><th>药皮类型</th><th>焊接位置</th><th>抗拉强度 R_m（MPa）≥</th><th>断后伸长率 A（%）≥</th><th>电流类型</th></tr>
<tr><td>E5003-X</td><td>钛钙型</td><td rowspan="6">平、立、仰、横焊</td><td rowspan="10">490</td><td rowspan="3">20</td><td>交流或直流正、反接</td></tr>
<tr><td>E5010-X</td><td>高纤维素钠型</td><td>直流反接</td></tr>
<tr><td>E5011-X</td><td>高纤维素钠型</td><td>交流或直流反接</td></tr>
<tr><td>E5015-X</td><td>低氢钠型</td><td rowspan="3">22</td><td>直流反接</td></tr>
<tr><td>E5016-X</td><td>低氢钾型</td><td rowspan="2">交流或直流反接</td></tr>
<tr><td>E5018-X</td><td>铁粉低氢型</td></tr>
<tr><td rowspan="2">E5020-X</td><td rowspan="2">高氧化铁型</td><td>平角焊</td><td rowspan="4">20</td><td>交流或直流正接</td></tr>
<tr><td>平焊</td><td>交流或直流正、反接</td></tr>
<tr><td rowspan="2">E5027-X</td><td rowspan="2">铁粉氧化铁型</td><td>平角焊</td><td>交流或直流反接</td></tr>
<tr><td>平焊</td><td>交流或直流正、反接</td></tr>
<tr><td>E5500-X</td><td>特殊型</td><td rowspan="4">平、立、仰、横焊</td><td rowspan="4">550</td><td rowspan="2">14</td><td rowspan="2">交流或直流反接</td></tr>
<tr><td>E5503-X</td><td>钛钙型</td></tr>
<tr><td>E5510-X</td><td>高纤维素钠型</td><td rowspan="2">17</td><td>直流反接</td></tr>
<tr><td>E5511-X</td><td>高纤维素钾型</td><td>交流或直流反接</td></tr>
</table>

续表

型号	药皮类型	焊接位置	抗拉强度 R_m（MPa）≥	断后伸长率 A（%）≥	电流类型
E5513-X	高钛钾型	平、立、仰、横焊	550	14	交流或直流
E5515-X	低氢钠型			17	直流反接
E5516-X	低氢钾型			17	交流或直流反接
E5518-X	铁粉低氢型				
E5516-C3	低氢钾型		590	22	
E5518-C3	铁粉低氢型				
E6000-X	特殊型			14	交流或直流正、反接
E6010-X	高纤维素钠型			15	直流反接
E6011-X	高纤维素钾型				交流或直流反接
E6013-X	高钛钾型			14	交流或直流反接
E6015-X	低氢钠型			15	交流或直流反接
E6018-X	低氢钾型				交流或直流反接
E6018-M	铁粉低氢型			22	
E7010-X	高纤维素钠型	平、立、仰、横焊	690	15	直流反接
E7011-X	高纤维素钾型				交流或直流反接
E7013-X	高钛钾型			13	交流或直流正、反接
E7015-X	低氢钠型			15	直流反接
E7016-X	低氢钾型				交流或直流反接
E7018-X	铁粉低氢型				
E7018-M				18	
E7515-X	低氢钠型		740	13	直流反接
E7516-X	低氢钾型				交流或直流正接
E7518-X	铁粉低氢型				
E7518-M				18	
E8015-X	低氢钠型		780	13	直流反接
E8016-X	低氢钾型				交流或直流反接
E8518-X	铁粉低氢型		830	12	交流或直流
E8518-M	铁粉低氢型			15	交流或直流反接

续表

型号	药皮类型	焊接位置	抗拉强度 R_m（MPa）≥	断后伸长率 A（%）≥	电流类型
E9015-X	低氢钠型	平、立、仰、横焊	880	12	直流反接
E9016-X	低氢钾型				
E9018-X	铁粉低氢型				
E10015-X	低氢钠型				交流或直流反接
E10016-X	低氢钾型		980		直流反接
E10018-X	铁粉低钠型				交流或直流反接

2. 不锈钢电焊条（GB/T 983—2012）

型号	药皮类型	焊接位置	抗拉强度 R_m（MPa）≥	断后伸长率 A（%）≥	电流类型
E410-16	钛钙型	平、立、仰、横焊	450	15	交流或直流正、反接
E410-15	低氢型				直流反接
E430-16	钛钙型				交流或直流正、反接
E430-15	低氢型				直流反接
E308L-16	—				交流或直流正、反接
E308-16	钛钙型		510	30	交流或直流正、反接
E308-15	低氢型		550	30	直流反接
E347-16	钛钙型				交流或直流正、反接
E347-15	低氢型		520	25	直流反接
E318V-16	钛钙型				交流或直流正、反接
E318V-15	低氢型		540		直流反接
E309-16	钛钙型				交流或直流正、反接
E309-15	低氢型		550		直流反接
E309Mo-16	钛钙型				交流或直流正、反接
E310-16	低氢型				
E310-15	钛钙型				直流反接
E310Mo-16	低氢型			28	交流或直流正、反接
E16-25MoN-16	钛钙型		610	30	直流反接
E16-25MoN-15	低氢型				

3. 碳钢焊条（GB/T 5117—2012）

<table>
<tr><th>型号</th><th>药皮类型</th><th>焊接位置</th><th>抗拉强度
R_m（MPa）
≥</th><th>断后伸长率
A（%）
≥</th><th>电流类型</th></tr>
<tr><td>E4300</td><td>特殊型</td><td rowspan="3">平、立、仰、横焊</td><td rowspan="3">430</td><td rowspan="3">20</td><td rowspan="3">交流或直流正、反接</td></tr>
<tr><td>E4301</td><td>钛铁矿型</td></tr>
<tr><td>E4303</td><td>钛钙型</td></tr>
<tr><td>E4310</td><td>高纤维素钠型</td><td rowspan="6">平、立、仰、横焊</td><td rowspan="10">430</td><td rowspan="2">20</td><td>直流反接</td></tr>
<tr><td>E4311</td><td>高纤维素钾型</td><td>交流或直流反接</td></tr>
<tr><td>E4312</td><td>高钛钠型</td><td rowspan="2">16</td><td>交流或直流正接</td></tr>
<tr><td>E4313</td><td>高钛钾型</td><td>交流或直流正、反接</td></tr>
<tr><td>E4315</td><td>低氢钠型</td><td rowspan="3">20</td><td>直流反接</td></tr>
<tr><td>E4316</td><td>低氢钾型</td><td>交流或直流正接</td></tr>
<tr><td>E4320</td><td>氧化铁型</td><td>平焊</td><td>交流或直流正接</td></tr>
<tr><td>E4324</td><td>铁粉钛型</td><td>平、平角焊</td><td>16</td><td>交流或直流正、反接</td></tr>
<tr><td>E4327</td><td>铁粉氧化铁型</td><td>平、平角焊</td><td rowspan="6">20</td><td>交流或直流正接</td></tr>
<tr><td>E4328</td><td>—</td><td>平、平角焊</td><td>交流或直流反接</td></tr>
<tr><td>E5001</td><td>钛铁矿型</td><td rowspan="10">平、立、仰、横焊</td><td rowspan="2">490</td><td rowspan="2">交流或直流正、反接</td></tr>
<tr><td>E5003</td><td>钛钙型</td></tr>
<tr><td>E5010</td><td>高纤维素钠型</td><td rowspan="2">490~650</td><td rowspan="2">交流或直流正、反接</td></tr>
<tr><td>E5011</td><td>高纤维素钾型</td></tr>
<tr><td>E5014</td><td>铁粉钛型</td><td rowspan="9">490</td><td>16</td><td>交流或直流正、反接</td></tr>
<tr><td>E5015</td><td>低氢钠型</td><td rowspan="4">20</td><td rowspan="2">交流或直流正、反接</td></tr>
<tr><td>E5016</td><td>低氢钾型</td></tr>
<tr><td>E5018</td><td>铁粉低氢钾型</td><td>交流或直流反接</td></tr>
<tr><td>E5018M</td><td>铁粉低氢型</td><td>直流反接</td></tr>
<tr><td>E5023</td><td>铁粉钛钙型</td><td rowspan="3">平、平角焊</td><td rowspan="2">16</td><td rowspan="2">交流或直流正、反接</td></tr>
<tr><td>E5024</td><td>铁粉钛型</td></tr>
<tr><td>E5027</td><td>铁粉氧化铁型</td><td>20</td><td>交流或直流正接</td></tr>
<tr><td>E5028</td><td rowspan="2">铁粉低氢型</td><td rowspan="2">平、立、仰、横、向下焊</td><td rowspan="2">490</td><td rowspan="2">20</td><td rowspan="2">交流或直流反接</td></tr>
<tr><td>E5048</td></tr>
</table>

4. 堆焊焊条（GB/T 984—2001）

牌号	焊接电源	堆焊金属主要成分	堆焊层硬度（HRC）	主要尺寸（mm）	主要用途
D107	直流	1 锰 3 硅	≥22	直径：3.2、4、5 长度：300、350、400	常温低硬度堆焊用
D112	交、直流	2 铬 1.5 钼	≥22		与“D107”同
D127	直流	2 锰 4 硅	≥28		常温中硬度堆焊用
D132	交、直流	4 铬 2 钼	≥30		与“D127”同
D172	交、直流	4 铬 2 钼	≥40		常温高硬度堆焊用
D212	交、直流	5 铬 2 钼	≥50		与“D172”同
D256	交、直流	—	HB≥170		高锰钢堆焊用
D307	直流	—	≥55		高速钢刀具堆焊用
D322	交、直流	5 铬 5 钨 9 钼 2 钒	≥55	直径：4、5、6 长度：300、350、400	冷冲模及切削刀具堆焊用
D337	直流	—	≥48		热锻模堆焊用
D397	直流	—	≥40		与“D337”同
D502	交、直流	—	≥40		中温高压阀门堆焊用
D507	直流	—	≥40		与“D502”同
D512	交、直流	—	≥45		中温高压阀门堆焊用
D517	直流	—	≥45		与“D512”同
D557	直流	—	≥37		高温高压阀门堆焊用
D667	直流	—	≥48		耐腐蚀耐气蚀件堆焊用
D802	交、直流	—	≥40		高温高压阀门等堆焊用

5. 铸铁焊条（GB/T 10044—2006）

牌号	型号	焊条名称	焊芯材质
Z100	EZFe-2	钢芯铸铁焊条	低碳钢
Z122F	EZFe-2	铁粉型冷焊铸铁焊条	低碳钢
Z208	EZC	钢芯灰口铸铁焊条	低碳钢
Z238	EZCQ	钢芯球墨铸铁焊条	低碳钢
Z248	EZC	铸铁芯灰口铸铁焊条	铸铁

续表

牌号	型号	焊条名称	焊芯材质
Z308	EZNi-1	纯镍铸铁焊条	纯镍
Z408	EZNiFe-1	镍铁铸铁焊条	镍铁合金
Z408A	EZNiFeCu	镍铁铜铸铁焊条	镍铁铜合金
Z508	EZNiCu-1	镍铜铸铁焊条	镍铜合金

<table>
<tr><th>牌号</th><th colspan="2">熔敷金属主要成分</th><th colspan="2">主要用途</th><th>焊条直径（mm）</th></tr>
<tr><td>Z100</td><td colspan="2">碳钢</td><td colspan="2">焊补一般灰铸铁非加工面及旧钢锭模</td><td>3.2~5</td></tr>
<tr><td>Z122F</td><td colspan="2">碳钢</td><td colspan="2">焊补一般灰铸铁非加工面</td><td>3.2~4</td></tr>
<tr><td>Z208</td><td colspan="2">灰铸铁</td><td colspan="2">焊补一般灰铸铁件</td><td>3.2~5</td></tr>
<tr><td>Z238</td><td colspan="2">球墨铸铁</td><td colspan="2">焊补球墨铸铁件</td><td>3.2~5</td></tr>
<tr><td>Z248</td><td colspan="2">灰铸铁</td><td colspan="2">焊补较大灰铸铁件</td><td>4~10</td></tr>
<tr><td>Z308</td><td colspan="2">纯镍</td><td colspan="2">焊补灰铸铁薄壁件和加工面</td><td>2.5~4</td></tr>
<tr><td>Z408</td><td colspan="2">镍铁合金</td><td colspan="2">焊补重要高强度灰铸铁件和球墨铸铁件</td><td>3.2~5</td></tr>
<tr><td>Z408A</td><td colspan="2">镍铁铜合金</td><td colspan="2">焊补与Z408同，但焊条与母材熔合好、操作工艺好、不发红</td><td>3.2~5</td></tr>
<tr><td>Z508</td><td colspan="2">镍铜合金</td><td colspan="2">焊补强度要求不高的灰铸铁件</td><td>3.2~5</td></tr>
<tr><td rowspan="4">焊条主要尺寸（mm）</td><td rowspan="2">铸造焊芯</td><td>直径</td><td colspan="2">4.0</td><td>5.0、6.0（或5.8）、8.0、10.0</td></tr>
<tr><td>长度</td><td colspan="2">350~400</td><td>350~500</td></tr>
<tr><td rowspan="2">冷拔焊芯</td><td>直径</td><td>2.5</td><td>3.2（或3.0）、4.0、5.0</td><td>6.0（或5.8）</td></tr>
<tr><td>长度</td><td>200~300</td><td>300~450</td><td>400~500</td></tr>
<tr><td>用途</td><td colspan="5">用于焊条电弧焊补灰铸铁、球墨铸铁件的缺陷</td></tr>
</table>

注　1. 表中牌号为焊条的习惯性表示方法。

2. 焊条的国标型号中：字母“E”表示焊条，字母“Z”表示用于铸铁焊接，在“EZ”字母后用熔敷金属的主要化学元素符号或金属类型代号表示铸铁焊条的分类，中横线后的数字表示细分的型号。

6. 有色金属焊条

牌号	型号	焊芯材质	主要用途
Ni112	ENi-0	纯镍	焊接镍基合金和双金属
Ni307	ENiCrMo-0	镍铬合金	焊接镍基合金或异种钢、难焊合金
Ni307B	ENiCrFe-3	镍铬合金	焊接镍基合金或异种钢
Ni337	—	镍铬合金	焊接镍基合金或异种钢、复合钢
Ni347	ENiCrFe-0	镍铬合金	焊接镍基合金或异种钢、复合钢
T107	TCu	纯铜	焊接铜零件，也用于堆焊耐海水腐蚀的碳钢零件
T207	TCuSi-B	硅青铜	焊接铜、硅青铜和黄铜零件，或堆焊化工机械、管道内衬
T227	TCuSn-B	锡磷青铜	焊接铜、磷青铜、黄铜及异种金属，或堆焊磷青铜轴衬
T237	TCuAl-C	铝锰青铜	焊接铝青铜、其他铜合金和钢，焊补铸铁件
T307	TCuNi-B	铜镍合金	焊接导电铜排、铜热交换器等，或堆焊耐海水腐蚀的碳钢零件以及有耐腐蚀要求的镍基合金
L109	TAl	纯铝	焊接纯铝板、纯铝容器
L209	TAlSi	铝硅合金	焊接铝板、铝硅铸件、一般铝合金、锻铝、硬铝
L309	TAlMn	铝锰合金	焊接铝锰合金、纯铝、其他铝合金

注 参照标准有镍及其合金焊条（GB/T 13814—2008）、铜及其合金焊条（GB/T 3670—1995）、铝及其金焊条（GB/T 3669—2001）。

7. 硬质合金堆焊丝

名称	牌号	主要成分（%）≈	主要尺寸（mm）	堆焊层硬度		用　　途
				常温（HRC）	高温 $\left(\frac{HV}{℃}\right)$ ≈	
高铬铸铁堆焊焊丝	HS101	碳3，铬28，镍4，硅3.5，铁余量	直径：4、5、6 长度：350	48~54	$\frac{483}{300}$、$\frac{473}{400}$、$\frac{460}{500}$、$\frac{289}{600}$	适用于要求耐磨损、抗氧化或耐气蚀的机件的堆焊，如柴油机的汽门、排气叶片等

续表

名称	牌号	主要成分（%）≈	主要尺寸（mm）	堆焊层硬度		用途
				常温（HRC）	高温 $\left(\frac{HV}{℃}\right)$ ≈	
高铬铸铁堆焊焊丝	HS103	碳3.5，铬28，钴5，硼0.8，铁余量	直径：4、5、6 长度：350	58～67	$\frac{857}{300}$、$\frac{848}{400}$、$\frac{798}{500}$、$\frac{520}{600}$	适用于要求高度耐磨损的机件的堆焊，如牙轮钻头小轴、煤孔挖掘器、提升戽斗、破碎机辊、泵框筒、混合叶片等
钴基堆焊焊丝	HS111	碳1，铬28，钨4，锰≤1，硅1，钴余量		40～45	$\frac{365}{500}$、$\frac{310}{600}$、$\frac{274}{700}$、$\frac{250}{800}$	适用于要求在高温工作时能保持良好的耐磨、耐蚀性的机件的堆焊，如高温高压阀门、热剪切刀刃、热锻模等
钴基堆焊焊丝	HS113	碳3，铬30，钨17，锰≤1，硅1，铁≤2，钴余量		55～60	$\frac{623}{500}$、$\frac{550}{600}$、$\frac{485}{700}$、$\frac{320}{800}$	适用于粉碎机刀口、牙轮钻头轴承、螺旋送料机等磨损部件的堆焊

8. 铜和铜合金焊丝（GB/T 9460—2008）

型号	对应牌号	焊丝名称	化学成分代号	焊前预热温度（℃）	性能及用途
SCu1898	HS201	纯铜焊丝	CuSn1	205～540	通常用于脱氧或电解韧铜的焊接，还可用来焊接质量要求不高的母材
SCu4700	HS221	黄铜焊丝	CuZn40Sn	400～500	熔融金属具有良好的流动性，焊缝金属具有一定的强度和耐蚀性。可用于铜、铜镍合金的熔化极气体保护电弧焊和惰性气体保护电弧焊

续表

型号	对应牌号	焊丝名称	化学成分代号	焊前预热温度（℃）	性能及用途
SCu6800	HS222	锡黄铜焊丝	CuZn40Ni	400~500	熔融金属流动性好，由于含有硅，可有效地抵制锌的蒸发。可用于铜、钢、铜镍合金、灰口铸铁的熔化极气体保护电弧焊和惰性气体保护电弧焊，以及镶嵌硬质合金刀具
SCu6810A	HS224		CuZn40-SnSi		

焊丝尺寸（mm）

包装形式	焊丝直径
直条	1.6、1.8、2.0、2.4、2.5、2.8、3.0、3.2、4.0、4.8、5.0、6.0、6.4
焊丝卷	
直径 100mm 和 200mm 焊丝盘	0.8、0.9、1.0、1.2、1.4、1.6
直径 270mm 和 300mm 焊丝盘	0.5、0.8、0.9、1.0、1.2、1.4、1.6、2.0、2.4、2.5、2.8、3.0、3.2

注 1. 焊丝型号由三部分组成：第一部分为字母“SCu”，表示铜及铜合金焊丝；第二部分为四位数字，表示焊丝型号；第三部分为可选部分，表示化学成分代号。

2. 根据供需双方协商，可生产其他尺寸和偏差的焊丝。

9. 铝和铝合金焊丝（GB/T 10858—2008）

型号	对应牌号	焊丝名称	化学成分代号	性能及用途
SAl1450	HS301	纯铝焊丝	Al99.5Ti	可焊性、耐蚀性、塑性和韧性均良好，但强度较低；适用于焊接纯铝，以及对接头性能要求不高的铝合金
SAl4043	HS311	铝硅合金焊丝	AlSiS	通用性较大，焊缝的抗热裂能力优良，并能保证一定的机械性能，但在进行阳极化处理的场合，熔敷金属与母材颜色不同；适用于焊接除铝镁合金以外的铝合金机件和铸件

续表

型号	对应牌号	焊丝名称	化学成分代号	性能及用途
SA13103	HS321	铝锰合金焊丝	AlMn1	焊缝的耐蚀性、可焊性和塑性均较好，并能保证一定的机械性能；适用于焊接铝锰合金及其他合金
SAl5556C	HS331	铝镁合金焊丝	AlMg5Mn1-Ti	合金中含有少量钛（0.05%～0.20%），耐蚀性、抗热裂性良好，强度高；适用于焊接铝锌镁合金和焊补铝镁合金铸件

圆形焊丝尺寸（mm）

包装形式	焊丝直径
直条	1.6、1.8、2.0、2.4、2.5、2.8、3.0、3.2、4.0、4.8、5.0、6.0、6.4
焊丝卷	
直径 100mm 和 200mm 焊丝盘	0.8、0.9、1.0、1.2、1.4、1.6
直径 270mm 和 300mm 焊丝盘	0.5、0.8、0.9、1.0、1.2、1.4、1.6、2.0、2.4、2.5、2.8、3.0、3.2

扁平焊丝尺寸（mm）

当量直径	1.6	2.0	2.4	2.5	3.2	4.0	4.8	5.0	6.4
厚度	1.2	1.5	1.8	1.9	2.4	2.9	3.6	3.8	4.8
宽度	1.8	2.1	2.7	2.6	3.6	4.4	5.3	5.2	7.1

注　1. 焊丝型号由三部分组成：第一部分为字母“SAl”，表示铜及铜合金焊丝；第二部分为四位数字，表示焊丝型号；第三部分为可选部分，表示化学成分代号。

2. 根据供需双方协商，可生产其他尺寸和偏差的焊丝。

10. 铸铁焊丝（GB/T 10044—2006）

（1）用途。常用的铁基填充焊丝用于氧-乙炔焊补或堆焊灰铸铁件或球墨铸铁件、高强度灰铸件件和可锻铸铁件的缺陷，施焊时应配用铸铁气焊熔剂。

（2）规格。

型号	对应牌号	焊丝名称
RZC-1	—	灰口铸铁填充焊丝
RZC-2	HS401	
RZCH	—	合金铸铁填充焊丝
RZCQ-1	—	球墨铸铁填充焊丝
RZCQ-2	HS402	

型号	焊丝化学成分（质量分数,%），余量为铁						
	碳	硅	锰	硫	磷	镍	球化剂
RZC-1	3.2~3.5	2.7~3.0	0.60~0.75	≤0.10	0.50~0.75	—	—
RZC-2	3.2~4.5	3.0~3.8	0.30~0.80	≤0.10	≤0.50	—	—
RZCH	3.2~3.5	2.0~2.5	0.50~0.70	≤0.10	0.20~0.40	1.2~1.6	—
RZCQ-1	3.2~4.0	3.2~3.8	0.10~0.40	≤0.015	≤0.50	≤0.50	0.04~0.10
RZCQ-2	3.5~4.2	3.5~4.2	0.50~0.80	≤0.03	≤0.10	—	0.04~0.10

填充焊丝尺寸（mm）	横截面	3.2	4.5、5.0、6.0、8.0、10.0	12.0
	长度	400~500	450~550	550~650

注 1. 用于铸铁焊接的气体保护焊丝和药芯焊丝，参见 GB/T 1004—2006 中规定。

2. 铁基填充焊丝型号：字母“R”表示填充焊丝，字母“Z”表示用于铸铁焊接，字母“C”表示焊丝的熔敷金属类型为铸铁，后面的字母表示焊丝的主要化学元素符号或金属类型代号（H 为合金化元素，Q 为球铁）。再细分时用数字表示。

11. 自动焊丝（实心，GB/T 8110—2008）

焊丝型号/牌号	焊丝化学成分（质量分数,%）						熔敷金属力学性能≥		
	碳	锰	硅	磷	硫	铜	R_m	$R_{p0.2}$	A (%)
							MPa		
ER50-4/MG50-4	0.06~0.15	1.00~1.50	0.65~0.85	0.025	0.025	0.50	500	420	22
ER50-6/MG50-6	0.016~1.50	1.40~1.50	0.80~1.15	0.025	0.025	0.50	500	420	22

续表

焊丝型号/牌号	性能、用途
ER50-4/MG50-4	具有优良的焊接工艺性能，焊接时电弧稳定，飞溅较小，在小电流规范下，电弧仍很稳定，并可进行立向下焊，采用混合气体保护，熔敷金属强度略有提高；适用于碳钢的焊接，也可用于薄板、管子的高速焊接
ER50-6/MG50-6	具有优良的焊接工艺性能，焊丝熔化速度快，熔敷效率高，电弧稳定，焊接飞溅极小，焊缝成形美观，并且抗氧化锈蚀能力强，熔敷金属气孔敏感性小，全方位施焊工艺性好；适用于碳钢及500MPa级强度钢的车辆、建筑、造船、桥梁等结构的焊接，也可用于薄板、管子的高速焊接
焊丝直径（mm）：0.5、0.6、0.8、0.9、1.0、1.2、1.4、1.6、2.0、2.4、2.5、2.8、3.0、3.2、4.0、4.8。供货形式：直条，1.2~1.8mm；焊丝卷，0.8~3.2mm；焊丝筒，0.9~3.2mm；焊丝盘，0.5~3.2mm	

注　1. 碳钢焊丝的其他型号及低合金钢焊丝型号参见GB/T 810—2008中规定。
2. 焊丝型号由三部分组成：第一部分字母“ER”表示焊丝；第二部分两位数字表示焊丝熔敷金属的最低抗拉强度；第三部分为短“-”后的字母或数字，表示焊丝的化学成分代号。牌号的表示方法与型号表示方法基本相同，只是用字母“MG”表示气体保护焊焊丝。
3. 表中：R_m为抗拉强度；$R_{p0.2}$为屈服强度；A为伸长率。
4. 根据供需双方协商，可生产其他尺寸及偏差的焊丝。

二、焊接熔剂和钎料

1. 气焊熔剂

牌号	性　能	用　途
CJ101	熔点约900℃，有良好的润湿作用，能防止熔化金属被氧化，除渣容易	气焊不锈钢及耐热钢件时的助熔剂
CJ201	熔点约650℃，易潮解，能有效地驱除气焊过程所产生的硅酸盐和氧化物，并加速金属熔化	气焊铸铁件时的助熔剂
CJ301	熔点约650℃，呈酸性反应，能有效地熔解氧化铜和氧化亚铜，防止金属氧化	气焊铜及铜合金件时的助熔剂
CJ401	熔点约560℃，呈碱性反应，能有效地破坏氧化铝膜，有潮解性，能在空气中引起铝的腐蚀，焊接后需清理接头	气焊铝、铝合金及铝青铜件时的助熔剂

2. 钎焊熔剂（GB/T 6045—1992）

牌号	名称	性　能	用　途
QJ101	银钎焊熔剂	熔点约500℃，吸潮性强，能有效地清除各种金属的氧化物，助长焊料的漫流	在550～850℃范围内，配合银焊料钎焊铜、铜合金、钢及不锈钢等
QJ102	银钎焊熔剂	熔点约550℃，极易吸潮，能有效地清除各种金属的氧化物，助长焊料的漫流，活性极强	在600～850C范围内，配合银焊料钎焊铜、铜合金、钢及不锈钢等
J103	特制银钎焊熔剂	熔点约530℃，易吸潮，能有效地清除各种金属的氧化物，助长焊料的漫流	在550～750℃范围内，配合银焊料钎焊铜、铜合金、钢及不锈钢等
QJ104	银钎焊熔剂	熔点约600℃，吸潮性极强，能有效地清除各种金属的氧化物，助长焊料的漫流	在650～850℃范围内，配合银焊料炉中钎焊或盐浴浸沾钎焊铜、铜合金、钢及不锈钢等
QJ105	低温银钎焊熔剂	熔点约350℃，吸潮性极强，能有效地清除氧化铜及氧化亚铜，助长焊料在铜合金上的漫流	在450～600C范围内，钎焊铜及铜合金
QJ202	铝钎焊熔剂	熔点约350℃，极易吸潮，活性强，能有效地去除氧化铝膜，助长焊料在铝合金上的漫流	在420～620℃范围内，火焰钎焊铝及铝合金
QJ203	铝电缆钎焊熔剂	铝的软钎焊熔剂，熔点约160℃，极易吸潮，在270℃以上能有效地破坏铝的氧化铝膜和借助于重金属锡和锌的沉淀作用，助长焊料在铝合金上的漫流	在270～380℃范围内，钎焊铝及铝合金，也可用于铜及铜合金、钢等；常用于铝芯电缆接头的软钎焊
QJ204	铝钎焊有机熔剂	铝的软钎焊用有机熔剂，对铝及铝合金的腐蚀性很小，能在180～275℃下破坏氧化铝膜，但活性较差	在180～275℃范围内，钎焊铝及铝合金，也可用于钎焊铝青铜、铝黄铜
QJ205	铝黄铜钎焊熔剂	通用性软钎焊熔剂，熔点约230℃，极易吸潮，能有效地清除各种金属的氧化物，助长焊料的漫流	在300～400℃范围内，钎焊铝及铝合金、钢、铝黄铜及铝青铜，以及铝与铜、铝与钢等
QJ206	铝钎焊熔剂	高温铝钎焊熔剂，熔点约540℃，极易吸潮，活性强，能有效地去除氧化铝膜，助长焊料在铝合金上的漫流	在550～620C范围内，火焰钎焊或炉中钎焊铝及铝合金

3. 铜基钎料（GB/T 6418—2008）

牌号	名称	主要成分（%）	熔化温度（℃）	性能及用途
HL101	36%铜锌钎料	铜 34~38，锌余量	800~823	性脆、钎焊接头强度低、塑性差，用于钎焊黄铜、铜及其他铜合金
HL102	48%铜锌钎料	铜 46~50，锌余量	860~870	性能与 HL101 相近，用于钎焊不承受冲击和弯曲的工件
HL103	54%铜锌钎料	铜 52~56，锌余量	885~888	强度及塑性比 HL101 和 HL102 好，用于钎焊铜、青铜和钢等不承受冲击和弯曲的工件
HL201	1 号铜磷钎料	磷 6.8~7.5，铜余量	710~800	工艺性能良好，但焊缝塑性差，处于冲击和弯曲工作状态的接头不宜采用，广泛用于电机制造和仪表工业
HL202	2 号铜磷钎料	磷 5~7，铜余量	710~890	与 HL201 相比，熔点稍高，塑性略有提高。应用范围与 HL201 相同
HL203	铜磷锑钎料	磷 5.8~6.7，锑 1.5~2.5，铜余量	690~800	熔点较低。用途与 HL201 相同
HL204	1 号银磷钎料	磷 4~6，银 14.5~15.5，铜余量	640~815	接头强度、塑性、导电性是铜磷焊料中最好的一种，适用于钎焊铜及铜合金、钼等金属。多用来钎焊冲击、振动负荷较低的工件，以电机工业使用最广
HL205	2 号银磷钎料	磷 5.8~6.7，银 4.8~5.2，铜余量	640~800	性能比 HL204 稍差，但比 HL201 稍好，用途与 HL201 相同
HL207	铜基中温钎料	磷 4.8~5.8，银 4.5~5.5，锡 9.5~10.5，铜余量	560~650	磷铜钎料中熔点最低的一种。具有良好的流动性和填满间隙的能力，电阻率约 0.39Ω·mm²/m。广泛用于电器、电机、汽车、仪表等行业火焰钎焊、电阻钎焊和某些铜及铜合金的炉钎焊

4. 铝基钎料（GB/T 13815—2008）

牌号	名称	主要成分（%）	熔化温度（℃）	用途
HL400	铝钎料	硅11~13，铝余量	577~582	用于纯铝及铝合金的炉钎焊及火焰钎焊
HL401	铝钎料	硅5.5~6.7，铜27~29，铝余量	525~535	用于各种铝及铝合金的火焰钎焊
HL402	铝钎料	硅9.3~10.7，铜3.3~4.7，铝余量	520~585	用于LD2锻铝的炉钎焊及盐浴浸沾钎焊，也用于L3纯铝及LF21、LF2防锈铝的火焰钎焊
HL403	铝钎料	硅9~11，铜3.3~4.7，锌9~11，铝余量	516~560	用于LD2锻铝及ZL103、ZL105铸铝合金的炉钎焊及盐浴浸沾钎焊，也可用于L3、LF1、LF2、LF21等铝及铝合金的钎焊

5. 锌基钎料

名称	牌号	主要成分（%）	熔化温度（℃）	规格（mm）	用途
锌锡钎料	HL501	锌58，锡40，铜2	200~350	5×20×350铸条	用于铝及铝合金的刮擦钎焊，也可用于铝与铜、铝与钢等异种金属的钎焊
锌铝钎料	HL505	锌72.5，铝27.5	430~500	4×5×350铸条	用于铝及铝合金的火焰钎焊

6. 锡铅钎料

名称	牌号	主要成分（%）	熔化温度（℃）	规格（mm）	用途
60%锡铅钎料	HL600	锡59~61，锑≤0.1，铅余量	183~185	丝状直径：3、4、5	适用于铜、铜合金、钢、镀锌薄钢板、锌等的钎焊，施焊时应配以松香、焊锡膏等钎焊熔剂

续表

名称	牌号	主要成分（%）	熔化温度（℃）	规格（mm）	用　途
30%锡铅钎料	HL602	锡 29~31，锑 1.5~2.0，铅余量	183~256	丝状直径：3、4、5	适用于铜、铜合金、钢、镀锌薄钢板、锌等的钎焊，施焊时应配以松香、焊锡膏等钎焊熔剂
40%锡铅钎料	HL603	锡 39~41，锑 1.5~2.0，铅余量	183~235		
90%锡铅钎料	HL604	锡 89~91，锑≤0.1，铅余量	183~222		

三、焊割工具

1. 电焊钳（QB/T 1518—1992）

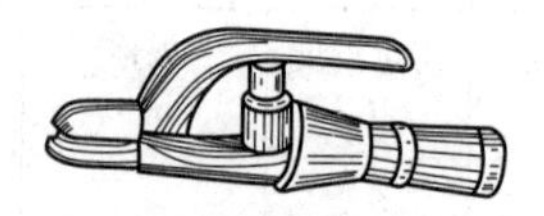

规格（A）	额定焊接电流（A）	负载持续率（%）	工作电压（V）≈	适用焊条直径（mm）	能接电缆截面积（mm^2）	温升≤（℃）
160（150）	160（150）	60	26	2.0~4.0	≥25	35
250	250	60	30	2.5~5.0	≥35	40
315（300）	315（300）	60	32	3.2~5.0	≥35	40
400	400	60	36	3.2~6.0	≥50	45
500	500	60	40	4.0~（8.0）	≥70	45

2. 电焊面罩（GB/T 3609.1—2008）

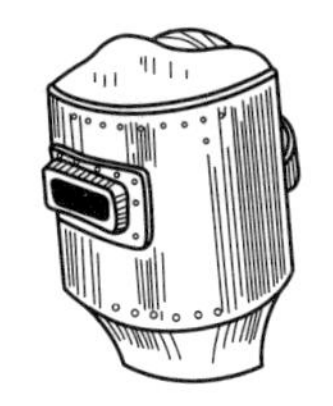

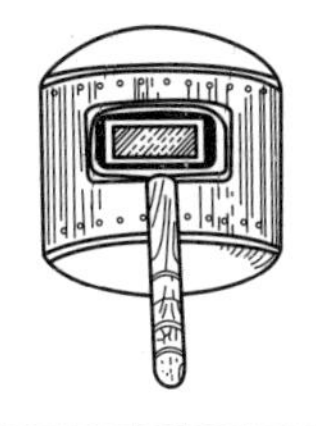

品种	外形尺寸（mm）≥				质量（g）≤	用途
	长度	宽度	深度	厚度		
头戴式	310	210	120	1.5	500	保护电焊人员的眼、脸不被紫外线灼伤。头戴式多用于高空作业
手持式	310	210	100	1.5	500	
组合式	320	210	120	1.5	500	

3. 焊接滤光片（GB/T 3609.1—2008）

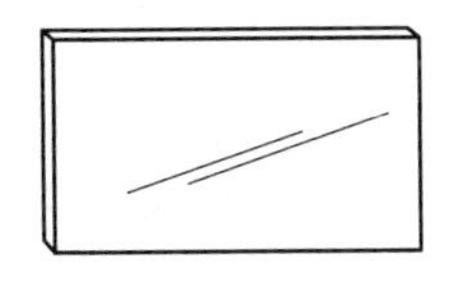

规格	外形尺寸（mm）：长×宽≥180×50，厚度≤3.8 颜色：不能用单纯色，最好为黄色、绿色、茶色和灰色等混合色；左右眼滤光的颜色差、光密度应≤0.4
用途	安装在电焊面罩上，用以保护眼睛不被灼伤

4. 电焊手套、脚套

电焊手套

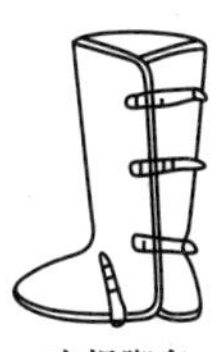

电焊脚套

规格	制造材料：牛皮、猪皮、帆布 型号：大、中、小号
用途	供焊工操作时穿戴在手脚上，以保护手脚不被灼伤

5. 射吸式焊炬（JB/T 6969—1993）

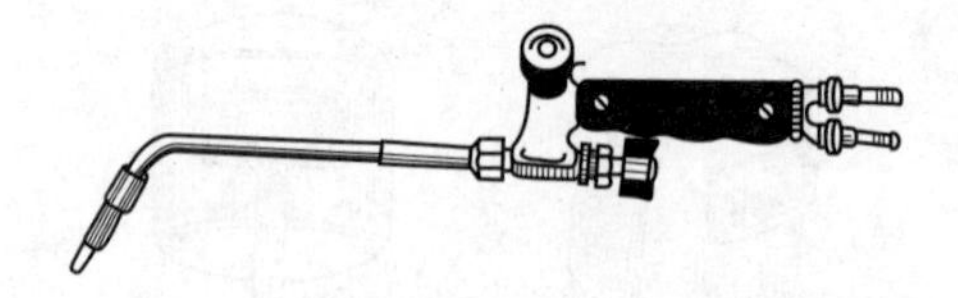

型号	焊接厚度（mm）	工作压力（MPa）		可换焊嘴个数	焊嘴孔径范围（mm）	焊炬总长度（mm）	用途
		氧气	乙炔				
H01-2	0.5~2	0.1~0.25	0.001~0.12	5	0.5~0.9	300	以氧气和乙炔为加热源，焊接或预热黑色和有色金属材料
H01-6	2~6	0.2~0.4		5	0.9~1.3	400	
H01-12	6~12	0.4~0.7		5	1.4~2.2	500	
H01-20	12~20	0.6~0.8		5	2.4~3.2	600	

6. 射吸式割炬（JB/T 6970—1993）

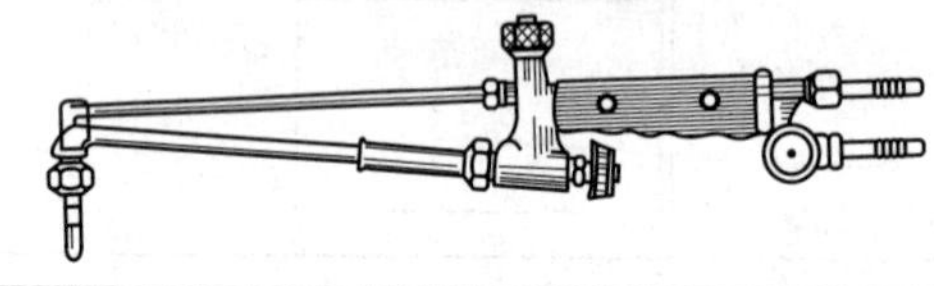

型号	切割低碳钢厚度（mm）	工作压力（MPa）		可换割嘴个数	割嘴孔径范围（mm）	割炬总长度（mm）	用途
		氧气	乙炔				
G01-30	3~30	0.2~0.3	0.001~0.1	3	0.7~1.1	500	以氧气和乙炔为热源，以高压氧气作为切割氧流，切割低碳钢
G01-100	10~100	0.3~0.5		3	1.0~1.6	550	
G01-300	100~300	0.5~1.0		4	1.8~3.0	650	

7. 射吸式焊割两用炬

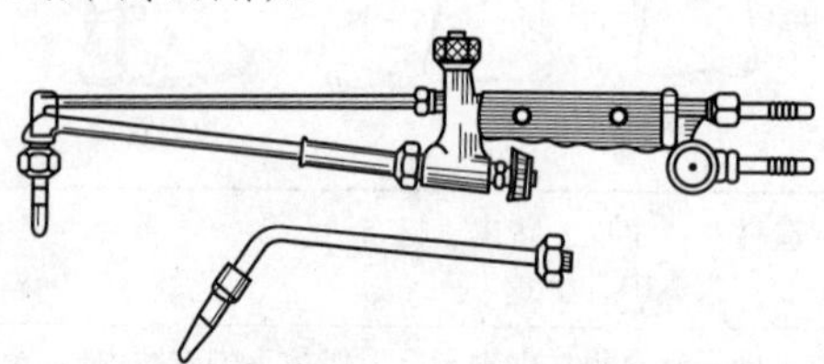

型号	适用低碳钢厚度（mm）	工作压力（MPa）		焊割嘴数（个）	焊割嘴孔径范围（mm）	焊割炬总长度（mm）	用途
		氧气	乙炔				
HG01-3/50A	0.5～3	0.2～0.4	0.001～0.1	5	0.6～1.0	400	兼备射吸式焊炬和割炬功能，焊接和切割各种金属和低碳钢
	3～50	0.2～0.6	0.001～0.1	2	0.6～1.0		
HG01-6/60	1～6	0.2～0.4	0.001～0.1	5	0.9～1.3	500	
	3～60	0.2～0.4	0.001～0.1	4	0.7～1.3		
HG01-12/200	6～12	0.4～0.7	0.001～0.1	5	1.4～2.2	550	
	10～200	0.3～0.7	0.001～0.1	4	1.0～2.3		

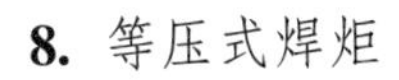

8. 等压式焊炬

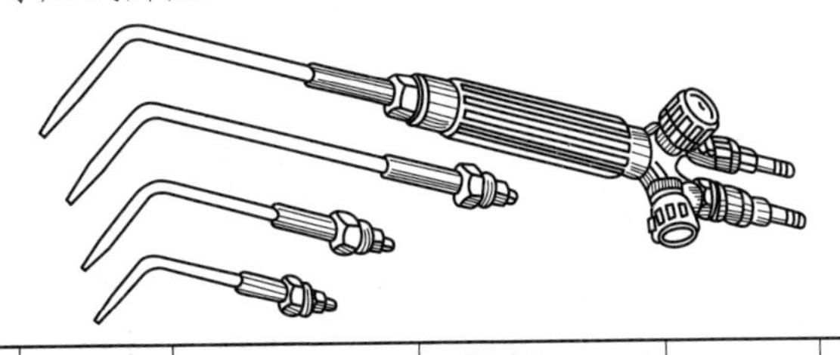

焊炬型号	焊接低碳钢厚度（mm）	焊嘴		工作压力（MPa）		焰芯长度（mm）	焊炬总长度（mm）
		嘴号	孔径（mm）	氧气	乙炔		
H02-12	0.5～12	1	0.6	0.2	0.02	≥4	500
		2	1.0	0.25	0.03	≥11	
		3	1.4	0.3	0.04	≥13	
		4	1.8	0.35	0.05	≥17	
		5	2.2	0.4	0.06	≥20	
H02-20	0.5～20	1	0.6	0.2	0.02	≥4	600
		2	1.0	0.25	0.03	≥11	
		3	1.4	0.3	0.04	≥13	
		4	1.8	0.35	0.05	≥17	
		5	2.2	0.4	0.06	≥20	
		6	2.6	0.5	0.07	≥21	
		7	3.0	0.6	0.08	≥21	
用途	利用氧气和中压乙炔作为热源，焊接或预热黑色金属或有色金属工件						

9. 等压式割炬

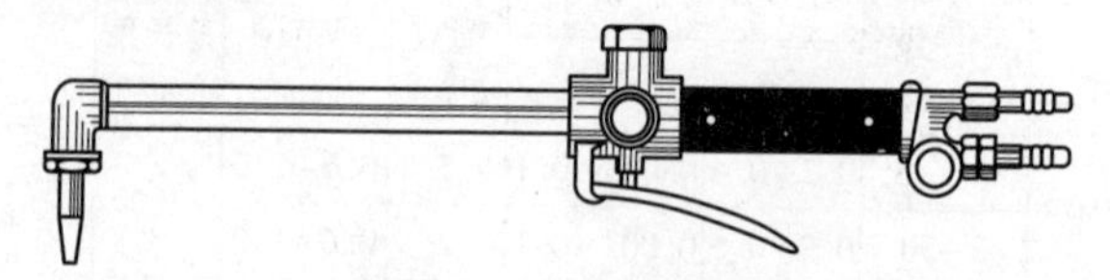

割炬型号	切割低碳钢厚度（mm）	割嘴		工作压力（MPa）		可见切割氧流长度（mm）	割炬总长度（mm）
		嘴号	切割孔径（mm）	氧气	乙炔		
G02-100	3~100	1	0.7	0.2	0.04	≥60	550
		2	0.9	0.25	0.04	≥70	
		3	1.1	0.3	0.05	≥80	
		4	1.3	0.4	0.05	≥90	
		5	1.6	0.5	0.06	≥100	
G02-300	3~300	1	0.7	0.2	0.04	≥60	650
		2	0.9	0.25	0.04	≥70	
		3	1.1	0.3	0.05	≥80	
		4	1.3	0.4	0.05	≥90	
		5	1.6	0.5	0.06	≥100	
		6	1.8	0.5	0.06	≥110	
		7	2.2	0.65	0.07	≥130	
		8	2.6	0.8	0.08	≥150	
		9	3.0	1.0	0.09	≥170	
用途	利用氧气和中压乙炔作为热源，以高压氧气作为切割氧流，主要用于切割低碳钢材，也可用于切割中碳钢和低合金结构钢						

10. 等压式焊割两用炬

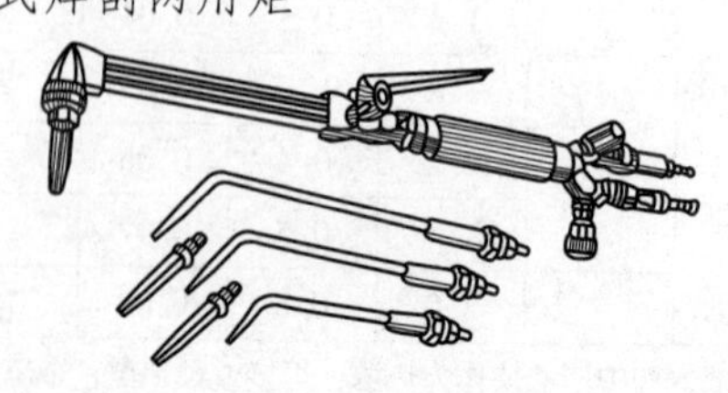

两用炬型号	适用低碳钢厚度（mm）	嘴号		孔径（mm）	工作压力（MPa）		焰芯长度（mm）	可见切割氧流长度（mm）	焊炬总长度（mm）
					氧气	乙炔			
HG02-12/200	0.5~12	焊嘴号	1	0.6	0.2	0.02	≥4	—	550
			3	1.4	0.3	0.04	≥13		
			5	2.2	0.4	0.06	≥20		
	3~100	割嘴号	1	0.7	0.2	0.04	—	≥60	
			3	1.1	0.3	0.05		≥80	
			5	1.6	0.5	0.06		≥100	
HG02—20/200	0.5~20	焊嘴号	1	0.6	0.2	0.02	≥4	—	600
			3	1.4	0.3	0.04	≥13		
			5	2.2	0.4	0.06	≥20		
			7	3.0	0.6	0.08	≥21		
	3~200	割嘴号	1	0.7	0.2	0.04	—	≥60	
			3	1.1	0.3	0.05		≥80	
			5	1.6	0.5	0.06		≥100	
			6	1.8	0.5	0.06		≥110	
			7	2.2	0.65	0.07		≥130	
用途	利用氧气和中压乙炔作为热源，以高压氧气作为切割氧流，作割炬用；换上焊炬部件，作焊炬用。多用于焊割任务不重的维修车间								

11. 便携式微型焊炬

型号	焊嘴号	工作压力（MPa）		焰芯长度（mm）	焊接厚度（mm）
		氧气	丁烷气		
H03-BB-1.2	1 2 3	0.5~0.25	0.02~0.25	≥5 ≥7 ≥10	0.2~0.5 0.5~0.8 0.8~1.2
H03-BC-3	1 2 3	0.1~0.3	0.02~0.35	≥6 ≥8 ≥11	0.5~3
用途	由焊炬、氧气瓶、丁烷气瓶、压力表和回火防止器等部件组成。其中两个气瓶固定在手提架中，便于携带外出进行现场焊接				

12. 等压式割嘴

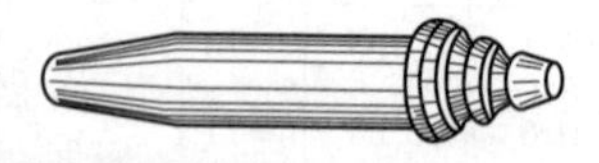
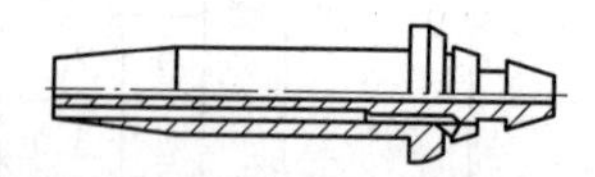

割嘴号	切割嘴孔径（mm）	切割钢板厚度（mm）	工作压力（MPa）		气体消耗量（m^3/h）		切割速度（mm/min）
			氧气	乙炔	氧气	乙炔	
00	0.8	5~10	0.2~0.3	0.03	0.9~1.3	0.34	600~450
0	1.0	10~20	0.2~0.3	0.03	1.3~1.8	0.34	480~380
1	1.2	20~30	0.25~0.35	0.03	2.5~3.0	0.47	400~320
2	1.4	30~50	0.25~0.35	0.03	3.0~4.0	0.47	350~280
3	1.6	50~70	0.3~0.4	0.04	4.5~6.0	0.62	300~240
4	1.8	70~90	0.3~0.4	0.04	5.5~7.0	0.62	260~200
5	2.0	90~120	0.4~0.6	0.04	8.5~10.5	0.62	210~170
6	2.4	120~160	0.5~0.8	0.05	12~15	0.78	180~140
7	2.8	160~200	0.6~0.9	0.05	21~24.5	1.0	150~110
8	3.2	200~270	0.6~1.0	0.05	26.5~32	1.0	120~90
9	3.6	270~350	0.7~1.1	0.05	40~46	1.3	90~60
10	4.0	350~450	0.7~1.2	0.05	49~58	1.6	70~50
用途	使用氧气和中压乙炔的自动或半自动气割机上的配件，其特点是结构紧凑，使用灵活、效率高，并能防止回火，主要用于造船、锅炉、金属结构等工厂的钢材的落料和切割焊件坡口						

13. 快速割嘴

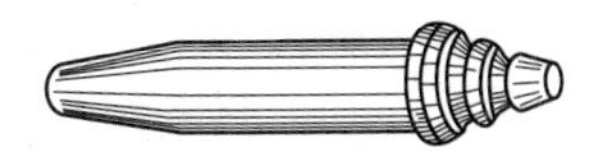
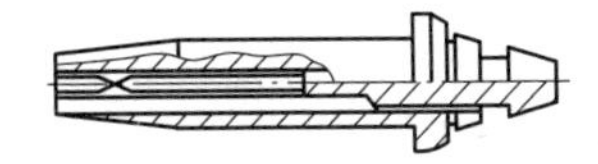

(1) 快速割嘴型号。

加工方法	切割氧压力 (MPa)	燃气	尾锥面角度	品种代号	型号
电铸法	0.7	乙炔	30°	1	GK1-1~7
			45°	2	GK2-1~7
		液化石油气	30°	3	GK3-1~7
			45°	4	GK4-1~7
	0.5	乙炔	30°	1	GK1-1A~7A
			45°	2	GK2-1A~7A
		液化石油气	30°	3	GK3-1A~7A
			45°	4	GK4-1A~7A
机械加工法	0.7	乙炔	30°	1	GKJ1-1~7
			45°	2	GKJ2-1~7
		液化石油气	30°	3	GKJ3-1~7
			45°	4	GKJ4-1~7
	0.5	乙炔	30°	1	GKJ1-1A~7A
			45°	2	GKJ2-1A~7A
		液化石油气	30°	3	GKJ3-1A~7A
			45°	4	GKJ4-1A~7A

(2) 快速割嘴切割性能。

割嘴规格号	割嘴喉部直径 (mm)	切割厚度 (mm)	切割速度 (mm/min)	工作压力 (MPa)			切口宽度 (mm)	可见切割氧流长度 (mm)
				氧气	液化石油气	乙炔		
1	0.6	5~10	750~600	0.7	0.03	0.025	≤1	≥80
2	0.8	10~20	600~450	0.7	0.03	0.025	≤1.5	≥100
3	1.0	20~40	450~380	0.7	0.3	0.025	≤2	≥100

续表

割嘴规格号	割嘴喉部直径（mm）	切割厚度（mm）	切割速度（mm/min）	工作压力（MPa）			切口宽度（mm）	可见切割氧流长度（mm）
				氧气	液化石油气	乙炔		
4	1.25	40~60	380~320	0.7	0.035	0.03	≤2.3	≥120
5	1.5	60~100	320~250	0.7	0.035	0.03	≤3.4	≥120
6	1.75	100~150	250~160	0.7	0.04	0.035	≤4	≥150
7	2.0	150~180	160~130	0.7	0.04	0.035	≤4.5	≥180
1A	0.6	5~10	560~450	0.5	0.03	0.025	≤1	≥80
2A	0.8	10~20	450~340	0.5	0.03	0.025	≤1.5	≥100
3A	1.0	20~40	340~250	0.5	0.03	0.025	≤2	≥100
4A	1.25	40~60	250~210	0.5	0.035	0.03	≤2.3	≥120
5A	1.5	60~100	210~180	0.5	0.035	0.03	≤3.4	≥120
用途	用于火焰切割机械及手工割炬，可与 JB/T 7947 和 JB/T 6970 规定的割炬配套使用							

四、其他焊割器具

1. 乙炔发生器

排水式

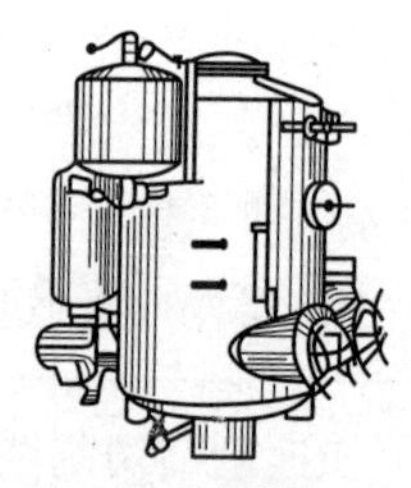

联合式

型号	YJP0.1~0.5	YJP0.1~1	YJP0.1~2.5	YDP0.1~5	YDP0.1~1.0
结构形式	（移动）排水式		（固定）排水式	（固定）联合式	
正常生产率（m^3/h）	0.5	1	2.5	6	10
工作压力（MPa）	0.045~0.1		0.045~0.1	0.045~0.1	0.045~0.1

续表

型号		YJP0.1~0.5	YJP0.1~1	YJP0.1~2.5	YDP0.1~5	YDP0.1~1.0
外形尺寸（mm）	长	515	1210	1050	1450	1700
	宽	505	675	770	1375	1800
	高	930	1150	1730	2180	2690
质量（kg）		30	50	260	750	980
用途		将电石（碳化钙）和水装入发生器内，使之产生乙炔气体，供气焊、气割用				

2. 乙炔减压器和氧气减压器

乙炔减压器

氧气减压器

型号	工作压力（MPa）		压力表规格（MPa）		公称流量（m^3/h）	质量（kg）
	输入≤	输出压力调节范围	高压表（输入）	低压表（输出）		
氧气减压器（气瓶用）						
YQY-1A	15	0.1~2.5	0~25	0~4	250	3.0
YQY-12		0.1~1.6		0~2.5	160	2.0
YQY-6		0.02~0.25		0~0.4	10	1.9
YQY-352		0.1~1		0~1.6	30	2.0
乙炔减压器（气瓶用）						
YQE-222	3	0.01~0.15	0~4	0~0.025	6	2.6
用途	氧气减压器接在氧气瓶出口处，将氧气瓶内的高压氧气调节到所需的低压氧气。乙炔减压器接在乙炔发生器出口处，将乙炔压力调到所需的低压					

3. 氧气瓶

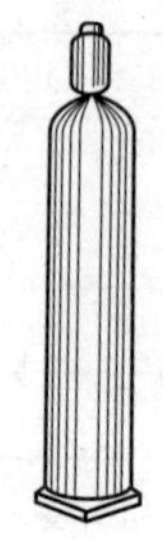

容积（m^3）	工作压力（MPa）	尺寸（mm）		质量（kg）	用途
		外径	高度		
40	14.71	219	1370	55	贮存压缩氧气，供气焊和气割之用
45	14.71	219	1490	57	

4. 喷灯

煤油喷灯

汽油喷灯

品种	型号	燃料	火焰有效长度（mm）	火焰温度（℃）	贮油量（kg）	耗油量（kg/h）	灯净重（kg）	用途
煤油喷灯	MD-1	灯用煤油	60	>900	0.8	0.5	1.20	常用于焊接时加热烙铁，烘烤铸造用砂型，清除钢铁结构上的废漆，加热热处理工件等，用途广泛
	MD-2.5		110		2.0	1.5	2.45	
	MD-3.5		180		3.0	1.6	4.00	
汽油喷灯	QD-0.5	工业汽油	70	>900	0.4	0.45	1.10	
	QD-1		85		0.7	0.9	1.60	
	QD-2.5		170		2.0	2.1	3.20	
	QD-3		190		2.5	2.5	3.40	
	QD-3.5		210		3.0	3.0	3.75	

5. 紫铜烙铁

规格（kg）	0.125、0.25、0.3、0.5、0.75
用途	用锡铅焊料钎焊的一种常用焊接工具

6. 碳弧气刨炬

型号	适用电流（A）	夹持力（N）	外形尺寸（mm×mm×mm）	质量（kg）
JG86-01	≤600	30	275×40×105	0.7
TH-10	≤500	30	—	—
JG-2	≤700	30	235×32×90	0.6
78-1	≤600	机械紧固	278×45×80	0.5
用途	供夹持碳弧气刨碳棒，配合直流（交流）电焊机和空气压缩机，用于对各种金属工件进行碳弧气刨加工			

注 1. 压缩空气工作压力为0.5~0.6MPa。
2. 适用碳棒规格（mm）：圆形（直径）为4~10，矩形（厚度×宽度）为4×12~5×20。
3. 78-1型配备夹持直径6mm圆形碳棒夹头一只，另备有夹持不同规格碳棒的夹头供选用（mm）：圆形（直径）为4、5、6、7、8、10；矩形（厚度×宽度）为4×12、5×12。

7. 碳弧气刨碳棒

类别	长度（mm）	型号	适用电流（A）	类别	长度（mm）	型号	适用电流（A）
直流圆形碳棒	355、305、430	B504	150~200	直流圆形碳棒	355、305、430	B509	450~500
		B505	200~250			B510	450~500
		B506	300~350			B511	500~550
		B507	350~400			B512	550~600
		B508	400~450			B513	800~900
直流圆形空心碳棒	355	B507K	200~350	直流圆形空心碳棒	355	B509K	400~450
		B508K	350~400			B510K	450~500
用途	与碳弧气刨炬和直流（或交流）电焊机、空气压缩机配合，用于各种黑色或有色金属的气刨加工，如切割、开坡口、开槽（V或U形）、开孔及清除铸件的浇口、冒口、毛边和焊件的缺陷等						

8. 乙炔瓶

公称容积（L）	2	24	32	35	41
公称内径（mm）	102	250	228	250	250
总长度（mm）	380	705	1020	947	1030
贮气量（kg）	0.35	4	5.7	6.3	7
最小设计壁厚（mm）	1.3	3.9	3.1	3.9	3.9
公称质量（kg）	7.1	36.2	48.5	51.7	58.2
用途	用于贮存溶解乙炔，供气焊用。其方便、安全、卫生，有逐步取代乙炔发生器的趋势				

注　1. 气瓶在基准温度15℃时，限定压力值为1.52MPa。

2. 公称质量包括瓶阀、瓶帽和丙酮质量。

第十四章

消防器材和工具

一、灭火器

1. 手提式灭火器（GB 4351.1—2005）

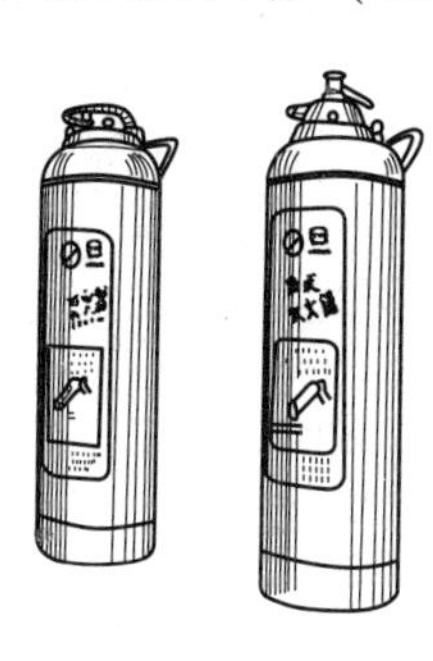

手提式
水基型灭火器

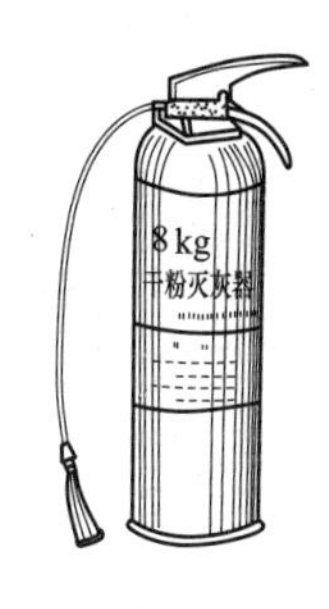

手提式
干粉型灭火器

手提式
洁净气体型灭火器

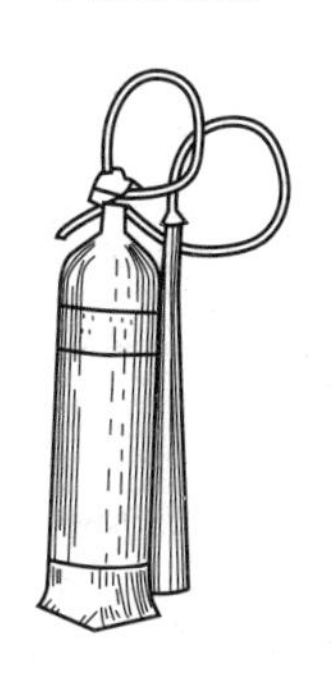

手提式
二氧化碳型灭火器

（1）水基型灭火器。

规格（灭火剂量，L）	20℃时最小有效喷射时间（s）	20℃时最小喷射距离（mm）				
		A类火				B类火
		1A、2A	3A	4A	6A	
2	15	30	3.5	4.5	5.0	3.0
3	15					3.0
6	30					3.5
9	40					4.0

（2）洁净气体、二氧化碳、干粉型灭火器。

类型	规格（灭火剂量，kg）	20℃时最小有效喷射时间（s）						20℃时最小喷射距离（mm）				
		A类火		B类火				A类火				B类火
		1A	≥2A	21B～34B	55B～89B	(113B)	≥114B	1A、2A	3A	4A	6A	
洁净气体	1	8	13	8	9	12	15	3.0	3.5	4.5	5.0	2.0
	2											2.0
	4											2.5
	6											3.0
二氧化碳	2	8	13	8	9	12	15	3.0	3.5	4.5	5.0	2.0
	3											2.0
	5											2.5
	7											2.5
干粉	1	8	13	8	9	12	15	3.0	3.5	4.5	5.0	3.0
	2											3.0
	3											3.5
	4											3.5
	5											3.5
	6											4.0
	8											4.5

续表

<table>
<tr><th rowspan="3">类型</th><th rowspan="3">规格（灭火剂量，kg）</th><th colspan="6">20℃时最小有效喷射时间（s）</th><th colspan="5">20℃时最小喷射距离（mm）</th></tr>
<tr><th colspan="2">A类火</th><th colspan="4">B类火</th><th colspan="4">A类火</th><th rowspan="2">B类火</th></tr>
<tr><th>1A</th><th>≥2A</th><th>21B～34B</th><th>55B～89B</th><th>(113B)</th><th>≥114B</th><th>1A、2A</th><th>3A</th><th>4A</th><th>6A</th></tr>
<tr><td rowspan="2">干粉</td><td>9</td><td rowspan="2">8</td><td rowspan="2">13</td><td rowspan="2">8</td><td rowspan="2">9</td><td rowspan="2">12</td><td rowspan="2">15</td><td rowspan="2">3.0</td><td rowspan="2">3.5</td><td rowspan="2">4.5</td><td rowspan="2">5.0</td><td>5.0</td></tr>
<tr><td>12</td><td>5.0</td></tr>
<tr><td>用途</td><td colspan="12">能在其内部压力作用下，将所装的灭火剂喷出以扑救火灾，并可手提移动</td></tr>
</table>

注 1. 推荐使用温度范围为5～55℃。

2. 灭火性能以级别代号表示。代号中字母表示扑灭火灾类别；数字表示级别，数字大者灭火能力也强。A类火—固体有机物质燃烧的火，通常燃烧后会形成炽热的余烬；B类火—液体或可熔化固体燃烧的火；C类火—气体燃烧的火；D类火—金属燃烧的火；E类火—燃烧时物质带电的火。
3. 水基型灭火器包括清洁水或带添加剂的水，如湿润剂、增稠剂、阴燃剂或发泡剂等。
4. 干粉型灭火器的干粉有BC、ABC型或为D类火特别配制的类型。

2. 推车式灭火器（GB 8109—2005）

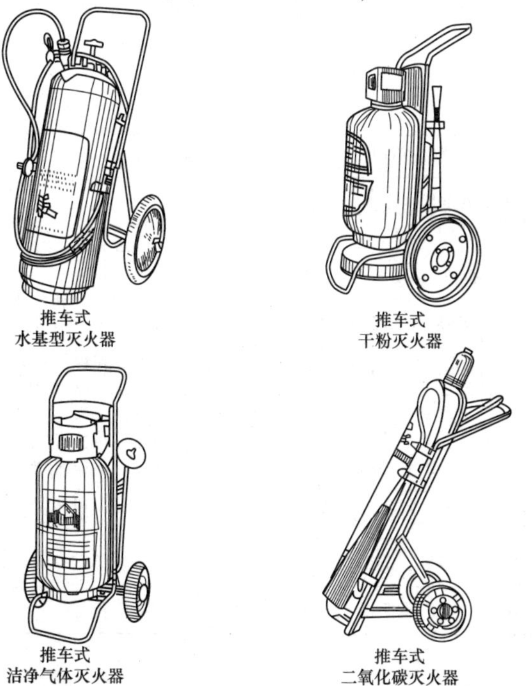

推车式水基型灭火器

推车式干粉灭火器

推车式洁净气体灭火器

推车式二氧化碳灭火器

类型	规格（额定充装量）	有效喷射时间（s）	喷射距离（m）
推车式水基型灭火器	20、45、60、125L	40~210	≥3
推车式干粉灭火器	20、50、100、125kg	≥30	≥6
推车式二氧化碳灭火器和推车式洁净气体灭火器	10、20、30、50kg	≥20	≥3
用途	灭火器装有轮子，可由一人推（或拉）至火场，并能在其内部压力作用下，将所装的灭火剂喷出以扑救火灾		

3. 1211 灭火器

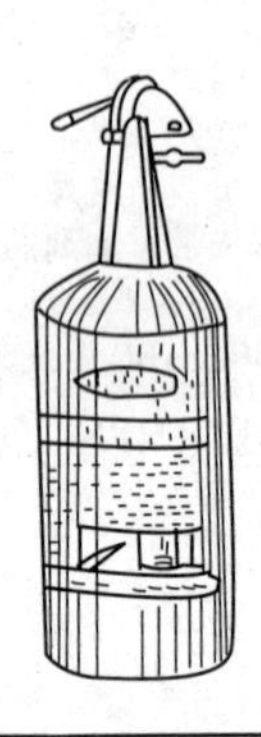

型　号	灭火剂量（kg）	有效喷射		外形尺寸（mm）			总质量（kg）≈	用途
		时间（s）	距离（m）	长	宽	高		
手提式（GB/T 4351.1—2005）								
MY 1	1	>8	≥2.5	90	90	281	2.0	利用灭火器内氮气压力（1.5MPa）喷射1211灭火剂（二氟一氯一溴甲烷），快速遏止燃烧连锁反应，扑灭火灾。适用于扑灭油类、有机溶剂、精密仪器、电器、文物档案等的初起火灾，不宜用于扑灭钠、钾、铝等金属的火灾
MY 2	2	≥8	≥3.5	97	97	425	3.2	
MY 4	4	≥10	≥4.5	133	133	490	6.5	
MY 6	6	≥10	≥5	145	145	555	9.3	
推车式（GB/T 8109—2005）								
MYT25	25	≥25	7~8	465	520	1000	67	
MYT40	40	≥40	7~8	465	520	1600	84	

二、其他消防器材和工具

1. 消火栓箱（GB 14561—2003）

（1）消火栓箱的分类。

1）栓箱按安装方式可分为：①明装式；②暗装式；③半暗装式。

2）栓箱按箱门型式可分为：①左开门式；②右开门式；③双开门；④前后开门式。

3）栓箱按箱门材料可分为：①全钢型；②钢框镶玻璃型；③铝合金框镶玻璃型；④其他材料型。

4）栓箱按水带安置方式可分为：①挂置式；②盘卷式；③卷置式；④托架式。

（2）消火栓箱的型号编制。

消火栓箱的型号由基本型号和型式代号两部分组成，其形式如下：

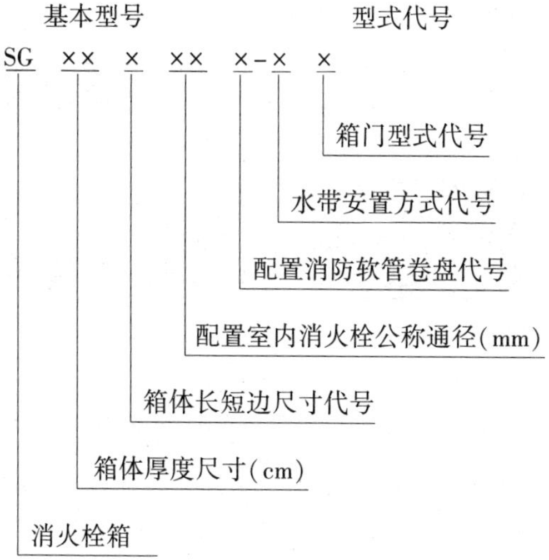

基本型号　　　　型式代号

SG　××　×　××　×-×　×

- SG——消火栓箱
- ××——箱体厚度尺寸(cm)
- ×——箱体长短边尺寸代号
- ××——配置室内消火栓公称通径(mm)
- ×——配置消防软管卷盘代号
- -×——水带安置方式代号
- ×——箱门型式代号

1）基本型号。箱体的长短边尺寸代号按3）规定。栓箱内配置消防软管卷盘时用代号Z表示，不配置者不标注代号。

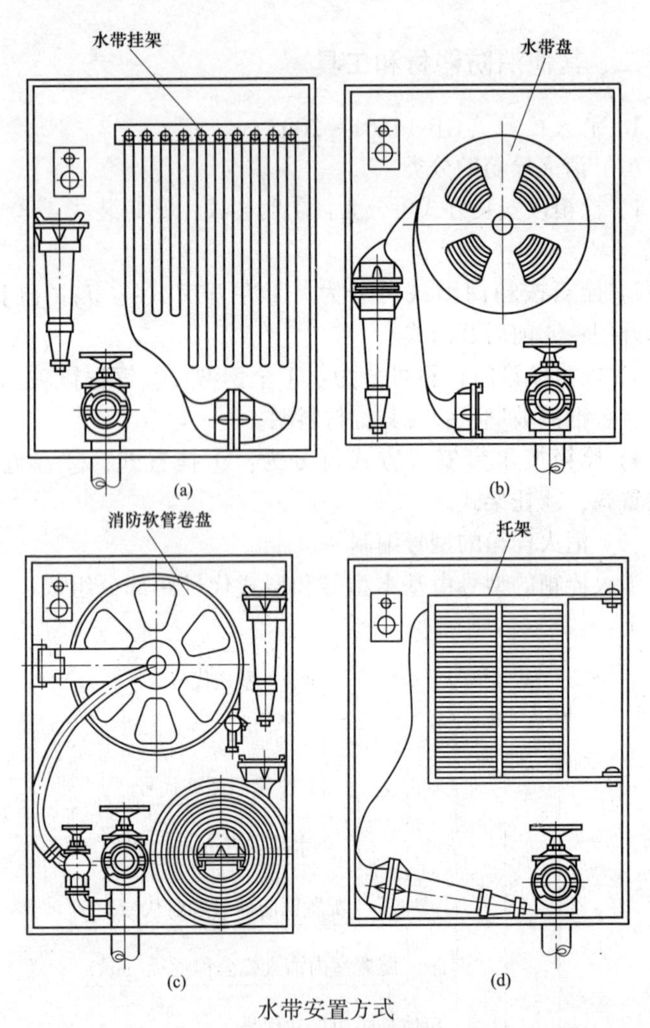

水带安置方式

(a) 挂置式栓箱；(b) 盘卷式栓箱；(c) 卷置式栓箱；(d) 托架式栓箱

2) 型式代号。(盘) 水带为挂置式，不用代号表示，其余方式代号为：P (盘) —盘卷式；J (卷) —卷置式；T (托) —托架式。箱门为单开门型式，不用代号表示，其余型式代号为：S (双) —双开门式；H (后) —前后开门式。

(3) 栓箱的基本参数及消防器材的配置

消火栓箱基本型号	箱体基本参数				室内消火栓				消防水带				消防水枪			基本电器设备				消防软管卷盘		
	长短边尺寸			厚度(mm)	公称通径(mm)			出口数量	公称通径(mm)		长度(m)	根数	当量喷嘴直径(mm)		支数	控制按钮		指示灯		软管内径(mm)		软管长度(m)
	代号	长边(mm)	短边(mm)		25	50	65		50	65	20或25		16	19		防水	数量	防水	数量	19	25	20或25
SG20A50	A	800	650	200		☆		1	☆		☆	1	☆		1	☆	1	☆	1			
SG20A65							☆	1		☆	☆	1		☆	1	☆	1	☆	1			
SG24A50				240		☆		1	☆		☆	1	☆		1	☆	1	☆	1			
SG24A65							☆	1		☆	☆	1		☆	1	☆	1	☆	1			
SG24AZ					★		☆	1								☆	1	☆	1	☆	★	☆
SG32A50				320		☆		1	☆		☆	1	☆		1	☆	1	☆	1			
SG32A65							☆	1		☆	☆	1		☆	1	☆	1	☆	1			
SG32AZ					★		☆	1								☆	1	☆	1	☆	★	☆
SG20B50	B	1000	700	200		☆		1	☆		☆	1	☆		1	☆	1	☆	1			
SG20B65							☆	1		☆	☆	1		☆	1	☆	1	☆	1			
SG24B50				240		☆		1或2	☆		☆	1或2	☆		1或2	☆	1	☆	1			
SG24B65							☆	1或2		☆	☆	1或2		☆	1或2	☆	1	☆	1			
SG24B50Z					★	☆		1	☆		☆	1	☆		1	☆	1	☆	1	☆	★	☆
SG24B65Z					★		☆	1		☆	☆	1		☆	1	☆	1	☆	1	☆	★	☆
SG32B50				320		☆		1或2	☆		☆	1或2	☆		1或2	☆	1	☆	1			
SG32B65							☆	1或2		☆	☆	1或2		☆	1或2	☆	1	☆	1			
SG32B50Z					★	☆		1	☆		☆	1	☆		1	☆	1	☆	1	☆	★	☆
SG32B65Z					★		☆	1		☆	☆	1		☆	1	☆	1	☆	1	☆	★	☆

续表

消火栓箱基本型号	箱体基本参数				室内消火栓				消防水带				消防水枪			基本电器设备				消防软管卷盘		
	长短边尺寸			厚度(mm)	公称通径(mm)			出口数量	公称通径(mm)		长度(m)	根数	当量喷嘴直径(mm)		支数	控制按钮		指示灯		软管内径(mm)		软管长度(m)
	代号	长边(mm)	短边(mm)		25	50	65		50	65	20或25		16	19		防水	数量	防水	数量	19	25	20或25
SG20C50	C	1200	75	200		☆		1	☆		☆	1	☆		1	☆	1	☆	1			
SG20C65							☆	1		☆	☆	1		☆	1	☆	1	☆	1			
SG24C50				240		☆		1或2	☆		☆	1或2	☆		1或2	☆	1	☆	1			
SG24C65							☆	1或2		☆	☆	1或2		☆	1或2	☆	1	☆	1			
SG24C50Z					★	☆		1	☆			1	☆		1	☆	1	☆	1	☆	★	☆
SG24C65Z				320	★		☆	1		☆	☆	1		☆	1	☆	1	☆	1	☆	★	☆
SG32C50						☆		1或2	☆		☆	1或2	☆		1或2	☆	1	☆	1			
SG32C65							☆	1或2		☆		1或2		☆	1或2	☆	1	☆	1			
SG32C50Z					★	☆		1	☆		☆	1	☆		1	☆	1	☆	1	☆	★	☆
SG32C65Z					★		☆	1		☆	☆	1或2		☆	1或2	☆	1	☆	1	☆	★	☆

注　1. ☆表示栓箱内所配置的器材的规格。
2. 出口数量："1"表示一个单出品室内消火栓；"2"表示一个双出口室内消火栓或两个单出口室内消火栓。
3. ★表示可选用。当消防软管卷盘进水控制阀选用其他类型阀门时，公称通径不小于20mm。
4. 箱体基本参数还可选用厚度为210、280mm的箱体。
5. 表中消防器材的配置为最低配置。
6. 组合式消火栓箱（带灭火器）的长边尺寸可选用1600、1800、1850mm。

2. 室内消火栓（GB 3445—2005）

SN 型室内消火栓

<table>
<tr><th rowspan="2">公称通径（mm）</th><th rowspan="2">型号</th><th colspan="2">进水口</th><th colspan="3">基本尺寸（mm）</th></tr>
<tr><th>管螺纹规格</th><th>螺纹深度（mm）</th><th>关闭后高度 ≤</th><th>出水口中心高度</th><th>阀杆中心距接口外沿距离 ≤</th></tr>
<tr><td>25</td><td>SN25</td><td>R_P1</td><td>18</td><td>135</td><td>48</td><td>82</td></tr>
<tr><td rowspan="4">50</td><td>SN50</td><td rowspan="2">R_P2</td><td rowspan="2">22</td><td>185</td><td>65</td><td rowspan="2">110</td></tr>
<tr><td>SNZ50</td><td>205</td><td>65~71</td></tr>
<tr><td>SNS50</td><td rowspan="2">R_P2½</td><td rowspan="2">25</td><td>205</td><td>71</td><td>120</td></tr>
<tr><td>SNSS50</td><td>230</td><td>100</td><td>112</td></tr>
<tr><td rowspan="8">65</td><td>SN65</td><td rowspan="5">R_P2½</td><td rowspan="8">25</td><td>205</td><td>71</td><td rowspan="2">120</td></tr>
<tr><td>SNZ65</td><td rowspan="6">225</td><td rowspan="5">71~100</td></tr>
<tr><td>SNZJ65</td><td rowspan="6">126</td></tr>
<tr><td>SNZW65</td></tr>
<tr><td>SNJ65</td></tr>
<tr><td>SNJW65</td><td></td></tr>
<tr><td>SNS65</td><td rowspan="2">R_P3</td><td>75</td></tr>
<tr><td>SNSS65</td><td>270</td><td>110</td></tr>
<tr><td>80</td><td>SN80</td><td>R_P3</td><td>25</td><td>225</td><td>80</td><td>126</td></tr>
</table>

3. 室外消火栓（GB 4452—2011）

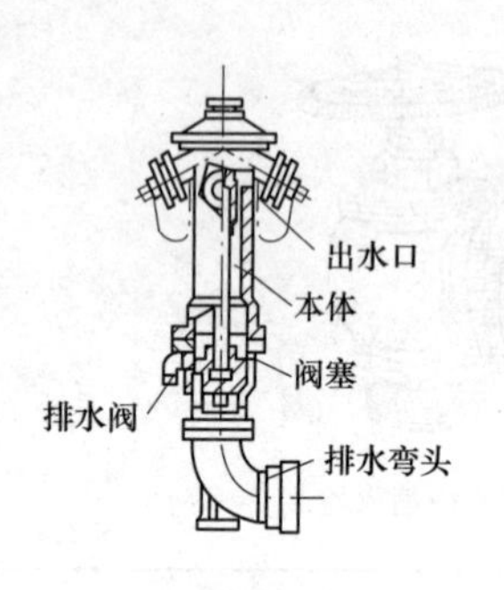

SS型室外地上式

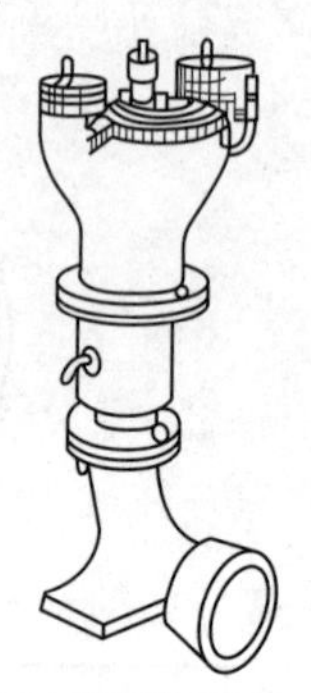

SA型室外地下式

品种		型号规格	进水口		出水口		公称压力（MPa）	外形尺寸（mm）			用途
			接口形式	口径（mm）	接口形式	口径（mm）		长	宽	高	
室外消火栓	地上	SS100	法兰式、承插式	100	内扣式	100	1.6	400	340	1515	室外的消火栓装在工矿企业、仓库的露天通道边和城市街道两旁的供水管路上。其中地上式露出地面；地下式埋于地下，平时加上井盖
						65/65					
		SS150		150		150	1.0	450	335	1590	
						80/80					
	地下	SA100		100		100/65	1.6	476	285	1050	
						65/65	1.0	472	285	1040	

4. 消防水带（GB 6246—2011）

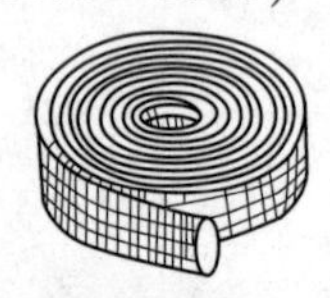

规格	25	40	50	65	80	90	100	125	150	200	250	300
公称尺寸（mm）	25	38	51	63.5	76	89	102	127	152	201.5	254	305
单位长度质量（g/m）	180	280	380	480	600	1100	1400	2200	3400	4600	5800	

5. 消防水枪（GB 8181—2005）

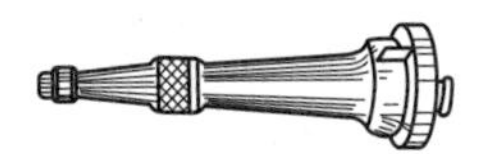
直流水枪

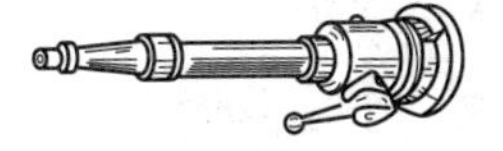
直流开关水枪

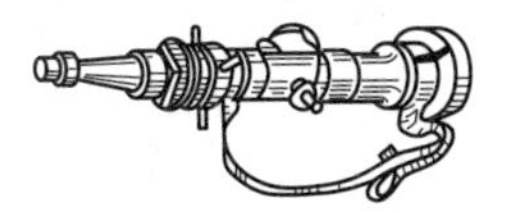
直流开花水枪

种类	型号	进水口（mm）	射程（m）	外形尺寸（mm）			质量（kg）	用途
				长	宽	高		
直流水枪	QZ16	50	>32	98	96	304	0.72	安装在水带接口上射水扑灭火灾。直流水枪射出实心水柱。有两种口径喷嘴，可互换，以调节水流大小和射程；开关水枪装有旋塞，可控制水流大小；开花水枪可单独或同时射出实心水柱或伞状开花水帘。此外还有喷雾水枪和雾化水枪等
	QZ19	65	>36	111	111	337	0.93	
	QZ16A	50	>35	95	95	390	1.00	
	QZ19A	65	>38	110	110	120	1.32	
直流开关水枪	QZG16	50	>31	150	98	440	1.80	
	QZG19	65	>35	160	111	465	2.00	
直流开花水枪	QZH16	50	>30	115	100	325	1.40	
	QZH19	65	>35	111	111	438	2.10	

6. 消防杆钩

尖型杆钩(单钩)

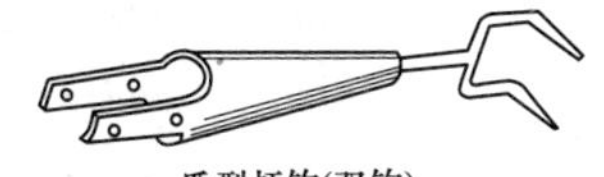
爪型杆钩(双钩)

型号	品种	外形尺寸（连柄，mm×mm×mm）	质量（kg）
GG378	尖型杆钩	3780×217×60	4.5
	爪型杆钩	3630×160×90	5.5
用途	供扑灭火灾时穿洞、通气、拆除危险建筑物用		

7. 消防安全带（GA 494—2004）

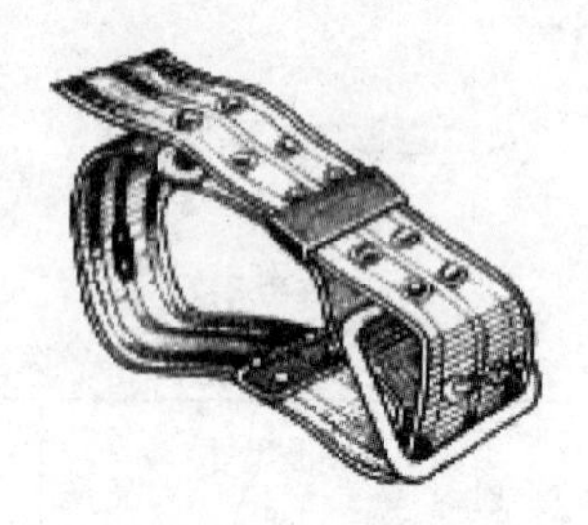

型号	拉力（N）	外形尺寸（mm）			质量（kg）
		长度	宽度	厚度	
FDA	4500	1250	80	3	0.50
用途	与安全钩、安全绳配合使用，围于消防人员腰部，带上有两个半圆环可以挂一个或两个安全钩，是消防人员登高作业时的可靠安全保护装备				

8. 消防斧（GA 138—2010、GA 630—2006）

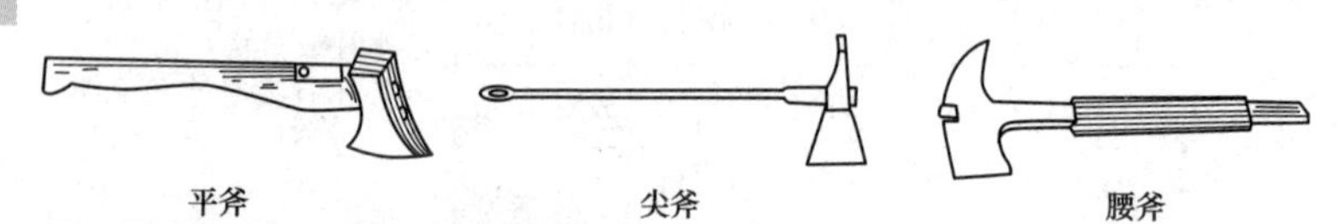

名称及标准号	规格	外形尺寸（mm×mm×mm）	质量（kg）	用途
消防平斧	610	610×164×24	1.8	灭火时用来破除障碍物。平斧可破拆木制门窗；尖斧可破墙、凿洞；腰斧轻便，可供携带登高进行破拆作业
	710	710×172×25		
	810	810×180×26		
	910	910×188×27	3.5	
消防尖斧	715	715×300×44	2.0	
	815	815×330×53	2.5~3.5	
消防腰斧	815	285×160×10	≤1	
	325	325×175×10	≤1	

第十五章

建筑装饰电工器材

一、电线和电缆

1. 聚氯乙烯绝缘电线

(1) BL、BLV、BVR 型电线。

型号	标称截面 (mm²)	线芯结构根数/直径 (mm)	外径 (mm)	用途
BL (300/500V)	0.5	1/0.80	2.4	BL、BLV 型分别为铜芯、铝芯聚氯乙烯绝缘电线，BVR 为铜芯聚氯乙烯软电线。适用于交流及直流日用电器、电信设备、动力和照明线路的固定敷设。适用环境温度为≤70℃
	0.75 (A)	1/0.97	2.6	
	0.75 (B)	7/0.37	2.8	
	1.0 (A)	1/1.13	2.8	
	1.0 (B)	7/0.43	3.0	
BL (450/750V)	1.5 (A)	1/1.38	3.3	
	1.5 (B)	7/0.52	3.5	
	2.5 (A)	1/1.78	3.9	
	2.5 (B)	7/0.68	4.2	
	4 (A)	1/2.25	4.4	
	4 (B)	7/0.85	4.8	
	6 (A)	1/2.76	4.9	
	6 (B)	7/1.04	5.4	
	10	7/1.35	7.0	
	16	7/1.70	8.0	
	25	7/2.14	10.0	

续表

型号	标称截面 (mm²)	线芯结构根数/直径 (mm)	外径 (mm)	用途
BL (450/750V)	35	7/2.52	11.5	BL、BLV 型分别为铜芯、铝芯聚氯乙烯绝缘电线，BVR 为铜芯聚氯乙烯软电线。适用于交流及直流日用电器、电信设备、动力和照明线路的固定敷设。适用环境温度为≤70℃
	50	19/1.78	13.0	
	70	19/2.14	15.0	
	95	19/2.52	17.5	
	120	37/2.03	19.0	
	150	37/2.25	21.0	
	185	37/2.52	23.5	
	240	61/2.25	26.5	
	300	61/2.52	29.5	
	400	61/2.85	33.5	
BLV (450/750V)	2.5	1/1.78	3.9	
	4	1/2.25	4.4	
	6	1/2.76	4.9	
	10	7/1.35	7.0	
	16	7/1.70	8.0	
	25	7/2.14	10.0	
	35	7/2.52	11.5	
	50	19/1.78	13.0	
	70	19/2.14	15.0	
	95	19/2.52	17.5	
	120	37/2.03	19.0	
	150	37/2.25	21.0	
	185	37/2.52	23.5	
	240	61/2.25	26.5	
	300	61/2.52	29.5	
	300	61/2.85	33.0	

续表

型号	标称截面（mm^2）	线芯结构根数/直径（mm）	外径（mm）	用途
BVR（450/750V）	2.5	19/0.41	4.2	BL、BLV 型分别为铜芯、铝芯聚氯乙烯绝缘电线，BVR 为铜芯聚氯乙烯软电线。适用于交流及直流日用电器、电信设备、动力和照明线路的固定敷设。适用环境温度为≤70℃
	4	19/0.52	4.8	
	6	19/0.64	5.6	
	10	49/0.52	7.6	
	16	49/0.64	8.8	
	25	98/0.58	11.0	
	35	133/0.58	12.5	
	50	133/0.68	14.5	
	70	189/0.68	16.5	

注 型号下方括号内的数字表示额定电压（U_0/U）。

（2）BVV 型电线。

型号	芯数×标称截面（mm^2）	线芯结构芯数×根数/直径（mm）	外径（mm）	用途
BVV（300/500V）	1×0.75	1×1/0.97	3.6~4.3	BVV 型为铜芯聚氯乙烯绝缘、聚氯乙烯护套圆形电线。适用于交流及直流日用电器、电信设备、动力和照明线路的固定敷设。适用环境温度为≤70℃
	1×1.0	1×1/1.13	3.8~4.5	
	1×1.5（A）	1×1/1.38	4.2~4.9	
	1×1.5（B）	1×7/0.52	4.3~5.2	
	1×2.5（A）	1×1/1.78	4.8~5.8	
	1×2.5（B）	1×7/0.68	4.9~6.0	
	1×4（A）	1×1/2.25	5.4~6.4	
	1×4（B）	1×7/0.85	5.4~6.8	
	1×6（A）	1×1/2.76	5.8~7.0	
	1×6（B）	1×7/1.04	6.0~7.0	
	1×10	1×7/1.35	6.0~7.4	
	2×1.5（A）	2×1/1.38	7.2~8.8	

续表

型号	芯数×标称截面（mm^2）	线芯结构芯数×根数/直径（mm）	外径（mm）	用途
BVV（300/500V）	2×1.5（B）	2×7/0.62	8.4~9.8	BVV型为铜芯聚氯乙烯绝缘、聚氯乙烯护套圆形电线。适用于交流及直流日用电器、电信设备、动力和照明线路的固定敷设。适用环境温度为≤70℃
	2×2.5（A）	2×1/1.78	8.6~10.5	
	2×2.5（B）	2×7/0.68	9.6~11.5	
	2×4（A）	2×1/2.25	0.8~12.0	
	2×4（B）	2×7/0.85	10.5~13.0	
	2×6（A）	2×1/2.76	11.5~13.5	
	2×6（B）	2×7/1.04	11.5~14.5	
	2×10	2×7/1.35	15.0~18.0	
	3×1.5（A）	3×1/1.38	8.8~10.5	
	3×1.5（B）	3×7/0.52	9.0~11.0	
	3×2.5（A）	3×1/1.78	10.0~12.0	
	3×2.5（B）	3×7/0.68	10.0~12.5	
	3×4（A）	3×1/2.25	11.0~13.0	
	3×4（B）	3×7/0.85	11.0~14.0	
	3×6（A）	3×1/2.76	12.5~14.5	
	3×6（B）	3×7/1.04	12.5~15.5	
	3×10	3×7/1.35	15.5~19.0	
	4×1.5（A）	4×1/1.38	9.6~11.5	
	4×1.5（B）	4×7/0.52	9.6~12.0	
	4×2.5（A）	4×1/1.78	11.0~13.0	
	4×2.5（B）	4×7/0.68	11.0~13.5	
	4×4（A）	4×1/2.25	12.5~14.5	
	4×4（B）	4×7/0.85	12.5~15.5	
	4×6（A）	4×1/2.76	14.0~16.0	
	4×6（B）	4×7/1.04	14.0~17.5	
	5×1.5（A）	5×1/1.38	10.0~12.0	

续表

型号	芯数×标称截面（mm²）	线芯结构芯数×根数/直径（mm）	外径（mm）	用途
BVV（300/500V）	5×1.5（B）	5×7/0.52	10.5~12.5	BVV型为铜芯聚氯乙烯绝缘、聚氯乙烯护套圆形电线。适用于交流及直流日用电器、电信设备、动力和照明线路的固定敷设。适用环境温度为≤70℃
	5×2.5（A）	5×1/1.78	11.5~14.0	
	5×2.5（B）	5×7/0.48	12.8~14.5	
	5×4（A）	5×1/2.25	13.5~16.0	
	5×4（B）	5×7/0.85	14.0~17.0	
	5×6（A）	5×1/2.76	15.0~17.5	
	5×6（B）	5×7/1.04	15.5~18.5	

（3）BLVV型电线。

型号	标称截面（mm²）	线芯结构根数/直径（mm）	外径（mm）	用途
BLVV（300/500V）	2.5	1/1.78	4.8~5.8	BLVV型为铝芯聚氯乙烯绝缘、聚氯乙烯护套圆形电线。适用于交流及直流日用电器、电信设备、动力和照明线路的固定敷设
	4	1/2.25	5.4~6.4	
	6	1/2.76	5.8~7.0	
	10	7/1.35	7.2~8.8	

（4）BV-105型电线。

型号	标称截面（mm²）	线芯结构根数/直径（mm）	外径（mm）	用途
BV-105（450/750V）	0.5	1/0.80	2.7	BV-105型为铜芯、耐热105℃聚氯乙烯绝缘电线。适用于交流及直流日用电器、电信设备、动力和照明线路的固定敷设。适用环境温度为≤150℃
	0.75	1/0.97	2.8	
	1.0	1/1.13	3.0	
	1.5	1/1.38	3.3	
	2.5	1/1.78	3.9	
	4	1/2.25	4.4	
	6	1/2.76	4.9	

(5) BVVB、BLVVB 型电线。

型号	芯数×标称截面（mm^2）	线芯结构芯数×根数/直径（mm）	外径（mm）	用途
BVVB（300/500V）	2×0.75	2×1/0.97	3.8×5.8~4.6×7.0	BVVB 型和 BLVVB 型分别为铜芯、铝芯聚氯乙烯绝缘、聚氯乙烯护套平型电线。适用于交流及直流日用电器、电信设备、动力和照明线路的固定敷设。适用环境温度为≤70℃
	2×1.0	2×1/1.13	4.0×6.2~4.8×7.4	
	2×1.5	2×1/1.38	4.4×7.0~5.4×8.4	
	2×2.5	2×1/1.78	5.2×8.4~6.2×9.8	
	2×4	2×7/0.85	5.6×9.6~7.2×11.5	
	2×6	2×7/1.04	6.4×10.5~8.0×13.0	
	2×10	2×7/1.35	7.8×13.0~9.6×16.0	
	3×0.75	3×1/0.97	3.8×8.0~4.6×9.4	
	3×1.0	3×1/1.13	4.0×8.4~4.8×9.8	
	3×1.5	3×1/1.38	4.4×9.8~5.4×11.5	
	3×2.5	3×1/1.78	5.2×11.5~6.2×13.5	
	3×4	3×7/0.85	5.8×13.5~7.4×16.5	
	3×6	3×7/1.04	6.4×15.0~8.0×18.0	
	3×10	3×7/1.35	7.8×19.0~9.6×22.5	
BLVVB（300/500V）	2×2.5	2×1/1.78	5.2×8.4~6.2×9.8	
	2×4	2×1/2.25	5.6×9.4~6.8×11.0	
	2×6	2×1/2.76	6.2×10.5~7.4×12.0	
	2×10	2×7/1.35	7.8×13.0~9.6×16.0	
	3×2.5	3×1/1.78	5.2×11.5~6.2×13.5	
	3×4	3×1/2.25	5.8×13.0~7.0×15.0	
	3×6	3×1/2.76	6.2×14.5~7.4×17.0	
	3×10	3×7/1.35	7.8×19.0~9.6×22.5	

2. 聚氯乙烯绝缘软电线

(1) RV 型软电线。

型号	标称截面 (mm²)	线芯结构根数/直径 (mm)	外径 (mm)	用途
RV (300/500V)	0.3	16/0.15	2.3	RV 型为铜芯聚氯乙烯绝缘连接软电线。适用于交流及直流移动电器、仪器仪表、电信设备、家用电器、小型电动工具等装置的连接。适用环境温度为≤70℃
	0.4	23/0.15	2.5	
	0.5	16/0.2	2.6	
	0.75	24/0.2	2.8	
	1.0	32/0.2	3.0	
RV (450/750V)	1.5	30/0.25	3.5	
	2.5	49/0.25	4.2	
	4	56/0.30	4.8	
	6	84/0.30	6.4	
	10	84/0.40	8.0	

(2) RVB、RVS、RVV、RVVB、RV-105 型软电线。

型号	芯数×标称截面 (mm²)	线芯结构芯数×根数/直径 (mm)	外径 (mm)	用途
RVB (300/300V)	2×0.3	2×16/0.15	1.8×3.6~2.3×4.3	RVB、RVS 型分别为铜芯聚氯乙烯绝缘平型、绞型连接软电线；RVV、RVVB 分别为铜芯聚氯乙烯绝缘、聚氯乙烯护套圆形、平型连接软电线；RV-105 型为铜芯、耐热 105℃ 聚氯乙烯绝缘连接软电线。适用于交流及直流移动电器、仪器仪表、电信设备、家用电器、小型电动工具等装置的连接。适用环境温度为≤70℃（RV-105 型为≤105℃）
	2×0.4	2×23/0.15	1.9×3.9~2.5×4.6	
	2×0.5	2×28/0.15	2.4×4.8~3.0×5.8	
	2×0.75	2×42/0.15	2.6×5.2~3.2×6.2	
	2×1.0	2×32/0.20	2.8×5.6~3.4×6.6	
RVS (300/300V)	2×0.3	2×16/0.15	3.6~4.3	
	2×0.4	2×23/0.15	3.9~4.6	
	2×0.5	2×28/0.15	4.8~5.8	
	2×0.75	2×42/0.15	5.2~6.2	
RVV (300/300V)	2×0.5	2×16/0.2	4.8~6.2	
	2×0.75	2×24/0.2	5.2~6.6	
	3×0.5	3×16/0.2	5.0~6.6	
	3×0.75	3×24/0.2	5.6~7.0	

续表

型号	芯数×标称截面（mm^2）	线芯结构芯数×根数/直径（mm）	外径（mm）	用途
RVV（300/500V）	2×0.75	2×24/0.2	6.0~7.6	RVB、RVS型分别为铜芯聚氯乙烯绝缘平型、绞型连接软电线；RVV、RVVB分别为铜芯聚氯乙烯绝缘、聚氯乙烯护套圆形、平型连接软电线；RV-105型为铜芯、耐热105℃聚氯乙烯绝缘连接软电线。适用于交流及直流移动电器、仪器仪表、电信设备、家用电器、小型电动工具等装置的连接。适用环境温度为≤70℃（RV-105型为≤105℃）
	2×1.0	2×32/0.2	6.4~7.8	
	2×1.5	2×30/0.25	7.2~8.8	
	2×2.5	2×49/0.25	8.8~11.0	
	3×0.75	3×24/0.2	6.4~8.0	
	3×1.0	3×32/0.2	6.8~8.4	
	3×1.5	3×30/0.25	7.8~9.6	
	3×2.5	3×49/0.25	9.6~11.5	
	4×0.75	4×24/0.2	7.0~8.6	
	4×1.0	4×32/0.2	7.6~9.2	
	4×1.5	4×30/0.25	8.8~11.0	
	4×2.5	4×49/0.25	10.5~12.5	
	5×0.75	5×24/0.2	7.8~9.4	
	5×1.0	5×32/0.2	8.2~11.0	
	5×1.5	5×30/0.25	9.8~12.0	
	5×2.5	5×49/0.25	11.5~14.0	
RVVB（300/300V）	2×0.5	2×16/0.2	3.0×4.8~3.8×6.0	
	2×0.75	2×24/0.2	3.2×5.2~3.9×6.4	
RVVB（300/500V）	2×0.75	2×24/0.2	3.8×6.0~5.0×7.6	
RV-105（450/750V）	0.5	16/0.2	2.8	
	0.75	24/0.2	3.0	
	1.0	32/0.2	3.2	
	1.5	30/0.25	3.5	
	2.5	49/0.25	4.2	
	4	56/0.30	4.8	
	6	84/0.30	6.4	

3. 橡皮绝缘固定敷设电线

型号	导体标称截面（mm^2）	导电线芯根数/单线标称直径（mm）	外径（mm）	用途
BXW BLXW BXY BLXY （300/500V）	0.75	1/0.97	3.9	BXW、BLXW 型分别为铜芯、铝芯橡皮绝缘、氯丁护套电线；BXY、BLXY 型分别为铜芯、铝芯橡皮绝缘、黑色聚乙烯护套电线。BXW、BLXW 型适用于户内和户外明敷，特别是寒冷地区。BXY、BLXY 型适用于户内和户外穿管，适用环境温度为≤65℃
	1.0	1/1.13	4.1	
	1.5	1/1.38	4.4	
	2.5	1/1.78	5.0	
	4	1/2.25	5.6	
	6	1/2.76	6.8	
	10	7/1.35	8.3	
	16	7/1.70	10.1	
	25	7/2.14	11.8	
	35	7/2.52	13.8	
	50	19/1.78	15.4	
	70	19/2.14	18.2	
	95	19/2.52	20.6	
	120	37/2.03	23.0	
	150	37/2.25	25.0	
	185	37/2.52	27.9	
	240	61/2.25	31.4	

4. 移动式通用橡皮护套软电缆

型号	标称截面 (mm^2)	线芯结构 根数/直径 (mm)	外径 (mm)						用途
			单芯	2芯	3芯	(3+1)芯	4芯	5芯	
YQ YQW (300/300V)	0.3	16/0.15	—	6.6	7	—	—	—	YQ、YQW 为轻型橡皮护套软电缆；YZ、YZW 为中型橡皮护套软电缆；YC、YCW 为重型橡皮护套软电缆。Y 表示移动式，Q 表示轻型，Z 表示中型，C 表示重型，W 表示耐侯性和耐油性。适用于交流额定电压至 450V、直流额定电压至 700V，作为家用电器、电动工具及各种移动式电气设备的电力传输线
	0.5	28/0.15	—	7.2	7.6	—	—	—	
	0.75	42/0.15	—	7.8	8.7	—	—	—	
YZ YZW (450/750V)	0.5	28/0.15	—	8.3	8.7	—	—	—	
	0.75	42/0.15	—	8.8	9.3	—	9.3	10.7	
	1	32/0.2	—	9.1	9.6	—	9.7	11	
	1.5	48/0.2	—	9.7	10.7	12	12	13	
	2	64/0.2	—	10.9	11.5	—	—	—	
	2.5	77/0.2	—	13.2	14	14	13.5	15	
	4	77/0.26	—	15.2	16	16	16	17.5	
	6	77/0.32	—	16.7	18.1	19.5	19.5	22	
YC YCW (450/750V)	1.5	—	7.2	11.5	12.5	—	13.5	15	
	2.5	49/0.26	8	13.5	14.5	15.5	15.5	17	
	4	49/0.32	9	15	16	17.5	18	19.5	

续表

型号	标称截面（mm^2）	线芯结构根数/直径（mm）	外径（mm）						用途
			单芯	2芯	3芯	（3+1）芯	4芯	5芯	
YC YCW （450/750V）	6	49/0.39	11	18.5	20	21	22	24.5	YQ、YQW 为轻型橡皮护套软电缆；YZ、YZW 为中型橡皮护套软电缆；YC、YCW 为重型橡皮护套软电缆。Y 表示移动式，Q 表示轻型，Z 表示中型，C 表示重型，W 表示耐候性和耐油性。适用于交流额定电压至 450V、直流额定电压至 700V，作为家用电器、电动工具及各种移动式电气设备的电力传输线
	10	84/0.39	13	24	25.5	26.5	28	31	
	16	84/0.49	14.5	27.5	29.5	30.5	32	35.5	
	25	113/0.49	16.5	31.5	34	35.5	37.5	41.5	
	35	113/0.58	18.5	35.5	38	38.5	42	—	
	50	113/0.68	21	41	43.5	46	48.5	—	
	70	189/0.68	24	46	49.5	51	55	—	
	95	250/0.68	26	50.5	54	55	60.5	—	
	120	259/0.76	28.5	—	59	59	65.5	—	
	150	756/0.5	32	—	66.5	66	74	—	
	185	925/0.5	34.5	—	—	—	—	—	
	240	1221/0.5	38	—	—	—	—	—	
	300	1525/0.5	41.5	—	—	—	—	—	
	400	2013/0.5	46.5	—	—	—	—	—	

5. 通信电线电缆

(1) 市内电话电缆。

类别	标称对数	外径（mm）					用途
		0.4	0.5	0.6	0.7	0.9	
HQ03 型铅套聚乙烯套市内电话电缆	5	12.7	12.6	13.2	14.1	15.3	适用于市内电话通信网
	10	13.5	13.5	15.0	16.5	19.1	
	15	14.4	14.7	16.7	17.9	21.4	
	20	15.5	15.7	17.4	19.7	22.7	
	25	16.2	16.9	19.9	21.6	25.7	
	30	16.7	17.4	20.4	22.1	26.2	
	50	19.7	21.1	23.9	26.1	32.0	
	80	22.5	24.3	27.9	30.6	38.8	
	100	23.5	25.9	30.2	33.6	42.9	
	150	27.7	29.5	35.9	40.6	51.5	
	200	30.2	33.9	39.1	45.0	56.5	
	300	33.8	39.1	47.5	53.2	68.3	
	400	38.8	45.1	53.1	60.8	76.1	
	500	42.3	48.8	58.7	67.7	—	
	600	46.5	52.2	64.0	72.9	—	
	700	50.0	56.0	68.2	—	—	
	800	52.2	58.7	72.4	—	—	
	900	55.1	62.7	—	—	—	
	1000	57.4	65.3	—	—	—	
	1200	62.7	70.6	—	—	—	
	1800	75.6	—	—	—	—	

续表

类别	标称对数	外径（mm）					用途
		0.4	0.5	0.6	0.7	0.9	
HQ 型裸铅套市内电话电缆	5	7.3	7.2	7.8	8.9	10.1	适用于市内电话通信网
	10	8.1	8.1	9.8	11.4	13.0	
	15	9.2	9.5	11.6	12.8	14.3	
	20	10.3	10.5	12.3	13.6	16.8	
	25	11.1	11.8	13.8	15.5	19.7	
	30	11.6	12.3	14.3	16.2	20.2	
	50	13.6	15.0	18.0	20.1	26.2	
	80	16.6	18.4	21.9	24.6	32.1	
	100	17.6	19.9	24.4	27.8	36.2	
	150	21.7	23.7	29.1	33.9	43.8	
	200	24.4	27.1	32.4	38.3	48.9	
	300	28.0	32.4	39.8	45.5	59.7	
	400	32.1	37.4	45.4	53.0	67.5	
	500	35.6	41.1	51.0	59.1	—	
	600	38.8	44.9	55.2	64.3	—	
	700	41.9	48.3	59.6	—	—	
	800	44.5	51.2	63.9	—	—	
	900	47.4	53.9	—	—	—	
	1000	49.7	56.7	—	—	—	
	1200	53.9	62.0	—	—	—	
	1800	67.0	—	—	—	—	

续表

类别	标称对数	外径（mm）				用途
		0.4	0.5	0.6	0.7	
HYQ 型聚乙烯绝缘裸铅套市内电话电缆	5	7.9	8.9	9.8	11.0	适用于市内电话通信网
	10	9.4	10.9	12.1	13.3	
	15	10.9	12.3	13.8	15.3	
	20	11.9	13.4	15.2	17.1	
	25	12.7	14.5	16.6	18.5	
	30	13.9	16.1	18.3	20.7	
	50	16.8	19.5	22.3	25.3	
	80	20.3	23.7	27.5	31.4	
	100	21.3	24.8	28.9	33.0	
	150	26.2	31.0	36.1	41.5	
	200	30.0	35.2	41.4	47.3	
	300	34.3	40.0	47.5	54.4	
	400	38.9	45.0	53.9	62.4	
HYV 型铜芯全塑聚乙烯绝缘、氯乙烯护套市内电话电缆	5	—	9.0	10.0	11.0	
	10	—	11.0	12.0	13.0	
	15	—	12.0	14.0	15.0	
	20	—	13.0	15.0	17.0	
	25	—	14.0	16.0	18.0	
	30	—	15.0	17.0	20.0	
	40	—	17.0	20.0	23.0	
	50	—	19.0	22.0	25.0	
	80	—	23.0	27.0	31.0	
	100	—	25.0	29.0	34.0	
	150	—	31.0	35.0	40.0	
	200	—	35.0	40.0	45.0	
	300	—	41.0	48.0	55.0	
	400	—	47.0	55.0	—	

（2）全聚氯乙烯配线电缆。

标称对数	规格	外径（mm）	质量（kg/km）	用途
5	5×2×0.5	8.3	83.4	供连接市内电话电缆至分线箱或配线架之用，主要用于线路的始端和终端，也可以作短距离配线
10	10×2×0.5	10.7	127.8	
15	15×2×0.5	13.0	195.1	
20	20×2×0.5	13.5	226.0	
25	25×2×0.5	15.8	275.1	
30	30×2×0.5	16.1	308.2	
40	40×2×0.5	17.5	373.7	
50	50×2×0.5	19.7	457.0	
80	80×2×0.5	24.4	712.4	
100	100×2×0.5	27.3	867.2	
150	150×2×0.5	30.0	118.0	
200	200×2×0.5	33.0	151.0	
300	300×2×0.5	39.0	214.0	

（3）局用电缆。

品种	芯数	绞合方式	外径（mm）	质量（kg/km）	用途
HJVV 型无屏蔽局用电缆	12	6×2×05	7	60	用于配线架至交换机或交换机内部各级机器间的连接
	15	5×3×0.5	8	70	
	22	11×2×0.5	9	90	
	24	12×2×0.5	9	100	
	33	11×3×0.5	11	150	
	42	21×2×0.5	12	170	
	44	11×4×0.5	13	180	
	48	16×3×0.5	13	200	
	50	25×2×0.5	13	200	
	63	21×3×0.5	15	250	
	78	26×3×0.5	16	300	
	84	42×2×0.5	16	310	
	93	31×3×0.5	17	340	
	104	52×2×0.5	17	370	
	105	21×3×0.5+21×2×0.5	18	380	

续表

品种	芯数	绞合方式	外径(mm)	质量(kg/km)	用途
HJVVP 型有屏蔽局用电缆	12	6×2×0.5	8	70	用于配线架至交换机或交换机内部各级机器间的连接
	15	5×3×0.5	9	90	
	22	11×2×0.5	10	110	
	24	12×2×0.5	11	130	
	33	11×3×0.5	12	170	
	42	21×2×0.5	13	200	
	44	11×4×0.5	14	210	
	48	16×3×0.5	14	220	
	50	25×2×0.5	14	230	
	63	21×3×0.5	15	280	
	78	26×3×0.5	17	330	
	84	42×2×0.5	17	340	
	93	31×3×0.5	18	380	
	104	52×2×0.5	18	410	
	105	21×3×0.5 21×2×0.5	20	450	

(4) 电话软线。

类别	型号	绝缘厚度(mm)	护套厚度(mm)	最大外径(mm)				用途
				2芯	3芯	4芯	5芯	
橡皮绝缘电话软线	HR	0.35	—	5.8	6.1	6.7	7.4	为橡皮绝缘、纤维编织电话软线。用于连接电话机机座与电话机手柄或接线盒
	HRH	0.35	1.0	7.4	7.8	8.3	—	为橡皮绝缘、橡皮护套电话软线。用于连接电话机机座与电话机手柄、防水防爆
	HRE	0.35	—	5.8	—	6.7	—	为橡皮绝缘、纤维编织耳机软线。用于连接话务员耳机
	HRJ	0.35	—	5.8	6.1	—	—	为橡皮绝缘、纤维编织交换机插塞软线。用于连接交换机与插塞

续表

类别	型号	绝缘厚度（mm）	护套厚度（mm）	最大外径（mm）				用途
				2芯	3芯	4芯	5芯	
聚乙烯绝缘电话软线	HRV	0.25		圆形 4.3	4.5	5.1	—	为聚氯乙烯绝缘及护套电话软线。用于连接电话机与接线盒
	HRVB	0.25		扁形 3.0×4.3	—	—	—	为聚氯乙烯绝缘及护套扁形电话软线。用于连接电话机与接线盒
	HRVT	0.25			4.5	5.1	5.6	为聚氯乙烯绝缘及护套弹簧形电话软线。用于连接电话机与送受话器

二、熔断器与漏电保护器

1. 熔断器

（1）RL6 系列熔断器。

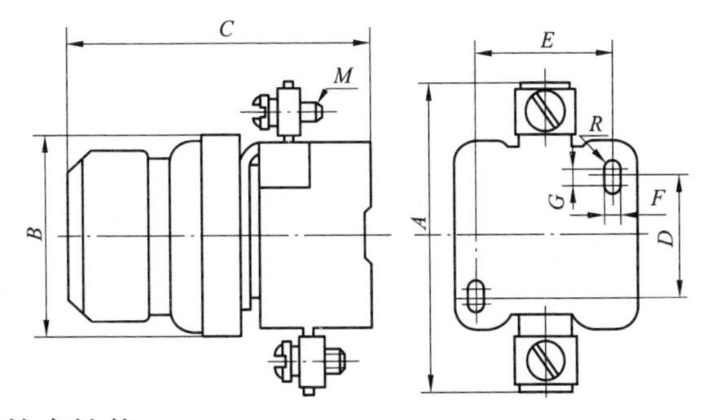

1）技术性能。

型号	熔断器支持件额定电流（A）	额定工作电压（V）	熔断器额定电流（A）	额定功率（W）	额定分断能力
RL6-25	25	500	2、4、6、10、16、20、25	4	50kA $\cos\varphi=$ 0.1~0.2
RL6-63	63		25、50、63	7	
RL6-100	100		80、100	9	
RL6-200	200		125、160、200	19	

2）规格与用途。

型号	外形及安装尺寸（mm）								
	A	*B*	*C*	*D*	*E*	*M*	*R*	*F*	*G*
RL6-25	66	$43^{+1.5}_{0}$	80	30±1	27.5±1	M5	3	4.5	6
RL6-63	89	54^{+2}_{0}	82	32.5±1	37.5±1	M6		5	
RL6-100	121	75±2.4	115	55±1.2	45±1	M8	4.5	7	9
RL6-200	158	82±2.8	121	65±1.2	60±1.2	M10			
用途	RL6系列螺旋式熔断器适用于交流45～62Hz、额定电压至500V及以下、额定电流至200A的电路中，作输配电设备、线路及系统的过载和短路保护用								

（2）NT系列熔断器。

型号	熔断体				底座		用途
	额定电压（V）	额定电流（A）	额定损耗功率（W）	额定分断能力	型号	额定电流（A）	
NT00（RT16-00）	500、660	4	0.67	500V：120kA；660V：50kA	Sist160	160	适用于交流工频额定电压至500V（个别型号为380V或660V）的配电系统中，作为线路的过负载及系统的短路保护用。适用环境温度为－5～+40℃
		6	0.89				
		10	1.14				
		16	1.65				
		20	1.94				
		25	2.5				
		32	3.32				
		36	3.56				
		40	4.3				
		50	4.5				
		63	4.6				
		80	6				
		100	7.3				
	500	125	7.8	50kA			
		160	9.8				

续表

型号	熔断体				底座		用途
	额定电压（V）	额定电流（A）	额定损耗功率（W）	额定分断能力	型号	额定电流（A）	
NT0（RT16-0）	500、660	6	1.03	500V：120kA；660V：50kA	Sist160	160	适用于交流工频额定电压至500V（个别型号为380V或660V）的配电系统中，作为线路的过负载及系统的短路保护用。适用环境温度为-5～+40℃
		10	1.42				
		16	2.45				
		20	2.36				
		25	2.7				
		32	3.74				
		36	4.3				
		40	4.7				
		50	5.5				
		63	6.9				
		80	7.6				
		100	8.9				
	500	125	10.1	50kA			
		160	15.2				
NT1（RT16-1）	500、660	80	6.2	500V：120kA；660V：50kA	Sist201	250	
		100	7.5				
		125	10.2				
		160	13				
		200	15.2				
	500	224	16.8	50kA			
		250	18.3				

续表

型号	熔断体				底座		用途
	额定电压（V）	额定电流（A）	额定损耗功率（W）	额定分断能力	型号	额定电流（A）	
NT2（RT16-2）	500、660	125	9	500V：120kA；660V：50kA	Sist401	400	适用于交流工频额定电压至500V（个别型号为380V或660V）的配电系统中，作为线路的过负载及系统的短路保护用。适用环境温度为-5～+40℃
		160	11.5				
		200	15				
		224	16.6				
		250	18.4				
		300	21				
		315	19.2				
	500	355	24.5	50kA			
		400	26				
NT3（RT16-3）	500、660	315	21.7	500V：120kA；660V：50kA	Sist601	630	
		355	22.7				
		400	26.8				
		425	28.9				
	500	500	32	50kA			
		630	40.3				
NT4	380	800	62	100kA	Sist1001	1000	
		1000	75				

2. 漏电保护器

（1）DZL43（FIN）系列漏电断路器。

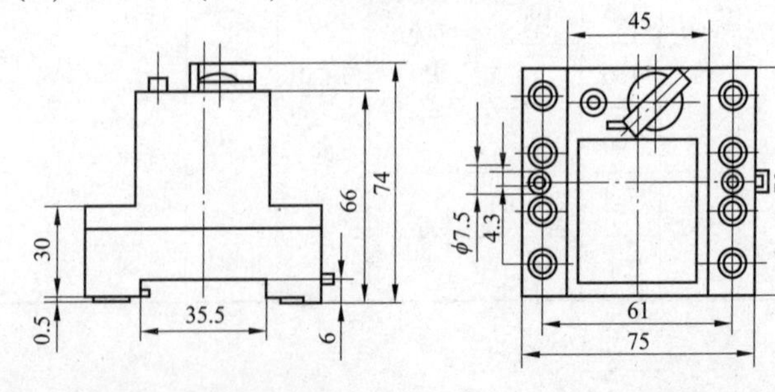

<table>
<tr><td colspan="2">型号</td><td>DZL43（FIN25）25</td><td>DZL43（FIN40）40</td><td>DZL43（FIN63）63</td><td>用途</td></tr>
<tr><td colspan="2">额定工作电压（V）</td><td colspan="3">单相 240/220，三相 400/380</td><td rowspan="13">适用于交流 50Hz 或 60Hz，额定工作电压单相 220V、三相 380V 及以下，额定工作电流至 63A 的电路中，作为人体触电或电网漏电时的保护设备使用。适用环境温度为-5～+40℃</td></tr>
<tr><td colspan="2">额定工作电流（A）</td><td>25</td><td>40</td><td>63</td></tr>
<tr><td colspan="2">漏电动作电流 $I_{\Delta n}$（mA）</td><td colspan="3">300、1000、3000、5000</td></tr>
<tr><td colspan="2">漏电不动作电流（mA）</td><td colspan="3">$0.5I_{\Delta n}$</td></tr>
<tr><td colspan="2">极数</td><td colspan="3">2、3、4</td></tr>
<tr><td colspan="2">平衡负载或不平衡负载的不动作电流极限值</td><td colspan="3">$2I_{\Delta n}$</td></tr>
<tr><td colspan="2">额定接通和分断能力最小值（A）</td><td colspan="2">500</td><td>1000</td></tr>
<tr><td colspan="2">额定有条件短路电流（A）</td><td colspan="2">3000</td><td>5000</td></tr>
<tr><td colspan="2">寿命（次）</td><td colspan="3">机械：8000；电气：4000</td></tr>
<tr><td rowspan="3">开关动作时间（s）</td><td>$I_{\Delta n}$</td><td colspan="3">0.2</td></tr>
<tr><td>$2I_{\Delta n}$</td><td colspan="3">0.1</td></tr>
<tr><td>$5I_{\Delta n}$</td><td colspan="3">0.04</td></tr>
</table>

（2）JD2 系列漏电继电器。

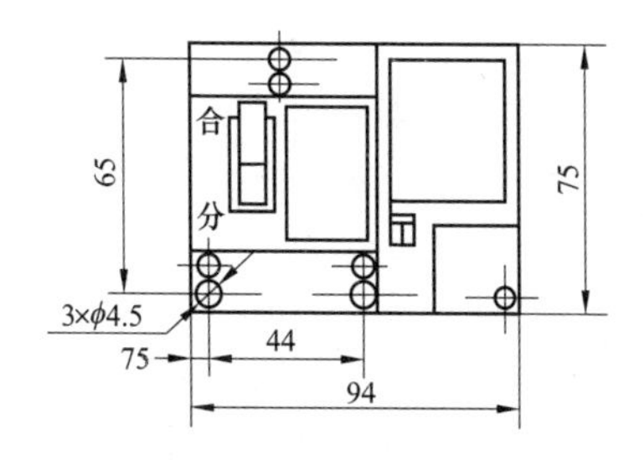

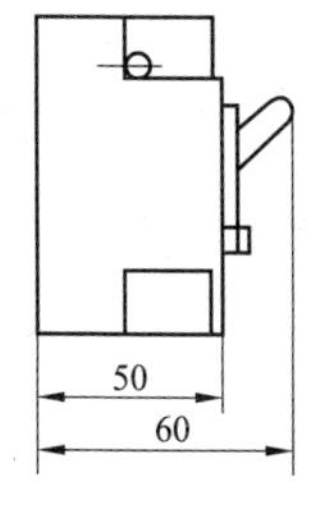

型号	额定工作电压（V）	额定工作电流（A）		额定漏电动作电流（mA）	额定漏电不动作电流（mA）	接通分断能力（A）		额定熔断短路电流（A）	机械寿命（次）	电寿命（次）	分断时间（s）	
		220V	380V			220V	380V				快速	反时限
JD2-1	220、380	1	0.95	30、50、100	15、25、50	15	9.5	1000	10 000	6000	0.1~0.4	0.1~0.5
JD2-2	220、380	1	0.95	50、100、200	25、50、100	15	9.5	1000	10 000	6000	0.1~0.4	0.1~0.5
JD2-3	220、380	1	0.95	75、150、300	37.5、75、150	15	9.5	1000	10 000	6000	0.1~0.4	0.1~0.5
用途	适用于交流 50Hz、额定工作电压至 380V 的电路中，作为漏电及触电保护用，与同样电压等级的断路器或交流接触器配合，组成漏电保护装置。适用环境温度为-5~+40℃											

三、开关与插座

1. 照明开关

(1) AP86 系列。

名称	图例	型号	规格	用途
单位单极开关		AP86K11-10	250V、10A	适用于各类民用住宅、宾馆、公共建筑、工矿企业、办公楼、实验室、教学楼、医院等
单位双联开关		AP86K12-10		
两位单极开关		AP86K21-10	250V、10A	
两位双联开关		AP86K22-10		
三位单极开关		AP86K31-10	250V、10A	
三位双联开关		AP86K32-10		
四位单极开关		AP86K41-10	250V、10A	
四位双联开关		AP86K42-10		
电铃开关		AP86KL-10	250V、10A	
带指示器电铃开关		AP86KLD10	250V、10A	
带电铃开关“请勿打扰”显示板		AP86KQ-10	250V、10A	
调光开关		AP86KT-1	250V、100W	
调光开关		AP86KT-2	250V、400W	
单位单极拉线开关	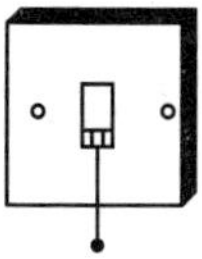	AP86K11-6L	250V、6A	
单位双联拉线开关		AP86K12-6L		

（2）H86 系列。

名称	型号	规格	图例	用途
单位单极开关	H86K11-10	10A、250V		适用于各类民用住宅、宾馆、办公楼、实验室、教学楼、医院等
单位双联开关	H86K12-10			
两位单极开关	H86K21-10	10A、250V		
两位双联开关	H86K22-10			
三位单极开关	H86K31-10	10A、250V		
三位双联开关	H86K32-10			
四位单极开关	H86K41-10	10A、250V		
四位双联开关	H86K42-10			
电铃开关	H86KL1-6	6A、250V		
带指示器电铃开关	H86KL1D6	6A、250V		
调光开关	H86KT150	250V、150VA		
调光开关	H86KT250	250V、150VA		
调速开关	H86KTS150	250V、150VA		
调速开关	H86KTS250	250V、250VA		
两位调速开关	H146K2TS150	250V、2×250VA		
两位调速开关	H146K2TS250	250V、2×250VA		

2. 转换开关

名称	使用类别	控制容量	接通				分断				寿命（万次）	用途
			U（V）	I（A）	$\cos\varphi$	T（ms）	U（V）	I（A）	$\cos\varphi$	T（ms）		
LW5 系列万能转换开关	AC-11	1000VA	500	20	0.7	—	500	2.0	0.4	—	20	适用于交流 50Hz、额定电压至 500V 及直流电压至 400V 的电路中，作为电气控制线路（控制电磁线圈、电气测量仪表和伺服电动机等）的转换设备使用
			380	26			380	2.6				
			220	46			220	4.6				
	DC-11	60 W 双断点	440	0.14	—	300	440	0.14	—	300	20	
			220	0.27			220	0.27				
			110	0.55			110	0.55				
	DC-11	90W 四断点	440	0.20	—	300	440	0.20	—	300	20	
			220	0.14			220	0.41				
			110	0.82			110	0.82				

续表

名称	使用类别	控制容量	接通				分断				寿命（万次）	用途
			U（V）	I（A）	$\cos\varphi$	T（ms）	U（V）	I（A）	$\cos\varphi$	T（ms）		
LW8 系列万能转换开关	AC-11	360VA	380	9.5	0.7	—	380	0.95	0.4	—	20	适用于交流 50Hz，额定工作电压≤380V，直流电压≤220V 的电力线路中，作为各种配电设备远距离控制，各种电气仪表，伺服电动机、微电动机的控制，也可以用于小容量笼型异步电动机的控制
		720VA		9				1.9			10	
	DC-11	28VA	220	0.14	—	0.3	220	0.14	—	0.3	10	
		56VA		0.28				0.28			5	
	AC-21	3.8kW	380	10	0.95		380	10	0.95	—	5	
	AC-3	2.2KW	380	30	0.65		64.6	5	0.65	—	5	
LW12-16 系列万能转换开关	AC-11	100VA	380	26	0.7	—	380	2.6	0.4	—	20	适用于交流 50、60Hz，额定电压至 380V，直流电压至 220V 的电路中，作为电气控制线路和热工仪表的控制用，也可直接控制小容量交流电动机的启动、可逆转换，变速电动机的变速
			220	46			220	4.6				
	DC-11	60W 双断点	220	0.27	—	300	220	0.27	—	300	20	
			110	0.55			110	0.55				
		90W 四断点	220	0.41			220	0.41				
			110	0.82			110	0.82				

3. 常用开关

名称	规格	外形	用途
单连平开关（单投、单极）	6~10A、250V		一般照明开关、用电器具开关
双连平开关（双投）	6A、250V		两开关控制一盏灯
二位平开关（又叫双把开关）	6A、250V		分别控制两灯
跷板式平开关	4~6A、250V		两开关控制一盏灯
带指示灯跷板式平开关	4~6A、250V		一般照明及电器开关，有指示灯，便于夜间找到开关位置
跷板式单控暗开关	10A、250V		一般照明开关，固定安装在墙上
跷板式双控、双联，单控、双联，双控暗开关	10A、250V		一般照明开关，分别控制两盏灯或同时控制两盏灯
挂线盒带拉线开关	3A、250V		一般照明开关，固定安装在棚上
拉线开关	3A、250V		一般照明开关，固定安装在墙上
跷板式床开关	4A、250V		作悬垂装置，便于在床上启闭电灯
倒板式台灯开关	2A、250V		用于台灯，作电源开关
按钮式台灯开关	2A、250V		安装在各式台灯上

4. 常用插头

名称	规格	外形	用途
二极插头	6A、10A、250V		供单相二极电器用作电源连接
三极插头	6A、10A、15A、250V		供单相三极电极电源连接，10A 及以上的插头出线口都应有压线装置
三相四极插头	15A、25A、380V		供三相动力电器设备作电源连接
单相二极插座（圆形）	10A、250V		固定安装在室内墙上，供三极插头连接电源用
单相二极插座（矩形）			
双用插座	10A、250V		可配插二极扁脚或圆脚插头
单相三极插座	10A、250V		固定安装在墙上，供三极插头连接电源用

5. 插座

（1）AP86 系列插座。

名称	型号	规格	图例	用途
两极双用插座	AP86Z12T10	250V、10A		适用于各类民用住宅、宾馆、办公楼、实验室、教学楼、医院等
带保护门两极双用插座	AP86Z12AT10			
两位两极双用插座	AP86Z22T10	250V、10A		
带保护门两位两极双用插座	AP86Z22AT10			

续表

名称	型号	规格	图例	用途
两极带接地插座	AP86Z13-10	250V、10A		适用于各类民用住宅、宾馆、办公楼、实验室、教学楼、医院等
带保护门两极带接地插座	AP86Z13A10			
两位两极双用两极带接地插座	AP86Z223-10	250V、10A		
带保护门两位两极双用两极带接地插座	AP86Z223A10			
三位两极双用两极带接地插座	AP86Z332-10	250V、10A		
带保护门三位两极双用两极带接地插座	AP86Z332A10			
带开关两极双用插座	AP86Z12KT10	250V、10A		
带开关、保护门两极双用插座	AP86Z12KAT10			
两位带开关两极双用插座	AP86Z22KT10	250V、10A		
两位带开关、保护门两极双用插座	AP86Z22KAT10			
带开关两极带接地插座	AP86Z13K10	250V、10A		
带开关、保护门两极带接地插座	AP86Z13AK10			
带开关两位两极双用两极带接地插座	AP86Z223K10	250V、10A		
带开关、保护门两位两极双用两极带接地插座	AP86Z223AK10			
带指示器两极双用插座	AP86Z12TD10	250V、10A		
带指示器、保护门两极双用插座	AP86Z12ATD10			

续表

名称	型号	规格	图例	用途
带指示器两位两极双用插座	AP86Z22TD10	250V、10A		适用于各类民用住宅、宾馆、办公楼、实验室、教学楼、医院等
带指示器、保护门两位两极双用插座	AP86Z22ATD10			
带指示器两极带接地插座	AP86Z13D10	250V、10A		
带指示器、保护门两极带接地插座	AP86Z13AD10			
带指示器两位两极双用两极带接地插座	AP86Z223D10	250V、10A		
带指示器、保护门两位两极双用两极带接地插座	AP86Z223AD10			
两位两极带接地插座	AP146Z23-10	250V、10A		
带保护门两位两极带接地插座	AP146Z23A10			
三位两极双用两极带接地插座	AP146Z323-10	250V、10A		
带保护门三位两极双用两极带接地插座	AP146Z323A10			
电视插座	AP86ZTV	75Ω		
两位电视插座	AP86Z2TV	75Ω		
电话出线插座	AP86ZD	—		

（2）HP86 系列插座。

名称	型号	规格	图例	用途
两极双用插座	H86Z12T10	250V、10A		适用于各类住宅、宾馆、公共建筑、办公楼、教学楼、实验室等场所
带保护门两极双用插座	H86Z12AT10			
带开关两极双用插座	H86Z12TK10	250V、10A		
带开关、保护门两极双用插座	H86Z12TAK10			
带开关两极双用插座	H86Z12TK12-10			
带开关、保护门两极双用插座	H86Z12TAK12-10			
带指示器两极双用插座	H86Z12TD10	250V、10A		
带指示器、保护门两极双用插座	H86Z12TAD10			
两位两极双用插座	H86Z22T10	250V、10A		
两位带保护门两极双用插座	H86Z22TA10			
两位带开关两极双用插座	H86Z22TK10	250V、10A	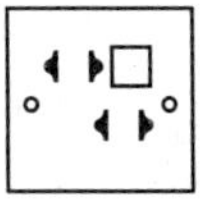	
两位带开关、保护门两极双用插座	H86Z22TAK10			
两位带开关两极双用插座	H86Z22TK12-10			

续表

名称	型号	规格	图例	用途
两位带开关、保护门两极双用插座	H86Z22TAK12-10	250V、10A		适用于各类住宅、宾馆、公共建筑、办公楼、教学楼、实验室等场所
两位带指示器两极双用插座	H86Z22TD10	250V、10A		
两位带指示器、保护门两极双用插座	H86Z22TAD10	250V、10A		
两位带开关、指示器两极双用插座	H86Z22TKD10	250V、10A	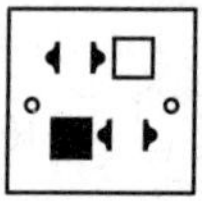	
两位带开关、指示器两极双用插座	H86Z22TAKD10	250V、10A		
两极带接地插座	H86Z13-10	250V、10A		
带保护门两极带接地插座	H86Z13A10	250V、10A		
两极带接地插座	H86Z13-16	250V、16A		
带保护门两极带接地插座	H86Z13A16	250V、16A		
两极带接地插座	H86Z12-20	250V、20A		
两极带接地插座	H86Z13-32	250V、32A		
带指示器两极带接地插座	H86Z13D10	250V、10A	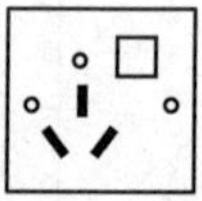	
带指示器、保护门两极带接地插座	H86Z13AD10	250V、10A		
两位两极双用两极带接地插座	H86Z223-10	250V、10A		
两位带保护门两极双用两极带接地插座	H86Z223A10	250V、10A		

续表

名称	型号	规格	图例	用途
两位带开关两极双用两极带接地插座	H86Z223K10	250V、10A	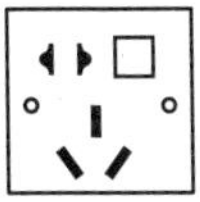	适用于各类住宅、宾馆、公共建筑、办公楼、教学楼、实验室等场所
两位带开关、保护门两极双用两极带接地插座	H86Z223AK10			
两位带开关两极双用两极带接地插座	H86Z223K12-10			
两位带开关、保护门两极双用两极带接地插座	H86Z223AK12-10			
两位两极带接地插座	H146Z23-10	250V、10A		
两位带保护门两极带接地插座	H146Z23A-10			
三位两极双用两极带接地插座	H146Z323-10	250V、10A	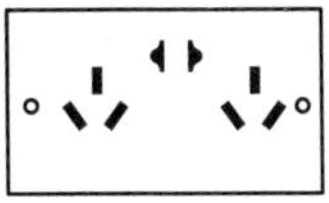	
三位带保护门两极双用两极带接地插座	H146Z323A10			
四位两极双用两极带接地插座	H146Z423-10	250V、10A	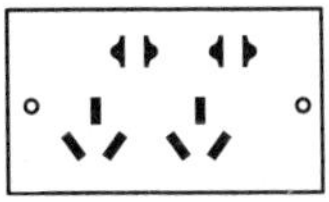	
四位带保护门两极双用两极带接地插座	H146Z423A10			
两位带开关两极双用两极带接地插座	H146Z223K10	250V、10A	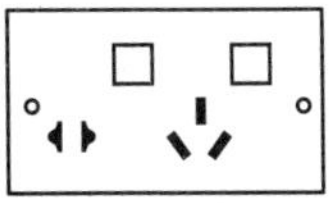	
两位带开关、保护门两极双用两极带接地插座	H146Z223AK10			
两位带开关两极带接地插座	H146Z23K21-10	250V、10A	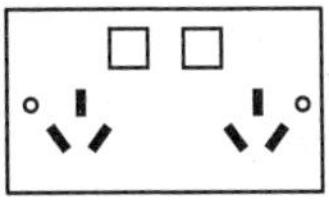	
两位带开关、保护门两极带接地插座	H146Z23AK21-10			

续表

名称	型号	规格	图例	用途
带熔断器两极带接地插座	H86Z13R10	250V、10A		适用于各类住宅、宾馆、公共建筑、办公楼、教学楼、实验室等场所
带熔断器、保护门两极带接地插座	H86Z13AR10			
带熔断器两极带接地插座	H86Z13R16	250V、16A		
带熔断器、保护门两极带接地插座	H86Z13AR16			
两位带熔断器两极带接地插座	H146Z23R16	250V、16A		
两位带熔断器、保护门两极带接地插座	H146Z23AR16			
电视插座	H86ZTVⅡ			
电视串接插座（1分支）	H86ZTVF7			
电视串接插座（1分支）	H86ZTVF12			
电视串接插座（1分支）	H86ZTVF16			
两位电视插座	H86Z2TV			
电视串接插座（2分支）	H86Z2TVF			
电话出线插座	H86ZDⅠ			
六线电话插座	H86ZDTN6Ⅱ	—		
六线电话插座	H86ZDTN6/2	两芯		
六线电话插座	H86ZDTN6/4	两芯		

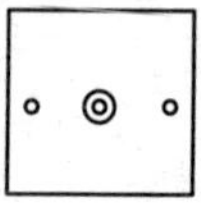

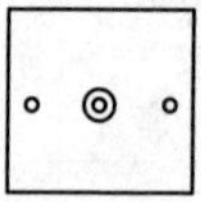

6. 按钮

（1）LA101 系列控制按钮。

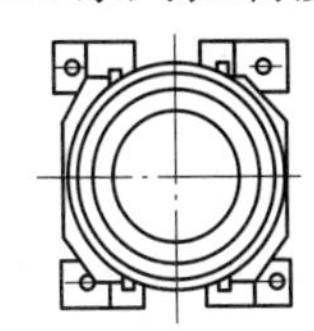

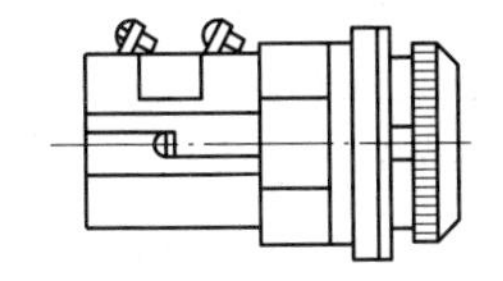

额定电压（V）		通断能力（A）	额定工作电流（A）	额定发热电流（A）	额定控制容量（VA）	用途
交流	220	14	1. 36	5	300	适用于交流 50、60 Hz，电压至 660V 及直流电压至 440V 的电磁启动器、接触器、继电器及其他电气线路中，作远程控制用
	380	8. 8	0. 8	5	300	
	660	5. 0	0. 45	5	300	
直流	110	0. 61	0. 55	5	60	
	220	0. 33	0. 3	5	60	
	440	0. 17	0. 15	5	60	

（2）LA19 系列控制按钮。

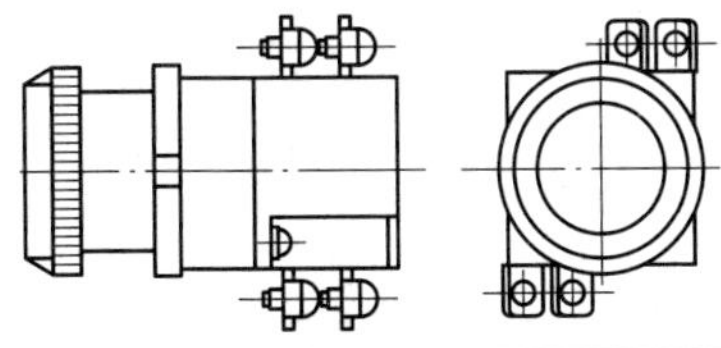

型号	额定电压（V）	额定电流（A）	结构型式	控制容量	用途
LA19-11、LA19-11A	AC380 DC220	5	揿压式单触桥	AC 380V、300VA	适用于交流 50、60Hz，额定工作电压 380V 或直流额定工作电压至 220V、额定工作电流不大于 5A 的控制电路中，一般用作启动器、接触器、继电器的远距离控制元件
LA19-11J、LA19-11A/J			紧急式单触桥		
LA19-11D、LA19-11A/D			带信号灯单触桥		
LA19-11DJ、LA19-11A/DJ			带灯紧急式单触桥		
LA19-11B			揿压式双触桥	DC 200V、60W	
LA19-11B/J			紧急式双触桥		
LA19-11B/D			带信号灯双触桥		
LA19-11B/DJ			带灯紧急式双触桥		

四、熔体材料

1. 铅熔丝

直径（mm）	截面积（mm²）	额定电流（A）	熔断电流（A）	直径（mm）	截面积（mm²）	额定电流（A）	熔断电流（A）
0.08	0.005	0.25	0.5	0.98	0.75	5	10
0.15	0.018	0.5	1.0	1.02	0.82	6	12
0.20	0.031	0.75	1.5	1.25	1.23	7.5	15
0.22	0.038	0.8	1.6	1.51	1.79	10	20
0.25	0.049	0.9	1.8	1.67	2.19	11	22
0.28	0.062	1	2	1.75	2.41	12	24
0.29	0.066	1.05	2.1	1.98	3.08	15	30
0.32	0.080	1.1	2.2	2.40	4.52	20	40
0.35	0.096	1.25	2.5	2.78	6.07	25	50
0.36	0.102	1.35	2.7	2.95	6.84	27.5	55
0.40	0.126	1.5	3	3.14	7.74	30	60
0.46	0.166	1.85	3.7	3.81	11.40	40	80
0.52	0.212	2	4	4.12	13.33	45	90
0.54	0.229	2.25	4.5	4.44	15.48	50	100
0.60	0.283	2.5	5	4.91	18.93	60	120
0.71	0.40	3	6	5.24	21.57	70	140
0.81	0.52	3.75	7.5				
用途	为熔断器的主要部件，当通过熔断器的电流大于规定值时，熔丝即熔断而自动断开电路，从而达到保护电力线路和电器设备的目的。其材料还有银、铜、锡、铝等纯金属						

2. 铜熔丝

直径（mm）	截面积（mm^2）	额定电流（A）	熔断电流（A）	直径（mm）	截面积（mm^2）	额定电流（A）	熔断电流（A）
0. 234	0. 043	4. 7	9. 4	0. 70	0. 385	25	50
0. 254	0. 051	5	10	0. 80	0. 5	29	58
0. 274	0. 059	5. 5	11	0. 90	0. 6	37	74
0. 295	0. 068	6. 1	12. 2	1. 00	0. 8	44	88
0. 315	0. 078	6. 9	13. 8	1. 13	1. 0	52	104
0. 345	0. 093	8	16	1. 37	1. 5	63	125
0. 376	0. 111	9. 2	18. 4	1. 60	2	80	160
0. 417	0. 137	11	22	1. 76	2. 5	95	190
0. 457	0. 164	12. 5	25	2. 00	3	120	240
0. 508	0. 203	15	29. 5	2. 24	4	140	280
0. 559	0. 245	17	34	2. 50	5	170	340
0. 60	0. 283	20	39	2. 73	6	200	400

第十六章

管路附件、管件

一、管路附件

1. 管路附件的公称通径（GB/T 1047—2005）

公称通径系列DN（mm）：1、2、3（1/8）、4、5、6（1/4）、8、10（3/8）、15（1/2）、20（3/4）、25（1）、32（1/4）、40（1½）、50（2）、65（1/2）、80（3）、100（4）、125（5）、150（6）、175（7）、200（8）、225（9）、250（10）、300（12）、350、400、450、500、600、700、800、900、1000、1200、1300、1400、1500、1600、1800、2000、2200、2400、2600、2800、3000、3200、3400、3600、3800、4000（括号内为相应的管螺纹尺寸代号）。

2. 管路附件的公称压力、试验压力及工作压力

（1）管路附件的公称压力（GB/T 1048—2005）。

公称压力系列PN（MPa）：0.05、0.1、0.25、0.4、0.6、0.8、1.0、1.6、2.0、2.5、4.0、5.0、6.3、10.0、15.0、16.0、20.0、25.0、28.0、32.0、42.0、50.0、63.0、80.0、100.0、125.0、160.0、200.0、250.0、335.0。

（2）钢制阀门的公称压力、试验压力及工作压力。

材料类别		工作温度 t（℃）						
Ⅰ类		200*	250	300	350	400	425	435
Ⅱ类		200*	320	450	490	500	510	515
Ⅲ类		200*	320	450	510	520	530	540
Ⅳ类		200*	325	390	430	450	470	490
Ⅴ类		200*	300	400	480	520	560	590
公称压力 PN（MPa）	试验压力 p_s（MPa）	在该工作温度级的最大工作压力 p_{max}（MPa）						
0.1	0.2	0.1	0.09	0.08	0.07	0.06	0.06	0.05
0.25	0.4	0.25	0.22	0.2	0.18	0.16	0.14	0.12
0.4	0.6	0.4	0.36	0.32	0.28	0.25	0.22	0.2
0.6	0.9	0.6	0.56	0.5	0.45	0.4	0.36	0.32
1.0	1.5	1.0	0.9	0.8	0.7	0.64	0.56	0.5
1.6	2.4	1.6	1.4	1.25	1.1	1.0	0.9	0.8
2.5	3.8	2.5	2.2	2.0	1.8	1.6	1.4	1.25
4.0	6.0	4.0	3.6	3.2	2.8	2.5	2.2	2.0
6.4	9.6	6.4	5.6	5.0	4.5	4.0	3.6	3.2
10.0	15.0	10.0	9.0	8.0	7.1	6.4	5.6	5.0
16.0	24.0	16.0	14.0	12.5	11.2	10.0	9.0	8.0
20.0	30.0	20.0	18.0	16.0	14.0	12.5	11.2	10.0
25.0	38.0	25.0	22.5	20.0	18.0	16.0	14.0	12.5
32.0	48.0	32.0	28.0	25.0	22.5	20.0	18.0	16.0
40.0	56.0	40.0	36.0	32.0	28.0	25.0	22.5	20.0
50.0	70.0	50.0	45.0	40.0	36.0	32.0	28.0	25.0
64.0	90.0	64.0	56.0	50.0	45.0	40.0	36.0	32.0
80.0	110.0	80.0	71.0	64.0	56.0	50.0	45.0	40.0
100.0	130.0	100.0	90.0	80.0	71.0	64.0	56.0	50.0

续表

材料类别		工作温度 t（℃）						
Ⅰ类		445	455	—	—	—	—	—
Ⅱ类		525	535	545	—	—	—	—
Ⅲ类		550	560	570	—	—	—	—
Ⅳ类		500	510	520	530	540	550	—
Ⅴ类		610	630	640	660	675	690	700
公称压力 PN（MPa）	试验压力 p_s（MPa）	在该工作温度级的最大工作压力 p_{max}（MPa）						
0.1	0.2	0.05	—	—	—	—	—	—
0.25	0.4	0.11	0.1	0.09	0.08	0.07	0.06	0.06
0.4	0.6	0.18	0.16	0.14	0.12	0.11	0.1	0.09
0.6	0.9	0.28	0.25	0.22	0.2	0.18	0.16	0.14
1.0	1.5	0.45	0.4	0.36	0.32	0.28	0.25	0.22
1.6	2.4	0.7	0.64	0.56	0.5	0.45	0.4	0.36
2.5	3.8	1.1	1.0	0.9	0.8	0.7	0.64	0.56
4.0	6.0	1.8	1.6	1.4	1.25	1.1	1.0	0.9
6.4	9.6	2.8	2.5	2.2	2.0	1.8	1.6	1.4
10.0	15.0	4.5	4.0	3.6	2.2	2.8	2.5	2.2
16.0	24.0	7.1	6.4	5.6	5.0	4.5	4.0	3.6
20.0	30.0	9.0	8.0	7.1	6.4	5.6	5.0	4.5
25.0	38.0	11.2	10.0	9.0	8.0	7.1	6.4	5.6
32.0	48.0	14.0	12.5	11.2	10.0	9.0	8.0	7.1
40.0	56.0	18.0	16.0	14.0	12.5	11.2	10.0	9.0
50.0	70.0	22.5	20.0	18.0	16.0	14.0	12.5	11.2
64.0	90.0	28.0	25.0	22.5	20.0	18.0	16.0	14.0
80.0	110.0	36.0	32.0	28.0	25.0	22.5	20.0	18.0
100.0	130.0	45.0	40.0	36.0	32.0	28.0	25.0	22.0

注　1. 各类材料包括的钢号：Ⅰ类—10、20、25、ZG200、ZG250 钢；Ⅱ类—15CrMo、ZG20CrMo 钢；Ⅲ类—12Cr1MoV、15CrMo1V、ZG20CrMoV、ZG15CrlMoV 钢；Ⅳ类—1Cr5M0、ZG1Cr5Mo 钢；Ⅴ类—1Cr18Ni9Ti、ZGl-Cr18Ni9Ti、1Cr18Ni12MoTi、ZG1Cr18Ni2Mo2Ti 钢。

2. 带 * 符号的工作温度为基准温度。

3. 当工作温度为表中温度级的中间值时，可用内插法决定最大工作压力。

4. 当阀门的主要零件采用塑料、橡胶等非金属材料或机械性能和温度极限低于表中材料时，不能使用此表。

(3) 铸铁、铜和铜合金制阀门的公称压力、试验压力及工作压力。

公称压力PN(MPa)	试验压力 p_s(MPa)	灰铸铁				球墨铸铁					
		工作温度 t (℃)									
		120	200	250	300	-30~120	150	200	250	300	350
		在该工作温度级的最大工作压力 p_{max} (MPa)									
0.25	0.4	0.25	0.2	0.18	0.15	—	—	—	—	—	—
0.6	0.9	0.6	0.49	0.44	0.35	—	—	—	—	—	—
1.0	1.5	1.0	0.78	0.69	0.59	—	—	—	—	—	—
1.6	2.4	1.6	1.27	1.09	0.98	1.6	1.52	1.44	1.28	1.12	0.88
2.5	3.8	2.5	2.0	1.75	1.5	2.5	2.38	2.25	2.0	1.75	1.38
4.0	6.0	—	—	—	—	4.0	3.8	3.6	3.2	2.8	2.2

公称压力PN(MPa)	试验压力 p_s(MPa)	可锻铸铁				铜及铜合金		
		工作温度 t (℃)						
		120	200	250	300	120	200	250
		在该工作温度级的最大工作压力 p_{max} (MPa)						
0.1	0.2	0.1	0.1	0.1	0.1	0.1	0.1	0.07
0.25	0.4	0.25	0.25	0.2	0.2	0.25	0.2	0.17
0.4	0.6	0.4	0.38	0.36	0.32	0.4	0.32	0.27
0.6	0.9	0.6	0.55	0.5	0.5	0.6	0.5	0.4
1.0	1.5	1.0	0.9	0.8	0.8	1.0	0.8	0.7
1.6	2.4	1.6	1.5	1.4	1.3	1.6	1.3	1.1
2.5	3.8	2.5	2.3	2.1	2.0	2.5	2.0	1.7
4.0	6.0	4.0	3.6	3.4	3.2	4.0	3.2	2.7
6.4	9.6	—	—	—	—	6.4	—	—
10.0	15.0	—	—	—	—	10.0	—	—
16.0	24.0	—	—	—	—	16.0	—	—
20.0	30.0	—	—	—	—	20.0	—	—
25.0	35.0	—	—	—	—	25.0	—	—

注 当工作温度为表中温度级的中间值时，可用内插法决定最大工作压力。

二、管件

1. 可锻铸铁管路连接件（GB/T 3287—2011）

（1）管件的常用品种和用途。

品种	用　途
外接头和通丝外接头	外接头（不通丝外接头）用来连接两根公称通径相同的管子。通丝外接头常与锁紧螺母和短管子配合，用于时常需要装拆的管路
异径外接头	用来连接两根公称通径不同的管子，使管路通径缩小
活接头	与通丝外接头相同，但比它装拆方便，多用于时常需要装拆的管路。按密封面形式分平形（GB 3289.37）和锥形（GB 3289.38）两种
内接头	用来连接两个公称通径相同的内螺纹管件或阀门
内外螺丝	外螺纹一端，配合外接头与大通径管子或内螺纹管件连接；内螺纹一端，直接与小通径管子连接，使管路通径缩小
锁紧螺母	用来锁紧装在管路上的通丝外接头或其他管件
弯头	用来连接两根公称通径相同的管子，使管路作90°转弯

续表

品种	用途
异径弯头	用来连接两根公称通径不同的管子，使管路作90°转弯和通径缩小
月弯和外丝月弯	与弯头相同，主要用于弯曲半径较大的管路。外丝月弯，须与外接头配合使用，供应时，通常附一个外接头
45°弯头	连接两根公称通径相同的管子，使管路作45°转弯
三通	供由直管中接出支管用，连接的三根管子的公称通径相同
中小异径三通	与三通相似，但从中间接出的管子的公称通径小于从两端接出的管子的公称通径
中大异径三通	与三通相似，但从中间接出的管子的公称通径大于从两端接出的管子的公称通径
四通	用来连接四根公称通径相同、并成垂直相交的管子
异径四通	与四通相似，相对的两根管子公称通径是相同的，但其中一对管子的公称通径小于另一对管子的公称通径
外方管堵	用来堵塞管路，以阻止管路中介质泄漏，并可以阻止杂物侵入管路内。通常需与带内螺纹的管件（如外接头、三通）配合使用
管帽	与外方管堵相同，但管帽可直接旋在管子上，不需要其他管件配合

（2）管件的规格。

1）规格一。

mm

公称通径DN	管螺纹尺寸代号 d	主要结构尺寸												
		外接头	通丝外接头	活接头	内接头	锁紧螺母	弯头	三通	四通	月弯	外丝月弯	45°弯头	外方管堵	管帽
		L				H	a	b		a		c	L	H
6	1/8	22		40	29	6	18			32		16	15	14
8	1/4	26		40	36	8	19			38		17	18	15
10	3/8	29		44	38	9	23			44		19	20	17
15	1/2	34		48	44	9	27			52		21	24	19

续表

公称通径 DN	管螺纹尺寸代号 d	主要结构尺寸												
		外接头	通丝外接头	活接头	内接头	锁紧螺母	弯头	三通	四通	月弯	外丝月弯	45°弯头	外方管堵	管帽
		L				H	a	b		a		c	L	H
20	3/4	38		53	48	10	32			65		25	27	22
25	1	44		60	54	11	38			82		29	30	25
32	1¼	50		65	60	12	46			100		34	34	28
40	1½	54		69	62	13	48			115		37	37	31
50	2	60		78	68	15	57			140		42	40	35
65	2½	70		86	78	17	69			175		49	46	38
80	3	75		95	84	18	78			205		54	48	40
100	4	85		116	99	22	97			260		65	57	50
125	5	95		132	107	25	113			318		74	62	55
150	6	105		146	119	33	132			375		82	71	62

注　L 为全长；H 为高度；a 为一端轴线至另一端端面距离；b 为一端轴线至成 90°夹角的一端端面距离；c 为两端轴线交点至任一端端面距离。活接头内接头锁紧螺母的尺寸代号前加 G。

2）规格二。

mm

公称通径 DN	管螺纹尺寸代号 $d_1 \times d_2$	主要结构尺寸			
		异径外接头	内外接头	异径弯头、中小异径三通、异径四通	
		L		a	b
10×8	3/8×1/4	29	23	20	22
15×8	1/2×1/4	35	26	24	24
15×10	1/2×3/8	35	26	26	25
20×8	3/4×1/4	39	28	25	27
20×10	3/4×3/8	39	28	28	28
20×15	3/4×1/2	39	28	29	30

续表

公称通径 DN	管螺纹尺寸代号 $d_1 \times d_2$	主要结构尺寸			
		异径外接头	内外接头	异径弯头、中小异径三通、异径四通	
		L		a	b
25×8	1×1/4	43	31	27	31
25×10	1×3/8	43	31	30	32
25×15	1×1/2	43	31	32	33
25×20	1×3/4	43	31	34	35
32×10	1¼×3/8	49	34	33	38
32×15	1¼×1/2	49	34	34	38
32×20	1¼×3/4	49	34	38	40
32×25	1¼×1	49	34	40	42
40×10	1½×3/8	53	35	34	39
40×15	1½×1/2	53	35	35	42
40×20	1½×3/4	53	35	38	43
40×25	1½×1	53	35	41	45
40×32	1½×1¼	53	35	45	48
50×15	2×1/2	59	39	38	48
50×20	2×3/4	59	39	41	49
50×25	2×1	59	39	44	51
50×32	2×1¼	59	39	48	54
50×40	2×1½	59	39	52	55
65×15	2½×1/2	65	44	41	57
65×20	2½×3/4	65	44	44	58
65×25	2½×1	65	44	48	60
65×32	2½×1¼	65	44	52	62
65×40	2½×1½	65	44	55	62
65×50	2½×2	65	44	60	65
80×15	3×1/2	72	48	43	65
80×20	3×3/4	72	48	46	66
80×25	3×1	72	48	50	68
80×32	3×1¼	72	48	55	70
80×40	3×1½	72	48	58	72
80×50	3×2	72	48	62	72
80×65	3×2½	72	48	72	75

续表

公称通径 DN	管螺纹尺寸代号 $d_1 \times d_2$	主要结构尺寸			
		异径外接头	内外接头	异径弯头、中小异径三通、异径四通	
		L		*a*	*b*
100×15	4×1/2	85	56	50	79
100×20	4×3/4	85	56	54	80
100×25	4×1	85	56	57	83
100×32	4×1¼	85	56	61	86
100×40	4×1½	85	56	63	86
100×50	4×2	85	56	69	87
100×65	4×2½	85	56	78	90
100×80	4×3	85	56	83	91
125×80	5×3	95	61	87	107
125×100	5×4	95	61	100	111
150×80	6×3	105	69	92	120
150×100	6×4	105	69	102	125
150×125	6×5	105	69	116	128

注 1. *L* 为全长；*a* 为小端轴线至大端端面距离：*b* 为大端轴线至小端端面距离。

2. 表中中小异径三通的公称通径是习惯写法。标准规定写法是先写直管两端的公称通径，再写支管端的公称通径。

3）规格三。

mm

中大异径三通							
公称通径 DN	管螺纹尺寸代号 $d_1 \times d_2$	主要结构尺寸		公称通径 DN	管螺纹尺寸代号 $d_1 \times d_2$	主要结构尺寸	
		a	*b*			*a*	*b*
8×10	1/4×1/8	22	20	25×40	1×1½	45	41
8×15	1/4×1/2	24	24	32×40	1¼×1½	48	45
8×20	1/4×3/4	27	25	32×50	1¼×2	54	46
8×25	1/4×1	31	27	40×50	1½×2	55	52
10×15	3/8×1/2	25	26	50×65	2×2½	65	60

续表

中大异径三通							
公称通径 DN	管螺纹尺寸代号 $d_1 \times d_2$	主要结构尺寸		公称通径 DN	管螺纹尺寸代号 $d_1 \times d_2$	主要结构尺寸	
		a	b			a	b
10×20	3/8×3/4	28	28	50×80	2×3	72	62
10×25	3/8×1	32	30	50×100	2×4	87	69
10×32	3/8×1¼	38	33	50×150	2×6	115	75
10×40	3/8×1½	39	34	65×80	2½×3	75	72
10×50	3/8×2	46	37	80×100	3×4	91	83
15×20	1/2×3/4	30	29	80×125	3×5	107	87
15×25	1/2×1	33	22	80×150	3×6	120	92
20×25	3/4×1	35	34	90×100	3½×4	95	90
20×32	3/4×1¼	40	38	90×125	3½×5	109	93
25×32	1×1¼	42	40	100×125	4×5	111	100

注 1. a 为大端轴线至小端端面的距离；b 为小端轴线至大端端面的距离。

2. 表中中大异径三通的公称通径是习惯写法。标准规定写法是先写直管两端的公称通径，再写支管端的公称通径。

2. 不锈钢和铜螺纹管路连接件（QB/T 1109—1991）

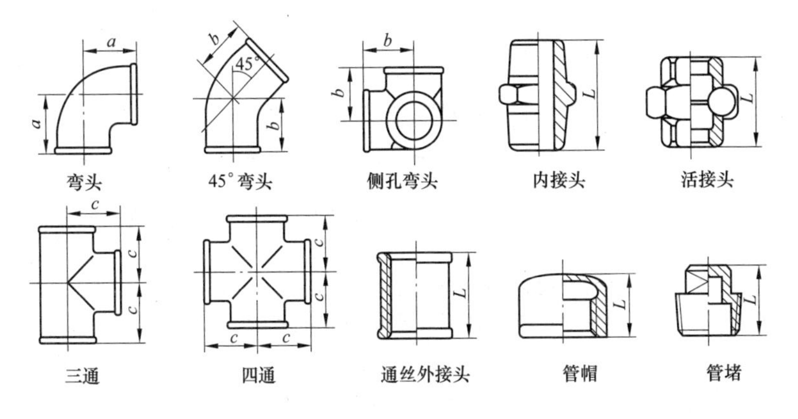

（1）管件的规格一。

mm

公称通径DN	管螺纹尺寸代号 d	主要结构尺寸≥ 弯头 a Ⅰ	弯头 a Ⅱ	45°弯头、侧孔弯头 b Ⅰ	45°弯头、侧孔弯头 b Ⅱ	三通、四通 c Ⅰ	三通、四通 c Ⅱ	通丝外接头 L Ⅰ	通丝外接头 L Ⅱ	内接头 L Ⅰ、Ⅱ	活接头 L Ⅰ、Ⅱ	管帽 L Ⅰ	管帽 L Ⅱ	管堵 L Ⅰ、Ⅱ
6	1/8	19	—	19	—	19	—	17	—	21	38	13	14	13
8	1/4	21	20	21	20	21	20	25	26	28	42	17	15	16
10	3/8	25	23	25	23	25	23	26	29	29	45	18	17	18
15	1/2	28	26	28	26	28	26	34	34	36	48	22	19	22
20	3/4	33	31	33	31	33	31	36	38	41	52	25	22	26
25	1	38	35	38	35	38	35	43	44	46.5	58	28	25	29
32	1¼	45	42	45	42	45	42	48	50	54	65	30	28	33
40	1½	50	48	50	48	50	48	48	54	54	70	31	31	34
50	2	58	55	58	55	58	55	56	60	65.5	78	36	35	40
65	2½	70	65	70	65	70	65	65	70	76.5	85	41	38	46
80	3	80	74	80	74	80	74	71	75	85	95	45	40	50
100	4	—	90	—	90	—	90	—	85	90	116	—	—	57
125	5	—	110	—	110	—	110	—	95	107	132	—	—	62
150	6	—	125	—	125	—	125	—	105	119	146	—	—	71

注 1. a 为一端中心轴线至另一端端面距离；b 为两端中心轴线交点至任一端端面距离；c 为一端中心轴线至成 90°夹角的一端端面距离；L 为全长。Ⅰ、Ⅱ为公称压力系列。

2. 活接头和管堵的部分其他尺寸有Ⅰ系、Ⅱ系之分。

3. 侧孔弯头用于连接三根公称通径相同并互相垂直的管子。

(2) 管件的规格二。

mm

公称通径 $DN_1 \times DN_2$	管螺纹尺寸代号 $d_1 \times d_2$	全长 L				公称通径 $DN_1 \times DN_2$	管螺纹尺寸代号 $d_1 \times d_2$	全长 L			
		异径外接头		内外接头				异径外接头		内外接头	
		Ⅰ	Ⅱ	Ⅰ	Ⅱ			Ⅰ	Ⅱ	Ⅰ	Ⅱ
8×6	1/4×1/8	27	—	17	—	40×32	1½×1¼	55	53	32.5	—
10×8	3/8×1/4	30	29	17.5	—	50×32	2×1¼	65	59	40	39
15×10	1/2×3/8	36	36	21	—	50×40	2×1½	65	59	40	39
20×10	3/4×3/8	39	39	24.5	—	65×40	2½×1½	74	65	46.5	44
20×15	3/4×1/2	39	39	24.5	—	65×50	2½×2	74	65	46.5	44
25×15	1×1/2	45	43	27.5	—	80×50	3×2	80	72	51.5	48
25×20	1×3/4	45	43	27.5	—	80×65	3×2½	80	72	51.5	48
32×20	1¼×3/4	50	49	32.5	—	100×65	4×2½	—	85	—	56
32×25	1¼×1	50	49	32.5	—	100×80	4×3	—	85	—	56
40×25	1½×1	55	53	32.5	—						

3. 给水铸铁管件

(1) 弯头。

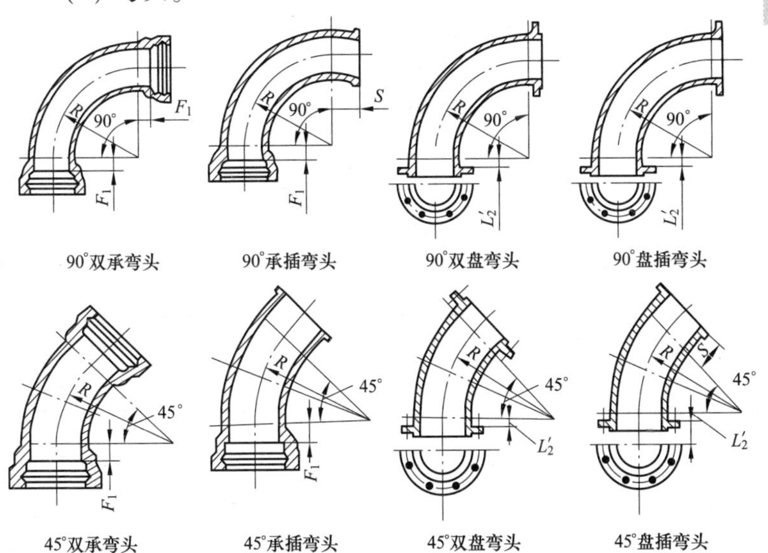

90°双承弯头　90°承插弯头　90°双盘弯头　90°盘插弯头

45°双承弯头　45°承插弯头　45°双盘弯头　45°盘插弯头

mm

公称通径 DN	F_1	L_2'	90°						45°					
			R	S	质量（kg）				R	S	质量（kg）			
					双承	承插	双盘	盘插			双承	承插	双盘	盘插
75	41.5	25	250	150	22.6	18.0	17.1	15.2	400	200	21.1	17.4	15.7	14.7
100	41.5	25	250	150	28.6	23.0	21.5	19.4	400	200	26.7	22.3	19.6	18.7
125	41.5	25	300	200	36.4	31.5	27.9	27.3	500	200	34.0	29.2	25.5	24.9
150	41.5	25	300	200	45.2	40.0	35.4	35.1	500	200	42.1	36.9	32.3	32.0
200	43.3	25	400	200	68.9	61.6	54.7	54.5	600	200	60.7	53.4	46.6	46.3
250	45.0	25	400	250	92.2	86.5	75.5	78.1	600	200	81.2	71.9	64.4	63.5
300	46.7	30	550	250	138.0	132.0	119.0	123.0	700	200	110.0	98.8	90.8	89.4
350	48.4	30	550	250	173.0	165.0	151.0	154.0	800	200	146.0	133.0	125.0	122.0
400	50.2	30	600	250	221.0	213.0	194.0	199.0	900	200	189.0	173.0	161.0	159.0

注　承口及插口尺寸与铸铁直管相同。

（2）乙字管。

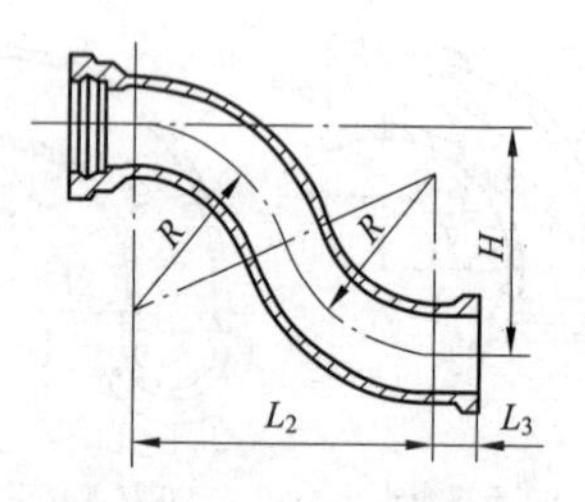

mm

公称通径 DN	主要结构尺寸				质量（kg）
	L_2	R	H	L_3	
75	300	162.5	200	200	18.7
	350	177.0	300	200	21.0
	400	200.0	450	200	24.3

续表

公称通径 DN	主要结构尺寸				质量 (kg)
	L_2	R	H	L_3	
100	350	203.1	200	200	24.9
	400	208.3	300	200	27.7
	450	225.0	450	200	31.9
	500	250.0	600	200	36.2
125	400	250.0	200	200	31.3
	480	267.0	300	200	35.3
	550	280.5	450	200	40.5
	600	300.0	600	200	45.7
150	480	267.0	300	200	44.9
	550	280.5	450	200	51.8
	600	300.0	600	200	58.5
200	550	267.0	300	200	62.9
	650	280.5	450	200	72.6
	700	300.0	600	200	81.1
250	600	327.0	300	200	87.7
	700	347.2	450	200	101.0
	800	354.1	600	200	114.0
300	680	375.0	300	200	118.0
	800	384.7	450	200	136.0
	900	416.6	600	200	153.0
350	600	460.3	300	220	151.0
	800	468.0	450	220	173.0
	900	487.5	600	220	194.0
400	750	543.7	300	220	192.0
	900	562.5	450	220	223.0
	1000	566.6	600	220	248.0

注 承口及插口尺寸与铸铁直管相同。

(3) 消火栓用管。

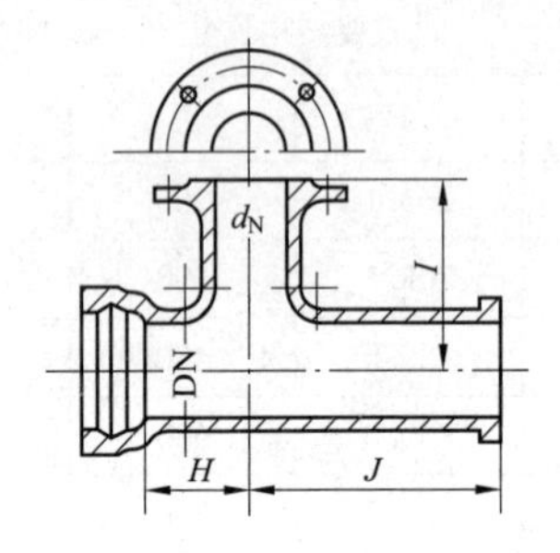

mm

公称通径 DN	d_N	主要结构尺寸			质量 (kg)
		H	*I*	*J*	
75	75	150	250	480	26.4
		150	300	480	27.4
		150	500	480	31.1
100	75	160	250	500	32.1
		160	300	500	33.1
		160	500	500	36.8
100	100	170	250	530	34.9
		170	300	530	36.1
		170	500	530	41.0
125	75	160	280	500	37.6
		160	330	500	38.5
		160	530	500	42.3
125	100	170	250	530	39.9
		170	300	530	41.1
		170	500	530	46.0
150	75	160	280	530	46.5
		160	330	530	47.4
		160	530	530	51.1

续表

公称通径 DN	d_N	主要结构尺寸			质量 (kg)
		H	I	J	
150	100	170	280	550	49.4
		170	350	550	50.6
		170	530	550	55.5
200	75	170	300	540	60.4
		170	350	540	61.3
		170	550	540	65.1

注 承口、插口及盘尺寸与铸铁直管相同。

(4) 套管。

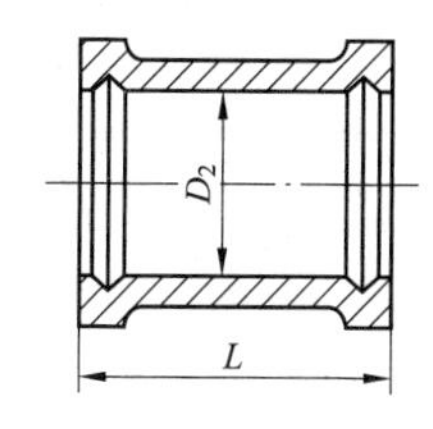

mm

公称通径 DN	套管		
	内径	管长	质量 (kg)
	D_2	L	
75	113	300	15.9
100	138	300	19.1
125	163	300	22.1
150	189	300	25.4
200	240	300	34.3
250	294	300	43.0
300	345	350	59.1
350	396	350	71.8
400	448	350	85.6

注 承口、插口及盘尺寸与铸铁直管相同。

(5) 三通(丁字管)。

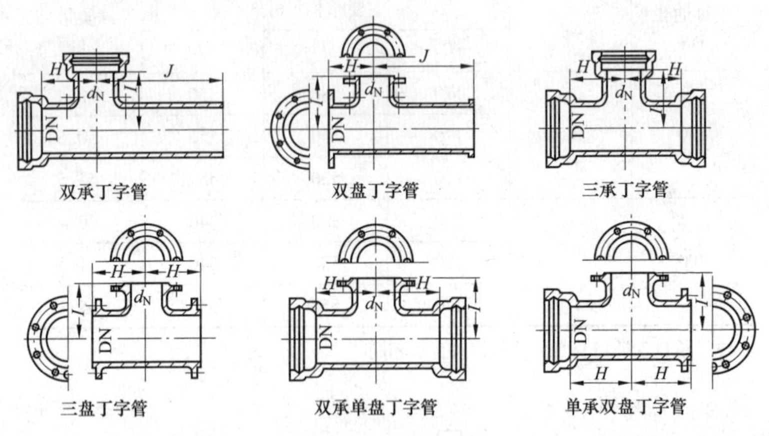

mm

公称通径DN	d_N	管长			双承三通	双盘三通	三承三通	三盘三通	双承单盘三通	单承双盘三通
		H	I	J	质量(kg)					
75	75	160	140	480	27.4	21.7	28.1	19.5	25.2	22.4
100	75	180	160	530	34.5	28.0	34.2	24.0	31.4	27.7
	100	180	160	530	36.6	29.3	36.4	25.3	32.7	29.0
125	75	190	180	560	41.3	34.0	39.7	28.1	36.9	32.5
	100	190	180	560	43.4	35.3	41.9	29.4	38.2	33.8
	125	190	180	560	45.2	36.4	43.7	30.5	39.3	34.9
150	75	190	190	600	51.6	43.6	46.8	33.7	44.0	38.8
	100	190	190	600	53.6	44.8	48.9	34.9	45.2	40.1
	125	190	190	600	55.4	45.8	50.7	36.0	46.2	41.1
	150	190	190	600	58.1	47.8	53.4	37.9	18.2	43.1
200	100	200	230	560	66.5	55.5	63.4	44.9	59.7	52.3
	125	200	230	560	68.4	56.6	65.2	46.0	60.8	53.4
	150	250	250	630	78.2	65.7	73.9	54.0	68.8	61.4
	200	250	250	630	83.7	68.9	79.4	57.2	72.0	64.6

续表

公称通径DN	d_N	管长			双承三通	双盘三通	三承三通	三盘三通	双承单盘三通	单承双盘三通
		H	I	J	质量（kg）					
250	100	230	250	600	90.5	78.1	84.6	63.5	81.0	72.2
	125	230	250	600	92.2	79.1	86.3	64.5	81.9	73.2
	150	230	250	600	94.8	81.0	89.0	66.4	83.8	75.1
	200	280	260	670	109.0	92.6	101.0	76.6	94.0	85.3
	250	280	260	670	115.0	98.0	108.0	82.0	99.4	90.7
300	100	240	280	600	113.0	99.4	105.0	81.0	102.0	91.4
	125	240	280	600	115.0	100.0	107.0	82.0	103.0	92.3
	150	240	280	600	118.0	102.0	110.0	83.8	105.0	94.2
	200	330	300	700	141.0	123.0	132.0	104.0	124.0	114.0
	250	330	300	700	147.0	128.0	138.0	109.0	130.0	119.0
	300	330	300	700	154.0	134.0	145.0	114.0	135.0	125.0
350	100	270	310	640	147.0	131.0	136.0	108.0	132.0	120.0
	125	270	310	640	149.0	132.0	138.0	109.0	133.0	121.0
	150	270	310	640	151.0	134.0	140.0	111.0	135.0	123.0
350	200	270	310	640	156.0	137.0	145.0	113.0	137.0	125.0
	250	360	340	750	187.0	166.0	174.0	141.0	165.0	153.0
	300	360	340	750	104.0	171.0	180.0	146.0	170.0	158.0
	350	360	340	750	203.0	179.0	190.0	154.0	178.0	166.0
400	100	290	350	650	181.0	163.0	168.0	134.0	164.0	149.0
	125	290	350	650	183.0	164.0	170.0	135.0	165.0	150.0
	150	290	350	650	186.0	166.0	172.0	137.0	167.0	152.0
	200	290	350	650	190.0	168.0	177.0	139.0	170.0	154.0
	350	410	390	780	234.0	210.0	219.0	180.0	211.0	195.0
	300	410	390	780	241.0	216.0	226.0	186.0	216.0	201.0
	350	410	390	780	250.0	223.0	235.0	193.0	223.0	208.0
	400	410	390	780	260.0	230.0	245.0	200.0	230.0	215.0

注 承口及插口尺寸与铸铁直管相同。

(6) 四通（十字管）。

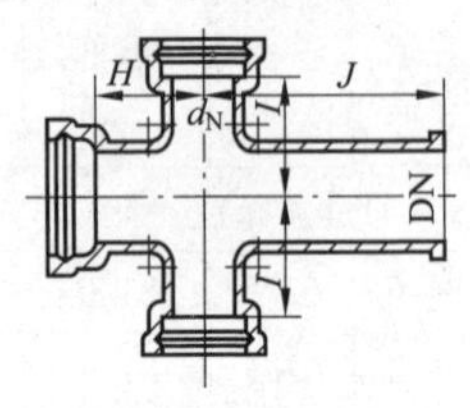

三承十字管

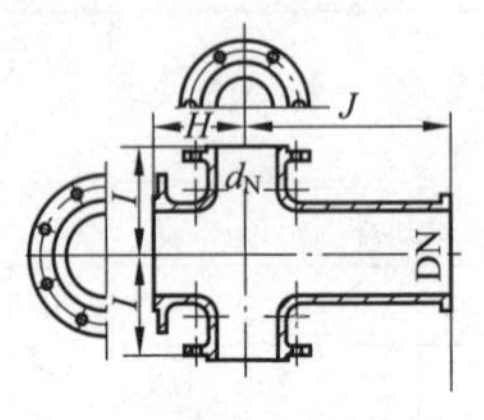

三盘十字管

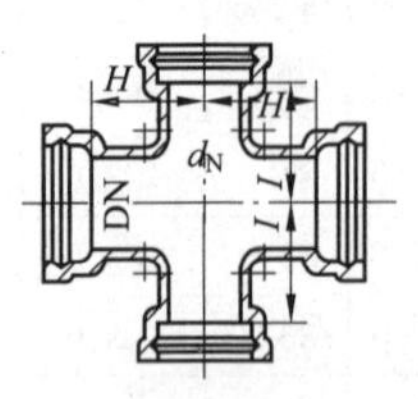

四承十字管

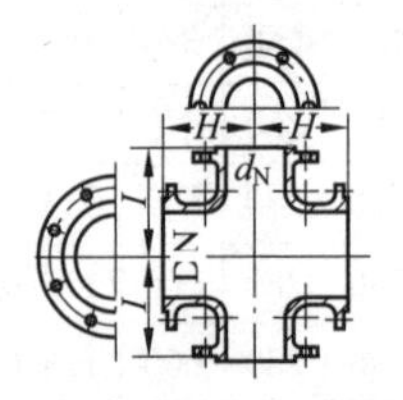

四盘十字管

mm

公称通径 DN	d_N	管长			三承四通	三盘四通	四承四通	四盘四通
		H	I	J	质量（kg）			
75	75	160	140	480	35.8	27.2	36.5	25.1
100	75	180	160	530	43.9	33.6	42.7	29.6
	100	180	160	530	47.2	38.2	47.0	32.2
125	75	190	180	560	49.9	39.8	48.3	33.8
	100	190	180	560	54.1	42.3	52.6	36.4
	125	190	180	560	57.8	44.6	56.3	38.7
150	75	190	190	600	60.0	49.2	55.3	39.3
	100	190	190	600	64.1	51.6	59.4	41.8
	125	190	190	600	67.6	53.7	62.9	43.8
	150	190	190	600	73.1	57.6	68.4	47.8
200	100	200	230	560	77.5	62.7	74.2	52.1
	125	200	230	560	81.1	64.9	77.8	54.2
	150	250	250	630	94.4	76.7	90.1	65.0
	200	250	250	630	105.0	83.2	101.0	71.5

续表

公称通径 DN	d_N	管长			三承四通	三盘四通	四承四通	四盘四通
		H	I	J	质量（kg）			
250	100	230	250	600	101.0	85.1	95.3	70.4
	125	230	250	600	105.0	87.0	98.7	72.4
	150	230	250	600	110.0	90.8	104.0	70.1
	200	280	260	670	129.0	106.0	122.0	89.5
	250	280	260	670	142.0	116.0	135.0	100.0
300	100	240	280	600	124.0	106.0	116.0	88.0
	125	240	280	600	127.0	108.0	119.0	89.9
	150	240	280	600	133.0	112.0	125.0	93.6
	200	330	300	700	161.0	136.0	153.0	117.0
	250	330	300	700	175.0	147.0	166.0	128.0
	300	330	300	700	189.0	158.0	180.0	138.0
350	100	270	310	640	158.0	138.0	147.0	115.0
	125	270	310	640	161.0	140.0	150.0	117.0
	150	270	310	640	166.0	144.0	155.0	121.0
	200	270	310	640	175.0	149.0	164.0	125.0
	250	360	340	750	215.0	185.0	201.0	160.0
	300	360	340	750	228.0	196.0	215.0	170.0
	350	360	340	750	247.0	211.0	233.0	185.0
400	100	290	350	650	192.0	170.0	179.0	142.0
	125	290	350	650	196.0	172.0	182.0	143.0
	150	290	350	650	201.0	176.0	188.0	147.0
	200	290	350	650	210.0	180.0	197.0	152.0
	250	410	390	780	263.0	230.0	248.0	200.0
	300	410	390	780	277.0	241.0	262.0	211.0
	350	410	390	780	295.0	256.0	280.0	226.0
	400	410	390	780	315.0	270.0	300.0	240.0

注 承口及插口尺寸与铸铁直管相同。

(7) 异径管。

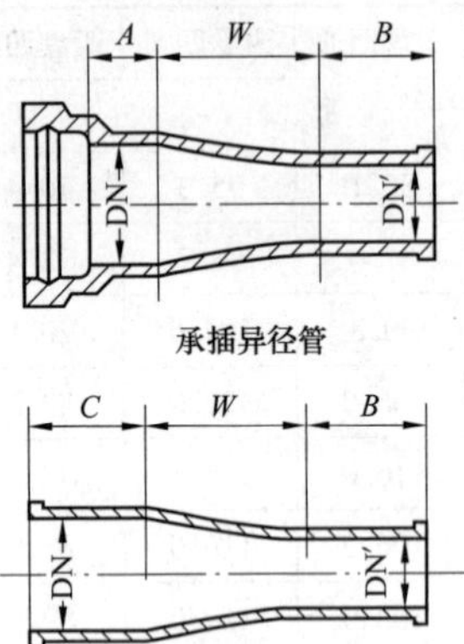

承插异径管

双承异径管

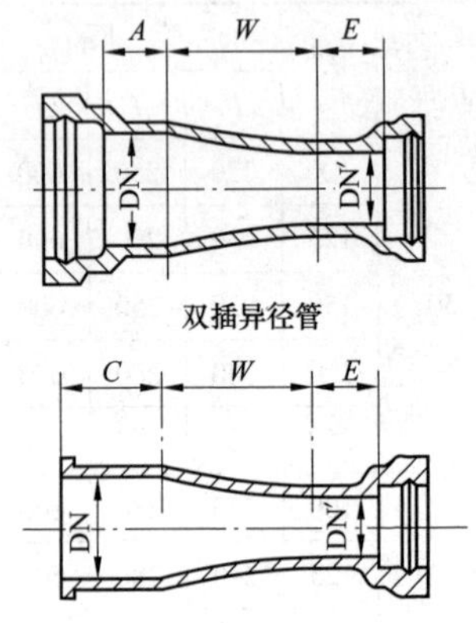

双插异径管

插承异径管

mm

DN	DN′	基本尺寸					承插	双承	双插	插承
		A	*B*	*C*	*E*	*W*	质量(kg)			
100	75	50	200	200	50	300	19.9	23.7	15.2	19.1
125	75	50	200	200	50	300	22.1	25.9	17.0	20.8
	100	50	200	200	50	300	24.4	29.0	19.3	23.9
150	100	55	200	200	50	300	27.9	32.5	22.2	26.8
	125	55	200	200	50	300	30.3	35.4	24.6	29.7
200	100	60	200	200	50	300	34.4	39.0	26.2	30.8
	125	60	200	200	50	300	36.7	41.8	28.5	33.6
	150	60	200	200	50	300	40.5	46.2	32.3	38.0
250	100	70	200	200	50	400	47.1	51.7	36.1	40.7
	125	70	200	200	50	400	49.8	54.9	38.8	43.9
	150	70	200	200	55	400	54.1	59.8	43.1	48.8
	200	70	200	200	60	400	60.1	68.3	49.1	57.3
300	100	80	200	200	50	400	57.1	61.7	43.3	47.9
	125	80	200	200	50	400	59.9	65.0	46.0	51.1
	150	80	200	200	55	400	64.3	70.0	50.4	56.1
	200	80	200	200	60	400	70.3	78.5	56.4	64.7
	250	80	200	200	70	400	78.8	89.9	65.0	76

续表

DN	DN′	基本尺寸					承插	双承	双插	插承
		A	*B*	*C*	*E*	*W*	质量（kg）			
350	150	80	200	200	55	400	76.0	81.7	58.6	64.3
	200	80	200	200	60	400	82.0	90.2	64.7	72.9
	250	80	200	200	70	400	90.7	102.0	73.3	84.4
	300	80	200	200	80	400	100.0	114.0	82.7	96.5
400	150	90	200	200	55	500	96.3	102.0	77.8	83.5
	200	90	200	220	60	500	103.0	112.0	84.9	93.1
	250	90	200	220	70	500	114.0	125.0	95.1	106.0
	300	90	200	220	80	500	124.0	138.0	106.0	120.0
	350	90	200	220	80	500	140.0	155.0	122.0	137.0

4. 排水铸铁管件

（1）弯头。

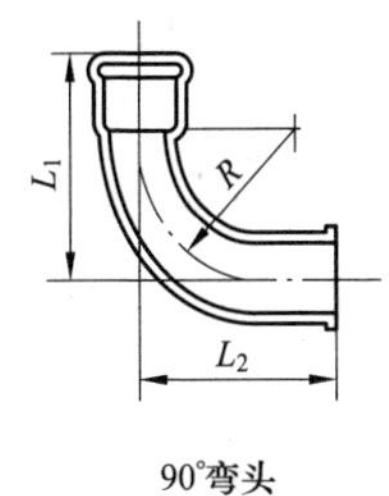

90°弯头

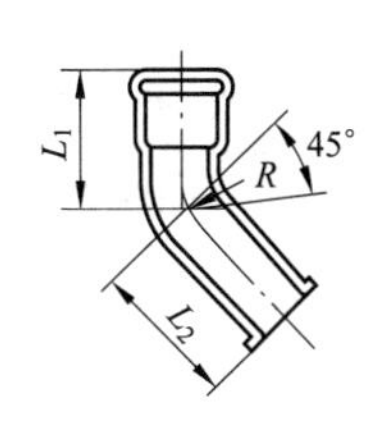

45°弯头

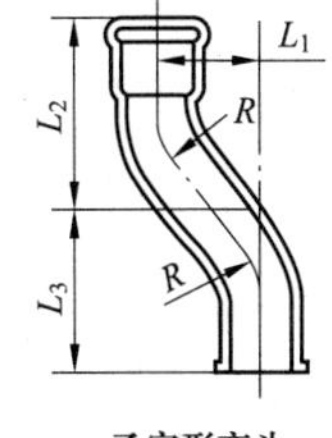

乙字形弯头

mm

公称通径 DN	90°弯头				45°弯头				乙字形弯头				
	L_1	L_2	R	质量(kg)	L_1	L_2	R	质量(kg)	L_1	L_2	L_3	R	质量(kg)
50	165	175	105	2.5	110	110	80	2.0					
75	182	187	117	3.6	121	120	90	2.9	140	205	205	140	4.6
100	200	210	130	5.1	130	130	100	4.0	140	210	210	140	6.1
125	217	222	142	8.5	138	130	110	6.0	150	225	225	150	9.6
150	230	235	155	9.9	140	155	125	7.7	150	225	225	150	11.3
200	260	270	180	16.8	160	195	140	13.5	160	240	240	160	17.3

（2）三通（丁字管）。

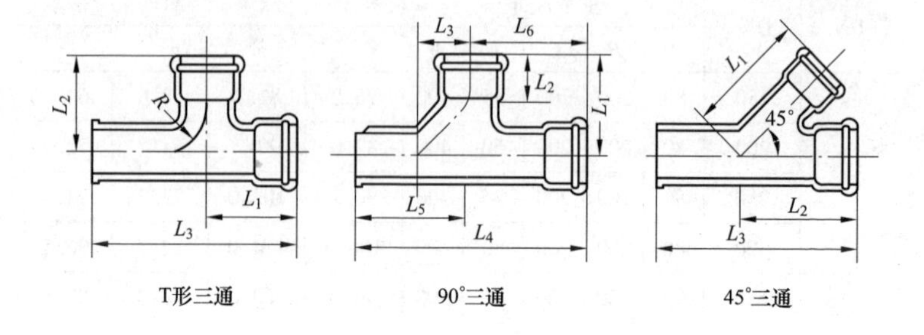

T形三通　　90°三通　　45°三通

mm

公称通径 DN	d_N	T形三通					90°三通							45°三通			
		L_1	L_2	L_3	R	质量（kg）	L_1	L_2	L_3	L_4	L_5	L_6	质量（kg）	L_1	L_2	L_3	质量（kg）
50	50	123	138	290	78	3. 6	170	85	85	260	175	85	3. 8	190	190	280	3. 9
75	50	123	140	300	80	4. 6	170	85	55	285	—	—	4. 7	200	210	320	5. 1
	75	142	154	302	89	5. 1	235	115	115	340	220	120	6. 4	210	210	338	5. 7
100	50	125	170	325	110	6. 0	235	85	150	340	—	—	6. 9	210	240	340	6. 3
	75	147	175	325	100	6. 5	273	115	158	340	—	—	7. 9	220	240	380	7. 3
	100	160	180	355	110	7. 3	273	127	147	390	261	126	9. 3	230	240	388	8. 3
125	50	140	175	350	110	8. 7	273	85	188	390	—	—	10. 3	250	260	380	9. 5
	75	152	175	355	110	9. 2	274	115	159	350	—	—	10. 3	250	265	390	10. 2
	100	165	180	380	110	10. 2	274	127	147	390	—	—	11. 7	250	265	390	10. 7
	125	180	185	380	110	11. 0	306	133	173	430	297	133	14. 8	280	280	420	12. 9
150	50	140	185	380	125	10. 7	306	85	221	430	—	—	12. 9	280	290	420	11. 9
	75	152	190	380	125	11. 1	306	115	191	430	—	—	13. 6	280	285	420	12. 4
	100	165	195	380	125	11. 6	306	127	179	430	—	—	14. 4	280	295	430	13. 2
	125	177	200	380	125	12. 5	306	133	173	430	—	—	16. 5	280	300	450	14. 8
	150	198	200	408	125	13. 5	338	138	200	473	335	138	18. 8	317	317	470	17. 2
200	200	220	230	500	150	23. 2	373	145	215	510	352	158	29. 4	385	385	520	27. 5

(3) 四通(十字管)。

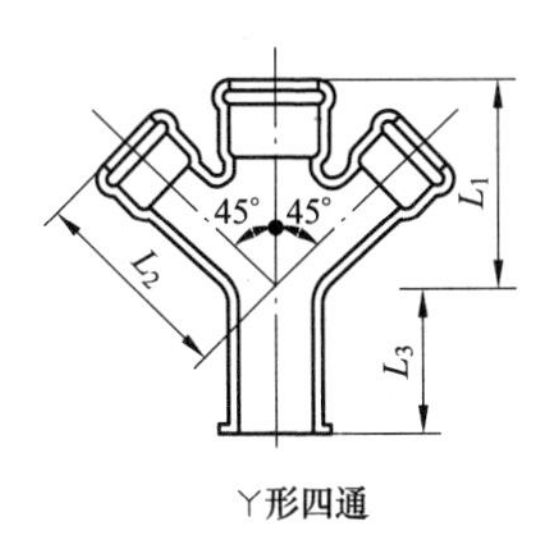

丫形四通

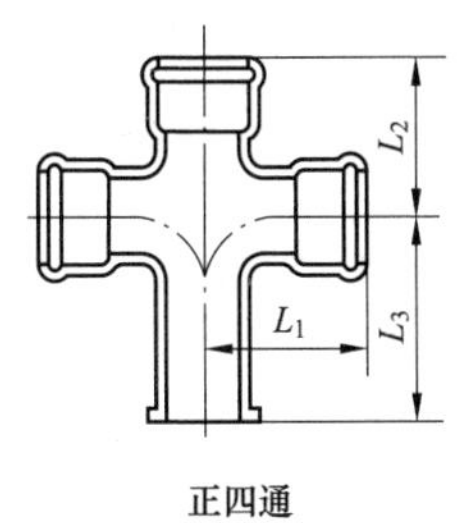

正四通

mm

公称通径DN	d_N	丫形四通				正四通			
		L_1	L_2	L_3	质量(kg)	L_1	L_2	L_3	质量(kg)
50	50	190	185	105	5. 4	140	125	150	5. 1
75	50	200	210	110	5. 1	140	120	177	5. 7
	75	210	210	110	7. 7	162	138	177	7. 7
100	50	210	240	100	6. 3	170	125	200	7. 3
	75	220	240	140	7. 3	175	147	198	8. 1
	100	254	254	125	11. 0	175	156	190	10. 7
125	50	250	260	120	9. 5	175	140	210	9. 9
	75	250	265	125	10. 2	175	152	203	10. 7
	100	250	265	125	10. 7	180	165	215	12. 4
	125	286	286	140	17. 1	197	172	202	16. 6
150	50	280	290	130	11. 9	185	140	240	11. 8
	75	280	285	135	12. 4	190	152	228	12. 6
	100	280	295	135	13. 2	195	165	215	13. 6
	125	280	300	150	14. 8	200	177	203	15. 4
	150	317	315	150	21. 8	207	182	212	20. 2
200	200	385	385	160	36. 0	240	215	240	34. 3

（4）扫除口。

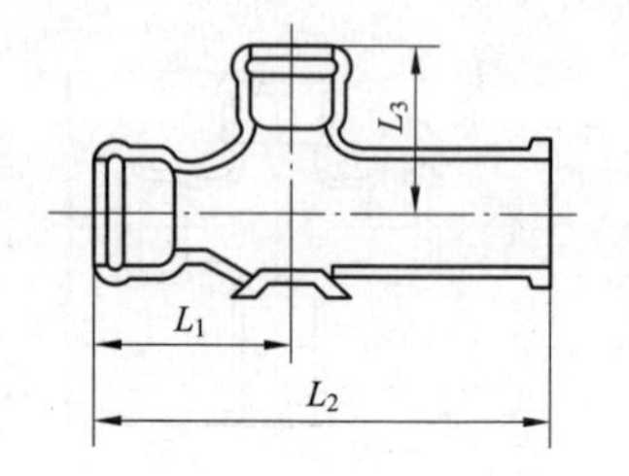

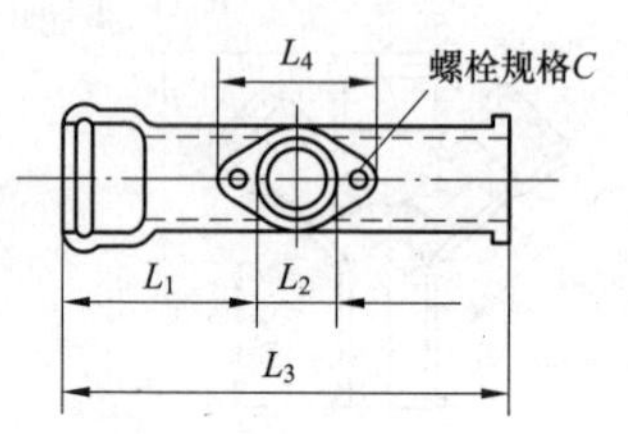

mm

公称通径 DN	L_1	L_2	L_3	L_4	C（m）	质量（kg）
50	120	35	260	95	3/8	2.6
75	125	60	340	120	3/8	4.4
100	130	85	390	155	1/2	6.4
125	140	110	430	180	1/2	10.3
150	140	130	470	200	1/2	13.0

（5）管箍。

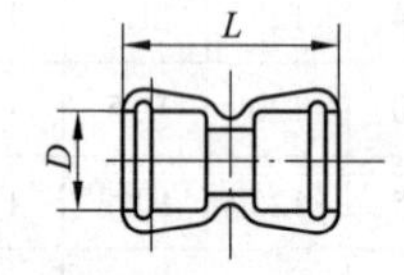

mm

公称通径 DN	d_N	承口直径 D	管长 L	质量（kg）
50	50	80	150	2.1
75	50	105×80	155	2.5
	75	105	165	2.9
100	50	130×80	170	3.2
	75	130×105	175	3.4
	100	130	180	3.7

续表

公称通径 DN	d_N	承口直径 D	管长 L	质量（kg）
125	50	157×80	185	4.3
	75	157×105	185	4.6
	100	157×130	185	4.9
	125	157	190	5.7
150	100	182×130	185	5.8
	125	182×157	185	6.3
	150	182	190	6.7
200	150	234×182	195	9.0
	200	234	200	10.0

（6）P、S 形承插存水弯。

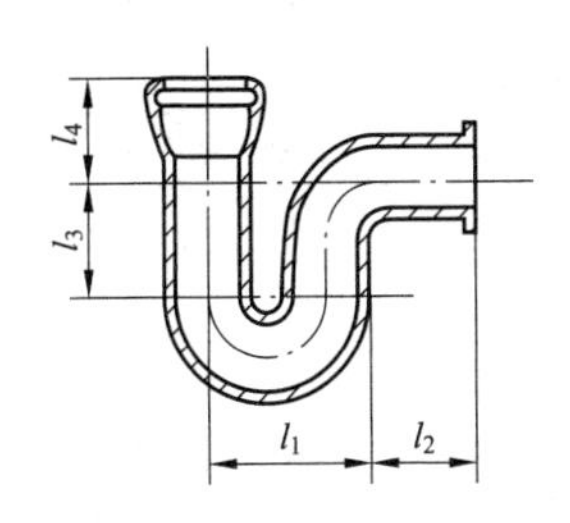

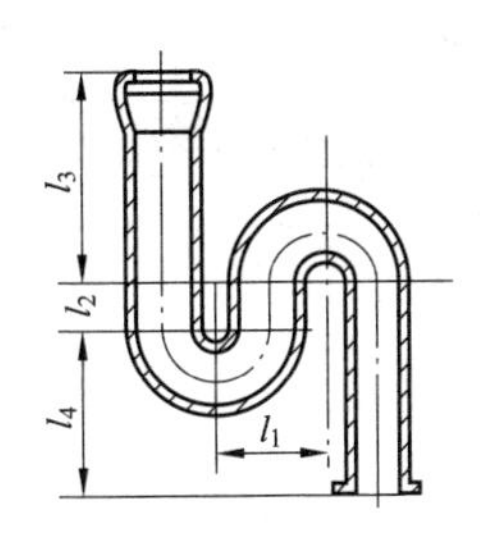

mm

名称	内径	l_1	l_2	l_3	l_4	每个质量（kg）
P 形承插存水弯	50	127.5	120	80	120	4.1
	75	165	125	92	137	6.6
	100	195	135	105	150	9.7
	125	247.5	135	115	172	16.4
S 形承插存水弯	50	80	30	150	145	4.6
	75	105	30	155	160	7.4
	100	130	30	185	190	11.3
	125	157	30	227	238	20.0

5. 建筑给水用硬聚氯乙烯（PVC－U）管件（GB/T 10002.2—1998）

（1）承接口。

mm

品种	示图	规格尺寸		用途
		管材公称外径 d_e	最小承口长度 L	
弹性密封圈连接型承插口	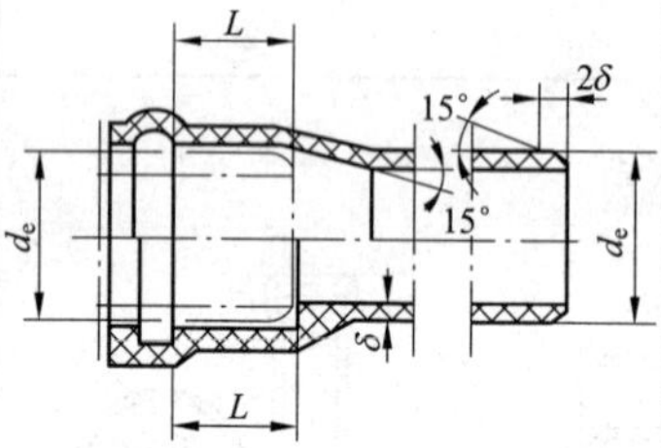	63	64	与给水用 PVC－U 管材配套使用。广泛应用于房屋建筑的自来水供水系统，适用于输送水温不超过45℃的给水管道
		75	67	
		90	70	
		110	75	
		125	78	
		140	81	
		160	86	
		180	90	
		200	94	
		225	100	
		250	105	
		280	112	
		315	118	
溶剂粘接型承插口	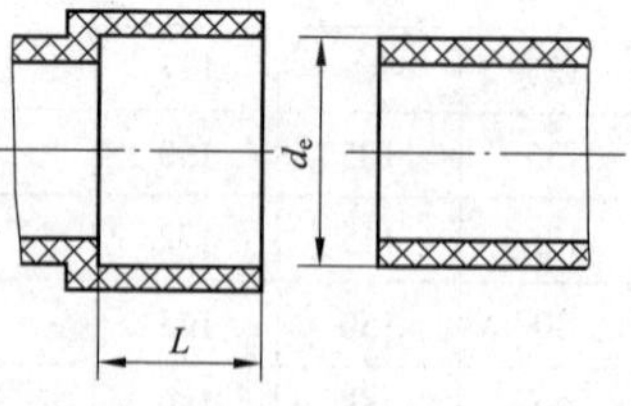	20	16.0	
		25	18.5	
		32	22.0	
		40	26.0	
		50	31.0	
		63	37.5	
		75	43.5	
		90	51.0	
		110	61.0	
		125	68.5	
		140	76.0	
		160	86.0	

（2）弯头。

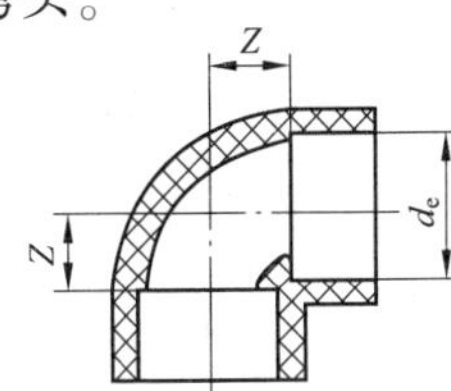

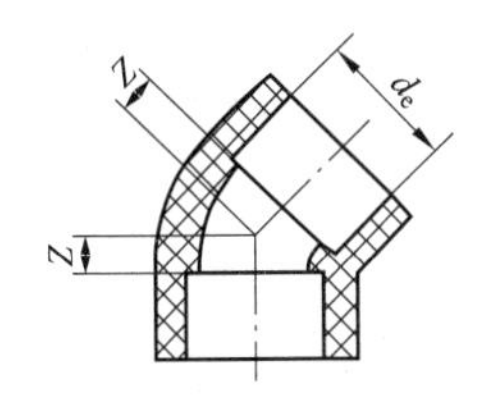

mm

承口公称直径 d_e	Z		承口公称直径 d_e	Z		用途
	90°弯头	45°弯头		90°弯头	45°弯头	
20	11±1	5±1	75	38.5^{+4}_{-1}	16.5^{+4}_{-1}	与给水用硬聚氯乙烯管材配套使用。广泛用于供水工程、市政建设、住宅小区的给水管网及室内给水管道工程等
25	$13.5^{+1.2}_{-1}$	$6^{+1.2}_{-1}$	90	46^{+5}_{-1}	19.5^{+5}_{-1}	
32	$17^{+1.6}_{-1}$	$7.5^{+1.6}_{-1}$	110	56^{+6}_{-1}	23.5^{+6}_{-1}	
40	21^{+2}_{-1}	9.5^{+2}_{-1}	125	63.5^{+6}_{-1}	27^{+2}_{-1}	
50	$26^{+2.5}_{-1}$	$11.5^{+2.5}_{-1}$	140	71^{+7}_{-1}	30^{+7}_{-1}	
63	$32.5^{+3.2}_{-1}$	$14^{+3.2}_{-1}$	160	81^{+8}_{-1}	34^{+8}_{-1}	

（3）三通。

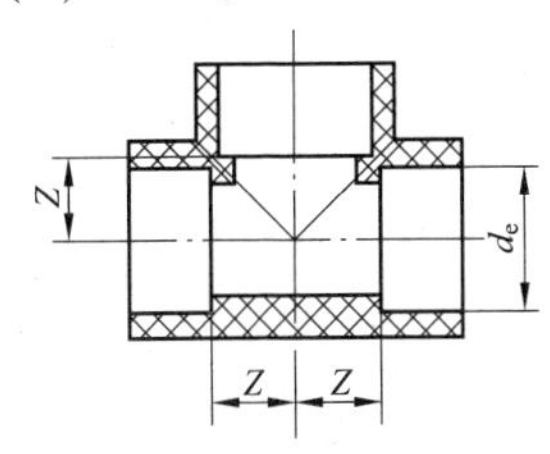

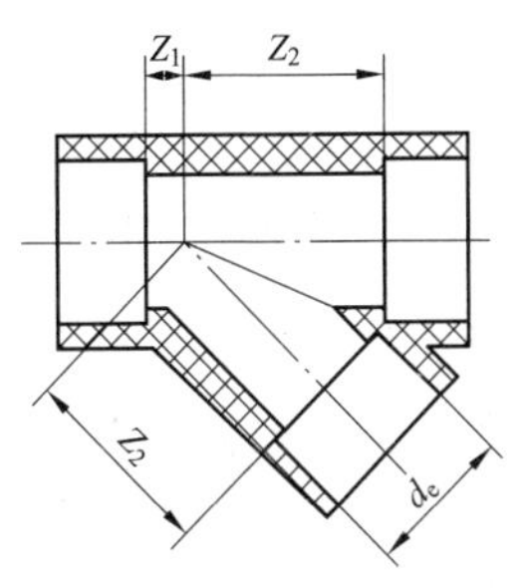

mm

承口公称直径 d_e	90°三通	45°三通		承口公称直径 d_e	90°三通	45°三通		用途
	Z	Z_1	Z_2		Z	Z_1	Z_2	
20	11±1	6^{+2}_{-1}	27±3	75	38.5^{+4}_{-1}	17^{+2}_{-1}	94^{+9}_{-3}	与给水用硬聚氯乙烯管材配套使用。广泛用于建筑物内外给水用管道，可以在一定压力下输送温度不超过45℃的饮用水和一般用水
25	$13.5^{+1.2}_{-1}$	7^{+2}_{-1}	33±3	90	46^{+5}_{-1}	20^{+3}_{-1}	112^{+11}_{-3}	
32	$17^{+1.6}_{-1}$	8^{+2}_{-1}	42^{+4}_{-3}	110	56^{+6}_{-1}	24^{+3}_{-1}	137^{+13}_{-4}	
40	21^{+2}_{-1}	10^{+2}_{-1}	51^{+5}_{-3}	125	63.5^{+6}_{-1}	27^{+3}_{-1}	157^{+15}_{-4}	
50	$26^{+2.5}_{-1}$	12^{+2}_{-1}	63^{+6}_{-3}	140	71^{+7}_{-1}	30^{+4}_{-1}	175^{+17}_{-5}	
63	$32.5^{+3.2}_{-1}$	14^{+2}_{-1}	79^{+7}_{-3}	160	81^{+8}_{-1}	35^{+4}_{-1}	200^{+20}_{-6}	

(4) 异径管。

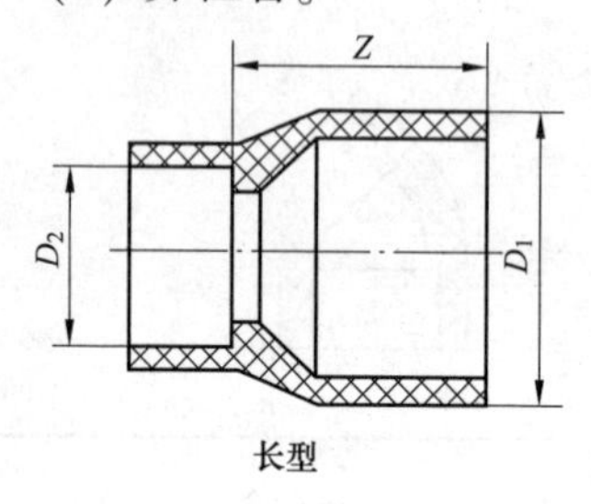

长型

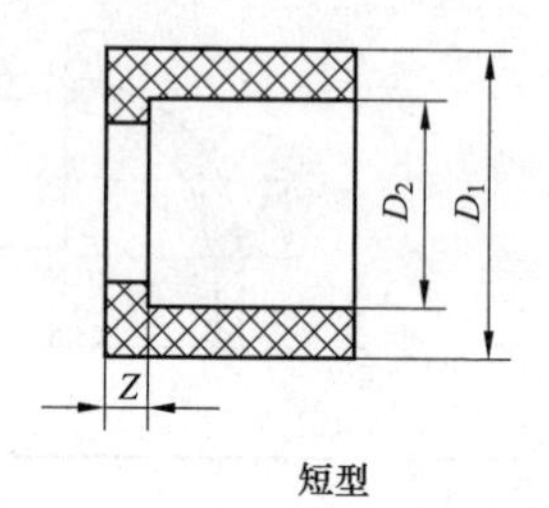

短型

mm

公称直径		长型	短型	公称直径		长型	短型	公称直径		长型	短型	用途
D_1	D_2	Z		D_1	D_2	Z		D_1	D_2	Z		
25	20	25	2.5	63	50	54	6.5	125	63	100	31	与给水用硬聚氯乙烯管材配套使用。适用于输送水温不超过 45℃的给水管道
32	20	30	6	75	32	62	21.5	125	75	100	25	
32	25	30	3.5	75	40	62	17.5	125	90	100	17.5	
40	20	36	10	75	50	62	12.5	125	110	100	7.5	
40	25	36	7.5	75	63	62	6	140	75	111	32.5	
40	32	36	4	90	40	74	25	140	90	111	25	
50	20	44	15	90	50	74	20	140	110	111	15	
50	25	44	12.5	90	63	74	13.5	140	125	111	7.5	
50	32	44	9	90	75	74	7.5	160	90	126	35	
50	40	44	5	110	50	88	30	160	110	126	25	
63	25	54	19	110	63	88	23.5	160	125	126	17.5	
63	32	54	15.5	110	75	88	17.5	160	140	126	10	
63	40	54	11.5	110	90	88	10	—	—	—	—	

(5) 套管。

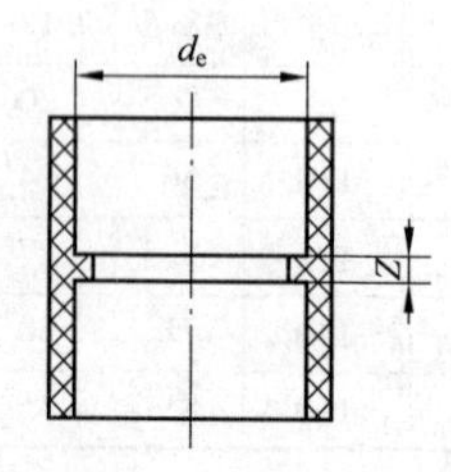

mm

承口公称直径 d_e	Z	承口公称直径 d_e	Z	承口公称直径 d_e	Z	用途
20	3±1	50	3^{+2}_{-1}	110	6^{+3}_{-1}	与给水用硬聚氯乙烯管材配套使用。适用于输送水温不超过45℃的给水管道
25	$3^{+1.2}_{-1}$	63	3^{+2}_{-1}	125	6^{+3}_{-1}	
32	$3^{+1.6}_{-1}$	75	4^{+2}_{-1}	140	8^{+3}_{-1}	
40	3^{+2}_{-1}	90	5^{+2}_{-1}	160	8^{+4}_{-1}	

(6) 活接头。

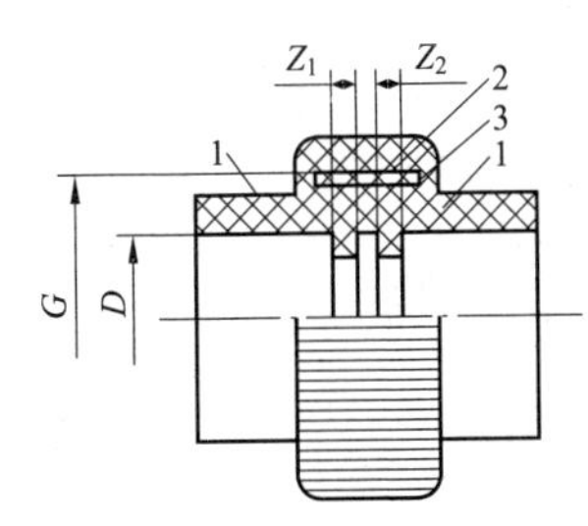

1—承口端；2—PVC 螺帽；3—平密封垫圈

mm

接头端（承口）			接头螺帽规格 G (in)	用途
D	Z_1	Z_2		
20	8±1	3±1	1	与给水用硬聚氯乙烯管材配套使用。适用于输送水温不超过 45℃ 的给水管道
25	$8^{+1.2}_{-1}$	3±1	1¼	
32	$8^{+1.6}_{-1}$	3±1	1½	
40	10^{+2}_{-1}	3±1	2	
50	12^{+2}_{-1}	3±1	2¼	
63	15^{+2}_{-1}	3±1	2¾	

(7) 90°弯头和三通。

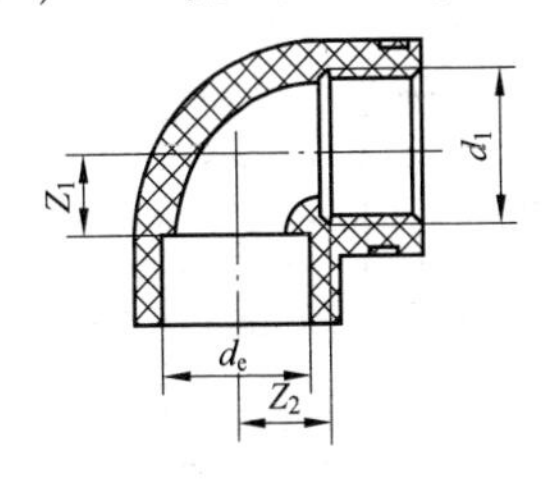

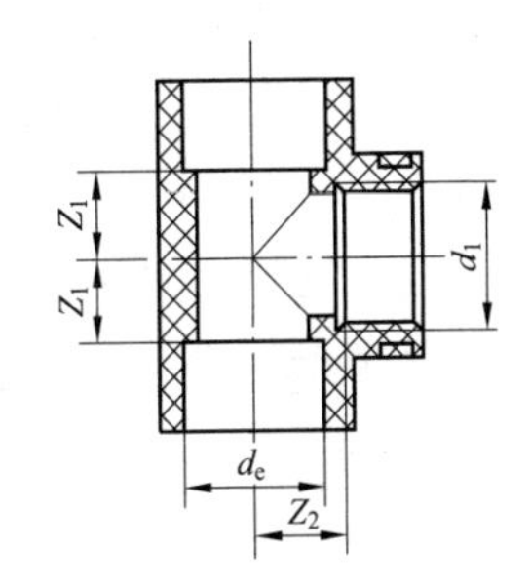

mm

承口公称直径 d_e	螺纹尺寸 d_1（in）	Z_1	Z_2	用途
20	RC½	11±1	14±1	与给水用硬聚氯乙烯管材配套使用。广泛用于建筑工程、自来水供水工程、水处理工程、园林工程及其他工业用管等
25	RC¾	$13.5^{+1.2}_{-1}$	$17^{+1.2}_{-1}$	
32	RC1	$17^{+1.6}_{-1}$	$22^{+1.6}_{-1}$	
40	RC1¼	21^{+2}_{-1}	28^{+2}_{-1}	
50	RC1½	$26^{+2.5}_{-1}$	$38^{+2.5}_{-1}$	
63	RC2	$32.5^{+3.2}_{-1}$	$47^{+3.2}_{-1}$	

（8）粘接和内螺纹变接头。

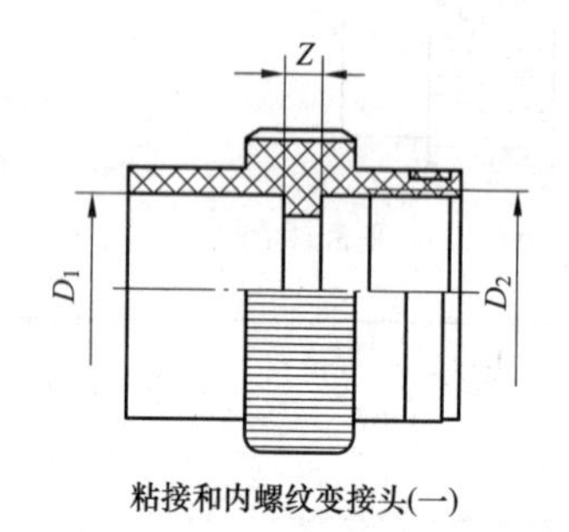

粘接和内螺纹变接头(一)

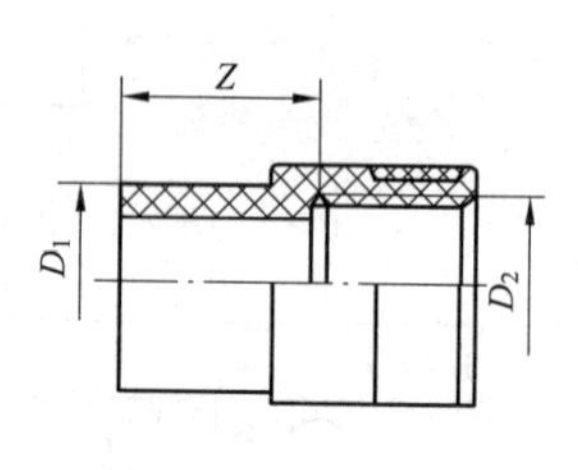

粘接和内螺纹变接头(二)

mm

承口、插口公称直径 D_1	粘接和内螺纹变接头（一）		粘接和内螺纹变接头（二）		用途
	螺纹尺寸 D_2（in）	Z	螺纹尺寸 D_2（in）	Z	
20	RC½	5±1	RC⅜	24±1	与给水用硬聚氯乙烯管材配套使用。广泛用于供水工程、室内给水管道工程、水处理工程等
25	RC¾	$5^{+1.2}_{-1}$	RC½	$27^{+1.2}_{-1}$	
32	RC1	$5^{+1.6}_{-1}$	RC¾	$32^{+1.6}_{-1}$	
40	RC1¼	5^{+2}_{-1}	RC1	38^{+2}_{-1}	
50	RC1½	7^{+2}_{-1}	RC1¼	$46^{+2.5}_{-1}$	
63	RC2	7^{+2}_{-1}	RC1½	$57^{+3.2}_{-1}$	

(9) 粘接和外螺纹变接头。

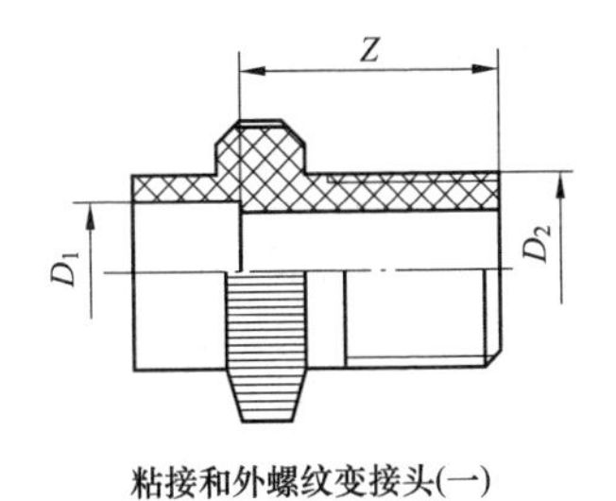

粘接和外螺纹变接头(一)

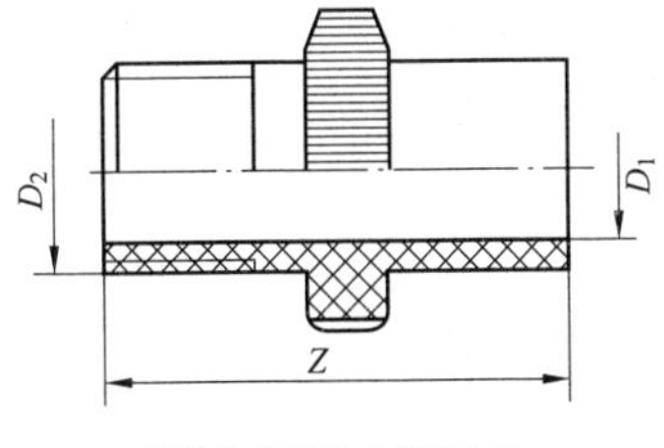

粘接和外螺纹变接头(二)

mm

承口、插口公称直径 D_1	粘接和外螺纹变接头（一）		粘接和外螺纹变接头（二）		用途
	螺纹尺寸 D_2（in）	Z	螺纹尺寸 D_2（in）	Z	
20	R½	23±1	R½	42±1	与给水用硬聚氯乙烯管材配套使用。广泛用于供水工程、水处理工程等
25	R¾	$25^{+1.2}_{-1}$	R¾	$47^{+1.2}_{-1}$	
32	R1	$28^{+1.6}_{-1}$	R1	$54^{+1.6}_{-1}$	
40	R1¼	31^{+2}_{-1}	R1¼	60^{+2}_{-1}	
50	R1½	$32^{+2.5}_{-1}$	R1½	$66^{+2.5}_{-1}$	
63	R2	$38^{+3.2}_{-1}$	R2	$78^{+3.2}_{-1}$	

(10) PVC 接头端和金属件接头。

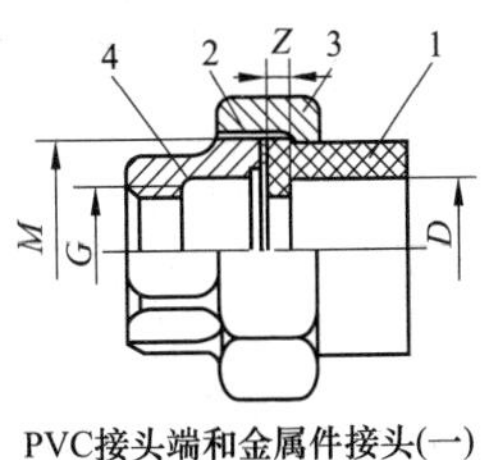

PVC接头端和金属件接头(一)

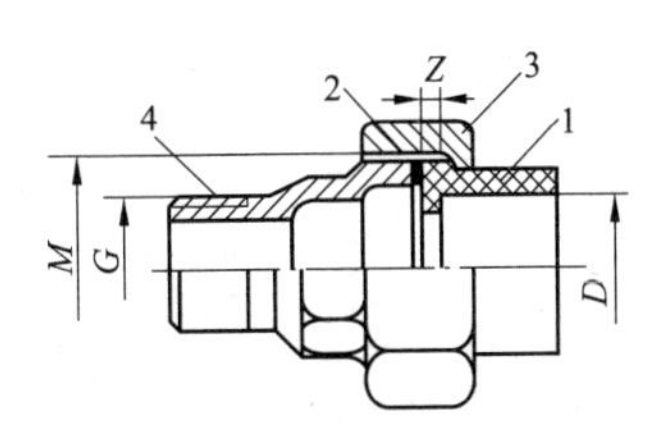

PVC接头端和金属件接头(二)

1—PVC 接头端；2—垫圈；3—接头螺帽；4—接头套

mm

PVC 接头端		接头螺帽规格 M	内或外螺纹接头端（金属）规格 G（in）	用途
承口公称直径 D	Z			
20	3±1	39×2	1/2	与给水用 PVC-U 管材配套使用。广泛用于供水工程
25	3±1	42×2	3/4	
32	3±1	52×2	1	
40	3±1	62×2	1¼	
50	3±1	72×2	1½	
63	3±1	82×2	3	

（11）PVC 接头端和活动金属螺帽。

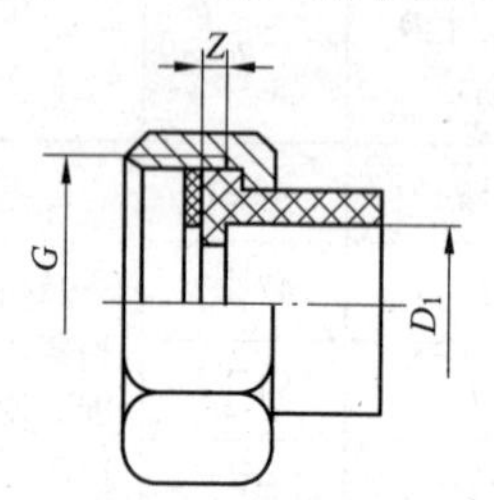

PVC接头端和活动金属螺帽(一)

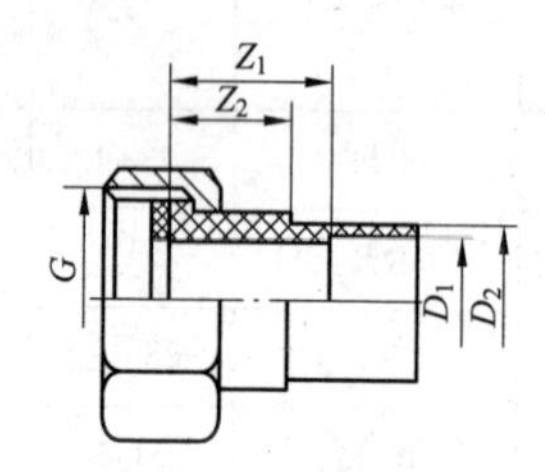

PVC接头端和活动金属螺帽(二)

mm

PVC 接头端和活动金属螺帽（一）			PVC 接头端和活动金属螺帽（二）					用途
接头端（承口）		金属螺帽规格 G（in）	接头端（承口）		接头端（插口）		金属螺帽规格 G（in）	
D_1	Z		D_2	Z_2	D_1	Z_1		
20	3±1	1	20	22^{+2}_{-1}	—	—	3/4	与给水用 PVC-U 管材配套使用。广泛用于供水工程等
25	3±1	1¼	25	23^{+2}_{-1}	20	26^{+3}_{-1}	1	
32	3±1	1½	32	26^{+3}_{-1}	25	29^{+3}_{-1}	1¼	
40	3±1	2	40	28^{+3}_{-1}	32	32^{+4}_{-1}	1½	
50	3±1	2¼	50	31^{+3}_{-1}	40	36^{+4}_{-1}	2	
63	3±1	2¾	—	—	—	—	—	

(12) 法兰和承口接头、插口接头。

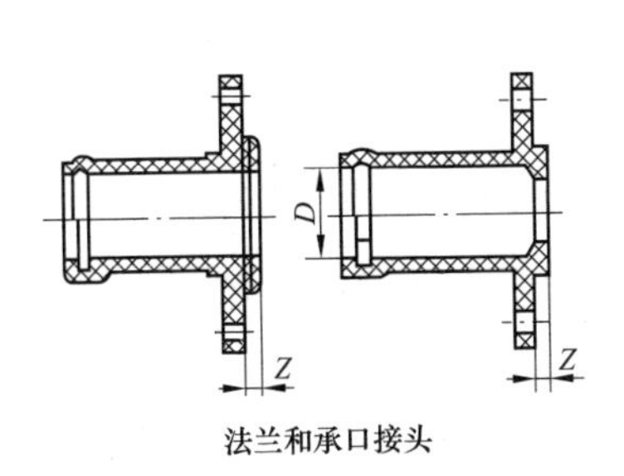

法兰和承口接头

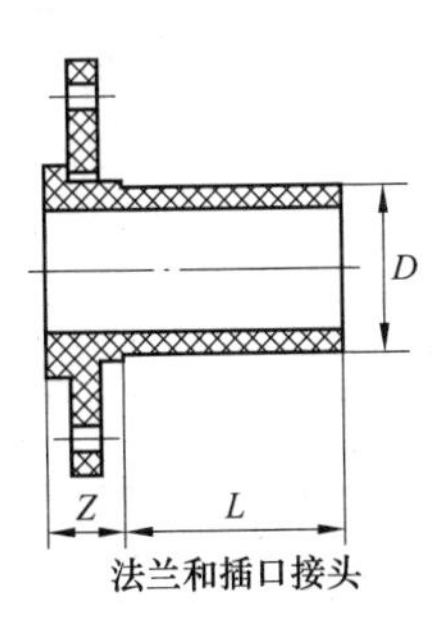

法兰和插口接头

mm

承口尺寸	公称直径 D	63	75	90	110	125	140	160	200	225
	Z_{min}	3	3	5	5	5	5	5	6	6
插口尺寸	Z_{min}	33	34	35	37	39	40	442	46	49
	L_{min}	76	82	89	98	104	111	121	139	151
	L_{max}	91	97	104	113	119	126	136	155	166
用途	与给水 PVC-U 管材配套使用。用于建筑工程、自来水供水工程、水处理工程等									

(13) 活套法兰变接头。

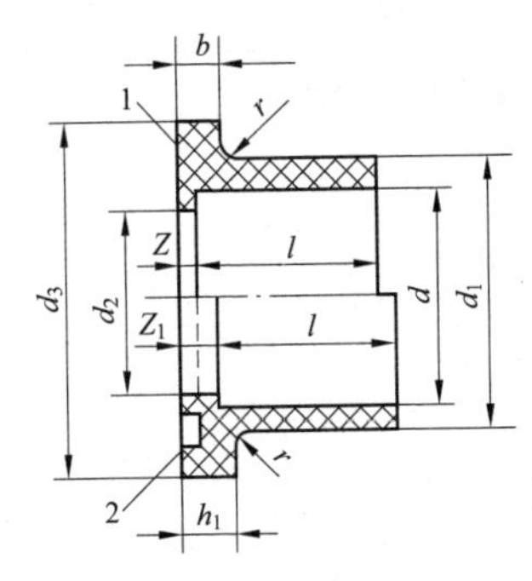

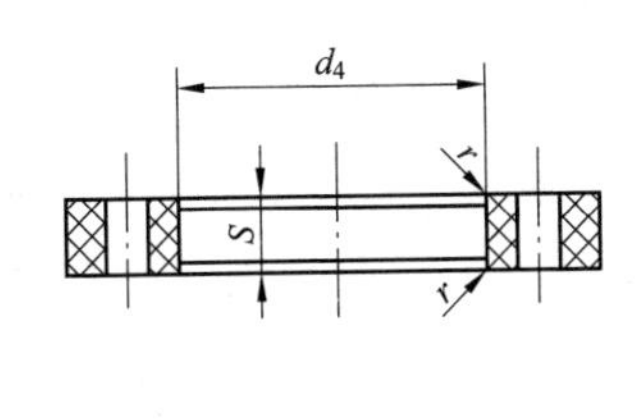

1—平面垫圈接合面；2—密封圈槽接合面

mm

承口公称直径	法兰变接头								活套法兰				用途
d	d_1	d_2	d_3	l	r_{max}	h	Z	h_1	Z_1	d_4	r_{min}	S	
20	27±0.15	16	34	16	1	6	3	9	6	$28^{0}_{-0.5}$	1	根据材质而定	与给水PVC－U管材配套使用。广泛用于建筑工程、自来水供水工程、水处理工程等
25	33±0.15	21	41	19	1.5	7	3	10	6	$34^{0}_{-0.5}$	1.5		
32	41±0.2	28	50	22	1.5	7	3	10	6	$42^{0}_{-0.5}$	1.5		
40	50±0.2	36	61	26	2	8	3	13	8	$51^{0}_{-0.5}$	2		
50	61±0.2	45	73	31	2	8	3	13	8	$62^{0}_{-0.5}$	2		
63	76±0.3	57	90	38	2.5	9	3	14	8	78^{0}_{-1}	2.5		
75	90±0.3	69	106	44	2.5	10	3	15	8	92^{0}_{-1}	2.5		
90	108±0.3	82	125	51	3	11	5	16	10	110^{0}_{-1}	3		
110	131±0.3	102	150	61	3	12	5	18	11	133^{0}_{-1}	3		
125	148±0.4	117	170	69	3	13	5	19	11	150^{0}_{-1}	3		
140	165±0.4	132	188	76	4	14	5	20	11	167^{0}_{-1}	4		
160	188±0.4	152	213	86	4	16	5	22	11	190^{0}_{-1}	4		
200	224±0.4	188	248	106	4	24	6	30	12	226^{0}_{-1}	4		
225	248±0.4	217	274	119	4	25	6	31	12	250^{0}_{-1}	4		

注　表内数据适用于公称压力为1MPa的变接头与活套法兰尺寸。

（14）弯头。

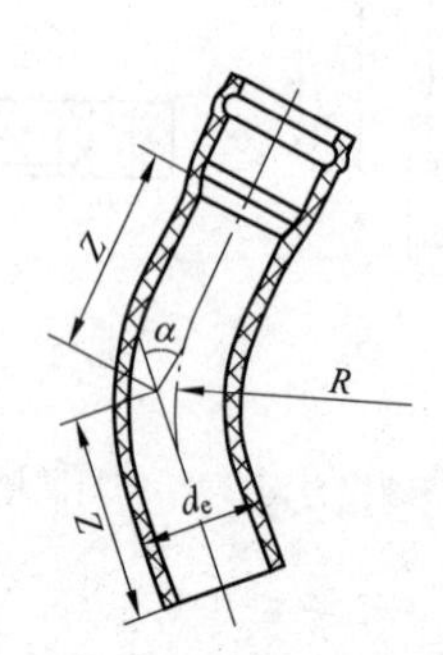

公称外径 d_e	R	弯曲角度 α					用途
		11°15′	20°30′	30°	45°	90°	
		Z_{min}					
63	221	160	182	198	230	359	与给水 PVC-U 管材配套使用。广泛用于建筑工程、自来水供水工程、水处理工程等
75	263	171	198	216	254	408	
90	315	185	217	239	285	469	
110	385	204	243	270	326	551	
140	490	233	282	316	387	674	
160	560	252	308	346	428	756	
225	788	313	392	446	562	1023	
250	875	337	424	485	613	1125	
280	980	365	463	531	674	1248	
315	1103	398	509	585	746	1392	

(15) 单承、双承弯头。

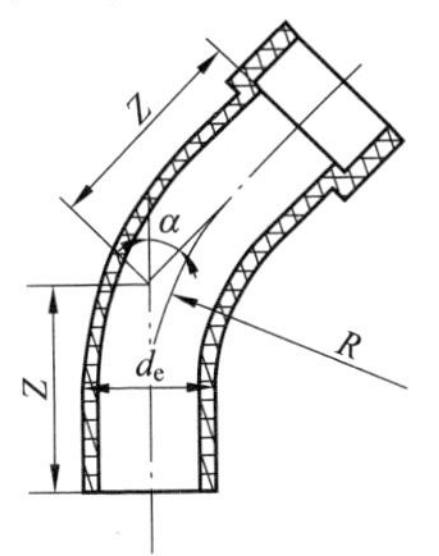

Ⅰ型双承弯头

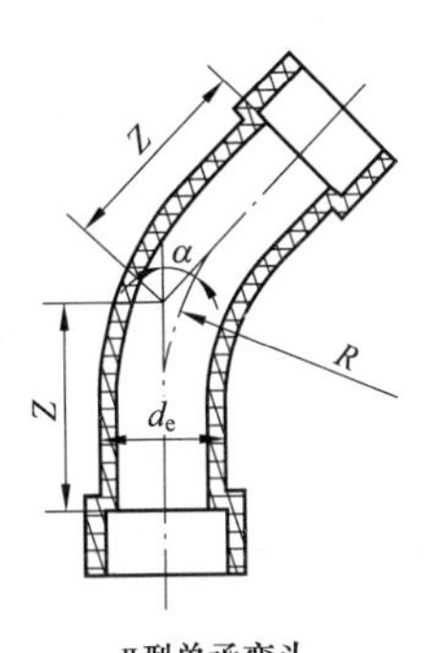

Ⅱ型单承弯头

mm

公称外径 d_e	R	弯曲角度 α					用途
		11°15′	20°30′	30°	45°	90°	
		Z_{min}					
20	50	25	30	34	41	70	与给水 PVC-U 管材配套使用。广泛用于建筑工程、自来水供水工程、水处理工程等
25	63	32	38	42	51	88	
32	80	40	48	54	66	112	
40	100	50	60	67	82	140	
50	125	63	75	84	102	175	

续表

公称外径 d_e	R	弯曲角度 α					用途
		11°15′	20°30′	30°	45°	90°	
		Z_{min}					
63	221	160	182	198	230	359	与给水 PVC-U 管材配套使用。广泛用于建筑工程、自来水供水工程、水处理工程等
75	263	171	198	216	254	408	
90	315	185	217	239	285	469	
110	385	204	243	270	326	551	
140	490	233	282	316	387	674	
160	560	252	308	346	428	756	

6. 建筑排水用硬聚氯乙烯（PVC-U）管件（GB/T 5836.2—2006）

（1）管件粘接承口。

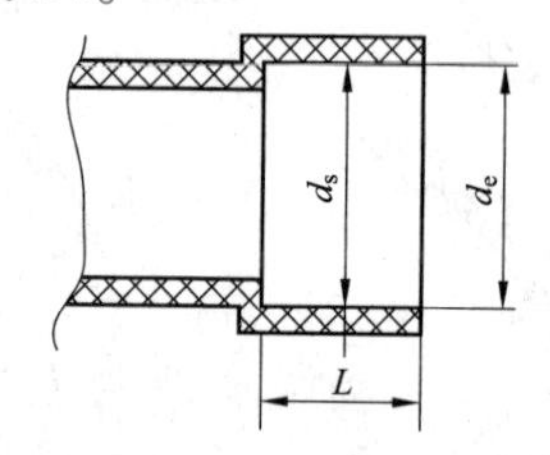

mm

公称直径 d_e	承口中部内径 d_s		承口深度 L_{min}	用途
	最小尺寸	最大尺寸		
40	40.1	40.4	25	与建筑排水用 PVC-U 管材配合使用。广泛用于工业与民用建筑室内外排水管道工程、工业废水管道等
50	50.1	50.4	25	
75	75.1	75.5	40	
90	90.1	90.5	46	
110	110.2	110.6	48	
125	125.2	125.6	51	
160	160.2	160.7	58	

（2）管箍。

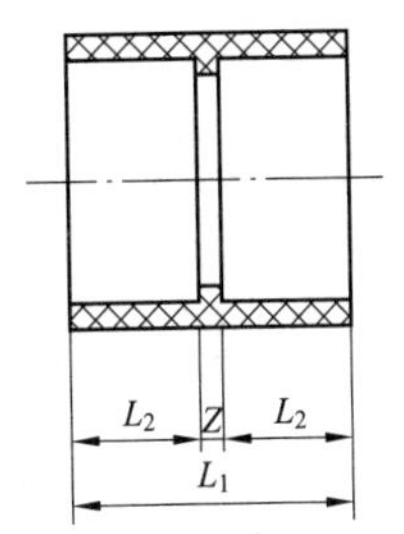

mm

公称直径	Z	L_2	L_1	用途
50	2	25	52	与排水 PVC-U 管材配合使用。广泛用于工业与民用建筑排水管道工程
75	2	40	82	
90	3	46	95	
110	3	48	99	
125	3	51	105	
160	4	58	120	

(3) 弯头。

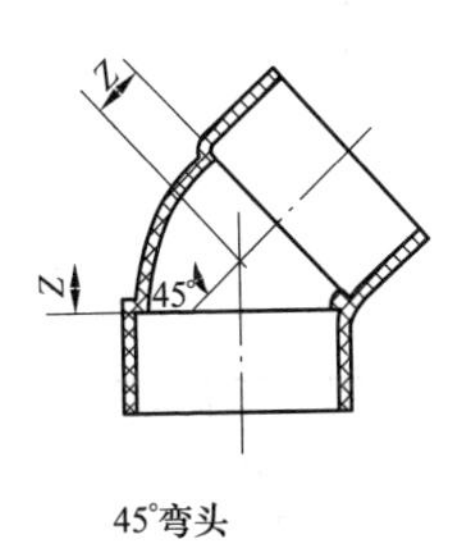

45°弯头

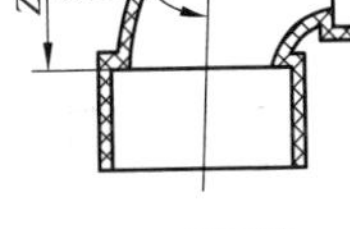

90°弯头

mm

型式	公称直径	$Z\geqslant$	用途
45°弯头	50	12	与排水 PVC-U 管材配合使用。广泛用于建筑排水、生活污水、废水的排放，市政工程及厂矿、企业的各种废水排放系统
	75	17	
	90	22	
	110	25	
	125	29	
	160	36	

mm

型式	公称直径	$Z \geqslant$	用途
90°弯头	50	40	与排水 PVC-U 管材配合使用。广泛用于建筑排水、生活污水、废水的排放，市政工程及厂矿、企业的各种废水排放系统
	75	50	
	90	52	
	110	70	
	125	72	
	160	90	

（4）90°顺水三通。

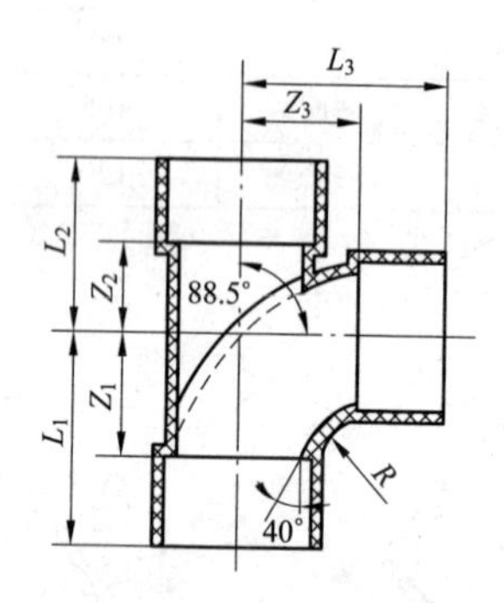

mm

公称直径	Z_1	Z_2	Z_3	L_1	L_2	L_3	R	用途
50×50	30	26	35	55	51	60	31	与排水 PVC-U 管材配合使用。广泛用于建筑排水、生活污水、废水的排放等
75×75	47	39	54	87	79	94	49	
90×90	56	47	64	102	93	110	59	
110×50	30	29	65	78	77	90	31	
110×75	48	41	72	96	89	112	49	
110×110	68	55	77	116	103	125	63	
125×125	77	65	88	178	116	139	72	
160×160	97	83	110	155	141	168	82	

（5）瓶型三通。

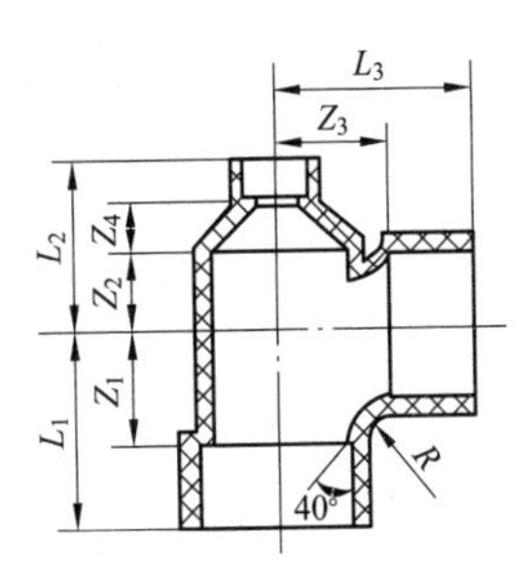

mm

公称直径	Z_1	Z_2	Z_3	Z_4	L_1	L_2	L_3	R
110×50	68	55	77	21	116	101	125	63
110×75	68	56	77	23	116	104	117	63
用途	与排水 PVC-U 管材配合使用。广泛用于工业与民用建筑排水管道工程							

（6）45°斜三通。

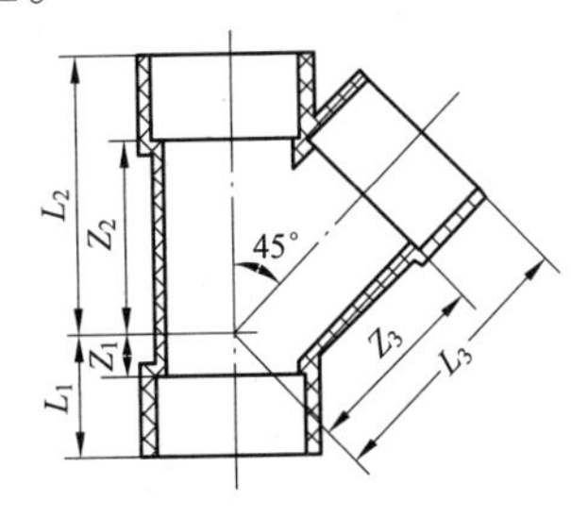

mm

公称直径	Z_1	Z_2	Z_3	L_1	L_2	L_3	用途
50×50	13	64	64	38	89	89	与排水 PVC-U 管材配合使用。广泛用于工业与民用建筑排水管道工程
75×50	-1	75	80	39	115	105	
75×75	18	94	94	58	134	134	
90×50	-8	87	95	38	133	120	
90×90	19	115	115	65	161	161	
110×50	-16	94	110	32	142	135	
110×75	-1	113	121	47	161	161	

续表

公称直径	Z_1	Z_2	Z_3	L_1	L_2	L_3	用途
110×110	25	138	138	73	186	186	与排水 PVC-U 管材配合使用。广泛用于工业与民用建筑排水管道工程
125×50	−26	104	120	25	155	145	
125×75	−9	122	132	42	173	172	
125×110	16	147	150	67	198	198	
125×125	27	157	157	78	208	208	
160×75	−26	140	158	32	198	198	
160×90	−16	151	165	42	209	211	
160×110	−1	165	175	57	223	223	
160×125	9	176	183	67	234	234	
160×160	34	199	199	92	257	257	

（7）正四通。

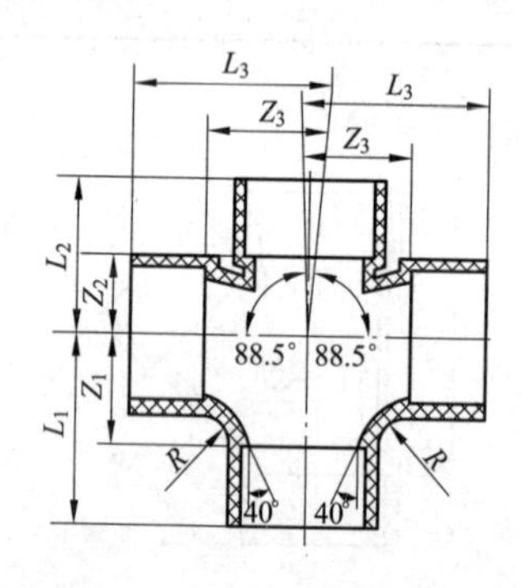

mm

公称直径	Z_1	Z_2	Z_3	L_1	L_2	L_3	R	用途
50×50	30	26	35	55	51	60	31	与排水 PVC-U 管材配合使用。广泛用于工业与民用建筑排水管道工程
75×75	47	39	54	87	79	94	49	
90×90	56	47	64	102	93	110	59	
110×50	30	29	65	78	77	90	31	
110×75	48	41	72	96	89	112	49	
110×110	68	55	77	116	103	125	63	
125×125	77	65	88	128	116	139	72	
160×160	97	83	110	155	141	168	82	

(8) 斜四通。

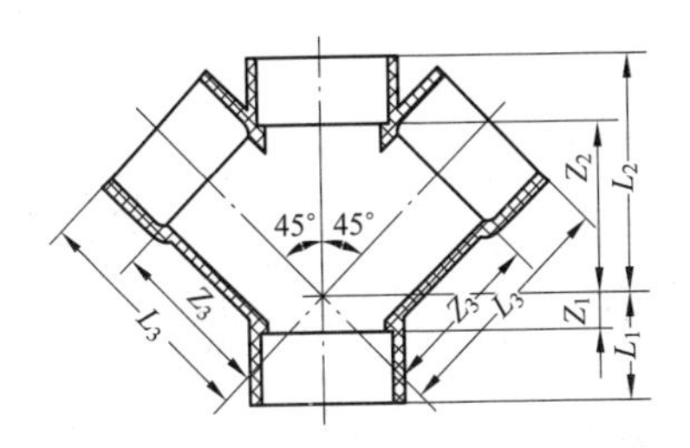

mm

公称直径	Z_1	Z_2	Z_3	L_1	L_2	L_3	用途
50×50	13	64	64	38	89	89	与排水 PVC-U 管材配合使用。广泛用于工业与民用建筑排水管道工程
75×50	-1	75	80	39	115	105	
75×75	18	94	94	58	134	134	
90×50	-8	87	95	38	133	120	
90×90	19	115	115	65	161	161	
110×50	-16	94	110	32	142	135	
110×75	-1	113	121	47	161	161	
110×110	25	138	138	73	186	186	
125×50	-26	104	120	25	155	145	
125×75	-9	122	132	42	173	172	
125×110	16	147	150	67	198	198	
125×125	27	157	157	78	208	208	
160×75	-26	140	158	32	198	198	
160×90	-16	151	165	42	209	211	
160×110	-1	165	175	57	223	223	
160×125	9	176	183	67	234	234	
160×160	34	199	199	92	257	257	

(9) 直角四通。

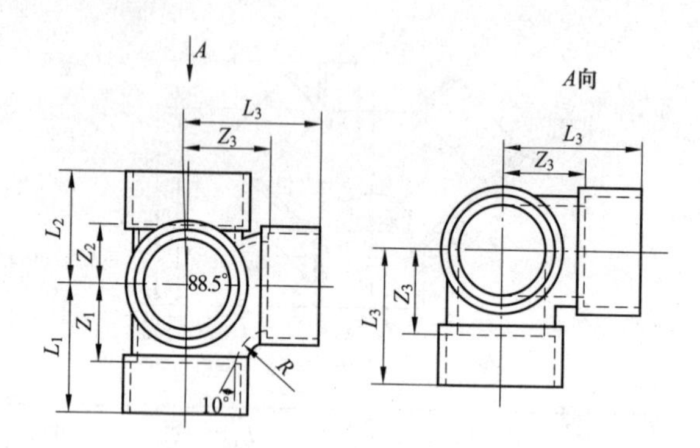

mm

公称直径	Z_1	Z_2	Z_3	L_1	L_2	L_3	R	用途
50×50	30	26	35	55	51	60	31	与排水 PVC-U 管材配合使用。广泛用于工业与民用建筑排水管道工程
75×75	47	39	54	87	79	94	49	
90×90	56	47	64	102	93	110	59	
110×50	30	29	65	78	77	90	31	
110×75	48	41	72	96	89	112	49	
110×110	68	55	77	116	103	125	63	
125×125	77	65	88	128	116	139	72	
160×160	97	83	110	155	141	168	82	

(10) 异径管。

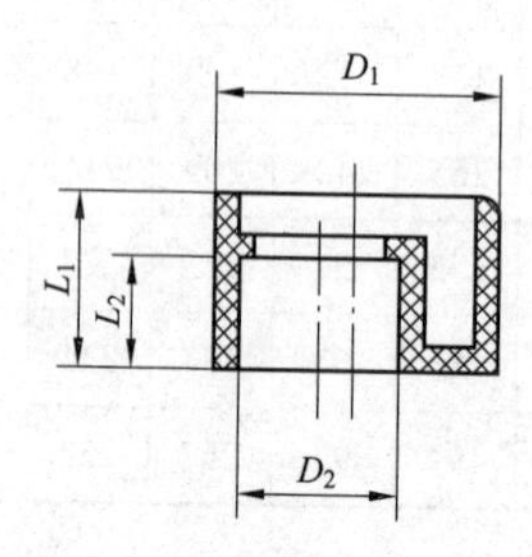

mm

公称直径	D_1	D_2	L_1	L_2	公称直径	D_1	D_2	L_1	L_2	用途
50×40	50	40	25	25	125×75	125	75	51	40	与排水PVC-U管材配合使用。广泛用于工业与民用建筑排水管道工程
75×50	75	50	40	25	125×90	125	90	51	46	
90×50	90	50	46	25	125×110	125	110	51	48	
90×75	90	75	46	40	160×50	160	50	58	25	
110×50	110	50	48	40	160×75	160	75	58	40	
110×75	110	75	48	40	160×90	160	90	58	46	
110×90	110	90	48	46	160×110	160	110	58	48	
125×50	125	90	51	25	160×125	160	125	58	51	

7. 流体输送用软聚氯乙烯管

mm

内径		壁厚		内径		壁厚		用途
公称内径	极限偏差	公称壁厚	极限偏差（%）	公称内径	极限偏差	公称壁厚	极限偏差（%）	
3.0	±0.3	1.0	±30	12.0	±0.3	1.5	±25	适于在常温下输送某些适宜的流体：内径3~10mm，其使用压力为0.25MPa；内径12~50mm，其使用压力为0.25MPa
4.0	±0.3	1.0	±30	14.0	±0.5	2.0	±20	
5.0	±0.3	1.0	±30	16.0	±0.5	2.0	±20	
6.0	±0.3	1.0	±30	20.0	±0.5	2.0	±20	
7.0	±0.3	1.0	±30	25.0	±0.5	3.0	±15	
8.0	±0.3	1.5	±25	32.0	±0.7	3.0	±15	
9.0	±0.3	1.5	±25	40.0	±0.7	3.5	±15	
10.0	±0.3	1.5	±25	50.0	±0.7	4.0	±15	

8. 聚丙烯静音排水管件（Q/HDBXC 004—2002）

mm

名称	示意图	规格尺寸	用途
90°弯头	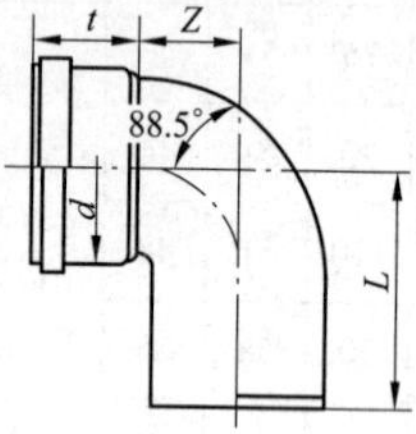 （示意图：t、Z、88.5°、d、L）	d：50、75、110、160 L：78、93、141、170 Z：32、43、58、89 t：54、56、61、65	与聚丙烯静音排水管材配合使用。适用于建筑物内外排放冷水、温度不超过95℃的热水、污水，在考虑材料的耐化学性条件下，也可用于工业排水。特别适用于写字楼、公寓、医院、疗养院、学校等对环境噪声有严格要求的建筑物
45°弯头	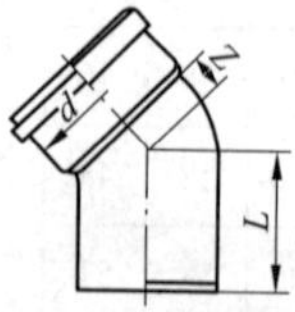 （示意图：d、Z、L）	d：50、75、110、160 L：60、69、107、123 Z：17、25、28、42	
异径接头	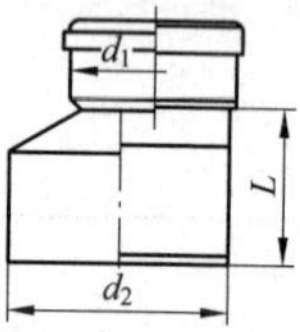 （示意图：d_1、d_2、L）	d_1：50、50、75、110 d_2：75、110、110、160 L：76、101、87、118	
45°斜三通	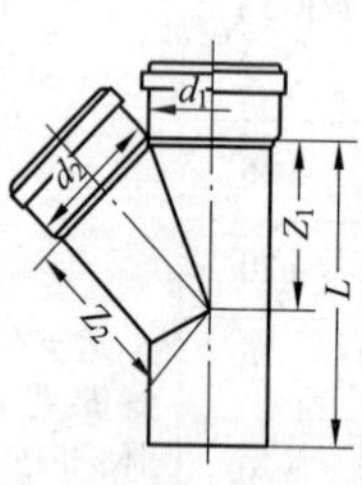 （示意图：d_1、d_2、Z_1、Z_2、L）	$d_1 \times d_2$　L　Z_1　Z_2 50×50　145　75　75 75×50　180　106　106 110×110　225　136　136 160×160　298　194　194 75×50　145　89　91 110×50　158　97　110 110×75　200　126　129 160×110　249　159　168	
正三通	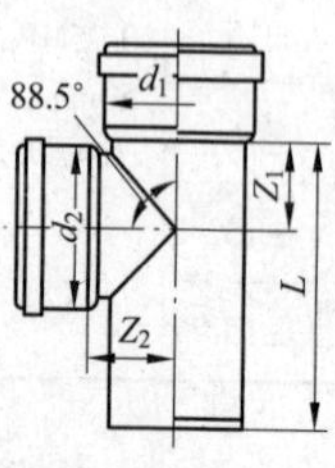 （示意图：88.5°、d_1、d_2、Z_1、Z_2、L）	$d_1 \times d_2$　L　Z_1　Z_2 50×50　120　32　32 75×75　146　44　44 110×110　192　62　62 160×160　246　85　85 75×50　125　32　42 110×50　132　32　61 110×75　163　48　61 160×110　198　62　85	

续表

名称	示意图	规格尺寸	用途
P存水弯		公称外径 Z 50 115 110 196	与聚丙烯静音排水管材配合使用。适用于建筑物内外排放冷水、温度不超过95℃的热水、污水，在考虑材料的耐化学性条件下，也可用于工业排水。特别适用于写字楼、公寓、医院、疗养院、学校等对环境噪声有严格要求的建筑物
S存水弯		公称外径 Z 50 170 110 270	

注 1. 执行企业标准Q/HDBXC 004—2002。

2. 生产厂家：北新建材（集团）有限公司。

三、阀门

1. 截止阀（GB/T 8464—2008）

内螺纹截止阀

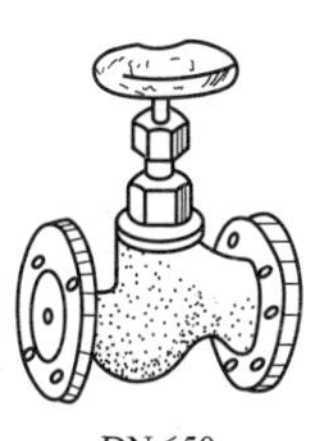

DN≤50

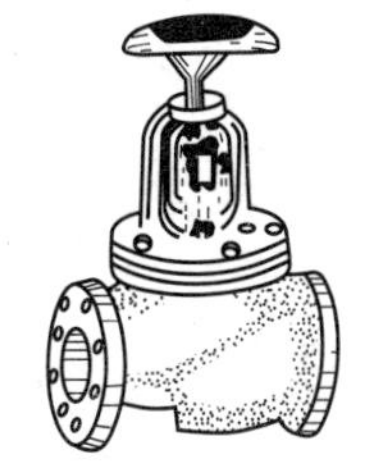

DN≥65

截止阀(法兰连接)

型号	适用介质	适用温度（℃）	公称通径（mm）	公称压力（MPa）
J41W-16	油	≤100	25~150	1.6
J41W-16P	硝酸类	≤100	80~150	1.6
J41W-16R	醋酸类	≤100	80~150	1.6
J41T-16	蒸汽、水	≤200	25~150	1.6
J11T-16	油	≤100	15~65	1.6
J11T-16	蒸汽、水	≤200	15~65	1.6
J45J-6	酸碱类	≤50	40~150	0.6
J45Q-6	硫酸类	≤100	25~150	0.6
WJ61W-6P	硝酸类	≤100	10~25	0.6
WJ41W-6P	醋酸类	≤100	32~50	0.6
J91H-40	油、蒸汽、水	≤425	15~25	4.0
JQ1W-40	油	≤200	6、10	4.0
J21W-40	油	≤200	6、10	4.0
J45W-25P	硝酸类	≤100	25~100	2.5
WJ41W-25P	硝酸类	≤100	25~150	2.5
J44B-25Z	氨、液体氨	-40~+150	32~50	2.5
J44B-25Z	氨、液体氨	-40~+150	32~200	2.5
J24B-25K	氨、液体氨	-40~+150	10~25	2.5
J21B-25K	氨、液体氨	-40~+150	10~25	2.5
J24W-25K	氨、液体氨	-40~+150	6	2.5
J21W-25K	氨、液体氨	-40~+150	6	2.5
J94W-40	油	≤200	6、10	4.0
J94H-40	油、蒸汽、水	≤425	15~25	4.0
J21H-40	油、蒸汽、水	≤100	15~25	4.0
J24W-40R	醋酸类	≤100	6~25	4.0
J24W-40P	硝酸类	≤100	6~25	4.0
J21W-40R	醋酸类	≤100	6~25	4.0
J21W-40P	硝酸类	≤100	6~25	4.0
J24H-40	油、蒸汽、水	≤425	15~25	4.0

续表

型号	适用介质	适用温度（℃）	公称通径（mm）	公称压力（MPa）
J24W-40	油	≤200	6、10	4.0
J61Y-40	油、蒸汽、水	≤100	10~25	4.0
J41H-40	油、蒸汽、水	≤100	10~150	4.0
J44H-100	油、蒸汽、水	≤450	32~50	10.0
J91H-100	油、蒸汽、水	≤450	50~100	10.0
J41H-100	油、蒸汽、水	≤450	10~100	10.0
J941H-64	油、蒸汽、水	≤425	50~100	6.4
J41H-40	油、蒸汽、水	≤425	50~100	6.4
J44H-40	油、蒸汽、水	≤425	32~50	4.0
J41H40Q	油、蒸汽、水	≤350	32~150	4.0
J91H-40	油、蒸汽、水	≤425	50~150	4.0
J41W-40P	硝酸类	≤100	32~150	4.0
J41W-40R	醋酸类	≤100	32~150	4.0
J61Y-160	油	≤450	15~40	16.0
J41H-160	油	≤450	15~40	16.0
J41Y-160I	油	≤550	15~40	16.0
J21W-160	油	≤20	6、10	16.0

2. 闸阀

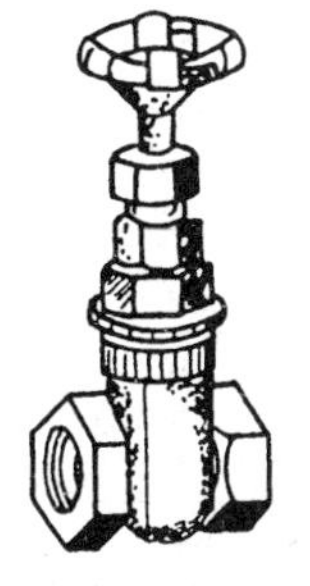

暗杆楔式单闸板闸阀

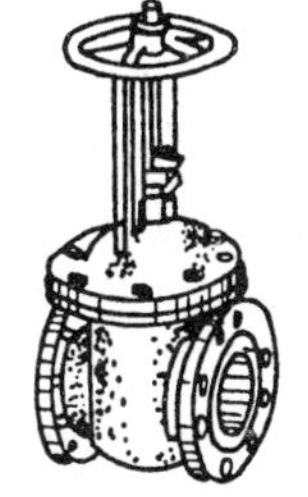

明杆平行式双闸板闸阀

型号	适用介质	适用温度（℃）	公称通径（mm）	公称压力（MPa）
Z41T-10	蒸汽、水	≤200	50~450	1.0
Z41W-10	油	≤100	50~450	1.0
Z741T-10	水	≤100	100~600	1.0
Z941T-10	蒸汽、水	≤200	100~450	1.0
Z42W-1	煤气	≤100	300~500	0.1
Z542W-1	煤气	≤100	600~1000	0.1
Z942W-1	煤气	≤100	600~1400	0.1
Z44T-10	蒸汽、水	≤200	50~400	1.0
Z44W-10	油	≤100	50~400	1.0
Z945T-6	水	≤100	1200~1400	0.60
Z946T-25	水	≤100	1600~1800	0.25
Z944T-10	蒸汽、水	≤200	100~400	1.0
Z944W-10	油	≤100	100~400	0.1
Z45T-10	水	≤100	50~700	0.1
Z45W-10	油	≤100	50~450	0.1
Z445T-10	水	≤100	800~1000	1.0
Z945T-10	水	≤100	100~1000	1.0
Z945W-10	油	≤100	100~450	1.6
Z40H-16C	油、蒸汽、水	≤350	200~400	1.6
Z940H-16C	油、蒸汽、水	≤350	200~400	1.6
Z640H-16C	油、蒸汽、水	≤350	200~500	1.6
Z40H-16Q	油、蒸汽、水	≤350	65~200	1.6
Z940H-16Q	油、蒸汽、水	≤350	65~200	1.6
Z40W-16P	硝酸类	≤100	200~300	1.6
Z40W16R	醋酸类	≤100	200~300	1.6
Z40Y-16I	油	≤550	200~400	1.6
Z40H-25	油、蒸汽、水	≤350	50~400	2.5

续表

型号	适用介质	适用温度（℃）	公称通径（mm）	公称压力（MPa）
Z940H-25	油、蒸油汽、水	≤350	50~400	2.5
Z640H-25	油、蒸汽、水	≤350	50~400	2.5
Z40H-25Q	油、蒸汽、水	≤350	50~200	2.5
Z940H-25Q	油、蒸汽、水	≤350	50~200	2.5
Z542H-25	蒸汽、水	≤300	300~500	2.5
Z942H-25	油、蒸汽、水	≤300	300~800	4.0
Z61Y40	油、蒸汽、水	≤425	15~40	4.0
Z41H-40	油、蒸汽、水	≤425	15~40	4.0
Z40H-40	油、蒸汽、水	≤425	50~250	4.0
Z440H-40	油、蒸汽、水	≤425	300~400	4.0
Z940H-40	油、蒸汽、水	≤425	50~400	4.0
Z640H-40	油、蒸汽、水	≤425	50~400	4.0
Z40H-40Q	油、蒸汽、水	≤350	50~200	4.0
Z940H-40Q	油、蒸汽、水	≤350	50~200	4.0
Z40Y-40P	硝酸类	≤100	200~250	4.0
Z440Y-40P	醋酸类	≤100	300~500	4.0
Z40Y-40I	油	≤550	50~250	4.0
Z40H-64	油、蒸汽、水	≤425	50~250	6.4
Z440H-64	油、蒸汽、水	≤425	300~500	6.4
Z940H-64	油、蒸汽、水	≤425	50~250	6.4
Z940Y-64I	油	≤550	300~500	6.4
Z940Y-64I	油	≤550	50~800	6.4
Z40Y-100	油、蒸汽、水	≤450	300~500	10.0
Z440Y-100	油、蒸汽、水	≤450	50~250	10.0
Z940Y-100	油、蒸汽、水	≤450	50~300	10.0
Z61Y-160	油	≤450	15~40	16.0

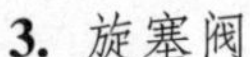

3. 旋塞阀

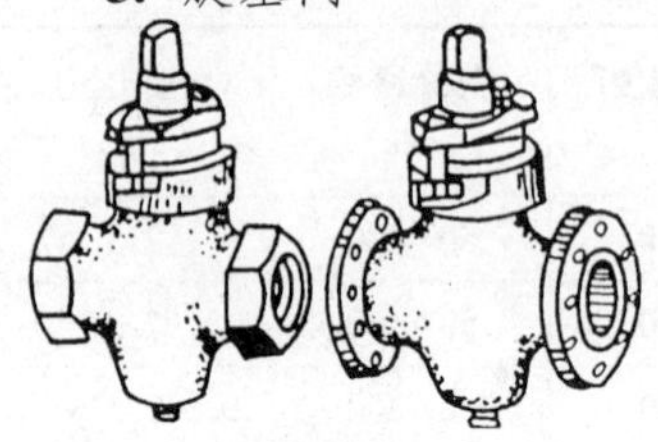

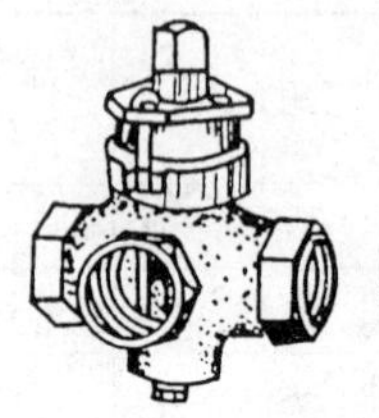

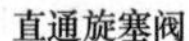

直通旋塞阀　　三通旋塞阀

型号	适用介质	适用温度（℃）	公称通径（mm）	公称压力（MPa）
X13W-10T	水	≤100	15~50	10.0
X13W-10	油	≤100	15~50	10.0
X13T-10	水	≤100	15~50	10.0
X43W-10	油	≤100	25~80	6.4
X43T-10	水	≤100	25~80	6.4
X48W-10	油	≤100	25~80	4.0
X43W-6	油	≤100	100~150	4.0
X44W-6	油	≤100	25~100	4.0

4. 止回阀

升降式止回阀

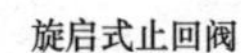

旋启式止回阀

型号	阀体材料	密封面材料	适用介质	适用温度（℃）≤	公称压力 PN（MPa）	公称通径 DN（mm）	用途
H11T-16K	可锻铸铁	铜合金	水、蒸汽	200	1.6	15~65	升降式止回阀安装在水平管路或设备上，以防止其中的介质倒流
H11T-16	灰铸铁	铜合金	水、蒸汽	200	1.6	15~65	
H11W-16	灰铸铁	灰铸铁	煤气、油品	100	1.6	15~65	
H411-16K	可锻铸铁	铜合金	水、蒸汽	200	1.6	25~100	
H41T-16	灰铸铁	铜合金	水、蒸汽	200	1.6	15~150	
H41W-16	灰铸铁	灰铸铁	煤气、油品	100	1.6	15~150	
H14W-10T	铜合金	铜合金	水、蒸汽	200	1.0	15~65	
H14T 16K	可锻铸铁	铜合金	水、蒸汽	200	1.6	15~65	

续表

型号	阀体材料	密封面材料	适用介质	适用温度（℃）≤	公称压力 PN（MPa）	公称通径 DN（mm）	用途
H44X-10	灰铸铁	橡 胶	水	50	1.0	50~600	旋启式止回阀安装在水平或垂直的管路或设备上，以防止其中的介质倒流
H44T-10	灰铸铁	铜合金	水、蒸汽	200	1.0	50~600	
H44W-10	灰铸铁	灰铸铁	煤气、油品	100	1.0	50~600	
H12X-2.5	灰铸铁		水	50	0.25	40~80	
H42X-2.5	灰铸铁		水	50	0.25	50~300	
H45X-2.5	灰铸铁		水	50	0.25	300	
H46X-2.5	灰铸铁		水	50	0.25	125~225	
H41H-40Q	球墨铸铁		水、蒸气、油	350	4.0	32~150	
H41H-25Q	球墨铸铁		水、蒸气、油	300	2.5	25~150	

5. 球阀

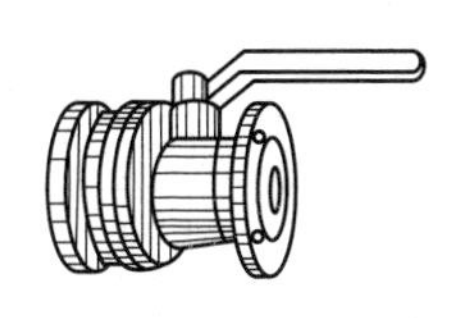

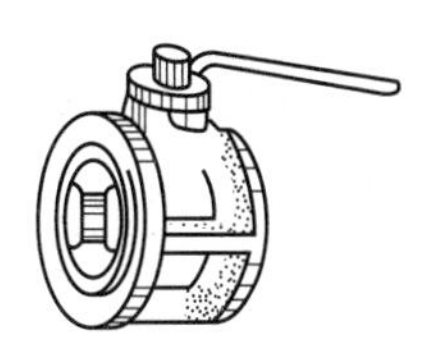

型号	阀体材料	适用介质	适用温度（℃）≤	公称压力 PN（MPa）	公称通径 DN（mm）
Q41F-6CⅢ	铸钢衬聚四氟乙烯	酸、碱性液体或气体	100	0.6	25、40、50
Q41F-10	灰铸铁	水、气体	100	1.0	15~150
Q41F-16C	铸钢	水、油	150	1.6	15~350
Q476-16C	铸钢	水、油	100	1.6	200~500
Q341F-16	灰铸铁	水、油	150	1.6	200
Q641F-16C	铸钢	水、油	150	1.6	15~150
Q41F-16	灰铸铁	水、蒸汽、油	150	1.6	15~200
Q611F-16	灰铸铁	水、油	150	1.6	15~50

续表

型号	阀体材料	适用介质	适用温度（℃）≤	公称压力 PN（MPa）	公称通径 DN（mm）
Q941F-16C	铸钢	水、油	150	1.6	80~200
Q641F-10	灰铸铁	水、气体	100	1.0	40~150
Q41F-25Q	球墨铸铁	水、油	150	2.5	25~150
Q43F-25	碳钢	水、油	150	2.5	15~25
Q41F-25	碳钢	水、油	150	2.5	15~150
Q941-25Q	球墨铸铁	水、蒸汽、油	150	2.5	50、80
Q947F-25	碳钢	天然气、油	80	2.5	150~350
Q11F-16T	铜合金	水、蒸汽、油	150	1.6	6~50
Q11F-16	灰铸铁	水、蒸汽、油	150	1.6	15~65
Q11F-25	碳钢	水、气体	100	2.5	25、32
Q14F-16	灰铸铁	水、油	100	1.6	15~150
Q14F-16Q	球墨铸铁	水、油	150	1.6	15~150
Q947-16Q	球墨铸铁	水、气体	100	1.6	40~50
Q21F-40	碳钢	水、油	150	4.0	10~25
Q11F-40	碳钢	水、油	100	4.0	15~50
Q647F-25	灰铸铁	水、油	150	25	200~500
Q947F-25	灰铸铁	水、油	150	25	200~500
Q21F-40	灰铸铁	水、油	150	40	10~25
Q21F-40P	耐酸钢	硝酸类	100	40	10~25
Q41F-40Q	球墨铸铁	水、油	150	40	32~100
Q641F-40Q	球墨铸铁	水、油	150	40	50~100
Q941F-40Q	球墨铸铁	水、油	150	40	50~100
Q41N-64	灰铸铁	油、天然气	80	64	50~100
Q941-64	灰铸铁	油、天然气	80	64	50~100
用途	结构简单，开关迅速，安装在管路上作开关用				

6. 安全阀

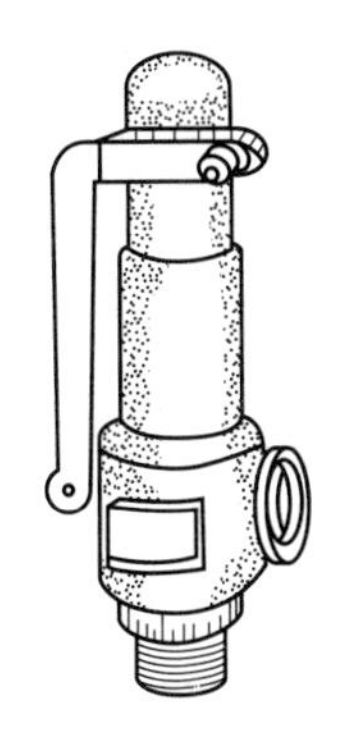

型号	公称压力PN（MPa）	适用介质	适用温度（℃）≤	公称通径DN（mm）	用途
A27W-10T	1.0	空气、蒸汽	200	15~80	安全阀是设备和管路的自动保险装置，用于锅炉、容器等有压设备和管路上，当介质压力超过规定数值时，自动开启，以排除过剩介质压力；当压力恢复到规定数值时能自动关闭
A27H-10K		空气、蒸汽、水	200	10~40	
A47H-16	1.6			40~100	
A21H-16C		空气、氨气、水、氨液		10~25	
A21W-16P		硝酸等		10~25	
A41H-16C		空气、氨气、水、氨液、油类	300	32~80	
A41W-16P		硝酸等	200	32~80	
A47H-16C		空气、蒸汽、水	350	40~80	
A43H-16C		空气、蒸汽		80~100	
A40H-16C		油类、空气	450	50~150	
A40Y-16I			550	50~150	
A42H-16C			300	40~200	
A42W-16P		硝酸等	200	40~200	
A44H-16C		油类、空气	300	50~150	
A48H-16C		空气、蒸汽	350	50~150	

续表

型号	公称压力PN（MPa）	密封压力范围（MPa）	适用介质	适用温度（℃）≤	公称通径DN（mm）	用途
A21H-40	4.0	1.6~4.0	空气、氨气、水、氨液	200	15~25	安全阀是设备和管路的自动保险装置，用于锅炉、容器等有压设备和管路上，当介质压力超过规定数值时自动开启，以排除过剩介质压力；当压力恢复到规定数值时能自动关闭
A21W-40P			硝酸等		15~25	
A41H-40		1.3~4.0	空气、氨气、水、氨液、油类	300	32~80	
A41W-40P		1.6~4.0	硝酸等	200	32~80	
A47H-40		1.3~4.0	空气、蒸汽	350	40~80	
A43H-40					80~100	
A40H-40		0.6~4.0	油类、空气	450	50~150	
A40Y-40I				550	50~150	
A42H-40		1.3~4.0		300	40~150	
A42W-40P		1.6~4.0	硝酸等	200	40~150	
A44H-40		1.3~4.0	油类、空气	300	50~150	
A48H-40			空气、蒸汽	350	50~150	
A41H-100	10.0	3.2~10.0	空气、水、油类	300	32~50	
A40H-100		1.6~8.0	油类、空气	450	50~100	
A40Y-100I				550	50~100	
A40Y-100P				600	50~100	
A42H-100		3.2~10.0	氨气、油类、空气	300	40~100	
A44H-100			油类、空气		50~100	
A48H-100			空气、蒸汽	350	50~100	
A41H-160	16.0	10.0~16.0	空气、氨气、水、油类	200	15、32	
A40H-160			油类、空气	450	50~80	
A40Y-160I				550	50~80	
A40Y-160P				600	50~80	
A42H-160			氨气、油类、空气		15、32~80	
A41H-320	32.0	16.0~32.0	空气、氨气、水、油类		15、32	
A42H-320			氨气、油类、空气		32~50	

7. 减压阀（GB/T 12214—2006）

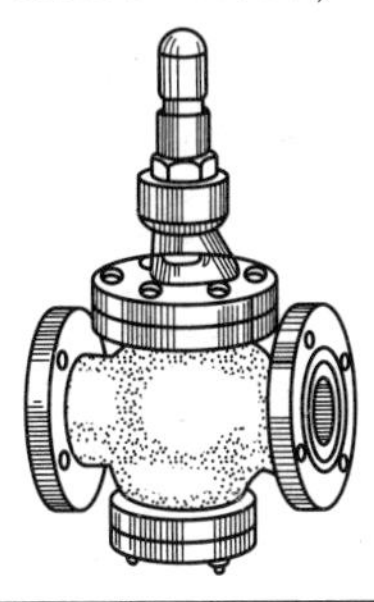

型号	适用介质	适用温度（℃）	公称压力 PN（MPa）	公称通径 DN（mm）
Y44T-10	蒸汽、空气	≤180	1.0	20～50
Y43X-16	空气、水	≤70	1.6	25～300
Y43H-16Q	蒸汽	≤200	1.6	20～200
用途	用在蒸汽或空气管路上，能够自动将管路中介质的压力降到规定值，并保持恒压			

注 公称通径系列 DN（mm）：20、25、32、40、50、65、80、100、125、150、200、250、300。

8. 疏水阀（GB/T 22654—2008）

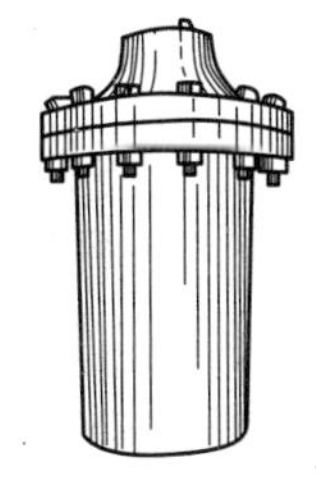

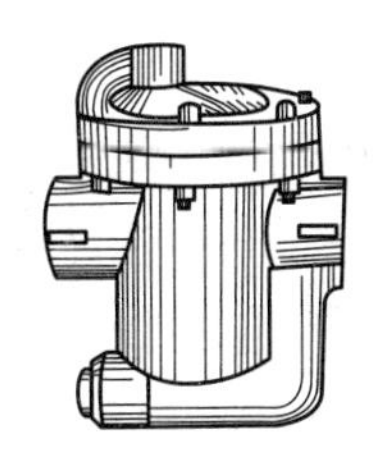

内螺纹钟形浮子式

内螺纹热动力(圆盘)式

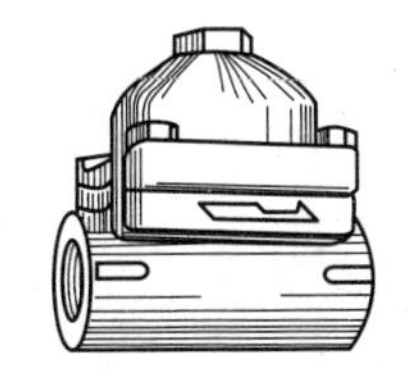

内螺纹双金属片式

型号	阀体材料	密封面材料	适用介质	适用温度（℃）	公称压力 PN（MPa）	公称通径 DN（mm）
内螺纹钟形浮子式疏水阀						
S15H-16	灰铸铁	不锈钢	冷凝水	≤200	1.6	15~50
内螺纹热动力（圆盘）式疏水阀						
S19H-16	灰铸铁	不锈钢	冷凝水	≤200	1.6	15~50
内螺纹双金属片式疏水阀						
S17H-16	灰铸铁	不锈钢	冷凝水	≤200	1.6	15~50
浮球式疏水阀						
S41H-16	灰铸铁	不锈钢	冷凝水	≤200	1.6	15~50
S41H-16C	碳素钢	不锈钢	冷凝水	350	1.6	15~80
用途	装于蒸汽管路或加热器、散热器等蒸汽设备上，能自动排除管路或设备中的冷凝水，并能防止蒸汽泄漏					

注 公称通径系列 DN（mm）：15、20、25、32、40、50、65、80。

9. 铁制和铜制螺纹连接阀门（GB/T 8464—2008）

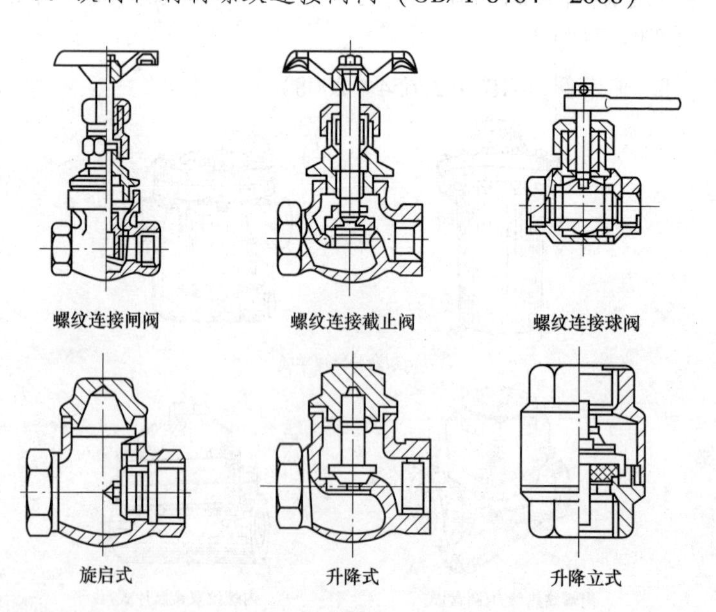

名称	阀体材料	公称压力 PN (MPa)	公称通径 DN (mm)
铁制阀门	灰铸铁	1.0	15~100
	可锻铸铁	1.0、1.6	
	球墨铸铁	1.6、2.5	
铜制阀门	铜合金	1.0、1.6、2.0、2.5、4.0	6~100
用途	装于管路或设备上，用以启闭管路或设备中的介质		

注 1. 公称通径系列 DN（mm）：6、8、10、15、20、25、32、40、50、65、80、100。

2. 工作介质为水、非腐蚀性流体、空气、饱和蒸汽。

10. 底阀

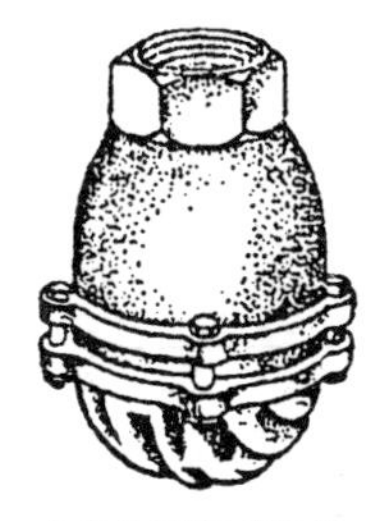

内螺纹连接(升降式)

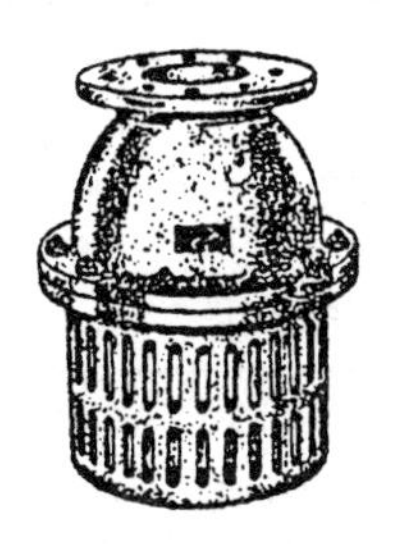

法兰连接(升降式或旋启式)

型号	阀体材料	密封面材料	适用介质	适用温度 (℃)	公称压力 PN (MPa)	公称通径 DN (mm)
内螺纹升降式底阀						
H12X-2.5	灰铸铁	橡胶	水	≤50	0.25	50~80
升降式底阀						
H42X-2.5	灰铸铁	橡胶	水	≤50	0.25	50~200
旋启双瓣式底阀						
H46X-2.5	灰铸铁	橡胶	水	≤50	0.25	50~500
用途	装于水泵进水管的进水口端，用以阻止水源中杂物进入进水管中和阻止进水管中的水倒流。是一种专用的止回阀					

注 公称通径系列 DN（mm）：25、32、40、50、65、80、100、125、150、200、250、300、400、450、500。

11. 快开式排污闸阀

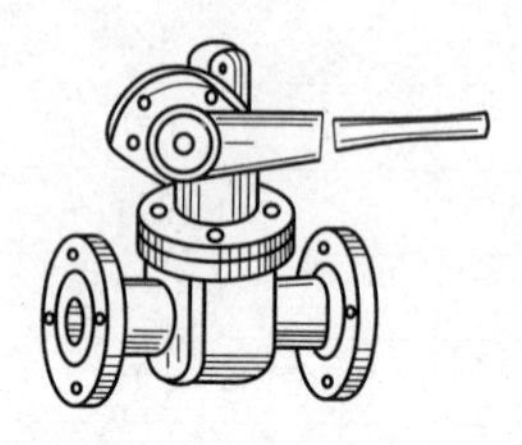

型号	阀体材料	适用介质	适用温度（℃）≤	公称压力 PN（MPa）	公称通径 DN（mm）
Z44H-16	球墨铸铁	水	300	1.6	25、40、50、65
用途	密封面材料用不锈钢。装在温度≤300℃、工作压力≤1.3MPa 的蒸汽锅炉上，作为排除锅炉内水的沉淀物和污垢等的设备				

四、旋塞

1. 煤气用旋塞

型式	台式			墙式			
	单叉	双叉	四叉	单叉			双叉
公称通径 DN（mm）	15	15	15	6	10	15	15
管螺纹尺寸代号	1/2	1/2	1/2	1/4	3/8	1/2	1/2
用途	装在煤气管路上，用以启闭管路中煤气。阀体和密封面材料全为铜合金，适用公称压力 PN≤0.15MPa						

2. 铜压力表旋塞

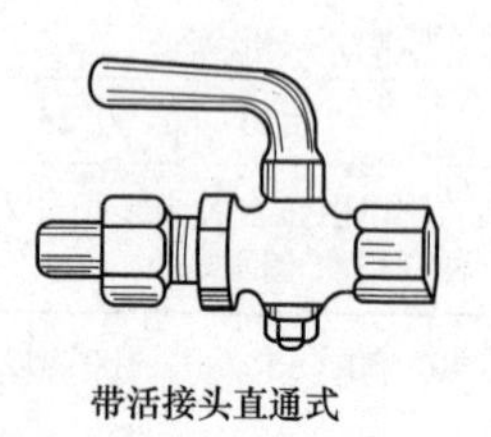

带活接头直通式

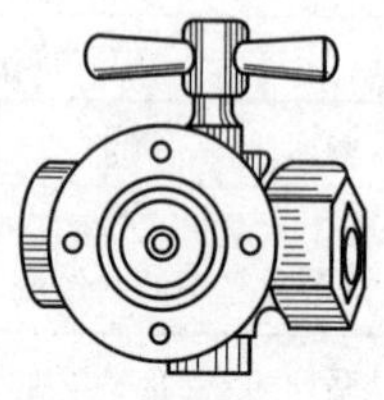

三通式

型号	阀体材料	适用介质	适用温度（℃）≤	公称压力 PN（MPa）	公称通径 DN（mm）
三通式	铜	水、蒸汽、空气	200	0.6	15
带活接头式			200	1.6	6、10、15
用途	装在设备与压力表之间，作为控制压力表的开关设备。三通式旋塞多一个控制法兰，可供安装检验压力表用				

3. 液面指示器旋塞

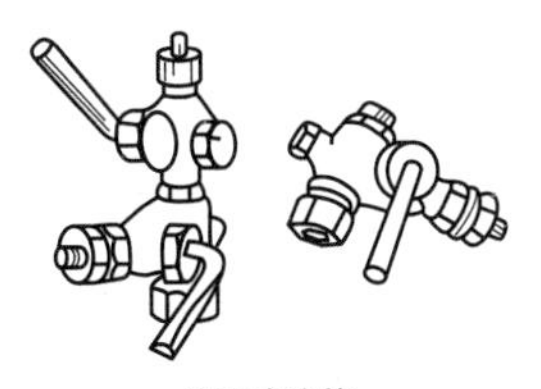
外螺纹连接

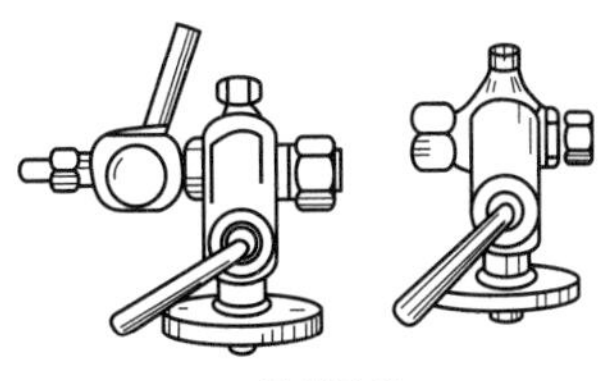
法兰连接

型号	阀体材料	密封面材料	适用介质	适用温度（℃）≤	公称压力 PN（MPa）	公称通径 DN（mm）
X49F-16K	可锻铸铁	聚四氟乙烯	水、蒸汽	200	1.6	20
X49F-16T	铜合金	聚四氟乙烯	水、蒸汽	200	1.6	20
X49W-16T	铜合金	聚四氟乙烯	水、蒸汽	200	1.6	20
X29F-6T	铜合金	聚四氟乙烯	水、蒸汽	200	0.6	15、20
X29W-6T	铜合金	聚四氟乙烯	水、蒸汽	200	0.6	15、20
X29F-6K	可锻铸铁	聚四氟乙烯	水、蒸汽	200	0.6	15、20
M21W-6T	铜合金	聚四氟乙烯	水、蒸汽	200	0.6	15，20
M41W-16T	铜合金	聚四氟乙烯	水、蒸汽	200	1.6	20
用途	安装在水暖锅炉上指示锅炉内的液位					

五、冷水嘴和铜水嘴

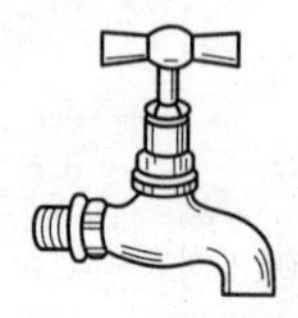

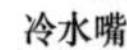

冷水嘴

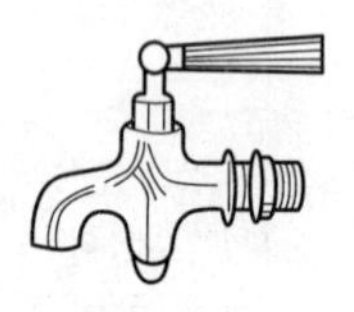

铜热水嘴

型号	阀体材料	适用温度（℃）≤	公称压力 PN（MPa）	公称通径 DN（mm）	用途
冷水嘴	可锻铸铁、灰铸铁、铜合金	50	0.6	15、20、25	装于自来水管路上作放水用，接管水嘴加一活接头，能把水送到远处
铜热水嘴	铜合金	225	0.6	15、20、25	装在热水锅炉的出口管或热水桶上作放水用
铜茶壶水嘴	铜合金	225	—	8、20、25	普通式装于搪瓷茶缸上，长螺纹式装于陶瓷茶缸上
铜保暖水嘴	铜合金	225	—	8、20、25	装在保暖茶桶上作放水用

六、板式平焊钢制管法兰（GB/T 9119—2010）

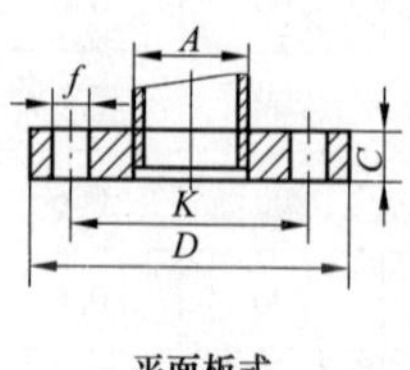

平面板式

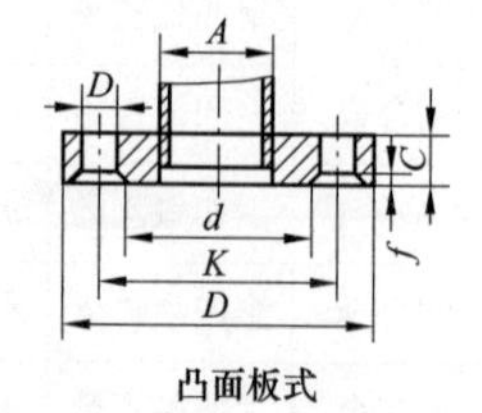

凸面板式

D—法兰外径；*K*—螺栓孔中心圆直径；*n*—螺栓孔数量；*d*—突出密封面直径；*f*—密封面高度；*C*—法兰厚度；*A*—适用管子外径；*L*—螺栓孔直径

mm

公称通径DN	公称压力PN（MPa）												各种PN		用途
	≤0.6						1.0								
	D	*K*	*L*	*n*	*d*	*C*	*D*	*K*	*L*	*n*	*d*	*C*	*f*	*A*	
10	75	50	11	4	33	12	90	60	14	4	41	14	2	17.2	用平焊方法，将管法兰连接在钢管两端，以便与其他带法兰的钢管、阀门或管件进行连接
15	80	55	11	4	38	12	95	65	14	4	46	14	2	21.3	
20	90	65	11	4	48	14	105	75	14	4	56	16	2	26.9	
25	100	75	11	4	58	14	115	85	14	4	65	16	3	33.7	
32	120	90	14	4	69	16	140	100	18	4	76	18	3	42.4	
40	130	100	14	4	78	16	150	110	18	4	84	18	3	48.3	
50	140	110	14	4	88	16	165	125	18	4	99	20	3	60.3	
65	160	130	14	4	108	16	185	145	18	4	118	20	3	76.1	
80	190	150	18	4	124	18	200	160	18	8	132	20	3	88.9	
100	210	170	18	4	144	18	220	180	18	8	156	22	3	114.3	
125	240	200	18	8	174	20	250	210	18	8	184	22	3	139.7	
150	265	225	18	8	199	20	285	240	22	8	211	24	3	168.3	
200	320	280	18	8	254	22	340	295	22	8	266	24	3	219.1	
250	375	335	18	12	309	24	395	350	22	12	319	26	3	273.0	
300	440	395	22	12	363	24	445	400	22	12	370	28	4	323.9	
350	490	445	22	12	413	26	505	460	22	16	420	30	4	355.6	
400	540	495	22	16	463	28	565	515	26	16	480	32	4	406.4	
450	595	550	22	16	518	28	615	565	26	20	530	35	4	457.0	
500	645	600	22	20	568	30	670	620	26	20	582	38	4	508.0	
600	755	705	26	20	667	36	780	725	30	20	682	42	5	610.0	

第十七章

卫生间设备及配件

一、卫生设备

1. 陶瓷片密封水嘴（GB 18145—2003）

（1）水嘴按启闭控制部件数量分为单柄和双柄两类，代号分别为 D、S。

（2）水嘴按控制供水管路的数量分为单控和双控两类，代号分别为 D、S。

（3）水嘴按用途分为七种。

用途	普通	面盆	浴盆	洗涤	净身	沐浴	洗衣机
代号	P	M	Y	X	J	L	XY

（4）水嘴阀体的强度性能。

检测部位	出水口状态	用冷水进行试验		技术要求
		试验条件		
		压力（MPa）	时间（s）	
进水部位（阀座下方）	打开	2.5±0.05	60±5	无变形、无渗漏
出水部位（阀座上方）	关闭	0.4±0.02	60±5	无渗漏

（5）水嘴的密封性能。

<table>
<tr><th rowspan="3" colspan="2">检测部位</th><th rowspan="3">阀芯及转换开关位置</th><th rowspan="3">出水口状态</th><th colspan="3">用冷水进行实验</th><th colspan="3">用空气在水中进行试验</th></tr>
<tr><th colspan="2">试验条件</th><th rowspan="2">技术要求</th><th colspan="2">试验条件</th><th rowspan="2">技术要求</th></tr>
<tr><th>压力（MPa）</th><th>时间（s）</th><th>压力（MPa）</th><th>时间（s）</th></tr>
<tr><td colspan="2">连接件</td><td rowspan="3">关闭</td><td>打开</td><td>1. 6±0. 05</td><td>60±5</td><td rowspan="4">无渗漏</td><td>0. 6±0. 02</td><td>20±2</td><td rowspan="4">无气泡</td></tr>
<tr><td colspan="2">阀芯</td><td>打开</td><td>1. 6±0. 05
0. 05±0. 01</td><td>60±5
60±5</td><td>0. 6±0. 02
0. 02±0. 001</td><td>20±2
20±2</td></tr>
<tr><td colspan="2">冷、热水隔墙</td><td>打开</td><td>0. 4±0. 02</td><td>60±5</td><td>0. 2±0. 01</td><td>20±2</td></tr>
<tr><td colspan="2">上密封</td><td>打开</td><td>关闭</td><td>0. 4±0. 02</td><td>60±5</td><td>0. 2±0. 01</td><td>20±2</td></tr>
<tr><td rowspan="2">手动转换开关</td><td>转换开关在淋浴位</td><td>浴盆位关闭</td><td>人工堵住淋浴出水口，打开浴盆出水口</td><td>0. 4±0. 02</td><td>60±5</td><td>浴盆出水口无气泡</td><td>0. 2±0. 01</td><td>20±2</td><td>浴盆出水口无气泡</td></tr>
<tr><td>转换开关在浴盆位</td><td>淋浴位关闭</td><td>人工堵住浴盆出水口，打开淋浴出水口</td><td>0. 4±0. 02</td><td>60±5</td><td>淋浴出水口无气泡</td><td>0. 2±0. 01</td><td>20±2</td><td>淋浴出水口无气泡</td></tr>
</table>

续表

检测部位		阀芯及转换开关位置	出水口状态	用冷水进行实验			用空气在水中进行试验		
				试验条件		技术要求	试验条件		技术要求
				压力（MPa）	时间（s）		压力（MPa）	时间（s）	
自动复位转换开关	转换开关在浴盆位 1	淋浴位关闭	两出水口打开	0.4±0.02（动压）	60±5	淋浴出水口无气泡	—	—	—
	转换开关在淋浴位 2	浴盆位关闭			60±5	浴盆出水口无气泡	—	—	—
	转换开关在淋浴位 3	浴盆位关闭		0.05±0.01（动压）	60±5	浴盆出水口无气泡	—	—	—
	转换开关在浴盆位 4	淋浴位关闭			60±5	淋浴出水口无气泡	—	—	—

2. 卫生间配套设备（GB/T 12956—2008）

（1）住宅卫生间各卫生单元配套设备设置。

卫生单元种类	应安装的设备	其他设备、设施
便溺单元	坐便器或蹲便器及冲水装置	净身器、小便器、照明设备、换气设备、电源等
洗浴单元	沐浴装置或浴缸、地漏	照明设备、换气设备、电源等
盥洗单元	洗面器、水嘴	照明设备、电源等
洗涤单元	洗衣机专用水嘴、地漏	拖布池、电源等

（2）公共建筑卫生间各卫生单元配套设备设置。

卫生单元种类	应安装的设备	其他设备、设施
便溺单元	坐便器或蹲便器及冲水装置、小便器及冲水装置	照明设备、换气设备、电源等
盥洗单元	洗面器、水嘴	照明设备、电源等

3. 人造玛瑙及人造大理石卫生洁具（JC/T 644—1996）

（1）外形尺寸允许偏差。

外形尺寸（mm）	允许偏差（%）	外形尺寸（mm）	允许偏差（%）
≤1000	±2	>1000	±1

（2）人造玛瑙及人造大理石卫生洁具的外观质量均应符合下表的规定。其中裂纹、缺损两项指标是对整件卫生洁具的要求，其余项目是对其可见面的要求。

缺陷名称	要求	缺陷名称	要求
裂纹	不允许	麻点	轻微
皱纹	不明显	划痕	不明显
缺损	不允许	修补痕迹	不明显
白斑	不明显	凹陷	不明显
花斑	轻微	色差	同套产品色泽基本一致
气泡	轻微	杂质	不明显

(3) 物理性能应符合下表的规定，其中冲洗功能仅针对坐便器，耐荷重性、耐冲击性仅针对浴缸。

试验项目	性能要求	试验项目	性能要求
光泽度	≥80光泽单位	胶衣层厚度	0.35、0.60mm
不平整度	≤4‰	可清洗性	不多于3个斑点
巴氏硬度	≥40	耐热水性	无裂纹、不起泡
耐荷重性	表面不产生裂纹	耐污染性	无明显变色
耐冲击性	表面不产生裂纹	冲洗功能	6个注水乒乓球排出，洗净面无墨水残留痕迹
吸水率	≤0.5%		

(4) 根据不同试验项目，分别采用浴缸、洗脸盆、坐便器及试件，具体尺寸、数目见下表。

试验项目	试样形式	尺寸（mm）	数量
外观检验	单件卫生洁具	—	1
光泽度	单件卫生洁具	—	1
不平整度	单件卫生洁具	—	1
巴氏硬度	单件卫生洁具	—	1
耐荷重性	浴缸	—	1
耐冲击性	浴缸	—	1
吸水率	试件	50×50×4	5
胶衣层厚度	试件	50×50	5
可清洗性	试件	430×150	2
耐热水性	试件	150×100	2
耐污染性	试件	200×150	2
冲洗功能	坐便器	—	1

4. 卫生陶瓷（GB 6952—2005）

(1) 瓷质卫生陶瓷产品分类。

种类	类型	结构	安装方式	排污方向	按用水量分	按用途分
坐便器	挂箱式、坐箱式、连体式、冲洗阀式	冲落式、虹吸式、喷射虹吸式、旋涡虹吸式	落地式、壁挂式	下排式、后排式	普通型、节水型	成人型、幼儿型、残疾人/老年人专用型
洗面器	—	—	台式、立柱式、壁挂式	—	—	—
小便器	—	冲落式、虹吸式	落地式、壁挂式	—	普通型、节水型	—
蹲便器	挂箱式、冲洗阀式	—	—	—	普通型、节水型	成人型、幼儿型
净身器	—	—	落地式、壁挂式	—	—	—
洗涤槽	—	—	台式、壁挂式	—	—	住宅用、公共场所用
水箱	高水箱、低水箱	—	壁挂式、坐箱式、隐藏式	—	—	—
小件卫生陶瓷	皂盒、手纸盒等	—	—	—	—	—

（2）陶质卫生陶瓷产品分类。

种类	类型	安装方式
洗面器	—	台式、立柱式、壁挂式
不带存水弯小便器	—	落地式、壁挂式
净身器	—	落地式、壁挂式
洗涤槽	家庭用、公共场所用	台式、壁挂式
水箱	高水箱、低水箱	壁挂式、坐箱式、隐藏式
浴缸、淋浴盆	—	—
小件卫生陶瓷	皂盒等	—

(3) 卫生陶瓷产品外观缺陷的最大允许范围。

缺陷名称	单位	洗净面	可见面		其他区域
			A 面	B 面	
开裂、坯裂	—	不允许			不影响使用的允许修补
釉裂、熔洞	—	不允许			—
大包、大花斑、色斑、坑包	个	不允许			—
棕眼	个	总数 2	总数 2	总数 5	—
小包、小花斑	个	总数 2	总数 2	总数 6	—
釉泡、斑点	个	总数 2	总数 4	总数 4	—
缩釉、缺釉	个	不允许		4mm^{2}以下 1	—
磕碰	个	不允许			20mm^{2}以下 2
釉缕、橘釉、釉粘、坯粉、落脏、剥边、烟熏、麻面	—	不允许			—

(4) 卫生陶瓷产品的尺寸允许偏差。

mm

尺寸类型	尺寸范围	允许偏差
外形尺寸	—	规格尺寸×±3%
孔眼直径	<15	±2
	15~30	±2
	>30~80	±3
	>80	±5
孔眼圆度	≤70	2
	>70~100	4
	>100	5

续表

尺寸类型	尺寸范围	允许偏差
孔眼中心距	≤100	±3
	>100	规格尺寸×±3%
孔眼距产品中心线偏移	≤100	3
	>100	规格尺寸×3%
孔眼距边	≤300	±9
	>300	规格尺寸×±3%
安装孔平面度	—	2
排污口安装距	—	-20～+5

（5）便器平均用水量应符合下表的规定，坐便器和蹲便器在任一试验压力下，最大用水量不得超过规定值1.5L。

L

类　型		数　值
坐便器	普通型（单/双挡）	9
	节水型（单/双挡）	6
蹲便器	普通型	11
	节水型	8
小便器	普通型	5
	节水型	3

（6）各类产品的变形部位及测量方法。

产品名称	变形名称	变形部位	测量方法
坐便器 净身器	安装面弯曲变形	底座平面、安装水箱口平面	平台法
	表面变形	坐圈平面	平台法
	整体变形	整体歪扭不平、坐圈倾斜	平台法

续表

产品名称	变形名称	变形部位	测量方法
洗面器	安装面弯曲变形	靠墙面、支架面、下水口的下平面	平台法、钢直尺法
	表面变形	洗净面以上的水平表面	钢直尺法
	整体变形	对角方向的歪扭	平台法、对角线法
	边缘弯曲变形	边缘侧面	钢直尺法
小便器	安装面弯曲变形	靠墙面和地面	平台法
	表面变形	两侧面、前平面	钢直尺法、平台法
	整体变形	对角方向的歪扭	平台法、对角线法
蹲便器	安装面弯曲变形	靠地表面	平台法
	表面变形	上表面	钢直尺法、对角线法
	整体变形	整体及水圈平面歪扭	平台法、对角线法
	边缘弯曲变形	两侧边	钢直尺法
洗涤槽	安装面弯曲变形	底面、靠墙面和支架面	钢直尺法、平台法
	表面变形	水平上表面、侧面	钢直尺法、平台法
	整体变形	整体歪扭	对角线法、平台法
	边缘弯曲变形	水圈侧边和侧面	钢直尺法、平台法
水箱	安装面弯曲变形	靠墙面、底面	平台法、钢直尺法
	表面变形	正面和侧面	钢直尺法
	整体变形	整体歪扭	对角线法
	边缘弯曲变形	水箱上口、箱盖安装面	钢直尺法
浴缸、淋浴盆	表面变形	底面和侧面	钢直尺法、平台法
	整体变形	整体歪扭	对角线法、平台法
各种产品	安装孔平面度	孔眼平面	钢直尺法

二、洗面器类

1. 洗面器（GB/T 6952—2005）

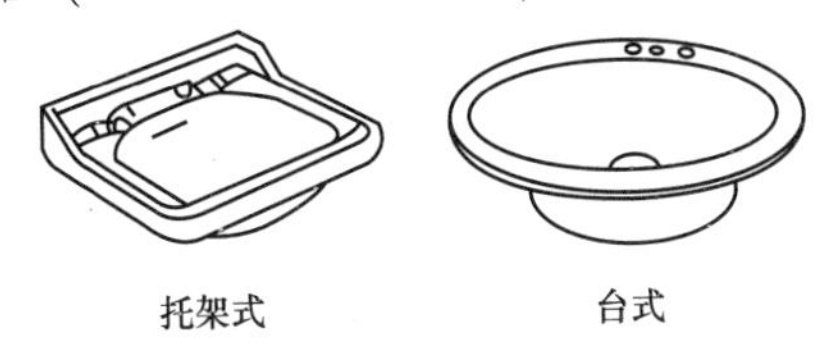

托架式　　台式

分类	1. 按安装方式分： 托架式（普通式）：安装在托架上。 台式：安装在台面板上。 立柱式：安装在地面上。 2. 按洗面器孔眼数目分： （1）单孔式：安装一只水嘴或安装单手柄（混合）水嘴。 （2）双孔眼式：安装放冷、热水用水嘴各 1 副，或双手轮（或单手柄）冷、热水（混合）水嘴 1 副，其中两水嘴中心孔距分为 100mm 和 200mm 两种。 （3）三孔式（习称暗式）：安装双手轮（或单手柄）放冷、热水（混合）水嘴 1 副，混合体在洗面器下面									
型式	托架式（普通式）					台式		立柱式		
产地	唐山					上海		上海		
型号	14 号	16 号	18 号	20 号	22 号	L-610	L-616	L-605	L-609	L-621
常见洗面器主要尺寸（mm）										
长度	350	400	450	510	560	510	590	600	630	520
宽度	260	310	310	300	410	440	500	530	530	430
高度	200	210	200	250	270	170	200	240	250	220
总高度	—	—	—	—	—	—	—	830	830	780
用途	配上洗面器水嘴等附件，安装在卫生间内供洗手、洗脸用									

2. 洗面器水嘴（QB/T 1334—2013）

规　格	用　途
公称通径 DN（mm）：15。 公称压力 PN（MPa）：0.6。 适用温度（℃），≤100	装于洗面器上，有单柄单控和双柄双控两种。双柄式用于开关冷、热水。在水嘴手柄上标有冷、热字样，或嵌有蓝、红色标志，通常以冷、热水嘴各一只为一组

3. 洗面器单手柄水嘴（GB/T 1334—2004）

规　格	用　途
型号：MG12（北京产品）。 公称通径 DN（mm）：15。 公称压力 PN（MPa）：0.6。 适用温度（℃）≤100	装于陶瓷上，用于开关冷、热水和排放盆内存水。其特点是冷、热水均用一个手柄控制和从一个水嘴中流出，并可调节水温

4. 立柱式洗面器配件

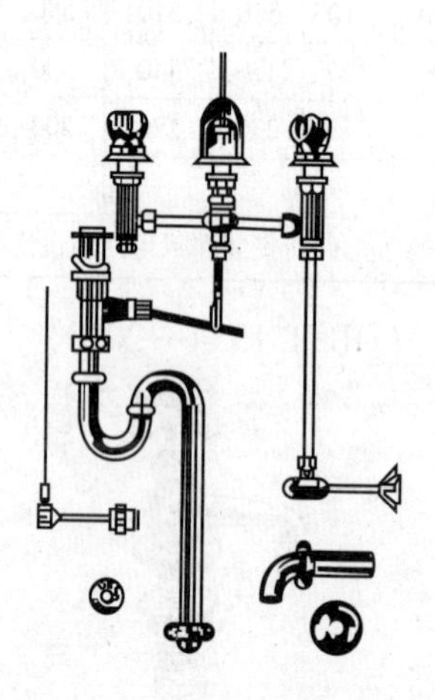

规　　格	用　　途
型号：80-1（上海产品）。 公称通径 DN（mm）：15。 公称压力 PN（MPa）：0.6。 适用温度（℃）≤100	专供装在立柱式洗面器上，开关冷、热水和排放盆内存水

5. 台式洗面器配件

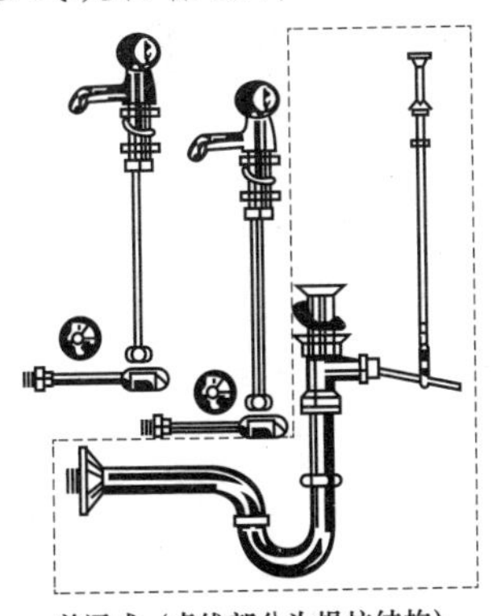

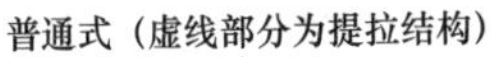
普通式（虚线部分为提拉结构）

混合式（双手柄）

规　　格	用　　途
型号：普通式-15M7 型、混合式-7103 型。 公称通径 DN（mm）：15。 公称压力 PN（MPa）：0.6。 适用温度（℃）≤100	装在台式洗面器上，开关冷、热水和排放盆内存水

6. 弹簧水嘴

规　　格	用　　途
公称通径 DN（mm）：15。 公称压力 PN（MPa）：0.6。 适用温度（℃）≤100	装于公共场所的面盆、水斗上，作开关自来水用。按下水嘴手柄，即打开通路放水，手松即关闭通路停水

7. 洗面器落水

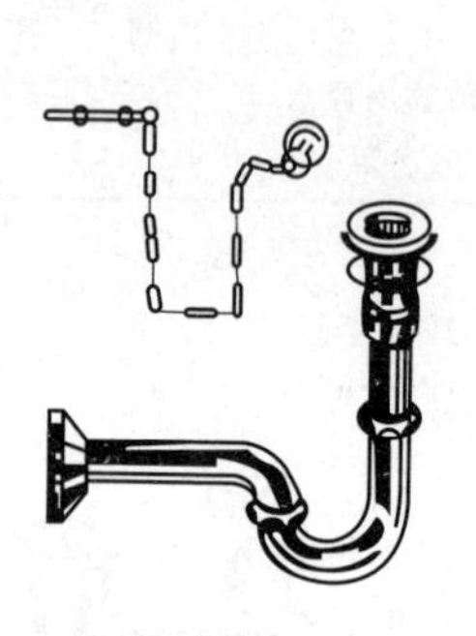
普通式：横式(P型)

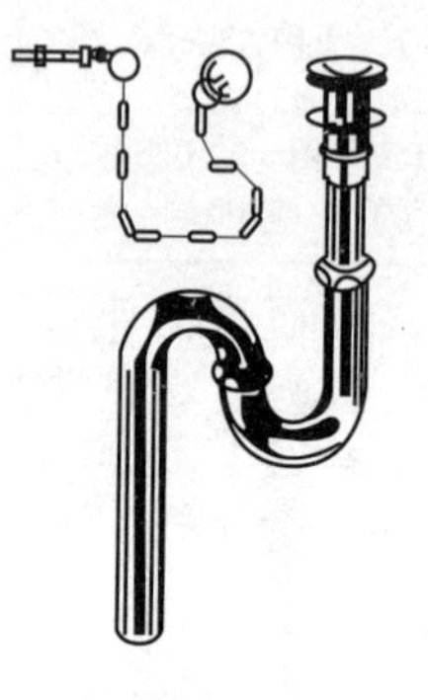
普通式：直式(S型)

规　　格	用　　途
公称通径 DN（mm）：32。 橡皮塞直径为 29mm	排放面盆、水斗内存水用的通道，并有防止臭气回升作用

8. 卫生洁具用直角阀（QB/T 2759—2006）

规　　格	用　　途
公称尺寸 DN（mm）：15、20。 公称压力（MPa）：1.0	装在通向洗面器水嘴的管路上，用于控制水嘴的给水，以利设备维修。通常直角截止阀处于开启状态，若水嘴或洗面器需进行维修，则处于关闭状态

9. 无缝钢皮管及金属软管

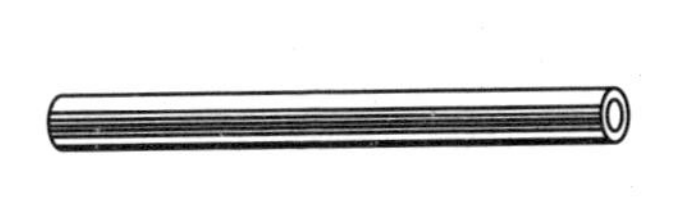
无缝铜皮管

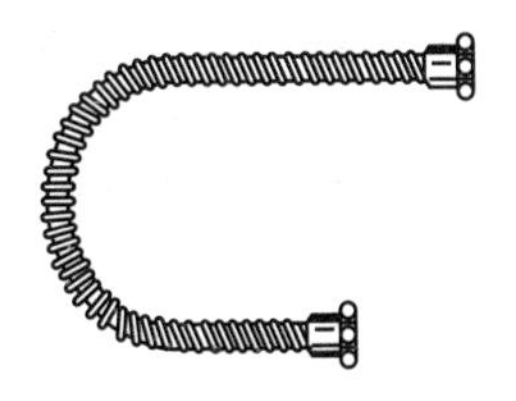
金属软管（蛇皮软管）

品种	无缝钢皮管			金属软管		
	外径	厚度	长度	外径	厚度	长度
主要尺寸（mm）	12.7	0.7~0.8	330	13	—	350、400
材料及表面状态	黄铜抛光或镀铬			黄铜镀铬或不锈钢		
用途	用作洗面水嘴与三角阀之间连接管					

10. 托架

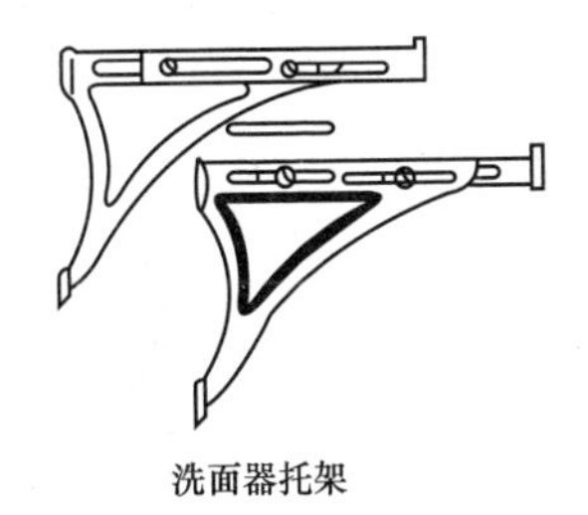
洗面器托架

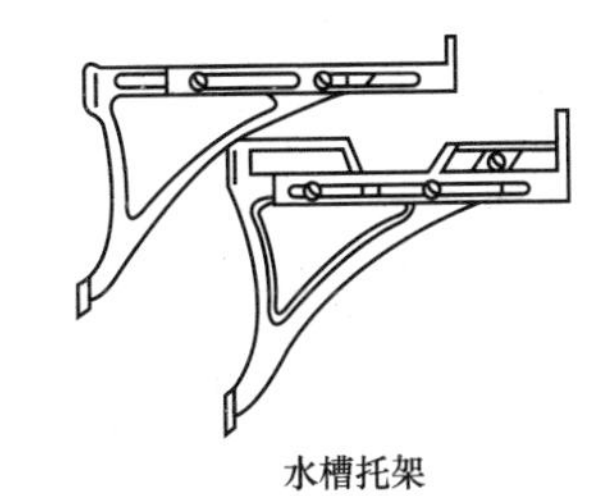
水槽托架

规　　格	用　　途
洗面器托架（长×宽×高，mm）：310×40×230。 水槽托架（长×宽×高，mm）：380×45×310。 制造材料为灰铸铁	安装在墙面与陶瓷洗面器或水槽之间，支托洗面器或水槽，使其保持一定高度，便于使用

三、浴缸类

1. 浴缸

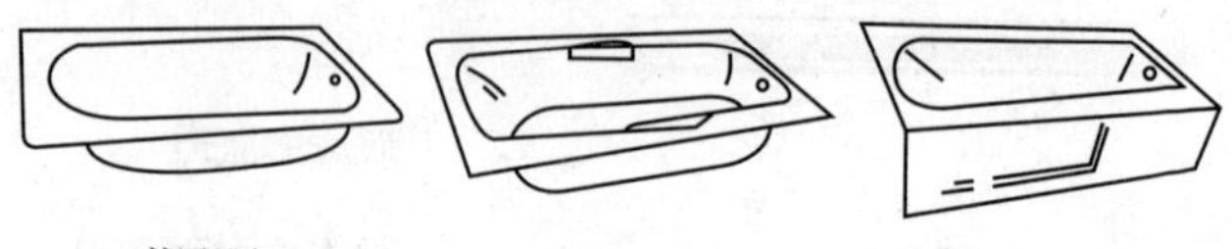

品种	按制造材料分	铸铁浴缸、钢板浴缸、玻璃钢浴缸、陶瓷浴缸、塑料浴缸
	按结构分	普通浴缸（TYP 型）、扶手浴缸（GYF－5 扶型）、裙板浴缸
	按色彩分	白色浴缸、彩色浴缸（青、蓝、骨、杏、灰、黑、紫红等）
用途	安装在卫生间内，配上浴缸水嘴等附件，供洗澡用	

型号	尺寸（mm）		
	长度	宽度	高度
TYP－10B	1000	650	305
TYP－11B	1100	650	305
TYP－12B	1200	650	315
TYP－13B	1300	650	315
TYP－14B	1400	700	330
TYP15B	1500	750	350
TYP－16B	1600	750	350
TYP－17B	1700	750	370
TYP－18B	1800	800	390
GYF－5 扶	1520	780	350
8701 型裙板浴缸	1520	780	350
8801 型搁手浴缸	1520	780	380

2. 浴缸水嘴（QB/T 1334—2004）

普通式

明双联式

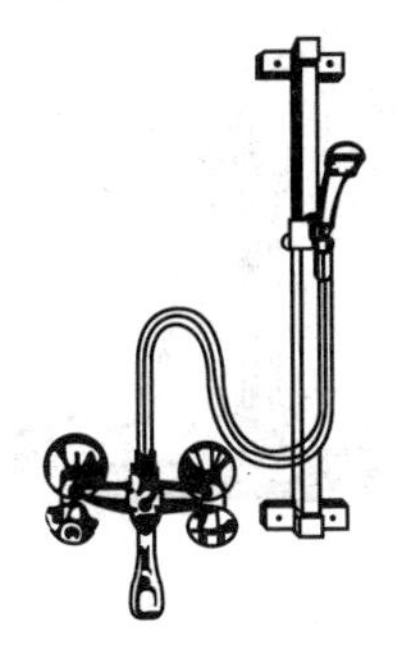

明三联式(移动式)

暗三联式(入墙式)

单手柄明三联式
(插座式)

品种	结构特点	公称通径 DN（mm）	公称压力 PN（MPa）
普通式	由冷、热水嘴各一只组成一组	15、20	0.6
明双联式	由两个手轮合用一个出水嘴组成	15	
明（暗）三联式	比双联式多一个淋浴器装置	15	
单手柄式	同一个手轮开关冷、热水和调节水温	15	
用途	装于浴缸上，用于开关冷、热水		

3. 浴缸长落水

普通式

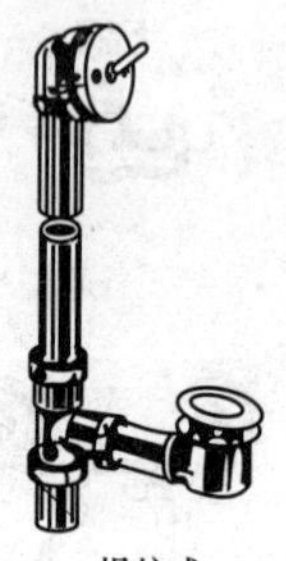
提拉式

规　　格	用　　途
公称通径 DN（mm）：普通式—32、40；提拉式—40	装在浴缸下面，用于排去浴缸内存水

4. 莲蓬头

规　　格	用　　途
公称通径 DN × 莲蓬直径（mm）：15×40，15×60，15×75，15×80，15×100	用于淋浴时喷水，也可作防暑降温的喷水设备

5. 莲蓬头铜管

规　　格	用　　途
公称通径 DN（mm）：15	装于莲蓬头与进水管路之间，作连接管用

6. 莲蓬头阀

明阀

暗阀

规　　格	用　　途
公称通径 DN（mm）：15。 公称压力 PN（MPa）：0.6	装在通向莲蓬头的管路上，用来开关莲蓬头（或其他管路）的冷、热水

7. 双管淋浴器

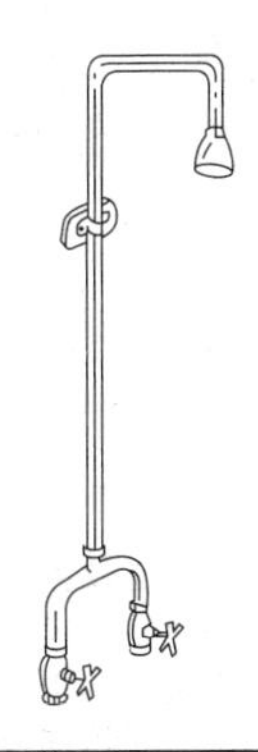

规　　格	用　　途
公称通径 DN（mm）：15	装在工矿企业等的公共浴室中，用作淋浴设备

8. 地板落水

普通式

两用式

规　格	用　途
公称通径 DN（mm）：普通式—50、80、100；两用式—50	装在浴室、盥洗室等室内地面上，用于排放地面积水

四、坐便器类

1. 坐便器（GB 6952—2005）

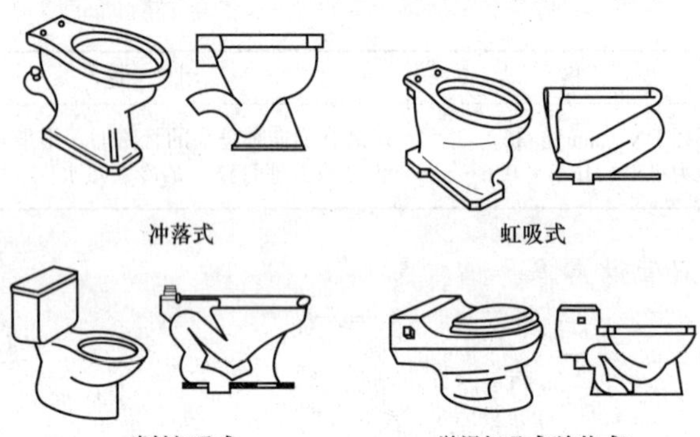

冲落式　　虹吸式

喷射虹吸式　　漩涡虹吸式(连体式)

<table>
<tr><td>分类</td><td colspan="6">1. 按坐便器冲洗原理分：冲落式、虹吸式、喷射虹吸式、漩涡虹吸式（连体式）。
2. 按配用低水箱结构分：
(1) 挂箱式——低水箱位于坐便器后上方，两者之间须用角尺弯管连接起来。
(2) 坐箱式——低水箱直接装在坐便器后上方。
(3) 连体式——低水箱与坐便器连成一个整体</td></tr>
<tr><td rowspan="2">产地</td><td rowspan="2">型号</td><td rowspan="2">形式</td><td colspan="4">坐便器主要尺寸（mm）</td></tr>
<tr><td>长度</td><td>宽度</td><td>高度</td><td>连低水箱总高度</td></tr>
<tr><td>唐山</td><td>福州式 3 号</td><td>挂箱冲落式</td><td>460</td><td>350</td><td>390</td><td></td></tr>
<tr><td rowspan="3">上海</td><td>C-102</td><td>坐箱虹吸式</td><td>740</td><td>365</td><td>380</td><td>830</td></tr>
<tr><td>C-105</td><td>坐箱喷射虹吸式</td><td>730</td><td>510</td><td>355</td><td>735</td></tr>
<tr><td>C-103</td><td>连体漩涡虹吸式</td><td>740</td><td>520</td><td>400</td><td>530</td></tr>
<tr><td>用途</td><td colspan="6">配上低水箱、坐便器盖等附件，安装在卫生间内，供大小便用，便后可打开低水箱中排水阀，放水冲洗排除器内污水、污物</td></tr>
</table>

2. 水箱（GB 6952—2005）

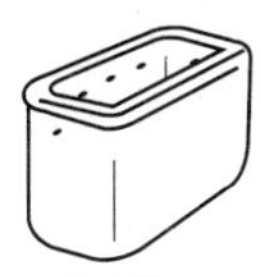
高水箱

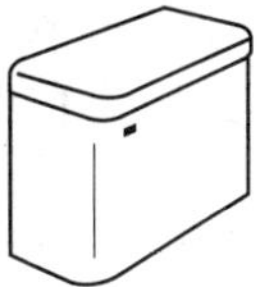
壁挂式低水箱

品种	型号	长度（mm）	宽度（mm）	高度（mm）
高水箱	1号	420	240	280
低水箱	壁挂式12号	480	215	330
	坐箱式	510	250	360
用途	分高水箱、低水箱两种。高水箱高挂于蹲便器上部，低小箱位于坐便器后上部。水箱内经常储存一定容量清水，供人们大小便后利用箱内存水冲洗蹲便器、坐便器，使污水、污物排入排污管中，保持清洁卫生			

3. 坐便器低水箱配件

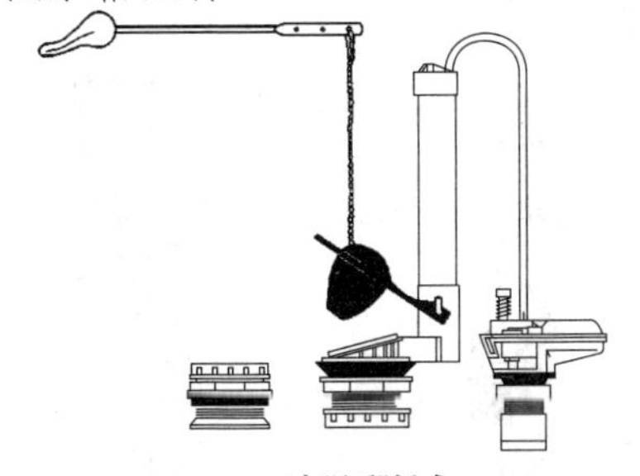
(水压)翻板式

规　　格	用　　途
排水阀公称通径DN（mm）：50。 公称压力PN（MPa）：0.6	装在坐便器后面的低水箱中，用于水箱的自动进水、停止进水和手动放水

4. 低水箱扳手

规　　格	用　　途
杠杆长度（mm）：230	用于操纵低水箱中排水阀的升降，以便打开或关闭通向坐便器的通路放水

5. 低水箱进水阀

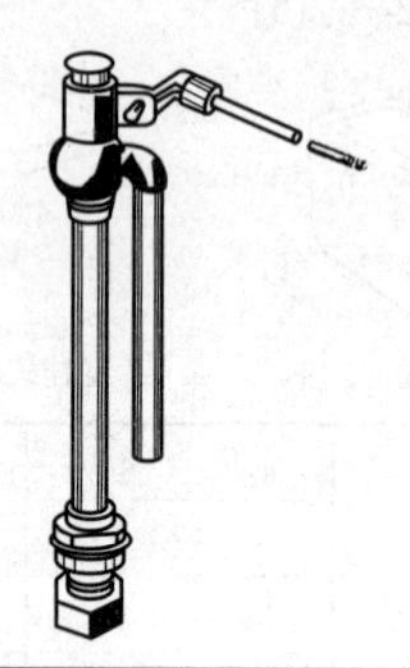

规　　格	用　　途
排水阀公称通径 DN（mm）：15。 公称压力 PN（MPa）：0.6	低水箱中的自动进水机构。当水箱中的水位低于规定位置时，即自动打开，让水进入水箱；当水位到达规定位置时，即自动关闭，停止进水

6. 低水箱排水阀

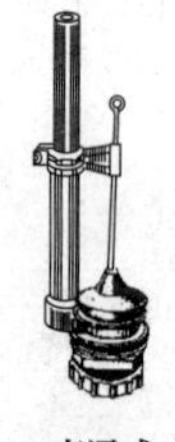

直通式

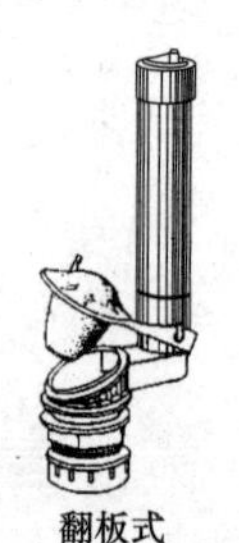

翻板式

规　　格	用　　途
排水阀公称通径 DN（mm）：50	控制低水箱中放水通路。提起水阀便放水冲洗坐便器；放水后自动落下，关闭放水通路

7. 直角弯

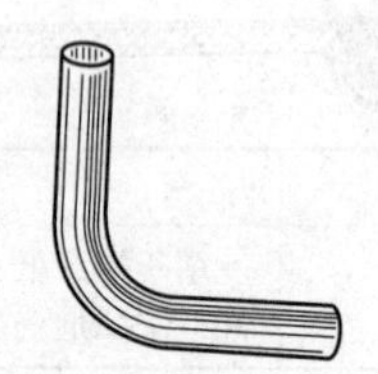

规　　格	用　　途
排水阀公称通径 DN（mm）：50。 总长（mm）：380。 制造材料：镀铬铜合金管、塑料管	用作壁挂式低水箱与坐便器之间的连接管路。放水时，水箱中的储水通过角尺弯进入坐便器

8. 大便冲洗阀

阀体

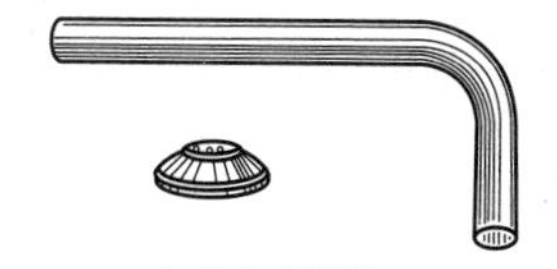

铜管和法兰罩

规　　格	用　　途
公称压力（MPa）：0.6。 阀体公称通径 DN（mm）：25。 钢管外径（mm）：32	放水冲洗坐便器所采用的一种半自动阀门，可代替低水箱。由阀体、钢管、法兰罩和马桶卡等零件组成

五、蹲便器类

1. 蹲便器（GB 6952—2005）

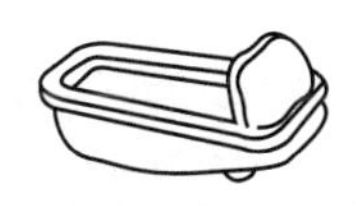

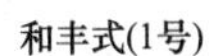

和丰式(1号)

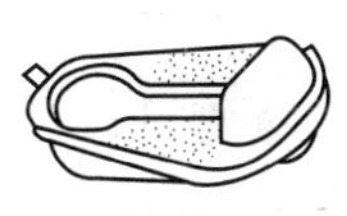

踏板式

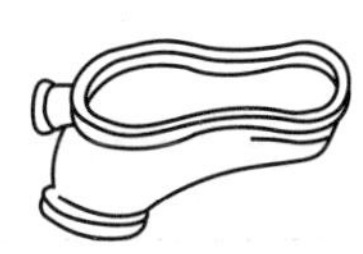

小平蹲式

型号	主要尺寸（mm）			
	长度	宽度	高度	进水口端面至排水口中心距
和丰式（1号）	610	280	400	430
踏板式	600	430	285	55
小平蹲式	550	320	275	55
用途	安装在卫生间内，供大小便用，便后需拉开高水箱中排水阀，以便放水冲洗排除器内污水、污物			

2. 自落水芯子

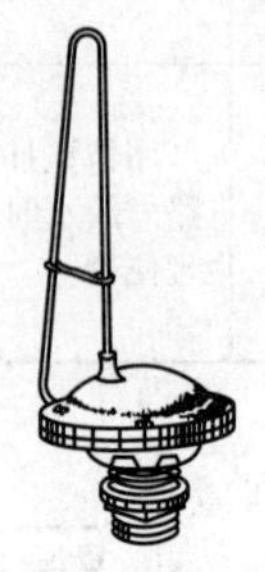

规　　格	用　　途
公称通径 DN（mm）：20、25、32、40、50、65	装于自落水高水箱中，用于自动定时放水冲洗便槽。它是利用虹吸原理来实现自动放水或关闭通路的，由羊皮膜（橡皮膜）、虹吸管、透气管、固紧螺母、落水头子和落水罩等零件组成

3. 自落水进水阀

规　　格	用　　途
公称通径 DN（mm）：15。 公称压力 PN（MPa）：0.6	小便槽上自动落水高水箱的进水开关，装在水箱内部，用于控制进水量的大小和自动落水间隔时间

4. 高水箱配件

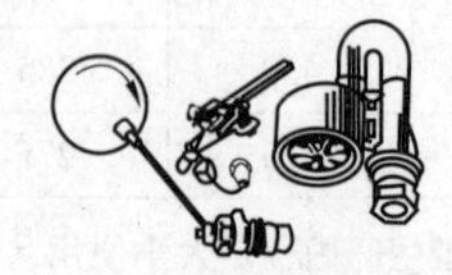

虹吸式高水箱配件

规　　格	用　　途
公称通径 DN（mm）：32。 有直通式和翻板式等	装于蹲便器的高水箱中，用于自动进水和手动放水。由拉手、浮球阀、浮球、排水阀、冲洗管、黑套等零件组成

六、小便器类

1. 小便器（GB 6952—2005）

斗式(平面式)

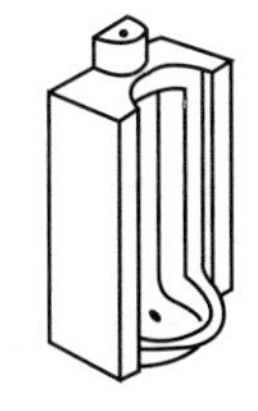

壁挂式(联排式)

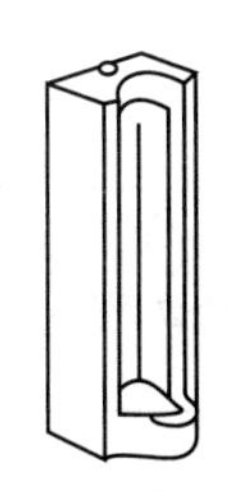

立式(落地式)

品　种	宽度（mm）	深度（mm）	高度（mm）
斗　式	340	270	490
壁挂式	300	310	615
立　式	410	360	850 或 1000
用　途	装在公共场所的男用卫生间内，供小便用		

2. 小便器落水

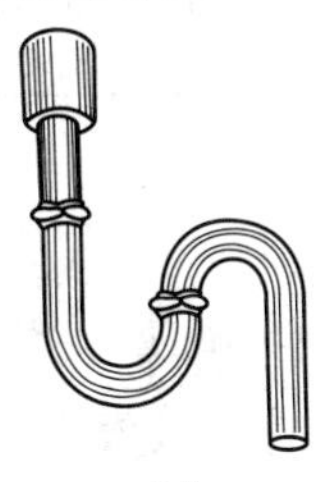

直式

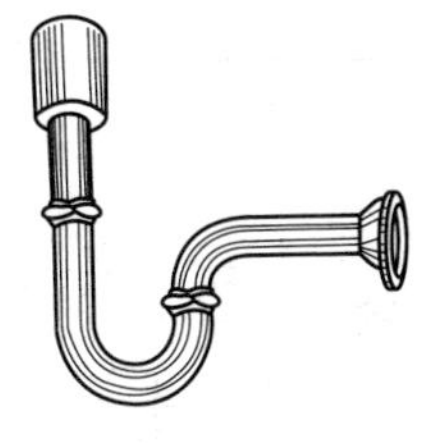

横式

规　　格	用　　途
公称通径 DN（mm）：40。 制造材料：铅合金、塑料、镀铬	装于斗式小便器下部，用于排泄污水和防止臭气回升。有直式（S 型）和横式（P 型）两种

3. 立式小便器铜器

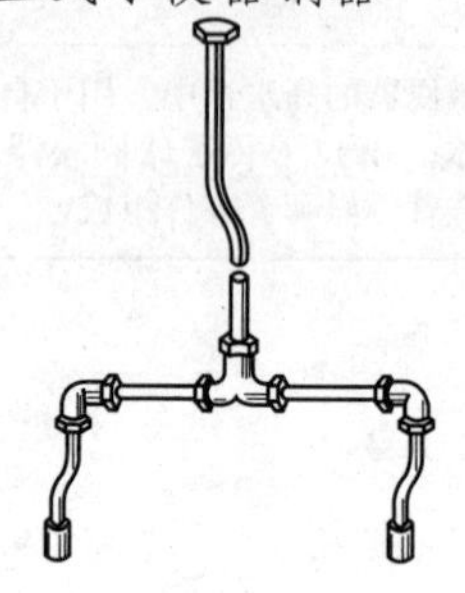
双联

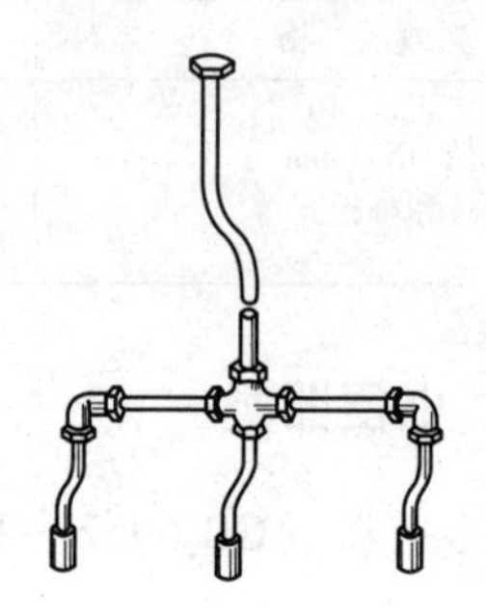
三联

规　　格	用　　途
按连接小便器的数目分：单联、双联、三联	装于水箱与立式小便器之间，用于连接管路和放水冲洗便斗

4. 小便器鸭嘴

规　　格	用　　途
公称通径 DN（mm）：20	装于立式小便器铜器下部，用于喷水冲洗立式小便斗

5. 小便器配件

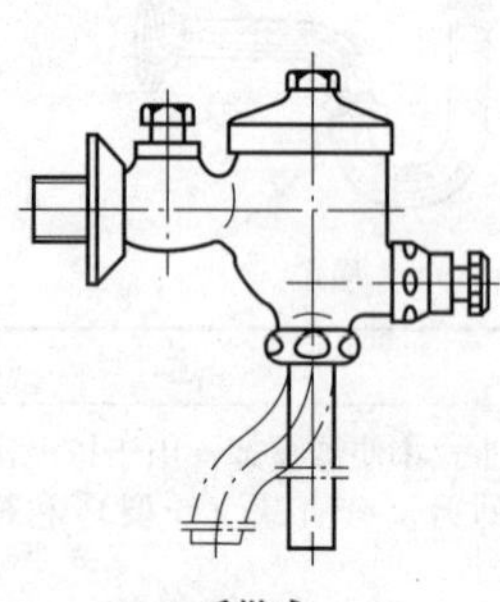
手揿式

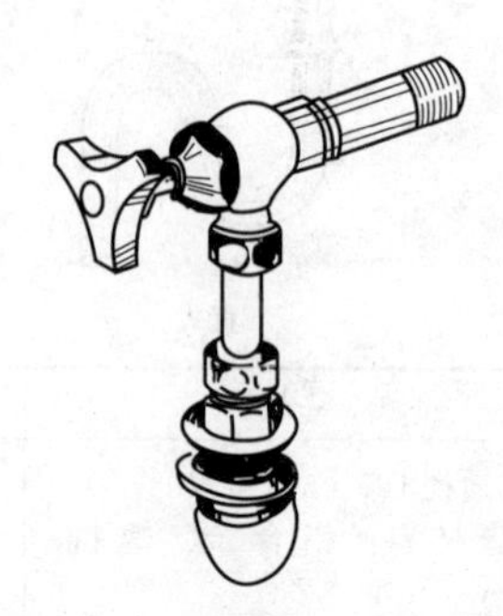
手开式

规　　格	用　　途
公称通径 DN（mm）：15。 公称压力 PN（MPa）：0.6	装在小便器上面，用于冲洗小便池。手揿式用手按钮，就开始放水；手离开按钮，就停止放水

七、水槽

1. 洗涤槽（GB 6952—2005）

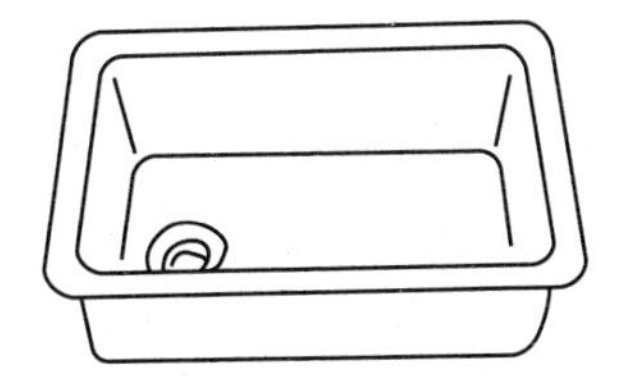

单槽式

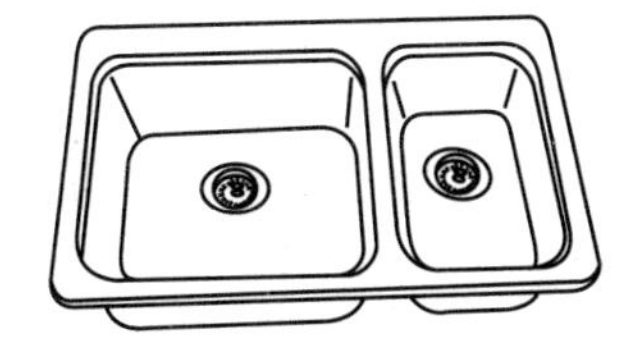

双槽式

型号	1号	2号	3号	4号	5号	6号	7号	8号
长度（mm）	610	610	510	610	410	610	510	410
宽度（mm）	460	410	360	410	310	460	360	310
高度（mm）	200	200	200	150	200	150	150	150
用途	装在厨房内或公共场所的卫生间内，供洗涤菜、食物、衣物及其他物品等，分单槽式和双槽式两种							

2. 水槽水嘴

规　　格	用　　途
公称通径 DN（mm）：15。 公称压力 PN（MPa）：0.6	装于水槽上，供开关自来水用

3. 水槽落水

规　格	用　途
公称通径 DN（mm）：32、40、50	用于排除水槽、水池内存水

4. 脚踏水嘴

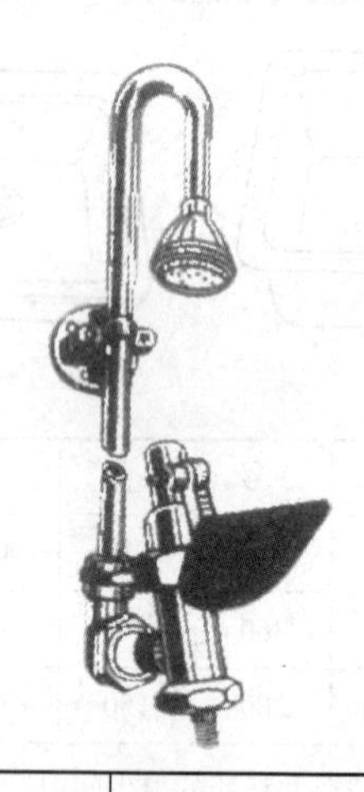

规　格	用　途
公称通径 DN（mm）：15。 公称压力 PN（MPa）：0.6	装于公共场所、医疗单位等场合的面盆、水盆或水斗上，作为放水开关设备。其特点是用脚踩踏板，即放水；脚离开踏板，停止放水。开关均不需用手操纵

5. 化验水嘴（QB/T 1334—2013）

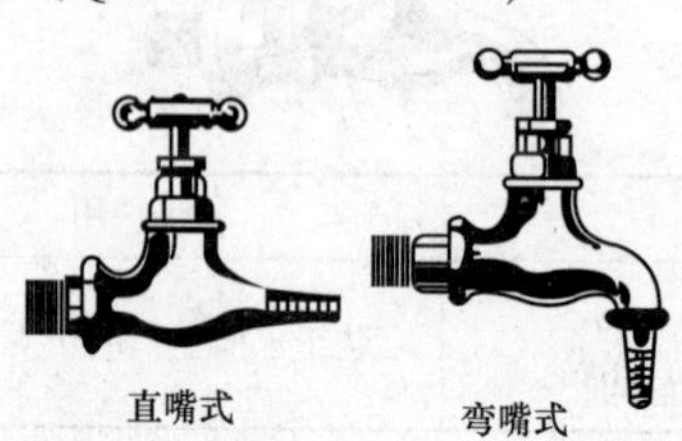

直嘴式　　弯嘴式

规　　格	用　　途
公称直径 DN（mm）：15。 螺纹尺寸（in）：1/2。 公称压力 PN（MPa）：0.6。 材料：铜合金、表面镀铬	常用于化验水盆上，套上胶管放水冲洗试管、药瓶、量杯等

6. 单联、双联、三联化验水嘴

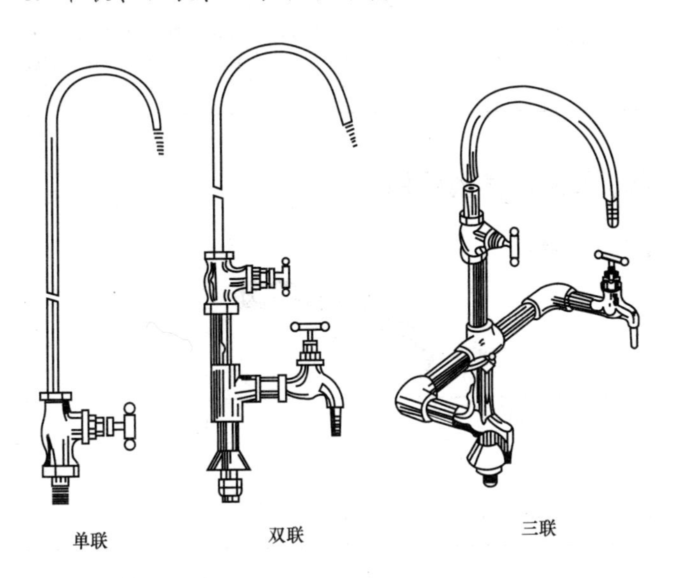

规　　格	用　　途
公称通径 DN（mm）：15。 公称压力 PN（MPa）：0.6。 单联：1 个鹅颈水嘴。 双联：1 个鹅颈水嘴，1 个弯嘴化验水嘴。 三联：1 个鹅颈水嘴，2 个弯嘴化验水嘴。 总高度（mm）：单联>450；双联、三联为 650	装于实验室的化验盆上，作为放水开关设备

7. 洗衣机用水嘴

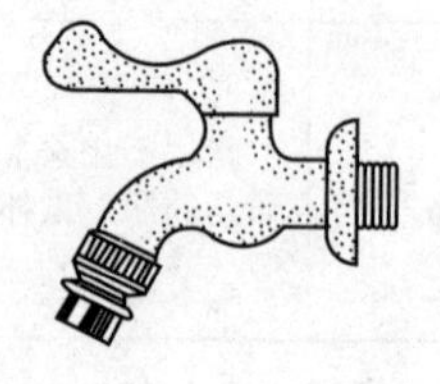

规 格	用 途
公称通径 DN（mm）：15。 公称压力 PN（MPa）：0.6	装于置放洗衣机附近的墙壁上。其特点是水嘴的端部有管接头，可与洗衣机的进水管连接，不会脱落，以便向洗衣机供水

八、卫生间其他配件

1. 浴缸扶手

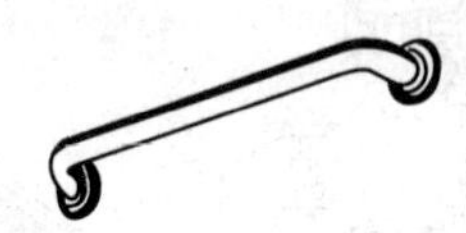

规 格	用 途
外径×长度（mm）：20×300，20×450。 材料：铜合金镀铬、不锈钢等	安装在浴缸边上或靠近浴缸一端的墙面上，便于人在浴缸内起立时扶持用，以防摔跤

2. 毛巾杆

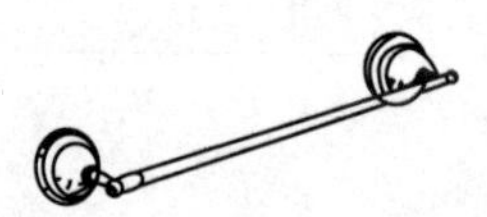

单挡毛巾杆

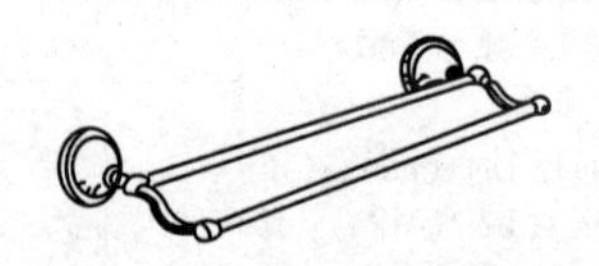

双挡毛巾杆

规 格	用 途
直径×长度（mm）：16×500，16×600，16×800，19×500，19×600，19×800。 材料：铜合金镀铬、不锈钢等	装于卫生间内挂毛巾用，分单挡、双挡两种

3. 置衣架

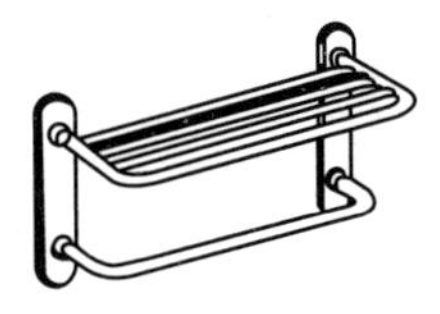

规　　格	用　　途
外径×长度（mm）：16×500，16×600。 材料：铜合金镀铬、不锈钢等	放置浴巾、衣物用

第六篇

建筑装饰五金工具

第十八章

常用手工工具

一、钳类

1. 钢丝钳（QB/T 2442.1—2007）

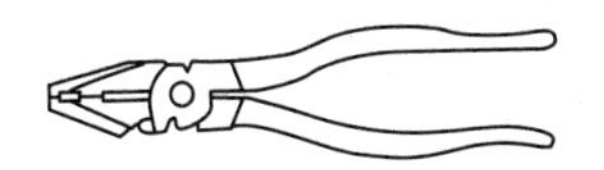
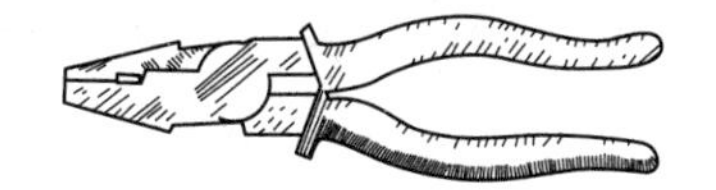

长度（mm）	种　类	用　途
140 160 180 200 220 250	分柄部带塑料套与不带塑料套两种	适用于夹持或弯折薄片形、圆柱形金属零件，剪断金属丝，还有剥线、起钉的功能

2. 鲤鱼钳（QB/T 2442.4—2007）

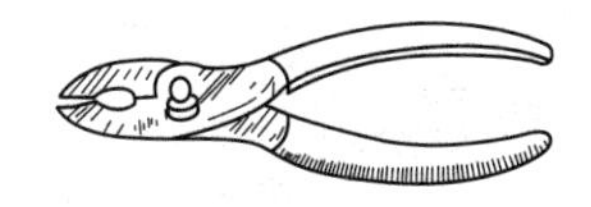

长度（mm）	用　途
125 160 180 200 250	适用于夹持扁形或圆柱形金属零件，可以切断金属丝，亦可代替扳手装拆螺钉、螺母，是汽车、农业机械、自行车、摩托车等维修作业的常用工具

3. 尖嘴钳（QB/T 2440.1—2007）

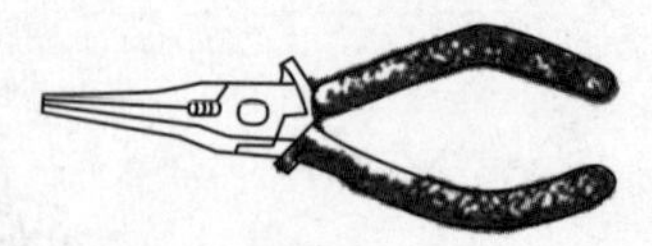

长度（mm）	种类	硬度 HRA	用　途
125 140 160 180 200 280	有铁柄和绝缘柄两种规格	≥73	适用于在较窄小的工作空间夹持小零件和扭转细金属丝，是仪器、仪表、家电等常用的装配、维修工具

4. 弯嘴钳（QB/T 2441.1—2007）

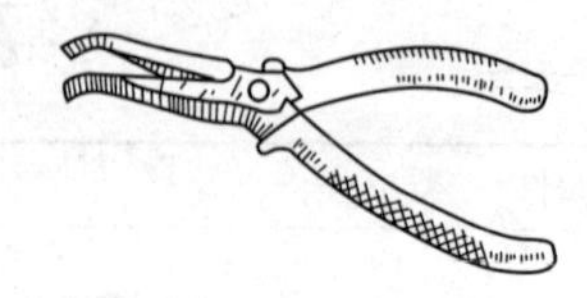

长度（mm）	种类	硬度 HRA	用　途
125 140 160 180 200	有铁柄和绝缘柄两种规格	刃口部位：62 非刃口部位：50	与尖嘴钳相似，适用于狭窄或凹下的工作空间夹持工件

5. 斜嘴钳（QB/T 2441.1—2007）

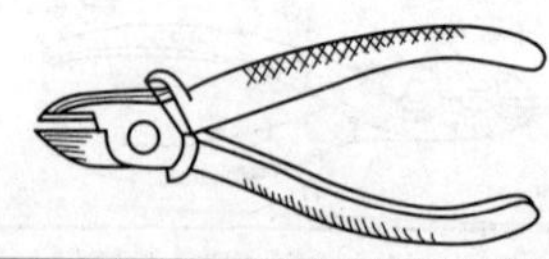

长度（mm）	种类	硬度 HRA	用　途
125 140 160 180 200	有铁柄和绝缘柄两种规格	28~38	适用于切断金属丝，是电线安装作业的常用工具

6. 圆嘴钳（QB/T 2440.3—2007）

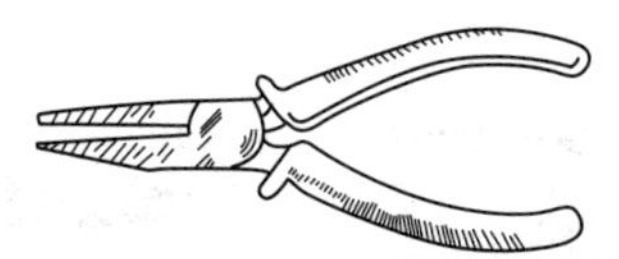

公称长度（mm）		125	140	160	180
钳头长度（mm）	短嘴	25	32	40	—
	长嘴	—	40	50	63
用途	适用于将金属薄片或金丝弯成圆形，是电信设备、仪器、仪表、家电装配、维修作业的常用工具				

7. 扁嘴钳（QB/T 2440.2—2007）

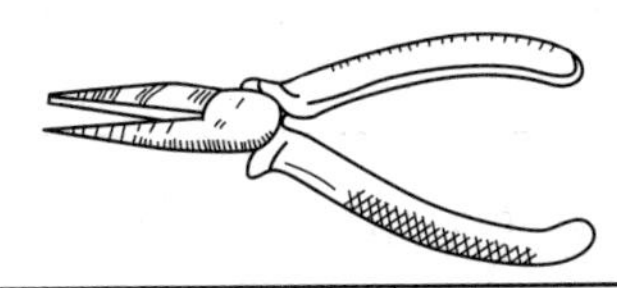

类型	长度（mm）	钳头长度（mm）	硬度 HRA	用　途
短嘴式	125 140 160	25 32 40	≥73	适用于将金属薄片、细丝弯成所需形状，用于装拔销子、弹簧等，有绝缘柄和铁柄两种
长嘴式	140 160 180	40 50 63	≥73	

8. 胡桃钳（QB/T 1737—2011）

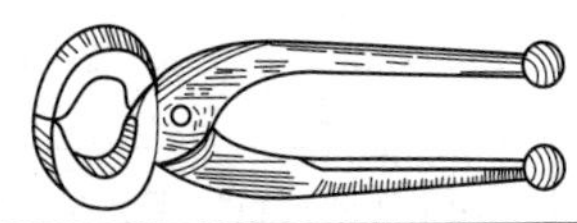

长度（mm）	硬度 HRC	用　途
125 150 175 200 225 250	48～56	适用于制鞋、修鞋，木工起拔或剪断钉子，亦可切断金属丝

9. 挡圈钳（JB/T 3411.47—1999）

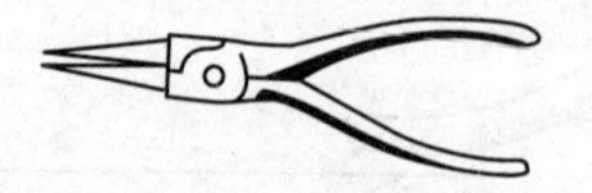

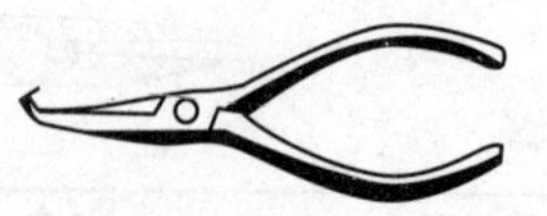

种　类	长度（mm）	硬度 HRC	用　途
直嘴式孔用 弯嘴式孔用 直嘴式轴用 弯嘴式轴用	125 175 225	28~38	专用于装拆弹性挡圈。可根据安装部位不同和需要，选用孔用、轴用、直嘴式、弯嘴式挡圈钳

10. 断线钳（QB/T 2206—2011）

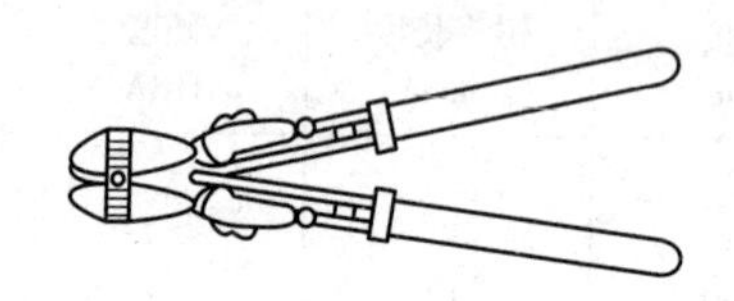

规格（mm）		300	350	450	600	750	900	1050
长度（mm）		305	365	460	620	765	910	1070
剪切直径（mm）	黑色金属	≤4	≤5	≤6	≤8	≤10	≤12	≤14
	有色金属（参考）	2~6	2~7	2~8	2~10	2~12	2~14	2~16
用　途	用于切断较粗、硬度不大于 HRC30 的金属线材、刺丝及电线等							

二、扳手类

1. 双头呆扳手（GB/T 4388—2008）

<table>
<tr><th colspan="2">单件双头呆扳手规格系列（mm×mm）</th><th>用途</th></tr>
<tr><td colspan="2">3.2×4，4×5，5×5.5，5.5×7，6×7，7×8，8×9，8×10，9×11，10×11，10×12，10×13，11×13，12×13，12×14，13×14，13×15，13×16，13×17，14×15，14×16，14×17，15×16，15×18，16×17，16×18，17×19，18×19，18×21，19×22，20×22，21×22，21×23，21×24，22×24，24×27，24×30，25×28，27×30，27×32，30×32，30×34，32×34，32×36，34×36，36×41，41×46，46×50，50×55，55×60，60×65，65×70，70×75，75×80</td><td rowspan="7">用于紧固或拆卸两种规格的六角头及方头螺栓、螺钉和螺母</td></tr>
<tr><td colspan="2">成套双头呆扳手规格系列（mm×mm）</td></tr>
<tr><td>6件组</td><td>5.5×7（或6×7），8×10，12×14，14×17，17×19，22×24</td></tr>
<tr><td>8件组</td><td>5.5×7（或6×7），8×10，10×12（或9×11），12×14，14×17，17×9，19×22，22×24</td></tr>
<tr><td>10件组</td><td>5.5×7（或6×7），8×10，10×12（或9×11），12×14，14×17，17×19，19×22，22×24，24×27，30×32</td></tr>
<tr><td>新5件组</td><td>5.5×7，8×10，13×16，18×21，24×27</td></tr>
<tr><td>新6件组</td><td>5.5×7，8×10，13×16，18×21，24×27，30×34</td></tr>
</table>

2. 单头呆扳手（GB/T 4388—2008）

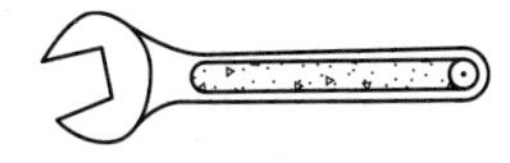

开口宽度（mm）	用途
5.5、6、7、8、9、10、11、12、13、14、15、16、17、18、19、20、21、22、23、24、25、26、27、28、29、30、31、32、34、36、38、41、46、50、55、60、65、70、75、80	用于紧固或拆卸一种规格的六角头或方头螺栓、螺母

3. 双头梅花扳手（GB/T 4388—2008）

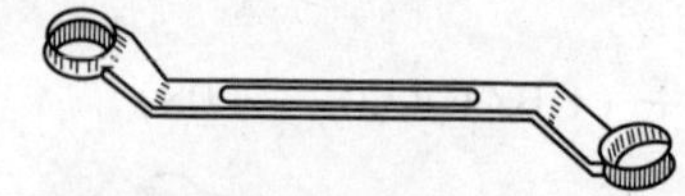

名称		公称规格（mm×mm）	用途
成套扳手	6件组	5.5×8，10×12，12×14，14×17，17×19（或19×22），22×24	用于紧固或拆卸六角头螺栓、螺母。尤其适于工作空间狭窄的场合
	8件组	5.5×7，8×10（或9×11），10×12，12×14，14×17，17×19（或19×22），22×24，24×27	
	10件组	5.5×7，8×10（或9×11），10×12，12×14，14×17，17×19，19×22，22×24（或24×27），27×30. 30×32	
	新5件	6.5×7，8×10，13×16，18×21，24×27	
	新6件	5.5×7，8×10，13×16，18×21，24×27，30×34	
单件扳手		6×7，8×10，12×14，17×19，22×24，24×27，30×32，36×41，46×50，55×55，55×60	

4. 两用扳手（GB/T 4388—2008）

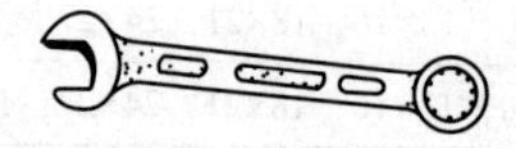

单件扳手规格系列（mm）		3.2、4.5、5.5、6、7、8、9、10、11、12、13、14、15、16、17、18、19、20、21、22、23、24、25、26、27、28、29、30、31、32、33、34、36、41、46、50	用途
成套扳手规格系列（mm）	6件组	10、12、14、17、19、22	一端与梅花扳手相同，另一端与单头扳手相同，两端适用于规格相同的六角头螺栓螺母
	8件组	8、9、10、12、14、17、19、22	
	10件组	8、9、10、12、14、17、19、22、24、27	
	新6件组	10、13、16、18、21、24	
	新8件组	8、10、13、16、18、21、24、27	

5. 手动套筒扳手（GB/T 3390.2—2013）

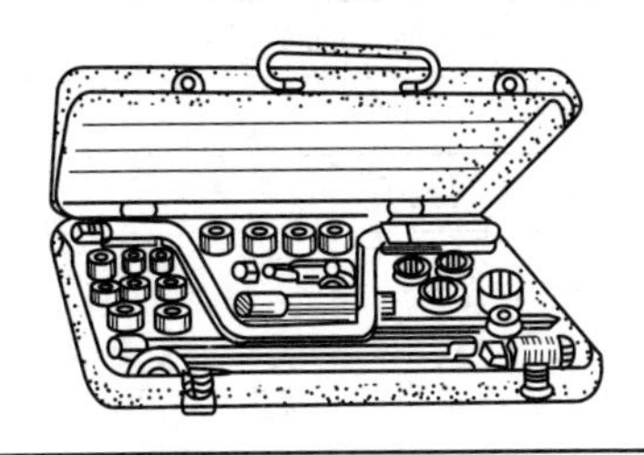

每套件数	每套规格（mm）		用　　途
	套　　筒	附　　件	
普通套筒扳手			除具备一般扳手的功用外，尤其适于各种特殊位置和工作空间狭窄的场合
9	10、11、12、14、17、19、22、24	225 弯头手柄	
13	8、10、11、12、14、17、19、22、24、27	250 棘轮扳手、直接头、滑行头手柄、快速摇柄、接杆	
17	10、11、12、14、17、19、22、24、27、30、32	棘轮扳手、直接头、滑行头手柄、快速摇柄、接杆	
24	10、11、12、13、14、15、16、17、18、19、20、21、22、23、24、27、30、32	棘轮扳手、滑行头手柄、快速摇柄、接杆、万向接头	
28	10、11、12、13、14、15、16、17、18、19、20、21、22、23、24、26、27、28、30、32	棘轮扳手、直接头、滑行头手柄、快速摇柄、接杆、万向接头、旋具接头	
32	8、9、10、11、12、13、14、15、16、17、18、19、20、21、22、23、24、26、27、28，30、32 和 20.6 火花塞套筒	棘轮扳手、滑行头手柄、快速摇柄、弯柄、万向接头、旋具接头、接杆	

续表

每套件数	每套规格（mm）		用　途
	套　筒	附　件	
小型套筒扳手			
20	4、4.5、5、5.5、6、7、8、10、11、12、13、14、17、19和20.6火花塞套筒	棘轮扳手、旋柄、接杆、接头	除具备一般扳手的功用外，尤其适于各种特殊位置和工作空间狭窄的场合
10	10、11、12、13、14、17、19、20.6火花塞套筒	棘轮扳手、接杆	
重型套筒扳手			
26	21、22、23、24、26、27、28、29、30、31、32、34、36、38、41、46、50、55、60、65	棘轮扳手、滑行头手柄、加力杆接杆、大滑行头、万向接头	
21	30、31、32、34、36、38、41、46、50、55、60、65、70、75、80	棘轮扳手、滑行头手柄、接杆、万向接头、加力杆、滑行头	

6. 活扳手（GB/T 4440—2008）

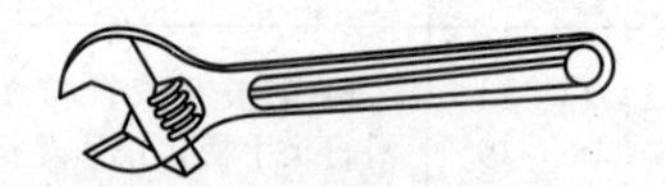

长度（mm）	100	150	200	250	300	375	450	600
最大开口宽度（mm）	13	19	24	28	34	43	52	62
用　途	开口宽度可以自由调节，适用于紧固或松开一定尺寸的六角头和方头螺栓、螺母							

7. 内六角扳手（GB/T 5356—2008）

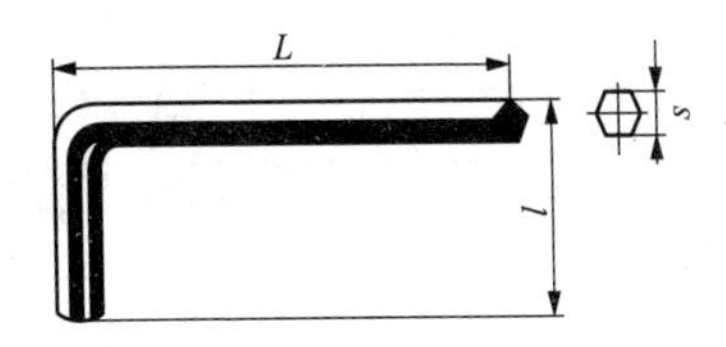

mm

对边尺寸 s	长脚长度 L			短脚长度 l	最小试验扭矩 M_d（N·m）	对边尺寸 s	长脚长度 L			短脚长度 l	最小试验扭矩 M_d（N·m）
	标准	长型	加长				标准	长型	加长		
0.7	33	—	—	7	0.08	12	137	202	262	57	370
0.9	33	—	—	11	0.18	13	145	213	277	63	470
1.3	41	63.5	81	13	0.53	14	154	229	294	70	590
1.5	46.5	63.5	91.5	15.5	0.82	15	161	240	307	73	725
2	5.2	77	102	18	1.9	16	168	240	307	76	880
2.5	58.5	87.5	114.5	20.5	3.8	17	177	262	337	80	980
3	66	93	129	23	6.6	18	188	262	358	84	1158
3.5	69.5	98.5	140	25.5	10.3	19	199	—	—	89	1360
4	74	104	144	29	16	21	211	—	—	96	1840
4.5	80	114.5	156	30.5	22	22	222	—	—	102	2110
5	85	120	165	33	30	23	233	—	—	108	2414
6	96	141	186	38	52	24	248	—	—	114	2750
7	102	147	197	41	80	27	277	—	—	127	3910
8	108	158	208	44	120	29	311	—	—	141	4000
9	114	169	219	47	165	30	315	—	—	142	4000
10	122	180	234	50	220	32	347	—	—	157	4000
11	129	191	247	53	282	36	391	—	—	176	4000
用途	用于紧固或拆卸内六角螺钉										

8. 内六角花形扳手

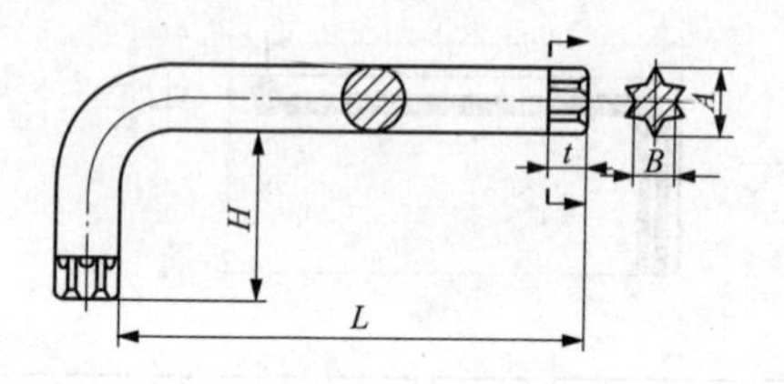

mm

代号	适应的螺钉	L	H	t	A	B
T30	M6	70	24	3.30	5.575	3.990
T40	M8	76	26	4.57	6.705	4.798
T50	M10	96	32	6.05	8.890	6.398
T55	M12-M14	108	35	7.65	11.277	7.962
T60	M16	120	38	9.07	13.360	9.547
T80	M20	145	46	10.62	17.678	12.705
用途	与内六角扳手相似					

9. 钩形扳手（JB/ZQ 4624—2006）

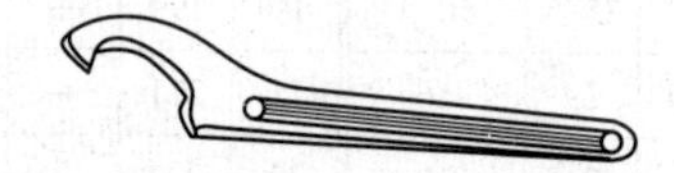

mm

螺母外径	12~14	16~18	18~20	20~22	25~28	30~32
柄长	100				120	
螺母外径	34~36	40~42	45~50	52~588	58~62	68~75
柄长	150		180		210	
螺母外径	80~90	95~100	110~115	120~130	135~145	155~165
柄长	240		280		320	
螺母外径	180~195	205~220	230~245	260~270	280~300	300~320
柄长	380		460		550	

续表

螺母外径	320~345	350~375	380~400	480~500		
柄长	550	585	620	800		
用途	专供紧固或拆卸机床、车辆、机械设备上的圆螺母用					

10. 十字柄套筒扳手（GB/T 14765—2008）

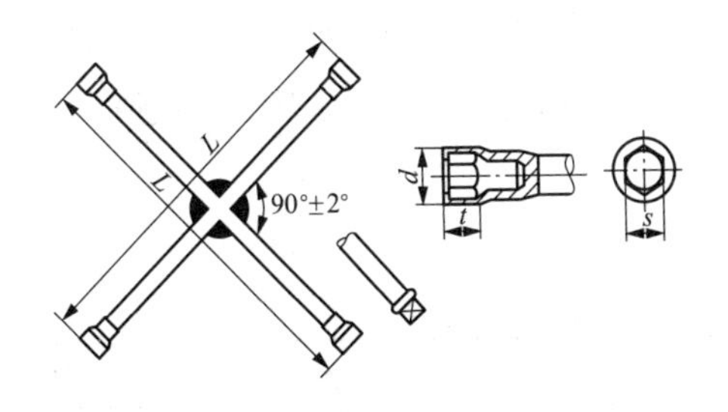

mm

型号	套筒 对边尺寸 s	传动方榫 对边尺寸	套筒外径 d ≤	柄长 L ≥	套筒深度 t ≥
1	24	12.5	38	355	0.8s
2	27	12.5	42.5	450	0.8s
3	34	20	49.5	630	0.8s
4	41	20	63	700	0.8s
用途	用于扳拧汽车、运输车辆轮胎上的螺钉和螺母或其他类似紧固件，每一种型号的套筒扳手上都有一个不同规格的套筒，也可用一个传动方榫代替其中一个套筒				

注 1. 套筒对边尺寸系列（mm）/套筒试验扭矩（N·m）：10/58.10，11/72.70，12/89.10，13/107.00，14/128.00，15/150，16/175，17/201，18/230，19/261，21/330，22/368，24/451，27/594，30/760，32/884，34/1019，36/1165，41/1579，46/2067。

2. 传动方榫对边尺寸系列（mm）/方榫试验扭矩（N·m）：12.5/512，20/1412。

三、旋具类

1. 一字槽螺钉旋具（QB/T 2564.4—2012）

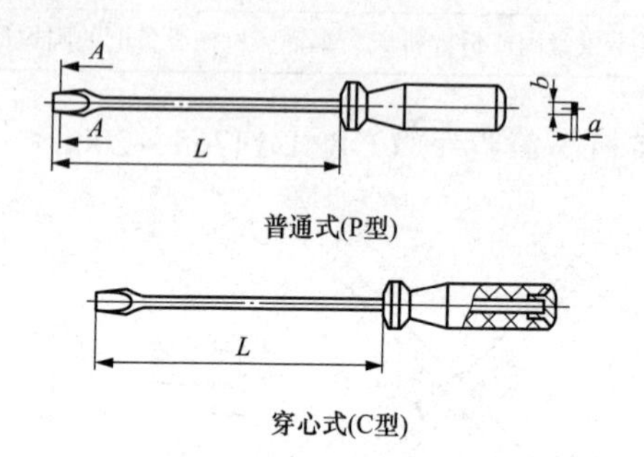

普通式(P型)

穿心式(C型)

mm

规格（a×b）	旋杆长度				规格（a×b）	旋杆长度			
	A 系列	B 系列	C 系列	D 系列		A 系列	B 系列	C 系列	D 系列
0.4×2	—	40	—	—	1×5.5	25(35)	100	125	150
0.4×2.5	—	50	75	100	1.2×6.5	25(35)	100	125	150
0.5×3	—	50	75	100	1.2×8	25(35)	125	150	175
0.6×3	25(35)	75	100	125	1.6×8	—	125	150	175
0.6×3.5	25(35)	75	100	125	1.6×10	—	150	175	200
0.8×4	25(35)	75	100	125	2×12	—	150	200	250
1×4.5	25(35)	100	125	150	2.5×14	—	200	250	300

注　括号内的尺寸为非推荐尺寸。规格在 1mm×5.5mm 以上的旋具，其旋杆在靠近旋柄的部位可增设六角形断面加力部分。

2. 十字槽螺钉旋具（QB/T 2564.5—2012）

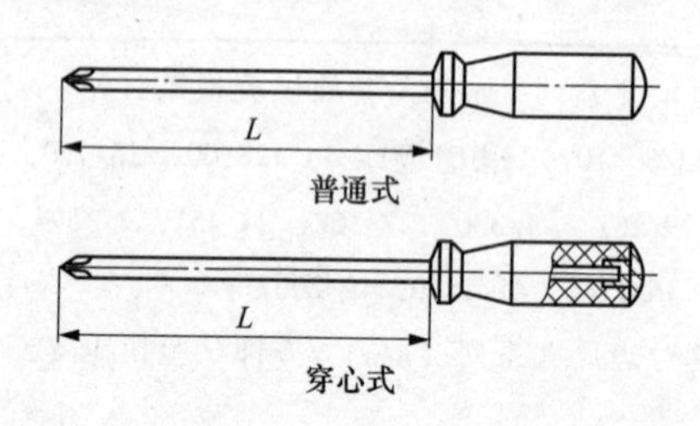

普通式

穿心式

mm

槽号		0	1	2	3	4
旋杆长度	A 系列	—	25（35）	25（35）	—	—
	B 系列	60	75（80）	100	150	200
适用螺钉规格		≤M2	M2.5、M3	M4、M5	M6	M8、M10

注 括号内的尺寸为非推荐尺寸。2 号槽以上的旋具，其旋杆在靠近旋柄的部位可增设六角形断面加力部分。

3. 夹柄螺钉旋具

(1) 用途。用于紧固或拆卸一字槽螺钉，并可用尾部敲击，比一般螺钉旋具耐用，但禁止用于有电的场合。

(2) 规格。长度（连柄，mm）：150、200、250、300。

4. 多用螺钉旋具

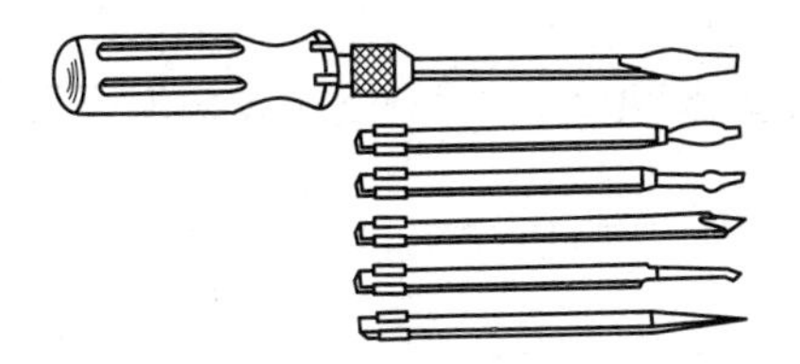

十字槽号	件数	带柄总长（mm）	一字槽旋杆头宽（mm）	钢锥（把）	刀片（片）	小锤（只）	木工钻直径（mm）	套筒（mm）	用途
1、2	6	230	3、4、6	1	—	—	—	—	供紧固或拆卸多种型式的带槽螺钉、木螺钉、自攻螺钉，并可钻木螺钉孔眼和兼作测电笔用
1、2	8		3、4、5、6	1	1	—	—	—	
1、2	12		3、4、5、6	1	1	1	6	6、8	

5. 自动螺钉旋具

型式	长度（mm）	工作行程（mm）	全行程旋转圈数	扭矩（N·m）	用　　途
A 型	220	>50	>1$\frac{1}{4}$	3.5	适用于紧固和拆卸带槽的螺钉、木螺钉、自攻螺钉。这种旋具有三种动作：当开关处于同旋位置时，作用与一般螺钉旋具相同；当开关处于顺旋或倒旋位置时，旋杆即可连续顺旋或倒旋；使用方锥头或铰孔用旋杆，则可进行锥孔或铰孔作业
	300	>70	>1$\frac{1}{2}$	6.0	
B 型	450	>140	>2$\frac{1}{2}$	8	

6. 螺旋棘轮螺钉旋具（QB/T 2564.6—2002）

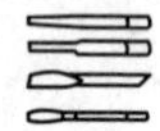

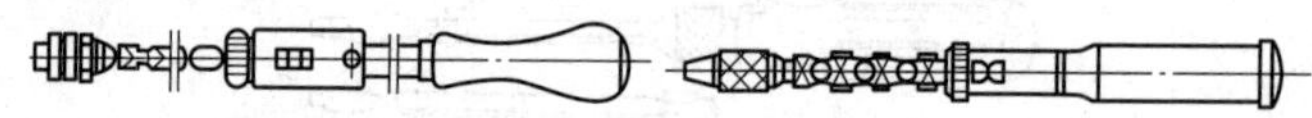

A型　　　　B型

型　式	A 型		B 型	
规格（全长）（mm）	220	300	300	450
扭矩（N·m）≥	3.5	6.0	6.0	8.0

注　1. 扭矩为旋具定位钮位于同旋时，旋具应能承受的最小扭矩。

2. 若用户需要其他附件和规格，可与供方协商订货。

四、其他手工工具

1. 金刚石玻璃刀（QB/T 2097.1—1995）

金刚石规格代号	金刚石加工前质量（克拉）	每克拉粒数≈	裁划平板玻璃范围（mm）	全长（mm）	用　　途
1	0.0123~0.0100	81~100	1~2	182	用于裁划 1~8mm 厚的平板玻璃
2	0.0164~0.0124	61~80	2~3		
3	0.0240~0.0165	41~60	2~4		

续表

金刚石规格代号	金刚石加工前质量（克拉）	每克拉粒数≈	裁划平板玻璃范围（mm）	全长（mm）	用　途
4	0.032~0.025	31~40	3~6	184	用于裁划1~8mm厚的平板玻璃
5	0.048~0.033	21~30	3~8		
6	0.048~0.033	21~30	4~8		

注　1克拉一200mg。

2. 皮带冲

<table>
<tr><td rowspan="8">冲孔直径（mm）</td><td colspan="2">单件</td><td>1.5、2.5、3、4、5、5.5、6、6.5、8、9.5、11、12.5、14、16、19、21、22、24、25、28、32</td></tr>
<tr><td rowspan="5">成套产品</td><td rowspan="2">8件</td><td>3、4、5、6、8、9.5、11、13</td></tr>
<tr><td>6、6.5、8、9.5、11、12.5、14、16</td></tr>
<tr><td>10件</td><td>3、4、5、6、8、9.5、11、13、14、16</td></tr>
<tr><td>12件</td><td>3、4、5、6、8、9.5、11、12.5、14、16、17.5、19</td></tr>
<tr><td>15件</td><td>3、4、5.5、6、6.5、8、9.5、11、12.5、14、16、19、22、25</td></tr>
<tr><td></td><td>16件</td><td>3、4、5、6、8、9.5、11、12.5、14、16、17.5、19、20.5、22、23.5、25</td></tr>
<tr><td colspan="3">用　途</td><td>用于在非金属材料（如皮革制品、橡胶板、石棉板等）上冲制圆孔</td></tr>
</table>

3. 手摇砂轮架

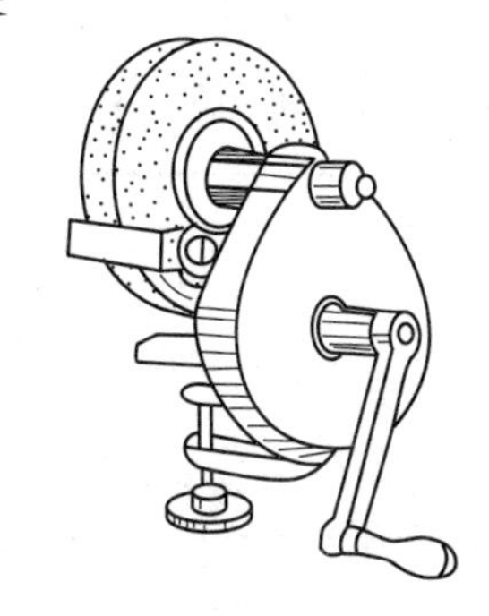

规　　格		100	125	150	200
装置最大砂轮直径（mm）	外径	100	125	150	200
	内径	20	20	20	20
	厚度	10	10	10	10
用　　途		用于手工磨削小型工件表面及作刃磨工具用			

4. 圆头锤（QB/T 1290.2—2010）

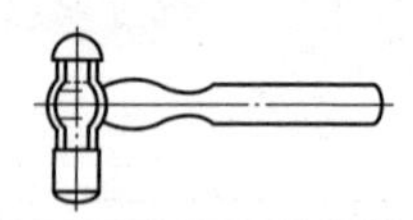

规　　格			用　　途
锤质量（kg）	锤高（mm）	全长（mm）	圆头锤是使用面最为广泛的一种敲击用手工具，主要用于钳工、冷作、装配、维修等工种。市场供应分连柄和不连柄两种
0.11	66	260	
0.22	80	285	
0.34	90	315	
0.45	101	335	
0.68	116	355	
0.91	127	375	
1.13	137	400	
1.36	147	400	

5. 什锦锤（QB/T 2209—1996）

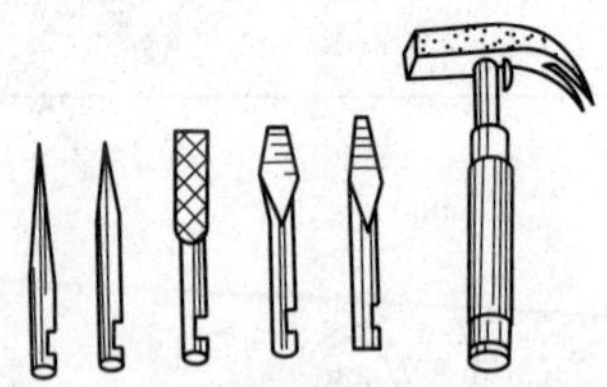

规　　格	特点及用途
全长：162mm。 附件：螺钉旋具、木凿、锥子、三角锉	除用于锤击或起钉外，如将头取下，换上装在手柄内的一项附件，即可分别作三角锉、锥子、木凿或螺钉旋具使用。主要用于仪器、仪表、量具等的检修工作中

6. 钢锯架（QB/T 1108—2015）

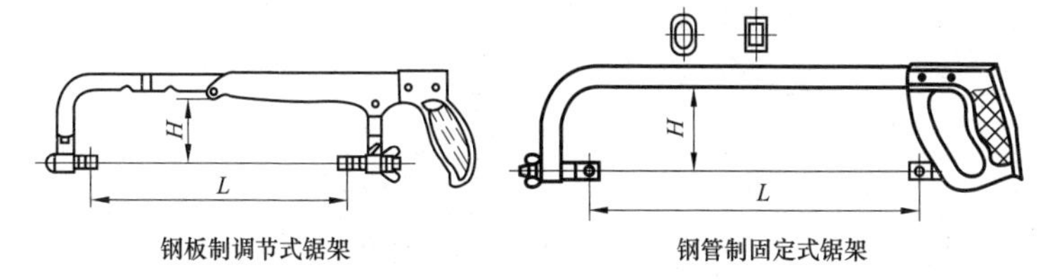

钢板制调节式锯架　　　　钢管制固定式锯架

mm

类　　型		规格 L	长度	高度	最大锯切深度 H
钢板制	调节式	200、250、300	324～328	60～80	64
	固定式	300	325～329	65～85	
钢管制	调节式	250、300	330	≥80	74
	固定式	300	324	≥85	

7. 手用钢锯条（GB/T 14764—2008）

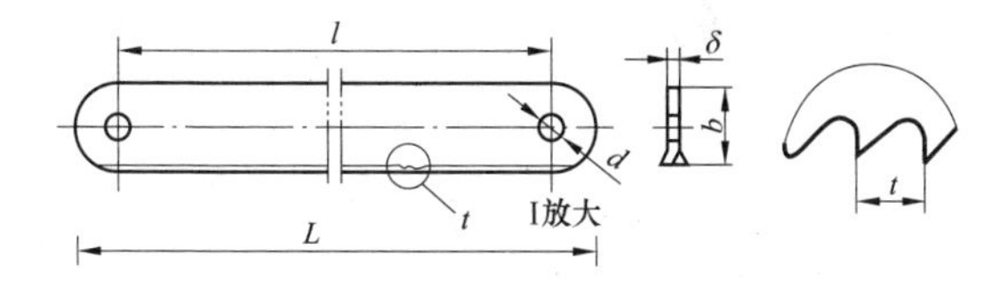

mm

型式	长度 l	宽度 b	厚度 δ	齿距 t	销孔 d（$e \times f$）	全长 L ≤
A 型	300	12.0	0.65	0.8、1.0、0.90、1.2、1.4、1.5、1.8	3.8	315
	250	10.7				265
B 型	296	22	0.65	0.8、1.0、1.4	8×5	315
	292	25			12×6	

8. 机用锯条（GB/T 6080.1—2010）

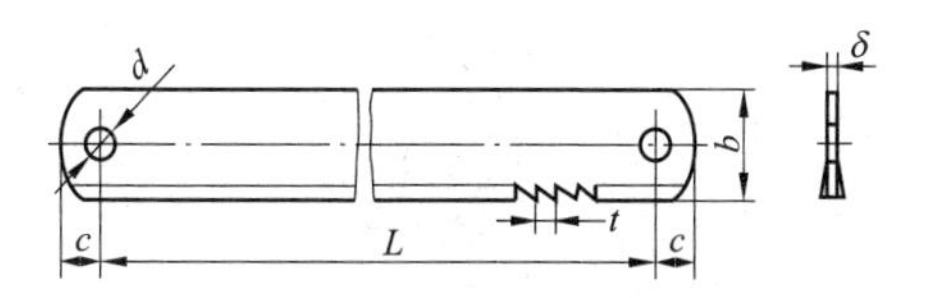

mm

公称长度 L	宽度 b	厚度 δ	齿距 t	d	c
300	25	1.25	1.8、2.5	8.4	13
350	25	1.25	1.8、2.5		
	32	1.6	2.5、4.0		
400	38	1.8	4.0、6.3		
450	38	1.8	4.0、6.3	10.4	16
500	40	2.0	4.0、6.3		
	45	2.5	4.0、6.3		
550	40	2.0	4.0、6.3		
	45	2.5	4.0、6.3		
600	50	2.5	4.0、6.3		

9. 手扳钻

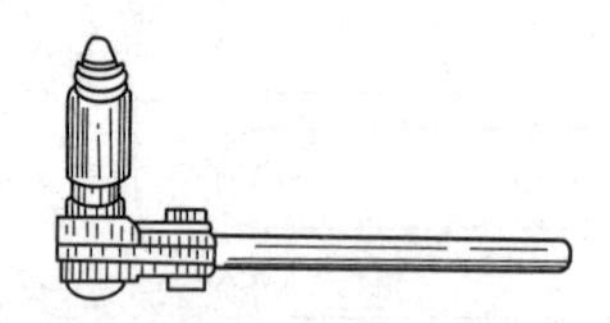

规格（mm）	手柄长度	250	300	350	400	450	500	550	600
	最大钻孔直径	25				40			
用途	在各项大型钢铁工程上，缺乏或者无法使用钻床或电钻时，可用手扳钻钻孔或攻内螺纹								

10. 手摇钻（QB/T 2210—1996）

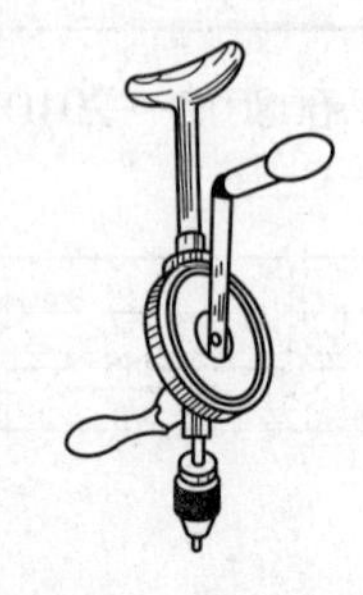

<table>
<tr><th rowspan="2">品种</th><th colspan="4">规格（mm）</th><th rowspan="2">用　　途</th></tr>
<tr><th>钻头直径</th><th>总长</th><th>夹头长度</th><th>夹头直径</th></tr>
<tr><td rowspan="2">手持式</td><td>6</td><td>187</td><td>42</td><td>25</td><td rowspan="4">装夹圆柱柄钻头，在金属、木材等材料上钻孔</td></tr>
<tr><td>9</td><td>234</td><td>50</td><td>32</td></tr>
<tr><td rowspan="2">胸压式</td><td>9</td><td>367</td><td>50</td><td>32</td></tr>
<tr><td>12</td><td>408</td><td>60</td><td>36</td></tr>
</table>

11. 手摇台钻

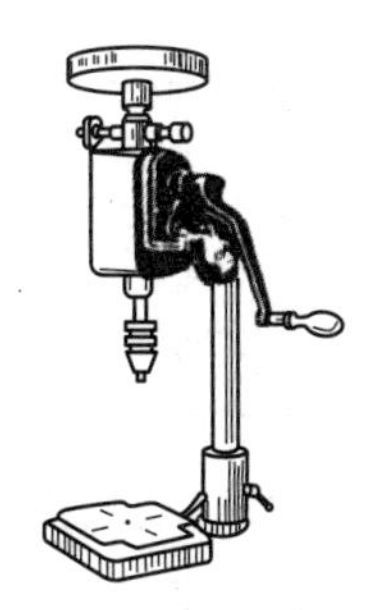

<table>
<tr><th rowspan="2">类型</th><th colspan="3">规格</th><th rowspan="2">用　　途</th></tr>
<tr><th>钻孔直径（mm）</th><th>钻孔深度（mm）</th><th>转速比</th></tr>
<tr><td>开启式</td><td>1～12</td><td>80</td><td rowspan="2">1∶1，1∶2.5，1∶2.6，1∶1.7</td><td rowspan="2">专供无电源的场合下进行金属工件钻孔</td></tr>
<tr><td>封闭式</td><td>1.5～12.7</td><td>50</td></tr>
</table>

12. 硬质合金冲击钻头

直柄冲击钻头

锥柄(斜柄)冲击钻头

六角柄冲击钻头

mm

钻头直径	全长	柄部直径	钻头直径	全长	柄部直径
ZYC 型直柄冲击钻头			14.5	200	13
6	100	5.5	16.5	150	15
6	120	5.5	16.5	200	15
8	110	7	19	150	17
8	150	7	19	200	17
10	120	9	ZYC-A 型直柄冲击钻头		
10	150	9	12	120	10
10.5	120	9.5	12	150	10
10.5	150	9.5	12.5	120	10
12	120	11	12.5	150	10
12	150	11	14.5	150	10
12.5	120	11.5	14.5	200	10
12.5	150	11.5	16.5	150	10
14.5	150	13	16.5	200	10

钻头直径	全长	柄部直径	钻头直径	全长	六角对边
ZYC-B 型直柄冲击钻头			LYC-1、LYC-3 型六角柄冲击钻头		
16.5	150	13			
16.5	200	13	14.5	220	14
19	150	13	14.5	270	14
19	200	13	16.5	220	14
XYC 型锥柄冲击钻头			16.5	270	14
6	100	—	19	220	14
6	130	—	19	270	14
8	120	—	19	320	14
8	160	—	19	400	14
10.5	120	—	21	220	14
10.5	180	—	21	270	14
12.5	130	—	21	320	14
12.5	180	—	21	400	14

续表

钻头直径	全长	六角对边	钻头直径	全长	六角对边
23	250	14	25	400	14
23	320	14	25	550	14
23	400	14	27	250	14
23	550	14	27	320	14
25	14	14	27	400	14
25	320	14	27	550	14
用途	供装夹在冲击电钻或电锤上，对混凝土地基、墙壁、砖墙、花岗石进行钻孔用				

13. 管螺纹丝锥

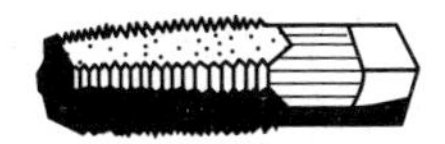
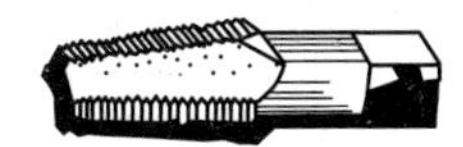

（1）G系列圆柱管螺纹丝锥（GB/T 20333—2006）。

mm

螺纹尺寸代号	每英寸牙数	基面处大径	螺纹尺寸代号	每英寸牙数	基面处大径
G1/16	28	7.723	G1¼	11	41.910
G1/8	28	9.728	G1½	11	47.803
G1/4	19	13.157	G1¾	11	53.764
G3/8	19	16.662	G2	11	59.614
G1/2	14	20.995	G2¼	11	65.710
G5/8	14	22.991	G2½	11	75.184
G3/4	14	26.441	G2¾	11	81.534
G7/8	14	30.201	G3	11	87.884
G1	11	33.249	G3½	11	100.330
G1⅛	11	37.897	G4	11	113.030
用途	铰制管路附件和一般机件上的内管螺纹				

(2) Rc 系列和 60°圆锥管螺纹丝锥（GB/T 20333—2006、JB/T 8364.2—2010）。

mm

螺纹尺寸代号	Rc 系列圆锥管螺纹丝锥			螺纹尺寸代号	60°圆锥管螺纹丝锥		
	基面处大径	每英寸牙数	基面至端部距离		基面处大径	每英寸牙数	基面至端部距离
Rc1/16	—	—	—	NPT1/6	7.142	27	11
Rc1/8	9.72	28	12	NPT1/8	9.489	27	11
Rc1/4	13.157	19	16	NPT1/4	12.487	18	16
Rc3/8	16.662	19	18	NPT3/8	15.926	18	16
Rc1/2	20.955	14	22	NPT1/2	19.772	14	21
Rc3/4	26.441	14	24	NP3/4	25.117	14	21
Rc1	33.249	11	28	NPT1	31.461	11.5	26
Rc1¼	41.910	11	30	NPT1¼	40.218	11.5	27
Rc1½	47.803	11	32	NPT1½	46.287	11.5	27
Rc2	59.614	11	34	NPT2	58.325	11.5	28

14. 普通台虎钳（QB/T 1558.2—1992）

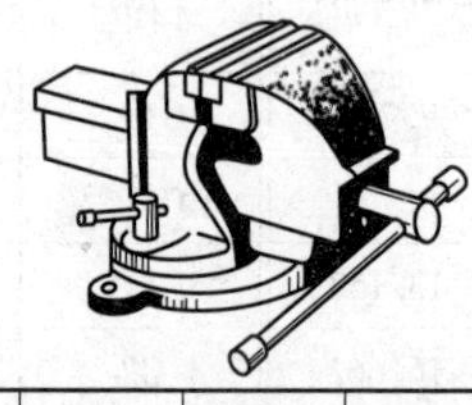

规　格		75	90	100	115	125	150	200
钳口宽度（mm）		75	90	100	115	125	150	200
开口度（mm）		75	90	100	115	125	150	200
规　格		75	90	100	115	125	150	200
夹紧力（kN）	轻级	7.5	9.0	10.0	11.0	12.0	15.0	20.0
	重级	15.0	18.0	20.0	22.0	25.0	30.0	40.0
用　途		便于钳工进行各种操作。回旋式的钳体可以旋转，使工件旋转到合适的工作位置						

15. 手虎钳

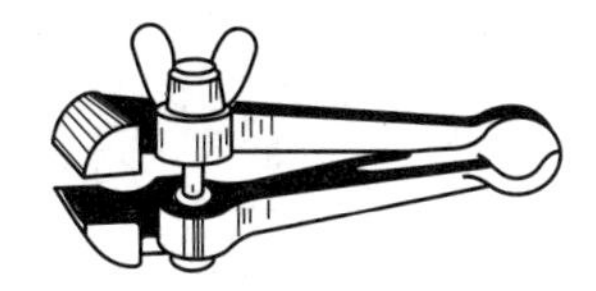

钳口宽度（mm）	钳口弹开尺寸（mm）	用　　途
25	15	用来夹持轻巧小型的工件，是一种手持的钳工工具
40	30	
50	36	

16. 桌虎钳（QB/T 2096.3—1995）

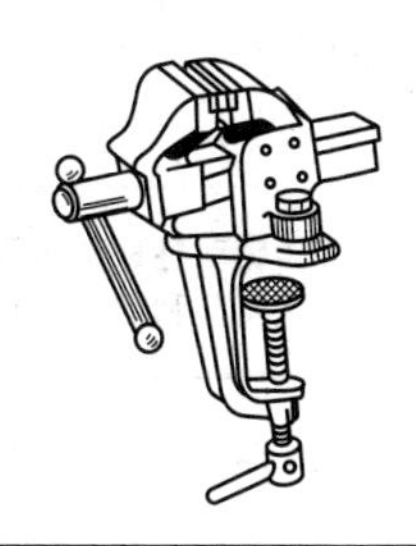

钳口长度（mm）	开口度（mm）	夹紧力（kN）	用　　途
40	35	4	与台虎钳相似，适于夹持小型工件。特点是钳体轻便，可任意移动工作场所
50	45	5	
60、65	55	6	

第十九章

管工工具

1. 管子钳（QB/T 2508—2001）

mm

规格（长度）	150	200	250	300	350	450	600	900	1200
夹持管子外径≤	20	25	30	40	45	60	75	85	110
用　　途	用于夹持和旋动各种金属管子及其他圆柱形工件和管路附件，是管路安装和维修的常用工具								

2. 链条管子钳（QB/T 1200—2011）

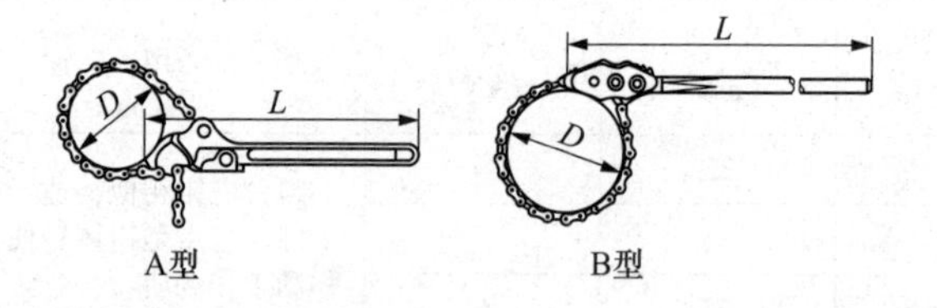

A型　　B型

mm

型　　号	A 型	B 型			
公称尺寸 L	300	900	1000	1200	1300
夹持管子外径 D	50	100	150	200	250
试验扭矩（N·m）	300	830	1230	1480	1670
用途	用于紧固和拆卸较大金属管和圆柱形零件				

3. 快速管子扳手

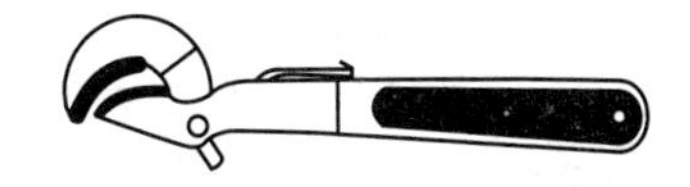

mm

规格（长度）	200	250	300
夹持管子外径	12~25	14~30	16~40
适用螺栓规格	M6~M14	M8~M18	M10~M24
试验扭矩（N·m）	196	323	490
用途	用于紧固或拆卸小型金属管和其他圆柱形零件，也可作扳手使用		

4. 多用管子扳手

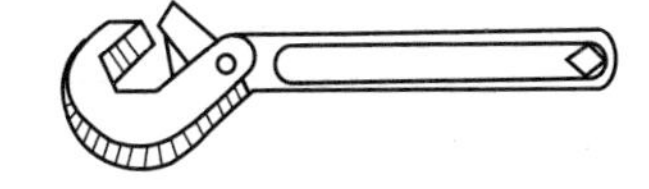

mm

公称尺寸	夹持管外径	适用螺母	用　　途
300	22~33.5	M14~M22	用来夹持及旋转圆柱形管件，扳拧各种六角头螺栓、螺母
360	32~48	M22~M30	

5. 管子割刀（QB/T 2350—1997）

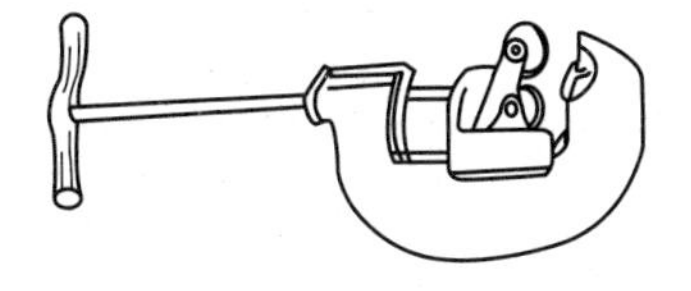

mm

型号	1	2	3	4
切割管子范围	5~25	12~50	25~750	50~100
用　　途	切割普碳钢管、各种软金属管及硬塑管，是管路安装和修理的常用工具			

6. 管子铰板（管螺纹铰板）（GB/T 2509—2001）

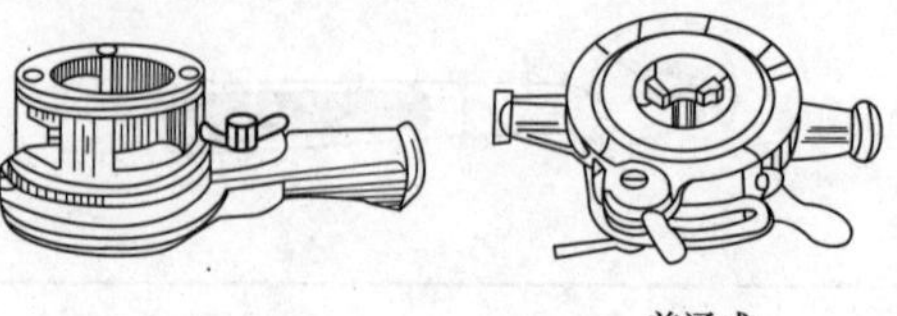

轻便式　　普通式

mm

型号	铰螺纹范围		结构特性	用途
	管子外径	管子内径		
GJB-60	21.3~26.8 33.5~42.3 48.0~60.0	12.70~19.05 25.40~31.75 38.10~50.80	无间歇机构	手工铰制外径较大的金属管子的外螺纹
GJB-60W			有间歇机构，使用具有万能性	
GJB-114W	66.5~88.5 101.0~114.0	57.15~76.20 88.90~101.60		

7. 圆锥管螺纹圆板牙（JB/T 8364.1—2010）

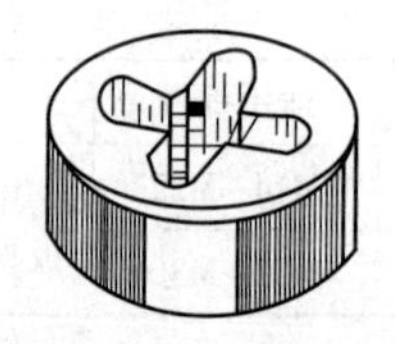

mm

55°和60°圆锥管螺纹圆板牙														用途
螺纹尺寸代号	每25.4mm牙数		板牙尺寸				螺纹尺寸代号	每25.4mm牙数		板牙尺寸				
			外径		厚度					外径		厚度		
	55°	60°	55°	60°	55°	60°		55°	60°	55°	60°	55°	60°	
1/16	—	27	25	30	—	11	3/4	14	14	55	55	26	22	安装在圆板牙扳手或机床上，用于铰制管子或其他工件的外管螺纹
1/8	28	27	30	30	13	11	1	11	11.5	65	65	30	26	
1/4	19	18	38	38	18	16	1¼	11	11.5	75	75	32	28	
3/8	19	18	45	45	18	18	1½	11	11.5	90	90	34	28	
1/2	14	14	45	55	24	22	2	11	11.5	105	105	36	30	

8. 管子台虎钳（QB/T 2211—1996）

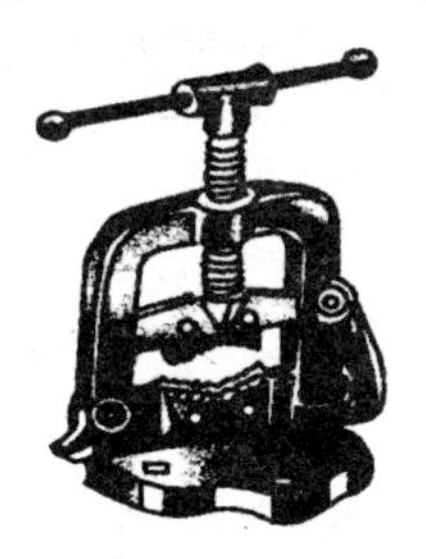

规格（号数）	1	2	3	4	5	6
夹持管子直径（mm）	10~60	10~90	15~115	15~165	30~220	30~300
夹紧力（kN）≥	88.2	117.6	127.4	137.2	166.6	196.0
用　途	安装在工作台上，夹紧管子，以铰制螺纹或切断管子					

9. 铝合金管子钳

mm

规　格	150	200	250	300	350	450	600	900	1200
夹持管子外径	20	25	30	40	50	60	75	85	110
试验扭矩（N·m）	150	300	500	750	1000	1300	2000	3000	4000
用途	用于紧固或拆卸各种管子、管路附件或圆柱形零件，其特点是钳体柄用铝合金铸造，质量比普通管子钳小，不易生锈，使用轻便，为管路安装和修理工作常用工具								

10. 扩管器

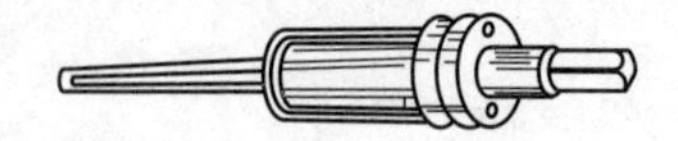

mm

公称规格	全长	适用管子范围		
		内径		胀管长度
		最小	最大	
01 型直通胀管器				
10	114	9	10	20
13	195	11.5	13	20
14	122	12.5	14	20
16	150	14	16	20
18	133	16.2	18	20
02 型直通胀管器				
19	128	17	19	20
22	145	19.5	22	20
25	161	22.5	25	25
28	177	25	28	20
32	194	28	32	20
35	210	30.5	35	25
38	226	33.5	38	25
40	240	35	40	25
44	257	39	44	25
48	265	43	48	27
51	274	45	51	28
57	292	51	57	30
64	309	57	64	32
70	326	63	70	32
76	345	68.5	76	36
82	379	74.5	82.5	38

续表

公称规格	全长	适用管子范围		
		内径		胀管长度
		最小	最大	
02 型直通胀管器				
88	413	80	88.5	40
102	477	91	102	44
03 型特长直通胀管				
25	107	20	23	38
28	180	22	25	50
32	194	27	31	48
38	201	33	36	52
04 型翻边胀管器				
38	240	33.5	38	40
51	290	42.5	48	54
57	380	48.5	55	50
64	360	54	61	55
70	380	61	69	50
76	340	65	72	61

11. 手动弯管机

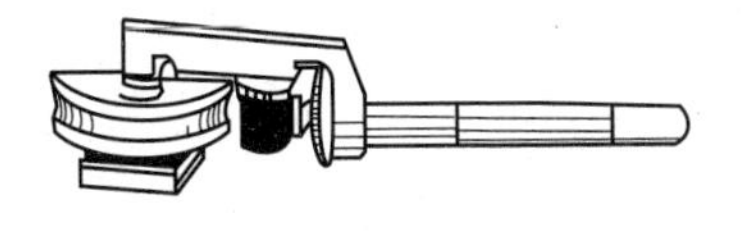

mm

钢管规格	外径	8	10	12	14	16	19	22
	壁厚	2.25				2.75		
冷弯角度（°）		180						
弯曲半径≥		40	50	60	70	80	90	110
用　　途		供手动冷弯金属管用						

12. 水泵钳（QB/T 2440.4—2007）

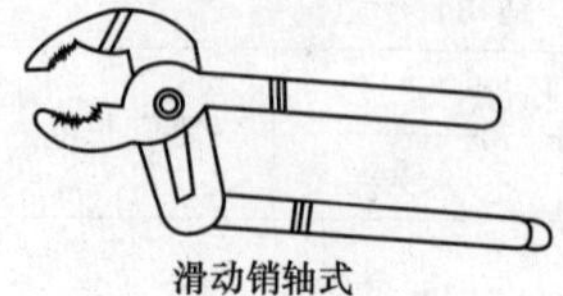
滑动销轴式

榫叠置式

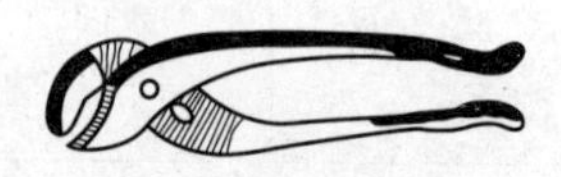
钳腮套入式

长度（mm）	100	120	140	160	180	200	225	250	300	350	400	500
调整挡数	3	3	3	3	4	4	4	4	4	6	8	10
用途	用于夹持、旋拧扁形或圆柱形金属零件，其特点是钳口的开口宽度有多挡（3~10挡）调节位置，以适应夹持不同尺寸零件的需要，为室内管道等安装、维修工作常用工具											

第二十章

电工工具和仪表

一、电工工具

1. 紧线钳

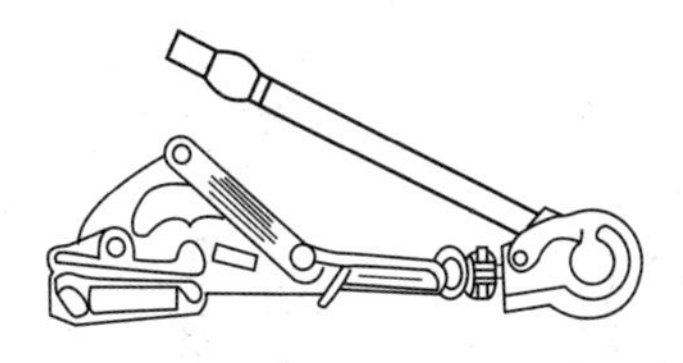

平口式

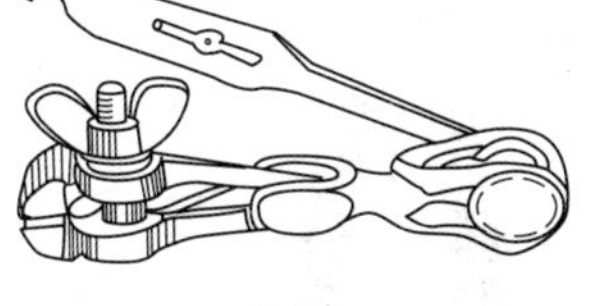

虎头式

平口式紧线钳

规格（号数）	钳口弹开尺寸（mm）	额定拉力（kN）	夹线直径范围（mm）			
			单股钢、铜线	钢绞线	无芯铝绞线	钢芯铝绞线
1	≥21.5	15	10~20	—	12.4~17.5	13.7~19
2	≥10.5	8	5~10	5.1~9.6	5.1~9	5.4~9.9
3	≥5.5	3	1.5~5	1.5~4.8	—	—

虎头式紧线钳

长度（mm）	150	200	250	300	350	400	450	500
额定拉力（kN）	2	2.5	3.5	6	8	10	12	15
夹线直径范围（mm）	1~3	1.5~3.5	2~5.5	2~7	3~8.5	3~10.5	3~12	4~13.5
用途	专供外线电工架设各类型电线、电话线等空中线路时拉紧电线或绞线							

2. 电工钳（QB/T 2442.2—2007）

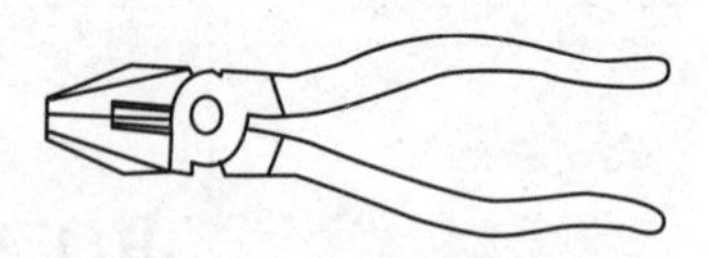

全长（mm）	165、190、215、250
用途	分柄部带塑料套与不带塑料套两种。用于夹持或弯折金属薄片、细圆柱形金属零件及切断金属丝

3. 电缆钳

XLJ-S-1型

XLJ-D-300型

XLJ-2型

型号	手柄长度（缩/伸）（mm/mm）	质量（kg）	用　　途
XLJ-S-1	400/550	2.5	用于切断截面积 240mm² 以下铜、铝导线及直径 8mm 以下低碳圆钢，手柄护套耐电压 5000V
XLJ-D-300	230	1	用于切断直径 45mm 以下电缆及截面积 300mm² 以下铜导线
XLJ-1	420/570	3	用于切断直径 65mm 以下电缆
XLJ-2	450/600	3.5	用于切断直径 95mm 以下电缆
XLJ-G	410/560	3	用于切断截面积 400mm² 以下钢芯电缆、直径 22mm 以下钢丝绳及直径 16mm 以下低碳圆钢

4. 剥线钳（QB/T 2207—1996）

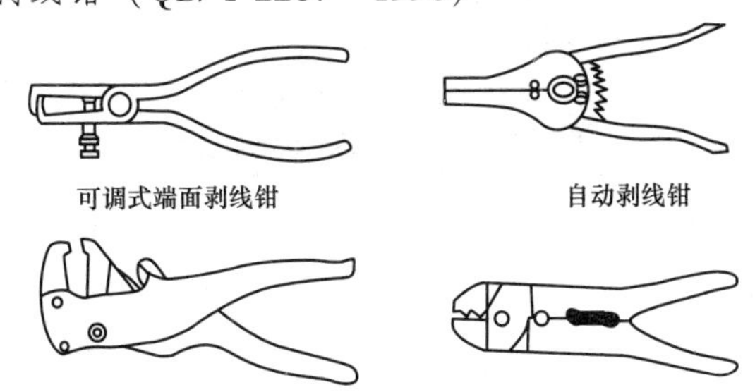

可调式端面剥线钳　　自动剥线钳

多功能剥线钳　　压接剥线钳

型式	可调式端面剥线钳	自动剥线钳	多功能剥线钳	压接剥线钳
长度（mm）	160	170	170	200
用途	专供电工剥除电线头部的表面绝缘层并能切断芯线			

5. 冷轧线钳

长度（mm）	轧接导线断面积范围（mm^2）	用　　途
200	2.5~6	利用其轧线结构轧接电话线、小型导线接头和封端，并具备一般钢丝钳的功能

6. 冷压接钳

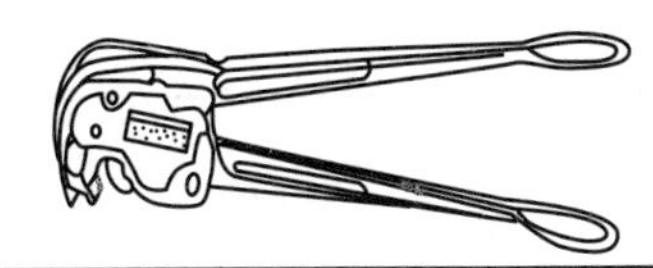

长度（mm）	压接导线断面积（mm^2）	用　　途
400	10、16、25、35	专供电工冷压连接铝、铜导线的接头和封端

7. 液压钳

适用导线断面积范围（mm^2）		活塞最大行程（mm）	最大作用力	压模规格（mm^2）	用途
铜线	铝线				
16~150	16~240	17	100	16、25、35、50、70、95、120、150	专供压接多股铝、铜芯电缆导线的接头或封端（利用液压作动力）

8. 电工刀（QB/T 2208—1996）

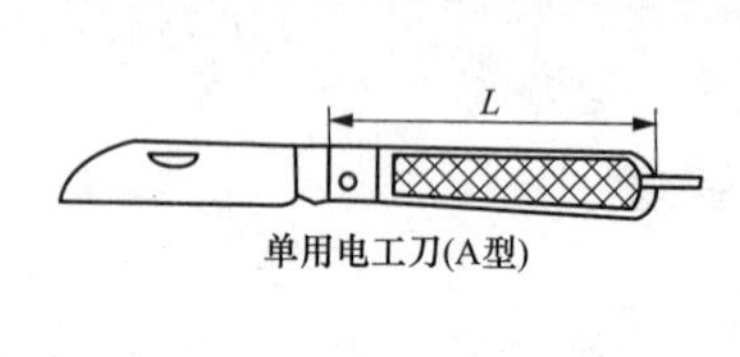

单用电工刀(A型)

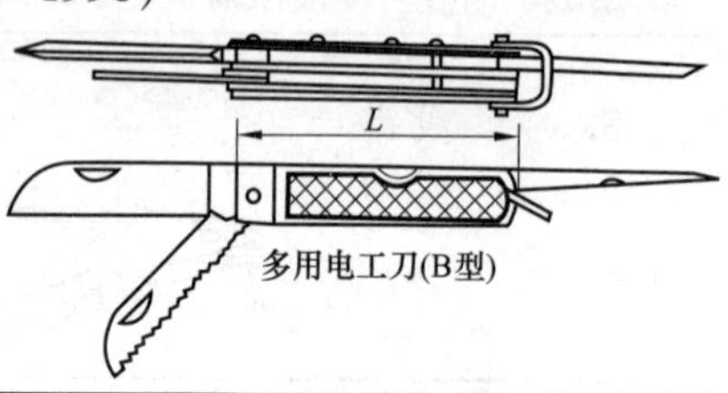

多用电工刀(B型)

型式代号	产品规格	刀柄长度 L	用　途
A 型	1 号	115	用于电工装修工作中割削电线绝缘层、绳索、木桩及软性
	2 号	105	
	3 号	95	
B 型	1 号	115	
	2 号	105	
	3 号	95	

9. 电烙铁（GB/T 7157—2000）

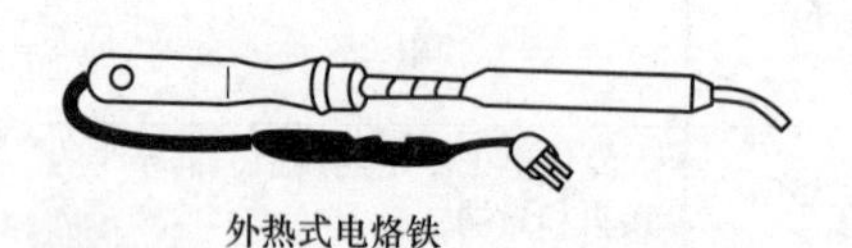

外热式电烙铁

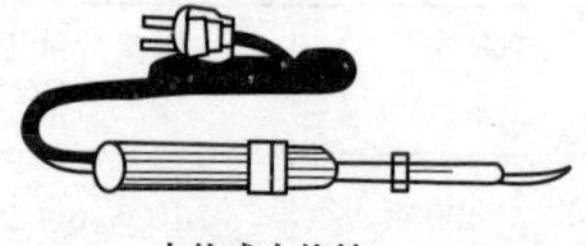

内热式电烙铁

名　　称	功率（W）	用　　途
外热式电烙铁	30、50、75、100、150、200、300、500	用于电器元件、线路接头的焊接
内热式电烙铁	20、35、50、70、100、150、200	

10. 测电器

名　　称	检测电压（kV）	用　　途
高压测电器	10	用于检测线路上的通电情况，是电工必备工具
低压试电笔	0.5 以下	

11. 电工锤

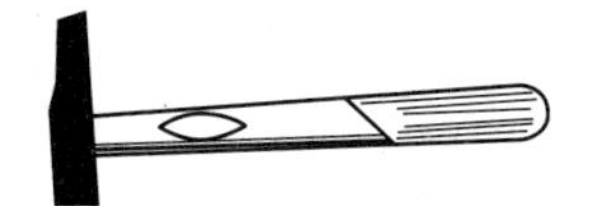

质量（不带柄，kg）	0.5
锤头长度（mm）	140
锤头端面尺寸（mm×mm）	16×18
用　　途	专用于电工维修工作中

12. 电线管铰板

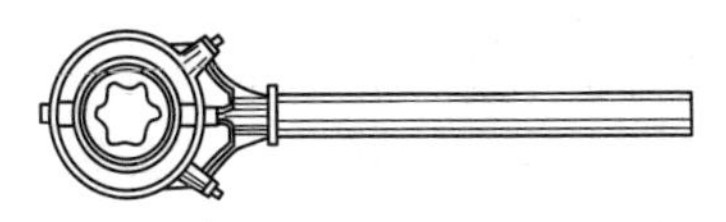

型　　号	SHD-25	SHD-50
铰制套管（钢）外径（mm）	12.70、15.88、19.05、25.40	31.75、38.10、50.80
圆板牙外径（mm）	41.2	76.2
用途	用于手工铰制电线套管上的外螺纹	

13. 电工木工钻

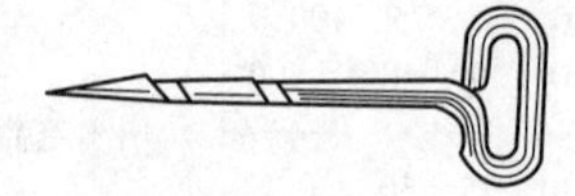

钻头直径（mm）	4、5	6、8	10、12
全长（mm）	120	130	150
用途	可直接在木材上钻孔		
规格	分木柄和铁柄两种		

二、电工指示仪表

1. 电工指示仪表的分类及标志

分类名称	标志符号	符号	应用范围	工作电流	测量范围			制成仪表类型
					电流（A）	电压（V）	频率（Hz）	
磁电系		C	直流电表，与多种变换器配合后可扩大使用范围；作比率表	直流	10^{-11} ~ 10^{2}	10^{-3} ~ 10^{3}		电流表、电压表、欧姆表、绝缘电阻表、检流计、钳形表
电磁系		T	安装式电表及一般实验室用交（直）流表	交直流	10^{-3} ~ 10^{2}	1 ~ 10^{3}	一般用于工频，可扩频到5kHz	电流表、电压表、频率表、功率因数表、同步表、钳形表
电动系		D	作交直流标准表及一般实验室用表	交直流	10^{-3} ~ 10^{2}	1 ~ 10^{3}	一般用于工频，可扩频到10kHz	电流表、电压表、频率表、功率因数表、同步表

续表

分类名称	标志符号	符号	应用范围	工作电流	测量范围			制成仪表类型
					电流(A)	电压(V)	频率(Hz)	
铁磁电动系		D	作安装式电表	交直流	10^{-7}～10^{2}	10^{-1}～10^{3}	一般用于工频	电流表、电压表、频率表、功率因数表
静电系		Q	在高压测量方面应用	交直流		10～5×10^{6}	可达 10^{6}	电压表、象限计
感应式	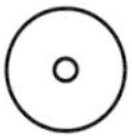	G	计算交流电路中的电能	交流	10^{-1}～10^{2}	10～10^{3}	用于工频	主要作为电能表
热电系		E	在高频线路中应用	交流	10^{-3}～10	10～10^{3}	小于 10^{6}	电流表、电压表、功率表
整流系		L	作万用表	交流	10^{-5}～10	10^{-3}～10^{3}	一般用于工频，可扩频到5kHz	万用表、电流表、电压表、欧姆表、功率因数表、频率表
电子系		Z	在弱电线路中应用	交直流		5×10^{-2}～5×10^{2}	10^{6}～10^{8}	电压表、阻抗表

2. 电流表及电压表

(1) 开关板式磁电系电流表及电压表的规格型号。

型号	级别	测量范围			接入方式
		类型	单位	数值	
1C2-$\frac{A}{V}$	1.5	电流表	mA	1~500	75A 以上带外附分流器 1kV 以上带外附电阻器
			A	1~10 000	
		电压表	V	3~600	
			kV	1~3	
1KC-$\frac{A}{V}$ 自动控制	2.5	电流表	A	0~10、0~500 1~0~1 500~0~500	零位在左边和零位在中间 10A 以内的直接接入。20A 以上零位在左边的使用 10mA 附定值分流器。零位在中间的可采用 75mA 外附定值分流器
		电压表	V	0~250(零位在左边) 20~50、50~75、100~150 160~240(无零位) 180~270	直接接入
12C1-$\frac{A}{V}$	1.5	电流表	mA	1~500	直接接入
			A	1~50	
			kA	75~750、1~10	外附定值分流器
12C1-$\frac{A}{V}$	1.5	电压表	V	3~300~600	直接接入
			kV	1、1.5、3	外附定值附加电阻
		零位在中间的包括上述所有量限			
44C2-$\frac{A}{V}$	1.5	电流表	μA	50、10、100、150、200、250	直接接入
			mA	1、2、3、5、10、15~500	
			A	1、2、3、5、7.5、10	

续表

型号	级别	测量范围			接入方式
		类型	单位	数值	
44C2-$^{A}_{V}$	1.5	电流表	A	15、20~300、500、750	外附定值分流器
			kA	1、1.5	
		电压表	V	1.5、3、7.5~100、150~600	直接接入
			V	750	外附定值附加电阻
			kV	1、1.5	
52C2-$^{A}_{V}$	1.5	电流表	μA	50、75、100、150、200、300、750、1000	直接接入
			mA	1、2、3、10、20、50、100、1000	
			A	1、1.5、2、2.5、3、5、7.5	
			A	10~100、150~1000、1000~3000	配用75FL2型外附定值分流器
		电压表	MV	50、75、100、300~1000	直接接入
			V	1、1.5、2、2.5、3.5~30	
			V	50、75、100、150~1000	配用F26型外附定值附加电阻
85C10-$^{A}_{V}$	2.5	电流表	μA	50~500	直接接入
			mA	1~10、15~100、100~750	
			A	1~10	
85C10-$^{A}_{V}$	2.5	电流表	A	15~100、150~750	外附FL-30型定值分流器
			kA	1、1.5、2、3	
		电压表	mV	50~100、150~300、500~1000	直接接入
			V	1~10、15~100、150~600	
			V	750	外附FL-20型定值附加电阻
			kV	1、1.5、2、3、5	
91C8-$^{A}_{V}$	2.5 微安表为5.0	电流表	μA	200、300、500	
			mA	1、3、5、10、20、30、50~500	
		电压表	V	1.5、3、5、7.5、10	

续表

型号	级别	测量范围			接入方式
		类型	单位	数值	
99C2-A	2.5	电流表	μA	50、100、200、300、500	双向量限和单向量限相同
			mA	1、2、3、5、10	
99C12-A/V	1.5、2.5	电流表	μA	50、100、150、200、350、500	
			mA	1、2、3、5、10~100、150	
		电压表	V	1.5、3、5、7.5、15~150	
1T1-A/V	2.5	电流表	A	0.5~200	直接接入
	1.5	电压表	V	15~600	直接接入
1T9-A	2.5	电流表 工作部分	A	1~5、2~10、4~20	量限同1T1-A/V，过载5倍
		电流表 过载部分	A	5~15、10~30、20~50	
62T51-A/V	2.5	电流表	mA	100、300、500	直接接入
			A	1、2、3、5、10、20、30、50	
			A	10~100、150~600、1000~1500	配用电流互感器
		电压表	V	30、50、150、250、450	直接接入
44T1-A/V	2.5	电流表	mA	50、100、300、500	直接接入
			A	1、2、3、5、10、20、30、50	
			A	10、20、30、50、75、100、150、200、300、600、1000、1500	配用电流互感器
59T4-A/V	1.5	电压表	V	30、50、100、150、250、300、400	直接接入
81T1-A/V 81T2-A/V	2.5	电流表	A	0.5、1、2、3、5、10	直接接入
		电压表	V	30、50、100、150、250、450	

（2）开关板式电动系电流表及电压表的规格型号。

型号	级别	测量范围			接入方式
		类型	单位	数值	
1D7-$\frac{A}{V}$ 41D4-$\frac{A}{V}$	1.5	电流表	A	0.5、1、2、3、5、10、15、20、30、50	直接接入
				5、10、15、20、30、50、75、100、150、200、300、400、600、750	经电流互感器接通
			kA	1、1.5、2、2.5、3、4、5、6、7.5、10	
			V	15、30、50、75、150、250、300、450、600	直接接入
		电压表	kV	450、600	经电流互感器接通
				3.6、7.2、12、18、42、150、300、460	
1D8-$\frac{A}{V}$	2.5	双指电压表	V	120、250	直接接入量限同1D7-$\frac{A}{V}$
13D1-$\frac{A}{V}$	2.5	电流表	A	5、10、20、30、50 10/5、20/5、30/5、50/5、75/5、100/5、150/5、200/5、300/5、400/5	直接接入 经电流互感器接通
			kA/A	1/5、1.5/5、2/5、3/5、4/5、5/5、6/5	
		电压表	V	30、150、250、450	直接接入
				3.6~42kV/100V	经电压互感器接入

（3）电子数字钳形电流表的型号及特点。

型号	钳口长度（mm）	测试项目及范围	精度	特点
RS-3 Super型指针式交流钳表	25.4	电压：150/300/600V AC 电流：6/15/40/100/300A AC 电阻测量	±3%RDG	指针式钳表系列，还有多种型号供用户选用

续表

型号	钳口长度(mm)	测试项目及范围	精度	特点
DLC-100 型 小电流交流钳表	30	电流：40/400mA， 40/40/80/100A AC 电压：400V AC 电阻：400Ω	±1%RDG±3LSD ±1%RDG±3LSD ±1%RDG±3LSD	最大/最小 超限报警 电压保护 数据保持
ACD-1 型 交流钳表	50.8	电流：999A AC 电压：999V AC 电阻：999Ω	±2%RDG±1LSD ±2%RDG±1LSD ±2%RDG±1LSD	25~400Hz 峰值和连续测量 超限低电压指示
ACD-2 型 交流钳表	25.4	电压：999V AC 电流：300/999A AC 电阻：999Ω	±2%RDG±1LSD ±2%RDG±1LSD ±2%RDG±1LSD	25~400Hz 峰值和连续测量 超限低电压指示
ACD-3A 型 交流钳表	50.8	电压：999V AC 电流：999A AC 配柔性互感器可测 至 3000/5000A AC 电阻：1999Ω	±2%RDG±1LSD ±2%RDG±1LSD ±2%RDG±1LSD	40~400Hz 峰值和连续测量 超限低电压指示
ACD-4A 型 交流钳表	25.4	电压：999V AC 电流：300/999A AC 配柔性互感器可测 至 3000/5000A AC 电阻：1999Ω	±2%RDG±1LSD ±2%RDG±1LSD ±2%RDG±1LSD	40~400Hz 峰值和连续测量 超限低电压指示
ACD-10ULTR、 ACD-10H ULTR 型 交流钳表	30	电流：400A AC 电压：400/600V AC 电阻：40kΩ	±1.9%RDG±5LSD ±1.2%RDG±5LSD ±1.9%RDG±8LSD	平均值 自动量程切换 超限低电压指示
ACD-10 TRMS 型 交流钳表	30	电流：400A AC 电压：400/600V AC 电阻：40kΩ	±1.9%RDG±5LSD ±1.2%RDG±5LSD ±1.9%RDG±8LSD	真有效值 自动量程切换 超限低电压指示
ACD-11 型 交流钳表	28、 54.5	电压：400/750V AC 电流：400/1000A AC 电阻：200Ω/40kΩ	±1.2%RDG±3LSD ±2%RDG±5LSD ±2%RDG±5LSD	自动量程切换 超限低电压指示 数据保持

续表

型号	钳口长度(mm)	测试项目及范围	精度	特点
ACD-2000A、ACD-2001A 型大电流交流钳表	50.8、25.4	电压：399.9V AC 电流：399.9/999A AC 配柔性互感器可测至 3000/6000A AC 电阻：399.9/3999Ω	±2%RDG±2LSD ±2%RDG±2LSD ±2%RDG±2LSD	真有效值 平均值和 峰值测试 自动量程切换
ACD-7A 型交直流钳表	25.4	电压：199.9/999V AC/DC 电流：300/999A AC 配柔性互感器可测至 3000/5000A AC 电阻：199.9/1999Ω	±2%RDG±1LSD ±2%RDG±2LSD ±2%RDG±1LSD	40~400Hz 数据保持 超限低电压指示
ACD-8A 型交直流钳表	25.4	电压：199.9/999V AC/DC 电流：199.9/300A AC 配柔性互感器可测至 3000/5000A AC 电阻：199.9/1999Ω	±2%RDG±1LSD ±2%RDG±2LSD ±2%RDG±1LSD	40~400Hz 峰值和连续测量 数据保持
ACD-9A 型交直流钳表	50.8	电压：199.9/999V AC/DC 电流 199.9/999A AC 配柔性互感器可测至 3000/5000A AC 电阻：199.9/1999Ω	±2%RDG±1LSD ±2%RDG±2LSD ±2%RDG±1LSD	40~400Hz 峰值和连续测量 数据保持
ACD-12 型交直流钳表	28	电压：400MV，4/40/400V DC 400/600V AC 电流：400A AC 电阻：400/999Ω，4/400/999kΩ，4MΩ	±1%RDG±3LSD ±1.2%RDG±3LSD ±1.2%RDG±3LSD ±1.5%RDG±3LSD	自动量程切换 超限低电压指示 数据保持 自动关机 防摔
ACD-330T 型交直流钳表	52	电压：400/1000V AC/DC 电流：400/700/1000A AC 电阻：400/1000Ω 频率：100Hz/1kHz	±1%RDG±3LSD ±1.2%RDG±5LSD ±1%RDG±3LSD ±0.2%RDG±4LSD	真有效值 频率与电流双显 频率与电压双显 手/自动量程切换

续表

型号	钳口长度（mm）	测试项目及范围	精度	特点
ACDC-600A 型交流钳表	34	电流：20/200/600A AC/DC	±1.9%RDG±3LSD	数据保持 超限低电压指示 自动关机
ACDC-600AT 型交流钳表	34	电流：20/200/600A AC/DC	±1.9%RDG±3LSD	真有效值 数据保持 自动关机
ACDKW-1 型交单相交直流功率钳表	30	电压：400/600V AC/DC 电流：40/70A AC 功率：4/40kW	±1.5%RDG±3LSD ±1.5%RDG±3LSD ±2%RDG±5LSD	真有效值 监视负载波动 不管电能质量 如何均能精确读数
KWC-2000 型三相交直流功率钳表	65	电压：200/500/600/800V AC/DC 电流：200/500/2000A AC/DC 功率：99.99/999.9/1200kW（kvar） 频率：10~1000Hz 功率因数：0.2~1.0	±1.5%RDG±5LSD ±1.5%RDG±5LSD ±2%RDG±5LSD ±1.5%RDG±2LSD	双显 pF/kW、Hz/V、V/A 和 Kvar/kVA 自动变换量程 三相功率读数 交直流真有效值
ACDC-610 型交直流钳表	42	电压：400/750/1000V AC/DC 电流：400/600A AC/DC 配柔性互感器可测至 3000/5000A AC 电阻：40kΩ 频率：4MHz	±0.7%RDG±2LSD ±2%RDG±2LSD ±1%RDG±1LSD ±0.7%RDG±3LSD	峰值保持 超限低电压指示 自动关机
ACDC-620T 型交直流钳表	50.8	电压：400/1000V AC/DC 电流：400/1000A AC/DC 电阻：400/1000Ω 温度：-40~+1372℃（K） 电容：400/4000μF	±1%RDG±3LSD ±1.5%RDG±3LSD ±1%RDG±3LSD ±0.5%RDG±3° ±0.3%RDG±4LSD	真有效值 手/自动量程切换 最大/最小/平均值 双显示 自动关机

续表

型号	钳口长度（mm）	测试项目及范围	精度	特点
ACDC-1000A型交直流钳表	50.8	电压：199.9/600V AC/DC 电流：199.9/999A AC/DC 配柔性互感器可测至3000/5000A AC 电阻：199.9/1999Ω	±1%RDG±1LSD ±1%RDG±1LSD ±1%RDG±1LSD	自动量程切换 峰值和连续测量 超限低电压指示
ACDC-3000型交直流钳表	50.8	电压：4/40/400/1000V AC/DC 电流：40/400/1000A AC/DC 电阻：400Ω，4/40/400kΩ，4/40MΩ 频率：200Hz，2/20/200kHz 二极管测试，蜂鸣	±1.5%RDG±5LSD ±1.5%RDG±3LSD ±1%RDG±3LSD ±0.2%RDG±4LSD	真有效值 手/自动量程切换 双显示 最大/最小/平均值 数据保持 自动关机

3. 电阻表

（1）电阻表的型式。

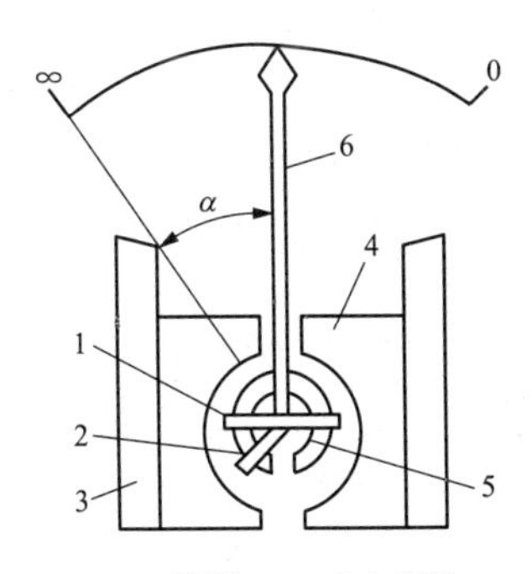

1、2—线圈；3—永久磁铁；
4—极掌；5—环形铁芯；6—指针；
α—指针偏转角度

（2）电阻表的电路连接。

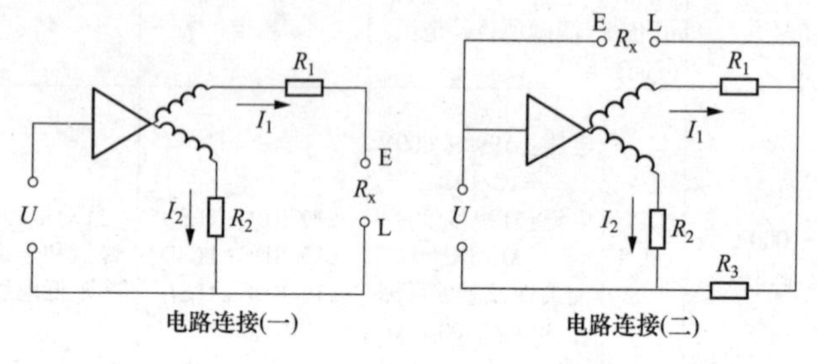

电路连接(一)　　电路连接(二)

（3）不同额定工作电压的电阻表使用范围。

测量对象	被测绝缘额定电压（V）	电阻表的额定电压（V）
绕组绝缘电阻	500 以下	500
	500 以上	1000
电力变压器、电机绕组绝缘电阻	500 以上	1000~2500
发电机绕组绝缘电阻	380 以下	1000
电气设备绝缘	500 以下	500~1000
	500 以上	2500
绝缘子		2500~5000

4. 功率表和电能表

（1）常用功率表的规格和型号。

型号	级别	测量范围	接入方式
$1D6-{}^{W}_{VAR}$ 41D3-W	2.5	额定电压 100/200/380V 额定电流 5A	220、380V 外附电阻器
1D5-W	2.5	额定电压 127/220V 额定电流 5A，1~2kW	直接接入
		额定电压 380~3500V 额定电流 7.5~4000A，3~9000kW	配用电流互感器二次 5A，配用电压互感器二次 100V

续表

型号	级别	测量范围	接入方式
1D5-W	2.5	额定电压 127/200V，0.8~1.5kW 额定电流 5A	直接接入
		额定电压 380~110 000V 额定电流 7.5~5000A	配用电流互感器二次5A，配用电压互感器二次100V
63D1-1W	2.5	同 1D6-$^{W}_{VAR}$	同 1D6-$^{W}_{VAR}$
1L1-W	2.5	额定电压 100/127/380/220V 额定电流 5A	直接接入
		额定电压 380~380 000/100V 或/50V 额定电流 5~10000/5A 或 0.5A	配用互感器
12L1-W	2.5	额定电压 50/100/220V 额定电流 5/0.5A	直接接入
		额定电压 220~22 000/100V 或 50V 额定电流 5~10 000/5A 或 0.5A	外附功率变换器
16L8-$^{W}_{AVR}$	2.5	同 42L1-$^{W}_{VAR}$型三相功率表	同 42L1-$^{W}_{VAR}$
42L1-$^{W}_{VAR}$ 63L2-$^{W}_{VAR}$	2.5	额定电压 127/220/380V 额定电流 5A	直接接入
		额定电压 380V~380kV/100V 额定电流 10kA/5A 或 0.5A	配用电流/电压互感器
59L4-$^{W}_{VAR}$	2.5	额定电压 127/380/220V 额定电流 5/0.5A	直接接入
		额定电压 380~380 000/100V 或 50V 额定电流 5~10 000kA/5A 或 0.5A	外附功率变换器

(2) 常用电能表的规格和型号。

<table>
<tr><th rowspan="2">型号</th><th rowspan="2">准确度</th><th colspan="3">规 格</th><th rowspan="2">灵敏度
在额定电压、频率，cosφ=1时
转盘转动的电流</th></tr>
<tr><th>额定电流
(A)</th><th>额定电压
(V)</th><th>接入方式</th></tr>
<tr><td rowspan="4">DD1</td><td rowspan="4">2.5</td><td>2.5、5、10</td><td>220</td><td rowspan="3">直接接入</td><td rowspan="4">额定电流的1.0%</td></tr>
<tr><td>5、10</td><td>127</td></tr>
<tr><td>5、10</td><td>110</td></tr>
<tr><td>5；二次</td><td>220、127、
110；二次</td><td>经电流互感器接入或
经万用互感器接入</td></tr>
<tr><td>DD5</td><td>2.0</td><td>3、5、10</td><td>220</td><td>直接接入</td><td>额定电流的0.5%</td></tr>
<tr><td>DD10</td><td>2.0</td><td>2.5、5、10、
20、30</td><td>220</td><td>直接接入</td><td>额定电流的0.5%</td></tr>
<tr><td>DS2</td><td>2.0</td><td>5、10、25</td><td>100，380</td><td>直接接入，经电流
电压互感器接入</td><td>额定电流的0.5%</td></tr>
<tr><td>DT-2</td><td>2.0</td><td>5、10、25</td><td>3×380/220</td><td>同DS2</td><td>额定电流的0.5%</td></tr>
<tr><td>DX2</td><td>2.5</td><td>5</td><td>380、100</td><td>经万用电流互感器及
电压互感器接入</td><td>额定电流的1%</td></tr>
<tr><td>DB15</td><td>0.5</td><td>1、5、10</td><td>100、220</td><td>直接接入</td><td>额定电流0.3%</td></tr>
<tr><td>DBS2</td><td>0.5</td><td>1、5、10</td><td>100、380</td><td>直接接入</td><td>额定电流0.3%</td></tr>
<tr><td rowspan="3">DJ1</td><td rowspan="3"></td><td>5、10、120</td><td>110、220、600</td><td>直接接入</td><td>2%</td></tr>
<tr><td>1000、1500</td><td>750、1500</td><td>经分压器或附加电
阻和分流器接入</td><td>额定电流2%</td></tr>
<tr><td>2000</td><td>750、1500</td><td>经分压器或附加电阻
和直流互感器接入</td><td>额定电流2%</td></tr>
</table>

5. 多功能电能表（DL/T 614—2007）

(1) 多功能电能表的型式。

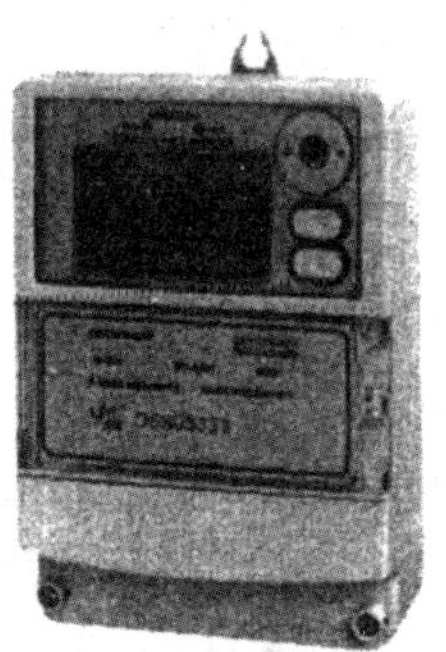

（2）多功能电能表的使用温度范围。

℃

安装方式	户内式	户外式
规定使用温度范围	−10～+45	−25～+55
极限使用温度范围	−25～+55	−40～+70
储存和运输温度极限范围	−25～+70	−40～+70

（3）多功能电能表的使用相对湿度范围。

%

年平均相对湿度	<75
30d（这些天以自然方式分布在一年中）相对湿度	95
在其他天偶然出现相对湿度	85

（4）多功能电能表的参比电压。

接入线路方式	参比电压（V）
直接接入	220、3×220/380、3×380
经电流互感器接入	3×57.7/100、3×100

（5）多功能电能表的基本、额定电流。

接入线路方式	基本、额定电流推荐值（A）
直接接入	5、10、15、20
经电压互感器接入	0.3、1、1.5、5

6. 万用表

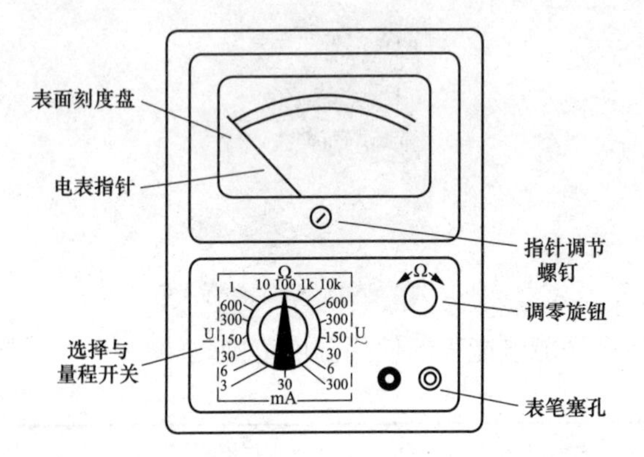

指针式万用表

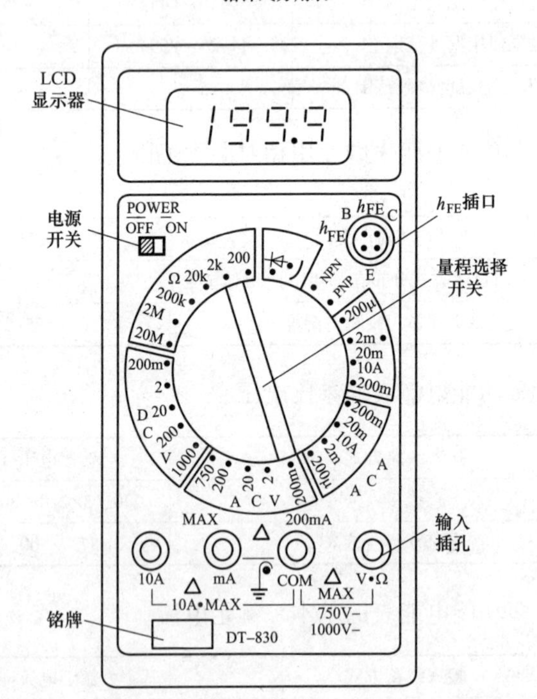

数字式万用表

（1）标称使用范围限值和允许改变量（GB/T 7676.1—1998）

<table>
<tr><th>影响量</th><th>标称使用范围
（另有标志者除外）</th><th>用等级指数的百分数表示的
允许改变量</th></tr>
<tr><td>环境温度</td><td>参比温度±10℃或参比范围下限-10℃和参比范围上限+10℃</td><td>100%</td></tr>
<tr><td>湿度</td><td>相对湿度 25%和 80%</td><td>100%</td></tr>
<tr><td rowspan="2">位置</td><td>若未标志参比位置则为水平和垂直</td><td>100%</td></tr>
<tr><td>在任意方向偏离参比位置 5°</td><td>50%</td></tr>
</table>

（2）测量线路的标称线路电压和线路电压（GB 6738）

标称线路电压（线路绝缘电压，V）	试验电压（有效值，kV）
50	0.5
250	1.5
650	2.0
1000	3.0
2000	5.0
3000	7.0
4000	9.0
5000	11.0
6000	13.0

第二十一章

测量工具

1. 钢直尺（GB/T 9056—2004）

测量上限（mm）	150、300、500、600、1000、1500、2000
用　　途	测量长度小的普通工件的尺寸

2. 钢卷尺（QB/T 2443—2001）

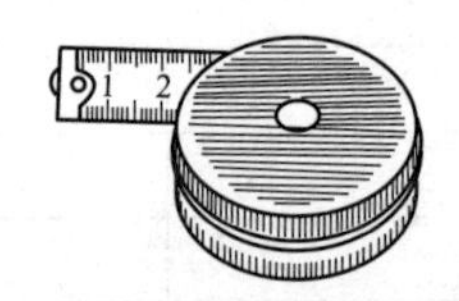

品种	自卷式、制动式	摇卷盒式、摇卷架式
常用规格（测量上限，m）	1、2、3、3.5、5、10	5、10、15、20、30、50、100
用　　途	测量长度较大的工件尺寸，大卷尺亦可测量较大的距离	

3. 纤维卷尺（皮尺，QB/T 1519—2011）

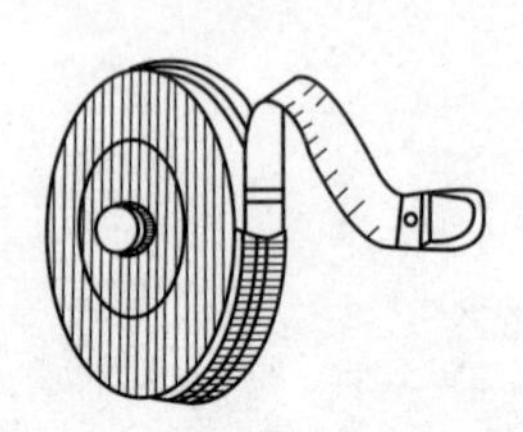

测量上限（m）	10、15、20、30、50、100、150、200
用　　途	测量较远的距离，精度较差

4. 木折尺

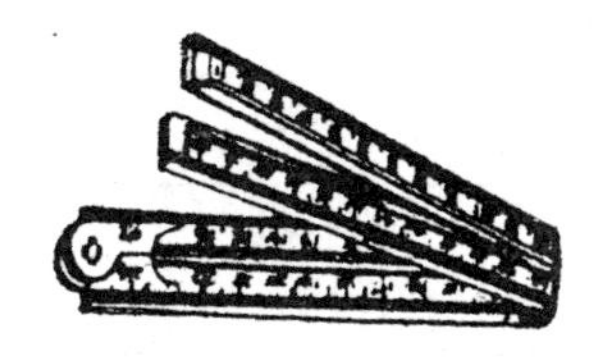

测量上限（cm）	四折	50
	六折	100
	八折	100
用　　途		可折叠，便于携带，木工、建筑工人常用于测量较长的木件和距离尺寸

5. 铁水平尺和木水平尺

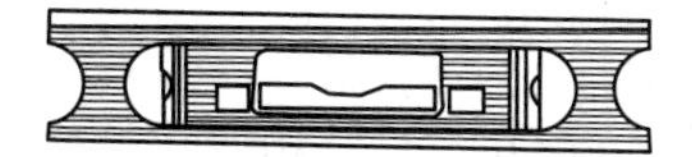

铁水平尺

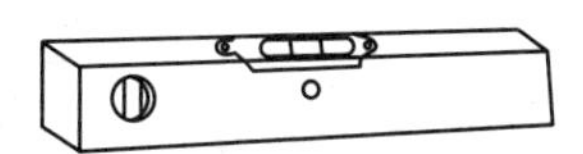

木水平尺

名称	长度（mm）	主水准刻度值（mm/m）	用　　途
铁水平尺	200、250、300、350、400、450、500、550、600	2	检查普通设备的水平位置和垂直位置
	150	0.5	
木水平尺	150、200、250、300、350、400、450、500、550、600	—	在建筑工程中，木工、瓦工检查建筑物对于水平位置的误差

6. 框式和条式水平仪（GB/T 16455—2008）

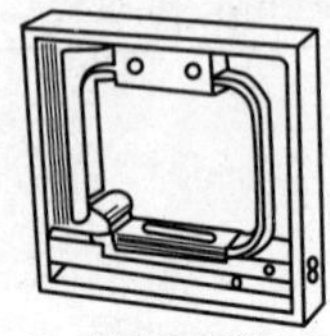

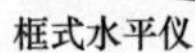

框式水平仪

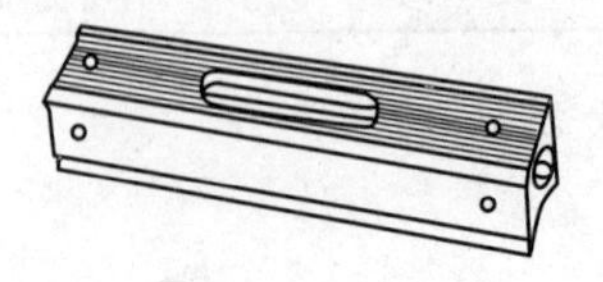

条式水平仪

分度值（mm）	工作面长度（mm）	工作面宽度（mm）	V 形工作面夹角	用　　途
0.02、0.05、0.10	100	≥30	120°、140°	检查机床及其他设备安装的水平位置和垂直位置
	150、200	≥35		
	250、300	≥40		

7. 直角尺（GB/T 6092—2004）

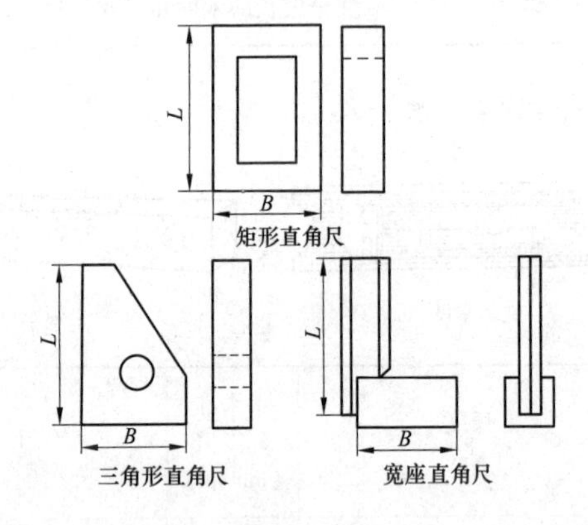

矩形直角尺

三角形直角尺　　宽座直角尺

mm

名称	精度等级	尺寸									用途
矩形直角尺	00 级	*L*	125	200	315	500	800				检验工件的垂直误差、划垂线和安装定位等
	0 级 1 级	*B*	80	125	200	315	500				

续表

<table>
<tr><th>名称</th><th>精度等级</th><th colspan="9">尺寸</th><th>用途</th></tr>
<tr><td rowspan="2">三角形直角尺</td><td>00 级</td><td>L</td><td>125</td><td>200</td><td>315</td><td>500</td><td>800</td><td>1250</td><td></td><td></td><td rowspan="4">检验工件的垂直误差、划垂线和安装定位等</td></tr>
<tr><td>0 级
1 级</td><td>B</td><td>80</td><td>125</td><td>200</td><td>315</td><td>500</td><td>800</td><td></td><td></td></tr>
<tr><td rowspan="2">宽座直角尺</td><td>00 级</td><td>L</td><td>63</td><td>125</td><td>200</td><td>315</td><td>500</td><td>800</td><td>1250</td><td>1600</td></tr>
<tr><td>0 级
1 级</td><td>B</td><td>40</td><td>80</td><td>125</td><td>200</td><td>315</td><td>500</td><td>800</td><td>1000</td></tr>
</table>

第二十二章

土木工具

一、土石方工具

1. 钢锹（QB/T 2095—1995）

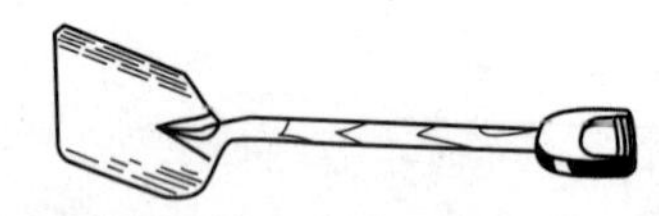

mm

品种	全长			身长			锹裤外径	厚度	用　　途
	1号	2号	3号	1号	2号	3号			
农用锹	345	345	345	290	290	290	37	1.7	用于挖渠、开河、水利等
尖锹	460	425	380	320	295	265	37	1.6	用于铲取沙质泥土等
方锹	420	380	340	295	280	235	37	1.6	用于铲取水泥、沙石
煤锹	550	510	490	400	380	360	42	1.6	多用于铲煤、铲垃圾等
深翻锹	450	400	350	300	265	225	37	1.7	多用于挖泥、翻土地等

2. 钢镐（QB/T 2290—1997）

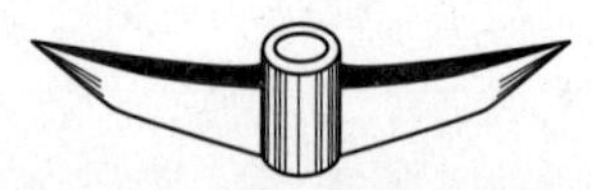

品　种	型式代号	质量（不连柄，kg）						用　途
		1.5	2	2.5	3	3.5	4	
		总长（mm）						
双尖 A 型钢镐	SJA	450	500	520	560	580	600	双尖式多用于凿挖岩石、混凝土和硬质土层。尖扁式多用于挖掘黏质、韧硬土层
双尖 B 型钢镐	SJB	—	—	—	500	520	540	
尖扁 A 型钢镐	JBA	450	500	520	560	600	620	
尖扁 B 型钢镐	JBB	420	—	520	550	570	—	

3. 八角锤（QB/T 1290.1—2010）

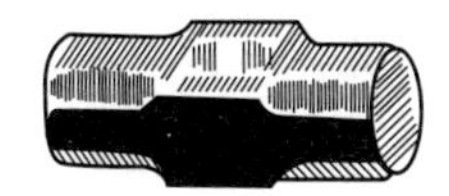

锤头质量（kg）	0.9	1.4	1.8	2.7	3.6	4.5	5.4	6.3	7.2	8.1	9	10	11
全长（mm）	105	115	130	152	165	180	190	198	208	216	224	230	236
用　途	用于手工自由锻、锤击钢钎、铆钉，筑路时凿岩、碎石、打炮眼及安装机器等												

4. 钢钎

mm

六角形对边距离	长度	用　途
25、30、32	1200、1400、1600、1800	在建筑工程、筑路、打井勘探等作业中，用来穿凿岩石

5. 撬棍

mm

直径	长度	用　途
20、25、32、38	500、1000 1200、1500	在建筑工程、筑路、搬运重物等作业中，用来撬重物、山石等

6. 石工锤（QB/T 1290.10—2010）

锤头质量（kg）	0.80、1.00、1.25、1.5、2
全长（mm）	240、260、260、280、300
用途	用于击碎硬石、砸碎混凝土及采石、石雕时敲击钎、錾等

7. 石工斧

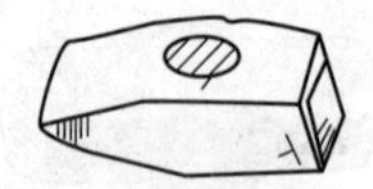

斧头质量（kg）	1.5
刀口宽（mm）	135
用途	用于筑路及采石等

8. 石工凿

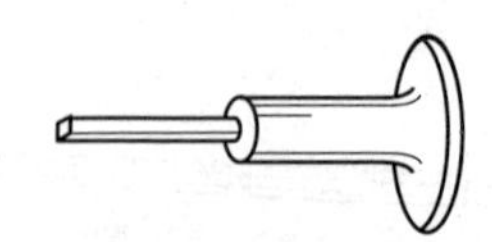

mm

规格	长度	宽度	厚度	用　途
1号	160	120	60	凿石用的专用工具
2号	160	100	60	
3号	160	80	60	

二、泥瓦工具

1. 砌刀（QB/T 2212.5—2011）

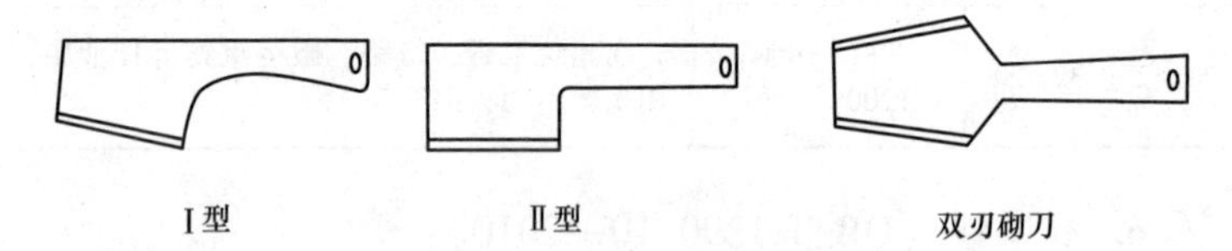

mm

刀体刃长	135	140	145	150	155	160	165	170	175	180
刀体前宽	50			55			60			
刀长	335	340	345	350	355	360	365	370	375	380
刀厚	≤8.0									
用途	砌墙时，用于披灰缝、砍断砖瓦、铺砖瓦、填泥灰等									

2. 砌铲（QB/T 2212.4—2011）

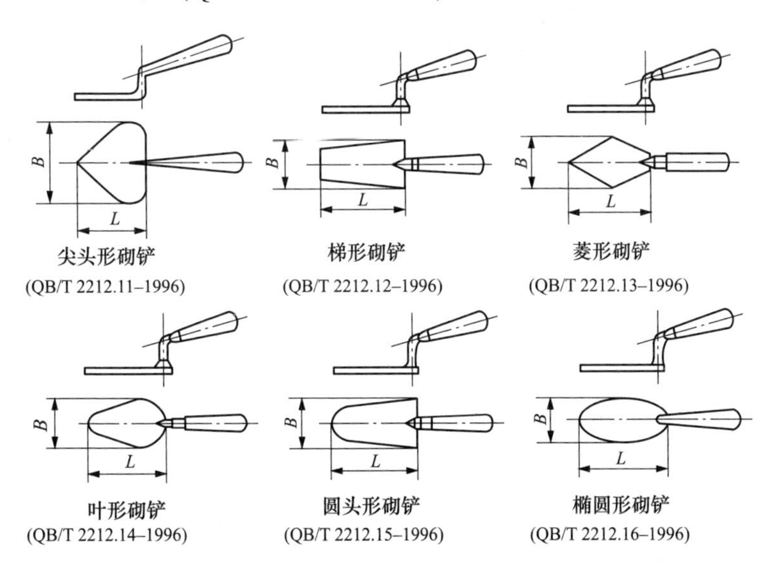

mm

铲板长 L			铲板宽 B		
尖头形	梯形、叶形、圆头形、椭圆形	菱形	尖头形	梯形、叶形、圆头形、椭圆形	菱形
140	125	180	170	60	125
145	140	200	175	70	140
150	150	230	180	75	160
155	165	250	185	80	175
160	180		190	90	
165	190		195	95	
170	200		200	100	
175	215		205	105	
180	230		210	115	
185	240		215	120	
	250			125	

注 铲板厚度不大于 2.00mm，用于砌砖和铲灰等。

3. 打砖斧（QB/T 2212. 6—2011）

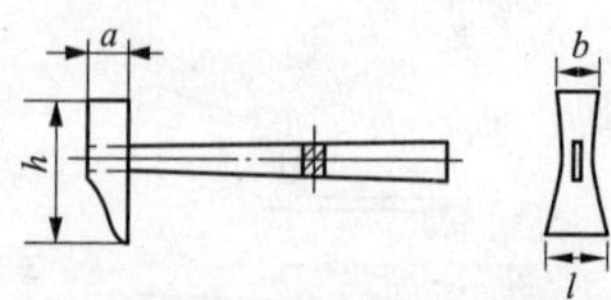

斧头边长 a	斧体高 h	斧体刃宽 l	斧体边长 b	用　途
20	110 120	50	25 30	用于斩断或修削砖瓦
22		55		
25		50		
27		55		

4. 打砖刀（QB/T 2212. 6—2011）

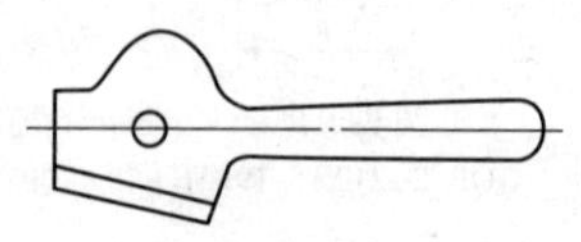

规格	刀体刃长×刀体头宽×刀长（mm）：110×75×300
用途	砌墙时用于斩断或修削砖瓦

5. 阴、阳角抹子（QB/T 2212. 2—2011）

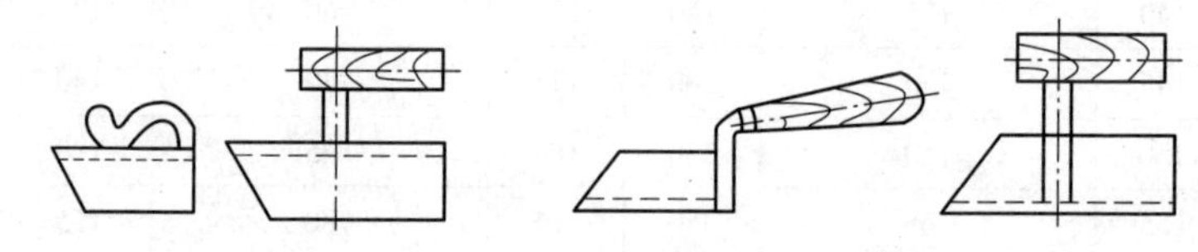

阳角抹子　　　　阴角抹子

mm

阴抹子			阳抹子		
抹板长	抹板角度	抹板厚	抹板长	抹板角度	抹板厚
100、110、120、130、140、150、160、170、180	80°	≤2. 0	80、90、100、110、120、130、140、150、160、170. 180	92°	≥1
用途	用于在垂直内角、外角及圆角处抹灰砂或砂浆				

6. 平抹子（QB/T 2212.2—2011）

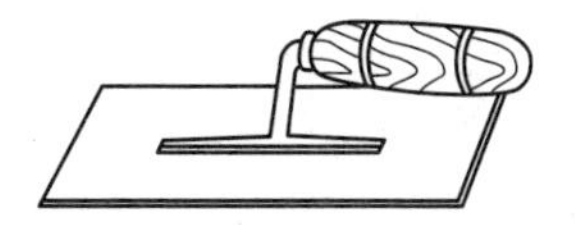

mm

板长	板宽	板厚	用途
220	80	≥0.7	用于在砌墙或做水泥平面时刮平、抹砂或水泥
230	85		
240	90		
250	90		
260	95		
280	100		
320	110		

7. 泥压子（QB/T 2213.3—2011）

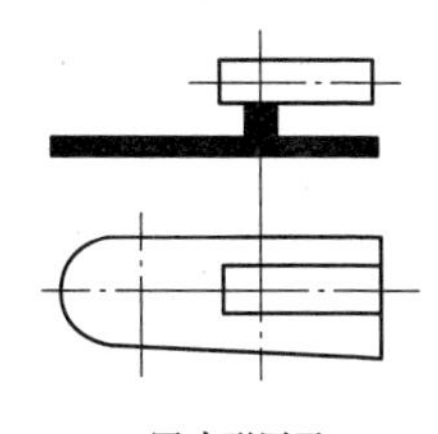

圆头形压子

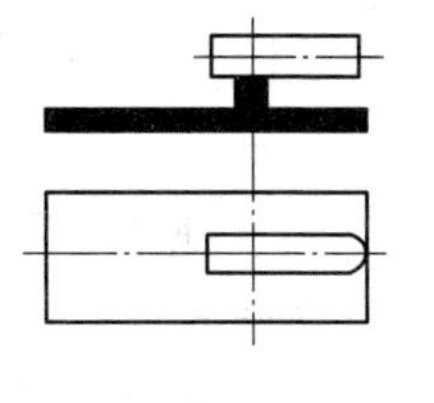

长方形压子

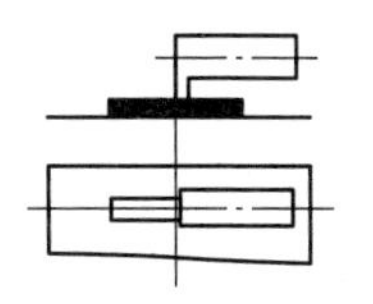

梯形压子

mm

压板长	压板宽	压板厚	用　　途
190、195、200、205、210	50、55、60	≤2.0	用于对灰砂、水泥作业面的整平和压光

8. 分格器（抿板，QB/T 2212.7—2011）

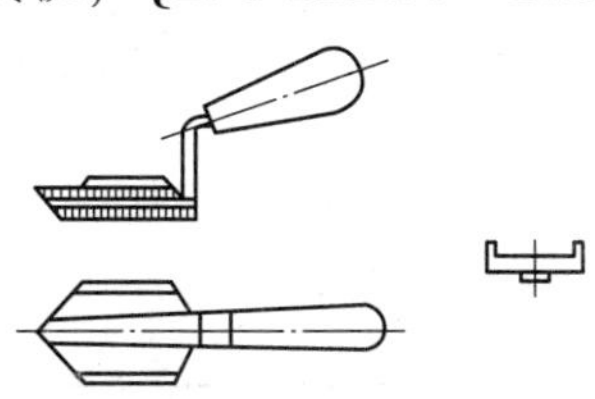

mm

抿板宽	抿板长	抿板厚	用　途
45	80	≤1.0	用于抹灰地面、墙面的分格
60	100		
65	110		

9. 缝溜子（QB/T 2212.22—1996）

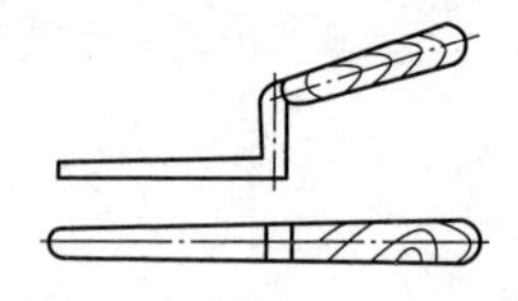

mm

溜板长	溜板宽	溜板厚	用　途
100、110、120、130、140、150、160	10	≤1.5	用于溜光外砖墙的灰缝

10. 缝扎子（GB/T 2212.7—2011）

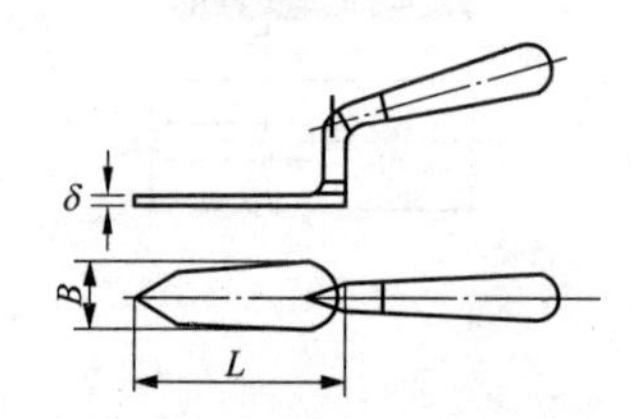

mm

扎板长 L	扎板宽 B	扎板厚 δ	用　途
80	25	≤2.0	专用于墙体勾缝
90	30		
100	35		
110	40		
120	45		
130	50		
140	55		
150	60		

11. 线锤（QB/T 2212.1—2011）

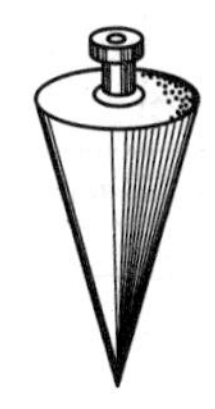

材料	质量（kg）	用途
铜质	0.0125、0.025、0.05、0.1、0.15、0.2、0.25、0.3、0.4、0.5、0.6、0.75、1、1.5	在建筑测量时，作垂直基准线用
钢质	0.1、0.15、0.2、0.25、0.3、0.4、0.5、0.75、1、1.25、2、2.5	

12. 墙地砖切割机

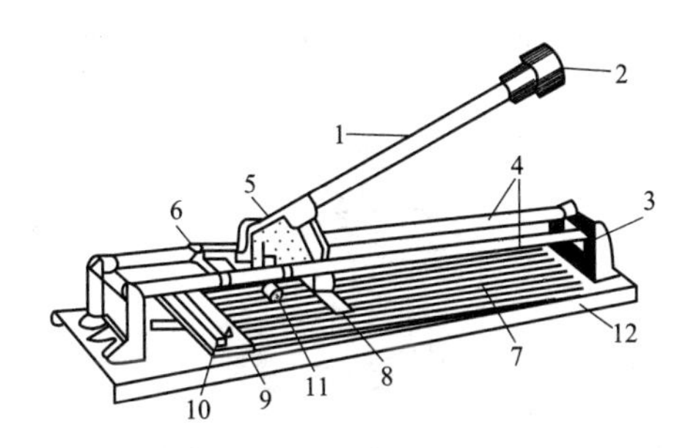

1—手柄；2—手球；3—支架；4—导轨；5—刀座；
6—滑体；7—橡皮；8—压板；9—刻度表；
10—角尺；11—刀片；12—底盘

切割宽度（mm）	切割厚度（mm）	质量（kg）	用途
300~400	5~12	6.5	用于手工切割各种墙砖、地板砖、玻璃装饰等

三、木工工具

1. 木工锯条（QB/T 2094.1—2005）

mm

长度	宽度	厚度	长度	宽度	厚度
400	22、25	0.5	800	38、44	0.7
450			850		
500	25、32		900		
550			950		
600	32、38	0.6	1000	44、50	0.8、0.9
650			1050		
700	38、44	0.7	1100		
750			1150		
用　途	装于框形木锯架上，用于手工锯割木材				

2. 木工带锯条（JB/T 8087—1999）

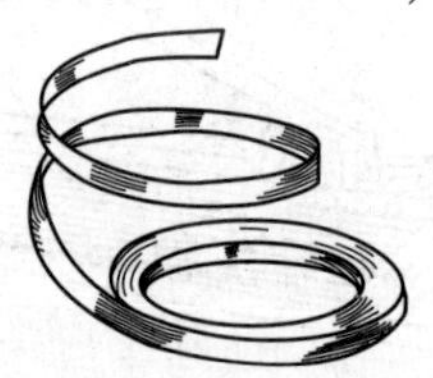

mm

宽　度	厚　度	最小长度	用　途
6.3	0.40、0.50	7500	装于带锯机床上锯割木材。有开齿与未开齿两种
10、12.5、16	0.40、0.50、0.60		
20、25、32	0.40、0.50、0.60、0.70		
40	0.60、0.70、0.80		
50、63	0.60、0.70、0.80、0.90		
75	0.70、0.80、0.90		
90	0.80、0.90、0.95		

续表

宽　　度	厚　　度	最小长度	用　　途
100	0.80、0.90、0.95、1.00	8500	装于带锯机床上锯割木材。有开齿与未开齿两种
125	0.90、0.95、1.00、1.10		
150	0.95、1.00、1.10、1.25、1.30		
180	1.25、1.30、1.40	12 500	
200	1.30、1.40		

3. 木工圆锯片（GB/T 13573—1992）

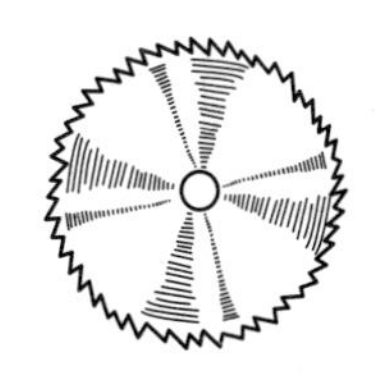

外径（mm）	孔径（mm）	厚度（mm）	齿数（个）	用途
160	20、(30)	0.8、1.0、1.2、1.6	80、100	装在木工锯床或手持电锯上，纵切或横切各种木板、木条
(180)、200、(225)、250、(280)	30、60	0.8、1.0、1.2、1.6、2.0		
315、(355)		1.0、1.2、1.6、2.0、2.5		
400	30、85	1.0、1.2、1.6、2.0、2.5		
(450)		1.2、1.6、2.0、2.5、3.2		
500、(560)		1.2、1.6、2.0、2.5、3.2	72、100	
630		1.6、2.0、2.5、3.2、4.0		
(710)、800	40、(50)	1.6、2.0、2.5、3.2、4.0		
(900)、1000		2.0、2.5、3.2、4.0、5.0		
1250	60	3.2、3.6、4.0、5.0		
1600		3.2、4.5、5.0、6.0		
2000		3.6、5.0、7.0		

注 1. 括号内的尺寸尽量不选用。

2. 齿形分直背齿（N）、折背齿（K）、等腰三角齿（A）三种。

4. 木工绕锯条（QB/T 2094.4—2015）

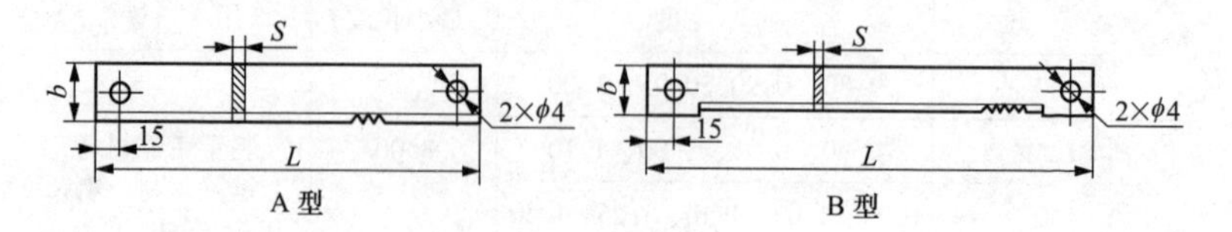

mm

规格	长度 L	宽度 b	厚度 S	用　途
400	400	10	0.5	专门用于锯切木制品的圆弧、曲线、凹凸面
450	450			
500	500			
550	550		0.6 0.7	
600	600			
650	650			
700	700			
750	750			
800	800			

注　根据用户的需要，锯条的规格、基本尺寸可不受表中尺寸限制。

5. 鸡尾锯（QB/T 2094.5—2015）

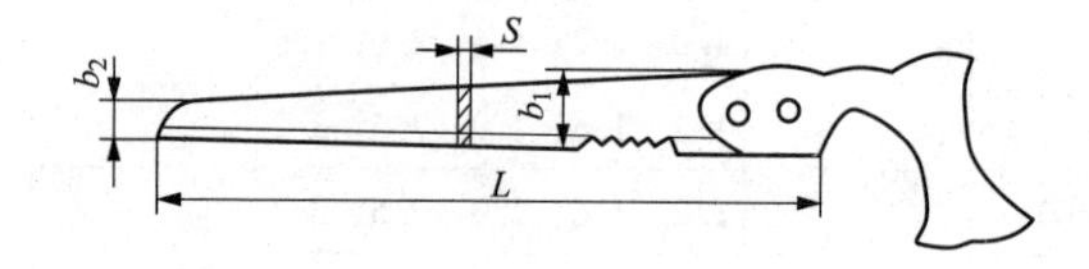

mm

规格	长度 L	厚度 S	大端宽 b_1	小端宽 b_2	用　途
250	250	0.85	25	6 9	适用于高空作业中锯切小尺寸木料或狭小孔槽
300	300		30		
350	350		40		
400	400				

注　根据用户的需要，锯条的规格、基本尺寸可不受表中尺寸限制。

6. 手扳锯（QB/T 2094.3—2015）

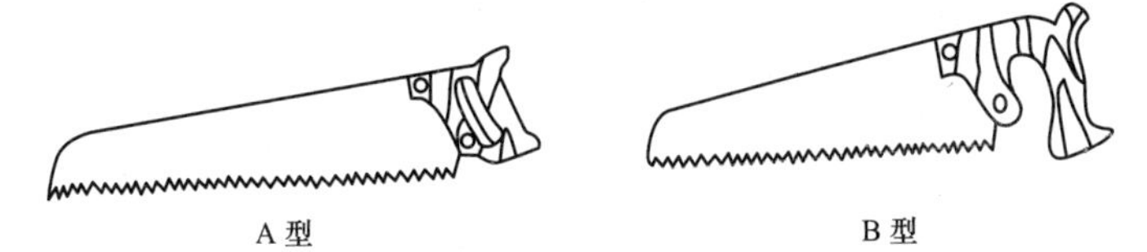

mm

锯身长度		300	350	400	450	500	550	600
锯身宽度	大端	90、100		100、110			125	
	小端	25			30		35	
锯身厚度		0.80、0.85、0.90			0.85、0.90、0.95、1.00			
用　　途		用于锯割操作位置受限制的木结构件及宽木板材，如三合板等						

7. 伐木锯条（QB/T 2094.2—2015）

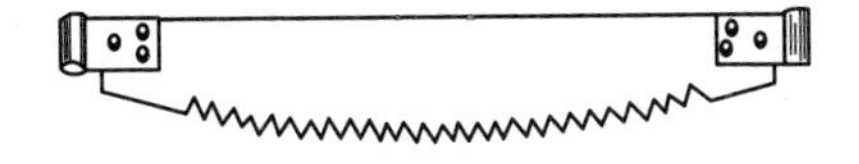

mm

长度	1000	1200	1400	1600	1800
宽度	110	120	130	140	150
厚度	1.0	1.2		1.4	1.4、1.6
齿型	三角形齿（用于软质木）	标准三角形齿		三角形齿（用于硬木）	
齿距	9	14		17	
用途	装上木柄后，由两人推、拉锯截原木、圆木或成材等木材大料				

8. 木工手用刨（QB/T 2082—1995）

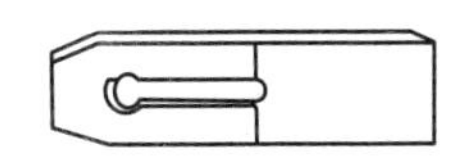

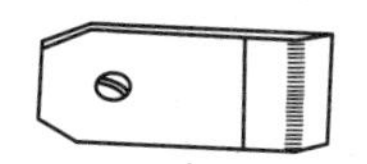

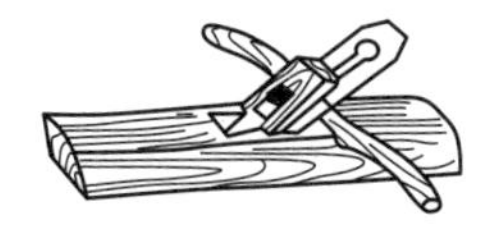

mm

刨刀	规格	宽度：25、32、38、44、51、57、64 长度：≥175 厚度：3
	用途	装于刨壳中，配上盖铁，用于手工刨削各种木材的平面
盖铁	规格	宽度：25、32、38、44、51、57、64 长度：≥96 宽度/螺纹孔尺寸：25/M8；≥32/M10
	用途	装在刨壳中，用于压紧和固定木工手用刨刀
刨台	规格	分粗刨和细刨两种 宽度：38、44、51 长度：长型450，中型300，短型200，大刨600
	用途	装上木工手用刨刀、盖铁和楔木后，用于手工将木材的表面刨削平整、光滑

9. 绕刨

mm

<table>
<tr><td rowspan="2">绕刨</td><td>规格</td><td colspan="8">适用刨刀宽度：40、42、44、45、50、52、54
刨台用铸铁制成</td></tr>
<tr><td>用途</td><td colspan="8">专门用于刨削曲面木工件，也可用于修光竹制品</td></tr>
<tr><td rowspan="5">绕刨刀</td><td rowspan="4">规格</td><td>宽度</td><td>40</td><td>42</td><td>44</td><td>45</td><td>50</td><td>52</td><td>54</td></tr>
<tr><td>长度</td><td>40</td><td>42</td><td>43</td><td>45</td><td>50</td><td>52</td><td>54</td></tr>
<tr><td>镶钢长度</td><td>11</td><td>15.5</td><td>16</td><td>15.5</td><td>14.5</td><td>14.5</td><td>18</td></tr>
<tr><td>厚度</td><td colspan="7">2</td></tr>
<tr><td>用途</td><td colspan="8">绕刨专用</td></tr>
</table>

10. 木工机用直刀（JB 3377—1992）

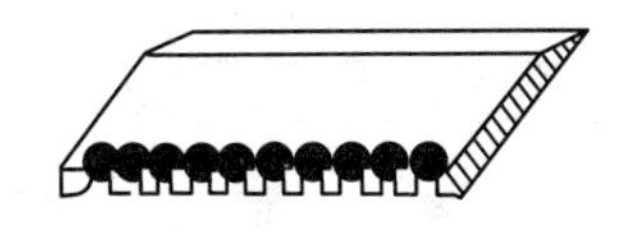

mm

型式		基本尺寸													
Ⅰ、Ⅱ	长度	110	135	170	210	260	310	325	410	510	610	640	810	1010	1260
	宽度	30（35、40）													
	厚度	3、4													
Ⅲ	长度	40	60	80	110	135	170	210	260	325					
	宽度	90、100													
	厚度	8、10													
用途		装在木工刨床上，用于刨削各种木材													

11. 手用木工凿（QB/T 1201—1991）

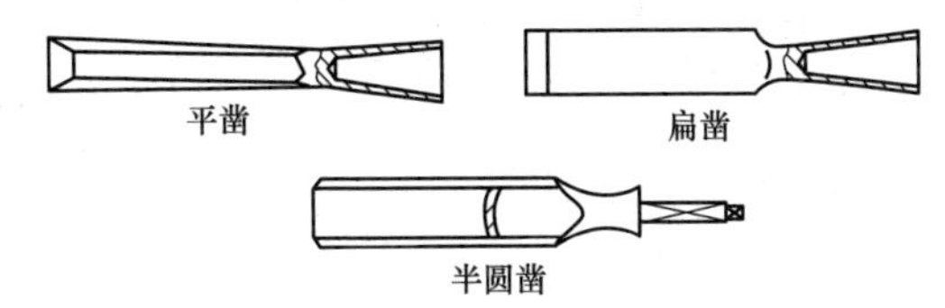

mm

品种	宽度	长度	用途
圆凿、平凿	6、4、8、10	≥150	用于在木料上凿制榫头、槽沟、起线、打眼及刻印等
	13、16、19、22、25	≥160	
扁凿	13、16、19	≥180	
	22、25、32、38	≥200	

12. 机用木工方凿

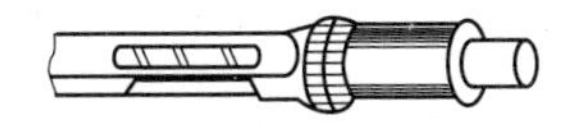

规格	凿套刃部尺寸（mm）：9.5、11、12.5、14、15.5
用途	专供打方孔木工机使用。使用时，凿芯刃部要伸出凿套刃部1~2mm

13. 木锉（QB/T 2569.6—2002）

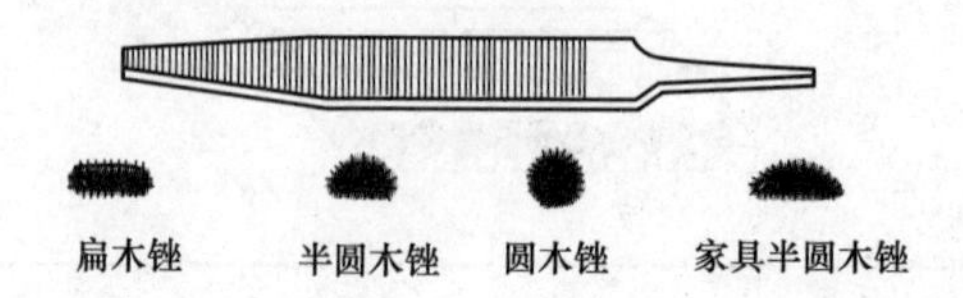

扁木锉　半圆木锉　圆木锉　家具半圆木锉

mm

名称	代号	长度	柄长	宽度	厚度	用　途
扁木锉	M-01-200	200	55	20	6.5	用于锉削或修整木工件的圆孔、沟槽、槽眼及不规则表面
	M-01-250	250	65	25	7.5	
	M-01-300	300	75	30	8.5	
半圆木锉	M-02-150	150	45	16	6	
	M-02-200	200	55	21	7.5	
	M-02-250	250	65	25	8.5	
	M-02-300	300	75	30	10	
圆木锉	M-03-150	150	45	—	—	
	M-03-200	200	55	—	—	
	M-03-250	250	65	—	—	
	M-03-300	300	75	—	—	
家具半圆木锉	M-04-150	150	45	18	4	
	M-04-200	200	55	25	6	
	M-04-250	250	65	29	7	
	M-04-300	300	75	34	8	

14. 木工钻（QB/T 1736—1993）

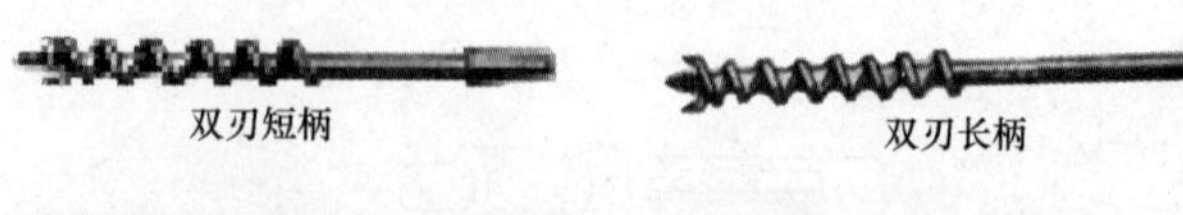

双刃短柄　双刃长柄

单刃短柄　单刃长柄

mm

钻头直径	全长		用　途
	短柄	长柄	
5	150	250	木材钻孔用。长柄钻把木柄装于柄孔中当执手，短柄钻装于弓摇钻或木工钻床上
6、6.5、8	170	380	
9.5、10、11、12、13	200	420	
14、16、19、20	230	500	
22、24、25、28、30	250	560	
32、38	280	610	

15. 弓摇钻（QB/T 2510—2001）

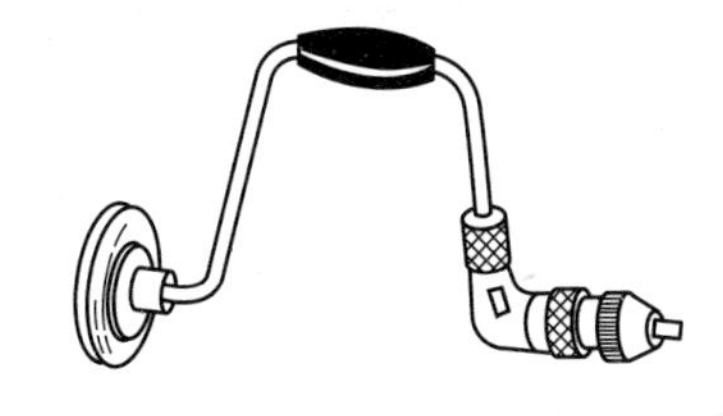

mm

型号	最大夹持木工钻规格	全长	回转半径	弓架距	用途
GZ25	22	320~360	125	150	用于夹持短柄木工钻，对木材进行钻孔
GZ30	28.5	340~380	150	150	
GZ35	38	360~400	175	160	

16. 羊角锤（QB/T 1290.8—2010）

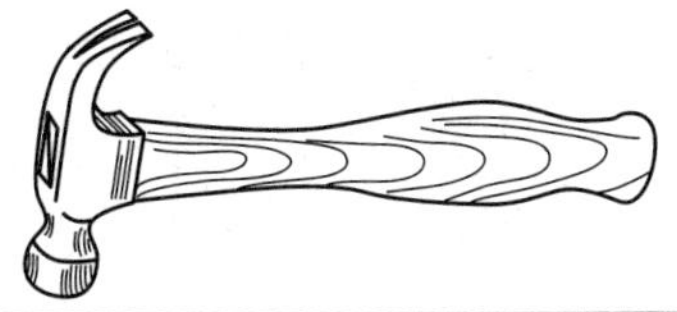

规格	敲击端截面形状	A、B、C、D、E 型
	锤头质量（kg）	0.25、0.35、0.45、0.50、0.55、0.65、0.75
用途	木工作业时敲打或起钉用，也可用来敲击其他物品	

17. 木工台虎钳

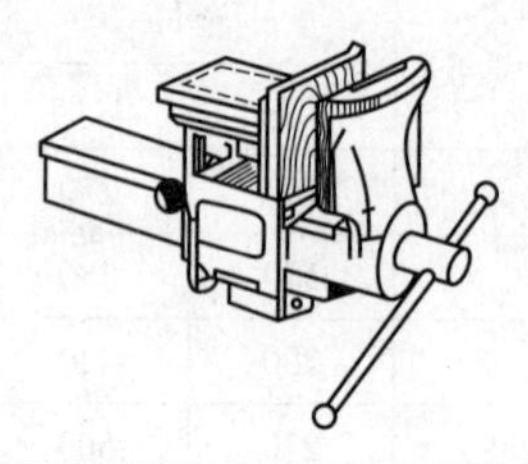

钳口长度×开口度（mm×mm）	夹紧力（kg）	用　途
75×100	1500	装在工作台上，用于夹稳木制工件，进行锯、刨、锉等加工
100×125	2000	
125×150	2500	
160×175	3000	
200×225	4000	

18. 竹篾刀

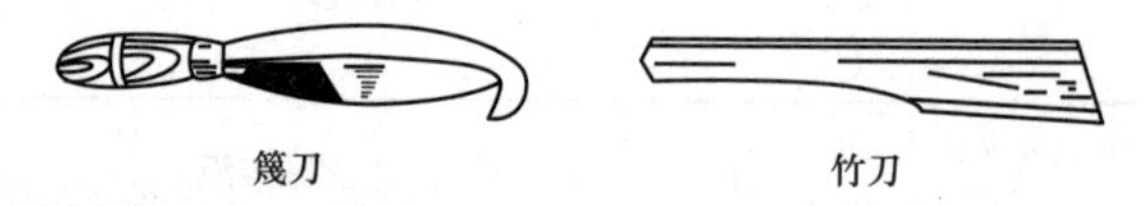
篾刀　　竹刀

规格	蔑刀刀身重量（kg）：0.7~0.8 竹刀刀身重量（kg）：0.7、0.8、0.9、1、1.1、1.2、1.3
用途	篾刀用于劈削竹材，竹刀用于劈竹片、竹篾及竹面修理

19. 木工夹

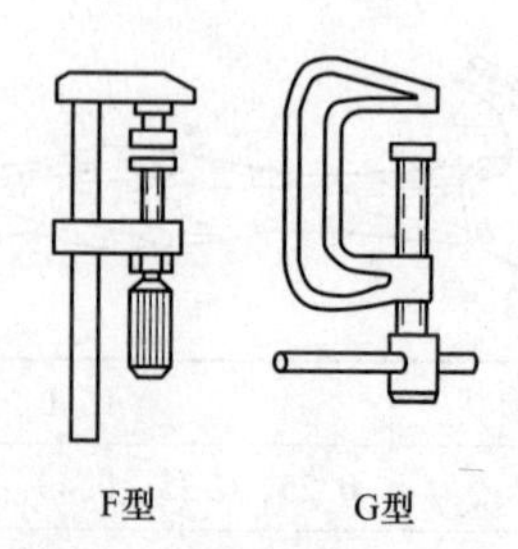
F型　　G型

型号	夹持范围（mm）	最大负荷（kg）	型号	夹持范围（mm）	最大负荷（kg）
FS150	150	180	FS250	250	140
FS200	200	160	FS300	300	100
GQ8175	75	350	GQ81125	125	450
GQ8150	50	300	GQ81150	150	500
GQ81100	100	350	GQ81200	200	1000
用途	用于夹持两块木板或夹持待粘结构的构件。G 型为多功能夹；F 型为胶合板专用				

20. 木工斧（QB/T 2565.5—2002）

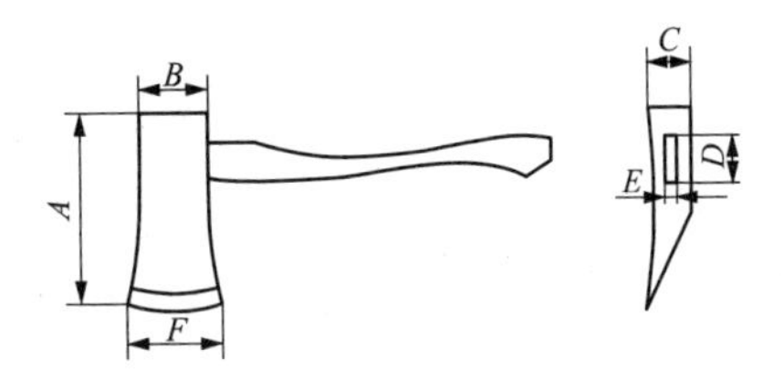

质量（kg）	A≥	B≥	C≥	D		E		F≥
				基本尺寸	偏差	基本尺寸	偏差	
1.0	120	34	26	32	-0.2~0	14	-1.0~0	78
1.25	135	36	28	32		14		78
1.5	160	48	35	321		14		78

21. 木工锤（QB/T 1290.9—2010）

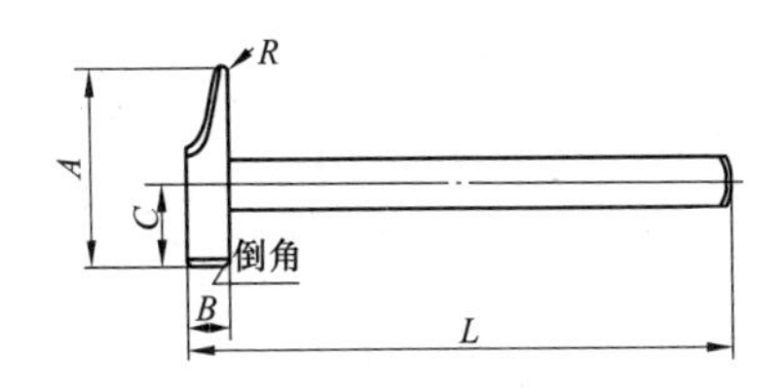

mm

质量（kg）	L		A		B		C		R≤	锤孔编号
	基本尺寸	偏差	基本尺寸	偏差	基本尺寸	偏差	基本尺寸	偏差		
0. 20	280	±2. 00	90	±1. 00	20	±0. 65	36	±0. 80	6. 0	B-04
0. 25	285		97		22		40		6. 5	
0. 33	295	±2. 50	104		25		45		8. 0	B-05
0. 42	308		111		28		48		8. 0	
0. 50	320		118		30		50		9. 0	B-06

第二十三章

喷涂器材和工具

1. 喷焊喷涂用合金粉末

(1) 牌号表示方法及含义。

表示方法：F+三位数字+字母。

含义：F 表示焊粉。第 1 位数字表示焊粉的化学成分组成类型；第 2 位数字表示焊粉的工艺方法；第 3 位数字表示同一类型、同一工艺方法焊粉中不同的牌号。字母表示同一牌号中的派生牌号

(2) 基本性能和主要用途。

牌号	基本性能	主要用途
F101	相当于 JB 型号 F11-40，熔点约1000℃，中硬度，喷焊层耐蚀，有较好的耐磨性和抗高温氧化性，可以切削加工	用于要求耐磨、耐蚀和在温度不超过 650℃下工作的零件的修复或预防性保护，如耐蚀、耐高温阀门、泵转子、泵柱塞等
F102	相当于 JB 型号 F11-55，熔点为1000℃，高硬度，喷焊层耐蚀，抗高温氧化性好，耐金属间磨损性能优良，可用特殊刀具切削加工	用于耐磨、耐蚀和在温度不超过650℃下工作的零件的修复或预防性保护，如耐蚀、耐高温阀门、泵转子、泵柱塞等
F103	相当于 GB 型号 FZNCr25B，熔点约 1050℃，低硬度，喷焊层耐蚀，抗高温氧化性和可塑性较好，有一定的耐磨性，可用锉刀加工	用于修复或预防性保护在高温或常温条件下使用的铸件，如玻璃模具、发动机气缸、机床导轨
F105	熔点为 1000℃，高硬度，具有良好的抗低应力磨粒磨损性能，但抗冲击性能有所下降，有较好的耐蚀性和抗高温氧化性，很难加工	用于要求抗强烈磨粒磨损的场合，如导板、刮板、风机叶片等

续表

牌号	基本性能	主要用途
F202	熔点约1080℃，较高硬度，喷焊层具有很好的红硬性和抗高温氧化性，良好的耐磨耐蚀性，可以切削加工	用于在温度不超过700℃下工作的，要求具有良好耐磨、耐蚀性的场合，如热剪刀片、内燃机阀头或凸轮、高压泵封口圈等
F301	相当于GB型号FZFeCr-40H、JB型号F31-50，熔点约1100℃，中硬度，喷焊层具有良好的耐磨性，可以切削加工	用于农机、建筑机械、矿山机械等易磨损部位的修复或预防性保护，如齿轮、刮板、车轴、铧犁等
F302	相当于GB型号FZFeCr10-50H、熔点约1100℃，高硬度，喷焊层具有较好的耐磨性，可用特殊刀具切削加工	用于农机、建筑机械等易磨损部位的修复或预防性保护，如耙片、锄齿、刮板、车轴等
F303	符合GB型号FZFeCr05-25H、JB型号F31-28，熔点约1100℃，低硬度，喷焊层具有良好的抗疲劳性能，可塑性好，可用锉刀加工	用于要求承受反复冲击的或硬度要求不高的场合，如铸件修补、齿轮修补
F111	镍铬铁型镍基合金粉末，喷涂工艺规范较宽，喷涂层硬度为HV130~170，耐蚀性好，表面光洁，切削性能好	用于涂层中的工作层粉末，喷涂前须先用自结合粉末作过渡，常用于轴承部位的修复
F112	镍铬铁型镍基合金粉末，喷涂工艺规范较宽，喷涂层致密，硬度为HV130~170，耐蚀性好，表面光洁，有一定的耐磨性	用于涂层中的工作层粉末，喷涂前须先用自结合粉末作过渡，常用于轴类、泵柱柱塞的修复或预防性保护
F113	镍铬硅硼型镍基合金粉末，喷涂工艺规格较宽，硬度为HV250~350，表面光洁，耐磨、耐蚀性好	用于涂层中的工作层粉末，喷涂前须先用自结合粉末作过渡，常用于滚筒、柱塞、耐蚀、耐磨轴的修复或预防性保护；也可用作氧-乙炔焰喷焊层粉末
F313	铬不锈钢型铁基合金粉末，喷涂层硬度为HV200~300，具有较好的耐磨性和一定的耐蚀性	用于涂层中的工作层粉末，喷涂前须先用自结合粉末作过渡，常用于造纸机烘缸和轴类的修复和预防性保护

续表

牌号	基本性能	主要用途
F314	镍铬不锈钢型铁基合金粉末，喷涂层硬度为HV200～300，具有较好的耐磨性和耐蚀性	用于涂层中的工作层粉末，喷涂前须先用自结合粉末作过渡，常用于轴类、柱塞的修复和预防性保护
F316	高铬铸铁基合金粉末，喷涂层硬度为HV400～500，耐磨性良好	用于涂层中的工作层粉末，喷涂前须先用自结合粉末作过渡，常用于要求耐磨的轴类、滚筒的修复或预防性保护
F411	铝青铜型铜基合金粉末，喷涂工艺性能好，喷涂层硬度为HV120～160，具有良好的耐金属间磨损性和耐蚀性，易切削加工	用于涂层中的工作层粉末，喷涂前须先用自结合粉末作过渡，常用于轴、轴承、十字头连接体摩擦面的修复或预防性保护
F412	锡磷型铜基合金粉末，喷涂工艺性能好，喷涂层硬度为HV80～120，具有良好的耐金属间磨损性和耐蚀性，易切削加工	用于涂层中的工作层粉末，喷涂前须先用自结合粉末作过渡，常用于轴、轴承修复或预防性保护
F512	铝粉与镍粉的复合型粉末，具有自放热性能，能与机件基体形成维护以获得牢固的结合层，喷涂时无烟雾，放热缓慢	用于喷涂层的结合材料，即用于工作层与基体之间的过渡
F121	镍铬钨硅硼合金粉末，熔化温度约1000℃，中等硬度，喷焊层耐热抗氧化，在650℃以下环境中具有良好的耐磨和耐蚀性能，可以切削加工	常用于耐高温、耐蚀阀门的密封面
F221	镍铬钨硅硼合金粉末，熔化温度约1200℃，中等硬度，喷焊层红硬性好，抗高温氧化，在700℃以下环境中具有良好的性能，可以切削加工	常用于耐高温、高压阀门的密封面、热剪切刃口
F321	Cr13铁素体不锈钢合金粉末，熔化温度约1300℃，喷焊层红硬性优于2Cr13，耐磨性好，价格低廉	适用于中温中压阀门的闸板（如与F322粉末喷焊的阀座可组成优良的抗擦伤密封附件）或其他耐磨件

续表

牌号	基本性能	主要用途
F322	镍铬奥氏体不锈钢合金粉末，熔化温度约1300，喷焊层红硬性、耐蚀性均优于2Cr13，耐磨性好	适用于中温中压阀门的闸座（如与F321粉末喷焊的阀板可组成优良的抗擦伤密封附件）或其他耐磨、耐蚀件
F323	高铬铸铁基合金粉末，熔化温度约1250℃，喷焊层抗磨粒磨损性能好，价格低廉	常用于冶金矿山机械中耐砂土磨损的场合，如刮板、挖泥船的耙齿、挖掘机的铲齿
F422	锡磷青铜合金粉末，熔化温度约1020℃，喷焊层耐金属间磨损性能和耐蚀性能良好，硬度低，易切削加工	常用于轴或轴套的修复和预防性保护

2. 金属粉末喷焊喷涂两用炬

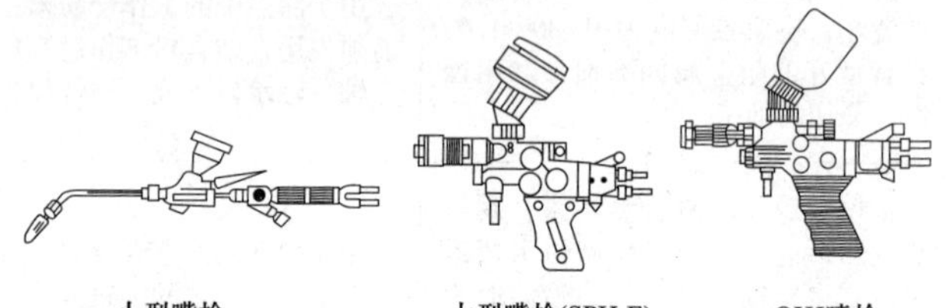

小型嘴枪　　大型嘴枪(SPH-E)　　QHJ喷枪

	(1) QH和SPH型							
	喷焊嘴		工作压力（MPa）		气体消耗量（m^3/h）		送粉量（kg/h）	总质量（kg）
	嘴号	孔径（mm）	氧气	乙炔	氧气	乙炔		
	QH-1/h型（总长度：430mm）							
规格	1	0.9	0.20	0.05~0.10	0.16~0.18	0.14~0.15	0.40~1.0	0.55
	2	1.1	0.25		0.26~0.28	0.22~0.24		
	3	1.3	0.30		0.41~0.43	0.35~0.37		
	QH-2/h型（总长度：470mm）							
	1	1.6	0.30	0.05~0.10	0.65~0.70	0.55~0.65	1.0~2.0	0.59
	2	1.9	0.35		0.8~1.00	0.70~0.80		
	3	2.2	0.40		1.00~1.20	0.80~1.10		

续表

规格

(1) QH 和 SPH 型

喷焊嘴		工作压力 (MPa)		气体消耗量 (m^3/h)		送粉量 (kg/h)	总质量 (kg)
嘴号	孔径 (mm)	氧气	乙炔	氧气	乙炔		
QH-4/h 型 (总长度: 580mm)							
1	2.6	0.40	0.05~0.10	1.6~1.7	1.45~1.55	2.0~4.0	0.75
2	2.8	0.45		1.8~2.0	1.65~1.75		
3	3.0	0.50		2.1~2.3	1.85~2.20		
SPH-C 型圆形多孔 (总长度: 730mm)							
1	1.2 (5 孔)	0.5	≥0.05	1.3~1.6	1.1~1.4	4~6	1.25
2	1.2 (7 孔)	0.6		1.9~2.2	1.6~1.8		
3	1.2 (9 孔)	0.7		2.5~2.8	2.1~2.4		
SPH-D 型排形多孔 (总长度: 1 号-730mm; 2 号-780mm)							
1	1.0 (<10 孔)	0.5	≥0.05	1.6~1.9	1.40~1.65	4~6	1.55
2	1.2 (<10 孔)	0.6		2.7~3.0	2.35~2.60		1.60

(2) QHJ-7/hA 型

喷嘴号	预热孔		喷粉孔径 (mm)	氧气工作压力 (MPa)	气体消耗量 (m^3/h)			送粉量 (kg/h)
	孔数	孔径 (mm)			氧气	乙炔丙烷	空气	
氧-乙炔喷嘴								
1	10	0.8	2.8	0.3~0.5	1.4~1.7	0.6~0.9	1.0~1.8	3~5
2	10	0.9	3.0	0.4~0.6	1.5~1.8	0.8~1.0	1.0~1.8	4~7
氧-丙烷喷嘴								
1	18	*	2.8	0.4~0.5	1.4~1.7	0.7~1.0	1.0~1.8	4~6
2	18	*	3.0	0.4~0.6	1.5~1.8	0.8~1.2	1.0~1.8	5~7

续表

用途	可以进行喷焊或喷涂两用，装上氧-乙炔喷嘴，可以利用氧-乙炔焰和压缩空气送粉机构，将喷焊或喷涂用合金粉末喷射在工件表面上。喷焊时，工件表面上形成一层冶金结合的喷焊层，以达到耐磨、耐蚀、抗氧化、耐热或耐冲击等特殊要求。通常采用两步法工艺，须用两用炬或重熔炬配合，对工件表面进行重熔。喷涂时，工件表面上形成一层机械结合的喷涂层，以达到耐磨或耐蚀等特殊要求。如装上氧-丙烷喷嘴可进行喷焊、喷涂工艺

注　1. 带 * 喷嘴的预热孔孔径为 0.4、1.3mm。
2. 其他气体工作压力（MPa）：乙炔>0.07，丙烷>0.1，空气 0.2~0.5。
3. 合金粉末粒度：150~250 目/25.4mm。

3. 电动弹涂机

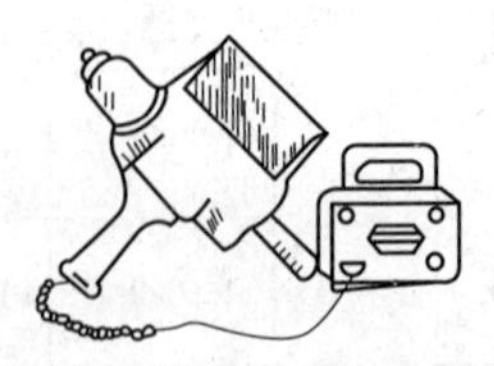

	型号	电动机转速（r/min）	弹头转速（r/min）	弹涂效率（m/h）	质量（kg）
规格	DT-110B	3000	60~500 无级调速	>10	3.7
	DT-120A		300~500	10	1.5
用途	用于建筑内外墙饰面的彩色弹涂。彩色弹涂，能弹出各种美观大方、绚丽多彩、立面感强、近似水刷石和干粘石的内外墙饰面				

4. 多彩喷枪

型号	储漆罐容量（L）	出漆嘴孔径（mm）	空气工作压力（MPa）	有效喷涂距离（mm）	喷涂表面宽度（mm）	用途
DC-2	1	25	0.4~0.5	300~400	300	喷涂内墙涂料油漆粘合剂等，换上喷嘴，可喷涂顶棚和天花

5. 高压无气喷涂机

空气工作压力（MPa）	气缸直径（mm）	喷枪移动速度（m/s）	喷枪与工件距离（mm）	用途
0.4~0.6	180	0.3~1.2	350~400	适用于桥梁、大型建筑物、家具等的油漆施工

6. 电动高压无气喷涂泵（DGP-1 型）

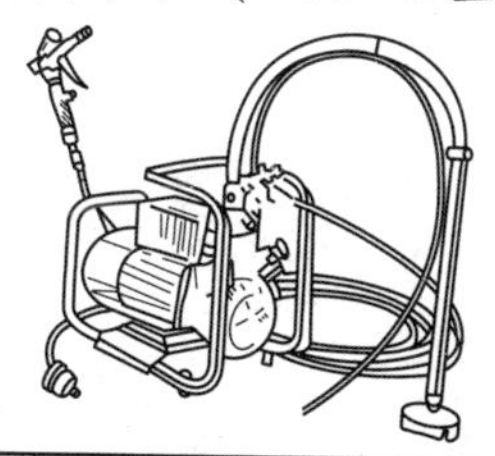

隔膜泵涂料压力调节范围（MPa）	最大排气量（L/min）	配高压胶管工作压力（MPa）	电动机技术参数	用途
18	1.8	25	电压：220V 输出功率：400W 输出转速：1450r/min	适用于桥梁、大型建筑物、家具等的油漆施工

7. 喷漆枪

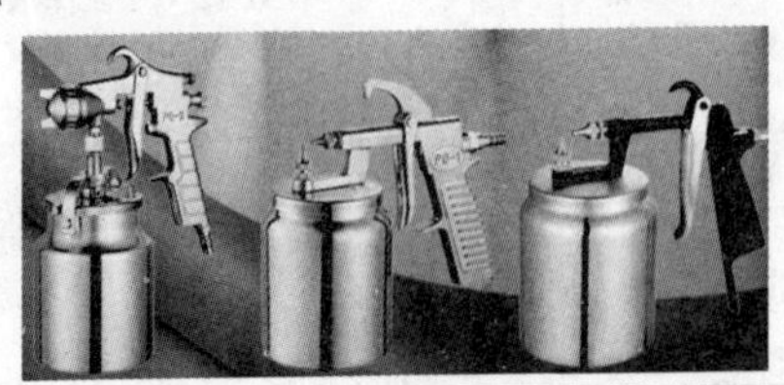

型号	储漆量	储漆量孔径（mm）	工作时空气压力（kPa）	喷涂范围（mm）	
				喷漆有效距离	喷涂面积（直径或宽度）
PQ-1	0.6kg	1.8	300~380	250	圆形：直径 42
PQ-2	1kg	1.8	450~500	260	圆形：直径 50 扇形：宽 130~140
1	0.15L	0.8	400~500	75~200	圆形：直径 6~75
2A	0.12L	0.4	400~500	75~200	圆形：直径 3~30
2B	0.15L	1.1	500~600	150~250	扇形：宽 10~110
3	0.90L	2	500~600	50~200	圆形：直径 10~80 扇形：宽 10~150
用途	喷漆枪有小型和大型两种，小型枪以人力充气即可，大型枪则以压缩空气机械充气。建筑工程中一般用于工件的油漆、涂料的喷涂作业				

8. 喷笔

	型号	储液罐容量（mL）	出漆嘴孔径（mm）	空气工作压力（MPa）	喷涂有效距离（mm）	喷涂表面	
规格						形状	直径（mm）
	V-3	70	0.3	0.4~0.5	20~150	圆形	28
	V-7	2					
用途	供绘画、花样图案、模型、雕刻、翻拍照片等喷涂颜料、银浆等液体用						

注　动力为压缩空气。

9. 喷漆打气筒

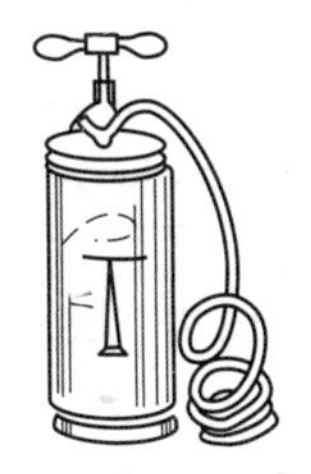

型号	活塞行程（cm）	工作压力（MPa）	每次充气量（m^3）	用　　途
QT-1	30	0.35	0.000 47	产生和储存供小型喷漆枪用的压缩空气

10. 滚涂辊子

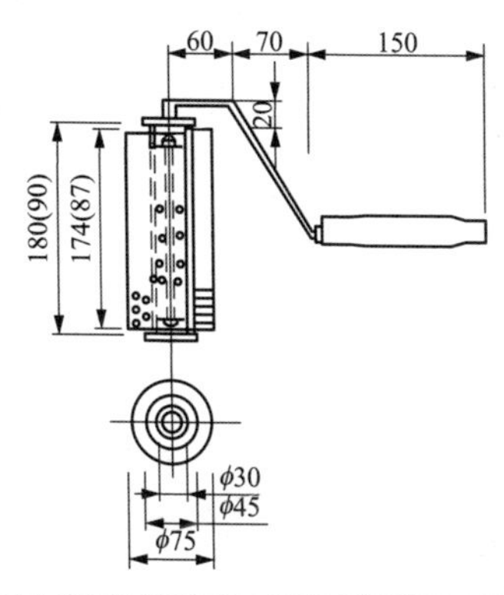

规格	用途
滚筒长 180mm	用于滚涂施工

11. 漆刷（QB/T 1103—2010）

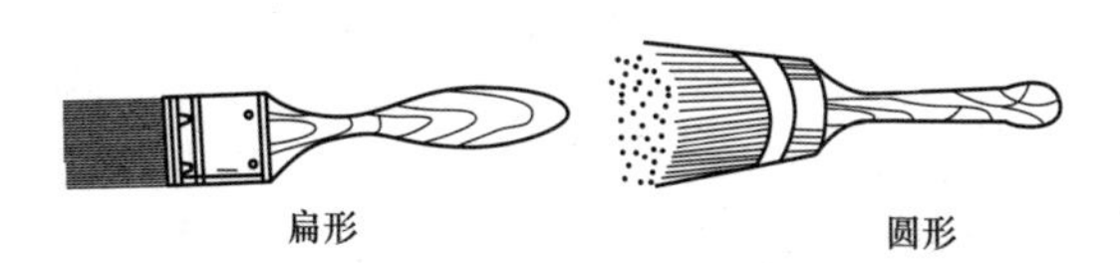

mm

扁形	宽度：13、19、25、38、51、64、76、89、102、127、152
圆形	直径：13、19、25、38、51、64
用途	建筑工程中用于刷涂油漆和涂料作业，亦可清除工件上的灰尘

12. 平口式油灰刀（QB/T 2083—1995）

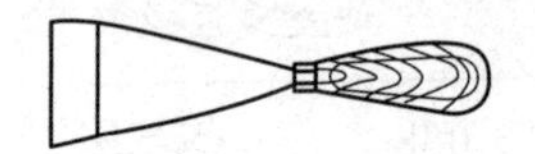

mm

<table>
<tr><td rowspan="3">规格</td><td rowspan="2">刀口宽度</td><td>第一系列</td><td>30、40、50、60、70、80、90、100</td></tr>
<tr><td>第二系列</td><td>25、38、45、65、75</td></tr>
<tr><td>刀口厚度</td><td colspan="2">0.4</td></tr>
<tr><td>用途</td><td colspan="3">用于嵌油灰、调漆、铲除工件上的旧漆层等</td></tr>
</table>

第二十四章

建筑常用电动工具

一、概述

1. 电动工具的分类及型号表示方法（GB/T 9088—2008）

电动工具是以电力驱动的小容量电动机通过传动机构带动作业装置进行工作的新型机械化工具，有手持式和可移式等。其主要优点是体积小、重量轻、功能多、使用方便，降低劳动强度，提高工作效率。

根据GB/T 9088—2008《电动工具型号编制方法》的规定，电动工具产品按其使用功能和作业对象分为9大类，即金属切削类、砂磨类、装配类、林木类、农牧类、建筑道路类、矿山类、铁道类、其他类。

电动工具使用电源多为220V，为确保安全，目前发展了双重绝缘产品，单绝缘铝壳电动工具则采用接地保护，有些产品还另加剩余电流动作保护器。

电动工具的型号表示方法如下：

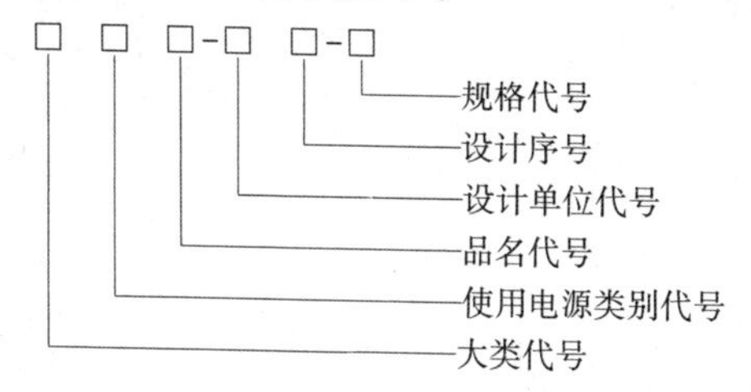

示例

J　1　Z -LD　01 -6A

- 规格代号：A 代表标准型；B 代表重型；C 代表轻型
- 设计序号
- 设计单位代号：LD 代表沈阳电动工具厂
- 品名代号：Z 代表电钻
- 使用电源类别代号：1 代表单相交流 50Hz 电源
- 大类代号：J 代表金属切削类

注：双重绝缘产品在产品型号前加“回”符号。

2. 电动工具产品大类品种代号（GB/T 9088—2008）

大类	品种	代号
一、金属切削类工具代号 J	电钻	Z
	磁座钻	C
	电铰刀	A
	电刮刀	K
	电剪刀	J
	电冲剪	H
	电动锯管机	U
	电刀锯	F
	型材切割机	G
	攻丝机	S
	焊缝坡口机	P
	多用工具	D
二、砂磨类工具代号 S	砂轮机	S
	角向磨光机	M
	盘式砂光机	A
	平板摆式砂光机	B
	带式砂光机	T
	抛光机	P
	车床电磨	C
	模具电磨	J
	气门座电磨	Q
三、装配类工具代号 P	电扳手	B
	定扭矩电扳手	D
	螺钉旋具	L
	拉铆枪	M
	自攻螺钉旋具	U
	胀管机	Z
四、林木类工具代号 M	带锯	A
	带刨	B
	电插	C
	木工多用工具	D
	修枝机	E
	截枝机	H
	开槽机	K
	电链锯	L
	曲线锯	Q
	木铣	R
	木工刃磨机	S
	圆锯	Y
	木钻	Z
五、农牧类代号 N	采茶剪	A
	剪毛机	J
	粮食扦样机	L
	喷洒机	D
	修蹄机	T
六、建筑道路类代号 Z	锤钻	A
	地板抛光机	B
	电锤	C
	混凝土振动器	D
	大理石切割机	E
	电镐	G
	夯实机	H
	冲击钻	J
	铆胀螺栓扳手	L
	湿式磨光机	M
	钢筋切割机	Q
	砖墙铣沟机	R
	地板砂光机	S
	套丝机	T
	弯管机	W
	铲刮机	Y
	混凝土钻机	Z

二、一般通用电动工具

1. 电钻（GB/T 5580—2007）

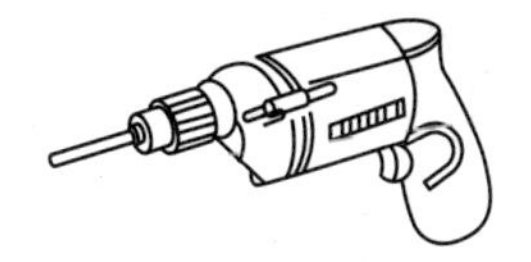
小型手电钻

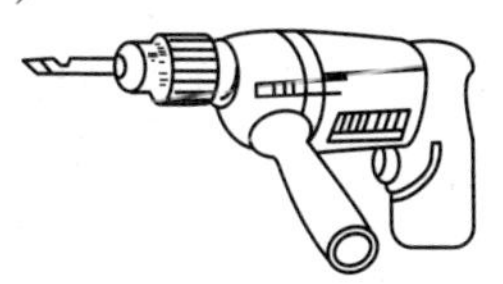
大型手电钻

型号	规格（mm）	类型	额定输出功率（W）	额定转矩（N·m）	质量（kg）	用　途
J1Z-4A	4	A 型	≥80	≥0.35	—	用于在金属及其他非坚硬、质脆的材料上钻孔，也可用于对木材、塑料件等钻孔
T1Z-6C	6	C 型	≥90	≥0.50	1.4	
J1Z-6A		A 型	≥120	≥0.85	1.8	
J1Z-6B		B 型	≥160	≥1.20	—	
J1Z-8C	8	C 型	≥120	≥1.00	1.5	
J1Z-8A		A 型	≥160	≥1.60	—	
J1Z-8B		B 型	≥200	≥2.20	—	
J1Z-10C	10	C 型	≥140	≥1.50	—	
J1Z-10A		A 型	≥180	≥2.20	2.3	
J1Z-10B		B 型	≥230	≥3.00	—	
J1Z-13C	13	C 型	≥200	≥2.5	—	
J1Z-13A		A 型	≥230	≥4.0	2.7	
J1Z-13B		B 型	≥320	≥6.0	2.8	
J1Z-16A	16	A 型	≥320	≥7.0	—	
J1Z-16B		B 型	≥400	≥9.0	—	
J1Z-19A	19	A 型	≥400	≥12.0	5	
J1Z-23A	23	A 型	≥400	≥16.0	5	
J1Z-32A	32	A 型	≥500	≥32.0	—	

注　1. 电钻规格指电钻钻削 45 钢时允许使用的最大钻头直径。
2. 单相串励电动机驱动。电源电压为 220V，频率为 50Hz，软电缆长度为 2.5m。
3. 按基本参数和用途分类：A 型为普通型电钻；B 型为重型电钻；C 型为轻型电钻。

2. 磁座钻（JB/T 9609—2003）

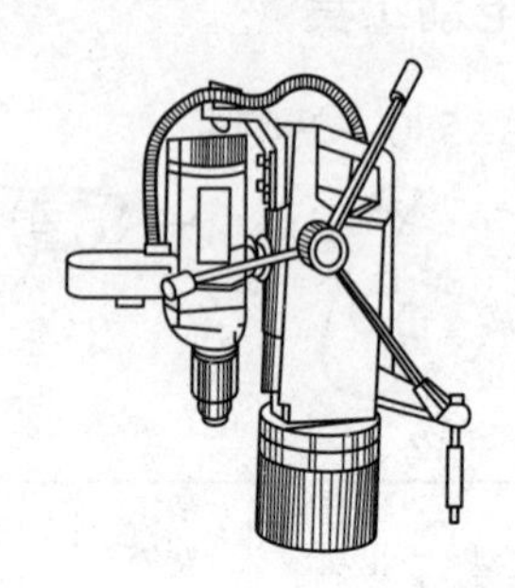

<table>
<tr><th rowspan="2">钻孔直径（mm）</th><th rowspan="2">额定电压（V）</th><th colspan="2">电钻主轴</th><th colspan="2">磁座钻架</th><th rowspan="2">导板架最大行程（mm）≥</th><th colspan="2">断电保护器</th><th rowspan="2">电磁铁吸力（kN）</th><th rowspan="2">用途</th></tr>
<tr><th>输出功率（W）≥</th><th>额定转矩（N·m）≥</th><th>回转角度≥</th><th>水平位移（mm）</th><th>保护时间（min）≥</th><th>保护吸力（kN）≥</th></tr>
<tr><td>13</td><td>220</td><td>320</td><td>6</td><td>300°</td><td>20</td><td>140</td><td>10</td><td>7</td><td>8.5</td><td rowspan="7">磁座钻由电钻、机架、电磁吸盘、进给装置和回转机构等组成。使用时借助直流电磁铁吸附于钢铁等磁性材料工件上，用电钻进行切削加工。比一般电钻的劳动强度低、钻孔精度高，尤其适用于大型工件和高空钻孔</td></tr>
<tr><td rowspan="2">19</td><td>220</td><td>400</td><td rowspan="2">12</td><td rowspan="2">300°</td><td rowspan="2">20</td><td rowspan="2">180</td><td rowspan="2">8</td><td rowspan="2">8</td><td rowspan="2">10</td></tr>
<tr><td>380</td><td>400</td></tr>
<tr><td rowspan="2">23</td><td>220</td><td>400</td><td rowspan="2">16</td><td rowspan="2">60°</td><td rowspan="2">20</td><td rowspan="2">180</td><td rowspan="2">8</td><td rowspan="2">8</td><td rowspan="2">11</td></tr>
<tr><td>380</td><td>500</td></tr>
<tr><td rowspan="2">32</td><td>220</td><td>1000</td><td rowspan="2">25</td><td rowspan="2">60°</td><td rowspan="2">20</td><td rowspan="2">200</td><td rowspan="2">6</td><td rowspan="2">9</td><td rowspan="2">13.5</td></tr>
<tr><td>380</td><td>1250</td></tr>
</table>

注　不带断电保护器的磁座钻应配带安全带，安全带长度为2.5~3m。

3. 电动攻螺丝机

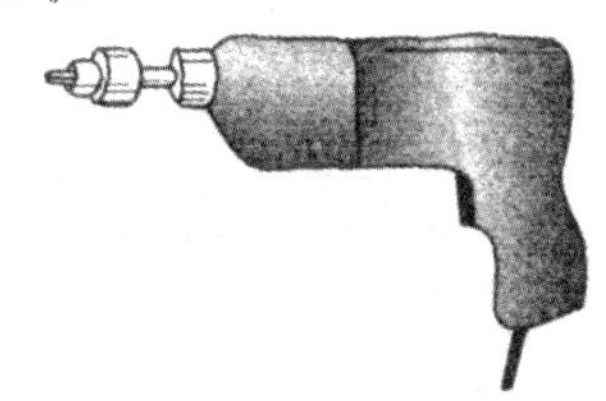

型号	攻丝范围（mm）	额定电流（A）	额定转速（r/min）	输入功率（W）	质量（kg）	用 途
J1S-8	M4~M8	1. 39	310/650	288	1. 8	用于在黑色和有色金属工件上加工内螺纹。能快速反转退出，过载时能自动脱扣
J1SS-8（固定式）	M4~M8	1. 1	270	230	1. 6	
J1SH-8（活动式）	M4~M8	1. 1	270	230	1. 6	
J1S-12	M6~M12		250/560	567	3. 7	

4. 电剪刀（GB/T 22681—2008）

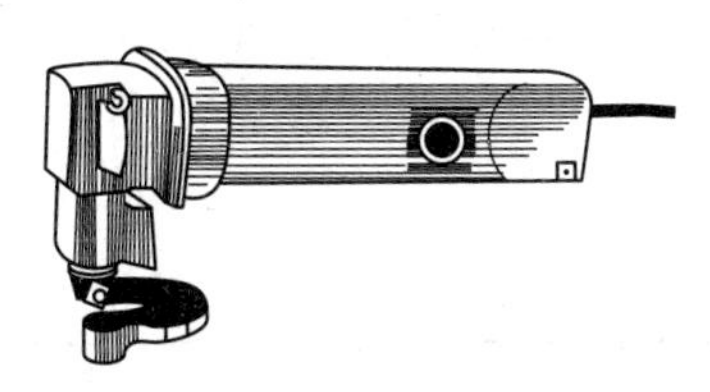

型号	规格（mm）	额定输出功率（W）	刀杆额定每分钟往复次数	剪切进给速度（m/min）	剪切余料宽度（mm）	用 途
J1J-1. 6	1. 6	≥120	≥2000	2~2. 5	45	用于剪裁金属板材、修剪工件边角等
J1J-2	2	≥140	≥1100	2~2. 5		
J1J-2. 5	2. 5	≥180	≥800	1. 5~2	40	
J1J-3. 2	3. 2	≥250	≥650	1~1. 5	35	
JIJ-4. 5	4. 5	≥540	≥400	0. 5~1	30	

5. 电冲剪

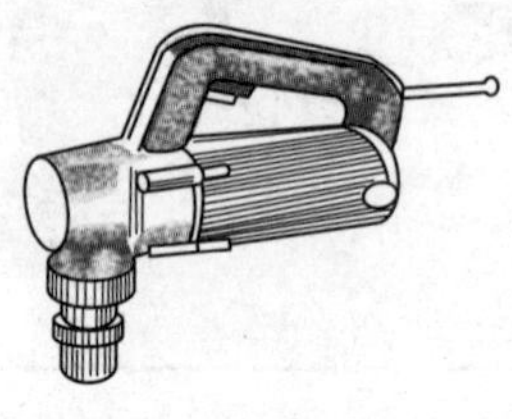

型号	规格(mm)	功率(W)	每分钟冲切次数	质量(kg)	用　途
JlH-1. 3	1. 3	230	1260	2. 2	又称压穿式电剪。用于冲剪金属板以及塑料板、布层压板、纤维板等非金属材料，尤其适用于冲剪不同几何图形的内孔
J1H-1. 5	1. 5	370	1500	2. 5	
J1H-2. 5	2. 5	430	700	4	
J1H-3. 2	3. 2	650	900	5. 5	

6. 电动刀锯（GB/T 22678—2008）

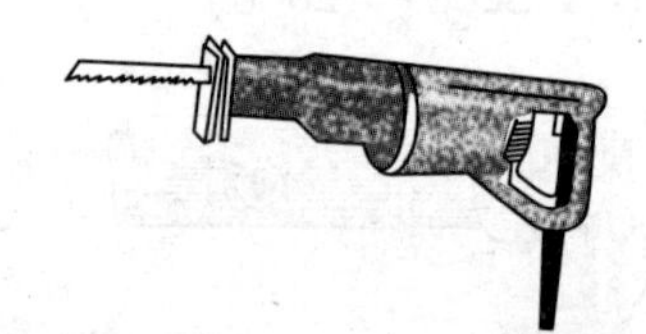

<table>
<tr><th rowspan="2">规格(mm)</th><th rowspan="2">额定输出功率(W)≥</th><th rowspan="2">空载轴每分钟往复次数≥</th><th colspan="2">锯割范围(mm)</th><th rowspan="2">用　途</th></tr>
<tr><th>管材外径</th><th>钢板厚度</th></tr>
<tr><td>24</td><td rowspan="2">420</td><td rowspan="2">2400</td><td rowspan="2">115</td><td rowspan="2">12</td><td rowspan="4">用于锯切金属板、棒、管子等材料，也可锯割合成材料、木材等</td></tr>
<tr><td>26</td></tr>
<tr><td>28</td><td rowspan="2">570</td><td rowspan="2">2700</td><td rowspan="2">115</td><td rowspan="2">12</td></tr>
<tr><td>30</td></tr>
</table>

7. 电动焊缝坡口机

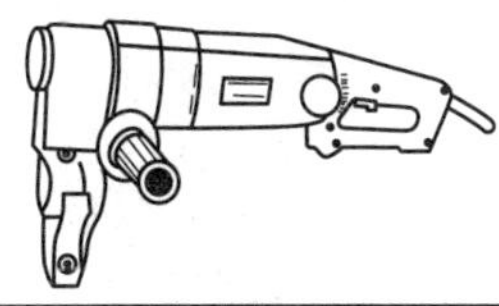

型号	切口斜边最大宽度（mm）	输入功率（W）	加工速度（m/min）	加工材料厚度（mm）	质量（kg）	用　途
J1P1-10	10	2000	≤2.4	4~25	14	用于气焊或电焊之前对金属构件开各种形状（如V、Y形等）、各种角度（20°~60°）的坡口

8. 型材切割机（JB/T 9608—2013）

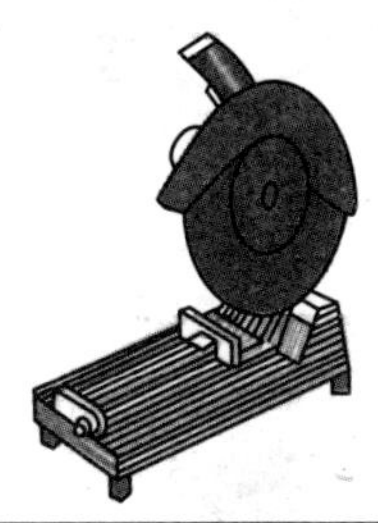

薄片砂轮外径（mm）	额定输出功率（W）≥	额定转矩（N·m）≥	切割圆钢直径（mm）	砂轮线速度（m/s）			用　途
				60	70	80	
				主轴空载转速（r/min）≤			
200	60	2.3	20	5730	6680	7640	用纤维增强薄片砂轮对圆形或异型钢管、铸铁管、圆钢、角钢、槽钢等型材进行切割。可转切割角度范围为45°
250	700	3.0	25	4580	5340	6110	
300	800	3.5	30	3820	4450	5090	
350	900	4.2	35	3270	3820	4360	
400	1100	5.5	50	2860	3340	3820	
400	2000	6.7	50	2860	3340	3820	

9. 自动切割机

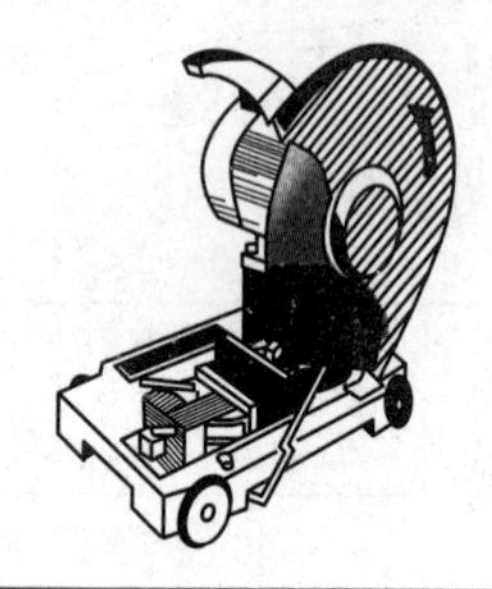

型号	薄片砂轮线速度(m/s)	可转切削角度	最大钳口开口(mm)	切割圆钢直径(mm)	电动机转速(r/min)	工作电流(A)	电动机额定功率(kW)	额定电压(V)	频率(Hz)	外包装尺寸(mm)	用途
J3G 93-400	60	0°~45°	125	65	2880	10	2.2	380	50	520×360×430	靠电动机自重自动进行金属管材、角钢、圆钢切割
J1G 93-400					2900	20		220			

10. 盘式砂光机

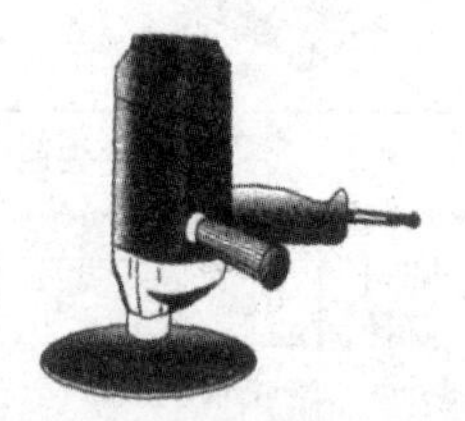

型号	砂纸直径(mm)	输入功率(W)	转速(r/min)	质量(kg)	用　　途
S1A-180 进口产品	180	570	4000	2.3	配用圆形砂纸，对金属构件和木制品表面砂磨和抛光，也可用于清除工件表面涂料及其他打磨作业，工件表面形状不限
	150	180	12 000	1.3	
	125	180	12 000	1.1	

11. 台式砂轮机（JB/T 4143—2014）

砂轮外径×厚度×孔径（mm×mm×mm）	输出功率（W）	电压（V）	电动机同步转速（r/min）	质量（kg）	用途
150×20×32	250	220	3000	18	固定在工作台上，用于修磨刀具，刃具、也可磨削小机件及去毛刺、磨光、除锈等
200×25×32	500	220	3000	35	
250×25×32	750	3000	2850	40	

12. 轻型台式砂轮机（JB 6092—2007）

型号	砂轮外径×厚度×孔径（mm×mm×mm）	输入功率（W）	电压（V）	转速（r/min）	砂轮安全线速度（m/s）	用途
MDQ3212S	125×16×13	150	220	2850	35	与台式砂轮机相同
MDQ3215S	150×16×13	150	220	2850	35	

13. 落地砂轮机（JB 3770—2000）

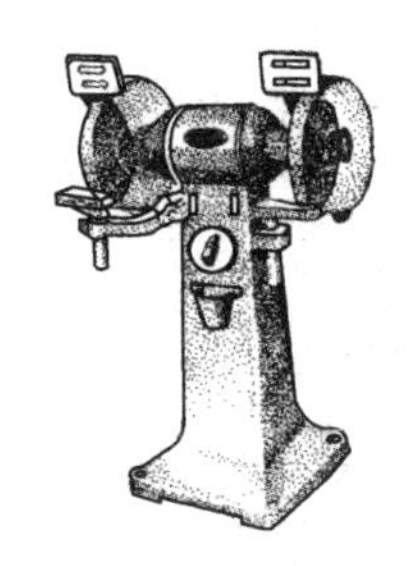

砂轮直径（mm）	额定功率（W）	电压（V）	同步转速（r/min）	用　途
200	500	380	3000	固定于地面上，用于修磨刀、刃具，磨削小零件，清理及去毛刺等
250	750	380	3000	
300	1500	380	3000	
350	1750	380	1500	
400	2200	380	1500	

14. 软轴砂轮机

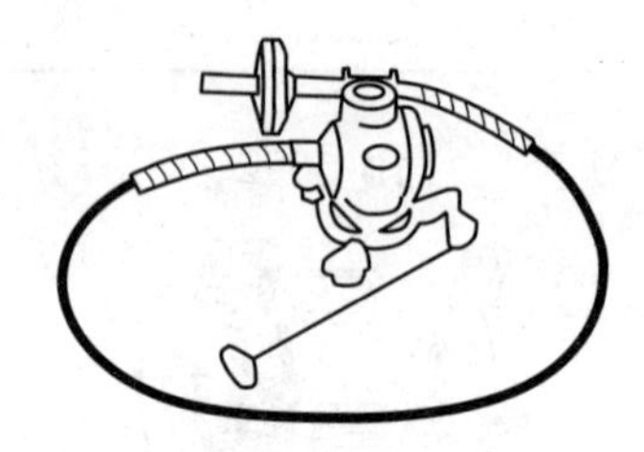

新型号	砂轮外径×厚度×孔径（mm×mm×mm）	功率（W）	转速（r/min）	软轴（mm）		软管（mm）		用　途
				直径	长度	内径	长度	
M3415	150×20×32	1000	2820	13	2500	20	2400	用于对大型笨重及不易搬动的机件或铸件进行磨削、去除毛刺、清理飞边
M3420	200×25×32	1500	2850	16	3000	25	3000	

注　砂轮安全线速为35m/s。

15. 手持式直向砂轮机（GB/T 22682—2008）

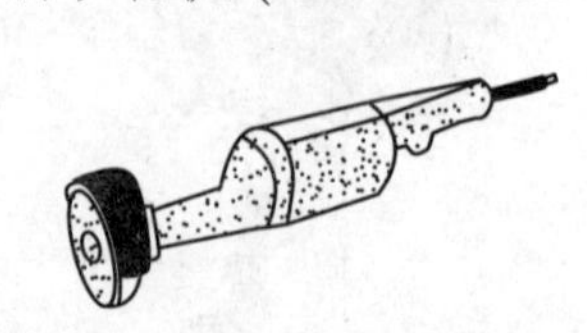

型号	砂轮外径×厚度×孔径（mm×mm×mm）	额定输入功率（W）	额定转矩（N·m）	最高空载转速（r/min）	用　途
80A	80×20×20	≥200	≥0.36	≤11 900	用于对不易搬动的大型机件、铸件进行磨削加工，清除飞边、毛刺、金属焊缝和割口等。换上抛光轮后，可用来抛光金属
80B		≥250	≥0.40		
100A	100×20×20	≥250	≥0.50	≤9500	
100B		≥350	≥0.60		
125A	125×20×20	≥350	≥0.80	≤7600	
125B		≥500	≥1.10		
150A	150×20×32	≥500	≥1.35	≤6300	
150B		≥750	≥2.00		
175A	175×20×32	≥750	≥2.40	≤5400	
175B		≥1000	≥3.15		

16. 钢筋切断机（JG/T 5085—1996）

项　目	参　数						
钢筋公称直径（mm）	12	20	25	32	40	50	65
钢筋抗拉强度（N/mm²）≤	450（600）						
液压传动切断一根（或一束）钢筋所需的时间（s）≤	2	3	5	12		15	
机械传动刀片每分钟往复运动次数（次/min）≥	32					20	
两刀刃间开口度（mm）≥	15	23	28	37	45	57	72

注　括号内尺寸不推荐采用。

17. 钢筋弯曲机（JG/T 5081—2008）

<table>
<tr><th colspan="2">项　　目</th><th colspan="7">参　　数</th></tr>
<tr><td colspan="2">钢筋公称直径（mm）</td><td>12</td><td>20</td><td>25</td><td>32</td><td>40</td><td>50</td><td>65</td></tr>
<tr><td rowspan="2">钢筋抗拉强度（N/mm^2）</td><td>台式</td><td colspan="7">≤450</td></tr>
<tr><td>手持式</td><td colspan="7">≤650</td></tr>
<tr><td rowspan="3">弯曲速度（r/min）</td><td>机械传动</td><td colspan="2">≥15</td><td colspan="2" rowspan="2">≥9</td><td rowspan="2">≥5</td><td colspan="2" rowspan="2">≥2.5</td></tr>
<tr><td>液压传动</td><td colspan="2">≥12</td></tr>
<tr><td>手持式</td><td colspan="2">≥20</td><td>≥12</td><td>≥5</td><td colspan="3"></td></tr>
<tr><td>整机质量（kg）</td><td>手持式</td><td>≤9</td><td>≤15</td><td>≤25</td><td>≤40</td><td colspan="3"></td></tr>
</table>

三、木工类电动工具

1. 电刨（JB/T 7843—2013）

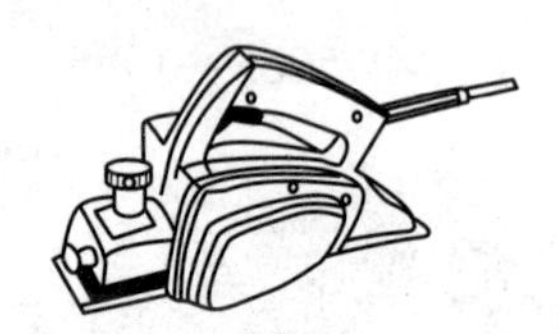

型　　号	刨削宽度（mm）	刨削深度（mm）	额定输出功率（W）	额定转矩（N·m）	质量（kg）	用　　途
M1B-60×1	60	1	≥180	≥0.16	2.2	用于锯割木材、纤维板、塑料以及其他类似材料
M1B-80×1	80	1	≥250	≥0.22	2.5	
M1B-80×2	80	2	≥320	≥0.30	4.2	
M1B-80×3	80	3	≥370	≥0.35	5	
MIB-90×2	90	2	≥370	≥0.35	5.3	
M1B-90×3	90	3	≥420	≥0.42	5.3	
M1B-100×2	100	2	≥420	≥0.42	4.2	

2. 电圆锯（GB/T 22761—2008）

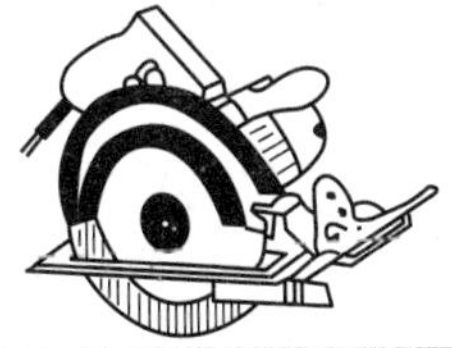

规格尺寸（mm）	额定输出功率（W）	额定转矩（N·m）	最大锯割深度（mm）	最大调节角度
160×30	≥550	≥1.70	≥55	≥45°
180×30	≥600	≥1.90	≥60	≥45°
200×30	≥700	≥2.30	≥65	≥45°
235×30	≥850	≥3.00	≥84	≥45°
270×30	≥1000	≥4.20	≥98	≥45°

注 表中规格尺寸是可使用的最大锯片外径×孔径。

3. 电链锯（LY/T 1121—2010）

规格尺寸（mm）	输出功率（W）≥	额定转矩（N·m）≥	链条线速（m·S）	质量（不含导板链条，kg）≥
305	420	1.5	6~10	3.5
355	650	1.8	8~14	4.5
405	850	2.5	10~15	5

4. 电动曲线锯（QB/T 22680—2008）

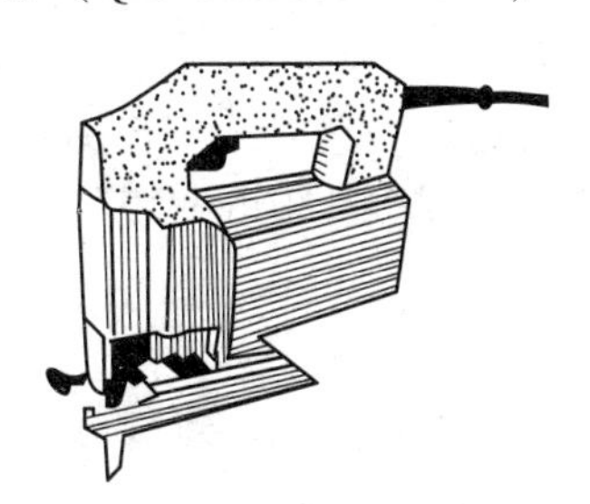

型号	锯割厚度（mm）≤		额定输出功率（W）	工作轴每分钟额定往复次数（次/min）
	硬木	钢板		
M1Q-40 M1Q-55 M1Q-65	40 55 65	3 6 8	≥140 ≥200 ≥270	≥1600 ≥1500 ≥1400
MIQ-80	80	10	≥420	≥1200
用途	用于对木材、金属、塑料、皮革、橡胶等板材进行直线或曲线锯割。装上锋利的刀片可裁切橡胶、皮革、纤维织物、纸板、泡沫塑料等			

5. 木工电钻

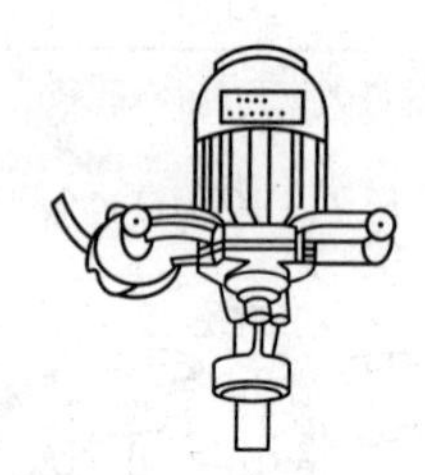

型号	钻孔直径（mm）	钻孔深度（mm）	钻轴转速（r/min）	额定电压（V）	输出功率（W）	质量（kg）
M3Z-26	≤26	800	480	380	600	10.5
用途	用于在木质工件上钻大直径孔					

6. 木工多用机

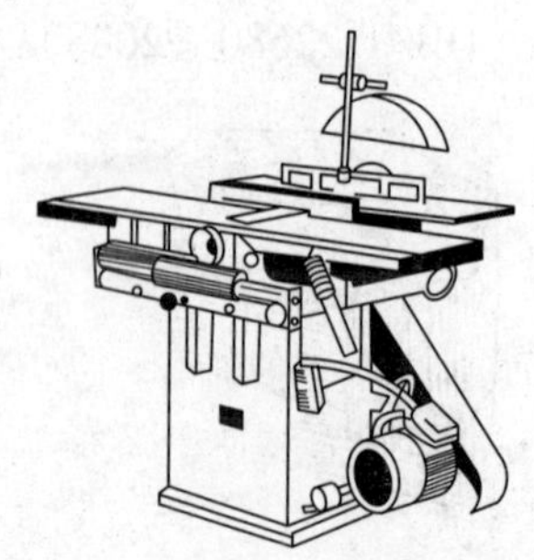

型号	主轴转速（r/min）	刨削宽度（mm）	锯割厚度 ≤	锯片直径（mm）	工作台升降范围（mm）		电动机功率（W）	用途
					刨削	锯割		
MQ421	3000	160	50	200	5	65	1100	用于对木材及木制品进行锯、刨及其他加工
MQ422	3000	200	90	300	5	95	1500	
MQ422A	3160	250	100	300	5	100	2200	
MQ433A/1	3960	320	—	350	5～120	140	3000	
MQ472	3960	200	—	350	5～100	90	2200	
MJB180	5500	180	60	200	—	—	1100	
MDJB180-2	5500	180	60	200	—	—	1100	

7. 电动木工凿眼机

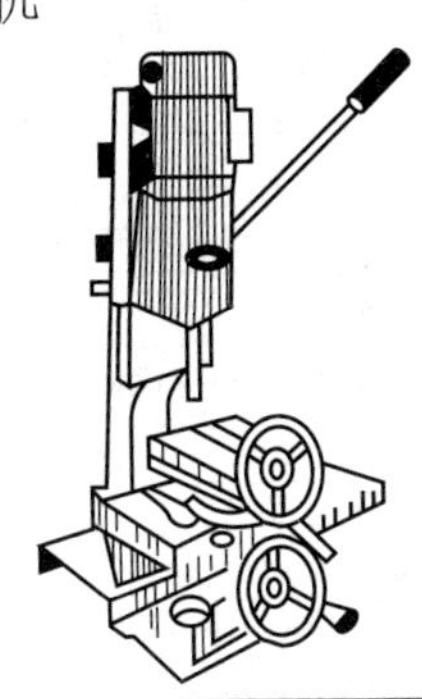

型号	凿眼宽度（mm）	凿孔深度（mm）	夹持工件尺寸（mm×mm） ≤	电动机功率（W）	质量（kg）
ZMK-16	8～16	≤100	100×100	550	74
用途	用方眼钻头在木工件上凿方眼。换掉方眼钻头的方壳，可钻圆孔				

8. 电动雕刻机（进口产品）

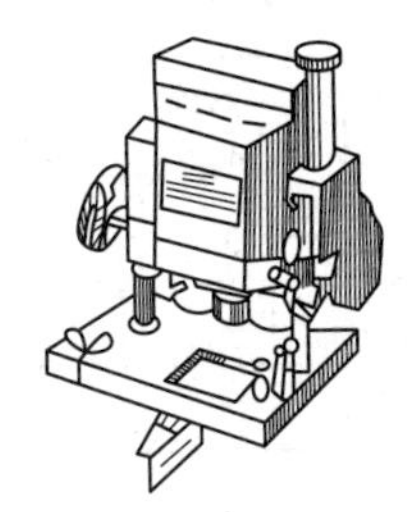

铣刀直径（mm）	主轴转速（r/min）	输入功率（W）	套爪夹头（mm）	整机高度（mm）	电缆长度（m）	质量（kg）
8	10 000~25 000	800	8	255	2. 5	2. 8
12	22 000	1600	12	280	2. 5	5. 2
12	8000~20 000	1850	12	300	2. 5	5. 3
用途	用各种成型铣刀在木料上铣出各种形状的沟槽，或雕刻各种花纹图案					

9. 电动木工修边机（进口产品）

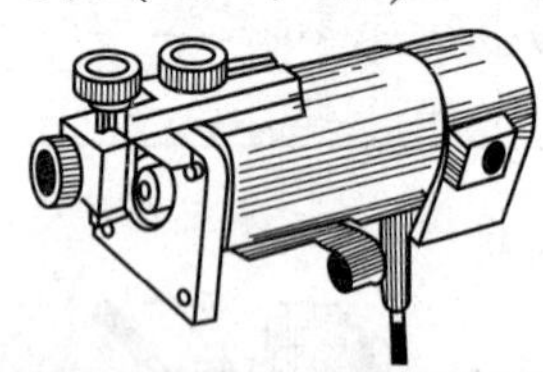

铣刀直径（mm）	主轴转速（r/mm）	输入功率（W）	底板尺寸（mm×mm）	整机高度（mm）	质量（kg）
6	30 000	440	82×90	220	3
用途	用各种成型铣刀修整木制件的边棱，进行整平、斜面加工、图形切割及开槽等				

10. 木材斜断机（进口产品）

锯片直径（mm）	额定电压（V）	输入功率（W）	空载转速（r/min）	质量（kg）	用　途
255	220	1380	4100	22	有旋转工作台，用于木材的直口或斜口的锯割
255	220	1640	4500	20	
380	220	1640	3400	25	

11. 电动木工开槽机

最大刀宽 (mm)	可刨槽深 (mm)	额定电压 (V)	输入功率 (W)	空载转速 (r/min)
25	20	220	810	11 000
3~36	23~64	220	1140	5500

12. 横剖木工圆锯机

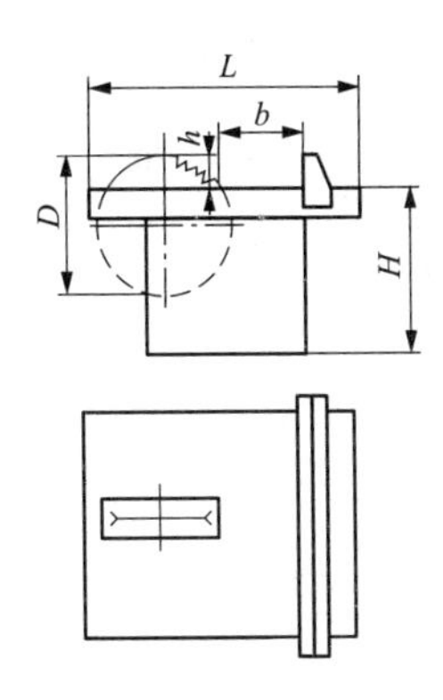

<table>
<tr><td>最大锯片直径 D_{max} (mm)</td><td>315</td><td>400</td><td>500</td><td>630</td><td>800</td><td>1000</td></tr>
<tr><td>最大锯切高度 h_{max} (mm) ≥</td><td>63</td><td>80</td><td>100</td><td>140</td><td>190</td><td>280</td></tr>
<tr><td>导向板与锯片的最大距离 b_{max} (mm) ≥</td><td>250</td><td>280</td><td>315</td><td>400</td><td>500</td><td>630</td></tr>
<tr><td>工作台长度 L (mm)</td><td>750</td><td>900</td><td>1060</td><td>—</td><td>—</td><td>—</td></tr>
<tr><td>工作台面离地高度 H (mm)</td><td colspan="6">780~850</td></tr>
<tr><td>装锯片处轴径（按 JB/T 4173） (mm)</td><td colspan="3">30</td><td colspan="3">40</td></tr>
<tr><td>电动机功率 (kW)</td><td colspan="2">3</td><td>4</td><td>5. 5</td><td>7. 5</td><td>11</td></tr>
<tr><td>锯切速度 (mm/s) ≥</td><td colspan="6">45</td></tr>
</table>

13. 纵剖木工圆锯机

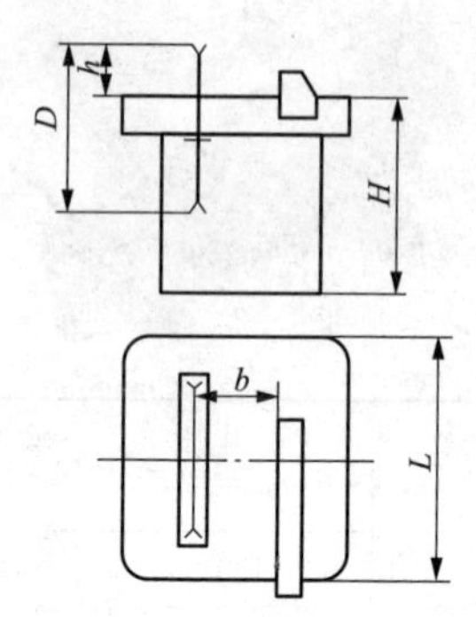

最大锯片直径 D_{max} （mm）	315	400	500	630	800	1000（900）
最大锯切高度 h_{max} （mm） ≥	63	80	100	140	190	280
导向板与锯片的最大距离 b_{max} （mm） ≥	250	280	315	355	400	450
工作台长度 L （mm）	630	800	1000	1000	1250	1600
工作台面离地高度 H （mm）	780~850					
装锯片处轴径（按 JB/T 4173） （mm）	30			40		
电动机功率 （kW）	3		4	5.5	7.5	11
锯切速度 （mm/s） ≥	45					

注 1. 括号内尺寸在新设计中不允许采用。
2. 工作台高度可调时，按最小高度计算。

四、建筑及道路类电动工具

1. 电锤（GB/T 7443—2007）

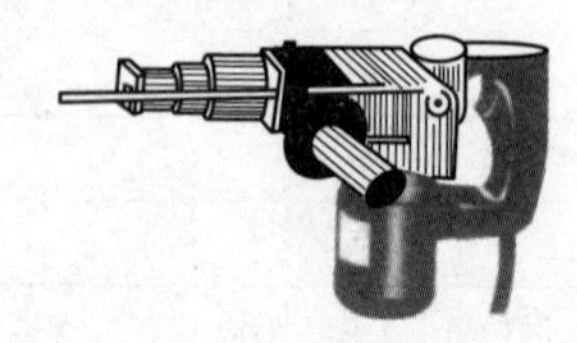

<table>
<tr><th>型号</th><th>在300号混凝土上的最大钻孔直径(mm)</th><th>钻削率(cm³/min) ≥</th><th>脱扣力矩(N·m)</th><th>质量(kg)</th><th>用　途</th></tr>
<tr><td>ZIC-16</td><td>16</td><td>15</td><td rowspan="3">35</td><td>3</td><td rowspan="8">用于对混凝土、岩石、砖石墙等钻孔。装上附件也可在金属、木材、塑料等材料上钻孔、开槽、凿毛</td></tr>
<tr><td>ZIC-18</td><td>18</td><td>18</td><td>3.1</td></tr>
<tr><td>Z1C-20</td><td>20</td><td>21</td><td>—</td></tr>
<tr><td>Z1C-22</td><td>22</td><td>24</td><td rowspan="2">45</td><td>4.2</td></tr>
<tr><td>Z1C-26</td><td>26</td><td>30</td><td>4.4</td></tr>
<tr><td>Z1C-32</td><td>32</td><td>40</td><td rowspan="2">50</td><td>6.4</td></tr>
<tr><td>ZIC-38</td><td>38</td><td>50</td><td>7.4</td></tr>
<tr><td>Z1C-50</td><td>50</td><td>70</td><td>60</td><td>—</td></tr>
</table>

2. 冲击电钻（GB/T 22676—2008）

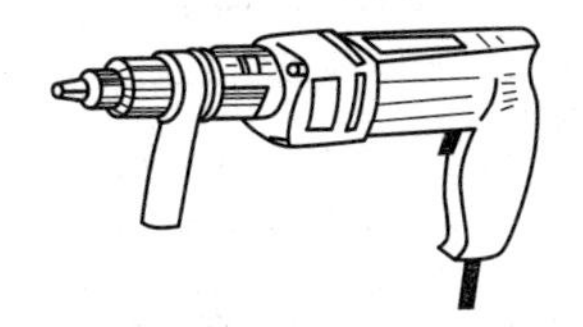

<table>
<tr><th>规格尺寸(mm)</th><th>额定输出功率(W)</th><th>额定转矩(N·m)</th><th>每分钟额定冲击次数(次/min)</th></tr>
<tr><td>10</td><td>≥220</td><td>≥1.2</td><td>≥46 400</td></tr>
<tr><td>13</td><td>≥280</td><td>≥1.7</td><td>≥43 200</td></tr>
<tr><td>16</td><td>≥350</td><td>≥2.1</td><td>≥41 600</td></tr>
<tr><td>20</td><td>≥430</td><td>≥2.8</td><td>≥38 400</td></tr>
<tr><td>用　途</td><td colspan="3">冲击电钻具有两种运动形式。冲击带旋转状态时，可用硬质合金冲击钻头在砖、轻质混凝土、陶瓷等脆性材料上钻孔。当调节至旋转状态时，用麻花钻，与电钻一样，适用于在金属、木材、塑料等材料上钻孔</td></tr>
</table>

注 1. 冲击电钻规格尺寸指加工砖石、轻质混凝土等材料时的最大钻孔直径。

2. 对于双速冲击电钻，表中的基本参数是高速挡时的参数；对于电子调速冲击电钻，表中的基本参数是电子装置到给定转速最高值时的参数。

3. 电动湿式磨光机（JB/T 5333—2013）

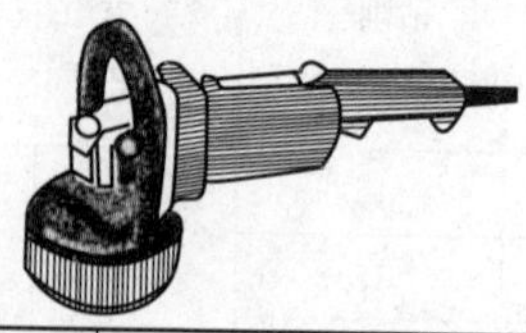

型　号	额定输出功率（W）≥	额定转矩（N·m）≥	砂轮结合剂 陶瓷	砂轮结合剂 树脂	质量（kg）	用　途
			最高空载转速（r/min）			
Z1M-80A	200	0.4	7150	8350	3.1	配用安全线速度大于或等于 30m/s（陶瓷结合剂）或 35m/s 的杯形砂轮，对水磨石板、混凝土、石料等表面进行水磨削作业，换上不同的砂轮可用于金属表面去锈、打磨、抛光
M1M-80B	250	1.1				
M1M-100A	340	1.0	5700	6600	3.9	
M1M-100B	500	2.4				
MIM-125A	450	1.5	4500	5300	5.2	
M1M-125B	500	2.5				
M1M-150A	850	5.2	3800	4400	—	
M1M-150B	1000	6.1				

4. 电动石材切割机（GB/T 22664—2008）

规格	切割锯片尺寸（外径×内径，mm×mm）	额定输出功率（W）	额定转矩（N·m）	最大切割深度（mm）
110C	110×20	≥200	≥0.3	≥20
110	110×20	≥450	≥0.5	≥30
125	125×20	≥450	≥0.7	≥40
150	150×20	≥550	≥1.0	≥50
180	185×20	≥550	≥1.6	≥60
200	200×25	≥650	≥2.0	≥70

5. 电动锤钻

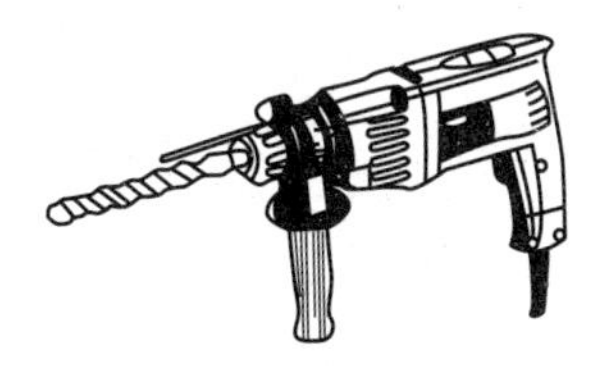

规格(mm)	钻孔能力(mm)			转速(r/min)	每分钟冲击次数(次/min)	输入功率(W)	输出功率(W)	质量(kg)
	混凝土	钢	木材					
20 *	20	13	30	0~900	0~4000	520	260	2.6
26 *	26	13	—	0~550	0~3050	600	300	3.5
38	38	13	—	380	3000	800	480	5.5
16	16	10	—	0~900	0~3500	420	—	3
20 *	20	13	—	0~900	0~3500	460	—	3.1
22 *	22	13	—	0~1000	0~4200	500	—	2.6
25 *	25	13	—	0~800	0~3150	520	—	4.4
用途	冲击带旋转时，配用电锤钻头，可在混凝土、岩石、砖块等脆性材料上进行钻孔、开槽、凿毛等作业；有旋转而无冲击时，配用麻花钻头或机用木工钻头，可对金属、塑料、木材等进行钻孔作业							

注 1. 带 * 的规格，带有电子调速开关。

2. 单相串励电动机驱动，电源电压为 220V，频率为 50Hz，软电缆长度为 2.5m。

3. 规格 25mm 及 38mm 锤钻可配用 50~90mm 空心钻，用于在混凝土表面钻大口径孔。

6. 水磨石机

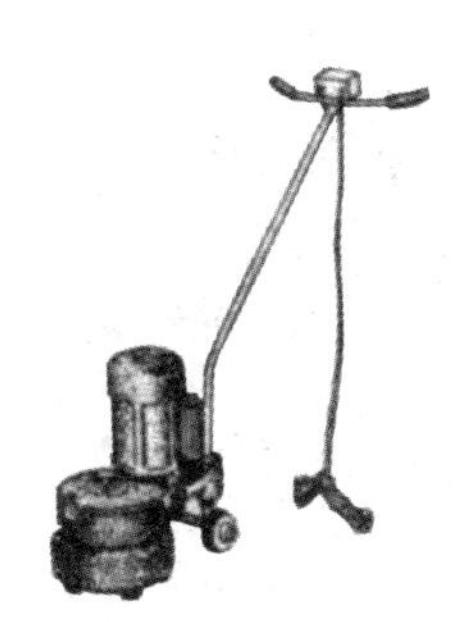

型号	磨盘直径（mm）	磨盘转速（r/min）	砂轮规格（mm×mm）	电动机		湿磨生产率（m^2/h）	质量（kg）
				功率（kW）	转速（r/min）		
2MD-300	300	392	75×75	3	14×30	7~10	210
用途	用碳化硅砂轮湿磨大面积混凝土地面、台阶面等，分粗磨与细磨两种工序						

7. 砖墙铣沟机

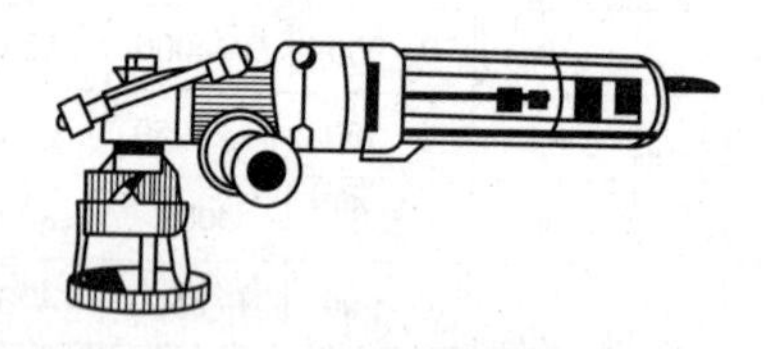

型号	输入功率（W）	转速（r/min）	额定转矩（N·m）	铣沟能力（mm）≤	质量（kg）	用　途
Z1R-16	400	800	2	20×16	3.1	配用硬质合金专用铣刀，对砖墙、泥夹墙、石膏和木材等材料表面进行铣切沟槽作业

注　单相串励电动机驱动，电源电压为220V，频率为50Hz，软电缆长度为2.5m。

8. 电动胀管机

<table>
<tr><th>型号</th><th>P3Z-13</th><th>P3Z-19</th><th>P3Z-25</th><th>P3Z-38</th><th>P3Z-51</th><th>P3Z-76</th></tr>
<tr><td>胀管直径（mm）</td><td>8~13</td><td>13~19</td><td>19~25</td><td>25~38</td><td>38~51</td><td>51~76</td></tr>
<tr><td>输入功率（W）</td><td colspan="2">510</td><td>700</td><td>800</td><td colspan="2">1000</td></tr>
<tr><td>额定转矩（N·m）</td><td>5.6</td><td>9.0</td><td>17.0</td><td>39.0</td><td>45.0</td><td>200.0</td></tr>
<tr><td>额定转速（r/min）</td><td>500</td><td>310</td><td>240</td><td>—</td><td>90</td><td>—</td></tr>
<tr><td>主轴方头尺寸（mm）</td><td>8</td><td colspan="2">12</td><td colspan="2">16</td><td>20</td></tr>
<tr><td>用途</td><td colspan="6">用于扩大金属管道端部的直径，使其与锅炉管板的连接部位紧密胀合。带有自动控制仪，能自动控制胀紧度，避免渗漏、裂痕和管板翘曲变形等缺陷</td></tr>
</table>

9. 电动管道清理机

（1）移动式电动管道清理机的主要技术参数。

型号	清理管道直径（mm）	清理管道长度（m）	额定电压（V）	电动机功率（W）	清理最高转速（r/min）
Z-50	12.7~50	12	220	185	400
Z-500	50~250	16	220	750	400
GQ-75	20~100	30	220	180	400

续表

型号	清理管道直径（mm）	清理管道长度（m）	额定电压（V）	电动机功率（W）	清理最高转速（r/min）
GQ-100	20~100	30	220	180	380
GQ-200	38~200	50	200	180	700

（2）手持式电动管道清理机的主要技术参数。

型号	疏道直径（mm）	软轴长度（m）	额定功率（W）	额定转速（r/min）	质量（kg）	特征
QIGRES-19~76	19~76	8	300	0~500	6.75	倒、顺、无级调速
QIG-SC-10~50	12.7~50	4	130	300	3	倒、顺、恒速
GT-2	50~200	2	350	700		管道疏通和钻孔两用
GT-15	50~200	15	430	500		管道疏通和钻孔两用
T15-841	50~200	2、4、6、8、15	431	500	14	下水道用
T15-842	25~75	2			3.3	大便器用

10. 电动捣固镐（TB/T 1347—2012）

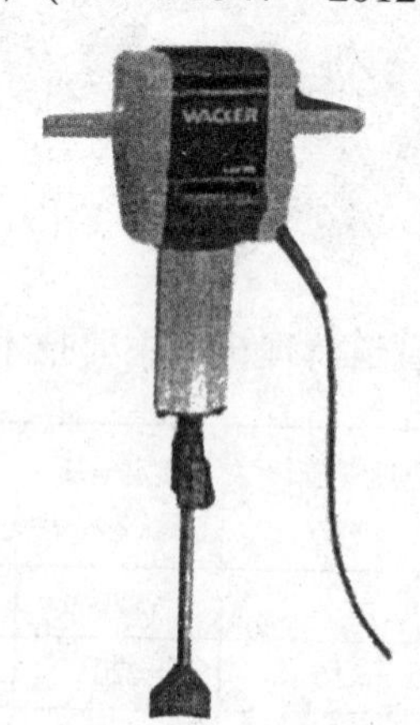

项　　目	基本参数	项　　目	基本参数
激振力（N）	≥2940	工作方式	连续（SI 工作制）
激振频率（Hz）	47.3	绝缘等级	B
电源	AC 380V、50Hz	整机质量（kg）	≤24
额定功率（kW）	≥0.4		

11. 手持式电动捣碎器

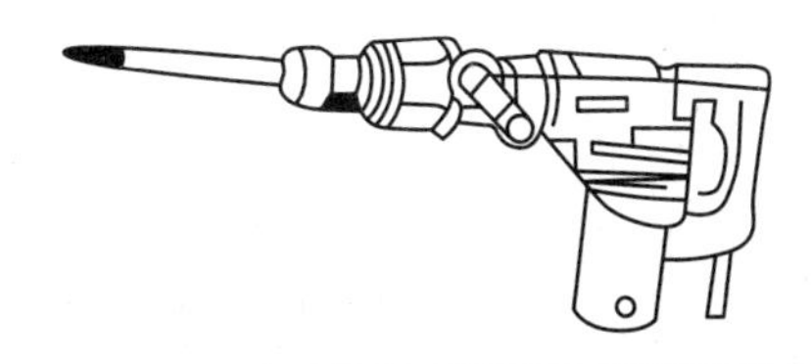

输入功率（W）	冲击频率（Hz）	质量（kg）	用　　途
870	50.0	5.6	用于捣碎混凝土块、石块、砖块
1050	50.0	5.5~5.9	
1140	24.7/35.0	8.0~9.5	
1240	23.3	15.0	

12. 蛙式夯实机

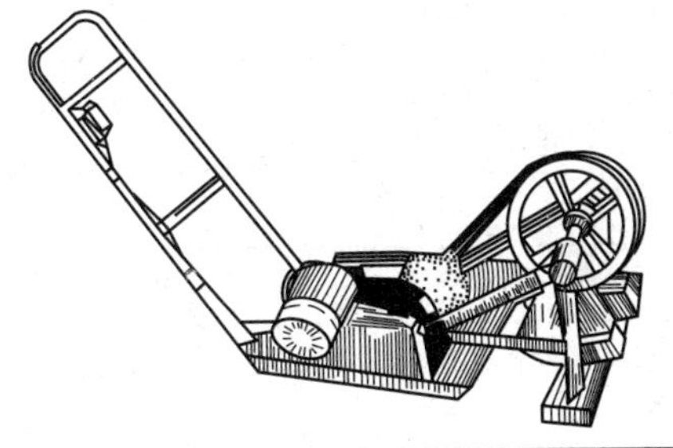

	项　　目	HW20	HW60
规格	夯击能量（J）	200	600
	夯头抬高（mm）	100~170	200~260

续表

项　目		HW20	HW60
规格	前进速度（m/min）	6~8	8~13
	夯击次数（次/min）	140~142	140~150
	电动机型号	JO_2-21-1	JO_2-32-4
	功率（kW）	1.1	3
	转数（r/min）	1420	1430
	夯板尺寸（mm）	500×120	650×120
	质量（kg）	130	280
用途	用于建筑、水利、筑路等土方工程中夯实素土、灰土		

13. 陶瓷瓷质砖抛光机（JC/T 970.1—2005）

项　目		参　数						
最大工作宽度（mm）		450	650	800	1000	1200	1500	1800
最小工作宽度（mm）		300	400	500	600	800	1000	1200
磨头数量（个）	粗抛	2、3、4、5、6、7、8						
	精抛	6、9、12、14、16、18、20、22、24、26、28						
精抛磨头的行程（mm）		≥110						
粗抛磨头的行程（mm）		≥50						
磨头磨具横向覆盖最大宽度①（mm）		≥工作宽度+100×2						
最大加工瓷质砖厚度（mm）		20			30			

① 磨头磨具横向覆盖最大宽度指磨头作横向摆动时磨具可磨削覆盖的最大横向宽度。

14. 地板磨光机（JG/T 5068—1995）

<table>
<tr><th colspan="3" rowspan="2">主参数</th><th colspan="4">三相</th><th colspan="4">单相</th></tr>
<tr><th>200</th><th>(250)</th><th>300</th><th>350</th><th>200</th><th>(250)</th><th>300</th><th>350</th></tr>
<tr><td rowspan="6">基本参数</td><td colspan="2">电动机功率（kW）</td><td>≤1.5</td><td colspan="2">≤2.2</td><td>≤3</td><td>≤1.5</td><td colspan="2">≤2.2</td><td>≤3</td></tr>
<tr><td colspan="2">滚动线速度（m/s）</td><td colspan="8">≥18</td></tr>
<tr><td colspan="2">吸尘器风（m/s）</td><td colspan="8">≥26</td></tr>
<tr><td rowspan="2">整机质量（kg）</td><td>铝合金外壳</td><td>≤55</td><td>(≤76)</td><td>≤86</td><td>≤92</td><td>≤55</td><td>(≤76)</td><td>≤86</td><td>≤92</td></tr>
<tr><td>铸铁外壳</td><td>≤65</td><td>(≤86)</td><td>≤96</td><td>≤108</td><td>≤65</td><td>(≤86)</td><td>≤96</td><td>≤108</td></tr>
<tr><td colspan="2">外形尺寸（长×宽×高，mm×mm×mm）≤</td><td colspan="2">1000×450×1000</td><td colspan="2">1150×500×1000</td><td colspan="2">1000×450×1000</td><td colspan="2">1150×500×1000</td></tr>
</table>

注 一般不采用括号内的尺寸。

15. 路面铣刨机

项　　目		系　　列		
		窄型	中宽型	宽型
铣刨宽度（mm）		250、320、400、500、630、800	1000、（1200）、1300、1500、1700	1900、2100、2400、2700、3000、3400、3800
行驶速度	工作时速度（m/min）	0～50		
	行走时速度（km/h）	0～30		
最大爬坡能力（%）		≥10		

注　一般不采用括号内的尺寸。

16. 混凝土振动器

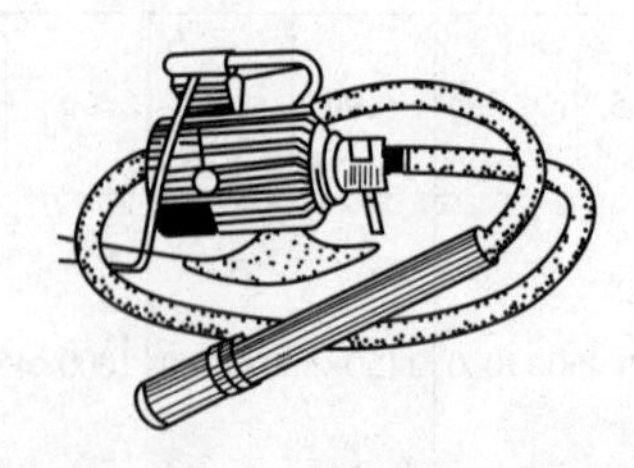

（1）电动软轴偏心插入式混凝土振动器（JB/T 8292—1995）。

规　　格	型号				
	APN25	APN30	APN35	APN42	APN50
振动棒直径 (mm)	25	30	35	42	50
空载振动频率标称值 (Hz)	270	250	230	200	200
振动棒空载最大振幅 (mm) ≥	0.5	0.75	0.8	0.9	1.0
电动机输出功率 (W)	370	370	370	370	370
混凝土坍落度为3~4cm时的生产率 (m^3/h) ≥	1.0	1.7	2.5	3.5	5.0
振动棒质量 (kg) ≤	1.0	1.4	1.8	2.4	3.0
软轴直径 (mm)	8.0	8.0	10	10	10
软管外径 (mm)	24	24	30	30	30

（2）电动软轴行星插入式混凝土振动器（JG/T 45—1999）。

<table>
<tr><th rowspan="2">规　　格</th><th colspan="7">型号</th></tr>
<tr><th>ZN25</th><th>ZN30</th><th>ZN35</th><th>ZN42</th><th>ZN50</th><th>ZN60</th><th>ZN70</th></tr>
<tr><td>振动棒直径 (mm)</td><td>25</td><td>30</td><td>35</td><td>42</td><td>50</td><td>60</td><td>70</td></tr>
<tr><td>空载振动频率 (Hz) ≥</td><td>230</td><td>215</td><td>200</td><td colspan="4">183</td></tr>
<tr><td>空载最大振幅 (mm) ≥</td><td>0.5</td><td>0.6</td><td>0.8</td><td>0.9</td><td>1</td><td>1.1</td><td>1.2</td></tr>
<tr><td rowspan="2">电动机功率 (kW)</td><td colspan="2" rowspan="2">0.37</td><td colspan="3">1.1</td><td colspan="2" rowspan="2">1.5</td></tr>
<tr><td colspan="3">0.75</td></tr>
<tr><td>混凝土坍落度为3~4cm时生产率 (m^3/h) ≥</td><td>2.5</td><td>3.5</td><td>5</td><td>7.5</td><td>10</td><td>15</td><td>20</td></tr>
<tr><td>振动棒质量 (kg) ≤</td><td>1.5</td><td>2.5</td><td>3.0</td><td>4.2</td><td>5.0</td><td>6.5</td><td>8.0</td></tr>
<tr><td>软轴直径 (mm)</td><td colspan="2">8</td><td colspan="2">10</td><td colspan="3">13</td></tr>
<tr><td>软管外径 (mm)</td><td colspan="2">24</td><td colspan="2">30</td><td colspan="3">36</td></tr>
</table>

（3）电动机内装插入式混凝土振动器（JG/T 46—1999）。

<table>
<tr><th colspan="2" rowspan="2">规　　格</th><th colspan="8">型号</th></tr>
<tr><th>ZDN42</th><th>ZDN50</th><th>ZDN60</th><th>ZDN70</th><th>ZDN85</th><th>ZDN100</th><th>ZDN125</th><th>ZDN150</th></tr>
<tr><td colspan="2">振动棒直径（mm）</td><td>42</td><td>50</td><td>60</td><td>70</td><td>85</td><td>100</td><td>125</td><td>150</td></tr>
<tr><td colspan="2">振动频率名义值（Hz）≥</td><td colspan="4">200</td><td colspan="2">150</td><td colspan="2">125</td></tr>
<tr><td colspan="2">空载最大振幅（mm）≥</td><td>0.9</td><td>1</td><td>1.1</td><td colspan="3">1.2</td><td colspan="2">1.6</td></tr>
<tr><td colspan="2">混凝土坍落度为3~4cm时的生产率（m³/h）≥</td><td>7.0</td><td>10</td><td>15</td><td>20</td><td>35</td><td>50</td><td>70</td><td>120</td></tr>
<tr><td colspan="2">振动棒质量（kg）≤</td><td>5</td><td>7</td><td>8</td><td>10</td><td>17</td><td>22</td><td>35</td><td>90</td></tr>
<tr><td rowspan="2">电动机</td><td>电动机额定电压（V）</td><td colspan="8">42</td></tr>
<tr><td>额定输出功率（kW）</td><td>0.37</td><td>0.55</td><td>0.75</td><td colspan="2">1.1</td><td>1.5</td><td>2.2</td><td>4</td></tr>
<tr><td colspan="2">用　　途</td><td colspan="8">用于建筑基建的施工、振捣、密实各种干硬和塑性混凝土</td></tr>
</table>

第二十五章

建筑常用气动工具

一、概述

1. 气动工具的型号表示方法（JB/T 1590—2006）

气动工具是以压缩空气为动力的机械化工具，具有单位质量输出功率大、使用方便、安全可靠、维修容易等优点，具有扳、锤、磨、钻等多种功能，广泛应用于冶金、机械制造、造船、石油化工、轻工、建筑和医疗等行业。

气动工具产品型号的编制一般由类、组、型代号，特殊用途代号和主参数代号组成，具体表示方法如下：

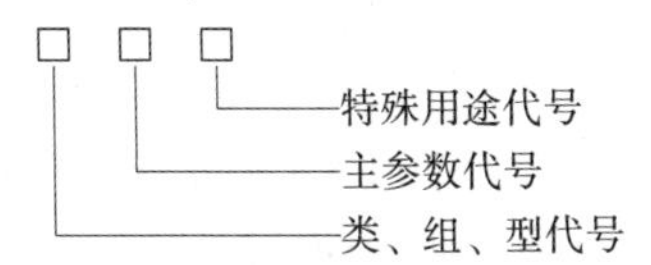

其中类、组、型代号和特殊用途代号以大写印刷体汉语拼音字母表示，该字母应是类、组、型和特性名称有代表性的汉字拼音字头；主参数代号用阿拉伯数字表示。

2. 气动工具类及气动机械类产品类别代号

产品名称	代号			主参数及其单位
	组别	型别	特性	
（1）气动工具类产品（无类别代号）				
直柄式气钻	Z	Z	—	1）钻孔直径（mm） 2）转速（10^2r/min）
枪柄式气钻	Z	Q	—	
侧柄式气钻	Z	C	—	
万向式气钻	Z	W	—	

续表

产品名称	代号			主参数及其单位
	组别	型别	特性	
（1）气动工具类产品（无类别代号）				
双向式气钻	Z	S	—	1）钻孔直径（mm） 2）转速（10^2r/min）
角式气钻	Z	J	—	
组合气钻	Z	ZH	—	
气动开颅钻	Z	—	L	钻孔直径（mm）
透平式牙钻	Z	T	Y	转速（10^4r/min）
叶片式气动牙钻	Z	Y	Y	
直柄式气动砂轮机	S	Z	—	1）砂轮直径（mm） 2）转速（10^2r/min） 3）主轴加长量（10mm）
主轴加长直柄式气动砂轮机	S	Z	C	
角式气动砂轮机	S	J	—	
端面气动砂轮机	S	D	—	
钹形砂轮端面气动砂轮机	S	D	B	砂轮直径（mm）
气动砂带机	DS	—	—	砂带宽度（mm）
端面式气动抛光机	PG	D	—	1）抛轮直径（mm） 2）转速（10^2r/min）
圆周式气动抛光机	PG	Z	—	
角式气动抛光机	PG	J	—	
回转式端面气动磨光机	MG	H	D	1）磨轮直径（mm） 2）转速（10^2r/min）
回转式圆周气动磨光机	MG	H	Z	
移动式气动磨光机	MG	Y	—	机器质量（kg）
移动式吸尘气动磨光机	MG	Y	X	
直柄式双向气动螺钉旋具	L	SZ	—	1）拧螺纹直径（mm） 2）转速（10^2r/min）
直柄式双向磁刀头气动螺钉旋具	L	SZ	C	
直柄式定扭矩气动螺钉旋具	L	SZ	N	
枪柄式双向气动螺钉旋具	L	SQ	—	
枪柄式双向磁刀头气动螺钉旋具	L	SQ	C	
直柄式单向气动螺钉旋具	L	Z	—	
直柄式单向磁刀头气动螺钉旋具	L	Z	C	

续表

产品名称	代号			主参数及其单位
	组别	型别	特性	
枪柄式单向气动螺钉旋具	L	Q	—	1）拧螺纹直径（mm） 2）转速（10^2r/min）
枪柄式单向磁刀头气动螺钉旋具	L	Q	C	
纯扭式气动螺钉旋具	L	T	—	拧螺纹直径（mm）
直柄式气动攻丝机	GS	Z	—	1）攻丝直径（mm）
枪柄式气动攻丝机	GS	Q	—	2）转速（10^2r/min）
（直柄、环柄、侧柄式）气扳机	B	—	—	拧螺纹直径（mm）
（直柄、环柄、侧柄式）储能型气扳机	B	—	E	
（直柄、环柄、侧柄式）高转速气扳机	B	S	G	1）拧螺纹直径（mm）
（直柄、环柄、侧柄式）短扳轴高转速气扳机	B	S	GD	2）转速（10^2r/min）
枪柄式气扳机	B	Q	—	拧螺纹直径（mm）
高转速枪柄式气扳机	B	Q	G	1）拧螺纹直径（mm） 2）转速（10^2r/min）
扳轴加长枪柄式气扳机	B	Q	C	1）拧螺纹直径（mm） 2）扳轴加长量（10mm）
可装螺刀头枪柄式气扳机	B	Q	LD	拧螺纹直径（mm）
储能型枪柄式气扳机	B	Q	E	
角式气扳机	B	J	—	
角式定扭矩气扳机	B	J	N	
高转速角式气扳机	B	J	G	1）拧螺纹直径（mm） 2）转速（10^2r/min）
角式纯扭气扳机	B	J	T	拧螺纹直径（mm）
（直柄、环柄、侧柄式）定扭矩气扳机	B	—	N	
枪柄式定扭矩气扳机	B	Q	N	
内藏扭力棒枪柄式定扭矩气扳机	B	Q	NN	
扳轴加长定扭矩气扳机	B	—	CN	
活塞式气扳机	B	H	—	

续表

产品名称	代号			主参数及其单位
	组别	型别	特性	
组合用气扳机	B	—	Y	扭矩（10N·m）
组合式气扳机	B	Z	—	
电显组合式气扳机	B	Z	DX	
组合式定扭矩气扳机	B	Z	N	
棘轮式气扳机	B	L	—	拧螺纹直径（mm）
单向棘轮式气扳机	B	L	D	
气镐	G	—	—	机器质量（kg）
气铲	C	—	—	
铲石用气铲	C	—	CS	
（弯柄、环柄式）气动铆钉枪	M	—	—	铆钉直径（mm）
直柄式气动铆钉枪	M	Z	—	
枪柄式气动铆钉枪	M	Q	—	
枪柄式偏心气动铆钉枪	M	Q	P	
气动拉铆机	M	L	—	
气动压铆机	M	Y	—	
顶把	DB	—	—	铆钉直径（mm）
偏心顶把	DB	—	P	
冲击式顶把	DB	C	—	
针束气动除锈器	X	C	Z	机器质量（kg）
冲击式气动除锈器	X	C	—	
冲击式多头气动除锈器	X	C	D	1）机器质量（kg） 2）头数（个）
回转式气动除锈器	X	H	—	1）除锈轮直径（mm） 2）转速（10r/min）
气剪刀	JD	—	—	剪切厚度（mm）
气冲剪	JD	C	—	
活塞式气剪刀	JD	H	—	

续表

产品名称	代号			主参数及其单位
	组别	型别	特性	
气动羊毛剪	JD	—	M	机器质量（kg）
气动地毯剪	JD	—	T	
气动捣固机	D	—	—	机器质量（kg）
片状阀气动捣固机	D	—	P	
齿轮式气动捆扎拉紧机	K	C	L	捆扎带宽（mm）
齿轮式气动捆扎锁紧机	K	C	S	
蜗轮式气动捆扎拉紧机	K	W	L	
蜗轮式气动捆扎锁紧机	K	W	S	
气动捆扎机	K	Z	—	
带式气锯	J	—	—	锯割直径（mm）
链式气锯	J	L	—	
圆片式气锯	J	Y	—	
气动订合机	H	—	—	钉长（mm）
(圆盘钉式) 气动打钉枪	DD	—	—	
条形钉气动打钉枪	DD	—	T	
U形钉气动打钉枪	DD	—	U	
气动扎网机	W	—	—	钢丝直径（mm）
冲击式气动振动器	ZD	C	—	机器质量（kg）
回转式气动振动器	ZD	H	—	
冲击式气动雕刻机	DK	C	—	机器质量（kg）
回转式气动雕刻机	DK	H	—	转速（10^4r/min）
气铣刀	XD	—	—	转速（10^4/min）
角式气铣刀	XD	J	—	
气锉刀	CD	—	—	机器质量（kg）
气动油枪	Q	—	—	容油量（mL）
气动钳	N	—	—	挤压力（kN）
气动液压封口机	FK	—	Y	

续表

产品名称	代号			主参数及其单位
	组别	型别	特性	
(2) 气动机械类产品（类别代号 T）				
叶片式气动马达	M	Y	—	功率（kW）
起动用叶片式气动马达	M	Y	QD	
活塞式气动马达	M	H	—	
无连杆活塞式气动马达	M	H	G	
滑杆活塞式气动马达	M	H	H	
齿轮式气动马达	M	C	—	
透平式气动马达	M	T	—	
气动油泵	B	Y	—	流量（L/min）
气动预供油油泵	B	Y	YG	
气动水泵	B	S	—	
气动隔膜泵	B	M	—	
气动吊	D	—	—	起重量（kg）
气动绞车	JC	—	—	拉力（10N）
气动打桩机	Z	—	—	冲击能量（10J）
气动涂油机	Y	—	—	油容量（L）
气动搅拌机	J	—	—	机器质量（kg）
铸型用冲击器	C	—	ZX	冲击能量（10J）
穿孔用冲击器	C	—	CK	穿孔直径（mm）

二、一般通用气动工具

1. 气钻（JB/T 9847—2010）

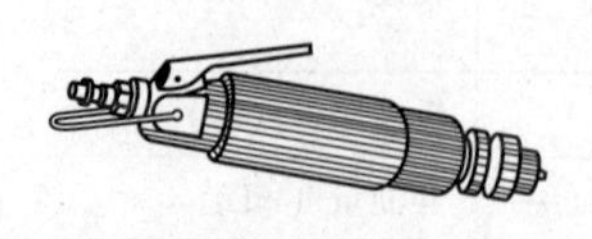

直柄式气钻

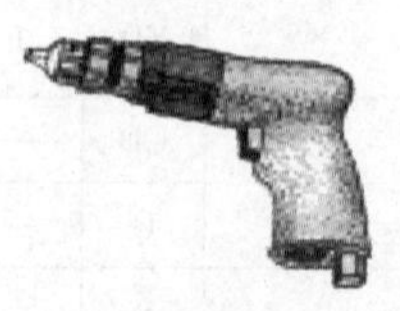

枪柄式气钻

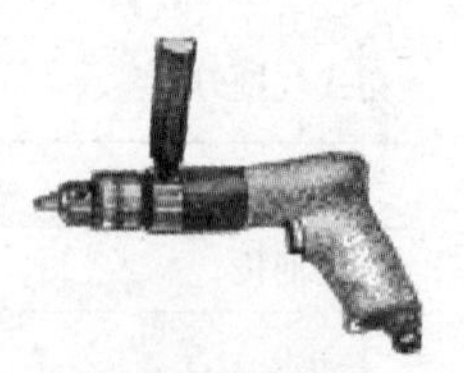

侧柄式气钻

产品系列(mm)	功率(kW)≥	空转转速(r/min)≥	耗气量(L/s)≤	气管内径(mm)	质量(kg)≤	用途
6	0.2	900	44	9.5	0.9	用钻头在金属件、木材、塑料件上钻孔
8		700			1.3	
10	0.29	600	36	13	1.7	
13		400			2.6	
16	0.66	360	35	16	6	
22	1.07	260	33		9	
32	1.24	180	27		13	
50	2.87	110	26	19	23	
80		70			35	

2. 多用途气钻

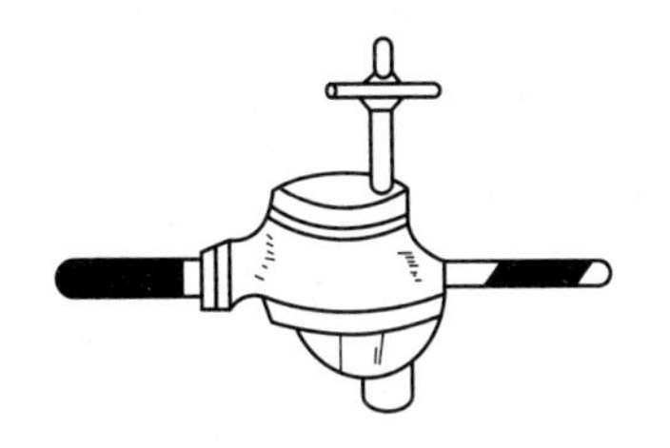

钻孔直径(mm)	攻螺纹直径(mm)	负荷转速(r/min)	负荷耗电量(L/s)	功率(kW)	主轴莫氏锥度	气管内径(mm)	工作气压(MPa)	用途
22		300	28.3	0.956	2	16	0.49	用于金属结构件的钻孔、绞孔、扩孔、攻螺纹等
32	M24	225	33.3	1.140	3	16		

3. 气剪刀

JD2型

JD3型

型号	剪切厚度（mm）	剪切频率（Hz）	气管内径（mm）	工作气压（MPa）	质量（kg）
JD2	2.0	30	10	0.63	1.6
JD3	2.5				1.5
用途	主要用于直线或曲线剪切金属板材，可广泛用于航空、汽车、机械、仪器等制造与修配行业，JD3 型还可剪切竹席、草席等，尤其适用于修剪边角				

4. 气冲剪（进口产品）

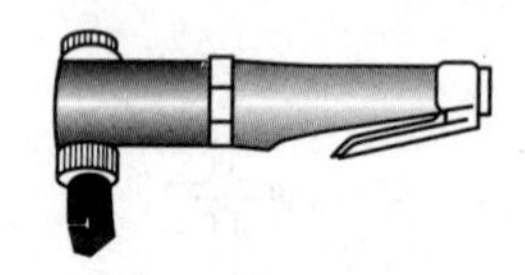

规格	冲剪厚度（mm）		每分钟冲剪次数	工作气压（MPa）	耗气量（L/min）	用　　途
	钢	铝				
16	16	14	3500	0.63	170	用于冲剪钢、铝等金属板材及塑料板、纤维板、布质层压板等非金属材料。保证冲剪板料不变

5. 气动剪线钳

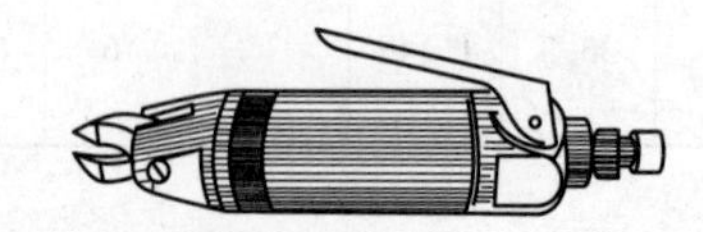

型号	剪切铜丝直径（mm）	工作气压（MPa）	外形尺寸（mm×mm）	质量（kg）	用　　途
XQ3	1.2	0.63	ϕ29×120	0.17	主要用于剪切铜丝、铝丝制成的导线，也可剪切其他金属丝
XQ2	2	0.49	ϕ32×150	0.22	

6. 气动攻螺纹机

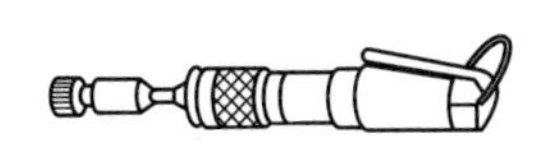

直柄式

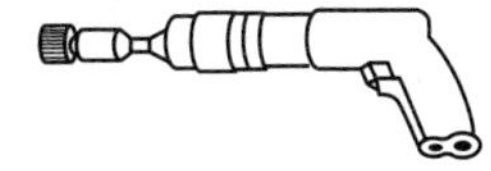

枪柄式

型　　号		2G8-2	GS6Z10	GS6Q10	GS8Z09	GS8Q09	GS10Z06	GS10Q06
攻丝直径（mm）	钢	—	M5		M6		M8	
	铝	M8	M6		M8		M10	
空载转速（r/min）	正	300	1000		900		550	
	反	30	1000		1800		1100	
功率（W）		170	190					
质量（kg）		1.5	1.1	1.2	1.55	1.7	1.55	1.7
柄部型式		枪柄	直柄	枪柄	直柄	枪柄	直柄	枪柄
用途		用于在工件上攻螺纹孔						

7. 端面气动砂轮机（JB/T 5128—2010）

产品系列	配装砂轮直径（mm）		空载转速（r/min）≤	功率（kW）≥	单位功率耗气量[L/(s·kW)]≤	空转噪声（声功率级）[dB（A）]≤	气管内径（mm）	接头螺纹	质量（kg）≤
	钹形	碗形							
100	100		13 000	0.5	50	102	13	ZG1/4″	2.0
125	125	100	11 000	0.6	48				2.5
150	150		10 000	0.7		106	16	ZG3/4″	3.5
180	180	150	7500	1.0	46	113			4.5
200	205		7000	1.5	44				

注 1. 验收气压为0.63MPa。

2. 配装砂轮的允许线速度：钹形砂轮应不低于80m/s；碗形砂轮应不低于60m/s。

3. 质量不包括砂轮。

8. 直柄式气动砂轮机（JB/T 7172—2006）

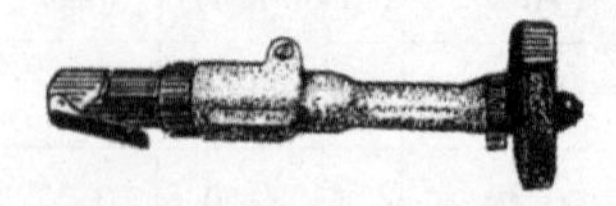

产品系列（mm）	工作气压（MPa）	空载转速（r/min）≤	主轴功率（kW）≥	耗气量（L/s）≤	质量（kg）	用途
40	0.63	17 500	—	—	1.0	配用砂轮，修磨铸件的浇冒口、大型机件、模具及焊缝。如配用布轮，可进行抛光；配用钢丝轮，可清除金属表面铁锈及旧漆层
50	0.63	17 500	—	—	1.2	
60	0.63	16 000	0.36	13.1	2.1	
80	0.63	12 000	0.44	16.3	3.0	
100	0.63	9500	0.73	27.0	4.2	
150	0.63	6600	1.14	37.5	6	

9. 气动砂光机

圆盘式（MG 型）

平板摆动式（其余型号）

型号	底板面积（mm）	工作气压（MPa）	空载转速（r/min）	功率（W）	耗气量（L/min）	外形尺寸（mm×mm×mm）	质量（kg）	用途
N3	102×204	0.5	7500	150	≤500	280×102×130	3	在底板贴上砂纸或抛光布后，对金属、木材等表面进行砂光、抛光、除锈等
F66	102×204	0.5	5500	150	≤500	275×102×130	2.5	
322	75×150	0.4	4000	13	≤400	225×75×120	1.6	
MG	ϕ146	0.49	8500	0.18	≤400	250×70×125	1.8	

三、建筑施工及装饰作业气动工具

1. 气铲（JB/T 8412—2006）

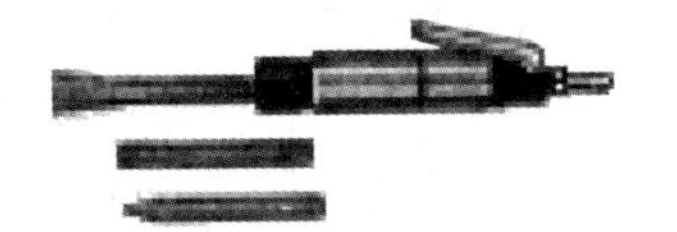

直柄式

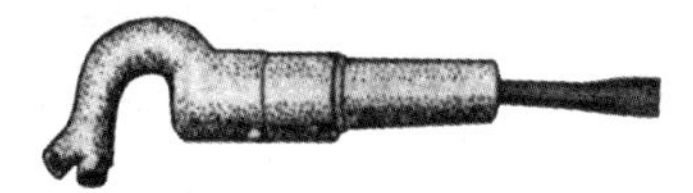

弯柄式

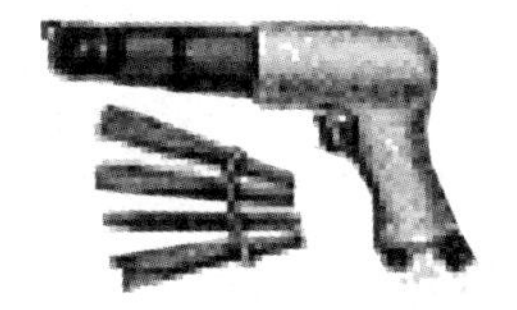

枪柄式

环柄式

规格	质量(kg)	冲击能(J)≥	耗气量(L/s)≤	冲击频率(Hz)≥	缸径(mm)	气管内径(mm)	镐钎尾柄(mm×mm)	用途
2	2.4	0.7	7	45	18	10	12×45	用于铸件清砂、铲除浇冒口、毛边披锋，电焊缝除渣、铲平焊缝、开坡口，冷铆钢或铝铆钉，砖墙或混凝土开口及岩石制品整形等
		2		60	25			
5	5.4	8	19	35	28	13	17×60	
6	6.4	14 10	15 21	20 32	28 30	13	17×60	
7	7.4	17	16	13	28	13	17×60	

2. 气镐（JB/T 9848—2011）

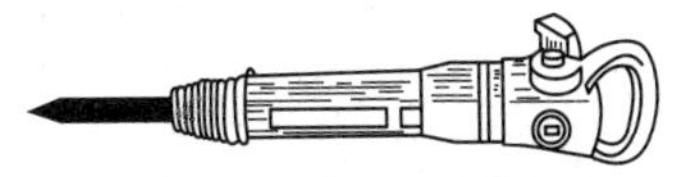

质量(kg)≤	冲击能(J)≥	耗气量(L/s)≤	冲击频率(Hz)	气管内径(mm)	镐钎尾柄(mm×mm)
8	30	20	18	16	25×75
20	55	28	16	16	30×87
用途	用于截断煤层，打碎软岩石，破碎混凝土层路面、冻土与冰层，以及土木工程中凿洞、穿孔				

3. 气锹

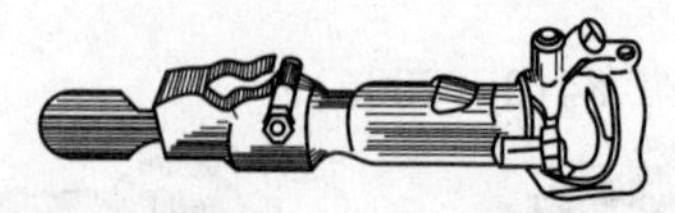

型号	工作气压（MPa）	冲击能（J）	冲击频率（Hz）	耗气量（L/min）	气管内径（mm）	尾钎尺寸（mm×mm）	用途
SP27E	0.63	22	35	1500	13	22.4×8.25	主要用于筑路、挖冻土层等施工作业

4. 气动捣固机（JB/T 9849—2011）

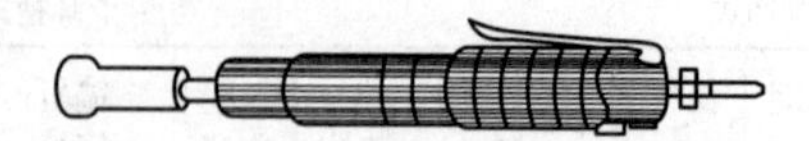

规　格	2		4	6	9	18
耗气量（L/s）≥	7	9.5	10	13	15	19
冲击频率（Hz）≥	18	16	15	14	10	8
缸径（mm）	18	20	22	25	32	38
活塞工作行程（mm）	55	80	90	100	120	140
气管内径（mm）	10		13			
工作气压（MPa）	0.63					
用　途	适用于铸造砂型的捣固。在砂型成批生产时采用气动捣固机捣固，能够减轻劳动强度，提高生产率，保证铸件外表质量。同时可在建筑工程中用来捣实混凝土及砖坯					

5. 手持式凿岩机

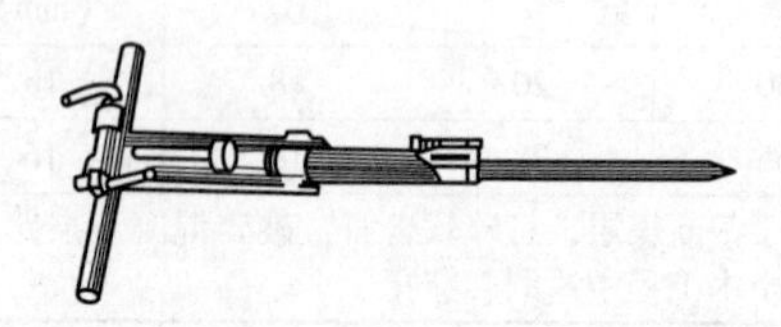

型　　号	Y26	Y19、Y19A	Y3
质量　(kg)	26	19	4.5
外形尺寸(mm×mm×mm)	650×543×125	600×534×106	355×178×76
气管内径　(mm)	19	19	13
水管内径　(mm)	13	13	—
钎尾规格(mm×mm×mm)	22×108	22×108	—
工作气压　(MPa)	0.4	0.5	0.4
冲击能　(J)	30	40	2.5
冲击频率　(Hz)	23	35	48
耗气量　(L/min)	2820	2580	—
用　　途	Y3 型主要用于打架线眼及楼房建筑中安装膨胀螺栓、地脚螺栓和架设管线时对岩石、砖墙、混凝土构件等钻凿小孔。Y26、Y19、Y19A 型主要用于矿山、铁路、水利及石方工程中打炮眼和二次爆破作业，可对中硬、坚硬岩石进行干式、湿式凿岩，向下打垂直或倾斜炮眼		

6. 气动破碎机

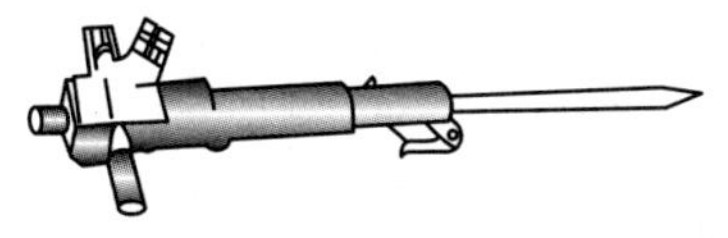

型　　号	B87C	B67C	B37C
冲击能　(J)	100	40	26
冲击频率　(Hz)	18	25	29
耗气量　(L/min)	3300	2100	960
气管内径　(mm)	19		16
工作气压　(MPa)	0.63		
总长　(mm)	686	615	550
用　　途	主要用于混凝土基础的破碎清除以及水泥路面、沥青路面的破碎清除，也可破碎大型石块		

7. 冲击式气扳机（JB/T 8411—2006）

产品系列（mm）	适用螺纹规格（mm）	拧紧力矩（N·m）	负荷耗气量（L/s）≤	减速机构 无	减速机构 有	用途
				质量（kg）≤		
6	5~6	20	10	1.0	1.5	用于拆装六角头螺栓或螺母。广泛应用于汽车、拖拉机、机车车辆等机器制造业的组装线
10	8~10	70	16	2.0	2.2	
14	12~14	150	16	2.5	3.0	
16	14~16	196	18	3.0	3.5	
20	18~20	490	30	5.0	8.0	
24	22~24	735	30	6.0	9.5	
30	24~30	882	40	9.5	13	
36	32~36	1350	25	12	12.7	
42	32~42	1960	50	16	20	
56	45~56	6370	60	30	40	
76	58~76	14 700	75	36	56	
100	78~100	34 300	90	76	96	

8. 高速气扳机

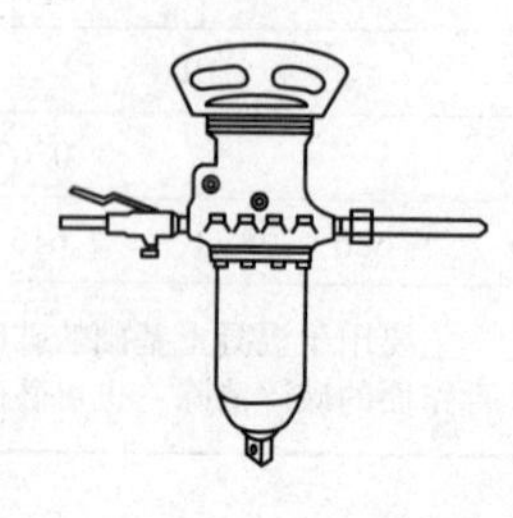

型号	拧紧螺栓直径（mm）	工作气压（MPa）	空载转速（r/min）	空载耗气量（L/s）	积累转矩（N·m）	边心距（mm）	气管内径（mm）	用途
BG110	≤M100	0.49～0.63	4500	116	36 400	105	25	具有转矩大、反转矩小等特点，适用于大型六角头螺栓或螺母的拆装

9. 气动棘轮扳手

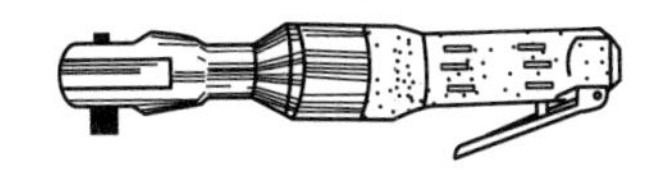

型号	装拆螺栓规格（mm）	工作气压（MPa）	空载转速（r/min）	空载耗气量（L/s）	外形尺寸（mm×mm）	用途
BL10	≤M10	0.63	120	6.5	ϕ45×310	适于用12.5mm六角套筒拆装六角头螺栓或螺母。适于狭窄场所使用

10. 气动圆锯（进口产品）

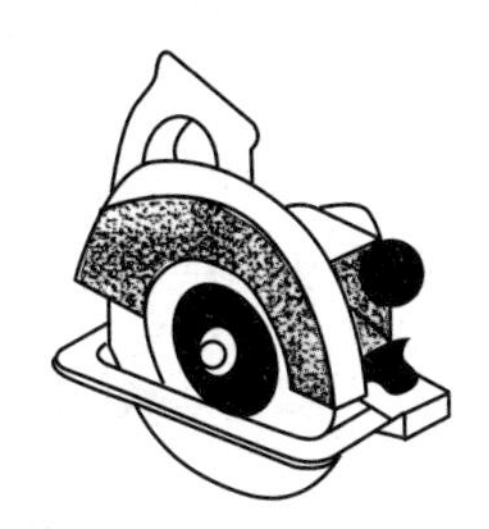

锯片外径（mm）	转速（r/min）	耗气量（L/min）	工作气压（MPa）	锯切深度（mm）	用途
180	4500	228	0.65	60	用于切割木材、胶合板、石棉板、塑料板

11. 气动螺钉旋具（JB 5129—2004）

产品系列（mm）	适用螺纹规格（mm）	转矩（N·m）	空载耗气量（L/s）≤	接头螺纹	质量（kg）		用途
					直柄	枪柄	
2	1.6~2	0.128~0.264	4.0	ZG⅛	0.50	0.55	用于拆装各种带槽螺钉。本身配有一字、十字形螺钉刀头
3	2~3	0.264~0.935	5.0		0.70	0.77	
4	3~4	0.935~2.300	7.0	ZG¼	0.80	0.88	
5	4~5	2.300~4.200	8.5		1.00	1.10	
6	5~6	4.200~7.220	10.5		1.00	1.10	

12. 气动拉铆枪

型号	拉力（N）	工作气压（MPa）	拉铆枪头孔径（mm）	适用抽芯铆钉直径（mm）	外形尺寸（mm）	用途
QLM-1	7200	0.63	2，2.5，3，3.5	2.4~5	290×92×260	用于单面拉铆结构件上的抽芯铆钉

13. 气动铆钉枪（JB/T 9850—2010）

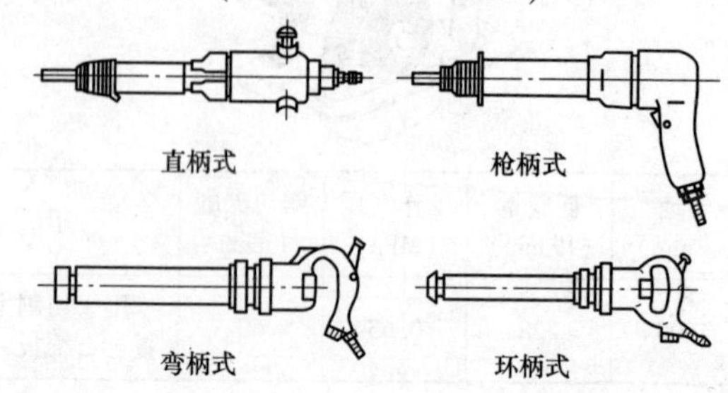

产品规格（mm）	冲击能（J）≥	耗气量（L/s）≤	气管内径（mm）	用 途
4	2.9	6.0	10	用于金属结构件上铆接钢铆钉（如20钢）或硬铝铆钉（如LY10硬铝）
5	4.3	7.0	10	
6	9.0	9.0	12.5	
12	16	12	10	
16	22	18	12.5	
19	26	18	12.5	
22	32	19	16	
28	40	19	16	
36	60	22	16	

14. 气动射钉枪

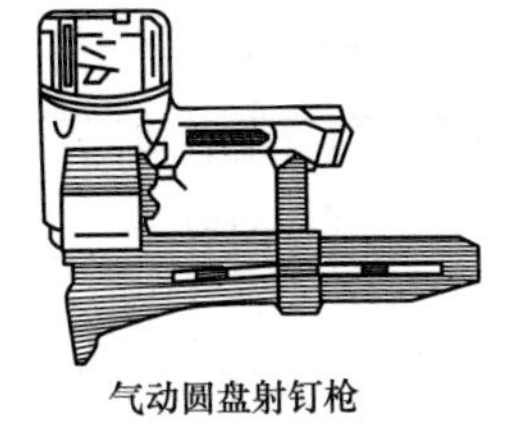

气动圆盘射钉枪

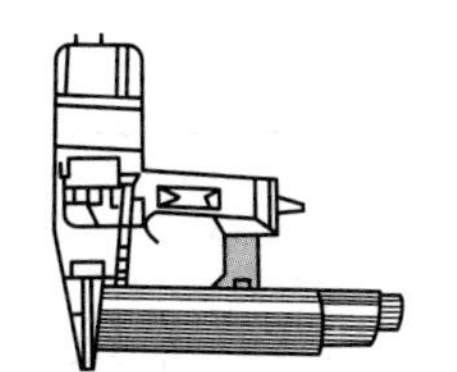

气动圆头钉射钉枪

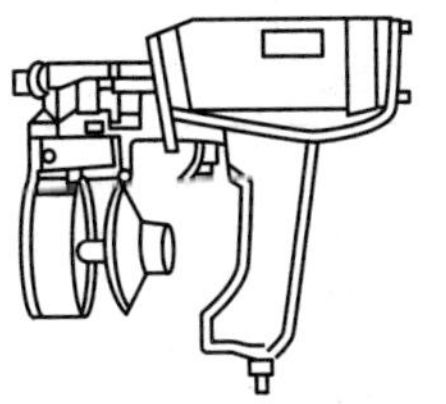

气动码钉射钉枪

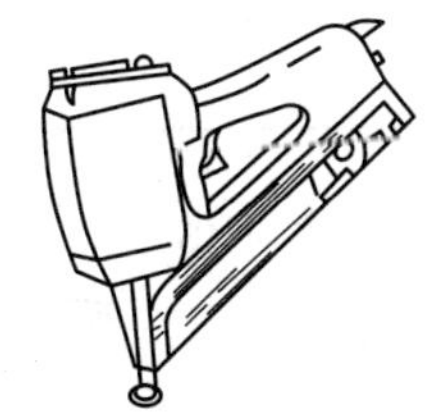

气动T形钉射钉枪

种类	空气压力（MPa）	射钉频率（枚/s）	射钉容量（枚）	质量（kg）	用 途
气动圆盘射钉枪	0.4~0.7	4	385	2.5	将直射钉射入混凝土构件、砖砌体、岩石、钢铁件中，以紧固被连接的构件
	0.45~0.75	4	300	3.7	
	0.4~0.7	4	385/300	3.2	
	0.4~0.7	3	300/250	3.5	

续表

种类	空气压力（MPa）	射钉频率（枚/s）	射钉容量（枚）	质量（kg）	用　途
气动圆头钉射钉枪	0. 45~0. 7	3	64/70	5. 5	将码钉射入建筑构件内，以起连接作用。广泛用于装饰工程的木装修
	0. 4~0. 7	3	64/70	3. 6	
气动码钉射钉枪	0. 4~0. 7	6	110	1. 2	将T形钉射入被紧固物体中，起加固、连接作用
	0. 45~0. 85	5	165	2. 8	
气动T形钉射钉枪	0. 4~0. 7	4	120/104	3. 2	

15. 射钉器

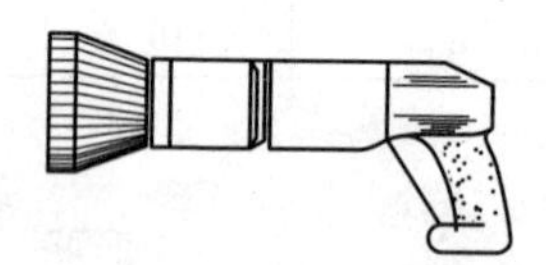

mm

型号	枪管口径	射钉螺纹规格	弹壳直径	钉体直径	枪体外形尺寸	质量（kg）	用　途
SDQ-77	8	M8	6. 35	3. 9	305×80×150	3	在建筑工程中，用来发射射钉，以固定被连接的构件
SDQ-A		M6					
SDQ-B		M4			300×85×160	2. 4	

16. 气动洗涤枪

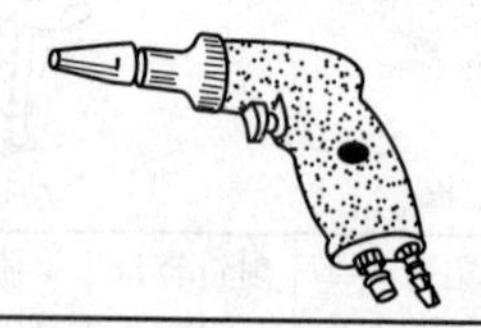

型号	工作气压（MPa）	质量（kg）
XD	0. 3~0. 5	0. 56
用途	也称清洗喷枪，是一种高效的洗涤工具，可将洗涤剂以一定压力喷射至洗涤对象，能有效地清除各种污垢。适用于航空、汽车、拖拉机、工程机械、机器零件的清洗作业，也可以用自来水冲洗建筑物积尘、污垢，以保持环境清洁	

17. 气动搅拌机

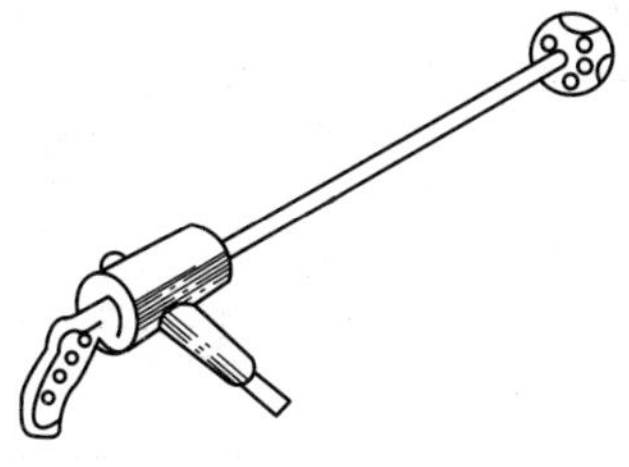

型号	功率（kW）	搅拌轮直径（mm）	空载转速（r/min）	空载耗气量（L/s）	工作气压（MPa）	质量（kg）
TJ3	0.5	100	1800	22	0.63	3
用途	用于调和搅拌各种油漆、涂料和乳剂等。特别适于建筑装修工程中搅拌有挥发性和可燃性的油漆或涂料					

18. 气动针束除锈器

型号	除锈针针径及长度（mm）	冲击频率（Hz）≥	耗气量（L/s）≤	气管内径（mm）	工作气压（MPa）	质量（kg）
XCD2	$\phi 2\times29$	60	5	10	0.63	2
用途	适用于造船、桥梁、车辆、机械、建筑等行业对机械设备表面的除锈作业，还可用于清除焊渣，修凿岩石和混凝土，进行铸件清砂等作业					

19. 喷砂枪

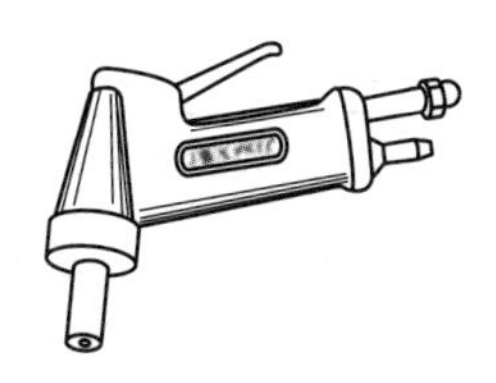

型号	工作气压（MPa）	石英砂规格（目）	耗气量（L/min）	喷砂效率（kg/h）
FC1-6.5	0.6	≤4	1000~1500	40~60
用途	金属喷涂前进行表面处理的必用工具，适用于小范围除漆、除锈、焊缝除渣，亦可用于喷制毛玻璃、非金属零件的喷毛处理。主要用于造船、汽车、化工和各种机械行业			

20. 气刻笔

型号	刻字深度（mm）	空载频率（Hz）	外形尺寸（mm）	工作气压（MPa）	耗气量（L/min）	质量（kg）
KB	0.1~0.3	216	145×ϕ12	0.49	20	0.07
用途	用于在玻璃、陶瓷、金属、塑料等材料表面刻字或刻线					

21. 气动混凝土振动器

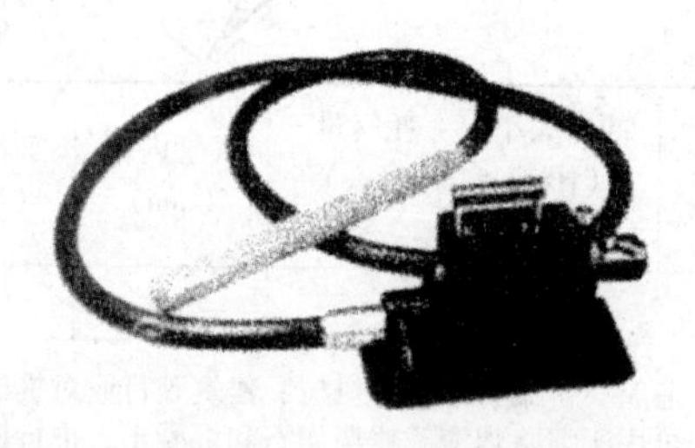

振动频率（Hz）	耗气量（L/s）	气管内径（mm）	质量（kg）
200	37	16	22

注　振动棒直径为50mm，与电动插入式混凝土振动器的振动棒通用。质量不含振动棒质量。

22. 气腿式凿岩机（JB/T 1674—2004）

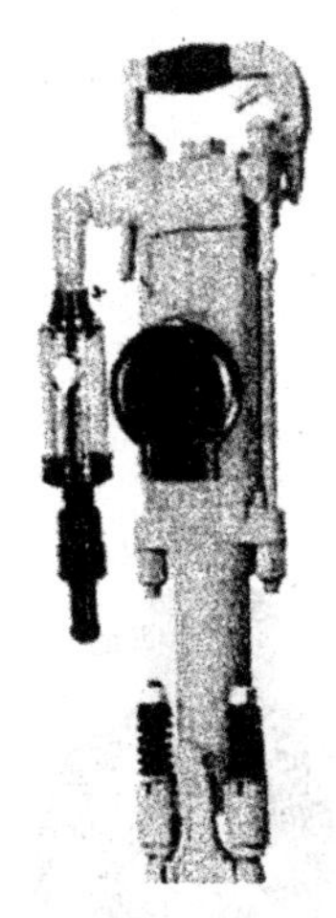

<table>
<tr><th>产品系列</th><th>产品质量（kg）</th><th>空转转速（r/min）</th><th>冲击能（J）</th><th>凿岩冲击频率（Hz）</th><th>凿岩耗气量（L/s）</th><th>噪声（声功率级）</th><th>每米岩孔耗气量（L/s）</th><th>凿孔深度（m）</th><th>气管内径（mm）</th><th>水管内径（mm）</th><th>钎尾规格尺寸（mm×mm）</th></tr>
<tr><td>轻型</td><td>≤22</td><td rowspan="3">250~500</td><td>≥55</td><td rowspan="3">30~50</td><td>≤70</td><td>≤125</td><td rowspan="3">≤11×10^3</td><td>3</td><td rowspan="3">20 或 25</td><td rowspan="3">13</td><td>22×108 或 19×108</td></tr>
<tr><td>中型</td><td>>22~25</td><td>≥65</td><td>≤80</td><td>≤126</td><td>5</td><td rowspan="2">22×108 或 25×108</td></tr>
<tr><td>重型</td><td>>25</td><td>≥70</td><td>≤85</td><td>≤127</td><td>5</td></tr>
</table>

第二十六章

液压器材和工具

1. 角钢切断机

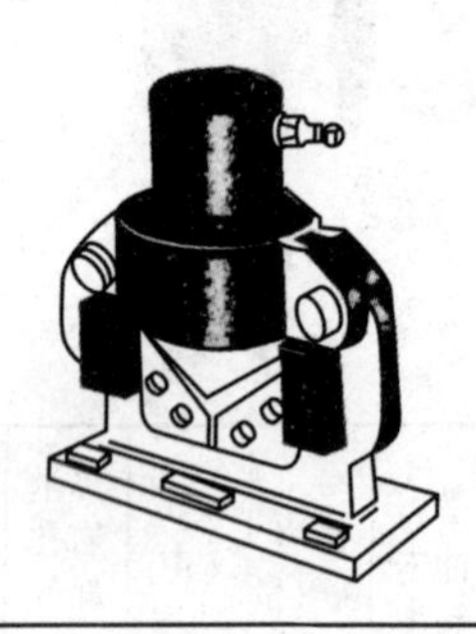

规格	型号：JQ80A 工作压力（MPa）：63 可切断最大角钢规格（mm×mm×mm）：80×80×10 最大剪切力（kN）：294 外形尺寸（mm×mm×mm）：270×185×332 质量（kg）：30
用途	用于切断角钢及其制品。调换刀片后，还可用于切断直径 25mm 以下的圆钢等

2. 生铁管铡断器

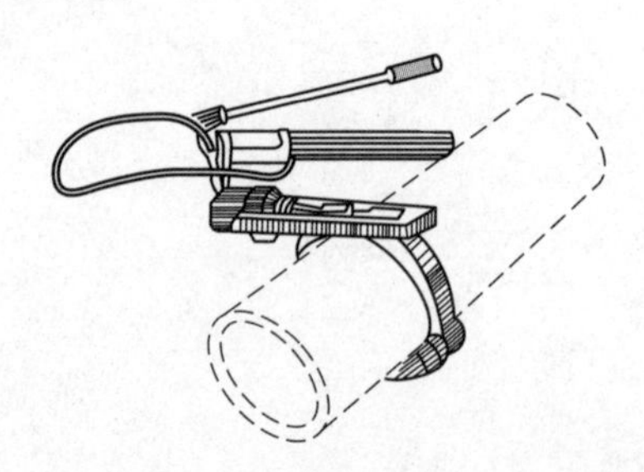

<table>
<tr><td rowspan="7">规格</td><td rowspan="2">铡管公称直径（mm）</td><td colspan="3">主要尺寸（mm）</td><td rowspan="2">质量（kg）</td><td rowspan="2">外形尺寸（长度×宽度×高度，mm×mm×mm）</td><td rowspan="2">净重（kg）</td><td rowspan="2">载荷（t）≤</td><td rowspan="2">行程（mm）≤</td><td rowspan="2">工作压力（MPa）</td></tr>
<tr><td>长</td><td>宽</td><td>厚</td></tr>
<tr><td>100</td><td>226</td><td>192</td><td>60</td><td>8</td><td rowspan="5">工作油缸：140×97×177
手动油泵：174×190×145</td><td rowspan="5">工作油缸：75
手动油泵：12.5</td><td rowspan="5">10</td><td rowspan="5">60</td><td rowspan="5">63</td></tr>
<tr><td>150</td><td>292</td><td>264</td><td rowspan="2">80</td><td>13.5</td></tr>
<tr><td>200</td><td>357</td><td>324</td><td>17</td></tr>
<tr><td>250</td><td>420</td><td>380</td><td>73</td><td>26.5</td></tr>
<tr><td>300</td><td>500</td><td>460</td><td>90</td><td>36</td></tr>
<tr><td>用途</td><td colspan="10">供水或煤气管道工程的修理中用于铡断灰铸铁管</td></tr>
</table>

3. 液压弯管机

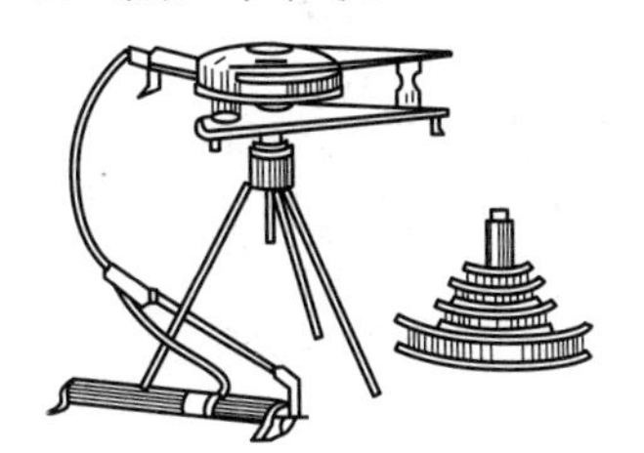

LWG$_1$-10B型（三脚架式）

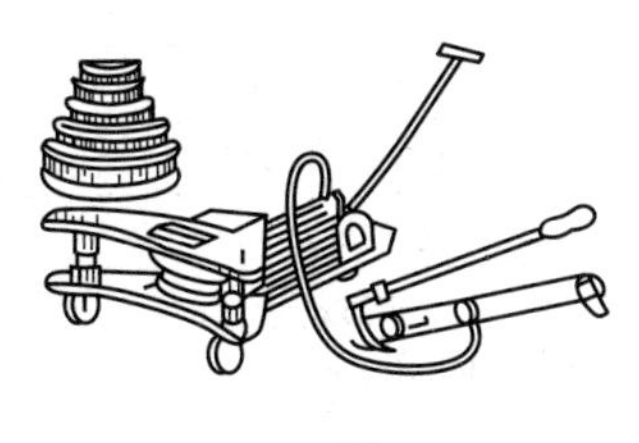

LWG$_2$-10B型（小车式）

<table>
<tr><td rowspan="12">规格</td><td colspan="2">型　　号</td><td>LWG$_2$-10B（小车式）</td><td>LWG$_1$-10B（三脚架式）</td></tr>
<tr><td colspan="2" rowspan="6">管子公称通径×壁厚/弯曲半径（mm×mm×mm）</td><td>15×2.75/65</td><td>15×2.75/130</td></tr>
<tr><td>20×2.75/80</td><td>20×2.75/160</td></tr>
<tr><td>25×3.25/100</td><td>25×3.25/200</td></tr>
<tr><td>32×3.25/125</td><td>32×3.25/250</td></tr>
<tr><td>40×3.5/145</td><td>40×3.5/290</td></tr>
<tr><td>50×3.5/165</td><td>50×3.5/360</td></tr>
<tr><td colspan="2">弯曲角度</td><td>120°</td><td>90°</td></tr>
<tr><td rowspan="3">外形尺寸（mm）</td><td>长度</td><td>642</td><td>642</td></tr>
<tr><td>宽度</td><td>760</td><td>760</td></tr>
<tr><td>高度</td><td>255</td><td>860</td></tr>
<tr><td colspan="2">质量（kg）</td><td>76</td><td>81</td></tr>
<tr><td>用途</td><td colspan="4">用于把管子弯成一定弧度。多用于水蒸气、油等管路的安装和维修</td></tr>
</table>

注 工作压力 63MPa；最大载荷 10t；最大行程 200mm。

4. 液压弯排机

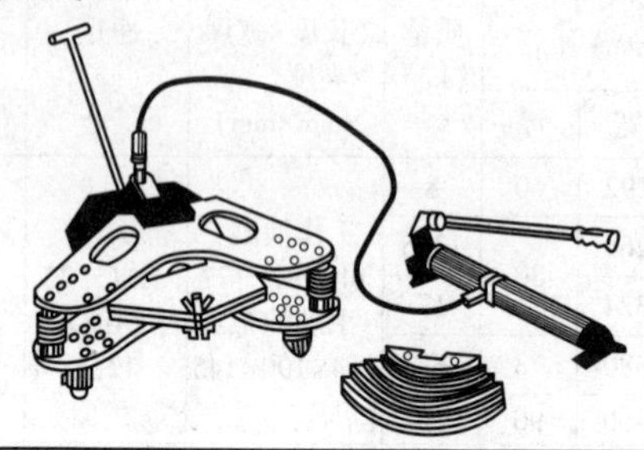

<table>
<tr><td rowspan="8">规格</td><td rowspan="2">弯排范围
（mm）</td><td>排宽</td><td>40、50、60</td><td>80、100、120</td></tr>
<tr><td>排厚</td><td>4、5、6、8、10</td><td>8、10</td></tr>
<tr><td colspan="2">弯曲半径（mm）</td><td colspan="2">2.5×排宽</td></tr>
<tr><td colspan="2">弯曲度（°）</td><td colspan="2">≥90</td></tr>
<tr><td colspan="2">工作压力（MPa）</td><td colspan="2">63</td></tr>
<tr><td colspan="2">最大载荷（t）</td><td colspan="2">10</td></tr>
<tr><td colspan="2">最大行程（mm）</td><td colspan="2">200</td></tr>
<tr><td colspan="2">外形尺寸
（长×宽×高，mm×mm×mm）</td><td colspan="2">826×780×255</td></tr>
<tr><td></td><td colspan="2">质量（kg）</td><td colspan="2">82</td></tr>
<tr><td>用途</td><td colspan="4">在电力线路安装工作中，用于把铝排、铜排弯制成一定弧度</td></tr>
</table>

5. 液压钢丝绳切断器

规格	型号：YQ 型 可切断钢丝绳直径（mm）：10~32 手柄作用力（kN）：0.2 剪切力（kN）：75 活动刀主刃口厚度（mm）：0.3~0.4 外形尺寸（长×宽×高，mm×mm×mm）：400×200×104 质量（kg）：15
用途	用于切断钢丝缆绳，也可切断钢丝网兜和牵引钢丝绳索

6. 导线压接钳

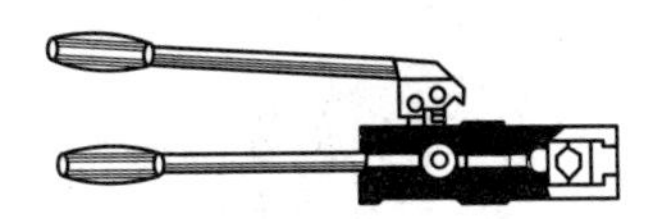

规格	适用导线断面积（mm^2）		活塞最大行程（mm）	最大作用力（kN）	压模规格（mm^2）
	铜线	铝线			
	16~150	16~240	17	100	16、25、35、50、70、95、120、150、185、240
用途	专用于压接多股铜、铝芯电缆的接头或封头				

7. 高压电动油泵

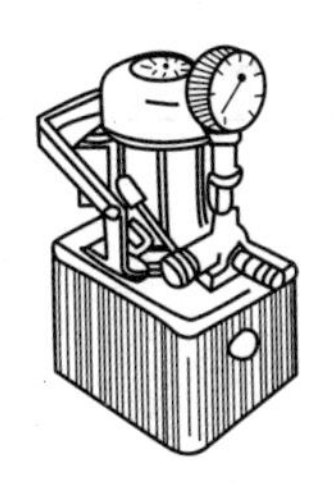

规格	型号	工作压力（MPa）	流量（L/min）	电动机功率（kW）	储油量（L）	外形尺寸（长×宽×高，mm×mm×mm）	质量≈（kg）
	CZB6302	63	0.4	0.55	7.5	290×200×420	16
用途	用作分离式液压千斤顶、起顶机、弯管机、角钢切断机、铡管机等的液压动力源						

8. 高压电动油泵站

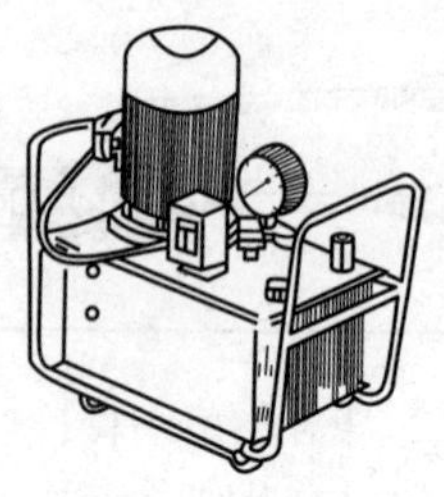

<table>
<tr><th rowspan="6">规格</th><th rowspan="2">型号</th><th rowspan="2">工作压力（MPa）</th><th rowspan="2">流量（L/min）</th><th rowspan="2">电动机功率（kW）</th><th rowspan="2">高压软管（m）</th><th rowspan="2">储油量（L）</th><th colspan="3">外形尺寸（mm）</th><th rowspan="2">质量（kg）≈</th></tr>
<tr><th>长度</th><th>宽度</th><th>高度</th></tr>
<tr><td>BZ70-1</td><td rowspan="4">68.6</td><td>1</td><td>1.5</td><td rowspan="4">3×2根</td><td>20</td><td>490</td><td>325</td><td>532</td><td>88</td></tr>
<tr><td>BZ70-2.5</td><td>2.5</td><td>4</td><td rowspan="3">50</td><td rowspan="3">800</td><td rowspan="3">500</td><td>760</td><td>150</td></tr>
<tr><td>BZ70-4</td><td>4</td><td>5.5</td><td>763</td><td>160</td></tr>
<tr><td>BZ70-6</td><td>6</td><td>7.5</td><td>858</td><td>180</td></tr>
<tr><td>用途</td><td colspan="11">用作各类液压工具的动力源</td></tr>
</table>